河川・湖沼名
よみかた辞典

新訂版

日外アソシエーツ

Guide to Reading of Each Japanese River, Lake and Marsh name

Compiled by
Nichigai Associates, Inc.

本書はディジタルデータでご利用いただくことができます。詳細はお問い合わせください。

●編集担当● 比良 雅治
装丁：赤田 麻衣子

刊行にあたって

海や川、湖沼の水は太陽の熱を受けて蒸発し、水蒸気となって空高く昇り雲となる。この雲を作っている雲の粒が次第に大きくなり雨となる。地表に降った雨水は、その多くがいったん地中深く浸透した後、再び地表に湧き出して流れ出し、細流となる。こうして日本列島の各所に誕生した無数の細流は、斜面を下りながら次々に他の細流と合流し、川となる。やがて、あるものは湖沼に到達し、またあるものは海へと帰っていく。このように川の水は水の循環の一過程を成しているのである。

一般的に日本の川は短くて急流であると言われている。ひとたび洪水になると河川は氾濫し、大量の土砂を一気に下流へと押し流し、土石流などの大きな被害をもたらす。日本各地に荒川と呼ばれる川があるが、これは雨が降ると洪水になりやすく、大きな被害が出る荒々しい川という意味で荒川という名称が付いた、と言われている。寒川、湯川、平川なども川の特徴がそのまま川の名称になった例と考えられる。これ以外にも川の名の由来には、地名や水源に拠るものなどがあり、なぜそのような名が付いたのかを調べることは、その川の流域に暮らす人々と川とのつながりも垣間見ることになり、何かと興味深いものである。

本書は、個々の河川名の読み方を漢字表記の総画数または単純な音訓読みから簡単に調べることができる辞典である。編纂にあたっては各都道府県河川担当課作成の資料を利用し、全てその読みに準拠したが、読み資料の無い河川については流域の市町村に照会するなど編集部で独自に調査して付与した。新訂版を刊行するにあたり、新たに湖沼700を追加し、前版のレイアウト・装丁を変え、より使いやすいものとした。

本書が、便利なツールとして前版にも増して多くの方々に利用されることを願ってやまない。

2003年12月

日外アソシエーツ

目　次

凡　例

1．本書の内容

本書は、漢字で表記される様々な日本の河川・湖沼名26,557について、それぞれの読み仮名を明示したものである。

2．記載事項

1）親字見出し

河川・湖沼名の先頭第一文字を親字とし、先頭に立てた。

2）見出し河川・湖沼名の第二字目の画数

見出し河川・湖沼名の前に、その第二字目の画数を記載した。名称の第二字目が平仮名、片仮名である場合は「0」、繰り返し記号「々」の場合は、第一字目の漢字と同一の漢字が使用されているものとみなした。

3）見出し河川・湖沼名

(1)　1級河川

「河川法」（昭和39年法律第167号）により建設大臣が指定した河川は、仮名表記を中心とする河川名（ペンケナイ川など）を除き収録、水系の後に〔1級〕と表示した。

(2)　2級河川

「河川法」により各都道府県知事が指定した河川は、仮名表記を中心とする河川名を除き収録、水系の後に〔2級〕と表示した。

(3) 準用河川・普通河川

地図上などでその所在が確認でき、読みが判明したものは、極力収録した。

(4) 湖　沼

環境庁自然保護局編「第4回自然環境保全基礎調査・湖沼調査報告書（1993）」に収録された湖沼は、仮名表記を中心とする湖沼名（パンケ湖など）を除き収録、所在地を付記した。

(5) 別称・古称など

①別称・通称

河川管理上、使用される名称とは異なった別称・通称についても極力収録、名称の後に《別》と表示した。

②古　称

現在、使用されていない古称についても極力収録、名称の後に《古》と表示した。

4) 見出しの読み

都道府県作成の河川関係資料（河川調書・台帳、河川一覧表など）に基づき平仮名で示した。但し、「ぢ」は「じ」に、「づ」は「ず」に統一した。また、読みが不明の河川・湖沼名については、流域の市町村に照会するなど編集部で独自に調査した。

5) 都道府県市町村・水系

各河川・湖沼の所在地を特定するために、都道府県・水系または市町村を付記した。

3．排　列

1) 親　字

数字、平仮名、片仮名、漢字の順に排列した。平仮名、片仮名の場合は五十音順、漢字の場合は総画数、部首順に排列した。

2) 河川・湖沼名見出し

同じ親字については、第二字目が平仮名、片仮名、漢字の順。平仮名、片仮名の場合は五十音順、漢字の場合は総画数、部首順に排列した。第二字目も同一の場合は、さらに第三字目について同様の方法で排列した。漢字表記が全く同一の場合は、都道府県ごとに北から南へ順に排列した。漢字表記も都道府県も同一の場合は、1級河川、2級河川、その他の河川の順とした。

4．親字音訓ガイド

親字見出しを、その漢字がもつ一般的な音・訓の五十音順に排列し、本文の掲載ページを示した。

親字一覧

【数字】

8線の沢川　はっせんのさわがわ
北海道・佐呂間別川水系〔2級〕

【ひらがな】

うなぎ平川　うなぎだいらがわ
長野県・天竜川水系

うるし沢川　うるしさわがわ
新潟県・信濃川水系〔1級〕

お仙谷川　おせんだにがわ
和歌山県・有田川水系〔2級〕

お玉ヶ池　おたまがいけ
神奈川県箱根町

かくれ宿谷川　かくれじゅくたにがわ
高知県・渡川水系

こぶし台川　こぶしだいがわ
茨城県・那珂川水系〔1級〕

つくし野川　つくしのがわ
千葉県・利根川水系

とん田川　とんでんがわ
北海道・常呂川水系〔1級〕

どん尻川　どんじりがわ
兵庫県・武庫川水系〔2級〕

ふ化場沢川　ふかじょうざわがわ
北海道・藻琴川水系

ゆずの木川　ゆずのきがわ
山梨県・富士川水系〔1級〕

【カタカナ】

イチノ久保川　いちのくぼがわ
愛媛県・肱川水系〔1級〕

イナリマップ沢川　いなりまっぷさわがわ
北海道・小平蘂川水系〔2級〕

イビキ谷川　いびきだにがわ
京都府・淀川水系〔1級〕

イワ坪川　いわつぼがわ
新潟県・和木川水系

ウツツ右沢川　うつつみぎさわがわ
北海道・渚滑川水系〔1級〕

エノシュコマナイ一の川　えのしゅこまないいちのかわ
北海道・ウエンナイ川水系

オソゲ坂川　おそげざかがわ
愛媛県・肱川水系〔1級〕

カジ行の沢川　かじこうのさわがわ
北海道・石狩川水系〔1級〕

カツネガ坂川　かつねがさかがわ
愛媛県・肱川水系〔1級〕

カヤノ木川　かやのきがわ
山梨県・富士川水系〔1級〕

カラ杉川　からすぎがわ
愛媛県・肱川水系〔1級〕

カラ杉谷川　からすぎだにがわ
富山県・常願寺川水系〔1級〕

カ子ノコ川　かねのこがわ
愛媛県・肱川水系〔1級〕

ガンドノ窪川　がんどのくぼがわ
愛媛県・重信川水系〔1級〕

キムン支水路　きむんしすいろ
北海道・石狩川水系〔1級〕

キムン芦別川　きむんあしべつがわ
北海道・石狩川水系〔1級〕

キヨク田川　きよくだがわ
高知県・下ノ加江川水系〔2級〕

コシキ岩川　こしきいわがわ
愛媛県・肱川水系〔1級〕

コシ木川　こしきがわ
新潟県・能生川水系

サクルー八号川　さくるーはちごうがわ
北海道・渚滑川水系〔1級〕

サクルー六号川　さくるーろくごうがわ
北海道・渚滑川水系〔1級〕

サルン倉沼川　さるんくらぬまがわ
北海道・石狩川水系〔1級〕

サンル十二線川　さんるじゅうにせんがわ
北海道・天塩川水系〔1級〕

シッペ内川　しっぺないがわ
岩手県・馬淵川水系

スグ谷川　すぐたにがわ
兵庫県・加古川水系〔1級〕

タタミ田川　たたみだがわ
新潟県・信濃川水系〔1級〕

タテ割川　たてわりがわ
高知県・物部川水系〔1級〕

チバベリ右川　ちばべりみぎがわ
北海道・留萌川水系〔1級〕

チバベリ左川　さばべりひだりがわ
北海道・留萌川水系〔1級〕

ツツラ八重川　つずらやえがわ
宮崎県・広渡川水系〔2級〕

ツヅラ又川　つずらまたがわ
三重県・阪内川水系〔2級〕

デト二股川　でとふたまたがわ
北海道・羽幌川水系〔2級〕

トッコ沢川　とっこさわかわ
秋田県・雄物川水系〔1級〕

トップ沢川　とっぷさわがわ
北海道・石狩川水系〔1級〕

ドウノ宮川　どうのみやがわ
愛媛県・肱川水系〔1級〕

ヌカナン一号沢川　ぬかなんいちごうざわがわ
北海道・十勝川水系〔1級〕

ヌップリ寒別川　ぬっぷりかんべつがわ
北海道・尻別川水系〔1級〕
ヌツカクシ富良野川　ぬつかくしふらのがわ　北海道・石狩川水系〔1級〕
ノマノ原谷川　のまのはらだにがわ
富山県・常願寺川水系〔1級〕
パンケ仙美里川　ぱんけせんびりがわ
北海道・十勝川水系〔1級〕
パンケ目国内川　ぱんけめくんないがわ
北海道・尻別川水系〔1級〕
パンケ幌内川　ぱんけほろないがわ
北海道・石狩川水系〔1級〕
パンケ新得川　ぱんけしんとくがわ
北海道・十勝川水系〔1級〕
パンケ歌志内川　ぱんけうたしないがわ
北海道・石狩川水系〔1級〕
ヒル平沢　ひるびらざわ
新潟県・姫川水系〔1級〕
ビリベツ一号沢川　びりべついちごうさわがわ　北海道・十勝川水系〔1級〕
ピリカ富良野川　ぴりかふらのがわ
北海道・石狩川水系〔1級〕
フトコロ山沢　ふところやまざわ
静岡県・天竜川水系
ブナクラ谷水流　ぶなくらだにすいりゅう　富山県・早月川水系〔2級〕
ペーパン第二支川　ぺーぱんだいにしせん　北海道・石狩川水系〔1級〕
ペーパン第三支川　ぺーぱんだいさんしせん　北海道・石狩川水系〔1級〕
ペンケ十号川　ぺんけじゅうごうがわ
北海道・天塩川水系〔1級〕
ペンケ仙美里川　ぺんけせんびりがわ
北海道・十勝川水系〔1級〕
ペンケ目国内川　ぺんけめくんないがわ
北海道・尻別川水系〔1級〕
ペンケ旭ヶ丘沢川　ぺんけあさひがおかざわがわ　北海道・十勝川水系
ペンケ歌志内川　ぺんけうたしないがわ
北海道・石狩川水系〔1級〕
ホツ田川　ほつたがわ
愛知県・矢作川水系
ポン二股川　ぽんふたまたがわ
北海道・西別川水系
ポン日吉川　ぽんひよしがわ
北海道・常呂川水系
ポン木直川　ぽんきなおしがわ
北海道・ポン木直川水系
ポン止別川　ぽんやんべつがわ
北海道・止別川水系〔2級〕
ポン毛当別川　ぽんけとべつがわ
北海道・常呂川水系〔1級〕
ポン牛朱別川　ぽんうししゅべつがわ
北海道・石狩川水系〔1級〕
ポン布部川　ぽんぬのべがわ
北海道・石狩川水系〔1級〕
ポン目名川　ぽんめながわ
北海道・後志利別川水系〔1級〕
ポン多和川　ぽんたわがわ
北海道・釧路川水系〔1級〕
ポン倉沼川　ぽんくらぬまがわ
北海道・石狩川水系〔1級〕
ポン隈川　ぽんくまがわ
北海道・常呂川水系〔1級〕
ムジナ塚川　むじなずかがわ
新潟県・達者川水系
モエレ中野川　もえれなかのがわ
北海道・石狩川水系〔1級〕
モジキ南谷　もじきみなみだに
奈良県・新宮川水系〔1級〕
ヨナ平川　よなびらがわ
熊本県・球磨川水系

1 画

【一】

一つ内川　ひとつうちがわ
愛媛県・肱川水系〔1級〕
一の又川　いちのまたがわ
高知県・渡川水系〔1級〕
一の川　いちのかわ
青森県・一の川水系〔2級〕
一の川　いちのがわ
長崎県・一の川水系〔2級〕
一の目潟　いちのめがた
秋田県男鹿市
一の坂川　いちのさかがわ
山口県・椹野川水系〔2級〕
一の沢　いちのさわ
北海道・石狩川水系
一の沢　いちのさわ
福島県・阿賀野川水系〔1級〕
一の沢川　いちのさわがわ
北海道・天塩川水系〔1級〕
一の沢川　いちのさわがわ
北海道・石狩川水系〔1級〕
一の沢川　いちのさわがわ
北海道・ウエンナイ川水系〔2級〕
一の沢川　いちのさわがわ
北海道・生花苗川水系〔2級〕
一の沢川　いちのさわがわ
北海道・静内川水系〔2級〕

一の沢川　いちのさわがわ
北海道・斜里川水系
一の沢川　いちのさわがわ
北海道・北見幌別川水系
一の谷川　いちのたにがわ
京都府・淀川水系
一の谷川　いちのたにがわ
徳島県・吉野川水系〔1級〕
一の谷川　いちのたにがわ
香川県・一の谷川水系〔2級〕
一の谷川　いちのたにがわ
高知県・加持川水系
一の谷川　いちのたにがわ
熊本県・緑川水系〔1級〕
一の股川　いちのまたがわ
熊本県・球磨川水系〔1級〕
一の俣沢川　いちのまたさわがわ
山形県・赤川水系
一の倉沢　いちのくらさわ
新潟県・落堀川水系
一の部川　いちのぶがわ
岡山県・旭川水系〔1級〕
一の堰川　いちのせきがわ
新潟県・鯖石川水系〔2級〕
一の橋放水路　いちのはしほうすいろ
埼玉県・利根川水系〔1級〕
一の瀬川　いちのせがわ
大分県・筑後川水系〔1級〕
一の瀬川　いちのせがわ
大分県・大分川水系〔1級〕
一ヶ谷川　いちがだにがわ
愛媛県・重信川水系〔1級〕
一ツ橋川　ひとつばしがわ
愛媛県・一ツ橋川水系〔2級〕
一ツ瀬川　ひとつせがわ
宮崎県・一ツ瀬川水系〔2級〕
一ノ又沢　いちのまたさわ
秋田県・米代川水系
一ノ戸川　いちのとがわ
福島県・阿賀野川水系〔1級〕
一ノ池　いちのいけ
岐阜県丹生川村
一ノ沢川　いちのさわがわ
長野県・信濃川水系〔1級〕
一ノ沢川　いちのさわがわ
長野県・天竜川水系〔1級〕
一ノ谷川　いちのたにがわ
兵庫県・一ノ谷川水系〔2級〕
一ノ谷川　いちのたにがわ
広島県・江の川水系〔1級〕
一ノ俣川　いちのまたがわ
山口県・粟野川水系〔2級〕
一ノ瀬川　いちのせがわ
茨城県・利根川水系〔1級〕
一ノ瀬川　いちのせがわ
群馬県・利根川水系〔1級〕
一ノ瀬川　いちのせがわ
愛知県・豊川水系
一ノ瀬川　いちのせがわ
京都府・由良川水系
2一又沢　いちまたさわ
秋田県・米代川水系
4一之内川　いちのうちがわ
大分県・大野川水系〔1級〕
一之沢川　いちのさわがわ
新潟県・信濃川水系〔1級〕
一之河内川　いちのかわちがわ
宮崎県・広渡川水系〔2級〕
一之迫川　いちのさこがわ
宮崎県・一ツ瀬川水系〔2級〕
一之砂川　いちのすながわ
山梨県・相模川水系〔1級〕
一之瀬川　いちのせがわ
山梨県・多摩川水系〔1級〕
一之瀬川　いちのせがわ
岐阜県・木曾川水系〔1級〕
一之瀬川《古》　いちのせがわ
静岡県・富士川水系の弓沢川
一之瀬川　いちのせがわ
三重県・櫛田川水系〔1級〕
一之瀬川　いちのせがわ
三重県・宮川水系〔1級〕
一井の沢川　いちのいさわがわ
北海道・天野川水系
一升谷川　いっしょうだにがわ
山口県・阿武川水系〔2級〕
一心川　いっしんがわ
愛媛県・一心川水系〔2級〕
5一号川　いちごうがわ
北海道・石狩川水系
一号線川　いちごうせんがわ
北海道・猿払川水系〔2級〕
一本山谷川　いっぽんやまたにがわ
三重県・櫛田川水系〔1級〕
一本木川　いっぽんぎがわ
愛知県・高浜川水系
一本杉沢　いっぽんすぎさわ
静岡県・都田川水系
一本松川　いっぽんまつがわ
宮城県・阿武隈川水系〔1級〕
一本松川　いっぽんまつがわ
山口県・屋代川水系〔2級〕
一石川　いっこくがわ
山梨県・相模川水系〔1級〕

6一光川　いかりがわ
福井県・一光川水系〔2級〕
一色川　いっしきがわ
山梨県・富士川水系〔1級〕
一色川　いっしきがわ
岐阜県・庄川水系〔1級〕
一色川　いっしきがわ
岐阜県・木曾川水系〔1級〕
一色川《別》　いっしきがわ
静岡県・青野川水系の二条川
一色沢　いっしきざわ
山梨県・富士川水系
7一条川　いちじょうがわ
静岡県・青野川水系〔2級〕
一村天神川　ひとむらてんじんがわ
新潟県・信濃川水系〔1級〕
一町田川　いっちょうだがわ
熊本県・一町田川水系〔2級〕
一谷川　いちのたにがわ
高知県・安田川水系〔2級〕
一谷川　いちのたにがわ
佐賀県・筑後川水系〔1級〕
一谷川　いちのたにがわ
宮崎県・耳川水系〔2級〕
8一迫川　いちはさまがわ
宮城県・北上川水系
9一乗谷川　いちじょうだにがわ
福井県・九頭竜川水系〔1級〕
一後川　いちごがわ
兵庫県・武庫川水系〔2級〕
一重川　ひとえがわ
長崎県・一重川水系〔2級〕
10一宮川　いちのみやがわ
千葉県・一宮川水系〔2級〕
一宮川　いちみやがわ
静岡県・太田川水系〔2級〕
一庫・大路次川　ひとくらおおろじがわ
京都府・淀川水系〔1級〕
11一貫堀川　いっかんぼりがわ
群馬県・利根川水系〔1級〕
一貫堀放水路　いっかんぼりほうすいろ
群馬県・利根川水系〔1級〕
12一湊川　いっそうがわ
鹿児島県・一湊川水系〔2級〕
一番割池　いちばんわりいけ
岐阜県海津市
一貴山川　いきさんがわ
福岡県・一貴山川水系〔2級〕
一雲済川　いちうんさいがわ
静岡県・天竜川水系〔1級〕
14一碧湖　いっぺきこ
静岡県伊東市
15一線川　いっせんがわ
北海道・天塩川水系〔1級〕
16一橋川　ひとつばしがわ
新潟県・信濃川水系〔1級〕

【乙】

乙ヶ瀬川　おとがせがわ
熊本県・白川水系
3乙千屋川　おとじやがわ
熊本県・佐敷川水系〔2級〕
乙大日川　おつだいにちがわ
新潟県・荒川（新潟県・山形県）水系〔1級〕
乙女ヶ池　おとめがいけ
滋賀県高島町
乙女川　おとめがわ
長野県・信濃川水系〔1級〕
乙女川　おとめがわ
愛知県・矢作川水系〔1級〕
乙子川　おとごがわ
島根県・津田川水系〔2級〕
乙川　おとがわ
愛知県・矢作川水系〔1級〕
乙川　おつがわ
広島県・芦田川水系〔1級〕
4乙戸川　おとどがわ
茨城県・利根川水系〔1級〕
乙父沢川　おっちざわがわ
群馬県・利根川水系〔1級〕
5乙田川　おとだがわ
奈良県・大和川水系〔1級〕
乙田川　おとたがわ
香川県・高瀬川水系〔2級〕
乙石川　おついしかわ
福岡県・筑後川水系〔1級〕
6乙吉川　おとよしがわ
新潟県・信濃川水系〔1級〕
7乙貝川　おっかいがわ
長野県・富士川水系〔1級〕
8乙和気川　おつわけがわ
岡山県・吉井川水系〔1級〕
乙明川　おとあけがわ
島根県・敬川水系
乙空釜川　おつそらがまがわ
福島県・阿武隈川水系
9乙津川　おとずがわ
大分県・大野川水系〔1級〕
10乙原川　おとばるがわ
大分県・朝見川水系〔2級〕
乙姫川　おとひめがわ
熊本県・白川水系〔1級〕
11乙部川　おとべがわ
岩手県・北上川水系〔1級〕

12乙越沼　おとごえぬま
秋田県仙北郡西仙北町

2 画

【七】

七つ川　ななつがわ
長崎県・有馬川水系〔2級〕
七ヶ原川　しちがばるがわ
熊本県・菜切川水系
七ッ山谷川　ななつやまたにがわ
宮崎県・耳川水系〔2級〕
七ッ岳沼　ななつだけぬま
北海道上ノ国町
七ツ山川　ななつやまがわ
宮崎県・耳川水系〔2級〕
七ツ江川　ななつえがわ
熊本県・八枚戸川水系
七ツ枝川　ななつえだがわ
佐賀県・志礼川水系〔2級〕
七ノ沢川　しちのさわがわ
北海道・湧別川水系
2七十三川　しちじゅうさんがわ
熊本県・関川水系
3七久保川　ななくぼがわ
愛知県・豊川水系
七山川　ひちやまがわ
広島県・沼田川水系
七川　なるかわ
新潟県・信濃川水系〔1級〕
4七内川　しちないがわ
岩手県・北上川水系〔1級〕
七内川　ななうちがわ
茨城県・那珂川水系〔1級〕
七戸川　しちのへがわ
青森県・高瀬川水系
七日市川　なのかいちがわ
島根県・斐伊川水系〔1級〕
5七北田川　ななきただがわ
宮城県・七北田川水系〔2級〕
七号川　ななごうがわ
北海道・石狩川水系〔1級〕
七本木川　しちほんぎがわ
三重県・淀川水系〔1級〕
七本松川　しちほんまつがわ
愛知県・大田川水系
6七寺川　ななでらがわ
福岡県・七寺川水系〔2級〕
七曲川　ななまがりがわ
千葉県・小櫃川水系〔2級〕
七曲川　ななまがりがわ
愛知県・汐川水系
七次川　ななつぎがわ
千葉県・利根川水系〔1級〕
七百川　ななひゃくがわ
愛媛県・肱川水系〔1級〕
7七尾川　ななおがわ
新潟県・鯖石川水系
七村川　ななむらかわ
島根県・高津川水系〔1級〕
七沢川　ななつざわがわ
宮城県・名取川水系〔1級〕
七見川《別》　しつみがわ
石川県・七海川水系の七海川
七見川　しちみがわ
山口県・木屋川水系〔2級〕
七谷川　ななたにがわ
京都府・淀川水系〔1級〕
七里田川　しちりだがわ
大分県・大分川水系〔1級〕
8七歩川　ななほがわ
大分県・大分川水系〔1級〕
9七海川　ひちみがわ
石川県・七海川水系〔2級〕
七重川　しちじゅうがわ
山口県・木屋川水系〔2級〕
七重谷川　ななえだにがわ
富山県・笹川水系〔2級〕
七面川　しちめんがわ
長野県・天竜川水系〔1級〕
10七倉沢川　ななくらざわがわ
長野県・信濃川水系〔1級〕
七栗川《別》　ななくりがわ
三重県・雲出川水系の榊原川
七浦川　ななうらがわ
新潟県・阿賀野川水系〔1級〕
12七森川　ななもりがわ
岡山県・吉井川水系〔1級〕
七番川　しちばんがわ
愛媛県・吉野川水系〔1級〕
七番割池　ななばんわりいけ
岐阜県海津市
七覚川　しちかくがわ
山梨県・富士川水系〔1級〕
七覚西川　しちかくにしがわ
山梨県・富士川水系〔1級〕
七間川　しちけんがわ
千葉県・新川水系〔2級〕
七隈川　ななくまがわ
福岡県・樋井川水系〔2級〕
13七滝川　ななたきがわ
岩手県・馬淵川水系

七滝川　ななたきがわ
秋田県・雄物川水系〔1級〕
七滝川　ななたきがわ
新潟県・信濃川水系〔1級〕
14七種川　なぐさがわ
兵庫県・市川水系〔2級〕
七箇川　しちこがわ
和歌山県・紀の川水系〔1級〕
15七線川　ななせんがわ
北海道・十勝川水系〔1級〕
七線川　ななせんがわ
北海道・増幌川水系〔2級〕
七線沢川　ななせんざわがわ
北海道・天塩川水系〔1級〕
七縄川　しちなわがわ
滋賀県・淀川水系〔1級〕
19七瀬川　しちせがわ
福島県・阿武隈川水系〔1級〕
七瀬川　ななせがわ
石川県・犀川水系
七瀬川　ななせがわ
福井県・九頭竜川水系〔1級〕
七瀬川　ななせがわ
京都府・淀川水系〔1級〕
七瀬川　ななせがわ
和歌山県・紀の川水系〔1級〕
七瀬川　ななせがわ
広島県・小瀬川水系〔1級〕
七瀬川　ななせがわ
大分県・大分川水系〔1級〕

【丁】

3丁川　ひのとがわ
秋田県・子吉川水系〔1級〕
丁川　ようろがわ
広島県・太田川水系〔1級〕
6丁后川　ちょうごうがわ
佐賀県・六角川水系〔1級〕
丁字ヶ谷川　ちょうじがたにがわ
愛媛県・重信川水系〔1級〕
11丁野木川　ちいのきがわ
滋賀県・淀川水系〔1級〕

【九】

2九々竜沢　くぐりゅうざわ
福島県・阿賀野川水系
九十九川　つくもがわ
群馬県・利根川水系〔1級〕
九十九川　つくもがわ
埼玉県・荒川（東京都・埼玉県）水系〔1級〕
九十川　くじゅうがわ
埼玉県・荒川（東京都・埼玉県）水系〔1級〕
九十瀬川《別》　くじゅうせがわ
福岡県・筑後川水系の巨瀬川
3九三川　きゅうさんがわ
岡山県・吉井川水系〔1級〕
九川《古》　くがわ
山梨県・富士川水系の貢川
九川川　くがわがわ
愛媛県・重信川水系〔1級〕
九川谷川　くかわだにがわ
新潟県・信濃川水系〔1級〕
4九戸川《古》　くのへがわ
岩手県・新井田川水系の瀬月内川
九日川　くにちがわ
岡山県・旭川水系
5九号川　きゅうごうがわ
北海道・十勝川水系〔1級〕
九田川　くでんがわ
山口県・椹野川水系〔2級〕
7九尾川　ほこのおがわ
熊本県・緑川水系
九尾谷水流　つずらおだにすいりゅう
奈良県・新宮川水系〔1級〕
九折川　つずらがわ
熊本県・球磨川水系
九折川　つずらがわ
大分県・大野川水系〔1級〕
九町新川　くちょうしんかわ
愛媛県・九町新川水系〔2級〕
九里川尻川　くりかわしりがわ
石川県・九里川尻川水系〔2級〕
8九沓川　くぐつがわ
岡山県・芦田川水系
9九品仏川　くほんぶつがわ
東京都・呑川水系〔2級〕
九郎沢川　くろうざわがわ
山形県・最上川水系〔1級〕
九重谷川　くじゅうだにがわ
和歌山県・新宮川水系〔1級〕
10九栗谷川　くぐりだにがわ
徳島県・吉野川水系〔1級〕
九竜川　くりゅうがわ
福島県・鮫川水系〔2級〕
九竜滝川　くりゅうだきがわ
福島県・夏井川水系〔2級〕
12九塚川　くずかがわ
鳥取県・日野川水系〔1級〕
九景川　くけがわ
島根県・十間川水系〔2級〕
九須町川　くすまちがわ
熊本県・菊池川水系
14九領川　くりょうがわ
静岡県・都田川水系〔2級〕

15九線川　きゅうせんがわ
北海道・天塩川水系〔1級〕
九線川　きゅうせんがわ
北海道・石狩川水系〔1級〕
九蔵川　くぞうがわ
岐阜県・木曾川水系〔1級〕
16九樹川　くじゅうがわ
高知県・渡川水系〔1級〕
九頭宇谷川　くずうだにがわ
徳島県・吉野川水系〔1級〕
九頭竜川　くずりゅうがわ
埼玉県・荒川（東京都・埼玉県）水系〔1級〕
九頭竜川　くずりゅうがわ
福井県・九頭竜川水系〔1級〕
19九瀬川　ここせがわ
宮崎県・大淀川水系〔1級〕

【二】

二の又川　にのまたがわ
高知県・渡川水系〔1級〕
二の又沢川　にのまたさわがわ
山形県・赤川水系
二の川　にのかわ
青森県・二の川水系〔2級〕
二の目潟　にのめがた
秋田県男鹿市
二の池　にのいけ
長野県木曽郡三岳村
二の沢川　にのさわがわ
北海道・石狩川水系〔1級〕
二の沢川　にのさわがわ
北海道・沙流川水系〔1級〕
二の沢川　にのさわがわ
北海道・ウエンナイ川水系〔2級〕
二の沢川　にのさわがわ
北海道・十勝川水系
二の沢川　にのさわがわ
北海道・石狩川水系
二の沢川　にのさわがわ
青森県・相坂川水系〔2級〕
二の沢川　にのさわがわ
山形県・最上川水系〔1級〕
二の沢川　にのさわがわ
栃木県・利根川水系〔1級〕
二の沢川　にのさわがわ
愛知県・北浜川水系〔2級〕
二の沢川　にのさわがわ
愛知県・北浜川水系
二の谷川　にのやがわ
愛知県・池尻川水系
二の谷川　にのたにがわ
島根県・高津川水系〔1級〕

二ヶ領本川　にがりょうほんがわ
神奈川県・多摩川水系〔1級〕
二タ間川　ふたまがわ
千葉県・二タ間川水系〔2級〕
二タ間瀬川　ふたませがわ
和歌山県・切目川水系〔2級〕
二ツ川　ふたつがわ
福島県・矢部川水系〔1級〕
二ツ川　ふたつがわ
京都府・筒川水系
二ツ川放水路　ふたつがわほうすいろ
福岡県・矢部川水系〔1級〕
二ツ石川　ふたついしがわ
岩手県・馬淵川水系〔1級〕
二ツ石川　ふたついしがわ
宮城県・鳴瀬川水系〔1級〕
二ツ石沢川　ふたついしざわがわ
宮城県・阿武隈川水系〔1級〕
二ツ屋川　ふたつやがわ
富山県・小矢部川水系〔1級〕
二ツ森川　ふたつもりがわ
青森県・高瀬川水系〔1級〕
二ノ又川　にのまたがわ
高知県・渡川水系
二ノ池　にのいけ
岐阜県益田郡小坂町
二ノ坂川　にのさかがわ
長崎県・谷江川水系〔2級〕
二ノ沢川　にのさわがわ
長野県・信濃川水系〔1級〕
二ノ谷川　にのたにがわ
兵庫県・千種川水系〔2級〕
二ノ谷川　にのたにがわ
宮崎県・大淀川水系
二ノ宮川　にのみやがわ
山口県・佐波川水系〔1級〕
2二十三号川　にじゅうさんごうがわ
北海道・天塩川水系〔1級〕
二十五線川　にじゅうごせんがわ
北海道・石狩川水系〔1級〕
二十里川　にじゅうりがわ
宮崎県・川内川水系〔1級〕
二又口　ふたまたぐち
岩手県・閉伊川水系
二又川　ふたまたがわ
岩手県・久慈川水系〔2級〕
二又川　ふたまたがわ
岩手県・閉伊川水系〔2級〕
二又川　ふたまたがわ
広島県・太田川水系〔1級〕
二又川　ふたまたがわ
広島県・沼田川水系

二又川　ふたまたがわ
福岡県・筑後川水系〔1級〕
二又沢　ふたまたざわ
青森県・田名部川水系
二又瀬川　ふたまたせがわ
大分県・大分川水系〔1級〕
3二万谷川　にまたにがわ
岡山県・高梁川水系〔1級〕
二口川　ふたくちがわ
石川県・舟橋川水系
二口沢　ふたくちざわ
新潟県・信濃川水系
二子沢川　ふたござわがわ
新潟県・信濃川水系〔1級〕
4二之河内川　にのかわちがわ
宮崎県・広渡川水系
二之瀬川　にのせがわ
三重県・員弁川水系〔2級〕
二升川　にしょうがわ
京都府・淀川水系
二反田川　にたんだがわ
茨城県・那珂川水系〔1級〕
二反田川　にたんだがわ
愛知県・庄内川水系
二反田川　にたんだがわ
鹿児島県・二反田川水系〔2級〕
二反地川　にたんちがわ
香川県・弘田川水系〔2級〕
二戸谷川　ふたとだにがわ
徳島県・吉野川水系〔1級〕
二日市川　ふつかいちがわ
石川県・大野川水系
二王谷川　におうだにがわ
和歌山県・紀の川水系〔1級〕
5二古川　ふたごがわ
秋田県・二古川水系〔2級〕
二号川　にごうがわ
北海道・石狩川水系〔1級〕
二四五川　にしごがわ
高知県・国分川水系
二本木川　にほんぎがわ
青森県・野辺地川水系
二本木沢川　にほんぎさわかわ
岩手県・甲子川水系
二本松川　にほんまつがわ
北海道・石狩川水系
二本梨川　にほんなしがわ
岩手県・二本梨川水系
二田川　ふただがわ
新潟県・鯖石川水系〔2級〕
二石川　ふたついしがわ
新潟県・信濃川水系〔1級〕
6二名川　にみょうがわ
愛媛県・仁淀川水系〔1級〕
二多合川　ふたごうがわ
島根県・江の川水系〔1級〕
二庄内川　にしょうないがわ
青森県・岩木川水系〔1級〕
二江川　ふたえがわ
熊本県・二江川水系
二百石川　にひゃっこくがわ
広島県・沼田川水系〔2級〕
二百石川　にひゃっこくがわ
広島県・沼田川水系
二色川　にしきがわ
和歌山県・二色川水系〔2級〕
7二串川　ふたくしがわ
大分県・筑後川水系〔1級〕
二位殿川　にいどのがわ
新潟県・二位殿川水系〔2級〕
二岐沢　ふたまたさわ
新潟県・阿賀野川水系
二岐沢川　ふたまたざわがわ
北海道・沙流川水系〔1級〕
二条川　にじょうがわ
静岡県・青野川水系〔2級〕
二条川　にじょうがわ
島根県・高津川水系〔1級〕
二見川　ふたみがわ
島根県・二見川水系〔2級〕
二見川　ふたみがわ
山口県・二見川水系〔2級〕
二見川　ふたみがわ
熊本県・二見川水系〔2級〕
二見沢　ふたみざわ
北海道・石狩川水系
二里川　にりがわ
北海道・石狩川水系〔1級〕
8二和川　ふたわがわ
千葉県・利根川水系
二河川　にこうがわ
和歌山県・二河川水系〔2級〕
二河川　にこうがわ
広島県・二河川水系〔2級〕
二河内川　にこうちがわ
三重県・奥川水系〔2級〕
二股川　ふたまたがわ
北海道・天塩川水系〔1級〕
二股川　ふたまたがわ
北海道・石狩川水系〔1級〕
二股川　ふたまたがわ
北海道・石狩川水系
二股川　ふたまたがわ
岩手県・北上川水系〔1級〕

二股川　ふたまたがわ
長崎県・多以良川水系〔2級〕
二股川　ふたまたがわ
鹿児島県・肝属川水系〔1級〕
二股谷川　ふたまただにがわ
徳島県・吉野川水系〔1級〕
二股瀬川　ふたまたせがわ
愛媛県・渡川水系〔1級〕
二迫川　にのはざまがわ
宮城県・北上川水系〔1級〕
9二俣川　ふたまたがわ
北海道・太櫓川水系〔2級〕
二俣川　ふたまたがわ
静岡県・天竜川水系〔1級〕
二俣川　ふたまたがわ
島根県・高津川水系〔1級〕
二俣川　ふたまたがわ
鹿児島県・永吉川水系〔2級〕
二俣沢川　ふたまたさわがわ
新潟県・信濃川水系〔1級〕
二段田川　にだんたがわ
長野県・木曾川水系〔1級〕
二津留川　ふたずるがわ
熊本県・五ヶ瀬川水系
二津野谷　ふたつのたに
奈良県・新宮川水系〔1級〕
二神川　ふたかみがわ
茨城県・利根川水系〔1級〕
二重川　ふたえがわ
千葉県・利根川水系〔1級〕
二重川　ふたえがわ
千葉県・利根川水系
二重川　ふたえがわ
滋賀県・淀川水系〔1級〕
二風谷川　にぶたたにがわ
北海道・沙流川水系〔1級〕
10二宮川　にのみやがわ
新潟県・信濃川水系〔1級〕
二宮川　にのみやがわ
石川県・二宮川水系〔2級〕
二料谷川　にりょうだにがわ
京都府, 大阪府・淀川水系
二流沢川　ふたながれさわがわ
宮城県・名取川水系〔1級〕
11二鹿来川　にかきがわ
熊本県・菊池川水系〔1級〕
12二越川　ふたごえがわ
北海道・二越川水系
15二線川　にせんがわ
北海道・石狩川水系〔1級〕
19二瀬元川　にせもとがわ
鹿児島県・菱田川水系〔2級〕
二瀬本川　にせもとがわ
熊本県・五ヶ瀬川水系

【人】

4人切川　ひときりがわ
熊本県・菊池川水系
7人谷川　ひとだにがわ
京都府・由良川水系
8人取川《古》　ひととりがわ
滋賀県・淀川水系の愛知川
9人柱川　ひとばしらがわ
長崎県・人柱川水系〔2級〕
人津谷川　ひとつだにがわ
富山県・常願寺川水系〔1級〕
人首川　ひとかべがわ
岩手県・北上川水系〔1級〕
人首川　ひとかべがわ
岩手県・北上川水系
13人数川　ひとかずがわ
山口県・田布施川水系〔2級〕

【入】

入こん川　いりこんがわ
新潟県・姫川水系〔1級〕
入の沢川　いりのさわがわ
山梨県・富士川水系〔1級〕
入ヶ谷川　いりがだにがわ
島根県・高津川水系
入ノ沢川　いりのさわがわ
新潟県・信濃川水系〔1級〕
入ノ谷川　いりのたにがわ
富山県・神通川水系〔1級〕
3入山川　いりやまがわ
福島県・阿武隈川水系
入山川　いりやまがわ
福島県・夏井川水系
入山川　いりやまがわ
群馬県・利根川水系〔1級〕
入山川　いりやまがわ
山梨県・相模川水系〔1級〕
入山川　いりやまがわ
愛知県・矢作川水系〔1級〕
入山川　いりやまがわ
京都府・竹野川水系
入山沢　いりやまさわ
福島県・阿賀野川水系
入山沢　いりやまさわ
群馬県・利根川水系
入山沢川　いりやまさわがわ
群馬県・利根川水系〔1級〕
入山沢川　いりやまさわがわ
新潟県・信濃川水系〔1級〕

入山沢川　いりやまさわがわ
長野県・天竜川水系〔1級〕
入川　いりがわ
福島県・阿武隈川水系〔1級〕
入川　にゅうがわ
新潟県・入川水系〔2級〕
入川　いりがわ
富山県・角川水系〔2級〕
入川　いりがわ
富山県・入川水系〔2級〕
入川　いりがわ
静岡県・富士川水系〔1級〕
入川《古》　いりがわ
静岡県・初川水系の初川
入川　いりがわ
愛知県・矢作川水系
4入内川　にゅうないがわ
青森県・堤川水系〔2級〕
入木川　ゆるぎがわ
高知県・入木川水系〔2級〕
5入出太田川　いりでおおたがわ
静岡県・都田川水系〔2級〕
入四間川　いりしけんがわ
茨城県・久慈川水系〔1級〕
入田川　いりだがわ
静岡県・狩野川水系〔1級〕
入田茂沢川　いりたもざわがわ
山形県・最上川水系〔1級〕
6入寺川　にゅうじがわ
広島県・沼田川水系〔2級〕
入寺川　にゅうじがわ
愛媛県・千丈川水系〔2級〕
入江川　いりえがわ
愛知県・入江川水系
入江川　いりえがわ
滋賀県・淀川水系〔1級〕
入江川　いりえがわ
佐賀県・塩田川水系〔2級〕
7入佐川　いりさがわ
兵庫県・円山川水系〔1級〕
入志別川　にうしべつがわ
北海道・石狩川水系〔1級〕
入沢川　いりさわがわ
群馬県・利根川水系〔1級〕
入沢川　いりさわがわ
愛知県・矢作川水系
入沢川　いりさわがわ
高知県・仁淀川水系〔1級〕
入沢谷川　いりさわたにがわ
群馬県・利根川水系〔1級〕
入見内川　いりみないがわ
秋田県・雄物川水系〔1級〕
入谷川　いりたにがわ
静岡県・稲取大川水系
入谷川　いりたにがわ
三重県・新宮川水系〔1級〕
入谷川　いりたにがわ
滋賀県・淀川水系〔1級〕
入谷川　いりたにがわ
和歌山県・切目川水系〔2級〕
入谷川　いりたにがわ
山口県・阿武川水系〔2級〕
8入河沢川　いりこうぞうがわ
新潟県・柿崎川水系〔2級〕
9入洞川　にゅうどうがわ
静岡県・狩野川水系〔1級〕
10入原川　いりはらがわ
福島県・阿賀野川水系〔1級〕
11入貫川　にゅうかんがわ
兵庫県・三原川水系〔2級〕
入郷川　いりごうがわ
栃木県・那珂川水系〔1級〕
入野川　にゅうのがわ
広島県・沼田川水系〔2級〕
入鹿別川　いりしかべつがわ
北海道・入鹿別川水系〔2級〕
12入道川　にゅうどうがわ
岡山県・吉井川水系
入道川　にゅうどうがわ
熊本県・菊池川水系
入道川　にゅうどうがわ
大分県・筑後川水系〔1級〕
入道沼　にゅうどうぬま
滋賀県・淀川水系〔1級〕
入間川　いるまがわ
埼玉県・荒川（東京都・埼玉県）水系〔1級〕
入間川　いりまがわ
東京都・多摩川水系〔1級〕
入間川　いりまがわ
新潟県・信濃川水系〔1級〕
入間川　いりまがわ
岐阜県・木曾川水系〔1級〕
入間川　いるまがわ
静岡県・青野川水系
13入遠野川　いりとおのがわ
福島県・鮫川水系〔2級〕
14入増川　いりましがわ
山梨県・富士川水系〔1級〕
入樋川　いりひがわ
香川県・財田川水系〔2級〕
16入鴨川　いりかもがわ
熊本県・球磨川水系〔1級〕

【八】

八ヶ川　はっかがわ
石川県・八ヶ川水系〔2級〕
八ヶ川　はっかがわ
福井県・九頭竜川水系〔1級〕
八ヶ村江川　やがむらえがわ
宮城県・北上川水系〔1級〕
八ヶ藪川　はちがやぶがわ
熊本県・菊池川水系
八ツ口洞川　やつぐちほらがわ
愛知県・矢作川水系
八ツ手川　やつでがわ
長野県・天竜川水系〔1級〕
八ツ木川　やつきがわ
島根県・江の川水系〔1級〕
八ツ沼川　やつぬまがわ
山形県・最上川水系
八ツ森沢　やつもりざわ
宮城県・鳴瀬川水系
八ツ瀬川　やつせがわ
東京都・八ツ瀬川水系〔2級〕
八ノ谷川　はちのたにがわ
高知県・安芸川水系〔2級〕
1八乙女川　やおとめがわ
宮城県・七北田川水系〔2級〕
2八丁川　はっちょうがわ
石川県・梯川水系〔1級〕
八丁川　はっちょうがわ
愛媛県・肱川水系〔1級〕
八丁地川　はっちょうじがわ
長野県・信濃川水系〔1級〕
八丁池　はっちょういけ
静岡県田方郡天城湯ヶ島町
八丁谷川　はっちょうだにがわ
徳島県・吉野川水系〔1級〕
八丁滝　はっちょうのたき
群馬県・利根川水系〔1級〕
八十川　やそがわ
三重県・八十川水系〔2級〕
八十刈沢川　はちじゅうがりさわがわ
山形県・最上川水系
八十岡川　やそおかがわ
静岡県・安倍川水系〔1級〕
3八千川　やちがわ
新潟県・八千川水系〔2級〕
八千代川　やちよがわ
北海道・石狩川水系〔1級〕
八千代川　やちよがわ
島根県・八千代川水系〔2級〕
八千数川　はっせんずがわ
高知県・渡川水系〔1級〕
八子川　はちごがわ
愛知県・豊川水系
4八双田川　はっそうだがわ
宮崎県・一ツ瀬川水系〔2級〕
八反川　はったんがわ
茨城県・里根川水系〔2級〕
八反川　はつたんがわ
岡山県・奥山川水系〔2級〕
八反田川　はったんだがわ
福島県・阿武隈川水系〔1級〕
八反田川　はったんだがわ
栃木県・那珂川水系〔1級〕
八反田川　はったんだがわ
石川県・大野川水系
八反田川　はったんだがわ
愛知県・大川水系
八反田川　はったんだがわ
京都府・竹野川水系
八反地川　はったんじがわ
愛媛県・大谷川水系〔2級〕
八天川　はってんがわ
長崎県・本明川水系〔1級〕
八尺川　はっしゃくがわ
岐阜県・木曽川水系〔1級〕
八戸川　やとがわ
島根県・斐伊川水系〔1級〕
八戸川　やとがわ
島根県・江の川水系〔1級〕
八戸地川　はとじがわ
京都府・由良川水系〔1級〕
八戸沢川　はっこざわがわ
北海道・鵡川水系〔1級〕
八手俣川　はてまたがわ
三重県・雲出川水系〔1級〕
八日市川　ようかいちがわ
石川県・新堀川水系〔2級〕
八日市川　ようかいちがわ
岐阜県・木曽川水系〔1級〕
八木山川　やぎやまがわ
福岡県・遠賀川水系〔1級〕
八木川　やぎがわ
北海道・八木川水系
八木川　やぎがわ
兵庫県・円山川水系〔1級〕
八木川　やぎがわ
広島県・沼田川水系
八木沢　やぎさわ
岩手県・久慈川水系
八木沢大川　やぎさわおおかわ
静岡県・八木沢大川水系〔2級〕
八木沢川　やぎさわがわ
岩手県・八木沢川水系〔2級〕

八木沢川　やぎさわがわ
岩手県・新井田川水系
八木沢川　やぎさわがわ
岩手県・八木沢川水系
八木沢川　やぎさわがわ
岩手県・北上川水系
八木沢川　やぎざわがわ
山形県・最上川水系〔1級〕
八木沢川　やぎさわがわ
山梨県・富士川水系〔1級〕
八木沢川　やぎさわがわ
長野県・信濃川水系〔1級〕
八木沢川　やぎさわがわ
静岡県・八木沢川水系〔2級〕
八木谷川　やぎだにがわ
兵庫県・円山川水系〔1級〕
八木谷川　はちぎだにがわ
島根県・高津川水系〔1級〕
八木巻川　やぎまきがわ
岩手県・北上川水系〔1級〕
八王子川　はちおうじがわ
三重県・櫛田川水系〔1級〕
八王子池　はちおうじいけ
滋賀県甲南町
八王寺川　はちおうじがわ
滋賀県・淀川水系〔1級〕
5八代川　やしろがわ
兵庫県・円山川水系〔1級〕
八代川　やしろがわ
兵庫県・円山川水系〔1級〕
八代川　やしろがわ
島根県・斐伊川水系〔1級〕
八代川　やしろがわ
島根県・江の川水系
八代川　やしろがわ
愛媛県・千丈川水系〔2級〕
八代川放水路　やしろがわほうすいろ
兵庫県・円山川水系〔1級〕
八代沢川　やしろさわがわ
長野県・信濃川水系〔1級〕
八号川　はちごうがわ
北海道・石狩川水系〔1級〕
八号沢川　はちごうさわがわ
北海道・古丹別川水系〔2級〕
八尻川　やおじりがわ
愛知県・矢作川水系
八田川　はったがわ
秋田県・雄物川水系〔1級〕
八田川　はったがわ
石川県・御祓川水系
八田川　はったがわ
愛知県・庄内川水系〔1級〕
八田川　はったがわ
滋賀県・淀川水系〔1級〕
八田川　はったがわ
京都府・由良川水系〔1級〕
八田川　はったがわ
京都府・淀川水系〔1級〕
八田川　はったがわ
京都府・由良川水系
八田川　はつたがわ
佐賀県・八田川水系〔2級〕
八田川北流　はったがわほくりゅう
滋賀県・淀川水系〔1級〕
八田平川　やたひらがわ
愛知県・梅田川水系
八田江　はったえ
佐賀県・嘉瀬川水系〔1級〕
八田部川　はたべがわ
滋賀県・淀川水系〔1級〕
6八多川　はたがわ
兵庫県・武庫川水系〔2級〕
八多川　はたがわ
徳島県・勝浦川水系〔2級〕
八糸川　やいとがわ
山梨県・富士川水系〔1級〕
7八坂川　やさかがわ
兵庫県・円山川水系
八坂川　やさかがわ
大分県・八坂川水系〔2級〕
八坂野川　やさかのがわ
福島県・阿賀野川水系
八対野川　はったいのがわ
三重県・雲出川水系〔1級〕
八尾川　やびがわ
島根県・八尾川水系〔2級〕
八尾川放水路　やおがわほうすいろ
島根県・八尾川水系〔2級〕
八折川　やおれがわ
熊本県・球磨川水系
八束川　やつかがわ
群馬県・利根川水系〔1級〕
八村川　やむらがわ
愛知県・蜆川水系
八沢川　やさわがわ
宮城県・北上川水系〔1級〕
八沢川　やさわがわ
長野県・木曾川水系〔1級〕
八社川　やさがわ
岡山県・吉井川水系〔1級〕
八谷川　はつたにがわ
熊本県・菊池川水系
8八並川　やつなみがわ
福岡県・釣川水系〔2級〕

八岡川　やつおかがわ
新潟県・信濃川水系〔1級〕
八房川　やふさがわ
鹿児島県・八房川水系〔2級〕
八東川　はっとうがわ
鳥取県・千代川水系〔1級〕
八枚戸川　はちまいどがわ
熊本県・八枚戸川水系〔2級〕
八河川　やこうがわ
愛媛県・肱川水系〔1級〕
八河谷川　やこうだにがわ
鳥取県・千代川水系〔1級〕
9八愳川　はっしゃくがわ
群馬県・利根川水系〔1級〕
八屋戸川　はちやどがわ
滋賀県・淀川水系〔1級〕
八峡川　やかいがわ
宮崎県・五ヶ瀬川水系〔1級〕
八峡川　やかいがわ
宮崎県・耳川水系
八栄川　やさかがわ
京都府・淀川水系
八柳川　はちやながわ
熊本県・波多川水系〔2級〕
八柳川　はちやながわ
熊本県・波多川水系
八津川　やつがわ
宮城県・北上川水系〔1級〕
八津沢《古》　やつざわ
静岡県・富士川水系の谷津沢川
八神池　やがみいけ
岐阜県羽島市
八草川　はっそうがわ
岐阜県・木曾川水系〔1級〕
八郎川　はちろうがわ
長崎県・八郎川水系〔2級〕
八郎沢　はちろうざわ
山梨県・富士川水系
八郎沼　はちろうぬま
北海道大野町
八郎沼　はちろうぬま
岩手県胆沢郡金ヶ崎町
八郎潟　はちろうがた
秋田県南秋田郡八郎潟町
八重久保川　やえくぼがわ
長野県・信濃川水系〔1級〕
八重川　やえがわ
山口県・厚東川水系〔2級〕
八重川　やえがわ
宮崎県・大淀川水系〔1級〕
八重尾谷川　やえおだにがわ
宮崎県・大淀川水系〔1級〕
八重沢川　やえざわがわ
北海道・湧別川水系〔1級〕
八重沢川　やえざわがわ
新潟県・鯖石川水系〔2級〕
八重沢川　やえざわがわ
静岡県・安倍川水系〔1級〕
八重谷沈砂池　やえだにちんしゃいけ
滋賀県竜王市
八重河内川　やえかわちがわ
長野県・天竜川水系〔1級〕
八風川　はっぷうがわ
滋賀県・淀川水系〔1級〕
10八原毛川　やはらげがわ
徳島県・椿川水系〔2級〕
八家川　やかがわ
兵庫県・八家川水系〔2級〕
八島川　やしまがわ
福島県・阿武隈川水系〔1級〕
八島川　やしまがわ
三重県・鈴鹿川水系〔1級〕
八島川《別》　やしまがわ
島根県・堀川水系の古内藤川
八竜川　はちりゅうがわ
山形県・最上川水系
11八蛇川　やじゃがわ
長野県・信濃川水系〔1級〕
八貫水川　はちかんみずがわ
熊本県・菊池川水系
八鳥川　はっとりがわ
奈良県・紀の川水系〔1級〕
八鳥川　はっとりがわ
広島県・江の川水系〔1級〕
12八塔寺川　はっとうじがわ
岡山県・吉井川水系〔1級〕
八壺川　やつぼがわ
三重県・雲出川水系〔1級〕
八景ノ池　はっけいのいけ
青森県西津軽郡岩崎村
八番川　はちばんがわ
京都府・淀川水系
八葉寺川　はっしょうじがわ
鳥取県・勝部川水系〔2級〕
八間川　はちけんがわ
島根県・斐伊川水系〔1級〕
八間川　はちけんがわ
熊本県・八間川水系〔2級〕
八間川　はちけんがわ
鹿児島県・川内川水系〔1級〕
八間堀川　はっけんぼりがわ
茨城県・利根川水系〔1級〕
13八勢川　やせがわ
熊本県・緑川水系〔1級〕

八塩沢川　やしおざわがわ
秋田県・子吉川水系〔1級〕
八溝川　やみぞがわ
茨城県・久慈川水系〔1級〕
八滝川　やたきがわ
奈良県・淀川水系〔1級〕
14八箇川《別》　はっかがわ
石川県・八ヶ川水系の八ヶ川
15八幡二十五線川　やはたにじゅうごせんがわ
北海道・石狩川水系〔1級〕
八幡川　はちまんがわ
宮城県・八幡川水系〔2級〕
八幡川　やはたがわ
山形県・最上川水系〔1級〕
八幡川　はちまんがわ
群馬県・利根川水系〔1級〕
八幡川　やはたがわ
富山県・庄川水系〔1級〕
八幡川　はちまんがわ
富山県・白岩川水系〔2級〕
八幡川　はちまんがわ
石川県・八幡川水系
八幡川　やわたがわ
石川県・八幡川水系
八幡川　やわたがわ
愛知県・八幡川水系〔2級〕
八幡川　はちまんがわ
愛知県・八幡川水系
八幡川　やはたがわ
愛知県・免々田川水系
八幡川　はちまんがわ
滋賀県・淀川水系〔1級〕
八幡川　はちまんがわ
京都府・淀川水系
八幡川　はちまんがわ
奈良県・紀の川水系〔1級〕
八幡川　やわたがわ
島根県・斐伊川水系〔1級〕
八幡川　やはたがわ
広島県・芦田川水系〔1級〕
八幡川　はちまんがわ
広島県・太田川水系〔1級〕
八幡川　やはたがわ
広島県・太田川水系〔1級〕
八幡川　やはたがわ
広島県・八幡川水系〔2級〕
八幡川　やはたがわ
広島県・永田川水系
八幡川　やはたがわ
徳島県・吉野川水系〔1級〕
八幡川　はちまんがわ
佐賀県・塩田川水系〔2級〕
八幡川　はちまんがわ
大分県・竹田川水系〔2級〕
八幡川　はちまんがわ
鹿児島県・八幡川水系〔2級〕
八幡川放水路　はちまんがわほうすいろ
広島県・太田川水系〔1級〕
八幡沢川　はちまんざわがわ
岩手県・北上川水系
八幡沢川　はちまんざわがわ
山梨県・富士川水系〔1級〕
八幡谷川　はちまんだにがわ
兵庫県・加古川水系〔1級〕
八幡沼　はちまんぬま
岩手県岩手郡安代町
八幡堂川　はちまんどうがわ
山形県・最上川水系〔1級〕
八線川　はっせんがわ
北海道・天塩川水系〔1級〕
八線川　はっせんがわ
北海道・石狩川水系〔1級〕
16八橋川　やばせがわ
鳥取県・八橋川水系〔2級〕
17八講川　はっこうがわ
富山県・小矢部川水系〔1級〕
八鍬沢川　やくわざわがわ
山形県・最上川水系〔1級〕
19八瀬川　やせがわ
宮城県・大川水系〔2級〕
八瀬川　やせがわ
宮城県・大川水系
八瀬川　やせがわ
群馬県・利根川水系〔1級〕
八瀬川放水路　やつせがわほうすいろ
群馬県・利根川水系〔1級〕
八瀬沢　やつせざわ
秋田県・雄物川水系

【刀】

12刀落川　かたなおとしがわ
熊本県・菊池川水系

【力】

3力川　ちからがわ
愛知県・西田川水系〔2級〕
力川　ちからがわ
愛知県・西田川水系
5力石川　ちからいしがわ
岐阜県・木曾川水系〔1級〕
力石川　ちからいしがわ
愛知県・矢作川水系〔1級〕
力石川　ちからいしがわ
京都府・竹野川水系〔2級〕

力石川　ちからいしがわ
高知県・渡川水系〔1級〕
7力沢谷川　りきさわたにがわ
島根県・江の川水系〔1級〕
9力持川　ちからもちがわ
岩手県・力持川水系

【十】

十ヶ川　じゅっかがわ
愛知県・十ヶ川水系〔2級〕
十ヶ谷川　じゅうがたにがわ
熊本県・緑川水系
十ヶ坪池　とがつぼいけ
滋賀県安曇川町
1十一川　じゅういちがわ
滋賀県・淀川水系〔1級〕
十一号川　じゅういちごうがわ
北海道・石狩川水系〔1級〕
十一線沢川　じゅういっせんざわがわ
北海道・湧別川水系
2十七川　じゅうしちがわ
岡山県・旭川水系〔1級〕
十七谷川　じゅうしちやがわ
愛知県・汐川水系
十七谷川　じゅうしちたにがわ
山口県・佐波川水系〔1級〕
十丁川　じゅっちょうがわ
愛媛県・肱川水系〔1級〕
十二川　じゅうにがわ
新潟県・名立川水系〔2級〕
十二川　じゅうにがわ
奈良県・大和川水系〔1級〕
十二沢　じゅうにさわ
群馬県・利根川水系
十二沢川　じゅうにさわがわ
新潟県・信濃川水系〔1級〕
十二町潟　じゅうにちょうがた
富山県氷見市
十二町潟　じゅうにちょうがた
富山県・仏生寺川水系
十二潟　じゅうにがた
新潟県豊栄市、横越村
十二線川　じゅうにせんがわ
北海道・天塩川水系〔1級〕
十二線川　じゅうにせんがわ
北海道・留萌川水系〔1級〕
十二線川　じゅうにせんがわ
北海道・石狩川水系〔1級〕
十人川　じゅうにんがわ
石川県・犀川水系〔2級〕
十人川　じゅうにんがわ
石川県・犀川水系

十八号沢川　じゅうはちごうざわがわ
北海道・常呂川水系〔1級〕
十八線川　じゅうはっせんがわ
北海道・石狩川水系〔1級〕
3十三湖　じゅうさんこ
青森県・岩木川水系
十三墓岐川　じゅうさんぼぎがわ
岐阜県・神通川水系〔1級〕
十三線川　じゅうさんせんがわ
北海道・石狩川水系〔1級〕
十丈又川　じゅうじょうまたがわ
和歌山県・日置川水系〔2級〕
十川　とがわ
青森県・岩木川水系〔1級〕
4十五号川　じゅうごごうがわ
北海道・石狩川水系〔1級〕
十五線川　じゅうごせんがわ
北海道・留萌川水系〔1級〕
十五線川　じゅうごせんがわ
北海道・石狩川水系〔1級〕
十六川　じゅうろくがわ
京都府・淀川水系
十六町川《別》　じゅうろくちょうがわ
福岡県・十郎川水系の十郎川
十六線川　じゅうろくせんがわ
北海道・天塩川水系〔1級〕
十文字川　じゅうもんじがわ
岩手県・馬淵川水系〔1級〕
十文字川　じゅうもんじがわ
千葉県・真亀川水系〔2級〕
十文字川　じゅうもんじがわ
新潟県・落堀川水系〔2級〕
十文字川　じゅうもんじがわ
兵庫県・揖保川水系〔1級〕
十日川　とうかがわ
北海道・十勝川水系〔1級〕
十日川　とおかがわ
千葉県・利根川水系〔1級〕
十王川　じゅうおうがわ
茨城県・十王川水系〔2級〕
十王川　じゅうおうがわ
鳥取県・千代川水系〔1級〕
十王沢川　じゅうおうざわがわ
長野県・木曾川水系〔1級〕
十王堂沢川　じゅうおうどうさわがわ
長野県・天竜川水系〔1級〕
5十四号川　じゅうよんごうがわ
北海道・石狩川水系〔1級〕
十四線川　じゅうよんせんがわ
北海道・天塩川水系〔1級〕
十四線川　じゅうよんせんがわ
北海道・石狩川水系〔1級〕

十四瀬川　とよせがわ
長野県・天竜川水系〔1級〕
十市川　とうちがわ
高知県・十市川水系〔2級〕
十弗川　とうふつがわ
北海道・十勝川水系〔1級〕
十田川　とうだがわ
高知県・新川川水系〔2級〕
十石川　じゅっこくがわ
福島県・夏井川水系〔2級〕
十石川　じゅっこくがわ
福島県・夏井川水系
7十町川　じっちょうがわ
熊本県・菊池川水系〔1級〕
十町川　じゅっちょうがわ
熊本県・菊池川水系
十角川　とすみがわ
大分県・大野川水系〔1級〕
8十和田湖　とわだこ
青森県, 秋田県・相坂川水系〔2級〕
9十津川　とつかわ
奈良県, 和歌山県, 三重県・新宮川水系
十津川　とつがわ
福岡県・今川水系〔2級〕
十郎川　じゅうろうがわ
山梨県・富士川水系〔1級〕
十郎川　じゅうろうがわ
広島県・野呂川水系
十郎川　じゅうろうがわ
山口県・佐波川水系〔1級〕
十郎川　じゅうろうがわ
福岡県・十郎川水系〔2級〕
10十倉川　とくらがわ
京都府・由良川水系
十島川　とおしまがわ
山梨県・富士川水系〔1級〕
十時川　とときがわ
大分県・大野川水系〔1級〕
十根川　とねがわ
宮崎県・耳川水系〔2級〕
十連防川　じゅうれんぼうがわ
愛媛県・肱川水系〔1級〕
11十曽川　じゅっそがわ
鹿児島県・川内川水系〔1級〕
十貫川　じゅっかんがわ
石川県・犀川水系
12十勝川　とかちがわ
北海道・十勝川水系〔1級〕
十勝静内川　とかちしずないがわ
北海道・十勝川水系〔1級〕
十間川　じっけんがわ
島根県・十間川水系〔2級〕
13十禅寺川　じゅうぜんじがわ
滋賀県・淀川水系〔1級〕
15十線川　じゅっせんがわ
北海道・天塩川水系〔1級〕
十線川　じゅっせんがわ
北海道・石狩川水系〔1級〕
十線川　じゅっせんがわ
北海道・石狩川水系

【又】

3又口川　またぐちがわ
三重県・銚子川水系〔2級〕
4又井川　またいがわ
大分県・大野川水系〔1級〕
又木の沢　またぎのさわ
北海道・遠別川水系
5又右エ門川　またうえもんがわ
山形県・最上川水系〔1級〕
6又江の原川　またえのはらがわ
宮崎県・小丸川水系〔1級〕
7又沢川　またさわがわ
静岡県・狩野川水系〔1級〕
又谷川　まただにがわ
高知県・渡川水系
11又野川　またのがわ
愛媛県・又野川水系〔2級〕

3 画

【下】

下の川　しものかわ
福島県・阿武隈川水系
下の川　しものかわ
和歌山県・日置川水系〔2級〕
下の川　しものがわ
熊本県・白川水系
下の川　しものかわ
大分県・大野川水系〔1級〕
下の川支流　しものかわしりゅう
熊本県・白川水系
下の江川　したのえがわ
大分県・下の江川水系〔2級〕
下の沢　しものさわ
福島県・阿賀野川水系〔1級〕
下の沢　しものさわ
新潟県・信濃川水系
下の沢　しものさわ
静岡県・太田川水系
下の沢川　しものさわがわ
北海道・後志利別川水系〔1級〕

下の沢川　しものさわがわ
岩手県・北上川水系
下の沢川　しものさわがわ
新潟県・信濃川水系〔1級〕
下の谷川　しものたにがわ
京都府・野田川水系
下の谷川　しものたにがわ
島根県・高津川水系〔1級〕
下の谷川　しものたにがわ
宮崎県・大淀川水系〔1級〕
下の宮川　しものみやがわ
兵庫県・円山川水系〔1級〕
下も滝川　しもたきがわ
新潟県・信濃川水系
下り池　くだりいけ
岐阜県海津市
下り沢川　くだりさわがわ
静岡県・狩野川水系〔1級〕
下り松川　さがりまつがわ
愛知県・猿渡川水系〔2級〕
下り松川　さがりまつがわ
広島県・江の川水系
下り茅川　くだりかやがわ
岡山県・吉井川水系
下エベコロベツ川　しもえべころべつがわ
北海道・天塩川水系〔1級〕
下コビソ谷川　しもこびそだにがわ
高知県・吉野川水系〔1級〕
下ドドメキ川　しもどどめきがわ
北海道・茂辺地川水系
下ノ加江川　しものかえがわ
高知県・下ノ加江川水系〔2級〕
下ノ沢川　したのさわがわ
新潟県・阿賀野川水系〔1級〕
下ノ谷川　しものたにがわ
富山県・神通川水系〔1級〕
下ハカイマップ川　しもはかいまっぷがわ
北海道・後志利別川水系〔1級〕
下ホロカビリベツ川　しもほろかびりべつがわ
北海道・十勝川水系〔1級〕
下ポン木直川　しもぽんきなおしがわ
北海道・ポン木直川水系
下ヤルカラ川　しもやるからがわ
北海道・沙留川水系
下ル川　くだるがわ
高知県・渡川水系〔1級〕
下ワシップ川　しもわしっぷがわ
北海道・十勝川水系〔1級〕
2下二股沢　しもふたまたざわ
北海道・大野川水系
下二股沢　しもふたまたざわ
青森県・奥戸川水系
下八間川　しもはちけんがわ
千葉県・利根川水系〔1級〕
3下上郷川　しもかみごがわ
熊本県・緑川水系〔1級〕
下久所川　しもくじょがわ
大分県・丹生川水系〔2級〕
下夕日浦川　しもゆうひうらがわ
愛媛県・肱川水系〔1級〕
下大井田川　しもおおいたがわ
新潟県・信濃川水系〔1級〕
下大沢　しもおおさわ
静岡県・稲生沢川水系
下大野川　しもおおのがわ
新潟県・姫川水系〔1級〕
下大野川　しもおおのがわ
愛媛県・渡川水系〔1級〕
下大野川　しもおおのがわ
熊本県・二見川水系〔2級〕
下小坂川　しもおさかがわ
大分県・大野川水系〔1級〕
下小笠川　しもおがさがわ
静岡県・菊川水系〔1級〕
下小檜沢川　したこびさわがわ
福島県・阿賀野川水系〔1級〕
下山川　しもやまがわ
神奈川県・下山川水系〔2級〕
下山川　しもやまがわ
新潟県・阿賀野川水系〔1級〕
下山川　しもやまがわ
新潟県・北狄川水系〔2級〕
下山川　しもやまがわ
滋賀県・淀川水系〔1級〕
下山川　しもやまがわ
岡山県・吉井川水系〔1級〕
下山川　したやまがわ
熊本県・下津深江川水系
下山川　しもやまがわ
宮崎県・石崎川水系
下山北沢川　しもやまきたざわがわ
山梨県・富士川水系〔1級〕
下山沢川　しもやまさわがわ
福島県・阿賀野川水系〔1級〕
下山沢川　しもやまざわがわ
長野県・木曾川水系〔1級〕
下川　しもがわ
群馬県・利根川水系〔1級〕
下川　しもがわ
京都府・淀川水系
下川　しもがわ
兵庫県・加古川水系〔1級〕
下川　しもかわ
和歌山県・日高川水系〔2級〕

下川　しもがわ
愛媛県・渡川水系〔1級〕

下川パンケ川　しもかわぱんけがわ
北海道・天塩川水系〔1級〕

下川ペンケ川　しもかわぺんけがわ
北海道・天塩川水系〔1級〕

下川川　しもかわがわ
愛媛県・金生川水系〔2級〕

下川川　しもかわがわ
高知県・吉野川水系〔1級〕

下弓削川　しもゆげがわ
福岡県・筑後川水系〔1級〕

4下中川　しもなかがわ
愛媛県・渡川水系〔1級〕

下井川　しもゆがわ
高知県・香宗川水系〔2級〕

下井手川　しもいでがわ
京都府・淀川水系

下井手川　しもいでがわ
香川県・下井手川水系〔2級〕

下井出川　しもいでがわ
山梨県・富士川水系〔1級〕

下内川　しもないがわ
秋田県・米代川水系〔1級〕

下切久保沢川　しもきりくぼさわがわ
山梨県・富士川水系〔1級〕

下切川　しもきりがわ
高知県・渡川水系

下切川　したぎりがわ
熊本県・五ヶ瀬川水系

下太田川　しもおおたがわ
岩手県・北上川水系

下天神沢川　しもてんじんさわがわ
山梨県・富士川水系〔1級〕

下手賀川　しもてががわ
千葉県・利根川水系〔1級〕

下手賀沼　しもてがぬま
千葉県・利根川水系〔1級〕

下日余沢川　しもひよさわがわ
愛知県・天竜川水系

下木沢　しもきざわ
青森県・宿野辺川水系

下木直川　しもきなおしがわ
北海道・木直川水系

下牛首別川　しもうししゅべつがわ
北海道・十勝川水系〔1級〕

5下出川　しもでがわ
石川県・二宮川水系

下出耕地川　しもでこうちがわ
三重県・五ヶ所川水系

下市川　しもいちがわ
鳥取県・下市川水系〔2級〕

下市川　しもいちがわ
岡山県・旭川水系〔1級〕

下布施川　しもふせがわ
島根県・斐伊川水系〔1級〕

下平田川　しもへいだがわ
岩手県・下平田川水系

下平野川　しもひらのがわ
佐賀県・松浦川水系〔1級〕

下玉田川　しもたまだがわ
秋田県・子吉川水系〔1級〕

下田川　しもだがわ
福島県・夏井川水系

下田川　しもだがわ
千葉県・利根川水系

下田川　しもだがわ
富山県・下田川水系〔2級〕

下田川　しもだがわ
山梨県・富士川水系〔1級〕

下田川　しもだがわ
京都府・淀川水系

下田川　しもだがわ
高知県・下田川水系〔2級〕

下田川　しもだがわ
鹿児島県・下田川水系〔2級〕

下田原川　しもたわらがわ
石川県・手取川水系〔1級〕

下矢櫃川　しもやびつがわ
熊本県・関川水系

下石川　おろしがわ
岐阜県・庄内川水系〔1級〕

6下在家川　しもざいけがわ
岩手県・大沢川水系

下地野尾川　したじのおがわ
愛媛県・肱川水系〔1級〕

下多古川　しもたこがわ
奈良県・紀の川水系〔1級〕

下庄川　したじょうがわ
岩手県・北上川水系

下有無川　しもありなしがわ
山形県・最上川水系〔1級〕

下次郎川　げじろうがわ
熊本県・球磨川水系

下江津湖　しもえずこ
熊本県熊本市

下池　しもいけ
新潟県守門村

下池　しもいけ
鹿児島県川内市

下池川　しもいけがわ
香川県・高瀬川水系〔2級〕

下西谷川　しもにしたにがわ
愛媛県・肱川水系〔1級〕

下西河内川　しもにしかわうちかわ
静岡県・大井川水系
7下住川　しもじゅうがわ
愛媛県・渡川水系
下条川　げじょうがわ
新潟県・信濃川水系〔1級〕
下条川　げじょうがわ
富山県・下条川水系〔2級〕
下条川　げじょうがわ
富山県・白岩川水系〔2級〕
下条谷川　げじょうだにがわ
新潟県・信濃川水系〔1級〕
下村川　しもむらがわ
岡山県・下村川水系〔2級〕
下村川　しもむらがわ
佐賀県・有浦川水系〔2級〕
下村川　しもむらがわ
宮崎県・石崎川水系〔2級〕
下沢川　しもざわがわ
千葉県・待崎川水系
下沢川　しもさわがわ
新潟県・信濃川水系〔1級〕
下沢川　しもざわがわ
山梨県・富士川水系〔1級〕
下苅川　しもがりがわ
愛知県・矢作川水系
下見日川　しもけんにちがわ
北海道・見日川水系
下見谷川　しもみたにがわ
京都府・由良川水系〔1級〕
下谷下川　しもやげがわ
愛知県・音羽川水系
下谷口川　しもたにぐちがわ
鹿児島県・神之川水系〔2級〕
下谷川　しもたにがわ
滋賀県・淀川水系〔1級〕
下谷川　しもたにがわ
京都府・由良川水系〔1級〕
下谷川　しもんたにがわ
京都府・淀川水系
下谷川　しもたにがわ
和歌山県・富田川水系〔2級〕
下谷川　しもたにがわ
岡山県・旭川水系〔1級〕
下谷川　しもたにがわ
岡山県・高梁川水系〔1級〕
下谷川　しもたにがわ
岡山県・高梁川水系
下谷川　しもたにがわ
広島県・江の川水系〔1級〕
下谷川　しもたにがわ
広島県・高梁川水系〔1級〕
下谷川　しもたにがわ
山口県・阿武川水系〔2級〕
下谷川　しもたにがわ
愛媛県・肱川水系〔1級〕
下谷川　しもたにがわ
宮崎県・大淀川水系
下谷川　しもたにがわ
鹿児島県・肝属川水系〔1級〕
下里川　しもざとがわ
兵庫県・加古川水系〔1級〕
8下刺沢　しもさしざわ
秋田県・雄物川水系〔1級〕
下味野清水川　しもあじのしみずがわ
鳥取県・千代川水系〔1級〕
下和川　したおがわ
岡山県・旭川水系〔1級〕
下和田川　しもわだがわ
静岡県・狩野川水系〔1級〕
下岡川　しもおかがわ
高知県・渡川水系〔1級〕
下岩野川　しもいわのがわ
熊本県・菊池川水系
下府川　しもこうがわ
島根県・下府川水系〔2級〕
下明通沢　しもあけとりざわ
秋田県・雄物川水系〔1級〕
下東来川　しもとうらいがわ
北海道・知内川水系〔2級〕
下林川　しもばやしがわ
愛知県・矢作川水系
下河内川　しもかわちがわ
大分県・山国川水系〔1級〕
下河谷川　しもかわたにがわ
兵庫県・揖保川水系
下金屋川　しもかなやがわ
福井県・九頭竜川水系〔1級〕
下長延川　しもちょうえんがわ
京都府・筒川水系
9下前川　したまえがわ
岩手県・北上川水系〔1級〕
下南山川　しもみなみやまがわ
佐賀県・玉島川水系〔2級〕
下柘植川　しもつげがわ
三重県・淀川水系〔1級〕
下泉河内川　しもいずみこうちがわ
静岡県・大井川水系〔1級〕
下浅川　しもあさかわ
福島県・阿武隈川水系〔1級〕
下津又川　しもつまたがわ
三重県・宮川水系〔1級〕
下津川　しもつがわ
新潟県・信濃川水系〔1級〕

下津川　おりずがわ
愛知県・日光川水系
下津川　しもつがわ
和歌山県・紀の川水系〔1級〕
下津浦川　しもつうらがわ
熊本県・下津浦川水系〔2級〕
下津深江川　しもつふかえがわ
熊本県・下津深江川水系〔2級〕
下狩川　しもかりがわ
京都府・淀川水系
下畑川　しもはたがわ
山口県・錦川水系〔2級〕
下畑尻沢　しもはたじりさわ
青森県・川内川水系〔2級〕
下荒沢川　しもあらさわがわ
新潟県・荒川（新潟県・山形県）水系〔1級〕
下音羽川　しもおとわがわ
大阪府・淀川水系〔1級〕
10下倉谷川　したぐらだにがわ
岡山県・高梁川水系〔1級〕
下原川　しもはらがわ
広島県・沼田川水系
下原谷川　しもはらだにがわ
徳島県・福井川水系〔2級〕
下島川　しもじまがわ
新潟県・信濃川水系〔1級〕
下島川　しもじまがわ
山梨県・富士川水系〔1級〕
下書曲川　しもかいまげがわ
大分県・筑後川水系〔1級〕
下桁川　しもけたがわ
高知県・渡川水系〔1級〕
下浜鮎川　しもはまあゆかわ
秋田県・下浜鮎川水系〔2級〕
下砥石川　しもといしがわ
佐賀県・六角川水系〔1級〕
下紙川　しもかみがわ
静岡県・弁財天川水系〔2級〕
下馬沢川　しもうまざわがわ
長野県・天竜川水系〔1級〕
下馬野原川　しもまのはらがわ
広島県・太田川水系
11下宿川　しもしゅくがわ
佐賀県・塩田川水系〔2級〕
下渚滑十二線川　しもしょこつじゅうにせんがわ　北海道・渚滑川水系〔1級〕
下深水川　しもふかみがわ
熊本県・球磨川水系
下淵川　しもぶちがわ
奈良県・紀の川水系〔1級〕
下貫木川　しもつなぎがわ
新潟県・信濃川水系〔1級〕
下郷川　しもごうがわ
岡山県・高梁川水系〔1級〕
下部川　しもべがわ
山梨県・富士川水系〔1級〕
下野川　しものがわ
茨城県・大北川水系
下野川　しものがわ
宮崎県・五ヶ瀬川水系〔1級〕
下頃辺川　したころべがわ
北海道・十勝川水系〔1級〕
下黒尾川　しもくろおがわ
栃木県・那珂川水系〔1級〕
下黒沢　しもくろさわ
長野県・木曾川水系〔1級〕
12下惣川　しもそうがわ
愛媛県・肱川水系〔1級〕
下湯沢川　しもゆざわがわ
山梨県・富士川水系〔1級〕
下間川　したまがわ
長野県・天竜川水系〔1級〕
下須川　げすがわ
山形県・最上川水系
13下幌内川　しもほろないがわ
北海道・幌内川水系〔2級〕
下滝沢　しもたきさわ
岩手県・北上川水系
下跳渡沢川　したはねとさわがわ
新潟県・信濃川水系〔1級〕
14下蔭川　しもかげがわ
愛媛県・肱川水系〔1級〕
下駄谷川　げただにがわ
富山県・常願寺川水系〔1級〕
15下影谷川　しもかげだにがわ
徳島県・吉野川水系〔1級〕
下横山川　しもよこやまがわ
福岡県・矢部川水系〔1級〕
下横田川　しもよこたがわ
島根県・斐伊川水系〔1級〕
17下磯尾川　しもいそおがわ
滋賀県・淀川水系〔1級〕
下篠津川　しもしのつがわ
北海道・石狩川水系〔1級〕
下鍬江沢川　しもくわえざわがわ
新潟県・荒川（新潟県・山形県）水系〔1級〕
下霜影川　しもかげがわ
徳島県・那賀川水系〔1級〕
18下藤川　しもふじかわ
岩手県・馬淵川水系
下藤川　しもふじかわ
福島県・阿賀野川水系
下藤縄川　しもふじなわがわ
高知県・伊与木川水系

21下鶴川　しもずるがわ
熊本県・球磨川水系
下鶴井川　しもつるいがわ
兵庫県・円山川水系〔1級〕
下鶴田川　しもつるたがわ
鹿児島県・川内川水系〔1級〕

【三】

三の目潟　さんのめがた
秋田県男鹿市
三の池　さんのいけ
長野県木曽郡三岳村
三の沢川　さんのさわがわ
北海道・石狩川水系〔1級〕
三の俣川　さんのまたがわ
高知県・渡川水系〔1級〕
三の森川　さんのもりがわ
福島県・阿賀野川水系〔1級〕
三の滝川　さんのたきがわ
山形県・最上川水系〔1級〕
三ヶ川　みかがわ
和歌山県・日置川水系〔2級〕
三ヶ所川　さんかしょがわ
宮崎県・五ヶ瀬川水系〔1級〕
三ヶ野川　みつがのがわ
三重県・雲出川水系〔1級〕
三ヶ野川　さんがのがわ
三重県・宮川水系〔1級〕
三ヶ野谷川《別》　みつがのだにがわ
三重県・宮川水系の三ヶ野川
三ヶ瀬川　さがぜがわ
山梨県・相模川水系〔1級〕
三ヶ瀬川　さんがせがわ
宮崎県・五十鈴川水系〔2級〕
三ツ口沢　みつくちざわ
宮城県・鳴瀬川水系〔1級〕
三ツ子原川　みつごはらがわ
岡山県・吉井川水系〔1級〕
三ツ内谷川　みつうちだにがわ
高知県・仁淀川水系〔1級〕
三ツ目内川　みつめないがわ
青森県・岩木川水系〔1級〕
三ツ池　みついけ
滋賀県草津市
三ツ池谷川　みついけだにがわ
兵庫県・山田川水系
三ツ杉川　みつすぎがわ
山口県・木屋川水系〔2級〕
三ツ沢川　みつざわがわ
岩手県・北上川水系〔1級〕
三ツ沢川　みつざわがわ
長野県・天竜川水系〔1級〕
三ツ谷川　みつたにがわ
石川県・手取川水系〔1級〕
三ノ池　さんのいけ
岐阜県丹生川村
三ノ沢谷川　さんのさわたにがわ
高知県・吉野川水系〔1級〕
2三刀屋川　みとやがわ
島根県・斐伊川水系〔1級〕
三十二線川　さんじゅうにせんがわ
北海道・天塩川水系〔1級〕
三十井川　みといがわ
和歌山県・日高川水系〔2級〕
三十刈川　さんじゅうがりがわ
新潟県・信濃川水系〔1級〕
三十刈川　さんじゅうがりがわ
新潟県・石地川水系
三十号川　さんじゅうごうがわ
北海道・天塩川水系〔1級〕
3三万田川　みまんだがわ
熊本県・菊池川水系
三万谷川　さんまんだにがわ
福井県・九頭竜川水系〔1級〕
三山口川　みやまぐちがわ
鳥取県・千代川水系〔1級〕
三山川　みやまがわ
京都府・宇川水系
三山川　みやまがわ
岡山県・高梁川水系
三川　さんがわ
大分県・三川水系〔2級〕
三川川　みかわがわ
長崎県・浦上川水系〔2級〕
三川目川　みかわめがわ
青森県・五戸川水系〔2級〕
4三井庄川　みのしょうがわ
兵庫県・由良川水系〔1級〕
三内川　さんないがわ
秋田県・雄物川水系〔1級〕
三切川　みきりがわ
岐阜県・木曾川水系〔1級〕
三分川　みぶんがわ
長野県・信濃川水系〔1級〕
三反田川　さんたんだがわ
熊本県・菊池川水系
三反田川　さんたんだがわ
大分県・犬丸川水系〔2級〕
三反地川　さんたんだがわ
愛媛県・舫大川水系〔2級〕
三反地川　さんたんだがわ
愛媛県・三反地川水系
三反谷川　さんたんだにがわ
島根県・江の川水系〔1級〕

三引川　みびきがわ
石川県・三引川水系〔2級〕
三戸川　さんどがわ
三重県・赤羽川水系〔2級〕
三方湖　みかたこ
福井県・早瀬川水系〔2級〕
三日ヶ月沼　みかずきぬま
北海道厚真町
三日川《古》　みっかがわ
山梨県・富士川水系の日川
三日月沼　みかずきぬま
北海道浦幌町
三日月沼　みかずきぬま
北海道中川町
三日月沼　みかずきぬま
北海道東利尻町
三日血川《古》　みっかちがわ
山梨県・富士川水系の日川
三木川　みつきがわ
兵庫県・円山川水系〔1級〕
三毛別川　さんけべつがわ
北海道・古丹別川水系〔2級〕
三毛別川　さんけべつがわ
北海道・築別川水系〔2級〕
三水川　みみずがわ
岐阜県・木曾川水系〔1級〕
三王谷川　さんおうたにがわ
熊本県・白川水系
5三代川　みじろがわ
奈良県・大和川水系〔1級〕
三号沢川　さんごうざわがわ
北海道・釧路川水系
三本木川　さんぼんぎがわ
福井県・三本木川水系〔2級〕
三本木川　さんぼんぎがわ
長崎県・相浦川水系〔2級〕
三本木沼　さんぼんぎぬま
山形県山形市
三本松川　さんぼんまつがわ
佐賀県・筑後川水系〔1級〕
三永川　みながわ
広島県・黒瀬川水系〔2級〕
三玉川　みたまがわ
広島県・江の川水系〔1級〕
三用川　みようがわ
新潟県・信濃川水系〔1級〕
三田川　さんだがわ
福島県・藤原川水系
三田川　さんだがわ
石川県・御祓川水系
三田川　さんたがわ
滋賀県・淀川水系〔1級〕
三田川　みたがわ
滋賀県・淀川水系〔1級〕
三田川　みたがわ
京都府・三田川水系〔2級〕
三田川《古》　みたがわ
広島県・太田川水系の三篠川
三田六池　みたろくいけ
滋賀県大津市
三田市川　みたいちがわ
岩手県・小本川水系
三田市沢　みたいちざわ
岩手県・小本川水系
三田地川　みたじがわ
島根県・江の川水系〔1級〕
三田池　さんたいけ
滋賀県竜王町
三田貝川　みたかいがわ
岩手県・小本川水系
三石川　みついしがわ
北海道・三石川水系〔2級〕
三石川　みついしがわ
島根県・静間川水系
6三会川　みえがわ
熊本県・三会川水系
三光川　さんこうがわ
新潟県・加治川水系〔2級〕
三光川　さんこうがわ
福岡県・筑後川水系〔1級〕
三合田川　さごうだがわ
山形県・最上川水系〔1級〕
三合谷川　さんごうだにがわ
熊本県・球磨川水系
三名川　さんみょうがわ
群馬県・利根川水系〔1級〕
三名川　さんみょうがわ
宮崎県・大淀川水系〔1級〕
三宅川　みやけがわ
千葉県・利根川水系〔1級〕
三宅川　みやけがわ
愛知県・日光川水系〔2級〕
三宅川　みやけがわ
奈良県・大和川水系〔1級〕
三宅沼　みやけぬま
北海道厚真町
三杋東大川　みつくえひがしおおかわ
愛媛県・三杋東大川水系
三次川　みつぎがわ
広島県・沼田川水系〔2級〕
三百川　さんびゃくがわ
福島県・阿武隈川水系〔1級〕
三百川　さんびゃくがわ
愛媛県・肱川水系〔1級〕

三行川　みゆきがわ
三重県・田中川水系〔2級〕
7三住沢　みすみさわ
宮城県・阿武隈川水系
三体川　さんたいがわ
鹿児島県・天降川水系〔2級〕
三兵川　さんぺいがわ
新潟県・阿賀野川水系〔1級〕
三坂川　みさかがわ
福島県・夏井川水系〔2級〕
三坂川　みさかがわ
京都府・筒川水系
三坂川　みさかがわ
島根県・斐伊川水系〔1級〕
三坂川　みさかがわ
島根県・江の川水系〔1級〕
三坂川　みさかがわ
岡山県・旭川水系〔1級〕
三坂沢川　みさかざわがわ
新潟県・信濃川水系〔1級〕
三尾川　みとがわ
富山県・上庄川水系〔2級〕
三尾川　みとがわ
和歌山県・紀の川水系〔1級〕
三尾川　みとがわ
和歌山県・古座川水系〔2級〕
三尾母川　みおもがわ
大分県・山国川水系〔1級〕
三尾谷川　みおたにがわ
大分県・清流川水系〔2級〕
三岐沢川　みつまたざわがわ
北海道・沙流川水系〔1級〕
三条川　さんじょうがわ
滋賀県・淀川水系〔1級〕
三条川　さんじょうがわ
大阪府・淀川水系〔1級〕
三条川　さんじょうがわ
佐賀県・六角川水系〔1級〕
三杉川　みすぎがわ
栃木県・利根川水系〔1級〕
三沢　みさわ
岩手県・馬淵川水系
三沢川　みさわがわ
岩手県・北上川水系〔1級〕
三沢川　みさわがわ
岩手県・北上川水系
三沢川　みさわがわ
福島県・藤原川水系〔2級〕
三沢川　みさわがわ
埼玉県・荒川（東京都・埼玉県）水系〔1級〕
三沢川　みさわがわ
東京都・多摩川水系〔1級〕
三沢川　みさわがわ
山梨県・富士川水系〔1級〕
三沢川　みさわがわ
山梨県・西湖水系〔2級〕
三沢川　みさわがわ
長野県・信濃川水系〔1級〕
三沢川　みさわがわ
静岡県・弁財天川水系〔2級〕
三沢川　みさわがわ
島根県・斐伊川水系〔1級〕
三沢川　みさわがわ
岡山県・高梁川水系〔1級〕
三沢川分水路　みさわがわぶんすいろ
東京都・多摩川水系〔1級〕
三沢谷川　みさわだにがわ
島根県・江の川水系〔1級〕
三見川　さんみがわ
山口県・三見川水系〔2級〕
三角田川　みすみだがわ
山口県・三角田川水系〔2級〕
三角寺川　さんかくじがわ
愛媛県・金生川水系〔2級〕
三角沼　さんかくぬま
北海道北村
三角沼　さんかくぬま
岩手県北上市
三谷川　みたにがわ
石川県・大聖寺川水系〔2級〕
三谷川　みたにがわ
岐阜県・庄川水系〔1級〕
三谷川　みたにがわ
三重県・淀川水系〔1級〕
三谷川　みたにがわ
三重県・員弁川水系
三谷川　さんだにがわ
京都府・由良川水系
三谷川　みたにがわ
兵庫県・円山川水系〔1級〕
三谷川　みたにがわ
兵庫県・揖保川水系〔1級〕
三谷川　みたにがわ
兵庫県・岸田川水系〔2級〕
三谷川　みたにがわ
鳥取県・千代川水系〔1級〕
三谷川　みたにがわ
鳥取県・甲川水系〔2級〕
三谷川　みたにがわ
島根県・斐伊川水系〔1級〕
三谷川　みたにがわ
島根県・江の川水系〔1級〕
三谷川　みたにがわ
島根県・高津川水系〔1級〕

三谷川　みたにがわ
島根県・益田川水系〔2級〕
三谷川　みたにがわ
岡山県・吉井川水系〔1級〕
三谷川　みたにがわ
岡山県・旭川水系〔1級〕
三谷川　みつたにがわ
岡山県・旭川水系〔1級〕
三谷川　みたにがわ
岡山県・吉井川水系
三谷川　みたにがわ
山口県・佐波川水系〔1級〕
三谷川　みたにがわ
山口県・阿武川水系〔2級〕
三谷川　みたにがわ
徳島県・吉野川水系〔1級〕
三谷川　みたにがわ
愛媛県・三谷川水系〔2級〕
三谷川　みたにがわ
高知県・新川川水系〔2級〕
三谷川放水路　みたにがわほうすいろ
石川県・大聖寺川水系〔2級〕
三里川　さんりがわ
北海道・石狩川水系〔1級〕
三里川　さんりがわ
北海道・石狩川水系
三里川　みさとがわ
高知県・渡川水系〔1級〕
三里深木川　みさとふかきがわ
高知県・渡川水系〔1級〕
8三並川　みなみがわ
福岡県・筑後川水系〔1級〕
三京沢川　さんきょうさわがわ
岩手県・北上川水系
三味線川　しゃみせんがわ
福井県・井の口川水系〔2級〕
三国川　さぐりがわ
新潟県・信濃川水系〔1級〕
三国川《別》　みくにがわ
大阪府・淀川水系の神崎川
三夜川　みよがわ
福島県・夏井川水系〔2級〕
三夜川　みよがわ
福島県・夏井川水系
三宝寺池　さんぽうじいけ
東京都練馬区
三念沢　さんねんざわ
長野県・信濃川水系〔1級〕
三所川　さんしょがわ
島根県・斐伊川水系〔1級〕
三所川　さんしょがわ
高知県・鏡川水系

三明川　さんめいがわ
愛知県・日光川水系
三明川　さんめいがわ
滋賀県・淀川水系〔1級〕
三明川放水路　さんみょうがわほうすいろ
滋賀県・淀川水系〔1級〕
三明谷川　さんみょうだにがわ
京都府・淀川水系〔1級〕
三枝川　みえだがわ
山梨県・富士川水系〔1級〕
三河川　みかわがわ
京都府・由良川水系〔1級〕
三河沢　みかわさわ
栃木県・利根川水系
三河沢川　みかわさわがわ
栃木県・利根川水系〔1級〕
三河谷川　みかわだにがわ
和歌山県・日高川水系〔2級〕
三波川　さんばがわ
群馬県・利根川水系〔1級〕
三泗川　さんしがわ
三重県・岩田川水系〔2級〕
三迫川　さんはざまがわ
宮城県・北上川水系〔1級〕
三迫川　みさこがわ
広島県・瀬野川水系〔2級〕
9三保川　みほがわ
青森県・三保川水系〔2級〕
三保川　みほがわ
兵庫県・円山川水系〔1級〕
三俣川《別》　みつまたがわ
静岡県・菊川水系の菊川
三俣川　みつまたがわ
京都府・淀川水系〔1級〕
三室川　みむろがわ
福井県・九頭竜川水系〔1級〕
三室川　みむろがわ
岡山県・高梁川水系〔1級〕
三度川　さんどがわ
島根県・三度川水系〔2級〕
三度屋川　さんどやがわ
愛媛県・肱川水系〔1級〕
三弧子川　さこじがわ
三重県・員弁川水系〔2級〕
三津口西川　みつぐちにしがわ
広島県・三津口西川水系
三津口谷川　みつぐちだにがわ
広島県・三津口谷川水系
三津大川　みつおがわ
広島県・三津大川水系〔2級〕
三津屋川　みつやがわ
大阪府・大和川水系〔1級〕

三砂川　みすながわ
三重県・木曾川水系〔1級〕
三神坊川　さじぼうがわ
愛媛県・肱川水系〔1級〕
三秋川　みあきがわ
愛媛県・森川水系〔2級〕
三草川　みぐさがわ
兵庫県・加古川水系〔1級〕
三郎丸川　さぶろうまるがわ
熊本県・菊池川水系
三郎池　さぶろういけ
香川県・新川水系
三郎沢　さぶろうざわ
秋田県・塙川水系
三重川　みえがわ
長崎県・三重川水系〔2級〕
三重川　みえがわ
大分県・大野川水系〔1級〕
三重谷川　みえたにがわ
大分県・大野川水系〔1級〕
三重湖　みえこ
北海道南幌町
三面川　みおもてがわ
新潟県・三面川水系〔2級〕
三面谷川　さんめんだにがわ
福井県・九頭竜川水系〔1級〕
10三倉川　みくらがわ
静岡県・太田川水系〔2級〕
三倉川　みくらがわ
鳥取県・千代川水系〔1級〕
三倉谷川　みくらだにがわ
兵庫県・岸田川水系〔2級〕
三原川　みはらがわ
千葉県・三原川水系〔2級〕
三原川　みはらがわ
京都府・佐濃谷川水系〔2級〕
三原川　みはらがわ
兵庫県・三原川水系〔2級〕
三原川　みはらがわ
兵庫県・円山川水系
三原川　みはらがわ
兵庫県・加古川水系
三原川《古》　みはらがわ
兵庫県・加古川水系の大和川
三宮川　さんぐうがわ
新潟県・国府川水系〔2級〕
三島山田川　みしまやまだがわ
静岡県・狩野川水系〔1級〕
三島川　みしまがわ
愛媛県・三島川水系〔2級〕
三島川　みしまがわ
愛媛県・上灘川水系〔2級〕
三島池　みしまいけ
滋賀県伊吹町
三島谷川　みしまだにがわ
新潟県・信濃川水系〔1級〕
三峰川　みぶがわ
長野県・天竜川水系〔1級〕
三栗川　みくりがわ
静岡県・勝間田川水系〔2級〕
三栗谷沢川　みくりやざわがわ
山形県・最上川水系〔1級〕
三根川　みねがわ
長崎県・三根川水系〔2級〕
三浦川　みうらがわ
島根県・高津川水系〔1級〕
三畝川　みうねがわ
広島県・木谷郷川水系〔2級〕
三納川　みのうがわ
宮崎県・一ツ瀬川水系〔2級〕
三財川　さんざいがわ
宮崎県・一ツ瀬川水系〔2級〕
三軒屋川　さんげんやがわ
千葉県・夷隅川水系
三途川　さんずがわ
宮城県・阿武隈川水系
三途川　さんずがわ
群馬県・利根川水系〔1級〕
三途川　さんずがわ
千葉県・一宮川水系〔2級〕
11三堂川　さんどうがわ
鹿児島県・川内川水系〔1級〕
三崎大川　みさきおおかわ
愛媛県・三崎大川水系〔2級〕
三崎大川放水路　みさきおおかわほうすいろ　愛媛県・三崎大川水系〔2級〕
三崎川　みさきがわ
高知県・三崎川水系〔2級〕
三巣子川　みすごがわ
岩手県・馬淵川水系
三瓶川　さんべがわ
島根県・静間川水系〔2級〕
三笠幌内川　みかさほろないがわ
北海道・石狩川水系〔1級〕
三貫目川　さんがんめがわ
新潟県・三貫目川水系〔2級〕
三郷川　さんごうがわ
静岡県・安倍川水系〔1級〕
三郷田川　さごたがわ
京都府・淀川水系
三郷放水路　みさとほうすいろ
埼玉県・利根川水系〔1級〕
12三森川　みつもりがわ
兵庫県・揖保川水系〔1級〕

三椒川　さんしょうがわ
兵庫県・竹野川水系〔2級〕
三渡川　みわたりがわ
三重県・三渡川水系〔2級〕
三番割池　さんばんわりいけ
岐阜県海津市
三葛川　みかずらがわ
島根県・高津川水系〔1級〕
三葉川　さんばがわ
愛知県・庄内川水系
三越川　みこしがわ
和歌山県・新宮川水系〔1級〕
三間ノ川川　みまのかわがわ
高知県・新荘川水系
三間川　さんげんがわ
千葉県・小糸川水系〔2級〕
三間川　みまがわ
愛媛県・渡川水系〔1級〕
三間川　みまがわ
佐賀県・筑後川水系〔1級〕
三間坂川　みまさかがわ
佐賀県・松浦川水系〔1級〕
三間沢川　さんけんさわがわ
長野県・信濃川水系〔1級〕
三間堀川　さんげんぼりがわ
宮城県・北上川水系〔1級〕
三階川　さんがいがわ
静岡県・仁科川水系
三階滝川　さんがいだきがわ
北海道・長流川水系〔2級〕
三隅川　みすみがわ
島根県・三隅川水系〔2級〕
三隅川　みすみがわ
山口県・三隅川水系〔2級〕
三隈川　みくまがわ
熊本県, 大分県, 福岡県・筑後川水系
13三楠川　みつぐすがわ
熊本県・菊池川水系
三滝川　みたきがわ
福島県・三滝川水系〔2級〕
三滝川　みたきがわ
長野県・信濃川水系〔1級〕
三滝川　みたきがわ
三重県・三滝川水系〔2級〕
三滝川　みたきがわ
広島県・太田川水系〔1級〕
三滝川　みたきがわ
愛媛県・肱川水系〔1級〕
三滝谷川　みたきたにがわ
三重県・宮川水系〔1級〕
三滝新川　みたきしんせん
三重県・三滝川水系〔2級〕
三蒲川　みがまがわ
山口県・三蒲川水系〔2級〕
14三徳川　みとくがわ
鳥取県・天神川水系〔1級〕
三熊川　みくまがわ
兵庫県・加古川水系〔1級〕
三種川　みたねがわ
秋田県・馬場目川水系〔2級〕
三緒浦川　みおうらがわ
福岡県・遠賀川水系〔1級〕
15三線川　さんせんがわ
北海道・十勝川水系〔1級〕
三線川　さんせんがわ
北海道・佐呂間別川水系〔2級〕
三線沼　さんせんぬま
北海道猿払村
三蔵川　みくらがわ
栃木県・那珂川水系〔1級〕
三蔵川　さんぞうがわ
熊本県・菊池川水系〔1級〕
三蔵川　さんぞうがわ
熊本県・菊池川水系
三輪川　みわがわ
愛知県・豊川水系〔1級〕
三輪川　みわがわ
奈良県・大和川水系〔1級〕
16三樽別川　さんたるべつがわ
北海道・新川水系〔2級〕
三頭沢川　みとうさわがわ
山梨県・富士川水系〔1級〕
17三篠川　みささがわ
広島県・太田川水系〔1級〕
三篠川　みささがわ
広島県・太田川水系
三鍋川《別》　みなべがわ
和歌山県・南部川水系の南部川
19三瀬川　さんぜがわ
山形県・最上川水系〔1級〕
三瀬川　さんぜがわ
山形県・三瀬川水系〔2級〕
三瀬川　さんぜがわ
新潟県・荒町川水系〔2級〕

【上】

上の川　かみのがわ
大阪府・淀川水系〔1級〕
上の市川　かみのいちがわ
滋賀県・淀川水系〔1級〕
上の平川　うえのだいらがわ
愛知県・矢作川水系
上の沢　かみのさわ
福島県・阿賀野川水系〔1級〕

上の沢　かみのさわ
新潟県・信濃川水系
上の沢二股　かみのさわふたまた
北海道・ウツツ川水系
上の沢川　かみのさわがわ
北海道・天野川水系〔2級〕
上の沢川　かみのざわがわ
山形県・最上川水系〔1級〕
上の谷川　うえのたにがわ
和歌山県・日置川水系〔2級〕
上の原川　うえのはらがわ
熊本県・菊池川水系
上イワイ沢　かみいわいざわ
新潟県・信濃川水系
上コビソ谷川　かみこびそだにがわ
高知県・吉野川水系〔1級〕
上ノ入川　かみのいりがわ
新潟県・阿賀野川水系〔1級〕
上ノ山川　かみのやまがわ
新潟県・信濃川水系
上ノ加江川　かみのかえがわ
高知県・上ノ加江川水系〔2級〕
上ノ沢川　かみのさわがわ
新潟県・阿賀野川水系〔1級〕
上ノ沢川　かみのさわがわ
新潟県・加治川水系〔2級〕
上ノ谷川　かみのたにがわ
岐阜県・木曾川水系〔1級〕
上ノ前沢川　かみのまえさわがわ
新潟県・信濃川水系〔1級〕
上ノ首川　かみのくびがわ
高知県・物部川水系〔1級〕
上ハカイマップ川　かみはかいまっぷがわ
北海道・後志利別川水系〔1級〕
上ホロカトコロ川　かみほろかところがわ
北海道・常呂川水系〔1級〕
上ホロナイ川　かみほろないがわ
北海道・十勝川水系〔1級〕
上ミ川　かみがわ
熊本県・球磨川水系
上ワシップ川　かみわしっぷがわ
北海道・十勝川水系〔1級〕
1上一の沢川　かみいちのさわがわ
北海道・石狩川水系〔1級〕
上乙見川　かみおとみがわ
京都府・由良川水系
2上九線川　かみきゅうせんがわ
北海道・天塩川水系〔1級〕
上八川川　かみやかわがわ
高知県・仁淀川水系〔1級〕
上八木川　うばやぎがわ
愛知県・矢作川水系

上八田川　かみはったがわ
京都府・由良川水系〔1級〕
上八間川　かみはちけんがわ
千葉県・利根川水系〔1級〕
上力川　じょうりきがわ
佐賀県・六角川水系〔1級〕
3上下川　じょうげがわ
広島県・江の川水系〔1級〕
上三田川　かみたがわ
広島県・江の川水系〔1級〕
上久保川　かみくぼがわ
高知県・渡川水系〔1級〕
上口川　かみくちがわ
岩手県・北上川水系〔1級〕
上土居川　かみどいがわ
高知県・渡川水系〔1級〕
上大久保川　かみおおくぼがわ
宮崎県・清武川水系
上大井田川　かみおおいたがわ
新潟県・信濃川水系〔1級〕
上大沢川　かみおおさわがわ
宮城県・北上川水系〔1級〕
上大津川　かみおおつがわ
千葉県・利根川水系
上大津川支川　かみおおつがわしせん
千葉県・利根川水系
上小川　かみおがわ
長野県・木曾川水系〔1級〕
上小川　かみおがわ
愛媛県・吉野川水系〔1級〕
上小竹川　かみおだけがわ
千葉県・利根川水系
上小国川　かみおぐにがわ
福島県・阿武隈川水系〔1級〕
上小倉川　かみおぐらがわ
大分県・番匠川水系〔1級〕
上小笠川　かみおがさがわ
静岡県・菊川水系〔1級〕
上小橋川　かみこばしがわ
千葉県・利根川水系
上山川　うえやまがわ
岡山県・吉井川水系〔1級〕
上山田川　かみやまだがわ
千葉県・夷隅川水系
上山沢川　かみやまさわがわ
長野県・木曾川水系〔1級〕
上川　かみがわ
福井県・九頭竜川水系〔1級〕
上川　かみがわ
長野県・天竜川水系〔1級〕
上川　かみがわ
愛媛県・肱川水系〔1級〕

4上之園川　うえのそのがわ
鹿児島県・上之園川水系〔2級〕
上井川　かみゆがわ
高知県・香宗川水系〔2級〕
上五郎川　かみごろうがわ
高知県・渡川水系〔1級〕
上内田川　かみうちだがわ
熊本県・菊池川水系〔1級〕
上内野川　かみうちのがわ
佐賀県・有田川水系〔2級〕
上反田川　かみたんだがわ
広島県・沼田川水系
上天神沢川　かみてんじんざわかわ
山梨県・富士川水系〔1級〕
上手川　じょうずがわ
山梨県・富士川水系〔1級〕
上手繰川　かみたぐりがわ
千葉県・利根川水系
上日平谷川　かみひびらだにがわ
熊本県・球磨川水系
上木場川　うわこばがわ
熊本県・水俣川水系
5上加納年神川　かみかのうとしがみがわ
宮崎県・大淀川水系
上古丹川　うえこたんがわ
北海道・渚滑川水系〔1級〕
上古丹川　うえこたんがわ
北海道・上古丹川水系〔2級〕
上台川　うわだいがわ
山形県・最上川水系〔1級〕
上市川　かみいちがわ
富山県・上市川水系〔2級〕
上市川　かみいちがわ
大分県・八坂川水系〔2級〕
上市場川　かみいちばがわ
三重県・淀川水系〔1級〕
上平川　うわだいらがわ
福島県・阿賀野川水系
上平川　うわだいらがわ
山梨県・富士川水系〔1級〕
上平田川　かみひらたがわ
岩手県・上平田川水系
上本谷川　かみほんたにがわ
広島県・江の川水系
上玉田川　かみたまだがわ
秋田県・子吉川水系
上生川　わぶがわ
熊本県・菊池川水系〔1級〕
上生川　わぶがわ
熊本県・菊池川水系
上田川　うえだがわ
茨城県・利根川水系
上田川　うえだがわ
滋賀県・淀川水系〔1級〕
上田川　うえだがわ
京都府・淀川水系
上田川　うえだがわ
兵庫県・三原川水系
上田井川　かみたいがわ
和歌山県・紀の川水系〔1級〕
上田代川　かみたしろがわ
熊本県・白川水系
上田沢　かみたざわ
長野県・木曾川水系〔1級〕
上田沢川　うえたざわがわ
山形県・赤川水系〔1級〕
上矢岳川　かみやだけがわ
長崎県・上矢岳川水系〔2級〕
上石川　かみいしがわ
福島県・阿武隈川水系
6上吉田川　かみよしだがわ
熊本県・菊池川水系
上地川　わじがわ
鳥取県・千代川水系〔1級〕
上地新川　うえじしんかわ
愛知県・矢作川水系
上多古川　こうたこがわ
奈良県・紀の川水系〔1級〕
上多賀大川　かみたがおおかわ
静岡県・上多賀大川水系〔2級〕
上庄川　かみしょうがわ
富山県・上庄川水系〔2級〕
上庄川　かみしょうがわ
熊本県・菊池川水系〔1級〕
上庄川　かみのしょうがわ
熊本県・菊池川水系
上有木川　かみあるきがわ
福岡県・遠賀川水系〔1級〕
上有無川　かみありなしがわ
山形県・最上川水系〔1級〕
上江川　かみえがわ
新潟県・阿賀野川水系〔1級〕
上江津湖　かみえずこ
熊本県熊本市
上池　うえいけ
滋賀県浅井町
上池　かみいけ
鹿児島県川内市
上牟田川　かみむたがわ
福岡県・御笠川水系〔2級〕
上米子沢　かみよねこざわ
福島県・阿賀野川水系
上糸沢川　かみいとさわがわ
福島県・阿賀野川水系

上舟川　うえふながわ
愛知県・日光川水系
上西谷川　かみにしたにがわ
愛媛県・肱川水系〔1級〕
7上別保川　かみべっぽがわ
北海道・釧路川水系〔1級〕
上利根川《別》　かみとねがわ
千葉県, 茨城県, 埼玉県, 栃木県, 群馬県・利根川水系の利根川
上坂部川　かみさかべがわ
兵庫県・淀川水系〔1級〕
上志川　かみしがわ
大分県・山国川水系〔1級〕
上条川　じょうじょうがわ
愛知県・矢作川水系
上条芋川　じょうじょういもがわ
新潟県・鵜川水系〔2級〕
上村川　かみむらがわ
長野県・天竜川水系〔1級〕
上村川　かみむらがわ
長野県・矢作川水系〔1級〕
上村川　かみむらがわ
広島県・江の川水系〔1級〕
上村川　かみむらがわ
佐賀県・有浦川水系〔2級〕
上村川　かみむらがわ
鹿児島県・川内川水系〔1級〕
上来沢川　かみくるさわがわ
山梨県・富士川水系〔1級〕
上来原川　かみくるばらがわ
島根県・浜田川水系〔2級〕
上沢川《古》　かみさわがわ
宮城県・伊里前川水系の伊里前川
上沢川　じょうざわがわ
福島県・阿武隈川水系
上沢川　かみざわがわ
長野県・天竜川水系〔1級〕
上沢渡川　かみさわたりがわ
群馬県・利根川水系〔1級〕
上町川　かみまちがわ
宮城県・名取川水系〔1級〕
上町川　かんまちがわ
石川県・町野川水系〔2級〕
上町川　かみまちがわ
宮崎県・都農川水系〔2級〕
上角川　こうずのがわ
山口県・佐波川水系〔1級〕
上角谷川　うえつのだにがわ
徳島県・吉野川水系〔1級〕
上谷下川　かみやげがわ
愛知県・音羽川水系
上谷口川　かみたにぐちがわ
鹿児島県・神之川水系〔2級〕
上谷川　かみたにがわ
京都府・由良川水系
上谷川　かみだにがわ
京都府・淀川水系
上谷川　かみだにがわ
岡山県・高梁川水系
上谷川　うえたにがわ
広島県・江の川水系〔1級〕
上谷川　かみたにがわ
徳島県・吉野川水系〔1級〕
上谷川　かみたにがわ
香川県・金倉川水系〔2級〕
上谷川　かみたにがわ
愛媛県・肱川水系〔1級〕
上谷田川　かみやだがわ
愛知県・今池川水系
上足川川　かみあしかわがわ
高知県・渡川水系〔1級〕
8上刺沢　かみさしざわ
秋田県・雄物川水系〔1級〕
上味見川　かみあじみがわ
福井県・九頭竜川水系〔1級〕
上和仁川　かみわにがわ
熊本県・菊池川水系
上和田川《古》　かわだがわ
静岡県・狩野川水系の年川
上和知川　かみわちがわ
京都府・由良川水系〔1級〕
上岡川　うえおかがわ
京都府・由良川水系
上岡川　かみおかがわ
高知県・渡川水系〔1級〕
上松沢川　かみまつざわがわ
北海道・佐呂間別川水系
上林川　かんばやしがわ
京都府・由良川水系〔1級〕
上河内川　かみこうちがわ
広島県・江の川水系〔1級〕
上河内川　うえのかわちがわ
福岡県・上河内川水系〔2級〕
上河汲沢河　かみかっくみさわがわ
北海道・大野川水系〔2級〕
上法寺川　じょうほうじがわ
秋田県・雄物川水系〔1級〕
上油田川　かみゆだがわ
岩手県・北上川水系〔1級〕
上若松川　かみわかまつがわ
北海道・太櫓川水系〔2級〕
上金倉沢　かみかねくらさわ
秋田県・雄物川水系〔1級〕
上長崎野沢川　かみながさきのざわがわ
新潟県・胎内川水系〔2級〕

上阿蘇川　かみあそがわ
熊本県・球磨川水系
9上前川　かみまえがわ
千葉県・前川水系
上南川良川　かみなんがわらがわ
佐賀県・有田川水系〔2級〕
上城川　かみじょうがわ
岩手県・気仙川水系
上後川　かみうしろがわ
広島県・江の川水系〔1級〕
上待崎川　かみまっさきがわ
千葉県・待崎川水系
上段谷　じょうだんだに
富山県・庄川水系〔1級〕
上泉川　じょうせんがわ
福島県・阿武隈川水系〔1級〕
上津川　こうずがわ
大分県・番匠川水系〔1級〕
上津井川　かんずいがわ
島根県・江の川水系〔1級〕
上津々良川　かみつずらがわ
大分県・大分川水系〔1級〕
上津荒木川　こうだらきがわ
福岡県・筑後川水系〔1級〕
上津浦川　こうつうらがわ
熊本県・上津浦川水系〔2級〕
上津深江川　こうつふかえがわ
熊本県・上津深江川水系〔2級〕
上畑尻沢　かみはたじりさわ
青森県・川内川水系〔2級〕
上相川　かみやがわ
岡山県・吉井川水系〔1級〕
上砂子沢川　かみいさござわがわ
秋田県・馬場目川水系
上草川　かみくさがわ
京都府・由良川水系
上草井川　かみくさいがわ
広島県・沼田川水系
上計川　あげがわ
兵庫県・上計川水系〔2級〕
上追子川　かみおいこがわ
島根県・斐伊川水系〔1級〕
上追分川　かみおいわけがわ
北海道・新川水系
10上原川　うえはらがわ
愛知県・豊川水系
上島川　かみしまがわ
新潟県・鯖石川水系〔2級〕
上島田川　かみしまだがわ
愛知県・豊川水系
上峯川　かんみねがわ
長崎県・千々石川水系〔2級〕
上差尾川　かみざしおがわ
熊本県・五ヶ瀬川水系
上旅来川　かみたびこらいがわ
北海道・十勝川水系〔1級〕
上栗川　うえぐりがわ
新潟県・信濃川水系〔1級〕
上梅木川　かみうめぎがわ
熊本県・緑川水系
上真野川　かみまのがわ
福島県・真野川水系〔2級〕
上袖川　かみそでがわ
福島県・阿賀野川水系
上連川　じょうれんがわ
岡山県・旭川水系〔1級〕
11上堂川　かみどうがわ
栃木県・那珂川水系〔1級〕
上常呂川　かみところがわ
北海道・常呂川水系〔1級〕
上笹川　かみささがわ
兵庫県・揖保川水系〔1級〕
上船川　かみふながわ
新潟県・関川水系
上郷川　かみごうがわ
滋賀県・淀川水系〔1級〕
上野川　うわのがわ
山形県・最上川水系〔1級〕
上野川　うえのがわ
茨城県・利根川水系
上野川　うえのがわ
長野県・天竜川水系〔1級〕
上野川　うえのがわ
静岡県・鮎沢川水系〔2級〕
上野川　うえのがわ
愛知県・御津川水系
上野川　うえのがわ
和歌山県・上野川水系〔2級〕
上野川　うえのがわ
大分県・筑後川水系〔1級〕
上野川　うえのがわ
宮崎県・五ヶ瀬川水系〔1級〕
上野平川　うわのだいらがわ
岩手県・北上川水系
上野田川　かみのだがわ
大分県・筑後川水系〔1級〕
上野沢川　うわのざわがわ
秋田県・雄物川水系
上野谷川《古》　かみのたにがわ
山口県・佐波川水系の野谷川
上野原川　うえのはるがわ
宮崎県・耳川水系
上野部川　かみのべがわ
静岡県・天竜川水系〔1級〕

上野塚川　かみのずかがわ
北海道・野塚川水系
上野新川　うえのしんがわ
愛知県・大田川水系
上黒石川　かみくろいしがわ
富山県・小矢部川水系〔1級〕
上黒尾川　かみくろおがわ
栃木県・那珂川水系〔1級〕
上黒谷川　かみくろだにがわ
島根県・高津川水系〔1級〕
12上備前川　かみびぜんがわ
茨城県・利根川水系〔1級〕
上堰潟　うわぜきがた
新潟県西蒲原郡巻町
上場沢川　かんばざわがわ
長野県・天竜川水系〔1級〕
上富士川　かみふじがわ
千葉県・利根川水系
上富丘川　かみとみおかがわ
北海道・新川水系〔2級〕
上森山川　かみもりやまがわ
愛媛県・肱川水系〔1級〕
上森川　かみもりがわ
岡山県・吉井川水系〔1級〕
上湯の片川　かみゆのかたがわ
宮崎県・一ツ瀬川水系〔2級〕
上湯の沢　かみゆのさわ
秋田県・雄物川水系〔1級〕
上湯川　かみゆがわ
奈良県・新宮川水系〔1級〕
上無川　かみなしがわ
山形県・最上川水系〔1級〕
上無津呂川　かみむつろがわ
佐賀県・嘉瀬川水系〔1級〕
上統内川　かみとうないがわ
北海道・十勝川水系〔1級〕
上落合川　かみおちあいがわ
千葉県・夷隅川水系
上鈎池　かみこういけ
滋賀県栗東町
上韮生川　かみにろうがわ
高知県・物部川水系〔1級〕
上須戒川　かみすがいがわ
愛媛県・肱川水系〔1級〕
13上塩田川　かみしおたがわ
千葉県・塩田川水系
上幌一の沢川　かみほろいちのさわがわ
北海道・石狩川水系〔1級〕
上幌川　かみほろがわ
北海道・石狩川水系〔1級〕
上殿川　かみどのがわ
埼玉県・荒川（東京都・埼玉県）水系〔1級〕

上滑川　かみなめりがわ
熊本県・緑川水系〔1級〕
上溝川　かみみぞがわ
秋田県・雄物川水系〔1級〕
上滝川　かみたきがわ
兵庫県・加古川水系〔1級〕
上路川　あげろがわ
新潟県・境川水系〔2級〕
上路川　あげろがわ
富山県・境川水系〔2級〕
上農野牛川　かみのやうしがわ
北海道・十勝川水系〔1級〕
上遠野川　かみとおのがわ
福島県・鮫川水系〔2級〕
14上稲木川　かみいなぎがわ
岡山県・高梁川水系
上箇川　あげがわ
兵庫県・円山川水系〔1級〕
上総川　かずさがわ
秋田県・雄物川水系〔1級〕
上蔀平川　わしとみびらがわ
熊本県・球磨川水系
15上横前沢　かみよこまえざわ
青森県・岩木川水系
上樺川　かみかばがわ
熊本県・菜切川水系
上穂沢川　かみほさわがわ
長野県・天竜川水系〔1級〕
18上藤縄川　かみふじなわがわ
高知県・伊与木川水系〔2級〕
21上灘川　かみなだがわ
愛媛県・上灘川水系〔2級〕
23上鷲別川　かみわしべつがわ
北海道・鷲別川水系
上鷲別富岸川　かみわしべつとんけしがわ
北海道・鷲別川水系〔2級〕
上鷲別富岸川　かみわしべつとんけしがわ
北海道・鷲別川水系

【丈】

丈ヶ谷川　じょうがだにがわ
徳島県・那賀川水系〔1級〕
丈ヶ谷川　じょうがだにがわ
愛媛県・仁淀川水系
3丈丈川　じょうじょうがわ
高知県・奈半利川水系〔2級〕

【万】

4万之瀬川　まんのせがわ
鹿児島県・万之瀬川水系〔2級〕
万内川　まんないがわ
新潟県・関川水系〔1級〕

万太郎川　まんたろうがわ
秋田県・雄物川水系〔1級〕
万太郎谷　まんたろうだに
新潟県・信濃川水系〔1級〕
万尺川　まんじゃくがわ
岐阜県・庄内川水系〔1級〕
万水川　よろずいがわ
長野県・信濃川水系〔1級〕
5万代川　まんだいがわ
岡山県・吉井川水系
万右衛門沢川　まんえもんざわがわ
福島県・熊川水系〔2級〕
万古川　まんごがわ
長野県・天竜川水系〔1級〕
万田川　まんだがわ
鹿児島県・万田川水系〔2級〕
万石川　まんごくがわ
熊本県・坪井川水系〔2級〕
万石浦　まんごくうら
宮城県石巻市
6万年川　まんねんがわ
北海道・十勝川水系〔1級〕
万年川　まんねんがわ
愛媛県・重信川水系〔1級〕
万江川　まえがわ
熊本県・球磨川水系〔1級〕
7万作川　まんさくがわ
愛知県・矢作川水系
万助川　まんすけがわ
青森県・岩木川水系〔1級〕
万助川　まんすけがわ
山形県・最上川水系〔1級〕
万助川　まんすけがわ
山形県・最上川水系
万尾川　もおがわ
富山県・仏生寺川水系〔2級〕
万沢川　まんざわがわ
山梨県・富士川水系〔1級〕
8万波川　まんなみがわ
岐阜県・神通川水系
9万計沼　ばんけいぬま
北海道札幌市南区
10万座川　まんざがわ
群馬県・利根川水系〔1級〕
12万勝寺川　まんしょうじがわ
兵庫県・加古川水系〔1級〕
13万歳川　まんざいがわ
島根県・斐伊川水系〔1級〕
万福寺川　まんぷくじがわ
山形県・最上川水系〔1級〕
万福寺川　まんぷくじがわ
山形県・最上川水系
万福池　まんぷくいけ
鹿児島県串木野市
15万蔵寺川　まんぞうじがわ
島根県・斐伊川水系〔1級〕
16万膳川　まんぜんがわ
鹿児島県・天降川水系〔2級〕
19万願寺川　まんがんじがわ
兵庫県・加古川水系〔1級〕

【与】

2与八郎谷川　よはちろうたにがわ
三重県・宮川水系〔1級〕
3与川　よかわ
長野県・木曾川水系〔1級〕
5与他浦　よだうら
千葉県佐原市
与四郎屋敷川　よしろやしきがわ
愛媛県・重信川水系〔1級〕
与市明川　よいちみょうがわ
高知県・与市明川水系〔2級〕
与布土川　よふどがわ
兵庫県・円山川水系〔1級〕
与田川　よだがわ
青森県・野辺地川水系〔2級〕
与田川　よだがわ
香川県・与田川水系〔2級〕
与田切川　よだぎりがわ
長野県・天竜川水系〔1級〕
与田浦川　よだうらがわ
千葉県・利根川水系〔1級〕
7与作谷川　よさくだにがわ
熊本県・球磨川水系
与良川　よらがわ
栃木県・利根川水系〔1級〕
与那川　よながわ
沖縄県・与那川水系〔2級〕
与那原川　よなばるがわ
沖縄県・比謝川水系〔2級〕
8与和木川　よわきがわ
愛媛県・蒼社川水系〔2級〕
9与保呂川　よほろがわ
京都府・与保呂川水系〔2級〕
与津地川　よつじがわ
高知県・渡川水系〔1級〕
10与根子川　よねこがわ
和歌山県・与根子川水系〔2級〕
12与惣川　よそうがわ
静岡県・菊川水系〔1級〕
与越川　よごしがわ
新潟県・信濃川水系〔1級〕
17与謝川　よざがわ
京都府・野田川水系

【丸】

丸の内川　まるのうちがわ
高知県・渡川水系

丸ノ谷川　まるのたにがわ
兵庫県・千種川水系

丸バエ川　まるばえがわ
宮崎県・丸バエ川水系〔2級〕

3丸万川　まるまんがわ
北海道・浦士別川水系

丸子川　まるこがわ
秋田県・雄物川水系〔1級〕

丸子川　まるこがわ
東京都・多摩川水系〔1級〕

丸子川　まりこがわ
静岡県・安倍川水系〔1級〕

丸子川　まるこがわ
長崎県・丸子川水系〔2級〕

丸山川　まるやまがわ
北海道・後志利別川水系〔1級〕

丸山川　まるやまがわ
山形県・最上川水系〔1級〕

丸山川　まるやまがわ
千葉県・丸山川水系〔2級〕

丸山川　まるやまがわ
新潟県・国府川水系〔2級〕

丸山川　まるやまがわ
愛知県・境川水系

丸山川　まるやまがわ
愛知県・庄内川水系

丸山川　まるやまがわ
京都府・淀川水系

丸山川　まるやまがわ
兵庫県・円山川水系

丸山川　まるやまがわ
山口県・田万川水系〔2級〕

丸山川　まるやまがわ
山口県・木屋川水系〔2級〕

丸山川　まるやまがわ
愛媛県・肱川水系〔1級〕

丸山川　まるやまがわ
愛媛県・渡川水系〔1級〕

丸山川　まるやまがわ
愛媛県・大川水系〔2級〕

丸山川　まるやまがわ
福岡県・遠賀川水系〔1級〕

丸山川　まるやまがわ
大分県・桂川水系〔2級〕

丸山川　まるやまがわ
大分県・大野川水系

丸山川分水路　まるやまがわぶんすいろ
北海道・後志利別川水系〔1級〕

丸山沢川　まるやまさわがわ
北海道・常呂川水系〔1級〕

丸山谷　まるやまだに
長野県・天竜川水系〔1級〕

4丸木沢川　まるきざわがわ
山形県・最上川水系

5丸田川　まるたがわ
愛知県・矢作川水系

丸田川　まるたがわ
京都府・由良川水系〔1級〕

丸田川　まるたがわ
和歌山県・紀の川水系〔1級〕

丸田川　まるたがわ
山口県・厚東川水系〔2級〕

丸田川　まるたがわ
愛媛県・重信川水系〔1級〕

丸田川　まるたがわ
愛媛県・丸田川水系〔2級〕

丸田谷川　まるただにがわ
滋賀県・淀川水系〔1級〕

丸目川　まるめがわ
宮崎県・清武川水系〔2級〕

丸石川　まるいしがわ
大分県・大野川水系〔1級〕

丸石沢　まるいしざわ
栃木県・利根川水系

丸石谷川　まるいしだにがわ
石川県・手取川水系〔1級〕

6丸池　まるいけ
長野県下高井郡山ノ内町

丸池川　まるいけがわ
高知県・国分川水系

丸池川　まるいけがわ
鹿児島県・川内川水系〔1級〕

丸西川　まるにしがわ
香川県・財田川水系〔2級〕

7丸尾川　まるおがわ
岡山県・吉井川水系

丸尾川　まるおがわ
山口県・田布施川水系〔2級〕

丸尾川　まるおがわ
佐賀県・有田川水系〔2級〕

丸尾川　まるおがわ
長崎県・喜々津川水系〔2級〕

丸尾川　まるおがわ
熊本県・河内川水系

丸尾川　まるおがわ
大分県・丸尾川水系〔2級〕

丸見川　まるみがわ
栃木県・利根川水系〔1級〕

丸見谷川　まるみだにがわ
徳島県・吉野川水系〔1級〕

丸谷川　まるたにがわ
宮崎県・大淀川水系〔1級〕
8丸岡分水路　まるおかぶんすいろ
山形県・赤川水系〔1級〕
丸沼　まるぬま
北海道北村
丸沼　まるぬま
山形県最上町
丸沼　まるぬま
群馬県利根郡片品村
丸沼　まるぬま
群馬県・利根川水系〔1級〕
丸茂川　まるもがわ
島根県・三隅川水系〔2級〕
9丸柱川　まるばしらがわ
三重県・淀川水系〔1級〕
丸草川　まるくさがわ
岐阜県・矢作川水系〔1級〕
10丸差川　まるさしがわ
愛知県・丸差川水系
11丸淵川　まるぶちがわ
佐賀県・潟川水系〔2級〕
丸野川　まるのがわ
宮崎県・加江田川水系
12丸塚沢　まるずかさわ
神奈川県・酒匂川水系
15丸穂川　まるほがわ
愛媛県・肱川水系〔1級〕
19丸瀬布川　まるせっぷがわ
北海道・湧別川水系〔1級〕

【久】

久の元川　くのもとがわ
島根県・斐伊川水系〔1級〕
久の木川　くのぎがわ
京都府・野田川水系
3久万川　くまがわ
愛媛県・仁淀川水系〔1級〕
久万川　くまがわ
愛媛県・久万川水系〔2級〕
久万川　くまがわ
高知県・国分川水系〔2級〕
久万目川　くまめがわ
高知県・仁淀川水系〔1級〕
久々子湖　くぐしこ
福井県三方郡美浜町
久々利川　くくりがわ
岐阜県・木曽川水系〔1級〕
久土川　くどがわ
大分県・丹生川水系〔2級〕
久子川　ひさごがわ
熊本県・津奈木川水系
久子沢川　ひさござわがわ
岩手県・北上川水系
久山川　きゅうさんがわ
北海道・十勝川水系〔1級〕
久山川　くやまがわ
長崎県・久山川水系〔2級〕
久川　ひさがわ
福島県・阿賀野川水系〔1級〕
4久之木川　くのきがわ
新潟県・鯖石川水系〔2級〕
久井川　くいがわ
愛媛県・肱川水系〔1級〕
久井谷川　ひさいだにがわ
島根県・江の川水系〔1級〕
久井谷川　ひさいだにがわ
徳島県・那賀川水系〔1級〕
久井原川　ひさいばるがわ
熊本県・菊池川水系〔1級〕
久井原川　ひさいばるがわ
熊本県・菊池川水系
久斗川　くとがわ
兵庫県・円山川水系〔1級〕
久斗川　くとがわ
兵庫県・岸田川水系〔2級〕
久木山川　くぎやまがわ
熊本県・久木山川水系
久木川　ひさぎがわ
愛知県・矢作川水系
久木川　くきがわ
高知県・渡川水系〔1級〕
久木野川　くぎのがわ
熊本県・水俣川水系〔2級〕
久木野尾川　くきのおがわ
大分県・八坂川水系〔2級〕
5久代川　くしろがわ
島根県・久代川水系〔2級〕
久出内川　くでないがわ
岩手県・北上川水系〔1級〕
久出内川　ぐでないがわ
岩手県・北上川水系
久尻川　くじりがわ
岐阜県・庄内川水系〔1級〕
久札川　くれがわ
高知県・久札川水系〔2級〕
久札場川　くればがわ
高知県・渡川水系
久玉川　くたまがわ
熊本県・久玉川水系〔2級〕
久甲川　くごうがわ
愛媛県・渡川水系〔1級〕

久田川《別》　くでんがわ
山口県・椹野川水系の九田川
久田川　くたがわ
長崎県・久田川水系〔2級〕
久田良木川　くだらぎがわ
愛知県・庄内川水系
久田谷川　くだたにがわ
広島県・芦田川水系〔1級〕
久田美川　くたみがわ
京都府・由良川水系〔1級〕
久田野川　くだのがわ
愛知県・音羽川水系
久白川　くじらがわ
島根県・斐伊川水系〔1級〕
久礼の川　くれのかわ
高知県・渡川水系
6久吉導水路　ひさよしどうすいろ
青森県・岩木川水系〔1級〕
久多川　くたがわ
京都府・淀川水系〔1級〕
久多田川　くたたがわ
広島県・久多田川水系
久多見川　くたみがわ
島根県・斐伊川水系〔1級〕
久安川　きゅうやすがわ
高知県・国分川水系〔2級〕
久曲川　くぜがわ
新潟県・信濃川水系〔1級〕
久次川　ひさつぎがわ
京都府・竹野川水系〔2級〕
久江川　くえがわ
石川県・羽咋川水系〔2級〕
久百々川　くももがわ
高知県・久百々川水系〔2級〕
久米川　くめがわ
長野県・天竜川水系〔1級〕
久米川　くめがわ
愛知県・矢田川水系
久米川　くめがわ
三重県・淀川水系〔1級〕
久米川《古》　くめがわ
奈良県・大和川水系の高取川
久米川　くめがわ
岡山県・吉井川水系〔1級〕
久米川　くめがわ
愛媛県・肱川水系〔1級〕
久米川内川　くめごうちがわ
熊本県・球磨川水系
久米田川　くめだがわ
岡山県・笹ヶ瀬川水系〔2級〕
久米両川　くめりょうがわ
愛媛県・重信川水系〔1級〕
久米野川　くめのがわ
熊本県・菊池川水系〔1級〕
久米野川　くめのがわ
熊本県・菊池川水系
7久佐川　くさがわ
島根県・江の川水系〔1級〕
久住川　くじゅうがわ
京都府・竹野川水系〔2級〕
久住川　くじゅうがわ
大分県・大野川水系〔1級〕
久住田川　くすみたがわ
静岡県・安倍川水系〔1級〕
久利須川　くりすがわ
富山県・小矢部川水系〔1級〕
久吹川　くぶきがわ
長崎県・久吹川水系〔2級〕
久寿軒谷川　くすのきだにがわ
高知県・吉野川水系〔1級〕
久志川　くしがわ
鹿児島県・久志川水系〔2級〕
久沢　くざわ
静岡県・安倍川水系
久沢川　くざわがわ
福井県・九頭竜川水系〔1級〕
久見川　くみがわ
島根県・久見川水系〔2級〕
久見崎川　ぐみさきがわ
鹿児島県・川内川水系〔1級〕
久谷川　くたにがわ
兵庫県・岸田川水系〔2級〕
久谷川　くたにがわ
愛媛県・重信川水系〔1級〕
久谷川　くたにがわ
宮崎県・石崎川水系
久那川　くながわ
栃木県・那珂川水系〔1級〕
8久和川　くわがわ
長崎県・久和川水系〔2級〕
久国谷川　ひさくにだにがわ
徳島県・勝浦川水系〔2級〕
久知川　くちがわ
新潟県・久知川水系〔2級〕
久茂地川　くもじがわ
沖縄県・安里川水系〔2級〕
9久保ノ内川　くぼのうちがわ
愛媛県・金生川水系〔2級〕
久保川　くぼがわ
北海道・十勝川水系〔1級〕
久保川　くぼがわ
岩手県・北上川水系〔1級〕
久保川　くぼがわ
岩手県・北上川水系

久保川　くぼがわ
栃木県・利根川水系
久保川　くぼがわ
群馬県・利根川水系〔1級〕
久保川　くぼがわ
千葉県・夷隅川水系〔2級〕
久保川　くぼがわ
新潟県・胎内川水系〔2級〕
久保川　くぼがわ
山梨県・富士川水系〔1級〕
久保川《別》　くぼがわ
山梨県・富士川水系の樋田川
久保川　くぼがわ
静岡県・狩野川水系〔1級〕
久保川　くぼがわ
三重県・安濃川水系〔2級〕
久保川　くぼがわ
三重県・里川水系〔2級〕
久保川　くぼがわ
滋賀県・淀川水系〔1級〕
久保川　くぼがわ
京都府・淀川水系〔1級〕
久保川　くぼがわ
奈良県・新宮川水系〔1級〕
久保川　くぼがわ
島根県・江の川水系〔1級〕
久保川　くぼがわ
愛媛県・肱川水系〔1級〕
久保川　くぼがわ
高知県・物部川水系〔1級〕
久保川　くぼがわ
高知県・渡川水系〔1級〕
久保川　くぼがわ
熊本県・菊池川水系
久保川　くぼがわ
熊本県・流合川水系
久保川　くぼがわ
宮崎県・清武川水系〔2級〕
久保仁田川　くぼにたがわ
長崎県・相浦川水系〔2級〕
久保田川　くぼたがわ
秋田県・子吉川水系〔1級〕
久保田川　くぼたがわ
福島県・阿賀野川水系
久保田川《別》　くぼたがわ
福島県・阿武隈川水系の逢瀬川
久保田川　くぼたがわ
茨城県・久慈川水系〔1級〕
久保田川　くぼたがわ
千葉県・久保田川水系
久保田川　くぼたがわ
和歌山県・左会津川水系〔2級〕
久保田川　くぼたがわ
愛媛県・重信川水系
久保田川　くぼたがわ
高知県・香宗川水系〔2級〕
久保田川　くぼたがわ
高知県・渡川水系
久保田川　くぼたがわ
鹿児島県・久保田川水系〔2級〕
久保白川　くぼしろがわ
福岡県・遠賀川水系〔1級〕
久保沢川　くぼざわがわ
岩手県・甲子川水系
久保沢川　くぼざわがわ
山梨県・富士川水系〔1級〕
久保見沢　くぼみさわ
新潟県・荒川（新潟県・山形県）水系
久保谷川　くぼだにがわ
岡山県・旭川水系〔1級〕
久保谷川　くぼだにがわ
徳島県・吉野川水系〔1級〕
久保谷川　くぼたにがわ
高知県・渡川水系〔1級〕
久保原川　くぼはらがわ
岐阜県・庄内川水系〔1級〕
久保浦川　くぼうらがわ
高知県・久保浦川水系
久美谷川　くみたにがわ
京都府・久美谷川水系〔2級〕
10久兼川　ひさかねがわ
山口県・佐波川水系〔1級〕
久原川　くばるがわ
福岡県・多々良川水系〔2級〕
久原川　くばるがわ
熊本県・菊池川水系
久原谷川　くばらだにがわ
岡山県・高梁川水系
久根川　くねがわ
長崎県・久根川水系〔2級〕
久根別川　くねべつがわ
北海道・久根別川水系〔2級〕
久浦松川　きゅうらまつがわ
愛媛県・久浦松川水系
久留女木川《別》　くるめきがわ
静岡県・都田川水系の都田川
久留川　ひさどめがわ
熊本県・一町田川水系〔2級〕
久留見川　くるみがわ
鹿児島県・天降川水系〔2級〕
久留須川　くるすがわ
大分県・番匠川水系〔1級〕
久通川　くずうがわ
栃木県・那珂川水系〔1級〕

11久婦須川　くぶすがわ
岐阜県, 富山県・神通川水系〔1級〕
久望川　くもがわ
徳島県・日和佐川水系〔2級〕
久著呂川　くちょろがわ
北海道・釧路川水系〔1級〕
久野川　くのがわ
島根県・斐伊川水系〔1級〕
久野川　くのがわ
山口県・木屋川水系〔2級〕
久野谷川　くのたにがわ
島根県・斐伊川水系〔1級〕
久隆川　くたかがわ
茨城県・久慈川水系〔1級〕
久鹿川　くしかがわ
熊本県・球磨川水系
12久喜沢川　くきざわがわ
秋田県・米代川水系〔1級〕
久富川　ひさとみがわ
山口県・掛淵川水系〔2級〕
久富木川　くぶきがわ
鹿児島県・川内川水系〔1級〕
久森沢川　くもりさわがわ
群馬県・利根川水系〔1級〕
久須田川　くすだがわ
岐阜県・木曽川水系〔1級〕
久須部川　くすべがわ
兵庫県・矢田川水系〔2級〕
13久慈川　くじがわ
岩手県・久慈川水系〔2級〕
久慈川　くじがわ
福島県, 茨城県・久慈川水系〔1級〕
久遠川　くどうがわ
北海道・ケリマイ川水系
久遠寺川　くおんじがわ
静岡県・富士川水系〔1級〕
14久種湖　くしゅこ
北海道礼文郡礼文町
久領谷川　くりょうだにがわ
島根県・高津川水系〔1級〕
15久蔵川　きゅうぞうがわ
栃木県・利根川水系〔1級〕
18久藤川　きゅうとうがわ
愛媛県・久藤川水系
久藪谷川　ひさやぶだにがわ
徳島県・吉野川水系〔1級〕
久藪谷川　ひさやぶだにがわ
高知県・安田川水系〔2級〕
19久瀬川　くぜがわ
新潟県・信濃川水系〔1級〕

【乞】
5乞田川　こったがわ
東京都・多摩川水系〔1級〕
9乞食川　こじきがわ
高知県・物部川水系

【凡】
4凡夫川　ぼんぷがわ
静岡県・富士川水系〔1級〕

【刃】
12刃場川　かたなばがわ
山形県・最上川水系〔1級〕

【千】
千の川　せんのがわ
神奈川県・相模川水系〔1級〕
千ヶ畑川　せんがはたがわ
京都府・淀川水系〔1級〕
2千丁地川　せんちょうじがわ
福島県・阿武隈川水系
千人沢　せんにんざわ
宮城県・名取川水系
3千丈川　せんじょうがわ
滋賀県・淀川水系〔1級〕
千丈川　せんじょうがわ
愛媛県・千丈川水系〔2級〕
千丈沢　せんじょうざわ
長野県・信濃川水系
千々川　ちじがわ
京都府・淀川水系〔1級〕
千々川　ちじがわ
高知県・桜川水系〔2級〕
千々川　ちじがわ
長崎県・千々川水系〔2級〕
千々之木川　ちじのきがわ
愛媛県・千々之木川水系〔2級〕
千々石川　ちじわがわ
長崎県・千々石川水系〔2級〕
千子川　せんごがわ
愛知県・境川水系
千才川　ちとせがわ
愛媛県・千才川水系〔2級〕
4千刈田川　せんかりたがわ
秋田県・白雪川水系
千手川　せんじゅがわ
新潟県・信濃川水系〔1級〕
千手川　せんてがわ
滋賀県・淀川水系〔1級〕
千手川　せんずがわ
和歌山県・紀の川水系〔1級〕

千手川　せんずがわ
福岡県・遠賀川水系〔1級〕
5千代ヶ岡川　ちよがおかがわ
北海道・石狩川水系〔1級〕
千代川　せんだいがわ
鳥取県・千代川水系〔1級〕
千代川　ちよがわ
熊本県・津奈木川水系〔2級〕
千代川　ちよがわ
熊本県・津奈木川水系
千代田堀川　ちよだぼりがわ
茨城県・利根川水系〔1級〕
千代田堀川　ちよだぼりがわ
茨城県・利根川水系
千代谷川　ちよたにがわ
北海道・石狩川水系〔1級〕
千旦林川　せんだばやしがわ
岐阜県・木曾川水系〔1級〕
千本川　せんぼんがわ
高知県・吉野川水系
千本木川　せんぼんぎがわ
長野県・天竜川水系〔1級〕
千田川　せんだがわ
茨城県・那珂川水系〔1級〕
千田川　せんだがわ
岐阜県・木曾川水系〔1級〕
千田川　ちだがわ
熊本県・菊池川水系〔1級〕
千田川　ちだがわ
熊本県・菊池川水系
千田川　ちだがわ
宮崎県・一ツ瀬川水系〔2級〕
千石大沢川　せんごくおおさわがわ
岩手県・北上川水系
千石川　せんごくがわ
山形県・最上川水系
千石川　せんごくがわ
富山県・上市川水系
千石谷川　せんごくだにがわ
滋賀県・淀川水系〔1級〕
6千安川　ちやすがわ
山形県・赤川水系〔1級〕
千守川《別》　ちもりがわ
兵庫県・千森川水系の千森川
千早川　ちはやがわ
大阪府・大和川水系〔1級〕
千曲川　ちくまがわ
長野県・信濃川水系
7千住川　せんじゅうがわ
北海道・十勝川水系〔1級〕
千体川　せんたいがわ
新潟県・信濃川水系〔1級〕
千呂露川　ちろろがわ
北海道・沙流川水系〔1級〕
千寿川　せんじゅがわ
茨城県・久慈川水系〔1級〕
千束川　せんぞくがわ
石川県・大聖寺川水系〔2級〕
千束川　せんそくがわ
愛知県・音羽川水系
千束川　せんぞくがわ
佐賀県・松浦川水系〔1級〕
千町川　せんちょうがわ
兵庫県・揖保川水系
千町川　せんちょうがわ
岡山県・吉井川水系〔1級〕
千町川派川　せんちょうがわはせん
岡山県・吉井川水系〔1級〕
千町古川　せんちょうふるがわ
岡山県・吉井川水系〔1級〕
千谷川　せんたにがわ
京都府・淀川水系〔1級〕
千走川　ちはせがわ
北海道・千走川水系〔2級〕
千足川　せんぞくがわ
香川県・馬宿川水系〔2級〕
千里千里川　ちりちりがわ
福島県・阿武隈川水系
千里川　せんりがわ
大阪府・淀川水系〔1級〕
8千枚川　せんまいがわ
滋賀県・淀川水系〔1級〕
千波湖　せんばこ
茨城県・那珂川水系
千股川　ちまたがわ
奈良県・紀の川水系〔1級〕
9千保川　せんぼがわ
富山県・小矢部川水系〔1級〕
千保川　せんぼがわ
兵庫県・揖保川水系〔1級〕
千怒川　ちぬがわ
大分県・千怒川水系〔2級〕
千洗川　ちあらいがわ
愛知県・矢作川水系
千津川　せんずがわ
和歌山県・日高川水系〔2級〕
千草川　ちぐさがわ
兵庫県・洲本川水系〔2級〕
千草橋川　ちぐさばしがわ
青森県・千草橋川水系
10千原川　ちはらがわ
京都府・由良川水系〔1級〕

千原川　ちはらがわ
京都府・由良川水系
千原川　ちはらがわ
島根県・江の川水系〔1級〕
千座川　せんざがわ
山形県・最上川水系〔1級〕
千酌川　せんじゃくがわ
島根県・千酌川水系〔2級〕
千酌路川　ちくみじがわ
島根県・千酌路川水系〔2級〕
11千貫沢　せんがんざわ
群馬県・利根川水系
千貫沢　せんがんざわ
群馬県・利根川水系
千野川　ちのがわ
宮崎県・千野川水系〔2級〕
千鳥川　ちどりがわ
宮城県・千鳥川水系
千鳥川　ちどりがわ
山形県・最上川水系〔1級〕
千鳥川　ちどりがわ
愛知県・音羽川水系
千鳥川　ちどりがわ
兵庫県・加古川水系〔1級〕
千鳥川　ちどりがわ
長崎県・千鳥川水系〔2級〕
12千厩川　せんまやがわ
岩手県・北上川水系〔1級〕
千森川　ちもりがわ
兵庫県・千森川水系〔2級〕
千間田川　せんげんだがわ
長崎県・八郎川水系〔2級〕
千間江湖川　せんげんえごがわ
熊本県・千間江湖川水系〔2級〕
13千歳川　ちとせがわ
北海道・石狩川水系〔1級〕
千歳川　ちとせがわ
北海道・石狩川水系
千歳川　ちとせがわ
福島県・阿武隈川水系〔1級〕
千歳川　ちとせがわ
神奈川県・千歳川水系〔2級〕
千歳川　ちとせがわ
静岡県・千歳川水系〔2級〕
千歳川　ちとせがわ
兵庫県・加古川水系〔1級〕
千歳湖　ちとせこ
北海道千歳市
千滝川　せんたきがわ
熊本県・緑川水系〔1級〕
14千種川　ちぐさがわ
兵庫県・千種川水系〔2級〕
千種台川　ちくさだいがわ
愛知県・庄内川水系
千綿川　ちわたがわ
長崎県・千綿川水系〔2級〕
17千檀川　せんだんがわ
長崎県・堀川水系〔2級〕

【及】

11及部川　およべがわ
北海道・及部川水系〔2級〕

【口】

口の倉川　くちのくらがわ
奈良県・大和川水系〔1級〕
口ヶ谷川　くちがだにがわ
島根県・高津川水系〔1級〕
口ヶ野川　くちがのがわ
宮崎県・潟上川水系
4口内川　くちないがわ
岩手県・北上川水系〔1級〕
口太川　くちぶとがわ
福島県・阿武隈川水系〔1級〕
5口広谷川　くちひろたにがわ
富山県・常願寺川水系〔1級〕
8口和深川《別》　くちわぶかがわ
和歌山県・和深川水系の和深川
10口高田川　くちたかだがわ
和歌山県・新宮川水系〔1級〕
12口無川　くちなしがわ
福岡県・筑後川水系〔1級〕
口無沼　くちなしぬま
北海道苫小牧市
14口総大川　くちすぼおおかわ
愛媛県・口総大川水系〔2級〕

【土】

2土入川　どうにゅうがわ
和歌山県・紀の川水系〔1級〕
3土口川　どぐちがわ
新潟県・信濃川水系〔1級〕
土口川　どぐちがわ
新潟県・信濃川水系〔1級〕
土口川　どぐちがわ
新潟県・桑取川水系〔2級〕
土々呂川　ととろがわ
宮崎県・五ヶ瀬川水系〔1級〕
土山谷川　つちやまだにがわ
愛媛県・国領川水系〔2級〕
土川　つちがわ
富山県・神通川水系〔1級〕
土川　つちがわ
滋賀県・淀川水系〔1級〕

土川川　つちかわがわ
鹿児島県・土川川水系〔2級〕
4土井の内川　どいのうちがわ
熊本県・菜切川水系
土井川　どいがわ
京都府・淀川水系
土井川　どいがわ
山口県・柳井川水系〔2級〕
土井川　どいがわ
香川県・津田川水系〔2級〕
土井川　どいがわ
長崎県・土井川水系〔2級〕
土井谷川　どいだにがわ
徳島県・吉野川水系〔1級〕
土戸川　つちどがわ
熊本県・五ヶ瀬川水系
土王田川　つちおうだがわ
長野県・天竜川水系〔1級〕
5土尻川　どじりがわ
長野県・信濃川水系〔1級〕
土本川　つちもとがわ
秋田県・子吉川水系〔1級〕
土生川　はぶがわ
兵庫県・佐津川水系〔2級〕
土生川　はぶがわ
和歌山県・日高川水系〔2級〕
土生川　はぶがわ
高知県・国分川水系〔2級〕
土用川　どようがわ
岡山県・旭川水系〔1級〕
土用月川　どようずきがわ
熊本県・菊池川水系
土田川　つちだがわ
島根県・土田川水系〔2級〕
6土会川　どあいがわ
山形県・最上川水系〔1級〕
土会川　どあいがわ
山形県・最上川水系
土合川　どあいがわ
群馬県・利根川水系〔1級〕
7土佐川　とさがわ
栃木県・利根川水系〔1級〕
土佐川　とさがわ
京都府・由良川水系〔1級〕
土佐堀川　とさぼりがわ
大阪府・淀川水系〔1級〕
土助川　どうすけがわ
岐阜県・矢作川水系〔1級〕
土呂久川　とろくがわ
宮崎県・五ヶ瀬川水系〔1級〕
土呂部川　とろべがわ
栃木県・利根川水系〔1級〕
土岐川　ときがわ
新潟県・関川水系〔1級〕
土岐川　ときがわ
岐阜県, 愛知県・庄内川水系
土沢　つちざわ
秋田県・米代川水系
土沢川　つちざわがわ
岩手県・閉伊川水系
土沢川　つちざわがわ
長野県・姫川水系〔1級〕
土谷川　つちやがわ
岩手県・馬淵川水系
土谷川　つちだにがわ
長野県・姫川水系〔1級〕
8土京川　どきょうがわ
長野県・信濃川水系〔1級〕
土京川　どきょうがわ
岐阜県・木曾川水系〔1級〕
土居ノ内川　どいのうちがわ
高知県・渡川水系〔1級〕
土居川　どいがわ
大阪府・内川水系〔2級〕
土居川　どいがわ
愛媛県・肱川水系〔1級〕
土居川　どいがわ
高知県・仁淀川水系〔1級〕
土居谷川　どいだにがわ
高知県・下ノ加江川水系〔2級〕
土岩川　つちいわがわ
大分県・大野川水系〔1級〕
土肥山川《別》　といやまがわ
静岡県・山川水系の山川
9土室川　つちむろがわ
山梨県・相模川水系〔1級〕
土室川分水路　つちむろがわぶんすいろ
大阪府・淀川水系〔1級〕
土風川　どふうがわ
熊本県・早浦川水系
10土倉川　つちくらがわ
岩手県・北上川水系
土倉川　つちくらがわ
新潟県・信濃川水系
土師川　はぜがわ
京都府・由良川水系〔1級〕
土師川　はじがわ
鳥取県・千代川水系〔1級〕
土師方川　はじかたがわ
岡山県・旭川水系〔1級〕
土庫川　どんごがわ
奈良県・大和川水系〔1級〕
土留木川　どどめぎがわ
愛知県・土留木川水系

11土堀川　どんぼりがわ
京都府・淀川水系
土淵川　つちぶちがわ
青森県・岩木川水系〔1級〕
土黒川　ひじくろがわ
長崎県・土黒川水系〔2級〕
土黒西川　ひじくろにしがわ
長崎県・土黒川水系〔2級〕
12土場川　どばがわ
青森県・高瀬川水系〔1級〕
土場川　どばがわ
青森県・土場川水系
土曾川　どそがわ
長野県・天竜川水系〔1級〕
土筆川　つくしがわ
青森県・新城川水系
土買川　つちかいがわ
秋田県・雄物川水系〔1級〕
13土路石川　どろいしがわ
山口県・土路石川水系〔2級〕
土路江川　とろえがわ
岡山県・吉井川水系〔1級〕
14土熊沢川　つちくまざわがわ
秋田県・雄物川水系〔1級〕
15土器川　どきがわ
香川県・土器川水系〔1級〕
土穂石川　つつほいしがわ
山口県・土穂石川水系〔2級〕
16土橋川　つちはしがわ
青森県・馬淵川水系〔1級〕
19土瀬川　つちせがわ
富山県・神通川水系〔1級〕

【士】

7士別パンケ川　しべつぱんけがわ
北海道・天塩川水系〔1級〕
13士幌川　しほろがわ
北海道・十勝川水系〔1級〕

【夕】

3夕川　ゆうがわ
山梨県・富士川水系〔1級〕
4夕日川　ゆうひがわ
佐賀県・松浦川水系〔1級〕
11夕張川　ゆうばりがわ
北海道・石狩川水系〔1級〕
20夕露川　ゆうろがわ
大分県・筑後川水系〔1級〕

【大】

大の入川　おおのいりがわ
山梨県・相模川水系〔1級〕
大の下川　おおのしたがわ
愛媛県・肱川水系〔1級〕
大ヶ口川　おおがくちがわ
岩手県・大槌川水系
大ヶ洞川　おおがほらがわ
岐阜県・木曾川水系〔1級〕
大シウド谷川　おおしうどだにがわ
岐阜県・庄川水系〔1級〕
大チョウナ沢　おおちょうなさわ
新潟県・信濃川水系
大ハシ川　おおはしがわ
愛媛県・肱川水系〔1級〕
大マセリ川　おおませりがわ
新潟県・桑取川水系〔2級〕
大ミ子川　おおみねがわ
愛媛県・肱川水系〔1級〕
大ヨッピ川　おおよっぴがわ
福島県・阿賀野川水系〔1級〕
2大九郎川　だいくろうがわ
大分県・筑後川水系〔1級〕
大入川　おおいりがわ
長野県・天竜川水系〔1級〕
大入川　おおにゅうがわ
静岡県, 愛知県・天竜川水系〔1級〕
大入川　だいにゅうがわ
愛知県・豊川水系〔1級〕
大入川　だいにゅうがわ
愛知県・豊川水系
大入川　おおいりがわ
愛知県・矢作川水系
大入間川　おおいりまがわ
山形県・最上川水系〔1級〕
大八川　だいはちがわ
北海道・姫川水系
大八重川　おおやえがわ
山形県・日向川水系〔2級〕
大八賀川　だいはちががわ
岐阜県・神通川水系〔1級〕
大刀洗川　たちあらいがわ
福岡県・筑後川水系〔1級〕
大又入川　おおまたいりがわ
長野県・矢作川水系〔1級〕
大又川　おおまたがわ
新潟県・信濃川水系〔1級〕
大又川　おおまたがわ
長野県・木曾川水系〔1級〕
大又川　おおまたがわ
三重県・新宮川水系〔1級〕
大又川　おおまたがわ
京都府・淀川水系
大又川　おおまたがわ
和歌山県・切目川水系〔2級〕

大又川　おおまたがわ
広島県・江の川水系〔1級〕
大又川　おおまたがわ
広島県・江の川水系
大又沢　おおまたざわ
神奈川県・酒匂川水系〔2級〕
大又沢川　おおまたざわがわ
岩手県・米代川水系〔1級〕
大又谷川　おおまただにがわ
和歌山県・日高川水系〔2級〕
3大下り川　おおくだりがわ
兵庫県・千種川水系〔2級〕
大下川　おおしたがわ
新潟県・信濃川水系〔1級〕
大下川　おおしもがわ
岡山県・旭川水系〔1級〕
大三川　だいぞうがわ
新潟県・大三川水系〔2級〕
大上戸川　だいじょうごがわ
長崎県・大上戸川水系〔2級〕
大丸川　おおまるがわ
熊本県・佐敷川水系
大丸川　おおまるがわ
宮崎県・大淀川水系〔1級〕
大丸川　だいまるがわ
宮崎県・川内川水系〔1級〕
大丸川　だいまるがわ
宮崎県・内海川水系〔2級〕
大久川　おおひさがわ
福島県・大久川水系〔2級〕
大久川　おおくがわ
島根県・大久川水系〔2級〕
大久内沢川　おおくないさわがわ
秋田県・子吉川水系〔1級〕
大久戸川　おおくどがわ
愛知県・高浜川水系
大久田川　おおぐたがわ
福島県・鮫川水系〔2級〕
大久保川　おおくぼがわ
北海道・常呂川水系〔1級〕
大久保川　おおくぼがわ
岩手県・北上川水系
大久保川　おおくぼがわ
福島県・阿武隈川水系〔1級〕
大久保川　おおくぼがわ
新潟県・国府川水系〔2級〕
大久保川　おおくぼがわ
新潟県・信濃川水系
大久保川　おおくぼがわ
富山県・神通川水系〔1級〕
大久保川　おおくぼがわ
山梨県・富士川水系〔1級〕
大久保川　おおくぼがわ
静岡県・大井川水系〔1級〕
大久保川《別》　おおくぼがわ
静岡県・狩野川水系の裾野大久保川
大久保川　おおくぼがわ
愛知県・汐川水系
大久保川　おおくぼがわ
島根県・敬川水系
大久保川　おおくぼがわ
愛媛県・肱川水系〔1級〕
大久保川　おおくぼがわ
愛媛県・渡川水系〔1級〕
大久保川　おおくぼがわ
愛媛県・僧都川水系〔2級〕
大久保川　おおくぼがわ
熊本県・菊池川水系
大久保川　おおくぼがわ
宮崎県・清武川水系〔2級〕
大久保沢川　おおくぼさわがわ
山梨県・富士川水系〔1級〕
大久保谷　おおくぼだに
埼玉県・荒川（東京都・埼玉県）水系〔1級〕
大久保谷川　おおくぼだにがわ
徳島県・吉野川水系〔1級〕
大久保谷川　おおくぼたにがわ
愛媛県・肱川水系〔1級〕
大久須川　おおぐすがわ
静岡県・宇久須川水系〔2級〕
大千瀬川　おおちせがわ
愛知県，静岡県・天竜川水系〔1級〕
大口川　おおくちがわ
香川県・財田川水系〔2級〕
大口川　おおぐちがわ
熊本県・大口川水系
大口須保谷　おおぐちすぼだに
奈良県・紀の川水系〔1級〕
大土川　おおつちがわ
宮城県・北上川水系〔1級〕
大土川　おおつちがわ
福島県・阿賀野川水系〔1級〕
大土川　おおつちがわ
広島県・江の川水系〔1級〕
大土川　おおつちがわ
広島県・太田川水系〔1級〕
大土肥川《別》　おおどいがわ
静岡県・狩野川水系の来光川
大子沢川　おごさわがわ
山梨県・富士川水系〔1級〕
大小屋川　おおこやがわ
山形県・最上川水系〔1級〕
大山口川　おおやまぐちがわ
鹿児島県・川内川水系〔1級〕

大山川　おおやまがわ
山形県・赤川水系〔1級〕
大山川　おおやまがわ
新潟県・梅津川水系〔2級〕
大山川　おおやまがわ
山梨県・富士川水系〔1級〕
大山川　おおやまがわ
愛知県・庄内川水系〔1級〕
大山川　おおやまがわ
滋賀県・淀川水系〔1級〕
大山川　おおやまがわ
兵庫県・加古川水系〔1級〕
大山川　おおやまがわ
和歌山県・有田川水系〔2級〕
大山川　おおやまがわ
岡山県・高梁川水系〔1級〕
大山川　おおやまがわ
香川県・大山川水系〔2級〕
大山川　おおやまがわ
福岡県・筑後川水系〔1級〕
大山川　おおやまがわ
熊本県, 大分県, 福岡県・筑後川水系
大山田川　おおやまだがわ
三重県・木曾川水系〔1級〕
大山田川　おおやまだがわ
山口県・田万川水系〔2級〕
大山田川　おおやまだがわ
宮崎県・一ツ瀬川水系〔2級〕
大山沢川　おおやまざわがわ
山梨県・富士川水系〔1級〕
大山谷川　おおやまだにがわ
徳島県・吉野川水系〔1級〕
大山路川　おおやまじがわ
佐賀県・六角川水系〔1級〕
大川　おおかわ
北海道・古宇川水系
大川　おおがわ
岩手県・小本川水系〔2級〕
大川　おおかわ
岩手県・大川水系〔2級〕
大川　おおかわ
岩手県・荒川川水系
大川　おおかわ
岩手県・小本川水系
大川　おおかわ
岩手県・大川水系
大川　おおがわ
岩手県・津軽石川水系
大川　おおかわ
宮城県・大川水系〔2級〕
大川　おおかわ
茨城県・那珂川水系〔1級〕
大川　おおかわ
茨城県・利根川水系〔1級〕
大川　おおかわ
茨城県・大川水系
大川　おおかわ
栃木県・利根川水系〔1級〕
大川　おおかわ
群馬県・利根川水系〔1級〕
大川　おおかわ
群馬県・利根川水系
大川《別》　おおかわ
東京都・荒川水系の隅田川
大川　おおかわ
新潟県・信濃川水系〔1級〕
大川　おおがわ
新潟県・大川水系〔2級〕
大川《別》　おおかわ
石川県・羽咋川水系の久江川
大川《別》　おおかわ
石川県・町野川水系の町野川
大川《別》　おおかわ
福井県・早瀬川水系の鰣川
大川　おおかわ
長野県・信濃川水系〔1級〕
大川　おおかわ
長野県・天竜川水系〔1級〕
大川　おおかわ
静岡県・大川水系〔2級〕
大川《別》　おおかわ
静岡県・伊東大川水系の伊東大川
大川《別》　おおかわ
静岡県・山川水系の山川
大川《古》　おおかわ
静岡県・富士川水系の沼川
大川　おおかわ
愛知県・大川水系〔2級〕
大川　おおかわ
愛知県・大川水系
大川　おおがわ
三重県・大川水系〔2級〕
大川　おおかわ
滋賀県・淀川水系〔1級〕
大川　おおかわ
大阪府・淀川水系〔1級〕
大川　おおがわ
大阪府・大川水系〔2級〕
大川　おおかわ
大阪府・淀川水系
大川　おおかわ
兵庫県・富島川水系〔2級〕
大川　おおがわ
鳥取県・日野川水系〔1級〕

大川《別》　おおかわ
鳥取県・日野川水系の大江川
大川　おおかわ
島根県・大川水系〔2級〕
大川　おおかわ
岡山県・旭川水系〔1級〕
大川　おおかわ
広島県・大正川水系〔2級〕
大川　おおかわ
愛媛県・仁淀川水系〔1級〕
大川　おおかわ
愛媛県・大曲川水系〔2級〕
大川　おおかわ
愛媛県・大川水系〔2級〕
大川《別》　おおかわ
愛媛県・蒼社川水系の蒼社川
大川　おおかわ
福岡県・大川水系〔2級〕
大川　おおかわ
長崎県・大川水系〔2級〕
大川　おおかわ
鹿児島県・大川水系〔2級〕
大川ダム　おおかわだむ
香川県・津田川水系
大川川　おおかわがわ
静岡県・大川川水系〔2級〕
大川川　おおかわがわ
沖縄県・大川川水系
大川目沢川　おおかわめさわがわ
秋田県・米代川水系〔1級〕
大川目沢川　おおかわめさわがわ
秋田県・米代川水系
大川沢　おおかわさわ
山梨県・富士川水系
大川原川　おおがわらがわ
福島県・熊川水系〔2級〕
大川原川　おおかわばるがわ
佐賀県・松浦川水系〔1級〕
大川原川　おおかわらがわ
長崎県・大川原川水系〔2級〕
大川間川　おこまがわ
熊本県・球磨川水系〔1級〕
大工ノ浦川　だいくのうらがわ
熊本県・河内川水系
大工川　だいくがわ
福島県・阿賀野川水系〔1級〕
大工川　だいくがわ
大分県・臼杵川水系〔2級〕
4大中地川　だいちゅうじがわ
和歌山県・切目川水系〔2級〕
大中尾谷川　おおなかおだにがわ
徳島県・吉野川水系〔1級〕

大丹生川　おおにうがわ
京都府・大丹生川水系〔2級〕
大井川　おおいがわ
茨城県・那珂川水系〔1級〕
大井川《古》　おおいがわ
東京都，千葉県，埼玉県・利根川水系の江戸川
大井川　おおいがわ
新潟県・落堀川水系〔2級〕
大井川　おおいがわ
富山県・小矢部川水系〔1級〕
大井川　おおいがわ
静岡県・大井川水系〔1級〕
大井川　おおいがわ
愛知県・大井川水系
大井川　おおいがわ
愛知県・矢作川水系
大井川　おおいがわ
京都府・由良川水系
大井川《別》　おおいがわ
京都府・淀川水系の大堰川
大井川　おおいがわ
兵庫県・夢前川水系〔2級〕
大井川　おおいがわ
山口県・大井川水系〔2級〕
大井川　おおいがわ
高知県・渡川水系〔1級〕
大井川　おおいがわ
福岡県・釣川水系〔2級〕
大井川　おおいがわ
熊本県・菊池川水系
大井川　おおいがわ
沖縄県・大井川水系〔2級〕
大井手川　おおいでがわ
京都府・淀川水系〔1級〕
大井手川　おおいでがわ
鳥取県・千代川水系〔1級〕
大井手川　おおいでがわ
島根県・斐伊川水系〔1級〕
大井手川　おおいでがわ
香川県・土器川水系〔1級〕
大井手川　おおいでがわ
香川県・一の谷川水系〔2級〕
大井手川　おおいでがわ
香川県・鴨部川水系〔2級〕
大井手川　おおいでがわ
愛媛県・国近川水系〔2級〕
大井手川　おおいでがわ
長崎県・浦上川水系〔2級〕
大井手用水路《別》　おおいでようすいろ
鳥取県・千代川水系の大井手川
大井手濠《別》　おおいでぼり
鳥取県・千代川水系の大井手川

大井沢川　おおいざわがわ
山形県・最上川水系〔1級〕
大井谷川　おおいだにがわ
京都府・淀川水系
大井谷川　おおいだにがわ
島根県・高津川水系〔1級〕
大井谷川　おおいだにがわ
山口県・佐波川水系〔1級〕
大井野川　おおいのがわ
岡山県・高梁川水系〔1級〕
大五川　だいごがわ
佐賀県・筑後川水系〔1級〕
大仁田川　おおにたがわ
岩手県・閉伊川水系
大仁田川　おおにたがわ
群馬県・利根川水系〔1級〕
大仏川　おぼとけがわ
新潟県・大仏川水系〔2級〕
大六野川　だいろくのがわ
鹿児島県・五反田川水系〔2級〕
大円川　だいえんがわ
山梨県・富士川水系〔1級〕
大内の又川　おおうちのまたがわ
愛媛県・渡川水系〔1級〕
大内ダム　おおちだむ
香川県・与田川水系
大内山川　おおうちやまがわ
三重県・宮川水系〔1級〕
大内川　おおうちがわ
栃木県・那珂川水系〔1級〕
大内川《別》　おおうちがわ
三重県・淀川水系の岩根川
大内川　おおうちがわ
京都府・由良川水系〔1級〕
大内川　おおうちがわ
京都府・淀川水系
大内川　おおうちがわ
和歌山県・日置川水系〔2級〕
大内川　おおうちがわ
山口県・大内川水系〔2級〕
大内川　おおうちがわ
福岡県・西郷川水系〔2級〕
大内川　おおうちがわ
大分県・大野川水系〔1級〕
大内川　おおうちがわ
大分県・大内川水系〔2級〕
大内川　おおうちがわ
宮崎県・五ヶ瀬川水系〔1級〕
大内田川　おおうちだがわ
岩手県・有家川水系
大内沢川　おおうちさわがわ
秋田県・米代川水系〔1級〕
大内沢川　おおうちさわがわ
福島県・久慈川水系〔1級〕
大内谷川　おおうちたにがわ
石川県・大聖寺川水系〔2級〕
大内谷川　おおうちだにがわ
岡山県・吉井川水系〔1級〕
大内谷川　おおうちだにがわ
宮崎県・五ヶ瀬川水系〔1級〕
大切川　おおきりがわ
愛知県・境川水系
大分川　だいぶがわ
福岡県・遠賀川水系〔1級〕
大分川　おおいたがわ
大分県・大分川水系〔1級〕
大太郎川　だいたろうがわ
宮城県・阿武隈川水系〔1級〕
大尺川　だいしゃくがわ
岩手県・馬淵川水系
大戸川　おおとがわ
山形県・赤川水系〔1級〕
大戸川　おおとがわ
三重県・淀川水系〔1級〕
大戸川　おおとがわ
滋賀県・淀川水系〔1級〕
大戸川　おおどがわ
京都府・淀川水系
大戸川　おおとがわ
広島県・江の川水系〔1級〕
大戸川　おおどがわ
愛媛県・肱川水系〔1級〕
大戸川　おおどがわ
高知県・下田川水系
大戸川北流　おおとがわほくりゅう
滋賀県・淀川水系〔1級〕
大戸谷川　おおとだにがわ
島根県・高津川水系〔1級〕
大手川　おおてがわ
愛知県・庄内川水系
大手川　おおてがわ
京都府・大手川水系〔2級〕
大手川　おおてがわ
長崎県・大手川水系〔2級〕
大日山川　おおびやまがわ
兵庫県・千種川水系〔2級〕
大日川　だいにちがわ
福島県・真野川水系〔2級〕
大日川　だいにちがわ
福島県・阿武隈川水系
大日川　だいにちがわ
新潟県・阿賀野川水系〔1級〕
大日川　だいにちがわ
新潟県・信濃川水系〔1級〕

大日川　だいにちがわ
石川県・手取川水系〔1級〕
大日川　たいにちがわ
愛知県・汐川水系〔2級〕
大日川　だいにちがわ
愛知県・汐川水系
大日川　だいにちがわ
滋賀県・淀川水系〔1級〕
大日川　だいにちがわ
兵庫県・三原川水系〔2級〕
大日川　だいにちがわ
愛媛県・中山川水系〔2級〕
大日川　だいにちがわ
佐賀県・六角川水系
大日池　だいにちいけ
滋賀県甲南町
大日谷川　だいにちだにがわ
岐阜県・庄川水系〔1級〕
大月川　おおつきがわ
福島県・阿武隈川水系
大月川　おおつきがわ
千葉県・小櫃川水系
大月川　おおつきがわ
長野県・信濃川水系〔1級〕
大月川　おおつきがわ
兵庫県・円山川水系
大木川　おおきがわ
岩手県・北上川水系
大木川　おおきがわ
島根県・高津川水系〔1級〕
大木川　だいぎがわ
佐賀県・筑後川水系〔1級〕
大木川　おおきがわ
熊本県・球磨川水系〔1級〕
大木戸川　おおきどがわ
福島県・新田川水系〔2級〕
大木沢　おおきざわ
群馬県・利根川水系
大木谷川　おおきだにがわ
兵庫県・千種川水系
大木屋川　おおぎやがわ
京都府・淀川水系
大毛寺川　おおもじがわ
広島県・太田川水系〔1級〕
大水川　おおみずがわ
愛知県・汐川水系
大水川　おおみずがわ
大阪府・大和川水系〔1級〕
大水戸川　おおみとがわ
滋賀県・淀川水系〔1級〕
大水門川　おおすいもんがわ
岩手県・北上川水系
大水門川　おおすいもんがわ
宮城県・北上川水系〔1級〕
大水落川　おんどちがわ
鳥取県・大水落川水系〔2級〕
大水落川　おんどちがわ
鳥取県・大水落川水系
大片平川　おおかたひらがわ
大分県・高山川水系〔2級〕
大牛川　おおうしがわ
群馬県・利根川水系〔1級〕
大王川　だいおうがわ
鹿児島県・川内川水系〔1級〕
大王川　だいおうがわ
鹿児島県・大浦川水系〔2級〕
5大以良川　おおいらがわ
山形県・最上川水系〔1級〕
大代川　おおじろがわ
静岡県・大井川水系〔1級〕
大代谷川　おおしろだにがわ
徳島県・吉野川水系〔1級〕
大出又沢川　おいでまたさわがわ
群馬県・利根川水系〔1級〕
大出口川　おおでぐちがわ
新潟県・柿崎川水系〔2級〕
大加瀬川　おおかせがわ
長崎県・大加瀬川水系〔2級〕
大北川　おおきたがわ
福島県・阿武隈川水系〔1級〕
大北川　おおきたがわ
茨城県・大北川水系〔2級〕
大北川　おおきたがわ
高知県・吉野川水系〔1級〕
大台川　おおだいがわ
秋田県・雄物川水系〔1級〕
大尻沼　おおじりぬま
群馬県利根郡片品村
大尻沼　おおしりぬま
群馬県・利根川水系〔1級〕
大尼田川　おおにたがわ
熊本県・球磨川水系〔1級〕
大左右川　たいそうがわ
長崎県・大左右川水系〔2級〕
大平山川　おおびらやまがわ
宮崎県・大淀川水系〔1級〕
大平川　おおだいらがわ
岩手県・北上川水系〔1級〕
大平川　おおひらがわ
福島県・鮫川水系〔2級〕
大平川　おおだいらがわ
福島県・阿武隈川水系
大平川　おおびらがわ
群馬県・利根川水系〔1級〕

大平川　おおだいらがわ
新潟県・信濃川水系〔1級〕
大平川　おおでらがわ
石川県・梶川水系
大平川　おおだいらがわ
山梨県・相模川水系〔1級〕
大平川　おおだいらがわ
長野県・信濃川水系〔1級〕
大平川　おおだいらがわ
岐阜県・矢作川水系〔1級〕
大平川　おおだいらがわ
愛知県・矢作川水系〔1級〕
大平川　おおひらがわ
三重県・員弁川水系〔2級〕
大平川　おおひらがわ
滋賀県・淀川水系〔1級〕
大平川　おおびらがわ
島根県・斐伊川水系〔1級〕
大平川　おおひらがわ
愛媛県・肱川水系〔1級〕
大平川　おおひらがわ
佐賀県・松浦川水系〔1級〕
大平川　おおひらがわ
熊本県・球磨川水系〔1級〕
大平川　おおひらがわ
熊本県・菊池川水系
大平川　おおひらがわ
宮崎県・福島川水系〔2級〕
大平川　おおひらがわ
沖縄県・大平川水系
大平沢川　おおだいらさわがわ
岩手県・馬淵川水系
大平沢川　おおひらさわがわ
山形県・日向川水系〔2級〕
大平沢川　おおひらざわがわ
新潟県・信濃川水系〔1級〕
大平沼　おおだいらぬま
福島県耶麻郡熱塩加納村
大広川　おおひろがわ
三重県・雲出川水系〔1級〕
大旦川　おおだんがわ
山形県・最上川水系〔1級〕
大正川　たいしょうがわ
新潟県・信濃川水系〔1級〕
大正川　たいしょうがわ
大阪府・淀川水系〔1級〕
大正川　たいしょうがわ
広島県・大正川水系〔2級〕
大正川　たいしょうがわ
山口県・厚狭川水系〔2級〕
大正寺川　たいしょうじがわ
滋賀県・淀川水系〔1級〕
大正寺沢川　だいしょうじざわがわ
静岡県・巴川水系〔2級〕
大正池　たいしょういけ
長野県南安曇郡安曇村
大正池　たいしょういけ
滋賀県日野町
大正堀川　たいしょうぼりがわ
茨城県・利根川水系〔1級〕
大玉生川　おおだもうがわ
富山県・神通川水系〔1級〕
大用川　たいようがわ
高知県・新川川水系〔2級〕
大田川　おおたがわ
岩手県・北上川水系〔1級〕
大田川　おおたがわ
岩手県・北上川水系
大田川　おおたがわ
東京都・多摩川水系〔1級〕
大田川　おおたがわ
愛知県・大田川水系〔2級〕
大田川　おおたがわ
愛知県・大田川水系
大田川　おおたがわ
広島県・大田川水系〔2級〕
大田川　おおたがわ
広島県・大田川水系
大田川　おおたがわ
山口県・粟野川水系〔2級〕
大田川　おおたがわ
山口県・厚東川水系〔2級〕
大田川　おおたがわ
愛媛県・松田川水系〔2級〕
大田川　おおたがわ
佐賀県・嘉瀬川水系〔1級〕
大田川　おおたがわ
熊本県・菊池川水系
大田井川　おおたいがわ
徳島県・那賀川水系〔1級〕
大田尾川　おおたおがわ
熊本県・大田尾川水系
大田和川　おおたわがわ
京都府・野田川水系
大田原川　おおたわらがわ
山口県・錦川水系
大白川　おおしろがわ
長野県・信濃川水系〔1級〕
大白川　おおしらがわ
岐阜県・庄川水系〔1級〕
大白水谷川　おおしらみずたにがわ
岐阜県・庄川水系〔1級〕
大白池　おおじろいけ
三重県海山町

大白沢川　おおしらさわがわ
岩手県・北上川水系〔1級〕
大白沢川　だいしらさわがわ
福島県・阿賀野川水系〔1級〕
大矢川　おおやがわ
愛知県・庄内川水系
大矢川　おおやがわ
熊本県・緑川水系〔1級〕
大石小川　おおいしこがわ
新潟県・荒川（新潟県・山形県）水系〔1級〕
大石川　おおいしがわ
青森県・岩木川水系〔1級〕
大石川　おおいしがわ
岩手県・大石川水系
大石川　おおいしがわ
山形県・最上川水系〔1級〕
大石川　おおいしがわ
福島県・阿武隈川水系〔1級〕
大石川　おおいしがわ
新潟県・荒川（新潟県・山形県）水系〔1級〕
大石川　おおいしがわ
新潟県・信濃川水系〔1級〕
大石川　おおいしがわ
山梨県・富士川水系〔1級〕
大石川　おおいしがわ
長野県・信濃川水系〔1級〕
大石川　おおいしがわ
滋賀県・淀川水系〔1級〕
大石川　おおいしがわ
京都府・宇川水系
大石川《別》　おおいしがわ
兵庫県・都賀川水系の都賀川
大石川　おおいしがわ
鳥取県・千代川水系〔1級〕
大石川　おおいしがわ
広島県・沼田川水系
大石沢　おおいしざわ
山梨県・荒川（新潟県・山形県）水系
大石沢川　おおいしざわがわ
秋田県・雄物川水系
大石沢川　おおいしざわがわ
山形県・荒川（新潟県・山形県）水系〔1級〕
大石沢川　おおいしざわがわ
山梨県・最上川水系〔1級〕
大石沢川　おおいしざわがわ
山梨県・富士川水系〔1級〕
大石沢川　おおいしざわがわ
長野県・信濃川水系〔1級〕
大石谷川　おおいしだにがわ
島根県・江の川水系〔1級〕
大石谷川　おおいしたにがわ
熊本県・菜切川水系

大石倉沢　おおいしくらさわ
青森県・相坂川水系〔2級〕
大穴川　おおあながわ
群馬県・利根川水系〔1級〕
大立川　おおだちがわ
岩手県・大立川水系
大立沢川　おおたつざわがわ
群馬県・利根川水系〔1級〕
大込川　おおこしがわ
愛媛県・肱川水系〔1級〕
6大亦川　おおまたがわ
富山県・神通川水系〔1級〕
大吉川　おきつがわ
三重県・大吉川水系〔2級〕
大吉田川　おおよしだがわ
島根県・斐伊川水系〔1級〕
大合沢川　おおごうざわがわ
長野県・信濃川水系〔1級〕
大同川　だいどうがわ
滋賀県・淀川水系〔1級〕
大同川放水路　だいどうがわほうすいろ
滋賀県・淀川水系〔1級〕
大名木沢川　おおなぎざわがわ
新潟県・信濃川水系〔1級〕
大地川　おおじがわ
兵庫県・千種川水系〔2級〕
大地川　おおじがわ
山口県・深川川水系〔2級〕
大地川　おおじがわ
愛媛県・大地川水系〔2級〕
大地谷川　おおちだにがわ
徳島県・吉野川水系〔1級〕
大安在川　おおあんざいがわ
北海道・大安在川水系
大安寺川　だいあんじがわ
岐阜県・木曾川水系〔1級〕
大尽内川　おおつきしないがわ
北海道・大尽内川水系
大当川　おおあたりがわ
鹿児島県・大当川水系〔2級〕
大成川　たいせいがわ
北海道・十勝川水系
大成川　おおなるがわ
京都府・由良川水系
大成川　おおなるがわ
岡山県・旭川水系〔1級〕
大成川　おおなるがわ
愛媛県・肱川水系〔1級〕
大成沢　おおなりさわ
福島県・阿賀野川水系
大早田川　おおわさだがわ
山形県・五十川水系〔2級〕

大曲川　おおまがりがわ
北海道・石狩川水系
大曲川　おおまがりがわ
岩手県・北上川水系
大曲川　おおまがりがわ
愛知県・境川水系
大曲川　おおまがりがわ
愛媛県・大曲川水系〔2級〕
大朴川　おおほそがわ
京都府・由良川水系〔1級〕
大朴川　おおほそがわ
京都府・由良川水系
大毎川　おおごとがわ
新潟県・勝木川水系〔2級〕
大江川　おおえがわ
岩手県・北上川水系
大江川　おおえがわ
宮城県・鳴瀬川水系〔1級〕
大江川　おおえがわ
山形県・最上川水系
大江川　おおえがわ
栃木県・那珂川水系〔1級〕
大江川　おおえがわ
岐阜県・木曽川水系〔1級〕
大江川　おおえがわ
愛知県・豊川水系
大江川　おおえがわ
三重県・大江川水系〔2級〕
大江川　おおえがわ
兵庫県・円山川水系〔1級〕
大江川　おおえがわ
鳥取県・千代川水系〔1級〕
大江川　おおえがわ
鳥取県・日野川水系〔1級〕
大江川　おおえがわ
愛媛県・上灘川水系〔2級〕
大江川　おおえがわ
長崎県・大江川水系〔2級〕
大江川　おおえがわ
熊本県・大江川水系〔2級〕
大江川　おおえがわ
熊本県・大江川水系
大江川　おおえがわ
大分県・大江川水系〔2級〕
大江後川　おおえごがわ
山口県・田万川水系〔2級〕
大江堀　おおえぼり
宮城県・阿武隈川水系
大江堀川　おおえぼりがわ
宮城県・北上川水系〔1級〕
大池　おおいけ
青森県西津軽郡岩崎村
大池　おおいけ
青森県・大池水系〔2級〕
大池　おおいけ
秋田県鳥海村
大池　おおいけ
新潟県十日町市
大池　おおいけ
新潟県神林村
大池　おおいけ
新潟県中頸城郡板倉町
大池　おおいけ
新潟県中頸城郡頸城村
大池　おおいけ
三重県大王町
大池　おおいけ
三重県尾鷲市
大池　おおいけ
滋賀県甲南町
大池　おおいけ
滋賀県大津市
大池　おおいけ
鳥取県・千代川水系
大池　おおいけ
沖縄県島尻郡南大東村
大池川　おおいけがわ
新潟県・信濃川水系〔1級〕
大池川　おおいけがわ
愛知県・大池川水系
大池川　おおいけがわ
滋賀県・淀川水系〔1級〕
大池川　おおいけがわ
兵庫県・加古川水系
大池川　おおいけがわ
奈良県・大和川水系〔1級〕
大池川　おおいけがわ
島根県・大池川水系〔2級〕
大池川　おおいけがわ
香川県・財田川水系〔2級〕
大池川　おおいけがわ
香川県・柞田川水系〔2級〕
大池川　おおいけがわ
愛媛県・畑枝川水系
大牟田川　おおむたがわ
福岡県・大牟田川水系〔2級〕
大竹川　おおたけがわ
福島県・久慈川水系〔1級〕
大竹川　おおたけがわ
群馬県・利根川水系〔1級〕
大竹川　おおたけがわ
島根県・斐伊川水系〔1級〕
大糸川　おおいとがわ
京都府・竹野川水系

大羽ヶ谷地池　おおはがやちいけ
新潟県入広瀬村
大羽川　おおばがわ
栃木県・利根川水系〔1級〕
大舌川　おおしたがわ
青森県・馬淵川水系
大舟川　おおふながわ
北海道・大舟川水系〔2級〕
大虫川　おおむしがわ
広島県・小瀬川水系〔1級〕
大血川　おおちがわ
埼玉県・荒川（東京都・埼玉県）水系〔1級〕
大西ノ川　おおにしのがわ
高知県・渡川水系〔1級〕
大西川　おおにしがわ
宮城県・北上川水系〔1級〕
大西川　おおにしがわ
山形県・最上川水系
大西川　おおにしがわ
愛知県・大西川水系
大西川　おおにしがわ
京都府・由良川水系
大西谷川　おおにしたにがわ
和歌山県・左会津川水系〔2級〕
大西沼　おにしぬま
北海道雄武町
7大串川　おおくしがわ
佐賀県・嘉瀬川水系〔1級〕
大佐川　おおさがわ
広島県・太田川水系〔1級〕
大佐井川　おおさいがわ
青森県・大佐井川水系〔2級〕
大佐野川　おおざのがわ
福岡県・御笠川水系〔2級〕
大作沢川　だいさくさわがわ
青森県・高瀬川水系〔1級〕
大冷沢川　おおひやしざわがわ
長野県・信濃川水系〔1級〕
大利川　おおりがわ
熊本県・大野川水系〔1級〕
大利家戸川　おりけどがわ
青森県・川内川水系〔2級〕
大吹川　おおふきがわ
秋田県・子吉川水系〔1級〕
大呂川　おおろがわ
京都府・由良川水系〔1級〕
大坂川　おおさかがわ
福岡県・今川水系〔2級〕
大坂谷川　おおさかだにがわ
徳島県・吉野川水系〔1級〕
大坂谷川　おおさかだにがわ
高知県・大坂谷川水系〔2級〕
大坊川　だいぼうがわ
岩手県・北上川水系
大坊川　だいぼうがわ
山口県・掛淵川水系〔2級〕
大岐川　おおまたがわ
福島県・阿賀野川水系〔1級〕
大岐川　おおきがわ
高知県・大岐川水系〔2級〕
大役内川　おおやくないがわ
秋田県・雄物川水系〔1級〕
大更川　おおふけがわ
鳥取県・宇田川水系〔2級〕
大更川　おおふけがわ
鳥取県・宇田川水系
大条川　だいじょうがわ
香川県・津田川水系〔2級〕
大杉川　おおすぎがわ
滋賀県・淀川水系〔1級〕
大杉川　おおすぎがわ
京都府・淀川水系
大杉谷川　おおすぎたにがわ
三重県・木曾川水系〔1級〕
大束川　だいそくがわ
香川県・大束川水系〔2級〕
大村川　おおむらがわ
三重県・雲出川水系〔1級〕
大沢　おおさわ
北海道・堀株川水系
大沢　おおさわ
群馬県・利根川水系
大沢　おおさわ
新潟県・荒川（新潟県・山形県）水系
大沢　おおさわ
長野県・信濃川水系
大沢　おおさわ
愛知県・豊川水系
大沢口川　おおさわくちがわ
岩手県・北上川水系
大沢川　おおさわがわ
北海道・大沢川水系〔2級〕
大沢川　おおさわがわ
北海道・石狩川水系
大沢川　おおさわがわ
北海道・大沢川水系
大沢川　おおさわがわ
青森県・岩木川水系〔1級〕
大沢川　おおさわがわ
青森県・岩木川水系
大沢川　おおさわがわ
岩手県・北上川水系〔1級〕
大沢川　おおさわがわ
岩手県・大沢川水系〔2級〕

大沢川　おおさわがわ
岩手県・閉伊川水系〔2級〕
大沢川　おおさわがわ
岩手県・鵜住居川水系
大沢川　おおさわがわ
岩手県・盛川水系
大沢川　おおさわがわ
岩手県・大沢川水系
大沢川　おおさわがわ
岩手県・米代川水系
大沢川　おおさわがわ
岩手県・北上川水系
大沢川　おおさわがわ
宮城県・北上川水系〔1級〕
大沢川　おおさわがわ
宮城県・大沢川水系〔2級〕
大沢川　おおさわがわ
秋田県・米代川水系〔1級〕
大沢川　おおさわがわ
秋田県・雄物川水系〔1級〕
大沢川　おおさわがわ
秋田県・子吉川水系〔1級〕
大沢川　おおさわがわ
秋田県・大沢川水系〔2級〕
大沢川　おおさわがわ
秋田県・米代川水系
大沢川　おおさわがわ
秋田県・雄物川水系
大沢川　おおさわがわ
山形県・最上川水系〔1級〕
大沢川　おおさわがわ
山形県・赤川水系〔1級〕
大沢川　おおさわがわ
山形県・荒川（新潟県・山形県）水系〔1級〕
大沢川　おおさわがわ
福島県・阿賀野川水系
大沢川　おおさわがわ
福島県・阿武隈川水系
大沢川　おおさわがわ
茨城県・久慈川水系〔1級〕
大沢川　おおさわがわ
茨城県・那珂川水系〔1級〕
大沢川　おおさわがわ
茨城県・塩田川水系〔2級〕
大沢川　おおさわがわ
栃木県・那珂川水系〔1級〕
大沢川　おおさわがわ
群馬県・利根川水系〔1級〕
大沢川　おおさわがわ
埼玉県・荒川（東京都・埼玉県）水系〔1級〕
大沢川　おおさわがわ
東京都・多摩川水系〔1級〕
大沢川　おおさわがわ
新潟県・阿賀野川水系〔1級〕
大沢川　おおさわがわ
新潟県・信濃川水系〔1級〕
大沢川　おおさわがわ
新潟県・関川水系〔1級〕
大沢川　おおさわがわ
山梨県・相模川水系〔1級〕
大沢川　おおさわがわ
山梨県・富士川水系〔1級〕
大沢川　おおさわがわ
長野県・信濃川水系〔1級〕
大沢川　おおさわがわ
長野県・姫川水系〔1級〕
大沢川　おおさわがわ
長野県・天竜川水系〔1級〕
大沢川　おおさわがわ
岐阜県・庄内川水系〔1級〕
大沢川　おおさわがわ
静岡県・富士川水系〔1級〕
大沢川　おおさわがわ
静岡県・巴川水系〔2級〕
大沢川　おおさわがわ
静岡県・狩野川水系
大沢川《別》　おおさわがわ
静岡県・富士川水系の潤井川
大沢川　おおさわがわ
愛知県・天竜川水系
大沢川　おおざわがわ
滋賀県・淀川水系〔1級〕
大沢川　おおさわがわ
鳥取県・浜村川水系
大沢川　おおさわがわ
沖縄県・福地川水系〔2級〕
大沢川　おおさわがわ
沖縄県・福地川水系
大沢水川　おそうずがわ
熊本県・緑川水系〔1級〕
大沢田川　おおさわだがわ
岩手県・久慈川水系〔2級〕
大沢田川　おおさわだがわ
岩手県・北上川水系
大沢田川放水路　おおさわだがわほうすいろ
岩手県・北上川水系
大沢池　おおさわいけ
滋賀県甲南町
大沢谷川　おおさわだにがわ
新潟県・信濃川水系〔1級〕
大沢沼　おおさわぬま
福島県北塩原村
大沢津川　おおさわずがわ
宮崎県・大淀川水系〔1級〕

大町川　おおまちがわ
宮崎県・石崎川水系〔2級〕
大芦川　おおあしがわ
栃木県・利根川水系〔1級〕
大芦沢川　おおあしざわがわ
山形県・最上川水系〔1級〕
大見川　おおみがわ
静岡県・狩野川水系〔1級〕
大見川　おおみがわ
愛知県・矢作川水系〔1級〕
大見川　おおみがわ
愛知県・矢作川水系
大見川　おおみがわ
熊本県・大見川水系〔2級〕
大見西川　おおみにしがわ
静岡県・狩野川水系〔1級〕
大見谷川　おおみだにがわ
京都府・淀川水系
大谷　おおたに
富山県・神通川水系〔1級〕
大谷　おおたに
奈良県・新宮川水系〔1級〕
大谷川　おおたにがわ
北海道・春苅古丹川水系
大谷川　おおやがわ
宮城県・北上川水系〔1級〕
大谷川　おおやがわ
宮城県・阿武隈川水系〔1級〕
大谷川　おおやがわ
宮城県・阿武隈川水系
大谷川　おおたにがわ
秋田県・雄物川水系〔1級〕
大谷川　おおやがわ
山形県・最上川水系
大谷川　おおたにがわ
福島県・阿賀野川水系〔1級〕
大谷川　おおやがわ
茨城県・那珂川水系〔1級〕
大谷川　おおやがわ
茨城県・利根川水系〔1級〕
大谷川　だいやがわ
栃木県・利根川水系〔1級〕
大谷川　おおやがわ
群馬県・利根川水系
大谷川　だいやつがわ
千葉県・平久里川水系〔2級〕
大谷川　おおたにがわ
新潟県・信濃川水系〔1級〕
大谷川　おおたにがわ
新潟県・大川水系〔2級〕
大谷川　おおたにがわ
新潟県・梅津川水系〔2級〕
大谷川　おおたにがわ
富山県・常願寺川水系〔1級〕
大谷川　おおたにがわ
富山県・小矢部川水系〔1級〕
大谷川　おおたにがわ
富山県・黒瀬川水系〔2級〕
大谷川　おおたにがわ
石川県・大谷川水系〔2級〕
大谷川　おおたにがわ
石川県・大野川水系〔2級〕
大谷川　おおたにがわ
石川県・大野川水系
大谷川　おおたにがわ
福井県・九頭竜川水系〔1級〕
大谷川　おおたにがわ
福井県・笙の川水系
大谷川　おおたにがわ
岐阜県・木曽川水系〔1級〕
大谷川　おおやがわ
静岡県・巴川水系〔2級〕
大谷川　おおやがわ
静岡県・安倍川水系
大谷川　おおたにがわ
愛知県・庄内川水系〔1級〕
大谷川　おおたにがわ
愛知県・大谷川水系
大谷川　おおたにがわ
三重県・雲出川水系〔1級〕
大谷川　おおたにがわ
三重県・櫛田川水系〔1級〕
大谷川　おおたにがわ
三重県・宮川水系〔1級〕
大谷川　おおたにがわ
三重県・淀川水系〔1級〕
大谷川　おおたにがわ
三重県・磯部川水系〔2級〕
大谷川　おおたにがわ
滋賀県・淀川水系〔1級〕
大谷川　おおたにがわ
京都府・由良川水系〔1級〕
大谷川　おおたにがわ
京都府・淀川水系〔1級〕
大谷川　おおたにがわ
京都府・竹野川水系〔2級〕
大谷川　おおたにがわ
京都府・朝妻川水系
大谷川　おおたにがわ
京都府・由良川水系
大谷川　おおたにがわ
京都府・淀川水系
大谷川　おおたにがわ
兵庫県・由良川水系〔1級〕

大谷川　おおたにがわ
兵庫県・円山川水系〔1級〕
大谷川　おおたにがわ
兵庫県・加古川水系〔1級〕
大谷川　おおたにがわ
兵庫県・千種川水系〔2級〕
大谷川　おおたにがわ
兵庫県・大谷川水系〔2級〕
大谷川　おおたにがわ
兵庫県・竹野川水系〔2級〕
大谷川　おおたにがわ
兵庫県・矢田川水系〔2級〕
大谷川　おおたにがわ
兵庫県・揖保川水系
大谷川　おおたにがわ
奈良県・大和川水系〔1級〕
大谷川　おおたにがわ
奈良県・紀の川水系〔1級〕
大谷川　おおたにがわ
和歌山県・紀の川水系〔1級〕
大谷川　おおたにがわ
和歌山県・古座川水系〔2級〕
大谷川　おおたにがわ
和歌山県・那智川水系〔2級〕
大谷川　おおたにがわ
和歌山県・有田川水系〔2級〕
大谷川　おおたにがわ
鳥取県・日野川水系〔1級〕
大谷川　おおたにがわ
鳥取県・名和川水系
大谷川　おおたにがわ
島根県・斐伊川水系〔1級〕
大谷川　おおたにがわ
島根県・高津川水系〔1級〕
大谷川　おおたにがわ
島根県・斐伊川水系
大谷川　おおたにがわ
岡山県・吉井川水系〔1級〕
大谷川　おおたにがわ
岡山県・旭川水系〔1級〕
大谷川　おおだにがわ
岡山県・旭川水系〔1級〕
大谷川　おおたにがわ
岡山県・高梁川水系〔1級〕
大谷川　おおたにがわ
岡山県・伊里川水系〔2級〕
大谷川　おおたにがわ
岡山県・吉井川水系
大谷川　おおたにがわ
岡山県・高梁川水系
大谷川　おおたにがわ
広島県・江の川水系〔1級〕
大谷川　おおたにがわ
広島県・高梁川水系〔1級〕
大谷川　おおたにがわ
広島県・芦田川水系〔1級〕
大谷川　おおたにがわ
広島県・沼田川水系〔2級〕
大谷川　おおたにがわ
広島県・大谷川水系〔2級〕
大谷川　おおたにがわ
山口県・佐波川水系〔1級〕
大谷川　おおたにがわ
山口県・錦川水系〔2級〕
大谷川　おおたにがわ
徳島県・吉野川水系〔1級〕
大谷川　おおたにがわ
徳島県・那賀川水系〔1級〕
大谷川　おおたにがわ
香川県・土器川水系〔1級〕
大谷川　おおたにがわ
香川県・綾川水系〔2級〕
大谷川　おおたにがわ
香川県・大谷川水系〔2級〕
大谷川　おおたにがわ
愛媛県・吉野川水系〔1級〕
大谷川　おおたにがわ
愛媛県・肱川水系〔1級〕
大谷川　おおたにがわ
愛媛県・仁淀川水系〔1級〕
大谷川　おおたにがわ
愛媛県・渡川水系〔1級〕
大谷川　おおたにがわ
愛媛県・上灘川水系〔2級〕
大谷川　おおたにがわ
愛媛県・千々之木川水系〔2級〕
大谷川　おおたにがわ
愛媛県・大谷川水系〔2級〕
大谷川　おおたにがわ
愛媛県・中山川水系〔2級〕
大谷川　おおたにがわ
愛媛県・仁淀川水系
大谷川　おおたにがわ
高知県・仁淀川水系〔1級〕
大谷川　おおたにがわ
高知県・伊尾木川水系〔2級〕
大谷川　おおたにがわ
高知県・国分川水系〔2級〕
大谷川　おおたにがわ
福岡県・筑後川水系〔1級〕
大谷川　おおたにがわ
佐賀県・松浦川水系〔1級〕
大谷川　おおたにがわ
熊本県・球磨川水系〔1級〕

大谷川　おおたにがわ
熊本県・関川水系
大谷川　おおたにがわ
熊本県・菊池川水系
大谷川　おおたにがわ
熊本県・球磨川水系
大谷川　おおたにがわ
熊本県・緑川水系
大谷川　おおたにがわ
大分県・大分川水系〔1級〕
大谷川　おおたにがわ
大分県・大野川水系〔1級〕
大谷川　おおたにがわ
宮崎県・大淀川水系〔1級〕
大谷川　おおたにがわ
宮崎県・耳川水系〔2級〕
大谷川　おおたにがわ
宮崎県・大淀川水系
大谷川　おおたにがわ
鹿児島県・万之瀬川水系〔2級〕
大谷川　おおたにがわ
鹿児島県・川内川水系
大谷川放水路　おおやがわほうすいろ
静岡県・巴川水系〔2級〕
大谷木川　おおやぎがわ
埼玉県・荒川（東京都・埼玉県）水系〔1級〕
大谷本溢川《別》　おおたにほんえきがわ
島根県・益田川水系の本溢川
大谷地川　おおやちがわ
北海道・朱太川水系
大谷地池　おおやちいけ
秋田県・子吉川水系
大谷池　おおたにいけ
滋賀県土山市
大谷池　おおたにいけ
滋賀県竜王町
大谷沢　おおたにさわ
新潟県・海川水系
大谷沢川　おおやざわがわ
群馬県・利根川水系
大谷沢川　おおやざわがわ
山梨県・富士川水系〔1級〕
大谷沢川　おおやさわがわ
長野県・天竜川水系〔1級〕
大谷原川　おおやらがわ
茨城県・那珂川水系〔1級〕
大谷溢川　おおたにあふれがわ
島根県・高津川水系
大谷滝沢　おおやたきさわ
福島県・阿賀野川水系
大足谷川　おおあしだにがわ
富山県・神通川水系〔1級〕

大近川　おおちかがわ
高知県・加持川水系
大那地川　おおなじがわ
栃木県・那珂川水系〔1級〕
大里川　おおさとがわ
山口県・由宇川水系〔2級〕
大里川　おおざとがわ
徳島県・海部川水系〔2級〕
大里川　おおさとがわ
佐賀県・有田川水系〔2級〕
大里川　おおさとがわ
鹿児島県・大里川水系〔2級〕
大里沢　おおさとざわ
新潟県・荒川（新潟県・山形県）水系
大阪川　おおさかがわ
佐賀県・六角川水系〔1級〕
大阪谷川　おおさかだにがわ
京都府・淀川水系
大防川　おおぼうがわ
高知県・渡川水系〔1級〕
8大事沢川　おおごとざわがわ
栃木県・利根川水系〔1級〕
大具川　おおぐがわ
広島県・沼田川水系
大味川　おおみがわ
福井県・大味川水系〔2級〕
大和川　おおわがわ
山梨県・富士川水系〔1級〕
大和川　やまとがわ
兵庫県・加古川水系〔1級〕
大和川　やまとがわ
奈良県, 大阪府・大和川水系〔1級〕
大和川　やまとがわ
岡山県・吉井川水系
大和川　やまとがわ
愛媛県・肱川水系〔1級〕
大和川　やまとがわ
鹿児島県・大和川水系〔2級〕
大和田川　おおわだがわ
三重県・新宮川水系〔1級〕
大和沢川　やまとざわがわ
青森県・岩木川水系〔1級〕
大和谷川　やまとたにがわ
三重県・宮川水系〔1級〕
大和須川　おおわすがわ
栃木県・那珂川水系〔1級〕
大垂沢川　おおたるさわがわ
長野県・天竜川水系〔1級〕
大坪川　おおつぼがわ
新潟県・信濃川水系〔1級〕
大坪川　おおつぼがわ
石川県・前田川水系〔2級〕

大坪川　おおつぼがわ
　　　　　　　　愛知県・江川水系
大坪川　おおつぼがわ
　　　　　　　　愛知県・矢作川水系
大坪川　おおつぼがわ
　　　　　　　　滋賀県・淀川水系〔1級〕
大坪川　おおつぼがわ
　　　　　　　　兵庫県・室津川水系〔2級〕
大坪川　おおつぼがわ
　　　　　　　　和歌山県・亀の川水系〔2級〕
大坪川　おおつぼがわ
　　　　　　　　岡山県・旭川水系
大坪川　おおつぼがわ
　　　　　　　　広島県・江の川水系〔1級〕
大坪川　おおつぼがわ
　　　　　　　　山口県・厚東川水系〔2級〕
大坪川　おおつぼがわ
　　　　　　　　香川県・本津川水系〔2級〕
大坪川　おおつぼがわ
　　　　　　　　熊本県・大坪川水系
大坪川　おおつぼがわ
　　　　　　　　熊本県・緑川水系
大坪谷川　おおつぼたにがわ
　　　　　　　　広島県・江の川水系〔1級〕
大坪前川　おおつぼまえがわ
　　　　　　　　宮崎県・大淀川水系〔1級〕
大宝池　たいほういけ
　　　　　　　　滋賀県日野町
大宝谷川　おおたからだにがわ
　　　　　　　　鳥取県・千代川水系〔1級〕
大宝城川　おおほうぎがわ
　　　　　　　　岩手県・北上川水系
大岡川　おおおかがわ
　　　　　　　　神奈川県・大岡川水系〔2級〕
大岡川　おおおかがわ
　　　　　　　　兵庫県・円山川水系〔1級〕
大岡川　おおおかがわ
　　　　　　　　徳島県・吉野川水系〔1級〕
大岡川分水路　おおおかがわぶんすいろ
　　　　　　　　神奈川県・大岡川水系〔2級〕
大岡寺川　たいこうじがわ
　　　　　　　　三重県・鈴鹿川水系〔1級〕
大岳川《古》　おおだけがわ
　　　　　　　　山梨県・富士川水系の王岳川
大岩川　おおいわがわ
　　　　　　　　富山県・白岩川水系〔2級〕
大岩沢　おおいわざわ
　　　　　　　　群馬県・利根川水系
大府川　おおふがわ
　　　　　　　　静岡県・太田川水系〔2級〕
大府江川　おおぶえがわ
　　　　　　　　愛知県・境川水系

大府新川　おおぶしんかわ
　　　　　　　　愛知県・境川水系
大所川　おおどころがわ
　　　　　　　　新潟県・姫川水系〔1級〕
大明寺川　だいみょうじがわ
　　　　　　　　長崎県・大明寺川水系〔2級〕
大明神川　だいみょうじんがわ
　　　　　　　　岐阜県・木曾川水系〔1級〕
大明神川　だいみょうじんがわ
　　　　　　　　岡山県・旭川水系〔1級〕
大明神川　だいみょうじんがわ
　　　　　　　　愛媛県・大明神川水系〔2級〕
大枝沢川　おおえだざわがわ
　　　　　　　　北海道・石狩川水系〔1級〕
大松川　おおまつがわ
　　　　　　　　福島県・鮫川水系〔2級〕
大松川　おおまつがわ
　　　　　　　　徳島県・吉野川水系〔1級〕
大松沢川　おおまつざわがわ
　　　　　　　　新潟県・信濃川水系〔1級〕
大松前川　おおまつまえがわ
　　　　　　　　北海道・大松前川水系〔2級〕
大東谷川　だいとうだにがわ
　　　　　　　　徳島県・吉野川水系〔1級〕
大林川　おおばやしがわ
　　　　　　　　青森県・高瀬川水系〔1級〕
大林川　おおばやしがわ
　　　　　　　　愛知県・矢作川水系
大林川　おおばやしがわ
　　　　　　　　兵庫県・円山川水系
大林川　おおばやしがわ
　　　　　　　　熊本県・菊池川水系
大林寺川　だいりんじがわ
　　　　　　　　山梨県・富士川水系〔1級〕
大武川　おおむがわ
　　　　　　　　山梨県・富士川水系〔1級〕
大武川　おおだけがわ
　　　　　　　　宮崎県・五ヶ瀬川水系〔1級〕
大河内川　おおこうちがわ
　　　　　　　　長野県・天竜川水系〔1級〕
大河内川《別》　おおこうちがわ
　　　　　　　　静岡県・安倍川水系の安倍川
大河内川　おこうちがわ
　　　　　　　　三重県・船津川水系
大河内川　おおこうちがわ
　　　　　　　　岡山県・吉井川水系
大河内川　おおごうちがわ
　　　　　　　　広島県・野呂川水系
大河内川　おおこうちがわ
　　　　　　　　山口県・深川川水系〔2級〕
大河内川　おおかわちがわ
　　　　　　　　熊本県・高浜川水系

大河内川　おおかわうちがわ
大分県・丹生川水系
大河平川　おおかわひらがわ
宮崎県・川内川水系〔1級〕
大河津分水路　おおこうずぶんすいろ
新潟県・信濃川水系〔1級〕
大河原川　おおがはらがわ
愛知県・矢作川水系
大河原川　おおがわらがわ
広島県・大河原川水系〔2級〕
大沼　おおぬま
北海道岩内郡共和町
大沼　おおぬま
北海道稚内市
大沼　おおぬま
北海道豊頃町
大沼　おおぬま
北海道勇払郡厚真町
大沼　おおぬま
北海道・折戸川水系〔2級〕
大沼　おおぬま
青森県北津軽郡
大沼　おおぬま
岩手県岩手郡松尾村
大沼　おおぬま
宮城県宮城町
大沼　おおぬま
秋田県平鹿郡平鹿町
大沼　おおぬま
茨城県
大沼　おおぬま
群馬県勢多郡富士見村
大沼　おおぬま
埼玉県加須市
大沼川　おおぬまがわ
茨城県・大沼川水系〔2級〕
大沼川　おおぬまがわ
栃木県・利根川水系〔1級〕
大沼池　おおぬまいけ
長野県下高井郡山ノ内町
大沼池　おおぬまいけ
長野県・信濃川水系
大波川　おおなみがわ
栃木県・那珂川水系〔1級〕
大泊川　おおどまりがわ
石川県・大泊川水系
大泊川　おおとまりがわ
広島県・大泊川水系
大泊川　おおどまりがわ
佐賀県・大泊川水系〔2級〕
大泊川　おおどがわ
熊本県・大泊川水系
大泊川　おおどまりがわ
鹿児島県・大泊川水系〔2級〕
大泊川　おおどまりがわ
沖縄県・福地川水系〔2級〕
大油子川　おゆごがわ
京都府・由良川水系〔1級〕
大油子川　おゆごがわ
京都府・由良川水系
大股川　おおまたがわ
岩手県・気仙川水系〔2級〕
大肥川　おおひがわ
福岡県・筑後川水系〔1級〕
大茂内川　おおしげないがわ
秋田県・米代川水系〔1級〕
大茂沢川　おおもざわがわ
長野県・信濃川水系〔1級〕
大迫川　おおばさまがわ
宮城県・高城川水系〔2級〕
大迫川　おおさこがわ
京都府・由良川水系〔1級〕
大長川　おおちょうがわ
広島県・大長川水系〔2級〕
大長谷川　おおながたにがわ
富山県・神通川水系
大門川　だいもんがわ
山形県・最上川水系〔1級〕
大門川　だいもんがわ
福島県・阿賀野川水系〔1級〕
大門川　だいもんがわ
群馬県・利根川水系〔1級〕
大門川　だいもんがわ
新潟県・信濃川水系〔1級〕
大門川　だいもんがわ
富山県・小矢部川水系〔1級〕
大門川　だいもんがわ
山梨県・富士川水系〔1級〕
大門川　だいもんがわ
長野県・信濃川水系〔1級〕
大門川　だいもんがわ
長野県・富士川水系〔1級〕
大門川　だいもんがわ
静岡県・安倍川水系〔1級〕
大門川　だいもんがわ
三重県・鈴鹿川水系〔1級〕
大門川　だいもんがわ
奈良県・大和川水系〔1級〕
大門川　だいもんがわ
和歌山県・紀の川水系
大門川分水路　だいもんがわぶんすいろ
富山県・小矢部川水系〔1級〕
大門池　だいもんいけ
滋賀県多賀町

大門沢川　だいもんざわがわ
山梨県・富士川水系〔1級〕
大門沢川　だいもんざわがわ
長野県・信濃川水系〔1級〕
9大乗川　だいじょうがわ
大阪府・大和川水系〔1級〕
大保下川　おおほげがわ
宮崎県・五ヶ瀬川水系〔1級〕
大保川　たいほがわ
沖縄県・大保川水系〔2級〕
大前川　おおまえがわ
岡山県・吉井川水系〔1級〕
大前池　おおまえいけ
三重県熊野市
大南沢　おおみなみさわ
岩手県・小本川水系
大城川　おおしろがわ
山梨県・富士川水系〔1級〕
大城寺川　だいじようじがわ
熊本県・菊池川水系
大城宮沢川　おおしろみやざわがわ
山梨県・富士川水系〔1級〕
大始良川　おおあいらがわ
鹿児島県・肝属川水系〔1級〕
大室川　おおむろがわ
栃木県・那珂川水系〔1級〕
大屋川　おおやがわ
兵庫県・円山川水系〔1級〕
大屋川　おおやがわ
鳥取県・千代川水系〔1級〕
大屋川　おおやがわ
岡山県・吉井川水系〔1級〕
大屋川　おおやがわ
広島県・江の川水系〔1級〕
大屋川　おおやがわ
山口県・阿武川水系〔2級〕
大屋富川　おおやぶがわ
香川県・青海川水系〔2級〕
大峡谷川　おおかいたにがわ
宮崎県・五ヶ瀬川水系〔1級〕
大峠川　おおたおがわ
島根県・飯浦川水系
大巻川　おおまきがわ
長野県・信濃川水系〔1級〕
大幽沢川　おおゆうざわがわ
福島県・阿賀野川水系〔1級〕
大柴沢　おおしばざわ
宮城県・鳴瀬川水系
大柱谷川　おおばしらだにがわ
愛媛県・重信川水系〔1級〕
大栃川　おおとちがわ
兵庫県・大栃川水系〔2級〕
大柏川　おおかしわがわ
千葉県・利根川水系〔1級〕
大柏川　おおかしわがわ
千葉県・利根川水系
大柳川　おおりゅうがわ
福島県・阿賀野川水系
大柳川　おおやながわ
山梨県・富士川水系〔1級〕
大柳沼　おおやなぎぬま
秋田県雄勝郡東成瀬村
大柳沼(上沼)　おおやぎぬま(かみぬま)
秋田県東成瀬村
大柞川　おおくにがわ
香川県・土器川水系〔1級〕
大段川　おおだんがわ
愛媛県・関川水系〔2級〕
大海川　おおみがわ
石川県・大海川水系〔2級〕
大海古川　おおみこがわ
愛知県・高浜川水系
大海田川　おおみだがわ
大分県・大海田川水系〔2級〕
大泉川　おおいずみがわ
長野県・天竜川水系〔1級〕
大泉寺川　だいせんじがわ
愛知県・庄内川水系
大津川　おおつがわ
千葉県・利根川水系〔1級〕
大津川　おおつがわ
千葉県・利根川水系
大津川　おおつがわ
新潟県・大津川水系〔2級〕
大津川　おおつがわ
石川県・大津川水系〔2級〕
大津川　おおつがわ
京都府・由良川水系
大津川　おおつがわ
大阪府・大津川水系〔2級〕
大津川　おおつがわ
兵庫県・大津川水系〔2級〕
大津田川　おおつだがわ
徳島県・那賀川水系〔1級〕
大津呂川　おおつろがわ
福井県・佐分利川水系〔2級〕
大津岐川　おおつまたがわ
福島県・阿賀野川水系〔1級〕
大津谷川　おおつやがわ
静岡県・大井川水系〔1級〕
大津谷川　おおつやがわ
静岡県・栃山川水系
大津茂川　おおつもがわ
兵庫県・大津茂川水系〔2級〕

大津恵川　おおつえがわ
広島県・江の川水系〔1級〕
大津湯ノ内川　おおつゆのうちがわ
兵庫県・大津川水系〔2級〕
大津新川　おおつしんかわ
北海道・十勝川水系
大洞川　おおぼらがわ
埼玉県・荒川（東京都・埼玉県）水系〔1級〕
大洞川　おおぼらがわ
岐阜県・木曾川水系〔1級〕
大洞川　おおぼらがわ
滋賀県・淀川水系〔1級〕
大洞沢　おおぼらさわ
岩手県・北上川水系
大畑川　おおはたがわ
青森県・大畑川水系〔2級〕
大畑川　おおばたがわ
愛知県・矢作川水系
大畑川　おおはたがわ
兵庫県・加古川水系〔1級〕
大畑川　おおはたがわ
岡山県・旭川水系〔1級〕
大畑川　おおはたがわ
愛媛県・渡川水系〔1級〕
大畑川　おおはたがわ
熊本県・白川水系〔1級〕
大畑谷川　おおはただにがわ
島根県・江の川水系〔1級〕
大畑谷川　おおはただにがわ
徳島県・吉野川水系〔1級〕
大畑谷川　おおはただにがわ
宮崎県・一ツ瀬川水系〔2級〕
大皆川　おおみながわ
新潟県・信濃川水系〔1級〕
大砂川　おおさがわ
秋田県・子吉川水系〔1級〕
大砂川　おおさがわ
秋田県・子吉川水系
大砂川　おおすながわ
滋賀県・淀川水系〔1級〕
大砂利川　おおじゃりがわ
京都府・由良川水系〔1級〕
大神宮川　だいじんぐうがわ
石川県・米町川水系
大神楽川　おおかぐらがわ
京都府・淀川水系
大秋川　だいあきがわ
青森県・岩木川水系〔1級〕
大美川　おおみがわ
鹿児島県・大美川水系〔2級〕
大美谷川　おおみだにがわ
徳島県・那賀川水系〔1級〕

大荒川　おおあらがわ
青森県・大荒川水系〔2級〕
大荒川　おおあらがわ
新潟県・阿賀野川水系〔1級〕
大荒沢川　おおあらさわがわ
秋田県・馬場目川水系
大草川　おおくさがわ
福島県・久慈川水系〔1級〕
大草川　おおくさがわ
島根県・江の川水系〔1級〕
大草川　おおくさがわ
広島県・沼田川水系〔2級〕
大音川　だいおんがわ
山口県・沖田川水系〔2級〕
大風川　おおかぜがわ
愛知県・猿渡川水系
大風沢川　おおびぞがわ
千葉県・大風沢川水系〔2級〕
10大倉川　おおくらがわ
宮城県・名取川水系〔1級〕
大倉川　おおくらがわ
福島県・阿賀野川水系〔1級〕
大倉川　おおくらがわ
福島県・夏井川水系〔2級〕
大倉川　おおくらがわ
新潟県・信濃川水系〔1級〕
大倉川　おおくらがわ
新潟県・大倉川水系〔2級〕
大倉川　おおくらがわ
静岡県・富士川水系〔1級〕
大倉川　おおくらがわ
滋賀県・淀川水系〔1級〕
大倉川　おおくらがわ
鳥取県・由良川水系〔2級〕
大倉川　おおくらがわ
鳥取県・由良川水系
大倉沢　おおくらさわ
秋田県・雄物川水系〔1級〕
大倉沢　おおくらさわ
秋田県・雄物川水系
大倉沢川　おおくらざわがわ
新潟県・信濃川水系
大倉沢川　おおくらざわがわ
山梨県・富士川水系〔1級〕
大倉谷川　おおくらだにがわ
京都府・由良川水系
大倉谷川　おおくらたにがわ
鳥取県・千代川水系〔1級〕
大原川　おおはらがわ
宮城県・大原川水系〔2級〕
大原川　おおはらがわ
岐阜県・庄内川水系〔1級〕

大原川　おおはらがわ
愛知県・矢作川水系
大原川　おおはらがわ
滋賀県・淀川水系〔1級〕
大原川　おおはらがわ
大阪府・淀川水系〔1級〕
大原川　おおはらがわ
鳥取県・日野川水系〔1級〕
大原川　おおはらがわ
島根県・大原川水系〔2級〕
大原川　おおはらがわ
岡山県・吉井川水系〔1級〕
大原川　おおはらがわ
山口県・錦川水系〔2級〕
大原貯水池　おおはらちょすいち
滋賀県甲賀町
大宮川　おおみやがわ
石川県・大野川水系〔2級〕
大宮川　おおみやがわ
愛知県・豊川水系
大宮川　おおみやがわ
滋賀県・淀川水系〔1級〕
大宮地川　おおみやじがわ
熊本県・大宮地川水系〔2級〕
大宮地新田川　おおみやじしんでんがわ
熊本県・新田川水系
大宮谷川　おおみやだにがわ
徳島県・吉野川水系〔1級〕
大島川　おおしまがわ
茨城県・利根川水系
大島川　おおしまがわ
長野県・天竜川水系〔1級〕
大島川　おおしまがわ
愛知県・豊川水系〔1級〕
大島川　おおしまがわ
兵庫県・加古川水系〔1級〕
大島川　おおしまがわ
岡山県・大島川水系〔2級〕
大島川西支川　おおじまがわにししせん
東京都・荒川（東京都・埼玉県）水系〔1級〕
大島川東支川　おおじまがわひがししせん
東京都・荒川（東京都・埼玉県）水系〔1級〕
大島江川　おおしまえがわ
佐賀県・筑後川水系〔1級〕
大島沢　おおしまざわ
新潟県・信濃川水系
大島谷　おおしまだに
静岡県・天竜川水系〔1級〕
大島新田川　おおしましんでんがわ
埼玉県・利根川水系〔1級〕
大峰川　おおみねがわ
岩手県・大峰川水系
大峰川　おおみねがわ
宮城県・北上川水系〔1級〕
大峰川　おおみねがわ
愛知県・豊川水系
大峰沼　おおみねぬま
群馬県利根郡月夜野町
大座川　おおざがわ
富山県・角川水系〔2級〕
大庭川　おおばがわ
島根県・江の川水系〔1級〕
大旅川　おおたびがわ
山梨県・相模川水系〔1級〕
大桐川　おおぎりがわ
福井県・九頭竜川水系
大栗川　おおぐりがわ
福島県・阿武隈川水系
大栗川　おおくりがわ
東京都・多摩川水系〔1級〕
大栗毛川　おおくりげがわ
岐阜県・木曾川水系〔1級〕
大桑川　おおくわがわ
愛知県・矢作川水系〔1級〕
大桑池　おおくわいけ
香川県・綾川水系
大桁川　おおげたがわ
群馬県・利根川水系〔1級〕
大根川　おおねがわ
神奈川県・金目川水系〔2級〕
大根川　おおねがわ
愛知県・天白川水系
大根川　だいこんがわ
福岡県・矢部川水系〔1級〕
大根川　だいこんがわ
福岡県・大根川水系〔2級〕
大根川　だいこんがわ
宮崎県・広渡川水系〔2級〕
大梅川　おおうめがわ
新潟県・孫助川水系〔2級〕
大桧沢川　おおひさわがわ
福島県・阿賀野川水系
大浦川　おうらがわ
新潟県・大浦川水系〔2級〕
大浦川　おおうらがわ
滋賀県・淀川水系〔1級〕
大浦川　おおうらがわ
徳島県・大浦川水系〔2級〕
大浦川　おおうらがわ
高知県・大浦川水系〔2級〕
大浦川　おおうらがわ
長崎県・大浦川水系〔2級〕
大浦川　おおうらがわ
宮崎県・大浦川水系〔2級〕

大浦川　おおうらがわ
鹿児島県・大浦川水系〔2級〕

大浦川　おおうらがわ
沖縄県・大浦川水系

大浜川　おおはまがわ
兵庫県・円山川水系〔1級〕

大浴川　おおえきがわ
山口県・田万川水系〔2級〕

大浪池　おおなみいけ
鹿児島県姶良郡霧島町

大畠沢　おおはたざわ
富山県・庄川水系

大益河《古》　おほやがわ
茨城県・利根川水系の梶無川

大納川　だいながわ
秋田県・雄物川水系〔1級〕

大納川　おおのがわ
福井県・九頭竜川水系〔1級〕

大納川　おおのがわ
宮崎県・大納川水系〔2級〕

大荷田川　おおにたがわ
東京都・多摩川水系〔1級〕

大通川　おおどおりがわ
新潟県・阿賀野川水系〔1級〕

大通川　おおどおりがわ
新潟県・新川水系〔2級〕

大釜谷川　おおかまやがわ
北海道・大釜谷川水系

大釜谷川　おおがまだにがわ
兵庫県・千種川水系

大馬木川　おおまきがわ
島根県・斐伊川水系〔1級〕

大高川　おおたかがわ
愛知県・天白川水系〔2級〕

大高川　おおたかがわ
愛知県・天白川水系

11大冨川　おおとみがわ
兵庫県・千種川水系〔2級〕

大勘定川　だいかんじょうがわ
京都府・淀川水系

大堂川　おおどうがわ
滋賀県・淀川水系〔1級〕

大堀　おおぼり
宮城県・七北田川水系

大堀　おおぼり
宮城県・名取川水系

大堀川　おおほりがわ
千葉県・利根川水系〔1級〕

大堀川　おおほりがわ
山梨県・相模川水系〔1級〕

大堀川　おおほりがわ
山梨県・富士川水系〔1級〕

大堀川　おおほりがわ
愛知県・大堀川水系

大堀川　おおほりがわ
三重県・大堀川水系〔2級〕

大堀川　おおほりがわ
滋賀県・淀川水系〔1級〕

大堀川　おおほりがわ
兵庫県・武庫川水系〔2級〕

大堀川　おおほりがわ
岡山県・旭川水系〔1級〕

大堀川　おおほりがわ
愛媛県・渡川水系〔1級〕

大寄合川　おおよりあいがわ
長野県・信濃川水系〔1級〕

大宿川　おおしゅくがわ
愛媛県・渡川水系〔1級〕

大崎川　おおさきがわ
島根県・斐伊川水系〔1級〕

大張谷川　おおはりだにがわ
徳島県・那賀川水系〔1級〕

大梁川　おおはりがわ
宮城県・阿武隈川水系〔1級〕

大深沢川　おおふかざわがわ
宮城県・阿武隈川水系〔1級〕

大深沢川　おおふかざわがわ
福島県・阿賀野川水系〔1級〕

大深沢川　おおふかざわがわ
福島県・阿賀野川水系

大深沢川　おおふかざわがわ
新潟県・信濃川水系〔1級〕

大深沢川　おおふかざわがわ
山梨県・富士川水系〔1級〕

大深谷沢　おおふかやさわ
福島県・阿武隈川水系〔1級〕

大清水川　おおしみずがわ
秋田県・米代川水系

大清水川　おおしみずがわ
山形県・最上川水系〔1級〕

大清水川　おおしみずがわ
栃木県・那珂川水系〔1級〕

大清水川　おおしみずがわ
群馬県・利根川水系〔1級〕

大清水川　おおしみずがわ
新潟県・国府川水系〔2級〕

大清水川　おおしみずがわ
長野県・天竜川水系〔1級〕

大清沢川　おおきよさわがわ
福島県・阿賀野川水系〔1級〕

大添川　おおぞえがわ
広島県・沼田川水系〔2級〕

大淵川　おおぶちがわ
青森県・岩木川水系

大淵川　おおぶちがわ
愛知県・日光川水系
大淀川　おおよどがわ
鹿児島県, 宮崎県・大淀川水系〔1級〕
大猪川《別》　おおいがわ
静岡県・大井川水系の大井川
大笹川　おおざさがわ
石川県・米町川水系
大笹川　おおざさがわ
山口県・掛淵川水系
大笹川　おおざさがわ
香川県・鴨部川水系〔2級〕
大船川　おおふながわ
三重県・船津川水系〔2級〕
大釈迦川　だいしゃかがわ
青森県・岩木川水系〔1級〕
大釈迦川　だいしゃかがわ
青森県・岩木川水系
大野川　おおのがわ
北海道・大野川水系〔2級〕
大野川　おおのがわ
岩手県・有家川水系〔2級〕
大野川　おおのがわ
岩手県・盛川水系
大野川　おおのがわ
茨城県・久慈川水系〔1級〕
大野川　おおのがわ
茨城県・利根川水系〔1級〕
大野川　おおのがわ
千葉県・夷隅川水系〔2級〕
大野川　おおのがわ
新潟県・信濃川水系〔1級〕
大野川　おおのがわ
新潟県・国府川水系〔2級〕
大野川　おおのがわ
石川県・大野川水系〔2級〕
大野川　おおのがわ
愛知県・今池川水系
大野川　おおのがわ
兵庫県・船場川水系〔2級〕
大野川　おおのがわ
奈良県・淀川水系〔1級〕
大野川　おおのがわ
奈良県・新宮川水系〔1級〕
大野川　おおのがわ
和歌山県・太田川水系〔2級〕
大野川　おおのがわ
島根県・斐伊川水系〔1級〕
大野川　おおのがわ
島根県・江の川水系〔1級〕
大野川　おおのがわ
岡山県・旭川水系〔1級〕
大野川　おおのがわ
山口県・錦川水系〔2級〕
大野川　おおのがわ
愛媛県・蒼社川水系〔2級〕
大野川　おおのがわ
高知県・安芸川水系〔2級〕
大野川　おおのがわ
佐賀県・松浦川水系〔1級〕
大野川　おおのがわ
佐賀県・那珂川水系〔2級〕
大野川　おおのがわ
長崎県・相浦川水系〔2級〕
大野川　おおのがわ
熊本県・大野川水系〔2級〕
大野川　おおのがわ
熊本県・五ヶ瀬川水系
大野川　おおのがわ
熊本県・砂川水系
大野川　おおのがわ
大分県・番匠川水系〔1級〕
大野川　おおのがわ
宮崎県, 熊本県, 大分県・大野川水系〔1級〕
大野川分水路　おおのがわぶんすいろ
石川県・大野川水系〔2級〕
大野木川　おおのぎがわ
石川県・大野木川水系
大野沢川　おおのさわがわ
新潟県・信濃川水系〔1級〕
大野谷川　おおのたにがわ
愛媛県・吉野川水系〔1級〕
大野谷川　おおのたにがわ
愛媛県・重信川水系〔1級〕
大野椿山川　おおのつばきやまがわ
高知県・仁淀川水系〔1級〕
大野路川　おおのじがわ
岡山県・高梁川水系〔1級〕
大野積川　おおのずみがわ
新潟県・大野積川水系〔2級〕
大釣谷川　おおつりだにがわ
富山県・常願寺川水系〔1級〕
大陰川　だいいんがわ
岡山県・旭川水系〔1級〕
大陸川　たいりくがわ
山梨県・富士川水系〔1級〕
大鳥川　おおとりがわ
石川県・大鳥川水系
大鳥川　おおとりがわ
鹿児島県・菱田川水系〔2級〕
大鳥池　おおとりいけ
山形県東田川郡朝日村
大鳥池　おおとりいけ
山形県・赤川水系〔1級〕

大鳥谷沢川　おおとりだにさわがわ
秋田県・雄物川水系〔1級〕
大鹿川　おおしかがわ
山梨県・相模川水系〔1級〕
大黒川　だいこくがわ
岐阜県・庄川水系〔1級〕
大黒川　だいこくがわ
愛媛県・渡川水系〔1級〕
大黒沢川　おおくろさわがわ
秋田県・雄物川水系〔1級〕
12大割沢　おおわりざわ
秋田県・米代川水系〔1級〕
大堰川　おおせきがわ
岩手県・北上川水系〔1級〕
大堰川　おおいがわ
山形県・最上川水系
大堰川　おおぜきがわ
群馬県・利根川水系〔1級〕
大堰川　おおせぎがわ
静岡県・富士川水系〔1級〕
大堰川　おおいがわ
京都府・淀川水系
大場川　おおばがわ
埼玉県・利根川水系〔1級〕
大場川　だいばがわ
静岡県・狩野川水系〔1級〕
大場川　おおばがわ
京都府・野田川水系
大場川　だいばがわ
熊本県・菊池川水系
大場川放水路　おおばがわほうすいろ
埼玉県・利根川水系〔1級〕
大場内川　おおばないがわ
新潟県・信濃川水系
大塚川　おおつかがわ
広島県・江の川水系〔1級〕
大塚川　おおつかがわ
広島県・太田川水系〔1級〕
大塚川　おおつかがわ
熊本県・呑崎水路水系
大塚沖川　おおつかおきがわ
岡山県・吉井川水系〔1級〕
大堤　おおつずみ
福井県三国町
大堤川　おおずつみがわ
秋田県・米代川水系
大塔川　だいとうがわ
和歌山県・新宮川水系〔1級〕
大塔川　だいとうがわ
広島県・芦田川水系〔1級〕
大惣川　たいそうがわ
滋賀県・淀川水系〔1級〕
大揚沼　おおあげぬま
岩手県岩手郡松尾村
大智谷川　おおちだにがわ
鳥取県・千代川水系〔1級〕
大智谷川　おおちだにがわ
鳥取県・千代川水系
大曾倉川　おおそぐらがわ
長野県・天竜川水系〔1級〕
大曾根川　おおそねがわ
岩手県・大曾根川水系
大森川　おおもりがわ
岩手県・北上川水系
大森川　おおもりがわ
宮城県・北上川水系〔1級〕
大森川　おおもりがわ
秋田県・米代川水系〔1級〕
大森川　おおもりがわ
福島県・阿武隈川水系〔1級〕
大森川　おおもりがわ
千葉県・利根川水系〔1級〕
大森川　おおもりがわ
千葉県・小櫃川水系〔2級〕
大森川　おおもりがわ
新潟県・信濃川水系〔1級〕
大森川《別》　おおもりがわ
富山県・常願寺川水系の常願寺川
大森川　おおもりがわ
福井県・九頭竜川水系〔1級〕
大森川　おおもりがわ
山梨県・富士川水系〔1級〕
大森川　おおもりがわ
岐阜県・木曾川水系〔1級〕
大森川　おおもりがわ
高知県・吉野川水系〔1級〕
大森川　おおもりがわ
佐賀県・松浦川水系〔1級〕
大森沢　おおもりざわ
宮城県・高城川水系
大森沢川　おおもりさわがわ
山形県・最上川水系
大棚沢　おおたなさわ
神奈川県・酒匂川水系
大渡川　おおわたりがわ
青森県・大渡川水系
大渡川《別》　おおわたりがわ
岩手県・甲子川水系の甲子川
大渡川　おおわたりがわ
岡山県・高梁川水系〔1級〕
大湯川　おおゆがわ
秋田県・米代川水系〔1級〕
大湯川　おおゆがわ
愛知県・大湯川水系

大湯沼　おおゆぬま
北海道登別市

大湯津内川　おおゆずないがわ
秋田県・米代川水系

大湊川　おおみなとがわ
三重県・宮川水系〔1級〕

大硲川　おおさこがわ
和歌山県・有田川水系〔2級〕

大童子川　おおどうじがわ
青森県・大童子川水系〔2級〕

大萱谷川　おおがやたにがわ
岐阜県・神通川水系〔1級〕

大落川　おおおちがわ
愛知県・大落川水系

大落古利根川　おおおちふるとねがわ
埼玉県・利根川水系〔1級〕

大落前川　おおくらまえがわ
青森県・岩木川水系〔1級〕

大賀茂川　おおがもがわ
静岡県・大賀茂川水系〔2級〕

大貸川　だいがしがわ
愛媛県・肱川水系〔1級〕

大越川　おおごしがわ
山形県・最上川水系〔1級〕

大越川　おおこえがわ
大分県・番匠川水系〔1級〕

大道川　だいどうがわ
宮城県・鳴瀬川水系〔1級〕

大道川　だいどうがわ
秋田県・雄物川水系

大道川　だいどうがわ
新潟県・国府川水系〔2級〕

大道川　だいどうがわ
山梨県・富士川水系〔1級〕

大道沢川　おおみちざわがわ
栃木県・久慈川水系〔1級〕

大道谷川　おおみったんがわ
石川県・手取川水系〔1級〕

大道谷川　おおどうだにがわ
愛媛県・立岩川水系〔2級〕

大道谷川　おおどうだにがわ
高知県・渡川水系

大開川　おおびらきがわ
茨城県・那珂川水系〔1級〕

大間川　おおまがわ
青森県・大間川水系

大間川　おおまがわ
静岡県・大井川水系〔1級〕

大間見川　おおまみがわ
岐阜県・木曾川水系〔1級〕

大雲川　おくもがわ
京都府・大雲川水系〔2級〕

大雲谷川　おおくもだにがわ
福井県・九頭竜川水系〔1級〕

大須川　おおすがわ
徳島県・大須川水系〔2級〕

大須戸川　おおすどがわ
新潟県・三面川水系〔2級〕

大須賀川　おおすかがわ
千葉県・利根川水系〔1級〕

大須賀川　おおすかがわ
千葉県・利根川水系

大須賀新川　おおすがしんかわ
静岡県・弁財天川水系〔2級〕

13大塩川　おおしおがわ
福島県・阿賀野川水系〔1級〕

大塩沢川　おおしおざわがわ
群馬県・利根川水系〔1級〕

大塩谷川　おおしおだにがわ
福井県・九頭竜川水系〔1級〕

大幌内川　おおほろないがわ
青森県・相坂川水系〔2級〕

大慈悲院川　だいじひいんがわ
静岡県・巴川水系〔2級〕

大楽前沢川　おおらくまえさわがわ
秋田県・米代川水系〔1級〕

大槌川　おおずちがわ
岩手県・大槌川水系〔2級〕

大槌川　おおずちがわ
岩手県・大槌川水系

大楢川　おおならがわ
長野県・姫川水系〔1級〕

大楢谷川　おおならだにがわ
岐阜県・神通川水系〔1級〕

大源太川　だいげんたがわ
新潟県・信濃川水系〔1級〕

大溝川　おおみぞがわ
新潟県・荒川（新潟県・山形県）水系〔1級〕

大溝川　おおみぞがわ
岡山県・高梁川水系〔1級〕

大溝川　おおみぞがわ
高知県・仁淀川水系〔1級〕

大滝川　おおたきがわ
宮城県・鳴瀬川水系〔1級〕

大滝川　おおたきがわ
秋田県・雄物川水系〔1級〕

大滝川　おおたきがわ
山形県・最上川水系〔1級〕

大滝川　おおたきがわ
山形県・荒川（新潟県・山形県）水系〔1級〕

大滝川　おおたきがわ
山形県・最上川水系

大滝川　おおたきがわ
新潟県・信濃川水系〔1級〕

大滝川　おおたきがわ
新潟県・関川水系
大滝川　おおたきがわ
新潟県・鯖石川水系
大滝川　おおたきがわ
石川県・大滝川水系
大滝川　おおたきがわ
山梨県・富士川水系〔1級〕
大滝川　おおたきがわ
岐阜県・木曾川水系〔1級〕
大滝川　おおたきがわ
和歌山県・日高川水系〔2級〕
大滝川　おおたきがわ
岡山県・吉井川水系〔1級〕
大滝沼　おおたきぬま
青森県西津軽郡木造町
大滝根川　おおたきねがわ
福島県・阿武隈川水系〔1級〕
大滝根川　おおたきねがわ
福島県・阿武隈川水系
大溜　おおだめ
滋賀県蒲生町
大溜　おおだめ
滋賀県日野町
大溜池　おおためいけ
鹿児島県野田町
大福川　おおふくがわ
京都府・淀川水系〔1級〕
大節川　だいせつがわ
高知県・鏡川水系〔2級〕
大聖寺川　だいしょうじがわ
石川県・大聖寺川水系〔2級〕
大聖寺川　だいしょうじがわ
福井県・大聖寺川水系〔2級〕
大蓮寺川　だいれんじがわ
福井県・九頭竜川水系〔1級〕
大蜂川　だいばちがわ
青森県・岩木川水系〔1級〕
大誉地川　おおよちがわ
北海道・十勝川水系〔1級〕
大路川　おおろがわ
兵庫県・円山川水系〔1級〕
大路川　おおろがわ
鳥取県・千代川水系〔1級〕
大路次川　おおろじがわ
大阪府・淀川水系
大路池　たいろいけ
東京都三宅島三宅村
大鼓沢　おおつずみざわ
新潟県・信濃川水系
14大増川　おおましがわ
秋田県・大増川水系

大寧寺川　だいねいじがわ
山口県・深川川水系〔2級〕
大徳川　だいとくがわ
石川県・大野川水系〔2級〕
大徳川　だいとくがわ
石川県・犀川水系
大暮山川　おおぐれやまがわ
山形県・最上川水系
大暮川　おおくれがわ
広島県・太田川水系〔1級〕
大暮川　おおぐれがわ
愛媛県・肱川水系〔1級〕
大榑川　おおぐれがわ
岐阜県・木曾川水系〔1級〕
大榑川放水路　おおぐれがわほうすいろ
岐阜県・木曾川水系〔1級〕
大熊川　おおくまがわ
神奈川県・鶴見川水系〔1級〕
大熊川　おおくまがわ
新潟県・関川水系〔1級〕
大熊谷川　おおくまだにがわ
富山県・早月川水系〔2級〕
大稗川　おびえがわ
兵庫県・加古川水系〔1級〕
大窪川　おおくぼがわ
和歌山県・加茂川水系〔2級〕
大窪谷川　おおくぼだにがわ
香川県・大束川水系〔2級〕
大箇野川　おおがのがわ
群馬県・利根川水系〔1級〕
大網川　おおあみがわ
山形県・赤川水系
大関川　おおぜきがわ
宮城県・北上川水系〔1級〕
大駄場川　おおだばがわ
愛媛県・肱川水系〔1級〕
大鳳川　おうほうがわ
北海道・石狩川水系〔1級〕
15大導寺川　だいどうじがわ
京都府・淀川水系〔1級〕
大導寺沢　だいどうじざわ
青森県・岩木川水系
大幡川　おおはたがわ
山梨県・相模川水系〔1級〕
大幡池　おおはたいけ
宮崎県小林市
大影谷川　おおかげだにがわ
香川県・吉野川水系〔1級〕
大慶寺川　だいけいじがわ
石川県・大慶寺川水系〔2級〕
大横川　おおよこがわ
山形県・最上川水系〔1級〕

大横川　おおよこがわ
群馬県・利根川水系〔1級〕
大横川　おおよこがわ
東京都・荒川（東京都・埼玉県）水系〔1級〕
大横川支川　おおよこがわしせん
東京都・荒川（東京都・埼玉県）水系〔1級〕
大横川南支川　おおよこがみなみしせん
東京都・荒川（東京都・埼玉県）水系〔1級〕
大潟川　おおがたがわ
秋田県・子吉川水系
大澗川　おおまがわ
北海道・大澗川水系
大縄川　おおなわがわ
愛知県・日光川水系
大蔵川　おおくらがわ
奈良県・紀の川水系〔1級〕
大蔵川　おおくらがわ
島根県・斐伊川水系〔1級〕
大蔵川　おおくらがわ
岡山県・吉井川水系
大蔵沢川　おおくらさわがわ
山梨県・富士川水系〔1級〕
大蔵谷川《別》　おおくらだにがわ
兵庫県・朝霧川水系の朝霧川
大輪川　おおわがわ
群馬県・利根川水系〔1級〕
16大橋川　おおはしがわ
静岡県・太田川水系
大橋川　おおはしがわ
滋賀県・淀川水系〔1級〕
大橋川　おおはしがわ
京都府・樋越川水系〔2級〕
大橋川　おおはしがわ
島根県・美田川水系〔2級〕
大橋川　おおはしがわ
島根県・斐伊川水系
大橋川　おおはしがわ
岡山県・芦田川水系
大橋川　おおはしがわ
香川県・大橋川水系〔2級〕
大橋川　おおはしがわ
鹿児島県・大橋川水系〔2級〕
大橋谷川　おおはしだにがわ
徳島県・吉野川水系〔1級〕
大樽川　おおたるがわ
山形県・最上川水系〔1級〕
大樽川　おおたるがわ
山形県・月光川水系〔2級〕
大樽沢　おおたるさわ
静岡県・瀬戸川水系
大樽谷川　おおたるたにがわ
高知県・仁淀川水系〔1級〕

大積川　おおずみがわ
新潟県・信濃川水系〔1級〕
大積沢　おおずみざわ
福島県・阿賀野川水系
大築波川　おおちくばがわ
滋賀県・淀川水系〔1級〕
大築波川《別》　おおちくなみがわ
滋賀県・淀川水系の大築波川
大膳川　だいぜんがわ
京都府・大膳川水系〔2級〕
大薄川　おおすきがわ
鹿児島県・川内川水系〔1級〕
大鞘川　おざやがわ
熊本県・大鞘川水系〔2級〕
大鮎貝川　おおあゆかいがわ
山形県・最上川水系〔1級〕
大鴨津川　おおかもつがわ
北海道・大鴨津川水系〔2級〕
17大償川　おおつぐないがわ
岩手県・北上川水系
大磯川　おおいそがわ
兵庫県・円山川水系〔1級〕
大谿川　おおたにがわ
兵庫県・円山川水系〔1級〕
大鍋ノ入《別》　おおなべのいり
静岡県・河津川水系の大鍋川
大鍋川　おおなべがわ
静岡県・河津川水系〔2級〕
大鍋川　おおなべがわ
兵庫県・円山川水系
18大藤川　おおふじがわ
兵庫県・加古川水系
大藤川　おおふじがわ
岡山県・吉井川水系〔1級〕
大藤川　おおふじがわ
愛媛県・渡川水系〔1級〕
大藤谷川　おおふじだにがわ
京都府・淀川水系
大藤谷川　おおとうだにがわ
徳島県・吉野川水系〔1級〕
大藤谷川　だいとうだにがわ
徳島県・吉野川水系〔1級〕
大藪川　おおやぶがわ
和歌山県・紀の川水系〔1級〕
大藪川　おおやぶがわ
宮崎県・一ツ瀬川水系〔2級〕
19大瀬川　おおせがわ
山形県・最上川水系〔1級〕
大瀬川　おおせがわ
新潟県・関川水系〔1級〕
大瀬川　おおせがわ
三重県・大瀬川水系〔2級〕

大瀬川　おおせがわ
鳥取県・天神川水系
大瀬川　おおせがわ
宮崎県・五ヶ瀬川水系〔1級〕
大瀬川　おおせがわ
鹿児島県・大瀬川水系〔2級〕
大瀬内谷川　おおせうちだにがわ
宮崎県・小丸川水系〔1級〕
大瀬戸川　おおせとがわ
山形県・五十川水系〔2級〕
大瀬戸谷川　おおせとだにがわ
富山県・常願寺川水系〔1級〕
大瀬昆川　おおせこがわ
岡山県・旭川水系〔1級〕
大簾川　おおみすがわ
京都府・由良川水系
大羅迦内沢川　おおらかないざわがわ
秋田県・雄物川水系
大蘇川　おおそがわ
熊本県・大野川水系〔1級〕
大願川　おおねがいがわ
北海道・石狩川水系〔1級〕

【女】

女ヶ谷川　めがたにがわ
愛知県・矢作川水系
3女山川　おんなやまがわ
佐賀県・六角川水系〔1級〕
女川　おんながわ
岩手県・女川水系
女川　おんながわ
宮城県・女川水系〔2級〕
女川　おんながわ
新潟県・荒川（新潟県・山形県）水系〔1級〕
5女布川　にょうがわ
京都府・高野川水系〔2級〕
6女池　めいけ
島根県隠岐郡西郷町
7女体川　にょたいがわ
愛媛県・肱川水系〔1級〕
女沢川　めさわがわ
岩手県・久慈川水系
女沢川　めざわがわ
長野県・信濃川水系〔1級〕
女良木川　めらきがわ
島根県・斐伊川水系〔1級〕
8女沼　めぬま
福島県福島市
女沼川　めぬまがわ
茨城県・利根川水系〔1級〕
9女神川　めがみがわ
福島県・阿武隈川水系〔1級〕
女神川　めがみがわ
福井県・九頭竜川水系〔1級〕
女郎川　じょろうがわ
愛知県・新堀川水系
10女原谷川　めはらたにがわ
滋賀県・淀川水系〔1級〕
女島川　めじまがわ
熊本県・女島川水系〔2級〕
女殺沢川　おんなころしざわがわ
山形県・日向川水系
11女堀川　めぼりがわ
埼玉県・利根川水系〔1級〕
女鳥羽川　めとばがわ
長野県・信濃川水系〔1級〕
女鹿川　めがかわ
岩手県・馬淵川水系〔1級〕
12女満別川　めまんべつがわ
北海道・網走川水系〔1級〕
女遊戸川　おなっぺがわ
岩手県・女遊戸川水系
15女潟　めがた
秋田県秋田市
16女館川　おんなだてがわ
青森県・田名部川水系〔2級〕
19女瀬川　めせがわ
大阪府・淀川水系〔1級〕

【子】

子の神川　ねのかみがわ
山梨県・相模川水系〔1級〕
3子々川川　ししがわがわ
長崎県・子々川川水系〔2級〕
4子之浦川　ねのうらがわ
広島県・子之浦川水系
5子生川　こびがわ
福井県・子生川水系〔2級〕
子生沢川　こうみさわがわ
長野県・天竜川水系〔1級〕
6子吉川　こよしがわ
秋田県・子吉川水系〔1級〕
子安川　こやすがわ
愛知県・庄内川水系
子守谷川　こもりだにがわ
徳島県・吉野川水系〔1級〕
8子延川　ねのびがわ
三重県・淀川水系〔1級〕
10子浦川　しおがわ
石川県・羽咋川水系〔2級〕
15子撫川　こなでがわ
富山県・小矢部川水系〔1級〕

【寸】

2寸又川　すまたがわ
静岡県・大井川水系〔1級〕
5寸田原川　すんでんばらがわ
広島県・日之浦北川水系
9寸俣川《別》　すまたがわ
静岡県・大井川水系の寸又川

【小】

小ヶ倉川　こがくらがわ
長崎県・本明川水系〔1級〕
小ヶ倉川　こがくらがわ
熊本県・河内川水系
小シウド沢川　こしうどさわがわ
岐阜県・庄川水系〔1級〕
小シウド谷川　こしうどだにがわ
岐阜県・庄川水系〔1級〕
1小乙川　こおとがわ
新潟県・信濃川水系〔1級〕
2小七川　こしちがわ
新潟県・信濃川水系〔1級〕
小入野川　こいりのがわ
福島県・小入野川水系〔2級〕
小八川川　こやかわがわ
島根県・斐伊川水系〔1級〕
小八重川　こやえがわ
宮崎県・五十鈴川水系〔2級〕
小八賀川　こはちががわ
岐阜県・神通川水系〔1級〕
小又川　こまたがわ
岩手県・北上川水系〔1級〕
小又川　こまたがわ
岩手県・馬淵川水系
小又川　こまたがわ
秋田県・米代川水系〔1級〕
小又川　こまたがわ
秋田県・馬場目川水系〔2級〕
小又川　こまたがわ
秋田県・馬場目川水系
小又川　こまたがわ
山形県・最上川水系〔1級〕
小又川　こまたがわ
新潟県・入川水系〔2級〕
小又川　おまたがわ
富山県・上市川水系〔2級〕
小又川　おまたがわ
富山県・早月川水系〔2級〕
小又川　おまたがわ
石川県・小又川水系〔2級〕
小又川　こまたがわ
愛知県・矢作川水系
小又川　こまたがわ
三重県・新宮川水系〔1級〕
小又川　こまたがわ
奈良県・新宮川水系〔1級〕
小又川　こまたがわ
和歌山県・日高川水系〔2級〕
小又川　こまたがわ
大分県・番匠川水系〔1級〕
小又川　こまたがわ
宮崎県・五ヶ瀬川水系〔1級〕
小又沢　こまたざわ
岩手県・米代川水系
小又谷川　こまただにがわ
石川県・手取川水系〔1級〕
3小下野川　こしものがわ
愛媛県・肱川水系〔1級〕
小万江川　こまえがわ
熊本県・球磨川水系
小丸川　こまるがわ
愛知県・矢作川水系
小丸川　こまるがわ
兵庫県・竹野川水系〔2級〕
小丸川　おまるがわ
熊本県・緑川水系
小丸川　おまるがわ
宮崎県・小丸川水系〔1級〕
小丸川支流　おまるがわしりゅう
熊本県・緑川水系
小久川　こひさがわ
福島県・大久川水系〔2級〕
小久保川　こくぼがわ
千葉県・小久保川水系〔2級〕
小久保川　こくぼがわ
千葉県・小久保川水系
小久保川　こくぼがわ
愛媛県・小久保川水系〔2級〕
小久保川　こくぼがわ
高知県・下田川水系
小久保川　こくぼがわ
高知県・渡川水系
小久保川　こくぼがわ
大分県・筑後川水系〔1級〕
小久保谷川　こくぼだにがわ
熊本県・白川水系
小口川　こぐちがわ
栃木県・那珂川水系〔1級〕
小口川　おぐちがわ
富山県・常願寺川水系〔1級〕
小口川　おぐちがわ
愛知県・境川水系
小口川　おぐちがわ
愛知県・庄内川水系

小口西谷川　おぐちにしだにがわ
富山県・常願寺川水系〔1級〕
小土沢　こつちざわ
岩手県・閉伊川水系
小土肥大川　おどいおおかわ
静岡県・小土肥大川水系〔2級〕
小土路川　おどろがわ
山口県・由宇川水系〔2級〕
小大野川　こおおのがわ
長野県・信濃川水系〔1級〕
小女郎川　こじょろうがわ
愛媛県・国領川水系〔2級〕
小山川　こやまがわ
岩手県・馬淵川水系
小山川　こやまがわ
埼玉県・利根川水系〔1級〕
小山川　おやまがわ
静岡県・鮎沢川水系〔2級〕
小山川　おやまがわ
愛知県・境川水系
小山川　こやまがわ
愛知県・天神川水系
小山川　こやまがわ
三重県・淀川水系〔1級〕
小山川　こやまがわ
滋賀県・淀川水系〔1級〕
小山川　おやまがわ
京都府・由良川水系
小山川　おやまがわ
島根県・高津川水系
小山川　こやまがわ
愛媛県・松田川水系〔2級〕
小山内川　おさないがわ
北海道・朱太川水系〔2級〕
小山田川　おやまだがわ
宮城県・北上川水系〔1級〕
小山田川　こやまだがわ
福島県・久慈川水系〔1級〕
小山田川　おやまだがわ
静岡県・狩野川水系〔1級〕
小山田川　おやまだがわ
広島県・芦田川水系〔1級〕
小山田川　おやまだがわ
愛媛県・立岩川水系〔2級〕
小山田川　おやまだがわ
福岡県・城井川水系〔2級〕
小山佐野川　おやまさのがわ
静岡県・鮎沢川水系〔2級〕
小山沢川　おやまざわがわ
岩手県・北上川水系
小山沢川　こやまざわがわ
岩手県・北上川水系

小山沢川　おやまさわかわ
福島県・阿賀野川水系
小山湯舟川　おやまゆふねがわ
静岡県・鮎沢川水系〔2級〕
小川　おがわ
北海道・石狩川水系〔1級〕
小川　おがわ
北海道・十勝川水系〔1級〕
小川　おがわ
北海道・折川水系〔2級〕
小川　こがわ
北海道・太櫓川水系〔2級〕
小川　おがわ
北海道・姫川水系〔2級〕
小川　おがわ
北海道・朱太川水系
小川　こがわ
青森県・田名部川水系〔2級〕
小川　こがわ
岩手県・荒川川水系
小川　こがわ
岩手県・津軽石川水系
小川　おがわ
福島県・阿武隈川水系〔1級〕
小川　こがわ
福島県・阿武隈川水系
小川　おがわ
茨城県・利根川水系〔1級〕
小川　おがわ
群馬県・利根川水系〔1級〕
小川　おがわ
新潟県・荒川（新潟県・山形県）水系〔1級〕
小川　おがわ
新潟県・小川水系〔2級〕
小川　おがわ
富山県・小川水系〔2級〕
小川　おがわ
山梨県・富士川水系〔1級〕
小川　おがわ
長野県・信濃川水系〔1級〕
小川　おがわ
長野県・木曾川水系〔1級〕
小川　ちいがわ
静岡県・弁財天川水系〔2級〕
小川　おがわ
愛知県・境川水系
小川　おがわ
愛知県・今池川水系
小川　おがわ
三重県・岩田川水系〔2級〕
小川　おがわ
京都府・淀川水系〔1級〕

小川　おがわ
京都府・小川水系
小川　おがわ
大阪府・石津川水系
小川　おがわ
大阪府・男里川水系
小川　おがわ
兵庫県・加古川水系〔1級〕
小川　おがわ
兵庫県・福田川水系〔2級〕
小川《別》　おがわ
兵庫県・加古川水系の小川川
小川《別》　おがわ
奈良県・新宮川水系の旭川
小川　こがわ
和歌山県・古座川水系〔2級〕
小川　こがわ
和歌山県・田並川水系〔2級〕
小川　おがわ
香川県・池田大川水系〔2級〕
小川　おがわ
福岡県・城井川水系〔2級〕
小川　おがわ
佐賀県・玉島川水系〔2級〕
小川　おがわ
長崎県・幡鉾川水系〔2級〕
小川　おがわ
熊本県・球磨川水系〔1級〕
小川　おがわ
熊本県・球磨川水系
小川　おがわ
宮崎県・五ヶ瀬川水系〔1級〕
小川　おがわ
鹿児島県・川内川水系〔1級〕
小川川　こがわがわ
岩手県・甲子川水系〔2級〕
小川川　おがわがわ
新潟県・小川川水系〔2級〕
小川川　おがわがわ
長野県・信濃川水系〔1級〕
小川川　おがわがわ
長野県・天竜川水系〔1級〕
小川川　おがわがわ
長野県・矢作川水系〔1級〕
小川川　おごうがわ
兵庫県・加古川水系〔1級〕
小川川　おがわがわ
高知県・吉野川水系〔1級〕
小川川　おがわがわ
高知県・仁淀川水系〔1級〕
小川川　こがわがわ
高知県・安田川水系〔2級〕
小川川　おがわがわ
高知県・奈半利川水系〔2級〕
小川川　おごうがわ
高知県・伊尾木川水系
小川川　おがわがわ
長崎県・小川川水系〔2級〕
小川川　おがわがわ
大分県・番匠川水系〔1級〕
小川川　おがわがわ
宮崎県・一ツ瀬川水系〔2級〕
小川川　おがわがわ
宮崎県・耳川水系
小川内川　おごうちがわ
新潟県・小川内川水系〔2級〕
小川内川　こうちがわ
石川県・熊淵川水系〔2級〕
小川内川　こがわうちがわ
高知県・渡川水系〔1級〕
小川内川　おごうちがわ
佐賀県・松浦川水系〔1級〕
小川内川　おがわうちがわ
佐賀県・浜川水系〔2級〕
小川内川　おかわちがわ
長崎県・相浦川水系〔2級〕
小川内川　こごうちがわ
長崎県・長里川水系〔2級〕
小川内川　おがわちがわ
長崎県・鈴田川水系〔2級〕
小川内川　おがわちがわ
熊本県・球磨川水系〔1級〕
小川内川　おかわちがわ
熊本県・球磨川水系
小川内川　こがわちがわ
大分県・山国川水系〔1級〕
小川内川　こがわうちがわ
鹿児島県・川内川水系〔1級〕
小川代川　おがわだいがわ
青森県・奥戸川水系〔2級〕
小川尻川　おがわじりがわ
鳥取県・日野川水系〔1級〕
小川平川　おがわだいらがわ
青森県・瀬辺地川水系〔2級〕
小川寺川　おがわじがわ
富山県・片貝川水系〔2級〕
小川沢川　おがわさわがわ
福島県・阿賀野川水系〔1級〕
小川沢川　おがわさわがわ
新潟県・信濃川水系〔1級〕
小川沢川　おがわざわがわ
山梨県・富士川水系〔1級〕
小川谷川　おがわたにがわ
和歌山県・左会津川水系〔2級〕

小川谷川　おがわたにがわ
和歌山県・富田川水系〔2級〕
小川谷川　おがわたにがわ
和歌山県・和深川水系〔2級〕
小川谷川　おがわだにがわ
徳島県・吉野川水系〔1級〕
小川谷川　おがわだにがわ
徳島県・海部川水系〔2級〕
小川茗川　おがわみょうがわ
高知県・安芸川水系
小川原川　おがわらがわ
愛媛県・大地川水系〔2級〕
小川原川　おがわらがわ
長崎県・大川原川水系〔2級〕
小川原湖　おがわらこ
青森県・高瀬川水系
小才角川　こさいつのがわ
高知県・小才角川水系〔2級〕
4小不動谷川　こふどうたにがわ
三重県・宮川水系〔1級〕
小中川　こなかがわ
群馬県・利根川水系〔1級〕
小中川　こなかがわ
千葉県・南白亀川水系〔2級〕
小中川　おなかがわ
和歌山県・日高川水系〔2級〕
小中田川　こなかたがわ
宮崎県・大淀川水系
小中尾川　こなかおがわ
大分県・番匠川水系〔1級〕
小井手川　こいでがわ
佐賀県・塩田川水系〔2級〕
小井手谷川　こいでだにがわ
鳥取県・阿弥陀川水系
小井田川　こいだがわ
岩手県・馬淵川水系〔1級〕
小井谷川　こいたにがわ
和歌山県・新宮川水系〔1級〕
小今村川　こいまむらがわ
熊本県・菊池川水系
小仁川　こにがわ
兵庫県・武庫川水系〔2級〕
小仁熊川　おにうまがわ
長野県・信濃川水系〔1級〕
小内海川　こうちうみがわ
宮崎県・小内海川水系〔2級〕
小内船川　こうわぶながわ
山梨県・富士川水系〔1級〕
小切戸川　おぎりどがわ
愛知県・日光川水系〔2級〕
小切戸川　おぎりどがわ
愛知県・日光川水系

小升沢　こますざわ
岩手県・北上川水系
小友川　おともがわ
岩手県・北上川水系〔1級〕
小友川　おともがわ
岩手県・馬淵川水系
小友川　おともがわ
秋田県・雄物川水系〔1級〕
小友川　おともがわ
秋田県・子吉川水系〔1級〕
小友川　おともがわ
群馬県・利根川水系〔1級〕
小友沢川　おともざわがわ
秋田県・雄物川水系〔1級〕
小戸川川　ことがわがわ
秋田県・雄物川水系
小戸沢川　おとざわがわ
岩手県・北上川水系
小戸沢川　ことざわがわ
長野県・天竜川水系〔1級〕
小手川　こてがわ
宮城県・北上川水系〔1級〕
小手茂川　おてもがわ
新潟県・阿賀野川水系〔1級〕
小方川　おがたがわ
三重県・小方川水系〔2級〕
小日之浦川　こひのうらがわ
広島県・小日之浦川水系
小日裏谷　こびうらだに
奈良県・新宮川水系〔1級〕
小木川　おぎがわ
新潟県・島崎川水系〔2級〕
小木川　おぎがわ
熊本県・菊池川水系〔1級〕
小木板谷川　こきたがやがわ
茨城県・里根川水系
小木城川　おぎじょうがわ
新潟県・信濃川水系〔1級〕
小木曾谷川　こきそだにがわ
岐阜県・神通川水系〔1級〕
小木須川　こぎすがわ
栃木県・那珂川水系〔1級〕
小比内川　こひないがわ
秋田県・米代川水系〔1級〕
小比叡川　こびえがわ
新潟県・小比叡川水系〔2級〕
小水川　こみずがわ
山形県・赤川水系〔1級〕
小犬丸川　こいぬまるがわ
兵庫県・揖保川水系〔1級〕
5小以良川　こいらがわ
山形県・最上川水系〔1級〕

小代崎川　こよざきがわ
鹿児島県・肝属川水系〔1級〕
小付内川　こずくないがわ
岩手県・北上川水系
小出川　こいでがわ
秋田県・雄物川水系〔1級〕
小出川　こいでがわ
神奈川県・相模川水系〔1級〕
小出川　こいでがわ
新潟県・信濃川水系〔1級〕
小出川　こいでがわ
新潟県・加治川水系〔2級〕
小出川　こいでがわ
富山県・白岩川水系〔2級〕
小出川　おいでがわ
静岡県・菊川水系〔1級〕
小出川　こいでがわ
香川県・香東川水系〔2級〕
小出川　こいでがわ
愛媛県・渡川水系〔1級〕
小出沢川　こいでざわがわ
秋田県・雄物川水系
小出沢川　こいでざわがわ
山形県・最上川水系〔1級〕
小加勢川　おがせがわ
石川県・河原田川水系〔2級〕
小半川　おながらがわ
大分県・番匠川水系〔1級〕
小市川　こいちがわ
滋賀県・淀川水系〔1級〕
小平川　こだいらがわ
山形県・最上川水系
小平川　こだいらがわ
群馬県・利根川水系〔1級〕
小平川　こだいらがわ
埼玉県・利根川水系〔1級〕
小平川　こびらがわ
熊本県・流合川水系
小平川　おひらがわ
大分県・筑後川水系〔1級〕
小平沢川　こひらざわがわ
山形県・日向川水系〔2級〕
小平谷川《古》　こびらのだにがわ
宮崎県・大淀川水系の内山川
小平蘂川　おびらしべがわ
北海道・小平蘂川水系〔2級〕
小払川　おはらいがわ
熊本県・菊池川水系
小本川　おもとがわ
岩手県・小本川水系〔2級〕
小本川　おもとがわ
岩手県・小本川水系
小玉川　こだまがわ
岩手県・新井田川水系〔2級〕
小玉川　こだまがわ
福島県・夏井川水系〔2級〕
小玉川　こだまがわ
福島県・阿賀野川水系
小玉川　こだまがわ
茨城県・那珂川水系〔1級〕
小玉川　こだまがわ
岡山県・旭川水系〔1級〕
小生田川　おぶたがわ
千葉県・一宮川水系〔2級〕
小申花沢川　こさるばなさわがわ
山形県・最上川水系
小田の池　おだのいけ
大分県大分郡湯布院町
小田ノ沢川　おだのさわがわ
秋田県・雄物川水系
小田子川　おだこがわ
愛媛県・肱川水系〔1級〕
小田山川　おだやまがわ
広島県・黒瀬川水系〔2級〕
小田川　おだがわ
青森県・岩木川水系〔1級〕
小田川　こだがわ
宮城県・阿武隈川水系〔1級〕
小田川　こたがわ
福島県・久慈川水系〔1級〕
小田川　おだがわ
福島県・阿賀野川水系〔1級〕
小田川　おだがわ
福島県・阿賀野川水系
小田川　おだがわ
福島県・久慈川水系
小田川　おだがわ
新潟県・信濃川水系〔1級〕
小田川　おだがわ
長野県・信濃川水系〔1級〕
小田川　こだがわ
愛知県・天竜川水系〔1級〕
小田川　おだがわ
愛知県・矢作川水系
小田川　おだがわ
滋賀県・淀川水系〔1級〕
小田川　おだがわ
鳥取県・蒲生川水系〔2級〕
小田川　おだがわ
島根県・小田川水系〔2級〕
小田川　おだがわ
島根県・神戸川水系〔2級〕
小田川　おだがわ
岡山県・小田川水系〔2級〕

小田川　おだがわ
広島県・高梁川水系〔1級〕
小田川　おだがわ
広島県・芦田川水系〔1級〕
小田川　おだがわ
広島県・沼田川水系〔2級〕
小田川　おだがわ
山口県・小田川水系〔2級〕
小田川　おだがわ
愛媛県・肱川水系〔1級〕
小田川　おだがわ
佐賀県・小田川水系〔2級〕
小田川　おだがわ
鹿児島県・広瀬川水系〔2級〕
小田井入沢　おたいいりさわ
長野県・天竜川水系〔1級〕
小田切川　おだぎりがわ
長野県・天竜川水系〔1級〕
小田切川《別》　おだぎりがわ
長野県・信濃川水系の片貝川
小田木川　おだぎがわ
岩手県・片岸川水系
小田木川　おたぎがわ
愛知県・矢作川水系〔1級〕
小田代川　おだしろがわ
岩手県・北上川水系〔1級〕
小田代川　おたしろがわ
岩手県・田代川水系
小田交沢川　おだこうざわがわ
長野県・信濃川水系〔1級〕
小田西沼　おだにしぬま
北海道島牧村
小田床川　おだとこがわ
熊本県・小田床川水系
小田志川　おだしがわ
佐賀県・塩田川水系〔2級〕
小田原の沢川　おだわらのさわがわ
北海道・ケリマイ川水系
小田原川　おだわらがわ
兵庫県・市川水系〔2級〕
小田島川　おだじまがわ
北海道・小田島川水系〔2級〕
小田浦川　こたうらがわ
熊本県・小田浦川水系〔2級〕
小田野川　おだのがわ
茨城県・那珂川水系〔1級〕
小白川　こしらがわ
山形県・最上川水系〔1級〕
小白川　こじらがわ
熊本県・白川水系
小白川川　こしらかわがわ
秋田県・雄物川水系〔1級〕
小白井川　おじろいがわ
福島県・木戸川水系〔2級〕
小白井川　おじろいがわ
福島県・木戸川水系
小白井谷川　こしらいだにがわ
高知県・渡川水系
小目井川　こめいがわ
宮崎県・小目井川水系
小矢井賀川　こやいががわ
高知県・小矢井賀川水系〔2級〕
小矢部川　おやべがわ
富山県・小矢部川水系〔1級〕
小矢櫃川　こやびつがわ
熊本県・関川水系
小石川　こいしがわ
北海道・常呂川水系〔1級〕
小石川　こいしがわ
茨城県・小石川水系〔2級〕
小石川　こいしがわ
茨城県・小石川水系
小石川　こいしがわ
静岡県・小石川水系〔2級〕
小石川　こいしがわ
愛知県・境川水系〔2級〕
小石川上水《別》　こいしかわじょうすい
東京都・荒川（東京都・埼玉県）水系の神田川
小石原川　こいしわらがわ
福岡県・筑後川水系〔1級〕
小穴谷川　こあなだにがわ
三重県・員弁川水系〔2級〕
6小先達川　こせんだつがわ
秋田県・雄物川水系〔1級〕
小匠川　こだくみがわ
和歌山県・太田川水系〔2級〕
小向川　こむかいがわ
愛媛県・小向川水系〔2級〕
小合谷川　こもだにがわ
京都府・淀川水系
小名川　こながわ
奈良県・紀の川水系〔1級〕
小名木川　おなぎがわ
東京都・荒川（東京都・埼玉県）水系〔1級〕
小名木沢川　こなぎさわがわ
新潟県・信濃川水系〔1級〕
小名倉川　こなくらがわ
三重県・小名倉川水系〔2級〕
小安在川　こあんざいがわ
北海道・小安在川水系
小宅川　おやけがわ
栃木県・利根川水系〔1級〕
小成川　こなりがわ
岩手県・小成川水系

小次郎谷川　こじろうだにがわ
高知県・吉野川水系〔1級〕
小江川　おえがわ
長崎県・小江川水系〔2級〕
小江戸川　こえどがわ
新潟県・信濃川水系〔1級〕
小江尾川　こえびがわ
鳥取県・日野川水系〔1級〕
小池　こいけ
新潟県中頸城郡頸城村
小池　こいけ
京都府京都市
小池　こいけ
宮崎県都城市
小池川　こいけがわ
静岡県・富士川水系〔1級〕
小池川　こいけがわ
三重県・鈴鹿川水系〔1級〕
小池川　こいけがわ
高知県・小池川水系〔2級〕
小池川　こいけがわ
福岡県・筑後川水系〔1級〕
小池沢　こいけざわ
長野県・天竜川水系〔1級〕
小池沢《別》　こいけざわ
静岡県・富士川水系の小池川
小池沢川《別》　こいけさわがわ
静岡県・富士川水系の小池川
小池谷川　こいけだにがわ
高知県・渡川水系〔1級〕
小百川　こびゃくがわ
栃木県・利根川水系〔1級〕
小竹川　おだけがわ
群馬県・利根川水系〔1級〕
小竹川　こたけがわ
千葉県・利根川水系〔1級〕
小竹川　おだけがわ
島根県・斐伊川水系〔1級〕
小糸川　こいとがわ
千葉県・小糸川水系〔2級〕
小糸魚川　こいといがわ
北海道・小糸魚川水系
小舟川　こぶねがわ
茨城県・那珂川水系〔1級〕
小芋川　こいもがわ
山形県・赤川水系〔1級〕
小芋川　こいもがわ
新潟県・信濃川水系〔1級〕
小西川　こにしがわ
宮城県・鳴瀬川水系〔1級〕
小西川　こにしがわ
宮城県・鳴瀬川水系
小西川　こにしがわ
京都府・竹野川水系〔2級〕
7小串川　こくしがわ
熊本県・浦川水系
小串川支流　こくしかわしりゅう
熊本県・浦川水系
小佐川　おさがわ
兵庫県・円山川水系〔1級〕
小佐々川　こざさがわ
長崎県・小佐々川水系〔2級〕
小佐波川　おざなみがわ
富山県・神通川水系〔1級〕
小佐野川　おさのがわ
山梨県・相模川水系〔1級〕
小作川　こさくがわ
香川県・新川水系〔2級〕
小似川　こいがわ
広島県・江の川水系〔1級〕
小冷沢川　こひやしざわがわ
長野県・信濃川水系〔1級〕
小別沢川　こべつざわがわ
北海道・新川水系
小吹毛井川　こぶけいがわ
宮崎県・小吹毛井川水系
小呂川　おろがわ
愛知県・矢作川水系
小呂川　おろがわ
京都府・由良川水系〔1級〕
小呂別川　おろべつがわ
岩手県・北上川水系
小坂川　こさかがわ
秋田県・米代川水系〔1級〕
小坂川　こさかがわ
群馬県・利根川水系〔1級〕
小坂川　おさかがわ
岐阜県・木曾川水系〔1級〕
小坂川　おさかがわ
静岡県・小坂川水系〔2級〕
小坂川　おさかがわ
兵庫県・加古川水系〔1級〕
小坂川　おさかがわ
熊本県・菊池川水系〔1級〕
小坂川《古》　こさかがわ
大分県・大野川水系の三重川
小坂岱川　こさかたいがわ
北海道・姫川水系〔2級〕
小坂部川　こさかべがわ
岡山県・高梁川水系〔1級〕
小尾谷川　こおだにがわ
福井県・九頭竜川水系〔1級〕
小岐川　こまたがわ
新潟県・加治川水系〔2級〕

小杉川　こすぎがわ
岐阜県・矢作川水系〔1級〕
小杉川　こすぎがわ
山口県・錦川水系〔2級〕
小杉崎川　こすぎざきがわ
秋田県・雄物川水系
小村川　こむらがわ
北海道・十勝川水系〔1級〕
小村川　こむらがわ
香川県・新川水系〔2級〕
小来川《別》　おころがわ
栃木県・利根川水系の黒川
小沢の沢　おざわのさわ
秋田県・雄物川水系〔1級〕
小沢川　おざわがわ
北海道・天塩川水系〔1級〕
小沢川　こざわがわ
山形県・赤川水系
小沢川　おざわがわ
福島県・阿賀野川水系〔1級〕
小沢川　おざわがわ
福島県・阿賀野川水系
小沢川　こざわがわ
福島県・太田川水系
小沢川　おざわがわ
栃木県・利根川水系
小沢川　おざわがわ
福井県・九頭竜川水系〔1級〕
小沢川　おざわがわ
山梨県・相模川水系〔1級〕
小沢川　おざわがわ
山梨県・富士川水系〔1級〕
小沢川　おざわがわ
長野県・天竜川水系〔1級〕
小沢川　おざわがわ
静岡県・伊東大川水系〔2級〕
小沢川　おざわがわ
愛知県・豊川水系
小沢川　おざわがわ
愛知県・矢作川水系
小沢田川　おざわだがわ
岩手県・久慈川水系
小沢名川　おざわながわ
栃木県・那珂川水系〔1級〕
小沢谷川　おざわだにがわ
新潟県・信濃川水系〔1級〕
小沢原川　こざわらがわ
山形県・最上川水系〔1級〕
小町川　こまちがわ
北海道・常呂川水系〔1級〕
小芦沢　こあしざわ
山形県・最上川水系
小芦沢川　こあしざわがわ
秋田県・米代川水系
小見川　おみがわ
山形県・最上川水系〔1級〕
小見川　おみがわ
新潟県・能生川水系〔2級〕
小角川　こずみがわ
岡山県・高梁川水系〔1級〕
小谷小屋川　こたにこやがわ
三重県・銚子川水系〔2級〕
小谷川　こやがわ
岩手県・北上川水系
小谷川　こやがわ
福島県・阿賀野川水系〔1級〕
小谷川　おやがわ
福島県・小高川水系
小谷川　おたにがわ
新潟県・三面川水系〔2級〕
小谷川　おたんがわ
富山県・庄川水系〔1級〕
小谷川　こたにがわ
岐阜県・庄川水系〔1級〕
小谷川　こたにがわ
愛知県・五宝川水系
小谷川　こたにがわ
奈良県・新宮川水系〔1級〕
小谷川　こたにがわ
島根県・江の川水系〔1級〕
小谷川　こたにがわ
岡山県・旭川水系〔1級〕
小谷川　こたにがわ
広島県・江の川水系〔1級〕
小谷川　おだにがわ
高知県・安芸川水系〔2級〕
小谷川　おだにがわ
高知県・伊尾木川水系
小谷川　こたにがわ
福岡県・遠賀川水系〔1級〕
小谷川　こたにがわ
佐賀県・糸岐川水系〔2級〕
小谷川　おたにがわ
大分県・八坂川水系〔2級〕
小谷川　こたにがわ
宮崎県・五ヶ瀬川水系〔1級〕
小谷川　こたにがわ
鹿児島県・小谷川水系〔2級〕
小谷川　こたにがわ
鹿児島県・天降川水系〔2級〕
小谷作川　おやざくがわ
福島県・夏井川水系
小谷沢川　こたにざわがわ
北海道・網走川水系〔1級〕

小谷沢川　こたにざわがわ
福島県・阿武隈川水系〔1級〕
小谷沢川　こたにざわがわ
静岡県・都田川水系
小谷谷川　となみがわ
富山県・小矢部川水系〔1級〕
小豆川　しょうずがわ
北海道・石狩川水系〔1級〕
小豆川　しょうずがわ
静岡県・安倍川水系〔1級〕
小豆野川　あずきのがわ
宮崎県・一ツ瀬川水系〔2級〕
小貝川　こかいがわ
栃木県・利根川水系〔1級〕
小貝川　こがいがわ
高知県・渡川水系〔1級〕
小貝谷川　こかいたにがわ
愛媛県・肱川水系〔1級〕
小赤沢川　こあかざわがわ
福島県・阿賀野川水系
小足沢川　こあしざわがわ
山形県・最上川水系〔1級〕
小足沢川　こあしざわがわ
山形県・最上川水系
小那比川　こなびがわ
岐阜県・木曾川水系〔1級〕
小里川　おりがわ
岐阜県・庄内川水系〔1級〕
小麦尾谷川　こむぎおだにがわ
熊本県・球磨川水系
8小侍川　こさむらいがわ
佐賀県・六角川水系〔1級〕
小和田川　おわだがわ
広島県・江の川水系
小和瀬川　こわせがわ
秋田県・雄物川水系〔1級〕
小国川　おぐにがわ
青森県・岩木川水系〔1級〕
小国川　おぐにがわ
岩手県・閉伊川水系〔2級〕
小国川　おぐにがわ
岩手県・閉伊川水系
小国川　おぐにがわ
福島県・阿武隈川水系〔1級〕
小国川　おぐにがわ
島根県・周布川水系〔2級〕
小国内川　おぐにうちかわ
山形県・荒川（新潟県・山形県）水系〔1級〕
小国沢川　おぐにさわがわ
山形県・最上川水系〔1級〕
小国沢川　おぐにさわがわ
山形県・最上川水系
小国沢川　おぐにさわがわ
新潟県・信濃川水系〔1級〕
小坪川　こつぼがわ
青森県・高瀬川水系〔1級〕
小岩田沢　こいわたざわ
岩手県・閉伊川水系
小岩沢　こいわざわ
新潟県・信濃川水系〔1級〕
小岩野川　こいわのがわ
熊本県・緑川水系
小枝ヶ沢川　こえだがさわがわ
岩手県・大槌川水系
小枝川　こえだがわ
宮城県・北上川水系〔1級〕
小松の沢川　こまつのさわがわ
北海道・石狩川水系〔1級〕
小松ヶ谷川　こまつがたにがわ
山口県・阿武川水系〔2級〕
小松川　こまつがわ
福島県・鮫川水系〔2級〕
小松川　こまつがわ
福島県・阿武隈川水系
小松川　こまつがわ
神奈川県・境川水系〔2級〕
小松川　こまつがわ
新潟県・三面川水系〔2級〕
小松川　こまつがわ
長野県・天竜川水系〔1級〕
小松川　こまつがわ
愛媛県・肱川水系〔1級〕
小松川　こまつがわ
愛媛県・中山川水系〔2級〕
小松川　こまつがわ
高知県・仁淀川水系〔1級〕
小松川　こまつがわ
佐賀県・筑後川水系〔1級〕
小松川　こまつがわ
長崎県・小松川水系〔2級〕
小松川　こまつがわ
熊本県・小松川水系
小松川　こまつがわ
宮崎県・大淀川水系〔1級〕
小松川放水路　こまつがわほうすいろ
宮崎県・大淀川水系〔1級〕
小松内湖　おまつないこ
滋賀県志賀町
小松江川　こまつえがわ
山口県・阿武川水系〔2級〕
小松沢川　こまつざわがわ
山形県・赤川水系〔1級〕
小松沢川　こまつざわがわ
新潟県・信濃川水系〔1級〕

小松谷川　こまつだにがわ
鳥取県・日野川水系〔1級〕
小松谷川　こまつだにがわ
愛媛県・肱川水系〔1級〕
小松谷川　こまつだにがわ
愛媛県・重信川水系
小松前川　こまつまえがわ
北海道・小松前川水系
小松倉沢　こまつくらさわ
岩手県・閉伊川水系
小松野川　こまつのがわ
愛知県・矢作川水系
小板川　こいたがわ
愛知県・阿久比川水系
小枕川　こまくらがわ
兵庫県・加古川水系〔1級〕
小林川　こばやしがわ
北海道・十勝川水系〔1級〕
小林川　こばやしがわ
青森県・相坂川水系〔2級〕
小林川　こばやしがわ
山形県・最上川水系〔1級〕
小林川　こばやしがわ
愛知県・豊川水系
小林川　こばやしがわ
島根県・江の川水系〔1級〕
小林谷川　こばやしだにがわ
島根県・高津川水系
小武川　こむかわ
山梨県・富士川水系〔1級〕
小河川　おがわがわ
新潟県・柿崎川水系〔2級〕
小河川　おうごがわ
兵庫県・千種川水系〔2級〕
小河内川　こごうちがわ
静岡県・興津川水系〔2級〕
小河内川　こごうちがわ
静岡県・大井川水系
小河内川　おかうちがわ
和歌山県・周参見川水系〔2級〕
小河内川　おごうちがわ
鳥取県・千代川水系〔1級〕
小河内川　おこうちがわ
広島県・太田川水系〔1級〕
小河内川　おごうちがわ
福岡県・多々良川水系〔2級〕
小河内川　おがわうちがわ
大分県・臼杵川水系〔2級〕
小河内川　こかわちがわ
宮崎県・五ヶ瀬川水系〔1級〕
小河内川　こがわちがわ
宮崎県・耳川水系〔2級〕
小河内沢川　こごうちさわがわ
長野県・天竜川水系〔1級〕
小河原川　おがわらがわ
広島県・太田川水系〔1級〕
小沼　こぬま
北海道亀田郡七飯町
小沼　こぬま
北海道上川郡東川町
小沼　こぬま
北海道・折戸川水系〔2級〕
小沼　こぬま
青森県上北郡横浜町
小沼　こぬま
群馬県勢多郡富士見村
小沼　こぬま
群馬県利根郡片品村
小沼沢川　こぬまざわがわ
北海道・網走川水系〔1級〕
小沼沢川　こぬまざわがわ
栃木県・那珂川水系〔1級〕
小波内沢川　こなみないさわがわ
秋田県・雄物川水系
小波田川　おばたがわ
三重県・淀川水系〔1級〕
小波津川　こはつがわ
沖縄県・小波津川水系
小波瀬川　おばせがわ
福岡県・長峡川水系〔2級〕
小泊川　こどまりがわ
青森県・小泊川水系〔2級〕
小泊川　こどまりがわ
京都府・小泊川水系
小法師谷川　こぼうしだにがわ
高知県・吉野川水系〔1級〕
小牧川　こまきがわ
山形県・最上川水系〔1級〕
小牧川　こまきがわ
山形県・小牧川水系〔2級〕
小牧川　こまきがわ
石川県・小牧川水系〔2級〕
小股川　こまたがわ
北海道・石狩川水系〔1級〕
小股川　こまたがわ
北海道・石狩川水系
小股川　こまたがわ
岩手県・気仙川水系〔2級〕
小股川分水路　こまたがわぶんすいろ
北海道・石狩川水系〔1級〕
小股沢　こまたざわ
青森県・津梅川水系
小股沢　こまたざわ
岩手県・北上川水系

小股沢　こまたざわ
新潟県・石花川水系〔2級〕
小茅川　おがやがわ
京都府・淀川水系〔1級〕
小苗谷川　こなえだにがわ
兵庫県・加古川水系〔1級〕
小茂内川　こもないがわ
北海道・小茂内川水系
小迫川　こばさまがわ
宮城県・高城川水系〔2級〕
小迫川　こばがわ
愛知県・矢崎川水系
小金打川　こがねうちがわ
奈良県・大和川水系〔1級〕
小金沢川　こがねざわがわ
岩手県・北上川水系〔1級〕
小金沢川　こがねざわがわ
岩手県・北上川水系
小長井河内川　こながいごうちがわ
静岡県・大井川水系〔1級〕
小長沢川　こながさわがわ
新潟県・信濃川水系〔1級〕
小長谷川　こながたにがわ
新潟県・荒川（新潟県・山形県）水系〔1級〕
小長谷川　こながたにがわ
岐阜県・木曾川水系〔1級〕
小長沼　おながぬま
北海道浜中町
小阿仁川　こあにがわ
秋田県・米代川水系〔1級〕
小阿賀野川　こあがのがわ
新潟県・信濃川水系〔1級〕
小雨川　こさめがわ
群馬県・利根川水系〔1級〕
9小俣川　こまたがわ
栃木県・利根川水系〔1級〕
小俣川　おまたがわ
群馬県・利根川水系〔1級〕
小俣川　こまたがわ
新潟県・信濃川水系〔1級〕
小俣川　こまたがわ
新潟県・大川水系〔2級〕
小俣川　おまたがわ
山梨県・相模川水系〔1級〕
小俣沢　こまたざわ
長野県・木曾川水系〔1級〕
小南部川　こなんぶがわ
北海道・尻別川水系〔1級〕
小城川　おしろがわ
大分県・小城川水系〔2級〕
小城川内川　おぎがわちがわ
佐賀県・松浦川水系〔1級〕

小室川　こむろがわ
栃木県・利根川水系
小室川《別》　こむろがわ
山梨県・富士川水系の文殊川
小室沢川　こむろさわがわ
山梨県・富士川水系〔1級〕
小屋の平川　こやのだいらがわ
宮崎県・耳川水系〔2級〕
小屋の沢川　こやのさわがわ
北海道・常呂川水系
小屋ガ谷川　こやがだにがわ
愛媛県・肱川水系〔1級〕
小屋川　こやがわ
山形県・最上川水系〔1級〕
小屋川　こやがわ
福島県・阿賀野川水系〔1級〕
小屋川　こやがわ
三重県・櫛田川水系〔1級〕
小屋川　こやがわ
大分県・山国川水系〔1級〕
小屋木川　こやきがわ
福島県・小高川水系
小屋谷川　こやだにがわ
岡山県・吉井川水系
小屋柄川　おやがらがわ
新潟県・信濃川水系〔1級〕
小屋畑川　こやはたがわ
岩手県・久慈川水系〔2級〕
小屋淵川　こやぶちがわ
山形県・日向川水系〔2級〕
小屋銀杏谷川　こやいちょうだにがわ
京都府・由良川水系
小屋瀬川　こやせがわ
岩手県・馬淵川水系
小峠川　ことうげがわ
島根県・斐伊川水系〔1級〕
小巻川　こまきがわ
栃木県・那珂川水系〔1級〕
小幽沢川　こゆうざわがわ
福島県・阿賀野川水系〔1級〕
小恒川　こつねがわ
和歌山県・芳養川水系〔2級〕
小挟間川　こばさまがわ
大分県・大分川水系〔1級〕
小柳川　こやなぎがわ
山形県・最上川水系〔1級〕
小柳川　こやながわ
山梨県・富士川水系〔1級〕
小柳川　こやなぎがわ
奈良県・大和川水系〔1級〕
小柳川　こやなぎがわ
熊本県・鏡川水系

小柳中川　こやなぎなかがわ
熊本県・鏡川水系

小柳沢　こやなぎさわ
岩手県・北上川水系

小海の池　こうみのいけ
新潟県大島村

小海川　こかいがわ
新潟県・信濃川水系〔1級〕

小海川　おうみがわ
香川県・小海川水系〔2級〕

小泉の沢川　こいずみのさわがわ
北海道・小泉の沢川水系

小泉川　こいずみがわ
福島県・小泉川水系〔2級〕

小泉川　こいずみがわ
京都府・淀川水系〔1級〕

小泉川　こいずみがわ
奈良県・新宮川水系〔1級〕

小泉川　こいずみがわ
鳥取県・天神川水系〔1級〕

小津川　おずがわ
東京都・多摩川水系〔1級〕

小津谷川　こつだにがわ
京都府・淀川水系

小津奈木川　こつなぎがわ
熊本県・小津奈木川水系〔2級〕

小津波見川　こつばみがわ
長崎県・小津波見川水系〔2級〕

小津茂谷川　こつもだにがわ
和歌山県・日高川水系〔2級〕

小津留川　こずるがわ
大分県・大分川水系〔1級〕

小狭川　こさこがわ
愛媛県・肱川水系〔1級〕

小畑川　こばたけがわ
千葉県・小畑川水系〔2級〕

小畑川　おばたがわ
岐阜県・木曾川水系〔1級〕

小畑川　おばたがわ
愛知県・矢作川水系

小畑川　おばたがわ
三重県・新宮川水系〔1級〕

小畑川　おばたがわ
京都府・由良川水系〔1級〕

小畑川　おばたがわ
京都府・淀川水系〔1級〕

小畑川　おばたがわ
京都府・淀川水系

小畑川　おばたがわ
兵庫県・市川水系〔2級〕

小畑川　おばたがわ
鳥取県・千代川水系〔1級〕

小畑川　おばたいがわ
愛媛県・肱川水系〔1級〕

小畑川　おばたけがわ
熊本県・菊池川水系

小皆川　こみながわ
新潟県・信濃川水系〔1級〕

小相沢川　こあいざわがわ
長野県・信濃川水系〔1級〕

小祝川　こいわいがわ
岩手県・馬淵川水系

小神武谷川　こじんむたにがわ
三重県・鈴鹿川水系〔1級〕

小荒沢　こあらさわ
宮城県・鳴瀬川水系

小荒沢川　こあらさわがわ
岩手県・北上川水系〔1級〕

10小倉川　こくらがわ
福島県・阿賀野川水系

小倉川　おぐらがわ
福島県・阿武隈川水系

小倉川　こくらがわ
群馬県・利根川水系〔1級〕

小倉川　おぐらがわ
新潟県・国府川水系〔2級〕

小倉川　おぐらがわ
島根県・斐伊川水系〔1級〕

小倉川　こくらがわ
鹿児島県・川内川水系〔1級〕

小倉平川　こぐらたいがわ
青森県・川内川水系

小倉谷川　おぐらだにがわ
京都府・淀川水系

小倉谷川　おぐらたにがわ
兵庫県・本庄川水系〔2級〕

小倉谷川　おぐらたにがわ
大分県・犬丸川水系〔2級〕

小原川　おはらがわ
富山県・神通川水系〔1級〕

小原川　おばらがわ
岐阜県・木曾川水系〔1級〕

小原川　こばらがわ
兵庫県・矢田川水系〔2級〕

小原川　おはらがわ
奈良県・新宮川水系〔1級〕

小原川　おばらがわ
和歌山県・小原川水系〔2級〕

小原川　おばらがわ
鳥取県・日野川水系〔1級〕

小原川　こばらがわ
島根県・高津川水系〔1級〕

小原川　おばらがわ
岡山県・吉井川水系〔1級〕

小原川　おばらがわ
岡山県・吉井川水系
小原川　おはらがわ
広島県・小瀬川水系〔1級〕
小原川　おばらがわ
広島県・小原川水系〔2級〕
小原川　おばらがわ
広島県・本郷川水系〔2級〕
小原川　おばらがわ
広島県・沼田川水系
小原川　おばらがわ
福岡県・室見川水系〔2級〕
小原川　こばるがわ
熊本県・球磨川水系〔1級〕
小原井川　こはらいがわ
宮崎県・耳川水系〔2級〕
小原谷川　こばらだにがわ
島根県・江の川水系〔1級〕
小原野添川　こばるのぞえがわ
熊本県・菊池川水系
小唐川　こがらがわ
大分県・駅館川水系〔2級〕
小夏川　こなつがわ
熊本県・緑川水系
小宮山川　こみやまがわ
長野県・信濃川水系〔1級〕
小島川　おじまがわ
愛知県・日光川水系
小島川　こじまがわ
京都府・淀川水系
小島川　こじまがわ
和歌山県・小島川水系〔2級〕
小島川　こじまがわ
広島県・小島川水系
小島川　おじまがわ
愛媛県・新川水系〔2級〕
小島川　こじまがわ
熊本県・小島川水系
小島川　こじまがわ
大分県・番匠川水系〔1級〕
小島川　おしまがわ
鹿児島県・小島川水系〔2級〕
小島沢川　こじまさわがわ
埼玉県・荒川（東京都・埼玉県）水系〔1級〕
小島谷川　おじまやがわ
新潟県・郷本川水系〔2級〕
小島谷川　おしまだにがわ
徳島県・吉野川水系〔1級〕
小峰川　こみねがわ
宮崎県・五ヶ瀬川水系〔1級〕
小峰沢川　こみねさわがわ
青森県・小峰沢川水系〔2級〕
小栗川　おぐりがわ
熊本県・菊池川水系
小栗沢川　おぐりさわがわ
岩手県・北上川水系
小桑川　こくわがわ
群馬県・利根川水系〔1級〕
小桂川　こかつろがわ
福島県・阿賀野川水系〔1級〕
小桁川　おだけがわ
岡山県・吉井川水系
小桜川　こざくらがわ
茨城県・利根川水系
小桜川　こざくらがわ
香川県・桜川水系〔2級〕
小浦川　こうらがわ
石川県・小浦川水系
小浦川　こうらがわ
長崎県・小浦川水系〔2級〕
小浦川　かうらがわ
熊本県・氷川水系〔2級〕
小浦川　こうらがわ
熊本県・浦川水系
小浦川支川　こうらかわしせん
熊本県・浦川水系
小浜川　こはまがわ
山形県・赤川水系〔1級〕
小浜川　こはまがわ
福島県・阿武隈川水系〔1級〕
小浜川　おはまがわ
三重県・小浜川水系〔2級〕
小浜川　こばまがわ
鳥取県・小浜川水系
小浜川　こばまがわ
島根県・小浜川水系〔2級〕
小浜川　こはまがわ
鹿児島県・小浜川水系〔2級〕
小烏川　こがらすがわ
新潟県・阿賀野川水系〔1級〕
小烏瀬川　こがらせがわ
岩手県・北上川水系〔1級〕
小畠川　おばたがわ
京都府・由良川水系〔1級〕
小畔川　こあぜがわ
埼玉県・荒川（東京都・埼玉県）水系〔1級〕
小畔川　こもろがわ
和歌山県・芳養川水系〔2級〕
小脇川　こわきがわ
愛知県・高浜川水系
小荷谷川　こにだにがわ
山形県・赤川水系
小通川　こがようがわ
岩手県・盛川水系

小通川　こがようがわ
岩手県・北上川水系

小郡川《別》　おごおりがわ
山口県・椹野川水系の椹野川

小針川　こばりがわ
愛知県・庄内川水系

小馬木川　こまきがわ
島根県・斐伊川水系〔1級〕

小馬地川　こうまじがわ
高知県・伊与木川水系〔2級〕

小高下川　ここうげがわ
岡山県・高梁川水系〔1級〕

小高川　おだかがわ
福島県・小高川水系〔2級〕

11小副川川　こそえがわがわ
佐賀県・嘉瀬川水系〔1級〕

小堀川　こぼりがわ
群馬県・利根川水系〔1級〕

小堀川　こぼりがわ
千葉県・利根川水系〔1級〕

小宿大川　こしゅくおおかわ
鹿児島県・小宿大川水系〔2級〕

小宿川　こやどがわ
群馬県・利根川水系〔1級〕

小崎川　おざきがわ
大分県・桂川水系〔2級〕

小崎川　こさきがわ
宮崎県・耳川水系〔2級〕

小梨川　こなしがわ
岩手県・北上川水系

小梨川　こなしがわ
広島県・沼田川水系

小梁川　こはりがわ
宮城県・阿武隈川水系〔1級〕

小渋川　こしぶがわ
長野県・天竜川水系〔1級〕

小深井川　こぶかいがわ
長崎県・小深井川水系〔2級〕

小深沢川　こぶかさわがわ
新潟県・信濃川水系〔1級〕

小深沢川　こぶかさわがわ
山梨県・富士川水系〔1級〕

小深見川　こぶがみがわ
秋田県・馬場目川水系〔2級〕

小清川　こせいがわ
山形県・最上川水系〔1級〕

小清水川　こしみずがわ
新潟県・鯖石川水系〔2級〕

小淵川　こぶちがわ
愛媛県・渡川水系〔1級〕

小猪岡川　こいのおかがわ
岩手県・北上川水系〔1級〕

小猪岡川　こいのおかがわ
岩手県・北上川水系

小猫川　こねこがわ
大分県・小猫川水系〔2級〕

小笠木川　おがさきがわ
福岡県・室見川水系〔2級〕

小笠沢川　おがさざわがわ
静岡県・太田川水系〔2級〕

小笠高橋川　おがさたかはしがわ
静岡県・菊川水系〔1級〕

小菅川　こすげがわ
山梨県・多摩川水系〔1級〕

小蛇尾川　こさびがわ
栃木県・那珂川水系〔1級〕

小袴川　こはかまがわ
新潟県・関川水系〔1級〕

小袋川　おぶくろがわ
大分県・犬丸川水系〔2級〕

小袋沢　こぶくろざわ
秋田県・雄物川水系〔1級〕

小貫川　こつだにがわ
新潟県・信濃川水系〔1級〕

小貫川　こつなぎがわ
新潟県・信濃川水系〔1級〕

小貫川　おぬきがわ
静岡県・菊川水系〔1級〕

小郷川　おごうがわ
高知県・仁淀川水系〔1級〕

小野ヶ谷川　おのがやがわ
愛知県・小野ヶ谷川水系

小野山川　おのやまがわ
山口県・阿武川水系〔2級〕

小野川　おのがわ
宮城県・鳴瀬川水系〔1級〕

小野川　おのがわ
宮城県・鳴瀬川水系

小野川　おのがわ
福島県・阿賀野川水系〔1級〕

小野川　おのがわ
茨城県・利根川水系〔1級〕

小野川　おのがわ
千葉県・利根川水系〔1級〕

小野川　おのがわ
山梨県・相模川水系〔1級〕

小野川　おのがわ
長野県・天竜川水系〔1級〕

小野川　おのがわ
岐阜県・木曾川水系〔1級〕

小野川　おのがわ
三重県・鈴鹿川水系〔1級〕

小野川　おのがわ
滋賀県・淀川水系〔1級〕

小野川　おのがわ
兵庫県・揖保川水系〔1級〕
小野川　おのがわ
島根県・神戸川水系〔2級〕
小野川　おのがわ
山口県・有帆川水系〔2級〕
小野川　おのがわ
愛媛県・重信川水系〔1級〕
小野川　このがわ
高知県・仁淀川水系〔1級〕
小野川　おのがわ
長崎県・相浦川水系〔2級〕
小野川　おのがわ
熊本県・菊池川水系〔1級〕
小野川　おのがわ
熊本県・菊池川水系
小野川　このがわ
熊本県・球磨川水系
小野川　おのがわ
大分県・筑後川水系〔1級〕
小野川《別》　おのかわ
宮崎県・沖田川水系の沖田川
小野川　おのがわ
鹿児島県・小野川水系〔2級〕
小野川放水路　おのがわほうすいろ
兵庫県・円山川水系〔1級〕
小野川湖　おのがわこ
福島県・阿賀野川水系〔1級〕
小野日蔭川　おのひかげがわ
岐阜県・木曽川水系〔1級〕
小野尻川　しょうのじりがわ
山形県・最上川水系〔1級〕
小野尻川　しょうのじりがわ
山形県・最上川水系
小野尻川　おのじりがわ
兵庫県・加古川水系〔1級〕
小野田川　おのだがわ
岡山県・吉井川水系〔1級〕
小野目川　おのめがわ
宮城県・鳴瀬川水系
小野沢川　おのざわがわ
長野県・信濃川水系〔1級〕
小野沢川　おのざわがわ
長野県・天竜川水系〔1級〕
小野見川　おのみがわ
新潟県・小野見川水系〔2級〕
小野谷川　おのたにがわ
三重県・雲出川水系〔1級〕
小野松沢川　おのまつざわがわ
宮城県・北上川水系〔1級〕
小野津幌川　おのっぽろがわ
北海道・石狩川水系〔1級〕
小野浦川　おのうらがわ
愛知県・小野浦川水系
小鳥川　おどりがわ
岐阜県・神通川水系〔1級〕
小鳥原川　ひととばらがわ
広島県・江の川水系〔1級〕
小鹿川　こじかがわ
三重県・新宮川水系〔1級〕
小鹿川　おじかがわ
鳥取県・天神川水系〔1級〕
小鹿川　おじかがわ
長崎県・小鹿川水系〔2級〕
小鹿沢川　おしかざわがわ
静岡県・巴川水系〔2級〕
小鹿谷川　おじかだにがわ
鳥取県・橋津川水系〔2級〕
小鹿野川　おがのがわ
広島県・小鹿野川水系〔2級〕
小鹿野川　おがのがわ
広島県・小鹿野川水系
小黒川　おぐろがわ
秋田県・雄物川水系〔1級〕
小黒川　おぐろがわ
山形県・最上川水系〔1級〕
小黒川　おぐろがわ
福島県・阿賀野川水系〔1級〕
小黒川　こぐろがわ
群馬県・利根川水系〔1級〕
小黒川　おぐろがわ
新潟県・信濃川水系〔1級〕
小黒川　おぐろがわ
新潟県・関川水系〔1級〕
小黒川　おぐろがわ
長野県・天竜川水系〔1級〕
小黒川　こぐろかわ
愛媛県・渡川水系〔1級〕
小黒川　こぐろがわ
高知県・伊与木川水系〔2級〕
小黒木川　こくろぎがわ
宮崎県・五十鈴川水系〔2級〕
小黒田川　おぐろだがわ
愛知県・豊川水系
小黒沢川　おぐろざわかわ
秋田県・雄物川水系〔1級〕
小黒谷川　おぐろだにがわ
和歌山県・紀の川水系〔1級〕
小黒谷川　おぐろだにがわ
愛媛県・仁淀川水系
小黒部谷川　こくろべだにがわ
富山県・黒部川水系〔1級〕
小黒滝川　こぐろたきがわ
岩手県・北上川水系

12小勝川　こがちがわ
鹿児島県・河内川水系〔2級〕
小堰川《別》　こせんがわ
静岡県・稲生沢川水系の蓮台寺川
小塚川　こずかがわ
山形県・最上川水系〔1級〕
小塚川　おずかがわ
広島県・江の川水系〔1級〕
小嵐川　こぞれがわ
長野県・天竜川水系〔1級〕
小嵐沢　こあらしざわ
静岡県・狩野川水系
小揚川　こあげがわ
新潟県・三面川水系〔2級〕
小曾戸川　こそどがわ
栃木県・利根川水系〔1級〕
小曾部川　こそべがわ
長野県・信濃川水系〔1級〕
小曾部川　こそぶがわ
熊本県・大野川水系
小朝柄川　こあさがらがわ
三重県・櫛田川水系〔1級〕
小森川　こもりがわ
秋田県・米代川水系〔1級〕
小森川　こもりがわ
埼玉県・荒川（東京都・埼玉県）水系〔1級〕
小森川　こもりがわ
山梨県・富士川水系〔1級〕
小森川　こもりがわ
島根県・斐伊川水系〔1級〕
小森川　こもりがわ
長崎県・小森川水系〔2級〕
小森川　こもりがわ
宮崎県・一ツ瀬川水系〔2級〕
小森川　こもりがわ
鹿児島県・久保田川水系〔2級〕
小森沢川　こもりさわがわ
秋田県・雄物川水系
小森野川　こもりのがわ
福岡県・筑後川水系〔1級〕
小椎川　こしいがわ
熊本県・球磨川水系〔1級〕
小椎川　こじいがわ
熊本県・球磨川水系
小湯川　こようがわ
山形県・最上川水系
小湯川　こゆがわ
山梨県・富士川水系〔1級〕
小湯沢川　こゆざわがわ
岩手県・北上川水系
小湊川　こみなとがわ
青森県・小湊川水系〔2級〕
小湾川　こわんがわ
沖縄県・小湾川水系〔2級〕
小童子川　しょうどうじがわ
青森県・小童子川水系〔2級〕
小童川　ひちがわ
広島県・江の川水系〔1級〕
小童川　ひちがわ
広島県・江の川水系
小筒井川　こずついがわ
大分県・大野川水系〔1級〕
小絵笛川　こえぶえがわ
北海道・絵笛川水系
小葉山川　おばやまがわ
熊本県・菜切川水系
小落前川　こらくまえさわがわ
青森県・岩木川水系〔1級〕
小賀川　こががわ
大分県・大野川水系〔1級〕
小越川　こごえがわ
佐賀県・松浦川水系〔1級〕
小釿川　こじゅうながわ
山形県・最上川水系〔1級〕
小間見川　こまみがわ
岐阜県・木曾川水系〔1級〕
13小園川　おぞのがわ
熊本県・筑後川水系〔1級〕
小園川　ごぞのがわ
熊本県・砂川水系
小園川　こぞのがわ
大分県・大野川水系〔1級〕
小園川　おぞのがわ
大分県・青江川水系〔2級〕
小塩川　こしおがわ
京都府・淀川水系〔1級〕
小塩川　こしおがわ
大分県, 福岡県・筑後川水系〔1級〕
小塩沢川　こしおざわがわ
福島県・阿賀野川水系〔1級〕
小塩沢川　こしおざわがわ
福島県・阿賀野川水系
小嵩沢川　こたけざわがわ
長野県・信濃川水系〔1級〕
小幌内川　こほろないがわ
青森県・相坂川水系〔2級〕
小滑川　こなめがわ
福島県・阿武隈川水系
小滝川　こたきがわ
秋田県・雄物川水系〔1級〕
小滝川　こたきがわ
福島県・阿賀野川水系〔1級〕
小滝川　こたきがわ
新潟県・姫川水系〔1級〕

小滝内沢川　こたきないざわがわ
岩手県・閉伊川水系
小滝沢　こたきさわ
秋田県・米代川水系
小滝沢　こたきさわ
新潟県・信濃川水系
小猿辺川　こさるべがわ
青森県・馬淵川水系〔1級〕
小猿部川　おさるべがわ
秋田県・米代川水系〔1級〕
小節川　こぶしがわ
和歌山県・古座川水系〔2級〕
小群川　おむれがわ
熊本県・菊池川水系
小蓑川　こみのがわ
香川県・香東川水系〔2級〕
小蓮川　こわすがわ
高知県・国分川水系
小解田川　こげたがわ
三重県・員弁川水系〔2級〕
小路川　こうじがわ
島根県・重栖川水系〔2級〕
小路川　こうじがわ
熊本県・菊池川水系
小路川　しょうじがわ
熊本県・小路川水系
小路谷川　しょうじたにがわ
奈良県・紀の川水系〔1級〕
小鈴川　こすずがわ
高知県・小鈴川水系
14小境川　こざかいがわ
島根県・斐伊川水系〔1級〕
小増川　こましがわ
秋田県・小増川水系
小増川　こますがわ
滋賀県・淀川水系〔1級〕
小増沢川　こましざわがわ
秋田県・雄物川水系
小樋口川　こひぐちがわ
愛媛県・肱川水系〔1級〕
小様川　こざまがわ
秋田県・米代川水系〔1級〕
小槐木川　こにがきがわ
大分県・大分川水系〔1級〕
小漕川　おこぎがわ
愛媛県・小漕川水系〔2級〕
小熊川　おくまがわ
群馬県・利根川水系〔1級〕
小熊川　こぐまがわ
新潟県・関川水系〔1級〕
小熊沢　こぐまざわ
北海道・石狩川水系
小熊野川　おぐまのがわ
熊本県・緑川水系〔1級〕
小稲川《別》　こいながわ
静岡県・青野川水系の鯉名川
小稲沢川　こいねざわがわ
山形県・最上川水系〔1級〕
小箕作川　こみつくりがわ
長野県・信濃川水系〔1級〕
小綱木川　こつなぎがわ
新潟県・荒川（新潟県・山形県）水系〔1級〕
小網川　こあみがわ
山形県・赤川水系
小網川　こあみがわ
愛媛県・小網川水系〔2級〕
小鉾岸川　おふきしがわ
北海道・小鉾広川水系〔2級〕
小関川　こせきがわ
秋田県・子吉川水系〔1級〕
小駄良川　こだらがわ
岐阜県・木曾川水系〔1級〕
15小幡川　おばたがわ
北海道・常呂川水系〔1級〕
小幡川　おばたがわ
鹿児島県・川内川水系〔1級〕
小摩当川　こまとうがわ
秋田県・米代川水系
小横川　こよこがわ
山形県・最上川水系〔1級〕
小横川川　こよこかわがわ
長野県・天竜川水系〔1級〕
小潤川《古》　こうるがわ
静岡県・富士川水系の小潤井川
小潤井川　こうるいがわ
静岡県・富士川水系〔1級〕
小諸葛川　こもろくずがわ
岩手県・北上川水系
16小橋川　こばしがわ
茨城県・那珂川水系
小橋川　こばしがわ
千葉県・利根川水系〔1級〕
小樽川　おたるがわ
北海道・余市川水系〔2級〕
小樽川　こたるがわ
山形県・最上川水系
小樽内川　おたるないがわ
北海道・石狩川水系〔1級〕
小橡川　ことちがわ
奈良県・新宮川水系〔1級〕
小濁川　こにごがわ
鳥取県・日野川水系〔1級〕
小頭川　こがしらがわ
熊本県・菊池川水系

小鮎川　こあゆがわ
神奈川県・相模川水系〔1級〕
小鮎貝川　こあゆかいがわ
山形県・最上川水系〔1級〕
小鴨川　おがもがわ
鳥取県・天神川水系〔1級〕
小鴨津川　こがもつがわ
北海道・小鴨津川水系〔2級〕
17小檜山谷川　こひやまだにがわ
宮崎県・五ヶ瀬川水系〔1級〕
小檜沢川　こびさわがわ
福島県・阿賀野川水系〔1級〕
小磯川　こいそがわ
千葉県・小磯川水系
小磯川　こいそがわ
山梨県・富士川水系〔1級〕
小糠田川　こぬかでんがわ
愛知県・日光川水系
小繋川　こつなぎがわ
岩手県・馬淵川水系〔1級〕
小鎚川　こずちがわ
岩手県・小鎚川水系〔2級〕
小鎚川　こずちがわ
岩手県・小鎚川水系
18小櫃川　おびつがわ
千葉県・小櫃川水系〔2級〕
小藤川　こふじがわ
北海道・石狩川水系〔1級〕
小藪川　こやぶがわ
栃木県・利根川水系〔1級〕
小藪川　こやぶがわ
静岡県・太田川水系〔2級〕
小藪川　こやぶがわ
和歌山県・日高川水系〔2級〕
小藪川　こやぶがわ
愛媛県・肱川水系〔1級〕
19小瀬川《別》　おせがわ
福島県・阿武隈川水系の移川
小瀬川　こぜかわ
京都府・淀川水系
小瀬川　おぜがわ
広島県, 山口県・小瀬川水系〔1級〕
小瀬戸谷　こせとだに
長野県・天竜川水系〔1級〕
小瀬戸谷川　こせとだにがわ
静岡県・安倍川水系〔1級〕
小瀬桂川　こせかつらがわ
香川県・小瀬桂川水系〔2級〕
小鯖川　おさばがわ
山口県・椹野川水系〔2級〕
小鶉川　こうずらがわ
北海道・厚沢部川水系〔2級〕
21小鶴川　こずるがわ
熊本県・球磨川水系〔1級〕
小鶴川　こずるがわ
熊本県・球磨川水系
小鶴川　こずるがわ
大分県・大分川水系〔1級〕
小鶴沢川　こつるざわがわ
山形県・最上川水系〔1級〕
22小籠川　こごめがわ
高知県・国分川水系
25小纚川　こさでがわ
熊本県・球磨川水系〔1級〕

【山】

山の上川　やまのかみがわ
岡山県・吉井川水系
山の口川　やまのくちがわ
熊本県・菊池川水系
山の川　やまのかわ
三重県・淀川水系〔1級〕
山の内川　やまのうちがわ
岩手県・山の内川水系
山の手川　やまのてがわ
鹿児島県・川内川水系〔1級〕
山の田川　やまのたがわ
岐阜県・木曾川水系〔1級〕
山の田川　やまのだがわ
愛知県・猿渡川水系
山の田川　やまのたがわ
三重県・淀川水系〔1級〕
山の田川　やまのたがわ
長崎県・江迎川水系〔2級〕
山の津川　やまのつがわ
熊本県・球磨川水系〔1級〕
山の神川　やまのかみがわ
山梨県・富士川水系〔1級〕
山の神川　やまのかみがわ
大阪府・淀川水系
山の神川　やまのかみがわ
熊本県・菊池川水系
山の神川　やまのかみがわ
宮崎県・浦尻川水系
山の神沢　やまのかみさわ
山梨県・富士川水系
山の神谷川　やまのかみたにがわ
愛媛県・肱川水系〔1級〕
山の奥川　やまのおくがわ
島根県・斐伊川水系〔1級〕
山ノ入川　やまのいりがわ
福島県・阿武隈川水系〔1級〕
山ノ口川　やまのくちがわ
大分県・大野川水系〔1級〕

山ノ井川　やまのいがわ
福岡県・筑後川水系〔1級〕
山ノ内川　やまのうちがわ
佐賀県・筑後川水系〔1級〕
山ノ後川　やまのうしろがわ
愛媛県・肱川水系〔1級〕
山ノ神川　やまのかみがわ
京都府・由良川水系
山ノ神沼　やまのかみぬま
埼玉県蓮田市
山ノ浦川　やまのうらがわ
熊本県・山ノ浦川水系
2山人川　やまとがわ
岡山県・吉井川水系〔1級〕
山入川　やまいりがわ
福島県・阿賀野川水系〔1級〕
山入川　やまいりがわ
東京都・多摩川水系〔1級〕
3山下入沢　やましたいりさわ
愛知県・豊川水系
山下川　やましたがわ
三重県・金剛川水系〔2級〕
山下川　やましたがわ
佐賀県・筑後川水系〔1級〕
山下川　やましたがわ
熊本県・菊池川水系
山下川　やましたがわ
熊本県・山下川水系
山下川　やましたがわ
大分県・筑後川水系〔1級〕
山下川　やましたがわ
宮崎県・平田川水系〔2級〕
山下川　やましたがわ
宮崎県・清武川水系
山下川　やましたがわ
鹿児島県・高松川水系〔2級〕
山上川《別》　さんじょうがわ
福島県・宇多川水系の宇多川
山口川　やまぐちがわ
岩手県・閉伊川水系〔2級〕
山口川　やまぐちがわ
岩手県・閉伊川水系
山口川　やまぐちがわ
岩手県・北上川水系
山口川　やまぐちがわ
福島県・滑津川水系〔2級〕
山口川　やまぐちがわ
福島県・請戸川水系〔2級〕
山口川　やまぐちがわ
福島県・阿武隈川水系
山口川　やまぐちがわ
茨城県・利根川水系〔1級〕
山口川　やまぐちがわ
岐阜県・神通川水系〔1級〕
山口川　やまぐちがわ
静岡県・富士川水系〔1級〕
山口川　やまぐちがわ
愛知県・庄内川水系
山口川　やまぐちがわ
島根県・斐伊川水系〔1級〕
山口川　やまぐちがわ
広島県・野呂川水系
山口川　やまぐちがわ
愛媛県・肱川水系〔1級〕
山口川　やまぐちがわ
愛媛県・頓田川水系〔2級〕
山口川　やまぐちがわ
高知県・渡川水系〔1級〕
山口川　やまぐちがわ
高知県・伊与野川水系〔2級〕
山口川　やまぐちがわ
福岡県・遠賀川水系〔1級〕
山口川　やまぐちがわ
福岡県・筑後川水系〔1級〕
山口川　やまぐちがわ
佐賀県・松浦川水系〔1級〕
山口川　やまぐちがわ
長崎県・日宇川水系〔2級〕
山口川　やまぐちがわ
長崎県・堀川水系〔2級〕
山口川　やまぐちがわ
熊本県・菊池川水系
山口川　やまぐちがわ
熊本県・球磨川水系
山口川　やまぐちがわ
熊本県・今泉川水系
山口川　やまぐちがわ
大分県・大分川水系〔1級〕
山口川　やまぐちがわ
大分県・番匠川水系〔1級〕
山口川　やまぐちがわ
大分県・伊呂波川水系〔2級〕
山口川　やまぐちがわ
大分県・熊崎川水系〔2級〕
山口川　やまぐちがわ
鹿児島県・久志川水系〔2級〕
山口沢　やまくちざわ
静岡県・安倍川水系
山口沢川　やまぐちざわがわ
山形県・最上川水系
山口沢川　やまぐちざわがわ
山梨県・富士川水系〔1級〕
山口谷川　やまぐちだにがわ
岐阜県・神通川水系〔1級〕

山口谷川　やまぐちだにがわ
島根県・江の川水系〔1級〕

山口谷川　やまぐちだにがわ
徳島県・吉野川水系〔1級〕

山口運河　やまぐちうんが
北海道・新川水系

山川　やまがわ
茨城県・利根川水系〔1級〕

山川　やまがわ
新潟県・関川水系〔1級〕

山川　やまがわ
静岡県・山川水系〔2級〕

山川　やまがわ
滋賀県・淀川水系〔1級〕

山川内川　やまごうちがわ
長崎県・伊木力川水系〔2級〕

山才川　さんざいがわ
香川県・財田川水系〔2級〕

4山中川　やまなかがわ
愛知県・柳生川水系〔2級〕

山中川　やまなかがわ
愛知県・高浜川水系

山中川　やまなかがわ
愛知県・豊川水系

山中川　やまなかがわ
滋賀県・淀川水系〔1級〕

山中川　やまなかがわ
大阪府・男里川水系〔2級〕

山中川　やまなかがわ
島根県・江の川水系〔1級〕

山中川　やまなかがわ
愛媛県・肱川水系〔1級〕

山中川　やまなかがわ
福岡県・筑後川水系〔1級〕

山中川　やまなかがわ
佐賀県・松浦川水系〔1級〕

山中川　やまなかがわ
佐賀県・嘉瀬川水系〔1級〕

山中川　やまなかがわ
熊本県・砂川水系

山中川《別》　やまなかがわ
大分県・高山川水系の溝井川

山中沢川　やまなかざわがわ
静岡県・瀬戸川水系〔2級〕

山中湖　やまなかこ
山梨県・相模川水系〔1級〕

山之口川　やまのくちがわ
岐阜県・木曾川水系〔1級〕

山之口川　やまのくちがわ
鹿児島県・川内川水系〔1級〕

山之口川　やまのくちがわ
鹿児島県・大川水系〔2級〕

山之内川　やまのうちがわ
愛媛県・山之内川水系〔2級〕

山之田川　やまのだがわ
鹿児島県・永田川水系〔2級〕

山之神川　やまのかみがわ
山梨県・相模川水系〔1級〕

山之神谷川　やまのかみたにがわ
愛媛県・重信川水系〔1級〕

山井手川　やまいでがわ
熊本県・緑川水系

山仁田川　やまにたがわ
鹿児島県・万之瀬川水系〔2級〕

山内川　やまうちがわ
岩手県・北上川水系〔1級〕

山内川　さんないがわ
岩手県・馬淵川水系

山内川　やまうちがわ
福井県・九頭竜川水系〔1級〕

山内川　やまうちがわ
京都府・由良川水系〔1級〕

山内川　やまうちがわ
京都府・淀川水系〔1級〕

山内川《別》　やまのうちがわ
広島県・江川水系の国兼川

山内川　やまうちがわ
熊本県・菊池川水系〔1級〕

山内川　やまうちがわ
熊本県・菊池川水系

山内川　やまうちがわ
宮崎県・大淀川水系〔1級〕

山内川　やまうちがわ
宮崎県・川内川水系〔1級〕

山内川　やまうちがわ
宮崎県・大淀川水系

山内黒沢川　さんないくろさわがわ
秋田県・雄物川水系〔1級〕

山切川　やまきりがわ
静岡県・庵原川水系〔2級〕

山手川　やまてがわ
奈良県・新宮川水系〔1級〕

山手川　やまてがわ
長崎県・山手川水系〔2級〕

山犬原川　やまいぬばらがわ
佐賀県・六角川水系〔1級〕

山王川　さんのうがわ
青森県・岩木川水系〔1級〕

山王川　さんのうがわ
宮城県・北上川水系

山王川　さんのうがわ
福島県・阿賀野川水系〔1級〕

山王川　さんのうがわ
神奈川県・山王川水系〔2級〕

山王川　さんのうがわ
新潟県・信濃川水系〔1級〕

山王川　さんのうがわ
新潟県・山王川水系〔2級〕

山王川　さんのうがわ
富山県・小矢部川水系〔1級〕

山王川　さんのうがわ
石川県・小又川水系〔2級〕

山王川　さんのうがわ
山梨県・富士川水系〔1級〕

山王川　さんのうがわ
愛知県・山王川水系〔2級〕

山王川　さんのうがわ
愛知県・山王川水系

山王川　さんのうがわ
愛媛県・肱川水系〔1級〕

山王川　さんのうがわ
愛媛県・仁淀川水系

山王川　さんのうがわ
佐賀県・嘉瀬川水系〔1級〕

山王川　さんのうがわ
大分県・大分川水系〔1級〕

山王谷川　さんおうだにがわ
熊本県・白川水系

5山付川　やまつきがわ
熊本県・関川水系

山出川　やまがわ
愛媛県・僧都川水系〔2級〕

山北川　やまきたがわ
新潟県・信濃川水系〔1級〕

山北川　やまきたがわ
高知県・香宗川水系〔2級〕

山外野川　やまとのがわ
岡山県・吉井川水系〔1級〕

山本川　やまもとがわ
北海道・石狩川水系〔1級〕

山本川　やまもとがわ
北海道・石狩川水系

山本川　やまもとがわ
滋賀県・淀川水系〔1級〕

山本川　やまもとがわ
京都府・竹野川水系

山本川　やまもとがわ
広島県・太田川水系〔1級〕

山本川　やまもとがわ
山口県・木屋川水系〔2級〕

山本川　やまもとがわ
愛媛県・山本川水系〔2級〕

山本川　やまもとがわ
高知県・仁淀川水系〔1級〕

山田川　やまだがわ
青森県・岩木川水系〔1級〕

山田川　やまだがわ
宮城県・北上川水系〔1級〕

山田川　やまだがわ
宮城県・津谷川水系〔2級〕

山田川　やまだがわ
宮城県・七北田川水系

山田川　やまだがわ
宮城県・鳴瀬川水系

山田川　やまだがわ
秋田県・米代川水系〔1級〕

山田川　やまだがわ
山形県・月光川水系〔2級〕

山田川　やまだがわ
福島県・阿賀野川水系〔1級〕

山田川　やまだがわ
福島県・鮫川水系〔2級〕

山田川　やまだがわ
福島県・木戸川水系〔2級〕

山田川　やまだがわ
茨城県・久慈川水系〔1級〕

山田川　やまだがわ
茨城県・利根川水系〔1級〕

山田川　やまだがわ
栃木県・利根川水系〔1級〕

山田川　やまだがわ
群馬県・利根川水系〔1級〕

山田川　やまだがわ
千葉県・夷隅川水系〔2級〕

山田川　やまだがわ
東京都・多摩川水系〔1級〕

山田川　やまだがわ
新潟県・荒川（新潟県・山形県）水系〔1級〕

山田川　やまだがわ
新潟県・信濃川水系〔1級〕

山田川　やまだがわ
新潟県・羽茂川水系〔2級〕

山田川　やまだがわ
新潟県・三面川水系〔2級〕

山田川　やまだがわ
新潟県・石田川水系〔2級〕

山田川　やまだがわ
富山県・神通川水系〔1級〕

山田川　やまだがわ
富山県・小矢部川水系〔1級〕

山田川　やまだがわ
石川県・山田川水系〔2級〕

山田川　やまだがわ
山梨県・富士川水系〔1級〕

山田川　やまだがわ
岐阜県・神通川水系〔1級〕

山田川　やまだがわ
岐阜県・木曽川水系〔1級〕

山田川　やまだがわ
静岡県・狩野川水系〔1級〕
山田川《別》　やまだがわ
静岡県・狩野川水系の中伊豆山田川
山田川　やまだがわ
愛知県・矢作川水系
山田川　やまだがわ
三重県・磯部川水系〔2級〕
山田川　やまだがわ
三重県・員弁川水系〔2級〕
山田川　やまだがわ
滋賀県・淀川水系〔1級〕
山田川　やまだがわ
京都府・由良川水系
山田川　やまだがわ
京都府・淀川水系
山田川　やまだがわ
大阪府・淀川水系〔1級〕
山田川　やまだがわ
兵庫県・円山川水系〔1級〕
山田川　やまだがわ
兵庫県・加古川水系〔1級〕
山田川　やまだがわ
兵庫県・山田川水系〔2級〕
山田川　やまだがわ
兵庫県・千種川水系〔2級〕
山田川　やまだがわ
兵庫県・武庫川水系〔2級〕
山田川　やまだがわ
兵庫県・矢田川水系〔2級〕
山田川　やまだがわ
奈良県・淀川水系〔1級〕
山田川　やまだがわ
奈良県・大和川水系〔1級〕
山田川　やまだがわ
和歌山県・紀の川水系〔1級〕
山田川　やまだがわ
和歌山県・山田川水系〔2級〕
山田川　やまだがわ
鳥取県・勝部川水系〔2級〕
山田川　やまだがわ
島根県・斐伊川水系〔1級〕
山田川　やまだがわ
島根県・江の川水系〔1級〕
山田川　やまだがわ
島根県・三隅川水系〔2級〕
山田川　やまだがわ
島根県・重栖川水系〔2級〕
山田川《古》　やまだがわ
島根県・斐伊川水系の秋鹿川
山田川　やまだがわ
岡山県・旭川水系〔1級〕
山田川　やまだがわ
岡山県・吉井川水系
山田川　やまだがわ
広島県・江の川水系〔1級〕
山田川　やまだがわ
広島県・芦田川水系〔1級〕
山田川　やまだがわ
山口県・木屋川水系〔2級〕
山田川　やまだがわ
山口県・椹野川水系〔2級〕
山田川　やまだがわ
香川県・柞田川水系〔2級〕
山田川　やまだがわ
愛媛県・桟川水系〔2級〕
山田川　やまだがわ
高知県・渡川水系〔1級〕
山田川　やまだがわ
福岡県・遠賀川水系〔1級〕
山田川　やまだがわ
福岡県・釣川水系〔2級〕
山田川　やまだがわ
佐賀県・松浦川水系〔1級〕
山田川　やまだがわ
長崎県・山田川水系〔2級〕
山田川　やまだがわ
熊本県・球磨川水系〔1級〕
山田川　やまだがわ
熊本県・菊池川水系
山田川　やまだがわ
熊本県・境川水系
山田川　やまだがわ
熊本県・大野川水系
山田川《別》　やまだがわ
熊本県, 大分県・大野川水系の玉来川
山田川　やまだがわ
宮崎県・大淀川水系〔1級〕
山田川　やまだがわ
鹿児島県・川内川水系〔1級〕
山田川　やまだがわ
鹿児島県・神之川水系〔2級〕
山田川　やまだがわ
鹿児島県・大瀬川水系〔2級〕
山田川　やまだがわ
鹿児島県・別府川水系〔2級〕
山田井川　やまだいがわ
愛媛県・金生川水系〔2級〕
山田村の大川《古》　やまだむらのおおかわ
宮城県・津谷川水系の山田川
山田沢川　やまださわがわ
新潟県・信濃川水系〔1級〕
山田谷川　やまだだにがわ
鳥取県・日野川水系〔1級〕

山田谷川　やまだのたにがわ
広島県・野呂川水系
山田神田川　やまだかんだがわ
京都府・淀川水系
山田野川　やまだのがわ
三重県・雲出川水系〔1級〕
山白川　やましろがわ
鳥取県・千代川水系〔1級〕
山辺川　やまべがわ
大阪府・淀川水系〔1級〕
6山伏川　やまぶしがわ
群馬県・利根川水系〔1級〕
山伏川　やまぶしがわ
高知県・渡川水系〔1級〕
山合川　さんごうがわ
富山県・小川水系〔2級〕
山名川　やまながわ
千葉県・平久里川水系〔2級〕
山名川　やまながわ
長崎県・田尾川水系〔2級〕
山寺川　やまでらがわ
山形県・最上川水系〔1級〕
山寺川《別》　やまでらがわ
山形県・最上川水系の立谷川
山寺川　やまでらがわ
滋賀県・淀川水系〔1級〕
山舟生川　やまふにゅうがわ
福島県・阿武隈川水系〔1級〕
7山佐川　やまさがわ
島根県・斐伊川水系〔1級〕
山住川　やまずみがわ
宮崎県・清武川水系〔2級〕
山形川　やまがたがわ
岩手県・馬淵川水系〔1級〕
山折川　やまおれがわ
島根県・津田川水系
山条川　さんじょうがわ
広島県・野呂川水系
山沢川　やまさわがわ
群馬県・利根川水系〔1級〕
山沢川　やまさわがわ
山梨県・多摩川水系〔1級〕
山沢川　やまさわがわ
山梨県・富士川水系〔1級〕
山見川　やまみがわ
福岡県・筑後川水系〔1級〕
山角川　やまずみがわ
鹿児島県・菱田川水系〔2級〕
山谷川　やまやがわ
岩手県・北上川水系〔1級〕
山谷川　やまやがわ
岩手県・大沢川水系
山谷川　やまやがわ
岩手県・片岸川水系
山谷川　やまやがわ
岩手県・北上川水系
山谷川　やまやがわ
秋田県・雄物川水系〔1級〕
山谷川　やまやがわ
秋田県・馬場目川水系
山谷川　やまやがわ
山形県・最上川水系〔1級〕
山谷川　やまやがわ
愛知県・庄内川水系
山谷川　やまだにがわ
和歌山県・印南川水系〔2級〕
8山国川《別》　やまくにがわ
島根県・斐伊川水系の吉田川
山国川　やまくにがわ
大分県, 福岡県・山国川水系〔1級〕
山居川　さんきょがわ
島根県・斐伊川水系〔1級〕
山居池　さんきょいけ
新潟県両津市
山居沢川　さんきょざわがわ
岩手県・馬淵川水系
山居沢川　さんきょざわがわ
静岡県・山居沢川水系〔2級〕
山松川　やままつがわ
京都府・淀川水系〔1級〕
山松川　やままつがわ
京都府・淀川水系
山林川　やまばやしがわ
愛知県・西田川水系
山河川　さんごがわ
京都府・野田川水系
山河内谷川　やまごうちだにがわ
徳島県・日和佐川水系〔2級〕
山門川　やまかどがわ
滋賀県・淀川水系〔1級〕
9山南川　ざんながわ
広島県・山南川水系〔2級〕
山南川　やまみなみがわ
高知県・香宗川水系〔2級〕
山城川　やましろがわ
岡山県・旭川水系〔1級〕
山城川　やましろがわ
大分県・山城川水系〔2級〕
山城谷川　やましろだにがわ
京都府・淀川水系〔1級〕
山城谷川　やましろだにがわ
京都府・淀川水系
山室川　やまぶろがわ
長野県・天竜川水系〔1級〕

山屋沢川　やまやざわがわ
山形県・最上川水系
山屋敷川　やまやしきがわ
愛知県・境川水系
山海川　やまみがわ
愛知県・山海川水系〔2級〕
山狩川　やまかりがわ
愛媛県・山狩川水系〔2級〕
山神川　やまがみがわ
愛知県・阿久比川水系
山神川　やまがみがわ
三重県・員弁川水系〔2級〕
山神川　やまがみがわ
熊本県・球磨川水系
山神川　やまがみがわ
鹿児島県・久保田川水系〔2級〕
山神谷川　やまがみだにがわ
滋賀県・淀川水系〔1級〕
山科川　やましながわ
京都府・淀川水系〔1級〕
山背川《別》　やましろがわ
三重県, 京都府・淀川水系の木津川
10山倉川　やまくらがわ
広島県・太田川水系〔1級〕
山原川　やんばらがわ
静岡県・巴川水系〔2級〕
山家川　やまいえがわ
岡山県・吉井川水系〔1級〕
山家川　やまががわ
広島県・江の川水系〔1級〕
山家川　やまががわ
広島県・江の川水系
山家川　やまえがわ
福岡県・筑後川水系〔1級〕
山家支川　やまがしせん
広島県・江の川水系
山宮川　やまみやがわ
山梨県・富士川水系〔1級〕
山栗川　やまぐりがわ
北海道・知内川水系
山桑川　やまくわがわ
岩手県・閉伊川水系
山根川　やまねがわ
北海道・石狩川水系〔1級〕
山根川　やまねがわ
兵庫県・揖保川水系〔1級〕
山根川　やまねがわ
島根県・江の川水系〔1級〕
山根川　やまねがわ
岡山県・吉井川水系〔1級〕
山根川　やまねがわ
山口県・山根川水系〔2級〕
山根川　やまねがわ
山口県・有帆川水系〔2級〕
山浦川　やまうらがわ
熊本県・河内川水系
山浦川　やまうらがわ
大分県・筑後川水系〔1級〕
山留川　やまどめがわ
佐賀県・嘉瀬川水系〔1級〕
山造川　やまずくりがわ
山形県・最上川水系〔1級〕
山郡川　やまごおりがわ
島根県・斐伊川水系〔1級〕
山除川　やまよけがわ
岐阜県・木曾川水系〔1級〕
山高川　やまたかがわ
愛媛県・肱川水系〔1級〕
11山崎川　やまざきがわ
愛知県・山崎川水系〔2級〕
山崎川　やまざきがわ
愛知県・山崎川水系
山崎川　やまざきがわ
愛知県・日光川水系
山崎川　やまざきがわ
愛知県・梅田川水系
山崎川　やまさきがわ
鳥取県・河内川水系
山崎川　やまさきがわ
山口県・厚東川水系〔2級〕
山崎川　やまさきがわ
山口県・由宇川水系〔2級〕
山崎川　やまさきがわ
高知県・国分川水系〔2級〕
山崎川　やまさきがわ
佐賀県・六角川水系〔1級〕
山崎川　やまさきがわ
大分県・大野川水系〔1級〕
山崎川　やまさきがわ
宮崎県・大淀川水系〔1級〕
山崎川　やまさきがわ
鹿児島県・甲突川水系〔2級〕
山崎沢　やまさきざわ
宮城県・名取川水系
山崎谷川　やまさきだにがわ
和歌山県・紀の川水系〔1級〕
山崎谷川　やまさきだにがわ
宮崎県・大淀川水系
山崎沼　やまざきぬま
三重県熊野市
山添川　やまぞいがわ
愛知県・矢作川水系
山添川　やまぞえがわ
滋賀県・淀川水系〔1級〕

山添川　やまぞえがわ
熊本県・関川水系
山移川　やまうつりがわ
大分県・山国川水系〔1級〕
山粕川　やまがすがわ
奈良県・淀川水系〔1級〕
山部川　やまべがわ
北海道・石狩川水系〔1級〕
山部川　やまべがわ
北海道・石狩川水系
山野川　やまのがわ
鹿児島県・川内川水系〔1級〕
山野部谷川　やまのべだにがわ
兵庫県・加古川水系〔1級〕
山陰川　やまかげがわ
愛知県・音羽川水系〔2級〕
山陰川　やまかげがわ
愛知県・音羽川水系
山陰谷川　やまかげだにがわ
徳島県・吉野川水系〔1級〕
山鳥川　やまどりがわ
北海道・天塩川水系
山鹿川《別》　やまかがわ
熊本県・菊池川水系の菊池川
12山曾谷川　やまそだにがわ
福岡県・筑後川水系〔1級〕
山森川　やまもりがわ
京都府・由良川水系〔1級〕
山無田川　やまむたがわ
熊本県・球磨川水系
山葵谷川　わさびだにがわ
新潟県・信濃川水系〔1級〕
山賀川　やまががわ
滋賀県・淀川水系〔1級〕
山越川　やまごえがわ
愛媛県・頓田川水系〔2級〕
山間川　やんまがわ
鹿児島県・山間川水系〔2級〕
13山瑞川　さんずいがわ
京都府・竹野川水系
山福田川　やまふくだがわ
広島県・江の川水系〔1級〕
山路川　やまじがわ
滋賀県・淀川水系〔1級〕
山路川　やまじがわ
兵庫県・三原川水系〔2級〕
山路川　やまじがわ
高知県・渡川水系〔1級〕
山路川　やまじがわ
宮崎県・一ツ瀬川水系〔2級〕
14山窪沢　やまくぼさわ
栃木県・利根川水系
山綱川　やまつながわ
愛知県・矢作川水系〔1級〕
山蔭川　やまかげがわ
北海道・十勝川水系〔1級〕
山鼻川　やまはながわ
北海道・石狩川水系〔1級〕
15山蔵川　やまぞうがわ
大分県・駅館川水系〔2級〕
19山瀬川　やませがわ
山口県・木屋川水系〔2級〕
山瀬川　やませがわ
愛媛県・肱川水系〔1級〕
山瀬川　やませがわ
高知県・渡川水系〔1級〕
山瀬川　やませがわ
宮崎県・耳川水系
20山露川　やまつゆがわ
山口県・厚東川水系〔2級〕

【川】

川の子川　かわのねがわ
愛媛県・仁淀川水系〔1級〕
川の内川　かわのうちがわ
高知県・物部川水系〔1級〕
川の内川　かわのうちがわ
高知県・渡川水系〔1級〕
2川入川　かわいりがわ
大分県・大野川水系〔1級〕
川又川　かわまたがわ
岩手県・久慈川水系〔2級〕
川又川　かわまたがわ
茨城県・利根川水系〔1級〕
川又沢　かわまたざわ
宮城県・鳴瀬川水系
3川下田川　かわしもだがわ
秋田県・雄物川水系〔1級〕
川上大川　かわかみおおかわ
愛媛県・川上大川水系〔2級〕
川上川　かわかみがわ
福島県・久慈川水系〔1級〕
川上川　かわかみがわ
福島県・阿武隈川水系
川上川　かわかみがわ
岐阜県・神通川水系〔1級〕
川上川　かわかみがわ
岐阜県・木曾川水系〔1級〕
川上川《別》　かわかみがわ
静岡県・天竜川水系の杉川
川上川　かわかみがわ
三重県・淀川水系〔1級〕
川上川　かわかみがわ
奈良県・淀川水系〔1級〕

川上川　かわかみがわ
鳥取県・橋津川水系〔2級〕
川上川　かわかみがわ
岡山県・吉井川水系〔1級〕
川上川　かわかみがわ
山口県・島田川水系〔2級〕
川上谷川　かわかみたにがわ
京都府・川上谷川水系〔2級〕
川上青沼　かわかみあおぬま
福島県猪苗代町
川久保川　かわくぼがわ
山形県・最上川水系
川久保川　かわくぼがわ
静岡県・白田川水系〔2級〕
川久保川　かわくぼがわ
京都府・淀川水系
川口川　かわぐちがわ
秋田県・雄物川水系〔1級〕
川口川　かわぐちがわ
群馬県・利根川水系〔1級〕
川口川　かわぐちがわ
東京都・多摩川水系〔1級〕
川口川　かわぐちがわ
愛媛県・肱川水系〔1級〕
川口沢　かわぐちざわ
秋田県・衣川水系
川子野川　かわごのがわ
岩手県・北上川水系
4川井川　かわいがわ
愛媛県・肱川水系〔1級〕
川井谷川　かわいだにがわ
愛媛県・肱川水系〔1級〕
川内川　かわうちがわ
青森県・川内川水系〔2級〕
川内川　かわうちがわ
福島県・木戸川水系〔2級〕
川内川　かわうちがわ
静岡県・天竜川水系〔1級〕
川内川　かわうちがわ
愛媛県・渡川水系〔1級〕
川内川　かわちがわ
長崎県・川棚川水系〔2級〕
川内川　かわちがわ
長崎県・川内川水系〔2級〕
川内川　こうちがわ
長崎県・彼杵川水系〔2級〕
川内川　かわうちがわ
熊本県・球磨川水系〔1級〕
川内川　かわちがわ
熊本県・津奈木川水系
川内川　かわうちがわ
大分県・大野川水系〔1級〕
川内川　せんだいがわ
宮崎県・川内川水系〔1級〕
川内川　かわちがわ
宮崎県・耳川水系〔2級〕
川内川　かわうちがわ
鹿児島県・川内川水系〔2級〕
川内田川　かわうちだがわ
熊本県・緑川水系
川内沢川　かわうちさわがわ
宮城県・名取川水系〔1級〕
川内苗圃の沢川　かわうちびょうほのさわがわ　北海道・石狩川水系
5川付川　かわつきがわ
愛媛県・重信川水系〔1級〕
川付川　かわつきがわ
福岡県・雷山川水系〔2級〕
川北川　かわきたがわ
広島県・江の川水系〔1級〕
川北川　かわきたがわ
熊本県・菊池川水系
川北川　かわきたがわ
宮崎県・川内川水系〔1級〕
川去川　かわさりがわ
青森県・高瀬川水系〔1級〕
川古川　かわごがわ
香川県・鴨部川水系〔2級〕
川古川　かわこがわ
佐賀県・松浦川水系〔1級〕
川台川　かわだいがわ
岩手県・北上川水系
川尻川　かわじりがわ
岩手県・川尻川水系〔2級〕
川尻川　かわしりがわ
山形県・最上川水系
川尻川　かわじりがわ
千葉県・川尻川水系〔2級〕
川尻川《別》　かわしりがわ
石川県・大海川水系の大海川
川平川　かわびらがわ
岩手県・明戸川水系
川平川　かわびらがわ
長崎県・若菜川水系〔2級〕
川田川　かわだがわ
愛知県・今池川水系
川田川　かわたがわ
徳島県・吉野川水系〔1級〕
川田川　かわだがわ
鹿児島県・甲突川水系〔2級〕
川田城川　かわだしろがわ
高知県・渡川水系〔1級〕
川辺川　かわべがわ
岩手県・北上川水系

川辺川《別》　かわべがわ
岡山県・高梁川水系の高梁川
川辺川　かわべがわ
熊本県・球磨川水系〔1級〕
6川吉川　かわよしがわ
福島県・阿賀野川水系
川向川　かわむかいがわ
北海道・石狩川水系
川合川　かわいがわ
京都府・由良川水系〔1級〕
川合裏川　かわあいうらかわ
大阪府・淀川水系〔1級〕
川名宮川　かわなみやがわ
静岡県・都田川水系〔2級〕
川曲川　かわまがりがわ
山口県・富田川水系〔2級〕
川竹川　かわたけがわ
愛知県・矢作川水系
川西川　かわにしがわ
兵庫県・武庫川水系〔2級〕
川西五線川　かわにしごせんがわ
北海道・天塩川水系〔1級〕
川西六線川　かわにしろくせんがわ
北海道・天塩川水系〔1級〕
7川住川　かわずみがわ
熊本県・菊池川水系〔1級〕
川住川　かわすみがわ
熊本県・菊池川水系
川坂川　かわさかがわ
宮崎県・五ヶ瀬川水系〔1級〕
川床川　かわとこがわ
長崎県・本明川水系〔1級〕
川床川　かわとこがわ
熊本県・大野川水系
川弟川　かわおとがわ
神奈川県・相模川水系〔1級〕
川村川　かわむらがわ
岩手県・川村川水系
川谷川　かわたにがわ
新潟県・信濃川水系〔1級〕
川谷川　かわたにがわ
京都府・由良川水系〔1級〕
川谷川　かわたにがわ
宮崎県・大淀川水系
川走川　かわばしりがわ
熊本県・五ヶ瀬川水系〔1級〕
川走谷川　かわばしりだにがわ
徳島県・吉野川水系〔1級〕
8川房川　かわぶさがわ
福島県・小高川水系〔2級〕
川松沢川　かわまつざわがわ
北海道・石狩川水系〔1級〕
川治川　がわじがわ
新潟県・信濃川水系〔1級〕
川股池　かわまたいけ
香川県・馬宿川水系
川茂川　こうもがわ
愛媛県・川茂川水系〔2級〕
川迫川　こうせがわ
奈良県, 和歌山県, 三重県・新宮川水系
9川前川　かわまえがわ
山形県・最上川水系〔1級〕
川前川　かわまえがわ
山形県・最上川水系
川南川　かわみなみがわ
熊本県・菊池川水系
川南谷川　かわみなみだにがわ
兵庫県・竹野川水系
川峡川　かわせみがわ
広島県・沼田川水系
川津川《別》　かわずがわ
静岡県・河津川水系の河津川
川音川　かわおとがわ
千葉県・加茂川水系〔2級〕
川音川　かわおとがわ
神奈川県・酒匂川水系〔2級〕
10川原大池　かわはらおおいけ
長崎県西彼杵郡三和町
川原子沢川　かわらごさわがわ
宮城県・阿武隈川水系〔1級〕
川原川　かわはらがわ
岩手県・気仙川水系〔2級〕
川原川　かわらがわ
兵庫県・加古川水系〔1級〕
川原川　かわはらがわ
島根県・斐伊川水系〔1級〕
川原川　かわらがわ
香川県・牟礼川水系〔2級〕
川原川　かわばるがわ
福岡県・瑞梅寺川水系〔2級〕
川原川　かわらがわ
佐賀県・六角川水系〔1級〕
川原川　かわばるがわ
大分県・筑後川水系〔1級〕
川原川　かわらがわ
宮崎県・一ツ瀬川水系〔2級〕
川原戸川　かわはらどがわ
熊本県・五ヶ瀬川水系
川原田川　かわらだがわ
山形県・最上川水系
川原田川　かわはらだがわ
富山県・白岩川水系〔2級〕
川原池　かわはらいけ
滋賀県草津市

川原谷川　かわはらたにがわ
熊本県・菊池川水系
川原越川　かわらごえがわ
高知県・渡川水系
川原樋川　かわらびがわ
奈良県・新宮川水系〔1級〕
川家川　かわいえがわ
高知県・渡川水系〔1級〕
川根長尾川　がわねながおがわ
静岡県・大井川水系〔1級〕
川根堺川《古》　かわねさかいがわ
静岡県・大井川水系の川根境川
川根境川　がわねさかいがわ
静岡県・大井川水系〔1級〕
川浦川　かわうらがわ
岐阜県・木曾川水系〔1級〕
川浦谷川　かおれだにがわ
岐阜県・木曾川水系〔1級〕
川流布川　かわるっぷがわ
北海道・十勝川水系〔1級〕
川脇川　かわわきがわ
鹿児島県・川脇川水系〔2級〕
11川堀川　かわほりがわ
愛媛県・肱川水系〔1級〕
川崎川　かわさきがわ
沖縄県・天願川水系〔2級〕
川崎川　かわさきがわ
沖縄県・天願川水系
川添川　かわぞえがわ
佐賀県・六角川水系〔1級〕
川淵川　かわぶちがわ
石川県・酒見川水系
川袋小川　かわふくろおがわ
秋田県・川袋川水系
川袋川　かわぶくろがわ
秋田県・川袋川水系
川貫川　かわぬきがわ
岩手県・久慈川水系
川黒谷水流　かわぐろだにすいりゅう
富山県・境川水系〔2級〕
12川奥川　かわおくがわ
愛媛県・渡川水系〔1級〕
川奥川　かわおくがわ
高知県・渡川水系〔1級〕
川棚川　かわたながわ
山口県・川棚川水系〔2級〕
川棚川　かわたながわ
長崎県・川棚川水系〔2級〕
川登川　かわのぼりがわ
熊本県・菜切川水系〔2級〕
川登川　かわのぼりがわ
熊本県・菜切川水系
川道川　かわみちがわ
滋賀県・淀川水系〔1級〕
川間川　かわまがわ
神奈川県・川間川水系
川間川　かわまがわ
鹿児島県・川内川水系〔1級〕
13川新田川　かわしんでんがわ
高知県・国分川水系
川詰川　かわつめがわ
新潟県・能生川水系〔2級〕
14川端川　かわばたがわ
福岡県・遠賀川水系〔1級〕
川関川　がわぜきがわ
岡山県・高梁川水系〔1級〕
16川頭川　こうがしらがわ
佐賀県・嘉瀬川水系〔1級〕

【工】

3工川《古》　くがわ
山梨県・富士川水系の貢川

【巾】

3巾下川　はばしたがわ
愛知県・庄内川水系〔1級〕
4巾井谷川　はばいだにがわ
島根県・高津川水系〔1級〕
5巾田河内川　はばたごうちがわ
三重県・宮川水系〔1級〕

【干】

干ヶ場川　ほしがばがわ
山口県・浅井川水系〔2級〕
3干川　からがわ
広島県・和久原川水系〔2級〕
5干田川　かんだがわ
岡山県・吉井川水系〔1級〕
干田川放水路　ほしだがわほうすいろ
岡山県・吉井川水系〔1級〕
7干見折川　ひみおりがわ
山口県・椹野川水系〔2級〕
干谷川　ほしやがわ
富山県・小矢部川水系
8干拓川　かんたくがわ
佐賀県・筑後川水系〔1級〕
干河川　ひごがわ
鹿児島県・万之瀬川水系〔2級〕
9干俣川　ほしまたがわ
群馬県・利根川水系〔1級〕
12干場の沢川　ほしばのさわがわ
北海道・音調津川水系

【弓】

弓の又川　ゆみのまたがわ
長野県・天竜川水系〔1級〕
3弓山川　ゆみやまがわ
三重県・古川水系
4弓木川　ゆんぎがわ
愛知県・豊川水系
7弓沢川　ゆみざわがわ
静岡県・富士川水系〔1級〕
弓谷川　ゆみたにがわ
京都府・由良川水系
8弓取川　ゆみとりがわ
千葉県・夷隅川水系
弓取川　ゆみとりがわ
石川県・大野川水系〔2級〕
弓取川　ゆみとりがわ
石川県・大野川水系
9弓削川　ゆげがわ
京都府・淀川水系〔1級〕
10弓振川　ゆみふりがわ
長野県・天竜川水系〔1級〕
11弓掛川　ゆがけがわ
岐阜県・木曾川水系〔1級〕

【才】

才の川川　さいのかわがわ
岡山県・吉井川水系〔1級〕
才ヶ峠川　さいがとうげがわ
島根県・下府川水系〔2級〕
才ノ原川　さいのはらがわ
広島県・江の川水系
1才乙川　さいおとがわ
広島県・太田川水系〔1級〕
3才川《別》　さいかわ
宮城県・阿武隈川水系の斎川
才川　さいがわ
茨城県・那珂川水系
才川　さいかわ
新潟県・信濃川水系〔1級〕
4才戸川　さいとがわ
広島県・才戸川水系〔2級〕
5才田川　さいだがわ
愛知県・矢作川水系
才田川　さいだがわ
京都府・淀川水系
才田川　さいだがわ
島根県・潮川水系〔2級〕
7才坂川　さいさかがわ
岐阜県・矢作川水系〔1級〕
才町川　さいまちがわ
広島県・芦田川水系〔1級〕
才角川　さいつのがわ
高知県・才角川水系〔2級〕
才谷川　さいたにがわ
高知県・国分川水系〔2級〕
8才明寺川　さいみょうじがわ
新潟県・信濃川水系〔1級〕
才歩川　さいかちがわ
新潟県・信濃川水系〔1級〕
9才津川　さいずがわ
秋田県・雄物川水系〔1級〕
才津原川　さいつはらがわ
熊本県・才津原川水系
10才兼川　さいがねがわ
愛知県・境川水系
11才崎川　さいさきがわ
愛媛県・舫大川水系〔2級〕
才淵川　さいぶちがわ
佐賀県・筑後川水系〔1級〕
12才賀川　さいががわ
山口県・田布施川水系〔2級〕
才越川　さいごえがわ
広島県・永田川水系〔2級〕

4 画

【丑】

3丑山沢川　うしやまざわがわ
岩手県・米代川水系

【不】

2不二川《古》　ふじがわ
山梨県・富士川水系の富士川
不入斗川　いりやまずがわ
千葉県・湊川水系〔2級〕
不入岡川　ふにゅうおかがわ
鳥取県・由良川水系〔2級〕
3不土野川　ふどのがわ
宮崎県・耳川水系〔2級〕
4不毛田川　ふけたがわ
奈良県・大和川水系〔1級〕
6不尽川《古》　ふじがわ
山梨県・富士川水系の富士川
不老川　ふろうがわ
埼玉県・荒川（東京都・埼玉県）水系〔1級〕
不老川　ふろうがわ
愛媛県・蓮乗寺川水系〔2級〕
不老谷川　ふろうたにがわ
愛媛県・井関川水系〔2級〕
8不幸寺川　ふこうじがわ
山口県・阿武川水系〔2級〕

10不消ヶ池　きえずがいけ
岐阜県丹生川村
不逢川　あわずがわ
北海道・後志利別川水系〔1級〕
11不動川　ふどうがわ
青森県・岩木川水系〔1級〕
不動川　ふどうがわ
岩手県・馬淵川水系
不動川　ふどうがわ
山形県・最上川水系
不動川　ふどうがわ
福島県・阿賀野川水系〔1級〕
不動川　ふどうがわ
福島県・阿賀野川水系
不動川　ふどうがわ
栃木県・那珂川水系〔1級〕
不動川　ふどうがわ
神奈川県・葛川水系〔2級〕
不動川　ふどうがわ
神奈川県・酒匂川水系
不動川　ふどうがわ
山梨県・富士川水系〔1級〕
不動川　ふどうがわ
岐阜県・庄内川水系〔1級〕
不動川　ふどうがわ
静岡県・天竜川水系〔1級〕
不動川　ふどうがわ
愛知県・豊川水系
不動川　ふどうがわ
滋賀県・淀川水系〔1級〕
不動川　ふどうがわ
京都府・淀川水系〔1級〕
不動川　ふどうがわ
福岡県・遠賀川水系〔1級〕
不動川　ふどうがわ
福岡県・筑後川水系〔1級〕
不動地川　ふどうちがわ
三重県・新宮川水系〔1級〕
不動池　ふどういけ
宮崎県えびの市
不動沢　ふどうざわ
宮城県・北上川水系
不動沢　ふどうざわ
群馬県・利根川水系
不動沢　ふどうざわ
静岡県・富士川水系
不動沢川　ふどうざわがわ
岩手県・甲子川水系
不動沢川　ふどうざわがわ
山形県・最上川水系〔1級〕
不動沢川　ふどうさわがわ
山形県・日向川水系〔2級〕
不動沢川　ふどうざわがわ
栃木県・那珂川水系〔1級〕
不動沢川　ふどうざわがわ
群馬県・利根川水系〔1級〕
不動沢川　ふどうざわがわ
群馬県・利根川水系
不動沢川　ふどうさわがわ
山梨県・富士川水系〔1級〕
不動谷川　ふどうたにがわ
三重県・宮川水系〔1級〕
不動谷川　ふどうだにがわ
和歌山県・紀の川水系〔1級〕
不動免　ふどうめん
茨城県河内村
不動河原川　ふどうがわらがわ
山梨県・富士川水系〔1級〕
不動堂川　ふどうどうがわ
新潟県・阿賀野川水系〔1級〕
不動尊川　ふどうそんがわ
新潟県・安田川水系〔2級〕
12不飲川　のまずがわ
滋賀県・淀川水系〔1級〕

【中】

中の又沢川　なかのまたさわがわ
岩手県・閉伊川水系
中の川　なかのがわ
北海道・朱太川水系〔2級〕
中の川　なかのがわ
北海道・新川水系〔2級〕
中の川　なかのがわ
北海道・堀株川水系〔2級〕
中の川　なかのがわ
秋田県・大沢川水系
中の川　なかのがわ
山形県・最上川水系〔1級〕
中の川　なかのがわ
山形県・最上川水系
中の川　なかのがわ
三重県・志登茂川水系〔2級〕
中の川　なかのがわ
滋賀県・淀川水系〔1級〕
中の川　なかのがわ
奈良県・大和川水系〔1級〕
中の川　なかのかわ
愛媛県・吉野川水系〔1級〕
中の川川　なかのかわがわ
高知県・吉野川水系〔1級〕
中の川内川　なかのこうちがわ
高知県・安和川水系
中の坂川　なかのさかがわ
新潟県・中の坂川水系〔2級〕

中の沢川　なかのさわがわ
北海道・石狩川水系〔1級〕
中の沢川　なかのさわがわ
北海道・ウエンナイ川水系
中の沢川　なかのさわがわ
北海道・石狩川水系
中の沢川　なかのさわがわ
宮城県・北上川水系〔1級〕
中の沢川　なかのざわがわ
山形県・最上川水系〔1級〕
中の沢川　なかのさわがわ
新潟県・荒川（新潟県・山形県）水系〔1級〕
中の沢川　なかのさわがわ
愛知県・天竜川水系
中の谷川　なかのたにがわ
石川県・手取川水系〔1級〕
中の谷川　なかのたにがわ
三重県・中の谷川水系〔2級〕
中の谷川　なかのたにがわ
兵庫県・加古川水系〔1級〕
中の谷川　なかのたにがわ
山口県・阿武川水系〔2級〕
中の谷川　なかのたにがわ
高知県・仁淀川水系〔1級〕
中の谷川　なかのたにがわ
高知県・中の谷川水系〔2級〕
中の谷川　なかのたにがわ
熊本県・球磨川水系
中の坪川　なかのつぼがわ
徳島県・立江川水系〔2級〕
中の沼　なかのぬま
北海道北村
中の段川　なかのだんがわ
新潟県・信濃川水系
中の島川　なかのしまがわ
千葉県・一宮川水系
中の間川　なかのまがわ
長崎県・深江川水系〔2級〕
中の橋川　なかのはしがわ
奈良県・大和川水系〔1級〕
中ツ沢川　なかつざわがわ
群馬県・利根川水系〔1級〕
中ツ沢川　なかつざわがわ
山梨県・富士川水系〔1級〕
中ノ入沢川　なかのいりさわがわ
山梨県・富士川水系〔1級〕
中ノ又川　なかのまたがわ
秋田県・雄物川水系
中ノ又沢　なかのまたざわ
秋田県・雄物川水系〔1級〕
中ノ下タ川　なかのしもたがわ
兵庫県・千種川水系〔2級〕
中ノ口川　なかのくちがわ
新潟県・信濃川水系〔1級〕
中ノ川　なかのがわ
新潟県・阿賀野川水系〔1級〕
中ノ川　なかのがわ
石川県・手取川水系〔1級〕
中ノ川　なかのがわ
三重県・中ノ川水系〔2級〕
中ノ川　なかのがわ
滋賀県・淀川水系〔1級〕
中ノ川　なかのがわ
和歌山県・太田川水系
中ノ川　なかのがわ
和歌山県・日置川水系
中ノ川　なかのがわ
山口県・錦川水系
中ノ川　なかのがわ
高知県・御手洗川水系〔2級〕
中ノ川川　なかのかわがわ
高知県・安田川水系〔2級〕
中ノ川川　なかのかわがわ
大分県・末広川水系〔2級〕
中ノ井川　なかのいがわ
滋賀県・淀川水系〔1級〕
中ノ内川　なかのうちがわ
大分県・五ヶ瀬川水系〔1級〕
中ノ目川　なかのめがわ
秋田県・雄物川水系〔1級〕
中ノ池　なかのいけ
青森県西津軽郡岩崎村
中ノ池　なかのいけ
岐阜県海津市
中ノ池川　なかのいけがわ
滋賀県・淀川水系〔1級〕
中ノ岐川　なかのまたがわ
新潟県・阿賀野川水系〔1級〕
中ノ沢　なかのさわ
福島県・阿武隈川水系〔1級〕
中ノ沢川　なかのさわがわ
北海道・シブノツナイ川水系〔2級〕
中ノ沢川　なかのさわがわ
群馬県・利根川水系〔1級〕
中ノ沢川　なかのさわがわ
新潟県・阿賀野川水系〔1級〕
中ノ沢川　なかのさわがわ
新潟県・中ノ沢川水系〔2級〕
中ノ沢川　なかのさわがわ
新潟県・信濃川水系
中ノ谷川　なかのたにがわ
富山県・常願寺川水系〔1級〕
中ノ谷川　なかのたにがわ
京都府・由良川水系〔1級〕

中ノ谷川　なかのたにがわ
大分県・大野川水系
中ノ股川　なかのまたがわ
山形県・最上川水系〔1級〕
中ノ迫川　なかのさこがわ
熊本県・中ノ迫川水系
中ノ俣川　なかのまたがわ
新潟県・桑取川水系〔2級〕
中ノ俣川　なかのまたがわ
岐阜県・神通川水系〔1級〕
中ノ前川　なかのまえがわ
京都府・淀川水系
中ノ浦川　なかのうらがわ
熊本県・中ノ浦川水系
中ノ橋川　なかのはしがわ
石川県・小又川水系〔2級〕
1中一色川　なかいっしきがわ
静岡県・興津川水系〔2級〕
2中二股沢川　なかにまたざわがわ
北海道・大野川水系〔2級〕
3中丸川　なかまるがわ
茨城県・那珂川水系〔1級〕
中口川　なかぐちがわ
高知県・中口川水系〔2級〕
中土手川　なかどてがわ
愛媛県・蒼社川水系
中土場川　なかとばがわ
北海道・湧別川水系〔1級〕
中士別十線川　なかしべつじゅっせんがわ
北海道・天塩川水系〔1級〕
中大東川　なかおおつかがわ
香川県・大東川水系〔2級〕
中子川　なかごがわ
新潟県・信濃川水系〔1級〕
中小屋川　なかごやがわ
北海道・石狩川水系〔1級〕
中山川　なかやまがわ
栃木県・那珂川水系〔1級〕
中山川　なかやまがわ
群馬県・利根川水系〔1級〕
中山川　なかやまがわ
静岡県・天竜川水系〔1級〕
中山川　なかやまがわ
愛知県・矢作川水系
中山川　なかやまがわ
奈良県・淀川水系〔1級〕
中山川　なかやまがわ
島根県・斐伊川水系〔1級〕
中山川　なかやまがわ
広島県・太田川水系〔1級〕
中山川　なかやまがわ
広島県・小瀬川水系〔1級〕
中山川　なかやまがわ
山口県・厚東川水系〔2級〕
中山川　なかやまがわ
山口県・島田川水系〔2級〕
中山川　なかやまがわ
徳島県・那賀川水系〔1級〕
中山川　なかやまがわ
愛媛県・肱川水系〔1級〕
中山川　なかやまがわ
愛媛県・中山川水系〔2級〕
中山川　なかやまがわ
高知県・仁淀川水系〔1級〕
中山川　なかやまがわ
佐賀県・松浦川水系〔1級〕
中山川　なかやまがわ
長崎県・佐護川水系〔2級〕
中山川　なかやまがわ
長崎県・大明寺川水系〔2級〕
中山川　なかやまがわ
熊本県・関川水系
中山川　なかやまがわ
熊本県・菊池川水系
中山川　なかやまがわ
大分県・五ヶ瀬川水系〔1級〕
中山川　なかやまがわ
宮崎県・鳴子川水系〔2級〕
中山川　なかやまがわ
鹿児島県・肝属川水系〔1級〕
中山西川　なかやまにしがわ
長崎県・本明川水系〔1級〕
中山谷川　なかやまたにがわ
山口県・佐波川水系〔1級〕
中山谷川　なかやまだにがわ
徳島県・吉野川水系〔1級〕
中川　なかがわ
福島県・久慈川水系〔1級〕
中川　なかがわ
福島県・阿賀野川水系〔1級〕
中川　なかがわ
栃木県・那珂川水系〔1級〕
中川《古》　なかがわ
栃木県・那珂川水系の那珂川
中川　なかがわ
群馬県・利根川水系〔1級〕
中川　なかがわ
埼玉県, 東京都・利根川水系〔1級〕
中川　なかがわ
千葉県・利根川水系〔1級〕
中川　なかがわ
新潟県・鯖石川水系〔2級〕
中川　なかがわ
新潟県・信濃川水系

中川　なかがわ　富山県・小矢部川水系〔1級〕

中川　なかがわ　富山県・中川水系〔2級〕

中川　なかがわ　福井県・北川水系〔1級〕

中川　なかがわ　山梨県・多摩川水系〔1級〕

中川　なかがわ　岐阜県・木曾川水系〔1級〕

中川　なかがわ　静岡県・狩野川水系

中川《別》　なかがわ　静岡県・太田川水系の今之浦川

中川《別》　なかがわ　静岡県・那賀川水系の那賀川

中川《別》　なかがわ　静岡県・富士川水系の高橋川

中川　なかがわ　愛知県・矢作川水系〔1級〕

中川　なかがわ　愛知県・大田川水系〔2級〕

中川　なかがわ　愛知県・庄内川水系

中川　なかがわ　愛知県・大田川水系

中川　なかがわ　三重県・三渡川水系〔2級〕

中川　なかがわ　三重県・中川水系〔2級〕

中川　なかのがわ　三重県・中川水系〔2級〕

中川　なかがわ　滋賀県・淀川水系〔1級〕

中川　なかがわ　兵庫県・揖保川水系〔1級〕

中川　なかがわ　兵庫県・淀川水系

中川　なかがわ　奈良県・大和川水系〔1級〕

中川　なかがわ　和歌山県・富田川水系〔2級〕

中川　なかがわ　鳥取県・河内川水系〔2級〕

中川　なかがわ　島根県・斐伊川水系〔1級〕

中川　なかがわ　岡山県・笹ヶ瀬川水系〔2級〕

中川　なかがわ　岡山県・今立川水系

中川　なかがわ　広島県・黒瀬川水系〔2級〕

中川　なかがわ　山口県・厚東川水系〔2級〕

中川　なかがわ　徳島県・吉野川水系〔1級〕

中川　なかがわ　香川県・中川水系〔2級〕

中川　なかがわ　愛媛県・肱川水系〔1級〕

中川　なかがわ　愛媛県・中川水系〔2級〕

中川　なかがわ　福岡県・中川水系〔2級〕

中川　なかがわ　佐賀県・鹿島川水系〔2級〕

中川　なかがわ　長崎県・中川水系〔2級〕

中川　なかがわ　大分県・番匠川水系〔1級〕

中川1号　なかがわいちごう　石川県・二宮川水系

中川2号　なかがわにごう　石川県・二宮川水系

中川目川　なかかわめがわ　岩手県・甲子川水系〔2級〕

中川沢　なかがわさわ　青森県・中村川水系〔2級〕

中川谷　なかがわだに　長野県・信濃川水系〔1級〕

中川放水路《別》　なかがわほうすいろ　埼玉県, 東京都・利根川水系の中川

中川放水路　なかがわほうすいろ　滋賀県・淀川水系〔1級〕

4中之入川　なかのいりがわ　新潟県・関川水系〔1級〕

中之江川　なかのえがわ　岐阜県・木曾川水系〔1級〕

中之沢川　なかのさわがわ　群馬県・利根川水系

中之谷川　なかのたにがわ　愛媛県・中之谷川水系〔2級〕

中之保川　なかのほがわ　岐阜県・木曾川水系〔1級〕

中之島川　なかのしまがわ　新潟県・信濃川水系〔1級〕

中之瀬川《別》　なかのせがわ　熊本県・緑川水系の加勢川

中井川　なかいがわ　岩手県・盛川水系〔2級〕

中井川　なかいがわ　群馬県・利根川水系〔1級〕

中井川　なかいがわ　滋賀県・淀川水系〔1級〕

中井川　なかいがわ
奈良県・紀の川水系〔1級〕
中井川　なかいがわ
熊本県・菊池川水系
中元寺川　ちゅうがんじがわ
福岡県・遠賀川水系〔1級〕
中切川　なかぎりがわ
広島県・野呂川水系〔2級〕
中戸川　なかとがわ
茨城県・花貫川水系〔2級〕
中手川　なかてがわ
滋賀県・淀川水系〔1級〕
中方川　なかほがわ
奈良県・大和川水系〔1級〕
中日向川　なかひなたがわ
岩手県・北上川水系
中木川　なかぎがわ
群馬県・利根川水系〔1級〕
中木川　なかぎがわ
静岡県・中木川水系〔2級〕
中木場川　なかきばがわ
佐賀県・松浦川水系〔1級〕
中片川　なかへきがわ
熊本県・菊池川水系〔1級〕
中犬塚川　なかいぬずかがわ
大分県・大野川水系〔1級〕
5中世木川　なかせきがわ
京都府・淀川水系〔1級〕
中世木川　なかせきがわ
京都府・淀川水系
中代川　ちゅうだいがわ
佐賀県・佐志川水系〔2級〕
中出川　なかでがわ
三重県・雲出川水系
中出川　なかでがわ
京都府・淀川水系
中古池　なかぶろいけ
長野県飯山市
中古谷川　なかふるたにがわ
愛媛県・肱川水系〔1級〕
中台川　ちゅうだいがわ
京都府・由良川水系
中台沼　なかだいぬま
山形県朝日村
中央ウブシ川　ちゅうおううぶしがわ
北海道・天塩川水系〔1級〕
中央川　ちゅうおうがわ
新潟県・中央川水系〔2級〕
中央谷川　ちゅうおうだにがわ
徳島県・吉野川水系〔1級〕
中平川　なかだいらがわ
岩手県・気仙川水系〔2級〕
中平川　なかひらがわ
愛知県・日光川水系
中平川　なかでらがわ
宮崎県・大淀川水系
中正路川　なかしょうじがわ
島根県・江の川水系〔1級〕
中田川　なかたがわ
福島県・鮫川水系〔2級〕
中田川　なかだがわ
福島県・前田川水系〔2級〕
中田川　なかたがわ
福島県・鮫川水系
中田川　なかたがわ
新潟県・阿賀野川水系〔1級〕
中田川　なかだがわ
新潟県・信濃川水系〔1級〕
中田川《別》　なかだがわ
静岡県・浜川水系の浜川
中田川　なかたがわ
愛知県・高浜川水系
中田川　なかたがわ
熊本県・中田川水系〔2級〕
中田井川　なかたいがわ
愛媛県・海岸寺川水系〔2級〕
中田切川　なかたぎりがわ
長野県・天竜川水系〔1級〕
中田春木川　なかたはるきがわ
山形県・最上川水系〔1級〕
中立川　なかだちがわ
愛知県・矢作川水系
中立川　なかだちがわ
滋賀県・淀川水系〔1級〕
中辻川　なかつじがわ
兵庫県・岸田川水系〔2級〕
6中伊豆山田川　なかいずやまだがわ
静岡県・狩野川水系〔1級〕
中地川　なかじがわ
福島県・阿賀野川水系〔1級〕
中地川　なかじがわ
京都府・由良川水系
中州川　なかすがわ
岡山県・中州川水系
中州川　なかすがわ
熊本県・緑川水系
中州川　なかすがわ
鹿児島県・花渡川水系〔2級〕
中江川　なかえがわ
岩手県・北上川水系〔1級〕
中江川　なかえがわ
富山県・小矢部川水系〔1級〕
中江川　なかえがわ
岐阜県・木曽川水系〔1級〕

中江川　なかえがわ
愛知県・庄内川水系〔1級〕

中江川　なかえがわ
大分県・番匠川水系〔1級〕

中池江川　なかいけえがわ
佐賀県・筑後川水系〔1級〕

中竹中川　なかたけなかがわ
大分県・大野川水系〔1級〕

中臼杵川　なかうすきがわ
大分県・臼杵川水系〔2級〕

中西川　なかにしがわ
静岡県・中西川水系〔2級〕

中西川　なかにしがわ
高知県・香宗川水系〔2級〕

7中初場川　なかはつばがわ
鹿児島県・天降川水系〔2級〕

中尾川　なかおがわ
京都府・由良川水系

中尾川　なかおがわ
愛媛県・肱川水系〔1級〕

中尾川　なかおがわ
長崎県・川棚川水系〔2級〕

中尾川　なかおがわ
長崎県・中尾川水系〔2級〕

中尾川　なかおがわ
長崎県・八郎川水系〔2級〕

中尾川　なかおがわ
長崎県・堀川水系〔2級〕

中尾川　なかおがわ
熊本県・津奈木川水系

中尾田川　なかおだがわ
愛媛県・肱川水系〔1級〕

中尾沢　なかおさわ
山梨県・富士川水系

中尾谷川　なかおだにがわ
兵庫県・生田川水系〔2級〕

中尾谷川　なかおだにがわ
愛媛県・吉野川水系〔1級〕

中条の池　ちゅうじょうのいけ
新潟県吉川町

中条川　なかじょうがわ
新潟県・島崎川水系〔2級〕

中条川　なかじょうがわ
新潟県・落堀川水系〔2級〕

中条川　なかじょうがわ
長野県・信濃川水系〔1級〕

中杉川　なかすぎがわ
新潟県・阿賀野川水系〔1級〕

中束川　なかつかがわ
新潟県・荒川（新潟県・山形県）水系〔1級〕

中村川　なかむらがわ
青森県・中村川水系〔2級〕

中村川　なかむらがわ
神奈川県・大岡川水系〔2級〕

中村川　なかむらがわ
神奈川県・中村川水系〔2級〕

中村川　なかむらがわ
新潟県・阿賀野川水系〔1級〕

中村川　なかむらがわ
山梨県・富士川水系〔1級〕

中村川　なかむらがわ
三重県・雲出川水系〔1級〕

中村川　なかむらがわ
京都府・淀川水系〔1級〕

中村川　なかむらがわ
京都府・野田川水系

中村川　なかむらがわ
奈良県・淀川水系〔1級〕

中村川　なかむらがわ
奈良県・大和川水系〔1級〕

中村川　なかむらがわ
和歌山県・広川水系〔2級〕

中村川　なかむらがわ
島根県・斐伊川水系〔1級〕

中村川　なかむらがわ
島根県・中村川水系〔2級〕

中村川　なかむらがわ
広島県・江の川水系〔1級〕

中村川　なかむらがわ
広島県・沼田川水系

中村川　なかむらがわ
山口県・島田川水系〔2級〕

中村川　なかむらがわ
愛媛県・中村川水系〔2級〕

中村川　なかむらがわ
宮崎県・五ヶ瀬川水系

中村谷川　なかむらだにがわ
岡山県・高梁川水系

中村谷川　なかむらだにがわ
徳島県・吉野川水系〔1級〕

中村谷川　なかむらだにがわ
宮崎県・熊野江川水系〔2級〕

中沢　なかざわ
岩手県・小本川水系

中沢　なかざわ
宮城県・名取川水系

中沢　なかざわ
宮城県・鳴瀬川水系

中沢　なかざわ
長野県・木曾川水系〔1級〕

中沢川　なかざわがわ
岩手県・北上川水系〔1級〕

中沢川　なかざわがわ
岩手県・気仙川水系〔2級〕

中沢川　なかざわがわ
岩手県・馬淵川水系
中沢川　なかざわがわ
岩手県・北上川水系
中沢川　なかざわがわ
秋田県・子吉川水系
中沢川　なかざわがわ
山形県・最上川水系〔1級〕
中沢川　なかざわがわ
山形県・最上川水系
中沢川　なかざわがわ
茨城県・利根川水系〔1級〕
中沢川　なかざわがわ
群馬県・利根川水系〔1級〕
中沢川　なかざわがわ
千葉県・利根川水系
中沢川　なかざわがわ
新潟県・信濃川水系〔1級〕
中沢川　なかざわがわ
新潟県・加治川水系〔2級〕
中沢川　なかざわがわ
山梨県・相模川水系〔1級〕
中沢川　なかざわがわ
山梨県・富士川水系〔1級〕
中沢川　なかざわがわ
長野県・信濃川水系〔1級〕
中沢川　なかざわがわ
長野県・木曾川水系〔1級〕
中沢川　なかざわがわ
岐阜県・矢作川水系〔1級〕
中沢川　なかざわがわ
岐阜県・庄内川水系〔1級〕
中沢川　なかざわがわ
静岡県・富士川水系〔1級〕
中沢川　なかざわがわ
静岡県・太田川水系〔2級〕
中町川　なかまちがわ
岡山県・吉井川水系〔1級〕
中芦川入沢川　なかあしかわいりさわがわ
山梨県・富士川水系〔1級〕
中芦川里道川　なかあしかわさとみちがわ
山梨県・富士川水系〔1級〕
中角川　なかつのがわ
大分県・大野川水系〔1級〕
中谷　なかたに
富山県・黒部川水系
中谷川　なかやがわ
長野県・姫川水系〔1級〕
中谷川　なかたにがわ
三重県・櫛田川水系〔1級〕
中谷川　なかたにがわ
滋賀県・淀川水系〔1級〕
中谷川　なかたにがわ
京都府・淀川水系
中谷川　なかだにがわ
京都府・淀川水系
中谷川　なかたにがわ
兵庫県・加古川水系〔1級〕
中谷川　なかたにがわ
和歌山県・紀の川水系〔1級〕
中谷川　なかだにがわ
岡山県・吉井川水系〔1級〕
中谷川　なかたにがわ
岡山県・旭川水系〔1級〕
中谷川　なかたにがわ
徳島県・吉野川水系〔1級〕
中谷川　なかたにがわ
香川県・弘田川水系〔2級〕
中谷川　なかたにがわ
香川県・新川水系〔2級〕
中谷川　なかたにがわ
愛媛県・権現川水系〔2級〕
中谷川　なかたにがわ
高知県・渡川水系
中谷川　なかのたにがわ
高知県・渡川水系
中谷川　なかたにがわ
長崎県・中谷川水系〔2級〕
中谷川　なかたにがわ
熊本県・菊池川水系〔1級〕
中谷川　なかたにがわ
熊本県・球磨川水系〔1級〕
中谷川　なかたにがわ
熊本県・菊池川水系
中谷地池　なかやちいけ
新潟県大潟町
中里川　なかざとがわ
青森県・岩木川水系〔1級〕
中里川　なかざとがわ
青森県・相坂川水系〔2級〕
中里川　なかざとがわ
山形県・最上川水系〔1級〕
中里川　なかざとがわ
山形県・最上川水系
中里川　ちゅうりがわ
京都府・野田川水系
中里川　なかざとがわ
京都府・由良川水系
中里川　なかざとがわ
和歌山県・太田川水系〔2級〕
中里川　なかざとがわ
長崎県・喜々津川水系〔2級〕
中里川　なかざとがわ
熊本県・菊池川水系

8中妻川　なかずまがわ
福島県・滑津川水系
中実川　なかじつがわ
愛媛県・中実川水系〔2級〕
中居川　なかいがわ
岩手県・北上川水系〔1級〕
中岳川　なかだけがわ
北海道・尻別川水系〔1級〕
中岳川　なかだけがわ
大分県・五ヶ瀬川水系〔1級〕
中房川　なかぶさがわ
長野県・信濃川水系
中押帯川　なかおしおびがわ
北海道・十勝川水系
中東来川　なかとうらいがわ
北海道・知内川水系〔2級〕
中板川　なかいたがわ
愛媛県・重信川水系〔1級〕
中河内川　なかこうちがわ
長野県・天竜川水系
中河内川　なかごうちがわ
静岡県・興津川水系〔2級〕
中河内川　なかごうちがわ
静岡県・安倍川水系
中河内川　なかこうちがわ
三重県・神津佐川水系〔2級〕
中河内川　なかがわちがわ
福岡県・城井川水系〔2級〕
中河原川　なかがわらがわ
静岡県・富士川水系〔1級〕
中河原川　なかがわらがわ
兵庫県・加古川水系〔1級〕
中沼　なかぬま
岩手県胆沢郡胆沢町
中沼　なかぬま
茨城県竜ヶ崎市
中股川　なかまたがわ
新潟県・姫川水系
中股沢　なかまたざわ
北海道・石狩川水系
中迫川　なかさこがわ
島根県・高津川水系
中雨生沢川　なかあめおざわがわ
宮城県・北上川水系〔1級〕
中雨生沢川　なかあめおざわがわ
宮城県・北上川水系
9中俣川　なかのまたがわ
秋田県・子吉川水系
中俣川　なかまたがわ
新潟県・荒川（新潟県・山形県）水系
中俣川　なかまたがわ
鹿児島県・中俣川水系〔2級〕
中垣内川　なかがいちがわ
兵庫県・揖保川水系〔1級〕
中屋川　なかやがわ
石川県・犀川水系
中屋川　なかやがわ
広島県・沼田川水系
中屋敷川　なかやしきがわ
愛媛県・肱川水系〔1級〕
中後川内川　なかうしろがわちがわ
熊本県・菊池川水系
中海　なかうみ
島根県八束郡八束町
中海　なかうみ
島根県・斐伊川水系
中洲川　なかすがわ
熊本県・中洲川水系〔2級〕
中津大川　なかつおおかわ
愛媛県・千丈川水系〔2級〕
中津川　なかつがわ
岩手県・北上川水系〔1級〕
中津川　なかつがわ
福島県・阿武隈川水系〔1級〕
中津川　なかつがわ
福島県・阿賀野川水系〔1級〕
中津川　なかつがわ
群馬県・信濃川水系〔1級〕
中津川　なかつがわ
埼玉県・荒川（東京都・埼玉県）水系〔1級〕
中津川　なかつがわ
神奈川県・相模川水系〔1級〕
中津川　なかつがわ
神奈川県・酒匂川水系〔2級〕
中津川　なかつがわ
新潟県・国府川水系〔2級〕
中津川　なかつがわ
岐阜県・木曾川水系〔1級〕
中津川　なかつがわ
静岡県・大井川水系〔1級〕
中津川　なかつがわ
三重県・鈴鹿川水系〔1級〕
中津川　なかつがわ
京都府・淀川水系
中津川　なかつがわ
和歌山県・紀の川水系〔1級〕
中津川　なかつがわ
和歌山県・日高川水系〔2級〕
中津川　なかつがわ
徳島県・立江川水系〔2級〕
中津川　なかつがわ
香川県・金倉川水系〔2級〕
中津川　なかつがわ
愛媛県・肱川水系〔1級〕

中津川　なかつがわ
高知県・仁淀川水系〔1級〕
中津川　なかつがわ
高知県・渡川水系〔1級〕
中津川　なかつがわ
熊本県・球磨川水系
中津川　なかつがわ
熊本県・緑川水系
中津川　なかつがわ
大分県・山国川水系〔1級〕
中津川　なかつがわ
鹿児島県・中津川水系〔2級〕
中津川　なかつがわ
鹿児島県・天降川水系〔2級〕
中津川川　なかつがわがわ
高知県・渡川水系〔1級〕
中津川川　なかつかわがわ
熊本県・菊池川水系
中津井川　なかついがわ
滋賀県・淀川水系〔1級〕
中津井川　なかついがわ
岡山県・旭川水系〔1級〕
中津江川　なかつえがわ
佐賀県・筑後川水系〔1級〕
中津良川　なかつらがわ
長崎県・中津良川水系〔2級〕
中津谷川　なかつだにがわ
広島県・太田川水系〔1級〕
中津河川　なかつがわがわ
岡山県・吉井川水系〔1級〕
中津美川　なかつみがわ
鳥取県・千代川水系〔1級〕
中津無礼川　なかつむれがわ
大分県・大野川水系〔1級〕
中畑川　なかはたがわ
京都府・由良川水系
中畑川　なかはたがわ
広島県・野呂川水系〔2級〕
中荒沢川　なかあらさわがわ
福島県・阿賀野川水系〔1級〕
中貞山運河　なかていざんうんが
宮城県・名取川水系〔1級〕
10中倉川　なかくらがわ
岩手県・北上川水系
中倉川　なかくらがわ
新潟県・鯖石川水系〔2級〕
中倉川　なかくらがわ
島根県・益田川水系〔2級〕
中倉沢川　なかくらさわがわ
岩手県・小本川水系
中原川　なかはらがわ
奈良県・新宮川水系〔1級〕
中原川　なかはらがわ
鳥取県・日野川水系〔1級〕
中原川　なかはらがわ
岡山県・旭川水系〔1級〕
中原川　なかばるがわ
熊本県・筑後川水系〔1級〕
中原川　なかばるがわ
熊本県・菊池川水系
中原川　なかはらがわ
熊本県・緑川水系
中原池　なかはらいけ
鹿児島県吹上町
中島川　なかじまがわ
宮城県・北上川水系〔1級〕
中島川　なかじまがわ
群馬県・利根川水系〔1級〕
中島川　なかじまがわ
静岡県・鮎沢川水系〔2級〕
中島川　なかじまがわ
愛知県・豊川水系
中島川　なかじまがわ
京都府・淀川水系〔1級〕
中島川　なかしまがわ
大阪府・淀川水系〔1級〕
中島川　なかしまがわ
長崎県・中島川水系〔2級〕
中島川　なかしまがわ
熊本県・五ヶ瀬川水系〔1級〕
中島鎌谷川　なかじまかまだにがわ
福井県・九頭竜川水系〔1級〕
中根川　なかねがわ
茨城県・利根川水系
中桜川　なかさくらがわ
香川県・桜川水系〔2級〕
中浦川　なかうらがわ
新潟県・信濃川水系〔1級〕
中浦川　ちゅうのうらがわ
熊本県・菊池川水系
中浦川　なかうらがわ
熊本県・中浦川水系
中浜川　なかはまがわ
新潟県・藤四郎川水系
中畔川　なかあぜがわ
愛媛県・肱川水系〔1級〕
中通川　なかどおりがわ
岩手県・北上川水系
中通川　なかどおしがわ
茨城県・利根川水系〔1級〕
中通川　なかどおりがわ
佐賀県・六角川水系〔1級〕
11中堂川　なかどうがわ
栃木県・那珂川水系〔1級〕

中堀川　なかぼりがわ
神奈川県・帷子川水系〔2級〕
中崎川　なかざきがわ
岩手県・久慈川水系
中巣川　なかすがわ
大分県・筑後川水系〔1級〕
中渚滑二十五線川　なかしょこつにじゅうごせんがわ
北海道・渚滑川水系〔1級〕
中渚滑豊盛川　なかしょこつほうせいがわ
北海道・渚滑川水系〔1級〕
中組川　なかぐみがわ
愛媛県・肱川水系〔1級〕
中郷川　なかごうがわ
茨城県・久慈川水系〔1級〕
中郷川　なかごうがわ
岐阜県・木曾川水系〔1級〕
中郷川　なかごうがわ
広島県・江の川水系〔1級〕
中郷川　ちゅうごうがわ
熊本県・白川水系
中野川　なかのがわ
北海道・常盤川水系〔2級〕
中野川　なかのがわ
北海道・木古内川水系〔2級〕
中野川　なかのがわ
青森県・岩木川水系〔1級〕
中野川　なかのがわ
青森県・高瀬川水系〔1級〕
中野川　なかのがわ
岩手県・北上川水系
中野川　なかのがわ
福島県・阿武隈川水系
中野川　なかのがわ
新潟県・関川水系〔1級〕
中野川　なかのがわ
新潟県・中野川水系〔2級〕
中野川　なかのがわ
山梨県・相模川水系〔1級〕
中野川　なかのがわ
愛知県・中野川水系
中野川　なかのがわ
三重県・淀川水系〔1級〕
中野川　なかのがわ
和歌山県・古座川水系〔2級〕
中野川　なかのがわ
和歌山県・太田川水系〔2級〕
中野川　なかのがわ
島根県・斐伊川水系〔1級〕
中野川　なかのがわ
愛媛県・肱川水系〔1級〕
中野川　なかのがわ
高知県・仁淀川水系〔1級〕
中野川　なかのがわ
佐賀県・六角川水系〔1級〕
中野方川　なかのかたがわ
岐阜県・木曾川水系〔1級〕
中野木川　なかのぎさわ
千葉県・海老川水系
中野沢　なかのさわ
新潟県・高立川水系
中野谷川　なかのだにがわ
徳島県・吉野川水系〔1級〕
中野河内川　なかのかわちがわ
熊本県・上津浦川水系〔2級〕
中野河内川　なかのかわちがわ
大分県・番匠川水系〔1級〕
中野俣川　なかのまたがわ
山形県・最上川水系〔1級〕
中野俣川　なかのまたがわ
山形県・庄内小国川水系〔2級〕
中鳥川　なかとりがわ
徳島県・吉野川水系〔1級〕
12中勝川　ながちがわ
鹿児島県・大美川水系〔2級〕
中奥川　なかおくがわ
奈良県・紀の川水系〔1級〕
中富川　なかどみがわ
熊本県・菊池川水系
中御所川　なかごしょがわ
長野県・天竜川水系〔1級〕
中曾倉川　なかそぐらがわ
長野県・天竜川水系〔1級〕
中曾根川　なかそねがわ
長野県・信濃川水系〔1級〕
中港川　なかみなとがわ
宮崎県・中港川水系〔2級〕
中渡川　なかわたりがわ
広島県・黒瀬川水系
中無垢里池　なかむたりいけ
岐阜県海津市
中筋川　なかすじがわ
愛知県・日光川水系
中筋川　なかすじがわ
京都府・淀川水系
中筋川　なかすじがわ
和歌山県・紀の川水系〔1級〕
中筋川　なかすじがわ
島根県・浜田川水系〔2級〕
中筋川　なかすじがわ
香川県・中筋川水系〔2級〕
中筋川　なかすじがわ
高知県・渡川水系〔1級〕
中道川　なかみちがわ
新潟県・胎内川水系〔2級〕

中間川　なかまがわ
鳥取県・佐陀川水系
中間川　なかまがわ
熊本県・唐人川水系
中間川　なかまがわ
鹿児島県・川内川水系〔1級〕
中間川　なかまがわ
鹿児島県・中間川水系〔2級〕
中須川　なかすがわ
長崎県・中須川水系〔2級〕
中須川　なかすがわ
宮崎県・平田川水系〔2級〕
中須曾川　なかすそがわ
愛知県・豊川水系
中須賀池　なかすがいけ
三重県志摩町
13中園川　なかぞのがわ
熊本県・球磨川水系〔1級〕
中園川　なかぞのがわ
熊本県・球磨川水系
中園川　なかぞのがわ
熊本県・佐敷川水系
中園川　なかぞのがわ
宮崎県・本城川水系
中塘川　なかともがわ
熊本県・八枚戸川水系
中幌向川　なかほろむいがわ
北海道・石狩川水系
中幌糠川　なかほろぬかがわ
北海道・留萌川水系〔1級〕
中新開川　なかしんかいがわ
岡山県・中新開川水系
中溝川《別》　なかみぞがわ
静岡県・新中川水系の新中川
中溝川　なかみぞがわ
愛知県・高浜川水系
中溝川　なかみぞがわ
広島県・芦田川水系〔1級〕
中溝川　なかみぞがわ
広島県・芦田川水系
中溝川　なかみぞがわ
愛媛県・中溝川水系
中滝谷川　なかたきだにがわ
徳島県・吉野川水系〔1級〕
中禅寺湖　ちゅうぜんじこ
栃木県・利根川水系〔1級〕
中継川　なかつぎがわ
新潟県・大川水系〔2級〕
中鈴尾谷川　なかすずおだにがわ
愛媛県・国領川水系〔2級〕
14中増川　なかましがわ
奈良県・紀の川水系〔1級〕
中綱湖　なかつなこ
長野県大町市
16中樽川　なかだるがわ
愛媛県・肱川水系〔1級〕
中樽川　なかだるがわ
佐賀県・有田川水系〔2級〕
18中藤川　なかふじがわ
埼玉県・荒川（東京都・埼玉県）水系〔1級〕
中藪谷川　なかやぶだにがわ
愛媛県・吉野川水系〔1級〕
19中瀬川　なかせがわ
岩手県・中瀬川水系
中瀬川　なかせがわ
鳥取県・千代川水系〔1級〕
中瀬川　なかのせがわ
山口県・錦川水系
中瀬川　なかせがわ
香川県・財田川水系〔2級〕
中瀬川　なかせがわ
鹿児島県・中瀬川水系

【丹】

3丹下川　たんげがわ
愛知県・丹下川水系
5丹出川　たんでがわ
滋賀県・淀川水系〔1級〕
丹生川　にゅうがわ、にうがわ
山形県・最上川水系〔1級〕
丹生川　にゅうがわ、にうがわ
群馬県・利根川水系〔1級〕
丹生川《別》　にゅうがわ、にうがわ
岐阜県・神通川水系の小八賀川
丹生川　にゅうがわ、にうがわ
三重県・櫛田川水系〔1級〕
丹生川　にゅうがわ、にうがわ
滋賀県・淀川水系〔1級〕
丹生川　にゅうかわ、にうかわ
奈良県・紀の川水系〔1級〕
丹生川　にゅうかわ、にうかわ
和歌山県・紀の川水系〔1級〕
丹生川　にゅうがわ、にうがわ
和歌山県・日高川水系〔2級〕
丹生川　にゅうがわ、にうがわ
徳島県・那賀川水系〔1級〕
丹生川　にゅうがわ、にうがわ
大分県・丹生川水系〔2級〕
丹生谷川　にゅうのやがわ、にうのやがわ
滋賀県・淀川水系〔1級〕
7丹沢川　たんざわがわ
山梨県・相模川水系〔1級〕
8丹奈川　たんながわ
長崎県・丹奈川水系〔2級〕

丹治川　たんじがわ
秋田県・米代川水系
丹治川　たんじがわ
奈良県・紀の川水系〔1級〕
丹治沼　たんじぬま
北海道苫小牧市
丹波の沼　たんばのぬま
北海道雨竜町
丹波川　たばがわ
山梨県・多摩川水系
丹波川　たんばがわ
愛知県・矢作川水系
9丹前谷川　たんまえだにがわ
徳島県・日和佐川水系〔2級〕
丹後上一の沢　たんごかみいちのさわ
新潟県・信濃川水系
丹後沢　たんござわ
新潟県・信濃川水系
丹後谷川　たんごたにがわ
京都府・淀川水系
10丹根沼　たんねとう
北海道根室市
11丹野川　たんのがわ
静岡県・菊川水系〔1級〕
18丹藤川　たんとうがわ
岩手県・北上川水系〔1級〕
19丹瀬沢川　たんせさわがわ
秋田県・米代川水系〔1級〕

【予】

11予野川　よのがわ
三重県・淀川水系〔1級〕

【井】

井の口川　いのくちがわ
福井県・井の口川水系〔2級〕
井の川　いのかわ
山梨県・富士川水系〔1級〕
井の月川　いのつきがわ
熊本県・菊池川水系
井の谷川　いのたにがわ
滋賀県・淀川水系〔1級〕
井の谷川　いのたにがわ
愛媛県・渡川水系〔1級〕
井の谷川　いのたにがわ
高知県・渡川水系〔1級〕
井の頭池　いのかしらいけ
東京都三鷹市
井ノ上川　いのうえがわ
福島県・鮫川水系
井ノ上川　いのうえがわ
高知県・渡川水系〔1級〕
井ノ口谷川　いのくちだにがわ
岡山県・高梁川水系
井ノ内谷川　いのうちだにがわ
徳島県・吉野川水系〔1級〕
井ノ田川疏水《別》　いのたがわそすい
静岡県・都田川水系の堀留川
井ノ谷川　いのたにがわ
和歌山県・南部川水系〔2級〕
井ノ谷川　いのたにがわ
徳島県・那賀川水系〔1級〕
井ノ谷川　いのたにがわ
高知県・羽根川水系〔2級〕
3井上川　いのうえがわ
宮崎県・石崎川水系〔2級〕
井口川　いぐちがわ
愛知県・井口川水系
井口川　いぐちがわ
熊本県・球磨川水系〔1級〕
井口本川　いのくちほんかわ
愛媛県・井口本川水系〔2級〕
井口谷川　いぐちだにがわ
徳島県・吉野川水系〔1級〕
井土川　いどがわ
鳥取県・天神川水系
井川　いがわ
秋田県・馬場目川水系〔2級〕
井川　いがわ
秋田県・馬場目川水系
井川　いがわ
京都府・淀川水系〔1級〕
井川　いがわ
島根県・三隅川水系〔2級〕
井川　いがわ
岡山県・旭川水系〔1級〕
井川　いのがわ
大分県・伊呂波川水系〔2級〕
井川　いがわ
鹿児島県・本城川水系〔2級〕
井川口川　いがわぐちがわ
熊本県・菜切川水系
井川西山沢川　いかわにしやまざわがわ
静岡県・大井川水系〔1級〕
井川谷川　いかわだにがわ
徳島県・吉野川水系〔1級〕
井川聖沢川　いかわひじりざわがわ
静岡県・大井川水系〔1級〕
4井中川　いなかがわ
兵庫県・加古川水系〔1級〕
井内川《別》　いうちがわ
宮城県・北上川水系の真野川
井内川　いうちがわ
愛媛県・重信川水系〔1級〕

井戸ノ沢　いどのさわ
青森県・中村川水系〔2級〕
井戸入川　いといりがわ
愛知県・豊川水系
井戸上沢川　いどがみざわがわ
福島県・阿賀野川水系
井戸川　いどがわ
愛知県・矢作川水系
井戸川　いどがわ
三重県・井戸川水系〔2級〕
井戸川　いどがわ
山口県・阿武川水系〔2級〕
井戸内谷川　いどうちだにがわ
宮崎県・一ツ瀬川水系〔2級〕
井戸沢　いどさわ
群馬県・利根川水系
井戸沢川　いどさわがわ
群馬県・利根川水系〔1級〕
井戸沢川　いどさわがわ
山梨県・富士川水系〔1級〕
井戸浦　いどうら
宮城県仙台市
井手の谷川　いでのたにがわ
熊本県・緑川水系
井手ヶ迫川　いでがさこがわ
山口県・阿武川水系〔2級〕
井手口川　いでぐちがわ
佐賀県・松浦川水系〔1級〕
井手川　いでがわ
岡山県・笹ヶ瀬川水系
井手川　いでがわ
熊本県・球磨川水系
井手川内川　いでがわちがわ
佐賀県・塩田川水系〔2級〕
井手川派川　いでがわはせん
岡山県・笹ヶ瀬川水系
井手平川　いでびらがわ
熊本県・佐敷川水系
井手谷川　いでだにがわ
愛媛県・肱川水系〔1級〕
井手道川　いでみちがわ
佐賀県・嘉瀬川水系〔1級〕
井文字川　いもじがわ
奈良県・大和川水系〔1級〕
5井出川　いでがわ
福島県・井出川水系〔2級〕
井出之内川　いでのうちがわ
宮崎県・小丸川水系〔1級〕
井出谷川　いでだにがわ
奈良県・淀川水系〔1級〕
井出谷川　いでだにがわ
愛媛県・肱川水系〔1級〕
井尻川　いじりがわ
京都府・由良川水系〔1級〕
井尻川《別》　いじりがわ
島根県・斐伊川水系の伯太川
井尻川　いじりがわ
福岡県・長峡川水系〔2級〕
井永川　いながかわ
広島県・芦田川水系〔1級〕
井田大川　いだおおかわ
静岡県・井田大川水系〔2級〕
井田山川　いだやまがわ
京都府・由良川水系
井田川　いだがわ
富山県, 岐阜県・神通川水系〔1級〕
井田川　いだがわ
三重県・井田川水系〔2級〕
井田川　いだがわ
広島県・江の川水系〔1級〕
井石川　いせきがわ
長崎県・川棚川水系〔2級〕
井立川　いだちがわ
岡山県・高梁川水系〔1級〕
井立田川　いだちがわ
鹿児島県・川内川水系〔1級〕
6井伊谷川　いいのやがわ
静岡県・都田川水系〔2級〕
井光川　いかりがわ
奈良県・紀の川水系〔1級〕
井地谷川　いじたにがわ
高知県・物部川水系〔1級〕
井守川　いもりがわ
愛知県・境川水系〔2級〕
7井尾川　いおがわ
岡山県・旭川水系〔1級〕
井沢川　いさわがわ
島根県・江の川水系
井沢川　いさわがわ
高知県・渡川水系〔1級〕
井芹川　いせりがわ
熊本県・坪井川水系〔2級〕
井谷川　いたにがわ
福島県・阿賀野川水系
井谷川　いたにがわ
和歌山県・那智川水系〔2級〕
井谷川　いだにがわ
島根県・高津川水系〔1級〕
井谷川　いだにがわ
岡山県・高梁川水系〔1級〕
8井延川　いのぶがわ
福岡県・筑後川水系〔1級〕
井沼川　いぬまがわ
栃木県・利根川水系〔1級〕

9井柳川　いやなぎがわ
佐賀県・筑後川水系〔1級〕
井畑ヶ沢　いはたがさわ
新潟県・荒川（新潟県・山形県）水系
井草川　いぐさがわ
東京都・荒川（東京都・埼玉県）水系
10井倉川　いくらがわ
宮崎県・清武川水系〔2級〕
井原川　いはらがわ
和歌山県・井原川水系〔2級〕
井原川　いばらがわ
鳥取県・日野川水系〔1級〕
井原川　いばらがわ
島根県・江の川水系〔1級〕
井原川　いはらがわ
岡山県・高梁川水系〔1級〕
井峰川　いみねがわ
高知県・仁淀川水系〔1級〕
井根川　いねがわ
京都府・由良川水系〔1級〕
井流田川　いるたがわ
高知県・国分川水系〔2級〕
11井堀川　いほりがわ
愛知県・天白川水系
井堀川　いほりがわ
愛知県・木曾川水系
井堀川　いぼりがわ
広島県・江の川水系
井崎川　いざきがわ
高知県・渡川水系〔1級〕
井崎川　いざきがわ
大分県・番匠川水系〔1級〕
井細川　いさいがわ
高知県・渡川水系〔1級〕
井野川　いのがわ
群馬県・利根川水系〔1級〕
井野川　いのがわ
千葉県・利根川水系
井野川　いのがわ
愛知県・境川水系
井野川　いのがわ
福岡県・多々良川水系〔2級〕
井野川　いのがわ
熊本県・五ヶ瀬川水系
井野木川　いのきがわ
愛知県・矢作川水系
井野沢川　いのさわがわ
山梨県・富士川水系〔1級〕
井鹿川　いじかがわ
和歌山県・太田川水系〔2級〕
12井堰川　いせきがわ
愛知県・境川水系〔2級〕
井堰川　いせきがわ
愛知県・境川水系
井替川　いかえがわ
宮崎県・沖田川水系〔2級〕
井森川　いのもりがわ
愛媛県・肱川水系〔1級〕
井無田川　いむたがわ
大分県・大野川水系〔1級〕
井筒川　いずつがわ
岡山県・旭川水系〔1級〕
13井置川　いおきがわ
三重県・雲出川水系〔1級〕
14井関川　いぜきがわ
京都府・淀川水系〔1級〕
井関川　いぜきがわ
京都府・淀川水系
井関川　いせきがわ
大阪府・男里川水系
井関川　いぜきがわ
山口県・井関川水系〔2級〕
井関川　いせきがわ
愛媛県・井関川水系〔2級〕
井関川放水路　いぜきがわほうすいろ
京都府・淀川水系〔1級〕
井関池　いせきいけ
香川県・柞田川水系
15井敷川　いしきがわ
愛知県・矢作川水系

【五】

五の沢川　ごのさわがわ
北海道・石狩川水系〔1級〕
五の沢川　ごのさわがわ
北海道・鵡川水系〔1級〕
五の谷川　ごのたにがわ
滋賀県・淀川水系〔1級〕
五の畑川　ごのはたがわ
島根県・斐伊川水系
五ヶ村川　ごかそんがわ
愛知県・境川水系〔2級〕
五ヶ谷川　ごがだにがわ
奈良県・大和川水系〔1級〕
五ヶ所川　ごかしょがわ
三重県・五ヶ所川水系〔2級〕
五ヶ瀬川　ごがせがわ
宮崎県, 熊本県・五ヶ瀬川水系〔1級〕
五ツ谷川　いつつだにがわ
熊本県・緑川水系
五ノ池　ごのいけ
岐阜県海津市
2五丁川　ごちょうがわ
熊本県・五丁川水系〔2級〕

五丁川上流川　ごちょうがわじょうりゅうがわ　熊本県・五丁川水系
五十二川　いそじがわ　北海道・渚滑川水系〔1級〕
五十二川　いそじがわ　北海道・渚滑川水系
五十川　いらがわ　山形県・五十川水系〔2級〕
五十母川　いそぼがわ　新潟県・阿賀野川水系〔1級〕
五十石川　ごじつこくがわ　大分県・犬丸川水系〔2級〕
五十沢川　いさざわがわ　山形県・最上川水系〔1級〕
五十沢川　いかざわがわ　新潟県・信濃川水系〔1級〕
五十浦川　いかうらがわ　新潟県・五十浦川水系〔2級〕
五十貫田川　こぬきたがわ　青森県・高瀬川水系
五十嵐川　いがらしがわ　北海道・朱太川水系〔2級〕
五十嵐川　いがらしがわ　新潟県・信濃川水系〔1級〕
五十鈴川　いすずがわ　新潟県・信濃川水系〔1級〕
五十鈴川　いすずがわ　長野県・信濃川水系〔1級〕
五十鈴川　いすずがわ　静岡県・五十鈴川水系〔2級〕
五十鈴川　いすずがわ　三重県・宮川水系〔1級〕
五十鈴川　いすずがわ　宮崎県・五十鈴川水系〔2級〕
五十鈴川　いすずがわ　宮崎県・五十鈴川水系
五十鈴川　いすずがわ　宮崎県・大淀川水系
五十鈴川派川　いすずがわはせん　三重県・宮川水系〔1級〕
3五三川　ごさんがわ　岐阜県・木曾川水系〔1級〕
五才沼　ごさいぬま　秋田県皆瀬村
4五六川　ごろくがわ　岐阜県・木曾川水系〔1級〕
五内川　ごないがわ　岩手県・北上川水系
五双川　ごそうがわ　熊本県・緑川水系
五反田川　ごたんだがわ　茨城県・利根川水系〔1級〕
五反田川　ごたんだがわ　神奈川県・多摩川水系〔1級〕
五反田川　ごたんだがわ　山梨県・富士川水系〔1級〕
五反田川　ごたんだがわ　愛知県・今池川水系
五反田川　ごたんだがわ　愛知県・日光川水系
五反田川　ごたんだがわ　愛知県・豊川水系
五反田川　ごたんだがわ　滋賀県・淀川水系〔1級〕
五反田川　ごたんだがわ　広島県・江の川水系〔1級〕
五反田川　ごたんだがわ　山口県・五反田川水系〔2級〕
五反田川　ごたんだがわ　愛媛県・千丈川水系〔2級〕
五反田川　ごたんだがわ　高知県・渡川水系〔1級〕
五反田川　ごたんだがわ　鹿児島県・川内川水系〔1級〕
五反田川　ごたんだがわ　鹿児島県・五反田川水系〔2級〕
五反沢川　ごたんざわがわ　秋田県・米代川水系〔1級〕
五戸川　ごとがわ　青森県・五戸川水系〔2級〕
五斗目木川　ごとめきがわ　静岡県・富士川水系〔1級〕
五日市川　いつかいちがわ　岩手県・北上川水系〔1級〕
五日市川　いつかいちがわ　岐阜県・木曾川水系〔1級〕
五月川《別》　さつきがわ　奈良県・淀川水系の名張川
五木小川　いつきおがわ　熊本県・球磨川水系〔1級〕
5五代川　ごだいがわ　岩手県・北上川水系
五右衛門川　ごえもんがわ　岩手県・北上川水系
五右衛門川　ごえもんがわ　島根県・斐伊川水系〔1級〕
五号川　ごごうがわ　北海道・石狩川水系〔1級〕
五石川　ごいしがわ　岡山県・吉井川水系〔1級〕
6五名ダム　ごみょうだむ　香川県・湊川水系
五百川　ごひゃくがわ　福島県・阿武隈川水系〔1級〕

五百川　ごひゃくがわ
新潟県・信濃川水系〔1級〕
五百川　ごひゃくがわ
滋賀県・淀川水系〔1級〕
五百刈川　ごひゃっかりがわ
山形県・最上川水系〔1級〕
五百済川　いかずみがわ
静岡県・菊川水系〔1級〕
五老滝川　ごろうがたきがわ
熊本県・緑川水系〔1級〕
五色谷川　ごしきだにがわ
奈良県・新宮川水系〔1級〕
五色沼　ごしきぬま
山形県西川町
五色沼　ごしきぬま
福島県耶麻郡北塩原村
五色沼　ごしきぬま
栃木県日光市
五行川　ごぎょうがわ
栃木県・利根川水系〔1級〕
7五位川　ごいがわ
福井県・笙の川水系〔2級〕
五位田川　こいでがわ
滋賀県・淀川水系〔1級〕
五条川　ごじょうがわ
愛知県・庄内川水系〔1級〕
五社川　ごしゃがわ
新潟県・信濃川水系〔1級〕
8五味川　ごみがわ
石川県・御祓川水系
五味川　ごみがわ
福井県・九頭竜川水系〔1級〕
五宝川　ごほうがわ
愛知県・五宝川水系〔2級〕
五所の入川　ごしょのいりがわ
新潟県・信濃川水系
五明川　ごみょうがわ
山梨県・富士川水系〔1級〕
五明川　ごみょうがわ
愛媛県・重信川水系〔1級〕
五明谷川　ごみょうだにがわ
和歌山県・有田川水系〔2級〕
五明谷川　ごみょうだにがわ
徳島県・吉野川水系〔1級〕
五枚沢川　こまいざわがわ
福島県・阿賀野川水系〔1級〕
五林平川　ごりんべいがわ
福島県・阿武隈川水系
9五郎丸川　ごろうまるがわ
富山県・小矢部川水系〔1級〕
五郎丸川　ごろうまるがわ
熊本県・菊池川水系〔1級〕
五郎作川　ごろさくがわ
静岡県・鮎沢川水系
10五竜川　ごりゅうがわ
広島県・江の川水系
五軒家川　ごけんやがわ
愛知県・山崎川水系
11五郷ダム　ごごだむ
香川県・柞田川水系
五部一川　ごぶいちがわ
新潟県・信濃川水系〔1級〕
12五割川　ごわりがわ
山梨県・富士川水系〔1級〕
五間堀川　ごけんぼりがわ
宮城県・阿武隈川水系〔1級〕
五間堀川　ごけんぼりがわ
宮城県・名取川水系
13五福谷川　ごふくやがわ
宮城県・阿武隈川水系〔1級〕
14五箇川　ごかがわ
群馬県・利根川水系〔1級〕
五領川　ごりょうがわ
福井県・九頭竜川水系〔1級〕
五駄沼　ごだぬま
千葉県野田市
15五線川　ごせんがわ
北海道・天塩川水系〔1級〕
五線川　ごせんがわ
北海道・石狩川水系〔1級〕
五輪沢川　ごりんざわがわ
宮城県・鳴瀬川水系〔1級〕
17五霞落川　ごかおちがわ
茨城県・利根川水系〔1級〕
18五藤田川　ごとうだがわ
佐賀県・松浦川水系〔1級〕
19五瀬川　ごせがわ
滋賀県・淀川水系〔1級〕

【互】
19互瀬川　ごせがわ
滋賀県・淀川水系〔1級〕

【化】
12化粧川　けしょうがわ
鳥取県・化粧川水系〔2級〕

【介】
4介木川　けんぎがわ
愛知県・矢作川水系〔1級〕
7介良川　けらがわ
高知県・下田川水系〔2級〕

【今】

今ノ浦川　いまのうらがわ
静岡県・太田川水系〔2級〕
1今一川　いまいちがわ
愛知県・日光川水系
今一色沢　いまいっしきざわ
静岡県・興津川水系
3今上落　いまがみおとし
千葉県・利根川水系〔1級〕
今山川　いまやまがわ
山口県・厚東川水系〔2級〕
今山川　いまやまがわ
佐賀県・松浦川水系〔1級〕
今川　いまがわ
群馬県・利根川水系〔1級〕
今川　いまがわ
静岡県・都田川水系〔2級〕
今川　いまがわ
滋賀県・淀川水系〔1級〕
今川　いまがわ
大阪府・淀川水系〔1級〕
今川　いまがわ
奈良県・淀川水系
今川　いまがわ
福岡県・今川水系〔2級〕
今川　いまがわ
大分県・自見川水系〔2級〕
今川　いまがわ
宮崎県・一ツ瀬川水系〔2級〕
4今井川　いまいがわ
群馬県・利根川水系〔1級〕
今井川　いまいがわ
神奈川県・帷子川水系〔2級〕
今井川　いまいがわ
長野県・信濃川水系〔1級〕
今井川　いまいがわ
岡山県・旭川水系〔1級〕
今井谷川　いまいだにがわ
京都府・由良川水系
今井谷川　いまいだにがわ
広島県・江の川水系〔1級〕
今井迫川　いまいさこがわ
島根県・浜田川水系〔2級〕
今切川　いまぎれがわ
徳島県・吉野川水系〔1級〕
今木川　いまきがわ
奈良県・大和川水系〔1級〕
今木場川　いまこばがわ
長崎県・有明川水系〔2級〕
5今出川　いまいでがわ
福島県・阿武隈川水系〔1級〕
今出川　いまでがわ
山口県・木屋川水系〔2級〕
今出川　いまでがわ
愛媛県・喜木川水系〔2級〕
今出川　いまでがわ
佐賀県・六角川水系〔1級〕
今出原川　いまではらがわ
広島県・江の川水系〔1級〕
今市川　いまいちがわ
島根県・益田川水系〔2級〕
今田川　いまだがわ
石川県・今田川水系
今田川　いまだがわ
鳥取県・洗川水系〔2級〕
今田川　いまだがわ
愛媛県・肱川水系〔1級〕
今田川　いまだがわ
熊本県・一町田川水系〔2級〕
今立川　いまだてがわ
岡山県・今立川水系〔2級〕
6今伊勢川　いまいせがわ
愛知県・日光川水系
今在家川　いまざいけがわ
愛媛県・渡川水系〔1級〕
今江川　いまえがわ
滋賀県・淀川水系〔1級〕
今池川　いまいけがわ
愛知県・今池川水系〔2級〕
今池川　いまいけがわ
京都府・淀川水系
今池川　いまいけがわ
岡山県・吉井川水系〔1級〕
今西川　いまにしがわ
鳥取県・勝部川水系〔2級〕
今西川　いまにしがわ
愛媛県・肱川水系〔1級〕
7今別川　いまべつかわ
青森県・今別川水系〔2級〕
今坂川　いまさかがわ
佐賀県・玉島川水系〔2級〕
今尾頭沢　いまおかしらさわ
栃木県・那珂川水系〔1級〕
今村川　いまむらがわ
長崎県・東大川水系〔2級〕
今町川　いままちがわ
熊本県・白川水系〔1級〕
今谷川　いまだにがわ
岐阜県・神通川水系〔1級〕
今谷川　いまだにがわ
京都府・淀川水系
今谷川　いまだにがわ
島根県・斐伊川水系〔1級〕

今谷川　いまだにがわ
岡山県・旭川水系

今里川　いまさとがわ
佐賀県・今里川水系〔2級〕

今里川　いまさとがわ
長崎県・今里川水系〔2級〕

今里川　いまざとがわ
長崎県・今里川水系〔2級〕

8今岡川　いまおかがわ
広島県・芦田川水系〔1級〕

9今信川　こんのぶがわ
広島県・芦田川水系〔1級〕

今泉大台川　いまいずみおおだいがわ
秋田県・雄物川水系〔1級〕

今泉川　いまいずみがわ
青森県・岩木川水系〔1級〕

今泉川　いまいずみがわ
秋田県・米代川水系〔1級〕

今泉川　いまいずみがわ
新潟県・落堀川水系〔2級〕

今泉川　いまいずみがわ
熊本県・行末川水系〔2級〕

今泉川　いまいずみがわ
熊本県・今泉川水系〔2級〕

今泉川　いまいずみがわ
熊本県・球磨川水系

今津川　いまずがわ
千葉県・今津川水系

今津川　いまずがわ
滋賀県・淀川水系〔1級〕

今津川　いまずがわ
山口県・幸之江川水系〔2級〕

今畑川　いまはたがわ
大分県・八坂川水系〔2級〕

今神御池　いまがみおいけ
山形県戸沢村

10今倉沢　いまくらさわ
栃木県・利根川水系

11今堀川　いまぼりがわ
愛知県・今堀川水系〔2級〕

今野川　こんのがわ
山形県・最上川水系〔1級〕

12今堤川　いまずつみがわ
大分県・大野川水系〔1級〕

今富川　いまとみがわ
山口県・有帆川水系〔2級〕

今富川　いまどみがわ
熊本県・今富川水系〔2級〕

今朝平川　けさだいらがわ
愛知県・矢作川水系

今湯川《別》　いまゆがわ
富山県・小川水系の小川

今須川　いますがわ
岐阜県・木曾川水系〔1級〕

13今新地川　いまじんちがわ
熊本県・五丁川水系〔2級〕

今新地川　いまじんちがわ
熊本県・五丁川水系

今滝川　いまたきがわ
香川県・綾川水系〔2級〕

今福川　いまふくがわ
京都府・大手川水系〔2級〕

今福川　いまふくがわ
長崎県・今福川水系〔2級〕

【仁】

3仁久川　にくがわ
宮崎県・小丸川水系〔1級〕

仁子川　にこがわ
熊本県・緑川水系〔1級〕

仁子川　にこがわ
熊本県・緑川水系

仁川　にがわ
兵庫県・武庫川水系〔2級〕

4仁井田又川　にいだまたがわ
高知県・渡川水系〔1級〕

仁井田川　にいだがわ
福島県・夏井川水系〔2級〕

仁井田川　にいだがわ
高知県・物部川水系〔1級〕

仁井田川　にいだがわ
高知県・渡川水系〔1級〕

仁井田川　にいだがわ
高知県・伊尾木川水系

仁井別川　にいべつがわ
北海道・石狩川水系〔1級〕

仁々志別川　ににしべつがわ
北海道・釧路川水系〔1級〕

仁反田川　にたんだがわ
長崎県・仁反田川水系〔2級〕

仁王川　におうがわ
愛知県・矢作川水系〔1級〕

仁王川　におうがわ
愛知県・矢作川水系

仁王川　はおうがわ
愛知県・矢作川水系

5仁世宇川　にせうがわ
北海道・沙流川水系〔1級〕

仁加又川　にかまたがわ
群馬県・利根川水系〔1級〕

仁左平川　にさたいがわ
岩手県・馬淵川水系〔1級〕

仁生川　にしょうがわ
北海道・十勝川水系〔1級〕

仁田の谷川　にたのたにがわ
宮崎県・大淀川水系〔1級〕

仁田川　にだがわ
福島県・阿武隈川水系

仁田川　にだがわ
新潟県・信濃川水系〔1級〕

仁田川　にたがわ
長崎県・仁田川水系〔2級〕

仁田元川　にたもとがわ
栃木県・利根川水系〔1級〕

仁田内川　にたのうちがわ
宮崎県・五ヶ瀬川水系〔1級〕

仁田布川　にたっぷがわ
北海道・湧別川水系〔1級〕

6仁多川　にたがわ
北海道・釧路川水系〔1級〕

仁江川　にえがわ
愛媛県・仁江川水系〔2級〕

仁行川　にぎょうがわ
石川県・河原田川水系〔2級〕

7仁位川　にいがわ
長崎県・仁位川水系〔2級〕

仁位所川　にいところがわ
佐賀県・六角川水系〔1級〕

仁助川　にすけがわ
秋田県・馬場目川水系〔2級〕

仁助川　にすけがわ
富山県・高橋川水系〔2級〕

仁吾川　にごがわ
広島県・高梁川水系〔1級〕

8仁居常呂川　にいところがわ
北海道・常呂川水系〔1級〕

仁岸川　にぎしがわ
石川県・仁岸川水系〔2級〕

仁歩川　じんぷがわ
富山県・神通川水系〔1級〕

9仁保川　にほがわ
山口県・椹野川水系〔2級〕

仁後川　にごがわ
広島県・江の川水系

仁柿川　にかきがわ
三重県・櫛田川水系〔1級〕

仁皇川　じんのうがわ
愛知県・汐川水系

仁科川　にしながわ
静岡県・仁科川水系〔2級〕

10仁倉川　にくらがわ
北海道・佐呂間別川水系〔2級〕

仁原川　にはらがわ
熊本県・球磨川水系〔1級〕

11仁淀川　によどがわ
愛媛県, 高知県・仁淀川水系〔1級〕

仁部川　にべがわ
佐賀県・玉島川水系〔2級〕

仁頃川　にころがわ
北海道・常呂川水系〔1級〕

12仁賀木谷川　にがきだにがわ
徳島県・吉野川水系〔1級〕

【仏】

仏ノ角川　ほとけのかどがわ
福島県・阿武隈川水系

3仏大寺川　ぶつだいじがわ
石川県・梯川水系〔1級〕

仏子谷川　ふつごだにがわ
徳島県・吉野川水系〔1級〕

4仏天川　ぶつてんがわ
熊本県・仏天川水系

仏木川　ほとぎりがわ
石川県・米町川水系〔2級〕

5仏生川　ぶっしょうがわ
愛媛県・重信川水系〔1級〕

仏生寺川　ぶっしょうじがわ
富山県・仏生寺川水系〔2級〕

仏石谷川　ほとけいしだにがわ
熊本県・球磨川水系

7仏坂川　ほとけざかがわ
岩手県・北上川水系

仏沢川　ほとけざわがわ
山形県・最上川水系〔1級〕

仏沢川　ほとけざわがわ
山梨県・富士川水系〔1級〕

仏社川　ぶっしゃがわ
秋田県・米代川水系〔1級〕

仏谷川　ほとけだにがわ
島根県・江の川水系

10仏通寺川　ぶっつうじがわ
広島県・沼田川水系〔2級〕

12仏道川　ぶつどうがわ
愛媛県・肱川水系〔1級〕

【元】

3元小山川　もとこやまがわ
埼玉県・利根川水系〔1級〕

元山川　もとやまがわ
群馬県・利根川水系〔1級〕

元川　もとがわ
兵庫県・揖保川水系〔1級〕

元川　もとがわ
高知県・元川水系〔2級〕

4元刈谷川　もとかりやがわ
愛知県・境川水系

元切川　もときりがわ
愛媛県・蒼社川水系〔2級〕

5元丘川　もとおかがわ
北海道・藻鼈川水系〔2級〕
元旧川　もときゅうがわ
鳥取県・元旧川水系〔2級〕
元田川　もとだがわ
大分県・番匠川水系〔1級〕
6元名川　もとながわ
千葉県・元名川水系〔2級〕
元安川　もとやすがわ
広島県・太田川水系〔1級〕
元宇鉄川　もとうてつがわ
青森県・元宇鉄川水系〔2級〕
7元沢川　もとさわがわ
茨城県・那珂川水系〔1級〕
元町川　もとまちがわ
岩手県・馬淵川水系〔1級〕
元町川　もとまちがわ
奈良県・大和川水系〔1級〕
元谷川　もとたにがわ
三重県・元谷川水系〔2級〕
9元屋川　がんやがわ
島根県・元屋川水系〔2級〕
元荒川　もとあらかわ
埼玉県・利根川水系〔1級〕
10元浦川　もとうらがわ
北海道・元浦川水系〔2級〕
11元宿川　もとじゅくがわ
山形県・最上川水系〔1級〕
元常川　もとつねがわ
広島県・江の川水系〔1級〕
元組川　もとくみがわ
島根県・高津川水系〔1級〕
元野川　もとのがわ
宮崎県・清武川水系〔2級〕
元野幌川　もとのっぽろがわ
北海道・石狩川水系
12元越川　もとごえがわ
愛媛県・松田川水系〔2級〕
13元新1号川　もとしんいちごうがわ
北海道・渚滑川水系
元新2号川　もとしんにごうがわ
北海道・渚滑川水系
19元瀬川　もとせがわ
愛媛県・猿子川水系

【公】

4公手川　くでがわ
京都府・由良川水系
公文川　くもんがわ
兵庫県・揖保川水系〔1級〕
公文川　くもんがわ
岡山県・吉井川水系〔1級〕
13公園の沢川　こうえんのさわがわ
北海道・十勝川水系

【六】

六の原川　ろくのはらがわ
広島県・江の川水系〔1級〕
3六万川　ろくまんがわ
岡山県・吉井川水系〔1級〕
4六反川　ろくたんがわ
山梨県・富士川水系〔1級〕
六反田川　ろくたんだがわ
福島県・紅葉川水系〔2級〕
六反田川　ろくたんだがわ
京都府・野田川水系
六反田川　ろくたんだがわ
広島県・芦田川水系〔1級〕
六反田川　ろくたんだがわ
長崎県・六反田川水系〔2級〕
六反田川　ろくたんだがわ
大分県・天貝川水系〔2級〕
六斗目川　ろくとめがわ
愛知県・矢作川水系
六方川　ろっぽうがわ
兵庫県・円山川水系〔1級〕
5六号川　ろくごうがわ
北海道・石狩川水系〔1級〕
六甲川　ろっこうがわ
兵庫県・都賀川水系〔2級〕
六甲川　ろっこうがわ
兵庫県・武庫川水系〔2級〕
六田川　ろくたがわ
佐賀県・筑後川水系〔1級〕
六田川　ろくたがわ
宮崎県・大淀川水系〔1級〕
6六地蔵川　ろくじぞうがわ
佐賀県・筑後川水系〔1級〕
六百刈田川　ろっぴゃくかりたがわ
岩手県・北上川水系
六羽川　ろっぱがわ
青森県・岩木川水系〔1級〕
7六呂川　ろくろがわ
滋賀県・淀川水系〔1級〕
六呂木川　ろくろぎがわ
三重県・櫛田川水系〔1級〕
六角川　ろっかくがわ
福島県・阿武隈川水系〔1級〕
六角川　ろっかくがわ
佐賀県・六角川水系〔1級〕
六角沢　ろっかくざわ
青森県・磯崎川水系
六谷川　むだにがわ
高知県・渡川水系

8六宗川　むつむねがわ
広島県・江の川水系〔1級〕
六宗川　むつむねがわ
広島県・江の川水系
六枚橋川　ろくまいばしがわ
青森県・六枚橋川水系〔2級〕
9六郎谷川　ろくろうだにがわ
岡山県・高梁川水系
10六軒家川　ろっけんやがわ
大阪府・淀川水系〔1級〕
11六郷の池　ろくごうのいけ
新潟県新津市
六郷川《別》　ろくごうがわ
東京都, 神奈川県・多摩川水系の多摩川
12六厩川　むまやがわ、むまいがわ
岐阜県・庄川水系〔1級〕
六間川　ろっけんがわ
千葉県・利根川水系〔1級〕
六間川　ろっけんがわ
岡山県・倉敷川水系〔2級〕
六間川　ろっけんがわ
広島県・芦田川水系〔1級〕
15六線川　ろくせんがわ
北海道・天塩川水系〔1級〕
六線川　ろくせんがわ
北海道・天塩川水系〔1級〕
六線沢川　ろくせんさわがわ
北海道・石狩川水系〔1級〕
18六観音御池　ろっかんのんみいけ
宮崎県えびの市

【円】

円の板川　えんのいたがわ
島根県・江の川水系〔1級〕
3円山ウブシ川　まるやまうぶしがわ
北海道・天塩川水系〔1級〕
円山川　まるやまがわ
兵庫県・円山川水系〔1級〕
円山赤川　まるやまあかがわ
北海道・天塩川水系〔1級〕
6円地川　えんじがわ
岡山県・高梁川水系
7円谷川　えんだにがわ
鳥取県・天神川水系〔1級〕
8円沼　まるぬま
北海道茅部郡森町
9円城寺川　えんじょうじがわ
鳥取県・由良川水系〔2級〕
10円悟沢川　えんごさわがわ
長野県・天竜川水系〔1級〕
13円楽寺川　えんらくじがわ
愛知県・日光川水系
円頓寺川　えんとんじがわ
京都府・佐濃谷川水系〔2級〕
20円護寺川　えんごうじがわ
鳥取県・千代川水系〔1級〕

【内】

内の八重川　うちのやえがわ
宮崎県・耳川水系〔2級〕
内の丸川　うちのまるがわ
宮崎県・大淀川水系〔1級〕
内の井川　うちのいがわ
和歌山県・富田川水系〔2級〕
内の目沢川　うちのめさわがわ
宮城県・砂押川水系〔2級〕
内の谷川　うちのたにがわ
高知県・新川川水系〔2級〕
内の谷川　うちのたにがわ
高知県・新川川水系
内の迫川　うちのさこがわ
宮崎県・広渡川水系
内の原川　うちのはらかわ
宮城県・北上川水系〔1級〕
内ヶ谷川　うちがだにがわ
岐阜県・木曾川水系
内ヶ竜川　うちがりゅうがわ
福島県・鮫川水系〔2級〕
内ノ沢　うちのさわ
青森県・馬淵川水系
内ノ沢川　うちのさわがわ
新潟県・東立島川水系
3内大臣川　ないだいじんがわ
熊本県・緑川水系〔1級〕
内大部川　ないだいぶがわ
北海道・石狩川水系〔1級〕
内子川　うちごがわ
山形県・最上川水系
内子沢川　うちこざわがわ
新潟県・信濃川水系〔1級〕
内山川　うちやまがわ
山形県・最上川水系〔1級〕
内山川　うちやまがわ
山形県・最上川水系
内山川　うちやまがわ
新潟県・信濃川水系〔1級〕
内山川　うちやまがわ
愛知県・豊川水系〔1級〕
内山川　うちやまがわ
愛知県・豊川水系
内山川　うちやまがわ
愛媛県・渡川水系〔1級〕
内山川　うちやまがわ
大分県・桂川水系〔2級〕

内山川　うちやまがわ
宮崎県・大淀川水系〔1級〕
内山川　うちやまがわ
宮崎県・川内川水系〔1級〕
内山谷川　うちやまだにがわ
徳島県・吉野川水系〔1級〕
内川　うちがわ
宮城県・阿武隈川水系〔1級〕
内川　うちがわ
秋田県・米代川水系〔1級〕
内川　うちかわ
山形県・赤川水系〔1級〕
内川　うちがわ
茨城県・那珂川水系〔1級〕
内川　うちがわ
茨城県・那珂川水系
内川　うちがわ
栃木県・那珂川水系〔1級〕
内川　うちがわ
東京都・内川水系〔2級〕
内川　うちがわ
神奈川県・酒匂川水系〔2級〕
内川　うちがわ
新潟県・関川水系〔1級〕
内川　うちがわ
富山県・内川水系〔2級〕
内川　うちがわ
石川県・犀川水系〔2級〕
内川　うちがわ
福井県・九頭竜川水系〔1級〕
内川《別》　うちがわ
静岡県・狩野川水系の来光川
内川　うちがわ
大阪府・内川水系〔2級〕
内川　うちがわ
兵庫県・淀川水系〔1級〕
内川　うちかわ
奈良県・紀の川水系〔1級〕
内川　うちがわ
和歌山県・有田川水系〔2級〕
内川　うちがわ
愛媛県・重信川水系〔1級〕
内川　うちがわ
愛媛県・新川水系〔2級〕
内川　うちかわ
沖縄県・内川水系〔2級〕
内川川　うちかわがわ
秋田県・馬場目川水系〔2級〕
内川川　うちかわがわ
山口県・厚狭川水系〔2級〕
内川川　うちかわがわ
高知県・渡川水系〔1級〕
内川放水路　うちがわほうすいろ
大阪府・内川水系〔2級〕
4内之田川　うちのたがわ
宮崎県・広渡川水系〔2級〕
内之野川　うちののがわ
宮崎県・広渡川水系〔2級〕
内木場川　うちのこばがわ
熊本県・球磨川水系
5内布川　うちぬのがわ
鹿児島県・万之瀬川水系〔2級〕
内平ヶ谷川　うちひらがだにがわ
愛媛県・渡川水系〔1級〕
内平川　うちひらがわ
広島県・野呂川水系
内平川　うちひらがわ
愛媛県・来村川水系〔2級〕
内田川　うちだがわ
千葉県・養老川水系〔2級〕
内田川　うちだがわ
島根県・周布川水系〔2級〕
内田川　うちだがわ
佐賀県・松浦川水系〔1級〕
内田川　うちだがわ
長崎県・内田川水系〔2級〕
内田川　うちだがわ
熊本県・菊池川水系〔1級〕
内田川　うちだがわ
熊本県・緑川水系〔1級〕
内田川　うちだがわ
熊本県・大野川水系
内田川　うちだがわ
大分県・内田川水系〔2級〕
内田川　うちだがわ
鹿児島県・折口川水系〔2級〕
内田谷川　うちだだにがわ
徳島県・吉野川水系〔1級〕
内石川　うちいしがわ
島根県・高津川水系〔1級〕
内穴沢　うちあなざわ
岩手県・北上川水系
内穴沢川　うちあなざわがわ
岩手県・北上川水系
6内匠川　たくみがわ
群馬県・利根川水系〔1級〕
内寺川　うちでらがわ
岡山県・高梁川水系〔1級〕
7内住川　ないじゅうがわ
福岡県・遠賀川水系〔1級〕
内別川　ないべつがわ
北海道・石狩川水系〔1級〕
内村川　うちむらがわ
長野県・信濃川水系〔1級〕

内沢川　うちさわがわ
岩手県・北上川水系
内町沢　うちまちざわ
秋田県・米代川水系〔1級〕
内町堀川　うちまちぼりがわ
宮城県・阿武隈川水系〔1級〕
内谷川　うちやがわ
千葉県・南白亀川水系〔2級〕
内谷川　うちやがわ
静岡県・菊川水系〔1級〕
内谷川　うちだにがわ
徳島県・勝浦川水系〔2級〕
内里川　うちざとがわ
京都府・淀川水系
8内妻川　うちずまがわ
徳島県・内妻川水系〔2級〕
内房境川　うちぶささかいがわ
山梨県・富士川水系〔1級〕
内河内川　うちこうちがわ
山梨県・富士川水系〔1級〕
内河野川　うちこうのがわ
大分県・筑後川水系〔1級〕
内沼　うちぬま
青森県上北郡六ヶ所村
内沼　うちぬま
青森県・高瀬川水系〔1級〕
内沼　うちぬま
宮城県栗原郡築館町
内沼　うちぬま
宮城県・北上川水系
内沼川　うちぬまがわ
茨城県・利根川水系〔1級〕
内沼川　うちぬまがわ
茨城県・利根川水系
内沼潟　うちぬまがた
新潟県豊栄市
内牧川　うちまきがわ
静岡県・安倍川水系〔1級〕
内牧川　うちまきがわ
奈良県・淀川水系〔1級〕
9内海　ないかい
滋賀県大津市
内海　うちうみ
鹿児島県大島郡住用村
内海ダム　うちのみだむ
香川県・別当川水系
内海川　うつみがわ
愛知県・内海川水系〔2級〕
内海川　うつのみがわ
兵庫県・円山川水系〔1級〕
内海川　うつみがわ
鳥取県・内海川水系〔2級〕
内海川　うちうみがわ
宮崎県・内海川水系〔2級〕
内海谷川　うつみだにがわ
岡山県・旭川水系〔1級〕
内津川　うつつがわ
愛知県・庄内川水系〔1級〕
内洞川　うちぼらかわ
愛媛県・渡川水系〔1級〕
内神川　うちがみがわ
兵庫県・武庫川水系〔2級〕
内神川　うちがみがわ
広島県・堺川水系〔2級〕
10内倉川　うちくらがわ
新潟県・加治川水系〔2級〕
内原川　うちはらがわ
島根県・斐伊川水系〔1級〕
内浦川　うちうらがわ
大分県・大野川水系〔1級〕
内真部川　うちまんぺがわ
青森県・内真部川水系〔2級〕
11内堀川　うちぼりがわ
広島県・高梁川水系〔1級〕
内張川　うちばりがわ
愛知県・梅田川水系〔2級〕
内部川　うつべがわ
三重県・鈴鹿川水系〔1級〕
内野山川　うちのやまがわ
佐賀県・塩田川水系〔2級〕
内野川　うちのがわ
岩手県・関口川水系
内野川　うちのがわ
福岡県・多々良川水系〔2級〕
内野川　うちのがわ
熊本県・菊池川水系〔1級〕
内野川　うちのがわ
熊本県・湯の浦川水系〔2級〕
内野川　うちのがわ
熊本県・内野川水系〔2級〕
内野川　うちのがわ
熊本県・菊池川水系
内野川　うちのがわ
熊本県・内野川水系
12内場ダム　ないばだむ
香川県・香東川水系
内場川　ないばがわ
香川県・香東川水系〔2級〕
内場川　ないばがわ
愛媛県・肱川水系〔1級〕
内湖　うちこ
青森県市浦村
13内福地川　うちふくちがわ
沖縄県・福地川水系〔2級〕

15内潟　うちがた
青森県・岩木川水系
16内膳沢　ないぜんさわ
新潟県・信濃川水系〔1級〕
内頭川　うちがしらがわ
三重県・船津川水系〔2級〕
17内檜沢　うちひのきざわ
新潟県・信濃川水系〔1級〕
19内瀬川　ないぜがわ
三重県・伊勢路川水系〔2級〕
内瀬戸川《別》　うちせとがわ
静岡県・瀬戸川水系の内瀬戸谷川
内瀬戸谷川　うちせとやがわ
静岡県・瀬戸川水系〔2級〕
22内籠川　うつのこもりがわ
栃木県・利根川水系〔1級〕

【刈】
3刈川　かりかわ
鹿児島県・万之瀬川水系〔2級〕
4刈分川　かりわけがわ
北海道・天塩川水系〔1級〕
5刈生沢川　かりゅうざわがわ
岩手県・北上川水系〔1級〕
刈田院川　かりたいんがわ
長崎県・刈田院川水系〔2級〕
刈込池　かりこみいけ
富山県上新川郡大山町
刈込湖　かりこみこ
栃木県日光市
6刈安川　かりやすがわ
山形県・最上川水系〔1級〕
刈安川　かりやすがわ
山形県・最上川水系
刈安川　かりやすがわ
石川県・大野川水系
刈安沢川　かりやすざわがわ
山形県・最上川水系
7刈谷川　かりやがわ
茨城県・利根川水系
刈谷田川　かりやたがわ
新潟県・信濃川水系〔1級〕
9刈屋川　かりやがわ
岩手県・閉伊川水系〔2級〕
刈屋川　かりやがわ
岩手県・閉伊川水系
刈後川　かりごがわ
秋田県・白雪川水系
刈畑川　かりはたがわ
島根県・斐伊川水系〔1級〕
13刈置沢川　かりおきざわがわ
山梨県・富士川水系〔1級〕

【切】
切ノ川　きりのかわ
香川県・鴨部川水系〔2級〕
3切久保川　きりくぼがわ
山梨県・富士川水系〔1級〕
切山川　きりやまがわ
静岡県・大井川水系〔1級〕
切山川　きりやまがわ
愛知県・矢作川水系
切山川　きりやまがわ
山口県・切戸川水系〔2級〕
4切戸　きれど
茨城県東村
切戸川　きりとがわ
山口県・切戸川水系〔2級〕
切戸谷川　きれとだにがわ
徳島県・吉野川水系〔1級〕
切木川　きりきがわ
岐阜県・木曾川水系〔1級〕
5切目川　きりめがわ
和歌山県・切目川水系〔2級〕
切石川　きりいしがわ
福島県・阿賀野川水系〔1級〕
切込川　きりこみがわ
大分県・五ヶ瀬川水系〔1級〕
切込湖　きりこみこ
栃木県日光市
6切合沢　きりあいざわ
青森県・小童子川水系
7切谷川　きりたにがわ
徳島県・吉野川水系〔1級〕
8切明川　きりあけがわ
青森県・岩木川水系〔1級〕
切松川　きりまつがわ
広島県・江の川水系
切金川　きりかねがわ
岩手県・久慈川水系
9切畑川　きりはたがわ
秋田県・雄物川水系〔1級〕
切畑川　きりはたがわ
大阪府・淀川水系〔1級〕
切畑川　きりはたがわ
福岡県・遠賀川水系〔1級〕
切砂子川　きりすなごがわ
香川県・高瀬川水系〔2級〕
10切原川　きりはらがわ
宮崎県・小丸川水系〔1級〕
切通川　きりどおしがわ
岩手県・米代川水系
切通川　きりとおしがわ
佐賀県・筑後川水系〔1級〕

切通川放水路　きりどおしがわほうすいろ
佐賀県・筑後川水系〔1級〕
12切越川　きりごしがわ
熊本県・流合川水系

【分】
分ノ口川　わけのくちがわ
鳥取県・千代川水系
4分水島崎川　ぶんすいしまざきがわ
新潟県・信濃川水系〔1級〕
5分田川　ぶんだがわ
熊本県・菊池川水系

【勾】
5勾田川　まがたがわ
奈良県・大和川水系〔1級〕

【勿】
7勿来川　なこそがわ
宮城県・砂押川水系〔2級〕

【匹】
7匹見川　ひきみがわ
島根県・高津川水系〔1級〕

【午】
午の堀川　うまのほりがわ
埼玉県・利根川水系〔1級〕
4午王川　ごおうがわ
群馬県・利根川水系〔1級〕
午王頭川　ごおうずがわ
群馬県・利根川水系〔1級〕
16午頭川　ごずがわ
島根県・神戸川水系〔2級〕
午頭川放水路　ごずがわほうすいろ
島根県・神戸川水系〔2級〕

【升】
7升形川　ますがたがわ
山形県・最上川水系〔1級〕
15升潟　ますがた
新潟県新発田市

【双】
3双子川　ふたごがわ
大分県・安岐川水系〔2級〕
4双元川　ふたもとがわ
岩手県・綾里川水系
双六川　すごろくがわ
岐阜県・神通川水系〔1級〕
9双津ノ川　そうずのがわ
高知県・渡川水系
10双珠別川　そうしゅべつがわ
北海道・鵡川水系〔1級〕
12双間伏川　そうまぶしがわ
熊本県・湯浦川水系

【反】
3反下川　たんげがわ
群馬県・利根川水系〔1級〕
4反木川　そろきがわ
山梨県・富士川水系〔1級〕
5反田川　そりたがわ
茨城県・十王川水系
7反里沢　そりさわ
新潟県・信濃川水系〔1級〕
16反橋川　そりはしがわ
山形県・最上川水系〔1級〕

【友】
4友内川　ともうちがわ
宮崎県・五ヶ瀬川水系〔1級〕
5友田川　ともだがわ
山口県・友田川水系〔2級〕
友田川　ともだがわ
熊本県・行末川水系〔2級〕
7友坂川　ともさかがわ
山口県・錦川水系
8友枝川　ともえだがわ
福岡県・山国川水系〔1級〕
友松谷川　ともまつだにかわ
徳島県・吉野川水系〔1級〕
11友清川　ともきよがわ
兵庫県・明石川水系〔2級〕
友清川　ともきよがわ
岡山県・旭川水系〔1級〕
友淵川　ともぶちがわ
兵庫県, 京都府・由良川水系〔1級〕
12友森川　とももりがわ
広島県・江の川水系〔1級〕
友森川　とももりがわ
広島県・江の川水系
友森川　とももりがわ
香川県・湊川水系〔2級〕

【壬】
5壬生川　みぶがわ
愛媛県・肱川水系〔1級〕
壬生沢川　みぶさわがわ
長野県・天竜川水系〔1級〕

【太】

2太刀洗川　たちあらいがわ
神奈川県・滑川水系
3太山寺川　たいさんじがわ
愛媛県・太山寺川水系
4太井川　たいがわ
大阪府・大和川水系〔1級〕
太日川《古》　ふとひがわ
栃木県, 茨城県, 埼玉県・利根川水系の渡良瀬川
太日河《古》　ふといがわ
千葉県・利根川水系の江戸川
5太市川　たいちがわ
岐阜県・木曽川水系〔1級〕
太平川　おおひらがわ
北海道・太平川水系〔2級〕
太平川　たいへいがわ
秋田県・雄物川水系〔1級〕
太田川　おおたがわ
岩手県・北上川水系〔1級〕
太田川　おおたがわ
岩手県・新井田川水系
太田川　おおたがわ
岩手県・馬淵川水系
太田川　おおたがわ
岩手県・北上川水系
太田川　おおたがわ
宮城県・北上川水系〔1級〕
太田川　おおたがわ
山形県・最上川水系〔1級〕
太田川　おおたがわ
福島県・阿賀野川水系〔1級〕
太田川　おおたがわ
福島県・太田川水系〔2級〕
太田川　おおたがわ
茨城県・利根川水系
太田川　おおたがわ
新潟県・阿賀野川水系〔1級〕
太田川　おおたがわ
新潟県・信濃川水系〔1級〕
太田川　おおたがわ
富山県・神通川水系〔1級〕
太田川　おおたがわ
石川県・太田川水系〔2級〕
太田川　おおたがわ
福井県・太田川水系〔2級〕
太田川　おおたがわ
長野県・信濃川水系〔1級〕
太田川　おおたがわ
静岡県・太田川水系〔2級〕
太田川　おおたがわ
愛知県・矢作川水系
太田川　おおたがわ
滋賀県・淀川水系〔1級〕
太田川　おおたがわ
京都府・由良川水系〔1級〕
太田川　おおたがわ
兵庫県・円山川水系〔1級〕
太田川　おおたがわ
兵庫県・市川水系〔2級〕
太田川《古》　おおたがわ
兵庫県・大津茂川水系の大津茂川
太田川　おおたがわ
奈良県・大和川水系〔1級〕
太田川　おおたがわ
和歌山県・太田川水系〔2級〕
太田川　おおたがわ
島根県・江の川水系〔1級〕
太田川　おおたがわ
広島県・太田川水系〔1級〕
太田川　おおたがわ
徳島県・吉野川水系〔1級〕
太田川　おおたがわ
徳島県・太田川水系〔2級〕
太田川　おおたがわ
愛媛県・渡川水系〔1級〕
太田川　おおたがわ
熊本県・菊池川水系
太田川　おおたがわ
大分県・筑後川水系〔1級〕
太田川　おおたがわ
大分県・大野川水系〔1級〕
太田川　おおたがわ
鹿児島県・永吉川水系〔2級〕
太田切川　おおたぎりがわ
新潟県・関川水系〔1級〕
太田切川　おおたぎりがわ
長野県・天竜川水系〔1級〕
太田代川　おおたしろがわ
岩手県・北上川水系〔1級〕
太田沢川　おおたざわがわ
新潟県・荒川（新潟県・山形県）水系〔1級〕
太田谷川　おおただにがわ
新潟県・信濃川水系〔1級〕
太田谷川　おおたたにがわ
宮崎県・太田谷川水系
6太多田川　おおただがわ
兵庫県・武庫川水系〔2級〕
太江川　たいえがわ
岐阜県・神通川水系〔1級〕
7太志田川　おおしだがわ
岩手県・瀬月内川水系
太良木川　たらきがわ
三重県・櫛田川水系〔1級〕

太良路川　たろうじがわ
奈良県・淀川水系〔1級〕
太谷川　ふとだにがわ
富山県・小矢部川水系〔1級〕
9太郎ヶ沢川　たろうがさわがわ
岩手県・北上川水系
太郎川川　たろうがわがわ
高知県・渡川水系
太郎谷川　たろうだにがわ
滋賀県・淀川水系〔1級〕
太郎湖　たろうこ
北海道阿寒町
10太倉川　たいくらがわ
秋田県・子吉川水系
太宰府原川　だざいふはらがわ
福岡県・御笠川水系〔2級〕
12太間川　たいまがわ
和歌山県・周参見川水系〔2級〕
14太駄川　おおだがわ
愛媛県・太駄川水系〔2級〕
19太櫓川　ふとろがわ
北海道・太櫓川水系〔2級〕
太櫓越川　ふとろごえがわ
北海道・臼別川水系

【天】
天が沢川　あまがさわがわ
岩手県・北上川水系
天ヶ池　あまがいけ
新潟県中頸城郡大潟町
天ヶ瀬川　あまがせがわ
奈良県・新宮川水系〔1級〕
天ノ川　てんのかわ
茨城県・利根川水系〔1級〕
天ノ川　てんのかわ
奈良県・新宮川水系
3天下田川　てんかだがわ
岩手県・北上川水系
天上川　てんじょうかわ
兵庫県・天上川水系〔2級〕
天上川　てんじょうかわ
兵庫県・明石川水系〔2級〕
天上沢川　てんじょうさわがわ
栃木県・那珂川水系〔1級〕
天子川　あまこがわ
愛媛県・中山川水系〔2級〕
天山川　てんざんがわ
佐賀県・六角川水系〔1級〕
天川　てがわ
山梨県・富士川水系〔1級〕
天川　あまかわ
滋賀県・淀川水系〔1級〕
天川　あまがわ
滋賀県・淀川水系〔1級〕
天川　あまかわ
兵庫県・天川水系〔2級〕
天川　あまがわ
兵庫県・天川水系〔2級〕
天川　てんのかわ
奈良県, 和歌山県, 三重県・新宮川水系
天川　あまがわ
島根県・八尾川水系〔2級〕
天川　あまがわ
佐賀県・松浦川水系〔1級〕
4天中川《古》　てんちゅうがわ
長野県, 愛知県, 静岡県･天竜川水系の天竜川
天井川《別》　てんじょうがわ
滋賀県・淀川水系の草津川
天井川　てんじょうがわ
兵庫県・妙法寺川水系〔2級〕
天井川　てんじょうがわ
鳥取県・宇田川水系〔2級〕
天井川　てんじょうがわ
広島県・沼田川水系〔2級〕
天内川　あまないがわ
秋田県・米代川水系〔1級〕
天内川　あもちがわ
兵庫県・加古川水系〔1級〕
天引川　あまびきがわ
群馬県・利根川水系〔1級〕
天戸川　あまとがわ
福島県・阿武隈川水系〔1級〕
天日川　てんにちがわ
愛媛県・吉野川水系〔1級〕
天月川　あまつきがわ
熊本県・球磨川水系〔1級〕
天月川　あまつきがわ
熊本県・球磨川水系
天木川　あまぎがわ
鳥取県・千代川水系〔1級〕
天水川　あまみずがわ
熊本県・緑川水系〔1級〕
天王川　てんのうがわ
岩手県・北上川水系〔1級〕
天王川　てんのうがわ
岩手県・北上川水系
天王川　てんのうがわ
山形県・最上川水系〔1級〕
天王川　てんのうがわ
茨城県・利根川水系〔1級〕
天王川　てんのうがわ
群馬県・利根川水系〔1級〕
天王川　てんのうがわ
新潟県・天王川水系〔2級〕

天王川　てんのうがわ
福井県・九頭竜川水系〔1級〕
天王川　てんのうがわ
長野県・天竜川水系〔1級〕
天王川　てんのうがわ
岐阜県・木曾川水系〔1級〕
天王川　てんのうがわ
愛知県・音羽川水系
天王川　てんのうがわ
広島県・沼田川水系
天王川　てんのうがわ
香川県・天王川水系〔2級〕
天王水路　てんのうすいろ
秋田県・馬場目川水系
天王寺川　てんのうじがわ
兵庫県・武庫川水系〔2級〕
天王谷川　てんのうだにがわ
兵庫県・新湊川水系〔2級〕
天王谷川　てんのうだにがわ
徳島県・立江川水系〔2級〕
天王前川　てんのうまえがわ
広島県・芦田川水系〔1級〕
5天代川　あましろがわ
長野県・信濃川水系〔1級〕
天付川　あまつけがわ
宮崎県・大淀川水系
天北川　てんぽくがわ
北海道・天塩川水系〔1級〕
天田川　あまだがわ
新潟県・信濃川水系〔1級〕
天田川　てんだがわ
広島県・高梁川水系〔1級〕
天田川　あまだがわ
山口県・長沢川水系〔2級〕
天田川　あまだがわ
山口県・南若川水系
天田内川　あまだないがわ
青森県・天田内川水系〔2級〕
天白川　てんぱくがわ
愛知県・天白川水系〔2級〕
天白川　てんぱくがわ
愛知県・天白川水系
天白川　てんぱくがわ
三重県・天白川水系〔2級〕
天白沢川　てんぱくざわがわ
山梨県・富士川水系〔1級〕
6天吉寺川　てんきちじがわ
滋賀県・淀川水系〔1級〕
天羽川《別》　あもうがわ
千葉県・湊川水系の湊川
天羽川　あもうがわ
島根県・江の川水系〔1級〕

天行寺川　てんぎょうじがわ
石川県・大津川水系
7天見川　あまみがわ
大阪府・大和川水系〔1級〕
天谷川　てんだにがわ
岡山県・旭川水系〔1級〕
天貝川　あまがいがわ
大分県・天貝川水系〔2級〕
8天和谷　てんわだに
奈良県・新宮川水系〔1級〕
天拝川　てんぱいがわ
秋田県・子吉川水系〔1級〕
天昌寺川　てんしょうじがわ
千葉県・利根川水系
天明新川　てんめいしんがわ
熊本県・緑川水系〔1級〕
天明新川　てんめいしんかわ
熊本県・緑川水系
天河川　あまごがわ
佐賀県・嘉瀬川水系〔1級〕
天河内川　あまかわちがわ
島根県・潮川水系〔2級〕
天沼川　あまぬまがわ
栃木県・那珂川水系〔1級〕
天狗川　てんぐがわ
山梨県・富士川水系〔1級〕
天狗沢　てんぐさわ
神奈川県・酒匂川水系
天狗沢川　てんぐさわがわ
北海道・松倉川水系
天竺川　てんじくがわ
大阪府・淀川水系〔1級〕
9天保川　てんぽがわ
滋賀県・淀川水系〔1級〕
天津沢川　あまつさわがわ
宮城県・阿武隈川水系〔1級〕
天津神川　あまつかみがわ
京都府・淀川水系〔1級〕
天神ヶ谷川　てんじんがだにがわ
高知県・仁淀川水系〔1級〕
天神川　てんじんがわ
青森県・岩木川水系〔1級〕
天神川　てんじんがわ
岩手県・北上川水系〔1級〕
天神川　てんじんがわ
福島県・阿武隈川水系〔1級〕
天神川　てんじんがわ
福島県・鮫川水系〔2級〕
天神川　てんじんがわ
福島県・久慈川水系
天神川　てんじんがわ
群馬県・利根川水系〔1級〕

天神川　てんじんがわ
埼玉県・利根川水系〔1級〕
天神川《古》　てんじんがわ
東京都・荒川水系の横十間川
天神川　てんじんがわ
新潟県・信濃川水系〔1級〕
天神川　てんじんがわ
新潟県・信濃川水系
天神川　てんじんがわ
福井県・九頭竜川水系〔1級〕
天神川　てんじんがわ
長野県・信濃川水系〔1級〕
天神川　てんじんがわ
岐阜県・木曾川水系〔1級〕
天神川　てんじんがわ
愛知県・庄内川水系〔1級〕
天神川　てんじんがわ
愛知県・天神川水系
天神川　てんじんがわ
三重県・相川水系〔2級〕
天神川　てんじんがわ
滋賀県・淀川水系〔1級〕
天神川　てんじんがわ
京都府・淀川水系〔1級〕
天神川　てんじんがわ
京都府・由良川水系
天神川　てんじんがわ
兵庫県・天神川水系〔2級〕
天神川　てんじんがわ
兵庫県・武庫川水系〔2級〕
天神川　てんじんがわ
鳥取県・千代川水系〔1級〕
天神川　てんじんがわ
鳥取県・天神川水系〔1級〕
天神川　てんじんがわ
島根県・斐伊川水系〔1級〕
天神川　てんじんがわ
広島県・江の川水系
天神川　てんじんがわ
香川県・鴨部川水系〔2級〕
天神川　てんじんがわ
愛媛県・天神川水系〔2級〕
天神川　てんじんがわ
福岡県・筑後川水系〔1級〕
天神川　てんじんがわ
熊本県・菊池川水系〔1級〕
天神川　てんじんがわ
熊本県・緑川水系
天神川　てんじんがわ
宮崎県・大淀川水系〔1級〕
天神川　てんじんがわ
宮崎県・川内川水系〔1級〕
天神川　てんじんがわ
宮崎県・一ツ瀬川水系〔2級〕
天神川　てんじんがわ
宮崎県・福島川水系〔2級〕
天神川　てんじんがわ
宮崎県・一ツ瀬川水系
天神川　てんじんがわ
鹿児島県・川内川水系〔1級〕
天神池　てんじんいけ
鹿児島県川内市
天神坊谷川　てんじんぼうだにがわ
高知県・安芸川水系
天神沢川　てんじんさわがわ
群馬県・利根川水系〔1級〕
天神東谷川　てんじんひがしだにがわ
兵庫県・生田川水系〔2級〕
天神前川　てんじんまえがわ
福島県・天神前川水系
天神前川　てんじんまえがわ
徳島県・吉野川水系〔1級〕
天祐寺川　てんゆうじがわ
佐賀県・嘉瀬川水系〔1級〕
天草川　あまくさがわ
愛知県・矢作川水系
10天竜川　てんりゅうがわ
山形県・天竜川水系〔2級〕
天竜川　てんりゅうがわ
茨城県・久慈川水系〔1級〕
天竜川　てんりゅうがわ
群馬県・利根川水系〔1級〕
天竜川　てんりゅうがわ
長野県, 愛知県, 静岡県・天竜川水系〔1級〕
天竜河内川　てんりゅうかわちがわ
静岡県・天竜川水系〔1級〕
天貢川　てんぐがわ
愛媛県・肱川水系〔1級〕
天降川　あもりがわ
鹿児島県・天降川水系〔2級〕
11天清川　てんせいがわ
京都府・伊佐津川水系〔2級〕
天郷川　てんごうがわ
鳥取県・日野川水系〔1級〕
天野川　あまのがわ
北海道・天野川水系〔2級〕
天野川　あまのがわ
滋賀県・淀川水系〔1級〕
天野川　あまのがわ
京都府・由良川水系〔1級〕
天野川　あまのがわ
大阪府・淀川水系〔1級〕
12天満川　てんまがわ
滋賀県・淀川水系〔1級〕

天満川　てんまがわ
奈良県・淀川水系〔1級〕
天満川　てんまがわ
奈良県・大和川水系〔1級〕
天満川　てんまがわ
和歌山県・天満川水系〔2級〕
天満川　てんまがわ
和歌山県・有田川水系〔2級〕
天満川　てんまがわ
広島県・太田川水系〔1級〕
天満川　てんまがわ
香川県・新川水系〔2級〕
天満川　てんまがわ
愛媛県・天満川水系〔2級〕
天満沢川　てんまざわがわ
長野県・信濃川水系〔1級〕
13天塩川　てしおがわ
北海道・天塩川水系〔1級〕
天幕川　てんまくがわ
北海道・渚滑川水系
天殿川　てんどのがわ
島根県・斐伊川水系〔1級〕
14天増川　あますがわ
滋賀県・北川水系
19天瀬川　あませがわ
秋田県・馬場目川水系
天願川　てんがんがわ
沖縄県・天願川水系〔2級〕

【夫】
7夫沢川　おっとざわがわ
福島県・夫沢川水系〔2級〕
11夫婦川　めおとがわ
山形県・最上川水系
夫婦川　めおとがわ
愛媛県・肱川水系〔1級〕
夫婦木川　めおとぎがわ
長崎県・本明川水系〔1級〕

【少】
6少合川　しょうごがわ
岐阜県・木曾川水系〔1級〕
10少連寺川　しょうれんじがわ
山形県・赤川水系〔1級〕

【尺】
6尺地川　しゃくちがわ
愛知県・尺地川水系
7尺別川　しゃくべつがわ
北海道・尺別川水系〔2級〕
尺里川　ひさりがわ
神奈川県・酒匂川水系〔2級〕
8尺岳川　しゃくたけがわ
福岡県・遠賀川水系〔1級〕

【屯】
5屯田川　とんでんがわ
北海道・石狩川水系
屯田川　とんでんがわ
北海道・石狩川水系

【巴】
3巴山川　ともえやまがわ
愛知県・豊川水系
巴川　ともえがわ
茨城県・利根川水系〔1級〕
巴川　ともえがわ
茨城県・利根川水系
巴川　ともえがわ
静岡県・巴川水系〔2級〕
巴川　ともえがわ
愛知県・豊川水系〔1級〕
巴川　ともえがわ
愛知県・矢作川水系〔1級〕
8巴波川　うずまがわ
栃木県・利根川水系〔1級〕

【廿】
1廿一川　にじゅういちがわ
宮城県・大川水系〔2級〕
8廿枝川　はたえだがわ
徳島県・那賀川水系〔1級〕

【引】
引の田川　ひきのだがわ
山梨県・相模川水系〔1級〕
4引之沢川　ひきのさわがわ
山形県・最上川水系
引欠川　ひかけがわ
秋田県・米代川水系〔1級〕
6引地川　ひきじがわ
神奈川県・引地川水系〔2級〕
引地川　ひきちがわ
愛媛県・引地川水系〔2級〕
7引坂川　ひきざかがわ
熊本県・引坂川水系
引沢川　ひきさわがわ
新潟県・名立川水系〔2級〕
引谷川　ひきたにがわ
京都府・由良川水系
引谷川　ひくたにがわ
山口県・佐波川水系〔1級〕
9引廻川　ひきまわしがわ
山口県・佐波川水系〔1級〕

10引原川　ひきはらがわ
兵庫県・揖保川水系〔1級〕
引座川　ひきざがわ
青森県・岩木川水系〔1級〕
11引張川　ひきはりがわ
長野県・天竜川水系〔1級〕
引野川　ひきのがわ
愛媛県・引野川水系〔2級〕

【心】
7心見川　こころみがわ
宮崎県・心見川水系〔2級〕
11心経田川　しんぎょでんがわ
滋賀県・淀川水系〔1級〕
心経寺川　しんきょうじがわ
山梨県・富士川水系〔1級〕
14心像川　こころやりがわ
秋田県・雄物川水系〔1級〕

【戸】
戸の裏川　とのうらがわ
新潟県・胎内川水系〔2級〕
戸ノ谷川　とのたにがわ
徳島県・吉野川水系〔1級〕
3戸上川　とがみがわ
三重県・員弁川水系〔2級〕
戸久石沢　とくいしざわ
静岡県・瀬戸川水系
戸口川　とぐちがわ
鹿児島県・大美川水系〔2級〕
戸口野川　とぐちのがわ
熊本県・五ヶ瀬川水系
戸土谷川　とどだにがわ
和歌山県・富田川水系〔2級〕
戸川　とがわ
山梨県・富士川水系〔1級〕
戸川　とがわ
岐阜県・木曾川水系〔1級〕
戸川ノ川　とがわのがわ
高知県・渡川水系〔1級〕
4戸中川　とちゅうがわ
静岡県・天竜川水系〔1級〕
戸井川　といがわ
北海道・戸井川水系〔2級〕
戸内川　へないがわ
高知県・渡川水系〔1級〕
戸切川　とぎりがわ
福岡県・遠賀川水系〔1級〕
戸切地川　へきりちがわ
北海道・戸切地川水系〔2級〕
戸手川　とでがわ
広島県・芦田川水系〔1級〕
5戸台川　とだいがわ
長野県・天竜川水系〔1級〕
戸市川　といちがわ
岐阜県・神通川水系〔1級〕
戸田川　とだがわ
愛知県・日光川水系〔2級〕
戸田川　とだがわ
愛知県・日光川水系
戸石川　といしがわ
福島県・阿賀野川水系〔1級〕
戸石川　といしがわ
愛媛県・肱川水系〔1級〕
戸石川　といしがわ
愛媛県・渡川水系〔1級〕
戸石川　といしがわ
愛媛県・渡川水系
戸石川　といしがわ
長崎県・鏡川水系〔2級〕
戸石川　といしがわ
長崎県・戸石川水系〔2級〕
戸穴川　ひあながわ
大分県・戸穴川水系〔2級〕
6戸地川　とちがわ
新潟県・戸地川水系〔2級〕
戸宇川　とうがわ
広島県・高梁川水系〔1級〕
戸次古川　へつぎふるかわ
大分県・大野川水系〔1級〕
戸羽川《別》　とばがわ
岐阜県・木曾川水系の鳥羽川
7戸呂町川　へろまちがわ
岩手県・久慈川水系〔2級〕
戸坂川　へさかがわ
広島県・太田川水系〔1級〕
戸坂川　とつさかがわ
広島県・黒瀬川水系〔2級〕
戸志賀瀬川　としがせがわ
愛媛県・肱川水系〔1級〕
戸杓川　としゃくがわ
佐賀県・有田川水系〔2級〕
戸村川　とむらがわ
島根県・高津川水系〔1級〕
戸沢　とざわ
山形県・最上川水系
戸沢川　とざわがわ
青森県・戸沢川水系
戸沢川　とざわがわ
岩手県・大槌川水系
戸沢川　とざわがわ
秋田県・雄物川水系〔1級〕
戸沢川　とざわがわ
秋田県・雄物川水系

戸沢川　とざわがわ
山形県・赤川水系〔1級〕
戸沢川　とざわがわ
山形県・荒川（新潟県・山形県）水系〔1級〕
戸沢川　とざわがわ
新潟県・阿賀野川水系〔1級〕
戸沢川　とざわがわ
新潟県・信濃川水系〔1級〕
戸沢川　とざわがわ
山梨県・相模川水系〔1級〕
戸沢川　とざわがわ
山梨県・富士川水系〔1級〕
戸沢川　とざわがわ
長野県・天竜川水系〔1級〕
戸沢川　とさわがわ
静岡県・狩野川水系〔1級〕
戸花川　とばなかわ
宮城県・坂元川水系〔2級〕
戸谷川　とだにがわ
島根県・高津川水系〔1級〕
戸谷川　とたにがわ
岡山県・旭川水系〔1級〕
8戸板川　といたがわ
愛媛県・戸板川水系〔2級〕
戸河内川　へかないがわ
岩手県・北上川水系〔1級〕
戸河内川　へかないがわ
岩手県・北上川水系
戸牧川　とべらがわ
兵庫県・円山川水系〔1級〕
9戸城川　としろがわ
島根県・三隅川水系
戸室川　とむろがわ
石川県・大野川水系
戸津川川　とつかわがわ
京都府・由良川水系
戸神川　とがみがわ
千葉県・利根川水系〔1級〕
戸草川　とくさがわ
福島県・鮫川水系〔2級〕
戸草内川　とくさないがわ
岩手県・新井田川水系
10戸倉川　とくらがわ
山梨県・富士川水系〔1級〕
戸倉川　とくらがわ
静岡県・庵原川水系
戸島川　としまがわ
岡山県・吉井川水系〔1級〕
戸島川　としまがわ
広島県・江の川水系〔1級〕
戸栗川　とぐりがわ
山梨県・富士川水系〔1級〕
戸根川　とねがわ
長崎県・戸根川水系〔2級〕
戸高川　とだかがわ
宮崎県・広渡川水系〔2級〕
戸高川放水路　とだかがわほうすいろ
宮崎県・広渡川水系〔2級〕
11戸崎川　とさきがわ
愛知県・矢作川水系
戸崎川　とさきがわ
佐賀県・六角川水系〔1級〕
戸崎川　とさきがわ
宮崎県・大淀川水系〔1級〕
戸張川　とばりがわ
広島県・江の川水系〔1級〕
戸梶川　とかじがわ
高知県・仁淀川水系〔1級〕
戸郷川　とごうがわ
広島県・江の川水系〔1級〕
戸野川《別》　とのがわ
広島県・沼田川水系の火打坂川
戸野目川　とのめがわ
新潟県・関川水系〔1級〕
12戸塚川　とつかがわ
岩手県・閉伊川水系
戸渡川　とわたりがわ
福島県・木戸川水系
13戸豊水川　とりうずがわ
熊本県・菊池川水系
14戸嶋川　としまがわ
岡山県・旭川水系〔1級〕
戸樋之沢川　といのさわがわ
山梨県・富士川水系〔1級〕
戸蔦別川　とつたべつがわ
北海道・十勝川水系〔1級〕
17戸繋沢　とつなぎさわ
秋田県・雄物川水系
18戸鎖川　とぐさりがわ
青森県・戸鎖川水系〔2級〕
19戸瀬川　とせがわ
青森県・高瀬川水系

【手】

手の又川　てのまたがわ
新潟県・信濃川水系
手ノ子沢川　てのこざわがわ
山形県・最上川水系〔1級〕
3手子堀川　てこほりがわ
埼玉県・利根川水系〔1級〕
手小屋谷　てごやだに
群馬県・利根川水系
5手打沢川　てうちざわがわ
山梨県・富士川水系〔1級〕

手石川　ていしがわ
三重県・櫛田川水系〔1級〕
6手光今川　てびかいまがわ
福岡県・手光今川水系〔2級〕
7手形沼　てがたぬま
北海道美唄市
手谷川　てだにがわ
和歌山県・日高川水系〔2級〕
手谷川　てだにがわ
岡山県・旭川水系〔1級〕
8手取川　てどりがわ
石川県・手取川水系〔1級〕
手取沢川　てとりさわがわ
長野県・天竜川水系〔1級〕
9手前川　てまえがわ
兵庫県・加古川水系〔1級〕
手前川分水路　てまえがわぶんすいろ
兵庫県・加古川水系〔1級〕
手城川　てしろがわ
広島県・手城川水系〔2級〕
手洗川　たらいがわ
高知県・渡川水系〔1級〕
手洗川　てあらいがわ
宮崎県・手洗川水系〔2級〕
10手原川　てはらがわ
京都府・淀川水系〔1級〕
11手崎川　てさきがわ
長崎県・手崎川水系〔2級〕
12手場川　てばがわ
熊本県・手場川水系
手登根川　てどこんがわ
沖縄県・国場川水系
手賀川　てがかわ
千葉県・利根川水系〔1級〕
手賀沼　てがぬま
千葉県東葛飾郡沼南町
手賀沼　てがぬま
千葉県・利根川水系〔1級〕
手越川　てこしがわ
愛知県・天白川水系〔2級〕
14手熊川　てぐまがわ
長崎県・手熊川水系〔2級〕
手稲土功川　ていねどこうがわ
北海道・新川水系〔2級〕
手綱川　たずながわ
広島県・芦田川水系〔1級〕
19手繰川　てぐりがわ
千葉県・利根川水系〔1級〕
22手籠川　てごがわ
鹿児島県・天降川水系〔2級〕

【支】
支オタツニウシ川　しおたつにうしがわ
北海道・釧路川水系
支トップ沢川　しとっぷさわがわ
北海道・石狩川水系〔1級〕
2支二本松川　しにほんまつがわ
北海道・石狩川水系
3支川村田川　しせんむらたがわ
千葉県・村田川水系〔2級〕
支川栗山川　しせんくりやまがわ
千葉県・栗山川水系〔2級〕
支川菊田川　しせんきくたがわ
千葉県・菊田川水系〔2級〕
支川都川　しせんみやこがわ
千葉県・都川水系〔2級〕
5支札比内川　しさっぴないがわ
北海道・石狩川水系〔1級〕
支札的内川　しさってきないがわ
北海道・石狩川水系〔1級〕
6支多々川　しただがわ
兵庫県・武庫川水系〔2級〕
支安平川　しあびらがわ
北海道・安平川水系〔2級〕
7支赤川　しあかがわ
北海道・石狩川水系〔1級〕
8支沼ノ沢川　しぬまのさわがわ
北海道・石狩川水系〔1級〕
10支倉川　はせくらがわ
宮城県・名取川水系〔1級〕
支笏湖　しこつこ
北海道・石狩川水系
11支黄臼内川　しきうすないがわ
北海道・石狩川水系〔1級〕
12支湧別川　しゆうべつがわ
北海道・湧別川水系〔1級〕
15支線沢川　しせんざわがわ
北海道・石狩川水系〔1級〕

【文】
3文丸川　ぶんまるがわ
高知県・渡川水系〔1級〕
9文室川　ふむろがわ
福井県・九頭竜川水系
文室川　ふむろがわ
滋賀県・淀川水系〔1級〕
10文珠川　もんじゅがわ
山梨県・富士川水系〔1級〕
文珠川　もんじゅがわ
奈良県・大和川水系〔1級〕
文珠川　もんじゅがわ
奈良県・紀の川水系〔1級〕

16文録川　ぶんろくがわ
愛知県・文録川水系
文録川　ぶんろくがわ
滋賀県・淀川水系〔1級〕

【斗】

12斗満川　とまむがわ
北海道・十勝川水系〔1級〕
斗賀野川　とがのがわ
高知県・仁淀川水系〔1級〕
斗賀野西山川　とがのにしやまがわ
高知県・仁淀川水系〔1級〕

【方】

方ヶ野川　ほうがのがわ
熊本県・緑川水系
方ノ川川　ほうのかわがわ
高知県・渡川水系〔1級〕
6方地川　ほうじがわ
鳥取県・橋津川水系〔2級〕
9方保田川　かとうだがわ
熊本県・菊池川水系〔1級〕
10方原川　ほうばるがわ
熊本県・方原川水系〔2級〕

【日】

日の川　ひのがわ
高知県・加持川水系
日の影川　ひのかげがわ
宮崎県・五ヶ瀬川水系〔1級〕
日ヶ奥川　ひがおくがわ
兵庫県・由良川水系〔1級〕
日ノ本川　ひのもとがわ
長崎県・幡鉾川水系〔2級〕
日ノ地川　ひのじがわ
愛媛県・日ノ地川水系〔2級〕
日ノ地川　ひのじがわ
高知県・奈半利川水系〔2級〕
日ノ沢川　ひのさわがわ
新潟県・阿賀野川水系〔1級〕
日ノ谷川　ひのたにがわ
石川県・大聖寺川水系
日ノ谷川　ひのたにがわ
滋賀県・淀川水系〔1級〕
日ノ峯川　ひのみねがわ
佐賀県・松浦川水系〔1級〕
日ノ裏川　ひのうらがわ
滋賀県・淀川水系〔1級〕
3日下川　くさかがわ
大阪府・淀川水系〔1級〕
日下川　くさかがわ
高知県・仁淀川水系〔1級〕
日下川放水路　くさかがわほうすいろ
高知県・仁淀川水系〔1級〕
日下石川　にっけしがわ
福島県・日下石川水系〔2級〕
日下部川　くさかべがわ
愛知県・矢作川水系
日山谷川　ひやまだにがわ
岡山県・旭川水系〔1級〕
日山河内川　ひやまこうちがわ
三重県・神津佐川水系〔2級〕
日川　にっかわ
山梨県・富士川水系〔1級〕
4日之平川　ひのひらがわ
広島県・野呂川水系
日之浦北川　ひのうらきたがわ
広島県・日之浦北川水系
日之浦南川　ひのうらみなみがわ
広島県・日之浦南川水系
日方川　ひかたがわ
和歌山県・日方川水系〔2級〕
日木山川　ひきやまがわ
鹿児島県・日木山川水系〔2級〕
日比宇川　ひびうがわ
徳島県・宍喰川水系〔2級〕
日比沢川　ひびさわがわ
静岡県・都田川水系〔2級〕
日比原川　ひびはらがわ
徳島県・宍喰川水系〔2級〕
日比原川　ひびはらがわ
高知県・物部川水系〔1級〕
日比野川　ひびのがわ
鳥取県・蒲生川水系〔2級〕
5日付川　ひずけがわ
新潟県・信濃川水系〔1級〕
日出川　ひでがわ
三重県・日出川水系〔2級〕
日出川　ひでがわ
京都府・日出川水系
日出川　ひいだしがわ
長崎県・小森川水系〔2級〕
日出生川　ひじゅうがわ
大分県・駅館川水系〔2級〕
日出光川　ひでこうがわ
大分県・番匠川水系〔1級〕
日平川　ひびらがわ
島根県・江の川水系〔1級〕
日平川　ひびらがわ
熊本県・菊池川水系〔1級〕
日平川　ひびたがわ
熊本県・菊池川水系
日本野川　にほんのがわ
岡山県・吉井川水系

日本橋川　にほんばしがわ
　　　東京都・荒川（東京都・埼玉県）水系〔1級〕
日永川　ひながわ
　　　　　　　山口県・厚狭川水系〔2級〕
日永谷川　ひながだにがわ
　　　　　　　岐阜県・木曾川水系〔1級〕
日用川　ひようがわ
　　　　　　　石川県・梯川水系〔1級〕
日用川　ひようがわ
　　　　　　　石川県・日用川水系〔2級〕
日白川　ひじらがわ
　　　　　　　島根県・斐伊川水系〔1級〕
6 日光川　にっこうがわ
　　　　　　　長野県・信濃川水系〔1級〕
日光川　にっこうがわ
　　　　　　　愛知県・日光川水系〔2級〕
日光寺川　にっこうじがわ
　　　　　　　滋賀県・淀川水系〔1級〕
日光沢　にっこうさわ
　　　　　　　栃木県・利根川水系
日光谷川　にちこうだにがわ
　　　　　　　熊本県・球磨川水系
日吉川　ひよしがわ
　　　　　　　北海道・常呂川水系〔1級〕
日吉川　ひよしがわ
　　　　　　　岐阜県・庄内川水系〔1級〕
日吉川　ひよしがわ
　　　　　　　愛媛県・桟川水系〔2級〕
日吉谷川　ひよしだにがわ
　　　　　　　徳島県・吉野川水系〔1級〕
日向川　ひなたがわ
　　　　　　　岩手県・北上川水系
日向川　ひなたがわ
　　　　　　　宮城県・北上川水系〔1級〕
日向川　にっこうがわ
　　　　　　　山形県・日向川水系〔2級〕
日向川　ひなたがわ
　　　　　　　群馬県・利根川水系〔1級〕
日向川　ひなたがわ
　　　　　　　群馬県・利根川水系
日向川　ひなたがわ
　　　　　　　山梨県・富士川水系〔1級〕
日向川　ひなたがわ
　　　　　　　島根県・江の川水系〔1級〕
日向川　ひゅうががわ
　　　　　　　岡山県・旭川水系〔1級〕
日向川　ひなたがわ
　　　　　　　福岡県・室見川水系〔2級〕
日向川　ひむきがわ
　　　　　　　熊本県・菊池川水系〔1級〕
日向川　ひむきがわ
　　　　　　　熊本県・菊池川水系

日向川　ひなたがわ
　　　　　　　宮崎県・五ヶ瀬川水系〔1級〕
日向中曾理沢　ひなたなかそりざわ
　　　　　　　山梨県・富士川水系
日向沢川　ひなたざわがわ
　　　　　　　長野県・信濃川水系〔1級〕
日向沢川　ひなたざわがわ
　　　　　　　長野県・天竜川水系〔1級〕
日向谷川　ひゅうがだにがわ
　　　　　　　和歌山県・紀の川水系〔1級〕
日向谷川　ひゅうがいがわ
　　　　　　　愛媛県・渡川水系〔1級〕
日向神沢　ひなたかみさわ
　　　　　　　青森県・追良瀬川水系
日向湖　ひるがこ
　　　　　　　福井県・早瀬川水系
日名川　ひながわ
　　　　　　　岡山県・高梁川水系〔1級〕
日名代川　ひなだいがわ
　　　　　　　香川県・本津川水系〔2級〕
日名沢川　ひなざわがわ
　　　　　　　長野県・信濃川水系〔1級〕
日名倉川　ひなくらがわ
　　　　　　　愛知県・豊川水系
日宇川　ひうがわ
　　　　　　　長崎県・日宇川水系〔2級〕
日当川　ひあてがわ
　　　　　　　熊本県・球磨川水系〔1級〕
日当川　にあてがわ
　　　　　　　熊本県・日当川水系
7 日坂川　ひさかがわ
　　　　　　　岐阜県・木曾川水系〔1級〕
日尾谷　ひおだに
　　　　　　　富山県・神通川水系
日尾野川　ひおのがわ
　　　　　　　愛媛県・上灘川水系〔2級〕
日沢川　ひさわがわ
　　　　　　　福島県・阿武隈川水系〔1級〕
日見川　ひみがわ
　　　　　　　長崎県・日見川水系〔2級〕
日谷川　ひだにがわ
　　　　　　　福井県・九頭竜川水系〔1級〕
日足川　ひあしがわ
　　　　　　　大分県・寄藻川水系〔2級〕
日近川　ひじかいがわ
　　　　　　　岡山県・笹ヶ瀬川水系〔2級〕
8 日和川　ひわがわ
　　　　　　　鳥取県・由良川水系〔2級〕
日和川　ひわがわ
　　　　　　　島根県・江の川水系〔1級〕
日和川　ひわがわ
　　　　　　　島根県・江の川水系

日和田川　ひわだがわ
岐阜県・木曾川水系〔1級〕
日和佐川　ひわさがわ
徳島県・日和佐川水系〔2級〕
日宛川　ひなたがわ
山口県・小瀬川水系〔1級〕
日明谷川　ひあけだにがわ
滋賀県・淀川水系〔1級〕
日沼　ひぬま
福島県双葉郡川内村
日長川　ひなががわ
愛知県・日長川水系〔2級〕
日長川　ひなががわ
愛知県・日長川水系
9日南川《別》　にちなんがわ
宮崎県・広渡川水系の広渡川
日南瀬川　ひなせがわ
山口県・阿武川水系〔2級〕
日峠川　ひとうげがわ
広島県・沼田川水系
日津川　ひずがわ
鳥取県・塩見川水系〔2級〕
日津井谷　ひついだに
奈良県・新宮川水系〔1級〕
日美天川　ひみてんがわ
大分県・日美天川水系〔2級〕
10日原川　にっぱらがわ
東京都・多摩川水系〔1級〕
日原川　にっぱらがわ
愛媛県・肱川水系〔1級〕
日浦川　ひうらがわ
島根県・高津川水系〔1級〕
日浦谷川　ひうらだにがわ
徳島県・勝浦川水系〔2級〕
日浦谷川　ひうらだにがわ
愛媛県・吉野川水系〔1級〕
日浦谷川　ひうらだにがわ
愛媛県・金生川水系〔2級〕
日浦谷川　ひうらだにがわ
愛媛県・仁淀川水系
日高川　ひだかがわ
愛知県・境川水系
日高川　ひだかがわ
和歌山県・日高川水系〔2級〕
日高目名川　ひだかめながわ
北海道・静内川水系〔2級〕
日高門別川　ひだかもんべつがわ
北海道・日高門別川水系〔2級〕
日高幌内川　ひだかほろないがわ
北海道・厚真川水系〔2級〕
日高幌別川　ひだかほろべつがわ
北海道・日高幌別川水系〔2級〕
11日渓溜　にっけいだめ
滋賀県日野町
日笠川　ひかさがわ
岡山県・吉井川水系〔1級〕
日貫川　ひぬいがわ
島根県・江の川水系〔1級〕
日野上川　ひのうえがわ
岡山県・旭川水系〔1級〕
日野川　ひのがわ
神奈川県・大岡川水系〔2級〕
日野川　ひのがわ
福井県・九頭竜川水系〔1級〕
日野川　ひのがわ
三重県・淀川水系〔1級〕
日野川　ひのがわ
滋賀県・淀川水系〔1級〕
日野川　ひのがわ
京都府・淀川水系
日野川　ひのがわ
鳥取県・日野川水系〔1級〕
日野川　ひのがわ
山口県・木屋川水系〔2級〕
日野川　ひのがわ
長崎県・相浦川水系〔2級〕
日野地川　ひのじがわ
高知県・渡川水系〔1級〕
日野沢川　ひのさわがわ
岩手県・久慈川水系〔2級〕
日野沢川　ひのさわがわ
埼玉県・荒川（東京都・埼玉県）水系〔1級〕
日野浦川　ひのうらがわ
愛媛県・肱川水系〔1級〕
日陰川　ひかげがわ
愛知県・天竜川水系
12日喰川　ひじきがわ
愛媛県・日喰川水系〔2級〕
日塔川　にっとうがわ
山形県・最上川水系〔1級〕
日晩寺川　ひばんじがわ
京都府・野田川水系
日曾谷川　ひそだにがわ
高知県・野根川水系〔2級〕
日棚川　ひたながわ
茨城県・塩田川水系
日渡川　ひわたりがわ
福島県・滑津川水系〔2級〕
日越川　ひごしがわ
石川県・日越川水系
日開谷川　ひがいだにがわ
香川県・吉野川水系〔1級〕
13日瑞川　ひずいがわ
新潟県・信濃川水系〔1級〕

日置川　ひきがわ
和歌山県・日置川水系〔2級〕
日置川　ひおきがわ
鳥取県・勝部川水系〔2級〕
日置川《別》　ひおきがわ
熊本県・水無川水系の水無川
日置川　ひおきがわ
宮崎県・一ツ瀬川水系〔2級〕
日詰川　ひずめがわ
石川県・日詰川水系〔2級〕
日詰川　ひずめがわ
福井県・九頭竜川水系〔1級〕
日詰川　ひのつめがわ
鳥取県・日野川水系
14日暮ノ池　ひぐらしのいけ
青森県西津軽郡岩崎村
日蔭沼　ひかげぬま
北海道・石狩川水系
日隠川　ひがくれがわ
熊本県・緑川水系
15日影山沢　ひかげやまざわ
新潟県・関川水系
日影川　ひかげがわ
宮城県・北上川水系〔1級〕
日影川　ひかげがわ
福島県・阿武隈川水系
日影川　ひかげがわ
福島県・夏井川水系
日影川　ひかげがわ
新潟県・信濃川水系〔1級〕
日影田川　ひかげたがわ
長野県・天竜川水系〔1級〕
日影沢　ひかげさわ
秋田県・雄物川水系
日影島川　ひかげじまがわ
山梨県・富士川水系〔1級〕
16日橋川　にっぱしがわ
福島県・阿賀野川水系〔1級〕
日積川　ひずみがわ
山口県・由宇川水系〔2級〕

【月】
月の木川　つきのきがわ
山口県・阿武川水系〔2級〕
月の輪川　つきのわがわ
鳥取県・月の輪川水系〔2級〕
月ヶ湖　つきがうみ
北海道月形町
月ヨメ川　つきよめがわ
新潟県・鯖石川水系
5月出山川　つきでやまがわ
大分県・筑後川水系〔1級〕
月出川　つきでがわ
三重県・櫛田川水系〔1級〕
月布川　つきぬのがわ
山形県・最上川水系〔1級〕
月田川　つきだがわ
岡山県・旭川水系〔1級〕
6月光川　がっこうがわ
山形県・月光川水系〔2級〕
月光川　がっこうがわ
山形県・日向川水系
7月尾川　つきおがわ
福井県・九頭竜川水系〔1級〕
月沢川　つきさわがわ
長野県・天竜川水系〔1級〕
月見川　つきみがわ
山口県・阿武川水系〔2級〕
月見池　つきみいけ
沖縄県南大東村
月谷川　つきだにがわ
高知県・奈半利川水系〔2級〕
8月沼　つきぬま
北海道浦臼町
9月畑川　つきばたがわ
愛知県・矢作川水系
10月島川　つきしまがわ
東京都・荒川（東京都・埼玉県）水系〔1級〕
11月野川　つきのがわ
鹿児島県・菱田川水系〔2級〕
12月寒川　つきさむがわ
北海道・石狩川水系〔1級〕
月寒川　つきさむがわ
北海道・月寒川水系
19月瀬川《別》　つきせがわ
奈良県・淀川水系の名張川

【木】
木の川　きのかわ
和歌山県・佐野川水系〔2級〕
木の川　きのがわ
和歌山県・南部川水系〔2級〕
木の辻川　きのつじがわ
高知県・宗呂川水系〔2級〕
木の芽川　きのめがわ
福井県・笙の川水系〔2級〕
木の俣川　きのまたがわ
山形県・庄内小国川水系〔2級〕
木の俣川　きのまたがわ
栃木県・那珂川水系〔1級〕
木の窪川　きのくぼがわ
石川県・大海川水系
木ノ下川　きのしたがわ
栃木県・利根川水系

木ノ子川　きのこがわ
大分県・山国川水系〔1級〕
木ノ芽川　きのめがわ
新潟県・荒川（新潟県・山形県）水系〔1級〕
木ノ登川　きののぼりがわ
佐賀県・松浦川水系〔1級〕
3木下川　こじたがわ
栃木県・那珂川水系〔1級〕
木下川　きのしたがわ
高知県・新川川水系〔2級〕
木下川　きのしたがわ
宮崎県・大淀川水系〔1級〕
木与川　きよがわ
山口県・木与川水系〔2級〕
木口谷川　こぐちだにがわ
宮崎県・五ヶ瀬川水系〔1級〕
木山川　きやまがわ
新潟県・新川水系〔2級〕
木山川　きやまがわ
香川県・大束川水系〔2級〕
木山川　きやまがわ
熊本県・緑川水系〔1級〕
4木之下川　きのしたがわ
鹿児島県・和田川水系〔2級〕
木之子谷川　きのこだにがわ
福井県・九頭竜川水系〔1級〕
木之川内川　このがわちがわ
宮崎県・大淀川水系〔1級〕
木之実川　きのみがわ
岐阜県・矢作川水系〔1級〕
木之郷川　きのごうがわ
香川県・柞田川水系〔2級〕
木六川　きろくがわ
岩手県・北上川水系
木戸川　きどがわ
福島県・木戸川水系〔2級〕
木戸川　きどがわ
千葉県・木戸川水系〔2級〕
木戸川　きどがわ
山梨県・富士川水系〔1級〕
木戸川　きどがわ
三重県・淀川水系〔1級〕
木戸川　きどがわ
滋賀県・淀川水系〔1級〕
木戸川　きどがわ
京都府・淀川水系
木戸川　きどがわ
島根県・斐伊川水系〔1級〕
木戸川　きどがわ
広島県・江の川水系〔1級〕
木戸内川　きどのうちがわ
熊本県・菊池川水系
木戸石川　きどいしがわ
秋田県・米代川水系
木戸池　きどいけ
長野県下高井郡山ノ内町
5木代川　きしろがわ
大阪府・淀川水系〔1級〕
木古内川　きこないがわ
北海道・木古内川水系〔2級〕
木末川　こずえがわ
広島県・八幡川水系〔2級〕
木田の沢川　きだのさわがわ
北海道・セタキナイ川水系
木田川　きだがわ
島根県・江の川水系〔1級〕
木皿川　きさらがわ
茨城県・大北川水系〔2級〕
木立川　きたちがわ
大分県・番匠川水系〔1級〕
6木地山川　きじやまがわ
愛知県・矢作川水系
木地川　きじがわ
愛媛県・蒼社川水系〔2級〕
木庄川　きのしょうがわ
香川県・木庄川水系〔2級〕
木曳川　きびきがわ
石川県・犀川水系〔2級〕
木瓜川　ぼけがわ
福井県・九頭竜川水系〔1級〕
7木佐美川　きさみがわ
栃木県・那珂川水系〔1級〕
木住川　こずみがわ
京都府・由良川水系〔1級〕
木住川　こずみがわ
京都府・淀川水系〔1級〕
木住川　こずみがわ
京都府・淀川水系
木呂川　ころがわ
石川県・犀川水系〔2級〕
木呂畑川　きろばたがわ
島根県・斐伊川水系〔1級〕
木岐川　ききがわ
徳島県・木岐川水系〔2級〕
木村川　きむらがわ
千葉県・湊川水系
木沢川　きざわがわ
新潟県・信濃川水系〔1級〕
木沢川　きざわがわ
長野県・信濃川水系〔1級〕
木谷川　きだにがわ
兵庫県・竹野川水系〔2級〕
木谷川　きだにがわ
鳥取県・日野川水系〔1級〕

木谷川　きだにがわ
島根県・江の川水系〔1級〕
木谷川　きだにがわ
岡山県・高梁川水系〔1級〕
木谷郷川　きたにごうがわ
広島県・木谷郷川水系〔2級〕
8木和田川　きわだがわ
愛知県・豊川水系
木和田川　きわだがわ
三重県・新宮川水系〔1級〕
木和田内川　きわだうちがわ
宮崎県・五ヶ瀬川水系〔1級〕
木直川　きなおしがわ
北海道・木直川水系
木門田川　きもんでんがわ
広島県・藤井川水系〔2級〕
9木乗川　きのりがわ
広島県・江の川水系〔1級〕
木屋川　きやがわ
静岡県・栃山川水系〔2級〕
木屋川　きやがわ
広島県・江の川水系〔1級〕
木屋川　こやがわ
山口県・木屋川水系〔2級〕
木津川　きずがわ
三重県, 京都府・淀川水系〔1級〕
木津川　きずがわ
京都府・木津川水系〔2級〕
木津川　きずかわ
大阪府・淀川水系〔1級〕
木津川　きずがわ
兵庫県・明石川水系
木津川　きずがわ
山口県・木屋川水系〔2級〕
10木島川　きじまがわ
新潟県・信濃川水系〔1級〕
木庭川　こばがわ
佐賀県・鹿島川水系〔2級〕
木庭川　こばがわ
熊本県・菊池川水系
木桑川　きそうがわ
高知県・渡川水系〔1級〕
木浦川　このうらがわ
新潟県・木浦川水系〔2級〕
木浦川　きうらがわ
福岡県・遠賀川水系〔1級〕
木浦内川　きうらうちがわ
大分県・大野川水系〔1級〕
木浦内川　きうらうちがわ
宮崎県・五ヶ瀬川水系〔1級〕
木流川　きながしがわ
富山県・木流川水系〔2級〕
木流堀川　きながしぼりがわ
宮城県・名取川水系〔1級〕
木能津川　きのうずがわ
高知県・吉野川水系〔1級〕
木脇川　きわきがわ
宮崎県・大淀川水系〔1級〕
11木崎川　きざきがわ
京都府・淀川水系
木崎川　きさきがわ
山口県・椹野川水系〔2級〕
木崎湖　きざきこ
長野県・信濃川水系
木挽沢　こびきざわ
新潟県・信濃川水系
木梶川　きかじがわ
三重県・櫛田川水系〔1級〕
木梨川　きなしがわ
広島県・藤井川水系〔2級〕
木部川　きべがわ
熊本県・緑川水系〔1級〕
木部谷川　きべだにがわ
島根県・高津川水系〔1級〕
木野川　きのがわ
大阪府・淀川水系〔1級〕
木野川《別》　きのがわ
広島県, 山口県・小瀬川水系の小瀬川
木野川　きのがわ
熊本県・菊池川水系〔1級〕
木頃川《別》　きごろがわ
広島県・藤井川水系の藤井川
12木場川　きばがわ
山形県・最上川水系
木場川　こばがわ
長崎県・佐々川水系〔2級〕
木場川　こばがわ
長崎県・大川水系〔2級〕
木場川　こばがわ
長崎県・木場川水系〔2級〕
木場田川　こばたがわ
宮崎県・大淀川水系〔1級〕
木場田川　こばたがわ
宮崎県・川内川水系
木場田川　こばたがわ
宮崎県・大淀川水系
木場谷川　こばたにがわ
鹿児島県・川内川水系〔1級〕
木場潟　きばがた
石川県小松市
木場潟　きばがた
石川県・梯川水系〔1級〕
木曽丸川　きそまるがわ
広島県・芦田川水系〔1級〕

木曾川　きそがわ
群馬県・利根川水系〔1級〕
木曾川　きそがわ
長野県, 岐阜県, 愛知県, 三重県・木曾川水系〔1級〕
木曾分川　きそぶんがわ
栃木県・那珂川水系〔1級〕
木葉川　このはがわ
熊本県・菊池川水系〔1級〕
木須川　きすがわ
栃木県・那珂川水系〔1級〕
木須川　きすがわ
佐賀県・木須川水系〔2級〕
木須田川　きずたがわ
島根県・江の川水系〔1級〕
13木禽川　ききんがわ
北海道・網走川水系〔1級〕
木賊川　とくさがわ
岩手県・北上川水系〔1級〕
木賊沢川　とくささわがわ
秋田県・雄物川水系〔1級〕
木鉢川　きばちがわ
宮城県・北上川水系〔1級〕
14木綿麻川《別》　ゆうまがわ
徳島県・吉野川水系の貞光川
木裳川　きのむがわ
大分県・駅館川水系〔2級〕
15木幡川　こわたがわ
福島県・阿武隈川水系〔1級〕
木幡池　こわたいけ
京都府・淀川水系
16木橋川　きばしがわ
静岡県・狩野川水系〔1級〕
木橋川　きばしがわ
京都府・竹野川水系
木橋渓《古》　きばしけい
静岡県・狩野川水系の木橋川
木積川　こずみがわ
和歌山県・紀の川水系〔1級〕
木積川　こずもりがわ
山口県・錦川水系〔2級〕
木積沢川　きつみざわがわ
岐阜県・木曾川水系〔1級〕
19木瀬川《古》　きせがわ
静岡県・狩野川水系の黄瀬川
木瀬川　きせがわ
愛知県・矢作川水系〔1級〕

【欠】
欠の川　かけのかわ
長野県・信濃川水系〔1級〕
欠ヶ下川　かけしたがわ
愛知県・阿久比川水系
2欠入西沢　かけいりにしざわ
宮城県・鳴瀬川水系
欠入沢　かけいりさわ
宮城県・阿武隈川水系
11欠野沢川　かけのさわがわ
長野県・天竜川水系〔1級〕
12欠場川　かんばがわ
岡山県・吉井川水系〔1級〕

【止】
7止別川　やんべつがわ
北海道・止別川水系〔2級〕
11止野川　とめのがわ
宮城県・女川水系〔2級〕

【比】
4比井川　ひいがわ
和歌山県・比井川水系〔2級〕
比井野川　ひいのがわ
秋田県・米代川水系〔1級〕
比井野川　ひいのがわ
秋田県・米代川水系
比井路谷川　ひいろだにがわ
和歌山県・日高川水系〔2級〕
比内沢川　ひないさわがわ
秋田県・雄物川水系〔1級〕
5比布ウツペツ川　ぴっぷうつべつがわ
北海道・石狩川水系〔1級〕
比布川　ぴっぷがわ
北海道・石狩川水系〔1級〕
比田勝川　ひたかつがわ
長崎県・比田勝川水系〔2級〕
比立内川　ひたちないがわ
秋田県・米代川水系〔1級〕
6比地川　ひじがわ
沖縄県・比地川水系〔2級〕
比自岐川　ひじきがわ
三重県・淀川水系〔1級〕
比衣川　ひえがわ
岐阜県・木曾川水系〔1級〕
7比志島川　ひしじまがわ
鹿児島県・甲突川水系〔2級〕
比良川　ひらがわ
滋賀県・淀川水系〔1級〕
比良根川　ひらねがわ
岩手県・北上川水系
8比和川　ひわがわ
広島県・江の川水系〔1級〕
比和谷川　ひわたにがわ
広島県・江の川水系〔1級〕

比延谷川　ひえだにがわ
兵庫県・加古川水系〔1級〕
9比津川　ひずがわ
島根県・斐伊川水系〔1級〕
12比曾川　ひそがわ
福島県・新田川水系〔2級〕
比曾川　ひそがわ
奈良県・紀の川水系〔1級〕
13比詰川　ひずめがわ
秋田県・比詰川水系〔2級〕
17比謝川　ひじゃがわ
沖縄県・比謝川水系〔2級〕

【毛】

6毛当別川　けとべつがわ
北海道・常呂川水系〔1級〕
7毛呂川　もろがわ
埼玉県・荒川（東京都・埼玉県）水系〔1級〕
8毛枚川　もびらがわ
滋賀県・淀川水系〔1級〕
毛長川　けながかわ
埼玉県・利根川水系〔1級〕
毛長川放水路　けながかわほうすいろ
埼玉県・利根川水系〔1級〕
11毛野川《古》　けぬがわ
栃木県, 茨城県・利根川水系の鬼怒川
12毛渡沢　けとさわ
新潟県・信濃川水系〔1級〕
毛無川　けなしがわ
愛知県・境川水系
毛無川　けなしがわ
三重県・志登茂川水系〔2級〕
毛無川　けなしがわ
鳥取県・日野川水系
毛無川　けなしがわ
広島県・江の川水系〔1級〕
毛無沢川　けなしざわがわ
北海道・朝里川水系
毛賀沢川　けがさわがわ
長野県・天竜川水系〔1級〕
毛陽川　もうようがわ
北海道・石狩川水系〔1級〕
16毛頭沢川　けとのさわがわ
岩手県・馬淵川水系

【氏】

氏の宮川　うじのみやがわ
香川県・新川水系〔2級〕
10氏宮川　うじみやがわ
愛媛県・肱川水系〔1級〕
12氏森川　うじもりがわ
広島県・小瀬川水系〔1級〕

【水】

水ヶ沢　みずがさわ
青森県・岩木川水系
水ヶ峠川　みずがとうげがわ
愛媛県・肱川水系〔1級〕
水ノ木沢　みずのきざわ
神奈川県・酒匂川水系〔2級〕
3水上川　みずがみがわ
山形県・最上川水系〔1級〕
水上川　みずかみがわ
千葉県・一宮川水系〔2級〕
水上川　みなかみがわ
石川県・熊淵川水系〔2級〕
水上沢　みずがみさわ
岩手県・小本川水系
水上沢　みずがみざわ
秋田県・雄物川水系〔1級〕
水上沢　みずかみざわ
福島県・阿賀野川水系
水上沢川　みずかみざわがわ
山形県・赤川水系〔1級〕
水上沢川　みなかみさわがわ
新潟県・信濃川水系〔1級〕
水上沢川　みなかみさわがわ
新潟県・大川水系〔2級〕
水上沢川　みずかみさわかわ
長野県・信濃川水系〔1級〕
水上谷　みずかみだに
富山県・境川水系〔2級〕
水口川　みずくちがわ
静岡県・山川水系〔2級〕
水口川　みずくちがわ
熊本県・白川水系
水口川支流　みずくちがわしりゅう
熊本県・白川水系
水口沢川　みなくちざわがわ
新潟県・信濃川水系〔1級〕
水口谷川　みなぐちだにがわ
愛媛県・森川水系〔2級〕
水川川　みずかわがわ
静岡県・大井川水系〔1級〕
水干川　みずほしがわ
愛知県・境川水系〔2級〕
4水之手川　みずのてがわ
鹿児島県・川内川水系〔1級〕
水内川　みのちがわ
広島県・太田川水系〔1級〕
水戸川　みとがわ
京都府・由良川水系〔1級〕
水戸川　みとがわ
京都府・野田川水系〔2級〕

水戸辺川　みとべがわ
宮城県・水戸辺川水系〔2級〕
水戸沢川　みとさわがわ
群馬県・利根川水系〔1級〕
水月湖　すいげつこ
福井県・早瀬川水系〔2級〕
5水出川　みずいでがわ
長野県・信濃川水系〔1級〕
水尻川　みずじりがわ
宮城県・水尻川水系〔2級〕
水尻川　すいじりがわ
島根県・水尻川水系〔2級〕
水尻川　みずしりがわ
広島県・野呂川水系
水尻川　みずしりがわ
山口県・椹野川水系
水尻池　みずしりいけ
鳥取県鳥取市
水尻南川　みずしりみなみがわ
広島県・野呂川水系
水広下川　みずひろげがわ
愛知県・天白川水系
水田川　みずたがわ
兵庫県・加古川水系〔1級〕
6水任川　みずまかせがわ
香川県・中川水系〔2級〕
水成川　みずなりがわ
岐阜県・木曾川水系〔1級〕
水舟川　みずふねがわ
福島県・阿武隈川水系
7水別川　みずのわかれがわ
広島県・江の川水系〔1級〕
水呑川　みのみがわ
京都府・由良川水系〔1級〕
水呑川　みのみがわ
京都府・由良川水系
水呑川　みのみがわ
広島県・江の川水系〔1級〕
水尾川　みずおがわ
兵庫県・夢前川水系〔2級〕
水沢川　みずさわがわ
北海道・石狩川水系〔1級〕
水沢川　みずさわがわ
秋田県・水沢川水系〔2級〕
水沢川　みずさわがわ
山形県・最上川水系〔1級〕
水沢川　みずさわがわ
山形県・最上川水系
水沢川　みずさわがわ
新潟県・阿賀野川水系〔1級〕
水沢川　みずさわがわ
新潟県・信濃川水系〔1級〕
水沢川　みずさわがわ
新潟県・梅津川水系〔2級〕
水見色川　みずみいろがわ
静岡県・安倍川水系〔1級〕
水谷川　みずがいがわ
福島県・小高川水系
水谷川　みずたにがわ
群馬県・利根川水系〔1級〕
水谷川　すいだにがわ
滋賀県・淀川水系〔1級〕
水谷川　みずたにがわ
滋賀県・淀川水系〔1級〕
水谷川　みずたにがわ
京都府・由良川水系
水谷川　みずたにがわ
兵庫県・揖保川水系〔1級〕
水谷川　みずたにがわ
鳥取県・河内川水系〔2級〕
水谷川　みずたにがわ
島根県・斐伊川水系〔1級〕
水谷川　みずたにがわ
香川県・高瀬川水系〔2級〕
水車川　すいしゃがわ
北海道・石狩川水系
8水河内川　みずごうちがわ
山口県・厚東川水系〔2級〕
水沼川　みずぬまがわ
宮城県・北上川水系〔1級〕
水金川　みずかねがわ
新潟県・水金川水系〔2級〕
水門川　すいもんがわ
岐阜県・木曾川水系〔1級〕
9水保川　みずほがわ
新潟県・海川水系〔2級〕
水俣川　みなまたがわ
熊本県・水俣川水系〔2級〕
水前寺池　すいぜんじいけ
熊本県熊本市
水屋川　みずやがわ
高知県・渡川水系
水海川　みずうみがわ
岩手県・水海川水系〔2級〕
水海川　みずうみがわ
福井県・九頭竜川水系〔1級〕
水洗川　みずあらいがわ
熊本県・白川水系
水神川　すいじんがわ
静岡県・水神川水系〔2級〕
水神川　すいじんがわ
愛知県・免々田川水系
水神沢川　みずがみざわがわ
山形県・最上川水系〔1級〕

水神沼　すいじんぬま
宮城県山元町

10水原川　みずはらがわ
福島県・阿武隈川水系〔1級〕

水流川　つるがわ
宮崎県・大淀川水系〔1級〕

水流川　つるがわ
鹿児島県・神之川水系〔2級〕

水軒川　すいけんがわ
和歌山県・紀の川水系〔1級〕

11水堀川　みずぼりがわ
茨城県・利根川水系〔1級〕

水清谷川　みずきよだにがわ
宮崎県・小丸川水系〔1級〕

水瓶川　みずがめがわ
福岡県・御笠川水系〔2級〕

水貫川　みずぬきがわ
鳥取県・日野川水系〔1級〕

水貫川　みずぬきがわ
鳥取県・日野川水系

水野川　みずのがわ
愛知県・庄内川水系〔1級〕

水野谷川　みずのやがわ
福島県・藤原川水系〔2級〕

12水喰川　みずはみがわ
宮崎県・一ツ瀬川水系〔2級〕

水場川　すいばがわ
愛知県・庄内川水系〔1級〕

水晶川　すいしょうがわ
岩手県・馬淵川水系

水晶谷川　すいしょうだにがわ
三重県・鈴鹿川水系〔1級〕

水無川　みずなしがわ
山形県・最上川水系〔1級〕

水無川　みずなしがわ
山形県・赤川水系〔1級〕

水無川　みずなしがわ
山形県・最上川水系

水無川　みずなしがわ
山形県・三瀬川水系

水無川　みずなしがわ
福島県・阿賀野川水系〔1級〕

水無川　みずなしがわ
福島県・新田川水系〔2級〕

水無川　みずなしがわ
神奈川県・金目川水系〔2級〕

水無川　みずなしがわ
新潟県・信濃川水系〔1級〕

水無川　みなしがわ
新潟県・葡萄川水系〔2級〕

水無川　みずなしがわ
富山県・庄川水系〔1級〕

水無川　みずなしがわ
愛知県・天竜川水系

水無川　みずなしがわ
愛知県・梅田川水系

水無川　みずなしがわ
兵庫県・加古川水系〔1級〕

水無川　みずなしがわ
山口県・島田川水系〔2級〕

水無川　みずなしがわ
長崎県・水無川水系〔2級〕

水無川　みずなしがわ
熊本県・球磨川水系〔1級〕

水無川　みずなしがわ
熊本県・水無川水系〔2級〕

水無川　みずなしがわ
宮崎県・水無川水系〔2級〕

水無川　みずなしがわ
宮崎県・清武川水系〔2級〕

水無川　みずなしがわ
宮崎県・清武川水系

水無沢　みずなしざわ
宮城県・北上川水系

水無沢　みずなしざわ
新潟県・信濃川水系

水無沢川　みずなしざわがわ
山形県・最上川水系〔1級〕

水無瀬川　みなせがわ
岐阜県・木曾川水系〔1級〕

水無瀬川　みずなせがわ
愛知県・矢作川水系〔1級〕

水無瀬川　みずなせがわ
愛知県・矢作川水系

水無瀬川　みなせがわ
大阪府・淀川水系〔1級〕

水無瀬川　みずなせがわ
高知県・蠣瀬川水系

水越川　みずこしがわ
滋賀県・淀川水系〔1級〕

水越川　みずこしがわ
大阪府・大和川水系〔1級〕

水越川　みずこしがわ
奈良県・大和川水系〔1級〕

水越川　みずこしがわ
熊本県・緑川水系

水間川　みずまがわ
福井県・九頭竜川水系〔1級〕

13水殿川　みずどのがわ
長野県・信濃川水系〔1級〕

14水境川　みずさかいがわ
群馬県・利根川水系〔1級〕

水窪川　みさくぼかわ
石川県・大野川水系

水窪川　みさくぼがわ
静岡県・天竜川水系〔1級〕
水窪河内川　みさくぼこうちがわ
静岡県・天竜川水系〔1級〕
16水橋川《別》　みずはしがわ
富山県・常願寺川水系の常願寺川
水澱川《別》　みずどのがわ
長野県・信濃川水系の水殿川
水頭川　みずかしらがわ
新潟県・信濃川水系〔1級〕

【火】

火の川　ひのがわ
広島県・江の川水系〔1級〕
火の沢川　ひのざわがわ
山形県・最上川水系〔1級〕
火の谷川　ひのたにがわ
島根県・高津川水系
火の谷川　ひのたにがわ
広島県・江の川水系〔1級〕
火の谷川　ひのたにがわ
熊本県・球磨川水系
火ノ口谷川　ひのくちだにがわ
京都府・由良川水系
火ノ土川　ひのつちがわ
岩手県・気仙川水系
火ノ沢川　ほのさわがわ
秋田県・米代川水系〔1級〕
火ノ谷川　ひのたにがわ
京都府・淀川水系〔1級〕
火ノ谷川　ひのたにがわ
岡山県・吉井川水系
火ノ坪川　ひのつぼがわ
広島県・江の川水系〔1級〕
5火打山川　ひうちやまがわ
新潟県・早川水系〔2級〕
火打坂川　ひうちざかがわ
広島県・沼田川水系〔2級〕
火打谷川　ひうちだにがわ
石川県・手取川水系〔1級〕
火打谷川　ひうちだにがわ
島根県・江の川水系〔1級〕
10火振川　ひぶりがわ
静岡県・火振川水系〔2級〕
12火散布沼　ひちりっぷぬま
北海道厚岸郡浜中町
火渡川　ひわたしがわ
高知県・仁淀川水系〔1級〕

【父】

父ヶ谷川　ちちがたにがわ
三重県・宮川水系〔1級〕
7父尾川　ちちおがわ
広島県・芦田川水系〔1級〕
10父鬼川　ちちおにがわ
大阪府・大津川水系〔2級〕
11父野川　ちちのがわ
愛媛県・仁淀川水系〔1級〕
12父賀川　ちちがかわ
広島県・高梁川水系〔1級〕

【片】

3片上川　かたがみがわ
三重県・片上川水系〔2級〕
片上池　かたがみいけ
三重県紀伊長島町
片山川　かたやまがわ
愛媛県・肱川水系〔1級〕
片川　かたがわ
福井県・九頭竜川水系〔1級〕
片川　かたがわ
徳島県・吉野川水系〔1級〕
片川　かたがわ
愛媛県・肱川水系〔1級〕
片川川　かたがわがわ
三重県・尾呂志川水系〔2級〕
片川放水路　かたがわほうすいろ
福井県・九頭竜川水系〔1級〕
4片井野川　かたいのがわ
宮崎県・清武川水系〔2級〕
5片丘川　かたおかがわ
広島県・江の川水系〔1級〕
片丘川放水路　かたおかがわほうすいろ
広島県・江の川水系〔1級〕
片平川　かたひらがわ
愛媛県・肱川水系〔1級〕
片平川　かたひらがわ
愛媛県・片平川水系〔2級〕
片田貯水池放水溝　かただちょすいちほうすいこう　三重県・岩田川水系
6片伏川　かたぶしがわ
岡山県・吉井川水系〔1級〕
片名川　かたながわ
愛知県・片名川水系
片地川　かたじがわ
高知県・物部川水系〔1級〕
7片貝川　かたかいがわ
新潟県・関川水系〔1級〕
片貝川　かたがいがわ
新潟県・石田川水系〔2級〕
片貝川　かたかいがわ
富山県・片貝川水系〔2級〕
片貝川　かたかいがわ
長野県・信濃川水系〔1級〕

片貝沼　かたかいぬま
青森県東通村
片貝沼　かたかいぬま
山形県山形市
8片岡川　かたおかがわ
奈良県・淀川水系〔1級〕
片岡沢川　かたおかさわがわ
長野県・信濃川水系〔1級〕
片岸川　かたぎしがわ
岩手県・片岸川水系〔2級〕
片河谷川　かたかわだにがわ
和歌山県・日高川水系〔2級〕
片波川　かたなみがわ
京都府・淀川水系〔1級〕
片知川　かたじがわ
岐阜県・木曾川水系〔1級〕
9片俣川　かたまたがわ
熊本県，大分県・大野川水系
片品川　かたしながわ
群馬県・利根川水系〔1級〕
片城川　かたしろがわ
香川県・片城川水系〔2級〕
片科川《別》　かたしながわ
群馬県・利根川水系の片品川
片草川　かたくさがわ
福島県・小高川水系
10片倉谷　かたくらだに
富山県・庄川水系
片島川　かたしまがわ
岡山県・旭川水系〔1級〕
片庭川　かたにわがわ
茨城県・那珂川水系〔1級〕
片庭川　かたにわがわ
茨城県・那珂川水系
11片淵川　かたふちがわ
青森県・相坂川水系〔2級〕
片野川　かたのがわ
岐阜県・神通川水系〔1級〕
片野川　かたのがわ
三重県・櫛田川水系〔1級〕
片野川　かたのがわ
京都府・淀川水系
片野川　かたのがわ
広島県・江の川水系〔1級〕
片野川　かたのがわ
山口県・片野川水系〔2級〕
片魚川　かたうおがわ
高知県・渡川水系〔1級〕
片魚川　かたうおがわ
高知県・渡川水系
12片隅川　かたすみがわ
宮城県・北上川水系〔1級〕
片隈沢川　かたくまざわがわ
山梨県・富士川水系〔1級〕
13片蓋川　かたふたがわ
群馬県・利根川水系〔1級〕
19片瀬川《別》　かたせがわ
神奈川県・境川水系の境川
片瀬谷川　かたせだにがわ
高知県・渡川水系

【牛】

牛の谷川　うしのたにがわ
愛媛県・肱川水系〔1級〕
牛ヶ爪川　うしがつめがわ
長野県・天竜川水系〔1級〕
牛ヶ谷川　うしがたにがわ
三重県・員弁川水系〔2級〕
牛ヶ谷川　うしがだにがわ
高知県・渡川水系〔1級〕
牛ノ谷川　うしのたにがわ
佐賀県・有田川水系〔2級〕
3牛久沼　うしくぬま
茨城県龍ヶ崎市
牛久沼　うしくぬま
茨城県・利根川水系
牛山川　うしやまがわ
愛知県・庄内川水系
牛川　うしがわ
福島県・太田川水系〔2級〕
4牛内川　うしうちがわ
兵庫県・三原川水系〔2級〕
牛文沖川　うしふみおきがわ
岡山県・吉井川水系〔1級〕
5牛平川　うしひらがわ
和歌山県・紀の川水系〔1級〕
牛打川　うしうちがわ
愛媛県・渡川水系〔1級〕
6牛伏川　うしぶせがわ
長野県・信濃川水系〔1級〕
牛朱別川　うししゅべつがわ
北海道・石狩川水系〔1級〕
牛池川　うしいけがわ
群馬県・利根川水系〔1級〕
7牛尾川　うしおがわ
鹿児島県・川内川水系〔1級〕
牛沢川　うしざわがわ
福島県・阿武隈川水系〔1級〕
牛谷川　うしたにがわ
三重県・鈴鹿川水系〔1級〕
牛谷川　うしたにがわ
島根県・周布川水系〔2級〕
牛谷川　うしたにがわ
愛媛県・高山川水系〔2級〕

8牛房野川　ごぼうのがわ
山形県・最上川水系〔1級〕
牛牧川　うしまきがわ
鹿児島県・肝属川水系〔1級〕
9牛津川　うしずがわ
佐賀県・六角川水系〔1級〕
牛津江川　うしずえがわ
佐賀県・六角川水系〔1級〕
牛首北谷　うしくびきただに
富山県・黒部川水系
牛首別川　うししゅべつがわ
北海道・十勝川水系〔1級〕
牛首谷川　うしのくびだにがわ
富山県・常願寺川水系〔1級〕
牛首谷川　うしのくびだにがわ
岐阜県・庄川水系〔1級〕
牛首谷川　うしのくびだにがわ
徳島県・吉野川水系〔1級〕
牛首南谷　うしくびみなみだに
富山県・黒部川水系
11牛淵川　うしぶちがわ
静岡県・菊川水系〔1級〕
牛野沢　うしのさわ
宮城県・鳴瀬川水系
12牛渡川　うしわたりがわ
山形県・月光川水系〔2級〕
牛渡川　うしわたりがわ
山形県・月光川水系
牛渡川　うしわたりがわ
福島県・請戸川水系〔2級〕
牛道川　うしみちがわ
岐阜県・木曾川水系〔1級〕
13牛滝川　うしたきがわ
大阪府・大津川水系〔2級〕
牛滝川　ぎゅうたきがわ
大阪府・大津川水系
牛飼川　うしかいがわ
鳥取県・八橋川水系〔2級〕
16牛縊川　うしくびりがわ
福島県・阿武隈川水系〔1級〕
牛頸川　うしくびがわ
福岡県・御笠川水系〔2級〕
牛館川　うしたてがわ
青森県・堤川水系
19牛繰川　うしくりがわ
熊本県・球磨川水系〔1級〕

【犬】

3犬上川　いぬかみがわ
滋賀県・淀川水系〔1級〕
犬上川北流　いぬかみがわほくりゅう
滋賀県・淀川水系〔1級〕
犬上北谷川《別》　いぬかみきただにがわ
滋賀県・淀川水系の犬上川北流
犬上南谷川《別》　いぬかみみなみだにがわ
滋賀県・淀川水系の犬上川
犬丸川　いぬまるがわ
大分県・犬丸川水系〔2級〕
犬川　いぬがわ
山形県・最上川水系〔1級〕
犬川　いぬがわ
長野県・姫川水系〔1級〕
犬川　いぬがわ
京都府・淀川水系〔1級〕
4犬井谷川　いぬいだにがわ
佐賀県・筑後川水系〔1級〕
犬牛別川　いぬうしべつがわ
北海道・天塩川水系〔1級〕
5犬打川　いぬうちがわ
京都府・淀川水系〔1級〕
犬甘野川　いぬかんのがわ
京都府・淀川水系
犬田切川　けんたぎりがわ
長野県・天竜川水系〔1級〕
6犬伏川　いぬぶせがわ
愛知県・矢作川水系〔1級〕
犬伏谷川　いぬぶしだにがわ
徳島県・吉野川水系〔1級〕
犬呼湖　けんこうこ
北海道幌延町
7犬吠川　いぬぼえがわ
佐賀県・有浦川水系〔2級〕
犬尾川　いぬおがわ
長崎県・日宇川水系〔2級〕
犬見川　いぬみがわ
兵庫県・市川水系〔2級〕
8犬迫川　いぬざこがわ
鹿児島県・甲突川水系〔2級〕
13犬飼川　いぬかいがわ
京都府・淀川水系〔1級〕
犬飼川　いぬかいがわ
京都府・淀川水系
犬飼川　いぬかいがわ
愛媛県・渡川水系〔1級〕
14犬鳴川　いぬなきがわ
福岡県・遠賀川水系〔1級〕

【王】

3王子川　おうじがわ
北海道・石狩川水系〔1級〕
王子川　おうじがわ
大阪府・王子川水系〔2級〕
王子川　おうじがわ
和歌山県・王子川水系〔2級〕

王子川　おうじがわ
岡山県・吉井川水系〔1級〕
王子川　おうじがわ
愛媛県・王子川水系〔2級〕
王子川　おうじがわ
高知県・物部川水系〔1級〕
王子川　おうじがわ
大分県・大野川水系〔1級〕
王子東谷川　おうじひがしたにがわ
徳島県・吉野川水系〔1級〕
王川　おうがわ
山形県・最上川水系
6王池　おおいけ
青森県西津軽郡岩崎村
7王余魚沢川　かれいざわがわ
青森県・岩木川水系〔1級〕
王余魚谷川　かれいだにがわ
徳島県・海部川水系〔2級〕
8王居峠川　おういたおがわ
広島県・江の川水系
王岳川　おうだけがわ
山梨県・富士川水系〔1級〕
10王竜寺川　おうりゅうじがわ
長野県・天竜川水系〔1級〕
13王滝川　おうたきがわ
長野県・木曾川水系〔1級〕

5 画

【丘】

10丘珠5号川　おかだまごごうがわ
北海道・石狩川水系
丘珠川　おかだまがわ
北海道・石狩川水系
丘珠藤木川　おかだまふじきがわ
北海道・石狩川水系〔1級〕

【世】

2世入川　よいりがわ
千葉県・世入川水系
5世田豊平川　せたとよひらがわ
北海道・石狩川水系〔1級〕
世田豊平川　せたとよひらがわ
北海道・石狩川水系
7世利川　せりがわ
愛媛県・渡川水系〔1級〕
8世附川　よずくがわ
神奈川県・酒匂川水系〔2級〕
9世屋川　せやがわ
京都府・世屋川水系〔2級〕
12世富慶川　よふけがわ
沖縄県・世富慶川水系
世渡川　よとがわ
滋賀県・淀川水系〔1級〕

【丙】

3丙川　ひのえがわ
岡山県・倉敷川水系〔2級〕

【主】

主ノ丸川　ぬしのまるがわ
宮崎県・小丸川水系〔1級〕
7主谷川　おもたにがわ
和歌山県・古座川水系〔2級〕
10主馬殿川　しゅめどのがわ
新潟県・信濃川水系〔1級〕
13主寝坂沢川　しゅねざかざわがわ
山形県・最上川水系〔1級〕
主殿川　とのもがわ
福島県・阿武隈川水系

【以】

5以布利川　いぶりがわ
高知県・以布利川水系〔2級〕

【仕】

5仕出川　しでがわ
徳島県・勝浦川水系〔2級〕
仕出原川　しではらがわ
兵庫県・加古川水系〔1級〕
7仕形川　しかたがわ
広島県・仕形川水系

【仙】

仙ヶ谷川　せんがだにがわ
徳島県・那賀川水系〔1級〕
2仙了川　せんりょうがわ
神奈川県・酒匂川水系〔2級〕
仙人沢　せんにんざわ
山形県・最上川水系
仙人沢川　せんにんざわがわ
山形県・最上川水系〔1級〕
3仙川　せんかわ
東京都・多摩川水系〔1級〕
4仙之倉沢　せんのくらさわ
新潟県・信濃川水系
仙仁川　せんにがわ
長野県・信濃川水系〔1級〕
5仙北川　せんぼくがわ
宮城県・北上川水系〔1級〕

仙台大沼　せんだいおおぬま
宮城県仙台市
仙台川　せんだいがわ
宮城県・七北田川水系〔2級〕
仙台堀川　せんだいぼりがわ
東京都・荒川（東京都・埼玉県）水系〔1級〕
7仙助川　せんすけがわ
山形県・最上川水系〔1級〕
仙沢　せんざわ
静岡県・瀬戸川水系
仙見川　せんみがわ
新潟県・阿賀野川水系〔1級〕
8仙波川　せんばがわ
栃木県・利根川水系〔1級〕
仙波川　せんばがわ
愛媛県・仙波川水系〔2級〕
仙波谷川　せんばだにがわ
和歌山県・仙波谷川水系〔2級〕
9仙俣川　せんまたがわ
静岡県・安倍川水系〔1級〕
仙城沢川　せんしろさわがわ
山梨県・富士川水系〔1級〕
10仙納川　せんのうがわ
新潟県・鯖石川水系〔2級〕
12仙道川　せんどうがわ
秋田県・子吉川水系

【代】
3代川　しろがわ
島根県・代川水系〔2級〕
4代内川　のしないがわ
秋田県・子吉川水系〔1級〕
5代田川　だいだがわ
愛知県・音羽川水系
代田川　しろだがわ
宮崎県・本城川水系

【付】
6付合川　つきあいがわ
岡山県・吉井川水系〔1級〕
8付知川　つけちがわ
岐阜県・木曾川水系〔1級〕

【兄】
3兄川　あにがわ
岩手県・米代川水系〔1級〕
兄川　あにがわ
山梨県・富士川水系〔1級〕
兄川　あにがわ
長野県・天竜川水系〔1級〕
兄川　あにがわ
奈良県・大和川水系〔1級〕

【冬】
7冬見谷川　ふゆみたにがわ
三重県・櫛田川水系〔1級〕
冬谷川　ふゆうたにがわ
高知県・物部川水系〔1級〕
11冬野川　ふゆのがわ
奈良県・大和川水系〔1級〕
冬野川　ふゆのがわ
熊本県・白川水系〔1級〕
冬野川　ふゆのがわ
熊本県・白川水系

【出】
出ノ口川　でのぐちがわ
山口県・木屋川水系〔2級〕
2出入沢　でいりざわ
福島県・阿賀野川水系
3出口川　でぐちがわ
愛知県・池尻川水系
出口川　でぐちがわ
広島県・芦田川水系〔1級〕
出口川　でぐちがわ
愛媛県・出口川水系〔2級〕
出口川　でぐちがわ
宮崎県・耳川水系〔2級〕
出口沢川　でぐちざわがわ
山形県・出口沢川水系〔2級〕
出口谷川　いでぐちだにがわ
大分県・筑後川水系〔1級〕
出川　でがわ
秋田県・雄物川水系〔1級〕
出川　でがわ
長野県・信濃川水系〔1級〕
出川　でがわ
滋賀県・淀川水系〔1級〕
4出井川　でいがわ
和歌山県・出井川水系〔2級〕
出戸川　でどがわ
青森県・出戸川水系〔2級〕
出戸川　でどがわ
岐阜県・木曾川水系〔1級〕
出水川　いずみがわ
兵庫県・加古川水系〔1級〕
出水川　でみずがわ
熊本県・球磨川水系〔1級〕
出水川　でみずがわ
宮崎県・川内川水系
5出石川　いですがわ
北海道・知内川水系〔2級〕
出石川　いずしがわ
兵庫県・円山川水系〔1級〕

出石川　いずしがわ
愛媛県・肱川水系〔1級〕
出石川　いずしがわ
愛媛県・喜木川水系〔2級〕
6出会川　であいがわ
兵庫県・加古川水系〔1級〕
出合川　であいがわ
兵庫県・円山川水系〔1級〕
出合川　であいがわ
奈良県・大和川水系〔1級〕
出合川　であいがわ
和歌山県・出合川水系〔2級〕
出合川　であいがわ
岡山県・吉井川水系〔1級〕
出灰川　いずりはがわ
大阪府・淀川水系
出羽川　いずわがわ
島根県・江の川水系〔1級〕
7出来川　できがわ
宮城県・北上川水系〔1級〕
出来沢川　できざわがわ
山形県・最上川水系〔1級〕
出来谷川　できたにがわ
大阪府・淀川水系
出来津川　できずがわ
新潟県・信濃川水系〔1級〕
出来島川　できしまがわ
高知県・渡川水系
出見川　いずみがわ
高知県・出見川水系〔2級〕
出谷川　でやがわ
山形県・赤川水系
8出店川　でみせがわ
岡山県・吉井川水系〔1級〕
出店川　でみせがわ
岡山県・吉井川水系
出茂川　でもがわ
山形県・最上川水系〔1級〕
9出前沢川　でまえさわがわ
秋田県・雄物川水系
出屋敷川　でやしきがわ
三重県・淀川水系〔1級〕
出津川　しずがわ
長崎県・出津川水系〔2級〕
10出原川　いではらがわ
広島県・江の川水系〔1級〕
出原谷川　いずはらだにがわ
徳島県・那賀川水系〔1級〕
出島川　でじまがわ
徳島県・那賀川水系〔1級〕
出流川　いずるがわ
栃木県・利根川水系〔1級〕
11出張川　でばりがわ
岡山県・吉井川水系〔1級〕
出張川　でばりがわ
岡山県・吉井川水系
出黒川　でぐろがわ
山梨県・富士川水系〔1級〕
12出葉山川　でばやまがわ
熊本県・佐敷川水系
出間川　いずまがわ
高知県・仁淀川水系〔1級〕
出雲川　すいうんがわ
滋賀県・淀川水系〔1級〕
出雲谷川　いずもたにがわ
三重県・鈴鹿川水系〔1級〕
出雲谷川　いずもだにがわ
京都府・由良川水系

【加】

3加久見川　かくみがわ
高知県・加久見川水系〔2級〕
加子母川《別》　かしもがわ
岐阜県・木曾川水系の白川
4加太川　かぶとがわ
三重県・鈴鹿川水系〔1級〕
5加世田川　かせだがわ
鹿児島県・万之瀬川水系〔2級〕
加加田沢　かかださわ
静岡県・太田川水系
加々良沢　かからざわ
長野県・天竜川水系〔1級〕
加古川　かこがわ
兵庫県・加古川水系〔1級〕
加布良川《別》　かぶらがわ
群馬県・利根川水系の鏑川
加用川　かようがわ
京都府・由良川水系〔1級〕
6加地川　かじがわ
鳥取県・千代川水系〔1級〕
加江田川　かえだがわ
宮崎県・加江田川水系〔2級〕
7加志川　かしがわ
長崎県・加志川水系〔2級〕
加志岐川《別》　かじきがわ
島根県・敬川水系の敬川
加谷川　かだにがわ
鳥取県・天神川水系〔1級〕
加里屋川　かりやがわ
兵庫県・千種川水系〔2級〕
加里屋川放水路　かりやがわほうすいろ
兵庫県・千種川水系〔2級〕
8加妻川　かずまがわ
岩手県・北上川水系

加治川　かじがわ
新潟県・加治川水系〔2級〕
加治佐川　かじさがわ
鹿児島県・加治佐川水系〔2級〕
加茂大平川　かもおおだいらがわ
新潟県・信濃川水系〔1級〕
加茂川　かもがわ
北海道・石狩川水系〔1級〕
加茂川　かもがわ
北海道・石狩川水系
加茂川　かもがわ
宮城県・北上川水系〔1級〕
加茂川　かもがわ
千葉県・加茂川水系〔2級〕
加茂川　かもがわ
新潟県・信濃川水系〔1級〕
加茂川　かもがわ
岐阜県・木曾川水系〔1級〕
加茂川　かもがわ
愛知県・矢作川水系〔1級〕
加茂川　かもがわ
三重県・加茂川水系〔2級〕
加茂川《別》　かもがわ
三重県・淀川水系の柘植川
加茂川　かもがわ
和歌山県・加茂川水系〔2級〕
加茂川　かもがわ
鳥取県・天神川水系〔1級〕
加茂川　かもがわ
鳥取県・斐伊川水系〔1級〕
加茂川　かもがわ
島根県・加茂川水系〔2級〕
加茂川　かもがわ
岡山県・吉井川水系〔1級〕
加茂川　かもがわ
岡山県・旭川水系〔1級〕
加茂川　かもがわ
広島県・芦田川水系〔1級〕
加茂川　かもがわ
愛媛県・肱川水系〔1級〕
加茂川　かもがわ
愛媛県・加茂川水系〔2級〕
加茂川　かもがわ
高知県・奈半利川水系〔2級〕
加茂川　かもがわ
福岡県・加茂川水系〔2級〕
加茂内川　かもうちがわ
栃木県・那珂川水系〔1級〕
加茂谷川　かもだにがわ
徳島県・吉野川水系〔1級〕
加茂谷川　かもだにがわ
徳島県・那賀川水系〔1級〕

加茂湖　かもこ
新潟県両津市
加茂新川　かもしんがわ
鳥取県・加茂新川水系〔2級〕
加茂新川　かもしんがわ
鳥取県・加茂新川水系
9加屋川　かやがわ
広島県・芦田川水系〔1級〕
加持川　かもちがわ
高知県・加持川水系〔2級〕
加持川　かもちがわ
高知県・加持川水系
加津良川　かつらがわ
京都府・由良川水系〔1級〕
加畑川　かはたがわ
山梨県・相模川水系〔1級〕
加美川《古》　かみがわ
岩手県・北上川水系の南股川
10加倉川　かくらがわ
山梨県・富士川水系〔1級〕
加倉沢　かくらさわ
岩手県・摂待川水系
加原川　かばるがわ
大分県・大野川水系〔1級〕
加悦奥川　かやおくがわ
京都府・野田川水系〔2級〕
加悦奥川　かやおくがわ
京都府・野田川水系
加納川　かのうがわ
愛知県・矢作川水系〔1級〕
11加理川《古》　かりがわ
兵庫県・加古川水系の万勝寺川
12加登川　かとがわ
広島県・沼田川水系
加賀川《古》　かががわ
島根県・澄水川水系の澄水川
加賀田川　かがたがわ
大阪府・大和川水系〔1級〕
加賀須川　かがすがわ
長野県・天竜川水系〔1級〕
加須良川　かすらがわ
岐阜県・庄川水系〔1級〕
13加僧谷川　かそだにがわ
高知県・加僧谷川水系〔2級〕
加勢川　かせがわ
熊本県・緑川水系〔1級〕
加勢川　かせがわ
宮崎県・一ツ瀬川水系〔2級〕
加勢蛇川　かせちがわ
鳥取県・加勢蛇川水系〔2級〕
加塩川　かしおがわ
愛知県・矢作川水系

加路川　かろがわ
福島県・夏井川水系
14加領川　かりょうがわ
滋賀県・淀川水系〔1級〕
15加儀田川　かぎたがわ
香川県・一の谷川水系〔2級〕
18加藤川　かとうがわ
青森県・岩木川水系〔1級〕
加藤川　かとうがわ
青森県・岩木川水系
加藤谷川　かどたにがわ
福島県・阿賀野川水系〔1級〕
19加瀬屋川　かせやがわ
島根県・斐伊川水系〔1級〕

【包】

2包丁川　ほうちょうがわ
広島県・沼田川水系〔2級〕

【北】

北の又沢　きたのまたさわ
秋田県・馬場目川水系
北の川　きたのがわ
和歌山県・有田川水系〔2級〕
北の川　きたのがわ
高知県・渡川水系〔1級〕
北の川川　きたのかわがわ
高知県・渡川水系〔1級〕
北の沢川　きたのさわがわ
岩手県・平井賀川水系
北の沢川　きたのさわがわ
岩手県・北上川水系
北の沢川　きたのさわがわ
山形県・最上川水系〔1級〕
北の沢川　きたのさわがわ
山形県・赤川水系
北の沢川　きたのさわがわ
山梨県・富士川水系〔1級〕
北の沢川　きたのさわがわ
長野県・天竜川水系〔1級〕
北の谷沢　きたのたにざわ
静岡県・瀬戸川水系
北ウブシ川　きたうぶしがわ
北海道・天塩川水系〔1級〕
北ノ入川　きたのいりがわ
新潟県・信濃川水系〔1級〕
北ノ入川　きたのいりがわ
愛知県・矢作川水系
北ノ入沢川　きたのいりさわがわ
新潟県・信濃川水系〔1級〕
北ノ又川　きたのまたがわ
岩手県・北上川水系〔1級〕
北ノ又川　きたのまたがわ
福島県・阿賀野川水系〔1級〕
北ノ又沢　きたのまたさわ
青森県・高瀬川水系
北ノ川　きたのがわ
高知県・渡川水系〔1級〕
北ノ沢川　きたのさわがわ
岩手県・北上川水系
北ノ沢川　きたのさわがわ
新潟県・信濃川水系〔1級〕
北ノ股川　きたのまたがわ
秋田県・子吉川水系〔1級〕
北ノ俣川　きたのまたがわ
岐阜県・神通川水系〔1級〕
北ノ根川　きたのねがわ
茨城県・那珂川水系〔1級〕
北ノ越川　きたのこしがわ
岩手県・宇部川水系
北ホウ谷川　きたほうだにがわ
京都府・由良川水系
1北一の沢川　きたいちのさわがわ
北海道・石狩川水系〔1級〕
北一号川　きたいちごうがわ
北海道・石狩川水系〔1級〕
2北七ノ沢川　きたしちのさわがわ
北海道・石狩川水系
北九線川　きたきゅうせんがわ
北海道・十勝川水系〔1級〕
北八反田川　きたはったんだがわ
福島県・阿武隈川水系〔1級〕
北十間川　きたじっけんがわ
東京都・荒川（東京都・埼玉県）水系〔1級〕
北又川　きたまたがわ
和歌山県・紀の川水系〔1級〕
北又沢　きたまたざわ
青森県・小峰沢川水系
北又沢　きたまたざわ
長野県・天竜川水系〔1級〕
北又谷川　きたまただにがわ
富山県・黒部川水系
北又谷水流　きたまただにすいりゅう
富山県・片貝川水系〔2級〕
3北上川　きたかみがわ
岩手県・北上川水系
北上川　きたかみがわ
岩手県, 宮城県・北上川水系〔1級〕
北上川　きたかみがわ
千葉県・染川水系〔2級〕
北上運河　きたかみうんが
宮城県・鳴瀬川水系〔1級〕
北万年川　きたまんねんがわ
愛媛県・重信川水系〔1級〕

北千葉導水路　きたちばどうすいろ
千葉県・利根川水系〔1級〕
北大久野川　きたおおくのがわ
東京都・多摩川水系〔1級〕
北大西川　きたおおにしがわ
島根県・斐伊川水系〔1級〕
北大谷川　きたおおたにがわ
三重県・安濃川水系〔2級〕
北小曾木川　きたこそぎがわ
東京都・荒川（東京都・埼玉県）水系〔1級〕
北山の池　きたやまのいけ
新潟県新潟市
北山川　きたやまがわ
岩手県・閉伊川水系
北山川　きたやまがわ
静岡県・大川水系
北山川　きたやまがわ
愛知県・庄内川水系
北山川　きたやまがわ
愛知県・日光川水系
北山川　きたやまがわ
京都府・由良川水系
北山川　きたやまがわ
大阪府・淀川水系〔1級〕
北山川　きたやまがわ
奈良県・新宮川水系〔1級〕
北山川　きたやまがわ
高知県・新川川水系〔2級〕
北山沢　きたやまざわ
静岡県・都田川水系
北山谷川　きたやまだにがわ
兵庫県・夙川水系
北山谷川　きたやまだにがわ
岡山県・高梁川水系
北山浦川　きたやまうらがわ
熊本県・菜切川水系
北川　きたがわ
宮城県・名取川水系〔1級〕
北川　きたがわ
秋田県・雄物川水系〔1級〕
北川　きたがわ
山形県・最上川水系〔1級〕
北川　きたがわ
福島県・新田川水系〔2級〕
北川　きたがわ
茨城県・北川水系
北川　きたがわ
埼玉県・荒川（東京都・埼玉県）水系〔1級〕
北川　きたがわ
福井県・九頭竜川水系〔1級〕
北川　きたがわ
山梨県・富士川水系〔1級〕
北川　きたがわ
長野県・天竜川水系〔1級〕
北川　きたがわ
静岡県・北川水系〔2級〕
北川　きたがわ
愛知県・北川水系
北川　きたがわ
愛知県・矢作川水系
北川　きたがわ
三重県・淀川水系〔1級〕
北川　きたがわ
三重県・北川水系〔2級〕
北川　きたがわ
滋賀県・淀川水系〔1級〕
北川　きたがわ
滋賀県，福井県・北川水系〔1級〕
北川　きたがわ
京都府・淀川水系〔1級〕
北川　きたがわ
大阪府・淀川水系〔1級〕
北川　きたがわ
奈良県・淀川水系〔1級〕
北川　きたがわ
奈良県・紀の川水系〔1級〕
北川　きたがわ
鳥取県・千代川水系〔1級〕
北川　きたがわ
島根県・江の川水系〔1級〕
北川　きたがわ
香川県・番屋川水系〔2級〕
北川　きたがわ
愛媛県・肱川水系〔1級〕
北川　きたがわ
愛媛県・北川水系〔2級〕
北川　きたがわ
高知県・仁淀川水系〔1級〕
北川　きたがわ
高知県・渡川水系〔1級〕
北川　きたがわ
福岡県・筑後川水系〔1級〕
北川　きたがわ
長崎県・北川水系〔2級〕
北川　きたがわ
熊本県・八間川水系
北川　きたがわ
大分県・五ヶ瀬川水系〔1級〕
北川　きたがわ
大分県・北川水系〔2級〕
北川川　きたかわがわ
佐賀県・六角川水系〔1級〕
北川川　きたかわがわ
鹿児島県・川内川水系

北川内川　きたかわうちがわ
新潟県・桜川水系〔2級〕
北川内川《別》　きたかわうちがわ
福岡県・矢部川水系の星野川
北川内川　きたのかわうちがわ
佐賀県・有田川水系〔2級〕
北川内川　きたかわちがわ
宮崎県・大淀川水系〔1級〕
北川尻川　きたかわじりがわ
千葉県・南川尻川水系
北川目川　きたかわめがわ
岩手県・甲子川水系〔2級〕
北川目川　きたかわめがわ
岩手県・閉伊川水系
4北中川　きたなかがわ
熊本県・白川水系
北之庄沢　きたのしょうさわ
滋賀県近江八幡市
北之沢川　きたのさわがわ
長野県・天竜川水系〔1級〕
北井谷川　きたいだにがわ
香川県・香東川水系〔2級〕
北五十里川　きたいかりがわ
新潟県・北五十里川水系〔2級〕
北五線川　きたごせんがわ
北海道・石狩川水系〔1級〕
北斗川　ほくとがわ
愛知県・矢作川水系
北方川　きたかたがわ
山梨県・相模川水系〔1級〕
北方川　きたがたがわ
愛知県・北方川水系
北方川　きたかたがわ
鳥取県・日野川水系〔1級〕
北方川　きたかたがわ
鹿児島県・川内川水系〔1級〕
5北北上運河　きたきたかみうんが
宮城県・定川水系〔2級〕
北古川　きたふるがわ
愛知県・日光川水系〔2級〕
北台川　きただいがわ
茨城県・利根川水系〔1級〕
北台川　きただいがわ
茨城県・利根川水系
北平川　きたひらがわ
愛媛県・肱川水系〔1級〕
北本内川　きたほんないがわ
岩手県・北上川水系〔1級〕
北田川　きただがわ
山形県・最上川水系
北田川　きただがわ
鳥取県・天神川水系〔1級〕
北田川　きただがわ
島根県・斐伊川水系〔1級〕
北田川　きただがわ
福岡県・遠賀川水系〔1級〕
北田川　きただがわ
熊本県・菊池川水系
北白石川　きたしろいしがわ
北海道・石狩川水系〔1級〕
北目川　きためがわ
佐賀県・塩田川水系〔2級〕
北目川　きためがわ
熊本県・球磨川水系〔1級〕
北立島川　きたたてしまがわ
新潟県・北立島川水系〔2級〕
北辻倉沢　きたつじくらさわ
宮城県・鳴瀬川水系
6北光一の沢川　ほっこういちのさわがわ
北海道・石狩川水系〔1級〕
北光沼　ほっこうぬま
北海道砂川市
北印旛沼　きたいんばぬま
千葉県・利根川水系〔1級〕
北吉田川　きたよしだがわ
和歌山県・日高川水系〔2級〕
北向川　きたむきがわ
青森県・相坂川水系
北地谷川　きたじだにがわ
徳島県・那賀川水系〔1級〕
北江川　きたえがわ
大分県・北江川水系〔2級〕
北牟田川　きたむたがわ
佐賀県・松浦川水系〔1級〕
7北坂川　きたさかがわ
愛媛県・肱川水系〔1級〕
北条川　ほうじょうがわ
鳥取県・由良川水系〔2級〕
北沢　きたざわ
宮城県・名取川水系
北沢　きたざわ
山梨県・富士川水系
北沢川　きたさわがわ
北海道・石狩川水系〔1級〕
北沢川　きたざわがわ
岩手県・北上川水系〔1級〕
北沢川　きたざわがわ
宮城県・北上川水系〔1級〕
北沢川　きたざわがわ
山形県・最上川水系〔1級〕
北沢川　きたざわがわ
東京都・目黒川水系〔2級〕
北沢川　きたざわがわ
新潟県・信濃川水系〔1級〕

北沢川　きたざわがわ
新潟県・信濃川水系
北沢川　きたざわがわ
山梨県・富士川水系〔1級〕
北沢川　きたざわがわ
長野県・信濃川水系〔1級〕
北沢沼　きたざわぬま
滋賀県近江八幡市
北狄川　きたえびすがわ
新潟県・北狄川水系〔2級〕
北見幌別川　きたみほろべつがわ
北海道・北見幌別川水系〔2級〕
北谷川　きたたにがわ
石川県・宝達川水系〔2級〕
北谷川　きただにがわ
滋賀県・淀川水系〔1級〕
北谷川　きたたにがわ
大阪府・淀川水系
北谷川　きただにがわ
兵庫県・円山川水系〔1級〕
北谷川　きただにがわ
兵庫県・加古川水系〔1級〕
北谷川　きたたにがわ
和歌山県・山田川水系〔2級〕
北谷川　きただにがわ
鳥取県・千代川水系〔1級〕
北谷川　きただにがわ
鳥取県・天神川水系〔1級〕
北谷川　きたたにがわ
徳島県・吉野川水系〔1級〕
北谷川　きたたにがわ
徳島県・那賀川水系〔1級〕
北谷川　きたたにがわ
徳島県・勝浦川水系〔2級〕
北谷川　きただにがわ
愛媛県・肱川水系〔1級〕
北谷川　きただにがわ
愛媛県・北谷川水系〔2級〕
北谷川　きただにがわ
熊本県・津奈木川水系
北谷沢　きただにざわ
新潟県・関川水系
北赤谷川　きたあかたにがわ
新潟県・勝木川水系〔2級〕
北里川　きたざとがわ
熊本県・筑後川水系〔1級〕
8北居里沢川　きたいりざわがわ
山梨県・富士川水系〔1級〕
北岩内二の沢川　きたいわないにのさわがわ
北海道・十勝川水系〔1級〕
北河川　きたごがわ
愛媛県・東川水系〔2級〕
北河内川　きたごうちがわ
三重県・員弁川水系
北河内川　きたごうちがわ
長崎県・佐々川水系〔2級〕
北河内谷川　きたごうちだにがわ
徳島県・日和佐川水系〔2級〕
北河原切所　きたかわらきりしょ
埼玉県行田市
北油良川　きたゆらがわ
兵庫県・加古川水系〔1級〕
北股川　きたまたがわ
新潟県・加治川水系〔2級〕
北股川　きたまたがわ
奈良県・新宮川水系〔1級〕
北股川　きたまたがわ
鳥取県・千代川水系〔1級〕
北股谷　きたまただに
富山県・黒部川水系
北迫川　きたさこがわ
福島県・北迫川水系〔2級〕
北長沼　きたながぬま
宮城県仙台市
9北俣川　きたまたがわ
山形県・温海川水系〔2級〕
北俣川　きたまたがわ
石川県・梯川水系
北俣川　きたまたがわ
宮崎県・大淀川水系〔1級〕
北俣沢　きたまたざわ
秋田県・雄物川水系
北俣沢川　きたまたさわがわ
秋田県・雄物川水系〔1級〕
北浅川　きたあさがわ
東京都・多摩川水系
北浅川　きたあさがわ
長野県・信濃川水系
北派川　きたはせん
岐阜県・木曾川水系〔1級〕
北砂川　きたすながわ
滋賀県・淀川水系〔1級〕
北秋川　きたあきがわ
東京都・多摩川水系〔1級〕
北荒川　きたあらがわ
長野県・天竜川水系〔1級〕
北貞山運河　きたていざんうんが
宮城県・名取川水系〔1級〕
北面川　きたもがわ
鳥取県・由良川水系〔2級〕
10北原川　きたはらがわ
福島県・北原川水系
北原川　きたばらがわ
京都府・由良川水系〔1級〕

北原沢川　きたはらさわがわ
山梨県・富士川水系〔1級〕
北浦　きたうら
茨城県行方郡麻生町
北浦　きたうら
茨城県・利根川水系〔1級〕
北浦川　きたうらがわ
茨城県・利根川水系〔1級〕
北浦川　きたうらがわ
熊本県・緑川水系
北浦谷川　きたうらだにがわ
徳島県・那賀川水系〔1級〕
北浜川　きたはまがわ
愛知県・北浜川水系〔2級〕
北畠川　きたばたけがわ
山口県・阿武川水系〔2級〕
北竜湖　ほくりゅうこ
長野県飯山市
北軒川　ほっけんがわ
岡山県・吉井川水系〔1級〕
北馬川　きたうまがわ
徳島県・立江川水系〔2級〕
11北唱谷川　きたとなえだにがわ
徳島県・吉野川水系〔1級〕
北堀川　きたぼりがわ
島根県・斐伊川水系〔1級〕
北船川　きたふながわ
島根県・斐伊川水系
北郷谷川　きたごうだにがわ
高知県・吉野川水系〔1級〕
北部田川　きたべたがわ
熊本県・八枚戸川水系
北野川《別》　きたのがわ
石川県・阿岸川水系の阿岸川
北野川　きたのがわ
長野県・信濃川水系〔1級〕
北野川　きたのがわ
兵庫県・生田川水系〔2級〕
12北富士川　きたふじがわ
兵庫県・三原川水系〔2級〕
北御所川　きたごしょがわ
長野県・天竜川水系〔1級〕
北湯川　きたゆがわ
新潟県・信濃川水系〔1級〕
北葛沢　きたくずさわ
長野県・信濃川水系〔1級〕
北開川　ほっかいがわ
北海道・十勝川水系〔1級〕
北須川　きたすがわ
福島県・阿武隈川水系〔1級〕
北須川　きたすがわ
福島県・阿武隈川水系
13北園川　きたぞのがわ
大分県・大野川水系〔1級〕
北溝川　きたみぞがわ
広島県・江の川水系〔1級〕
北滝本川　きたたきもとがわ
高知県・吉野川水系〔1級〕
北裏川　きたうらがわ
静岡県・馬込川水系〔2級〕
北路谷川　きたじだにがわ
高知県・安田川水系〔2級〕
北農沢川　きたのうざわがわ
北海道・石狩川水系〔1級〕
北鳩原川　きたはっぱらがわ
福島県・小高川水系〔2級〕
14北鼻川　きたはながわ
大分県・大野川水系〔1級〕
15北潟湖　きたがたこ
石川県, 福井県・大聖寺川水系〔2級〕
17北檜木内川　きたひのきないがわ
秋田県・雄物川水系〔1級〕

【半】

半ノ木沢川　はんのきざわがわ
長野県・信濃川水系〔1級〕
半ノ池川　はんのいけがわ
静岡県・太田川水系〔2級〕
3半山川　はんやまがわ
新潟県・落堀川水系〔2級〕
半川　はんがわ
広島県・太田川水系〔1級〕
4半之木川　はんのきがわ
長野県・天竜川水系
半之木川　はんのきがわ
愛知県・庄内川水系〔1級〕
半太郎沢　はんたろうざわ
青森県・川内川水系〔2級〕
半月湖　はんげつこ
北海道虻田郡倶知安町
5半尻川　はんじりがわ
愛知県・梅田川水系〔2級〕
半田入谷川　はんだいりやがわ
長野県・信濃川水系〔1級〕
半田川　はんだがわ
宮城県・阿武隈川水系〔1級〕
半田川　はんだがわ
京都府・淀川水系〔1級〕
半田川　はんだがわ
徳島県・吉野川水系〔1級〕
半田川　はんだがわ
佐賀県・松浦川水系〔1級〕
半田沼　はんだぬま
福島県伊達郡桑折町

7半対川　はんずいがわ
長野県・天竜川水系〔1級〕
半尾川　はんのうがわ
広島県・黒瀬川水系〔2級〕
10半造川　はんぞうがわ
長崎県・本明川水系〔1級〕
11半野川　はんのがわ
静岡県・富士川水系〔1級〕
12半場川　はんばがわ
愛知県・高浜川水系〔2級〕
半場川　はんばがわ
愛知県・高浜川水系
半場川　はんばがわ
愛知県・豊川水系
半道川　はみちがわ
岐阜県・木曾川水系〔1級〕

【占】
11占部川　うらべがわ
愛知県・矢作川水系〔1級〕

【卯】
4卯月川　うずきがわ
長野県・天竜川水系〔1級〕
卯月川　うずきがわ
島根県・斐伊川水系〔1級〕
7卯花川《別》　うのはながわ
富山県・神通川水系の別荘川
卯麦川　うむぎがわ
長崎県・卯麦川水系〔2級〕
10卯原内川　うばらないがわ
北海道・卯原内川水系〔2級〕
15卯敷川　うずきがわ
島根県・卯敷川水系〔2級〕

【去】
6去年川　こぞがわ
和歌山県・紀の川水系〔1級〕

【右】
右の沢川　みぎのさわがわ
北海道・天塩川水系〔1級〕
右の谷川　みぎのたにがわ
岡山県・高梁川水系〔1級〕
3右小平治川　みぎこへいじがわ
北海道・尻岸内川水系
右山川　うやまがわ
高知県・渡川水系
4右支小泉川　うしこいずみがわ
福島県・小泉川水系〔2級〕
右支夏井川　うしなついがわ
福島県・夏井川水系〔2級〕
6右会津川　みぎあいずがわ
和歌山県・左会津川水系〔2級〕
7右沢川　みぎさわがわ
北海道・石狩川水系
8右東谷川　うとうたにがわ
和歌山県・古座川水系〔2級〕
右東谷川　うとうたにがわ
岡山県・吉井川水系
右股川　みぎまたがわ
北海道・厚田川水系
右股川　みぎまたがわ
北海道・石崎川水系
右股沢　みぎまたざわ
北海道・朝里川水系
16右衛門殿川　うえもんどがわ
愛知県・矢作川水系
右衛門殿川　うえもんどがわ
愛知県・矢作川水系

【可】
6可多加比川《古》　かたかひがわ
富山県・片貝川水系の片貝川
7可児川　かにがわ
岐阜県・木曾川水系〔1級〕
10可真川　かまがわ
岡山県・吉井川水系〔1級〕
可笑内川　おかしないがわ
北海道・可笑内川水系
11可部山川《別》　かべやまがわ
広島県・太田川水系の南原川
13可愛川　かわいがわ
広島県・可愛川水系〔2級〕
可愛川《別》　えのかわ
広島県, 島根県・江の川水系の江の川

【叶】
3叶口川　かなぐちがわ
広島県・江の川水系〔1級〕
5叶田川　かのだがわ
熊本県・菊池川水系
9叶津川　かのうずがわ
福島県・阿賀野川水系〔1級〕

【古】
3古下田川　ふるしもだがわ
愛媛県・金生川水系〔2級〕
古大井川《古》　ふるおおいがわ
静岡県・栃山川水系の木屋川
古大谷川　ふるだいやがわ
栃木県・利根川水系〔1級〕
古子川　ふるこがわ
兵庫県・揖保川水系〔1級〕

古子川　ふるこがわ
香川県・土器川水系〔1級〕
古子川　ふるこがわ
香川県・高瀬川水系〔2級〕
古子川　ふるこがわ
愛媛県・桧木川水系〔2級〕
古小川　ふるこがわ
岡山県・吉井川水系〔1級〕
古小川　ふるこがわ
愛媛県・古小川水系〔2級〕
古小屋川　ふるこやがわ
岩手県・北上川水系
古山川　ふるさんがわ
北海道・石狩川水系〔1級〕
古山田川　ふるやまだがわ
広島県・古山田川水系
古川　ふるかわ
北海道・石狩川水系〔1級〕
古川　ふるかわ
北海道・庶路川水系〔2級〕
古川　ふるかわ
北海道・静内川水系〔2級〕
古川　ふるかわ
北海道・天野川水系〔2級〕
古川　ふるかわ
北海道・静内川水系
古川　ふるかわ
宮城県・北上川水系〔1級〕
古川　ふるがわ
宮城県・北上川水系〔1級〕
古川　ふるがわ
秋田県・子吉川水系
古川　ふるかわ
山形県・最上川水系
古川　ふるがわ
福島県・阿武隈川水系〔1級〕
古川　ふるがわ
福島県・阿賀野川水系〔1級〕
古川　ふるがわ
福島県・夏井川水系
古川　ふるかわ
東京都・古川水系〔2級〕
古川　ふるがわ
新潟県・阿賀野川水系〔1級〕
古川　ふるがわ
新潟県・信濃川水系〔1級〕
古川　ふるがわ
新潟県・古川水系〔2級〕
古川　ふるがわ
富山県・神通川水系〔1級〕
古川　ふるがわ
富山県・小矢部川水系〔1級〕
古川　ふるがわ
富山県・古川水系〔2級〕
古川　ふるがわ
福井県・九頭竜川水系〔1級〕
古川　ふるがわ
山梨県・富士川水系〔1級〕
古川　ふるがわ
静岡県・狩野川水系〔1級〕
古川　ふるがわ
静岡県・太田川水系〔2級〕
古川　ふるがわ
愛知県・豊川水系〔1級〕
古川《別》　ふるかわ
愛知県・矢作川水系の矢作古川
古川　ふるがわ
三重県・古川水系〔2級〕
古川　ふるがわ
滋賀県・淀川水系〔1級〕
古川　ふるかわ
京都府・淀川水系〔1級〕
古川　ふるがわ
京都府・淀川水系〔1級〕
古川　ふるかわ
大阪府・淀川水系〔1級〕
古川　こがわ
奈良県・新宮川水系〔1級〕
古川　ふるかわ
和歌山県・南部川水系〔2級〕
古川　ふるかわ
岡山県・吉井川水系〔1級〕
古川　ふるがわ
岡山県・吉井川水系〔1級〕
古川　ふるがわ
岡山県・吉井川水系
古川　ふるかわ
広島県・太田川水系〔1級〕
古川　ふるがわ
山口県・宮川水系〔2級〕
古川　ふるがわ
山口県・厚東川水系〔2級〕
古川　ふるかわ
徳島県・吉野川水系〔1級〕
古川　ふるがわ
香川県・鴨部川水系〔2級〕
古川　ふるがわ
香川県・詰田川水系〔2級〕
古川　ふるがわ
香川県・古川水系〔2級〕
古川　ふるがわ
香川県・新川水系〔2級〕
古川　ふるがわ
香川県・大東川水系〔2級〕

古川　ふるがわ
香川県・津田川水系〔2級〕
古川　ふるがわ
香川県・本津川水系〔2級〕
古川　ふるがわ
愛媛県・肱川水系〔1級〕
古川　ふるがわ
福岡県・筑後川水系〔1級〕
古川　ふるがわ
佐賀県・六角川水系〔1級〕
古川　ふるこ
熊本県・球磨川水系
古川　ふるがわ
熊本県・津奈木川水系
古川　ふるかわ
宮崎県・一ツ瀬川水系〔2級〕
古川　ふるがわ
宮崎県・一ツ瀬川水系
古川　ふるかわ
宮崎県・大淀川水系
古川川　ふるかわがわ
鹿児島県・古川川水系〔2級〕
古川沼　ふるかわぬま
北海道早来町
古川沼　ふるかわぬま
岩手県陸前高田市
4古丹別川　こたんべつがわ
北海道・古丹別川水系〔2級〕
古丹別新川　こたんべつしんがわ
北海道・古丹別川水系〔2級〕
古井川　ふるいがわ
大分県・筑後川水系〔1級〕
古井谷川　ふるいだにがわ
愛媛県・渡川水系〔1級〕
古仁屋又川　こにやまたがわ
鹿児島県・阿木名川水系〔2級〕
古内舘野川　ふるうちたてのがわ
福島県・阿武隈川水系
古内藤川　こないとがわ
島根県・堀川水系〔2級〕
古戸川　ふるとがわ
福島県・阿武隈川水系
古戸川　ふるとがわ
和歌山県・紀の川水系〔1級〕
古戸川　ふるとがわ
愛媛県・古戸川水系〔2級〕
5古世谷川　こせたにがわ
京都府・淀川水系
古市川　ふるいちがわ
広島県・沼田川水系
古市川《古》　ふるいちがわ
大分県・武蔵川水系の武蔵川

古平川　ふるびらがわ
北海道・古平川水系〔2級〕
古平冷水川　ふるびらひやみずがわ
北海道・古平川水系〔2級〕
古氷川　ふるこおりがわ
熊本県・古氷川水系
古用地川　ふるようちがわ
高知県・仁淀川水系〔1級〕
古甲川　ふるこうがわ
山口県・椹野川水系〔2級〕
古田川　ふるたがわ
三重県・新宮川水系〔1級〕
古田川　ふるたがわ
奈良県・紀の川水系
古田川　ふるたがわ
愛媛県・肱川水系〔1級〕
古田川　ふるたがわ
長崎県・古田川水系〔2級〕
古田川　ふるたがわ
熊本県・球磨川水系
古田切川　ふるたぎりがわ
長野県・天竜川水系〔1級〕
古石場川　ふるいしばがわ
東京都・荒川（東京都・埼玉県）水系〔1級〕
6古安川　ふるあがわ
静岡県・古安川水系〔2級〕
古宇川　ふるうがわ
北海道・古宇川水系〔2級〕
古宇川　ふるうがわ
静岡県・古宇川水系〔2級〕
古寺川　こでらがわ
群馬県・利根川水系〔1級〕
古寺川　こでらがわ
奈良県・大和川水系〔1級〕
古江川　ふるえがわ
愛知県・古江川水系
古江川　ふるえがわ
愛知県・高浜川水系
古江川　ふるえがわ
徳島県・古江川水系〔2級〕
古江川　ふるえがわ
熊本県・古江川水系
古江川　ふるえがわ
宮崎県・古江川水系〔2級〕
古江堂川　ふるえどうがわ
島根県・高津川水系
古江湖川　ふるえごがわ
佐賀県・嘉瀬川水系〔1級〕
古池　ふるいけ
長野県上水内郡信濃町
7古佐川　ふるさがわ
山形県・最上川水系〔1級〕

古佐井川　こざいがわ
青森県・古佐井川水系〔2級〕
古利根川《別》　ふるとねがわ
埼玉県・利根川水系の大落古利根川
古坂川　ふるさかがわ
三重県・櫛田川水系〔1級〕
古杣川　ふるそまがわ
山梨県・富士川水系〔1級〕
古町川　ふるまちがわ
大分県・古町川水系〔2級〕
古谷川　ふるやがわ
静岡県・菊川水系〔1級〕
古里川　ふるさとがわ
青森県・新井田川水系〔2級〕
古里川　ふるさとがわ
京都府・淀川水系
8古和川　こわがわ
三重県・古和川水系〔2級〕
古和木川　ふるわぎがわ
京都府・由良川水系〔1級〕
古和谷川　こわたにがわ
三重県・銚子川水系〔2級〕
古和河内川　こわこうちがわ
三重県・宮川水系〔1級〕
古岩谷川　ふるいわやがわ
愛媛県・重信川水系〔1級〕
古武井川　こぶいがわ
北海道・古武井川水系〔2級〕
古河川　ふるこうがわ
広島県・黒瀬川水系〔2級〕
古長谷川　ふるはせがわ
山梨県・富士川水系〔1級〕
9古城川　こじょうがわ
島根県・斐伊川水系〔1級〕
古城川　ふるじょうがわ
宮崎県・大淀川水系〔1級〕
古城谷川　ふるしろだにがわ
徳島県・吉野川水系〔1級〕
古屋川　ふるやがわ
山梨県・相模川水系
古屋川　ふるやがわ
和歌山県・切目川水系〔2級〕
古屋川　ふるやがわ
岡山県・吉井川水系〔1級〕
古屋川　ふるやがわ
広島県・江の川水系
古屋川　ふるやがわ
愛媛県・肱川水系〔1級〕
古屋谷川　ふるやだにがわ
京都府・淀川水系
古屋谷川　ふるやだにがわ
徳島県・那賀川水系〔1級〕
古屋貝戸川　こやがいとがわ
愛知県・矢作川水系
古屋敷川　ふるやしきがわ
愛媛県・肱川水系〔1級〕
古屋敷沢川　ふるやしきざわがわ
長野県・天竜川水系〔1級〕
古海川　ふるみがわ
長野県・関川水系〔1級〕
古津賀川　こつかがわ
高知県・渡川水系〔1級〕
古畑川　ふるはたがわ
高知県・仁淀川水系〔1級〕
古畑川　ふるはたがわ
熊本県・菜切川水系
古神護川　こかんごがわ
鳥取県・千代川水系〔1級〕
10古原川　こばるがわ
熊本県・菊池川水系
古宮川　ふるみやがわ
愛知県・豊川水系
古宮田川　ふるみやたがわ
宮崎県・大淀川水系〔1級〕
古座川　こざがわ
和歌山県・古座川水系〔2級〕
古恵川　ふるえがわ
熊本県・白川水系〔1級〕
古真立川　こまだてがわ
愛知県・天竜川水系〔1級〕
11古宿川　ふるじゅくがわ
山梨県・富士川水系〔1級〕
古宿川　ふるじゅくがわ
山梨県・富士川水系〔1級〕
古宿川　ふるじゅくがわ
山口県・錦川水系〔2級〕
古船川　こせがわ
千葉県・染川水系
古郷川　こごうがわ
佐賀県・座川水系〔2級〕
古部川　こぶがわ
愛知県・矢作川水系
古野川　ふるのがわ
佐賀県・六角川水系〔1級〕
古頃川　こごろがわ
広島県・江の川水系〔1級〕
12古場川　こばがわ
佐賀県・嘉瀬川水系〔1級〕
古堤溜　ふるつつみだめ
滋賀県日野町
古曾志川　こそしがわ
島根県・斐伊川水系〔1級〕
古森川　ふるもりがわ
京都府・淀川水系

古渡川《古》　ふるわたりがわ
静岡県・狩野川水系の吉奈川
古賀ノ尾川　こがのおがわ
佐賀県・筑後川水系〔1級〕
古賀川　こがかわ
佐賀県・伊万里川水系〔2級〕
古道川　ふるみちがわ
福島県・請戸川水系〔2級〕
古道川　ふるみちがわ
岐阜県・木曾川水系〔1級〕
古道川　ふるみちがわ
兵庫県・岸田川水系
古道川　ふるみちがわ
熊本県・内野川水系〔2級〕
古道川　ふるみちがわ
熊本県・菊池川水系
古間木川　ふるまぎがわ
青森県・高瀬川水系〔1級〕
古閑川　こがかわ
熊本県・菊池川水系
古閑原川　こがばるがわ
熊本県・菊池川水系
古隅田川　ふるすみだがわ
埼玉県・利根川水系〔1級〕
13古園川　ふるぞのがわ
熊本県・菊池川水系
古園川　ふるぞのがわ
熊本県・菊池川水系
古新田川　ふるしんでんがわ
千葉県・利根川水系〔1級〕
古新田川　こんたがわ
千葉県・夷隅川水系〔2級〕
古溝川　ふるみぞがわ
愛知県・日光川水系
古遠部川　ふるとうべがわ
秋田県・米代川水系〔1級〕
古遠部沢　ふるとおべさわ
青森県・岩木川水系
14古綾瀬川　ふるあやせがわ
埼玉県・利根川水系〔1級〕
15古敷谷川　こしきやがわ
千葉県・養老川水系〔2級〕
古舞川　ふるまいがわ
北海道・十勝川水系〔1級〕
16古舘川　ふるだてがわ
岩手県・北上川水系
19古瀬戸川　ふるせとがわ
愛知県・庄内川水系
古麓川　ふるふもとがわ
熊本県・球磨川水系〔1級〕

【台】
3台川　だいがわ
岩手県・北上川水系
5台本川　うてなほんがわ
愛媛県・台本川水系〔2級〕
台目川　だいめがわ
香川県・大束川水系〔2級〕
16台頭川　だいとうがわ
京都府・由良川水系〔1級〕

【只】
3只山川　ただやまがわ
京都府・野田川水系
6只江川　ただえがわ
佐賀県・只江川水系〔2級〕
只池　ただいけ
島根県湖陵町
7只見川　ただみがわ
群馬県, 新潟県, 福島県・阿賀野川水系〔1級〕
12只越川　ただこしがわ
宮城県・只越川水系〔2級〕
只越川　ただこしがわ
宮城県・只越川水系

【四】
四つ子川　よつごがわ
滋賀県・淀川水系〔1級〕
四の井川　しのいがわ
滋賀県・淀川水系〔1級〕
四の沢川　よんのさわがわ
北海道・石狩川水系〔1級〕
四ツ川　よつかわ
栃木県・那珂川水系〔1級〕
四ツ目川　よつめがわ
岐阜県・木曾川水系〔1級〕
四ツ沢川　よつさわがわ
山梨県・富士川水系〔1級〕
四ツ谷川　よつやがわ
山形県・最上川水系〔1級〕
四ツ谷川　よつやがわ
富山県・神通川水系〔1級〕
四ツ谷川　よつやがわ
滋賀県・淀川水系〔1級〕
四ツ巻川　よつまきがわ
広島県・江の川水系
四ノ池　よんのいけ
岐阜県丹生川村
2四十九川　しじゅうくがわ
兵庫県・加古川水系〔1級〕
四十九本川　しじゅうくほんがわ
石川県・犀川水系

四十九院川　しじゅうくいんがわ
石川県・新堀川水系〔2級〕
四十八瀬川　しじゅうはっせがわ
神奈川県・酒匂川水系〔2級〕
四十八瀬川　しじゅうはつせがわ
山口県・椹野川水系〔2級〕
四十手川　よんじってがわ
新潟県・大川水系〔2級〕
四十日川　しとかがわ
新潟県・信濃川水系〔1級〕
四十号の沢川　よんじゅうごうのさわがわ
北海道・佐呂間別川水系〔2級〕
四十里川　しじゅうりがわ
福岡県・釣川水系〔2級〕
四十貫川　しじっかんがわ
広島県・江の川水系〔1級〕
四十間堀川　しじゅっけんぼりがわ
島根県・斐伊川水系〔1級〕
3四万十川　しまんとがわ
高知県，愛媛県・渡川水系〔1級〕
四万川　しまがわ
群馬県・利根川水系〔1級〕
四万川　しまがわ
高知県・渡川水系〔1級〕
四万沢川　しまんさわがわ
山梨県・富士川水系〔1級〕
四川　しかわ
広島県・芦田川水系〔1級〕
4四分川　よんぶがわ
山梨県・富士川水系〔1級〕
四反田川　したんだがわ
鳥取県・斐伊川水系
四反田川　したんだがわ
愛媛県・肱川水系〔1級〕
四反田川　したんだがわ
宮崎県・川内川水系
四戸橋川　しとばしがわ
青森県・四戸橋川水系〔2級〕
四手の川川　しでのかわがわ
高知県・渡川水系〔1級〕
四手川　しでがわ
滋賀県・淀川水系〔1級〕
四手川　しでがわ
香川県・綾川水系〔2級〕
四斗谷川　しとだにがわ
兵庫県・加古川水系〔1級〕
四方寺川　しほうじがわ
高知県・仁淀川水系〔1級〕
四方堂川　しほうどうがわ
香川県・四方堂川水系〔2級〕
四日市沢川　よっかいちさわがわ
岩手県・馬淵川水系
7四尾連湖　しびれこ
山梨県西八代郡市川大門町
四岐川　よまたがわ
福島県・阿賀野川水系〔1級〕
四村川　よむらがわ
和歌山県・新宮川水系〔1級〕
四村川　よむらがわ
和歌山県・有田川水系〔2級〕
四沢川　よさわがわ
長野県・信濃川水系〔1級〕
四町分川《別》　しちょうぶんがわ
熊本県・菊池川水系の河原川
四谷川　したにがわ
京都府・筒川水系
四谷川　よつだにがわ
京都府・野田川水系
四谷川　したにがわ
高知県・新川川水系〔2級〕
四邑川　よむらがわ
和歌山県・紀の川水系〔1級〕
四防原川　しぼうばるがわ
熊本県・菊池川水系
8四国三郎《別》　しこくさぶろう
徳島県，高知県・吉野川水系の吉野川
四阿屋川《別》　あずまやがわ
佐賀県・筑後川水系の安良川
9四郎左エ門沢　しろうざえもんざわ
新潟県・加治川水系〔2級〕
10四家戸川　しかべがわ
青森県・川内川水系〔2級〕
四宮川　しのみやがわ
滋賀県・淀川水系〔1級〕
四時川　しときがわ
福島県・鮫川水系〔2級〕
四時川　しときがわ
茨城県・鮫川水系〔2級〕
四通川　よとおりがわ
広島県・江の川水系〔1級〕
四釜川　しかまがわ
群馬県・利根川水系〔1級〕
11四郷川　しごうがわ
奈良県・淀川水系〔1級〕
四郷川　しごうがわ
奈良県・紀の川水系〔1級〕
12四割川　しわりがわ
山口県・島田川水系〔2級〕
四番川　よばんがわ
北海道・石狩川水系
14四徳川　しとくがわ
長野県・天竜川水系〔1級〕
15四線川　よんせんがわ
北海道・天塩川水系〔1級〕

四線川　よんせんがわ
北海道・十勝川水系〔1級〕
四線川　よんせんがわ
北海道・北見幌別川水系〔2級〕

【外】
外ノ沢川　そとのさわがわ
新潟県・信濃川水系〔1級〕
3外山川　そとやまがわ
岩手県・北上川水系〔1級〕
外山川　そとやまがわ
岩手県・小本川水系
外山川　そとやまがわ
岩手県・北上川水系
外山川　とやまがわ
高知県・国分川水系〔2級〕
外山沢川　とやまざわがわ
栃木県・利根川水系〔1級〕
外川　とがわ
奈良県・大和川水系〔1級〕
外川川　そでかわがわ
岩手県・馬淵川水系
外川目川　そとかわめがわ
岩手県・新井田川水系
外川沢　そとかわざわ
長野県・信濃川水系〔1級〕
5外目川　ほかめがわ
熊本県・菊池川水系
7外坂川　とさかがわ
山形県・最上川水系
外尾川　そでおがわ
宮城県・津谷川水系〔2級〕
外沢川　そとざわがわ
山形県・最上川水系〔1級〕
外谷川　そとたにがわ
徳島県・海部川水系〔2級〕
8外波川　となみがわ
新潟県・外波川水系〔2級〕
9外城川　どじょうがわ
新潟県・外城川水系〔2級〕
外城田川　ときたがわ
三重県・外城田川水系〔2級〕
外屋之瀧川　とやがたきがわ
宮崎県・大淀川水系〔1級〕
外洞川　そとぼりがわ
岐阜県・木曾川水系〔1級〕
外面川　とずらがわ
福島県・阿武隈川水系〔1級〕
10外浪逆浦　そとなさかうら
茨城県潮来町
外記川　げきがわ
北海道・股瀬川水系
11外堀川　そとぼりがわ
愛知県・庄内川水系〔1級〕
外堀川　そとぼりがわ
兵庫県・野田川水系〔2級〕
外桝沢川　そとますざわがわ
岩手県・北上川水系〔1級〕
外野川　ほかんのがわ
熊本県・菊池川水系

【夘】
13夘滝谷川　うだきだにがわ
京都府・淀川水系

【失】
10失高沢川　しったかさわがわ
福井県・九頭竜川水系〔1級〕

【奴】
5奴田川　ぬたがわ
愛媛県・渡川水系〔1級〕

【尻】
3尻川　しりがわ
熊本県・大野川水系
4尻手川　しってがわ
茨城県・利根川水系
尻手川　しってがわ
茨城県・利根川水系
5尻平川　しったいがわ
岩手県・北上川水系〔1級〕
尻石川　しりいしがわ
岩手県・閉伊川水系
7尻別川　しりべつがわ
北海道・尻別川水系〔1級〕
尻志田川　しりしだがわ
岩手県・北上川水系〔1級〕
8尻岸内川　しりきしないがわ
北海道・尻岸内川水系〔2級〕
尻岸馬内川　しりきしまないがわ
北海道・石狩川水系〔1級〕
10尻高川　しりだかがわ
大分県・番匠川水系〔1級〕
尻高田川　しりたかだがわ
栃木県・那珂川水系〔1級〕
尻高谷川　しったかだにがわ
石川県・手取川水系〔1級〕
12尻無川　しりなしがわ
長野県・信濃川水系〔1級〕
尻無川　しりなしがわ
大阪府・淀川水系〔1級〕
尻無川　しりなしがわ
島根県・江の川水系〔1級〕

尻無川　しりなしがわ
愛媛県・尻無川水系〔2級〕
尻無川　しりなしがわ
愛媛県・宮川水系
尻無川　しりなしがわ
鹿児島県・尻無川水系〔2級〕

【尼】
尼ヶ瀬川　あまがせがわ
大分県・大分川水系〔1級〕
5尼田窪川　にたくぼがわ
熊本県・佐敷川水系
6尼寺川　あまでらがわ
奈良県・大和川水系〔1級〕
尼寺沢川　あまでらさわがわ
岩手県・北上川水系

【巨】
13巨勢川《古》　こせがわ
奈良県・大和川水系の能登川
巨勢川　こせがわ
佐賀県・筑後川水系〔1級〕
19巨瀬川　こせがわ
福岡県・筑後川水系〔1級〕

【左】
左の沢川　ひだりのさわがわ
北海道・猿留川水系
左の沢川　ひだりのさわがわ
北海道・網走川水系
左ヶ谷川　ひだりがたにがわ
宮崎県・大淀川水系〔1級〕
4左水無川　ひだりみなしがわ
北海道・新川水系
5左右山川　そやまがわ
高知県・国分川水系〔2級〕
6左伊岐佐川　さいきさがわ
佐賀県・松浦川水系〔1級〕
左会津川　ひだりあいずがわ
和歌山県・左会津川水系〔2級〕
左向谷川　さこだにがわ
和歌山県・左会津川水系〔2級〕
7左沢川　ひだりざわがわ
栃木県・利根川水系〔1級〕
8左京沼　さきょうぬま
青森県下北郡東通村
左妻川　さずまがわ
三重県・淀川水系〔1級〕
左股川　ひだりまたがわ
北海道・後志利別川水系〔1級〕
左股川　ひだりまたがわ
北海道・新川水系〔2級〕
左股沢川　ひだりまたざわがわ
北海道・原木川水系
左門殿川　さもんどがわ
兵庫県, 大阪府・淀川水系〔1級〕
9左草川　さそうがわ
岩手県・北上川水系〔1級〕
10左真栄川　ひだりしんえいがわ
北海道・石狩川水系
12左曾川　さそがわ
奈良県・紀の川水系〔1級〕
16左衛門滝川　さえもんだきがわ
愛媛県・渡川水系〔1級〕
18左藤野川　ひだりふじのがわ
北海道・石狩川水系

【市】
市の又川　いちのまたがわ
愛媛県・渡川水系〔1級〕
市の又川　いちのまたがわ
高知県・渡川水系〔1級〕
市の内谷川　いちのうちたにがわ
宮崎県・五ヶ瀬川水系〔1級〕
市の沢川　いちのさわがわ
秋田県・市の沢川水系
市の沢川　いちのさわがわ
山形県・最上川水系〔1級〕
市の沢川　いちのざわがわ
山形県・最上川水系〔1級〕
市の沢川　いちのさわがわ
新潟県・信濃川水系〔1級〕
市の貝川　いちのかいがわ
兵庫県・由良川水系〔1級〕
市の原川　いちのはらがわ
島根県・斐伊川水系〔1級〕
市の原川　いちのはらがわ
宮崎県・五十鈴川水系〔2級〕
市の瀬川　いちのせがわ
三重県・鈴鹿川水系〔1級〕
市ノ又川　いちのまたがわ
高知県・渡川水系
市ノ沢川　いちのさわがわ
長野県・天竜川水系〔1級〕
市ノ渡川　いちのわたりがわ
青森県・高瀬川水系〔1級〕
市ノ瀬川　いちのせがわ
長野県・天竜川水系〔1級〕
3市万田川　いちまんだがわ
大分県・大野川水系〔1級〕
市丸川　いちまるがわ
山口県・田万川水系〔2級〕
市小木川　いのきがわ
長崎県・市小木川水系〔2級〕

市山川　いちやまがわ
鹿児島県・川内川水系〔1級〕
市川　いちがわ
兵庫県・市川水系〔2級〕
市川　いちがわ
山口県・阿武川水系〔2級〕
市川　いちがわ
大分県・大分川水系〔1級〕
4市之川　いちのがわ
愛媛県・加茂川水系〔2級〕
市之俣川　いちのまたがわ
熊本県・球磨川水系〔1級〕
市之倉川　いちのくらがわ
岐阜県・庄内川水系〔1級〕
市井の川　いちいのがわ
和歌山県・南部川水系〔2級〕
市木の向川　いちきのむかいがわ
熊本県・菊池川水系
市木川　いちきがわ
愛知県・矢作川水系〔1級〕
市木川　いちぎがわ
三重県・市木川水系〔2級〕
市木川　いちきがわ
宮崎県・市木川水系〔2級〕
市比野川　いちひのがわ
鹿児島県・川内川水系〔1級〕
5市田川　いちだがわ
和歌山県・新宮川水系〔1級〕
市田谷川　いっただにがわ
京都府・淀川水系
6市江川　いちえがわ
和歌山県・市江川水系〔2級〕
7市尾内川　いちびうちがわ
宮崎県・五ヶ瀬川水系〔1級〕
市村川　いちむらがわ
広島県・江の川水系〔1級〕
市来知川　いちきしりがわ
北海道・石狩川水系〔1級〕
8市味川　いちみがわ
山口県・田万川水系〔2級〕
市坪川　いちつぼがわ
和歌山県・加茂川水系〔2級〕
9市柳沼　いちやなぎぬま
青森県上北郡六ヶ所村
10市原川　いちはらがわ
島根県・斐伊川水系〔1級〕
市原川　いちはらがわ
広島県・芦田川水系〔1級〕
市原沢　いちはらざわ
静岡県・巴川水系
市振川　いちふりがわ
宮崎県・市振川水系〔2級〕
市脇川　いちわきがわ
和歌山県・紀の川水系〔1級〕
11市堀川　いちほりがわ
和歌山県・紀の川水系〔1級〕
市野川　いちのがわ
埼玉県・荒川（東京都・埼玉県）水系〔1級〕
市野川　いちのがわ
広島県・小瀬川水系〔1級〕
市野坪川　いちのつぼがわ
新潟県・島崎川水系〔2級〕
市野々川　いちののがわ
岩手県・北上川水系〔1級〕
市野々川　いちののがわ
岩手県・新井田川水系
市野々川　いちののがわ
岩手県・北上川水系
市野々川　いちののがわ
高知県・仁淀川水系〔1級〕
市野々川　いちののがわ
高知県・渡川水系〔1級〕
市野々川　いちののがわ
高知県・伊与木川水系〔2級〕
市野々川　いちののがわ
高知県・下ノ加江川水系〔2級〕
市野萱川　いちのかやがわ
群馬県・利根川水系〔1級〕
市野瀬川　いちのせがわ
高知県・下ノ加江川水系〔2級〕
12市場川　いちばがわ
静岡県・瀬戸川水系〔2級〕
市場川　いちばがわ
愛知県・日光川水系
市場川　いちばがわ
滋賀県・淀川水系〔1級〕
市場川　いちばがわ
山口県・阿武川水系〔2級〕
市場川　いちばがわ
愛媛県・国領川水系〔2級〕
市場谷川　いちばだにがわ
徳島県・吉野川水系〔1級〕
市森川　いちもりがわ
京都府・由良川水系
市道川　いちみちがわ
岩手県・北上川水系
13市園川　いちぞのがわ
大分県・五ヶ瀬川水系〔1級〕

【布】

布ヶ谷川　ぬのがだにがわ
高知県・渡川水系〔1級〕
2布又川　ぬのまたがわ
秋田県・雄物川水系〔1級〕

3布土川　ふっとがわ
愛知県・布土川水系〔2級〕
布川　ぬのがわ
福島県・阿武隈川水系〔1級〕
布川　ぬのがわ
茨城県・利根川水系〔1級〕
布川　ぬのがわ
高知県・布川水系〔2級〕
4布元川　ふもとがわ
愛媛県・肱川水系〔1級〕
布引川　ぬのびきがわ
滋賀県・淀川水系〔1級〕
布引谷川　ぬのびきだにがわ
三重県・櫛田川水系〔1級〕
5布平川　ぬのひらがわ
宮崎県・五ヶ瀬川水系〔1級〕
布札別川　ふれべつがわ
北海道・石狩川水系〔1級〕
布田川　ふたがわ
熊本県・緑川水系〔1級〕
布目川　ぬのめがわ
奈良県・淀川水系〔1級〕
布辻川　ぶしがわ
北海道・布辻川水系〔2級〕
7布沢川　ぬのさわがわ
秋田県・子吉川水系〔1級〕
布沢川　ふざわがわ
福島県・阿賀野川水系〔1級〕
布沢川　ぬのざわがわ
静岡県・興津川水系〔2級〕
布見川　ぬのみがわ
広島県・江の川水系〔1級〕
布谷沢川　のだにざわがわ
山形県・最上川水系〔1級〕
9布施川　ふせがわ
富山県・片貝川水系〔2級〕
布施川　ふせがわ
長野県・信濃川水系〔1級〕
布施田川《別》　ふせだがわ
福井県・九頭竜川水系の七瀬川
布施谷川　ふせだにがわ
新潟県・信濃川水系〔1級〕
布施溜池　ふせためいけ
滋賀県八日市市
10布倉川　ぬのくらがわ
新潟県・信濃川水系〔1級〕
布留川　ふるがわ
奈良県・大和川水系〔1級〕
布留川北々流　ふるがわほくほくりゅう
奈良県・大和川水系〔1級〕
布留川北流　ふるがわほくりゅう
奈良県・大和川水系〔1級〕
布留川南流　ふるがわなんりゅう
奈良県・大和川水系〔1級〕
11布袋子川　ほてごがわ
愛知県・境川水系〔2級〕
布部川　ぬのべがわ
北海道・石狩川水系〔1級〕
布野川　ふのがわ
広島県・江の川水系〔1級〕
13布滝川　ぬのたきがわ
兵庫県・円山川水系
19布瀬川　ふせがわ
岡山県・高梁川水系〔1級〕

【平】

平の新池　ひらのしんいけ
新潟県寺泊町
平わらび川　ひらわらびがわ
山口県・阿武川水系〔2級〕
平ヶ倉沼　たいがくらぬま
岩手県岩手郡雫石町
平サコ谷川　ひらさこだにがわ
愛媛県・仁淀川水系
3平丸川　ひらまるがわ
新潟県・関川水系〔1級〕
平久川　へいきゅうがわ
東京都・荒川（東京都・埼玉県）水系〔1級〕
平久里川　へぐりがわ
千葉県・平久里川水系〔2級〕
平口沢　ひらくちさわ
新潟県・信濃川水系〔1級〕
平子川　ひらこがわ
三重県・鈴鹿川水系〔1級〕
平子川　ひらこがわ
滋賀県・淀川水系〔1級〕
平山川　ひらやまがわ
静岡県・都田川水系〔2級〕
平山川　ひらやまがわ
高知県・平山川水系〔2級〕
平山川　ひらやまがわ
佐賀県・松浦川水系〔1級〕
平山川　ひらやまがわ
熊本県・菜切川水系
平山川　ひらやまがわ
宮崎県・広渡川水系〔2級〕
平山沢川　ひらやまさわがわ
青森県・三保川水系〔2級〕
平山谷川　ひらやまだにがわ
徳島県・吉野川水系〔1級〕
平川　ひらかわ
青森県・岩木川水系〔1級〕
平川　たいらがわ
岩手県・新井田川水系

平川　ひらがわ
千葉県・矢那川水系〔2級〕
平川　だいらがわ
新潟県・信濃川水系〔1級〕
平川　ひらがわ
長野県・姫川水系〔1級〕
平川　ひらがわ
三重県・淀川水系〔1級〕
平川　だいらがわ
京都府・由良川水系〔1級〕
平川　たいらがわ
和歌山県・富田川水系〔2級〕
平川　たいらがわ
熊本県・菊池川水系
平川　ひらがわ
熊本県・内野川水系
平川　ひらかわ
大分県・大分川水系〔1級〕
平川川　ひらかわがわ
鹿児島県・川内川水系〔1級〕
4平中之俣川　ひらなかのまたがわ
新潟県・信濃川水系〔1級〕
平之川　ひらのがわ
佐賀県・松浦川水系〔1級〕
平井川　ひらいがわ
東京都・多摩川水系〔1級〕
平井川　ひらいがわ
和歌山県・古座川水系〔2級〕
平井川　ひらいがわ
大分県・大野川水系〔1級〕
平井谷川　ひらいだにがわ
徳島県・吉野川水系〔1級〕
平井賀川　ひらいががわ
岩手県・平井賀川水系〔2級〕
平井賀川　ひらいががわ
岩手県・平井賀川水系
平内川　へいないがわ
山形県・最上川水系〔1級〕
平太沢　へたさわ
新潟県・信濃川水系〔1級〕
平戸川　ひらとがわ
神奈川県・境川水系
平戸永谷川　ひらどながやがわ
神奈川県・境川水系〔2級〕
平手川　ひらてがわ
新潟県・信濃川水系〔1級〕
平方川　ひらかたがわ
新潟県・関川水系〔1級〕
平木川　ひらきがわ
大分県・大野川水系〔1級〕
平木谷川　ひらぎだにがわ
鳥取県・千代川水系〔1級〕
平木沼　ひらきぬま
北海道厚真町
5平出水川　ひらいずみがわ
鹿児島県・川内川水系〔1級〕
平古場川　ひらこばがわ
佐賀県・松浦川水系〔1級〕
平古場川　ひらこばがわ
長崎県・八郎川水系〔2級〕
平田大川　ひらたおおかわ
滋賀県・淀川水系〔1級〕
平田川　ひらたがわ
山形県・最上川水系〔1級〕
平田川　ひらだがわ
山形県・新井田川水系〔2級〕
平田川　ひらたがわ
福島県・阿武隈川水系〔1級〕
平田川　ひらたがわ
三重県・淀川水系〔1級〕
平田川　ひらたがわ
滋賀県・淀川水系〔1級〕
平田川　ひらたがわ
兵庫県・市川水系〔2級〕
平田川　ひらたがわ
奈良県・大和川水系〔1級〕
平田川　ひらたがわ
山口県・平田川水系〔2級〕
平田川　ひらたがわ
高知県・渡川水系
平田川　へいだがわ
宮崎県・平田川水系〔2級〕
平田川　ひらたがわ
鹿児島県・別府川水系〔2級〕
平田内川　ひらたないがわ
北海道・平田内川水系〔2級〕
平田天神川　ひらたてんじんがわ
島根県・斐伊川水系〔1級〕
平田船川　ひらたふながわ
島根県・斐伊川水系〔1級〕
平石川　ひらいしがわ
福島県・阿武隈川水系〔1級〕
平石川　ひらいしがわ
京都府・由良川水系〔1級〕
平石川　ひらいしがわ
高知県・吉野川水系〔1級〕
6平地川　ひらちがわ
愛知県・裨田川水系
平成川　へいせいがわ
滋賀県・淀川水系〔1級〕
平江川　ひらえがわ
鹿児島県・川内川水系〔1級〕
7平串谷川　ひらぐしたにがわ
高知県・渡川水系

平佐川　ひらさがわ
鹿児島県・川内川水系〔1級〕
平作川　ひらさくがわ
神奈川県・平作川水系〔2級〕
平坂川　ひらさかがわ
広島県・沼田川水系〔2級〕
平尾小川　ひらおおがわ
大阪府・大和川水系〔1級〕
平尾川　ひらおがわ
福井県・九頭竜川水系〔1級〕
平尾川　ひらおがわ
香川県・新川水系〔2級〕
平尾谷川　ひらおだにがわ
徳島県・大須川水系〔2級〕
平尾鳥川　ひらおとりがわ
秋田県・雄物川水系〔1級〕
平沢川　ひらさわがわ
青森県・岩木川水系〔1級〕
平沢川　ひらさわがわ
青森県・岩木川水系
平沢川　ひらさわがわ
岩手県・閉伊川水系
平沢川　ひらさわがわ
岩手県・北上川水系
平沢川　ひらさわがわ
山形県・最上川水系〔1級〕
平沢川　ひらざわがわ
山形県・赤川水系〔1級〕
平沢川　ひらさわがわ
福島県・木戸川水系〔2級〕
平沢川　ひらさわがわ
群馬県・利根川水系〔1級〕
平沢川　ひらさわがわ
千葉県・夷隅川水系〔2級〕
平沢川　ひらそがわ
石川県・犀川水系〔2級〕
平沢川　ひらさわがわ
山梨県・富士川水系〔1級〕
平沢川　ひらさわがわ
長野県・信濃川水系〔1級〕
平沢川　ひらさわがわ
静岡県・天竜川水系〔1級〕
平沢川　ひらさわがわ
静岡県・天竜川水系
平良川　たいらがわ
鹿児島県・川内川水系〔1級〕
平良川　たいらがわ
鹿児島県・米之津川水系〔2級〕
平芝川　ひらしばがわ
岐阜県・木曾川水系〔1級〕
平谷川　ひらやがわ
長野県・矢作川水系〔1級〕
平谷川　ひらたにがわ
三重県・櫛田川水系〔1級〕
平谷川　ひらたにがわ
兵庫県・武庫川水系〔2級〕
平谷川　ひらたにがわ
広島県・二河川水系〔2級〕
平谷川　ひらたにがわ
熊本県・大淀川水系〔1級〕
平谷川　ひらたにがわ
熊本県・球磨川水系
平谷川　ひらたにがわ
熊本県・大淀川水系
平谷池　ひらたにいけ
滋賀県甲南町
平身川　ひらみがわ
鹿児島県・平身川水系〔2級〕
8平和川　へいわがわ
北海道・小平蘂川水系〔2級〕
平和川　へいわがわ
滋賀県・淀川水系〔1級〕
平和通川　へいわどおりがわ
高知県・渡川水系
平国川　ひらくにがわ
熊本県・平国川水系
平岡川　ひらおかがわ
鹿児島県・肝属川水系〔1級〕
平岩川　ひらいわがわ
熊本県・平岩川水系
平松川　ひらまつがわ
香川県・金倉川水系〔2級〕
平林川　ひらばやしがわ
京都府・野田川水系
平林境川　ひらばやしさかいがわ
愛知県・矢作川水系〔1級〕
9平草川　ひらくさがわ
福島県・鮫川水系
10平原川　へばらがわ
群馬県・利根川水系〔1級〕
平原川　ひらばらがわ
島根県・斐伊川水系〔1級〕
平原川　ひらはらがわ
山口県・厚狭川水系〔2級〕
平原川　ひらばるがわ
熊本県・砂川水系
平原川　ひらばるがわ
熊本県・網津川水系
平家川　へいけがわ
宮城県・阿武隈川水系〔1級〕
平栗川　ひらぐりがわ
岩手県・北上川水系
平浜川　ひらはまがわ
山梨県・相模川水系〔1級〕

11平野川　ひらのがわ
石川県・大野川水系
平野川　ひらのがわ
愛知県・天竜川水系
平野川　ひらのがわ
三重県・淀川水系〔1級〕
平野川　ひらのがわ
京都府・由良川水系
平野川　ひらのがわ
大阪府・淀川水系〔1級〕
平野川　ひらのがわ
奈良県・大和川水系〔1級〕
平野川　ひらのがわ
奈良県・紀の川水系〔1級〕
平野川　ひらのがわ
愛媛県・肱川水系〔1級〕
平野川　ひらのがわ
熊本県・浦川水系
平野川分水路　ひらのがわぶんすいろ
大阪府・淀川水系〔1級〕
平野井川　ひらのいがわ
岐阜県・木曾川水系〔1級〕
平野沢　ひらのざわ
静岡県・大井川水系〔1級〕
平野谷川　ひらのだにがわ
兵庫県・宇治川水系〔2級〕
平野谷川　ひらのだにがわ
島根県・高津川水系〔1級〕
12平塚川　ひらつかがわ
富山県・上市川水系〔2級〕
平曾川　ひらそがわ
富山県・平曾川水系〔2級〕
平湖　ひらこ
滋賀県草津市
平等川　びょうどうがわ
山梨県・富士川水系〔1級〕
平等寺川　びょうどうじがわ
新潟県・柿崎川水系〔2級〕
平等寺川　びょうどうじがわ
石川県・犀川水系
平賀川　ひらががわ
千葉県・利根川水系
平賀川支川　ひらががわしせん
千葉県・利根川水系
平賀内川　ひらがないがわ
北海道・頓別川水系〔2級〕
平賀内川　ひらがないがわ
北海道・頓別川水系
13平園川　ひらそのがわ
岐阜県・庄内川水系〔1級〕
平滑川　ひらなめがわ
静岡県・稲生沢川水系〔2級〕
平滝川　ひらたきがわ
岩手県・北上川水系〔1級〕
平滝沼　ひらたきぬま
青森県西津軽郡木造町
平群川《古》　へぐりがわ
奈良県・大和川水系の竜田川
15平蔵川　へいぞうがわ
千葉県・養老川水系〔2級〕
16平頭ヶ入川　へいどうがいりがわ
愛知県・矢作川水系
17平糠川　ひらぬかがわ
岩手県・馬淵川水系〔1級〕
19平瀬川　ひらせがわ
神奈川県・多摩川水系〔1級〕
平瀬川　ひらせがわ
石川県・手取川水系〔1級〕
平瀬川支川　ひらせがわしせん
神奈川県・多摩川水系〔1級〕

【広】

3広川　ひろがわ
岩手県・北上川水系
広川　ひろかわ
和歌山県・広川水系〔2級〕
広川　ひろかわ
福岡県・筑後川水系〔1級〕
4広井川　ひろいがわ
長野県・信濃川水系〔1級〕
広内川　ひろうちがわ
北海道・十勝川水系〔1級〕
広内川　ひろうちがわ
福岡県・矢部川水系〔1級〕
広戸川　ひろとがわ
岡山県・吉井川水系〔1級〕
広戸川　ひろとがわ
熊本県・緑川水系〔1級〕
広戸川　ひろとがわ
大分県・大野川水系〔1級〕
広戸川派川　ひろとがわはせん
岡山県・吉井川水系〔1級〕
広手川　ひろてがわ
新潟県・信濃川水系
5広田川　ひろたがわ
新潟県・鯖石川水系〔2級〕
広田川　こうだがわ
愛知県・矢作川水系〔1級〕
広田川　ひろたがわ
三重県・尾呂志川水系〔2級〕
広田川　ひろたがわ
佐賀県・松浦川水系〔1級〕
広田川　ひろたがわ
佐賀県・六角川水系〔1級〕

広田川　ひろたがわ
鹿児島県・川内川水系〔1級〕
広石川　ひろいしがわ
兵庫県・鳥飼川水系〔2級〕
広石谷川　ひろいしだにがわ
徳島県・吉野川水系〔1級〕
6広江川　ひろえがわ
愛媛県・広江川水系〔2級〕
7広尾川　ひろおがわ
北海道・広尾川水系〔2級〕
広沢川　ひろさわがわ
群馬県・利根川水系〔1級〕
広見川　ひろみがわ
愛知県・矢作川水系〔1級〕
広見川　ひろみがわ
愛知県・山王川水系
広見川　ひろみがわ
愛知県・矢作川水系
広見川　ひろみがわ
島根県・高津川水系〔1級〕
広見川　ひろみがわ
愛媛県・渡川水系〔1級〕
広見川　ひろみがわ
愛媛県・広見川水系〔2級〕
広見川　ひろみがわ
愛媛県・松田川水系〔2級〕
広見川　ひろみがわ
熊本県・菊池川水系
広谷川　ひろたにがわ
山形県・庄内小国川水系〔2級〕
広谷川　ひろたにがわ
富山県・小矢部川水系〔1級〕
広谷川　ひろたにがわ
滋賀県・淀川水系〔1級〕
広谷川　ひろたにがわ
山口県・田万川水系
広谷川　ひろたにがわ
熊本県・菊池川水系〔1級〕
広谷川　ひろたにがわ
熊本県・菊池川水系
広谷川　ひろたにがわ
大分県・駅館川水系〔2級〕
8広岡川　ひろおかがわ
徳島県・宍喰川水系〔2級〕
広河原川　ひろかわはらがわ
山形県・最上川水系〔1級〕
広長川　ひろながかわ
宮城県・高城川水系〔2級〕
9広柴川　ひろしばがわ
兵庫県・加古川水系
広面川　ひろもがわ
岡山県・旭川水系〔1級〕
10広浦　ひろうら
宮城県名取市
広浦　ひろうら
宮城県・名取川水系
広通川　ひろどおりがわ
新潟県・新川水系〔2級〕
11広堀川　ひろほりがわ
新潟県・信濃川水系〔1級〕
広船川　ひろふねがわ
青森県・岩木川水系〔1級〕
広野川　ひろのがわ
福島県・折木川水系〔2級〕
広野川《古》　ひろのがわ
長野県, 岐阜県, 愛知県, 三重県・木曽川水系の木曽川
広野川　ひろのがわ
滋賀県・淀川水系〔1級〕
広野川　ひろのがわ
京都府・由良川水系
広野川　ひろのがわ
大阪府・淀川水系
12広森川　ひろもりがわ
秋田県・米代川水系〔1級〕
広渡川　ひろとがわ
宮崎県・広渡川水系〔2級〕
15広蔵谷川　ひろぞうたにがわ
愛媛県・仁淀川水系〔1級〕
19広瀬川　ひろせがわ
青森県・広瀬川水系〔2級〕
広瀬川　ひろせがわ
岩手県・北上川水系〔1級〕
広瀬川　ひろせがわ
岩手県・北上川水系
広瀬川　ひろせがわ
宮城県・名取川水系〔1級〕
広瀬川　ひろせがわ
福島県・阿武隈川水系〔1級〕
広瀬川　ひろせがわ
群馬県・利根川水系〔1級〕
広瀬川《古》　ひろせがわ
長野県, 愛知県, 静岡県・天竜川水系の天竜川
広瀬川　ひろせがわ
奈良県・大和川水系〔1級〕
広瀬川　ひろせがわ
鳥取県・天神川水系〔1級〕
広瀬川《別》　ひろせがわ
島根県・高津川水系の匹見川
広瀬川　ひろせがわ
佐賀県・有田川水系〔2級〕
広瀬川　ひろせがわ
熊本県・広瀬川水系〔2級〕
広瀬川　ひろせがわ
大分県・広瀬川水系〔2級〕

広瀬川　ひろせがわ
鹿児島県・広瀬川水系〔2級〕
広瀬浅又川　ひろせあさまたがわ
岐阜県・木曾川水系〔1級〕

【弁】
4弁天川　べんてんがわ
北海道・石狩川水系〔1級〕
弁天川　べんてんがわ
福島県・弁天川水系〔2級〕
弁天川　べんてんがわ
茨城県・久慈川水系〔1級〕
弁天川　べんてんがわ
栃木県・利根川水系〔1級〕
弁天川　べんてんがわ
群馬県・利根川水系〔1級〕
弁天川　べんてんがわ
千葉県・利根川水系〔1級〕
弁天川　べんてんがわ
愛知県・境川水系
弁天川　べんてんがわ
三重県・雲出川水系〔1級〕
弁天川　べんてんがわ
三重県・員弁川水系〔2級〕
弁天川　べんてんがわ
香川県・弁天川水系〔2級〕
弁天池　べんてんいけ
新潟県聖籠町
弁天池　べんてんいけ
滋賀県草津市
弁天沢川　べんてんざわがわ
岩手県・甲子川水系
弁天谷川　べんてんだにがわ
和歌山県・紀の川水系〔1級〕
弁天沼　べんてんぬま
北海道苫小牧市
弁天沼　べんてんぬま
福島県耶麻郡北塩原村
弁天沼川　べんてんぬまがわ
群馬県・利根川水系〔1級〕
9弁城川　べんじょうがわ
広島県・芦田川水系〔1級〕
弁城川　べんじょうがわ
福岡県・遠賀川水系〔1級〕
10弁財川　べんざいがわ
佐賀県・有田川水系〔2級〕
弁財天川　べざいてんがわ
静岡県・弁財天川水系〔2級〕

【弍】
3弍川　えびすがわ
福島県・前田川水系〔2級〕

【弘】
5弘田川　ひろたがわ
香川県・弘田川水系〔2級〕
7弘見川　ひろみがわ
高知県・福良川水系〔2級〕
8弘法川　こうぼうがわ
愛知県・弘法川水系
弘法川　こうぼうがわ
京都府・由良川水系〔1級〕
弘法川放水路　こうぼうがわほうすいろ
京都府・由良川水系〔1級〕
12弘階川　ひろしながわ
香川県・弘田川水系〔2級〕

【戊】
7戊辰川　ぼしんがわ
佐賀県・嘉瀬川水系〔1級〕

【打】
3打上川　うちかみがわ
大阪府・淀川水系〔1級〕
4打井川　うついがわ
高知県・渡川水系〔1級〕
打内川　うつないがわ
北海道・十勝川水系〔1級〕
打手川　うてがわ
和歌山県・紀の川水系〔1級〕
打木川　うちきがわ
愛媛県・肱川水系〔1級〕
5打田内川　うたないがわ
岩手県・馬淵川水系〔1級〕
打田内川　うたないがわ
岩手県・馬淵川水系
打穴川　うたのがわ
岡山県・吉井川水系〔1級〕
7打尾川　うちおがわ
富山県・小矢部川水系〔1級〕
打尾川　うちおがわ
富山県・小矢部川水系〔1級〕
打尾谷川　うちおだにがわ
広島県・太田川水系〔1級〕
打谷川　うちたにがわ
島根県・神戸川水系
8打波川　うちなみがわ
福井県・九頭竜川水系〔1級〕
12打越川　うちこしがわ
北海道・渚滑川水系
打越川　うちこしがわ
福島県・阿賀野川水系〔1級〕
打越川　うちこしがわ
群馬県・利根川水系〔1級〕

打越川　うちこしがわ
愛媛県・肱川水系〔1級〕
打越川　うちこしがわ
熊本県・内野川水系
打越川　うちこしがわ
宮崎県・一ツ瀬川水系〔2級〕
打越川　うちこしがわ
鹿児島県・肝属川水系〔1級〕
13打滝川　うちたきがわ
奈良県・淀川水系〔1級〕
14打樋川　うてびがわ
徳島県・勝浦川水系〔2級〕
打樋川　うてびがわ
徳島県・打樋川水系〔2級〕

【払】

3払子川　ふつこがわ
三重県・淀川水系〔1級〕
払川　はらいがわ
山形県・五十川水系〔2級〕
払川　はらいがわ
福島県・阿武隈川水系〔1級〕
払川　はらいがわ
新潟県・信濃川水系〔1級〕
払川　はらいがわ
新潟県・鵜川水系〔2級〕
払川　はらいがわ
新潟県・国府川水系〔2級〕
払川　はらいがわ
愛媛県・中山川水系〔2級〕
払川　はらいがわ
愛媛県・払川水系〔2級〕
払川　はらいがわ
高知県・渡川水系〔1級〕
払川川　はらいかわがわ
岩手県・北上川水系
5払田川　はらいだがわ
秋田県・雄物川水系〔1級〕
7払体川　ほったいがわ
秋田県・雄物川水系〔1級〕

【斥】

10斥候川　せっこうがわ
宮城県・北上川水系〔1級〕

【旧】

旧オベトン川　きゅうおべとんがわ
北海道・十勝川水系
2旧十川　きゅうとがわ
青森県・岩木川水系〔1級〕
3旧下頃辺川　きゅうしたころべがわ
北海道・十勝川水系
旧三谷川　きゅうみたにがわ
鳥取県・千代川水系〔1級〕
旧久根別川　きゅうくねべつがわ
北海道・大野川水系〔2級〕
旧千代川　きゅうせんだいがわ
鳥取県・千代川水系〔1級〕
旧夕張川　きゅうゆうばりがわ
北海道・石狩川水系〔1級〕
旧大分川　きゅうおおいたがわ
大分県・大分川水系〔1級〕
旧大谷川　きゅうおおたにがわ
京都府・淀川水系
旧大通川《別》　きゅうおおどおりがわ
新潟県・信濃川水系の覚路津大通川
旧大蜂川　きゅうだいばちがわ
青森県・岩木川水系〔1級〕
旧小猿部川　きゅうおさるべがわ
秋田県・米代川水系〔1級〕
4旧中の川　きゅうなかのがわ
北海道・新川水系〔2級〕
旧中川　きゅうなかがわ
東京都・荒川（東京都・埼玉県）水系〔1級〕
旧太田川　きゅうおおたがわ
広島県・太田川水系〔1級〕
旧月寒川　きゅうつきさむがわ
北海道・石狩川水系
5旧加茂川　きゅうかもがわ
鳥取県・斐伊川水系〔1級〕
旧加茂川放水路　きゅうかもがわほうすいろ
鳥取県・斐伊川水系〔1級〕
旧北上川　きゅうきたかみがわ
宮城県・北上川水系〔1級〕
旧古川　きゅうふるかわ
北海道・静内川水系
旧古川　きゅうふるかわ
宮城県・北上川水系〔1級〕
旧左門殿川　きゅうさもんどのがわ
大阪府・淀川水系〔1級〕
旧永江川　きゅうながえがわ
鳥取県・浜村川水系〔2級〕
6旧伏籠川　きゅうふしこがわ
北海道・石狩川水系〔1級〕
旧仿僧川　きゅうぼうそうがわ
静岡県・太田川水系〔2級〕
旧吉野川　きゅうよしのがわ
徳島県・吉野川水系〔1級〕
旧安祥寺川　きゅうあんじょうじがわ
京都府・淀川水系〔1級〕
旧江戸川　きゅうえどがわ
千葉県・利根川水系〔1級〕
7旧利別川　きゅうとしべつがわ
北海道・十勝川水系〔1級〕

旧利根川　きゅうとねがわ
山梨県・富士川水系〔1級〕
8旧国道沢川　きゅうこくどうさわがわ
北海道・石狩川水系
旧奈江豊平川　きゅうなえとよひらがわ
北海道・石狩川水系〔1級〕
旧知津狩川　きゅうしらつかりがわ
北海道・旧知津狩川水系〔2級〕
旧迫川　きゅうはざまがわ
宮城県・北上川水系〔1級〕
旧長門川　きゅうながとがわ
千葉県・利根川水系〔1級〕
旧長瀬川　きゅうながせがわ
鳥取県・千代川水系〔1級〕
旧阿野呂川　きゅうあのろがわ
北海道・石狩川水系
9旧砂押川　きゅうすなおしがわ
宮城県・砂押川水系〔2級〕
旧美唄川　きゅうびばいがわ
北海道・石狩川水系〔1級〕
10旧宮川　きゅうみやがわ
福島県・阿賀野川水系〔1級〕
旧帯広川　きゅうおびひろがわ
北海道・十勝川水系〔1級〕
旧浦幌川　きゅううらほろがわ
北海道・十勝川水系
旧笊川　きゅうざるがわ
宮城県・名取川水系〔1級〕
旧途別川　きゅうとべつがわ
北海道・十勝川水系〔1級〕
11旧淀川　きゅうよどがわ
大阪府・淀川水系〔1級〕
旧猪名川　きゅういながわ
大阪府・淀川水系〔1級〕
旧産化美唄川　きゅうさんかびばいがわ
北海道・石狩川水系
旧袋川　きゅうふくろがわ
鳥取県・千代川水系〔1級〕
旧野坂川　きゅうのさかがわ
鳥取県・千代川水系
旧釧路川　きゅうくしろがわ
北海道・釧路川水系
旧雪裡川　きゅうせっつりがわ
北海道・釧路川水系〔1級〕
旧鳥谷川　きゅうとやがわ
青森県・岩木川水系
旧鹿島川　きゅうかしまがわ
愛知県・豊川水系
旧黒川　きゅうくろかわ
新潟県・信濃川水系〔1級〕
12旧堅田川　きゅうかただがわ
大分県・番匠川水系〔1級〕
旧幾春別川　きゅういくしゅんべつがわ
北海道・石狩川水系〔1級〕
旧湯川　きゅうゆかわ
福島県・阿賀野川水系〔1級〕
旧琴似川　きゅうことにがわ
北海道・石狩川水系〔1級〕
旧琴似川　きゅうことにがわ
北海道・石狩川水系
旧琴似川放水路　きゅうことにがわほうすいろ
北海道・石狩川水系〔1級〕
旧貴船川　きゅうきぶねがわ
山形県・最上川水系
旧軽川　きゅうがるがわ
北海道・新川水系〔2級〕
旧雄物川　きゅうおものがわ
秋田県・雄物川水系〔1級〕
13旧幌向川　きゅうほろむいがわ
北海道・石狩川水系〔1級〕
旧蓮台寺川　きゅうれんだいじがわ
栃木県・利根川水系〔1級〕
旧豊平川　きゅうとよひらがわ
北海道・石狩川水系〔1級〕
旧豊栄川　きゅうほうえいがわ
北海道・天塩川水系〔1級〕
14旧綾瀬川　きゅうあやせがわ
東京都・荒川（東京都・埼玉県）水系〔1級〕

【旦】

3旦土川　だんどがわ
岡山県・旭川水系〔1級〕

【札】

4札内川　さつないがわ
北海道・十勝川水系〔1級〕
札比内川　さっぴないがわ
北海道・石狩川水系〔1級〕
札比内川放水路　さっぴないがわほうすいろ
北海道・石狩川水系〔1級〕
8札的内川　さってきないがわ
北海道・石狩川水系〔1級〕
12札場川　ふたばがわ
滋賀県・淀川水系〔1級〕
13札楽川　ふだらくがわ
兵庫県・揖保川水系〔1級〕
札楽古川　さつらっこがわ
北海道・楽古川水系
21札鶴川　さっつるがわ
北海道・斜里川水系

【本】

本モ谷川　おもだにがわ
高知県・渡川水系〔1級〕

3本山川　もとやまがわ
岡山県・吉井川水系〔1級〕
本山川　もとやまがわ
熊本県・砂川水系
本川　ほんかわ
福島県・阿賀野川水系〔1級〕
本川　ほんかわ
和歌山県・紀の川水系〔1級〕
本川　もとがわ
和歌山県・日高川水系〔2級〕
本川　ほんがわ
広島県・本川水系〔2級〕
本川《別》　ほんかわ
広島県・太田川水系の太田川
本川　ほんかわ
愛媛県・肱川水系〔1級〕
本川川　ほんごうがわ
佐賀県・筑後川水系〔1級〕
本川内川　ほんがわうちがわ
熊本県・球磨川水系
4本内川　ほんないがわ
岩手県・北上川水系〔1級〕
本木川　ほんきがわ
石川県・山田川水系〔2級〕
本木川　もときがわ
福岡県・西郷川水系〔2級〕
5本永谷川　ほんながたにがわ
広島県・芦田川水系〔1級〕
本田川　ほんでんがわ
高知県・福良川水系〔2級〕
本田川　ほんだがわ
大分県・本田川水系〔2級〕
本田沢川　ほんでんざわがわ
山形県・最上川水系
6本吉田川　もとよしだがわ
鹿児島県・思川水系〔2級〕
本名川　ほんみょうがわ
鹿児島県・思川水系〔2級〕
本在家川　ほんざいげがわ
高知県・渡川水系〔1級〕
本寺川　ほんでらがわ
岩手県・北上川水系〔1級〕
本寺川　ほんでらがわ
岩手県・北上川水系
本庄川　ほんじょうがわ
兵庫県・本庄川水系〔2級〕
本庄川　ほんじょうがわ
島根県・斐伊川水系〔1級〕
本庄川　ほんじょうがわ
岡山県・里見川水系〔2級〕
本庄川　ほんじょうがわ
佐賀県・嘉瀬川水系〔1級〕
本庄川　ほんじょうがわ
宮崎県・大淀川水系〔1級〕
本庄江　ほんじょうえ
佐賀県・嘉瀬川水系〔1級〕
本江川《別》　ほんごうがわ
富山県・上市川水系の郷川
本江田川　ほごだがわ
高知県・下田川水系〔2級〕
7本別川　ほんべつがわ
北海道・十勝川水系〔1級〕
本村川　ほんむらがわ
長野県・天竜川水系〔1級〕
本村川　ほんむらがわ
広島県・江の川水系〔1級〕
本村川　ほんむらがわ
香川県・津田川水系〔2級〕
本村川　ほんむらがわ
愛媛県・神田川水系〔2級〕
本村川　ほんむらがわ
愛媛県・本村川水系〔2級〕
本村川　ほんむらがわ
愛媛県・立間川水系〔2級〕
本村川　ほんむらがわ
佐賀県・有田川水系〔2級〕
本村川　ほんむらがわ
熊本県・球磨川水系
本村川　ほんむらがわ
熊本県・佐敷川水系
本村川　ほんむらがわ
熊本県・呑崎水路水系
本村川　もとむらがわ
鹿児島県・安楽川水系〔2級〕
本沢　ほんざわ
神奈川県・境川水系〔2級〕
本沢　ほんざわ
長野県・天竜川水系〔1級〕
本沢川　もとざわがわ
山形県・最上川水系〔1級〕
本沢川　ほんざわがわ
山梨県・西湖水系〔2級〕
本沢川　ほんざわがわ
長野県・信濃川水系〔1級〕
本沢川　ほんさわがわ
奈良県・紀の川水系〔1級〕
本町川　ほんまちがわ
島根県・江の川水系〔1級〕
本社川　ほんじゃがわ
山梨県・相模川水系〔1級〕
本谷川　ほんやがわ
福島県・藤原川水系
本谷川　ほんたにがわ
山梨県・富士川水系〔1級〕

本谷川　ほんたにがわ
長野県・天竜川水系〔1級〕
本谷川　ほんたにがわ
静岡県・仁科川水系〔2級〕
本谷川　ほんたにがわ
大阪府・番川水系
本谷川　ほんだにがわ
鳥取県・本谷川水系〔2級〕
本谷川　ほんたにがわ
島根県・斐伊川水系〔1級〕
本谷川　ほんたにがわ
岡山県・高梁川水系〔1級〕
本谷川　ほんたにがわ
岡山県・高梁川水系
本谷川　ほんたにがわ
広島県・沼田川水系〔2級〕
本谷川　ほんたにがわ
広島県・本谷川水系〔2級〕
本谷川　ほんたにがわ
広島県・芦田川水系
本谷川　ほんたにがわ
広島県・江の川水系
本谷川　ほんたにがわ
山口県・錦川水系〔2級〕
本谷川　ほんたにがわ
香川県・綾川水系〔2級〕
本谷川　ほんたにがわ
香川県・金倉川水系〔2級〕
本谷川　ほんたにがわ
愛媛県・重信川水系〔1級〕
本谷川　ほんたにがわ
愛媛県・肱川水系〔1級〕
本谷川　ほんたにがわ
愛媛県・国領川水系〔2級〕
本谷川　ほんたにがわ
愛媛県・森川水系〔2級〕
本谷川　ほんたにがわ
愛媛県・本谷川水系〔2級〕
本谷川　ほんたにがわ
愛媛県・仁淀川水系
本谷川　ほんたにがわ
高知県・加持川水系〔2級〕
本谷川　ほんたにがわ
高知県・加持川水系
本谷川　ほんたにがわ
高知県・新川川水系
本谷川　ほんたにがわ
熊本県・菜切川水系
8本所川　ほんじょうがわ
福井県・本所川水系〔2級〕
本明川　ほんみょうがわ
新潟県・信濃川水系〔1級〕
本明川　ほんみょうがわ
島根県・敬川水系〔2級〕
本明川　ほんみょうがわ
長崎県・本明川水系〔1級〕
本沼江谷川　ほんぬまえだにがわ
徳島県・勝浦川水系〔2級〕
9本俣賀川　ほんまたがわ
島根県・高津川水系〔1級〕
本垣河内川　ほんかきかわちがわ
大分県・大野川水系〔1級〕
本城川　ほんじょうがわ
宮崎県・本城川水系〔2級〕
本城川　ほんじょうがわ
鹿児島県・肝属川水系〔1級〕
本城川　ほんじょうがわ
鹿児島県・本城川水系〔2級〕
本津川　ほんずがわ
香川県・本津川水系〔2級〕
本洞川　ほんぼらがわ
長野県・木曾川水系〔1級〕
本洞川　ほんぼらがわ
愛知県・矢作川水系
本砂金川　もといさごがわ
宮城県・名取川水系〔1級〕
10本宮川　ほんぐうがわ
鳥取県・宇田川水系
本栖湖　もとすこ
山梨県・本栖湖水系〔2級〕
本梅川　ほんめがわ
京都府・淀川水系〔1級〕
本浴川　ほんえきがわ
山口県・木屋川水系〔2級〕
本陣沢川　ほんじんざわがわ
岩手県・小本川水系
本馬川　ほんまがわ
奈良県・大和川水系〔1級〕
11本堂川　ほんどうがわ
富山県・小矢部川水系〔1級〕
本堂川《別》　ほんどうがわ
長崎県・大上戸川水系の大上戸川
本宿川　ほんじゅくがわ
岩手県・気仙川水系
本郷川　ほんごうがわ
青森県・岩木川水系〔1級〕
本郷川　ほんごうがわ
岩手県・北上川水系〔1級〕
本郷川　ほんごうがわ
茨城県・那珂川水系〔1級〕
本郷川《別》　ほんごうがわ
富山県・上市川水系の郷川
本郷川《別》　ほんごうがわ
福井県・九頭竜川水系の七瀬川

本郷川　ほんごうがわ
静岡県・伊東大川水系〔2級〕
本郷川　ほんごうがわ
兵庫県・千種川水系〔2級〕
本郷川　ほんごうがわ
島根県・斐伊川水系〔1級〕
本郷川　ほんごうがわ
島根県・江の川水系〔1級〕
本郷川　ほんごうがわ
島根県・高津川水系〔1級〕
本郷川　ほんごうがわ
島根県・三隅川水系〔2級〕
本郷川　ほんごうがわ
岡山県・旭川水系〔1級〕
本郷川　ほんごうがわ
岡山県・高梁川水系〔1級〕
本郷川　ほんごうがわ
広島県・江の川水系〔1級〕
本郷川　ほんごうがわ
広島県・高梁川水系〔1級〕
本郷川　ほんごうがわ
広島県・太田川水系〔1級〕
本郷川　ほんごうがわ
広島県・本郷川水系〔2級〕
本郷川　ほんごうがわ
山口県・錦川水系〔2級〕
本郷川　ほんごうがわ
山口県・厚東川水系〔2級〕
本郷川　ほんごうがわ
山口県・本郷川水系〔2級〕
本郷川　ほんごうがわ
愛媛県・肱川水系〔1級〕
本郷川　ほんごうがわ
愛媛県・崩口川水系〔2級〕
本郷川　ほんごうがわ
熊本県・本郷川水系
本郷谷津川　ほんごうやつがわ
山梨県・富士川水系〔1級〕
12本覚川　ほんかくがわ
愛媛県・岩松川水系〔2級〕
本間川　ほんまがわ
長野県・信濃川水系〔1級〕
13本溢川　ほんえきがわ
島根県・益田川水系〔2級〕
本蒲沢川　ほんがばざわがわ
山形県・最上川水系〔1級〕
15本潟貝沢　ほんかたかいざわ
青森県・川内川水系〔2級〕
本輪西川　もとわにしがわ
北海道・本輪西川水系
17本篠川　もとしのがわ
香川県・財田川水系〔2級〕

【末】

3末川　すえがわ
長野県・木曾川水系〔1級〕
末川　すえかわ
京都府・由良川水系〔1級〕
末川　すえかわ
京都府・由良川水系
末川　すえがわ
香川県・鴨部川水系〔2級〕
5末包川　すえかねがわ
兵庫県・千種川水系〔2級〕
末広川　すえひろがわ
大分県・末広川水系〔2級〕
末用川　すえもちがわ
鳥取県・河内川水系〔2級〕
末石川　すえいしがわ
山口県・島田川水系〔2級〕
6末光川　すえみつがわ
高知県・仁淀川水系〔1級〕
末吉川　すえよしがわ
兵庫県・武庫川水系〔2級〕
7末沢川　すえざわがわ
新潟県・信濃川水系〔1級〕
末沢川　すいざわがわ
新潟県・三面川水系〔2級〕
8末国川　すえくにがわ
岡山県・高梁川水系〔1級〕
末宝川　まっぽうがわ
新潟県・信濃川水系〔1級〕
末武川　すえたけがわ
山口県・末武川水系〔2級〕
9末政川　すえまさがわ
岡山県・高梁川水系〔1級〕
11末崎川　まつざきがわ
岩手県・北上川水系〔1級〕
末盛川　すえもりがわ
広島県・沼田川水系
12末越川　すえごしがわ
宮崎県・五ヶ瀬川水系〔1級〕
13末続川　すえつぐがわ
福島県・末続川水系〔2級〕

【未】

7未更毛川　みさらげがわ
福井県・九頭竜川水系〔1級〕
12未渡川　みどがわ
広島県・高梁川水系〔1級〕
未渡川　みどがわ
広島県・高梁川水系

【此】
此ノ木谷川　このきだにがわ
福井県・九頭竜川水系〔1級〕

【正】
正シ川　ただしがわ
愛媛県・須賀川水系〔2級〕
3正久川　しょうきゅうがわ
熊本県・緑川水系
4正天川　しょうてんがわ
京都府・淀川水系
正戸川　しょうどがわ
愛知県・境川水系〔2級〕
正戸川　しょうどがわ
愛知県・境川水系
正木川　まさきがわ
岐阜県・木曾川水系〔1級〕
正木谷川　まさきだにがわ
島根県・高津川水系
正木谷川　まさきだにがわ
徳島県・那賀川水系〔1級〕
5正平津川　しょうへつがわ
青森県・岩木川水系〔1級〕
正平津川　しょうへつがわ
青森県・岩木川水系
正田川　しょうでんがわ
奈良県・大和川水系〔1級〕
正立寺川　しょうりゅうじがわ
千葉県・夷隅川水系
6正地川　しょうじがわ
山口県・阿武川水系〔2級〕
正守川　まさもりがわ
香川県・湊川水系〔2級〕
正牟田川　しょうむたがわ
鹿児島県・天降川水系〔2級〕
7正利冠川　まさりかっぷがわ
北海道・正利冠川水系〔2級〕
正沢川　しょうざわがわ
長野県・木曾川水系〔1級〕
8正念川　しょうねんがわ
長崎県・八郎川水系〔2級〕
正法寺川　しょうほうじがわ
徳島県・吉野川水系〔1級〕
正法寺沢　しょうぼうじざわ
静岡県・太田川水系
正金川　しょうきんがわ
大分県・正金川水系〔2級〕
9正信川　しょうのぶがわ
岡山県・高梁川水系〔1級〕
正津川　しょうずがわ
青森県・正津川水系〔2級〕
正面倉川　しょうめんぐらがわ
新潟県・関川水系〔1級〕
10正原川　しょうはらがわ
広島県・沼田川水系〔2級〕
正原川　しょうはらがわ
広島県・沼田川水系
11正雀川　しょうじゃくがわ
大阪府・淀川水系〔1級〕
正雀川分水路　しょうじゃくがわぶんすいろ
大阪府・淀川水系〔1級〕
12正善寺川　しょうぜんじがわ
新潟県・関川水系〔1級〕
13正楽寺川　しょうらくじがわ
山梨県・富士川水系〔1級〕
正楽寺川　しょうらくじがわ
滋賀県・淀川水系〔1級〕
正蓮寺川　しょうれんじがわ
大阪府・淀川水系〔1級〕
18正観寺川　しょうかんじがわ
群馬県・利根川水系〔1級〕

【母】
母ヶ浦川　ほうがうらがわ
佐賀県・母ヶ浦川水系〔2級〕
3母川《古》　おもがわ
山梨県・富士川水系の重川
母川　ははかわ
徳島県・海部川水系〔2級〕
7母沢　ははざわ
青森県・奥戸川水系
母谷川　ほうだにがわ
岡山県・旭川水系〔1級〕
母里川　もりがわ
奈良県・淀川水系〔1級〕
10母栖谷川　もすたにがわ
兵庫県・揖保川水系〔1級〕

【民】
7民谷川　みんだにがわ
島根県・斐伊川水系〔1級〕

【永】
3永山3号川　ながやまさんごうがわ
北海道・石狩川水系〔1級〕
永山二号川　ながやまにごうがわ
北海道・石狩川水系〔1級〕
永山川　ながやまがわ
宮崎県・大淀川水系〔1級〕
永山川　ながやまがわ
宮崎県・大淀川水系
永山新川　ながやましんかわ
北海道・石狩川水系〔1級〕

4永井川　ながいがわ
群馬県・利根川水系〔1級〕
永太郎川　えいたろうがわ
愛知県・矢作川水系
永氏川　ながうじがわ
愛媛県・仁淀川水系〔1級〕
5永平寺川　えいへいじがわ
福井県・九頭竜川水系〔1級〕
永田川　ながたがわ
岐阜県・木曾川水系〔1級〕
永田川　えいだがわ
広島県・永田川水系〔2級〕
永田川　ながたがわ
山口県・永田川水系〔2級〕
永田川　ながたがわ
愛媛県・肱川水系〔1級〕
永田川　ながたがわ
長崎県・永田川水系〔2級〕
永田川　ながたがわ
熊本県・永田川水系
永田川　ながたがわ
宮崎県・永田川水系〔2級〕
永田川　ながたがわ
鹿児島県・永吉川水系〔2級〕
永田川　ながたがわ
鹿児島県・永田川水系〔2級〕
永立寺川　えいりゅうじがわ
愛媛県・重信川水系〔1級〕
6永吉川　ながよしがわ
鹿児島県・永吉川水系〔2級〕
永江川　ながえがわ
鳥取県・永江川水系〔2級〕
永江川　ながえがわ
岡山県・吉井川水系〔1級〕
永池川　ながいけがわ
神奈川県・相模川水系〔1級〕
7永寿川　えいじゅがわ
北海道・永寿川水系〔2級〕
永志田川　ながしだがわ
福島県・阿武隈川水系
永沢川　ながさわがわ
岩手県・北上川水系〔1級〕
永沢川　ながさわがわ
岩手県・北上川水系
永谷川　ながたにがわ
奈良県・紀の川水系〔1級〕
永谷川　ながたにがわ
熊本県・球磨川水系
永谷川　ながたにがわ
宮崎県・大淀川水系〔1級〕
永里川　ながさとがわ
鹿児島県・万之瀬川水系〔2級〕
9永屋川　ながやがわ
広島県・江の川水系〔1級〕
10永原谷川　ながはらだにがわ
熊本県・大淀川水系
永留川　ながどめがわ
京都府・川上谷川水系〔2級〕
11永野川　ながのがわ
栃木県・利根川水系〔1級〕
永野川　ながのがわ
広島県・芦田川水系〔1級〕
永野川　ながのがわ
高知県・仁淀川水系〔1級〕
永野川　ながのがわ
高知県・渡川水系〔1級〕
永野川　ながのがわ
佐賀県・松浦川水系〔1級〕
永野川　ながのがわ
熊本県・球磨川水系〔1級〕
15永慶寺川　えいけいじがわ
広島県・永慶寺川水系〔2級〕
19永瀬川《別》　ながせがわ
福井県・九頭竜川水系の七瀬川
永瀬川　ながせがわ
佐賀県・六角川水系〔1級〕

【汁】

4汁毛川　しるけがわ
秋田県・米代川水系〔1級〕
7汁谷川　しるたにがわ
三重県・宮川水系〔1級〕

【汀】

12汀間川　ていまがわ
沖縄県・汀間川水系〔2級〕

【氷】

3氷川　ひかわ
埼玉県・荒川（東京都・埼玉県）水系〔1級〕
氷川　ひがわ
静岡県・安倍川水系〔1級〕
氷川　ひがわ
熊本県・氷川水系〔2級〕
氷川　こおりがわ
熊本県・球磨川水系
4氷切沼　ひょうきりぬま
北海道浜中町
5氷玉川　ひだまがわ
福島県・阿賀野川水系〔1級〕
7氷沢川　こおりざわがわ
青森県・高瀬川水系〔1級〕
氷沢川　ひざわがわ
東京都・多摩川水系〔1級〕

【玄】

10玄倉川　くろくらがわ
神奈川県・酒匂川水系〔2級〕
玄華寺谷川　げんけじだにがわ
徳島県・吉野川水系〔1級〕
11玄済川　げんさいがわ
山梨県・富士川水系〔1級〕
12玄道川　げんどうがわ
新潟県・玄道川水系〔2級〕
13玄僧川　げんぞうがわ
新潟県・柿崎川水系〔2級〕

【玉】

玉の内川　たまのうちがわ
東京都・多摩川水系〔1級〕
玉の池川　たまのいけがわ
香川県・番屋川水系〔2級〕
玉の脇川　たまのわきがわ
岩手県・玉の脇川水系〔2級〕
玉ノ井川　たまのいがわ
愛知県・日光川水系
3玉川　たまがわ
北海道・玉川水系〔2級〕
玉川　たまがわ
岩手県・北上川水系
玉川　たまがわ
秋田県・雄物川水系〔1級〕
玉川　たまがわ
山形県・荒川（新潟県・山形県）水系〔1級〕
玉川　たまがわ
福島県・阿賀野川水系〔1級〕
玉川　たまがわ
茨城県・久慈川水系〔1級〕
玉川　たまがわ
千葉県・利根川水系〔1級〕
玉川　たまがわ
神奈川県・相模川水系〔1級〕
玉川　たまがわ
新潟県・玉川水系〔2級〕
玉川　たまがわ
長野県・天竜川水系〔1級〕
玉川　たまがわ
愛知県・肱川水系〔1級〕
玉川　たまがわ
京都府・由良川水系〔1級〕
玉川　たまがわ
京都府・淀川水系〔1級〕
玉川　たまがわ
和歌山県・南部川水系〔2級〕
玉川　たまがわ
和歌山県・有田川水系〔2級〕
玉川　たまがわ
鳥取県・天神川水系〔1級〕
玉川　たまがわ
島根県・江の川水系〔1級〕
玉川　たまがわ
岡山県・高梁川水系〔1級〕
玉川　たまがわ
香川県・玉川水系〔2級〕
玉川　たまがわ
愛媛県・蒼社川水系〔2級〕
玉川大沢川　たまがわおおさわがわ
静岡県・安倍川水系〔1級〕
玉川川　たまがわがわ
岩手県・玉川川水系
玉川川　たまがわがわ
福井県・玉川川水系〔2級〕
4玉手川《古》　たまてがわ
静岡県・狩野川水系の境川
玉木沼　たまきぬま
山形県西置賜郡飯豊町
5玉田川　たまだがわ
岡山県・旭川水系〔1級〕
玉田川　たまだがわ
大分県・大野川水系〔1級〕
6玉江川　たまえがわ
山口県・阿武川水系〔2級〕
玉江川　たまえがわ
佐賀県・六角川水系〔1級〕
玉虫沼　たまむしぬま
山形県東村山郡山辺町
7玉来川　たまらいがわ
熊本県, 大分県・大野川水系〔1級〕
玉谷川　たまたにがわ
愛媛県・肱川水系〔1級〕
9玉屋川《古》　たまやがわ
大分県・末広川水系の末広川
玉峡川《古》　たまおがわ
山梨県・富士川水系の流川
玉泉寺川　ぎょくせんじがわ
大分県・大野川水系〔1級〕
10玉島川　たましまがわ
佐賀県・玉島川水系〔2級〕
玉浦川　たまうらがわ
香川県・玉浦川水系〔2級〕
11玉笠川　たまがさがわ
徳島県・海部川水系〔2級〕
玉野川　たまのがわ
宮城県・宇多川水系〔2級〕
玉野川　たまのがわ
福島県・宇多川水系〔2級〕
12玉湯川　たまゆがわ
島根県・斐伊川水系〔1級〕

玉落川《古》　たまおちがわ
兵庫県・千種川水系の江川川
13玉置川　たまきがわ
兵庫県・円山川水系〔1級〕
玉置川　たまきがわ
和歌山県・新宮川水系〔1級〕
19玉繰川　たまくりがわ
島根県・江の川水系〔1級〕
21玉鶴川　たまつるがわ
山口県・玉鶴川水系〔2級〕

【瓦】
3瓦川内川　かわらかわちがわ
佐賀県・六角川水系〔1級〕

【甘】
3甘久川　あまごがわ
佐賀県・六角川水系〔1級〕
5甘田川　あまだがわ
石川県・甘田川水系
甘田川　かんだがわ
奈良県・大和川水系〔1級〕
7甘利沢川　あまりざわがわ
山梨県・富士川水系〔1級〕
9甘屋川　あまやがわ
岐阜県・木曾川水系〔1級〕

【生】
生ノ川川　おいのかわがわ
高知県・渡川水系〔1級〕
3生山川　なばやまがわ
島根県・高津川水系〔1級〕
生川　うぶがわ
埼玉県・荒川（東京都・埼玉県）水系〔1級〕
生川　うぶがわ
滋賀県・淀川水系〔1級〕
4生井川《別》　うぶいがわ
群馬県・利根川水系の赤谷川
生井川　うぶいがわ
岐阜県・神通川水系〔1級〕
生内川　おもないがわ
青森県・相坂川水系〔2級〕
5生出川　おいでがわ
岩手県・北上川水系〔1級〕
生出川　おいでがわ
岩手県・気仙川水系
生出川　はいでがわ
愛知県・日光川水系
生出町川　おいでまちがわ
岩手県・久慈川水系
生田川　いくたがわ
岐阜県・庄内川水系〔1級〕
生田川　いくたがわ
兵庫県・生田川水系〔2級〕
生田川　いけだがわ
広島県・江の川水系〔1級〕
生田川　おいだがわ
広島県・沼田川水系〔2級〕
生田原川　いくたわらがわ
北海道・湧別川水系〔1級〕
生目川　いきめがわ
宮崎県・大淀川水系〔1級〕
生石川《別》　いくしがわ
大分県・大分川水系の祓川
6生名谷川　いくなだにがわ
徳島県・勝浦川水系〔2級〕
生地川　いくじがわ
愛知県・庄内川水系〔1級〕
7生来川　せいらいがわ
滋賀県・淀川水系〔1級〕
生花苗川　おいかまないがわ
北海道・生花苗川水系〔2級〕
生花苗湖　おいかまなえぬま
北海道大樹町
生見川　いきみがわ
山口県・錦川水系〔2級〕
生見川　いくみがわ
高知県・生見川水系〔2級〕
生見川　いきみがわ
佐賀県・六角川水系〔1級〕
8生味川　おおみがわ
熊本県・菊池川水系〔1級〕
生実川　おゆみがわ
千葉県・生実川水系〔2級〕
生実川　おゆみがわ
千葉県・浜野川水系
生居川　なまいがわ
山形県・最上川水系〔1級〕
生武川　しょうぶがわ
京都府・淀川水系
9生保内川　おばないがわ
秋田県・雄物川水系〔1級〕
10生家川　おぶかがわ
島根県・江の川水系〔1級〕
生馬谷川　いこまたにがわ
和歌山県・富田川水系〔2級〕
11生袋川　いけぶくろがわ
宮城県・北上川水系〔1級〕
12生棚川　なまたながわ
愛知県・庄内川水系
生雲川　いくもがわ
山口県・阿武川水系〔2級〕
15生穂川　いくほがわ
兵庫県・生穂川水系〔2級〕

【用】
4用之江川　もちのえがわ
岡山県・用之江川水系〔2級〕
用水堀《古》　ようすいぼり
宮城県・北上川水系の皿貝川
5用石川　もちいしがわ
高知県・仁淀川水系〔1級〕
6用地川　ようちがわ
広島県・江の川水系〔1級〕
7用沢川　ようざわがわ
静岡県・狩野川水系〔1級〕
用谷川　ようだにがわ
京都府・朝妻川水系

【甲】
甲の川川　こうのかわがわ
高知県・渡川水系〔1級〕
3甲久保川　こくぼがわ
山口県・佐波川水系〔1級〕
甲女川　こうめがわ
鹿児島県・甲女川水系〔2級〕
甲子川　かつしがわ
岩手県・甲子川水系〔2級〕
甲山川　こうやまがわ
山口県・厚東川水系〔2級〕
甲川　かぶとがわ
山梨県・富士川水系〔1級〕
甲川　かぶとがわ
愛知県・境川水系
甲川　きのえがわ
鳥取県・甲川水系〔2級〕
4甲之邑川　こうのむらがわ
広島県・江の川水系〔1級〕
甲六川　ころくがわ
山梨県・富士川水系〔1級〕
甲手亀川　こうでかめがわ
広島県・高野川水系
7甲良川　こうらがわ
兵庫県・市川水系〔2級〕
8甲和気川　こうわけがわ
岡山県・吉井川水系〔1級〕
甲東川　こうひがしがわ
宮崎県・広渡川水系〔2級〕
甲東川　こうひがしがわ
宮崎県・広渡川水系
甲突川　こうつきがわ
鹿児島県・甲突川水系〔2級〕
10甲原川　かんばらがわ
高知県・仁淀川水系〔1級〕
12甲斐田川　かいだがわ
大阪府・石津川水系〔2級〕
甲賀川　こうががわ
熊本県・白川水系
19甲羅沢川　こうらさわがわ
岩手県・小川川水系

【申】
5申田川　さるたがわ
群馬県・利根川水系〔1級〕
7申谷川　さるやがわ
愛媛県・渡川水系

【田】
田の入川　たのいりがわ
新潟県・信濃川水系〔1級〕
田の口沢川　たのくちさわがわ
福島県・阿賀野川水系〔1級〕
田の内川　たのうちがわ
高知県・益野川水系〔2級〕
田の沢　たのさわ
青森県・岩木川水系
田の沢川　たのざわがわ
岩手県・馬淵川水系
田の沢川　たのざわがわ
秋田県・米代川水系
田の沢川　たのざわがわ
山形県・最上川水系〔1級〕
田の沢川　たのざわがわ
山形県・赤川水系
田の谷川　たのたにがわ
愛媛県・肱川水系〔1級〕
田の浦川　たのうらがわ
宮城県・田の浦川水系
田ノ下川　たのしたがわ
岡山県・高梁川水系
田ノ口川　たのくちがわ
兵庫県・円山川水系〔1級〕
田ノ地川　たのじがわ
高知県・御手洗川水系〔2級〕
田ノ沢川　たのさわがわ
秋田県・米代川水系
田ノ谷川　たのたにがわ
京都府・淀川水系〔1級〕
田ノ谷川　たのたにがわ
愛媛県・渡川水系〔1級〕
田ノ迫川　たのさこがわ
島根県・江の川水系〔1級〕
3田上川　たがみがわ
宮崎県・清武川水系〔2級〕
田万川　たまがわ
山口県・田万川水系〔2級〕
田万川　たまんがわ
香川県・綾川水系〔2級〕

田万里川　たまりがわ
広島県・賀茂川水系〔2級〕
田久保川《別》　たくぼがわ
宮崎県・水無川水系の水無川
田口川　たぐちがわ
三重県・朝明川水系〔2級〕
田口川　たぐちがわ
和歌山県・有田川水系〔2級〕
田口川　たぐちがわ
大分県・大野川水系〔1級〕
田土川　たつちがわ
岡山県・吉井川水系〔1級〕
田子ノ沢川　たごのさわがわ
岩手県・久慈川水系
田子川　たごがわ
青森県・馬淵川水系
田子川　たこがわ
長野県・信濃川水系〔1級〕
田子川　たこがわ
和歌山県・田子川水系〔2級〕
田子内川　たっこないがわ
岩手県・久慈川水系〔2級〕
田子江川　たごえがわ
静岡県・富士川水系〔1級〕
田子屋川　たごやがわ
福島県・阿武隈川水系
田山川　たやまがわ
三重県・赤羽川水系〔2級〕
田山沢川　たやまざわがわ
岩手県・小本川水系
田川　たがわ
宮城県・鳴瀬川水系〔1級〕
田川《別》　たがわ
宮城県・名取川水系の笊川
田川　たがわ
福島県・久慈川水系
田川　たがわ
栃木県・利根川水系〔1級〕
田川　たがわ
新潟県・信濃川水系〔1級〕
田川　たがわ
長野県・信濃川水系〔1級〕
田川　たがわ
滋賀県・淀川水系〔1級〕
田川　たがわ
和歌山県・芳養川水系〔2級〕
田川川　たがわがわ
熊本県・佐敷川水系〔2級〕
田川川　たがわがわ
熊本県・菊池川水系
田川池　たかわいけ
滋賀県浅井町
田川谷内川　たがわたにうちがわ
富山県・小矢部川水系〔1級〕
田川放水路　たがわほうすいろ
栃木県・利根川水系〔1級〕
田川原川　たごううらがわ
長崎県・田川原川水系〔2級〕
4田中川　たなかがわ
北海道・網走川水系〔1級〕
田中川　たなかがわ
宮城県・高城川水系〔2級〕
田中川　たなかがわ
山梨県・富士川水系〔1級〕
田中川　たなかがわ
三重県・田中川水系〔2級〕
田中川　たなかがわ
京都府・由良川水系〔1級〕
田中川　たなかがわ
広島県・田中川水系〔2級〕
田中川　たなかがわ
愛媛県・肱川水系〔1級〕
田中川　たなかがわ
佐賀県・松浦川水系〔1級〕
田中川　たなかがわ
佐賀県・嘉瀬川水系〔1級〕
田中川　たなかがわ
熊本県・砂川水系
田中川　たなかがわ
宮崎県・大淀川水系〔1級〕
田中川　たなかがわ
鹿児島県・川内川水系〔1級〕
田中沢川　たなかさわがわ
新潟県・信濃川水系〔1級〕
田之上川　たのうえがわ
広島県・永田川水系〔2級〕
田之内谷川　たのうちだにがわ
徳島県・吉野川水系〔1級〕
田之沢川　たのさわがわ
山梨県・富士川水系〔1級〕
田之原川　たのはらがわ
広島県・野呂川水系
田之郷川　たのごうがわ
群馬県・利根川水系〔1級〕
田之野川　たののがわ
鹿児島県・万之瀬川水系〔2級〕
田井川　たいがわ
新潟県・信濃川水系〔1級〕
田井川　たいがわ
滋賀県・淀川水系〔1級〕
田井川　たいがわ
兵庫県・岸田川水系〔2級〕
田井川　たいがわ
岡山県・吉井川水系〔1級〕

田井川　たいがわ
徳島県・田井川水系〔2級〕
田井川　たいがわ
香川県・田井川水系〔2級〕
田井沼　たいぬま
北海道江別市
田井迫川　たいがさこがわ
大分県・臼杵川水系〔2級〕
田内川　たなえがわ
長崎県・田内川水系〔2級〕
田切川　たぎりがわ
三重県・員弁川水系〔2級〕
田切川　たぎりがわ
三重県・員弁川水系
田戸川　たどがわ
愛知県・田戸川水系
田手川　たてがわ
佐賀県・筑後川水系〔1級〕
5田代川　たしろがわ
北海道・後志利別川水系〔1級〕
田代川　たしろがわ
岩手県・北上川水系〔1級〕
田代川　たしろがわ
岩手県・田代川水系〔2級〕
田代川　たしろがわ
岩手県・普代川水系
田代川　たしろがわ
岩手県・北上川水系
田代川　たしろがわ
宮城県・北上川水系〔1級〕
田代川　たしろがわ
秋田県・子吉川水系
田代川　たしろがわ
福島県・阿武隈川水系〔1級〕
田代川　たしろがわ
福島県・阿武隈川水系
田代川　たしろがわ
愛知県・矢作川水系〔1級〕
田代川　たしろがわ
三重県・木曾川水系〔1級〕
田代川　たしろがわ
滋賀県・淀川水系〔1級〕
田代川　たしろがわ
鳥取県・天神川水系〔1級〕
田代川　たしろがわ
山口県・錦川水系〔2級〕
田代川　たしろがわ
山口県・島田川水系〔2級〕
田代川　たしろがわ
福岡県・矢部川水系〔1級〕
田代川　たしろがわ
熊本県・広瀬川水系
田代川　たしろがわ
大分県・筑後川水系〔1級〕
田代川　たしろがわ
大分県・大野川水系〔1級〕
田代川　たしろがわ
大分県・番匠川水系〔1級〕
田代川《古》　たしろがわ
大分県・筑後川水系の野上川
田代川　たしろがわ
宮崎県・耳川水系〔2級〕
田代川　たしろがわ
鹿児島県・川内川水系〔1級〕
田代池　たしろいけ
長野県南安曇郡安曇村
田代沢　たしろざわ
秋田県・米代川水系
田代沢川　たしろざわがわ
新潟県・信濃川水系〔1級〕
田代沢川　たしろざわがわ
岐阜県・木曾川水系〔1級〕
田代谷川　たしろだにがわ
熊本県・菊池川水系
田付川　たずきがわ
福島県・阿賀野川水系〔1級〕
田出川　たでのがわ
高知県・渡川水系〔1級〕
田古里川　たごりがわ
佐賀県・田古里川水系〔2級〕
田古知川　たこちがわ
三重県・金沢川水系〔2級〕
田尻川　たじりがわ
宮城県・北上川水系〔1級〕
田尻川　たじりがわ
茨城県・田尻川水系
田尻川　たじりがわ
石川県・田尻川水系〔2級〕
田尻川　たじりがわ
愛知県・矢作川水系
田尻川　たじりがわ
大阪府・淀川水系〔1級〕
田尻川　たじりがわ
大阪府・田尻川水系〔2級〕
田尻川　たじりがわ
山口県・島田川水系〔2級〕
田尻川　たじりがわ
香川県・田尻川水系〔2級〕
田尻川　たじりがわ
大分県・大分川水系〔1級〕
田尻川　たじりがわ
宮崎県・大淀川水系
田布施川　たぶせがわ
山口県・田布施川水系〔2級〕

田平川　たひらがわ
熊本県・網田川水系
田平川　たびらがわ
鹿児島県・別府川水系〔2級〕
田打川　とうちがわ
広島県・芦田川水系〔1級〕
田打川　とうちがわ
広島県・芦田川水系
田母沢川　たもざわがわ
栃木県・利根川水系〔1級〕
6田光川　たびかがわ
三重県・朝明川水系〔2級〕
田光沼　たっぴぬま
青森県西津軽郡車力村
田光沼　たっぴぬま
青森県・岩木川水系
田名部川　たなぶがわ
青森県・田名部川水系〔2級〕
田名部川　たなぶがわ
岩手県・津軽石川水系
田地子川　たじこがわ
岡山県・旭川水系〔1級〕
田羽根川　たばねがわ
岡山県・旭川水系〔1級〕
7田別当川　たべっとうがわ
山口県・田万川水系〔2級〕
田別当川　たべっとうがわ
長崎県・川棚川水系〔2級〕
田君川　たきみがわ
兵庫県・岸田川水系〔2級〕
田坂川　たのさかがわ
愛媛県・肱川水系〔1級〕
田尾川　たおかわ
長崎県・田尾川水系〔2級〕
田尾原川　たおはらがわ
鹿児島県・川内川水系〔1級〕
田志川　たしがわ
長崎県・三根川水系〔2級〕
田村川　たむらがわ
山形県・最上川水系〔1級〕
田村川　たむらがわ
福井県・南川水系〔2級〕
田村川　たむらがわ
滋賀県・淀川水系〔1級〕
田沢　たざわ
静岡県・狩野川水系
田沢川　たざわがわ
北海道・田沢川水系〔2級〕
田沢川　たざわがわ
岩手県・久慈川水系〔2級〕
田沢川　たざわがわ
岩手県・久慈川水系
田沢川　たざわがわ
岩手県・北上川水系
田沢川　たざわがわ
宮城県・北上川水系〔1級〕
田沢川　たざわがわ
秋田県・雄物川水系〔1級〕
田沢川　たさわがわ
秋田県・子吉川水系〔1級〕
田沢川　たざわがわ
秋田県・米代川水系
田沢川　たざわがわ
山形県・最上川水系〔1級〕
田沢川　たざわがわ
山形県・赤川水系〔1級〕
田沢川　たざわがわ
山形県・荒川（新潟県・山形県）水系〔1級〕
田沢川　たざわがわ
山形県・最上川水系
田沢川　たざわがわ
福島県・阿武隈川水系〔1級〕
田沢川　たざわがわ
福島県・阿賀野川水系〔1級〕
田沢川　たざわがわ
福島県・阿賀野川水系
田沢川　たざわがわ
群馬県・利根川水系〔1級〕
田沢川　たざわがわ
新潟県・信濃川水系〔1級〕
田沢川　たざわがわ
新潟県・鯖石川水系〔2級〕
田沢川　たざわがわ
山梨県・富士川水系〔1級〕
田沢川　たざわがわ
長野県・天竜川水系〔1級〕
田沢川　たざわがわ
岐阜県・庄内川水系〔1級〕
田沢川　たざわがわ
静岡県・狩野川水系〔1級〕
田沢川　たざわがわ
静岡県・小土肥大川水系
田沢湖　たざわこ
秋田県・雄物川水系〔1級〕
田町川　たまちがわ
宮城県・北上川水系〔1級〕
田町川　たまちがわ
愛知県・豊川水系〔1級〕
田町川　たまちがわ
長崎県・田町川水系〔2級〕
田町川　たまちがわ
大分県・大野川水系〔1級〕
田谷川　たやがわ
岩手県・北上川水系〔1級〕

田谷川　たやがわ
京都府・由良川水系
田谷地沼　たやちぬま
宮城県加美郡小野田町
田麦川　たむぎがわ
岩手県・北上川水系
田麦川　たむぎがわ
山形県・赤川水系〔1級〕
田麦川　たむぎがわ
新潟県・関川水系〔1級〕
田麦平川　たむぎだいらがわ
新潟県・能生川水系〔2級〕
8田並川　たなみがわ
和歌山県・田並川水系〔2級〕
田垂川　たたれがわ
山梨県・富士川水系〔1級〕
田坪谷川　たつぼだにがわ
京都府・筒川水系
田房川　たぶさがわ
広島県・黒瀬川水系〔2級〕
田河川　たがわがわ
新潟県・信濃川水系〔1級〕
田河内川《別》　たがうちがわ
静岡県・天竜川水系の熊切川
田苗川　たなえがわ
愛媛県・肱川水系〔1級〕
田茂木川　たもぎがわ
岩手県・大川水系〔2級〕
田茂木川　たもぎがわ
岩手県・大川水系
田茂沢川　たもさわがわ
栃木県・利根川水系〔1級〕
9田屋川　たやがわ
新潟県・鵜川水系〔2級〕
田柄川　たがらがわ
岡山県・吉井川水系〔1級〕
田海ヶ池　たうみがいけ
新潟県青海町
田海川　とうみがわ
新潟県・田海川水系〔2級〕
田海川　たうみがわ
鹿児島県・川内川水系〔1級〕
田海道川　たかいどうがわ
三重県・田海道川水系〔2級〕
田津谷川　たずだにがわ
島根県・江の川水系〔1級〕
田津原川　たずはらがわ
広島県・黒瀬川水系
田籾川　たもみがわ
富山県・片貝川水系〔2級〕
田草川　たぐさがわ
山梨県・富士川水系〔1級〕
田草川　たぐさがわ
長野県・信濃川水系〔1級〕
田草川　たぐさがわ
広島県・江の川水系〔1級〕
田郎丸川　たろうまるがわ
熊本県・菊池川水系
田面川　たおもてがわ
岩手県・久慈川水系
田面木沼　たもぎぬま
青森県上北郡六ヶ所村
10田倉川　たくらがわ
福井県・九頭竜川水系〔1級〕
田原川　たわらがわ
石川県・米町川水系
田原川　たはらがわ
山梨県・富士川水系〔1級〕
田原川　たはらがわ
愛知県・矢作川水系
田原川　たわらがわ
京都府・淀川水系〔1級〕
田原川　たわらがわ
京都府・筒川水系〔2級〕
田原川　たわらがわ
奈良県・紀の川水系〔1級〕
田原川　たわらがわ
和歌山県・紀の川水系〔1級〕
田原川　たわらがわ
和歌山県・田原川水系〔2級〕
田原川　たばらがわ
島根県・三隅川水系〔2級〕
田原川　たわらがわ
島根県・江の川水系
田原川　たばらがわ
岡山県・笹ヶ瀬川水系〔2級〕
田原川　たわらがわ
広島県・江の川水系〔1級〕
田原川　たばるがわ
大分県・五ヶ瀬川水系〔1級〕
田原川　たばるがわ
宮崎県・五ヶ瀬川水系〔1級〕
田原川　たばるがわ
鹿児島県・田原川水系〔2級〕
田原川　たばるがわ
沖縄県・田原川水系
田宮川　たみやがわ
徳島県・吉野川水系〔1級〕
田宮川　たみやがわ
香川県・本津川水系〔2級〕
田宮川　たみやがわ
宮崎県・石崎川水系
田島川　たじまがわ
栃木県・利根川水系〔1級〕

田島川　たじまがわ
富山県・神通川水系〔1級〕
田島川　たのしまがわ
石川県・大野川水系〔2級〕
田島川　たのしまがわ
石川県・大野川水系
田島川　たじまがわ
福井県・九頭竜川水系〔1級〕
田島川　たじまがわ
長崎県・田島川水系〔2級〕
田島沢　たじまざわ
群馬県・利根川水系
田島沢川　たじまさわがわ
群馬県・利根川水系〔1級〕
田根川　たねがわ
滋賀県・淀川水系〔1級〕
田浦川　たうらがわ
青森県・田浦川水系
田浦川　たのうらがわ
熊本県・田浦川水系〔2級〕
田能川　たのがわ
大阪府・淀川水系〔1級〕
田高川　たたかがわ
千葉県・矢那川水系〔2級〕
田高沢川　ただかさわがわ
宮城県・名取川水系〔1級〕
11田宿川　たじゅくがわ
静岡県・富士川水系〔1級〕
田深川　たぶかがわ
大分県・田深川水系〔2級〕
田淵川　たぶちがわ
愛媛県・肱川水系〔1級〕
田淵川　たぶちがわ
熊本県・菊池川水系
田淵沼　たぶちぬま
北海道苫前町
田笛川　たぶえがわ
大分県・寄藻川水系〔2級〕
田貫川　たぬきがわ
鹿児島県・田貫川水系〔2級〕
田部川　たべがわ
岡山県・旭川水系〔1級〕
田部川　たべがわ
山口県・木屋川水系〔2級〕
田野上川　たのうえがわ
新潟県・名立川水系〔2級〕
田野川　たのがわ
茨城県・那珂川水系〔1級〕
田野川　たのがわ
茨城県・那珂川水系
田野川　たのがわ
京都府・由良川水系〔1級〕
田野川　たのがわ
山口県・阿武川水系〔2級〕
田野川　たのがわ
徳島県・立江川水系〔2級〕
田野川　たのがわ
大分県・五ヶ瀬川水系〔1級〕
田野川　たのがわ
宮崎県・一ツ瀬川水系〔2級〕
田野川川　たのかわがわ
高知県・渡川水系〔1級〕
田野尾川　たのおがわ
大分県・山国川水系〔1級〕
田野沢川　たのさわがわ
岩手県・北上川水系〔1級〕
田野浦川　たのうらがわ
高知県・田野浦川水系〔2級〕
田野浦川　たのうらがわ
高知県・田野浦川水系
田野々川　たののがわ
愛媛県・肱川水系〔1級〕
田野々川　たののがわ
高知県・渡川水系〔1級〕
田野々池　たののいけ
香川県・柞田川水系
田野新田川　たのしんでんがわ
佐賀県・田野新田川水系〔2級〕
田黒川　たぐろがわ
広島県・高梁川水系〔1級〕
12田渡川　たどがわ
愛媛県・肱川水系〔1級〕
田無川　たなしがわ
和歌山県・田無川水系〔2級〕
田結川　たゆいがわ
長崎県・田結川水系〔2級〕
田越川　たごえがわ
神奈川県・田越川水系〔2級〕
13田園川　でんえんがわ
山梨県・富士川水系〔1級〕
田園川　たぞのがわ
熊本県・菊池川水系
田路川　とうじがわ
兵庫県・円山川水系〔1級〕
田違川　たちがいがわ
岐阜県・木曾川水系〔1級〕
14田嘉里川　たかざとがわ
沖縄県・田嘉里川水系〔2級〕
田熊川　たぐまがわ
和歌山県・富田川水系〔2級〕
田総川　たぶさがわ
広島県・江の川水系〔1級〕
15田儀川　たぎがわ
島根県・田儀川水系〔2級〕

田導寺川　たどうじがわ
熊本県・田導寺川水系
田穂川　たほがわ
愛媛県・肱川水系〔1級〕
16田頭川　たがしらがわ
佐賀県・松浦川水系〔1級〕
田頭川　たどうがわ
熊本県・球磨川水系〔1級〕
田頭川　たどうがわ
熊本県・球磨川水系
田頭川放水路　たどうがわほうすいろ
熊本県・球磨川水系
田頼川　たよりがわ
島根県・斐伊川水系〔1級〕
17田螺沼　つぶぬま
秋田県湯沢市
21田鶴川　たずるがわ
岐阜県・木曾川水系〔1級〕
田鶴川《古》　たずるがわ
静岡県・狩野川水系の柿木川

【由】

4由仁川　ゆにがわ
北海道・石狩川水系〔1級〕
由仁石狩川　ゆにいしかりがわ
北海道・石狩川水系〔1級〕
由比川　ゆいがわ
静岡県・由比川水系〔2級〕
5由布川《別》　ゆふがわ
大分県・大分川水系の賀来川
6由宇川　ゆうがわ
山口県・由宇川水系〔2級〕
7由良川　ゆらがわ
北海道・石狩川水系〔1級〕
由良川　ゆらがわ
京都府・由良川水系〔1級〕
由良川　ゆらがわ
和歌山県・由良川水系〔2級〕
由良川　ゆらがわ
鳥取県・由良川水系〔2級〕
由良川　ゆらがわ
山口県・土路石川水系〔2級〕
由良谷川　ゆらだにがわ
滋賀県・淀川水系〔1級〕
由良谷川　ゆらだにがわ
和歌山県・有田川水系〔2級〕
由良野川　ゆらのがわ
愛媛県・仁淀川水系〔1級〕
9由津里川　ゆずりがわ
岡山県・旭川水系

【白】

白ヶ池川　しろがいけがわ
兵庫県・加古川水系〔1級〕
白ヶ谷川　しらがだにがわ
高知県・渡川水系
白ヶ浦川　しらがうらがわ
熊本県・白ヶ浦川水系
2白又川　しろまたがわ
長野県・天竜川水系〔1級〕
3白上川　しらかみがわ
島根県・高津川水系〔1級〕
白丸川　しろまるがわ
石川県・白丸川水系〔2級〕
白口川　しらくちがわ
兵庫県・市川水系〔2級〕
白土川　しろつちがわ
岩手県・北上川水系
白土川　しらつちがわ
熊本県・八枚戸川水系
白子川　しろこがわ
秋田県・雄物川水系〔1級〕
白子川　しらこがわ
福島県・久慈川水系〔1級〕
白子川　しらこがわ
福島県・久慈川水系
白子川　しらこがわ
東京都・荒川（東京都・埼玉県）水系〔1級〕
白小野川　しらおのがわ
熊本県・緑川水系〔1級〕
白山川　はくさんがわ
岐阜県・木曾川水系〔1級〕
白山川　しらやまがわ
愛知県・矢作川水系
白川　しらかわ
北海道・石狩川水系〔1級〕
白川　しらかわ
長野県・富士川水系〔1級〕
白川　しらかわ
長野県・木曾川水系〔1級〕
白川　しらかわ
岐阜県・木曾川水系〔1級〕
白川　しらかわ
静岡県・仁科川水系〔2級〕
白川　しらがわ
愛知県・音羽川水系〔2級〕
白川　しらかわ
愛知県・庄内川水系
白川　しらかわ
京都府・淀川水系〔1級〕
白川　しらかわ
福岡県・長峡川水系〔2級〕

白川　しらがわ
熊本県・白川水系〔1級〕
白川　しらかわ
宮崎県・川内川水系〔1級〕
白川又川　しらかわまたがわ
奈良県・新宮川水系〔1級〕
白川川　しろかわがわ
高知県・仁淀川水系〔1級〕
白川川　しろかわかわ
佐賀県・有田川水系〔2級〕
白川川　しらかわがわ
長崎県・多以良川水系〔2級〕
白川川　しらかわがわ
鹿児島県・川内川水系〔1級〕
白川谷川　しらかわだにがわ
徳島県・吉野川水系〔1級〕
4白井川　しらいがわ
北海道・石狩川水系〔1級〕
白井川　しらいかわ
北海道・尻別川水系〔1級〕
白井川　しらいがわ
北海道・余市川水系〔2級〕
白井川　しらいがわ
静岡県・萩間川水系〔2級〕
白井川　しらいがわ
高知県・渡川水系〔1級〕
白井沢川　しらいさわがわ
長野県・姫川水系〔1級〕
白井沢宮川　しらいさわみやがわ
山梨県・富士川水系〔1級〕
白井谷川　しらいたにがわ
山口県・佐波川水系〔1級〕
白井谷川　しろいたにがわ
山口県・阿武川水系〔2級〕
白井谷川　しらいだにがわ
徳島県・吉野川水系〔1級〕
白井谷川　しらいだにがわ
愛媛県・立間川水系〔2級〕
白太川　はかたがわ
広島県・芦田川水系〔1級〕
白戸川　しらとがわ
福島県・阿賀野川水系〔1級〕
白戸川　しらとがわ
栃木県・那珂川水系〔1級〕
白木川　しらきがわ
三重県・加茂川水系〔2級〕
白木川　しらきがわ
滋賀県・淀川水系〔1級〕
白木川　しらきがわ
福岡県・矢部川水系〔1級〕
白木川　しらきがわ
佐賀県・筑後川水系〔1級〕
白木川　しらきがわ
熊本県・菊池川水系〔1級〕
白木川　しらきがわ
熊本県・菊池川水系
白木川　しらきがわ
鹿児島県・川内川水系〔1級〕
白木沢川　しらきざわがわ
北海道・石狩川水系〔1級〕
白木谷川　しらきだにがわ
愛媛県・森川水系〔2級〕
白木谷川　しらきだにがわ
福岡県・筑後川水系〔1級〕
白木谷川　しらきだにがわ
熊本県・球磨川水系
白木河内川　しらきかわちがわ
熊本県・一町田川水系〔2級〕
白木河内川　しらきかわちがわ
熊本県・一町田川水系
白木原川　しらきばるがわ
大分県・安岐川水系〔2級〕
白比川　しるひがわ
沖縄県・白比川水系〔2級〕
白水川　しらみずがわ
北海道・石狩川水系〔1級〕
白水川　しろみずがわ
北海道・白水川水系〔2級〕
白水川　しろみずがわ
山形県・最上川水系〔1級〕
白水川　しらみがわ
鳥取県・日野川水系〔1級〕
白水川　しらみずがわ
岡山県・吉井川水系〔1級〕
白水川　しらみずがわ
山口県・厚東川水系〔2級〕
白水川　しらみずがわ
愛媛県・肱川水系〔1級〕
白水川　しらみずがわ
長崎県・白水川水系〔2級〕
白水川　はくすいがわ
熊本県・球磨川水系〔1級〕
白水川　はくすいがわ
熊本県・菊池川水系
白水川　しらみずがわ
大分県・筑後川水系〔1級〕
白水谷川　しらみずだにがわ
徳島県・吉野川水系〔1級〕
白水滝川　はくすいたきがわ
熊本県・球磨川水系〔1級〕
5白玉川　しらたまがわ
山形県・日向川水系〔2級〕
白田川　しらだがわ
静岡県・白田川水系〔2級〕

白田切川　しろたぎりがわ
新潟県・関川水系〔1級〕
白石川　しろいしがわ
岩手県・織笠川水系
白石川　しろいしがわ
宮城県・阿武隈川水系〔1級〕
白石川　しろいしがわ
福島県・阿武隈川水系
白石川　しらいしがわ
栃木県・利根川水系〔1級〕
白石川　しらいしがわ
岐阜県・木曾川水系〔1級〕
白石川　しろいしがわ
愛知県・矢作川水系
白石川　しらいしがわ
島根県・高津川水系〔1級〕
白石川　しろいしがわ
佐賀県・六角川水系〔1級〕
白石沢川　しらいしざわがわ
山形県・最上川水系〔1級〕
白石野川　しろいしのがわ
熊本県・緑川水系〔1級〕
白石湖　しらいしこ
三重県・船津川水系〔2級〕
6白光川　はっこうがわ
静岡県・大井川水系〔1級〕
白池　しらいけ
新潟県糸魚川市
白池川　しらいけがわ
岩手県・白池川水系
白池川　しらいけがわ
香川県・財田川水系〔2級〕
白糸川　しらいとがわ
京都府・由良川水系
白老川　しらおいがわ
北海道・白老川水系〔2級〕
7白坂川　しらさかがわ
香川県・白坂川水系〔2級〕
白沢　しらさわ
秋田県・雄物川水系
白沢川　しらさわがわ
岩手県・馬淵川水系〔1級〕
白沢川　しらさわがわ
福島県・阿賀野川水系〔1級〕
白沢川　しらさわがわ
群馬県・利根川水系〔1級〕
白沢川　しらさわがわ
山梨県・多摩川水系〔1級〕
白沢川　しらさわがわ
山梨県・富士川水系〔1級〕
白沢川　しらさわがわ
長野県・信濃川水系〔1級〕
白沢川　しらさわがわ
愛知県・庄内川水系
白沢川　しらさわがわ
徳島県・日和佐川水系〔2級〕
白見川　しろみがわ
石川県・大野川水系
白角川　しろつのがわ
島根県・江の川水系〔1級〕
白谷川　しらたにがわ
長野県・富士川水系〔1級〕
白谷川　しらたにがわ
長野県・木曾川水系〔1級〕
白谷川　しらたにがわ
岐阜県・木曾川水系〔1級〕
白谷川　しらたにがわ
滋賀県・淀川水系〔1級〕
白谷川《別》　しらたにがわ
滋賀県・淀川水系の八王寺川
白谷川　しろいたにがわ
鳥取県・日野川水系〔1級〕
白谷川　しらたにがわ
岡山県・高梁川水系〔1級〕
白谷川　しらたにがわ
愛媛県・肱川水系〔1級〕
白谷川　しらたにがわ
大分県・番匠川水系〔1級〕
8白坪川　しらつぼがわ
鳥取県・千代川水系〔1級〕
白岩川　しらいわがわ
福島県・阿武隈川水系〔1級〕
白岩川　しらいわがわ
福島県・夏井川水系〔2級〕
白岩川　しらいわがわ
富山県・白岩川水系〔2級〕
白岩川　しらいわがわ
熊本県・佐敷川水系
白岩川　しらいわがわ
熊本県・砂川水系
白府川　しらふがわ
新潟県・河内川水系〔2級〕
白河川　しらががわ
奈良県・大和川水系〔1級〕
白河内川　しろこうちがわ
山梨県・富士川水系〔1級〕
白沼　しろぬま
岩手県岩手郡雫石町
白沼　しらぬま
宮城県加美郡加美町
白狐川　びゃっこがわ
千葉県・白狐川水系〔2級〕
白金川　しろがねがわ
北海道・石狩川水系〔1級〕

9白弧沢川　びゃっこざわがわ
群馬県・利根川水系〔1級〕
白洲川　しらすがわ
熊本県・白洲川水系〔2級〕
白津川　しろつがわ
福島県・阿武隈川水系〔1級〕
白畑川　しらはたがわ
佐賀県・有浦川水系〔2級〕
白砂ヶ尾川　しらすがおがわ
宮崎県・清武川水系
白砂川　しらすながわ
群馬県・利根川水系〔1級〕
白砂川　しらすながわ
奈良県・淀川水系〔1級〕
白砂川　しらすながわ
大分県・堅来川水系〔2級〕
白神川　しらかみがわ
北海道・白神川水系
白神沢川　しらがみさわがわ
山形県・最上川水系
白草川　はくそうがわ
大分県・筑後川水系〔1級〕
10白倉又谷　しろくらまただに
奈良県・紀の川水系〔1級〕
白倉川　しらくらがわ
群馬県・利根川水系〔1級〕
白倉川　しらくらがわ
岐阜県・庄内川水系〔1級〕
白倉川　しらくらがわ
静岡県・天竜川水系
白倉谷　しろくらだに
奈良県・新宮川水系〔1級〕
白倉谷川　しらくらだにがわ
滋賀県・淀川水系〔1級〕
白根川　しらねがわ
栃木県・利根川水系〔1級〕
白根川　しらねがわ
山口県・木屋川水系〔2級〕
白根沢　しらねざわ
福島県・阿武隈川水系〔1級〕
白浜川　しらはまがわ
岩手県・白浜川水系
白浜川　しらはまがわ
愛知県・白浜川水系
白浪川　しらなみがわ
滋賀県・淀川水系〔1級〕
白竜川　はくりゅうがわ
熊本県・菊池川水系
白竜湖　はくりゅうこ
山形県南陽市
白馬大池　しろうまおおいけ
長野県北安曇郡小谷村
白馬川　しろうまがわ
石川県・御祓川水系
白高地沢　しらこうちざわ
新潟県・姫川水系〔1級〕
白鬼女川《古》　しろきめがわ
福井県・九頭竜川水系の日野川
11白猪谷川　しらいたにがわ
和歌山県・紀の川水系〔1級〕
白符川　しらふがわ
北海道・白符川水系〔2級〕
白符川　しらふがわ
北海道・白符川水系
白紫池　びゃくしいけ
宮崎県えびの市
白野川　しらのがわ
佐賀県・伊万里川水系〔2級〕
白雪川　しらゆきがわ
秋田県・白雪川水系〔2級〕
白鳥川　しらとりがわ
岩手県・馬淵川水系〔1級〕
白鳥川　しらとりがわ
岩手県・北上川水系〔1級〕
白鳥川　しらとりがわ
岩手県・北上川水系
白鳥川　しらとりがわ
滋賀県・淀川水系〔1級〕
白鳥川　しらとりがわ
宮崎県・川内川水系〔1級〕
白鹿川　びゃくらくがわ
熊本県・網津川水系
12白萩川　しらはぎがわ
富山県・早月川水系〔2級〕
白賀川　しらかがわ
岡山県・旭川水系〔1級〕
白賀谷川　しらがだにがわ
京都府・淀川水系
白道路川　はそうじがわ
京都府・由良川水系〔1級〕
白須川　しらすがわ
山口県・白須川水系〔2級〕
13白勢川　しらせがわ
新潟県・白勢川水系〔2級〕
白滝　しらたき
新潟県・戸地川水系
白滝川　しらたきがわ
岩手県・北上川水系
白滝川　しらたきがわ
新潟県・入川水系〔2級〕
白滝川　しらたきがわ
大分県・大分川水系〔1級〕
14白熊川　しろくまがわ
秋田県・雄物川水系

白銀川　しらがねがわ
福岡県・堂面川水系〔2級〕
白銀川放水路　しらがねがわほうすいろ
福岡県・堂面川水系〔2級〕
白髪川　しらががわ
岡山県・旭川水系〔1級〕
15白樺小谷川　しらかばこたにがわ
富山県・常願寺川水系〔1級〕
白樺谷川　しらかばだにがわ
富山県・常願寺川水系〔1級〕
白駒池　しらこまいけ
長野県南佐久郡八千穂村
19白瀬川　しらせがわ
新潟県・白瀬川水系〔2級〕
白瀬川　しらせがわ
兵庫県・武庫川水系
白瀬川　しらせがわ
沖縄県・白瀬川水系
22白鬚川　しろひげがわ
宮崎県・小丸川水系〔1級〕

【皿】

3皿山川　さらやまがわ
長崎県・川棚川水系〔2級〕
皿川　さらがわ
秋田県・雄物川水系〔1級〕
皿川　さらがわ
福井県・九頭竜川水系〔1級〕
皿川　さらがわ
長野県・信濃川水系〔1級〕
皿川　さらがわ
岡山県・吉井川水系〔1級〕
4皿木川　さらきがわ
愛媛県・仁淀川水系〔1級〕
7皿貝川　さらがいがわ
宮城県・北上川水系〔1級〕
8皿沼　さらぬま
山形県山形市
9皿屋谷川　さらやたにがわ
佐賀県・塩田川水系〔2級〕
皿津川　さらずがわ
新潟県・信濃川水系〔1級〕
11皿掛川　さらかけがわ
長野県・信濃川水系〔1級〕

【目】

3目久尻川　めくじりがわ
神奈川県・相模川水系〔1級〕
目川池　めがわいけ
滋賀県栗東町
4目木川　めきがわ
岡山県・旭川水系〔1級〕
目比川　むくいがわ
愛知県・日光川水系〔2級〕
5目代川　めしろがわ
長崎県・本明川水系〔1級〕
目玉川　めだまがわ
熊本県・目玉川水系〔2級〕
目田川　めたがわ
島根県・敬川水系〔2級〕
6目名川　めながわ
北海道・尻別川水系〔1級〕
目名川　めながわ
北海道・厚沢部川水系〔2級〕
目名川　めながわ
北海道・天野川水系〔2級〕
目名川　めながわ
青森県・田名部川水系〔2級〕
目名川　めながわ
岩手県・小本川水系
目名市川　めないちがわ
岩手県・馬淵川水系
目名沢の沼　めなざわのぬま
北海道上ノ国町
7目坂川　めさかがわ
兵庫県・円山川水系〔1級〕
8目附谷川　めつけだにがわ
石川県・手取川水系〔1級〕
9目洗川　めあらいがわ
群馬県・利根川水系〔1級〕
11目梨別九線川　めなしべつきゅうせんがわ
北海道・天塩川水系〔1級〕
目細川　めぼそがわ
熊本県・五ヶ瀬川水系
目黒川　めぐろがわ
東京都・目黒川水系〔2級〕
目黒川　めぐろがわ
岡山県・旭川水系〔1級〕
目黒川　めぐろがわ
愛媛県・渡川水系〔1級〕
目黒川　めぐろがわ
熊本県・隅田川水系
13目滝川　めたきがわ
青森県・目滝川水系〔2級〕
18目観音川　めかんのんがわ
新潟県・目観音川水系〔2級〕

【矢】

矢の川　やのがわ
高知県・蜷川水系〔2級〕
矢の川　やのがわ
高知県・蜷川水系
矢の沢川　やのさわがわ
群馬県・利根川水系〔1級〕

矢の沢川　やのさわがわ
長野県・信濃川水系〔1級〕
矢の沢川　やのさわがわ
長野県・天竜川水系〔1級〕
矢の森川　やのもりがわ
岩手県・北上川水系
矢ヶ内川　やがうちがわ
宮崎県・五ヶ瀬川水系〔1級〕
矢ヶ崎川　やがさきがわ
長野県・信濃川水系〔1級〕
矢ノ下川　やのしたがわ
群馬県・利根川水系〔1級〕
矢ノ川　やのがわ
三重県・矢ノ川水系〔2級〕
矢ノ川　やのがわ
岡山県・芦田川水系
矢ノ目川　やのめがわ
山形県・最上川水系
2矢入川　やいりがわ
島根県・斐伊川水系〔1級〕
矢八川　やはちがわ
愛知県・白浜川水系
矢又川　やまたがわ
栃木県・那珂川水系〔1級〕
3矢下川　やのしたがわ
群馬県・利根川水系
矢下川　やしたがわ
山梨県・富士川水系〔1級〕
矢下川　やおろしがわ
三重県・櫛田川水系
矢上川　やがみがわ
神奈川県・鶴見川水系〔1級〕
矢上川《別》　やかみがわ
島根県・江の川水系の濁川
矢久川　やきゅうがわ
長野県・信濃川水系〔1級〕
矢口川　やぐちがわ
山梨県・富士川水系〔1級〕
矢口川　やぐちがわ
広島県・太田川水系〔1級〕
矢大臣川　やだいじんがわ
福島県・夏井川水系
矢山川　ややまがわ
福岡県・長峡川水系〔2級〕
矢川　やがわ
新潟県・信濃川水系〔1級〕
矢川　やがわ
兵庫県・円山川水系〔1級〕
矢川　やがわ
広島県・高梁川水系〔1級〕
4矢井川　やいがわ
広島県・江の川水系〔1級〕
矢井川　やいがわ
山口県・佐波川水系〔1級〕
矢井賀川　やいががわ
高知県・矢井賀川水系〔2級〕
矢引川　やびきがわ
山形県・赤川水系〔1級〕
矢戸川　やどがわ
岐阜県・木曾川水系〔1級〕
矢戸川　やどがわ
愛知県・庄内川水系〔1級〕
矢戸川　やどがわ
愛知県・庄内川水系
矢文川　やぶみがわ
北海道・天塩川水系〔1級〕
矢木沢川　やぎさわがわ
群馬県・利根川水系〔1級〕
5矢代川　やしろがわ
新潟県・関川水系〔1級〕
矢出川　やでがわ
長野県・信濃川水系〔1級〕
矢出沢川　やでさわがわ
長野県・信濃川水系〔1級〕
矢尻川　やじりがわ
北海道・矢尻川水系〔2級〕
矢玉川　やだまがわ
山口県・矢玉川水系〔2級〕
矢田川　やだがわ
岩手県・閉伊川水系
矢田川　やだがわ
福島県・藤原川水系〔2級〕
矢田川　やだがわ
群馬県・利根川水系〔1級〕
矢田川　やだがわ
石川県・米町川水系
矢田川　やだがわ
愛知県・庄内川水系〔1級〕
矢田川　やだがわ
愛知県・矢田川水系〔2級〕
矢田川　やだがわ
愛知県・豊川水系
矢田川　やだがわ
三重県・淀川水系〔1級〕
矢田川　やだがわ
兵庫県・矢田川水系〔2級〕
矢田川　やだがわ
和歌山県・日高川水系〔2級〕
矢田川放水路　やだがわほうすいろ
三重県・淀川水系〔1級〕
矢田部川　やたべがわ
兵庫県・市川水系〔2級〕
矢目田川　やめたがわ
山形県・最上川水系

矢立川　やたてがわ
宮崎県・一ツ瀬川水系〔2級〕
6矢合川　やごうがわ
三重県・三滝川水系〔2級〕
矢多田川　やただがわ
広島県・芦田川水系〔1級〕
7矢作川　やはぎがわ
岩手県・気仙川水系〔2級〕
矢作川　やはぎがわ
茨城県・利根川水系〔1級〕
矢作川　やはぎがわ
長野県, 岐阜県, 愛知県・矢作川水系〔1級〕
矢作古川　やはぎふるがわ
愛知県・矢作川水系〔1級〕
矢形川　やかたがわ
熊本県・緑川水系〔1級〕
矢村沢川　やむらさわがわ
長野県・天竜川水系〔1級〕
矢沢川　やざわがわ
山形県・最上川水系〔1級〕
矢沢川　やざわがわ
栃木県・那珂川水系〔1級〕
矢沢川　やざわがわ
群馬県・利根川水系〔1級〕
矢沢川　やざわがわ
山梨県・富士川水系〔1級〕
矢沢川　やざわがわ
長野県・信濃川水系〔1級〕
矢谷川　やたにがわ
三重県・淀川水系〔1級〕
矢谷川　やたにがわ
奈良県・淀川水系〔1級〕
矢谷川　やたにがわ
島根県・江の川水系〔1級〕
矢谷川　やたにがわ
岡山県・吉井川水系〔1級〕
矢谷川　やたにがわ
熊本県・緑川水系
矢谷谷川　やだにだにがわ
京都府・淀川水系
矢那川　やながわ
千葉県・矢那川水系〔2級〕
8矢取川　やとりがわ
愛媛県・重信川水系〔1級〕
矢坪川　やつぼがわ
宮城県・鳴瀬川水系〔1級〕
矢武川　やぶがわ
福島県・阿武隈川水系〔1級〕
矢波川　やなみがわ
富山県・小矢部川水系〔1級〕
矢迫川　やさこがわ
広島県・江の川水系

9矢柱川　やばしらがわ
山口県・阿武川水系〔2級〕
矢柄川　やがらがわ
新潟県・矢柄川水系〔2級〕
矢津川　やずがわ
新潟県・信濃川水系〔1級〕
矢津川　やずがわ
三重県・阪内川水系〔2級〕
矢畑川　やばたがわ
京都府・竹野川水系
矢矧川《別》　やはぎがわ
長野県, 愛知県, 岐阜県･矢作川水系の矢作川
矢矧川　やはぎがわ
福岡県・矢矧川水系〔2級〕
矢矧沢川　やはぎざわがわ
北海道・湧別川水系〔1級〕
矢神川　やがみがわ
岩手県・米代川水系〔1級〕
矢神川　やがみがわ
秋田県・雄物川水系
矢送川　やおくりがわ
鳥取県・天神川水系〔1級〕
10矢倉川　やくらがわ
三重県・新宮川水系〔1級〕
矢倉川　やぐらがわ
滋賀県・淀川水系〔1級〕
矢倉川　やぐらがわ
大分県・大野川水系〔1級〕
矢原川　やはらがわ
島根県・三隅川水系〔2級〕
矢島川　やしまがわ
秋田県・雄物川水系〔1級〕
矢高川　やだかがわ
愛知県・豊川水系
11矢崎川　やざきがわ
山梨県・富士川水系〔1級〕
矢崎川　やざきがわ
愛知県・矢崎川水系〔2級〕
矢祭川　やまつりがわ
福島県・久慈川水系〔1級〕
矢部川　やべがわ
福岡県・矢部川水系〔1級〕
矢部谷川　やべだにがわ
熊本県・菊池川水系
矢野川　やのがわ
兵庫県・千種川水系〔2級〕
矢野川　やのがわ
岡山県・旭川水系〔1級〕
矢野川　やのがわ
広島県・矢野川水系〔2級〕
矢野沢川　やのさわがわ
北海道・石狩川水系〔1級〕

矢黒川　やぐろがわ
熊本県・球磨川水系
12矢勝川　やがちがわ
愛知県・阿久比川水系〔2級〕
矢場川　やばがわ
群馬県・利根川水系〔1級〕
矢答川　やごたえがわ
熊本県・矢答川水系
矢筈川　やはずがわ
長野県・天竜川水系〔1級〕
矢筈川　やはずがわ
鳥取県・勝田川水系〔2級〕
矢筈谷川　やはずだにがわ
高知県・奈半利川水系〔2級〕
矢落川　やおちがわ
愛媛県・肱川水系〔1級〕
矢賀川　やがかわ
広島県・江の川水系〔1級〕
矢越川　やごしがわ
宮崎県・大淀川水系
矢道川　やみちがわ
岐阜県・木曾川水系〔1級〕
14矢熊川　やぐまがわ
広島県・芦田川水系〔1級〕
矢駄川　やだがわ
石川県・米町川水系
矢駄川《別》　やだがわ
石川県・米町川水系の安津見川
17矢矯川　やはぎがわ
山口県・有帆川水系〔2級〕
18矢櫃川　やびつがわ
岩手県・北上川水系〔1級〕
19矢瀬川　やせがわ
大分県・筑後川水系〔1級〕
20矢護川　やごがわ
熊本県・菊池川水系〔1級〕

【石】

石の久保川　いしのくぼがわ
愛媛県・石の久保川水系〔2級〕
石の前川　いしのまえがわ
岡山県・吉井川水系
石の隈川　いしのくまがわ
京都府・由良川水系
石ふみ川　いしふみがわ
愛知県・今池川水系
石ガタ沼　いしがたぬま
岩手県岩手郡松尾村
石ヶ谷川　いしがたにがわ
島根県・高津川水系
石ヶ鼻川　いしがはながわ
広島県・野呂川水系
石ヶ瀬川　いしがせがわ
愛知県・境川水系〔2級〕
石ノ尾川　いしのおがわ
熊本県・菊池川水系
3石上川　いそのかみがわ
奈良県・大和川水系〔1級〕
石丸川　いしまるがわ
熊本県・球磨川水系
石丸川　いしまるがわ
大分県・桂川水系〔2級〕
石子沢川　いしこざわがわ
山形県・最上川水系〔1級〕
石子谷川　いしこだにがわ
和歌山県・有田川水系〔2級〕
石小川　いしこがわ
鹿児島県・川内川水系〔1級〕
石小屋沢川　いしごやざわがわ
山梨県・富士川水系〔1級〕
石山川　いしやまがわ
北海道・石狩川水系〔1級〕
石川　いしかわ
北海道・常盤川水系〔2級〕
石川　いしかわ
北海道・常盤川水系
石川　いしがわ
新潟県・鯖石川水系〔2級〕
石川　いしがわ
新潟県・石川水系〔2級〕
石川《古》　いしがわ
石川県・犀川水系の犀川
石川　いしがわ
愛知県・石川水系〔2級〕
石川　いしかわ
愛知県・石川水系
石川　いしかわ
大阪府・大和川水系〔1級〕
石川《別》　いしがわ
島根県・高津川水系の匹見川
石川川　いしかわがわ
茨城県・那珂川水系〔1級〕
石川川　いしかわがわ
茨城県・那珂川水系
石川川　いしかわがわ
新潟県・加治川水系〔2級〕
石川川　いしかわがわ
広島県・芦田川水系〔1級〕
石川川　いしかわがわ
沖縄県・石川川水系〔2級〕
4石井川　いしいがわ
兵庫県・新湊川水系〔2級〕
石井川　いしいがわ
大分県・犬丸川水系〔2級〕

石井谷川　いしいだにがわ
鳥取県・千代川水系〔1級〕
石内川　いしうちがわ
広島県・八幡川水系〔2級〕
石内川　いしうちがわ
愛媛県・渡川水系〔1級〕
石切川　いしきりがわ
北海道・網走川水系〔1級〕
石切川　いしきりがわ
静岡県・天竜川水系〔1級〕
石引川　いしびきがわ
愛媛県・来村川水系〔2級〕
石戸川　いしどがわ
新潟県・阿賀野川水系〔1級〕
石戸川　いしどがわ
兵庫県・加古川水系〔1級〕
石手川　いしてがわ
愛媛県・重信川水系〔1級〕
石木川　いしきがわ
長崎県・川棚川水系〔2級〕
石木津川　いしきずかわ
佐賀県・石木津川水系〔2級〕
5石打川《別》　いしうちがわ
静岡県・天竜川水系の横山川
石打川　いしうちがわ
三重県・淀川水系〔1級〕
石打川　いしうちがわ
大分県・番匠川水系〔1級〕
石打谷川　いしうちだにがわ
宮崎県・耳川水系〔2級〕
石氷川　いしごおりがわ
宮崎県・大淀川水系〔1級〕
石用川　いしゅうがわ
大分県・大野川水系〔1級〕
石田川　いしだがわ
北海道・石狩川水系〔1級〕
石田川　いしだがわ
山形県・日向川水系〔2級〕
石田川　いしだがわ
福島県・阿武隈川水系〔1級〕
石田川　いしだがわ
群馬県・利根川水系〔1級〕
石田川　いしだがわ
新潟県・信濃川水系〔1級〕
石田川　いしだがわ
新潟県・石田川水系〔2級〕
石田川　いしだがわ
福井県・九頭竜川水系〔1級〕
石田川　いしだがわ
岐阜県・木曾川水系〔1級〕
石田川　いしだがわ
愛知県・猿渡川水系〔2級〕
石田川　いしだがわ
愛知県・石田川水系
石田川《古》　いしだがわ
三重県・岩田川水系の岩田川
石田川　いしだがわ
滋賀県・淀川水系〔1級〕
石田川　いしだがわ
大阪府・淀川水系〔1級〕
石田川　いしだがわ
島根県・三隅川水系〔2級〕
石田川　いしだがわ
愛媛県・渡川水系〔1級〕
石田川　いしだがわ
高知県・仁淀川水系〔1級〕
石田川　いしだがわ
佐賀県・石田川水系〔2級〕
石田川　いしだがわ
宮崎県・沖田川水系〔2級〕
石田谷川　いしだたにがわ
岡山県・高梁川水系
石穴川　いしあながわ
新潟県・信濃川水系〔1級〕
6石仮戸沢　いしけどざわ
秋田県・雄物川水系〔1級〕
石光川　いしみつがわ
山口県・島田川水系〔2級〕
石合川　いしあいがわ
山梨県・富士川水系〔1級〕
石名川　いしながわ
新潟県・石名川水系〔2級〕
石名坂川　いしなざかがわ
山形県・最上川水系〔1級〕
石地川　いしじがわ
新潟県・信濃川水系〔1級〕
石地川　いしじがわ
新潟県・石地川水系〔2級〕
7石体川　しゃくたいがわ
佐賀県・嘉瀬川水系〔1級〕
石坂川　いしざかがわ
山口県・椹野川水系〔2級〕
石坂川　いしざかがわ
鹿児島県・天降川水系〔2級〕
石床川　いしとこがわ
愛媛県・井関川水系〔2級〕
石村川　いしむらがわ
熊本県・菊池川水系〔1級〕
石村川　いしむらがわ
熊本県・菊池川水系
石沢《古》　いしざわ
静岡県・富士川水系の弓沢川
石沢川　いしざわがわ
岩手県・北上川水系〔1級〕

石沢川　いしざわがわ
秋田県・子吉川水系〔1級〕
石沢川　いしざわがわ
静岡県・興津川水系〔2級〕
石禿川　いしはげがわ
秋田県・白雪川水系
石花川　いしげがわ
新潟県・石花川水系〔2級〕
石見川　いしみがわ
栃木県・利根川水系〔1級〕
石見川　いしみがわ
大阪府・大和川水系〔1級〕
石見川　いわみがわ
鳥取県・日野川水系〔1級〕
石見川　いしみがわ
徳島県・立江川水系〔2級〕
石見川　いしみがわ
高知県・仁淀川水系〔1級〕
石谷川　いしたにがわ
島根県・高津川水系〔1級〕
石谷川　いしだにがわ
岡山県・石谷川水系〔2級〕
石谷川　いしたにがわ
鹿児島県・神之川水系〔2級〕
石貝川　いしかいがわ
宮城県・北上川水系〔1級〕
8石並川　いしなみがわ
宮崎県・石並川水系〔2級〕
石和川　いさわがわ
兵庫県・円山川水系〔1級〕
石松川　いしまつがわ
大分県・筑後川水系〔1級〕
石沼　いしぬま
岩手県胆沢郡胆沢町
石油沢川　せきゆざわがわ
北海道・石狩川水系〔1級〕
石油沢川　せきゆざわがわ
北海道・厚真川水系
石空川　いしうとうがわ
山梨県・富士川水系〔1級〕
石突川　いしずきがわ
長野県・信濃川水系〔1級〕
石迫川　いしさこがわ
愛媛県・渡川水系〔1級〕
9石垣川　いしがきがわ
鹿児島県・石垣川水系〔2級〕
石垣新川川　いしがきあらかわがわ
沖縄県・石垣新川川水系〔2級〕
石城川　せきじょうがわ
大分県・大分川水系〔1級〕
石屋川　いしやがわ
兵庫県・石屋川水系〔2級〕
石持沢川　いしもちざわがわ
岩手県・北上川水系
石津川　いしずがわ
大阪府・石津川水系〔2級〕
石洞川《別》　いしうとうがわ
山梨県・富士川水系の石空川
石狩川　いしかりがわ
北海道・石狩川水系〔1級〕
石狩別川　いしかりべつがわ
北海道・釧路川水系
石狩放水路　いしかりほうすいろ
北海道・石狩川水系〔1級〕
石畑川　いしばたがわ
山梨県・富士川水系〔1級〕
石畑川　いしばたがわ
岐阜県・木曾川水系〔1級〕
石神川　いしがみがわ
千葉県・利根川水系〔1級〕
石神川　いしがみがわ
愛知県・尺地川水系
石神川　いしかみがわ
愛知県・矢作川水系
石神川　いしがみがわ
山口県・石神川水系〔2級〕
石神川　いしがみがわ
愛媛県・肱川水系〔1級〕
石神井川　しゃくじいがわ
東京都・荒川（東京都・埼玉県）水系〔1級〕
石神谷川　いしかみだにがわ
徳島県・吉野川水系〔1級〕
石風呂川　いしぶろがわ
香川県・番屋川水系〔2級〕
石風呂川　いしぶろがわ
愛媛県・石風呂川水系〔2級〕
石飛川　いしとびがわ
愛知県・矢作川水系
石飛川　いしとびがわ
熊本県・菜切川水系
10石原川　いしはらがわ
新潟県・信濃川水系〔1級〕
石原川　いしはらがわ
愛知県・庄内川水系
石原川　いしはらがわ
滋賀県・淀川水系〔1級〕
石原川　いしはらがわ
京都府・竹野川水系
石原川　いしはらがわ
広島県・沼田川水系
石原川　いしはらがわ
佐賀県・六角川水系〔1級〕
石原川　いしはらがわ
宮崎県・広渡川水系〔2級〕

石原川　いしはらがわ
宮崎県・広渡川水系
石根川　いしねがわ
愛知県・境川水系
石烏蘇川　いしうそがわ
熊本県・五ヶ瀬川水系
石脇川　いしわきがわ
静岡県・瀬戸川水系〔2級〕
石脇川　いしわきがわ
鳥取県・石脇川水系〔2級〕
石莚川　いしむしろがわ
福島県・阿武隈川水系〔1級〕
石釜沢　いしがまざわ
青森県・野牛川水系〔2級〕
石馬寺川　いしばじがわ
滋賀県・淀川水系〔1級〕
11石堂川　いしどうがわ
長野県・信濃川水系〔1級〕
石寄川　いしよりがわ
岡山県・旭川水系〔1級〕
石崎川　いしざきがわ
北海道・石崎川水系〔2級〕
石崎川　いしざきがわ
神奈川県・帷子川水系〔2級〕
石崎川　いしざきがわ
宮崎県・石崎川水系〔2級〕
石船川　いしふねがわ
和歌山県・富田川水系〔2級〕
石部川　いしべがわ
京都府・淀川水系〔1級〕
石部川　いしべがわ
大分県・石部川水系〔2級〕
石黒川　いしぐろがわ
新潟県・鯖石川水系〔2級〕
石黒沢　いしぐろざわ
秋田県・雄物川水系〔1級〕
石黒沢　いしぐろざわ
新潟県・荒川（新潟県・山形県）水系
12石割川　いしわりがわ
富山県・白岩川水系〔2級〕
石割川　いしわりがわ
奈良県・淀川水系〔1級〕
石場川　いしばがわ
三重県・鈴鹿川水系〔1級〕
石塚川　いしずかがわ
石川県・二宮川水系〔2級〕
石渡川　いしわたりがわ
北海道・石狩川水系〔1級〕
石畳川　いしだたみがわ
熊本県・菊池川水系
石間川　いさまがわ
埼玉県・荒川（東京都・埼玉県）水系〔1級〕
13石滝川　いしだきがわ
山形県・荒川（新潟県・山形県）水系〔1級〕
石節池　いしぶしいけ
滋賀県甲賀町
石詰川　いしずめがわ
京都府・淀川水系〔1級〕
石跳川　いしとびがわ
山形県・最上川水系
14石踊川　いしおどりがわ
鹿児島県・久保田川水系〔2級〕
15石徹白川　いとしろがわ
岐阜県・九頭竜川水系〔1級〕
石澄川　いしずみがわ
大阪府・淀川水系〔1級〕
石蔵川　いしくらがわ
岩手県・北上川水系
16石橋川　いしばしがわ
岩手県・盛川水系
石橋川　いしばしがわ
山梨県・富士川水系〔1級〕
石橋川　いしばしがわ
愛知県・猿渡川水系
石橋川　いしばしがわ
高知県・仁淀川水系〔1級〕
石橋川　いしばしがわ
熊本県・呑崎水路水系
石橋川　いしばしがわ
鹿児島県・石橋川水系〔2級〕
19石瀬戸川　いしせとがわ
宮崎県・大淀川水系〔1級〕

【礼】

4礼文内川　れぶんないがわ
北海道・十勝川水系〔1級〕
礼文華川　れぶんげがわ
北海道・礼文華川水系〔2級〕
7礼作別川　れいさくべつがわ
北海道・十勝川水系〔1級〕

【穴】

穴の川　あなのがわ
北海道・石狩川水系〔1級〕
穴の川放水路　あなのがわほうすいろ
北海道・石狩川水系〔1級〕
穴の沢　あなのさわ
岩手県・閉伊川水系
3穴口川　あなくちがわ
滋賀県・淀川水系〔1級〕
穴川　あながわ
宮城県・高城川水系〔2級〕
穴川　あながわ
鹿児島県・川内川水系〔1級〕

4穴内川　あなないがわ
高知県・吉野川水系〔1級〕
穴内川　あなないがわ
高知県・穴内川水系〔2級〕
穴水川　あなみずがわ
宮崎県・大淀川水系〔1級〕
5穴田川　あなだがわ
福井県・九頭竜川水系〔1級〕
6穴伏川　あなぶしがわ
和歌山県・紀の川水系〔1級〕
穴虫川　あなむしがわ
奈良県・淀川水系〔1級〕
7穴吹川　あなぶきがわ
徳島県・吉野川水系〔1級〕
穴沢川　あなざわがわ
福島県・阿賀野川水系〔1級〕
穴沢川　あなざわがわ
長野県・信濃川水系〔1級〕
穴沢川　あなざわがわ
長野県・天竜川水系〔1級〕
穴見川　あなみがわ
兵庫県・円山川水系〔1級〕
8穴岩川　あないわがわ
高知県・仁淀川水系〔1級〕
9穴神川　あながみがわ
愛媛県・肱川水系〔1級〕
10穴倉川　あなくらがわ
三重県・安濃川水系〔2級〕
11穴笠川　あながさがわ
広島県・江の川水系〔1級〕
12穴塚川　あなずかがわ
山形県・最上川水系〔1級〕
穴無沢川　あななしざわがわ
山形県・赤川水系〔1級〕
19穴瀬谷川　あなぜだにがわ
徳島県・海部川水系〔2級〕

【立】

立の沢川　たつのさわがわ
群馬県・利根川水系〔1級〕
3立丸沢　たつまるさわ
岩手県・閉伊川水系
立小野川　たちおのがわ
大分県・大野川水系〔1級〕
立小野川　たちおのがわ
鹿児島県・肝属川水系〔1級〕
立山川　たてやまがわ
富山県・早月川水系〔2級〕
立山川　たてやまがわ
愛媛県・肱川水系〔1級〕
立川　たてかわ
秋田県・雄物川水系〔1級〕
立川　たつかわ
徳島県・勝浦川水系〔2級〕
立川　たつかわ
香川県・財田川水系〔2級〕
立川　たつかわ
佐賀県・立川水系〔2級〕
立川　たちがわ
熊本県・球磨川水系
立川川　たちかわがわ
三重県・雲出川水系〔1級〕
立川川　たちかわがわ
高知県・吉野川水系〔1級〕
立川川　たつがわがわ
佐賀県・松浦川水系〔1級〕
4立戸川　たてどがわ
島根県・高津川水系〔1級〕
立牛川　たつうしがわ
北海道・渚滑川水系〔1級〕
5立田川　たつたがわ
福島県・阿武隈川水系〔1級〕
立田川　たつたがわ
福島県・地蔵川水系〔2級〕
立田川　たつたがわ
山口県・立田川水系〔2級〕
立目川　たちめがわ
山口県・沖田川水系〔2級〕
立石川　たていしがわ
福島県・阿武隈川水系
立石川　たていしがわ
新潟県・相場川水系〔2級〕
立石川　たていしがわ
山口県・佐波川水系〔1級〕
立石川　たていしがわ
愛媛県・肱川水系〔1級〕
立石川　たていしがわ
愛媛県・渡川水系〔1級〕
立石川　たていしがわ
高知県・立石川水系〔2級〕
立石川　たていしがわ
佐賀県・六角川水系〔1級〕
立石川　たていしがわ
大分県・八坂川水系〔2級〕
立石池　たていしのいけ
大分県湯布院町
立石谷川　たていしだにがわ
徳島県・吉野川水系〔1級〕
6立会川　たちあいがわ
東京都・立会川水系〔2級〕
立合川　たちあいがわ
和歌山県・古座川水系〔2級〕
立江川　たつえがわ
徳島県・立江川水系〔2級〕

7立沢川　たちざわがわ
岩手県・北上川水系
立沢川　たつざわがわ
群馬県・利根川水系〔1級〕
立沢川　たつざわがわ
静岡県・鮎沢川水系〔2級〕
立花川　たちばながわ
熊本県・呑崎水路水系
立花谷川　たちばなたにがわ
高知県・下ノ加江川水系〔2級〕
立見川　たちみがわ
鳥取県・天神川水系〔1級〕
立谷川　たちやがわ
山形県・最上川水系〔1級〕
立谷川　たちやがわ
福島県・日下石川水系〔2級〕
立谷沢川　たちやざわがわ
山形県・最上川水系〔1級〕
8立岩川　たていわがわ
愛媛県・立岩川水系〔2級〕
立河内川　たちごうちがわ
島根県・高津川水系〔1級〕
9立保川　たちぼがわ
静岡県・立保川水系〔2級〕
立屋谷川　たちやだにがわ
石川県・手取川水系〔1級〕
立神川　たてがみがわ
鹿児島県・万之瀬川水系〔2級〕
10立根川　たつこんがわ
岩手県・盛川水系〔2級〕
11立堀川　たつほりがわ
宮城県・鳴瀬川水系〔1級〕
立野川　たてのがわ
宮城県・名取川水系〔1級〕
立野川　たちのがわ
山口県・阿武川水系〔2級〕
立野川　たつのがわ
愛媛県・重信川水系〔1級〕
立野川　たつのがわ
高知県・仁淀川水系〔1級〕
立野川　たつのがわ
熊本県・球磨川水系
立野池　たちのいけ
岐阜県海津市
12立場川　たつばがわ
長野県・富士川水系〔1級〕
立場谷川　たちばだにがわ
愛媛県・森川水系〔2級〕
立間川　たてまがわ
新潟県・立間川水系〔2級〕
立間川　たてまがわ
愛媛県・立間川水系〔2級〕
立間尻川　たつまじりがわ
愛媛県・立間尻川水系〔2級〕
13立福寺川　りゅうふくじがわ
熊本県・坪井川水系〔2級〕

【込】

5込田川　こみだがわ
滋賀県・淀川水系〔1級〕

【辻】

辻の堂川　つじのどうがわ
宮崎県・大淀川水系〔1級〕
2辻又川　つじまたがわ
新潟県・信濃川水系〔1級〕
3辻川　つじがわ
新潟県・信濃川水系〔1級〕
辻川　つじがわ
兵庫県・加古川水系〔1級〕
辻川　つじがわ
熊本県・球磨川水系
7辻村川　つじむらがわ
京都府・由良川水系
10辻倉沼　つじくらぬま
宮城県小野田町

【辺】

1辺乙部川　ぺおっぺがわ
北海道・天塩川水系〔1級〕
3辺川　へがわ
和歌山県・南部川水系〔2級〕
辺川　へがわ
徳島県・那賀川水系〔1級〕
辺川川　へがわがわ
徳島県・牟岐川水系〔2級〕
5辺母木川　へぼきがわ
鹿児島県・川内川水系〔1級〕
辺田目川　へためがわ
熊本県・網田川水系
7辺別川　べべつがわ
北海道・石狩川水系〔1級〕
辺呂川　へんろがわ
富山県・神通川水系〔1級〕
9辺春川　へばるがわ
福岡県・矢部川水系〔1級〕
11辺渓川　ぺんけがわ
北海道・石狩川水系〔1級〕
辺訪川　べぼうがわ
北海道・三石川水系
辺野喜川　べのきがわ
沖縄県・辺野喜川水系〔2級〕

6 画

【両】

5両石川　りょういしがわ
岩手県・両石川水系

7両尾川　むろおがわ
新潟県・両尾川水系〔2級〕

8両併川　りょうへいがわ
熊本県・白川水系〔1級〕

9両前寺川　りょうぜんじがわ
秋田県・阿部堂川水系

10両宮川　りょうぐうがわ
岡山県・旭川水系〔1級〕

12両満川　りょうまんがわ
岐阜県・木曾川水系〔1級〕

14両総用水　りょうそうようすい
千葉県・栗山川水系

【亥】

亥の谷川　いのたにがわ
兵庫県・武庫川水系〔2級〕

6亥向谷川　いむかいだにがわ
福井県・九頭竜川水系〔1級〕

【伊】

3伊万里川　いまりがわ
佐賀県・伊万里川水系〔2級〕

伊与川　いよがわ
高知県・新川川水系

伊与戸川　いよとがわ
福島県・阿賀野川水系〔1級〕

伊与木川　いよきがわ
高知県・伊与木川水系〔2級〕

伊与野川　いよのがわ
高知県・伊与野川水系〔2級〕

伊与喜川　いよきがわ
高知県・伊与木川水系〔2級〕

伊久美川　いくみがわ
静岡県・大井川水系〔1級〕

伊久留川　いくるがわ
石川県・二宮川水系〔2級〕

伊川　いがわ
兵庫県・明石川水系〔2級〕

伊川《古》　いがわ
愛媛県・重信川水系の重信川

4伊丹川　いたみがわ
兵庫県・淀川水系〔1級〕

伊予谷川　いよだにがわ
広島県・江の川水系

伊太沢川《古》　いたさわがわ
静岡県・大井川水系の伊太谷川

伊太谷川　いたやがわ
静岡県・大井川水系〔1級〕

伊手川　いでがわ
岩手県・北上川水系〔1級〕

伊手川　いでがわ
岩手県・北上川水系

伊手川　いでがわ
宮城県・阿武隈川水系〔1級〕

伊方大川　いかたおおかわ
愛媛県・伊方大川水系〔2級〕

伊方川　いかたがわ
福岡県・遠賀川水系〔1級〕

伊方新川　いかたしんかわ
愛媛県・伊方新川水系〔2級〕

伊月谷川　いつきだにがわ
徳島県・吉野川水系〔1級〕

伊木力川　いきりきがわ
長崎県・伊木力川水系〔2級〕

伊比井川　いびいがわ
宮崎県・伊比井川水系〔2級〕

伊毛川　いもうがわ
山口県・神田川水系〔2級〕

5伊古木川　いこぎがわ
和歌山県・伊古木川水系〔2級〕

伊台川　いだいがわ
愛媛県・重信川水系〔1級〕

伊平川《別》　いだいらがわ
静岡県・都田川水系の井伊谷川

伊甘川《別》　いかんがわ
島根県・下府川水系の下府川

伊田川　いだがわ
新潟県・信濃川水系〔1級〕

伊田川　いだがわ
山口県・錦川水系〔2級〕

伊田川　いだがわ
高知県・伊田川水系〔2級〕

伊由谷川　いゆだにがわ
兵庫県・円山川水系〔1級〕

6伊自良川　いじらがわ
岐阜県・木曾川水系〔1級〕

7伊串川　いぐしがわ
和歌山県・伊串川水系〔2級〕

伊佐の川　いさのがわ
和歌山県・日高川水系〔2級〕

伊佐ノ浦川　いさのうらがわ
長崎県・伊佐ノ浦川水系〔2級〕

伊佐川　いさがわ
島根県・神戸川水系〔2級〕

伊佐川　いさがわ
山口県・厚狭川水系〔2級〕

伊佐布川《別》　いさぶがわ
静岡県・庵原川水系の庵原川
伊佐地川　いさじがわ
静岡県・都田川水系〔2級〕
伊佐々川《古》　いさざがわ
茨城県・利根川水系の桜川
伊佐々川　いさざがわ
滋賀県・淀川水系〔1級〕
伊佐々川放水路　いささがわほうすいろ
滋賀県・淀川水系〔1級〕
伊佐沼　いさぬま
埼玉県川越市
伊佐津川　いさずがわ
京都府・伊佐津川水系〔2級〕
伊作川　いざくがわ
鹿児島県・伊作川水系〔2級〕
伊呂波川　いろはがわ
大分県・伊呂波川水系〔2級〕
伊尾木川　いおきがわ
高知県・伊尾木川水系〔2級〕
伊岐佐川　いきさがわ
佐賀県・松浦川水系〔1級〕
伊志見川　いしみがわ
島根県・斐伊川水系〔1級〕
伊志見谷川　いしみだにがわ
島根県・斐伊川水系
伊沢川　いざわがわ
長野県・信濃川水系〔1級〕
伊沢川　いざわがわ
兵庫県・揖保川水系〔1級〕
伊沢田川　いさわだがわ
岩手県・北上川水系
伊沢谷川　いさわだにがわ
徳島県・吉野川水系〔1級〕
伊良目川　いらめがわ
熊本県・球磨川水系〔1級〕
伊豆の川　いずのがわ
高知県・渡川水系〔1級〕
伊豆川　いずがわ
香川県・伊豆川水系〔2級〕
伊豆明神谷川　いずみょうじんだにがわ
三重県・井戸川水系〔2級〕
伊豆沼　いずぬま
宮城県登米郡迫町
伊豆沼　いずぬま
宮城県・北上川水系
伊貝川　いかいがわ
宮城県・北上川水系〔1級〕
伊那川　いながわ
長野県・木曾川水系〔1級〕
伊里川　いりがわ
岡山県・伊里川水系〔2級〕
伊里前川　いさとまえがわ
宮城県・伊里前川水系〔2級〕
8伊奈川　いながわ
長崎県・伊奈川水系〔2級〕
伊宝川　いほうがわ
鹿児島県・伊宝川水系〔2級〕
伊往戸川　いおうどがわ
岐阜県・木曾川水系〔1級〕
伊忽保川　いこっぽがわ
北海道・十勝川水系〔1級〕
伊東大川　いとうおおがわ
静岡県・伊東大川水系〔2級〕
伊東仲川　いとうなかがわ
静岡県・伊東仲川水系〔2級〕
伊東宮川　いとうみやがわ
静岡県・伊東宮川水系〔2級〕
9伊保川　いぼがわ
愛知県・矢作川水系〔1級〕
伊保川　いぼがわ
島根県・斐伊川水系〔1級〕
伊南川　いながわ
福島県・阿賀野川水系〔1級〕
伊美川　いみがわ
大分県・伊美川水系〔2級〕
10伊倉川　いくらがわ
愛媛県・野々江大川水系〔2級〕
伊師川《古》　いしがわ
兵庫県・千種川水系の佐用川
伊座利川　いざりがわ
徳島県・伊座利川水系〔2級〕
伊庭内湖　いばないこ
滋賀県能登川町
11伊婚里橋川《古》　いぶりばしがわ
石川県・新堀川水系の動橋川
伊野川　いのがわ
北海道・石狩川水系〔1級〕
伊野川　いのがわ
岐阜県・庄内川水系〔1級〕
伊野川　いのがわ
島根県・斐伊川水系〔1級〕
伊野波川　いのはがわ
沖縄県・満名川水系
伊野々谷川　いののだにがわ
高知県・渡川水系
12伊賀川　いがかわ
愛知県・矢作川水系〔1級〕
伊賀川　いがかわ
岡山県・高梁川水系〔1級〕
伊賀越川　いがごしがわ
愛媛県・肱川水系〔1級〕
13伊勢川　いせがわ
福井県・九頭竜川水系〔1級〕

伊勢川《古》　いせがわ
兵庫県・大津茂川水系の大津茂川
伊勢川　いせがわ
高知県・渡川水系〔1級〕
伊勢川川　いせかわがわ
高知県・吉野川水系〔1級〕
伊勢田川　いせだがわ
徳島県・伊勢田川水系〔2級〕
伊勢地川　いせじがわ
三重県・雲出川水系〔1級〕
伊勢谷川　いせだにがわ
京都府・淀川水系
伊勢原川　いせはらがわ
島根県・高津川水系〔1級〕
伊勢御膳川　いせごぜんがわ
兵庫県・由良川水系〔1級〕
伊勢路川　いせじがわ
三重県・伊勢路川水系〔2級〕
伊福川　いふくがわ
佐賀県・伊福川水系〔2級〕
伊福形川《古》　いふくがたがわ
宮崎県・沖田川水系の井替川
伊路屋川　いじやがわ
京都府・由良川水系〔1級〕
14伊熊川　いぐまがわ
愛知県・矢作川水系
18伊藤川　いとうがわ
和歌山県・日高川水系〔2級〕
伊藤沢川　いとうさわがわ
北海道・常呂川水系〔1級〕
伊藤沢川　いとうさわがわ
長野県・天竜川水系〔1級〕
伊藤沼　いとうぬま
北海道美唄市

【仮】

仮ヤ原川　かりやばるがわ
宮崎県・大淀川水系〔1級〕
3仮川　かりがわ
熊本県・白川水系
6仮安沢川　かりやすざわがわ
福島県・阿賀野川水系
9仮屋川　かりやがわ
奈良県・淀川水系〔1級〕
仮屋川　かりやがわ
熊本県・緑川水系
仮屋谷川　かりやだにがわ
広島県・江の川水系〔1級〕

【会】

3会下ノ谷川　えげのたにがわ
静岡県・篋川水系〔2級〕
4会之堀川　あいのほりがわ
埼玉県・利根川水系〔1級〕
5会田川　あいだがわ
長野県・信濃川水系〔1級〕
会田川　あいだがわ
鹿児島県・川内川水系〔1級〕
7会沢川　あいざわがわ
秋田県・雄物川水系
会沢川　あいざわがわ
新潟県・鯖石川水系〔2級〕
9会津川　あいずがわ
福島県・阿賀野川水系〔1級〕

【休】

3休川　やすみがわ
兵庫県・矢田川水系
5休石川　いけすがわ
佐賀県・休石川水系〔2級〕
8休泊川　きゅうはくがわ
群馬県・利根川水系〔1級〕
12休場川　やすばがわ
高知県・仁淀川水系〔1級〕

【伍】

14伍領川　ごりょうがわ
宮崎県・五ヶ瀬川水系〔1級〕

【仲】

仲ノ谷川　なかのたにがわ
京都府・淀川水系
3仲山川　なかやまがわ
栃木県・那珂川水系〔1級〕
仲山川　なかやまがわ
山梨県・相模川水系〔1級〕
仲山川　なかやまがわ
福岡県・多々良川水系〔2級〕
仲川　なかがわ
福島県・阿武隈川水系〔1級〕
仲川　なかがわ
山梨県・富士川水系〔1級〕
7仲村川　なかむらがわ
京都府・淀川水系
仲沢川　なかざわがわ
山形県・最上川水系〔1級〕
仲良川　なからがわ
沖縄県・仲良川水系〔2級〕
仲里川　なかざとがわ
鹿児島県・仲里川水系〔2級〕
8仲河戸川　なかかわどがわ
茨城県・那珂川水系〔1級〕
仲金久川　なかがねくがわ
鹿児島県・仲金久川水系〔2級〕

9仲屋川　なかやがわ
鳥取県・日野川水系

仲洞川　なかどうがわ
高知県・渡川水系〔1級〕

11仲組川　なかぐみがわ
鹿児島県・大浦川水系〔2級〕

仲野川　なかのがわ
大分県・大野川水系〔1級〕

12仲間川　なかまがわ
山梨県・相模川水系〔1級〕

仲間川　なかまがわ
沖縄県・仲間川水系〔2級〕

15仲線川　なかせんがわ
北海道・天塩川水系〔1級〕

【伝】

5伝右川　でんうがわ
埼玉県・利根川水系〔1級〕

伝右衛門堀《古》　でんえもんぼり
埼玉県・利根川水系の伝右川

伝左衛門沢　でんざえもんざわ
秋田県・雄物川水系

8伝法川　でんぽうがわ
香川県・伝法川水系〔2級〕

伝法沢川　でんぽうざわがわ
静岡県・富士川水系〔1級〕

14伝樋川　でんぴがわ
福島県・阿武隈川水系〔1級〕

【伏】

5伏古川　ふしこがわ
北海道・十勝川水系〔1級〕

伏古別川　ふしこべつがわ
北海道・十勝川水系〔1級〕

伏古別川　ふしこべつがわ
北海道・伏古別川水系

6伏羊川　ぶようがわ
和歌山県・有田川水系〔2級〕

7伏尾川　ふしおがわ
高知県・仁淀川水系〔1級〕

伏尾谷川　ふしおだにがわ
高知県・国分川水系〔2級〕

伏見川　ふしみがわ
石川県・犀川水系〔2級〕

伏見川　ふしみがわ
石川県・犀川水系

伏谷川　ふしたにがわ
島根県・江の川水系〔1級〕

伏谷川　ふしたにがわ
島根県・益田川水系〔2級〕

伏谷川　ふしだにがわ
広島県・太田川水系〔1級〕

11伏野川　ふせのがわ
大分県・五ヶ瀬川水系〔1級〕

12伏越川　ふしこしがわ
広島県・江の川水系

伏間川　ふすまがわ
静岡県・太田川水系〔2級〕

22伏籠川　ふしこがわ
北海道・石狩川水系〔1級〕

伏籠川　ふしこがわ
北海道・石狩川水系

【仿】

13仿僧川　ぼうそうがわ
静岡県・太田川水系〔2級〕

【光】

4光井川　みついがわ
山口県・光井川水系〔2級〕

光仏川　こうぶつがわ
愛知県・豊川水系

7光谷川　みつたにがわ
石川県・梯川水系〔1級〕

8光明寺川　こうみょうじがわ
愛知県・矢作川水系

11光堂川　こうどうがわ
愛知県・日光川水系〔2級〕

光堂川　こうどうがわ
愛知県・日光川水系

12光善寺川　こうぜんじがわ
滋賀県・淀川水系〔1級〕

光満川　みつまがわ
愛媛県・須賀川水系〔2級〕

13光路川　みつろがわ
広島県・黒瀬川水系〔2級〕

14光徳沼　こうとくぬま
栃木県日光市

光徳沼　こうとくぬま
栃木県・利根川水系

【先】

5先目川　さきめがわ
愛媛県・先目川水系

10先納沢川　せんのうざわがわ
新潟県・加治川水系〔2級〕

12先達川　せんだつがわ
秋田県・雄物川水系〔1級〕

先達川　せんだちがわ
広島県・江の川水系

【全】

12全間川　またまがわ
岡山県・旭川水系〔1級〕

【共】
6共成川　きょうせいがわ
北海道・十勝川水系〔1級〕
8共和川　きょうわがわ
北海道・尻別川水系

【刑】
11刑部沢川　ぎょうぶざわがわ
新潟県・信濃川水系〔1級〕

【印】
3印川　いんがわ
山梨県・富士川水系〔1級〕
9印南川《古》　いなみがわ
兵庫県・加古川水系の加古川
印南川　いなみがわ
和歌山県・印南川水系〔2級〕
12印賀川　いんがかわ
鳥取県・日野川水系〔1級〕
18印旛水路　いんばすいろ
千葉県・利根川水系〔1級〕
印旛放水路　いんばほうすいろ
千葉県・利根川水系〔1級〕
印旛沼　いんばぬま
千葉県佐倉市

【吉】
吉の川　よしのがわ
北海道・石狩川水系〔1級〕
吉の坂川　よしのさかがわ
愛媛県・肱川水系〔1級〕
吉ヶ沢川　よしがさわがわ
秋田県・雄物川水系
吉ヶ沢川　よしがざわがわ
山形県・最上川水系〔1級〕
吉ヶ谷川　きちがたにがわ
三重県・鈴鹿川水系〔1級〕
吉ヶ島沢川　よしがしまさわがわ
長野県・天竜川水系〔1級〕
吉ヶ溢川　よしがあふれがわ
島根県・高津川水系
3吉山川　よしやまがわ
広島県・太田川水系〔1級〕
吉川　よしがわ
新潟県・柿崎川水系〔2級〕
吉川　よしがわ
滋賀県・淀川水系〔1級〕
吉川《古》　えがわ
兵庫県・千種川水系の江川川
吉川川　よかわがわ
兵庫県・加古川水系〔1級〕
吉川川　よしかわがわ
鳥取県・千代川水系〔1級〕
吉川川　よしかわがわ
岡山県・旭川水系〔1級〕
4吉井川　よしいがわ
北海道・十勝川水系〔1級〕
吉井川　よしいがわ
北海道・石狩川水系
吉井川　よしいがわ
新潟県・鯖石川水系〔2級〕
吉井川　よしいがわ
岡山県・吉井川水系〔1級〕
吉井川　よしいがわ
愛媛県・加茂川水系〔2級〕
吉日南川　よしひながわ
広島県・江の川水系
吉木川　よしきがわ
広島県・太田川水系〔1級〕
吉木川《別》　よしきがわ
福岡県・筑後川水系の宝満川
吉水川　よしみずがわ
新潟県・島崎川水系〔2級〕
5吉平川　よしだいらがわ
愛知県・矢作川水系
吉広川　よしひろがわ
大分県・武蔵川水系〔2級〕
吉広郷川　よしひろごうがわ
高知県・仁淀川水系〔1級〕
吉本川　よしもとがわ
熊本県・砂川水系
吉本川　よしもとがわ
熊本県・八間川水系
吉永川　よしながかわ
京都府・竹野川水系〔2級〕
吉永川　よしながかわ
山口県・吉永川水系〔2級〕
吉田川　よしだがわ
岩手県・馬淵川水系
吉田川　よしだがわ
宮城県・鳴瀬川水系〔1級〕
吉田川　よしだがわ
埼玉県・荒川（東京都・埼玉県）水系〔1級〕
吉田川　よしだがわ
神奈川県・大岡川水系〔2級〕
吉田川　よしだがわ
富山県・吉田川水系〔2級〕
吉田川　よしだがわ
石川県・二宮川水系〔2級〕
吉田川　よしだがわ
長野県・信濃川水系〔1級〕
吉田川　よしだがわ
岐阜県・神通川水系〔1級〕

吉田川　よしだがわ
岐阜県・矢作川水系〔1級〕
吉田川　よしだがわ
岐阜県・木曾川水系〔1級〕
吉田川　よしだがわ
静岡県・巴川水系〔2級〕
吉田川《古》　よしだがわ
愛知県・豊川水系の豊川
吉田川　よしだがわ
鳥取県・吉田川水系〔2級〕
吉田川　よしだがわ
島根県・斐伊川水系〔1級〕
吉田川　よしだがわ
岡山県・吉田川水系〔2級〕
吉田川　よしだがわ
広島県・芦田川水系
吉田川　よしだがわ
徳島県・海部川水系〔2級〕
吉田川　よしだがわ
香川県・吉田川水系〔2級〕
吉田川　よしだがわ
香川県・新川水系〔2級〕
吉田川　よしだがわ
福岡県・釣川水系〔2級〕
吉田川　よしだがわ
佐賀県・塩田川水系〔2級〕
吉田川　よしだがわ
長崎県・吉田川水系〔2級〕
吉田川　よしだがわ
熊本県・菊池川水系〔1級〕
吉田川　よしだがわ
熊本県・吉田川水系
吉田川　よしだがわ
大分県・大野川水系〔1級〕
吉田川　よしだがわ
宮崎県・一ツ瀬川水系〔2級〕
吉田谷川　よしだだにがわ
徳島県・吉野川水系〔1級〕
吉田迫川　よしださこがわ
広島県・江の川水系〔1級〕
6吉次川　よしつぐがわ
高知県・香宗川水系〔2級〕
7吉佐美川《別》　きさみがわ
静岡県・大賀茂川水系の大賀茂川
吉住池　よしずみいけ
滋賀県八日市市
吉尾川　よしおがわ
熊本県・球磨川水系〔1級〕
吉尾倉沢　よしおくらさわ
新潟県・信濃川水系
吉尾野川　よしおのがわ
熊本県・五ヶ瀬川水系〔1級〕
吉沢川　よしざわがわ
山形県・最上川水系〔1級〕
吉沢川　よしざわがわ
新潟県・信濃川水系
吉沢川　よしざわがわ
長野県・信濃川水系〔1級〕
吉見川　よしみがわ
和歌山県・有田川水系〔2級〕
吉見川　よしみがわ
高知県・渡川水系〔1級〕
吉見西谷川　よしみにしたにがわ
和歌山県・有田川水系〔2級〕
吉谷川　きちたにがわ
富山県・小矢部川水系〔1級〕
吉谷川　きちたにがわ
京都府・筒川水系
吉谷地川　よしやちがわ
岩手県・北上川水系
8吉和川　よしわがわ
広島県・吉和川水系
吉奈川　よしながわ
静岡県・狩野川水系〔1級〕
吉宗川　よしむねがわ
岡山県・笹ヶ瀬川水系〔2級〕
吉岡川　よしおかがわ
北海道・吉岡川水系〔2級〕
吉岡川　よしおかがわ
群馬県・利根川水系〔1級〕
吉岡川　よしおかがわ
岡山県・倉敷川水系〔2級〕
吉岡川　よしおかがわ
福岡県・矢部川水系〔1級〕
吉岡沢川　よしおかざわがわ
北海道・浜益川水系〔2級〕
吉松川　よしまつがわ
大分県・安岐川水系〔2級〕
吉舎谷川　きさだにがわ
広島県・江の川水系〔1級〕
吉長川　よしながかわ
岡山県・旭川水系〔1級〕
9吉信川　よしのぶがわ
愛媛県・肱川水系〔1級〕
吉津川　よしずがわ
静岡県・富士川水系〔1級〕
吉津沢《別》　よしずさわ
静岡県・富士川水系の吉津川
10吉倉川　よしくらがわ
石川県・大野川水系
吉原川　よしわらがわ
和歌山県・紀の川水系〔1級〕
吉原川　よしはらがわ
広島県・江の川水系〔1級〕

吉原川　よしはらがわ
山口県・切戸川水系〔2級〕
吉原川　よしはらがわ
高知県・鏡川水系〔2級〕
吉原川　よしはらがわ
福岡県・遠賀川水系〔1級〕
吉浜川　よしはまがわ
岩手県・吉浜川水系〔2級〕
吉祥川　きっしょうがわ
愛知県・豊川水系
吉祥寺川　きっしょうじがわ
滋賀県・淀川水系〔1級〕
吉馬川　よしうまがわ
兵庫県・加古川水系〔1級〕
吉高川　よしたかがわ
岩手県・北上川水系
11吉崎川　よしさきがわ
石川県・羽咋川水系〔2級〕
吉野川　よしのがわ
北海道・天塩川水系〔1級〕
吉野川　よしのがわ
宮城県・北上川水系〔1級〕
吉野川　よしのがわ
山形県・最上川水系〔1級〕
吉野川　よしのがわ
埼玉県・荒川（東京都・埼玉県）水系〔1級〕
吉野川　よしのがわ
京都府・吉野川水系〔2級〕
吉野川　よしのがわ
京都府・朝来川水系〔2級〕
吉野川　よしのがわ
和歌山県, 奈良県・紀の川水系
吉野川　よしのがわ
岡山県・吉井川水系〔1級〕
吉野川　よしのがわ
広島県・芦田川水系〔1級〕
吉野川　よしのがわ
山口県・三蒲川水系〔2級〕
吉野川　よしのがわ
高知県・鏡川水系〔2級〕
吉野川　よしのがわ
高知県, 愛媛県・渡川水系〔1級〕
吉野川　よしのがわ
高知県, 徳島県・吉野川水系〔1級〕
吉野川　よしのがわ
佐賀県・有田川水系〔2級〕
吉野川　よしのがわ
大分県・山国川水系〔1級〕
吉野川　よしのがわ
大分県・大野川水系〔1級〕
吉野辺川　よしのべがわ
福島県・夏井川水系
吉野沢　よしのさわ
青森県・岩木川水系
吉野谷川　よしのやがわ
福島県・滑津川水系〔2級〕
吉野瀬川　よしのせがわ
福井県・九頭竜川水系〔1級〕
12吉備川　きびがわ
奈良県・大和川水系〔1級〕
吉塚新川　よしずかしんかわ
福岡県・多々良川水系〔2級〕
吉賀川《別》　よしかがわ
島根県・高津川水系の高津川
14吉隠川　よなばりがわ
奈良県・大和川水系〔1級〕
15吉敷川　よしきがわ
山口県・椹野川水系〔2級〕
18吉藤川　よしふじがわ
愛媛県・大川水系〔2級〕
23吉鑪川　よしだたらがわ
鳥取県・日野川水系〔1級〕

【吸】

3吸川　すいがわ
岩手県・北上川水系〔1級〕
吸川　すいがわ
岩手県・北上川水系
吸川放水路　すいかわほうすいろ
岩手県・北上川水系〔1級〕
5吸田川　すいたがわ
熊本県・浦川水系

【向】

向の沢川　むかいのさわがわ
山梨県・富士川水系〔1級〕
向の奥川　むかいのおくがわ
愛媛県・渡川水系〔1級〕
向ヶ谷川　むこうがだにがわ
愛媛県・渡川水系〔1級〕
3向山川　むこうやまがわ
島根県・都万川水系〔2級〕
向山川《古》　むかいやまがわ
山口県・南若川水系の南若川
向川　むかいがわ
新潟県・大川水系〔2級〕
向川　むかいがわ
愛知県・境川水系
向川　むこうがわ
高知県・湊川水系
4向井川　むかいがわ
群馬県・利根川水系〔1級〕
向井川　むかいがわ
鹿児島県・向井川水系〔2級〕

向井川放水路　むかいがわほうすいろ
群馬県・利根川水系〔1級〕
向井沢川　むかいのさわがわ
岩手県・北上川水系〔1級〕
5向出口沢　むかいでぐちさわ
新潟県・姫川水系〔1級〕
向平川　むかいたいらがわ
山梨県・富士川水系〔1級〕
向永谷川　むかいながたにがわ
広島県・芦田川水系〔1級〕
向田川　こうだがわ
石川県・米町川水系
向田川　むかいだがわ
山梨県・富士川水系〔1級〕
向田川　むかいだがわ
静岡県・向田川水系〔2級〕
向田川　むかいだがわ
京都府・由良川水系〔1級〕
向田川　むこうだがわ
広島県・江の川水系
向田川　むかだがわ
大分県・向田川水系〔2級〕
向田沢川　むかいだざわがわ
岩手県・閉伊川水系
7向別川　むこうべつがわ
北海道・向別川水系〔2級〕
向条川　むかいじょうがわ
香川県・向条川水系〔2級〕
向谷川　むかいだにがわ
佐賀県・六角川水系〔1級〕
9向垣外川　むかいがいとがわ
京都府・淀川水系
10向原川　こうはらがわ
広島県・江の川水系
向原川　むかいばるがわ
大分県・大野川水系〔1級〕
11向堀川　むかいぼりがわ
茨城県・利根川水系〔1級〕
向猪狩川　むかいがりがわ
愛媛県・中山川水系〔2級〕
向野川　むかいのがわ
熊本県・菊池川水系
向野川　むくのがわ
大分県・寄藻川水系〔2級〕
向野川　むくのがわ
大分県・八坂川水系
13向殿川　むかいでんがわ
京都府・淀川水系
19向瀬川　むこせがわ
石川県・羽咋川水系〔2級〕

【后】

11后庵川　ごあんがわ
京都府・淀川水系

【合】

合の山沢川　あいのやまさわがわ
長野県・信濃川水系〔1級〕
合ノ又沢川　あいのまたがわ
秋田県・雄物川水系〔1級〕
合ノ沢　あいのさわ
宮城県・鳴瀬川水系
2合又川　あいまたがわ
富山県・小矢部川水系〔1級〕
3合子沢川　ごうしざわがわ
青森県・堤川水系〔2級〕
合川　あいがわ
長野県・矢作川水系〔1級〕
6合地沢川　がっちざわがわ
山形県・最上川水系〔1級〕
7合志川　ごうしがわ
熊本県・菊池川水系〔1級〕
合足川　あったりがわ
岩手県・合足川水系〔2級〕
9合津川　あいつがわ
熊本県・合津川水系〔2級〕
10合馬川　おうまがわ
福岡県・紫川水系〔2級〕
12合場川　あいばがわ
富山県・神通川水系〔1級〕
合場川　あいばがわ
京都府・淀川水系〔1級〕
合登川　あいのぼりがわ
熊本県・球磨川水系
13合楽川　ごうらくがわ
大分県・筑後川水系〔1級〕
19合瀬川　あいせがわ
愛知県・庄内川水系〔1級〕
合瀬川　あわせがわ
熊本県・菊池川水系

【吐】

吐の谷川　はきのたにがわ
宮崎県・一ツ瀬川水系〔2級〕
3吐川　はけがわ
富山県・小矢部川水系〔1級〕
吐川　はきがわ
香川県・与田川水系〔2級〕
6吐合川　はきあいがわ
熊本県, 大分県・大野川水系〔1級〕
7吐呂川　とろがわ
静岡県・瀬戸川水系〔2級〕

11吐堂沢　かのうどうさわ
福島県・阿武隈川水系〔1級〕

【同】

12同道川　どうどうがわ
島根県・斐伊川水系〔1級〕

【名】

3名久木川　なぐきがわ
群馬県・利根川水系〔1級〕
名久田川　なくたがわ
群馬県・利根川水系〔1級〕
名子川　みょうすがわ
大分県・大野川水系〔1級〕
4名切川　なぎりがわ
愛知県・内海川水系
名切川　なきそがわ
愛媛県・名切川水系
名切川　なきりがわ
高知県・国分川水系〔2級〕
名手川　なてがわ
和歌山県・紀の川水系〔1級〕
名手谷川　なてたにがわ
和歌山県・紀の川水系〔1級〕
名木川　なきがわ
京都府・淀川水系〔1級〕
名木川　なきがわ
京都府・淀川水系
名木沢川　なきざわがわ
山形県・最上川水系〔1級〕
名木沢川　なぎさわがわ
山形県・最上川水系
名木沢川　なぎさわがわ
新潟県・信濃川水系〔1級〕
5名代沢川　なしろざわがわ
岩手県・気仙川水系
名古須川　なこすがわ
三重県・金剛川水系〔2級〕
名古瀬谷川　なこせたにがわ
愛媛県・加茂川水系〔2級〕
名田川　なだがわ
鹿児島県・名田川水系〔2級〕
名目入川　なめいりがわ
岩手県・北上川水系〔1級〕
名目入川　なめいりがわ
岩手県・北上川水系
名目床沢　なめどこさわ
青森県・川内川水系〔2級〕
名目沢川　なめざわがわ
福島県・阿武隈川水系
名立川　なだちがわ
新潟県・名立川水系〔2級〕
7名坂大池　なさかおおいけ
滋賀県水口町
名坂大池　なさかおおいけ
滋賀県水口町
名坂川　なさかがわ
愛媛県・名坂川水系
名尾川　なおがわ
佐賀県・嘉瀬川水系〔1級〕
名村川　なむらがわ
高知県・名村川水系〔2級〕
8名取川　なとりがわ
宮城県・名取川水系〔1級〕
名和川　なわがわ
鳥取県・名和川水系〔2級〕
名松川　なまつがわ
京都府・淀川水系
9名前端沢川　なまえはなさわがわ
岩手県・馬淵川水系
名柄川　ながらがわ
福岡県・名柄川水系〔2級〕
名草川　なぐさがわ
栃木県・利根川水系〔1級〕
名音川　なおんがわ
鹿児島県・名音川水系〔2級〕
10名倉川　なぐらがわ
愛知県・矢作川水系〔1級〕
名倉沢　なくらざわ
新潟県・荒川（新潟県・山形県）水系
名桐川　なきりがわ
熊本県・浦川水系〔2級〕
11名寄川　なよろがわ
北海道・天塩川水系〔1級〕
名張川　なばりがわ
奈良県, 三重県, 京都府・淀川水系〔1級〕
名貫川　なぬきがわ
宮崎県・名貫川水系〔2級〕
名貫川　なぬきがわ
鹿児島県・肝属川水系〔1級〕
12名喜里川　なきりがわ
和歌山県・名喜里川水系〔2級〕
名場越川　なばこしがわ
佐賀県・有浦川水系〔2級〕
名塚川　なずかがわ
熊本県・菊池川水系〔1級〕
名塚川　なずかがわ
熊本県・菊池川水系
名無川　なながわ
北海道・尻別川水系〔1級〕
名賀川　なよしがわ
島根県・高津川水系〔1級〕
名越谷川　なごしたにがわ
愛媛県・重信川水系〔1級〕

名越屋川　なごやがわ
高知県・仁淀川水系〔1級〕
13名塩川　なしおがわ
兵庫県・武庫川水系〔2級〕
名義川　なぎがわ
岡山県・吉井川水系〔1級〕
名義川　なぎがわ
岡山県・吉井川水系
名蓋川　なふたがわ
宮城県・鳴瀬川水系〔1級〕
14名嘉真川　なかまがわ
沖縄県・名嘉真川水系〔2級〕
15名蔵川　なくらがわ
沖縄県・名蔵川水系〔2級〕

【因】

15因幡川《別》　いなばがわ
岐阜県・木曾川水系の長良川

【団】

3団子島川　だんごじまがわ
愛知県・豊川水系

【在】

5在田川　ありたがわ
京都府・由良川水系〔1級〕
8在所川　ざいしょがわ
京都府・淀川水系

【地】

地の神川　ちのかみがわ
岩手県・北上川水系
2地八川　じはちがわ
静岡県・天竜川水系〔1級〕
3地久子川　ちくしがわ
富山県・庄川水系〔1級〕
地久子川　ちくしがわ
富山県・小矢部川水系〔1級〕
4地王堂川　じおうどうがわ
新潟県・信濃川水系〔1級〕
5地田川　じでんがわ
宮城県・北上川水系〔1級〕
6地吉川　じよしがわ
愛媛県・重信川水系〔1級〕
地吉川　じよしがわ
高知県・渡川水系
地池谷川　ちいけだにがわ
三重県・宮川水系〔1級〕
地竹川　じたけがわ
秋田県・雄物川水系〔1級〕
7地抜川　じぬきがわ
山形県・月光川水系〔2級〕
9地持院川　じちいんがわ
新潟県・国府川水系〔2級〕
10地倉沼　ちくらぬま
島根県津和野町
11地添川　ちそいがわ
三重県・櫛田川水系〔1級〕
14地獄川　じごくがわ
栃木県・利根川水系〔1級〕
地獄川　じごくがわ
京都府・淀川水系
地獄沢　じごくざわ
静岡県・太田川水系
地獄谷川　じごくだにがわ
石川県・羽咋川水系〔2級〕
15地蔵ヶ沢川　じぞうがさわがわ
長野県・天竜川水系〔1級〕
地蔵川　じぞうがわ
秋田県・雄物川水系〔1級〕
地蔵川　じぞうがわ
山形県・最上川水系
地蔵川　じぞうがわ
福島県・地蔵川水系〔2級〕
地蔵川　じぞうがわ
群馬県・利根川水系〔1級〕
地蔵川　じぞうがわ
愛知県・庄内川水系〔1級〕
地蔵川　じぞうがわ
愛知県・庄内川水系
地蔵川　じぞうがわ
愛知県・柳生川水系
地蔵川　じぞうがわ
三重県・磯部川水系〔2級〕
地蔵川　じぞうがわ
岡山県・旭川水系〔1級〕
地蔵川　じぞうがわ
香川県・鴨部川水系〔2級〕
地蔵川　じぞうがわ
佐賀県・嘉瀬川水系〔1級〕
地蔵寺川　じぞうじがわ
高知県・吉野川水系〔1級〕
地蔵沢　じぞうざわ
神奈川県・酒匂川水系
地蔵谷川　じぞうだにがわ
愛媛県・関川水系〔2級〕
地蔵原川　じぞうはらがわ
大分県・筑後川水系〔1級〕
地蔵院川　じぞういんがわ
奈良県・大和川水系〔1級〕
地蔵堂川　じぞうどうがわ
静岡県・狩野川水系〔1級〕

【壮】

10壮珠内川　そうしゅないがわ
北海道・長流川水系〔2級〕

17壮瞥川　そうべつがわ
北海道・長流川水系〔2級〕

【夙】

3夙川　しゅくがわ
兵庫県・夙川水系〔2級〕

【多】

3多久川　たくがわ
島根県・斐伊川水系〔1級〕

多久川　たくがわ
福岡県・泉川水系

多久川　たくがわ
佐賀県・牛津川水系

多久川　たくがわ
熊本県・菊池川水系

多久谷川　たくだにがわ
島根県・斐伊川水系〔1級〕

4多井川　おおいがわ
島根県・多井川水系〔2級〕

多比良川　たいらがわ
長崎県・多比良川水系〔2級〕

5多以良川　たいらがわ
長崎県・多以良川水系〔2級〕

多以良川　たいらがわ
長崎県・多以良川水系〔2級〕

多古橋川　たこはしがわ
千葉県・栗山川水系〔2級〕

多布施川　たふせがわ
佐賀県・嘉瀬川水系〔1級〕

多田川　ただがわ
宮城県・鳴瀬川水系〔1級〕

多田川　ただがわ
福井県・北川水系

多田川　ただがわ
兵庫県・加古川水系〔1級〕

多田川　ただがわ
島根県・益田川水系〔2級〕

多田川　ただがわ
広島県・沼田川水系

多田野川　ただのがわ
福島県・阿武隈川水系〔1級〕

6多々良川　たたらがわ
群馬県・利根川水系〔1級〕

多々良川　たたらがわ
福岡県・多々良川水系〔2級〕

多々良川　たたらがわ
佐賀県・松浦川水系〔1級〕

多々良川　たたらがわ
佐賀県・浜川水系〔2級〕

多々良木川　たたらぎがわ
兵庫県・円山川水系〔1級〕

多々良沼　たたらぬま
群馬県佐波郡境町

多々羅川　たたらがわ
徳島県・吉野川水系〔1級〕

7多岐川　たきがわ
愛媛県・頓田川水系〔2級〕

多志田川　たじたがわ
三重県・員弁川水系〔2級〕

多沢川　たざわがわ
青森県・岩木川水系〔1級〕

多良川　たらがわ
佐賀県・多良川水系〔2級〕

多良田川　たらたがわ
宮崎県・五ヶ瀬川水系〔1級〕

8多和川　たわがわ
北海道・釧路川水系〔1級〕

多居谷川　おおいだにがわ
愛媛県・肱川水系〔1級〕

多枝原池　だしはらいけ
富山県上新川郡大山町

多武峯川《別》　とうのみねがわ
奈良県・大和川水系の寺川

多治比川　たじひがわ
広島県・江の川水系〔1級〕

9多度川　たどがわ
三重県・木曾川水系〔1級〕

多度志川　たどしがわ
北海道・石狩川水系〔1級〕

10多根川（一号）　たねがわ（いちごう）
石川県・熊淵川水系

多根川（二号）　たねがわ（にごう）
石川県・熊淵川水系

多能池　たのういけ
新潟県三和村

12多賀土田池　たがつちだいけ
滋賀県多賀町

14多聞寺川　たもんじがわ
愛媛県・宮崎川水系〔2級〕

15多摩川　たまがわ
山梨県, 東京都, 神奈川県・多摩川水系〔1級〕

19多羅川　たらがわ
滋賀県・淀川水系〔1級〕

多鯰池　たねがいけ
鳥取県鳥取市

【夷】

11夷堂川《別》　えびすどうがわ
神奈川県・滑川水系の滑川

12夷隅川　いすみがわ
千葉県・夷隅川水系〔2級〕

【好】
12好間川　よしまがわ
福島県・夏井川水系〔2級〕

【如】
7如来寺川　にょらいじがわ
長野県・天竜川水系〔1級〕
如来堂川　にょらいどうがわ
青森県・馬淵川水系〔1級〕
13如意申川　にょいさるがわ
愛知県・庄内川水系

【安】
安の沢川　やすのざわがわ
山形県・最上川水系〔1級〕
3安丸川　やすまるがわ
宮崎県・大淀川水系
安久川　あくがわ
和歌山県・安久川水系〔2級〕
安久川　あくがわ
宮崎県・大淀川水系〔1級〕
安久谷川　あくやがわ
秋田県・米代川水系〔1級〕
安久路川　あくろがわ
静岡県・太田川水系〔2級〕
安土川　あずちがわ
滋賀県・淀川水系〔1級〕
安子谷川　あごたにがわ
三重県・雲出川水系〔1級〕
安川　やすがわ
愛知県・豊川水系〔1級〕
安川　やすがわ
和歌山県・日置川水系〔2級〕
安川　やすがわ
広島県・太田川水系〔1級〕
4安丹川　あんたんがわ
山形県・赤川水系〔1級〕
安井川　やすいがわ
京都府・由良川水系
安井川　やすいがわ
兵庫県・円山川水系〔1級〕
安井谷川　やすいだにがわ
京都府・由良川水系
安井谷川　やすいだにがわ
鳥取県・千代川水系
安井谷川　やすいだにがわ
愛媛県・中山川水系〔2級〕
安木川　やすきがわ
兵庫県・安木川水系〔2級〕
安比川　あっぴがわ
岩手県・馬淵川水系〔1級〕
5安世寺川　あんせいじがわ
熊本県・菊池川水系
安世波川　あぜなみがわ
山形県・最上川水系〔1級〕
安平川　あびらがわ
北海道・安平川水系〔2級〕
安平志内川　あべしないがわ
北海道・天塩川水系〔1級〕
安永川　あんえいがわ
愛知県・矢作川水系〔1級〕
安永川　あんえいがわ
熊本県・緑川水系〔1級〕
安永川　あんえいがわ
熊本県・緑川水系
安田大川　やすだおおかわ
香川県・安田大川水系〔2級〕
安田川　やすだがわ
秋田県・安田川水系
安田川　やすだがわ
新潟県・安田川水系〔2級〕
安田川　やすだがわ
愛知県・庄内川水系
安田川　やすだがわ
兵庫県・加古川水系〔1級〕
安田川　やすだがわ
島根県・斐伊川水系〔1級〕
安田川　やすだがわ
島根県・江の川水系〔1級〕
安田川　やすだがわ
岡山県・吉井川水系
安田川　やすだがわ
広島県・江の川水系〔1級〕
安田川　やすだがわ
広島県・高梁川水系〔1級〕
安田川　やすだがわ
広島県・沼田川水系〔2級〕
安田川　やすだがわ
広島県・沼田川水系
安田川　あんだがわ
山口県・木屋川水系〔2級〕
安田川　やすだがわ
高知県・安田川水系〔2級〕
6安宅川　あたぎがわ
和歌山県・日置川水系〔2級〕
安宅川　あたぎがわ
福岡県・遠賀川水系〔1級〕
安寺沢川　あてらさわがわ
山梨県・相模川水系〔1級〕
7安位川　あにがわ
奈良県・大和川水系〔1級〕

安住寺川　あんじゅうじがわ
兵庫県・三原川水系〔2級〕
安別当川　あべっとうがわ
愛媛県・肱川水系〔1級〕
安坂川　やすさかがわ
長野県・信濃川水系〔1級〕
安尾川　やすおがわ
愛媛県・肱川水系〔1級〕
安岐川　あきがわ
大分県・安岐川水系〔2級〕
安志川　あんじがわ
兵庫県・揖保川水系〔1級〕
安良川　やすらがわ
佐賀県・筑後川水系〔1級〕
安良里浜川　あらりはまがわ
静岡県・安良里浜川水系〔2級〕
安芸川　あきがわ
高知県・安芸川水系〔2級〕
安谷川　やすたにがわ
埼玉県・荒川（東京都・埼玉県）水系〔1級〕
安谷川　やすたにがわ
島根県・静間川水系〔2級〕
安足間川　あんたろまがわ
北海道・石狩川水系〔1級〕
安里又川　あさとまたがわ
沖縄県・国場川水系
安里川　あさとがわ
沖縄県・安里川水系〔2級〕
8安和川　あわがわ
高知県・安和川水系〔2級〕
安国寺川　あんこくじがわ
広島県・沼田川水系
安居川　やすいがわ
高知県・仁淀川水系〔1級〕
安居川　やすいがわ
熊本県・鏡川水系
安居谷川　やすいだにがわ
愛媛県・肱川水系〔1級〕
安岡川　やすおかがわ
高知県・仁淀川水系〔1級〕
安房川　あんぼうがわ
鹿児島県・安房川水系〔2級〕
安斉川　あんざいがわ
北海道・佐呂間別川水系〔2級〕
安治川　あじがわ
大阪府・淀川水系
安波川　あはがわ
沖縄県・安波川水系〔2級〕
9安威川　あいがわ
京都府, 大阪府・淀川水系〔1級〕
安室川　やすむろがわ
兵庫県・千種川水系〔2級〕
安指川　あざしがわ
和歌山県・安指川水系〔2級〕
安春川　やすはるがわ
北海道・石狩川水系〔1級〕
安津見川　あずみがわ
石川県・米町川水系〔2級〕
安津見川　あずみがわ
石川県・米町川水系
安食川　あんじきがわ
滋賀県・淀川水系〔1級〕
10安倍大沢川　あべおおさわがわ
静岡県・安倍川水系〔1級〕
安倍大谷川　あべおおたにがわ
静岡県・安倍川水系〔1級〕
安倍川　あべかわ
静岡県・安倍川水系〔1級〕
安倍中河内川　あべなかごうちがわ
静岡県・安倍川水系〔1級〕
安原川　やすはらがわ
石川県・犀川水系〔2級〕
安孫川　やすまごがわ
岩手県・馬淵川水系
安家川　あっかがわ
岩手県・安家川水系〔2級〕
安家川　あっかがわ
岩手県・安家川水系
安家谷川　やすけだにがわ
愛媛県・肱川水系〔1級〕
安師川《別》　あなしがわ
兵庫県・揖保川水系の林田川
安座川　あんざがわ
福島県・阿賀野川水系〔1級〕
安庭川　あていがわ
岩手県・閉伊川水系
安庭沢　あでいさわ
岩手県・閉伊川水系
安祥寺川　あんしょうじがわ
京都府・淀川水系〔1級〕
安祥寺川　あんしょうじがわ
岡山県・吉井川水系
安骨川　あんこつがわ
北海道・十勝川水系〔1級〕
11安堂川　あんどうがわ
埼玉県・荒川（東京都・埼玉県）水系〔1級〕
安堂川放水路　あんどうがわほうすいろ
埼玉県・荒川（東京都・埼玉県）水系〔1級〕
安産川　やすまろがわ
石川県・手取川水系〔1級〕
安産川放水路　やすまろがわほうすいろ
石川県・手取川水系〔1級〕
安郷川　あんごうがわ
奈良県・淀川水系〔1級〕

安野川　あんのがわ
岩手県・北上川水系
安野川　あんのがわ
新潟県・阿賀野川水系〔1級〕
安野呂川　あんのろがわ
北海道・厚沢部川水系〔2級〕
安野尾川　やすのおがわ
高知県・物部川水系〔1級〕
12安場川　やすばがわ
京都府・由良川水系〔1級〕
安壺川　あんこがわ
滋賀県・淀川水系〔1級〕
安森川　やすもりがわ
愛媛県・渡川水系〔1級〕
安満川　やすまんがわ
長崎県・安満川水系〔2級〕
安賀里川　あがりがわ
福井県・北川水系〔1級〕
安達太田川　あだちおおたがわ
福島県・阿武隈川水系〔1級〕
安達太良川　あだたらがわ
福島県・阿武隈川水系〔1級〕
安間川　あんまがわ
静岡県・天竜川水系〔1級〕
13安楽川　あんらくがわ
三重県・鈴鹿川水系〔1級〕
安楽川　あんらくがわ
宮崎県・安楽川水系〔2級〕
安楽川　あんらくがわ
鹿児島県・安楽川水系〔2級〕
安楽寺谷川　あんらくじだにがわ
徳島県・吉野川水系〔1級〕
安楽城小国川　あらきおぐにがわ
山形県・最上川水系〔1級〕
安楽城寺沢川　あらきてらさわがわ
山形県・最上川水系〔1級〕
15安蔵川　あぞうがわ
鳥取県・千代川水系〔1級〕
安養寺川　あんようじがわ
秋田県・雄物川水系〔1級〕
安養寺川　あんようじがわ
新潟県・国府川水系〔2級〕
16安曇川　あどがわ
京都府, 滋賀県・淀川水系〔1級〕
安曇川北流　あどがわほくりゅう
滋賀県・淀川水系〔1級〕
安濃川　あのうがわ
三重県・安濃川水系〔2級〕
安諦川《別》　あでがわ
和歌山県・有田川水系の有田川
17安謝川　あじゃがわ
沖縄県・安謝川水系〔2級〕
18安藤川　あんどうがわ
愛知県・矢作川水系〔1級〕
安藤川　あんどうがわ
愛知県・音羽川水系〔2級〕
安藤川　あんどうがわ
岡山県・吉井川水系
安藤川　あんどうがわ
大分県・大野川水系
安藤川放水路　あんどうがわほうすいろ
埼玉県・荒川（東京都・埼玉県）水系
19安瀬の沢川　あぜのさわがわ
岩手県・大槌川水系
安蘇の川《古》　あそのかわ
栃木県・利根川水系の秋山川

【宇】

宇ヶ川　うげがわ
高知県・佐喜浜川水系〔2級〕
宇ノ気川　うのけがわ
石川県・大野川水系〔2級〕
3宇久須川　うぐすがわ
静岡県・宇久須川水系〔2級〕
宇土川　うとがわ
熊本県・宇土川水系
宇土谷川　うとだにがわ
佐賀県・松浦川水系〔1級〕
宇山川　うやまがわ
島根県・神戸川水系〔2級〕
宇山川《別》　うやまがわ
島根県・斐伊川水系の民谷川
宇山川　うやまがわ
広島県・沼田川水系〔2級〕
宇川　うがわ
京都府・宇川水系〔2級〕
4宇内川　うないがわ
山口県・粟野川水系〔2級〕
宇刈川　うがりがわ
静岡県・太田川水系〔2級〕
宇切沢　うきりざわ
新潟県・姫川水系〔1級〕
宇戸川　うどがわ
鳥取県・千代川水系〔1級〕
宇戸川　うどがわ
岡山県・高梁川水系〔1級〕
宇戸内川　うとないがわ
北海道・天塩川水系〔1級〕
宇木川　うきがわ
佐賀県・松浦川水系〔1級〕
5宇甘川　うかいがわ
岡山県・旭川水系〔1級〕
宇生賀川　うぶかがわ
山口県・大井川水系〔2級〕

宇田口川　うだぐちがわ
三重県・新宮川水系〔1級〕
宇田川　うだがわ
神奈川県・境川水系〔2級〕
宇田川　うだがわ
鳥取県・宇田川水系〔2級〕
宇田川　うだがわ
岡山県・旭川水系〔1級〕
宇田川　うだがわ
山口県・宇田川水系〔2級〕
宇田川　うだがわ
福岡県・長峡川水系〔2級〕
宇田沢川　うださわがわ
新潟県・信濃川水系〔1級〕
宇田貫川　うだぬきがわ
福岡県・筑後川水系〔1級〕
宇田野川　うだのがわ
青森県・岩木川水系〔1級〕
6宇地泊川　うちどまりがわ
沖縄県・牧港川水系〔2級〕
宇多川　うたがわ
宮城県・宇多川水系〔2級〕
宇多川　うたがわ
福島県・宇多川水系〔2級〕
宇多川　うたがわ
京都府・淀川水系〔1級〕
7宇佐川　うさがわ
山形県・最上川水系〔1級〕
宇佐川　うさがわ
山口県・錦川水系〔2級〕
宇佐川《古》　うさがわ
大分県・駅館川水系の駅館川
宇別川　うべつがわ
岩手県・馬淵川水系〔1級〕
宇利山川　うりやまがわ
静岡県・都田川水系〔2級〕
宇利川　うりがわ
愛知県・豊川水系〔1級〕
宇志川　うしがわ
静岡県・都田川水系〔2級〕
宇杉川　うすぎがわ
島根県・小田川水系〔2級〕
宇角川　うずみがわ
岡山県・高梁川水系〔1級〕
宇谷川　うたにがわ
石川県・新堀川水系〔2級〕
宇谷川　うだにがわ
京都府・由良川水系〔1級〕
宇谷川　うだにがわ
鳥取県・宇谷川水系〔2級〕
宇谷川　うだにがわ
鳥取県・宇谷川水系
宇谷川　うたにがわ
山口県・田万川水系〔2級〕
宇谷川　うたにがわ
熊本県・五ヶ瀬川水系〔1級〕
宇那手川　うなてがわ
島根県・斐伊川水系〔1級〕
8宇坪谷川　うつぼやがわ
茨城県・利根川水系
宇奈月谷川　うなずきだにがわ
富山県・黒部川水系〔1級〕
宇奈比河《古》　うないがわ
富山県・宇波川水系の宇波川
宇奈田川　うなだがわ
大阪府・大和川水系〔1級〕
宇治川　うじがわ
京都府・淀川水系
宇治川　うじがわ
兵庫県・宇治川水系〔2級〕
宇治川　うじがわ
島根県・斐伊川水系〔1級〕
宇治川　うじがわ
島根県・沖田川水系〔2級〕
宇治川　うじがわ
高知県・仁淀川水系〔1級〕
宇治川放水路　うじがわほうすいろ
高知県・仁淀川水系〔1級〕
宇治川派流　うじがわはりゅう
京都府・淀川水系〔1級〕
宇治谷川　うじだにがわ
高知県・仁淀川水系〔1級〕
宇波川　うなみがわ
富山県・宇波川水系〔2級〕
宇波川　うなみがわ
島根県・斐伊川水系〔1級〕
宇陀川　うだがわ
奈良県, 三重県・淀川水系〔1級〕
9宇屋谷川　うやだにがわ
島根県・斐伊川水系〔1級〕
宇津川　うつがわ
山形県・最上川水系〔1級〕
宇津川　うずがわ
鹿児島県・屋仁川水系〔2級〕
宇津内川　うつないがわ
北海道・頓別川水系〔2級〕
宇津戸川　うずとがわ
広島県・芦田川水系〔1級〕
宇津木川　うつぎがわ
京都府・由良川水系
宇津江川　うずえがわ
岐阜県・神通川水系〔1級〕
宇津尾木川　うつおぎがわ
大分県・大野川水系〔1級〕

宇津沢川　うつざわがわ
山形県・最上川水系〔1級〕
宇津々川　うつつがわ
大分県・番匠川水系〔1級〕
宇津野沢川　うつのざわがわ
岩手県・小本川水系
宇津野沢川　うつのざわがわ
山形県・最上川水系〔1級〕
宇美川　うみがわ
福岡県・多々良川水系〔2級〕
10宇根川　うねがわ
広島県・芦田川水系〔1級〕
宇留戸川　うるとがわ
佐賀県・塩田川水系〔2級〕
宇留院内川　うるいんないがわ
秋田県・雄物川水系〔1級〕
宇莫別川　うばくべつがわ
北海道・石狩川水系〔1級〕
宇連川　うれがわ
愛知県・豊川水系〔1級〕
宇連野川　うれのがわ
愛知県・矢作川水系
11宇都井谷川　うずいだにがわ
島根県・江の川水系〔1級〕
宇部川　うべがわ
岩手県・宇部川水系〔2級〕
宇部川　うべがわ
岩手県・宇部川水系
宇野川　うのがわ
奈良県・淀川水系〔1級〕
宇野谷川　うのたにがわ
京都府・淀川水系
宇野谷川　うのたにがわ
愛媛県・吉野川水系〔1級〕
12宇塚川　うずかがわ
山口県・錦川水系〔2級〕
宇智川　うちがわ
奈良県・紀の川水系〔1級〕
宇曾ノ木川　うそのきがわ
鹿児島県・網掛川水系〔2級〕
宇曾川　うそがわ
滋賀県・淀川水系〔1級〕
宇曾川　うそがわ
熊本県・菊池川水系
宇曾利山湖　うそりやまこ
青森県・正津川水系〔2級〕
宇賀川　うがかわ
三重県・員弁川水系〔2級〕
宇賀川　うがかわ
広島県・江の川水系〔1級〕
宇賀川　うがかわ
広島県・江の川水系
宇賀志川　うがしがわ
奈良県・淀川水系〔1級〕
宇賀谷川　うがたにがわ
高知県・新川川水系〔2級〕
13宇遠別川　うえんべつがわ
北海道・十勝川水系〔1級〕
16宇樽部川　うたるべがわ
青森県・相坂川水系〔2級〕
宇頭川《古》　うずがわ
兵庫県・揖保川水系の揖保川
宇頭城川　うつぎがわ
京都府・淀川水系
18宇藤ノ川　うどのがわ
愛媛県・渡川水系〔1級〕
宇藤木川　うとうぎがわ
岡山県・鴨川水系〔2級〕
20宇護蔵川　うごぞうがわ
新潟県・三面川水系〔2級〕

【守】

3守山川　もりやまがわ
愛知県・庄内川水系〔1級〕
守山川　もりやまがわ
愛知県・庄内川水系
守山川　もりやまがわ
滋賀県・淀川水系〔1級〕
8守門川　すもんがわ
新潟県・信濃川水系〔1級〕
守門川　すもんがわ
新潟県・信濃川水系〔1級〕
9守屋川　もりやがわ
愛媛県・渡川水系〔1級〕
守柄川　すからがわ
兵庫県・矢田川水系〔2級〕
12守道川　もちがわ
奈良県・淀川水系〔1級〕

【宅】

11宅野川　たくのがわ
島根県・宅野川水系〔2級〕
12宅間川　たくまがわ
愛媛県・品部川水系〔2級〕

【寺】

寺の下川　てらのしたがわ
秋田県・雄物川水系
寺の上川　てらのかみがわ
熊本県・白川水系
寺の沢川　てらのさわがわ
北海道・松倉川水系〔2級〕
寺の沢川　てらのさわがわ
新潟県・信濃川水系〔1級〕

寺の前川　てらのまえがわ
秋田県・奈曾川水系
寺の奥川　てらのおくがわ
京都府・野田川水系
寺の奥川　てらのおくがわ
兵庫県・由良川水系
寺の奥谷川　てらのおくたにがわ
三重県・櫛田川水系〔1級〕
寺ノ奥谷川　てらのおくだにがわ
京都府・由良川水系
3寺小路川　てらこうじがわ
栃木県・利根川水系〔1級〕
寺山川　てらやまがわ
山形県・最上川水系〔1級〕
寺山川　てらやまがわ
愛知県・音羽川水系
寺山川　てらやまがわ
広島県・太田川水系
寺川　てらがわ
岩手県・寺川水系
寺川　てらがわ
岩手県・北上川水系
寺川　てらがわ
宮城県・北上川水系〔1級〕
寺川　てらがわ
山形県・最上川水系〔1級〕
寺川　てらがわ
富山県・寺川水系〔2級〕
寺川　てらがわ
山梨県・相模川水系〔1級〕
寺川　てらがわ
山梨県・富士川水系〔1級〕
寺川　てらがわ
岐阜県・木曾川水系〔1級〕
寺川　てらがわ
三重県・鈴鹿川水系〔1級〕
寺川　てらがわ
奈良県・大和川水系〔1級〕
寺川　てらがわ
香川県・大束川水系〔2級〕
寺川　てらがわ
愛媛県・寺川水系〔2級〕
寺川　てらがわ
愛媛県・蒼社川水系〔2級〕
寺川　てらがわ
福岡県・筑後川水系〔1級〕
寺川　てらご
熊本県・球磨川水系
4寺中川　てらなかがわ
愛知県・中野川水系
寺元川　てらもとがわ
岡山県・吉井川水系
寺内川　じないがわ
新潟県・加治川水系〔2級〕
寺戸川　てらどがわ
岡山県・高梁川水系
5寺田川　てらだがわ
秋田県・雄物川水系〔1級〕
寺田川　てらだがわ
山形県・新井田川水系〔2級〕
寺田川　てらだがわ
富山県・白岩川水系〔2級〕
寺田川　てらだがわ
静岡県・伊東大川水系〔2級〕
寺田川　てらだがわ
愛知県・境川水系
寺田川　てらだがわ
京都府・伊佐津川水系〔2級〕
6寺池川　てらいけがわ
愛媛県・肱川水系〔1級〕
7寺尾川　てらおがわ
京都府・由良川水系〔1級〕
寺沢川　てらさわがわ
青森県・岩木川水系〔1級〕
寺沢川　てらさわがわ
岩手県・北上川水系
寺沢川　てらさわがわ
秋田県・米代川水系〔1級〕
寺沢川　てらさわがわ
秋田県・雄物川水系〔1級〕
寺沢川　てらさわがわ
山形県・最上川水系〔1級〕
寺沢川　てらさわがわ
群馬県・利根川水系〔1級〕
寺沢川　てらさわがわ
新潟県・信濃川水系〔1級〕
寺沢川　てらさわがわ
山梨県・富士川水系〔1級〕
寺沢川　てらさわがわ
長野県・信濃川水系〔1級〕
寺沢川　てらさわがわ
長野県・天竜川水系〔1級〕
寺谷川　てらたにがわ
三重県・宮川水系〔1級〕
寺谷川　てらたにがわ
滋賀県・淀川水系〔1級〕
寺谷川　てらだにがわ
京都府・淀川水系〔1級〕
寺谷川　てらだにがわ
兵庫県・円山川水系
寺谷川　てらたにがわ
鳥取県・真子川水系〔2級〕
寺谷川　てらだにがわ
島根県・斐伊川水系〔1級〕

寺谷川　てらだにがわ
徳島県・吉野川水系〔1級〕
寺谷川　てらたにがわ
徳島県・野根川水系〔2級〕
寺谷川　てらだにがわ
愛媛県・肱川水系〔1級〕
寺谷川　てらたにがわ
愛媛県・渡川水系〔1級〕
寺谷川　てらたにがわ
愛媛県・仁淀川水系
寺谷水流　てらだにすいりゅう
富山県・境川水系〔2級〕
8寺河内川　てらごうちがわ
兵庫県・夢前川水系〔2級〕
寺河戸川　てらかわどがわ
岐阜県・庄川水系〔1級〕
9寺前谷川　てらまえだにがわ
徳島県・吉野川水系〔1級〕
寺垣内川　てらがいとがわ
京都府・淀川水系
寺柱川　てらばしらがわ
宮崎県・大淀川水系〔1級〕
寺畑川　てらはたがわ
大分県・大野川水系〔1級〕
寺畑前川　てらはたまえがわ
兵庫県・淀川水系〔1級〕
10寺浦川　てらうらがわ
佐賀県・六角川水系〔1級〕
11寺崎川　てらさきがわ
岡山県・吉井川水系
寺野川　てらのがわ
静岡県・都田川水系
寺野川　てらのがわ
愛媛県・肱川水系〔1級〕
寺野川　てらのがわ
高知県・仁淀川水系〔1級〕
寺野沢川　てらのさわがわ
岩手県・小鎚川水系
寺野谷川　てらのだにがわ
徳島県・那賀川水系〔1級〕
14寺領寺川　じりょうじがわ
山口県・椹野川水系
15寺横川　てらよこがわ
愛知県・豊川水系

【岃】

5岃打谷川　なたうちたにがわ
新潟県・信濃川水系〔1級〕

【州】

9州美川　すみがわ
三重県・中ノ川水系〔2級〕

【帆】

4帆引川　ほびきがわ
岐阜県・木曾川水系〔1級〕
帆引池　ほびきいけ
岐阜県海津市
9帆柱川　ほばしらがわ
新潟県・国府川水系〔2級〕

【年】

年の春川　としのはるがわ
熊本県・菊池川水系
年の神川　としのかみがわ
大分県・丸尾川水系〔2級〕
3年川　としがわ
静岡県・狩野川水系〔1級〕
6年年沢川　ねんねんざわがわ
岩手県・安家川水系
7年見川　としみがわ
宮崎県・大淀川水系〔1級〕
年見川放水路　としみがわほうすいろ
宮崎県・大淀川水系〔1級〕
年谷川　としたにがわ
大阪府・淀川水系〔1級〕
9年神川　としがみがわ
宮崎県・大淀川水系

【庄】

庄ノ谷川　しょのたにがわ
京都府・淀川水系
3庄下川　しょうげがわ
兵庫県・淀川水系〔1級〕
庄川　しょうがわ
岐阜県, 富山県・庄川水系〔1級〕
庄川　しょうがわ
和歌山県・太田川水系〔2級〕
庄川　しゃがわ
和歌山県・富田川水系〔2級〕
庄川　しょうがわ
和歌山県・有田川水系〔2級〕
庄川　しょうがわ
佐賀県・六角川水系〔1級〕
4庄之又川　しょうのまたがわ
新潟県・信濃川水系〔1級〕
庄之沢川　しょうのさわがわ
山梨県・富士川水系〔1級〕
庄五郎川　しょうごろうがわ
愛知県・庄五郎川水系
庄内小国川　しょうないおぐにがわ
山形県・庄内小国川水系〔2級〕
庄内川　しょうないがわ
岐阜県, 愛知県・庄内川水系〔1級〕

庄内川　しょうないがわ
岡山県・旭川水系〔1級〕
庄内川　しょうないがわ
福岡県・遠賀川水系〔1級〕
庄内川　しょうないがわ
宮崎県・大淀川水系〔1級〕
庄内水沢川　しょうないみずざわがわ
山形県・最上川水系〔1級〕
庄内水沢川　しょうないみずざわがわ
山形県・最上川水系
庄内高瀬川　しょうないたかせがわ
山形県・月光川水系〔2級〕
庄内熊野川　しょうないくまのがわ
山形県・月光川水系〔2級〕
庄手川　しょうでがわ
大分県・筑後川水系〔1級〕
庄手川　しょうでがわ
宮崎県・庄手川水系〔2級〕
5庄司川　しょうじがわ
愛知県・汐川水系〔2級〕
庄司川　しょうじがわ
三重県・櫛田川水系〔1級〕
庄司川　しょうじがわ
福岡県・遠賀川水系〔1級〕
庄本川　しょもとがわ
熊本県・球磨川水系〔1級〕
庄田川　しょうだがわ
岡山県・庄田川水系〔2級〕
庄田川　しょうだがわ
愛媛県・金生川水系〔2級〕
6庄地川　しょうじがわ
山口県・庄地川水系〔2級〕
庄寺川　しょうでらがわ
熊本県・関川水系
7庄兵ヱ川　しょうべえがわ
愛知県・紙田川水系
庄兵衛堀川　しょうべえほりがわ
埼玉県・利根川水系〔1級〕
庄沢川　しょうさわがわ
長野県・信濃川水系〔1級〕
庄谷川　しょうやがわ
広島県・江の川水系〔1級〕
8庄府川　しょうふがわ
愛媛県・立岩川水系〔2級〕
9庄屋川　しょうやがわ
山口県・庄屋川水系〔2級〕
庄界川　しょうかいがわ
滋賀県・淀川水系〔1級〕
10庄原川　しょうばらがわ
岡山県・吉井川水系〔1級〕
11庄野川　しょうのがわ
北海道・石狩川水系〔1級〕

【式】
7式見川　しきみがわ
長崎県・式見川水系〔2級〕
15式敷川　しきしきがわ
広島県・江の川水系〔1級〕

【当】
3当丸沼　とうまるぬま
北海道古宇郡神恵内村
6当多治川　とたじがわ
京都府・淀川水系
7当別川　とうべつがわ
北海道・石狩川水系〔1級〕
当貝津川　とうかいずがわ
愛知県・豊川水系〔1級〕
8当沸川　とうふつがわ
北海道・雄武川水系〔2級〕
9当信川　とうしんがわ
長野県・信濃川水系〔1級〕
11当麻川　とうまがわ
北海道・石狩川水系〔1級〕
当麻内川　とうまないがわ
北海道・厚真川水系
当麻熊の沢川　とうまくまのさわがわ
北海道・石狩川水系〔1級〕
12当間川　あてまがわ
新潟県・信濃川水系〔1級〕
15当摩川　たいまがわ
岩手県・北上川水系
当摩川　とうまがわ
岡山県・旭川水系〔1級〕
当縁川　とうべりがわ
北海道・当縁川水系〔2級〕

【成】
2成又川　なるまたがわ
高知県・伊与木川水系
3成川　なるかわ
和歌山県・名喜里川水系〔2級〕
成川川　なるかわがわ
山口県・阿武川水系〔2級〕
成川川　なるかわがわ
愛媛県・来村川水系〔2級〕
4成木川　なるきがわ
東京都・荒川（東京都・埼玉県）水系〔1級〕
成王寺川　じょうおうじがわ
福岡県・遠賀川水系〔1級〕
6成羽川　なりわがわ
広島県・高梁川水系〔1級〕
7成沢川　なるさわがわ
長野県・信濃川水系〔1級〕

成谷川　なるだにがわ
愛媛県・重信川水系〔1級〕
成谷川　なるたにがわ
愛媛県・成谷川水系〔2級〕
8成松川　なりまつがわ
岡山県・吉井川水系
9成海川　なるみがわ
愛知県・庄内川水系
成畑川　なりはたがわ
奈良県・新宮川水系〔1級〕
成相川　なりあいがわ
兵庫県・三原川水系〔2級〕
10成案寺川　じょうあんじがわ
静岡県・栃山川水系〔2級〕
成泰川　なるたいがわ
愛媛県・渡川水系〔1級〕
15成穂川　なるおがわ
愛媛県・肱川水系〔1級〕
19成瀬川　なるせがわ
秋田県・雄物川水系〔1級〕
成瀬川　なるせがわ
徳島県・那賀川水系〔1級〕
成瀬川　なるせがわ
大分県・大野川水系〔1級〕
成願寺川　じょうがんじがわ
京都府・竹野川水系

【旭】

旭の又川　ひのまたがわ
岩手県・北上川水系〔1級〕
旭の又川　ひのまたがわ
岩手県・北上川水系
旭ヶ丘川　あさひがおかがわ
北海道・十勝川水系〔1級〕
3旭川　あさひがわ
秋田県・雄物川水系〔1級〕
旭川《別》　あさひがわ
秋田県・雄物川水系の横手川
旭川　あさひがわ
奈良県・新宮川水系〔1級〕
旭川　あさひがわ
岡山県・旭川水系〔1級〕
旭川　あさひがわ
徳島県・勝浦川水系〔2級〕
5旭出川　あさひでがわ
愛知県・天白川水系
8旭岱川　あさひたいがわ
北海道・姫川水系

【早】

早の瀬川　はやのせがわ
佐賀県・鹿島川水系〔2級〕
3早口川　はやぐちがわ
秋田県・米代川水系〔1級〕
早川　はやがわ
群馬県・利根川水系〔1級〕
早川　はやかわ
神奈川県・早川水系〔2級〕
早川　はやがわ
新潟県・早川水系〔2級〕
早川　はやかわ
山梨県・富士川水系〔1級〕
早川　はやがわ
滋賀県・淀川水系〔1級〕
早川川　はやかわがわ
岩手県・早川川水系
4早刈川　はやかりがわ
新潟県・信濃川水系〔1級〕
早戸川　はやとがわ
茨城県・那珂川水系〔1級〕
早戸川　はやとがわ
神奈川県・相模川水系〔1級〕
早月川　はやつきがわ
富山県・早月川水系〔2級〕
早月谷川　はやつきだにがわ
和歌山県・有田川水系〔2級〕
早木戸川　はやきどがわ
長野県・天竜川水系〔1級〕
早水川　はやみずがわ
島根県・江の川水系〔1級〕
5早出川　はやでがわ
新潟県・阿賀野川水系〔1級〕
早田川　わさだがわ
山形県・赤川水系〔1級〕
早田川　わさだがわ
山形県・早田川水系〔2級〕
早田川　わさだがわ
山形県・赤川水系
早田川　そうでんがわ
岐阜県・木曾川水系〔1級〕
6早向川　さっこうがわ
新潟県・信濃川水系〔1級〕
7早岐川　はいきがわ
長崎県・早岐川水系〔2級〕
早良川《古》　さわらがわ
福岡県・室見川水系の室見川
8早苗別川　さなえべつがわ
北海道・石狩川水系〔1級〕
早苗別川放水路　さなえべつがわほうすいろ　北海道・石狩川水系〔1級〕
早迫川　はやさこがわ
熊本県・砂川水系
9早垣川　はやがきがわ
佐賀県・早垣川水系〔2級〕

早津川　はやつがわ
和歌山県・日高川水系〔2級〕
早津江川　はやつえがわ
佐賀県・筑後川水系〔1級〕
10早栗川　はやくりがわ
山口県・厚東川水系〔2級〕
早浦川　はやうらがわ
熊本県・早浦川水系〔2級〕
11早淵川　はやふちがわ
神奈川県・鶴見川水系〔1級〕
14早稲川　さいながわ
高知県・仁淀川水系〔1級〕
早稲川放水路　さいながわほうすいろ
高知県・仁淀川水系〔1級〕
早稲田川　わせだがわ
愛知県・汐川水系
早稲田川　わさだがわ
熊本県・河内川水系
早稲谷川　わせたにがわ
福島県・阿賀野川水系〔1級〕
19早瀬川　はやせがわ
岩手県・北上川水系〔1級〕
早瀬川　はやせがわ
群馬県・利根川水系〔1級〕
早瀬川　はやせがわ
福井県・早瀬川水系〔2級〕

【曳】

3曳川　ひきがわ
愛媛県・渡川水系〔1級〕
5曳田川　ひけたがわ
鳥取県・千代川水系〔1級〕

【曲】

曲り沢川　まがりさわがわ
北海道・沙流川水系〔1級〕
曲り沢川　まがりさわがわ
新潟県・信濃川水系〔1級〕
曲り谷川　まがりだにがわ
岡山県・吉井川水系〔1級〕
3曲川　まがりがわ
秋田県・米代川水系
曲川　まがりがわ
山形県・最上川水系〔1級〕
曲川　まがりがわ
島根県・曲川水系〔2級〕
曲川　まがりがわ
福岡県・遠賀川水系〔1級〕
曲川放水路　まがりかわほうすいろ
福岡県・遠賀川水系〔1級〕
5曲田川　まがたがわ
福島県・阿武隈川水系
曲田川　まがたがわ
茨城県・那珂川水系〔1級〕
7曲坂川　まがりさかがわ
岐阜県・木曾川水系〔1級〕
曲谷川　まがりたにがわ
新潟県・信濃川水系〔1級〕
8曲沼　まがぬま
山形県東村山郡山辺町
11曲野川　まがりのがわ
熊本県・菊池川水系

【有】

4有井川　ありいがわ
高知県・有井川水系〔2級〕
有井川　ありいがわ
高知県・有井川水系
有仏谷川　おぶつだにがわ
山口県・錦川水系〔2級〕
有戸川　ありとがわ
青森県・有戸川水系
有木川　あらきがわ
島根県・八尾川水系〔2級〕
有木川　ありきがわ
福岡県・遠賀川水系〔1級〕
有水川　ありみずがわ
宮崎県・大淀川水系〔1級〕
5有本川　ありもとがわ
和歌山県・紀の川水系〔1級〕
有田川　うたがわ
三重県・外城田川水系〔2級〕
有田川　ありだがわ
和歌山県・有田川水系〔2級〕
有田川　ありたがわ
岡山県・用之江川水系〔2級〕
有田川　ありたがわ
福岡県・山国川水系〔1級〕
有田川　ありたがわ
佐賀県・有田川水系〔2級〕
有田川　ありたがわ
大分県・筑後川水系〔1級〕
6有地川　ありじがわ
三重県・古和川水系
有地川　ありちがわ
広島県・芦田川水系〔1級〕
有宇内川　ありうないがわ
岩手県・北上川水系
有帆川　ありほがわ
山口県・有帆川水系〔2級〕
7有利里川　うりりがわ
北海道・天塩川水系〔1級〕
有坂川　ありさかがわ
広島県・太田川水系〔1級〕

有良川　ゆらがわ
北海道・有良川水系
有里川　ありさとがわ
奈良県・大和川水系〔1級〕
8有岡川　ありおかがわ
高知県・渡川水系〔1級〕
有明川　ありあけがわ
長崎県・有明川水系〔2級〕
有枝川　ありえだがわ
愛媛県・仁淀川水系〔1級〕
有東川　うとうがわ
山梨県・富士川水系〔1級〕
9有屋川　ありやがわ
大分県・有屋川水系〔2級〕
有屋川　ありやがわ
鹿児島県・浦上川水系〔2級〕
有海原川　あるみばらがわ
愛知県・豊川水系
有美川　ありみがわ
広島県・芦田川水系〔1級〕
10有家川　うげがわ
岩手県・有家川水系〔2級〕
有家川　ありえがわ
長崎県・有家川水系〔2級〕
有栖川　ありすがわ
京都府・淀川水系〔1級〕
有浦川　ありうらがわ
佐賀県・有浦川水系〔2級〕
有珠川　うすがわ
北海道・苫小牧川水系〔2級〕
有馬川　ありまがわ
宮城県・北上川水系〔1級〕
有馬川《別》　ありまがわ
新潟県・桑取川水系の桑取川
有馬川　ありまがわ
兵庫県・武庫川水系〔2級〕
有馬川　ありまがわ
長崎県・有馬川水系〔2級〕
有馬川上流六甲川《別》　ありまがわじょうりゅうろっこうがわ
兵庫県・武庫川水系の六甲川
有馬川上流滝川《別》　ありまがわじょうりゅうたきがわ
兵庫県・武庫川水系の滝川
11有野川　ありのがわ
兵庫県・武庫川水系〔2級〕
12有喜川　うきがわ
長崎県・有喜川水系〔2級〕
有富川　ありどめがわ
鳥取県・千代川水系〔1級〕
有無瀬川　うむせがわ
静岡県・富士川水系〔1級〕
有間川　ありまがわ
埼玉県・荒川（東京都・埼玉県）水系〔1級〕
有間田川　ありまだがわ
熊本県・大野川水系
13有勢内川　うせないがわ
北海道・有勢内川水系
有漢川　うかんがわ
岡山県・高梁川水系〔1級〕
14有熊川　ありくまがわ
京都府・野田川水系
有銘川　あるめがわ
沖縄県・有銘川水系〔2級〕
19有瀬川　ありせがわ
愛媛県・渡川水系〔1級〕

【杌】

3杌川　つくえがわ
岩手県・杌川水系

【朽】

朽ノ木沢川　とうのきさわがわ
山形県・最上川水系〔1級〕
4朽木川《別》　くちきがわ
京都府, 滋賀県・淀川水系の安曇川
朽木川　くちきがわ
香川県・綾川水系〔2級〕
14朽綱川《古》　くたみがわ
大分県・大分川水系の芹川

【朱】

朱の又川　しゅのまたがわ
秋田県・子吉川水系〔1級〕
4朱太川　しゅぶとがわ
北海道・朱太川水系〔2級〕
17朱鞠内川　しゅまりないがわ
北海道・石狩川水系〔1級〕

【朴】

朴ノ木川　ほうのきがわ
新潟県・関川水系〔1級〕
3朴川　ほうのきがわ
山口県・阿武川水系〔2級〕
4朴木沢川　ほうきざわがわ
山形県・最上川水系〔1級〕

【次】

6次年子川　じねごがわ
山形県・最上川水系〔1級〕
9次郎七川　じろうしちがわ
新潟県・次郎七川水系〔2級〕

次郎九郎川　じろくろがわ
滋賀県・淀川水系〔1級〕
次郎川　じろうがわ
山梨県・富士川水系〔1級〕
次郎兵衛沢　じろべえざわ
神奈川県・千歳川水系
次郎湖　じろうこ
北海道阿寒町

【死】

10死骨川　しぼねがわ
福島県・藤原川水系〔2級〕

【気】

4気比川　けいがわ
兵庫県・円山川水系〔1級〕
気比川北流　けひがわほくりゅう
兵庫県・円山川水系〔1級〕
5気仙川　きせんがわ
北海道・気仙川水系〔2級〕
気仙川　きせんがわ
北海道・気仙川水系
気仙川　けせんがわ
岩手県・気仙川水系〔2級〕
気田川　けたがわ
静岡県・天竜川水系〔1級〕
8気奈沢川　きなさわかわ
群馬県・利根川水系〔1級〕
気門別川　きもんべつがわ
北海道・気門別川水系〔2級〕
9気屋川　きやがわ
石川県・大野川水系〔2級〕

【汗】

3汗川　あせがわ
和歌山県・富田川水系〔2級〕
7汗見川　あせみがわ
高知県・吉野川水系〔1級〕

【江】

江の川　ごうのかわ
広島県, 島根県・江の川水系〔1級〕
江の川　ぬたのがわ
高知県・渡川水系
江の串川　えのくしがわ
長崎県・江の串川水系〔2級〕
江の草川　えのくさがわ
熊本県・菊池川水系
江の浦川　えのうらがわ
長崎県・江の浦川水系〔2級〕
江ヶ沢川　えがさわがわ
愛知県・豊川水系

江ノ口川　えのくちがわ
高知県・国分川水系〔2級〕
江ノ口川　えのくちがわ
福岡県・江ノ口川水系〔2級〕
江ノ川《別》　えのかわ
広島県, 島根県・江の川水系の江の川
江ノ川　えのがわ
高知県・安芸川水系〔2級〕
江ノ村川　えのむらがわ
高知県・渡川水系〔1級〕
江ノ谷川　えのたにがわ
高知県・下ノ加江川水系〔2級〕
江ノ河内川　えのこうちがわ
広島県・江の川水系〔1級〕
江ノ河原川《別》　えのかわらがわ
山口県・厚狭川水系の平原川
3江上川　えがみがわ
和歌山県・江上川水系〔2級〕
江上川　えがみがわ
大分県・江上川水系〔2級〕
江上田川　えがみだがわ
愛知県・日光川水系
江口川《別》　えぐちがわ
大阪府・淀川水系の神崎川
江口川　えぐちがわ
佐賀県・筑後川水系〔1級〕
江口川　えぐちがわ
鹿児島県・江口川水系〔2級〕
江川　えがわ
茨城県・那珂川水系〔1級〕
江川　えがわ
茨城県・利根川水系〔1級〕
江川　えがわ
茨城県・利根川水系
江川　えがわ
栃木県・那珂川水系〔1級〕
江川　えがわ
栃木県・利根川水系〔1級〕
江川　えがわ
埼玉県, 東京都・荒川(東京都・埼玉県)水系〔1級〕
江川　えがわ
千葉県・小糸川水系〔2級〕
江川　ごうがわ
石川県・江川水系
江川　えがわ
静岡県・菊川水系〔1級〕
江川　えがわ
愛知県・豊川水系〔1級〕
江川　えがわ
愛知県・猿渡川水系
江川　えがわ
愛知県・江川水系

江川　えがわ
愛知県・矢作川水系
江川　えがわ
三重県・江川水系〔2級〕
江川　えがわ
滋賀県・淀川水系〔1級〕
江川　えがわ
和歌山県・日高川水系〔2級〕
江川　えがわ
鳥取県・塩見川水系〔2級〕
江川　えがわ
岡山県・江川水系〔2級〕
江川《別》　ごうがわ
広島県, 島根県・江の川水系の江の川
江川　えがわ
山口県・江川水系〔2級〕
江川　えがわ
徳島県・吉野川水系〔1級〕
江川　えがわ
徳島県・江川水系〔2級〕
江川　えがわ
福岡県・遠賀川水系〔1級〕
江川　えがわ
福岡県・筑後川水系〔1級〕
江川　えがわ
長崎県・江川水系〔2級〕
江川　えがわ
大分県・江川水系〔2級〕
江川　えがわ
宮崎県・大淀川水系〔1級〕
江川川　えかわがわ
兵庫県・千種川水系〔2級〕
江川川　えがわがわ
高知県・渡川水系〔1級〕
江川川　えがわがわ
高知県・安芸川水系〔2級〕
江川川　えがわがわ
長崎県・江川川水系〔2級〕
江川内川　えがわちがわ
長崎県・江川内川水系〔2級〕
江川放水路　えがわほうすいろ
栃木県・利根川水系〔1級〕
4江丹別川　えたんべつがわ
北海道・石狩川水系〔1級〕
江内川　えうちがわ
鹿児島県・江内川水系〔2級〕
江刈内川　えかりないがわ
岩手県・北上川水系
江戸ヶ沢川　えどがさわがわ
長野県・天竜川水系〔1級〕
江戸上川　えどかみがわ
茨城県・江戸上川水系〔2級〕
江戸川　えどがわ
栃木県・利根川水系〔1級〕
江戸川　えどがわ
東京都, 千葉県, 埼玉県・利根川水系〔1級〕
江戸川　えどがわ
山梨県・相模川水系〔1級〕
江木川　えぎがわ
広島県・本郷川水系
5江古川　えふるかわ
福井県・北川水系〔1級〕
江古田川　えごたがわ
東京都・荒川（東京都・埼玉県）水系〔1級〕
江尻川　えじりがわ
島根県・斐伊川水系〔1級〕
江尻川　えじりがわ
香川県・江尻川水系〔2級〕
江尻川　えじりがわ
福岡県・今川水系〔2級〕
江尻窪川　えじりくぼがわ
山梨県・富士川水系〔1級〕
江永川　えながかわ
長崎県・小森川水系〔2級〕
江田川　えだがわ
和歌山県・江田川水系〔2級〕
江田川　えたがわ
熊本県・菊池川水系〔1級〕
江田川　えだがわ
宮崎県・大淀川水系〔1級〕
江田川　えだがわ
宮崎県・大淀川水系
江田谷川　えだだにがわ
徳島県・吉野川水系〔1級〕
6江合川　えあいがわ
宮城県・北上川水系〔1級〕
江名子川　えなごがわ
岐阜県・神通川水系〔1級〕
江舟川　えふねがわ
山口県・阿武川水系〔2級〕
江西川　えにしがわ
愛知県・日光川水系
7江住川　えすみがわ
和歌山県・江住川水系〔2級〕
江別川《別》　えべつがわ
北海道・石狩川水系の千歳川
江尾江川　えのおえがわ
静岡県・富士川水系〔1級〕
江良川　えらがわ
山口県・木屋川水系〔2級〕
江良川　えらがわ
熊本県・菊池川水系
江良川　えらがわ
鹿児島県・米之津川水系〔2級〕

江良谷川　えらだにがわ
岡山県・高梁川水系〔1級〕
江花川　えばながわ
福島県・阿武隈川水系〔1級〕
江谷川　えたにがわ
島根県・大原川水系〔2級〕
江迎川　えむかえがわ
長崎県・江迎川水系〔2級〕
江里山川　えりやまがわ
佐賀県・嘉瀬川水系〔1級〕
8江国川　えくにがわ
広島県・芦田川水系〔1級〕
江岡川　えおかがわ
佐賀県・江岡川水系〔2級〕
江岸川　えぎしがわ
滋賀県・淀川水系〔1級〕
江東川　ごうどうがわ
鳥取県・江東川水系〔2級〕
江東川放水路　こうとうがわほうすいろ
鳥取県・江東川水系〔2級〕
江泊川　えどまりがわ
石川県・江泊川水系
9江津川　えずがわ
山口県・江津川水系〔2級〕
江畑川　えばたがわ
福島県・鮫川水系〔2級〕
江面川　えずらがわ
滋賀県・淀川水系〔1級〕
10江島川　えじまがわ
佐賀県・筑後川水系〔1級〕
江馬小屋谷川　えまこやだにがわ
三重県・櫛田川水系〔1級〕
11江添川　えぞえがわ
愛知県・前川水系〔2級〕
江淵川　えぶちがわ
高知県・渡川水系〔1級〕
江部乙川　えべおつがわ
北海道・石狩川水系〔1級〕
江部川　えべがわ
長野県・信濃川水系〔1級〕
江野川　えのがわ
石川県・江野川水系
12江場土川　えばとがわ
千葉県・夷隅川水系〔2級〕
江曾川　えそがわ
石川県・御祓川水系
江無田川《古》　えむたがわ
大分県・末広川水系の末広川
江賀谷川　えがたにがわ
滋賀県・淀川水系〔1級〕
江間川　えまがわ
静岡県・狩野川水系〔1級〕
江須の川　えすのかわ
和歌山県・江須の川水系〔2級〕
13江幌完別川　えほろかんべつがわ
北海道・石狩川水系〔1級〕
江福川　えふくがわ
佐賀県・江福川水系〔2級〕
14江端川　えばたがわ
福井県・九頭竜川水系〔1級〕
江端川　えばたがわ
長崎県・江端川水系〔2級〕
15江蝉川　えせみがわ
大阪府・淀川水系〔1級〕
16江頭川　えがしらがわ
山口県・江頭川水系〔2級〕
江頭川　えずがわ
佐賀県・江頭川水系〔2級〕
江頭川　えがしらがわ
大分県・江頭川水系〔2級〕

【汐】

2汐入川　しおいりがわ
千葉県・汐入川水系〔2級〕
汐入川　しおいりがわ
兵庫県・汐入川水系〔2級〕
汐入川　しおいりがわ
岡山県・倉敷川水系〔2級〕
汐入川　しおいりがわ
岡山県・高梁川水系
汐入川　しおいりがわ
福岡県・汐入川水系〔2級〕
3汐川　しおがわ
愛知県・汐川水系〔2級〕
汐川　しおがわ
愛知県・汐川水系
4汐井川　しおいがわ
福岡県・瑞梅寺川水系〔2級〕
7汐見川　しおみがわ
北海道・汐見川水系
汐見川　しおみがわ
鹿児島県・汐見川水系〔2級〕
8汐泊川　しおどまりがわ
北海道・汐泊川水系〔2級〕
10汐留川　しおどめがわ
東京都・汐留川水系〔2級〕

【池】

池の下川　いけのしたがわ
愛知県・矢作川水系
池の口川　いけのくちがわ
熊本県・緑川水系
池の川　いけのかわ
和歌山県・左会津川水系〔2級〕

池の内下川　いけのうちしもがわ
　　　　　京都府・伊佐津川水系〔2級〕
池の内川　いけのうちがわ
　　　　　広島県・江の川水系〔1級〕
池の内川　いけのうちがわ
　　　　　大分県・重綱川水系〔2級〕
池の内池　いけのうちいけ
　　　　　岡山県・旭川水系
池の沢　いけのさわ
　　　　　山梨県・富士川水系
池の沢　いけのさわ
　　　　　静岡県・堰沢川水系
池の沢川　いけのさわがわ
　　　　　長野県・信濃川水系〔1級〕
池の谷川　いけのたにがわ
　　　　　徳島県・吉野川水系〔1級〕
池の谷川　いけのたにがわ
　　　　　愛媛県・肱川水系〔1級〕
池の谷川　いけのたにがわ
　　　　　高知県・渡川水系
池の谷東谷川　いけのたにひがしだにがわ
　　　　　高知県・渡川水系
池ノ内川　いけのうちがわ
　　　　　高知県・池ノ内川水系
池ノ平川　いけのだいらがわ
　　　　　新潟県・葡萄川水系〔2級〕
池ノ谷川　いけのたにがわ
　　　　　滋賀県・淀川水系〔1級〕
池ノ俣川　いけのまたがわ
　　　　　岐阜県・神通川水系〔1級〕
3池下川　いけしたがわ
　　　　　愛知県・庄内川水系
池口川　いけぐちがわ
　　　　　長野県・天竜川水系〔1級〕
池川　いけがわ
　　　　　富山県・小矢部川水系〔1級〕
池川　いけがわ
　　　　　滋賀県・淀川水系〔1級〕
池川川　いけがわがわ
　　　　　高知県・仁淀川水系〔1級〕
4池之窪川　いけのくぼがわ
　　　　　愛媛県・池之窪川水系〔2級〕
池内川　いけうちがわ
　　　　　京都府・伊佐津川水系〔2級〕
5池尻川　いけじりがわ
　　　　　長野県・関川水系〔1級〕
池尻川　いけじりがわ
　　　　　愛知県・池尻川水系〔2級〕
池尻川　いけじりがわ
　　　　　兵庫県・武庫川水系〔2級〕
池尻川　いけじりがわ
　　　　　愛媛県・肱川水系〔1級〕

池尻沢　いけじりざわ
　　　　　新潟県・関川水系〔1級〕
池永川　いけなががわ
　　　　　熊本県・菊池川水系〔1級〕
池永川　いけなががわ
　　　　　熊本県・菊池川水系
池田大川　いけだおおかわ
　　　　　香川県・池田大川水系〔2級〕
池田川　いけだがわ
　　　　　宮城県・阿武隈川水系
池田川　いけだがわ
　　　　　愛知県・庄内川水系〔1級〕
池田川　いけだがわ
　　　　　愛知県・庄内川水系
池田川　いけだがわ
　　　　　愛知県・矢作川水系
池田川　いけだがわ
　　　　　三重県・磯部川水系〔2級〕
池田川　いけだがわ
　　　　　滋賀県・淀川水系〔1級〕
池田川　いけだがわ
　　　　　京都府・由良川水系〔1級〕
池田川　いけだがわ
　　　　　京都府・淀川水系
池田川　いけだがわ
　　　　　和歌山県・日高川水系〔2級〕
池田川　いけだがわ
　　　　　鳥取県・河内川水系
池田川《別》　いけだがわ
　　　　　広島県・江の川水系の生田川
池田川　いけだがわ
　　　　　高知県・渡川水系〔1級〕
池田川　いけだがわ
　　　　　福岡県・筑後川水系〔1級〕
池田川　いけだがわ
　　　　　佐賀県・六角川水系〔1級〕
池田川　いけだがわ
　　　　　長崎県・幡鉾川水系〔2級〕
池田川　いけだがわ
　　　　　大分県・番匠川水系〔1級〕
池田湖　いけだこ
　　　　　鹿児島県・新川水系〔2級〕
7池売川　いけうりがわ
　　　　　北海道・沙流川水系〔1級〕
池町川　いけまちがわ
　　　　　福岡県・筑後川水系〔1級〕
池谷川　いけたにがわ
　　　　　奈良県・淀川水系〔1級〕
池谷川　いけたにがわ
　　　　　高知県・奈半利川水系〔2級〕
8池林川　いけばやしがわ
　　　　　熊本県・早浦川水系

9池津川　いけつがわ
奈良県・新宮川水系〔1級〕
10池島川　いけじまがわ
宮崎県・川内川水系〔1級〕
11池崎川　いけざきがわ
石川県・二宮川水系
池郷川　いけごうがわ
奈良県・新宮川水系〔1級〕
池野山川　いけのやまかわ
和歌山県・古座川水系〔2級〕
池野川　いけのがわ
長崎県・相浦川水系〔2級〕
18池顔川　いけずらがわ
京都府・淀川水系

【灰】
灰の沢川　はいのさわがわ
静岡県・天竜川水系〔1級〕
灰ノ又沢川　はいのまたさわがわ
新潟県・信濃川水系〔1級〕
灰ノ木川　はいのきがわ
静岡県・都田川水系〔2級〕
3灰下川　はいげがわ
新潟県・信濃川水系〔1級〕
灰土川　はいつちがわ
新潟県・椿尾川水系
4灰方川　はいがたがわ
高知県・灰方川水系〔2級〕
灰爪川　はいずめがわ
新潟県・鯖石川水系〔2級〕
5灰田川　はいだがわ
奈良県・大和川水系〔1級〕
灰立川　はいたてがわ
奈良県・淀川水系〔1級〕
灰立川　はいたてがわ
熊本県・球磨川水系
9灰屋川　はいやがわ
京都府・淀川水系〔1級〕
10灰原川　はいばらがわ
京都府・淀川水系〔1級〕
11灰野川　はいのがわ
長野県・信濃川水系〔1級〕
12灰塚池　はいずかいけ
滋賀県栗東町
15灰縄沢川　はいなわさわがわ
静岡県・天竜川水系〔1級〕

【牟】
4牟井谷川　むいだにがわ
徳島県・奥潟川水系〔2級〕
5牟田川　むたがわ
福岡県・筑後川水系〔1級〕
牟田川　むたがわ
福岡県・湊川水系〔2級〕
牟田川　むたがわ
佐賀県・嘉瀬川水系〔1級〕
牟田川　むたがわ
佐賀県・玉島川水系〔2級〕
牟田川　むたがわ
長崎県・相浦川水系〔2級〕
牟田川　むたがわ
長崎県・福江川水系〔2級〕
牟田川　むたがわ
鹿児島県・川内川水系〔1級〕
牟田辺川　むたべがわ
佐賀県・六角川水系
牟礼川　むれがわ
香川県・牟礼川水系〔2級〕
牟礼川　むれがわ
大分県・大野川水系〔1級〕
7牟岐川　むぎがわ
徳島県・牟岐川水系〔2級〕

【瓜】
瓜ヶ沢川　うりがさわがわ
新潟県・信濃川水系〔1級〕
5瓜生川　うりゅうがわ
石川県・大海川水系
瓜生川　うりゅうがわ
石川県・大海川水系
瓜生川　うりゅうがわ
滋賀県・淀川水系〔1級〕
瓜生川　うりゅうがわ
岡山県・吉井川水系〔1級〕
瓜生野川　うりゅうのがわ
宮崎県・大淀川水系〔1級〕
瓜田川　うりたがわ
宮崎県・大淀川水系〔1級〕
7瓜谷川　うりたにがわ
和歌山県・南部川水系〔2級〕
11瓜巣川　うりすがわ
岐阜県・神通川水系〔1級〕
13瓜幕川　うりまくがわ
北海道・十勝川水系〔1級〕

【百】
3百子沢川　ひゃっこざわがわ
山形県・荒川（新潟県・山形県）水系〔1級〕
百川　ひゃっかわ
新潟県・石川水系〔2級〕
百川川　ももかわがわ
秋田県・馬場目川水系
4百日川　ひゃくにちがわ
福島県・阿武隈川水系〔1級〕

百日川　ひゃくにちがわ
福島県・阿武隈川水系
5百古里川　すがりがわ
静岡県・天竜川水系〔1級〕
百田川　ひゃくたがわ
山梨県・富士川水系〔1級〕
百田川　ひゃくたがわ
愛知県・矢作川水系
百目鬼川　どうめきがわ
栃木県・利根川水系〔1級〕
百目鬼川放水路　どうめきがわほうすいろ
栃木県・利根川水系〔1級〕
6百合谷川　ゆりたにがわ
山口県・小瀬川水系〔1級〕
百合谷川　もまいだにがわ
徳島県・那賀川水系〔1級〕
百合谷川　ゆりだにがわ
愛媛県・渡川水系〔1級〕
百合畑川　ゆりばたけかわ
長崎県・百合畑川水系〔2級〕
百合野川　ゆりのがわ
広島県・小瀬川水系
百宅川　ももやけがわ
秋田県・子吉川水系〔1級〕
百次川　ももつぎがわ
鹿児島県・川内川水系〔1級〕
百々川　どどがわ
宮城県・北上川水系〔1級〕
百々川　どどがわ
長野県・信濃川水系〔1級〕
百々川　どうどうがわ
愛知県・矢作川水系
百百川　どどがわ
三重県・淀川水系〔1級〕
百々川　どどがわ
三重県・三渡川水系〔2級〕
百々川　どどがわ
滋賀県・淀川水系〔1級〕
百々川　どどがわ
奈良県・大和川水系〔1級〕
百々池　ももいけ
滋賀県甲南町
百々沢川　どどさわがわ
山形県・月光川水系〔2級〕
百々谷川　ももたにがわ
大分県・番匠川水系〔1級〕
百々淵川　どどふちがわ
新潟県・加治川水系〔2級〕
百舌鳥川　もずがわ
大阪府・石津川水系〔2級〕
7百村川　ももむらがわ
栃木県・那珂川水系〔1級〕
百沢《別》　ももざわ
静岡県・狩野川水系の桃沢川
百谷川　ももたにがわ
広島県・芦田川水系〔1級〕
百谷川　ももたにがわ
山口県・南若川水系〔2級〕
8百松沢川　ひゃくまつさわがわ
北海道・新川水系
9百海川　とうみがわ
石川県・百海川水系
10百浦川　ひゃくうらがわ
石川県・百浦川水系
11百済川　くだらがわ
大阪府・石津川水系〔2級〕
百済川《別》　くだらがわ
大阪府・淀川水系の平野川
百済川《別》　くだらがわ
奈良県・大和川水系の葛城川
百済木川　くだらぎがわ
熊本県・球磨川水系〔1級〕
百貫川　ひゃっかんがわ
奈良県・大和川水系〔1級〕
12百間川　ひゃっけんがわ
岡山県・旭川水系〔1級〕
19百瀬川　ももせがわ
富山県・神通川水系
百瀬川　ももせがわ
滋賀県・淀川水系〔1級〕
百瀬川放水路　ももせがわほうすいろ
滋賀県・淀川水系〔1級〕

【竹】

竹の又川　たけのまたがわ
和歌山県・日置川水系〔2級〕
竹の下川　たけのしたがわ
岡山県・高梁川水系〔1級〕
竹の山川　たけのやまがわ
熊本県・菊池川水系
竹の平川　たけのひらがわ
静岡県・天竜川水系〔1級〕
竹の沢　たけのさわ
神奈川県・千歳川水系
竹の沢川　たけのさわがわ
北海道・湧別川水系〔1級〕
竹の沢川　たけのさわがわ
山梨県・富士川水系〔1級〕
竹の谷川　たけのたにがわ
愛媛県・肱川水系〔1級〕
竹の谷川　たけのたにがわ
熊本県・菊池川水系
竹の谷川　たけのたにがわ
熊本県・球磨川水系

竹の迫川　たけのさこがわ
宮城県・北上川水系〔1級〕
竹の迫川　たけのさこがわ
大分県・筑後川水系〔1級〕
竹の脇川　たけのわきがわ
宮崎県・五ヶ瀬川水系〔1級〕
竹ノ下川《別》　たけのしたがわ
静岡県・酒匂川水系の鮎沢川
竹ノ内川　たけのうちがわ
福島県・阿武隈川水系
竹ノ内川　たけのうちがわ
広島県・江の川水系〔1級〕
竹ノ溢川　たけのあふれがわ
島根県・高津川水系
竹ノ輪川　たけのわがわ
愛知県・豊川水系
3竹下川　たけしたがわ
愛媛県・竹下川水系〔2級〕
竹下川　たけしたがわ
佐賀県・松浦川水系〔1級〕
竹下川　たけしたがわ
鹿児島県・川内川水系〔1級〕
竹下川　たけしたがわ
鹿児島県・万之瀬川水系〔2級〕
竹川　たけがわ
神奈川県・松越川水系〔2級〕
竹川　たけがわ
岡山県・里見川水系〔2級〕
4竹中川　たけなかがわ
石川県・竹中川水系〔2級〕
5竹平沢　たけひらざわ
新潟県・石花川水系〔2級〕
竹本川　たけもとがわ
香川県・綾川水系〔2級〕
竹生川　たこうがわ
秋田県・竹生川水系〔2級〕
竹田川　たけだがわ
山形県・最上川水系〔1級〕
竹田川　たけだがわ
新潟県・国府川水系〔2級〕
竹田川　たけだがわ
福井県・九頭竜川水系〔1級〕
竹田川　たけだがわ
兵庫県, 京都府・由良川水系〔1級〕
竹田川　たけだがわ
奈良県・大和川水系〔1級〕
竹田川　たけだがわ
広島県・芦田川水系〔1級〕
竹田川　たけだがわ
長崎県・竹田川水系〔2級〕
竹田川　たけたがわ
大分県・竹田川水系〔2級〕
竹田川　たけだがわ
宮崎県・大淀川水系〔1級〕
竹田川　たけだがわ
鹿児島県・天降川水系〔2級〕
竹田津川　たけたずがわ
大分県・竹田津川水系〔2級〕
6竹地川　たけちがわ
広島県・江の川水系〔1級〕
竹安川　たけやすがわ
兵庫県・加古川水系〔1級〕
竹安川　たけやすがわ
山口県・錦川水系〔2級〕
7竹尾川　たけおがわ
宮崎県・一ツ瀬川水系〔2級〕
竹沢川　たけざわがわ
岩手県・北上川水系
竹谷川　たけたにがわ
三重県・海蔵川水系〔2級〕
竹谷川　たけだにがわ
岡山県・旭川水系〔1級〕
竹谷川　たけたにがわ
愛媛県・渡川水系〔1級〕
竹谷川　たけたにがわ
愛媛県・関川水系〔2級〕
8竹松川　たけまつがわ
長野県・天竜川水系〔1級〕
竹林川　たけばやしがわ
宮城県・鳴瀬川水系〔1級〕
竹迫川　たけさこがわ
熊本県・竹迫川水系
9竹保川　たけやすがわ
広島県・黒瀬川水系〔2級〕
10竹原川　たけはらがわ
岐阜県・木曽川水系〔1級〕
竹原川　たけわらがわ
兵庫県・洲本川水系〔2級〕
竹原川　たけはらがわ
高知県・渡川水系〔1級〕
竹島川　たけしまがわ
高知県・渡川水系〔1級〕
竹島川　たけしまがわ
高知県・竹島川水系〔2級〕
竹馬川　ちくまがわ
福岡県・竹馬川水系〔2級〕
11竹野川　たけのがわ
京都府・竹野川水系〔2級〕
竹野川　たけのがわ
兵庫県・竹野川水系〔2級〕
12竹森川　たけもりがわ
山梨県・富士川水系〔1級〕

【米】
3米山川　よねやまがわ
新潟県・柿崎川水系〔2級〕
米山川　こめやまがわ
広島県・沼田川水系
米山川　よねやまがわ
大分県・大野川水系〔1級〕
米山寺川　よねやまでらがわ
新潟県・柿崎川水系〔2級〕
米川　よねがわ
福島県・阿武隈川水系〔1級〕
米川　よねがわ
長野県・天竜川水系〔1級〕
米川　よねがわ
滋賀県・淀川水系〔1級〕
米川　よねがわ
奈良県・大和川水系〔1級〕
米川　よねがわ
鳥取県・斐伊川水系〔1級〕
米川内川　よねかわちがわ
宮崎県・大淀川水系
4米之川　こめのがわ
三重県・淀川水系〔1級〕
米之津川　こめのつがわ
鹿児島県・米之津川水系〔2級〕
米内川　よないがわ
岩手県・北上川水系〔1級〕
5米代川　よねしろがわ
岩手県, 秋田県・米代川水系〔1級〕
米田川　まいたがわ
岩手県・米田川水系〔2級〕
米田川　まいたがわ
岩手県・新井田川水系
米田川　よねだがわ
京都府・伊佐津川水系〔2級〕
米田川　よねだがわ
岡山県・旭川水系
米田川　よねだがわ
熊本県・湯の浦川水系〔2級〕
米白川《別》　よねしろがわ
岩手県, 秋田県・米代川水系の米代川
6米地川　めじがわ
兵庫県・円山川水系〔1級〕
米多比川　めたびがわ
福岡県・大根川水系〔2級〕
米々谷下谷川　めめたにしもだにがわ
京都府・淀川水系
7米沢川　よねざわがわ
山形県・最上川水系〔1級〕
米沢川　よねざわがわ
新潟県・信濃川水系〔1級〕
米沢川　よねざわがわ
静岡県・天竜川水系〔1級〕
米町川　こんまちがわ
石川県・米町川水系〔2級〕
米良川　めらがわ
大分県・大分川水系〔1級〕
米里川　よねさとがわ
北海道・石狩川水系〔1級〕
9米津川　よねずがわ
愛媛県・肱川水系〔1級〕
10米倉の沢川　よねくらのさわがわ
北海道・布辻川水系
米原川　よなばるがわ
熊本県・菊池川水系
米原川　よなばるがわ
沖縄県・天願川水系
米通川　こめどおりがわ
岩手県・北上川水系
11米野川　よねのがわ
千葉県・利根川水系
12米渡尾川　めぐおがわ
熊本県・菊池川水系
米無川　こめなしがわ
山梨県・富士川水系〔1級〕

【糸】
糸の谷川　いとのたにがわ
徳島県・吉野川水系〔1級〕
3糸川　いとがわ
北海道・汐泊川水系
糸川　いとがわ
北海道・春別川水系
糸川　いとがわ
静岡県・糸川水系〔2級〕
糸川　いとがわ
和歌山県・有田川水系〔2級〕
4糸井川　いといがわ
兵庫県・円山川水系〔1級〕
5糸出沢川　いとでざわがわ
山形県・最上川水系〔1級〕
糸田川　いとだがわ
大阪府・淀川水系〔1級〕
糸白見川　いとしろみがわ
鳥取県・千代川水系〔1級〕
7糸岐川　いときがわ
佐賀県・糸岐川水系〔2級〕
糸谷川　いとだにがわ
富山県・小矢部川水系〔1級〕
糸谷川　いとだにがわ
島根県・江の川水系〔1級〕
8糸依川《別》　いとよりがわ
茨城県・利根川水系の糸繰川

9糸畑ノ池　いとはたのいけ
青森県西津軽郡岩崎村
10糸根川　いとねがわ
山口県・糸根川水系〔2級〕
糸流川　いとながれがわ
秋田県・馬場目川水系〔2級〕
11糸貫川　いとぬきがわ
岐阜県・木曾川水系〔1級〕
糸郷谷川　いとごうだにがわ
宮崎県・一ツ瀬川水系〔2級〕
13糸滝川　いとだきがわ
福島県・阿賀野川水系
19糸繰川　いとくりがわ
茨城県・利根川水系〔1級〕
糸繰川　いとくりがわ
茨城県・利根川水系

【羽】

2羽二生川　はにゅうがわ
新潟県・羽二生川水系〔2級〕
羽入川　はねいりがわ
島根県・斐伊川水系〔1級〕
3羽久手川　はくてがわ
愛知県・高浜川水系
4羽中川　はなかがわ
茨城県・利根川水系〔1級〕
羽月川　はつきがわ
鹿児島県・川内川水系〔1級〕
5羽出川　はでがわ
岡山県・吉井川水系〔1級〕
羽出川　はでがわ
岡山県・吉井川水系〔1級〕
羽出川　はでがわ
岡山県・吉井川水系
羽出川　はでがわ
長崎県・雪浦川水系〔2級〕
羽出西谷川　はでにしたにがわ
岡山県・吉井川水系〔1級〕
羽広川　はびろがわ
秋田県・子吉川水系
羽生川　はにゅうがわ
福井県・九頭竜川水系〔1級〕
羽石川　はねいしがわ
福島県・阿武隈川水系〔1級〕
6羽地大川　はねじおおがわ
沖縄県・羽地大川水系〔2級〕
羽衣石川　うえしがわ
鳥取県・橋津川水系〔2級〕
7羽束川　はずかわ
兵庫県・武庫川水系〔2級〕
羽沢川　うざわがわ
宮城県・北上川水系〔1級〕
8羽咋川　はくいがわ
石川県・羽咋川水系〔2級〕
羽茂川　はもちがわ
新潟県・羽茂川水系〔2級〕
9羽後大戸川　うごおおとがわ
秋田県・雄物川水系〔1級〕
10羽原川　はばらがわ
茨城県・利根川水系〔1級〕
羽原川　はばらがわ
広島県・羽原川水系〔2級〕
羽栗川　はぐりがわ
愛知県・矢作川水系
羽根子川　はねこがわ
山梨県・相模川水系〔1級〕
羽根山沢川　はねやまざわがわ
秋田県・米代川水系〔1級〕
羽根川　はねがわ
新潟県・信濃川水系〔1級〕
羽根川　はねがわ
島根県・斐伊川水系〔1級〕
羽根川　はねがわ
高知県・羽根川水系〔2級〕
羽根川　はねがわ
大分県・羽根川水系〔2級〕
羽根尾川　はねおがわ
広島県・沼田川水系
羽根沢川　はねざわがわ
山形県・最上川水系〔1級〕
羽竜沼　はりゅうぬま
山形県山形市
11羽部川　はぶがわ
岡山県・旭川水系〔1級〕
羽黒川　はぐろがわ
青森県・岩木川水系
羽黒川　はぐろがわ
山形県・最上川水系〔1級〕
羽黒川　はぐろがわ
福島県・阿武隈川水系
羽黒川　はぐろがわ
新潟県・羽黒川水系〔2級〕
13羽幌川　はぼろがわ
北海道・羽幌川水系〔2級〕

【老】

老の川　おいのがわ
愛媛県・加茂川水系〔2級〕
老の沢川　おいのざわがわ
山形県・最上川水系〔1級〕
老ヶ野川　おいがのがわ
三重県・雲出川水系〔1級〕
3老川川　おいかわがわ
三重県・淀川水系〔1級〕

7老沢川　おいざわがわ
福島県・阿賀野川水系
8老松川　おいまつがわ
兵庫県・老松川水系〔2級〕
11老部川　おいっぺがわ
青森県・老部川水系〔2級〕
13老節布川　ろうせっぷがわ
北海道・石狩川水系〔1級〕

【耳】
3耳川　みみがわ
福井県・耳川水系〔2級〕
耳川　みみがわ
宮崎県・耳川水系〔2級〕
5耳付池　みみつけいけ
鹿児島県和泊町
7耳尾沢川　みみおざわがわ
長野県・姫川水系〔1級〕
8耳取川　みみとりがわ
岩手県・北上川水系〔1級〕
耳取川　みみとりがわ
福島県・阿武隈川水系
耳取川　みみとりがわ
愛媛県・渡川水系〔1級〕
耳取谷　みみとりだに
熊本県・球磨川水系
10耳高川　みみたかがわ
広島県・江の川水系〔1級〕
11耳堂川　みみどうがわ
山形県・最上川水系〔1級〕
19耳瀬谷川　みみせだにがわ
徳島県・那賀川水系〔1級〕

【肉】
11肉淵谷川　にくぶちたにがわ
愛媛県・吉野川水系〔1級〕
15肉蔵谷川　にくくらたにがわ
富山県・上市川水系〔2級〕

【自】
7自見川　じみがわ
大分県・自見川水系〔2級〕
10自害沢川　じがいさわがわ
群馬県・利根川水系〔1級〕
13自源寺川　じげんじがわ
福島県・阿賀野川水系〔1級〕

【至】
11至球川　しぎゅうがわ
群馬県・利根川水系〔1級〕

【臼】
臼ヶ沢川　うすがざわがわ
山形県・最上川水系〔1級〕
3臼子川　うすごがわ
愛知県・豊川水系
4臼井川　うすいがわ
長野県・天竜川水系〔1級〕
5臼台川　うすだいがわ
徳島県・那賀川水系〔1級〕
6臼池川　うすいけがわ
石川県・臼池川水系
7臼別川　うすべつがわ
北海道・臼別川水系〔2級〕
臼沢川　うすざわがわ
岩手県・小鎚川水系
8臼杵川　うすきがわ
大分県・臼杵川水系〔2級〕
11臼野川　うすのがわ
大分県・臼野川水系〔2級〕

【舌】
7舌辛川　したからがわ
北海道・阿寒川水系〔2級〕

【舛】
7舛沢川　ますざわがわ
山形県・最上川水系

【舟】
舟の沢川　ふなのさわがわ
愛知県・天竜川水系
舟ヶ窪川《別》　ふねがくぼがわ
静岡県・瀬戸川水系の瀬戸川
2舟入川　ふないれがわ
高知県・国分川水系〔2級〕
3舟小屋沢　ふなごやさわ
秋田県・雄物川水系〔1級〕
舟山川　ふなやまがわ
岡山県・吉井川水系〔1級〕
舟川　ふながわ
富山県・小川水系〔2級〕
舟川川　ふなかわがわ
高知県・仁淀川水系〔1級〕
4舟井川　ふないがわ
山梨県・富士川水系〔1級〕
舟引川　ふなひきがわ
福島県・阿賀野川水系
舟戸川　ふなどがわ
新潟県・落堀川水系〔2級〕
舟戸谷川　ふなとだにがわ
徳島県・吉野川水系〔1級〕

舟戸谷川　ふなとだにがわ
愛媛県・仁淀川水系
舟木川　ふなきがわ
岩手県・北上川水系
舟木川　ふなきがわ
高知県・渡川水系〔1級〕
舟木沢川　ふなきざわがわ
山形県・最上川水系〔1級〕
7舟坂川　ふなさかがわ
岡山県・吉井川水系〔1級〕
舟尾川　ふのがわ
石川県・大野川水系
舟尾川　ふのがわ
京都府・淀川水系
舟岐川　ふなまたがわ
福島県・阿賀野川水系〔1級〕
舟形川　ふながたがわ
山形県・最上川水系〔1級〕
舟形沢川　ふながたさわがわ
長野県・天竜川水系〔1級〕
舟志川　しゅうしがわ
長崎県・舟志川水系〔2級〕
舟沢川　ふなざわがわ
山梨県・富士川水系〔1級〕
舟沢川　ふなざわがわ
長野県・信濃川水系〔1級〕
9舟津川　ふなずがわ
福島県・阿賀野川水系〔1級〕
12舟場川　ふなばがわ
鳥取県・日野川水系〔1級〕
舟渡川　ふなとがわ
長野県・天竜川水系〔1級〕
16舟橋川　ふなばしがわ
石川県・舟橋川水系〔2級〕
舟橋川　ふなばしがわ
石川県・大野川水系

【色】

5色目川　いろめがわ
岐阜県・木曾川水系〔1級〕
7色利川　いろりがわ
大分県・色利川水系〔2級〕
色見川　しきみがわ
熊本県・白川水系

【芋】

芋の八重川　いものはえがわ
熊本県・球磨川水系
3芋川　いもがわ
秋田県・子吉川水系〔1級〕
芋川　いもかわ
山形県・赤川水系〔1級〕
芋川　いもがわ
新潟県・信濃川水系〔1級〕
芋川　いもがわ
大阪府・淀川水系〔1級〕
芋川　いもがわ
熊本県・球磨川水系〔1級〕
芋川沢川　いもがわさわがわ
新潟県・信濃川水系〔1級〕
5芋生川　いもおがわ
兵庫県・淀川水系〔1級〕
芋田川　いもたがわ
鹿児島県・川内川水系〔1級〕
7芋沢川　いもさわがわ
岩手県・北上川水系〔1級〕
芋沢川　いもさわがわ
宮城県・名取川水系〔1級〕
芋沢川　いもざわがわ
山梨県・富士川水系〔1級〕
芋谷川　いもだにがわ
和歌山県・紀の川水系〔1級〕
9芋卸江川　いもおろしえがわ
新潟県・阿賀野川水系〔1級〕
芋洗川　いもあらいがわ
熊本県・芋洗川水系
芋洗谷川　いもあらいだにがわ
宮崎県・五ヶ瀬川水系〔1級〕
芋面川　いもつらがわ
広島県・江の川水系〔1級〕
11芋埣川　いもぞねがわ
宮城県・北上川水系〔1級〕
芋野川　いものがわ
京都府・竹野川水系〔2級〕

【虫】

3虫川　むしかわ
新潟県・姫川水系〔1級〕
4虫井谷川《古》　むしいだに
鳥取県・千代川水系の北股川
7虫沢川　むしさわがわ
神奈川県・酒匂川水系〔2級〕
虫谷川　むしだにがわ
富山県・神通川水系〔1級〕
虫谷川　むしだにがわ
富山県・白岩川水系〔2級〕
虫谷川　むしだにがわ
福井県・南川水系
虫谷川　むしだにがわ
京都府・淀川水系
11虫亀川　むしかめがわ
新潟県・信濃川水系
虫崎川　むしさきがわ
石川県・虫崎川水系

【血】

血の川　ちのかわ
石川県・大野川水系
血ノ川　ちのかわ
福井県・九頭竜川水系〔1級〕
3血川《古》　ちがわ
青森県・岩木川水系の赤川
血川　ちがわ
愛知県・矢作川水系
6血吸川　ちすいがわ
岡山県・笹ヶ瀬川水系〔2級〕
9血洗川　ちあらいがわ
岡山県・吉井川水系〔1級〕
10血流川　ちぼがわ
静岡県・富士川水系〔1級〕

【行】

3行川　なめがわ
栃木県・利根川水系〔1級〕
行川川　なめかわがわ
高知県・吉野川水系〔1級〕
4行方川　ぎょうほうがわ
岡山県・吉井川水系
5行末川　いくすえがわ
熊本県・行末川水系〔2級〕
行末川　ゆくすえがわ
熊本県・行末川水系
6行合野川　いきあいのがわ
佐賀県・松浦川水系〔1級〕
行地川　ゆくちがわ
新潟県・阿賀野川水系〔1級〕
7行谷川　ぎょうやがわ
新潟県・国府川水系〔2級〕
行谷川　ぎょうやがわ
愛媛県・本谷川水系〔2級〕
9行屋川　ぎょうやがわ
栃木県・利根川水系〔1級〕
11行野川　いくのがわ
新潟県・関川水系〔1級〕
12行森川　ゆきもりがわ
広島県・太田川水系〔1級〕
14行徳川《別》　ぎょうとくがわ
東京都・荒川水系の小名木川
行徳川　ぎょうとくがわ
熊本県・球磨川水系
16行縢川　むかばきがわ
宮崎県・五ヶ瀬川水系〔1級〕

【衣】

3衣川　ころもがわ
岩手県・北上川水系〔1級〕
衣川　ころもがわ
秋田県・衣川水系〔2級〕
衣川　ころもがわ
秋田県・白雪川水系
衣川《古》　きぬがわ
栃木県, 茨城県・利根川水系の鬼怒川
衣川　ころもがわ
石川県・衣川水系〔2級〕
衣川　ころもがわ
山梨県・富士川水系〔1級〕
衣川《別》　ころもがわ
愛知県・日光川水系の宝川
衣川　ころもがわ
高知県・伊与木川水系〔2級〕
4衣之渡川　えのどがわ
長野県・天竜川水系〔1級〕
7衣沢川　ころもざわがわ
群馬県・利根川水系〔1級〕
14衣裳給川　いしおきがわ
熊本県・菜切川水系

【西】

西2線川　にしにせんがわ
北海道・石狩川水系
西の入川　にしのいりがわ
山梨県・富士川水系〔1級〕
西の又川　にしのまたがわ
秋田県・雄物川水系〔1級〕
西の又川　にしのまたがわ
和歌山県・日置川水系〔2級〕
西の川　にしのかわ
山梨県・富士川水系〔1級〕
西の川　にしのかわ
静岡県・弁財天川水系
西の川　にしのかわ
奈良県・淀川水系〔1級〕
西の川　にしのかわ
奈良県・新宮川水系〔1級〕
西の川　にしのかわ
和歌山県・日高川水系〔2級〕
西の川　にしのかわ
愛媛県・渡川水系〔1級〕
西の平川　にしのひらがわ
大分県・番匠川水系〔1級〕
西の地川　にしのじがわ
和歌山県・切目川水系〔2級〕
西の沢川　にしのさわがわ
北海道・佐呂間別川水系〔2級〕
西の沢川　にしのさわがわ
岩手県・久慈川水系
西の沢川　にしのさわがわ
秋田県・雄物川水系

西の沢川　にしのさわがわ
山形県・最上川水系〔1級〕
西の沢川　にしのさわがわ
群馬県・利根川水系〔1級〕
西の沢川　にしのさわがわ
徳島県・海部川水系〔2級〕
西の谷　にしのたに
奈良県・新宮川水系〔1級〕
西の谷川　にしのたにがわ
滋賀県・淀川水系〔1級〕
西の谷川　にしのたにがわ
京都府・淀川水系
西の谷川　にしのたにがわ
和歌山県・富田川水系〔2級〕
西の谷川　にしのたにがわ
島根県・斐伊川水系〔1級〕
西の谷川　にしのたにがわ
岡山県・吉田川水系
西の谷川　にしのたにがわ
徳島県・吉野川水系〔1級〕
西の谷川　にしのたにがわ
愛媛県・重信川水系〔1級〕
西の谷川　にしのたにがわ
愛媛県・肱川水系〔1級〕
西の谷川　にしのたにがわ
愛媛県・仁淀川水系〔1級〕
西の谷川　にしのたにがわ
高知県・渡川水系〔1級〕
西の谷川　にしのたにがわ
熊本県・白川水系
西の河原川　にしのかはらがわ
山口県・西の河原川水系〔2級〕
西の湖　さいのこ
栃木県・利根川水系〔1級〕
西の園川　にしのそのがわ
宮崎県・広渡川水系〔2級〕
西ヶ谷川　にしがたにがわ
鳥取県・千代川水系〔1級〕
西ヶ谷奥川　にしがたにおくがわ
鳥取県・千代川水系〔1級〕
西ヶ洞谷川　にしがほらたにがわ
岐阜県・木曾川水系〔1級〕
西ノ入沢川　にしのいりさわがわ
栃木県・利根川水系〔1級〕
西ノ又沢　にしのまたさわ
秋田県・米代川水系
西ノ又沢　にしのまたさわ
新潟県・信濃川水系
西ノ山川　にしのやまがわ
鹿児島県・川内川水系〔1級〕
西ノ川　にしのかわ
福島県・阿武隈川水系〔1級〕
西ノ川　にしのがわ
愛知県・梅田川水系〔2級〕
西ノ川　にしのがわ
愛知県・梅田川水系
西ノ川　にしのかわ
愛媛県・渡川水系〔1級〕
西ノ川　にしのがわ
高知県・三崎川水系〔2級〕
西ノ川　にしのがわ
高知県・西ノ川水系〔2級〕
西ノ川　にしのがわ
高知県・国分川水系
西ノ川　にしのがわ
高知県・渡川水系
西ノ川川　にしのかわがわ
高知県・安田川水系〔2級〕
西ノ谷川　にしのたにがわ
三重県・新宮川水系〔1級〕
西ノ谷川　にしのたにがわ
京都府・由良川水系
西ノ谷川　にしのたにがわ
京都府・淀川水系
西ノ谷川　にしのたにがわ
和歌山県・紀の川水系〔1級〕
西ノ谷川　にしのたにがわ
高知県・新川川水系
西ノ谷沢　にしのたにざわ
静岡県・安倍川水系
西ノ宮川　にしのみやがわ
愛知県・日光川水系
2西二又川　にしふたまたがわ
石川県・西二又川水系〔2級〕
西入川　にしいりがわ
山梨県・西湖水系〔2級〕
西八号川　にしはちごうがわ
北海道・石狩川水系〔1級〕
西八峡川　にしのやかえがわ
宮崎県・耳川水系
西又川　にしまたがわ
秋田県・馬場目川水系〔2級〕
西又川　にしまたがわ
秋田県・馬場目川水系
西又川　にしまたがわ
新潟県・信濃川水系〔1級〕
西又川　にしまたがわ
新潟県・国府川水系
西又川　にしまたがわ
長野県・木曾川水系〔1級〕
西又沢　にしまたざわ
秋田県・米代川水系
3西下川　にししたがわ
愛知県・高浜川水系

西三川川　にしみかわがわ
新潟県・西三川川水系〔2級〕
西士狩川　にししかりがわ
北海道・十勝川水系〔1級〕
西大川　にしおおかわ
長崎県・西大川水系〔2級〕
西大谷川　にしおおたにがわ
富山県・小矢部川水系〔1級〕
西大谷川　にしおおやがわ
静岡県・弁財天川水系〔2級〕
西大門沢川　にしだいもんざわがわ
長野県・信濃川水系〔1級〕
西大通川　にしおおどおりがわ
新潟県・信濃川水系〔1級〕
西大堀川　にしおおぼりがわ
徳島県・吉野川水系〔1級〕
西大鳥川　にしおおとりがわ
山形県・赤川水系〔1級〕
西大塚川　にしおおつかがわ
茨城県・利根川水系
西小畑川　にしおばたがわ
兵庫県・市川水系
西小島池　にしおじまいけ
岐阜県海津市
西山川　にしやまがわ
新潟県・荒川（新潟県・山形県）水系〔1級〕
西山川　にしやまがわ
新潟県・信濃川水系〔1級〕
西山川　にしやまがわ
新潟県・信濃川水系
西山川　にしやまがわ
愛知県・今池川水系
西山川　にしやまがわ
愛知県・佐奈川水系
西山川　にしやまがわ
愛知県・汐川水系
西山川　にしやまがわ
滋賀県・淀川水系〔1級〕
西山川　にしやまがわ
京都府・河辺川水系
西山川　にしやまがわ
大阪府・淀川水系〔1級〕
西山川　にしやまがわ
兵庫県・千種川水系〔2級〕
西山川　にしやまがわ
兵庫県・夢前川水系〔2級〕
西山川　にしやまがわ
岡山県・吉井川水系〔1級〕
西山川　にしやまがわ
愛媛県・新川水系〔2級〕
西山川　にしやまがわ
高知県・仁淀川水系〔1級〕
西山川　にしやまがわ
佐賀県・六角川水系〔1級〕
西山川　にしやまがわ
長崎県・中島川水系〔2級〕
西山川　にしやまがわ
熊本県・菊池川水系
西山川　にしやまがわ
熊本県・砂川水系
西山川　にしやまがわ
大分県・五ヶ瀬川水系〔1級〕
西山田川　にしやまだがわ
京都府・淀川水系
西山沢川　にしやまざわがわ
北海道・石狩川水系〔1級〕
西山沢川　にしやまざわがわ
静岡県・太田川水系〔2級〕
西川　にしがわ
岩手県・西川水系
西川　にしがわ
宮城県・北上川水系〔1級〕
西川　にしがわ
宮城県・鳴瀬川水系〔1級〕
西川　にしがわ
山形県・最上川水系〔1級〕
西川　にしがわ
山形県・三瀬川水系〔2級〕
西川　にしがわ
福島県・久慈川水系〔1級〕
西川　にしがわ
群馬県・利根川水系〔1級〕
西川　にしがわ
新潟県・信濃川水系〔1級〕
西川　にしがわ
新潟県・海川水系〔2級〕
西川　にしがわ
新潟県・石田川水系〔2級〕
西川　にしがわ
石川県・手取川水系〔1級〕
西川　にしかわ
山梨県・相模川水系〔1級〕
西川　にしがわ
山梨県・相模川水系〔1級〕
西川　にしかわ
山梨県・富士川水系〔1級〕
西川　にしがわ
山梨県・富士川水系〔1級〕
西川　にしがわ
長野県・矢作川水系〔1級〕
西川　にしがわ
静岡県・狩野川水系〔1級〕
西川　にしがわ
静岡県・天竜川水系〔1級〕

西川《別》　にしかわ
静岡県・狩野川水系の中伊豆山田川

西川　にしがわ
三重県・西川水系〔2級〕

西川　にしがわ
滋賀県・淀川水系〔1級〕

西川　にしがわ
京都府・由良川水系〔1級〕

西川　にしがわ
京都府・淀川水系〔1級〕

西川　にしかわ
京都府・由良川水系

西川　にしがわ
大阪府・東川水系〔2級〕

西川　にしがわ
兵庫県・加古川水系〔1級〕

西川　にしがわ
兵庫県・西川水系〔2級〕

西川　にしがわ
兵庫県・武庫川水系〔2級〕

西川　にしがわ
奈良県・紀の川水系〔1級〕

西川　にしがわ
奈良県・新宮川水系〔1級〕

西川《別》　にしかわ
奈良県・大和川水系の秋篠川

西川　にしがわ
和歌山県・紀の川水系〔1級〕

西川　にしかわ
和歌山県・日高川水系〔2級〕

西川　にしがわ
岡山県・高梁川水系〔1級〕

西川　にしかわ
広島県・芦田川水系〔1級〕

西川　にしがわ
広島県・芦田川水系

西川　にしがわ
香川県・高瀬川水系〔2級〕

西川　にしがわ
愛媛県・肱川水系〔1級〕

西川　にしがわ
愛媛県・蒼社川水系〔2級〕

西川　にしがわ
愛媛県・中山川水系〔2級〕

西川　にしがわ
福岡県・遠賀川水系〔1級〕

西川　にしかわ
長崎県・西川水系〔2級〕

西川　にしがわ
熊本県・緑川水系〔1級〕

西川《別》　にしかわ
熊本県・球磨川水系の西川内川

西川川　にしかわがわ
高知県・物部川水系〔1級〕

西川川　にしかわがわ
高知県・鏡川水系〔2級〕

西川内川　にしかわうちがわ
福岡県・中川水系〔2級〕

西川内川　にしかわちがわ
佐賀県・塩田川水系〔2級〕

西川内川　にしかわうちがわ
熊本県・球磨川水系〔1級〕

西川内川　にしかわちがわ
宮崎県・塩見川水系〔2級〕

4西之入川　にしのいりがわ
新潟県・鯖石川水系〔2級〕

西之子谷川　にしのこたにがわ
愛媛県・仁淀川水系

西之川　にしのがわ
愛媛県・仁淀川水系〔1級〕

西之沢川　にしのさわがわ
新潟県・阿賀野川水系〔1級〕

西之沢川　にしのさわがわ
山梨県・富士川水系〔1級〕

西之谷川　にしのたにがわ
静岡県・太田川水系〔2級〕

西之谷川　にしのたにがわ
愛媛県・仁淀川水系

西之河内川　にしのかわうちがわ
愛媛県・宮内川水系〔2級〕

西之湖　にしのこ
滋賀県・淀川水系〔1級〕

西井川　にしいがわ
熊本県・菊池川水系

西仁連川　にしにずれがわ
茨城県・利根川水系〔1級〕

西仁賀木谷川　にしにがきだにがわ
徳島県・吉野川水系〔1級〕

西内大部川　にしないだいぶがわ
北海道・天塩川水系〔1級〕

西分川　にしぶんがわ
高知県・西分川水系

西天上川　にしてんじょうがわ
兵庫県・天上川水系〔2級〕

西戸川　さいどがわ
宮城県・折立川水系〔2級〕

西方川　にしかたがわ
新潟県・信濃川水系〔1級〕

西方川　にしかたがわ
静岡県・菊川水系〔1級〕

西方川　にしがたがわ
愛知県・西方川水系

西方川　にしがたがわ
京都府・由良川水系〔1級〕

西方川　にしかたがわ
宮崎県・福島川水系〔2級〕

西方川　にしかたがわ
鹿児島県・西方川水系〔2級〕

西月ヶ丘川　にしつきがおかがわ
北海道・ハッタリ川水系

5西代川　にしだいがわ
香川県・西代川水系〔2級〕

西出川　にしでがわ
三重県・淀川水系〔1級〕

西出川　にしでがわ
滋賀県・淀川水系〔1級〕

西古瀬川　さいこせがわ
愛知県・音羽川水系〔2級〕

西平川　にしだいらがわ
福島県・阿武隈川水系

西平川　にしひらがわ
佐賀県・嘉瀬川水系〔1級〕

西平川　にしひらがわ
熊本県・球磨川水系

西平川　にしのひらがわ
熊本県・白川水系

西平等川　にしびょうどうがわ
山梨県・富士川水系〔1級〕

西広川　にしひろかわ
和歌山県・西広川水系〔2級〕

西広尾川　にしひろおがわ
北海道・広尾川水系〔2級〕

西本郷川　にしほんごうがわ
愛媛県・肱川水系〔1級〕

西正寺川　さいじょうじがわ
長崎県・有馬川水系〔2級〕

西田川　にしだがわ
茨城県・那珂川水系〔1級〕

西田川　にしだがわ
愛知県・西田川水系〔2級〕

西田川　にしだがわ
愛知県・今池川水系

西田川　にしだがわ
岡山県・吉井川水系

西田川　にしだがわ
山口県・西田川水系〔2級〕

西田川　にしだがわ
佐賀県・筑後川水系〔1級〕

西田川　にしだがわ
大分県・筑後川水系〔1級〕

西田川　にしだがわ
宮崎県・大淀川水系〔1級〕

西田中川　にしたなかがわ
宮城県・七北田川水系〔2級〕

西田池　にしだいけ
三重県多度町

西田柄川　にしたがらがわ
岡山県・吉井川水系〔1級〕

西目川　にしめがわ
秋田県・西目川水系〔2級〕

西目川　にしめがわ
鹿児島県・肝属川水系〔1級〕

西矢野谷川　にしやのたにがわ
兵庫県・佐方川水系〔2級〕

西石崎川　にしいしざきがわ
福島県・阿武隈川水系

6西光川　さいこうがわ
愛媛県・千丈川水系〔2級〕

西光寺川　さいこうじがわ
新潟県・海川水系〔2級〕

西光寺川　さいこうじがわ
山口県・西光寺川水系〔2級〕

西光寺川　さいこうじがわ
佐賀県・筑後川水系〔1級〕

西光寺川　さいこうじがわ
鹿児島県・天降川水系〔2級〕

西印旛沼　にしいんばぬま
千葉県・利根川水系〔1級〕

西安寺川　さいあんじがわ
熊本県・菊池川水系〔1級〕

西安寺川　さいあんじがわ
熊本県・菊池川水系

西江川　にしえがわ
栃木県・那珂川水系〔1級〕

西江良川　にしえらがわ
熊本県・菊池川水系

西汐入川　にししおいりがわ
兵庫県・大津茂川水系〔2級〕

西汐入川　にししおいりがわ
香川県・西汐入川水系〔2級〕

西汐入川放水路　にししおいりがわほうすいろ　兵庫県・大津茂川水系〔2級〕

西池　にしいけ
滋賀県水口町

西池　にしいけ
滋賀県浅井町

西池　にしいけ
滋賀県野洲町

西牟田川　にしむたがわ
鹿児島県・稲荷川水系〔2級〕

西羽束師川　にしはずかしがわ
京都府・淀川水系〔1級〕

西羽束師川支川　にしはずかしがわしせん　京都府・淀川水系〔1級〕

西行川　さいぎょうがわ
山梨県・富士川水系〔1級〕

西行堂川　さいぎょうどがわ
愛知県・庄内川水系〔1級〕

7西佐賀導水路　にしさがどうすいろ
佐賀県・筑後川水系〔1級〕
西別川　にしべつがわ
北海道・西別川水系〔2級〕
西坂川　にしざかがわ
京都府・由良川水系〔1級〕
西尾野川　にしおのがわ
新潟県・早川水系〔2級〕
西忌部川　にしいんべがわ
島根県・斐伊川水系〔1級〕
西条川《別》　さいじょうがわ
広島県・黒瀬川水系の黒瀬川
西条師川　にしじょうしがわ
京都府・淀川水系
西杉川　にしすぎがわ
奈良県・淀川水系〔1級〕
西杉川南流　にしすぎがわなんりゅう
奈良県・淀川水系〔1級〕
西村川　にしむらがわ
北海道・天塩川水系〔1級〕
西村川　にしむらがわ
香川県・番屋川水系〔2級〕
西沢　にしざわ
栃木県・那珂川水系
西沢　にしざわ
山梨県・富士川水系
西沢小沢川　にしざわおざわがわ
富山県・黒部川水系〔1級〕
西沢川　にしざわがわ
宮城県・北上川水系〔1級〕
西沢川　にしざわがわ
山形県・最上川水系〔1級〕
西沢川　にしざわがわ
福島県・阿賀野川水系
西沢川　にしざわがわ
栃木県・利根川水系〔1級〕
西沢川　にしざわがわ
新潟県・関川水系〔1級〕
西沢川　にしざわがわ
新潟県・国府川水系
西沢川　にしざわがわ
山梨県・富士川水系〔1級〕
西沢川　にしざわがわ
長野県・信濃川水系〔1級〕
西沢川　にしざわがわ
長野県・天竜川水系〔1級〕
西谷川　にしやがわ
群馬県・利根川水系〔1級〕
西谷川　にしやがわ
千葉県・一宮川水系
西谷川　にしだにがわ
新潟県・信濃川水系〔1級〕
西谷川　にしだにがわ
新潟県・関川水系〔1級〕
西谷川　にしたにがわ
富山県・常願寺川水系〔1級〕
西谷川　にしだにがわ
岐阜県・木曾川水系〔1級〕
西谷川　にしたにがわ
愛知県・新江川水系
西谷川　にしたにがわ
三重県・櫛田川水系〔1級〕
西谷川　にしたにがわ
三重県・宮川水系〔1級〕
西谷川　にしたにがわ
京都府・由良川水系
西谷川　にしたにがわ
京都府・淀川水系
西谷川　にしたにがわ
兵庫県・円山川水系〔1級〕
西谷川　にしたにがわ
兵庫県・市川水系〔2級〕
西谷川　にしたにがわ
兵庫県・住吉川水系〔2級〕
西谷川　にしたにがわ
兵庫県・西谷川水系〔2級〕
西谷川　にしたにがわ
兵庫県・武庫川水系〔2級〕
西谷川　にしたにがわ
兵庫県・市川水系
西谷川　にしたにがわ
奈良県・淀川水系〔1級〕
西谷川　にしたにがわ
和歌山県・紀の川水系〔1級〕
西谷川　にしだにがわ
和歌山県・紀の川水系〔1級〕
西谷川　にしたにがわ
和歌山県・神野川水系〔2級〕
西谷川　にしたにがわ
和歌山県・富田川水系〔2級〕
西谷川　にしたにがわ
和歌山県・有田川水系〔2級〕
西谷川　にしだにがわ
鳥取県・千代川水系〔1級〕
西谷川　にしたにがわ
鳥取県・西谷川水系
西谷川　にしたにがわ
島根県・斐伊川水系〔1級〕
西谷川　にしだにがわ
島根県・斐伊川水系〔1級〕
西谷川　にしだにがわ
島根県・高津川水系〔1級〕
西谷川　にしだにがわ
岡山県・旭川水系〔1級〕

西谷川　にしたにがわ
岡山県・石谷川水系〔2級〕

西谷川　にしたにがわ
広島県・芦田川水系〔1級〕

西谷川　にしたにがわ
広島県・江の川水系

西谷川　にしたにがわ
山口県・小瀬川水系〔1級〕

西谷川　にしたにがわ
徳島県・吉野川水系〔1級〕

西谷川　にしたにがわ
徳島県・勝浦川水系〔2級〕

西谷川　にしたにがわ
徳島県・日和佐川水系〔2級〕

西谷川　にしたにがわ
香川県・香東川水系〔2級〕

西谷川　にしだにがわ
香川県・本津川水系〔2級〕

西谷川　にしだにがわ
愛媛県・渡川水系〔1級〕

西谷川　にしだにがわ
愛媛県・粟井川水系〔2級〕

西谷川　にしだにがわ
愛媛県・関川水系〔2級〕

西谷川　にしだにがわ
愛媛県・上灘川水系〔2級〕

西谷川　にしだにがわ
愛媛県・西谷川水系〔2級〕

西谷川　にしだにがわ
愛媛県・中山川水系〔2級〕

西谷川　にしだにがわ
高知県・吉野川水系〔1級〕

西谷川　にしだにがわ
高知県・仁淀川水系〔1級〕

西谷川　にしだにがわ
高知県・渡川水系〔1級〕

西谷川　にしだにがわ
高知県・安田川水系〔2級〕

西谷川　にしだにがわ
高知県・西谷川水系〔2級〕

西谷川　にしだにがわ
高知県・奈半利川水系〔2級〕

西谷川　にしたにがわ
長崎県・本明川水系〔1級〕

西谷川　にしたにがわ
熊本県・坪井川水系〔2級〕

西谷川　にしたにがわ
熊本県・菊池川水系

西谷川　にしだにがわ
熊本県・菊池川水系

西谷川　にしだにがわ
大分県・山国川水系〔1級〕

西谷内川　にしやちがわ
石川県・熊木川水系〔2級〕

西谷古川　にしたにふるがわ
新潟県・信濃川水系〔1級〕

西谷田川　にしやたがわ
茨城県・利根川水系〔1級〕

西谷津沢　にしやつざわ
群馬県・利根川水系

西赤谷川　にしあかたにがわ
岐阜県・木曾川水系〔1級〕

西里川　にしさとがわ
北海道・石狩川水系〔1級〕

8西京川　さいきょうがわ
鹿児島県・西京川水系〔2級〕

西和川　せいわがわ
北海道・天塩川水系〔1級〕

西和田川　にしわだがわ
愛媛県・肱川水系〔1級〕

西宗川　にしむねがわ
広島県・太田川水系〔1級〕

西岳川　にしたけがわ
熊本県・白川水系〔1級〕

西岩代川　にしいわしろがわ
和歌山県・西岩代川水系〔2級〕

西明寺川　さいみょうじがわ
富山県・小矢部川水系〔1級〕

西明寺川　さいみょうじがわ
滋賀県・淀川水系〔1級〕

西松川　にしまつがわ
京都府・由良川水系〔1級〕

西武子川　にしたけしがわ
栃木県・利根川水系〔1級〕

西河川　にしかわがわ
愛媛県・東川水系〔2級〕

西河内川　にしごうちがわ
静岡県・安倍川水系〔1級〕

西河内川　にしかわうちがわ
京都府・由良川水系〔1級〕

西河内川　にしごうちがわ
兵庫県・千種川水系〔2級〕

西河内川　にしかわうちがわ
岡山県・旭川水系〔1級〕

西河内川　にしかわちがわ
熊本県・西河内川水系

西河内川　にしかわうちがわ
大分県・畑の浦川水系〔2級〕

西沼　にしぬま
北海道浦臼町

西沼川　にしぬまがわ
愛知県・日光川水系

西牧川　にしまきがわ
佐賀県・有田川水系〔2級〕

西股川　にしまたがわ
北海道・汐泊川水系
西股川　にしまたがわ
北海道・茂辺地川水系
西股川　にしまたがわ
香川県・高瀬川水系〔2級〕
西股沢　にしまたざわ
青森県・岩木川水系
西迫川　にしさこがわ
熊本県・緑川水系
西迫川　にしさこがわ
鹿児島県・肝属川水系〔1級〕
西長江川　にしながえがわ
島根県・斐伊川水系〔1級〕
西長柄川　にしながらがわ
香川県・綾川水系〔2級〕
西門川　さいもんがわ
奈良県・大和川水系〔1級〕
西阿多古川　にしあたごがわ
静岡県・天竜川水系〔1級〕
9西乗川　にしのりがわ
山梨県・富士川水系〔1級〕
西乗川　にしのりがわ
京都府・淀川水系
西保川　にしほがわ
愛知県・日光川水系
西俣川　にしまたがわ
新潟県・荒川（新潟県・山形県）水系〔1級〕
西俣川　にしまたがわ
石川県・梯川水系〔1級〕
西俣川　にしまたがわ
長野県・天竜川水系〔1級〕
西俣川　にしまたがわ
静岡県・大井川水系〔1級〕
西俣沢　にしまたざわ
新潟県・姫川水系〔1級〕
西俣沢川　にしまたさわがわ
栃木県・那珂川水系〔1級〕
西俣谷　にしまただに
富山県・庄川水系〔1級〕
西城川　さいじょうがわ
広島県・江の川水系〔1級〕
西屋川　にしやがわ
岡山県・吉井川水系〔1級〕
西屋部川　にしやべがわ
沖縄県・屋部川水系〔2級〕
西屋部川　にしやべがわ
沖縄県・屋部川水系
西柳川　にしやなぎがわ
愛媛県・僧都川水系〔2級〕
西海川　にしうみがわ
長崎県・西海川水系〔2級〕
西洞川　にしほらがわ
長野県・木曾川水系〔1級〕
西洞川　にしほらがわ
岐阜県・木曾川水系〔1級〕
西洞川　にしほらがわ
愛知県・矢作川水系
西派川　にしはせん
富山県・神通川水系〔1級〕
西畑川　にしはたがわ
千葉県・夷隅川水系〔2級〕
西畑川　にしばたがわ
愛知県・豊川水系
西畑川　にしはたがわ
京都府・由良川水系〔1級〕
西畑川　にしはたがわ
高知県・仁淀川水系〔1級〕
西神の川　にしこうのがわ
和歌山県・切目川水系〔2級〕
西神田川　にしかんだがわ
静岡県・都田川水系〔2級〕
西荒川　にしあらかわ
栃木県・那珂川水系〔1級〕
西音木沢　にしおときざわ
新潟県・信濃川水系
西風寺川　さいふうじがわ
大分県・大野川水系〔1級〕
10西倉川　にしくらがわ
京都府・由良川水系
西原川　にしはらがわ
岡山県・吉井川水系
西原川　にしはらがわ
広島県・沼田川水系〔2級〕
西原川　にしばるがわ
熊本県・菊池川水系
西島川　にしじまがわ
大阪府・淀川水系〔1級〕
西案内川　にしあんないがわ
島根県・斐伊川水系〔1級〕
西桂川　にしかつらがわ
群馬県・利根川水系〔1級〕
西根川　にしねがわ
福島県・阿賀野川水系〔1級〕
西浦小河内川　にしうらこごうちがわ
静岡県・西浦河内川水系〔2級〕
西浦川　にしうらがわ
茨城県・利根川水系〔1級〕
西浦川　にしうらがわ
広島県・江の川水系〔1級〕
西浦川　にしうらがわ
熊本県・西浦川水系〔2級〕
西浦川　にしうらがわ
熊本県・坪井川水系〔2級〕

西浦川　にしうらがわ
鹿児島県・別府川水系〔2級〕
西浦河内川　にしうらこうちがわ
静岡県・西浦河内川水系〔2級〕
西浜川　にしはまがわ
兵庫県・西浜川水系〔2級〕
西流川　にしながれがわ
長崎県・西流川水系〔2級〕
西真栄川　にししんえいがわ
北海道・石狩川水系
西秣川　にしまぐさがわ
大分県・犬丸川水系〔2級〕
西竜川　せいりゅうがわ
長崎県・日宇川水系〔2級〕
西能良川　にしのうらがわ
広島県・沼田川水系〔2級〕
西通川　にしどおりがわ
山形県・日向川水系〔2級〕
西郡川　にしごおりがわ
山形県・最上川水系〔1級〕
西除川　にしよけがわ
大阪府・大和川水系〔1級〕
西除川放水路　にしよけがわほうすいろ
大阪府・大和川水系〔1級〕
西馬音内川　にしもないがわ
秋田県・雄物川水系〔1級〕
西馬場川　にしばばがわ
岡山県・吉井川水系
西高尾川　にしたかおがわ
鳥取県・由良川水系〔2級〕
西高根川　にしこうねがわ
熊本県・西高根川水系
西高瀬川　にしたかせがわ
京都府・淀川水系〔1級〕
西鬼怒川　にしきぬがわ
栃木県・利根川水系〔1級〕
11西堂の原川　にしのどはらがわ
熊本県・菊池川水系〔1級〕
西堂ノ原川　にしとうのはらがわ
熊本県・菊池川水系
西船津川《古》　にしふなずがわ
静岡県・富士川水系の春山川
西郷川　さいごうがわ
三重県・西郷川水系〔2級〕
西郷川　さいごうがわ
兵庫県・西郷川水系〔2級〕
西郷川　にしごうがわ
和歌山県・芳養川水系〔2級〕
西郷川　さいごうがわ
福岡県・西郷川水系〔2級〕
西郷川　さいごうがわ
佐賀県・六角川水系〔1級〕
西郷川　さいごうがわ
佐賀県・橋本川水系〔2級〕
西郷川　さいごうがわ
長崎県・西郷川水系〔2級〕
西部田川　にしべたがわ
千葉県・夷隅川水系〔2級〕
西部承水路　せいぶしょうすいろ
秋田県・馬場目川水系〔2級〕
西野山川　にしのやまがわ
京都府・淀川水系〔1級〕
西野山川支川　にしのやまがわしせん
京都府・淀川水系〔1級〕
西野川　にしのがわ
北海道・新川水系〔2級〕
西野川　にしのがわ
長野県・木曾川水系〔1級〕
西野川　にしのがわ
広島県・西野川水系〔2級〕
西野川　にしのがわ
大分県・大野川水系〔1級〕
西野沢　にしのざわ
静岡県・富士川水系
西鹿乗川　にしかのりがわ
愛知県・矢作川水系〔1級〕
西黒川　にしくろがわ
栃木県・利根川水系〔1級〕
12西寒田川　ささむたがわ
大分県・大野川水系〔1級〕
西富岸川　にしとんけしがわ
北海道・富岸川水系〔2級〕
西御所川　にしごしょがわ
熊本県・緑川水系〔1級〕
西湖　さいこ
山梨県・西湖水系〔2級〕
西湯野川　にしゆのかわ
島根県・斐伊川水系〔1級〕
西萩平川　にしはぎだいらがわ
愛知県・矢作川水系
西葉川　さえがわ
佐賀県・西葉川水系〔2級〕
西達布川　にしたっぷがわ
北海道・石狩川水系〔1級〕
西間川　にしまがわ
高知県・西間川水系〔2級〕
西間川　にしまがわ
高知県・西間川水系
西階川　にししながわ
宮崎県・五ヶ瀬川水系〔1級〕
13西滝川　にしたきがわ
青森県・沖舘川水系〔2級〕
西溜池　にしだめいけ
滋賀県八日市市

西裏川《別》　にしうらがわ
福井県・九頭竜川水系の田島川
西鈴尾谷川　にしすずおだにがわ
愛媛県・国領川水系〔2級〕
西雉谷川　にしきじやがわ
大分県・筑後川水系〔1級〕
14西境川　にしさかいがわ
宮崎県・川内川水系〔1級〕
西境川　にしさかいがわ
宮崎県・川内川水系
15西横山川　にしよこやまがわ
岡山県・吉井川水系
西潟の内　にしかたのうち
島根県松江市
西縄手川　さいなわてがわ
愛知県・音羽川水系
16西橋谷川　にしはしたにがわ
和歌山県・橋谷川水系〔2級〕
17西檜尾川　にしひおがわ
大阪府・淀川水系
18西藤川　にしふじがわ
三重県・中ノ川水系〔2級〕
西鎌掛池　にしかいがけいけ
滋賀県日野町
19西瀬戸川　にしせとがわ
兵庫県・揖保川水系〔1級〕
西獺川　にしうそがわ
兵庫県・西獺川水系〔2級〕

7 画

【串】

3串川　くしがわ
神奈川県・相模川水系〔1級〕
串川　くしがわ
新潟県・信濃川水系〔1級〕
串川　くしがわ
山口県・佐波川水系〔1級〕
串川　くしがわ
長崎県・串川水系〔2級〕
串川　くしがわ
大分県・筑後川水系〔1級〕
7串良川　くしらがわ
鹿児島県・肝属川水系〔1級〕
串谷川　くしだにがわ
広島県・太田川水系
11串野川　くしのがわ
大分県・筑後川水系〔1級〕

【乱】

3乱川　みだれがわ
秋田県・米代川水系〔1級〕
乱川　みだれがわ
山形県・最上川水系〔1級〕
10乱馬川　らんばがわ
富山県・小矢部川水系〔1級〕
16乱橋川　みだればしがわ
熊本県・津奈木川水系

【何】

5何代川　なんだいがわ
新潟県・国府川水系〔2級〕

【佐】

3佐与谷川　さよたにがわ
岡山県・高梁川水系〔1級〕
佐久山川　さくやまがわ
栃木県・那珂川水系〔1級〕
佐久良川　さくらがわ
滋賀県・淀川水系〔1級〕
佐久保の沼　さくぼのぬま
島根県安来市
佐久間川　さくまがわ
福島県・阿武隈川水系〔1級〕
佐久間川　さくまがわ
千葉県・佐久間川水系〔2級〕
佐久間川　さくまがわ
愛知県・庄内川水系
佐土瀬川　さどせがわ
宮崎県・大淀川水系
佐女川　さめがわ
北海道・佐女川水系〔2級〕
佐山川　さやまがわ
岩手県・北上川水系
佐山川　さやまがわ
岡山県・笹ヶ瀬川水系
佐川　さがわ
和歌山県・紀の川水系〔1級〕
佐川川　さがわがわ
愛媛県・重信川水系〔1級〕
4佐中川　さなかがわ
兵庫県・円山川水系〔1級〕
佐之国川　さのくにがわ
高知県・仁淀川水系〔1級〕
佐井川　さいがわ
福岡県・佐井川水系〔2級〕
佐仁川　さにがわ
鹿児島県・佐仁川水系〔2級〕
佐切川　さぎれがわ
愛知県・矢作川水系

佐分利川　さぶりがわ
福井県・佐分利川水系〔2級〕
佐方川　さかたがわ
兵庫県・佐方川水系〔2級〕
佐方川　さかたがわ
岡山県・里見川水系〔2級〕
佐方川　さかたがわ
愛媛県・佐方川水系〔2級〕
佐木谷川　さぎだにがわ
鳥取県・日野川水系〔1級〕
佐木谷川　さきだにがわ
鳥取県・日野川水系
5佐世川　させがわ
島根県・斐伊川水系〔1級〕
佐世保川　させぼがわ
長崎県・佐世保川水系〔2級〕
佐代川　さよがわ
佐賀県・佐代川水系〔2級〕
佐古ノ川川　さこのかわがわ
高知県・下ノ加江川水系〔2級〕
佐古田川　さこだがわ
高知県・物部川水系〔1級〕
佐古谷川　さこだにがわ
徳島県・吉野川水系〔1級〕
佐広川　さびろがわ
岐阜県・木曾川水系〔1級〕
佐本川　さもとがわ
和歌山県・古座川水系〔2級〕
佐用川　さようがわ
兵庫県・千種川水系〔2級〕
佐田川　さだがわ
三重県・雲出川水系〔1級〕
佐田川《別》　さだがわ
奈良県・新宮川水系の前鬼川
佐田川　さだがわ
高知県・渡川水系〔1級〕
佐田川　さたがわ
福岡県・筑後川水系〔1級〕
佐田川　さだがわ
大分県・駅館川水系〔2級〕
6佐伏川　さぶしがわ
岡山県・高梁川水系〔1級〕
7佐々川　さざがわ
長崎県・佐々川水系〔2級〕
佐々木の沢川　ささきのさわがわ
北海道・石狩川水系〔1級〕
佐々木の沢川　ささきのさわがわ
北海道・常呂川水系
佐々木川　ささきがわ
京都府・由良川水系〔1級〕
佐々木川　ささきがわ
兵庫県・円山川水系〔1級〕
佐々布川　さそうがわ
島根県・斐伊川水系〔1級〕
佐々良木川　ささらぎがわ
岐阜県・庄内川水系〔1級〕
佐々里川　ささりがわ
京都府・由良川水系〔1級〕
佐々並川　ささなみがわ
山口県・阿武川水系〔2級〕
佐々波川　さざなみがわ
石川県・佐々波川水系
佐々連川　さされがわ
山口県・阿武川水系〔2級〕
佐助沢　さすけざわ
北海道・厚沢部川水系
佐呂間別川　さろまべつがわ
北海道・佐呂間別川水系〔2級〕
佐坂川　ささかがわ
山口県・小瀬川水系〔1級〕
佐岐川《古》　さきがわ
島根県・和木川水系の和木川
佐志川　さしがわ
佐賀県・佐志川水系〔2級〕
佐志生川　さしゅうがわ
大分県・佐志生川水系〔2級〕
佐束川　さずかがわ
静岡県・菊川水系〔1級〕
佐見川　さみがわ
岐阜県・木曾川水系〔1級〕
佐見川　さみがわ
兵庫県・揖保川水系〔1級〕
佐谷川　さたにがわ
兵庫県・加古川水系〔1級〕
佐谷川　さだにがわ
鳥取県・河内川水系〔2級〕
佐近谷川　さこんだにがわ
愛媛県・本谷川水系〔2級〕
8佐味田川　さみたがわ
奈良県・大和川水系〔1級〕
佐国川　さこくがわ
愛媛県・僧都川水系〔2級〕
佐坪川　さつぼがわ
千葉県・一宮川水系〔2級〕
佐奈川　さながわ
愛知県・佐奈川水系〔2級〕
佐奈川　さながわ
三重県・櫛田川水系〔1級〕
佐奈河内川　さなごうちがわ
長崎県・郡川水系〔2級〕
佐治川　さじがわ
滋賀県・淀川水系〔1級〕
佐治川　さじがわ
兵庫県・淀川水系

佐治川　さじがわ
鳥取県・千代川水系〔1級〕
佐波川　さばがわ
山口県・佐波川水系〔1級〕
佐陀川　さだがわ
鳥取県・佐陀川水系〔2級〕
佐陀川　さだがわ
島根県・斐伊川水系〔1級〕
9佐保川　さほがわ
大阪府・淀川水系〔1級〕
佐保川　さほがわ
奈良県・大和川水系〔1級〕
佐屋川　さやがわ
愛知県・日光川水系
佐柳川　さやなぎがわ
大分県・大野川水系〔1級〕
佐津川　さつがわ
兵庫県・佐津川水系〔2級〕
佐津留川　さずるがわ
大分県・臼杵川水系〔2級〕
佐韋の川《古》　さいのかわ
長野県・信濃川水系の犀川
10佐倉川　さくらがわ
千葉県・利根川水系
佐倉川　さくらがわ
奈良県・淀川水系〔1級〕
佐倉川　さくらがわ
島根県・斐伊川水系〔1級〕
佐原川　さばるがわ
熊本県・菊池川水系
佐原沢　さばらざわ
山形県・最上川水系
11佐梨川　さなしがわ
新潟県・信濃川水系〔1級〕
佐部川　さべがわ
和歌山県・田原川水系〔2級〕
佐野川　さのがわ
北海道・十勝川水系〔1級〕
佐野川　さのがわ
富山県・神通川水系〔1級〕
佐野川　さのがわ
山梨県・富士川水系〔1級〕
佐野川　さのがわ
長野県・信濃川水系〔1級〕
佐野川　さのがわ
静岡県・狩野川水系〔1級〕
佐野川　さのがわ
大阪府・佐野川水系〔2級〕
佐野川　さのがわ
兵庫県・佐野川水系〔2級〕
佐野川　さのがわ
和歌山県・佐野川水系〔2級〕
佐野川　さのがわ
山口県・粟野川水系〔2級〕
佐野川　さのがわ
熊本県・菊池川水系
佐野川　さのがわ
大分県・丹生川水系〔2級〕
佐野南沢川　さのみなみざわがわ
山梨県・富士川水系〔1級〕
佐野原川　さのはらがわ
長崎県・佐野原川水系〔2級〕
12佐備川　さびがわ
大阪府・大和川水系〔1級〕
佐喜浜川　さきはまがわ
高知県・佐喜浜川水系〔2級〕
佐曾利川　さそりがわ
兵庫県・武庫川水系〔2級〕
佐渡川　さどがわ
大分県・大野川水系〔1級〕
佐渡川　さわたりがわ
宮崎県・大淀川水系〔1級〕
佐賀の内川　さがのうちがわ
長崎県・三根川水系〔2級〕
佐賀川　さががわ
宮城県・北上川水系〔1級〕
佐賀川　さががわ
長崎県・佐賀川水系〔2級〕
佐賀江川　さがえがわ
佐賀県・筑後川水系〔1級〕
佐賀瀬川　さがせがわ
福島県・阿賀野川水系〔1級〕
佐須川　さすがわ
岩手県・佐須川水系
佐須川　さすがわ
長崎県・佐須川水系〔2級〕
佐須奈川　さすながわ
長崎県・佐須奈川水系〔2級〕
13佐幌川　さほろがわ
北海道・十勝川水系〔1級〕
14佐嘉川《別》　さかがわ
佐賀県・嘉瀬川水系の嘉瀬川
佐鳴湖　さなるこ
静岡県浜松市
15佐敷川　さしきがわ
熊本県・佐敷川水系〔2級〕
佐潟　さがた
新潟県新潟市
16佐濃谷川　さのたにがわ
京都府・佐濃谷川水系〔2級〕
18佐藤の沼　さとうのぬま
北海道中川町
20佐護川　さごがわ
長崎県・佐護川水系〔2級〕

【作】
3作山川　つくりやまがわ
兵庫県・矢田川水系〔2級〕
4作木川　さくぎがわ
広島県・江の川水系〔1級〕
5作田川　さくたがわ
青森県・高瀬川水系〔1級〕
作田川　さくたがわ
千葉県・作田川水系〔2級〕
6作名川　さくながわ
千葉県・汐入川水系
7作沢川　さくさわがわ
青森県・岩木川水系〔1級〕
作沢沼　さくさわぬま
秋田県鹿角市
8作並大沼　さくなみおおぬま
宮城県仙台市
作沼　さくぬま
青森県木造町

【似】
9似峡川　にさまがわ
北海道・天塩川水系〔1級〕
12似湾川　にわんがわ
北海道・鵡川水系〔1級〕

【住】
3住川　すみかわ
北海道・大安在川水系
4住之江川　すみのえがわ
宮崎県・石崎川水系〔2級〕
住王町川　じゅうおうまちがわ
福島県・阿武隈川水系
5住用川　すみようがわ
鹿児島県・住用川水系〔2級〕
住田川《別》　すみだがわ
東京都・荒川水系の隅田川
6住吉川　すみよしがわ
石川県・犀川水系
住吉川　すみよしがわ
大阪府・淀川水系〔1級〕
住吉川　すみよしがわ
大阪府・佐野川水系〔2級〕
住吉川　すみよしがわ
兵庫県・加古川水系〔1級〕
住吉川　すみよしがわ
兵庫県・住吉川水系〔2級〕
住吉川　すみよしがわ
奈良県・大和川水系〔1級〕
住吉川　すみよしがわ
和歌山県・紀の川水系〔1級〕
住吉川　すみよしがわ
香川県・住吉川水系〔2級〕
住吉川　すみよしがわ
大分県・住吉川水系〔2級〕
住吉池　すみよしいけ
鹿児島県姶良郡姶良町
住吉谷川　すみよしだにがわ
徳島県・吉野川水系〔1級〕
住吉島川　すみよしじまがわ
徳島県・吉野川水系〔1級〕
住次郎川　じゅうじろうがわ
高知県・渡川水系〔1級〕
8住居附沢川　すもうずくざわがわ
群馬県・利根川水系〔1級〕

【佃】
3佃川　つくだがわ
石川県・御祓川水系
佃川　つくだがわ
滋賀県・淀川水系〔1級〕
佃川　つくだがわ
鹿児島県・天降川水系〔2級〕

【伯】
4伯太川　はくたがわ
島根県・斐伊川水系〔1級〕
5伯母川　おばがわ
滋賀県・淀川水系〔1級〕
伯母谷川　おばたにがわ
奈良県・紀の川水系〔1級〕
10伯耆谷川　ほうきだにがわ
京都府・川上谷川水系〔2級〕

【伴】
10伴造川　ばんぞうがわ
愛媛県・肱川水系〔1級〕

【余】
余ヶ沢川　よがざわがわ
山形県・最上川水系〔1級〕
余ノ川　よのかわ
岡山県・旭川水系〔1級〕
3余川　よかわ
岡山県・旭川水系
余川　あまりがわ
大分県・駅館川水系
余川川　よかわがわ
富山県・余川川水系〔2級〕
4余井川　よいがわ
広島県・太田川水系〔1級〕
余内川　ようちがわ
岡山県・吉井川水系〔1級〕

余木田川　あまきだがわ
福島県・鮫川水系〔2級〕
5余市川　よいちがわ
北海道・余市川水系〔2級〕
余市中の川　よいちなかのかわ
北海道・余市川水系〔2級〕
6余地川　よじがわ
長野県・信濃川水系〔1級〕
余多川　あまたがわ
鹿児島県・余多川水系〔2級〕
7余呉川　よごがわ
滋賀県・淀川水系〔1級〕
余呉川西野放水路　よごがわにしのほうすいろ　滋賀県・淀川水系〔1級〕
余呉川導水路　よごがわどうすいろ
滋賀県・淀川水系〔1級〕
余呉湖　よごこ
滋賀県・淀川水系〔1級〕
余里川　よりがわ
長野県・信濃川水系〔1級〕
8余取川　よとりがわ
岐阜県・木曾川水系〔1級〕
余所国東川　よそくにがわ
愛媛県・余所国東川水系〔2級〕
余河内川　よごうちがわ
岡山県・旭川水系〔1級〕
11余笹川　よささがわ
栃木県・那珂川水系〔1級〕
余野川　よのがわ
大阪府・淀川水系〔1級〕

【児】

5児田川　こだがわ
広島県・沼田川水系
11児捨川　こすてがわ
宮城県・阿武隈川水系〔1級〕

【兵】

3兵山川　ひょうやまがわ
愛知県・豊川水系
兵川　ひょうがわ
鳥取県・兵川水系
5兵田川　ひょうたがわ
滋賀県・淀川水系〔1級〕
8兵知安川　ぺいちゃんがわ
北海道・頓別川水系〔2級〕
10兵庫川　ひょうごがわ
福井県・九頭竜川水系〔1級〕
兵庫川　ひょうごがわ
愛媛県・肱川水系〔1級〕
兵庫谷川　ひょうごだにがわ
兵庫県・明石川水系
16兵膳川　びょうぜんがわ
京都府・淀川水系
兵衛川　ひょうえがわ
東京都・多摩川水系〔1級〕
兵衛谷川　ひょうえだにがわ
岐阜県・木曾川水系〔1級〕

【冷】

3冷子川　ひやっこがわ
栃木県・利根川水系〔1級〕
冷小川　ひえおがわ
静岡県・狩野川水系〔1級〕
冷川　つめたがわ
富山県・神通川水系〔1級〕
冷川　つめたがわ
長野県・木曾川水系〔1級〕
冷川　ひえがわ
静岡県・狩野川水系〔1級〕
冷川　ひえがわ
三重県・員弁川水系〔2級〕
冷川　ひやがわ
大分県・大分川水系〔1級〕
4冷水川　ひやみずがわ
北海道・後志利別川水系〔1級〕
冷水川　ひやみずがわ
北海道・臼別川水系
冷水川　ひやみずがわ
北海道・古平川水系
冷水川　ひやみずがわ
熊本県・関川水系
冷水川　ひやみずがわ
熊本県・球磨川水系
冷水川　ひやみずがわ
熊本県・中田川水系
冷水川　ひやみずがわ
鹿児島県・川内川水系〔1級〕
冷水沢　ひやみずざわ
青森県・相坂川水系〔2級〕
冷水沢川　ひやみずざわがわ
青森県・田名部川水系〔2級〕
冷水沼　ひやみずぬま
青森県西津軽郡木造町
5冷田川　つめたがわ
青森県・岩木川水系
冷田川　つめたがわ
徳島県・吉野川水系〔1級〕
7冷沢　つめたざわ
長野県・信濃川水系〔1級〕
冷沢川　ひやざわがわ
山梨県・富士川水系〔1級〕
冷沢川　ひやざわがわ
愛知県・豊川水系

12冷渡川　ひえわたしがわ
秋田県・子吉川水系

【初】

3初山別川　しょざんべつがわ
北海道・初山別川水系〔2級〕
初川　はつがわ
静岡県・初川水系〔2級〕
初川　はつがわ
福岡県・雷山川水系〔2級〕
初川谷川　はつかわだにがわ
京都府・淀川水系
5初代川　はつしろがわ
福岡県・長峡川水系〔2級〕
初田川　はつだがわ
奈良県・大和川水系〔1級〕
初田川　はったがわ
熊本県・菊池川水系〔1級〕
初田川　はったがわ
熊本県・菊池川水系
初田川　はつたがわ
宮崎県・福島川水系〔2級〕
7初尾川　はつおがわ
兵庫県・洲本川水系〔2級〕
初尾川　はつおがわ
長崎県・谷江川水系〔2級〕
初沢川　はつざわがわ
山梨県・富士川水系〔1級〕
初谷川　はつたにがわ
大阪府・淀川水系〔1級〕
9初茶志内川　はっちゃしないがわ
北海道・天塩川水系〔1級〕
初音川　はつねがわ
千葉県・夷隅川水系
10初原川　はつはらがわ
茨城県・久慈川水系〔1級〕
初馬川　はつまがわ
静岡県・太田川水系〔2級〕
12初湯川　うぶゆがわ
和歌山県・日高川水系〔2級〕
19初瀬川　はつせがわ
福島県・阿武隈川水系〔1級〕
初瀬川　はつせがわ
福島県・阿賀野川水系〔1級〕
初瀬川　はつせがわ
福島県・阿武隈川水系
初瀬川　はつせがわ、はせがわ
奈良県・大和川水系
初瀬川　はつせがわ
岡山県・吉井川水系〔1級〕
初瀬川　はつせがわ
佐賀県・嘉瀬川水系〔1級〕

【判】

5判田川　はんだがわ
大分県・大野川水系〔1級〕

【別】

3別山川　べつやまがわ
新潟県・鯖石川水系〔2級〕
6別当川　べっとうがわ
香川県・別当川水系〔2級〕
別当沢川　べっとうさわがわ
山梨県・富士川水系〔1級〕
別当淵沢　べっとうふちざわ
岩手県・北上川水系
別西川　べつせいがわ
山口県・島田川水系〔2級〕
7別々川　べつべつがわ
北海道・別々川水系〔2級〕
別役川　べっちゃくがわ
高知県・野根川水系〔2級〕
8別府川　べっぷがわ
兵庫県・加古川水系〔1級〕
別府川　べっぷがわ
佐賀県・六角川水系〔1級〕
別府川　べっぷがわ
鹿児島県・別府川水系〔2級〕
別府田野川　べっぷたのがわ
宮崎県・清武川水系
別所川　べっしょがわ
秋田県・米代川水系〔1級〕
別所川　べっしょがわ
新潟県・関川水系〔1級〕
別所川　べっしょがわ
長野県・信濃川水系〔1級〕
別所川　べっしょがわ
静岡県・都田川水系
別所川　べっしょがわ
京都府・淀川水系〔1級〕
別所川　べっしょがわ
京都府・淀川水系
別所川　べっしょがわ
和歌山県・日高川水系〔2級〕
別所川　べっしょがわ
鳥取県・日野川水系〔1級〕
別所川　べっしょがわ
鳥取県・別所川水系
別所川　べっしょがわ
香川県・財田川水系〔2級〕
別所川　べっしょがわ
香川県・与田川水系〔2級〕
別所沢　べっしょざわ
宮城県・鳴瀬川水系

別所谷川　べっしょだにがわ
岡山県・高梁川水系
別所沼　べっしょぬま
埼玉県さいたま市南区
9別保川　べっぽがわ
北海道・釧路川水系〔1級〕
別段川　べつだんがわ
佐賀県・筑後川水系〔1級〕
別荘川　べっそうがわ
富山県・神通川水系〔1級〕
10別院川　べついんがわ
奈良県・大和川水系〔1級〕
12別着の沢川　べっちゃくのさわがわ
北海道・常呂川水系〔1級〕

【利】
7利別川　としべつがわ
北海道・十勝川水系〔1級〕
利別目名川　としべつめながわ
北海道・後志利別川水系〔1級〕
8利波川　となみがわ
富山県・小矢部川水系〔1級〕
10利家川　とぎやがわ
愛媛県・金生川水系〔2級〕
利根川　とねがわ
群馬県, 埼玉県, 茨城県, 千葉県・利根川水系〔1級〕
利根川　とねがわ
山梨県・富士川水系〔1級〕
利根別川　とねべつがわ
北海道・石狩川水系〔1級〕
利根倉沢　とねくらさわ
栃木県・利根川水系
利根運河　とねうんが
千葉県・利根川水系〔1級〕
12利賀川　とがかわ
富山県・庄川水系〔1級〕

【助】
助の巻川　すけのまきがわ
山形県・最上川水系
2助十郎沢　すけじゅうろうざわ
青森県・馬淵川水系
3助川　すけがわ
熊本県・球磨川水系
6助任川　すけとうがわ
徳島県・吉野川水系〔1級〕
10助高川　すけだかがわ
福井県・笙の川水系〔2級〕

【医】
4医王寺川　いおうじがわ
佐賀県・六角川水系〔1級〕

【君】
君が野川　きみがのがわ
秋田県・君が野川水系〔2級〕
君ヶ洞川　きみがほらがわ
岩手県・下平田川水系
7君谷川　きみたにがわ
島根県・江の川水系〔1級〕
8君迫川　きみさこがわ
大分県・筑後川水系〔1級〕

【呉】
呉ヶ畑川　くれがはたがわ
山口県・粟野川水系〔2級〕
3呉川　くれがわ
福岡県・遠賀川水系〔1級〕

【吾】
7吾々路川　ごころがわ
大分県・筑後川水系〔1級〕
8吾妻川　あずまがわ
青森県・吾妻川水系〔2級〕
吾妻川　あがつまがわ
群馬県・利根川水系〔1級〕
吾妻川　あずまがわ
滋賀県・淀川水系〔1級〕

【告】
3告川　つげがわ
熊本県・球磨川水系〔1級〕
12告森川　こつもりがわ
愛媛県・渡川水系〔1級〕

【吹】
吹ノ沢川　ふきのさわがわ
新潟県・荒川（新潟県・山形県）水系〔1級〕
4吹戸川　ふきどがわ
愛知県・猿渡川水系〔2級〕
吹戸川　ふきどがわ
愛知県・境川水系
吹木沢川　ふきさわがわ
新潟県・信濃川水系〔1級〕
10吹浦川《別》　ふくらがわ
山形県・月光川水系の月光川
吹浦川　ふくらがわ
山形県・吹浦川水系
吹浦川　ふきうらがわ
大分県・吹浦川水系〔2級〕

11吹野川　ふきのがわ
島根県・高津川水系〔1級〕
吹野溢川　ふきのあふれがわ
島根県・高津川水系

【呑】
3呑川　のみがわ
東京都・呑川水系〔2級〕
4呑井沢川　のみいざわ
新潟県・信濃川水系〔1級〕
呑水奥谷川　のみみずおくたにがわ
岡山県・吉井川水系〔1級〕
7呑谷川　のみだにがわ
鳥取県・千代川水系〔1級〕

【囲】
3囲川　かこいがわ
熊本県・菊池川水系
囲川　かこいがわ
宮崎県・一ツ瀬川水系〔2級〕

【坂】
坂の下川　さかのしたがわ
秋田県・雄物川水系
坂ノ下川　さかのしたがわ
宮崎県・一ツ瀬川水系
坂ノ川川　さかのかわがわ
高知県・新荘川水系〔2級〕
2坂又川　さかまたがわ
富山県・小矢部川水系〔1級〕
3坂下川　さかしたがわ
山梨県・富士川水系〔1級〕
坂下川　さかしたがわ
愛知県・庄内川水系
坂下川　さかしたがわ
長崎県・有馬川水系〔2級〕
坂下沢　さかしたさわ
宮城県・名取川水系
坂口川　さかぐちがわ
群馬県・利根川水系〔1級〕
坂口川　さかぐちがわ
福岡県・筑後川水系〔1級〕
坂口川　さかぐちがわ
熊本県・坂口川水系〔2級〕
坂口谷川　さかぐちやがわ、さくちやがわ
静岡県・坂口谷川水系〔2級〕
坂川　さかがわ
千葉県・利根川水系〔1級〕
坂川　さかがわ
香川県・本津川水系〔2級〕
坂川　さかのがわ
高知県・渡川水系〔1級〕
坂川放水路　さかがわほうすいろ
千葉県・利根川水系〔1級〕
4坂井川　さかいがわ
栃木県・那珂川水系〔1級〕
坂井川　さかいがわ
新潟県・加治川水系〔2級〕
坂井川　さかいがわ
石川県・御祓川水系
坂井川　さかいがわ
福岡県・遠賀川水系〔1級〕
坂元川　さかもとがわ
宮城県・坂元川水系〔2級〕
坂元川　さかもとがわ
香川県・坂元川水系〔2級〕
坂元川　さかもとがわ
鹿児島県・米之津川水系〔2級〕
坂内川　さかうちがわ
岐阜県・木曾川水系〔1級〕
坂月川　さかつきがわ
千葉県・都川水系〔2級〕
坂牛川　さかうしがわ
青森県・馬淵川水系〔1級〕
5坂出川　さかいでがわ
兵庫県・揖保川水系
坂尻川　ざかじりがわ
滋賀県・淀川水系〔1級〕
坂尻川　ざかじりがわ
兵庫県・加古川水系
坂本の沢川　さかもとのさわがわ
北海道・布辻川水系
坂本川　さかもとがわ
岩手県・気仙川水系〔2級〕
坂本川　さかもとがわ
岩手県・長部川水系
坂本川　さかもとがわ
新潟県・信濃川水系〔1級〕
坂本川　さかもとがわ
新潟県・坂本川水系〔2級〕
坂本川　さかもとがわ
岐阜県・木曾川水系〔1級〕
坂本川　さかもとがわ
静岡県・安倍川水系〔1級〕
坂本川　さかもとがわ
三重県・雲出川水系〔1級〕
坂本川　さかもとがわ
島根県・斐伊川水系〔1級〕
坂本川　さかもとがわ
島根県・江の川水系〔1級〕
坂本川　さかもとがわ
岡山県・高梁川水系〔1級〕
坂本川　さかもとがわ
山口県・佐波川水系〔1級〕

坂本川　さかもとがわ
山口県・坂本川水系〔2級〕
坂本川　さかもとがわ
山口県・末武川水系〔2級〕
坂本川　さかもとがわ
山口県・椹野川水系〔2級〕
坂本川　さかもとがわ
徳島県・勝浦川水系〔2級〕
坂本川　さかもとがわ
愛媛県・肱川水系〔1級〕
坂本川　さかもとがわ
佐賀県・筑後川水系〔1級〕
坂本川　さかもとがわ
熊本県・菊池川水系
坂本沢川　さかもとざわがわ
岩手県・盛川水系
坂本沢川　さかもとざわがわ
岩手県・閉伊川水系
坂本沢川　さかもとざわがわ
山形県・最上川水系〔1級〕
坂本沢川　さかもとざわがわ
山形県・最上川水系
坂田川　さかたがわ
新潟県・鯖石川水系〔2級〕
坂田川　さかたがわ
佐賀県・玉島川水系〔2級〕
坂田川　さかたがわ
熊本県・菊池川水系〔1級〕
坂田川　さかたがわ
熊本県・坂田川水系
坂田池　さかたいけ
新潟県中頸城郡柿崎町
坂田谷川　さかただにがわ
徳島県・吉野川水系〔1級〕
坂辻川　さかつじがわ
島根県・江の川水系
6坂宇場川　さかうばがわ
愛知県・天竜川水系〔1級〕
坂州川《別》　さかしゅうがわ
徳島県・那賀川水系の坂州木頭川
坂州木頭川　さかしゅうきとうがわ
徳島県・那賀川水系〔1級〕
7坂折川　さかおれがわ
高知県・仁淀川水系〔1級〕
坂谷川　さかたにがわ
兵庫県・円山川水系
坂谷川　さかたにがわ
熊本県・緑川水系〔1級〕
8坂東太郎《別》　ばんどうたろう
千葉県, 茨城県, 埼玉県, 栃木県, 群馬県・利根川水系の利根川
坂東沢川　ばんどうざわがわ
埼玉県・荒川（東京都・埼玉県）水系〔1級〕
坂門田川　さかもんたがわ
熊本県・菊池川水系
9坂巻川　さかまきがわ
山形県・最上川水系〔1級〕
10坂根川　さかねがわ
兵庫県・円山川水系〔1級〕
坂根川　さかねがわ
奈良県・大和川水系〔1級〕
坂根川　さかねがわ
島根県・江の川水系
坂根川　さかねがわ
山口県・小瀬川水系〔1級〕
坂根川　さかねがわ
山口県・錦川水系〔2級〕
坂根谷川　さかねだにがわ
徳島県・吉野川水系〔1級〕
11坂部川　さかべがわ
秋田県・子吉川水系〔1級〕
坂部川　さかべがわ
愛知県・境川水系
坂野川　さかのがわ
兵庫県・円山川水系〔1級〕
12坂割沢　さかわりざわ
青森県・磯松川水系
19坂瀬川　さかせがわ
徳島県・宍喰川水系〔2級〕
坂瀬川　さかせがわ
愛媛県・仁淀川水系〔1級〕
坂瀬川　さかせがわ
長崎県・坂瀬川水系〔2級〕

【坊】

坊の沢川　ぼうのざわがわ
山形県・最上川水系〔1級〕
坊ヶ池　ぼうがいけ
新潟県中頸城郡清里村
坊ヶ沢川　ぼうがさわがわ
秋田県・子吉川水系
坊ヶ沢川　ぼうがさわがわ
長野県・天竜川水系〔1級〕
坊ヶ谷川　ぼうがたにがわ
徳島県・勝浦川水系〔2級〕
3坊川　ぼうがわ
京都府・淀川水系
4坊中川　ぼうじゅうがわ
佐賀県・松浦川水系〔1級〕
5坊主川　ぼうずがわ
福岡県・室見川水系〔2級〕
坊主淵川　ぼうずぶちがわ
静岡県・弁財天川水系〔2級〕
坊田川　ぼうだがわ
富山県・角川水系〔2級〕

7坊沢川《古》　ぼうさわがわ
山梨県・富士川水系の防沢川
坊谷川　ぼうだにがわ
滋賀県・淀川水系〔1級〕
坊谷川　ぼうだにがわ
香川県・金倉川水系〔2級〕
9坊城川　ぼうじょうがわ
奈良県・大和川水系〔1級〕
14坊領川　ぼうりょうがわ
鳥取県・阿弥陀川水系〔2級〕
19坊瀬川　ぼうぜがわ
静岡県・都田川水系〔2級〕

【声】
11声問大沼　こえといおおぬま
北海道稚内市
声問川　こえといがわ
北海道・声問川水系〔2級〕

【売】
4売木川　うるぎがわ
長野県・天竜川水系〔1級〕
5売田川　うりたがわ
福島県・阿武隈川水系
12売買川　うりかいがわ
北海道・十勝川水系〔1級〕
売買川分水路　うりかいがわぶんすいろ
北海道・十勝川水系〔1級〕

【妓】
4妓王井川　ぎおういがわ
滋賀県・淀川水系〔1級〕

【妙】
4妙円川　みょうえんがわ
宮城県・北上川水系〔1級〕
妙戸川　みょうどがわ
愛知県・日光川水系
5妙正寺川　みょうしょうじがわ
東京都・荒川（東京都・埼玉県）水系〔1級〕
妙田川　みょうでんがわ
宮崎県・五ヶ瀬川水系〔1級〕
7妙見川　みょうけんがわ
大阪府・石津川水系〔2級〕
妙見川　みょうけんがわ
福岡県・筑後川水系〔1級〕
妙見川　みょうけんがわ
佐賀県・嘉瀬川水系〔1級〕
妙見川　みょうけんがわ
熊本県・緑川水系
妙見川　みょうけんがわ
大分県・駅館川水系〔2級〕
妙谷川　みょうだにがわ
愛媛県・仁淀川水系〔1級〕
妙谷川　みょうだにがわ
愛媛県・中山川水系〔2級〕
8妙法寺川　みょうほうじがわ
新潟県・鯖石川水系〔2級〕
妙法寺川　みょうほうじがわ
兵庫県・妙法寺川水系〔2級〕
10妙原川　みょうはらがわ
岡山県・吉井川水系
11妙理川　みょうりがわ
滋賀県・淀川水系〔1級〕
13妙義川《古》　みょうぎがわ
群馬県・利根川水系の高田川

【宍】
12宍喰川　ししくいがわ
徳島県・宍喰川水系〔2級〕
宍道湖　しんじこ
島根県・斐伊川水系

【寿】
8寿命川　じゅみょうがわ
奈良県・紀の川水系〔1級〕
9寿後川　すごがわ
岐阜県・木曾川水系〔1級〕

【尿】
9尿前川　しとまえがわ
岩手県・北上川水系〔1級〕

【尾】
尾の河内川　おのかわちがわ
熊本県・大江川水系〔2級〕
尾の河内川支川　おのかわちがわしせん
熊本県・大江川水系〔2級〕
尾ノ坂川　おのさかがわ
山口県・阿武川水系〔2級〕
尾ノ沼谷川　おのぬまたにがわ
富山県・黒部川水系〔1級〕
2尾八重川　おはえがわ
宮崎県・一ツ瀬川水系〔2級〕
3尾上谷川　おうえたにがわ
京都府・由良川水系
尾上郷川　おがみごうがわ
岐阜県・庄川水系〔1級〕
尾川　おがわ
静岡県・大井川水系〔1級〕
尾川川　おがわがわ
三重県・新宮川水系〔1級〕
尾川川　おがわがわ
高知県・安芸川水系〔2級〕

4尾戸川　おどがわ
広島県・高梁川水系〔1級〕
5尾尻川　おじりがわ
大分県・大野川水系〔1級〕
尾市川　おいちがわ
兵庫県・市川水系〔2級〕
尾平川　おだいらがわ
新潟県・羽茂川水系〔2級〕
尾平川　おだいらがわ
宮崎県・五ヶ瀬川水系〔1級〕
尾札部川　おさっぺがわ
北海道・釧路川水系〔1級〕
尾札部川　おさつべがわ
北海道・尾札部川水系
尾田川　おだがわ
京都府・淀川水系
尾田川　おだがわ
熊本県・唐人川水系〔2級〕
尾田川　おだがわ
大分県・丹生川水系〔2級〕
尾白川　おしろがわ
新潟県・阿賀野川水系〔1級〕
尾白川　おしろがわ
山梨県・富士川水系〔1級〕
尾白利加川　おしらりかがわ
北海道・石狩川水系〔1級〕
6尾合川　おごうがわ
三重県・宮川水系〔1級〕
尾名川　おながわ
栃木県・利根川水系〔1級〕
尾羽根川　おばねがわ
千葉県・利根川水系〔1級〕
尾羽梨川　おわりがわ
滋賀県・淀川水系〔1級〕
7尾別川　おっぺつがわ
青森県・岩木川水系〔1級〕
尾呂志川　おろしがわ
三重県・尾呂志川水系〔2級〕
尾坂川　おさかがわ
岡山県・高梁川水系〔1級〕
尾坂田川　おさかだがわ
愛知県・境川水系
尾町川　おまちがわ
新潟県・尾町川水系〔2級〕
尾谷　おだに
石川県・大聖寺川水系
尾谷川　おたにがわ
滋賀県・淀川水系〔1級〕
尾谷川　おたにがわ
奈良県・大和川水系〔1級〕
尾谷川　おたにがわ
岡山県・吉井川水系〔1級〕
尾谷川　おたにがわ
熊本県・菊池川水系
尾谷川　おたにがわ
宮崎県・大淀川水系〔1級〕
8尾所川　おそがわ
岡山県・吉井川水系〔1級〕
尾股川　おまたがわ
宮崎県・大淀川水系〔1級〕
尾迫川　おさこがわ
宮崎県・耳川水系
9尾俣川　おまたがわ
石川県・新堀川水系〔2級〕
尾首川　おくびがわ
愛媛県・肱川水系〔1級〕
10尾原川　おばらがわ
広島県・沼田川水系〔2級〕
尾原川　おばらがわ
宮崎県・五ヶ瀬川水系
尾根川　おねがわ
長野県・信濃川水系〔1級〕
尾根川　おねがわ
京都府・淀川水系
尾根川　おねがわ
兵庫県・加古川水系〔1級〕
尾浜川　おはまがわ
愛知県・矢作川水系〔1級〕
尾竜谷川　おりゅうだにがわ
熊本県・菊池川水系
11尾堂川　おどうがわ
宮崎県・大淀川水系
尾堂谷川　おどうだにがわ
宮崎県・大淀川水系
尾崎川　おざきがわ
広島県・尾崎川水系〔2級〕
尾崎川　おざきがわ
愛媛県・肱川水系〔1級〕
尾崎川　おざきがわ
高知県・尾崎川水系〔2級〕
尾崎川　おざきがわ
熊本県・砂川水系
尾崎谷川　おさきだにがわ
高知県・渡川水系
尾張川　おわりがわ
奈良県・大和川水系〔1級〕
尾張川　おわりがわ
鳥取県・黒川水系〔2級〕
尾添川　おぞえがわ
石川県・手取川水系〔1級〕
尾袋川　おぶくろがわ
宮城県・阿武隈川水系〔1級〕
尾野見川　おのみがわ
鹿児島県・安楽川水系〔2級〕

12尾賀野川　おがのがわ
岐阜県・木曾川水系〔1級〕
13尾幌10の1川　おぼろじゅうのいちがわ
北海道・尾幌川水系〔2級〕
尾幌11の1川　おぼろじゅういちのいちがわ
北海道・尾幌川水系〔2級〕
尾幌11号川　おぼろじゅういちごうがわ
北海道・尾幌川水系〔2級〕
尾幌川　おぼろがわ
北海道・尾幌川水系〔2級〕
尾路川　おろがわ
岡山県・吉井川水系〔1級〕
16尾駮沼　おぶちぬま
青森県上北郡六ヶ所村
18尾藤川　びとうがわ
京都府・由良川水系〔1級〕
19尾瀬沼　おぜぬま
福島県, 群馬県・阿賀野川水系〔1級〕
尾瀬沼　おぜぬま
群馬県利根郡

【岐】
11岐部川　きべがわ
大分県・岐部川水系〔2級〕

【巫】
3巫子沼　いたこぬま
青森県上北郡野辺地町

【床】
3床丸川　とこまるがわ
宮崎県・大淀川水系〔1級〕
床川　とこがわ
沖縄県・安波川水系〔2級〕
4床丹川　とこたんがわ
北海道・床丹川水系〔2級〕
床木川　ゆかぎがわ
大分県・番匠川水系〔1級〕
9床畑川　ゆかばたがわ
秋田県・雄物川水系
15床潭湖　とこたんぬま
北海道厚岸町
床舞川　とこまいがわ
秋田県・雄物川水系〔1級〕
19床瀬川　とこせがわ
熊本県・白川水系

【庇】
3庇川　ひさしがわ
島根県・斐伊川水系〔1級〕

【弟】
3弟川　おとがわ
山梨県・富士川水系〔1級〕
弟川　おとがわ
長野県・天竜川水系〔1級〕
7弟々子川　てしごがわ
熊本県・河内川水系

【形】
4形毛川　かたけがわ
新潟県・信濃川水系〔1級〕

【役】
4役内川　やくないがわ
秋田県・雄物川水系〔1級〕
役犬原川　やくいんばるがわ
熊本県・白川水系
10役原川　やくばらがわ
群馬県・利根川水系〔1級〕
12役勝川　やくがちがわ
鹿児島県・役勝川水系〔2級〕

【応】
6応名川　おうながわ
福島県・阿賀野川水系〔1級〕

【忌】
11忌部川　いんべがわ
島根県・斐伊川水系〔1級〕

【志】
3志久見川　しくみがわ
長野県・信濃川水系〔1級〕
志子川　しこがわ
三重県・赤羽川水系〔2級〕
志寸川　しすんがわ
北海道・石狩川水系〔1級〕
4志井川　しいがわ
福岡県・紫川水系〔2級〕
志太田中川　しだたなかがわ
静岡県・志太田中川水系〔2級〕
志戸子川　しどこがわ
鹿児島県・志戸子川水系〔2級〕
志戸川　しどがわ
埼玉県・利根川水系〔1級〕
志文三の沢川　しぶんさんのさわがわ
北海道・石狩川水系〔1級〕
志文川　しぶんがわ
北海道・石狩川水系〔1級〕
志文川　しぶみがわ
兵庫県・千種川水系〔2級〕

志比内川　しびないがわ
北海道・石狩川水系〔1級〕
5志古川　しこがわ
和歌山県・新宮川水系〔1級〕
志生木川　しゅうきがわ
大分県・志生木川水系〔2級〕
志礼川　しれがわ
佐賀県・志礼川水系〔2級〕
6志多良川　しだらがわ
熊本県・球磨川水系
志多留川　したるがわ
長崎県・志多留川水系〔2級〕
志多賀川　したかがわ
長崎県・志多賀川水系〔2級〕
志気川　しけがわ
佐賀県・松浦川水系〔1級〕
7志佐川　しさがわ
佐賀県・志佐川水系〔2級〕
志佐川　しさがわ
長崎県・志佐川水系〔2級〕
志岐川　しきがわ
熊本県・志岐川水系〔2級〕
志岐道川　しきみちがわ
熊本県・内野川水系
志折川　しおりがわ
長崎県・川棚川水系〔2級〕
志村川　しむらがわ
鳥取県・天神川水系〔1級〕
8志和川　しわがわ
高知県・志和川水系〔2級〕
志和利川　しわりがわ
大分県・武蔵川水系〔2級〕
志和岐川　しわぎがわ
徳島県・志和岐川水系〔2級〕
志和賀川　しわがかわ
京都府・淀川水系〔1級〕
志和賀川　しわががわ
京都府・淀川水系
志奈弥川　しなねがわ
高知県・国分川水系〔2級〕
志河川　しこがわ
愛媛県・中山川水系〔2級〕
志茂川　しもがわ
愛知県・矢作川水系
9志保谷川　しほたにがわ
京都府・淀川水系
志度淵川　しどぶちがわ
栃木県・利根川水系〔1級〕
志染川　しじみがわ
兵庫県・加古川水系〔1級〕
志海苔川　しのりがわ
北海道・海苔川水系

志津川　しずがわ
福井県・九頭竜川水系〔1級〕
志津川　しずがわ
京都府・淀川水系〔1級〕
志津川《別》　しずがわ
熊本県・筑後川水系の満願寺川
志津野川　しずのがわ
岐阜県・木曾川水系〔1級〕
10志原川　しはらがわ
三重県・志原川水系〔2級〕
志原川　しはらがわ
和歌山県・志原川水系〔2級〕
志原川　しはらかわ
島根県・湯里川水系
志根津川　しねつがわ
北海道・尻別川水系〔1級〕
志高湖　しだかこ
大分県別府市
11志張沢　しばりざわ
秋田県・米代川水系〔1級〕
志麻の沢川　しまのさわがわ
山梨県・富士川水系〔1級〕
12志登茂川　しともがわ
三重県・志登茂川水系〔2級〕
志筑川　しずきがわ
兵庫県・志筑川水系〔2級〕
志賀川　しがかわ
長野県・信濃川水系〔1級〕
志賀川　しがかわ
奈良県・紀の川水系〔1級〕
志賀川　しがかわ
和歌山県・日高川水系〔2級〕
志賀沢川　しがさわがわ
宮城県・阿武隈川水系〔1級〕
志賀瀬川　しがせがわ
熊本県・筑後川水系〔1級〕
13志幌加別川　しほろかべつがわ
北海道・石狩川水系〔1級〕
志楽川　しがきがわ
京都府・志楽川水系〔2級〕
志路原川　しじはらがわ
広島県・江の川水系〔1級〕
15志撫子川　しぶしがわ
北海道・佐呂間別川水系
志駒川　しこまがわ
千葉県・湊川水系〔2級〕

【忍】

3忍山川　おしやまがわ
群馬県・利根川水系〔1級〕
忍川　おしがわ
埼玉県・利根川水系〔1級〕

9忍保川　おしぼがわ
埼玉県・利根川水系〔1級〕
10忍原川　おしはらがわ
島根県・静間川水系〔2級〕
13忍路子川　おしょろっこがわ
北海道・興部川水系

【我】
3我女川　がめがわ
三重県・鈴鹿川水系〔1級〕
7我防沢川　がぼうざわがわ
山形県・最上川水系
11我部祖河川　かぶそががわ
沖縄県・我部祖河川水系〔2級〕
13我路沢川　がろざわがわ
北海道・石狩川水系〔1級〕

【戒】
5戒外川　かいげがわ
奈良県・大和川水系〔1級〕

【戻】
5戻辺川　もどりべがわ
北海道・茶路川水系〔2級〕

【折】
折ヶ島沢　おりがしまさわ
秋田県・米代川水系〔1級〕
折ヤ谷川　おりやだにがわ
京都府・淀川水系
3折口川　おりぐちがわ
熊本県・菊池川水系
折口川　おりぐちがわ
鹿児島県・折口川水系〔2級〕
折川　おりかわ
北海道・折川水系〔2級〕
折川内川　おりかわうちがわ
宮崎県・浦尻川水系〔2級〕
4折戸川　おりとがわ
北海道・折戸川水系〔2級〕
折戸川　おりとがわ
山形県・荒川（新潟県・山形県）水系〔1級〕
折戸川　おりとがわ
石川県・折戸川水系〔2級〕
折戸川　おりどがわ
三重県・淀川水系〔1級〕
折戸川　おりとがわ
大分県・山国川水系〔1級〕
折木川　おりきがわ
福島県・折木川水系〔2級〕
折王谷川　おりおだにがわ
徳島県・海部川水系〔2級〕
5折立又沢　おりたてまたざわ
新潟県・信濃川水系〔1級〕
折立川　おりたてがわ
宮城県・折立川水系〔2級〕
折立川　おりたてがわ
大分県・大野川水系〔1級〕
6折合沢川　おりあいざわがわ
岩手県・大槌川水系
折宇谷川　おりうだにがわ
徳島県・那賀川水系〔1級〕
7折尾谷　おりおだに
富山県・黒部川水系
8折居川　おりいがわ
新潟県・阿賀野川水系〔1級〕
折居川　おりいがわ
新潟県・関川水系〔1級〕
折居川　おりいがわ
新潟県・鵜川水系〔2級〕
折居川　おりいがわ
香川県・大束川水系〔2級〕
折松川　おりまつがわ
福島県・鮫川水系〔2級〕
10折真布川　おりまっぷがわ
北海道・小平蘂川水系〔2級〕
折紙川　おりかみがわ
青森県・岩木川水系〔1級〕
11折笠川　おりかさがわ
茨城県・折笠川水系
折野川　おりのがわ
徳島県・折野川水系〔2級〕
16折壁川　おりかべがわ
岩手県・北上川水系〔1級〕
折壁川　おりかべがわ
岩手県・北上川水系
折壁沢川　おりかべざわがわ
岩手県・安家川水系

【把】
把の沢川　たばのさわがわ
長野県・木曽川水系〔1級〕

【抜】
3抜川　ぬけがわ
静岡県・鮎沢川水系〔2級〕
4抜井川　ぬくいがわ
長野県・信濃川水系〔1級〕
抜月川　ぬくずきがわ
島根県・高津川水系〔1級〕
6抜羽の沢川　ぬっぱのさわがわ
北海道・石狩川水系〔1級〕
12抜湯川　ぬくゆがわ
広島県・江の川水系〔1級〕

抜湯川　ぬくゆがわ
広島県・江の川水系

【改】

7改谷川　かいだにがわ
高知県・東川川水系

【更】

7更沙川　さらさがわ
愛知県・矢作川水系
9更級川　さらしながわ
長野県・信濃川水系〔1級〕

【杏】

3杏子川　あんずがわ
佐賀県・伊万里川水系〔2級〕

【材】

4材木川　ざいもくがわ
北海道・石狩川水系〔1級〕
材木川　ざいもくがわ
青森県・材木川水系〔2級〕
材木川　ざいもくがわ
石川県・大野川水系〔2級〕

【杓】

3杓子沢川　しゃくしざわがわ
新潟県・信濃川水系〔1級〕
5杓田川　しゃくでんがわ
石川県・前田川水系〔2級〕

【杖】

杖の窪川　つえのくぼがわ
愛媛県・肱川水系〔1級〕
3杖川　つえがわ
石川県・手取川水系〔1級〕
4杖之瀬川　つえのせがわ
愛媛県・肱川水系〔1級〕
5杖立川　つえたてがわ
熊本県, 大分県, 福岡県・筑後川水系
7杖坂川　つえざこがわ
愛媛県・肱川水系〔1級〕
9杖峠川　つえとうげがわ
愛媛県・渡川水系〔1級〕

【杉】

杉の入沢川　すぎのいりざわがわ
山形県・最上川水系〔1級〕
杉の水川　すぎのみずがわ
石川県・大聖寺川水系〔2級〕
杉ヶ谷　すぎがだに
富山県・神通川水系〔1級〕
杉ノ入沢川　すぎのいりさわがわ
新潟県・信濃川水系〔1級〕
杉ノ沢　すぎのさわ
宮城県・鳴瀬川水系
3杉山川　すぎやまがわ
福島県・阿賀野川水系
杉山川　すぎやまがわ
福島県・阿賀野川水系
杉山川　すぎやまがわ
福井県・九頭竜川水系〔1級〕
杉山川　すぎやまがわ
福井県・北川水系〔1級〕
杉山川　すぎやまがわ
京都府・淀川水系
杉山谷川　すぎやまだにがわ
島根県・高津川水系〔1級〕
杉川　すぎがわ
新潟県・阿賀野川水系〔1級〕
杉川　すぎがわ
静岡県・天竜川水系〔1級〕
杉川　すぎがわ
愛知県・豊川水系
杉川　すぎがわ
滋賀県・淀川水系〔1級〕
5杉平川　すぎだいらがわ
愛知県・豊川水系
杉田川　すぎたがわ
福島県・阿武隈川水系〔1級〕
6杉地川　すぎじがわ
徳島県・勝浦川水系〔2級〕
杉成川　すぎなりがわ
愛媛県・吉野川水系〔1級〕
7杉坂川　すぎさかがわ
岡山県・吉井川水系〔1級〕
杉尾川　すぎおがわ
静岡県・安倍川水系〔1級〕
杉尾川　すぎおがわ
兵庫県・千種川水系〔2級〕
杉沢　すぎさわ
岩手県・米代川水系
杉沢川　すぎさわがわ
秋田県・雄物川水系〔1級〕
杉沢川　すぎさわがわ
秋田県・馬場目川水系
杉谷川　すぎたにがわ
愛知県・杉谷川水系
杉谷川　すぎたにがわ
三重県・朝明川水系〔2級〕
杉谷川　すぎたにがわ
滋賀県・淀川水系〔1級〕

杉谷川　すぎたにがわ
島根県・斐伊川水系〔1級〕
杉谷川　すぎたにがわ
島根県・江の川水系〔1級〕
杉谷川　すぎたにがわ
岡山県・里見川水系〔2級〕
杉谷川　すぎたにがわ
広島県・江の川水系〔1級〕
杉谷川　すぎたにがわ
長崎県・鹿町川水系〔2級〕
杉谷川　すぎたにがわ
熊本県・行末川水系
杉谷内川　すぎやちがわ
石川県・米町川水系
杉谷地沢　すぎやちざわ
秋田県・雄物川水系〔1級〕
8杉岳川　すぎだけがわ
佐賀県・六角川水系〔1級〕
9杉洞川　すぎぼらがわ
岐阜県・木曾川水系〔1級〕
10杉倉川　すぎくらがわ
青森県・馬淵川水系〔1級〕
杉原川　すぎはらがわ
兵庫県・加古川水系〔1級〕
杉原谷川　すぎはらだにがわ
北海道・石狩川水系〔1級〕
11杉野川　すぎのがわ
滋賀県・淀川水系〔1級〕
12杉森川　すぎもりがわ
秋田県・子吉川水系〔1級〕
14杉熊川　すぎくまがわ
高知県・物部川水系〔1級〕

【束】

10束荷川　つかりがわ
山口県・島田川水系〔2級〕

【村】

3村下川　むらしたがわ
熊本県・佐敷川水系
村下川　むらしたがわ
熊本県・佐敷川水系
村下川　むらしたがわ
熊本県・女島川水系
村上川　むらかみがわ
山形県・村上川水系〔2級〕
村山川　むらやまがわ
三重県・村山川水系〔2級〕
村山川　むらやまがわ
鹿児島県・大淀川水系〔1級〕
村山中沢川　むらやまなかざわがわ
山形県・最上川水系〔1級〕
村山水沢川　むらやまみずさわがわ
山形県・最上川水系〔1級〕
村山高瀬川　むらやまたかせがわ
山形県・最上川水系〔1級〕
村山渋川　むらやましぶがわ
山形県・最上川水系〔1級〕
村山野川　むらやまのがわ
山形県・最上川水系〔1級〕
村川　むらがわ
愛媛県・重信川水系〔1級〕
村川　むらがわ
佐賀県・嘉瀬川水系〔1級〕
4村中川　むらなかがわ
愛媛県・三反地川水系
村中川　むらなかがわ
福岡県・村中川水系〔2級〕
村木川　むらぎがわ
長崎県・川棚川水系〔2級〕
村木江川　むらきえがわ
愛知県・境川水系
5村北川　むらきたがわ
山形県・最上川水系
村田川　むらたがわ
千葉県・村田川水系〔2級〕
村田川　むらたがわ
愛媛県・肱川水系〔1級〕
6村地谷川　むらじだにがわ
宮崎県・耳川水系〔2級〕
7村杉川　むらすぎがわ
京都府・淀川水系
8村迫川　むらさこがわ
熊本県・一町田川水系
9村前川　むらさきがわ
愛媛県・肱川水系〔1級〕

【杢】

13杢路子川　もくろじがわ
山口県・粟野川水系〔2級〕

【来】

4来内川　らいないがわ
岩手県・北上川水系〔1級〕
来日川　くるひがわ
兵庫県・円山川水系〔1級〕
6来伝川　らいでんがわ
新潟県・信濃川水系〔1級〕
来光川　らいこうがわ
静岡県・狩野川水系〔1級〕
7来尾川　きたおがわ
島根県・江の川水系〔1級〕
来村川　くのむらがわ
愛媛県・来村川水系〔2級〕

来見川　くるみがわ
滋賀県・淀川水系〔1級〕
来見野川　くるみのがわ
鳥取県・千代川水系〔1級〕
来迎川《別》　らいごうがわ
静岡県・狩野川水系の来光川
8来拝川　らいはいがわ
北海道・突符川水系
9来待川　きまちがわ
島根県・斐伊川水系〔1級〕
10来浦川　くのうらがわ
大分県・来浦川水系〔2級〕
来馬川　らいばがわ
北海道・胆振幌別川水系〔2級〕

【李】
3李川　すももがわ
愛知県・矢作川水系〔1級〕

【杣】
杣ノ谷川　そまのたにがわ
京都府・淀川水系
3杣川　そまがわ
滋賀県・淀川水系〔1級〕
杣川　そまがわ
奈良県・大和川水系〔1級〕
4杣井木川　そまいきがわ
栃木県・利根川水系〔1級〕
杣木川　そまきがわ
広島県・沼田川水系〔2級〕
5杣田川　そまだがわ
京都府・淀川水系〔1級〕
杣田川　そまだがわ
京都府・淀川水系
杣田川　そまだがわ
愛媛県・樋之口川水系〔2級〕
7杣谷川　そまたにがわ
兵庫県・都賀川水系〔2級〕
11杣添川　そまぞえがわ
長野県・信濃川水系〔1級〕

【沖】
沖の田川　おきのたがわ
熊本県・都呂々川水系
沖の沢谷川　おきのさわだにがわ
高知県・安田川水系〔2級〕
沖ノ田川　おきのたがわ
宮城県・沖ノ田川水系〔2級〕
3沖川　おきがわ
香川県・大束川水系〔2級〕
沖川　おきがわ
愛媛県・肱川水系〔1級〕
4沖之川　おきのがわ
静岡県・太田川水系〔2級〕
沖水川　おきみずがわ
宮崎県・大淀川水系〔1級〕
5沖台川　おきだいがわ
奈良県・大和川水系〔1級〕
沖田川　おきたがわ
富山県・中川水系〔2級〕
沖田川　おきたがわ
島根県・沖田川水系〔2級〕
沖田川　おきたがわ
岡山県・吉井川水系〔1級〕
沖田川　おきたがわ
広島県・沖田川水系〔2級〕
沖田川　おきたがわ
山口県・阿武川水系〔2級〕
沖田川　おきたがわ
山口県・沖田川水系〔2級〕
沖田川　おきたがわ
宮崎県・沖田川水系〔2級〕
6沖江川　おきえがわ
広島県・江の川水系〔1級〕
7沖村川　おきむらがわ
北海道・沖村川水系〔2級〕
沖村川　おきむらがわ
山梨県・富士川水系〔1級〕
沖村沢　おきむらさわ
静岡県・富士川水系
8沖奈谷川　おきなだにがわ
熊本県・白川水系
9沖洲川　おきのすがわ
徳島県・吉野川水系〔1級〕
沖津川《古》　おきつがわ
静岡県・興津川水系の興津川
沖津谷川　おきつだにがわ
和歌山県・古座川水系〔2級〕
11沖野川　おきのがわ
愛知県・豊川水系
沖野川　おきのがわ
和歌山県・日高川水系〔2級〕
沖野々川　おきののがわ
高知県・吉野川水系〔1級〕
13沖新堀川　おきしんぼりがわ
宮城県・鳴瀬川水系〔1級〕
14沖端川　おきのはたがわ
福岡県・矢部川水系〔1級〕
16沖舘川　おきだてがわ
青森県・沖舘川水系〔2級〕

【求】
3求女川　もとめがわ
長野県・信濃川水系〔1級〕

6求名川　ぐみょうがわ
鹿児島県・川内川水系〔1級〕
7求来里ノ川　くくりのかわ
大分県・筑後川水系〔1級〕

【沙】

3沙川　すながわ
愛知県・矢作川水系
8沙河川　さがかわ
山形県・最上川水系〔1級〕
10沙流川　さるがわ
北海道・沙流川水系〔1級〕
沙留川　さるるがわ
北海道・沙留川水系〔2級〕

【沢】

沢の入川　さわのいりがわ
岩手県・北上川水系
沢の入沢川　さわのいりさわがわ
山梨県・富士川水系〔1級〕
沢の内川　さわのうちがわ
宮城県・阿武隈川水系〔1級〕
沢の目川　さわのめがわ
山形県・最上川水系〔1級〕
沢ノ入沢川　さわのいりさわがわ
栃木県・利根川水系〔1級〕
2沢入川　さわいりがわ
群馬県・利根川水系〔1級〕
沢入川　さわいりがわ
新潟県・信濃川水系〔1級〕
沢入川　さわいりがわ
新潟県・関川水系〔1級〕
沢入川　さわいりがわ
山梨県・相模川水系〔1級〕
沢入沢　さわいりざわ
栃木県・那珂川水系
沢又川　さわまたがわ
福島県・阿武隈川水系
沢又川　さわまたがわ
沖縄県・福地川水系〔2級〕
3沢上川　さわかみがわ
山形県・最上川水系〔1級〕
沢丸川《別》　さわまるがわ
静岡県・天竜川水系の横山川
沢山川　さわやまがわ
岩手県・女遊戸川水系
沢山川　さわやまがわ
岩手県・米田川水系
沢山川　さわやまがわ
千葉県・夷隅川水系〔2級〕
沢山川　さわやまがわ
新潟県・関川水系〔1級〕
沢山川　さわやまがわ
長野県・信濃川水系〔1級〕
沢山沢川　さわやまさわがわ
岩手県・沢山沢川水系
沢川　さわがわ
岩手県・久慈川水系〔2級〕
沢川　さわがわ
岩手県・沢川水系
沢川　さわがわ
岩手県・北上川水系
沢川　さわがわ
福島県・阿賀野川水系〔1級〕
沢川　さわがわ
長野県・天竜川水系〔1級〕
4沢中川　さわなかがわ
愛知県・矢作川水系
沢内川　さわうちがわ
岩手県・馬淵川水系
沢内川　さわうちがわ
秋田県・子吉川水系〔1級〕
沢内川　さわうちがわ
山形県・最上川水系〔1級〕
沢内川　さわうちがわ
山形県・五十川水系〔2級〕
沢内川　さわうちがわ
新潟県・名立川水系〔2級〕
沢内沢川　さわうちざわがわ
岩手県・北上川水系
沢内沢川　さわうちざわがわ
秋田県・子吉川水系〔1級〕
沢内沢川　さわうちざわがわ
山形県・最上川水系〔1級〕
沢戸川　さわとがわ
宮城県・名取川水系〔1級〕
沢水加川　さばかがわ
静岡県・菊川水系〔1級〕
5沢北川　さわきたがわ
三重県・木曾川水系〔1級〕
沢尻川　さわじりがわ
岩手県・新井田川水系
沢尻川　さわじりがわ
福島県・阿賀野川水系
沢尻川　さわじりがわ
茨城県・沢尻川水系
沢尻川　さわじりがわ
岐阜県・木曾川水系〔1級〕
沢尻川　さわじりがわ
愛知県・矢作川水系
沢田川　さわだがわ
群馬県・利根川水系〔1級〕
沢田川　さわだがわ
新潟県・信濃川水系〔1級〕

沢田川　さわだがわ
岡山県・旭川水系
6沢名川　さわながわ
栃木県・那珂川水系〔1級〕
沢地川　さわじがわ
静岡県・狩野川水系〔1級〕
7沢谷川　さわだにがわ
兵庫県・武庫川水系〔2級〕
沢谷川　さわだにがわ
島根県・江の川水系〔1級〕
沢谷川　さわたにがわ
徳島県・那賀川水系〔1級〕
沢里川　さわさとがわ
岩手県・久慈川水系
沢里川　さわさとがわ
岩手県・新井田川水系
8沢妻川　さわずまがわ
山梨県・富士川水系〔1級〕
沢岡川　さわおかがわ
長野県・天竜川水系〔1級〕
沢底川　さわぞこがわ
長野県・天竜川水系〔1級〕
沢波川　さわなみがわ
山口県・沢波川水系〔2級〕
9沢海川　さわうみがわ
静岡県・沢海川水系〔2級〕
沢津川　さわずがわ
愛媛県・沢津川水系〔2級〕
沢津野川　さわずのがわ
熊本県・白川水系
10沢原川　さわはらがわ
山形県・最上川水系〔1級〕
11沢野川　さわのがわ
石川県・崎山川水系
12沢渡川　さわたりがわ
茨城県・那珂川水系〔1級〕
沢渡川　さわたりがわ
愛知県・高浜川水系
沢渡川　さわたりがわ
愛知県・梅田川水系
13沢溜　さわだめ
滋賀県蒲生町
14沢種沢　さわたねざわ
群馬県・利根川水系
沢端川　さわはたがわ
山梨県・富士川水系〔1級〕
17沢檜川　さわひがわ
岩手県・鵜住居川水系〔2級〕
沢檜川　さわひがわ
岩手県・鵜住居川水系

【灸】
3灸川　やいとがわ
山口県・田布施川水系〔2級〕

【牡】
4牡丹川　ぼたんがわ
秋田県・馬場目川水系

【玖】
10玖島川　くじまがわ
広島県・小瀬川水系〔1級〕
玖珠川　くすがわ
大分県・筑後川水系〔1級〕
12玖須川　くすがわ
長崎県・玖須川水系〔2級〕

【甫】
4甫木川　ほのきがわ
鹿児島県・肝属川水系〔1級〕
12甫場谷川　ほばだにがわ
宮崎県・甫場谷川水系
17甫嶺川　ほれいがわ
岩手県・甫嶺川水系〔2級〕

【男】
3男女の川　みなのがわ
茨城県・利根川水系〔1級〕
男女川　みなのがわ
福島県・阿賀野川水系
男女倉沢川　おめぐらざわがわ
長野県・信濃川水系〔1級〕
男女滝川《別》　なめたきがわ
石川県・西二又川水系の西二又川
男山川　おとこやまがわ
京都府・男山川水系〔2級〕
男川　おとこがわ
青森県・男川水系〔2級〕
男川　おとこがわ
新潟県・三面川水系〔2級〕
男川　おとこがわ
山梨県・相模川水系〔1級〕
男川　おとこがわ
愛知県・矢作川水系〔1級〕
4男井戸川　おいどがわ
群馬県・利根川水系〔1級〕
6男池　おいけ
島根県隠岐郡西郷町
7男里川　おのさとがわ
大阪府・男里川水系〔2級〕
8男岳川　おだけがわ
熊本県・菊池川水系〔1級〕

男岳川　おだけがわ
熊本県・菊池川水系
男岳川支川　おだけがわしせん
熊本県・菊池川水系
男沼　おぬま
山形県最上郡大蔵村
男沼　おぬま
福島県福島市
9男垣内川　おんごうちがわ
広島県・高野川水系
11男堀川　おとこぼりがわ
埼玉県・利根川水系〔1級〕
男埵川　おたるがわ
長野県・木曽川水系〔1級〕
男菱川　おびしがわ
山梨県・富士川水系〔1級〕
男鹿川　おじかがわ
栃木県・利根川水系〔1級〕
15男潟　おがた
秋田県秋田市

【町】
3町下川　まちしたがわ
岩手県・北上川水系
町山口川　まちやまぐちがわ
熊本県・町山口川水系〔2級〕
4町井川　まちいがわ
栃木県・那珂川水系〔1級〕
5町尻川　まちじりがわ
福島県・阿武隈川水系〔1級〕
町田川　まちだがわ
佐賀県・松浦川水系〔1級〕
町田川　まちだがわ
大分県・筑後川水系〔1級〕
6町西川　まちにしがわ
愛媛県・肱川水系〔1級〕
7町谷川　まちやがわ
長崎県・幡鉾川水系〔2級〕
8町並川　まちなみがわ
奈良県・淀川水系〔1級〕
9町屋川　まちやがわ
岐阜県・庄川水系〔1級〕
町屋川　まちやがわ
三重県・町屋川水系
10町浦川　まちうらがわ
愛知県・豊川水系
町通川　ちょうどおりがわ
和歌山県・紀の川水系〔1級〕
11町野川　まちのがわ
石川県・町野川水系〔2級〕
12町場川　まちばがわ
福島県・日下石川水系〔2級〕
町絵川　ちょうえがわ
山口県・厚東川水系〔2級〕
13町裏川《古》　まちうらがわ
宮城県・八幡川水系の八幡川

【社】
3社川　やしろがわ
福島県・阿武隈川水系〔1級〕
社川　やしろがわ
岡山県・旭川水系〔1級〕
5社台川　しゃだいがわ
北海道・社台川水系〔2級〕
9社段川　しゃだんがわ
新潟県・信濃川水系〔1級〕
10社家川　しゃけがわ
大分県・大分川水系〔1級〕

【私】
11私都川　きさいちがわ
鳥取県・千代川水系〔1級〕

【秀】
13秀禅川　しゅうぜんがわ
岩手県・秀禅川水系

【系】
7系図川　けいずがわ
鳥取県・系図川水系

【肝】
12肝属川　きもつきがわ
鹿児島県・肝属川水系〔1級〕

【肘】
3肘川　ひじがわ
岡山県・吉井川水系〔1級〕

【芦】
芦の湖　あしのこ
神奈川県・早川水系〔2級〕
芦ヶ沢　あしがさわ
岩手県・北上川水系
芦ヶ沢　あしがさわ
新潟県・信濃川水系〔1級〕
3芦川　あしがわ
山梨県・富士川水系〔1級〕
芦川　あしがわ
奈良県・大和川水系〔1級〕
芦川　あしがわ
大分県・番匠川水系〔1級〕

4芦内沢　あしないざわ
秋田県・米代川水系
芦木川　あしきがわ
大分県・山国川水系〔1級〕
芦火谷川《別》　あしひだにがわ
滋賀県, 京都府・淀川水系のアシビ谷川
5芦田川　あしだがわ
長野県・信濃川水系〔1級〕
芦田川　あしだがわ
大阪府・芦田川水系〔2級〕
芦田川　あしだがわ
兵庫県・加古川水系〔1級〕
芦田川　あしだがわ
広島県・芦田川水系〔1級〕
芦田川　あしだがわ
広島県・芦田川水系
7芦別川　あしべつがわ
北海道・石狩川水系〔1級〕
芦別水路　あしべつすいろ
北海道・石狩川水系〔1級〕
芦沢川　あしざわがわ
秋田県・雄物川水系〔1級〕
芦沢川　あしざわがわ
秋田県・米代川水系
芦沢川　あしざわがわ
山形県・最上川水系〔1級〕
芦沢川　あしざわがわ
山形県・日向川水系〔2級〕
芦沢川　あしざわがわ
山梨県・富士川水系〔1級〕
芦花部川　あしけぶがわ
鹿児島県・芦花部川水系〔2級〕
芦見川　あしみかわ
福井県・九頭竜川水系〔1級〕
芦見川　あしみがわ
長崎県・芦見川水系〔2級〕
芦谷川　あしたんがわ
石川県・鵜飼川水系〔2級〕
芦谷川　あしだにがわ
兵庫県・竹野川水系〔2級〕
芦谷川　あしだにがわ
島根県・高津川水系
9芦城川《別》　よしきがわ
福岡県・筑後川水系の宝満川
芦屋川　あしやがわ
兵庫県・芦屋川水系〔2級〕
芦屋汐入川　あしやしおいりがわ
福岡県・遠賀川水系〔1級〕
10芦原川　あしわらがわ
京都府・川上谷川水系〔2級〕
芦原川《別》　あしはらがわ
島根県・斐伊川水系の今谷川
芦浜池　あしはまいけ
三重県紀勢町
芦洒瀬川　あしのせがわ
奈良県・新宮川水系〔1級〕
11芦部川　あしべがわ
長野県・天竜川水系〔1級〕
12芦間川　あしまがわ
長野県・信濃川水系〔1級〕
13芦新川　あししんがわ
佐賀県・福所江水系〔2級〕

【花】

花の木川　はなのきがわ
宮崎県・大淀川水系〔1級〕
花ノ木川　はなのきがわ
京都府・由良川水系
花ノ樹川　はなのきがわ
愛知県・矢作川水系
3花川　はながわ
宮城県・鳴瀬川水系〔1級〕
花川　はながわ
山形県・最上川水系〔1級〕
花川　はなかわ
福島県・阿賀野川水系
花川　はながわ
静岡県・都田川水系〔2級〕
4花月川　かげつがわ
島根県・十間川水系〔2級〕
花月川　かげつがわ
大分県・筑後川水系〔1級〕
花水川《別》　はなみずがわ
神奈川県・金目川水系の金目川
5花尻川　はなじりがわ
岡山県・吉井川水系
花田川　はなだがわ
岐阜県・木曾川水系〔1級〕
花立川　はなたてがわ
熊本県・五ヶ瀬川水系
6花会谷川　はなかいだにがわ
岡山県・高梁川水系
花合野川　かごのがわ
大分県・大分川水系〔1級〕
7花見石川　はなみいしがわ
岩手県・北上川水系
花谷川　かだにがわ
宮崎県・大淀川水系〔1級〕
8花宗川　はなむねがわ
福岡県・筑後川水系〔1級〕
花岡川　はなおかがわ
秋田県・米代川水系〔1級〕
9花室川　はなむろがわ
茨城県・利根川水系〔1級〕

花畑川　はなはたがわ
埼玉県・利根川水系
花香川　はなかがわ
山口県・厚東川水系〔2級〕
10花倉川　はなくらがわ
京都府・由良川水系〔1級〕
花原川　かばるがわ
熊本県・白川水系〔1級〕
11花堂川　はなどうがわ
宮崎県・大淀川水系
花貫川　はなぬきがわ
茨城県・花貫川水系〔2級〕
花野川　けのがわ
鹿児島県・甲突川水系〔2級〕
花野井川　はなのいがわ
茨城県・利根川水系
12花塚川　はなずかがわ
愛知県・庄内川水系
花渡川　けどがわ
鹿児島県・花渡川水系〔2級〕
13花園川　はなぞのがわ
茨城県・大北川水系〔2級〕
15花輪川　はなわがわ
宮城県・七北田川水系
花輪川　はなわがわ
千葉県・利根川水系
17花磯川　はないそがわ
北海道・花磯川水系
19花瀬川　はなせがわ
三重県・淀川水系〔1級〕
20花露辺川　けろべがわ
岩手県・花露辺川水系
21花鶴川　はなずるがわ
大分県・大野川水系〔1級〕

【芥】

3芥川　あくたがわ
三重県・鈴鹿川水系〔1級〕
芥川　あくたがわ
京都府, 大阪府・淀川水系〔1級〕
芥川　あくたがわ
愛媛県・渡川水系〔1級〕
5芥田川　けたがわ
兵庫県・加古川水系〔1級〕
芥田川　けたがわ
福岡県・遠賀川水系〔1級〕
11芥菜沢　けしなざわ
新潟県・関川水系〔1級〕

【苅】

2苅又川　かりまたがわ
宮城県・鳴瀬川水系
9苅屋川　かりやがわ
徳島県・苅屋川水系〔2級〕
10苅根川　かりねがわ
群馬県・利根川水系〔1級〕
19苅藻川　かるもがわ
兵庫県・新湊川水系〔2級〕
苅藻谷川　かるもだにがわ
島根県・斐伊川水系〔1級〕

【芹】

芹ヶ沢川　せりがさわがわ
福島県・阿武隈川水系
3芹川　せりがわ
滋賀県・淀川水系〔1級〕
芹川　せりがわ
大分県・大分川水系〔1級〕
芹川　せりがわ
大分県・芹川水系〔2級〕
4芹井川　せりいがわ
奈良県・大和川水系〔1級〕
5芹田川《古》　せりだがわ
山口県・厚東川水系の湯の上川
7芹沢川《別》　せりざわがわ
静岡県・狩野川水系の西川

【芝】

芝ノ又川　しばのまたがわ
新潟県・信濃川水系〔1級〕
3芝川　しばがわ
埼玉県・荒川（東京都・埼玉県）水系〔1級〕
芝川　しばがわ
静岡県・富士川水系〔1級〕
5芝生川　しぼうがわ
奈良県・淀川水系〔1級〕
芝生川　しぼうがわ
徳島県・吉野川水系〔1級〕
芝生川　しぼうがわ
徳島県・芝生川水系〔2級〕
7芝沢川　しばさわがわ
長野県・天竜川水系〔1級〕
9芝草川　しばくさがわ
岐阜県・庄内川水系〔1級〕
10芝原川　しばはらかわ
熊本県・白川水系
芝原川　しばはらがわ
熊本県・緑川水系
芝原川支流　しばらはらかわしりゅう
熊本県・白川水系
19芝瀬川《別》　しばせがわ
静岡県・富士川水系の芝川

【芭】

15芭蕉田川　ばしょうだがわ
愛媛県・肱川水系〔1級〕

20芭露川　ばろうがわ
北海道・佐呂間別川水系〔2級〕

【芳】

芳ヶ坪川　よしがつぼがわ
新潟県・信濃川水系〔1級〕

3芳川　ほうがわ
静岡県・馬込川水系〔2級〕

芳川川　よしかわがわ
高知県・渡川水系〔1級〕

7芳見沢川　よしみざわがわ
群馬県・利根川水系〔1級〕

芳谷川　よしたにがわ
佐賀県・松浦川水系〔1級〕

8芳奈川　よしながわ
高知県・渡川水系〔1級〕

芳岡川　よしおかがわ
岡山県・旭川水系〔1級〕

10芳原川　ほわらがわ
愛媛県・岩松川水系〔2級〕

芳原川　よしはらがわ
高知県・新川川水系〔2級〕

11芳野川　よしのがわ
福井県・九頭竜川水系〔1級〕

芳野川　ほうのがわ
奈良県・淀川水系〔1級〕

12芳賀須内川　はがすじがわ
福島県・阿武隈川水系

15芳養川　はやがわ
和歌山県・芳養川水系〔2級〕

【見】

3見山川　みやまがわ
京都府・由良川水系

見才谷川　みさいだにがわ
兵庫県・円山川水系〔1級〕

4見内川　みないがわ
岩手県・小本川水系

見日川　けんにちがわ
北海道・見日川水系

5見付川　みつけがわ
山口県・阿武川水系

見付川　みつけがわ
高知県・渡川水系〔1級〕

見出川　みでがわ
大阪府・近木川水系〔2級〕

見市川　けんいちがわ
北海道・見市川水系〔2級〕

見田川　みたがわ
広島県・江の川水系〔1級〕

見目川　みめがわ
大分県・見目川水系〔2級〕

見立川　みたてがわ
群馬県・利根川水系〔1級〕

6見行川　けんぎょうがわ
広島県・野呂川水系

7見初川　みそめがわ
山形県・最上川水系〔1級〕

見坂川　みさかがわ
広島県・太田川水系〔1級〕

見折谷川　みおりだにがわ
大分県・筑後川水系〔1級〕

見沢　みさわ
福島県・阿賀野川水系

見沢川　みさわがわ
福島県・阿賀野川水系〔1級〕

見谷川　みたにがわ
広島県・芦田川水系〔1級〕

見谷川　みたにがわ
高知県・安芸川水系〔2級〕

見返川　みかえりがわ
愛知県・矢作川水系

8見明川　みあけがわ
千葉県・利根川水系〔1級〕

見河川　みかわがわ
和歌山県・日高川水系〔2級〕

見附川　みつけがわ
山形県・最上川水系

9見前川　みるまえがわ
岩手県・北上川水系〔1級〕

見城川　けんじょうがわ
群馬県・利根川水系〔1級〕

見草川　みくさがわ
和歌山県・見草川水系〔2級〕

10見恵頭谷川　みえずだにがわ
徳島県・吉野川水系〔1級〕

見残川　みのこしがわ
愛媛県・肱川水系〔1級〕

見透川　みとおしがわ
新潟県・落堀川水系〔2級〕

12見晴池　みはらしいけ
沖縄県南大東村

見越沢川　みこしざわがわ
新潟県・信濃川水系〔1級〕

15見槻川　みずきがわ
鳥取県・千代川水系〔1級〕

【角】

角ノ瀬放水路　すみのせほうすいろ
徳島県・吉野川水系〔1級〕

3角口川　つのぐちがわ
高知県・仁淀川水系〔1級〕
角川　つのがわ
山形県・最上川水系〔1級〕
角川　かどかわ
埼玉県・荒川（東京都・埼玉県）水系〔1級〕
角川　かどがわ
富山県・角川水系〔2級〕
角川　かどがわ
山梨県・富士川水系〔1級〕
角川　かどかわ
長崎県・谷江川水系〔2級〕
4角之下川　すみのしたがわ
鹿児島県・天降川水系〔2級〕
角井川　つのいがわ
島根県・高津川水系〔1級〕
角井川　つのいがわ
島根県・神戸川水系〔2級〕
5角田川　すまだがわ
山形県・赤川水系〔1級〕
角田川《別》　すみだがわ
東京都・荒川水系の隅田川
角田川　すみだがわ
香川県・角田川水系〔2級〕
角田川　すだがわ
福岡県・角田川水系〔2級〕
角目川　つのめがわ
熊本県・球磨川水系
角石川　かくいしがわ
北海道・八木川水系
6角名川　かどながわ
長野県・天竜川水系〔1級〕
7角谷川　つのだにがわ
島根県・江の川水系〔1級〕
角谷川　つのだにがわ
島根県・神戸川水系
角谷川　つのたにがわ
愛媛県・重信川水系〔1級〕
角防川　すみのぼうがわ
熊本県・湯浦川水系
8角茂谷川　かくもだにがわ
高知県・吉野川水系〔1級〕
10角脇川　かどわきがわ
広島県・黒瀬川水系〔2級〕
11角亀川　つのかめがわ
兵庫県・千種川水系〔2級〕
12角間川　かくまがわ
新潟県・西三川川水系〔2級〕
角間川《別》　かくまがわ
石川県・珠洲大谷川水系の珠洲大谷川
角間川　かくまがわ
石川県・大野川水系
角間川　かどまがわ
長野県・信濃川水系〔1級〕
角間川　かどまがわ
長野県・天竜川水系〔1級〕
角間川《別》　かくまがわ
長野県・信濃川水系の鹿曲川
角間沢川　かくまざわがわ
山形県・最上川水系〔1級〕
角間沢川　かくまざわがわ
福島県・阿賀野川水系

【谷】

谷の内川　たにのうちがわ
高知県・仁淀川水系〔1級〕
谷の内川　たにのうちがわ
高知県・渡川水系〔1級〕
谷ノ口　たにのくち
富山県・神通川水系〔1級〕
1谷一木川　たにひとつぎがわ
鳥取県・千代川水系〔1級〕
2谷入川　たにいりがわ
兵庫県・矢田川水系〔2級〕
谷八木川　たにやぎがわ
兵庫県・谷八木川水系〔2級〕
谷又川　たにまたがわ
高知県・吉野川水系〔1級〕
3谷下川　やげがわ
愛知県・豊川水系
谷丸川　たにまるがわ
鹿児島県・川内川水系〔1級〕
谷口川　たにぐちがわ
茨城県・利根川水系〔1級〕
谷口川　たにぐちがわ
和歌山県・新宮川水系〔1級〕
谷口川　たにぐちがわ
佐賀県・玉島川水系〔2級〕
谷口川　たにぐちがわ
長崎県・西海川水系〔2級〕
谷口川　たにぐちがわ
熊本県・緑川水系〔1級〕
谷口川　たにぐちがわ
大分県・番匠川水系〔1級〕
谷山川　たにやまがわ
京都府・淀川水系〔1級〕
谷山川　たにやまがわ
京都府・淀川水系
谷山川　たにやまがわ
兵庫県・円山川水系〔1級〕
谷山川　たにやまがわ
愛媛県・渡川水系〔1級〕
谷山川　たにやまがわ
愛媛県・蒼社川水系〔2級〕

谷山川　たにやまがわ
福岡県・大根川水系〔2級〕
谷山川　たにやまがわ
長崎県・小松川水系〔2級〕
谷山川放水路　たにやまがわほうすいろ
兵庫県・円山川水系〔1級〕
谷川　たにがわ
茨城県・関根川水系
谷川　やがわ
栃木県・那珂川水系〔1級〕
谷川　たにがわ
群馬県・利根川水系〔1級〕
谷川　たにがわ
新潟県・信濃川水系〔1級〕
谷川　たにがわ
長野県・信濃川水系〔1級〕
谷川　たにがわ
長野県・天竜川水系〔1級〕
谷川　たにがわ
愛知県・矢作川水系
谷川　たにがわ
三重県・鈴鹿川水系〔1級〕
谷川　たにがわ
三重県・櫛田川水系〔1級〕
谷川　たにがわ
三重県・磯部川水系
谷川　たにがわ
三重県・員弁川水系
谷川　たにがわ
三重県・三滝川水系
谷川　たにがわ
三重県・船津川水系
谷川　たにがわ
三重県・中川水系
谷川　たにがわ
三重県・尾呂志川水系
谷川　たにがわ
滋賀県・淀川水系〔1級〕
谷川　たにがわ
京都府・野田川水系
谷川　たにがわ
京都府・淀川水系
谷川《古》　たにかわ
大阪府・東川水系の西川
谷川　たにがわ
兵庫県・揖保川水系〔1級〕
谷川　たにがわ
兵庫県・志筑川水系
谷川　たにがわ
兵庫県・淀川水系
谷川　たにがわ
和歌山県・左会津川水系〔2級〕
谷川　たにがわ
鳥取県・谷川水系〔2級〕
谷川　たにがわ
島根県・江の川水系〔1級〕
谷川　たにがわ
島根県・逢浜川水系
谷川　たにがわ
島根県・澄水川水系
谷川　たにがわ
山口県・小瀬川水系〔1級〕
谷川　たにがわ
山口県・阿武川水系〔2級〕
谷川　たにがわ
香川県・土器川水系〔1級〕
谷川　たにがわ
香川県・鴨部川水系〔2級〕
谷川　たにがわ
香川県・津田川水系〔2級〕
谷川　たにがわ
愛媛県・重信川水系〔1級〕
谷川　たにがわ
愛媛県・加茂川水系〔2級〕
谷川　たにがわ
愛媛県・金生川水系〔2級〕
谷川　たにがわ
愛媛県・谷川水系〔2級〕
谷川　たにがわ
高知県・仁淀川水系〔1級〕
谷川　たにがわ
佐賀県・志礼川水系〔2級〕
谷川　たにがわ
長崎県・本明川水系〔1級〕
谷川　たにがわ
熊本県・菊池川水系
谷川　たにがわ
熊本県・高浜川水系
谷川　たにがわ
熊本県・白川水系
谷川　たにがわ
大分県・筑後川水系〔1級〕
谷川　たにがわ
宮崎県・川内川水系〔1級〕
谷川川　たにかわがわ
静岡県・瀬戸川水系〔2級〕
谷川内川　たにごうちがわ
鹿児島県・大淀川水系〔1級〕
谷川尻谷川　たにがわじりだにがわ
京都府・淀川水系
4谷中川　やなかがわ
埼玉県・荒川（東京都・埼玉県）水系〔1級〕
谷中川　やなかがわ
千葉県・南白亀川水系

谷之木川　たにのきがわ
宮崎県・大淀川水系〔1級〕
谷之城川　たにのじょうがわ
宮崎県・広渡川水系〔2級〕
谷内川　やちがわ
新潟県・関川水系〔1級〕
谷内川　たにうちがわ
新潟県・桑取川水系〔2級〕
谷内川　やちがわ
富山県・庄川水系〔1級〕
谷内川　やちがわ
富山県・小矢部川水系〔1級〕
谷内川　やちがわ
石川県・大野川水系
谷内川　やちがわ
石川県・谷内川水系
谷内川　たにうちがわ
徳島県・吉野川水系〔1級〕
谷内川　たにうちがわ
徳島県・那賀川水系〔1級〕
谷内川　たにうちがわ
高知県・和食川水系〔2級〕
谷戸川　やとがわ
静岡県・狩野川水系
谷水川　たにみずがわ
熊本県・球磨川水系
5谷尻川　たにじりがわ
奈良県・紀の川水系〔1級〕
谷尻川　たにじりがわ
岡山県・旭川水系〔1級〕
谷尻川　たにじりがわ
岡山県・高梁川水系〔1級〕
谷尻川　たにじりがわ
広島県・芦田川水系〔1級〕
谷尻川　たにじりがわ
愛媛県・肱川水系〔1級〕
谷本川　やもとがわ
神奈川県・鶴見川水系
谷本川　やもとがわ
静岡県・菊川水系〔1級〕
谷本沢　たにもとざわ
群馬県・利根川水系
谷田川　やだがわ
福島県・阿武隈川水系〔1級〕
谷田川　やたがわ
茨城県・利根川水系〔1級〕
谷田川　やだがわ
栃木県・那珂川水系〔1級〕
谷田川　やだがわ
群馬県・利根川水系〔1級〕
谷田川　やたがわ
山梨県・相模川水系〔1級〕
谷田川　たにたがわ
大阪府・淀川水系〔1級〕
谷田川　たにだがわ
愛媛県・肱川水系〔1級〕
谷田川導水路　やたがわどうすいろ
群馬県・利根川水系〔1級〕
6谷光川　たにみつがわ
宮崎県・古江川水系〔2級〕
谷合川　たにあいがわ
熊本県・八枚戸川水系
谷地の沢川　やちのざわがわ
山形県・最上川水系〔1級〕
谷地の沢川　やちのさわかわ
山形県・最上川水系
谷地ノ沢川　やじのさわがわ
秋田県・馬場目川水系〔2級〕
谷地川　やちがわ
岩手県・馬淵川水系
谷地川　やちがわ
秋田県・米代川水系〔1級〕
谷地川　やちがわ
東京都・多摩川水系〔1級〕
谷地川　やちがわ
長野県・姫川水系〔1級〕
谷地中川　やちなかがわ
岩手県・宇部川水系〔2級〕
谷地中川　やちなかがわ
岩手県・宇部川水系
谷地田川　やちたがわ
秋田県・奈曾川水系
谷地池　やちいけ
新潟県三和村
谷江川　たにえがわ
長崎県・谷江川水系〔2級〕
7谷坂川　やさかがわ
山梨県・富士川水系〔1級〕
谷尾崎川　たにおざきがわ
熊本県・坪井川水系
谷杣川　たにそまがわ
三重県・雲出川水系〔1級〕
谷沢川　やざわがわ
群馬県・利根川水系〔1級〕
谷沢川　やざわがわ
群馬県・利根川水系
谷沢川　やざわがわ
東京都・多摩川水系〔1級〕
谷沢川　やざわがわ
新潟県・阿賀野川水系〔1級〕
谷沢川　たにざわがわ
長野県・天竜川水系〔1級〕
谷沢川　やざわがわ
静岡県・天竜川水系〔1級〕

谷沢川　やざわがわ
静岡県・都田川水系
谷町川　たにまちがわ
山形県・最上川水系
谷花川　たにばながわ
熊本県・球磨川水系
8谷所川　たにどころがわ
佐賀県・鹿島川水系〔2級〕
谷河川　たにかわがわ
京都府・由良川水系〔1級〕
谷河内川　たにごうちがわ
広島県・沼田川水系〔2級〕
9谷室沢川　たにむろさわがわ
福島県・木戸川水系〔2級〕
谷屋川　たにやがわ
石川県・米町川水系
谷津川　やつがわ
宮城県・阿武隈川水系〔1級〕
谷津川　やつがわ
群馬県・利根川水系〔1級〕
谷津川　やつがわ
埼玉県・荒川水系
谷津川　やつがわ
千葉県・谷津川水系〔2級〕
谷津川　やつがわ
山梨県・富士川水系〔1級〕
谷津川　やつがわ
静岡県・狩野川水系〔1級〕
谷津田川　やつたがわ
福島県・阿武隈川水系〔1級〕
谷津田川放水路　やつたがわほうすいろ
福島県・阿武隈川水系〔1級〕
谷津沢川　やつさわがわ
山梨県・富士川水系〔1級〕
10谷根川　たんねがわ
新潟県・早川水系〔2級〕
谷根川　たんねがわ
新潟県・谷根川水系〔2級〕
11谷郷川　たにごうがわ
長崎県・谷郷川水系〔2級〕
谷郷川　たにごがわ
熊本県・緑川水系〔1級〕
谷郷川　たにごうがわ
熊本県・砂川水系
谷部沢川　やべざわがわ
茨城県・利根川水系〔1級〕
谷野川　たにのがわ
愛媛県・肱川水系〔1級〕
12谷堰川　たにぜきがわ
秋田県・白雪川水系
谷道川　たにみちがわ
徳島県・吉野川水系〔1級〕
谷道川　たにみちがわ
香川県・財田川水系〔2級〕
谷道川　たにみちがわ
愛媛県・谷道川水系〔2級〕
谷間川　たにまがわ
福井県・九頭竜川水系〔1級〕
13谷源寺川　やげんじがわ
山形県・最上川水系〔1級〕
14谷稲葉川　やいなばがわ
静岡県・瀬戸川水系〔2級〕
18谷藪川　たにやぶがわ
岡山県・旭川水系〔1級〕

【豆】

12豆焼川　まめやきがわ
埼玉県・荒川（東京都・埼玉県）水系〔1級〕
13豆搗川　まめつきがわ
愛知県・豆搗川水系〔2級〕

【貝】

貝ノ川川　かいのかわがわ
高知県・貝ノ川川水系〔2級〕
3貝口川　かいぐちがわ
愛知県・矢作川水系
4貝井田沢　かいいださわ
秋田県・衣川水系
貝少川　かいしょうがわ
山形県・荒川（新潟県・山形県）水系〔1級〕
5貝尻川　かいじりがわ
京都府・淀川水系
貝生川　かいしょうがわ
山形県・最上川水系〔1級〕
6貝池　かいいけ
鹿児島県薩摩郡上甑村
7貝吹川　かいふきがわ
愛知県・矢作川水系
貝尾川　かいおがわ
岡山県・吉井川水系〔1級〕
貝沢川　かいざわがわ
山形県・最上川水系
貝沢川　かいざわがわ
新潟県・信濃川水系〔1級〕
貝谷川　かいたにがわ
広島県・芦田川水系〔1級〕
貝谷川　かいたにがわ
愛媛県・肱川水系〔1級〕
8貝取澗川　かいとりまがわ
北海道・貝取澗川水系
貝岡川　かいおかがわ
和歌山県・貝岡川水系〔2級〕
貝底川　かいぞこがわ
鹿児島県・貝底川水系〔2級〕

貝沼　かいぬま
秋田県雄勝郡皆瀬村
貝股川　かいまたがわ
香川県・香東川水系〔2級〕
9貝屋川　かいやがわ
新潟県・落堀川水系〔2級〕
貝洲川　かいすがわ
熊本県・中洲川水系〔2級〕
11貝野川　かいのがわ
新潟県・信濃川水系〔1級〕
貝野川　かいのがわ
三重県・員弁川水系〔2級〕
貝野川　ばいのがわ
三重県・員弁川水系
貝野川　かいのがわ
佐賀県・嘉瀬川水系〔1級〕
12貝喰川　かいばみがわ
新潟県・信濃川水系〔1級〕
貝喰川　かいばみがわ
新潟県・信濃川水系〔1級〕
貝喰川　かいばみがわ
新潟県・貝喰川水系〔2級〕
貝塚川　かいずかがわ
千葉県・海老川水系
17貝鍋川　かいなべがわ
京都府・淀川水系
19貝瀬川　かいぜがわ
長崎県・貝瀬川水系〔2級〕

【赤】

赤ノ谷川　あかのたにがわ
岡山県・高梁川水系〔1級〕
3赤土川　あかつちがわ
茨城県・久慈川水系〔1級〕
赤土川　あかつちがわ
茨城県・久慈川水系
赤土川　あかつちがわ
香川県・白坂川水系〔2級〕
赤子沢川　あかごさわがわ
山梨県・富士川水系〔1級〕
赤山川　あかやまがわ
香川県・土器川水系〔1級〕
赤川　あかがわ
北海道・石狩川水系〔1級〕
赤川　あかがわ
北海道・赤川水系〔2級〕
赤川　あかがわ
青森県・岩木川水系〔1級〕
赤川　あかがわ
青森県・高瀬川水系〔1級〕
赤川　あかがわ
青森県・赤川水系〔2級〕
赤川　あかがわ
岩手県・北上川水系〔1級〕
赤川　あかがわ
岩手県・北上川水系
赤川　あかがわ
秋田県・米代川水系〔1級〕
赤川　あかがわ
秋田県・雄物川水系〔1級〕
赤川　あかがわ
山形県・赤川水系〔1級〕
赤川　あかがわ
福島県・阿武隈川水系〔1級〕
赤川　あかがわ
栃木県・那珂川水系〔1級〕
赤川　あかがわ
栃木県・利根川水系〔1級〕
赤川　あかがわ
群馬県・利根川水系〔1級〕
赤川《別》　あかがわ
富山県・小川水系の小川
赤川　あかがわ
福井県・九頭竜川水系〔1級〕
赤川《別》　せきがわ
長野県・関川水系の池尻川
赤川　あかがわ
岐阜県・木曾川水系〔1級〕
赤川　あかがわ
静岡県・宇久須川水系〔2級〕
赤川　あかがわ
愛知県・矢作川水系〔1級〕
赤川　あかがわ
愛知県・矢作川水系
赤川　あかがわ
三重県・雲出川水系〔1級〕
赤川　あかがわ
三重県・淀川水系〔1級〕
赤川　あかがわ
三重県・三滝川水系〔2級〕
赤川　あかがわ
滋賀県・淀川水系〔1級〕
赤川　あかがわ
京都府・淀川水系
赤川　あかがわ
島根県・斐伊川水系〔1級〕
赤川　あかがわ
島根県・神戸川水系〔2級〕
赤川　あかがわ
愛媛県・肱川水系〔1級〕
赤川　あかがわ
熊本県・菊池川水系
赤川　あかがわ
大分県・大分川水系〔1級〕

赤川岱川　あかがわたいがわ
秋田県・米代川水系
赤川沼　あかがわぬま
青森県東通村
4赤之井川　あかのいがわ
愛媛県・赤之井川水系〔2級〕
赤井川　あかいがわ
北海道・余市川水系〔2級〕
赤井川　あかいがわ
北海道・朱太川水系
赤井川　あかいがわ
北海道・石崎川水系
赤井川　あかいがわ
山形県・最上川水系〔1級〕
赤井川　あかいがわ
熊本県・緑川水系〔1級〕
赤井川　あかいがわ
大分県・小猫川水系〔2級〕
赤井江　あかいこう
宮城県岩沼市
赤仁田川　あかにいだがわ
福島県・阿武隈川水系
赤仁田川　あかにたがわ
群馬県・利根川水系〔1級〕
赤手沢　あかてざわ
長野県・天竜川水系
赤木川　あかぎがわ
和歌山県・新宮川水系〔1級〕
赤木川　あかぎがわ
愛媛県・惣川水系〔2級〕
赤木川　あかぎがわ
熊本県・一町田川水系
赤木川　あかぎがわ
熊本県・球磨川水系
赤木川　あかぎがわ
熊本県・緑川水系
赤木川　あかぎがわ
大分県・番匠川水系〔1級〕
赤木川　あかぎがわ
大分県・青江川水系〔2級〕
赤木谷川　あかぎたにがわ
高知県・赤木谷川水系〔2級〕
5赤平の沢川　あかひらのさわがわ
北海道・古丹別川水系〔2級〕
赤平川　あかひらがわ
青森県・岩木川水系
赤平川　あかひらがわ
埼玉県・荒川（東京都・埼玉県）水系〔1級〕
赤平川　あかひらがわ
新潟県・信濃川水系
赤平田川　あかひらたがわ
秋田県・雄物川水系〔1級〕

赤玉北川　あかだまきたがわ
新潟県・赤玉北川水系〔2級〕
赤田川　あかだがわ
秋田県・子吉川水系〔1級〕
赤田川　あかだがわ
滋賀県・淀川水系〔1級〕
赤田川　あかだがわ
京都府・淀川水系〔1級〕
赤田川　あかだがわ
京都府・淀川水系
赤田川　あかだがわ
愛媛県・肱川水系〔1級〕
赤田川　あかだがわ
佐賀県・嘉瀬川水系〔1級〕
赤目川　あかめがわ
千葉県・南白亀川水系〔2級〕
赤石川　あかいしがわ
北海道・石狩川水系〔1級〕
赤石川　あかいしがわ
北海道・赤石川水系〔2級〕
赤石川　あかいしがわ
青森県・赤石川水系〔2級〕
赤石川　あかいしがわ
秋田県・赤石川水系〔2級〕
赤石川　あかいしがわ
福島県・阿賀野川水系〔1級〕
赤石川　あかいしがわ
新潟県・姫川水系〔1級〕
赤石川　あかいしがわ
大分県・筑後川水系〔1級〕
赤石切沢川　あかいしきりさわがわ
山梨県・富士川水系〔1級〕
赤石沢　あかいしざわ
静岡県・太田川水系
赤石沢川　あかいしざわがわ
静岡県・大井川水系〔1級〕
6赤向坂川　あこうざかがわ
広島県・野呂川水系
赤江川　あかえがわ
富山県・神通川水系〔1級〕
赤池　あかいけ
岐阜県海津市
赤池川　あかいけがわ
愛知県・庄内川水系
赤池川　あかいけがわ
宮崎県・大淀川水系
赤羽川　あかばがわ
三重県・赤羽川水系〔2級〕
赤羽沢川　あかばねざわがわ
北海道・石狩川水系〔1級〕
赤羽根川　あかばねがわ
岩手県・北上川水系

赤羽根川　あかばねがわ
新潟県・信濃川水系〔1級〕
赤羽根川　あかばねがわ
愛知県・矢作川水系〔1級〕
赤羽根川　あかばねがわ
愛知県・豊川水系
赤芋川《別》　あかいもがわ
島根県・高津川水系の赤谷川
7赤住川　あかすみがわ
石川県・赤住川水系
赤助川　あかすけがわ
山形県・最上川水系〔1級〕
赤坂入江　あかさかいりえ
佐賀県・六角川水系〔1級〕
赤坂川　あかさかがわ
岩手県・盛川水系
赤坂川　あかさかがわ
福島県・久慈川水系〔1級〕
赤坂川　あかさかがわ
群馬県・利根川水系〔1級〕
赤坂川　あかさかがわ
熊本県・関川水系
赤坂川　あかさかがわ
熊本県・球磨川水系
赤坂川　あかさかがわ
大分県・赤坂川水系〔2級〕
赤坂川《古》　あかさかがわ
大分県・大分川水系の七瀬川
赤尾川　あかおがわ
新潟県・鯖石川水系〔2級〕
赤尾川　あかおがわ
岐阜県・木曾川水系〔1級〕
赤尾沢　あかおざわ
新潟県・関川水系
赤沢　あかさわ
宮城県・阿武隈川水系
赤沢川　あかざわがわ
岩手県・北上川水系〔1級〕
赤沢川　あかさわがわ
岩手県・北上川水系
赤沢川　あかさわがわ
秋田県・馬場目川水系〔2級〕
赤沢川　あかさわがわ
秋田県・雄物川水系
赤沢川　あかざわがわ
山形県・最上川水系〔1級〕
赤沢川　あかさわがわ
福島県・阿賀野川水系〔1級〕
赤沢川　あかさわがわ
栃木県・利根川水系〔1級〕
赤沢川　あかざわがわ
群馬県・利根川水系〔1級〕
赤沢川　あかさわがわ
新潟県・荒川（新潟県・山形県）水系〔1級〕
赤沢川　あかさわがわ
新潟県・信濃川水系〔1級〕
赤沢川　あかさわがわ
新潟県・三面川水系
赤沢川　あかさわがわ
長野県・信濃川水系〔1級〕
赤沢川　あかざわがわ
長野県・天竜川水系〔1級〕
赤沢川　あかさわがわ
三重県・木曾川水系〔1級〕
赤花川　あかばながわ
兵庫県・円山川水系〔1級〕
赤芝川　あかしばがわ
山梨県・富士川水系〔1級〕
赤谷川　あかたにがわ
福島県・阿賀野川水系
赤谷川　あかやがわ
群馬県・利根川水系〔1級〕
赤谷川　あかだにがわ
新潟県・荒川（新潟県・山形県）水系〔1級〕
赤谷川　あかだにがわ
石川県・手取川水系〔1級〕
赤谷川　あかだにがわ
福井県・九頭竜川水系〔1級〕
赤谷川　あかたにがわ
三重県・木曾川水系〔1級〕
赤谷川　あかたにかわ
京都府・由良川水系
赤谷川　あかたにがわ
兵庫県・揖保川水系
赤谷川　あかたにがわ
島根県・高津川水系〔1級〕
赤谷川　あかたにがわ
福岡県・筑後川水系〔1級〕
8赤味噌汁川《別》　あかみそしるがわ
岩手県・北上川水系の赤川
赤和瀬川　あかわせがわ
岡山県・吉井川水系〔1級〕
赤岩川　あかいわがわ
新潟県・阿賀野川水系〔1級〕
赤岩川　あかいわがわ
石川県・赤岩川水系
赤岩川　あかいわがわ
愛媛県・肱川水系〔1級〕
赤岩川　あかいわがわ
宮崎県・広渡川水系〔2級〕
赤岩川　あかいわがわ
宮崎県・赤岩川水系〔2級〕
赤岩沢　あかいわさわ
岩手県・北上川水系

赤岩谷川　あかいわだにがわ
宮崎県・広渡川水系
赤松川　あかまつがわ
山形県・最上川水系〔1級〕
赤松川　あかまつがわ
鳥取県・洗川水系
赤松川　あかまつがわ
山口県・阿武川水系〔2級〕
赤松川　あかまつがわ
徳島県・那賀川水系〔1級〕
赤松川　あかまつがわ
熊本県・赤松川水系〔2級〕
赤松川　あかまつがわ
熊本県・球磨川水系
赤松川　あかまつがわ
熊本県・緑川水系
赤松川　あかまつがわ
大分県・五ヶ瀬川水系〔1級〕
赤沼　あかぬま
青森県上北郡十和田湖町
赤沼川　あかぬまがわ
山形県・最上川水系〔1級〕
赤沼川　あかぬまがわ
福島県・夏井川水系〔2級〕
赤波川　あかなみがわ
鳥取県・千代川水系〔1級〕
赤迫川　あかさこがわ
熊本県・白川水系
赤迫川　あかさこがわ
熊本県・緑川水系
9赤城大沼　あかぎおおぬま
群馬県・利根川水系〔1級〕
赤城川　あかぎがわ
群馬県・利根川水系〔1級〕
赤城白川　あかぎしろがわ
群馬県・利根川水系〔1級〕
赤屋川　あかやがわ
広島県・芦田川水系〔1級〕
赤星川　あかぼしがわ
石川県・赤星川水系
赤柴川　あかしばがわ
宮城県・北上川水系〔1級〕
赤津川　あかつがわ
栃木県・利根川水系〔1級〕
赤津川　あかずがわ
愛知県・庄内川水系
赤津沢　あかつざわ
新潟県・加治川水系〔2級〕
赤狩川　あかかりがわ
群馬県・利根川水系〔1級〕
赤砂川　あかすながわ
島根県・斐伊川水系〔1級〕

赤神川　あかがみがわ
北海道・赤神川水系
赤祖父川　あかそふがわ
富山県・小矢部川水系〔1級〕
10赤倉川　あかくらがわ
秋田県・雄物川水系〔1級〕
赤倉沢　あかくらさわ
秋田県・雄物川水系〔1級〕
赤倉沢川　あかくらざわがわ
秋田県・雄物川水系
赤峰川　あかみねがわ
愛知県・豊川水系
赤根川　あかねがわ
福井県・九頭竜川水系〔1級〕
赤根川　あかねがわ
兵庫県・赤根川水系〔2級〕
赤根沢　あかねさわ
青森県・岩木川水系
赤浦川　あかうらがわ
石川県・赤浦川水系〔2級〕
赤浦川　あかうらがわ
石川県・赤浦川水系
赤浦潟　あかうらがた
石川県七尾市
11赤堀川　あかほりがわ
栃木県・利根川水系〔1級〕
赤堀川　あかほりがわ
埼玉県・利根川水系〔1級〕
赤崎川　あかさきがわ
石川県・赤崎川水系
赤崎川　あかさきがわ
福岡県・瑞梅寺川水系〔2級〕
赤崎川　あかさきがわ
熊本県・赤崎川水系
赤崩沢　あかくずれがわ
宮城県・鳴瀬川水系
赤渋川　あかしぶがわ
愛知県・矢作川水系
赤淵川　あかぶちがわ
静岡県・富士川水系〔1級〕
赤猪子川　あかいのこがわ
岩手県・北上川水系
赤部川　あかべがわ
岩手県・北上川水系
赤野川　あかのがわ
高知県・赤野川水系〔2級〕
赤野田川　あかのだがわ
長野県・信濃川水系〔1級〕
12赤堰川　あかせきがわ
秋田県・雄物川水系〔1級〕
赤萩谷川　あかはぎだにがわ
富山県・常願寺川水系〔1級〕

赤間沢川　あかまざわがわ
北海道・石狩川水系〔1級〕
13赤滝川　あかたきがわ
長野県・信濃川水系〔1級〕
赤滝川　あかたきがわ
愛媛県・肱川水系〔1級〕
赤滝谷川　あかたきだにがわ
徳島県・吉野川水系〔1級〕
15赤瀆川　あかずえがわ
愛媛県・肱川水系〔1級〕
赤穂山川　あこやまがわ
佐賀県・松浦川水系〔1級〕
赤穂川　あこうがわ
茨城県・那珂川水系
赤穂川　あこうがわ
京都府・由良川水系
赤穂原川　あこうばらがわ
福島県・阿賀野川水系〔1級〕
19赤瀬川　あかせがわ
山口県・錦川水系〔2級〕
赤瀬川　あかせがわ
熊本県・赤瀬川水系
赤瀬川　あかせがわ
鹿児島県・雄川水系〔2級〕

【走】

走り川川　はしりかわがわ
高知県・渡川水系
3走下川　そうかがわ
山口県・走下川水系〔2級〕
走川　はしりがわ
愛知県・豊川水系
4走水川　はしりみずがわ
熊本県・球磨川水系〔1級〕
走水川　はしりみずがわ
熊本県・球磨川水系
7走沢川　はしりざわがわ
福島県・阿賀野川水系
14走熊川　はしりぐまがわ
福島県・藤原川水系〔2級〕

【足】

3足久保川　あしくぼがわ
静岡県・安倍川水系〔1級〕
足川《別》　あしかわ
山梨県・富士川水系の芦川
足川　あしがわ
高知県・渡川水系〔1級〕
足川　あしがわ
高知県・渡川水系
4足水川　あしみずがわ
山形県・荒川（新潟県・山形県）水系〔1級〕
5足立川《別》　あしたてがわ
宮城県・阿武隈川水系の荒川
足立谷川　あだちたにがわ
和歌山県・富田川水系〔2級〕
6足守川　あしもりがわ
岡山県・笹ヶ瀬川水系〔2級〕
足成大川　あしなるおおかわ
愛媛県・足成大川水系
足羽川　あすわがわ
福井県・九頭竜川水系〔1級〕
7足助川　あすけがわ
愛知県・矢作川水系〔1級〕
足尾谷《別》　あしおだに
京都府, 滋賀県・淀川水系のアシビ谷川
足尾船川　あしおぶねがわ
京都府・由良川水系
足沢　あしざわ
新潟県・信濃川水系〔1級〕
足沢川　たるざわがわ
岩手県・馬淵川水系
足沢川　あしさわがわ
群馬県・利根川水系〔1級〕
足沢川　あしざわがわ
新潟県・信濃川水系〔1級〕
足見川　あしみがわ
三重県・鈴鹿川水系〔1級〕
足谷川　あしたにがわ
富山県・常願寺川水系〔1級〕
足谷川　あしたにがわ
三重県・淀川水系〔1級〕
足谷川　あしたにがわ
三重県・員弁川水系
足谷川　あしだにがわ
京都府・筒川水系
足谷川　あしたにがわ
香川県・足谷川水系〔2級〕
足谷川　あしだにがわ
愛媛県・国領川水系〔2級〕
足谷川　あしだにがわ
高知県・吉野川水系〔1級〕
8足取川　あしとりがわ
静岡県・富士川水系〔1級〕
足拍子川　あしびょうしがわ
新潟県・信濃川水系
9足俣川　あしまたがわ
滋賀県・淀川水系〔1級〕
足後川　あしごがわ
愛知県・拾石川水系
足柄沢川　あしがらさわがわ
新潟県・信濃川水系〔1級〕
足洗川　あしあらいがわ
滋賀県・淀川水系〔1級〕

足洗川　あしあらいがわ
兵庫県・武庫川水系〔2級〕
10足原川　あしはらがわ
三重県・淀川水系〔1級〕
11足寄川　あしょろがわ
北海道・十勝川水系〔1級〕

【身】
6身成川　みなりがわ
静岡県・大井川水系〔1級〕
7身沢　みさわ
岩手県・久慈川水系
8身延川　みのぶがわ
山梨県・富士川水系〔1級〕
9身洗川　みあらいがわ
宮城県・鳴瀬川水系〔1級〕

【車】
3車川　くるまがわ
福島県・夏井川水系〔2級〕
車川　くるまがわ
福島県・夏井川水系
車川　くるまがわ
群馬県・利根川水系〔1級〕
4車止内川　くるまとまないがわ
北海道・車止内川水系〔2級〕
6車地川　くるまじがわ
熊本県・五ヶ瀬川水系
7車谷川　くるまだにがわ
滋賀県・淀川水系〔1級〕
車谷川　くるまだにがわ
熊本県・菊池川水系

【辛】
7辛沢川　からさわがわ
岐阜県・庄内川水系〔1級〕
9辛香川　からこうがわ
岡山県・笹ヶ瀬川水系

【辰】
4辰井川　たついがわ
埼玉県・利根川水系〔1級〕
辰五郎川　たつごろうがわ
北海道・堀株川水系〔2級〕
10辰根川　たつねがわ
福島県・阿武隈川水系
11辰堀川　たつぼりがわ
熊本県・球磨川水系
辰野川　たつのがわ
愛媛県・辰野川水系〔2級〕

【近】
4近内川　ちかないがわ
岩手県・閉伊川水系〔2級〕
近文オホーツナイ川　ちかぶみおほーつないがわ　北海道・石狩川水系〔1級〕
近文内川　ちかぶんないがわ
北海道・石狩川水系〔1級〕
近木川　こぎがわ
大阪府・近木川水系〔2級〕
5近広川　ちかひろがわ
大分県・広瀬川水系〔2級〕
近田川　ちかだがわ
福井県・九頭竜川水系〔1級〕
6近江ヶ谷川　おうみがだにがわ
静岡県・弁財天川水系〔2級〕
近江川　おうみがわ
鳥取県・日野川水系〔1級〕
7近尾川　ちかおがわ
新潟県・信濃川水系〔1級〕
近沢川　ちかざわがわ
青森県・近沢川水系
近谷川　ちかたにがわ
香川県・伊豆川水系〔2級〕
8近延川　ちかのぶがわ
山口県・錦川水系〔2級〕
9近津川　ちかつがわ
福島県・久慈川水系〔1級〕
近津川　ちかつがわ
福岡県・遠賀川水系〔1級〕
18近藤川　こんどうがわ
群馬県・利根川水系〔1級〕
近藤沼　こんどうぬま
群馬県佐波郡境町

【迎】
7迎谷川　むかいだにがわ
熊本県・白川水系

【那】
3那久川　なぐがわ
島根県・那久川水系〔2級〕
那久路川　なぐちがわ
島根県・重栖川水系〔2級〕
7那良川　ならがわ
熊本県・球磨川水系〔1級〕
那谷川　なたがわ
石川県・新堀川水系〔2級〕
9那珂川　なかがわ
栃木県, 茨城県・那珂川水系〔1級〕
那珂川　なかがわ
福岡県・那珂川水系〔2級〕

那珂川　なかがわ
佐賀県・那珂川水系〔2級〕
10那倉川　なぐらがわ
福島県・久慈川水系〔1級〕
12那智川　なちがわ
三重県・新宮川水系〔1級〕
那智川　なちがわ
和歌山県・那智川水系〔2級〕
那賀川　なかがわ
静岡県・那賀川水系〔2級〕
那賀川　なかがわ
徳島県・那賀川水系〔1級〕

【邑】
8邑知潟　おうちがた
石川県羽咋市
邑知潟　おおちがた
石川県・羽咋川水系

【里】
里の川　さとのかわ
北海道・沙留川水系
里の浦川　さとのうらかわ
福島県・阿武隈川水系
3里小牧川　さとこまきがわ
愛知県・日光川水系
里川　さとがわ
茨城県・久慈川水系〔1級〕
里川　さとがわ
三重県・里川水系〔2級〕
里川　さとがわ
滋賀県・淀川水系〔1級〕
里川　さとがわ
京都府・淀川水系〔1級〕
里川　さとがわ
和歌山県・古座川水系〔2級〕
里川　さとがわ
愛媛県・宮内川水系〔2級〕
里川　さとがわ
佐賀県・里川水系〔2級〕
里川　さとがわ
長崎県・釜田川水系〔2級〕
里川川　さとかわがわ
高知県・渡川水系〔1級〕
4里内川　さとうちがわ
京都府・淀川水系
7里見川　さとみがわ
群馬県・利根川水系〔1級〕
里見川　さとみがわ
岡山県・里見川水系〔2級〕
里見川　さとみがわ
長崎県・相浦川水系〔2級〕
10里根川　さとねがわ
茨城県・里根川水系〔2級〕
里浦川　さとうらがわ
熊本県・里浦川水系〔2級〕
里浦川　さとうらがわ
熊本県・里浦川水系
里高田川　さとたかだがわ
和歌山県・新宮川水系〔1級〕
11里祭川　さとまつりがわ
滋賀県・淀川水系〔1級〕
里祭池　ささいいけ
滋賀県甲南町
里野西池川　さとのにしじがわ
和歌山県・里野西池川水系〔2級〕
12里道川　さとみちがわ
山梨県・富士川水系〔1級〕
13里路川　さとじがわ
島根県・里路川水系〔2級〕

【阪】
4阪内川　さかないがわ
三重県・阪内川水系〔2級〕
5阪本川　さかもとがわ
三重県・尾呂志川水系〔2級〕

【防】
防ヶ平川　ぼうがひらがわ
熊本県・白川水系
7防沢　ぼうざわ
岩手県・北上川水系〔1級〕
防沢川　ぼうさわがわ
山梨県・富士川水系〔1級〕
9防城谷川　ぼうじょたにがわ
高知県・渡川水系
12防賀川　ぼうがかわ
京都府・淀川水系〔1級〕
防賀川上津屋放水路　ぼうががわこうずやほうすいろ
京都府・淀川水系〔1級〕
防賀川神矢放水路　ぼうががわかみやほうすいろ　京都府・淀川水系〔1級〕

【麦】
3麦川川　むぎかわがわ
山口県・厚狭川水系〔2級〕
4麦之浦川　むぎのうらがわ
鹿児島県・川内川水系〔1級〕
7麦尾川　むぎおがわ
島根県・江の川水系〔1級〕
麦谷川　むぎたにがわ
奈良県・紀の川水系〔1級〕

麦谷川　むぎたにがわ
山口県・阿武川水系〔2級〕
10麦原川　むぎわらがわ
埼玉県・荒川（東京都・埼玉県）水系〔1級〕
麦原谷川　むぎはらだにがわ
徳島県・吉野川水系〔1級〕
11麦野川　むぎのがわ
大分県・筑後川水系〔1級〕
13麦搗川　むぎつきがわ
岐阜県・木曾川水系〔1級〕

8 画

【並】

3並山川　なみやまがわ
山口県・椹野川水系〔2級〕
5並石川　なめいしがわ
大分県・山国川水系〔1級〕

【乳】

3乳川　ちちがわ
長野県・信濃川水系〔1級〕
7乳呑川　ちのみがわ
北海道・乳呑川水系〔2級〕
乳呑川　ちのみがわ
北海道・乳呑川水系
8乳岩川　ちちいわがわ
愛知県・豊川水系

【事】

3事小鍋川　ことこなべがわ
福井県・九頭竜川水系〔1級〕

【京】

京ノ沢川　きょうのさわがわ
岩手県・北上川水系
2京入道川　きょうにゅうどうがわ
静岡県・狩野川水系〔1級〕
3京丸川　きょうまるがわ
広島県・芦田川水系〔1級〕
4京内畑川　きょうちはたがわ
茨城県・那珂川水系〔1級〕
5京田川　きょうでんがわ
山形県・最上川水系〔1級〕
京石川　きょういしがわ
大分県・駅館川水系〔2級〕
8京坪川　きょうつぼがわ
富山県・白岩川水系〔2級〕
10京原川　きょうばらがわ
岡山県・吉井川水系
12京塚谷川　きょうずかだにがわ
岐阜県・神通川水系〔1級〕
13京新田川　きょうしんだがわ
宮崎県・一ツ瀬川水系〔2級〕
京福谷川　きょうふくだにがわ
徳島県・吉野川水系〔1級〕
16京橋川　きょうばしがわ
島根県・斐伊川水系〔1級〕
京橋川　きょうばしがわ
広島県・太田川水系〔1級〕

【依】

5依包川　よりかねがわ
高知県・新荘川水系〔2級〕
依田川　よだがわ
長野県・信濃川水系〔1級〕

【佳】

8佳例川《別》　かれいがわ
鹿児島県・菱田川水系の菱田川

【供】

15供養田川　くようだがわ
愛媛県・肱川水系〔1級〕

【使】

8使者原川　ししゃはらがわ
和歌山県・富田川水系〔2級〕

【侍】

10侍従川　じじゅうがわ
神奈川県・侍従川水系〔2級〕

【兎】

兎の沢川　うのさわがわ
北海道・網走川水系
兎ヶ原川　うさがはるがわ
福岡県・筑後川水系〔1級〕
3兎川　うさぎがわ
群馬県・利根川水系〔1級〕
兎川　うさぎがわ
大阪府・淀川水系〔1級〕
5兎田川　うさぎたがわ
三重県・鈴鹿川水系〔1級〕
7兎沢川　うさぎざわがわ
群馬県・利根川水系〔1級〕
兎沢川　うさぎざわがわ
新潟県・信濃川水系〔1級〕
兎谷川　うさぎだにがわ
熊本県・坪井川水系〔2級〕

9兎洞沢　うさぎぼらさわ
長野県・天竜川水系〔1級〕

【免】
5免田川　めんだがわ
熊本県・球磨川水系〔1級〕
免田川　めんだがわ
熊本県・球磨川水系
8免々田川　めめだがわ
愛知県・免々田川水系〔2級〕

【函】
3函川　はこがわ
山形県・最上川水系〔1級〕
9函南冷川　かんなみひやしがわ
静岡県・狩野川水系〔1級〕
函南観音川　かんなみかんのんがわ
静岡県・狩野川水系〔1級〕

【刺】
5刺市川　さいちがわ
秋田県・雄物川水系〔1級〕

【取】
取の木沢川　とりのきさわがわ
山形県・最上川水系
3取上川　とりあげがわ
福島県・阿武隈川水系〔1級〕
取上川　とりあげがわ
福島県・阿武隈川水系
取上石川　とりかみいしがわ
山形県・最上川水系〔1級〕
6取安川　とりやすがわ
新潟県・信濃川水系〔1級〕
9取香川　とっこうがわ
千葉県・利根川水系〔1級〕
18取翻川　とりこぼしがわ
長野県・天竜川水系〔1級〕

【受】
4受戸川《別》　うけとがわ
福島県・請戸川水系の請戸川

【呼】
3呼子川　よぶこがわ
佐賀県・呼子川水系〔2級〕
7呼谷川　よびたにがわ
徳島県・勝浦川水系〔2級〕

【周】
5周布川　すふがわ
島根県・周布川水系〔2級〕
7周防形川　すおうがたがわ
高知県・周防形川水系〔2級〕
8周参見川　すさみがわ
和歌山県・周参見川水系〔2級〕
周治谷川　しゅうちたにがわ
愛媛県・肱川水系〔1級〕
11周淮川《別》　すべがわ
千葉県・小糸川水系の小糸川

【味】
8味明川　みやけがわ
宮城県・鳴瀬川水系〔1級〕
味泥川《別》　みどろがわ
兵庫県・西郷川水系の西郷川
10味原川　あじわらがわ
兵庫県・岸田川水系〔2級〕

【和】
3和久川　わくがわ
京都府・由良川水系〔1級〕
和久原川　わくはらがわ
広島県・和久原川水系〔2級〕
和口川　わぐちがわ
愛媛県・僧都川水系〔2級〕
和山川　わやまがわ
岩手県・北上川水系
4和仁川　わにがわ
熊本県・菊池川水系〔1級〕
和天別川　わてんべつがわ
北海道・和天別川水系〔2級〕
和木川　わぎがわ
新潟県・和木川水系〔2級〕
和木川　わぎがわ
三重県・淀川水系〔1級〕
和木川　わきがわ
島根県・和木川水系〔2級〕
5和田ノ沢川　わだのさわがわ
北海道・天塩川水系〔1級〕
和田小屋川　わだこやがわ
愛媛県・吉野川水系〔1級〕
和田山川　わだやまがわ
兵庫県・円山川水系〔1級〕
和田川　わだがわ
山形県・最上川水系〔1級〕
和田川　わだがわ
茨城県・那珂川水系〔1級〕
和田川　わだがわ
埼玉県・荒川（東京都・埼玉県）水系〔1級〕

和田川　わだがわ
新潟県・信濃川水系〔1級〕
和田川　わだがわ
新潟県・鯖石川水系〔2級〕
和田川　わだがわ
富山県・常願寺川水系〔1級〕
和田川　わだがわ
富山県・庄川水系〔1級〕
和田川　わだがわ
富山県・小矢部川水系〔1級〕
和田川　わだがわ
福井県・九頭竜川水系〔1級〕
和田川　わだがわ
岐阜県・木曾川水系〔1級〕
和田川　わだがわ
静岡県・富士川水系〔1級〕
和田川　わだがわ
愛知県・豊川水系
和田川　わだがわ
滋賀県・淀川水系〔1級〕
和田川　わだがわ
大阪府・石津川水系〔2級〕
和田川　わだがわ
兵庫県・岸田川水系〔2級〕
和田川　わだがわ
和歌山県・紀の川水系〔1級〕
和田川　わだがわ
和歌山県・新宮川水系〔1級〕
和田川　わだがわ
和歌山県・日高川水系〔2級〕
和田川　わだがわ
和歌山県・日置川水系〔2級〕
和田川　わだがわ
岡山県・吉井川水系〔1級〕
和田川　わだがわ
岡山県・旭川水系〔1級〕
和田川　わだがわ
岡山県・高梁川水系〔1級〕
和田川　わだがわ
愛媛県・重信川水系〔1級〕
和田川　わだがわ
愛媛県・肱川水系〔1級〕
和田川　わだがわ
宮崎県・一ツ瀬川水系〔2級〕
和田川　わだがわ
鹿児島県・肝属川水系〔1級〕
和田川　わだがわ
鹿児島県・和田川水系〔2級〕
和田打川　わだうちがわ
滋賀県・淀川水系〔1級〕
和田吉野川　わだよしのがわ
埼玉県・荒川（東京都・埼玉県）水系〔1級〕
和田谷川　わだたにがわ
兵庫県・加古川水系〔1級〕
和田谷川　わだたにがわ
徳島県・吉野川水系〔1級〕
6和会川　かずえがわ
愛知県・猿渡川水系
和名田川　わなだがわ
福島県・夏井川水系
和地大谷川　わじおおたにがわ
静岡県・都田川水系〔2級〕
和気流川　わきながれがわ
広島県・沼田川水系
和江谷川　わえたにがわ
京都府・由良川水系〔1級〕
7和佐川　わさがわ
滋賀県・淀川水系〔1級〕
和佐内川　わさないがわ
岩手県・北上川水系
和束川　わずかがわ
京都府・淀川水系〔1級〕
和束川　わつかがわ
京都府・淀川水系
和村川　わむらがわ
岩手県・馬淵川水系
和良川　わらがわ
岐阜県・木曾川水系〔1級〕
8和知野川　わちのがわ
長野県・天竜川水系〔1級〕
9和南川　わなみがわ
滋賀県・淀川水系〔1級〕
和南津川　わなずがわ
新潟県・信濃川水系〔1級〕
和南原川　わなんばらがわ
広島県・江の川水系〔1級〕
和城沢川　わじろざわがわ
長野県・天竜川水系〔1級〕
和泉の沢川　いずみのさわがわ
北海道・石狩川水系〔1級〕
和泉川　いずみがわ
千葉県・利根川水系〔1級〕
和泉川　いずみがわ
神奈川県・境川水系〔2級〕
和泉川　いずみがわ
長野県・信濃川水系〔1級〕
和泉川《別》　いずみがわ
福岡県・雷山川水系の雷山川
和泉谷川　いずみだにがわ
愛媛県・肱川水系〔1級〕
和食川　わじきがわ
高知県・和食川水系〔2級〕
10和訓辺川　わくんべがわ
北海道・渚滑川水系〔1級〕

和貢沢川　わぐさわがわ
福島県・阿賀野川水系
11和深川　わぶかがわ
和歌山県・和深川水系〔2級〕
和深川　わぶかがわ
和歌山県・和深川水系〔2級〕
和野川　わのがわ
岩手県・北上川水系
和野沢川　わのざわがわ
岩手県・馬淵川水系
12和寒別川　わかんべつがわ
北海道・ケリマイ川水系
和賀川　わがかわ
岩手県・北上川水系〔1級〕
13和意谷川　わいだにがわ
岡山県・吉井川水系〔1級〕
14和歌川　わかがわ
和歌山県・紀の川水系〔1級〕
和熊川　わくまがわ
長野県・信濃川水系〔1級〕
18和藤地川　わとじがわ
愛媛県・肱川水系〔1級〕
和邇川　わにがわ
滋賀県・淀川水系〔1級〕
19和瀬川　わせがわ
静岡県・和瀬川水系〔2級〕

【国】
3国下川　こくがかわ
石川県・御祓川水系
4国分川　こくぶがわ
福島県・鮫川水系
国分川　こくぶがわ
千葉県・利根川水系〔1級〕
国分川　こくぶがわ
滋賀県・淀川水系〔1級〕
国分川　こくぶがわ
高知県・国分川水系〔2級〕
国分川分水路　こくぶがわぶんすいろ
千葉県・利根川水系〔1級〕
国木川　くにきがわ
山口県・田布施川水系〔2級〕
国木川　くにきがわ
愛媛県・渡川水系〔1級〕
5国司川　こくしがわ
岡山県・吉井川水系〔1級〕
6国安川　くにやすがわ
兵庫県・加古川水系〔1級〕
国安川　くにやすがわ
愛媛県・立間川水系〔2級〕
7国沢川　くにさわがわ
新潟県・信濃川水系〔1級〕
国見川　くにみがわ
高知県・渡川水系〔1級〕
国近川　くにちかがわ
愛媛県・国近川水系〔2級〕
8国和谷川　くにわだにがわ
高知県・渡川水系
国府川　こくふがわ
新潟県・関川水系〔1級〕
国府川　こくふがわ
新潟県・国府川水系〔2級〕
国府川《別》　こうのかわ
新潟県・国府川水系の国府川
国府川　こうがわ
鳥取県・天神川水系〔1級〕
国長川　くにおさがわ
茨城県・那珂川水系〔1級〕
10国兼川　くにかねがわ
広島県・江の川水系〔1級〕
国兼川　くにかねがわ
広島県・沼田川水系
国留川　くにとめがわ
広島県・芦田川水系〔1級〕
11国崎川　くにさきがわ
大阪府・淀川水系
12国場川　こくばがわ
沖縄県・国場川水系〔2級〕
14国領川　こくりょうがわ
兵庫県・由良川水系〔1級〕
国領川　こくりょうがわ
愛媛県・国領川水系〔2級〕
16国縫川　くんぬいがわ
北海道・国縫川水系〔2級〕
国頭港横川　くにとうこうよこがわ
岡山県・国頭港横川水系

【垂】
4垂天地　たてじ
秋田県西木村
垂木川　たるきがわ
静岡県・太田川水系〔2級〕
垂水川《古》　たるみがわ
兵庫県・福田川水系の福田川
5垂玉川　たるたまがわ
熊本県・白川水系

【坪】
3坪口川　つぼぐちがわ
愛知県・梅田川水系〔2級〕
坪口川　つぼぐちがわ
愛知県・梅田川水系
坪山川　つぼやまがわ
新潟県・名立川水系〔2級〕

坪川　つぼがわ
青森県・高瀬川水系〔1級〕
坪川　つぼがわ
山梨県・富士川水系〔1級〕
坪川　つぼがわ
長野県・木曾川水系〔1級〕
坪川　つぼがわ
兵庫県・夢前川水系〔2級〕
4坪井川　つぼいがわ
熊本県・坪井川水系〔2級〕
5坪穴川　つぼあながわ
新潟県・胎内川水系〔2級〕
7坪谷川　つぼだにがわ
滋賀県・淀川水系〔1級〕
坪谷川　つぼたにがわ
鳥取県・天神川水系〔1級〕
坪谷川　つぼやがわ
宮崎県・耳川水系〔2級〕
8坪沼川　つぼぬまがわ
宮城県・名取川水系〔1級〕
11坪野川　つぼのがわ
富山県・神通川水系〔1級〕
坪野川　つぼのがわ
富山県・庄川水系〔1級〕

【夜】

3夜久野川《別》　やくのがわ
京都府・由良川水系の牧川
夜叉ヶ池　やしゃがいけ
福井県今庄町
夜子沢川　よござわがわ
山梨県・富士川水系〔1級〕
5夜市川　やじがわ
山口県・夜市川水系〔2級〕
8夜明島川　よあけじまがわ
秋田県・米代川水系〔1級〕
夜沼　よぬま
岩手県岩手郡松尾村
夜沼川　よぬまがわ
岩手県・北上川水系〔1級〕
夜長川　よながわ
千葉県・夜長川水系
9夜星川　やぼしがわ
鹿児島県・川内川水系〔1級〕
夜狩川　よかりがわ
熊本県・大鞘川水系〔2級〕
夜狩内川　よかりうちがわ
熊本県・球磨川水系
12夜無沢川　よないざわがわ
福島県・阿賀野川水系
夜越川　よろこしがわ
茨城県・利根川水系〔1級〕
夜間瀬川　よませがわ
長野県・信濃川水系〔1級〕
夜須川　やすがわ
高知県・夜須川水系〔2級〕
14夜鳴川　よなきがわ
愛媛県・仁淀川水系〔1級〕
夜鳴川　よなきがわ
愛媛県・仁淀川水系

【奄】

10奄座川　あんざがわ
三重県・朝明川水系

【奈】

3奈口川　なぐちがわ
山口県・大井川水系〔2級〕
奈川　ながわ
長野県・信濃川水系〔1級〕
4奈井江川　ないえがわ
北海道・石狩川水系〔1級〕
奈井江沢　ないえさわ
北海道・石狩川水系
5奈半利川　なはりがわ
高知県・奈半利川水系〔2級〕
奈古谷川　なごたにがわ
山口県・郷川水系〔2級〕
奈平沢　なひらさわ
群馬県・利根川水系
6奈江川　なえがわ
北海道・石狩川水系〔1級〕
奈江豊平川　なえとよひらがわ
北海道・石狩川水系〔1級〕
7奈何川《古》　なかがわ
栃木県・那珂川水系の那珂川
奈佐川　なさがわ
兵庫県・円山川水系〔1級〕
奈呂川　なろがわ
高知県・仁淀川水系〔1級〕
奈良ノ木川　ならのきがわ
愛媛県・蒼社川水系〔2級〕
奈良子川　ならごがわ
山梨県・相模川水系
奈良子川　ならしがわ
愛知県・庄内川水系
奈良川　ならがわ
栃木県・那珂川水系〔1級〕
奈良川　ならがわ
長野県・信濃川水系〔1級〕
奈良川　ならがわ
愛媛県・渡川水系〔1級〕
奈良川　ならがわ
高知県・物部川水系〔1級〕

奈良井川　ならいがわ
長野県・信濃川水系〔1級〕
奈良井川　ならいがわ
和歌山県・印南川水系〔2級〕
奈良台川　ならだいがわ
山口県・田布施川水系〔2級〕
奈良本川《古》　ならもとがわ
静岡県・濁川水系の濁川
奈良坂川　ならさかがわ
岩手県・北上川水系
奈良坂川　ならざかがわ
山形県・最上川水系〔1級〕
奈良坂川　ならざかがわ
山形県・最上川水系
奈良沢川　ならさわがわ
群馬県・利根川水系〔1級〕
奈良谷川　ならだにがわ
広島県・江の川水系〔1級〕
奈良師川　ならしがわ
高知県・奈良師川水系〔2級〕
奈良橋川　ならはしがわ
東京都・荒川（東京都・埼玉県）水系〔1級〕
8奈具川　なぐがわ
京都府・竹野川水系
9奈美川　なみがわ
山口県・佐波川水系〔1級〕
10奈根川　なねがわ
愛知県・天竜川水系
奈留川　なるがわ
宮崎県・福島川水系〔2級〕
12奈曾川　なそがわ
秋田県・奈曾川水系〔2級〕
13奈路川　なろがわ
高知県・国分川水系〔2級〕
奈路川　なろがわ
高知県・渡川水系

【奔】
7奔別川　ぽんべつがわ
北海道・石狩川水系〔1級〕
奔走川　ほんそうがわ
新潟県・信濃川水系〔1級〕
9奔美唄川　ぽんびばいがわ
北海道・石狩川水系〔1級〕
12奔無加川　ぽんむかがわ
北海道・常呂川水系〔1級〕

【妻】
妻ノ神沢　つまのかみさわ
青森県・馬淵川水系
4妻内川　つまないがわ
北海道・妻内川水系
妻手川　つまでがわ
宮崎県・広渡川水系〔2級〕
妻木川　つまきがわ
岐阜県・庄内川水系〔1級〕
妻木川　むきがわ
鳥取県・妻木川水系〔2級〕
6妻池　つまいけ
滋賀県大津市
12妻無沼　つまなしぬま
茨城県石下町

【始】
9始神川　はじかみがわ
三重県・伊勢路川水系〔2級〕

【姉】
3姉川　あねがわ
愛知県・矢作川水系
姉川　あねがわ
滋賀県・淀川水系〔1級〕
5姉市川　あねいちがわ
岩手県・北上川水系〔1級〕
姉市川　あねいちがわ
岩手県・北上川水系
7姉別川《別》　あねぺつがわ
北海道・十勝川水系のアネベツ川
8姉沼　あねぬま
青森県上北郡上北町
姉沼　あねぬま
青森県・高瀬川水系
姉沼川　あねぬまがわ
青森県・高瀬川水系〔1級〕
10姉倉沢川　あねくらさわがわ
秋田県・雄物川水系〔1級〕

【妹】
3妹川　いもがわ
秋田県・馬場目川水系
7妹尾川　せのおがわ
岡山県・倉敷川水系〔2級〕
8妹沼　いもうとぬま
青森県下北郡東通村
9妹背川　いもせがわ
高知県・仁淀川水系〔1級〕

【学】
5学田川　がくでんがわ
北海道・石狩川水系
10学島川　がくしまがわ
徳島県・吉野川水系〔1級〕
学校川　がっこうがわ
広島県・江の川水系〔1級〕

学校川　がっこうがわ
広島県・江の川水系
16学頭屋川　がくとうやがわ
島根県・斐伊川水系〔1級〕

【季】
7季沢　すえさわ
青森県・老部川水系

【官】
3官山川　かんざんがわ
京都府・淀川水系〔1級〕

【実】
3実川　さねがわ
新潟県・阿賀野川水系〔1級〕
実川　さねかわ
愛媛県・重信川水系〔1級〕
7実沢川　さねざわがわ
山形県・最上川水系〔1級〕
実沢川　さねざわがわ
福島県・阿武隈川水系〔1級〕
8実松川　さねまつがわ
佐賀県・筑後川水系〔1級〕
10実栗屋沢川　みくりやざわがわ
山形県・最上川水系〔1級〕
11実淵川　さねぶちがわ
山形県・最上川水系〔1級〕
実盛川　さねもりがわ
奈良県・大和川水系〔1級〕
13実勢川　じっせがわ
京都府・由良川水系〔1級〕
実勢川　じっせがわ
京都府・由良川水系

【宗】
3宗川　むねがわ
奈良県・紀の川水系〔1級〕
6宗光寺川　そうこうじがわ
静岡県・狩野川水系〔1級〕
宗次郎谷水流　そうじろうだにすいりゅう
富山県・片貝川水系〔2級〕
7宗呂川　そうろうがわ
高知県・宗呂川水系〔2級〕
宗谷濁川　そうやにごりがわ
北海道・猿払川水系〔2級〕
8宗国川　むねくにがわ
山口県・厚東川水系〔2級〕
9宗津川　そうずがわ
岡山県・鴨川水系〔2級〕
宗津川　そうずがわ
山口県・錦川水系〔2級〕
宗祐川　むねすけがわ
広島県・江の川水系〔1級〕
10宗高川《古》　むなだかがわ
静岡県・富士川水系の赤淵川
13宗極池　そうごくいけ
香川県・坂元川水系
宗源寺川　そうげんじがわ
宮崎県・石崎川水系

【定】
3定川　じょうがわ
宮城県・定川水系〔2級〕
定川　じょうがわ
宮城県・鳴瀬川水系
定川　さだがわ
山形県・最上川水系〔1級〕
定川　さだめがわ
山形県・最上川水系
8定国川　さだくにがわ
岡山県・吉井川水系〔1級〕
10定峰川　さだみねがわ
埼玉県・荒川（東京都・埼玉県）水系〔1級〕
13定蓮寺川　じょうれんじかわ
岐阜県・木曾川水系〔1級〕

【宝】
3宝川　たからがわ
秋田県・雄物川水系
宝川　ほうかわ
福島県・阿賀野川水系〔1級〕
宝川　たからがわ
群馬県・利根川水系〔1級〕
宝川　たからがわ
新潟県・宝川水系〔2級〕
宝川　たからがわ
愛知県・日光川水系〔2級〕
4宝支部川　ほうしべがわ
高知県・新川川水系〔2級〕
6宝地川　ほうじがわ
愛知県・天竜川水系
宝江川　ほうえがわ
岐阜県・木曾川水系〔1級〕
7宝来川　ほうらいがわ
千葉県・岩瀬川水系
宝谷川　たからだにがわ
鳥取県・日野川水系〔1級〕
8宝明寺川　ほうみょうじがわ
兵庫県・三原川水系〔2級〕
宝河内川　たからごうちがわ
熊本県・水俣川水系〔2級〕
9宝泉川　ほうせんがわ
愛媛県・重信川水系〔1級〕

宝泉寺川　ほうせんじがわ
大分県・筑後川水系〔1級〕
宝泉寺沼　ほうせんじぬま
埼玉県北葛飾郡鷲宮町
10宝珠山川　ほうじゅやまがわ
福岡県・筑後川水系〔1級〕
宝珠川　ほうじゅがわ
兵庫県・志筑川水系〔2級〕
宝珠川　ほうじゅがわ
福岡県・筑後川水系〔1級〕
宝珠院川　ほうじゅいんがわ
福島県・藤原川水系〔2級〕
宝珠院川　ほうじゅいんがわ
福島県・藤原川水系
宝珠院川　ほうじゅいんがわ
山梨県・富士川水系〔1級〕
12宝満川　ほうまんがわ
福岡県・筑後川水系〔1級〕
宝満池　ほうまんのいけ
鹿児島県南種子町
宝達川　ほうだつがわ
石川県・宝達川水系〔2級〕

【尚】

4尚仁沢川　しょうじんざわがわ
栃木県・那珂川水系〔1級〕
尚仁沢導水路　しょうじんざわどうすいろ
栃木県・那珂川水系〔1級〕

【居】

4居中川　いじゅうがわ
愛知県・日光川水系
5居辺川　おりべがわ
北海道・十勝川水系〔1級〕
7居利矢麻沢　いりやまざわ
福島県・阿賀野川水系
10居家川　いやがわ
和歌山県・紀の川水系〔1級〕
15居敷川　いしきがわ
徳島県・海部川水系〔2級〕

【屈】

11屈斜路湖　くっしゃろこ
北海道・釧路川水系〔1級〕

【岡】

岡の谷川　おかのたにがわ
高知県・渡川水系〔1級〕
岡ノ下川　おかのしたがわ
広島県・岡ノ下川水系〔2級〕
岡ワニ沢　おかわにざわ
新潟県・鯖石川水系
3岡山川　おかやまがわ
愛媛県・岡山川水系〔2級〕
岡山川　おかやまがわ
大分県・番匠川水系〔1級〕
岡川　おかがわ
京都府・淀川水系
岡川　おかがわ
和歌山県・富田川水系〔2級〕
岡川　おかがわ
徳島県・那賀川水系〔1級〕
岡川　おかがわ
香川県・香東川水系〔2級〕
岡川　おかがわ
宮崎県・清武川水系〔2級〕
4岡之迫川　おかのさこがわ
山口県・錦川水系〔2級〕
岡元谷川　おかもとだにがわ
宮崎県・五ヶ瀬川水系〔1級〕
5岡本川　おかもとがわ
岩手県・馬淵川水系〔1級〕
岡本川　おかもとがわ
千葉県・岡本川水系〔2級〕
岡本川　おかもとがわ
京都府・淀川水系〔1級〕
岡本川　おかもとがわ
島根県・斐伊川水系〔1級〕
岡本川　おかもとがわ
熊本県・球磨川水系
岡田川　おかだがわ
石川県・金川水系〔2級〕
岡田川　おかだがわ
長野県・信濃川水系〔1級〕
岡田川　おかだがわ
愛知県・境川水系〔2級〕
岡田川　おかだがわ
京都府・由良川水系〔1級〕
岡田川　おかだがわ
長崎県・増田川水系〔2級〕
7岡志別川　おかしべつがわ
北海道・岡志別川水系〔2級〕
岡志別川　おかしべつがわ
北海道・岡志別川水系
岡町川　おかまちがわ
山形県・岡町川水系〔2級〕
岡花川　おかばながわ
愛媛県・肱川水系〔1級〕
岡見川　おかみがわ
島根県・岡見川水系〔2級〕
岡谷川　おかやがわ
広島県・江の川水系
9岡城川　おかじろかわ
兵庫県・揖保川水系〔1級〕

岡城川　おかしろがわ
広島県・江の川水系〔1級〕
岡春部川　おかしゅんべがわ
北海道・沙流川水系〔1級〕
11岡崎川　おかざきがわ
京都府・由良川水系
岡崎川　おかざきがわ
奈良県・大和川水系〔1級〕
岡部川　おかべがわ
静岡県・瀬戸川水系〔2級〕
岡部川　おかべがわ
大阪府・淀川水系〔1級〕
岡部川　おかべがわ
兵庫県・市川水系〔2級〕

【岳】

岳ノ尾川　だけのおがわ
兵庫県・千種川水系〔2級〕
3岳川　だけがわ
奈良県・紀の川水系〔1級〕
岳川　たけがわ
熊本県・河内川水系
岳川　たけがわ
熊本県・球磨川水系
9岳音寺谷川　がくおんじだにがわ
広島県・江の川水系

【岸】

3岸山川　きしやまがわ
佐賀県・松浦川水系〔1級〕
4岸元川　きしもとがわ
鹿児島県・万之瀬川水系〔2級〕
5岸田川　きしだがわ
兵庫県・岸田川水系〔2級〕
岸田川　きしだがわ
奈良県・大和川水系〔1級〕
7岸谷川　きしたにがわ
岡山県・旭川水系〔1級〕
10岸根川　がんねがわ
山口県・小瀬川水系〔1級〕
12岸渡川　がんどがわ
富山県・小矢部川水系〔1級〕

【岩】

岩の入沢　いわのいりさわ
東京都・多摩川水系
岩の川　いわのかわ
宮城県・名取川水系〔1級〕
岩の目沢　いわのめざわ
秋田県・雄物川水系〔1級〕
岩の目沢川　いわのめさわがわ
秋田県・雄物川水系〔1級〕
岩の沢川　いわのさわがわ
岩手県・北上川水系
岩の沢川　いわのさわがわ
新潟県・信濃川水系〔1級〕
岩の沢川　いわのさわがわ
新潟県・加治川水系〔2級〕
岩の谷川　いわのたにがわ
和歌山県・日高川水系〔2級〕
岩ヶ沢川　いわがざわがわ
岩手県・岩ヶ沢川水系
岩ヶ沢川　いわがざわがわ
山形県・最上川水系〔1級〕
岩ヶ谷川　いわがやがわ
広島県・江の川水系
岩ノ下川　いわのしたがわ
岩手県・北上川水系
岩ノ上川　いわのうえがわ
熊本県・菊池川水系
岩ノ沢川　いわのさわがわ
新潟県・信濃川水系〔1級〕
3岩下川　いわしたがわ
福島県・阿武隈川水系
岩下川　いわしたがわ
熊本県・浦川水系
岩下川　いわしたがわ
宮崎県・大淀川水系
岩下川　いわしたがわ
鹿児島県・高尾野川水系〔2級〕
岩上川　いわのうえがわ
広島県・太田川水系
岩丸川　いわまるがわ
福岡県・城井川水系〔2級〕
岩山川　いわやまがわ
新潟県・北狄川水系〔2級〕
岩川　いわがわ
栃木県・那珂川水系〔1級〕
岩川　いわがわ
熊本県・筑後川水系
岩川内川　いわごうちがわ
熊本県・球磨川水系
4岩之入川　いわのいりがわ
新潟県・鯖石川水系〔2級〕
岩之沢川　いわのさわがわ
宮城県・北上川水系〔1級〕
岩井ノ沢　いわいのさわ
秋田県・米代川水系
岩井川《別》　いわいがわ
岩手県・北上川水系の磐井川
岩井川　いわいがわ
群馬県・利根川水系〔1級〕
岩井川　いわいがわ
千葉県・岩井川水系〔2級〕

岩井川　いわいがわ
千葉県・岩井川水系
岩井川　いわいがわ
兵庫県・円山川水系〔1級〕
岩井川　いわいがわ
奈良県・大和川水系〔1級〕
岩井手川　いわいでがわ
熊本県・菜切川水系
岩井沢　いわいさわ
秋田県・雄物川水系〔1級〕
岩井沢川　いわいさわがわ
新潟県・信濃川水系〔1級〕
岩井谷川　いわいだにがわ
富山県・常願寺川水系〔1級〕
岩井谷川　いわいたにがわ
三重県・櫛田川水系〔1級〕
岩井谷川　いわいたにがわ
三重県・銚子川水系〔2級〕
岩井谷川　いわいだにがわ
滋賀県・淀川水系〔1級〕
岩井谷川　いわいだにがわ
岡山県・旭川水系〔1級〕
岩井谷川　いわいだにがわ
高知県・安芸川水系〔2級〕
岩井谷川　いわいだにがわ
宮崎県・一ツ瀬川水系〔2級〕
岩内川　いわないがわ
北海道・十勝川水系〔1級〕
岩内川　いおちがわ
三重県・三渡川水系〔2級〕
岩切川　いわきりがわ
鹿児島県・川内川水系〔1級〕
岩戸川　いわとがわ
岐阜県・木曾川水系〔1級〕
岩戸川　いわとがわ
兵庫県・岩戸川水系〔2級〕
岩戸川　いわとがわ
岡山県・吉井川水系〔1級〕
岩戸川　いわとがわ
熊本県・緑川水系〔1級〕
岩戸川《別》　いわとがわ
大分県・大野川水系の山崎川
岩戸川　いわとがわ
宮崎県・五ヶ瀬川水系〔1級〕
岩戸原川　いわとばるがわ
宮崎県・小丸川水系〔1級〕
岩手川　いわてがわ
岐阜県・木曾川水系〔1級〕
岩木川　いわきがわ
青森県・岩木川水系〔1級〕
岩木川　いわきがわ
兵庫県・千種川水系〔2級〕
5岩田川　いわたがわ
三重県・岩田川水系〔2級〕
岩田川《別》　いわたがわ
和歌山県・富田川水系の富田川
岩田川　いわだがわ
高知県・渡川水系〔1級〕
岩目沢　いわめざわ
岩手県・北上川水系
岩穴川　いわあながわ
岩手県・閉伊川水系
6岩地川　いわじがわ
岐阜県・木曾川水系〔1級〕
岩老川　いわおいがわ
北海道・岩老川水系〔2級〕
7岩吹谷川　いわふきだにがわ
兵庫県・千種川水系
岩坂谷川　いわさかだにがわ
徳島県・吉野川水系〔1級〕
岩尾内川　いわおないがわ
北海道・天塩川水系〔1級〕
岩尾池　いわおびいけ
滋賀県甲南町
岩尾野川　いわおのがわ
熊本県・五ヶ瀬川水系
岩村川　いわむらがわ
岐阜県・木曾川水系〔1級〕
岩村川　いわむらがわ
熊本県・菊池川水系〔1級〕
岩沢　いわさわ
新潟県・笹川水系
岩見小又川　いわみこまたがわ
秋田県・雄物川水系〔1級〕
岩見川　いわみがわ
秋田県・雄物川水系〔1級〕
岩見川《別》　いわみがわ
鳥取県・日野川水系の石見川
岩見杉沢川　いわみすぎさわがわ
秋田県・雄物川水系〔1級〕
岩谷口小川　いわやぐちこがわ
新潟県・岩谷口小川水系〔2級〕
岩谷川　いわたにがわ
青森県・岩木川水系〔1級〕
岩谷川　いわたにがわ
福井県・九頭竜川水系〔1級〕
岩谷川　いわたにがわ
三重県・櫛田川水系〔1級〕
岩谷川　いわたにがわ
滋賀県・淀川水系〔1級〕
岩谷川　いわたにがわ
大阪府・淀川水系〔1級〕
岩谷川　いわやがわ
兵庫県・苧谷川水系〔2級〕

岩谷川　いわたにがわ
奈良県・大和川水系〔1級〕
岩谷川　いわやがわ
徳島県・吉野川水系〔1級〕
岩谷川　いわたにがわ
高知県・岩谷川水系〔2級〕
岩谷池　いわたにいけ
滋賀県水口町
岩谷沢　いわやざわ
青森県・岩木川水系
岩谷沢川　いわやざわがわ
青森県・岩木川水系〔1級〕
岩谷沢川　いわやざわがわ
山形県・最上川水系〔1級〕
8岩国川《別》　いわくにがわ
山口県・錦川水系の錦川
岩岳川　いわたけがわ
福岡県・岩岳川水系〔2級〕
岩岳川放水路　いわたけがわほうすいろ
福岡県・岩岳川水系〔2級〕
岩松川　いわまつがわ
愛媛県・岩松川水系〔2級〕
岩波川　いわなみがわ
愛知県・豊川水系
岩知野川　いわちのがわ
宮崎県・大淀川水系
岩股川　いわまたがわ
秋田県・白雪川水系〔2級〕
9岩城川　いわきがわ
群馬県・利根川水系〔1級〕
岩室川　いわむろがわ
滋賀県・淀川水系〔1級〕
岩屋川　いわやがわ
福井県・九頭竜川水系〔1級〕
岩屋川　いわやがわ
京都府・野田川水系〔2級〕
岩屋川　いわやがわ
兵庫県・夢前川水系
岩屋川　いわやがわ
島根県・江の川水系〔1級〕
岩屋川　いわやがわ
高知県・仁淀川水系〔1級〕
岩屋川　いわやがわ
福岡県・遠賀川水系〔1級〕
岩屋川　いわやがわ
大分県・山国川水系〔1級〕
岩屋川　いわやがわ
鹿児島県・肝属川水系〔1級〕
岩屋川内川　いわやかわちがわ
佐賀県・塩田川水系〔2級〕
岩屋川内川　いわやがわうちがわ
熊本県・球磨川水系
岩屋寺谷川　いわやじだにがわ
広島県・江の川水系〔1級〕
岩屋谷川　いわやだにがわ
兵庫県・加古川水系〔1級〕
岩屋谷川　いわやだにがわ
徳島県・勝浦川水系〔2級〕
岩染川　いわぞめかわ
群馬県・利根川水系〔1級〕
岩科川　いわしながわ
静岡県・那賀川水系〔2級〕
岩首川　いわくびがわ
新潟県・岩首川水系〔2級〕
10岩倉川　いわくらがわ
長野県・天竜川水系〔1級〕
岩倉川　いわくらがわ
三重県・雲出川水系〔1級〕
岩倉川　いわくらがわ
滋賀県・淀川水系〔1級〕
岩倉川　いわくらがわ
京都府・淀川水系〔1級〕
岩倉川　いわくらがわ
京都府・淀川水系
岩倉川　いわくらがわ
鳥取県・天神川水系〔1級〕
岩倉川　いわくらがわ
岡山県・吉井川水系〔1級〕
岩倉川　いわくらがわ
岡山県・高梁川水系〔1級〕
岩倉川　いわくらがわ
岡山県・吉井川水系
岩倉川　いわくらがわ
広島県・江の川水系〔1級〕
岩倉沢　いわくらざわ
長野県・木曾川水系〔1級〕
岩倉沢川　いわくらざわがわ
新潟県・信濃川水系〔1級〕
岩原川　いわばるがわ
熊本県・菊池川水系〔1級〕
岩根川　いわねがわ
福島県・阿武隈川水系〔1級〕
岩根川　いわねがわ
三重県・淀川水系〔1級〕
11岩堂沢　がんどうさわ
宮城県・北上川水系〔1級〕
岩崎川　いわさきがわ
岩手県・北上川水系〔1級〕
岩崎川　いわさきがわ
福島県・藤原川水系〔2級〕
岩崎川　いわざきがわ
愛知県・天白川水系〔2級〕
岩崎川　いわさきがわ
兵庫県・円山川水系〔1級〕

岩崎川　いわさきがわ
愛媛県・肱川水系〔1級〕
岩船川　いわふねがわ
茨城県・那珂川水系〔1級〕
岩船沢川　いわふねさわがわ
秋田県・子吉川水系〔1級〕
岩野川　いわのがわ
新潟県・小比叡川水系
岩野川　いわのがわ
熊本県・菊池川水系〔1級〕
岩野川　いわのがわ
熊本県・菊池川水系
岩野川《古》　いわのがわ
熊本県・球磨川水系の小川内川
岩野平川　いわのだいらがわ
熊本県・菊池川水系
岩野辺川　いわのべがわ
兵庫県・千種川水系〔2級〕
岩野沢　いわのざわ
新潟県・信濃川水系
12岩堰川　いわぜきがわ
岩手県・北上川水系〔1級〕
岩渡沢川　がんどさわがわ
青森県・高瀬川水系
岩落川　いわおちがわ
福島県・宮田川水系〔2級〕
岩間川　いわまがわ
高知県・渡川水系〔1級〕
13岩殿川　いわとのがわ
山梨県・富士川水系〔1級〕
岩滑川　いわなめらがわ
山口県・粟野川水系〔2級〕
14岩熊川　いわくまがわ
滋賀県・淀川水系〔1級〕
17岩鍋池　いわなべいけ
香川県・柞田川水系
19岩瀬川　いわせがわ
秋田県・米代川水系〔1級〕
岩瀬川　いわせがわ
千葉県・岩瀬川水系〔2級〕
岩瀬川　いわせがわ
三重県・淀川水系〔1級〕
岩瀬川　いわせがわ
愛媛県・肱川水系〔1級〕
岩瀬川　いわせがわ
宮崎県・大淀川水系〔1級〕
岩瀬戸川　いわせとがわ
島根県・高津川水系〔1級〕

【岼】
岼ヶ鼻川　ゆりがはながわ
兵庫県・由良川水系〔1級〕

【幸】
幸ノ池　こうのいけ
滋賀県日野町
3幸川　みゆきがわ
神奈川県・帷子川水系〔2級〕
4幸之江川　こうのえがわ
山口県・幸之江川水系〔2級〕
幸手放水路　さってほうすいろ
埼玉県・利根川水系〔1級〕
5幸加木川　こうかきがわ
鹿児島県・甲突川水系〔2級〕
幸田川　こうだがわ
岩手県・北上川水系〔1級〕
幸田川《別》　こうだがわ
茨城県・利根川水系の小貝川
幸田川　こうだがわ
岡山県・幸田川水系〔2級〕
幸田川　こうだがわ
愛媛県・重信川水系〔1級〕
幸田川　こうだがわ
高知県・仁淀川水系〔1級〕
幸田川　こうだがわ
鹿児島県・川内川水系〔1級〕
6幸合谷川　こうごだにがわ
和歌山県・日高川水系〔2級〕
幸地川　こうじがわ
島根県・高津川水系〔1級〕
幸地川　こうじがわ
沖縄県・幸地川水系〔2級〕
7幸沢川　こうさわがわ
長野県・木曽川水系〔1級〕
9幸津川　さずがわ
滋賀県・淀川水系〔1級〕
11幸崎川　こうさきがわ
岡山県・幸崎川水系〔2級〕
13幸福川　こうふくがわ
山形県・新井田川水系〔2級〕

【庚】
5庚申川　こうじんがわ
栃木県・利根川水系〔1級〕
庚申川　こうしんがわ
愛知県・豊川水系
庚申西谷川　こうしんにしだにがわ
徳島県・吉野川水系〔1級〕
庚申谷川　こうしんだにがわ
徳島県・吉野川水系〔1級〕
7庚沢川　かのえさわがわ
山形県・最上川水系

【底】

6底江川　そこえがわ
熊本県・底江川水系〔2級〕

10底原川　そこはらがわ
沖縄県・宮良川水系〔2級〕

12底喰川　そこくいがわ
福井県・九頭竜川水系〔1級〕

19底瀬川　そこぜがわ
群馬県・利根川水系〔1級〕

【府】

4府中大川　ふちゅうおおかわ
広島県・太田川水系〔1級〕

府内川　ふないがわ
岐阜県・木曽川水系〔1級〕

7府谷川　ふたにがわ
山口県・錦川水系〔2級〕

8府招川　ふまねきがわ
佐賀県・松浦川水系〔1級〕

10府馬川　ふまがわ
千葉県・利根川水系

13府殿谷川　ふどのたにがわ
徳島県・勝浦川水系〔2級〕

【延】

延ヶ原川　のべがはらがわ
山口県・錦川水系〔2級〕

6延行川　のぶゆきがわ
愛媛県・渡川水系〔1級〕

8延命寺川　えいめいじがわ
愛知県・境川水系

9延畑川　のぶはたがわ
島根県・斐伊川水系〔1級〕

10延原沢川　のぶはらさわがわ
北海道・湧別川水系

11延野川　のぶのがわ
徳島県・那賀川水系〔1級〕

15延槻河《古》　はいつきがわ
富山県・早月川水系の早月川

【弦】

7弦谷川　つるだにがわ
兵庫県・千種川水系〔2級〕

【弥】

弥ヶ谷川　やがたにがわ
高知県・佐喜浜川水系〔2級〕

3弥山川　みせんがわ
奈良県・新宮川水系〔1級〕

4弥六沼　やろくぬま
福島県耶麻郡北塩原村

弥太蔵谷川　やたぞうだにがわ
富山県・黒部川水系〔1級〕

5弥市谷　やいちだに
奈良県・新宮川水系〔1級〕

弥生川　やよいがわ
岡山県・吉井川水系

6弥次川　やじがわ
宮崎県・大淀川水系〔1級〕

弥次郎川　やじろうがわ
宮崎県・平田川水系〔2級〕

7弥助川　やすけがわ
秋田県・雄物川水系

弥谷川　いやだにがわ
和歌山県・日高川水系〔2級〕

8弥陀次郎川　みたじろがわ
京都府・淀川水系〔1級〕

9弥栄川　やさかがわ
愛知県・汐川水系

10弥高川　やたかがわ
滋賀県・淀川水系〔1級〕

11弥勒川　みろくがわ
熊本県・大鞘川水系〔2級〕

【往】

5往古川　おもがわ
三重県・淀川水系〔1級〕

往古川　おうこがわ
三重県・船津川水系〔2級〕

【征】

5征矢原川　そやはらがわ
宮崎県・心見川水系〔2級〕

【彼】

8彼杵川　そのぎがわ
長崎県・彼杵川水系〔2級〕

【性】

9性海寺川　しょうかいじがわ
兵庫県・明石川水系〔2級〕

【忠】

3忠川　ちゅうがわ
山形県・最上川水系〔1級〕

4忠六谷川　ちゅうろくだにがわ
富山県・神通川水系〔1級〕

7忠兵衛川　ちゅうべえがわ
愛知県・天白川水系

忠別川　ちゅうべつがわ
北海道・石狩川水系〔1級〕

忠別沼　ちゅうべつぬま
北海道上川町
10忠烈布川　ちゅうれっぷがわ
北海道・天塩川水系〔1級〕
18忠類川　ちゅうるいがわ
北海道・忠類川水系〔2級〕
忠類幌内川　ちゅうるいほろないがわ
北海道・当縁川水系〔2級〕

【念】
4念仏川　ねんぶつがわ
栃木県・那珂川水系〔1級〕
念仏谷川　ねんぶつだにがわ
福井県・九頭竜川水系〔1級〕

【所】
3所小野川　ところおのがわ
大分県・山国川水系〔1級〕
7所沢川　ところざわがわ
山形県・最上川水系〔1級〕
所沢川　ところざわがわ
長野県・信濃川水系〔1級〕
所沢西川　ところざわにしがわ
長野県・信濃川水系〔1級〕
11所部川　ところべがわ
山形県・最上川水系〔1級〕

【房】
房ヶ沢川　ぼうがさわがわ
新潟県・信濃川水系〔1級〕
房ヶ畑川　ほうがはたがわ
大分県・駅館川水系〔2級〕
3房川　ふさがわ
群馬県・利根川水系〔1級〕
9房後川　ぼうごがわ
広島県・江の川水系〔1級〕

【押】
3押川　おしがわ
栃木県, 茨城県・久慈川水系〔1級〕
押川　おしがわ
高知県・伊与木川水系
4押切川　おしきりがわ
山形県・最上川水系〔1級〕
押切川　おしきりがわ
福島県・阿賀野川水系〔1級〕
押手川　おしてがわ
群馬県・利根川水系〔1級〕
押手沢　おしてざわ
長野県・木曾川水系〔1級〕
5押出川　おしだしがわ
新潟県・貝喰川水系
押出川　おしだしがわ
山梨県・富士川水系〔1級〕
押出沢川　おしでさわがわ
長野県・天竜川水系〔1級〕
押平川　おしだいらがわ
愛知県・天竜川水系
押平沢川　おしひらさわがわ
山梨県・富士川水系〔1級〕
押田内川　おしだうちがわ
岩手県・馬淵川水系
7押谷川　おしたにがわ
高知県・渡川水系〔1級〕
押谷川　おしだにがわ
高知県・渡川水系
8押岡川　おしおかがわ
高知県・桜川水系〔2級〕
10押帯川　おしょっぷがわ
北海道・十勝川水系〔1級〕
11押堀川　おしぼりがわ
新潟県・信濃川水系〔1級〕
押淵川　おしぶちがわ
三重県・伊勢路川水系〔2級〕
押野川　おしのがわ
群馬県・利根川水系〔1級〕
14押熊川　おしくまがわ
奈良県・大和川水系〔1級〕

【承】
4承水溝　しょうすいこう
滋賀県米原町
8承知川　しょうちがわ
長野県・天竜川水系〔1級〕

【拓】
5拓北川　たくほくがわ
北海道・石狩川水系〔1級〕
拓北川　たくほくがわ
北海道・石狩川水系

【拝】
3拝川　はいかわ
佐賀県・拝川水系〔2級〕
7拝志川　はいしがわ
愛媛県・重信川水系〔1級〕
拝志川　はいしがわ
愛媛県・拝志川水系
10拝宮谷川　はいきゅうだにがわ
徳島県・那賀川水系〔1級〕

【放】
4放水路　ほうすいろ
滋賀県・淀川水系〔1級〕

5放生川《別》　ほうじょうがわ
大分県・大分川水系の祓川
放生津潟　ほうじょうずがた
富山県・放生津潟水系〔2級〕

【斉】
3斉川　いつきがわ
和歌山県・日高川水系〔2級〕
5斉田川　さいたがわ
三重県・伊勢路川水系〔2級〕

【於】
4於手保川　みてほがわ
広島県・江の川水系〔1級〕
5於古川　おこがわ
石川県・米町川水系〔2級〕
於古川　おこがわ
石川県・米町川水系
於札内川　おさつないがわ
北海道・石狩川水系〔1級〕
7於呂口川　おろぐちがわ
熊本県・於呂口川水系
8於泥川　おどろがわ
愛媛県・岩松川水系〔2級〕
9於後川　おこがわ
兵庫県・三原川水系〔2級〕
10於鬼頭川　おきとうがわ
北海道・天塩川水系〔1級〕
12於御所川　おごしょがわ
愛知県・矢作川水系
於御所川支流　おごしょがわしりゅう
愛知県・矢作川水系
於達辺川　おたっぺがわ
北海道・藻興部川水系〔2級〕
20於齟齬川　おそごがわ
岐阜県・庄内川水系〔1級〕

【昜】
6昜老沢　いろうざわ
長野県・天竜川水系〔1級〕
8昜国間川　いこくまがわ
青森県・昜国間川水系〔2級〕

【昆】
5昆布川　こんぶがわ
北海道・尻別川水系〔1級〕
昆布掛川　こぶかけがわ
青森県・岩木川水系〔1級〕
12昆陽川　こんようがわ
兵庫県・淀川水系〔1級〕
昆陽川　こんようがわ
兵庫県・矢田川水系〔2級〕
昆陽川捷水路　こやがわしょうすいろ
兵庫県・淀川水系〔1級〕

【昔】
3昔川　むかしがわ
宮城県・北上川水系〔1級〕

【明】
明ヶ沢川　あけがさわがわ
宮城県・鳴瀬川水系
明ヶ沢川　みょうがさわがわ
愛知県・音羽川水系
明ヶ谷川　みょうがだにがわ
高知県・仁淀川水系〔1級〕
3明久川　あきひさがわ
宮崎県・大淀川水系〔1級〕
明川　あけがわ
新潟県・信濃川水系〔1級〕
4明内川　みょうないがわ
岩手県・宇部川水系〔2級〕
明戸川　あけどがわ
岩手県・明戸川水系〔2級〕
明戸川　あけどがわ
岩手県・明戸川水系
明日ヶ谷川　あすかたにがわ
京都府・淀川水系
明日本川　あけびほんかわ
愛媛県・明日本川水系〔2級〕
明日香川《古》　あすかがわ
大阪府・大和川水系の飛鳥川
明日香川《古》　あすかがわ
奈良県・大和川水系の飛鳥川
明木川　あきらぎがわ
山口県・阿武川水系〔2級〕
明王溜　みょうおうだめ
滋賀県湖東町
5明仙田川　みょうせんだがわ
岡山県・吉井川水系〔1級〕
明石川　あかいしがわ
宮城県・鳴瀬川水系〔1級〕
明石川　あけしがわ
京都府・淀川水系〔1級〕
明石川　あけいしがわ
京都府・野田川水系
明石川　あけしがわ
京都府・野田川水系
明石川　あかしがわ
兵庫県・明石川水系〔2級〕
明辺川　あけなべがわ
鳥取県・千代川水系〔1級〕
6明伏川　あけぶしがわ
静岡県・那賀川水系〔2級〕

7明沢川　みょうざわがわ
山形県・荒川（新潟県・山形県）水系〔1級〕
明見川　みょうけんがわ
高知県・国分川水系〔2級〕
明見田川　みょうけんだがわ
山口県・明見田川水系〔2級〕
明見谷川　あけみだにがわ
徳島県・吉野川水系〔1級〕
明谷川　みょうだにがわ
石川県・手取川水系〔1級〕
明谷川　みょうだにがわ
徳島県・吉野川水系〔1級〕
8明延川　あけのべがわ
兵庫県・円山川水系〔1級〕
明治川　めいじがわ
愛媛県・宮浦本川水系〔2級〕
明門川　みょうもんがわ
愛媛県・肱川水系〔1級〕
9明星寺川　みょうじょうじがわ
福岡県・遠賀川水系〔1級〕
明神川　みょうじんがわ
青森県・小湊川水系〔2級〕
明神川　みょうじんがわ
青森県・相坂川水系〔2級〕
明神川　みょうじんがわ
青森県・明神川水系〔2級〕
明神川　みょうじんがわ
岩手県・北上川水系
明神川　みょうじんがわ
山形県・最上川水系〔1級〕
明神川　みょうじんがわ
富山県・小矢部川水系〔1級〕
明神川　みょうじんがわ
石川県・大野川水系
明神川　みょうじんがわ
山梨県・富士川水系〔1級〕
明神川　みょうじんがわ
静岡県・大井川水系〔1級〕
明神川　みょうじんがわ
愛知県・境川水系〔2級〕
明神川　みょうじんがわ
兵庫県・加古川水系〔1級〕
明神川　みょうじんがわ
兵庫県・夢前川水系〔2級〕
明神川　みょうじんがわ
和歌山県・王子川水系〔2級〕
明神川　みょうじんがわ
岡山県・吉井川水系〔1級〕
明神川　あけのかみがわ
徳島県・明神川水系〔2級〕
明神川　みょうじんがわ
香川県・土器川水系〔1級〕
明神川　みょうじんがわ
香川県・青海川水系〔2級〕
明神川　みょうじんがわ
香川県・中川水系〔2級〕
明神川　みょうじんがわ
香川県・明神川水系〔2級〕
明神川　みょうじんがわ
愛媛県・明神川水系〔2級〕
明神川　みょうじんがわ
熊本県・大野川水系〔2級〕
明神川　みょうじんがわ
熊本県・球磨川水系
明神川　みょうじんがわ
熊本県・大野川水系
明神川　みょうじんがわ
熊本県・白川水系
明神池　みょうじんいけ
長野県南安曇郡安曇村
明神池　みょうじんいけ
山口県萩市
明神沢　みょうじんざわ
岩手県・小成川水系
明神沢川　みょうじんさわがわ
新潟県・信濃川水系〔1級〕
明神谷川　みょうじんだにがわ
愛媛県・立岩川水系〔2級〕
明神沼　みょうじんぬま
青森県市浦村
10明通沢　あきどおりさわ
秋田県・雄物川水系〔1級〕
明連川　みょうれんがわ
岡山県・旭川水系〔1級〕
明連川　みょうれんがわ
徳島県・吉野川水系〔1級〕
11明採沢川　あけとりざわがわ
山形県・最上川水系〔1級〕
明部淵川　みょうぶがふちがわ
福島県・阿武隈川水系
明野川　あけのがわ
北海道・安平川水系〔2級〕
明野川　あけのがわ
大分県・寄藻川水系〔2級〕
12明智川　あけちがわ
岐阜県・矢作川水系〔1級〕
明智川　あけちがわ
三重県・員弁川水系〔2級〕
明賀川　あすががわ
愛知県・矢作川水系
13明新川　めいしんがわ
北海道・十勝川水系〔1級〕
14明徳寺川　みょうとくじがわ
愛知県・明徳寺川水系〔2級〕

【服】

11服部川　はっとりがわ
福井県・九頭竜川水系〔1級〕
服部川　はっとりがわ
愛知県・日光川水系
服部川　はっとりがわ
三重県・淀川水系〔1級〕
服部川　はっとりがわ
奈良県・大和川水系〔1級〕
服部川　はっとりがわ
広島県・芦田川水系〔1級〕
服部川　はっとりがわ
熊本県・菊池川水系

【杵】

5杵田川　きねたがわ
石川県・大谷川水系
10杵原川　きねはらがわ
広島県・沼田川水系〔2級〕

【杭】

杭ヶ内川　くいがうちがわ
宮崎県・五ヶ瀬川水系〔1級〕
杭ノ瀬川　くいのせがわ
和歌山県・紀の川水系〔1級〕
19杭瀬川　くいせがわ
岐阜県・木曾川水系〔1級〕

【枝】

枝ヶ谷川　えだがたにがわ
高知県・渡川水系〔1級〕
3枝川　えだがわ
長野県・木曾川水系〔1級〕
枝川　えだがわ
滋賀県・淀川水系〔1級〕
枝川　えだがわ
高知県・新川川水系〔2級〕
枝川川　えだがわがわ
高知県・仁淀川水系〔1級〕
枝川内川　えだがわちがわ
熊本県・菊池川水系〔1級〕
5枝石川　えだいしがわ
大分県・大野川水系〔1級〕
7枝折川　えだおれがわ
茨城県・那珂川水系〔1級〕
枝折川　えだおれがわ
滋賀県・淀川水系〔1級〕
11枝郷川　えだごうがわ
広島県・江の川水系〔1級〕

【松】

松の元川　まつのもとがわ
愛媛県・肱川水系〔1級〕
松の木川　まつのきがわ
山口県・大井川水系〔2級〕
松の木川　まつのきがわ
熊本県・白川水系
松の坂川　まつのさかがわ
佐賀県・鹿島川水系〔2級〕
松の沼　まつのぬま
北海道厚真町
松の鶴川　まつのずるがわ
熊本県・球磨川水系
松ウ子川　まつうねがわ
愛媛県・肱川水系〔1級〕
松ヶ下川　まつがしたがわ
宮崎県・五十鈴川水系
松ヶ沢　まつがさわ
青森県・高瀬川水系
松ヶ沢　まつがさわ
岩手県・安家川水系
松ヶ沢川　まつがさわがわ
岩手県・安家川水系
松ヶ沢川　まつがさわがわ
山形県・最上川水系〔1級〕
松ヶ沢川　まつがさわがわ
新潟県・信濃川水系〔1級〕
松ヶ谷川　まつがだにがわ
岡山県・吉井川水系
松ヶ谷川　まつがだにがわ
愛媛県・肱川水系〔1級〕
松ヶ迫川　まつがさこがわ
大分県・武蔵川水系〔2級〕
松ヶ浦川　まつがうらがわ
熊本県・宮崎川水系
松ヶ野川　まつがのがわ
熊本県・球磨川水系
松ノ下川　まつのしたがわ
愛媛県・重信川水系〔1級〕
松ノ木内湖　まつのきないこ
滋賀県安曇川町
松ノ木沢　まつのきざわ
新潟県・信濃川水系
松ノ木沢川　まつのきざわがわ
岩手県・北上川水系
3松下川　まつしたがわ
北海道・常呂川水系〔1級〕
松下川　まつしたがわ
三重県・宮川水系〔1級〕
松丸川　まつまるがわ
千葉県・夷隅川水系

松山川　まつやまがわ
宮崎県・五ヶ瀬川水系〔1級〕
松山川　まつやまがわ
宮崎県・清武川水系〔2級〕
松山沢　まつやまざわ
青森県・男川水系
松山沢川　まつやまさわがわ
山梨県・富士川水系〔1級〕
松山沢川　まつやまざわがわ
山梨県・富士川水系〔1級〕
松川　まつがわ
岩手県・北上川水系〔1級〕
松川　まつがわ
宮城県・阿武隈川水系〔1級〕
松川　まつがわ
宮城県・大川水系〔2級〕
松川　まつがわ
秋田県・雄物川水系〔1級〕
松川　まつかわ
山形県・最上川水系
松川　まつがわ
福島県・阿武隈川水系〔1級〕
松川　まつがわ
栃木県・利根川水系〔1級〕
松川　まつかわ
千葉県・小櫃川水系〔2級〕
松川　まつがわ
新潟県・信濃川水系〔1級〕
松川《別》　まつがわ
新潟県・信濃川水系の松川入川
松川　まつがわ
富山県・神通川水系〔1級〕
松川　まつがわ
長野県・信濃川水系〔1級〕
松川　まつがわ
長野県・姫川水系〔1級〕
松川　まつがわ
長野県・天竜川水系〔1級〕
松川《別》　まつがわ
静岡県・伊東大川水系の伊東大川
松川　まつがわ
三重県・木曾川水系〔1級〕
松川入川　まつかわいりがわ
新潟県・信濃川水系〔1級〕
松川川　まつかわがわ
新潟県・信濃川水系〔1級〕
松川浦　まつかわうら
福島県相馬市
4松之木平池　まつのきだいらいけ
新潟県朝日村
松井川　まついがわ
和歌山県・紀の川水系〔1級〕
松井仲ノ谷川　まついなかのたにがわ
京都府・淀川水系
松戸川　まつどがわ
石川県・松戸川水系
松木川　まつぎがわ
大分県・筑後川水系〔1級〕
松木穴沢　まつきあなざわ
新潟県・加治川水系〔2級〕
松木沢川　まつきさわかわ
山梨県・富士川水系〔1級〕
松木沢川　まつきさわがわ
山梨県・富士川水系〔1級〕
5松本川　まつもとがわ
京都府・由良川水系
松本川《別》　まつもとがわ
山口県・阿武川水系の阿武川
松本川　まつもとがわ
愛媛県・肱川水系〔1級〕
松永川　まつながわ
福井県・北川水系〔1級〕
松生川　まつばえがわ
熊本県・球磨川水系
松生川　まつばえがわ
熊本県・佐敷川水系
松田川　まつだがわ
栃木県・利根川水系〔1級〕
松田川　まつだがわ
新潟県・関川水系
松田川　まつだがわ
滋賀県・淀川水系〔1級〕
松田川　まつだがわ
高知県・松田川水系〔2級〕
松田川　まつだがわ
鹿児島県・川内川水系〔1級〕
6松合川　まつあいがわ
大分県・千怒川水系〔2級〕
松江川　まつえがわ
長崎県・松江川水系〔2級〕
松虫川　まつむしがわ
千葉県・利根川水系
7松坂川　まつさかがわ
福岡県・今川水系〔2級〕
松尾川《別》　まつおがわ
宮城県・阿武隈川水系の荒川
松尾川　まつおがわ
山形県・最上川水系〔1級〕
松尾川　まつおがわ
福島県・阿賀野川水系
松尾川　まつおがわ
長野県・姫川水系〔1級〕
松尾川　まつおがわ
京都府・由良川水系

松尾川　まつおがわ
大阪府・大津川水系〔2級〕
松尾川　まつおがわ
徳島県・吉野川水系〔1級〕
松尾川　まつおがわ
福岡県・山国川水系〔1級〕
松尾川　まつおがわ
福岡県・矢部川水系〔1級〕
松尾川　まつおがわ
熊本県・菊池川水系
松尾川　まつおがわ
熊本県・球磨川水系
松尾川　まつおがわ
熊本県・白洲川水系
松尾川　まつおがわ
大分県・大野川水系〔1級〕
松尾川　まつおがわ
鹿児島県・川内川水系〔1級〕
松尾川　まつおがわ
鹿児島県・菱田川水系〔2級〕
松尾沢川　まつおざわがわ
群馬県・利根川水系〔1級〕
松尾谷川　まつおだにがわ
京都府・淀川水系
松尾谷川　まつおたにがわ
岡山県・高梁川水系
松尾谷川　まつおたにがわ
愛媛県・肱川水系〔1級〕
松沢　まつざわ
秋田県・雄物川水系
松沢川　まつざわがわ
岩手県・馬淵川水系
松沢川　まつざわがわ
秋田県・雄物川水系〔1級〕
松沢川　まつざわがわ
秋田県・子吉川水系〔1級〕
松沢川　まつざわがわ
山形県・赤川水系〔1級〕
松沢川　まつざわがわ
新潟県・信濃川水系〔1級〕
松沢川《別》　まつざわがわ
静岡県・狩野川水系の柿沢川
松谷川　まつたにがわ
三重県・櫛田川水系〔1級〕
松谷川　まつたにがわ
徳島県・吉野川水系〔1級〕
松谷川　まつだにがわ
高知県・渡川水系〔1級〕
8松岡川　まつおかがわ
新潟県・阿賀野川水系〔1級〕
松板川　まついたがわ
広島県・黒瀬川水系〔2級〕
松板川　まついたがわ
広島県・黒瀬川水系
松林坊川　しょうりんぼうがわ
三重県・淀川水系〔1級〕
松波川　まつなみがわ
石川県・松波川水系〔2級〕
松迫川　まつさこがわ
福島県・前田川水系〔2級〕
9松前川　まつまえがわ
岩手県・松前川水系〔2級〕
松前川　まつまえがわ
岩手県・松前川水系
松洞川　まつぼらがわ
長野県・天竜川水系〔1級〕
松神川　まつかみがわ
青森県・松神川水系〔2級〕
10松倉川　まつくらがわ
北海道・松倉川水系〔2級〕
松倉川　まつくらがわ
長野県・天竜川水系〔1級〕
松原川　まつばらがわ
栃木県・利根川水系〔1級〕
松原川　まつばらがわ
石川県・松原川水系
松原川　まつばらがわ
静岡県・松原川水系〔2級〕
松原川《別》　まつばらがわ
静岡県・伊東大川水系の伊東大川
松原川　まつばらがわ
広島県・太田川水系〔1級〕
松原川　まつばらがわ
長崎県・八郎川水系〔2級〕
松原川　まつばらがわ
熊本県・松原川水系〔2級〕
松島川　まつしまがわ
新潟県・松島川水系〔2級〕
松島川　まつしまがわ
岐阜県・木曾川水系〔1級〕
松根川　まつねがわ
秋田県・雄物川水系〔1級〕
松浦川　まつうらがわ
佐賀県・松浦川水系〔1級〕
11松崎川　まつざきがわ
千葉県・利根川水系
松崎川　まつざきがわ
山口県・田万川水系〔2級〕
松崎川　まつざきがわ
大分県・寄藻川水系〔2級〕
松崎川　まつさきがわ
鹿児島県・松崎川水系〔2級〕
松崎谷川　まつざきだにがわ
徳島県・吉野川水系〔1級〕

松笠川　まつかさがわ
島根県・斐伊川水系〔1級〕
松野木川　まつのきがわ
青森県・岩木川水系〔1級〕
12松葉川　まつばがわ
栃木県・那珂川水系〔1級〕
松葉川　まつばがわ
新潟県・信濃川水系〔1級〕
松葉川　まつばがわ
奈良県・新宮川水系〔1級〕
松葉川　まつばがわ
愛媛県・肱川水系〔1級〕
松葉川　まつばがわ
大分県・筑後川水系〔1級〕
松葉沢川　まつばざわがわ
山梨県・富士川水系〔1級〕
松越川　まつこしがわ
神奈川県・松越川水系〔2級〕
13松節川　まつふしがわ
千葉県・湊川水系
16松橋川　まつはしがわ
岩手県・小本川水系
松橋川　まつはしがわ
山形県・最上川水系〔1級〕
松舘川　まつだてがわ
青森県・新井田川水系〔2級〕
松薗川　まつぞのがわ
鹿児島県・万之瀬川水系〔2級〕
19松瀬川　まつせがわ
佐賀県・六角川水系〔1級〕
松瀬川《別》　まつせがわ
佐賀県・嘉瀬川水系の名尾川

【枢】
3枢川　かまちがわ
愛媛県・渡川水系〔1級〕

【東】
東の川　ひがしのかわ
奈良県・新宮川水系〔1級〕
東の川　ひがしのかわ
和歌山県・紀の川水系〔1級〕
東の川　ひがしのかわ
和歌山県・新宮川水系〔1級〕
東の沢川　ひがしのさわがわ
秋田県・雄物川水系
東の前川　ひがしのまえがわ
熊本県・菊池川水系
東オンネベツ川　ひがしおんねべつがわ
北海道・天塩川水系〔1級〕
東ノ川　ひがしのがわ
高知県・東ノ川水系〔2級〕
2東丁田川　ひがしちょうだがわ
広島県・沼田川水系〔2級〕
東二号川　ひがしにごうがわ
北海道・石狩川水系〔1級〕
東入川　ひがしいりがわ
岩手県・北上川水系
東入川　ひがしいりがわ
山梨県・西湖水系〔2級〕
東八木沢川　ひがしやぎさわがわ
山梨県・富士川水系〔1級〕
東八線川　ひがしはっせんがわ
北海道・石狩川水系〔1級〕
東又川　ひがしまたがわ
秋田県・米代川水系
東又川　ひがしまたがわ
三重県・櫛田川水系〔1級〕
東又川　ひがしまたがわ
京都府・由良川水系〔1級〕
東又川　ひがしまたがわ
京都府・由良川水系
東又川　ひがしまたがわ
高知県・渡川水系〔1級〕
東又沢　ひがしまたざわ
秋田県・米代川水系
東又谷　ひがしまただに
富山県・黒部川水系
東又谷　ひがしまただに
富山県・神通川水系
東又谷水流　ひがしまただにすいりゅう
富山県・片貝川水系〔2級〕
3東久保川　ひがしくぼがわ
愛知県・汐川水系
東千秋川　ひがしちあきがわ
愛知県・庄内川水系
東口池　ひがしくちいけ
滋賀県甲南町
東大川　ひがしおおかわ
長崎県・東大川水系〔2級〕
東大江川　ひがしおおえがわ
岐阜県・木曾川水系〔1級〕
東大束川　ひがしおおつかがわ
香川県・大束川水系〔2級〕
東大沢川　ひがしおおさわがわ
山形県・最上川水系〔1級〕
東大芦川　ひがしおおあしがわ
栃木県・利根川水系〔1級〕
東大谷川　ひがしおおたにがわ
富山県・庄川水系
東大谷川　ひがしおおやがわ
静岡県・東大谷川水系〔2級〕
東大通川　ひがしおおどおりがわ
新潟県・信濃川水系〔1級〕

東大堀川　ひがしおおぼりがわ
徳島県・吉野川水系〔1級〕
東小川　ひがしおがわ
愛知県・日光川水系
東小出川　ひがしこいでがわ
新潟県・阿賀野川水系〔1級〕
東山川　ひがしやまがわ
愛知県・猿渡川水系
東山川　ひがしやまがわ
愛知県・庄内川水系
東山川　ひがしやまがわ
大阪府・淀川水系〔1級〕
東山川　ひがしやまがわ
兵庫県・市川水系〔2級〕
東山川　ひがしやまがわ
鳥取県・斐伊川水系〔1級〕
東山川　ひがしやまがわ
香川県・湊川水系〔2級〕
東山川　ひがしやまがわ
熊本県・菊池川水系
東山本川　ひがしやまもとがわ
広島県・太田川水系〔1級〕
東山沢川　ひがしやまさわがわ
静岡県・太田川水系〔2級〕
東山谷川　ひがしやまだにがわ
徳島県・吉野川水系〔1級〕
東川　ひがしかわ
北海道・石狩川水系〔1級〕
東川　あずまがわ
北海道・歴舟川水系〔2級〕
東川　あずまがわ
北海道・歴舟川水系
東川　ひがしがわ
福島県・阿賀野川水系〔1級〕
東川　ひがしがわ
福島県・阿武隈川水系
東川　ひがしかわ
茨城県・那珂川水系〔1級〕
東川　ひがしがわ
群馬県・利根川水系〔1級〕
東川　あずまがわ
埼玉県・荒川（東京都・埼玉県）水系〔1級〕
東川　ひがしがわ
新潟県・信濃川水系〔1級〕
東川　ひがしがわ
福井県・九頭竜川水系〔1級〕
東川　ひがしがわ
山梨県・多摩川水系〔1級〕
東川　ひがしがわ
山梨県・富士川水系〔1級〕
東川　ひがしがわ
山梨県・富士川水系
東川　あずまがわ
岐阜県・木曾川水系〔1級〕
東川　ひがしがわ
岐阜県・木曾川水系〔1級〕
東川　ひがしがわ
愛知県・肱川水系〔1級〕
東川　あずまがわ
愛知県・豊川水系
東川　あずまがわ
三重県・木曾川水系〔1級〕
東川　ひがしがわ
滋賀県・淀川水系〔1級〕
東川　こちがわ
京都府・由良川水系〔1級〕
東川　こちがわ
京都府・由良川水系
東川　ひがしがわ
大阪府・東川水系〔2級〕
東川　ひがしがわ
兵庫県・東川水系〔2級〕
東川　ひがしのがわ
奈良県・大和川水系〔1級〕
東川　ひがしがわ
和歌山県・紀の川水系〔1級〕
東川　ひがしがわ
島根県・東川水系〔2級〕
東川　ひがしがわ
岡山県・吉井川水系
東川　ひがしがわ
広島県・太田川水系〔1級〕
東川　ひがしがわ
山口県・島田川水系〔2級〕
東川　ひがしがわ
山口県・東川水系〔2級〕
東川　ひがしがわ
香川県・東川水系〔2級〕
東川　ひがしがわ
愛媛県・肱川水系〔1級〕
東川　ひがしがわ
愛媛県・仁淀川水系〔1級〕
東川　ひがしがわ
愛媛県・東川水系〔2級〕
東川　ひがしがわ
高知県・安田川水系〔2級〕
東川　ひがしのがわ
高知県・奈半利川水系〔2級〕
東川　ひがしがわ
福岡県・福吉川水系〔2級〕
東川　ひがしがわ
佐賀県・六角川水系〔1級〕
東川《別》　ひがしがわ
熊本県・球磨川水系の山田川

東川　ひがしがわ
宮崎県・都井川水系〔2級〕
東川川　ひがしがわがわ
高知県・鏡川水系〔2級〕
東川川　ひがしがわがわ
高知県・東川川水系
東川本谷川　ひがしかわほんだにがわ
長野県・木曾川水系〔1級〕
東川栃谷川　ひがしごうとちだにがわ
高知県・安田川水系
4東中津川　ひがしなかつがわ
和歌山県・紀の川水系〔1級〕
東仁連川　ひがしにれがわ
茨城県・利根川水系〔1級〕
東公文川　ひがしくもんがわ
兵庫県・揖保川水系〔1級〕
東六線川　ひがしろくせんがわ
北海道・天塩川水系〔1級〕
東内大部川　ひがしないだいぶがわ
北海道・天塩川水系〔1級〕
東分川　ひがしぶんがわ
高知県・奥浦川水系〔2級〕
東分川　ひがしぶんがわ
高知県・東分川水系〔2級〕
東分川　ひがしぶんがわ
佐賀県・佐代川水系〔2級〕
東分谷川　ひがしわけだにがわ
徳島県・吉野川水系〔1級〕
東友枝川　ひがしともえだがわ
福岡県・山国川水系〔1級〕
東太郎丸川　ひがしたろうまるがわ
高知県・仁淀川水系〔1級〕
東屯田川　ひがしとんでんがわ
北海道・石狩川水系
東比田川　ひがしひだがわ
島根県・斐伊川水系〔1級〕
5東代川　ひがしだいがわ
香川県・東代川水系〔2級〕
東出川　ひがしでがわ
愛知県・庄内川水系
東出川　ひがしでがわ
三重県・櫛田川水系〔1級〕
東出川　ひがしでがわ
三重県・淀川水系〔1級〕
東出谷川　ひがしでたにがわ
三重県・櫛田川水系〔1級〕
東四線川　ひがしよんせんがわ
北海道・石狩川水系
東平川　ひがしひらがわ
佐賀県・嘉瀬川水系〔1級〕
東平野井川　ひがしひらのいがわ
岐阜県・木曾川水系〔1級〕
東本川　ひがしもとがわ
福岡県・筑後川水系〔1級〕
東生川　とうせいがわ
北海道・天塩川水系〔1級〕
東生駒川　ひがしいこまがわ
奈良県・大和川水系〔1級〕
東立島川　ひがしたてじまがわ
新潟県・東立島川水系〔2級〕
東込田川　ひがしこみだがわ
滋賀県・淀川水系〔1級〕
6東光川　とうこうがわ
北海道・石狩川水系〔1級〕
東光寺川《別》　とうこうじがわ
静岡県・栃山川水系の東光寺谷川
東光寺谷川　とうこうじやがわ
静岡県・栃山川水系〔2級〕
東光寺谷川　とうこうじたにがわ
京都府・淀川水系
東吉尾池　ひがしよしおいけ
新潟県上越市
東向川　ひがしむかいがわ
岡山県・吉井川水系
東向谷川　こちむきだにがわ
愛媛県・仁淀川水系
東向谷川　こちむきだにがわ
高知県・渡川水系
東名運河　とうなうんが
宮城県・鳴瀬川水系〔1級〕
東竹ノ輪川　ひがしたけのわがわ
愛知県・豊川水系
7東亜川　とうあがわ
北海道・常呂川水系〔1級〕
東佐賀導水路　ひがしさがどうすいろ
佐賀県・筑後川水系〔1級〕
東利根別川　ひがしとねべつがわ
北海道・石狩川水系〔1級〕
東坂森小谷川　ひがしさかもりこたにがわ
富山県・常願寺川水系〔1級〕
東坂森谷川　ひがしさかもりだにがわ
富山県・常願寺川水系〔1級〕
東尾岐川　ひがしおまたがわ
福島県・阿賀野川水系〔1級〕
東条川　とうじょうがわ
長野県・信濃川水系〔1級〕
東条川　とうじょうがわ
兵庫県・加古川水系〔1級〕
東条師川　ひがしじょうしがわ
京都府・淀川水系
東沢　ひがしざわ
秋田県・雄物川水系
東沢　ひがしざわ
茨城県・那珂川水系

東沢川　ひがしざわがわ
北海道・十勝川水系〔1級〕

東沢川　ひがしさわがわ
山形県・最上川水系〔1級〕

東沢川　ひがしざわがわ
山梨県・富士川水系〔1級〕

東沢川　ひがしざわがわ
長野県・信濃川水系〔1級〕

東沢川　ひがしざわがわ
静岡県・東沢川水系〔2級〕

東沢川　ひがしざわがわ
高知県・東沢川水系〔2級〕

東沢谷川　ひがしさわたにがわ
富山県・黒部川水系〔1級〕

東沢砂川　ひがしさわすながわ
滋賀県・淀川水系〔1級〕

東芦見谷　ひがしあしみだに
富山県・早月川水系〔2級〕

東谷小川　ひがしだにこがわ
高知県・国分川水系

東谷川　ひがしやがわ
群馬県・利根川水系〔1級〕

東谷川　ひがしやつがわ
群馬県・利根川水系〔1級〕

東谷川　ひがしだにがわ
埼玉県・荒川（東京都・埼玉県）水系〔1級〕

東谷川　ひがしだにがわ
新潟県・信濃川水系〔1級〕

東谷川　ひがしだにがわ
富山県・黒部川水系〔1級〕

東谷川　ひがしだにがわ
石川県・手取川水系〔1級〕

東谷川　ひがしだにがわ
岐阜県・木曾川水系〔1級〕

東谷川　ひがしやがわ
静岡県・菊川水系

東谷川　ひがしたにがわ
三重県・員弁川水系〔2級〕

東谷川　ひがしだにがわ
兵庫県・千種川水系〔2級〕

東谷川　ひがしだにがわ
兵庫県・千種川水系

東谷川　ひがしたにがわ
奈良県・紀の川水系〔1級〕

東谷川　ひがしたにがわ
和歌山県・紀の川水系〔1級〕

東谷川　ひがしたにがわ
和歌山県・日高川水系〔2級〕

東谷川　ひがしだにがわ
和歌山県・日高川水系〔2級〕

東谷川　ひがしだにがわ
鳥取県・名和川水系〔2級〕

東谷川　ひがしだにがわ
鳥取県・名和川水系

東谷川　ひがしだにがわ
島根県・斐伊川水系

東谷川　ひがしだにがわ
岡山県・吉井川水系〔1級〕

東谷川　ひがしだにがわ
広島県・江の川水系

東谷川　ひがしだにがわ
徳島県・吉野川水系〔1級〕

東谷川　ひがしだにがわ
徳島県・東谷川水系〔2級〕

東谷川　ひがしだにがわ
香川県・吉野川水系〔1級〕

東谷川　ひがしだにがわ
愛媛県・仁淀川水系〔1級〕

東谷川　ひがしだにがわ
愛媛県・加茂川水系〔2級〕

東谷川　ひがしだにがわ
愛媛県・中山川水系〔2級〕

東谷川　ひがしだにがわ
高知県・国分川水系〔2級〕

東谷川　とうだにがわ
高知県・東谷川水系〔2級〕

東谷川　ひがしだにがわ
高知県・渡川水系

東谷川　ひがしたにがわ
福岡県・紫川水系〔2級〕

東谷川《別》　ひがしたにがわ
大分県・山国川水系の跡田川

東谷内川　ひがしやちがわ
石川県・米町川水系

東車谷川　ひがしくるまだにがわ
熊本県・菊池川水系

8東岳川　ひがしたけがわ
熊本県・白川水系〔1級〕

東岳川　ひがしだけがわ
宮崎県・大淀川水系〔1級〕

東岩代川　ひがしいわしろがわ
和歌山県・東岩代川水系〔2級〕

東岩本川　ひがしいわもとがわ
山形県・赤川水系〔1級〕

東岩本川　ひがしいわもとがわ
山形県・赤川水系

東岩坂川　ひがしいわさかがわ
島根県・斐伊川水系〔1級〕

東所川　ひがししょがわ
京都府・淀川水系〔1級〕

東明見谷川　ひがしみょうけんだにがわ
高知県・安芸川水系

東河川　とがかわ
兵庫県・円山川水系〔1級〕

東河内川　ひがしごうちがわ
静岡県・大井川水系〔1級〕
東河内川　ひがしかわちがわ
長崎県・本明川水系〔1級〕
東河戸川　ひがしごうどがわ
茨城県・那珂川水系〔1級〕
東沼　ひがしぬま
北海道浦臼町
東牧山川　ひがしまきやまがわ
京都府・淀川水系
東迫川　ひがしさこがわ
熊本県・緑川水系
東長田川　ひがしながたがわ
鳥取県・日野川水系〔1級〕
東長江川　ひがしながえがわ
島根県・斐伊川水系〔1級〕
東門谷沢川　ひがしかどやざわがわ
愛知県・豊川水系
9東俣川　ひがしまたがわ
福井県・九頭竜川水系〔1級〕
東俣川　ひがしまたがわ
福井県・九頭竜川水系〔1級〕
東俣川　ひがしまたがわ
長野県・天竜川水系〔1級〕
東俣川　ひがしまたがわ
滋賀県・淀川水系〔1級〕
東俣谷川　ひがしまただにがわ
滋賀県・淀川水系
東俣谷川　ひがしまたたにがわ
徳島県・吉野川水系〔1級〕
東厚真川　とうあずまがわ
北海道・厚真川水系
東垣内川　ひがしがいとがわ
京都府・淀川水系
東城川　とうじょうがわ
広島県・高梁川水系
東栃沢川　ひがしとちざわがわ
愛知県・豊川水系
東海川　とうかいがわ
三重県・東海川水系〔2級〕
東浄川　とうじょうがわ
奈良県・紀の川水系〔1級〕
東泉寺沢　とうせんじざわ
愛知県・豊川水系
東浅井川　ひがしあさいがわ
愛知県・日光川水系
東神田川　ひがしかんだがわ
静岡県・都田川水系〔2級〕
東神沢川　ひがしかみさわがわ
群馬県・利根川水系〔1級〕
東神野川　ひがしこうのがわ
和歌山県・南部川水系〔2級〕
東美唄川　ひがしびばいがわ
北海道・石狩川水系〔1級〕
10東原川　あずまばるがわ
熊本県・菊池川水系
東根川　ひがしねがわ
福島県・阿武隈川水系〔1級〕
東桜川　ひがしさくらがわ
香川県・桜川水系〔2級〕
東浜川　ひがしはまがわ
石川県・東浜川水系
東浜川2号　ひがしはまがわにごう
石川県・東浜川2号水系
東流川　ひがしながれがわ
長崎県・東流川水系〔2級〕
東砥山川　ひがしとやまがわ
北海道・石狩川水系
東脇川　ひがしわきがわ
愛知県・汐川水系
東連津川　とうれんずがわ
茨城県・東連津川水系〔2級〕
東除川　ひがしよけがわ
大阪府・大和川水系〔1級〕
東高倉川　ひがしたかくらがわ
三重県・淀川水系〔1級〕
東高瀬川　ひがしたかせがわ
京都府・淀川水系〔1級〕
11東掛川　とうげがわ
京都府・淀川水系〔1級〕
東掛迫川　ひがしかけさこがわ
宮崎県・平田川水系
東笠山北谷川　ひがしかさやまきたたにがわ　富山県・常願寺川水系〔1級〕
東笠山南谷川　ひがしかさやまみなみたにがわ　富山県・常願寺川水系〔1級〕
東郷川　とうごうがわ
鳥取県・橋津川水系〔2級〕
東郷川　とうごうがわ
島根県・斐伊川水系〔1級〕
東郷川　とうごうがわ
島根県・東郷川水系〔2級〕
東郷川　とうごうがわ
佐賀県・嘉瀬川水系〔1級〕
東郷池　とうごういけ
鳥取県東伯郡羽合町
東郷池　とうごういけ
鳥取県・橋津川水系〔2級〕
東部承水路　とうぶしょうすいろ
石川県・大野川水系
東野々沢川　ひがしののさわがわ
北海道・石狩川水系
12東喜阿弥川　ひがしきあみがわ
島根県・喜阿弥川水系〔2級〕

東堅来川《別》　ひがしかたくがわ
大分県・堅来川水系の堅来川
東御所川　ひがしごしょがわ
熊本県・緑川水系〔1級〕
東御料川　ひがしごりょうがわ
北海道・石狩川水系
東無加川　ひがしむかがわ
北海道・常呂川水系〔1級〕
東隅田川　ひがしすみだがわ
愛知県・高浜川水系〔2級〕
東隅田川　ひがしすみだがわ
愛知県・高浜川水系
東雲湖　しののめこ
北海道河東郡上士幌町
13東新開縦川　ひがししんかいたてがわ
岡山県・中新開川水系
東溜　ひがしだめ
滋賀県八日市市
東禅寺川　とうぜんじがわ
岩手県・北上川水系〔1級〕
東禅寺川　とうぜんじがわ
岩手県・北上川水系
東福寺川　とうふくじがわ
群馬県・利根川水系〔1級〕
東裏川　ひがしうらがわ
和歌山県・日高川水系〔2級〕
東鈴尾谷川　ひがしすずおたにがわ
愛媛県・国領川水系〔2級〕
東雉谷川　ひがしきじやがわ
大分県・筑後川水系〔1級〕
14東槇尾川　ひがしまきおがわ
大阪府・大津川水系〔2級〕
東熊川　ひがしくまがわ
高知県・物部川水系〔1級〕
15東横堀川　ひがしよこぼりがわ
大阪府・淀川水系〔1級〕
東潟の内　ひがしかたのうち
島根県松江市
東箱川　ひがしはこがわ
岡山県・吉井川水系〔1級〕
東舞根川　ひがしもうねがわ
宮城県・東舞根川水系
東養野川　ひがしようのがわ
岡山県・吉井川水系〔1級〕
16東濁川　ひがしにごりがわ
北海道・新川水系〔2級〕
東薗目川　ひがしそのめがわ
愛知県・天竜川水系〔1級〕
17東檜尾川　ひがしひおがわ
大阪府・淀川水系〔1級〕
東磯川　ひがしいそかわ
茨城県・利根川水系
18東繕寺川　とうぜんじがわ
山口県・島田川水系〔2級〕
東藤川　ひがしふじがわ
群馬県・利根川水系〔1級〕
東鵜島川　ひがしうじまがわ
新潟県・東鵜島川水系〔2級〕

【板】

板の川　いたのがわ
高知県・渡川水系〔1級〕
板ヶ八重川　いたがやえがわ
宮崎県・大淀川水系〔1級〕
板ヶ沢川　いたがざわがわ
山形県・最上川水系〔1級〕
板ヶ谷川　いたげだにがわ
広島県・太田川水系〔1級〕
板ヶ谷川　いたがだにがわ
愛媛県・肱川水系〔1級〕
3板子川　いたこがわ
宮崎県・一ツ瀬川水系〔2級〕
板山川　いたやまがわ
新潟県・加治川水系〔2級〕
板山川　いたやまがわ
長野県・天竜川水系〔1級〕
板山川　いたやまがわ
愛知県・阿久比川水系
板山沢　いたやまざわ
長野県・天竜川水系〔1級〕
4板之沢川　いたのさわがわ
新潟県・信濃川水系〔1級〕
板井川　いたいがわ
島根県・三隅川水系〔2級〕
板井川　いたいがわ
宮崎県・耳川水系〔2級〕
板井原川　いたいばらがわ
鳥取県・日野川水系〔1級〕
板戸川　いたどがわ
秋田県・米代川水系〔1級〕
板戸川　いたどがわ
神奈川県・金目川水系〔2級〕
板戸沼　いたどぬま
秋田県雄勝郡皆瀬村
板木川　いたぎがわ
新潟県・信濃川水系〔1級〕
板木川　いたぎがわ
和歌山県・富田川水系〔2級〕
板木川　いたぎがわ
広島県・江の川水系〔1級〕
板木沢川　いたぎさわがわ
青森県・板木沢川水系
5板仕野川　いたしのがわ
兵庫県・矢田川水系

板付川　いたずきがわ
愛媛県・肱川水系〔1級〕
板穴川　いたあながわ
栃木県・利根川水系〔1級〕
6板名子川《別》　いたなこがわ
滋賀県・淀川水系の板名古川
板名古川　いたなこがわ
滋賀県・淀川水系〔1級〕
板地川　いたちがわ
大分県・境川水系〔2級〕
板曲川　いたまがりがわ
熊本県・菊池川水系
7板坂川　いたさかがわ
宮城県・鳴瀬川水系〔1級〕
板坂川　いたさかがわ
京都府・由良川水系
板沢　いたざわ
秋田県・君が野川水系
板沢　いたざわ
福島県・阿賀野川水系
板谷川　いたやがわ
北海道・板谷川水系〔2級〕
板谷川　いたたにがわ
愛媛県・肱川水系〔1級〕
板谷川　いただにがわ
高知県・仁淀川水系〔1級〕
板谷川　いたやがわ
宮崎県・一ツ瀬川水系〔2級〕
板谷島沢川　いたやしまさわがわ
静岡県・安倍川水系〔1級〕
板貝川　いたがいがわ
新潟県・板貝川水系〔2級〕
8板取川　いたどりがわ
岐阜県・木曾川水系〔1級〕
板取川　いたどりがわ
愛媛県・肱川水系〔1級〕
板杭川　いたくいがわ
滋賀県・淀川水系〔1級〕
板東川　ばんどうがわ
北海道・石狩川水系〔1級〕
板東谷川　ばんどうだにがわ
徳島県・吉野川水系〔1級〕
板治川　いたじがわ
佐賀県・松浦川水系〔1級〕
9板屋ノ子川　いたやのこがわ
愛媛県・重信川水系〔1級〕
板屋川　いたやがわ
岐阜県・木曾川水系〔1級〕
板屋川　いたやがわ
三重県・新宮川水系〔1級〕
板屋川　いたやがわ
広島県・江の川水系
板屋川　いたやがわ
佐賀県・六角川水系〔1級〕
板屋川　いたやがわ
大分県・筑後川水系〔1級〕
板屋川　いたやがわ
大分県・大野川水系〔1級〕
板屋沢　いたやさわ
宮城県・鳴瀬川水系
板屋沢川　いたやさわがわ
新潟県・勝木川水系〔2級〕
板屋谷川　いたやだにがわ
岐阜県・木曾川水系
板屋谷川　いたやだにがわ
島根県・斐伊川水系
板持川　いたもちがわ
熊本県・球磨川水系
10板倉川　いたくらがわ
群馬県・利根川水系〔1級〕
板倉川　いたくらがわ
岐阜県・木曾川水系〔1級〕
板家戸沢　いたやとざわ
青森県・川内川水系〔2級〕
11板野川　いたのがわ
京都府・淀川水系
14板鼻川　いたばながわ
群馬県・利根川水系〔1級〕
15板敷川　いたじきがわ
栃木県・那珂川水系〔1級〕
16板橋川　いたばしがわ
栃木県・利根川水系〔1級〕
板橋川　いたばしがわ
長野県・信濃川水系〔1級〕
板橋川　いたばしがわ
奈良県・淀川水系〔1級〕
板橋川　いたばしがわ
広島県・江の川水系〔1級〕
18板櫃川　いたびつがわ
福岡県・板櫃川水系〔2級〕

【枇】

8枇杷川　びわがわ
茨城県・久慈川水系〔1級〕
枇杷田川　びわだがわ
青森県・岩木川水系〔1級〕
枇杷沢川　びわざわがわ
岩手県・北上川水系〔1級〕
枇杷沢川　びわざわがわ
岩手県・北上川水系
枇杷野川　びわのがわ
青森県・野辺地川水系〔2級〕

【枕】

枕の滝川　まくらのたきがわ
島根県・江の川水系〔1級〕

4枕木川　まくらぎがわ
島根県・斐伊川水系〔1級〕

枕木川　まくらぎがわ
愛媛県・肱川水系〔1級〕

【林】

3林川　はやしがわ
岩手県・北上川水系

林川　はやしがわ
広島県・小瀬川水系〔1級〕

林川　はやしがわ
愛媛県・肱川水系〔1級〕

5林田川　はやしだがわ
兵庫県・揖保川水系〔1級〕

林田川　はやしだがわ
岡山県・高梁川水系〔1級〕

7林沢川　はやしさわがわ
岩手県・新井田川水系

林谷川　はやしだにがわ
福井県・九頭竜川水系〔1級〕

林谷川　はやしだにがわ
島根県・江の川水系〔1級〕

林谷川　はやしだにがわ
徳島県・那賀川水系〔1級〕

8林松寺川　りんしようじがわ
大分県・犬丸川水系〔2級〕

10林班界の沢川　りんぱんかいのさわがわ
北海道・常呂川水系〔1級〕

13林照寺川　りんしょうじがわ
滋賀県・淀川水系〔1級〕

【枠】

5枠田池川　かせだいけがわ
広島県・芦田川水系

【枡】

7枡沢川　ますざわがわ
岩手県・北上川水系

【武】

3武久川　たけひさがわ
山口県・武久川水系〔2級〕

武士川　ぶしがわ
北海道・佐呂間別川水系〔2級〕

武士川　ぶしがわ
岩手県・北上川水系

武子川　たけしがわ
栃木県・利根川水系〔1級〕

4武井田川　たけいだがわ
長野県・天竜川水系〔1級〕

武井野川　たけいのがわ
新潟県・国府川水系〔2級〕

武木川　たきぎがわ
奈良県・紀の川水系〔1級〕

5武田川　たけだがわ
茨城県・利根川水系〔1級〕

武田川　たけだがわ
千葉県・小櫃川水系〔2級〕

武田川《別》　たけだがわ
静岡県・狩野川水系の嵩田川

武田川　たけだがわ
愛媛県・肱川水系〔1級〕

武田川　たけだがわ
鹿児島県・川内川水系〔1級〕

武田川　たけだがわ
鹿児島県・万之瀬川水系〔2級〕

武石川　たけしがわ
長野県・信濃川水系〔1級〕

6武名瀬川　むなせがわ
栃木県・利根川水系〔1級〕

7武佐川　むさがわ
北海道・釧路川水系〔1級〕

武佐川　むさがわ
北海道・標津川水系〔2級〕

武利川　むりがわ
北海道・湧別川水系〔1級〕

武助川　ぶすけがわ
愛知県・汐川水系

武沢川　むさわがわ
北海道・後志利別川水系〔1級〕

8武周ヶ池　ぶしゅうがいけ
福井県福井市

武坪川　たけつぼがわ
愛媛県・肱川水系〔1級〕

武茂川　むもがわ
栃木県・那珂川水系〔1級〕

10武庫川　むこがわ
兵庫県・武庫川水系〔2級〕

武華川《別》　むかがわ
北海道・常呂川水系の無加川

12武道川　ぶどうがわ
秋田県・雄物川水系〔1級〕

武雄川　たけおがわ
佐賀県・六角川水系〔1級〕

武須川　ぶすがわ
福島県・新田川水系〔2級〕

14武領川　ぶりょうがわ
愛媛県・森川水系〔2級〕

15武儀川　むぎがわ
岐阜県・木曽川水系〔1級〕

武儀倉川　むぎくらがわ
岐阜県・木曾川水系〔1級〕
武蔵川　むさしがわ
大分県・武蔵川水系〔2級〕

【毒】
7毒沢川　どくさわがわ
岩手県・北上川水系〔1級〕

【河】
河の川　こうのがわ
高知県・吉野川水系〔1級〕
2河又川　かわまたがわ
愛媛県・関川水系
3河上川　こうじょうがわ
広島県・沼田川水系
河久保川　かわくぼがわ
新潟県・信濃川水系〔1級〕
河口湖　かわぐちこ
山梨県・相模川水系〔1級〕
河山川　かわやまがわ
島根県・高津川水系〔1級〕
4河内川　かわうちがわ
岩手県・北上川水系〔1級〕
河内川　こうちがわ
神奈川県・金目川水系〔2級〕
河内川　かわちがわ
神奈川県, 静岡県・酒匂川水系〔2級〕
河内川　かわうちがわ
新潟県・河内川水系〔2級〕
河内川　こうちがわ
新潟県・国府川水系〔2級〕
河内川　かわちがわ
新潟県・河内川水系
河内川　かわちがわ
新潟県・大浦川水系
河内川　かわちがわ
石川県・熊木川水系〔2級〕
河内川　かわうちがわ
石川県・町野川水系
河内川　こうちがわ
福井県・九頭竜川水系〔1級〕
河内川　こうちがわ
福井県・北川水系〔1級〕
河内川　かわちがわ
長野県・天竜川水系〔1級〕
河内川　こうちがわ
静岡県・天竜川水系〔1級〕
河内川《別》　こうちがわ
静岡県・大井川水系の下泉河内川
河内川《別》　こうちがわ
静岡県・天竜川水系の水窪河内川
河内川　かわうちがわ
愛知県・天竜川水系〔1級〕
河内川　こうちがわ
三重県・河内川水系〔2級〕
河内川　こうちがわ
三重県・奥川水系
河内川　こうちがわ
兵庫県・千種川水系〔2級〕
河内川　こうちがわ
鳥取県・河内川水系〔2級〕
河内川　こうちがわ
島根県・高津川水系〔1級〕
河内川《別》　こうちがわ
島根県・高津川水系の美濃地河内川
河内川　かわちがわ
岡山県・吉井川水系〔1級〕
河内川　こうちがわ
岡山県・吉井川水系〔1級〕
河内川　かわちがわ
岡山県・旭川水系〔1級〕
河内川　こうちがわ
広島県・江の川水系〔1級〕
河内川　こうちがわ
山口県・河内川水系〔2級〕
河内川　こうちがわ
山口県・厚狭川水系〔2級〕
河内川　かわちがわ
香川県・財田川水系〔2級〕
河内川　かわちがわ
愛媛県・肱川水系〔1級〕
河内川　かわちがわ
愛媛県・立間川水系〔2級〕
河内川　かわのうちがわ
高知県・河内川水系〔2級〕
河内川　かわちがわ
佐賀県・筑後川水系〔1級〕
河内川　かわちがわ
佐賀県・河内川水系〔2級〕
河内川　かわちがわ
熊本県・河内川水系〔2級〕
河内川　こごちがわ
熊本県・郡浦川水系
河内川　こうちがわ
大分県・大分川水系〔1級〕
河内川　かわうちがわ
大分県・河内川水系〔2級〕
河内川　かわうちがわ
大分県・朝見川水系〔2級〕
河内川　かわちがわ
宮崎県・五ヶ瀬川水系〔1級〕
河内川　かわうちがわ
鹿児島県・河内川水系〔2級〕

河内沢川　かわちざわがわ
山形県・赤川水系〔1級〕
河内沢川　かわちざわがわ
静岡県・天竜川水系〔1級〕
河内谷川　こうちだにがわ
三重県・員弁川水系〔2級〕
河内谷川　こうちだにがわ
京都府・由良川水系〔1級〕
河内谷川　かわうちだにがわ
徳島県・吉野川水系〔1級〕
河内屋川　かわちやがわ
愛知県・庄内川水系
河戸川　かわとがわ
岡山県・高梁川水系〔1級〕
河手川　こうでがわ
広島県・芦田川水系〔1級〕
河木谷川　かわきだにがわ
島根県・江の川水系〔1級〕
河木谷川放水路　かわきだにがわほうすいろ
島根県・江の川水系〔1級〕
5河北潟　かほくがた
石川県金沢市
河北潟　かほくがた
石川県・大野川水系〔2級〕
河北潟西部承水路　かほくがたせいぶしょうすいろ
石川県・大野川水系〔2級〕
河北潟放水路　かほくがたほうすいろがわ
石川県・大野川水系〔2級〕
河尻川　かわじりがわ
大分県・五ヶ瀬川水系〔1級〕
河本川　こうもとがわ
兵庫県・円山川水系〔1級〕
河田川　かわたがわ
鳥取県・河内川水系〔2級〕
河辺川　かわべがわ
京都府・河辺川水系〔2級〕
河辺川　かわべがわ
京都府・河辺川水系
河辺川　かわべがわ
愛媛県・肱川水系〔1級〕
6河会川　かわいがわ
岡山県・吉井川水系〔1級〕
河合川　かわいがわ
滋賀県・淀川水系〔1級〕
7河来見川　かわくるみがわ
京都府・筒川水系
河谷川　かわたにがわ
京都府・由良川水系
河谷川　かわだにがわ
京都府・由良川水系
河谷川　こうだにがわ
兵庫県・由良川水系
8河和田川　かわだがわ
福井県・九頭竜川水系〔1級〕
9河俣川　かわまたがわ
熊本県・氷川水系〔2級〕
河春川　かわはるがわ
愛媛県・肱川水系〔1級〕
河津川　かわずがわ
静岡県・河津川水系〔2級〕
河津川　かわつがわ
広島県・太田川水系〔1級〕
河津谷津川　かわずやつがわ
静岡県・河津川水系〔2級〕
河音川《古》　かわおとがわ
神奈川県・酒匂川水系の川音川
10河原上川　かわはらかみがわ
山口県・厚東川水系〔2級〕
河原川　かわらがわ
愛媛県・肱川水系〔1級〕
河原川　かわらがわ
愛媛県・河原川水系〔2級〕
河原川　かわばらがわ
熊本県・菊池川水系〔1級〕
河原川　かわはるがわ
熊本県・小田浦川水系〔2級〕
河原川　かわらがわ
大分県・山国川水系〔1級〕
河原内川　かわらうちがわ
大分県・大野川水系〔1級〕
河原田川　かわらだがわ
石川県・河原田川水系〔2級〕
河原田川　かわらだがわ
鹿児島県・肝属川水系〔1級〕
河原谷川　こうろだにがわ
京都府・淀川水系
河原谷川　かわらだにがわ
高知県・松田川水系〔2級〕
河原沼　かわらぬま
秋田県雄勝郡皆瀬村
河原期川　かわはらごがわ
山形県・最上川水系〔1級〕
河島川《古》　かわしまがわ
静岡県・宇久須川水系の宇久須川
河通川　ごおつうがわ
長崎県・雪浦川水系〔2級〕
11河崎川　かわさきがわ
新潟県・河崎川水系〔2級〕
河崎川《別》　かわさきがわ
石川県・日用川水系の日用川
河崎川　かわさきがわ
鹿児島県・河崎川水系〔2級〕
河梨川　こうなしがわ
京都府・久美谷川水系〔2級〕

河野川　こうのがわ
福井県・河野川水系〔2級〕
河野川　こうのがわ
愛媛県・河野川水系〔2級〕
12河童川　かっぱがわ
宮城県・鳴瀬川水系〔1級〕
17河濯川　かわそがわ
福井県・九頭竜川水系〔1級〕

【沓】

3沓川　くつがわ
山梨県・富士川水系〔1級〕
沓川　くつがわ
三重県・沓川水系〔2級〕
沓川《別》　くつがわ
福岡県・岩岳川水系の岩岳川
沓川　くつごう
熊本県・球磨川水系
11沓掛川　くつかけがわ
宮城県・鳴瀬川水系〔1級〕
沓掛川　くつかけがわ
新潟県・沓掛川水系〔2級〕
沓掛川　くつかけがわ
長野県・信濃川水系〔1級〕
沓掛川　くつかけがわ
宮崎県・清武川水系
沓野川　くつのがわ
山口県・厚狭川水系〔2級〕

【治】

5治田川　はったがわ
三重県・淀川水系〔1級〕
9治郎丸川　じろうまるがわ
大分県・治郎丸川水系〔2級〕
治郎川　じろうがわ
愛媛県・肱川水系〔1級〕
治郎兵衛川　じろべえがわ
群馬県・利根川水系〔1級〕
11治部坂川　じべさかがわ
長野県・天竜川水系〔1級〕
16治衛門池　じえもんいけ
群馬県利根郡片品村

【沼】

沼の岱　ぬまのたい
北海道函館市
3沼山大沼　ぬまやまおおぬま
山形県西川町
沼川　ぬまがわ
北海道・石狩川水系〔1級〕
沼川　ぬまがわ
青森県・沼川水系〔2級〕
沼川　ぬまかわ
山形県・最上川水系〔1級〕
沼川　ぬまがわ
新潟県・荒川（新潟県・山形県）水系〔1級〕
沼川　ぬまがわ
山梨県・富士川水系〔1級〕
沼川　ぬまがわ
静岡県・富士川水系〔1級〕
沼川　ぬまがわ
岡山県・旭川水系〔1級〕
沼川　ぬまがわ
広島県・江の川水系〔1級〕
沼川　ぬまがわ
佐賀県・筑後川水系〔1級〕
沼川　ぬまがわ
宮崎県・広渡川水系〔2級〕
沼川川　ぬまかわがわ
岩手県・沼川川水系
沼川放水路　ぬまがわほうすいろ
佐賀県・筑後川水系〔1級〕
沼川第二放水路　ぬまがわだいにほうすいろ
静岡県・富士川水系〔1級〕
4沼井川　ぬるいがわ
高知県・物部川水系〔1級〕
沼牛川　ぬまうしがわ
北海道・石狩川水系〔1級〕
5沼尻川　ぬまじりがわ
北海道・錦多峰川水系
沼尻川　ぬまじりがわ
秋田県・沼尻川水系
沼尻川　ぬまじりがわ
群馬県, 新潟県, 福島県・阿賀野川水系
沼田川　ぬまたがわ
宮城県・鳴瀬川水系
沼田川　ぬまたがわ
山形県・最上川水系〔1級〕
沼田川　ぬまたがわ
石川県・犀川水系
沼田川　ぬたがわ
広島県・沼田川水系〔2級〕
沼田川　ぬまだがわ
愛媛県・肱川水系〔1級〕
沼田谷川　ぬまただにがわ
和歌山県・周参見川水系〔2級〕
沼田奔川　ぬまたぽんがわ
北海道・石狩川水系〔1級〕
6沼池　ぬまいけ
長野県飯山市
沼池　ぬまいけ
長野県・関川水系〔1級〕
7沼尾川　ぬまおがわ
群馬県・利根川水系〔1級〕

沼尾川　ぬまおがわ
群馬県・利根川水系〔1級〕
沼尾沼　ぬまおぬま
福島県南会津郡下郷町
沼沢川　ぬまざわがわ
山形県・最上川水系〔1級〕
沼沢川　ぬまざわがわ
福島県・阿賀野川水系〔1級〕
沼沢沼　ぬまざわぬま
秋田県雄勝郡皆瀬村
沼沢沼　ぬまざわぬま
山形県東根市
沼沢沼　ぬまざわぬま
福島県金山町
沼沢沼　ぬまざわぬま
福島県・阿賀野川水系〔1級〕
沼谷川　ぬまだにがわ
和歌山県・有田川水系〔2級〕
沼谷川　ぬまたにがわ
徳島県・勝浦川水系〔2級〕
沼里川　ぬまさとがわ
茨城県・利根川水系〔1級〕
9沼前川　ぬままえがわ
山形県・最上川水系〔1級〕
沼津大沢川　ぬまずおおさわがわ
静岡県・富士川水系〔1級〕
沼津江川　ぬまずえがわ
静岡県・狩野川水系〔1級〕
11沼崎川　ぬまざきがわ
北海道・石狩川水系〔1級〕
16沼橋川　ぬまはしがわ
岩手県・北上川水系

【注】

10注連小路川　しめこうじがわ
三重県・宮川水系〔1級〕
注連川《別》　しめがわ
島根県・高津川水系の河内川
注連指川　しめさすがわ
三重県・宮川水系〔1級〕

【泥】

泥の沢川　どろのさわがわ
山梨県・富士川水系〔1級〕
2泥又川　どろまたがわ
新潟県・三面川水系〔2級〕
3泥川　どろがわ
北海道・厚沢部川水系〔2級〕
泥川　どろがわ
北海道・堀株川水系〔2級〕
泥川　どろがわ
北海道・石狩川水系
泥川　どろがわ
青森県・泥川水系〔2級〕
泥川　どろがわ
長野県・信濃川水系〔1級〕
泥川　どろがわ
岐阜県・木曾川水系〔1級〕
6泥池川　どろいけがわ
兵庫県・矢田川水系
7泥谷口川　どろたにぐちがわ
大分県・番匠川水系〔1級〕
8泥沼　どろぬま
北海道浜中町
泥泪川　どろめきがわ
熊本県・佐敷川水系
20泥鰌池　どじょういけ
富山県中新川郡立山町

【波】

4波介川　はげがわ
高知県・仁淀川水系〔1級〕
波木井川　はきいがわ
山梨県・富士川水系〔1級〕
波木合川　はきあいがわ
大分県・大野川水系〔1級〕
波止場池　はとばいけ
滋賀県大津市
5波出川　なみでがわ
石川県・波出川水系
波布谷川　はぶたにがわ
滋賀県・淀川水系〔1級〕
波田川　はだがわ
島根県・益田川水系〔2級〕
6波多川　はたがわ
鳥取県・千代川水系〔1級〕
波多川　はたがわ
島根県・神戸川水系〔2級〕
波多川《古》　はたがわ
佐賀県・松浦川水系の徳須恵川
波多川　はたがわ
熊本県・波多川水系〔2級〕
波多打川　はたうちがわ
静岡県・波多打川水系〔2級〕
波多津川　はたつがわ
佐賀県・波多津川水系〔2級〕
波当津川　はとずがわ
大分県・波当津川水系〔2級〕
7波見川　はみがわ
京都府・波見川水系〔2級〕
波見川　はみがわ
鹿児島県・肝属川水系〔1級〕
波豆川　はずがわ
兵庫県・武庫川水系〔2級〕

8波治神川　はじがみがわ
愛知県・波治神川水系
10波恵川　はえがわ
北海道・波恵川水系〔2級〕
波根川　はねがわ
島根県・波根川水系〔2級〕
波留川　はるがわ
三重県・櫛田川水系〔1級〕
波竜川　はりゅうがわ
山梨県・富士川水系〔1級〕
12波越川　なんごうがわ
大分県・番匠川水系〔1級〕
14波関川　なみぜきがわ
鳥取県・天神川水系〔1級〕
19波瀬ノ浦川　はせのうらがわ
佐賀県・波瀬ノ浦川水系〔2級〕
波瀬川　はぜがわ
三重県・雲出川水系〔1級〕

【泊】
3泊川　とまりかわ
北海道・泊川水系〔2級〕
泊川　とまりがわ
岩手県・泊川水系〔2級〕
泊川《別》　とまりがわ
富山県・笹川水系の笹川
泊川　とまりがわ
兵庫県・泊川水系〔2級〕
泊川　とまりがわ
鹿児島県・泊川水系〔2級〕
5泊北谷川　とまりきただにがわ
愛媛県・泊北谷川水系〔2級〕
11泊野川　とまりのがわ
鹿児島県・川内川水系〔1級〕
19泊瀬川《古》　はつせがわ、はせがわ
奈良県・大和川水系の初瀬川

【泌】
3泌川　たぎりがわ
福岡県・遠賀川水系〔1級〕

【法】
3法川　ほうかわ
京都府・由良川水系〔1級〕
4法内川　ほうないがわ
秋田県・子吉川水系〔1級〕
法太川《古》　はふだがわ
兵庫県・加古川水系の多田川
法月川　ほうずきがわ
香川県・中川水系〔2級〕
5法司川　ほうしがわ
福岡県・筑後川水系〔1級〕
法正谷川　ほうしょうだにがわ
島根県・斐伊川水系
法正谷川　ほうしょうだにがわ
徳島県・吉野川水系〔1級〕
法目川　ほうめがわ
千葉県・利根川水系〔1級〕
6法光寺川　ほうこうじがわ
滋賀県・淀川水系〔1級〕
法多沢川　はったざわがわ
静岡県・太田川水系〔2級〕
法寺ヶ谷川　ほうじがだにがわ
徳島県・吉野川水系〔1級〕
9法信川　ほうしんがわ
愛知県・猿渡川水系
10法師ヶ沢川　ほうしがさわがわ
新潟県・信濃川水系〔1級〕
法師川　ほうしがわ
山形県・最上川水系〔1級〕
法師川　ほうしがわ
和歌山県・日置川水系〔2級〕
法師谷川　ほうしだにがわ
和歌山県・上野川水系〔2級〕
法真川　ほうしんがわ
愛知県・境川水系
法竜川　ほうりゅうがわ
滋賀県・淀川水系〔1級〕
法華山谷川　ほっけさんだにがわ
兵庫県・法華山谷川水系〔2級〕
法華寺川　ほっけじがわ
愛知県・五宝川水系
法華沢川　ほっけざわがわ
群馬県・利根川水系〔1級〕
11法崎川　ほうざきがわ
大分県・大野川水系〔1級〕
法教寺川　ほっきょうじがわ
滋賀県・淀川水系〔1級〕
12法勝寺川　ほっしょうじがわ
鳥取県・日野川水系〔1級〕
法貴谷川　ほきだにがわ
京都府・淀川水系〔1級〕
15法輪沢川　ほうりんざわがわ
山梨県・富士川水系〔1級〕

【泡】
7泡貝川　あわかいがわ
長野県・信濃川水系〔1級〕

【油】
油ヶ淵　あぶらがふち
愛知県安城市
油ヶ淵　あぶらがふち
愛知県・高浜川水系〔2級〕

3油子沢川　あぶらこざわがわ
山形県・最上川水系
油山川　ゆやまがわ
静岡県・安倍川水系〔1級〕
油山川　あぶらやまがわ
福岡県・室見川水系〔2級〕
油川　あぶらがわ
栃木県・利根川水系〔1級〕
油川　あぶらがわ
山梨県・富士川水系〔1級〕
油川　あぶらがわ
広島県・江の川水系〔1級〕
油川　あぶらがわ
山口県・椹野川水系〔2級〕
4油井ヶ島沼　ゆいがじまぬま
埼玉県加須市
油井川　ゆいがわ
福島県・阿武隈川水系〔1級〕
油井川　ゆいがわ
島根県・油井川水系〔2級〕
油夫川　ゆぶがわ
新潟県・信濃川水系〔1級〕
油戸川　あぶらどがわ
山形県・油戸川水系〔2級〕
油戸川　ゆどがわ
愛知県・天竜川水系
5油田川　あぶらでんがわ
新潟県・信濃川水系〔1級〕
7油杉川　ゆすぎがわ
岡山県・吉井川水系〔1級〕
油沢川　あぶらざわがわ
岩手県・北上川水系
油谷川　あぶらたにがわ
兵庫県・加古川水系〔1級〕
油谷川　あぶらたにがわ
兵庫県・市川水系〔2級〕
油谷川　あぶらたにがわ
熊本県・球磨川水系〔1級〕
油谷川　あぶらたにがわ
熊本県・球磨川水系
油谷川支流　あぶらたにがわしりゅう
熊本県・球磨川水系
油里川　ゆりがわ
滋賀県・淀川水系〔1級〕
8油免川　ゆめんがわ
山口県・阿武川水系〔2級〕
油河内川　ゆごうとがわ
茨城県・那珂川水系〔1級〕
11油野川　ゆのがわ
岡山県・高梁川水系〔1級〕
12油須木川　ゆすきがわ
鹿児島県・甲突川水系〔2級〕

【泙】
泙の本川　なぎのもとがわ
愛知県・矢作川水系
3泙川　ひらがわ
群馬県・利根川水系〔1級〕

【炎】
7炎谷川　ほのぼだにがわ
高知県・渡川水系〔1級〕

【物】
7物沢川　ものさわがわ
岩手県・北上川水系
物見川　ものみがわ
岡山県・吉井川水系〔1級〕
11物部川《別》　ものべがわ
兵庫県・洲本川水系の千草川
物部川　ものべがわ
高知県・物部川水系〔1級〕
12物満内川　ものまないがわ
北海道・天塩川水系〔1級〕

【牧】
牧の内川　まきのうちがわ
熊本県・水俣川水系〔2級〕
牧の谷川　まきのたにがわ
京都府・竹野川水系
3牧山川　まきやまがわ
京都府・淀川水系
牧山川　まきやまがわ
兵庫県・加古川水系〔1級〕
牧川　まきがわ
福島県・阿賀野川水系
牧川　まきがわ
新潟県・信濃川水系〔1級〕
牧川　まきがわ
京都府・由良川水系〔1級〕
牧川　まきがわ
広島県・高梁川水系〔1級〕
牧川　まきがわ
佐賀県・伊万里川水系〔2級〕
牧川川　まきかわがわ
山口県・椹野川水系〔2級〕
5牧田川　まきたがわ
岐阜県・木曾川水系〔1級〕
牧田川　まきたがわ
京都府・淀川水系
7牧沢川　まきさわがわ
岐阜県・木曾川水系〔1級〕
牧良川　まきらがわ
熊本県・球磨川水系〔1級〕

牧良川　まきらがわ
熊本県・球磨川水系
牧谷川　まきだにがわ
福井県・九頭竜川水系〔1級〕
牧谷川　まきだにがわ
岐阜県・神通川水系〔1級〕
11牧野川　まきのがわ
福島県・阿武隈川水系〔1級〕
牧野川　まきのがわ
福島県・阿武隈川水系
牧野川　まきのがわ
愛知県・天竜川水系
牧野川　まきのがわ
兵庫県・加古川水系〔1級〕
12牧場川　ぼくじょうがわ
北海道・十勝川水系〔1級〕
牧港川　まきみなとがわ
沖縄県・牧港川水系〔2級〕
13牧猿俣川　まきさるまたがわ
新潟県・関川水系〔1級〕

【狗】
3狗子の川　くじのかわ
和歌山県・狗子の川水系〔2級〕
狗川《古》　くがわ
山梨県・富士川水系の貢川

【狐】
3狐川　きつねがわ
福井県・九頭竜川水系〔1級〕
狐川　きつねがわ
山梨県・富士川水系〔1級〕
狐川　きつねがわ
兵庫県・生田川水系〔2級〕
狐川　きつねがわ
鳥取県・千代川水系〔1級〕
狐川西川　きつねがわにしかわ
山梨県・富士川水系〔1級〕
8狐東川　きつねひがしがわ
山梨県・富士川水系〔1級〕
9狐洞川　きつねぼらがわ
愛知県・庄内川水系
10狐息内沢川　こそくないざわがわ
秋田県・子吉川水系〔1級〕

【狛】
3狛川　こまがわ
奈良県・大和川水系〔1級〕

【狙】
5狙半内川　さるはんないがわ
秋田県・雄物川水系〔1級〕

【犾】
3犾川　いたちがわ
神奈川県・境川水系〔2級〕

【的】
11的淵川　まとぶちがわ
高知県・鏡川水系〔2級〕
12的場川　まとばがわ
山梨県・相模川水系〔1級〕
的場川　まとばがわ
山口県・夜市川水系〔2級〕
的場川　まとばがわ
鹿児島県・肝属川水系〔1級〕

【直】
3直下川　そそりがわ
石川県・大聖寺川水系〔2級〕
5直田川　じきでんがわ
京都府・淀川水系
6直会川　すくえがわ
広島県・江の川水系〔1級〕
直江川　なおえがわ
佐賀県・六角川水系〔1級〕
直竹川　なおたけがわ
埼玉県・荒川（東京都・埼玉県）水系〔1級〕
7直別川　ちょくべつがわ
北海道・直別川水系〔2級〕
直見川　のうみがわ
京都府・由良川水系〔1級〕
直見川　のうみがわ
京都府・由良川水系
9直海谷川　のみだにがわ
石川県・手取川水系〔1級〕
直津川　なおつがわ
石川県・赤浦川水系
10直根川　ひたねがわ
秋田県・子吉川水系〔1級〕
19直瀬川　なおせがわ
愛媛県・仁淀川水系〔1級〕

【盲】
11盲堂谷川　もうどうだにがわ
高知県・盲堂谷川水系〔2級〕
12盲堤沢　めくらつつみさわ
青森県・馬淵川水系〔1級〕

【知】
3知久沢川　ちくざわがわ
長野県・天竜川水系〔1級〕
4知内川　しりうちがわ
北海道・知内川水系〔2級〕

知内川　しりうちがわ
北海道・知内川水系
知内川　ちないがわ
滋賀県・淀川水系〔1級〕
5知田川　ちたがわ
大分県・大野川水系〔1級〕
6知名瀬川　ちなせがわ
鹿児島県・知名瀬川水系〔2級〕
知西別川　ちにしべつがわ
北海道・知西別川水系〔2級〕
7知利別川　ちりべつがわ
北海道・知利別川水系〔2級〕
知利別川　ちりべつがわ
北海道・知利別川水系
知床五胡（第一湖）　しれとこごこ
北海道斜里町
知床五胡（第二湖）　しれとこごこ
北海道斜里町
知床五胡（第三湖）　しれとこごこ
北海道斜里町
知床五胡（第四湖）　しれとこごこ
北海道斜里町
知床沼　しれとこぬま
北海道目梨郡羅臼町
知来別川　ちらいべつがわ
北海道・尻別川水系〔1級〕
知来別川　ちらいべつがわ
北海道・知来別川水系〔2級〕
知良志内川　ちらしないがわ
北海道・天塩川水系〔1級〕
知見川　ちみがわ
兵庫県・円山川水系〔1級〕
知見谷川　ちみだにがわ
京都府・由良川水系〔1級〕
知見谷川　ちみだにがわ
京都府・由良川水系
知谷川　ちだにがわ
京都府・淀川水系〔1級〕
9知津狩川　しらつかりがわ
北海道・石狩川水系〔1級〕
10知恵ヶ沢川　ちえがさわがわ
秋田県・雄物川水系
13知福川　ちふくがわ
宮崎県・知福川水系〔2級〕
15知駒内川　しりこまないがわ
北海道・頓別川水系〔2級〕

【祇】

13祇園川　ぎおんがわ
熊本県・白川水系

【空】

3空川　そらがわ
青森県・堤川水系
空川　そらがわ
三重県・員弁川水系〔2級〕
5空加地川　くうかちがわ
新潟県・信濃川水系〔1級〕
7空沢川　からさわがわ
栃木県・那珂川水系〔1級〕
空沢川　からさわがわ
愛知県・豊川水系
8空沼　そらぬま
北海道恵庭市
空沼　からぬま
北海道上川町
空知川　そらちがわ
北海道・石狩川水系〔1級〕
10空素沼　からすぬま
秋田県秋田市
11空堀川　からぼりかわ
東京都・荒川（東京都・埼玉県）水系〔1級〕
12空港川　くうこうがわ
兵庫県・淀川水系〔1級〕

【突】

10突浪川　つきなみがわ
宮崎県・突浪川水系〔2級〕
11突符川　とっぷがわ
北海道・突符川水系
突貫川　とっかんがわ
愛知県・天竜川水系

【育】

8育波川　いくはがわ
兵庫県・育波川水系〔2級〕
10育素多川　いくそだがわ
北海道・十勝川水系〔1級〕
育素多川　いくそだがわ
北海道・十勝川水系
育素多沼　いくそたぬま
北海道豊頃町

【股】

5股田川　まただがわ
福島県・新田川水系〔2級〕
10股留久志川　またるくしがわ
北海道・石狩川水系
19股瀬川　またせがわ
北海道・股瀬川水系

【肱】
3肱川　ひじがわ
愛媛県・肱川水系〔1級〕
6肱江川　ひじえがわ
三重県・木曾川水系〔1級〕

【肥】
5肥田川　ひだがわ
岐阜県・庄内川水系〔1級〕
11肥猪川　こえがわ
熊本県・菊池川水系
肥猪川　こえがわ
熊本県・菊池川水系

【臥】
7臥谷川　うしだにがわ
京都府・淀川水系

【舎】
2舎人川　とねりがわ
鳥取県・橋津川水系〔2級〕
7舎利谷川　しゃりだにがわ
岡山県・吉井川水系〔1級〕

【英】
4英比川　えびがわ
愛知県・十ヶ川水系〔2級〕
英比川　えびがわ
愛知県・阿久比川水系

【芽】
9芽室川　めむろがわ
北海道・十勝川水系〔1級〕
12芽場川　めばがわ
島根県・江の川水系〔1級〕
芽登川　めとうがわ
北海道・十勝川水系〔1級〕

【茅】
4茅刈別川　かやかりべつがわ
北海道・石狩川水系
7茅町川　かやまちがわ
鳥取県・茅町川水系〔2級〕
11茅部川　かやべがわ
北海道・尻別川水系〔1級〕
茅部中の川　かやべなかのがわ
北海道・茅部中の川水系〔2級〕
茅野横河川　ちのよこかわがわ
長野県・天竜川水系〔1級〕

【苦】
4苦戸川　にがとがわ
栃木県・那珂川水系〔1級〕
苦水川　にがみずがわ
山形県・最上川水系〔1級〕
10苦浜川　くはまがわ
鹿児島県・苦浜川水系〔2級〕

【茎】
4茎太川　くきたがわ
新潟県・三面川水系〔2級〕

【若】
3若久川　わかひさがわ
福岡県・那珂川水系〔2級〕
若山川　わかやまがわ
石川県・若山川水系〔2級〕
若山川　わかやまがわ
高知県・伊与木川水系
若山谷川　わかやまたにがわ
愛媛県・仁淀川水系
若山沼　わかやまぬま
北海道浜中町
4若井川　わかいがわ
兵庫県・加古川水系〔1級〕
若井川　わかいがわ
高知県・渡川水系〔1級〕
若王子川　じゃくおうじがわ
愛知県・境川水系〔2級〕
7若杉川　わかすぎがわ
山口県・由宇川水系〔2級〕
若杉谷川　わかすぎだにがわ
徳島県・那賀川水系〔1級〕
8若松川　わかまつがわ
徳島県・海部川水系〔2級〕
若林川　わかばやしがわ
石川県・御祓川水系
若林川　わかばやしがわ
兵庫県・円山川水系〔1級〕
9若狭川《別》　わかさがわ
富山県・白岩川水系の栃津川
若畑沼　わかはたぬま
山形県尾花沢市
10若宮川　わかみやがわ
福島県・阿武隈川水系〔1級〕
若宮川　わかみやがわ
茨城県・那珂川水系〔1級〕
若宮川　わかみやがわ
茨城県・那珂川水系
若宮川　わかみやがわ
広島県・太田川水系

若宮川《古》　わかみやがわ
大分県・高山川水系の高山川
若宮谷川　わかみやだにがわ
徳島県・吉野川水系〔1級〕
11若菜川　わかながわ
長崎県・若菜川水系〔2級〕
12若曾川　わかそがわ
岡山県・吉井川水系〔1級〕
若葉川　わかばがわ
熊本県・菊池川水系
14若旗小沢川　わかぎこざわがわ
岩手県・北上川水系〔1級〕
若旗沢川　わかぎざわがわ
岩手県・北上川水系〔1級〕

【苔】
3苔川　すのりがわ
岐阜県・神通川水系〔1級〕
8苔沼　こけぬま
秋田県雄勝郡皆瀬村
苔沼　こけぬま
山形県山形市

【苧】
3苧川　おかわ
兵庫県・生田川水系〔2級〕
6苧扱川　うこくがわ
香川県・苧扱川水系〔2級〕
7苧谷川　おこくがわ
兵庫県・苧谷川水系〔2級〕

【苫】
3苫小牧川　とまこまいがわ
北海道・苫小牧川水系〔2級〕
5苫田川　とまたがわ
岡山県・笹ヶ瀬川水系〔2級〕
11苫符川　とまっぷがわ
北海道・天野川水系〔2級〕
苫野川　とまのがわ
鹿児島県・肝属川水系〔1級〕

【苗】
3苗川　なえがわ
北海道・石狩川水系
5苗代川　なわしろがわ
岡山県・旭川水系〔1級〕
苗代田川　なわしろだがわ
島根県・重栖川水系〔2級〕
苗代沢川　なわしろざわがわ
宮城県・鳴瀬川水系〔1級〕
9苗津川　なえつがわ
山形県・赤川水系〔1級〕
15苗穂川　なえぼがわ
北海道・石狩川水系〔1級〕

【茂】
4茂手川　もでがわ
佐賀県・六角川水系〔1級〕
5茂世丑川　もせうしがわ
北海道・石狩川水系〔1級〕
茂世丑保真川　もせうしほしんがわ
北海道・石狩川水系
茂市川　もいちがわ
岩手県・普代川水系〔2級〕
茂田川　しげんだがわ
熊本県・球磨川水系
茂辺地川　もへじがわ
北海道・茂辺地川水系〔2級〕
7茂初山別川　もしょさんべつがわ
北海道・茂初山別川水系〔2級〕
茂沢川　もざわがわ
群馬県・利根川水系〔1級〕
茂沢川　もざわがわ
長野県・信濃川水系〔1級〕
茂足寄川　もあしょろがわ
北海道・十勝川水系〔1級〕
9茂発谷川　もはっちゃがわ
北海道・十勝川水系〔1級〕
茂草川　もぐさがわ
北海道・茂草川水系〔2級〕
10茂倉川　もぐらがわ
山梨県・富士川水系〔1級〕
茂倉沢　しげくらさわ
新潟県・信濃川水系〔1級〕
茂宮川　もみやがわ
茨城県・久慈川水系〔1級〕
11茂都計川　もっけがわ
長野県・天竜川水系〔1級〕
茂雪裡川　もせっつりがわ
北海道・釧路川水系〔1級〕
13茂幌呂川　もほろがわ
北海道・釧路川水系〔1級〕
14茂漁川　もいざりがわ
北海道・石狩川水系〔1級〕
16茂築別川　もちくべつがわ
北海道・茂築別川水系〔2級〕
17茂螺湾川　もらわんがわ
北海道・十勝川水系〔1級〕

【虎】
14虎熊川　とらくまがわ
愛媛県・肱川水系〔1級〕

【表】

3表川　おもてがわ
岐阜県・木曾川水系〔1級〕
表川《別》　おもてがわ
大阪府・淀川水系の土佐堀川
表川　おもてがわ
愛媛県・重信川水系〔1級〕
表川内川　おもてかわうちがわ
宮崎県・大淀川水系〔1級〕
5表田川　ひょうだがわ
愛媛県・渡川水系〔1級〕
7表沢川　ひょうざわがわ
新潟県・信濃川水系〔1級〕

【迫】

3迫子川　はざこがわ
三重県・迫子川水系〔2級〕
迫川　はざまがわ
宮城県・北上川水系〔1級〕
迫川　さこがわ
熊本県・球磨川水系
5迫田川　さこだがわ
広島県・迫田川水系
迫田川　さこたがわ
熊本県・菊池川水系
7迫谷川　さこだにがわ
滋賀県・淀川水系〔1級〕
迫谷川　さこたにがわ
熊本県・八間川水系
11迫野内川　さこのうちがわ
宮崎県・耳川水系〔2級〕
12迫間川　はざまがわ
岐阜県・木曾川水系〔1級〕
迫間川　はざまがわ
兵庫県・円山川水系〔1級〕
迫間川　はざまがわ
熊本県・菊池川水系〔1級〕

【金】

金の沢川　きんのさわがわ
北海道・石狩川水系〔1級〕
金ヶ本川　かねがもとがわ
熊本県・球磨川水系
金ヶ沢　かねがさわ
北海道・太櫓川水系
2金刀比羅川　こんぴらがわ
高知県・渡川水系〔1級〕
3金丸川　かねまるがわ
石川県・羽咋川水系〔2級〕
金丸川　かねまるがわ
滋賀県・淀川水系〔1級〕
金丸川　かねまるがわ
愛媛県・須賀川水系〔2級〕
金丸川　かねまるがわ
福岡県・筑後川水系〔1級〕
金丸川　かねまるがわ
宮崎県・川内川水系
金久田川　かねくだがわ
鹿児島県・金久田川水系〔2級〕
金口川　かなぐちがわ
広島県・江の川水系〔1級〕
金子川　かねこがわ
岡山県・吉井川水系〔1級〕
金山ノ池　かなやまのいけ
青森県西津軽郡岩崎村
金山川　かなやまがわ
山形県・最上川水系〔1級〕
金山川　かねやまがわ
山形県・最上川水系〔1級〕
金山川　かなやまがわ
福島県・阿賀野川水系〔1級〕
金山川　かなやまがわ
千葉県・加茂川水系〔2級〕
金山川　かなやまがわ
新潟県・落堀川水系〔2級〕
金山川　かなやまがわ
山梨県・相模川水系〔1級〕
金山川《別》　かねやまがわ
静岡県・狩野川水系の持越川
金山川　かなやまがわ
滋賀県・淀川水系〔1級〕
金山川　かなやまがわ
島根県・斐伊川水系〔1級〕
金山川　かなやまがわ
岡山県・吉井川水系
金山川　かなやまがわ
山口県・椹野川水系〔2級〕
金山川　きんざんがわ
福岡県・金山川水系〔2級〕
金山川　かなやまがわ
熊本県・緑川水系〔1級〕
金山川　かなやまがわ
宮崎県・大淀川水系〔1級〕
金山川　きんざんがわ
鹿児島県・花渡川水系〔2級〕
金山川　きんざんがわ
鹿児島県・五反田川水系〔2級〕
金山沢　かなやまざわ
岩手県・北上川水系
金山沢川　かなやまざわがわ
岩手県・北上川水系〔1級〕
金山沢川　かなやまざわがわ
岩手県・北上川水系

金山沢川　かねやまざわがわ
山梨県・富士川水系〔1級〕
金山谷川　かなやまだにがわ
岐阜県・神通川水系〔1級〕
金山谷川　かなやまだにがわ
岡山県・高梁川水系
金川　きんかわ
北海道・天塩川水系〔1級〕
金川　かなかわ
山形県・最上川水系
金川　かながわ
石川県・金川水系〔2級〕
金川　かねがわ
山梨県・富士川水系〔1級〕
金川　かながわ
岡山県・吉井川水系〔1級〕
金川　かながわ
岡山県・吉井川水系
金川川　かねがわがわ
島根県・斐伊川水系〔1級〕
4金井田川　かないだがわ
大分県・金井田川水系〔2級〕
金井沢　かないざわ
長野県・天竜川水系〔1級〕
金井沢川　かないざわがわ
群馬県・利根川水系〔1級〕
金井谷川　かないだにがわ
島根県・江の川水系〔1級〕
金井谷川　かないだにがわ
島根県・斐伊川水系
金手川　かなてがわ
福岡県・金手川水系〔2級〕
金木川　かなぎがわ
青森県・岩木川水系〔1級〕
金木川　かなぎがわ
熊本県・緑川水系
金比羅川　こんぴらがわ
山梨県・富士川水系〔1級〕
金比羅川　こんぴらがわ
高知県・渡川水系
金比羅谷川　こんぴらだにがわ
愛媛県・重信川水系〔1級〕
金毛川　かねやがわ
山口県・南若川水系〔2級〕
5金平川　きんぺいがわ
北海道・十勝川水系〔1級〕
金生川　きんせいがわ
宮城県・北上川水系〔1級〕
金生川　きんせいがわ
愛媛県・金生川水系〔2級〕
金田一川　きんだいちがわ
岩手県・馬淵川水系〔1級〕
金田川　かんだがわ
岩手県・北上川水系
金田川　かねだがわ
京都府・河辺川水系
金田川　きんだがわ
長崎県・金田川水系〔2級〕
金目川　かなめがわ
山形県・荒川（新潟県・山形県）水系〔1級〕
金目川　かなめがわ
神奈川県・金目川水系〔2級〕
金立川　きんりゅうがわ
佐賀県・筑後川水系〔1級〕
金辺川　きべがわ
福岡県・遠賀川水系〔1級〕
6金光寺川　こんこうじがわ
秋田県・馬場目川水系〔2級〕
金吉川　かなよしがわ
大分県・山国川水系〔1級〕
金名川　きんめいがわ
広島県・芦田川水系〔1級〕
金地川　かなじがわ
福島県・阿賀野川水系〔1級〕
金成沢　かんなりざわ
岩手県・小本川水系
金成沢川　かんなりざわがわ
宮城県・大川水系〔2級〕
金江川《別》　かなえがわ
神奈川県・金目川水系の金目川
金江谷川　かなえだにがわ
徳島県・吉野川水系〔1級〕
金竹川　きんちくがわ
宮崎県・大淀川水系〔1級〕
金色川　かないろがわ
大分県・犬丸川水系〔2級〕
7金坂川　きんさかがわ
広島県・江の川水系
金尾内川　かねおないがわ
北海道・常呂川水系〔1級〕
金沢川　かなざわがわ
宮城県・北上川水系〔1級〕
金沢川　かねざわがわ
福島県・金沢川水系
金沢川　かねさわがわ
茨城県・金沢川水系〔2級〕
金沢川　かねざわがわ
静岡県・狩野川水系〔1級〕
金沢川　かなさいがわ
三重県・金沢川水系〔2級〕
金見の沼　かねみのぬま
北海道中川町
金谷川　かなやがわ
千葉県・金谷川水系〔2級〕

金谷川　かなやがわ
千葉県・南白亀川水系

金谷川　かなたにがわ
京都府・由良川水系

金谷川　かなたにがわ
徳島県・勝浦川水系〔2級〕

金谷川　かなやがわ
高知県・国分川水系〔2級〕

金谷沢川　かなやざわがわ
山形県・最上川水系〔1級〕

金足川《古》　かなあしがわ
秋田県・馬踏川水系の馬踏川

金近川　かねちかがわ
兵庫県・千種川水系〔2級〕

8金波川　かんなみがわ
福島県・阿武隈川水系〔1級〕

9金屋川　かなやがわ
兵庫県・加古川水系〔1級〕

金屋川　かなやがわ
長崎県・川棚川水系〔2級〕

金屎川　かなくそがわ
新潟県・信濃川水系

金星川　きんせいがわ
愛媛県・泉川水系

金津川《別》　かなずがわ
福井県・九頭竜川水系の竹田川

金砂川《別》　きんしゃがわ
愛媛県・吉野川水系の銅山川

金草川　かなぐさがわ
岐阜県・木曾川水系〔1級〕

金草川　かなくさがわ
佐賀県・玉島川水系〔2級〕

10金倉川　かなくらがわ
香川県・金倉川水系〔2級〕

金倉沢川　かなくらさわがわ
新潟県・信濃川水系

金剛川　こんごうがわ
三重県・金剛川水系〔2級〕

金剛川　こんごうがわ
岡山県・吉井川水系〔1級〕

金剛川　こんごうがわ
福岡県・遠賀川水系〔1級〕

金剛川　こんごうがわ
佐賀県・石木津川水系〔2級〕

金剛川放水路　こんごうがわほうすいろ
岡山県・吉井川水系〔1級〕

金剛寺川　こんごうじがわ
兵庫県・円山川水系〔1級〕

金剛寺谷川　こんごうじだにがわ
兵庫県・加古川水系〔1級〕

金剛院谷川　こんごういんだにがわ
愛媛県・渦井川水系〔2級〕

金原川　かなばるがわ
長野県・信濃川水系〔1級〕

金原川　かなばるがわ
熊本県・菊池川水系

金屑川　かなくずがわ
福岡県・室見川水系〔2級〕

金峰山川　きんぷさんがわ
長野県・信濃川水系〔1級〕

金峰川　みたけがわ
山口県・錦川水系〔2級〕

金拳川　かねこぶしがわ
山口県・阿武川水系〔2級〕

金桁川　かなけたがわ
熊本県・金桁川水系

金流川　きんりゅうがわ
宮城県・北上川水系〔1級〕

11金堀川　かなぼりがわ
岡山県・吉井川水系〔1級〕

金堀沢　かねほりざわ
岩手県・北上川水系

金堀沢川　かなぼりざわがわ
北海道・戸井川水系

金堀沢川　かなぼりざわがわ
山形県・最上川水系〔1級〕

金渓川　かなたにがわ
三重県・三滝川水系〔2級〕

金清川　かねきよがわ
徳島県・吉野川水系〔1級〕

金粕川　かねかすがわ
福井県・九頭竜川水系〔1級〕

12金勝川　こんぜがわ
滋賀県・淀川水系〔1級〕

金森川　かねがもりがわ
滋賀県・淀川水系〔1級〕

金道川　かなどがわ
大分県・丹生川水系〔2級〕

14金熊川　かなくまがわ
長野県・信濃川水系〔1級〕

金熊寺川　きんゆうじがわ
大阪府・男里川水系〔2級〕

金精川　こんせいがわ
栃木県・那珂川水系〔1級〕

金腐川　かなくさりがわ
石川県・大野川水系〔2級〕

金銅川　かなどうがわ
愛媛県・渡川水系〔1級〕

15金箭川《古》　かなやがわ
兵庫県・揖保川水系の栗栖川

金蔵谷川　こんぞうだにがわ
徳島県・吉野川水系〔1級〕

金蔵院川　こんぞういんがわ
群馬県・利根川水系〔1級〕

16金鋼川　こんごうがわ
福島県・木戸川水系〔2級〕
18金藪川　かなやぶがわ
愛媛県・肱川水系〔1級〕

【長】
2長入川　ながいりがわ
三重県・櫛田川水系〔1級〕
3長三川　ちょうさんがわ
愛知県・柳生川水系
長万部川　おしゃまんべがわ
北海道・長万部川水系〔2級〕
長与川　ながよがわ
長崎県・長与川水系〔2級〕
長山川　ながやまがわ
熊本県・関川水系
長山川　ながやまがわ
熊本県・湯の浦川水系
長山田川　ながやまだがわ
高知県・仁淀川水系〔1級〕
長川　ちょうがわ
青森県・長川水系〔2級〕
長川　おさがわ
岩手県・北上川水系〔1級〕
長川　おさがわ
岩手県・馬淵川水系
長川　ながかわ
新潟県・国府川水系〔2級〕
長川　ながかわ
鹿児島県・長川水系〔2級〕
4長井川　ながいがわ
群馬県・利根川水系〔1級〕
長井川《別》　ながいがわ
石川県・河原田川水系の鳳至川
長井川　ながいがわ
京都府・淀川水系
長井川　ながいがわ
熊本県・五ヶ瀬川水系
長井田川　ながいだがわ
鹿児島県・甲突川水系〔2級〕
長六西谷川　ちょうろくにしだにがわ
高知県・渡川水系
長六東谷川　ちょうろくひがしだにがわ
高知県・渡川水系
長内川　おさないがわ
岩手県・鵜住居川水系〔2級〕
長内川　おさないがわ
岩手県・久慈川水系〔2級〕
長内川　おさないがわ
岩手県・鵜住居川水系
長内川　おさないがわ
岩手県・長内川水系
長内川　おさないがわ
岩手県・津軽石川水系
長内川　おさないがわ
岩手県・明戸川水系
長内川　ながうちがわ
岡山県・吉井川水系〔1級〕
長内沢川　おさないざわがわ
岩手県・長内沢川水系
長内沢川　おさないさわがわ
秋田県・雄物川水系〔1級〕
長戸川　ながとがわ
山梨県・富士川水系〔1級〕
長戸川　ながとがわ
愛知県・庄内川水系〔1級〕
長戸川　ながとがわ
愛知県・庄内川水系
長戸路川　ながとろがわ
島根県・江の川水系〔1級〕
長月川　ながつきがわ
愛媛県・僧都川水系〔2級〕
長木川　ながきがわ
秋田県・米代川水系〔1級〕
5長仙寺川　ちょうせんじがわ
愛知県・蜆川水系
長代川　ながしろがわ
京都府・淀川水系〔1級〕
長古須谷川　なこすたにがわ
三重県・宮川水系〔1級〕
長四郎川　ちょうしろうがわ
青森県・岩木川水系
長四郎川　ちょうしろうがわ
愛媛県・肱川水系〔1級〕
長平川　ながだいらがわ
岩手県・北上川水系
長生川　ながそがわ
熊本県・菊池川水系
長田ノ沢川　ながたのさわがわ
北海道・小平蘂川水系〔2級〕
長田川　ながたがわ
秋田県・赤石川水系
長田川　ながたがわ
石川県・米町川水系〔2級〕
長田川　ながたがわ
石川県・米町川水系
長田川　おさだがわ
山梨県・富士川水系〔1級〕
長田川　おさだがわ
愛知県・高浜川水系〔2級〕
長田川　おさだがわ
愛知県・矢作川水系
長田川　ながたがわ
兵庫県・三原川水系〔2級〕

長田川　ながたがわ
島根県・江の川水系〔1級〕
長田川　ながたがわ
島根県・周布川水系〔2級〕
長田川　ながたがわ
広島県・江の川水系〔1級〕
長田川　ながたがわ
山口県・厚東川水系〔2級〕
長田川　ながたがわ
山口県・由宇川水系〔2級〕
長田川　ながたがわ
愛媛県・肱川水系〔1級〕
長田川　ながたがわ
福岡県・筑後川水系〔1級〕
長田川　ながたがわ
長崎県・本明川水系〔1級〕
長石川　ながいしがわ
山形県・天竜川水系〔1級〕
6長伝川　ちょうでんがわ
広島県・江の川水系
長江川　ながえがわ
新潟県・長江川水系〔2級〕
長江川《別》　ながえがわ
島根県・斐伊川水系の小竹川
長江川　ながえがわ
愛媛県・長江川水系〔2級〕
長江川　ながえがわ
宮崎県・川内川水系〔1級〕
長江川《別》　ながえがわ
鹿児島県・菱田川水系の月野川
長池　ながいけ
青森県西津軽郡岩崎村
長池　ながいけ
滋賀県竜王町
長池川　ながいけがわ
福島県・阿武隈川水系
長池川　ながいけがわ
高知県・仁淀川水系〔1級〕
長竹川　ながたけがわ
高知県・仁淀川水系〔1級〕
長老墓地川　ちょうろうぼちがわ
滋賀県・淀川水系〔1級〕
7長坂川　ながさかがわ
青森県・岩木川水系〔1級〕
長坂川　ながさかがわ
青森県・高瀬川水系
長坂川　ながさかがわ
京都府・淀川水系
長坂川　ながさかがわ
岡山県・旭川水系〔1級〕
長坂川　ながさかがわ
愛媛県・肱川水系〔1級〕
長坂川　ながさかがわ
愛媛県・菊間川水系〔2級〕
長坂沢　ながさかざわ
群馬県・利根川水系
長尾川　ながおがわ
千葉県・長尾川水系〔2級〕
長尾川　ながおがわ
静岡県・巴川水系〔2級〕
長尾川　ちょうのおがわ
京都府・淀川水系
長尾川　ながおがわ
京都府・淀川水系
長尾川　ながおがわ
兵庫県・武庫川水系〔2級〕
長尾川　ながおがわ
兵庫県・由良川水系
長尾川　ながおがわ
山口県・阿武川水系〔2級〕
長尾川　ながおがわ
鹿児島県・川内川水系〔1級〕
長尾田川　ながおだがわ
島根県・長尾田川水系〔2級〕
長尾谷川　ながおだにがわ
富山県・常願寺川水系〔1級〕
長尾谷川　ながおだにがわ
愛媛県・長尾谷川水系〔2級〕
長尾野川　ながおのがわ
熊本県・緑川水系
長尾野川　ながおのがわ
大分県・山国川水系〔1級〕
長沖川　ながおきがわ
熊本県・菊池川水系
長沢　ながさわ
秋田県・米代川水系
長沢川　ながさわがわ
青森県・長沢川水系〔2級〕
長沢川　ながさわがわ
岩手県・閉伊川水系〔2級〕
長沢川　ながさわがわ
埼玉県・荒川（東京都・埼玉県）水系〔1級〕
長沢川　ながさわがわ
新潟県・関川水系〔1級〕
長沢川　ながさわがわ
山梨県・富士川水系〔1級〕
長沢川　ながさわがわ
長野県・信濃川水系〔1級〕
長沢川　ながさわがわ
長野県・天竜川水系〔1級〕
長沢川　ながさわがわ
静岡県・巴川水系〔2級〕
長沢川　ながさわがわ
愛知県・天竜川水系

長沢川　ながさわがわ
滋賀県・淀川水系〔1級〕
長沢川　ながさわがわ
山口県・長沢川水系〔2級〕
長沢川　ながさわがわ
愛媛県・渡川水系〔1級〕
長沢川　ながさわがわ
愛媛県・長沢川水系
長沢川　ながさわがわ
高知県・渡川水系〔1級〕
長沢川　ながさわがわ
高知県・久札川水系〔2級〕
長沢目川　ながさわめがわ
山形県・最上川水系〔1級〕
長沢前川　ながさわまえがわ
山形県・最上川水系〔1級〕
長沢前川　ながさわまえがわ
山形県・最上川水系
長沢堀　ながさわぼり
宮城県・鳴瀬川水系
長良川　ながらがわ
岐阜県・木曾川水系〔1級〕
長良川　ながらがわ
島根県・江の川水系〔1級〕
長谷の池　はせのいけ
鹿児島県南種子町
長谷川　はせがわ
宮城県・鳴瀬川水系〔1級〕
長谷川　ながたにがわ
福島県・阿賀野川水系〔1級〕
長谷川　ながたにがわ
新潟県・信濃川水系〔1級〕
長谷川　はせがわ
新潟県・国府川水系〔2級〕
長谷川　はせがわ
長野県・木曾川水系〔1級〕
長谷川　ながたにがわ
岐阜県・木曾川水系〔1級〕
長谷川　はせがわ
三重県・櫛田川水系〔1級〕
長谷川　ながたにがわ
滋賀県・淀川水系〔1級〕
長谷川　ながたにがわ
京都府・由良川水系〔1級〕
長谷川　はせがわ
京都府・淀川水系〔1級〕
長谷川　ながたにがわ
京都府・野田川水系
長谷川　ながたにがわ
京都府・由良川水系
長谷川　ながたにがわ
大阪府・淀川水系〔1級〕
長谷川　ながたにがわ
兵庫県・千種川水系〔2級〕
長谷川　ながたにがわ
兵庫県・長谷川水系〔2級〕
長谷川　はせがわ
兵庫県・長谷川水系〔2級〕
長谷川　ながたにがわ
兵庫県・矢田川水系
長谷川　ながたにがわ
奈良県・淀川水系〔1級〕
長谷川　ながたにがわ
奈良県・紀の川水系〔1級〕
長谷川　ながたにがわ
和歌山県・那智川水系〔2級〕
長谷川　ながたにがわ
鳥取県・天神川水系〔1級〕
長谷川　ながたにがわ
鳥取県・蒲生川水系〔2級〕
長谷川　ながたにがわ
鳥取県・天神川水系
長谷川　ながたにがわ
島根県・江の川水系〔1級〕
長谷川　ながたにがわ
岡山県・吉井川水系〔1級〕
長谷川　ながたにがわ
岡山県・旭川水系〔1級〕
長谷川　ながたにがわ
岡山県・高梁川水系〔1級〕
長谷川　ながたにがわ
岡山県・伊里川水系〔2級〕
長谷川　ながたにがわ
岡山県・長谷川水系〔2級〕
長谷川　ながたにがわ
岡山県・高梁川水系
長谷川　ながたにがわ
広島県・江の川水系〔1級〕
長谷川　ながたにがわ
広島県・黒瀬川水系〔2級〕
長谷川　ながやがわ
広島県・江の川水系
長谷川　はせがわ
広島県・野呂川水系
長谷川　ながたにがわ
山口県・小瀬川水系〔1級〕
長谷川　ながたにがわ
山口県・阿武川水系〔2級〕
長谷川　ながたにがわ
山口県・錦川水系〔2級〕
長谷川　はせがわ
徳島県・吉野川水系〔1級〕
長谷川　ながたにがわ
香川県・財田川水系〔2級〕

長谷川　ながたにがわ
愛媛県・重信川水系〔1級〕
長谷川　ながたにがわ
愛媛県・肱川水系〔1級〕
長谷川　ながたにがわ
愛媛県・渡川水系〔1級〕
長谷川　ながたにがわ
愛媛県・森川水系〔2級〕
長谷川　ながたにがわ
愛媛県・樋之尾谷川水系〔2級〕
長谷川　ながたにがわ
愛媛県・重田川水系
長谷川　ながたにがわ
高知県・物部川水系〔1級〕
長谷川　ながたにがわ
高知県・渡川水系〔1級〕
長谷川　ながたにがわ
高知県・下ノ加江川水系〔2級〕
長谷川　ながたにがわ
高知県・奈半利川水系〔2級〕
長谷川　ながたにがわ
高知県・和食川水系〔2級〕
長谷川　ながたにがわ
高知県・鏡川水系
長谷川　ながたにがわ
高知県・新川川水系
長谷川　はせがわ
福岡県・遠賀川水系〔1級〕
長谷川　ながたにがわ
福岡県・多々良川水系〔2級〕
長谷川　ながたにがわ
佐賀県・松浦川水系〔1級〕
長谷川　ながたにがわ
佐賀県・六角川水系〔1級〕
長谷川　ながたにがわ
長崎県・山田川水系〔2級〕
長谷川　ながたにがわ
熊本県・関川水系
長谷川　ながたにがわ
熊本県・菊池川水系
長谷川　はせがわ
熊本県・菊池川水系
長谷川　ながたにがわ
熊本県・球磨川水系
長谷川　ながたにがわ
熊本県・五ヶ瀬川水系
長谷川　ながたにがわ
大分県・山国川水系〔1級〕
長谷川　ながたにがわ
大分県・大野川水系〔1級〕
長谷川　はせがわ
大分県・大野川水系〔1級〕
長谷川　はせがわ
宮崎県・五ヶ瀬川水系〔1級〕
長谷川　ながたにがわ
鹿児島県・万之瀬川水系〔2級〕
長谷川　ながたにがわ
鹿児島県・雄川水系〔2級〕
長谷川の沢川　はせがわのさわがわ
北海道・石狩川水系〔1級〕
長谷川の沢川　はせがわのさわがわ
北海道・余市川水系
長谷川谷川　はせがわだにがわ
和歌山県・有田川水系〔2級〕
長谷内川　はせうちがわ
岡山県・吉井川水系〔1級〕
長谷河内川　はせかわちがわ
大分県・番匠川水系〔1級〕
長谷倉川　はせくらがわ
宮城県・七北田川水系
長走川　ながはしがわ
長崎県・仁反田川水系〔2級〕
長足川　ながあしがわ
群馬県・利根川水系〔1級〕
長里川　ながさとがわ
長崎県・長里川水系〔2級〕
8長命寺川　ちょうみょうじがわ
滋賀県・淀川水系〔1級〕
長岩川　ながいわがわ
岩手県・盛川水系
長岩川　ながいわがわ
熊本県・菊池川水系
長岩屋川　ながいわやがわ
大分県・桂川水系〔2級〕
長延川　ちょうえんがわ
京都府・筒川水系〔2級〕
長延川　ちょうえんがわ
京都府・筒川水系
長延川　ながのぶがわ
福岡県・筑後川水系〔1級〕
長松川　ちょうまつがわ
鹿児島県・神之川水系〔2級〕
長治川　ながはるがわ
兵庫県・加古川水系〔1級〕
長沼　ながぬま
北海道岩内郡共和町
長沼　ながぬま
北海道空知郡北村
長沼　ながぬま
北海道厚岸郡浜中町
長沼　ながぬま
北海道上川郡上川町
長沼　ながぬま
北海道上川郡新得町

長沼　ながぬま
北海道新得町
長沼　ながぬま
北海道天塩郡豊富町
長沼　ながぬま
北海道天塩郡幌延町
長沼　ながぬま
北海道勇払郡厚真町
長沼　ながぬま
青森県下北郡東通村
長沼　ながぬま
青森県上北郡十和田湖町
長沼　ながぬま
宮城県登米郡迫町
長沼　ながぬま
宮城県・北上川水系
長沼　ながぬま
秋田県鹿角市
長沼　ながぬま
山形県西川町
長沼　いがぬま
山形県大蔵村
長沼川　ながぬまがわ
北海道・入鹿別川水系〔2級〕
長沼川　ながぬまがわ
宮城県・北上川水系〔1級〕
長沼沢　ながぬまさわ
宮城県・鳴瀬川水系〔1級〕
長沼炭山川　ながぬまたんざんがわ
北海道・石狩川水系〔1級〕
長泥川　ながどろがわ
宮城県・北上川水系〔1級〕
長泥川　ながどろがわ
山梨県・相模川水系〔1級〕
長者川　ちょうじゃがわ
宮城県・北上川水系〔1級〕
長者川　ちょうじゃがわ
秋田県・子吉川水系
長者川　ちょうじゃがわ
山形県・長者川水系〔2級〕
長者川　ちょうじゃがわ
栃木県・那珂川水系〔1級〕
長者川　ちょうじゃがわ
千葉県・長者川水系〔2級〕
長者川　ちょうじゃがわ
石川県・羽咋川水系〔2級〕
長者川　ちょうじゃがわ
香川県・長者川水系〔2級〕
長者川　ちょうじゃがわ
高知県・仁淀川水系〔1級〕
長者畑川　ちょうじゃばたがわ
長野県・木曾川水系〔1級〕
長茂川　ながもがわ
茨城県・利根川水系〔1級〕
長迫川　ながさこがわ
岡山県・高梁川水系〔1級〕
長迫川　ながさこがわ
熊本県・緑川水系
長門川　ながとがわ
千葉県・利根川水系〔1級〕
長門川　ながとがわ
大阪府・淀川水系〔1級〕
9長南川　ちょうなんがわ
千葉県・一宮町水系
長屋川　ながやがわ
和歌山県・紀の川水系〔1級〕
長峡川　ながおがわ
福岡県・長峡川水系〔2級〕
長柴川　ながしばがわ
宮城県・鳴瀬川水系〔1級〕
長柄ダム　ながらだむ
香川県・綾川水系
長柄川　ながえがわ
奈良県・大和川水系〔1級〕
長海川　ながみがわ
島根県・斐伊川水系〔1級〕
長洲川　ながすがわ
愛媛県・長洲川水系〔2級〕
長泉寺谷川　ちょうせんじだにがわ
徳島県・海部川水系〔2級〕
長津川　ながつがわ
千葉県・海老川水系〔2級〕
長津川　ながつがわ
千葉県・海老川水系
長津川　ながつがわ
千葉県・利根川水系
長津川　ながつがわ
新潟県・三面川水系〔2級〕
長津川支川　ながつがわしせん
千葉県・利根川水系
長狭川《別》　ながさがわ
千葉県・加茂川水系の加茂川
長畑川　ながはたがわ
栃木県・利根川水系〔1級〕
長草川　ながくさがわ
愛知県・境川水系
長追川　ながおいがわ
北海道・石狩川水系〔1級〕
長面浦　ながつらうら
宮城県桃生郡河北町
長音寺川　ちょうおんじがわ
福岡県・筑後川水系〔1級〕
10長倉川　ながくらがわ
山形県・最上川水系〔1級〕

長宮川　なかみやがわ
京都府・野田川水系
長島川　ながしまがわ
三重県・木曽川水系〔1級〕
長島川放水路　ながしまがわほうすいろ
三重県・木曽川水系〔1級〕
長峰ノ池　ながみねのいけ
新潟県中頸城郡吉川町
長峰川　ながみねがわ
茨城県・利根川水系
長根川　ながねがわ
北海道・天塩川水系〔1級〕
長根川　ながねがわ
山形県・最上川水系〔1級〕
長根川　ながねがわ
群馬県・利根川水系〔1級〕
長根川　ながねがわ
岐阜県・木曽川水系〔1級〕
長根川　ながねがわ
愛知県・音羽川水系
長浜川　ながはまがわ
熊本県・長浜川水系
長浜沢川　ながはまさわがわ
福島県・阿賀野川水系
長浜新川　ながはましんかわ
滋賀県・淀川水系〔1級〕
長流川　おさるがわ
北海道・長流川水系〔2級〕
長流枝内川　おさるしないがわ
北海道・十勝川水系〔1級〕
長留川　ながるがわ
埼玉県・荒川（東京都・埼玉県）水系〔1級〕
長留内川　おさるんないがわ
北海道・石狩川水系〔1級〕
長通川　ながとりがわ
長野県・木曽川水系〔1級〕
長途路川　ながとろがわ
栃木県・利根川水系〔1級〕
長配川　ちょうはいがわ
愛知県・高浜川水系
長除川　ながよけがわ
岐阜県・木曽川水系〔1級〕
11長堂川　ながどうがわ
沖縄県・国場川水系〔2級〕
長堂川　ながどうがわ
沖縄県・国場川水系
長堀川　ながほりがわ
宮城県・鳴瀬川水系〔1級〕
長崎川　ながさきがわ
宮城県・北上川水系〔1級〕
長崎川《別》　ながさきがわ
静岡県・狩野川水系の柿沢川

長崎川　ながさきがわ
愛媛県・肱川水系〔1級〕
長崎川　ながさきがわ
熊本県・長崎川水系〔2級〕
長崎川　ながさきがわ
熊本県・湯浦川水系
長崎沢　ながさきざわ
茨城県・久慈川水系
長崎谷川　ながさきだにがわ
愛媛県・森川水系〔2級〕
長清水川　ながしみずがわ
宮城県・長清水川水系〔2級〕
長淵川　おさぶちがわ
北海道・後志利別川水系〔1級〕
長淵川　ながふちがわ
大分県・五ヶ瀬川水系〔1級〕
長笹沢川　ながささざわがわ
群馬県・利根川水系〔1級〕
長都川　おさつがわ
北海道・石狩川水系〔1級〕
長都沼　おさつぬま
北海道・石狩川水系
長部川　おさべがわ
岩手県・長部川水系〔2級〕
長野川　ながのがわ
岩手県・北上川水系〔1級〕
長野川　ながのがわ
静岡県・狩野川水系〔1級〕
長野川　ながのがわ
三重県・雲出川水系〔1級〕
長野川　ながのがわ
京都府・佐濃谷川水系〔2級〕
長野川　ながのがわ
和歌山県・長野川水系〔2級〕
長野川　ながのがわ
広島県・黒瀬川水系
長野川　ながのがわ
山口県・島田川水系〔2級〕
長野川　ながのがわ
香川県・財田川水系〔2級〕
長野川　ながのがわ
愛媛県・吉野川水系〔1級〕
長野川　ながのがわ
福岡県・雷山川水系〔2級〕
長野川　ながのがわ
長崎県・川棚川水系〔2級〕
長野川　ながのがわ
宮崎県・五十鈴川水系〔2級〕
長鳥川　ながとりがわ
新潟県・鯖石川水系〔2級〕
12長場内川　おさばないがわ
秋田県・米代川水系〔1級〕

長塚沼　ちょうずかぬま
山形県最上町
長曾川　ながそがわ
石川県・羽咋川水系〔2級〕
長曾川　ながそがわ
岐阜県・木曾川水系
長棟川　ながとがわ
富山県・神通川水系〔1級〕
長湖　ちょうこ
長野県南佐久郡小海町
長葉川　ながはがわ
熊本県・唐人川水系
長陽川　ながひながわ
鳥取県・日野川水系〔1級〕
13長楽川　ちょうらくがわ
新潟県・信濃川水系〔1級〕
長楽寺川　ちょうらくじがわ
千葉県・一宮川水系〔2級〕
長源寺川　ちょうげんじがわ
群馬県・利根川水系〔1級〕
長源寺川　ちょうげんじがわ
島根県・江の川水系〔1級〕
長源寺沢　ちょうげんじざわ
群馬県・利根川水系
長溝川　ながみぞがわ
福岡県・堂面川水系〔2級〕
長溝川　ながみぞがわ
宮崎県・大淀川水系〔1級〕
長溝川　ながみぞがわ
宮崎県・大淀川水系
長滝川　ながたきがわ
福島県・阿武隈川水系〔1級〕
長滝川　ながたきがわ
奈良県・大和川水系〔1級〕
長滝川　ながたきがわ
愛媛県・朝立川水系〔2級〕
長滝川　ながたきがわ
高知県・安田川水系〔2級〕
長節小沼　ちょうぼしこぬま
北海道根室市
長節川　ちょうぶしがわ
北海道・長節川水系〔2級〕
長節沼　ちょうぶしぬま
北海道豊頃町
長節湖　ちょうぼしこ
北海道根室市
長詰川　ながつめがわ
高知県・仁淀川水系〔1級〕
14長綱川　ながつなかわ
福島県・木戸川水系〔2級〕
16長橋川　ながばしがわ
岩手県・北上川水系〔1級〕
17長瀞川　ながとろがわ
山梨県・富士川水系〔1級〕
長篠川　ながしのがわ
愛知県・境川水系
18長藪川　ながやぶがわ
愛媛県・長藪川水系〔2級〕
19長瀬川　ながせがわ
福島県・阿賀野川水系〔1級〕
長瀬川　ながせがわ
静岡県・狩野川水系〔1級〕
長瀬川　ながせがわ
鳥取県・千代川水系〔1級〕
長瀬川　ながせがわ
島根県・江の川水系〔1級〕
長瀬沢川　ながせさわがわ
新潟県・信濃川水系〔1級〕
20長護寺川　ちょうごじがわ
岐阜県・木曾川水系〔1級〕

【門】

門ヶ沢川　かどがざわがわ
山形県・最上川水系〔1級〕
2門入池　もんにゅういけ
香川県・津田川水系
門八川　もんぱちがわ
福島県・夏井川水系
3門口川　もんぐちがわ
京都府・淀川水系〔1級〕
門川　かどがわ
宮崎県・川内川水系〔1級〕
門川川《別》　かどかわがわ
宮崎県・五十鈴川水系の五十鈴川
5門田川　かどたがわ
新潟県・信濃川水系〔1級〕
門田川　かどたがわ
岡山県・高梁川水系〔1級〕
門田川　かどたがわ
岡山県・高梁川水系
門田川　もんでんがわ
広島県・栗原川水系
門田川　かどたがわ
大分県・番匠川水系〔1級〕
7門別川　もんべつがわ
北海道・門別川水系
門谷川　かどたにがわ
鳥取県・日野川水系〔1級〕
門谷川　もんたにがわ
広島県・沼田川水系〔2級〕
8門和佐川　かどわさがわ
岐阜県・木曾川水系〔1級〕
門松川　かどまつがわ
愛媛県・肱川水系〔1級〕

9門前川　もんぜんがわ
新潟県・三面川水系〔2級〕
門前川　もんぜんがわ
京都府・淀川水系〔1級〕
門前川　もんぜんがわ
京都府・由良川水系
門前川　もんぜんがわ
山口県・錦川水系〔2級〕
門前川　もんぜんがわ
山口県・椹野川水系
門前川　もんぜんがわ
熊本県・緑川水系
門前川　もんぜんがわ
大分県・番匠川水系〔1級〕
門屋川　かどやがわ
静岡県・新野川水系〔2級〕
門柳川　もんりゅうがわ
兵庫県・加古川水系〔1級〕
10門原川　かどはらがわ
長野県・天竜川水系〔1級〕
門真川《別》　かどまがわ
大阪府・淀川水系の古川

【阿】

3阿下川　あげがわ
広島県・高梁川水系〔1級〕
阿久川　あくがわ
千葉県・一宮川水系〔2級〕
阿久川　あくがわ
長野県・天竜川水系〔1級〕
阿久比川　あぐいがわ
愛知県・阿久比川水系〔2級〕
阿久比川　あぐいがわ
愛知県・阿久比川水系
阿久住川　あくずみがわ
福岡県・釣川水系〔2級〕
阿久和川　あくわがわ
神奈川県・境川水系〔2級〕
阿久和川　あくわがわ
福井県・九頭竜川水系〔1級〕
阿川沼　あがわぬま
宮城県宮城郡七ヶ浜町
4阿井川　あいがわ
島根県・斐伊川水系〔1級〕
阿井川　あいがわ
徳島県・那賀川水系〔1級〕
阿井谷川　あいだにがわ
岡山県・旭川水系〔1級〕
阿仁川　あにがわ
秋田県・米代川水系〔1級〕
阿手川　あてがわ
石川県・手取川水系〔1級〕
阿手古沢川　あてござわがわ
山梨県・富士川水系〔1級〕
阿木川　あぎがわ
岐阜県・木曾川水系〔1級〕
阿木名川　あぎながわ
鹿児島県・阿木名川水系〔2級〕
5阿古谷川　あこやがわ
兵庫県・淀川水系〔1級〕
阿用川　あようがわ
島根県・斐伊川水系〔1級〕
阿田川　あだがわ
山口県・錦川水系〔2級〕
阿由里川　あゆさとがわ
福島県・阿武隈川水系
6阿多古川　あたごがわ
静岡県・天竜川水系〔1級〕
阿多岐川　あたぎがわ
岐阜県・木曾川水系〔1級〕
阿字川　あじがわ
広島県・芦田川水系〔1級〕
阿寺川　あじがわ
長野県・木曾川水系〔1級〕
阿寺川　あでらがわ
愛知県・豊川水系
阿寺沢川　あでらさわがわ
山梨県・相模川水系〔1級〕
7阿佐東谷川　あさひがしだにがわ
徳島県・吉野川水系〔1級〕
阿佐南谷川　あさみなみだにがわ
徳島県・吉野川水系〔1級〕
阿尾川　あおがわ
富山県・阿尾川水系〔2級〕
阿村川　あむらがわ
熊本県・阿村川水系
阿沢川　あさわがわ
新潟県・信濃川水系〔1級〕
8阿妻川　あずまがわ
愛知県, 岐阜県・矢作川水系〔1級〕
阿岸川　あぎしがわ
石川県・阿岸川水系〔2級〕
阿弥陀川　あみだがわ
青森県・阿弥陀川水系〔2級〕
阿弥陀川　あみだがわ
鳥取県・阿弥陀川水系〔2級〕
阿弥陀寺池　あみらじいけ
新潟県三和村
阿弥蛇池　あみだいけ
沖縄県南大東村
阿武川　あぶがわ
山口県・阿武川水系〔2級〕
阿武隈川　あぶくまがわ
福島県, 宮城県・阿武隈川水系〔1級〕

阿知賀川　あちがわ
奈良県・紀の川水系〔1級〕
9阿相島川　あそうじまがわ
新潟県・鵜川水系〔2級〕
阿草川　あくさがわ
兵庫県・加古川水系〔1級〕
阿草河内川　あぐさごうちがわ
熊本県・河内川水系〔2級〕
10阿倉川《別》　あくらがわ
三重県・海蔵川水系の海蔵川
阿島川　あしまがわ
愛媛県・阿島川水系〔2級〕
阿振川　あぶりがわ
和歌山県・阿振川水系〔2級〕
阿能川　あのがわ
群馬県・利根川水系〔1級〕
阿連川　あれがわ
長崎県・阿連川水系〔2級〕
11阿清水川　あしょうずがわ
奈良県・淀川水系〔1級〕
阿郷坂川《古》　あこうざかがわ
広島県・野呂川水系の赤向坂川
阿部川　あぶがわ
鳥取県・由良川水系〔2級〕
阿部川　あべがわ
広島県・江の川水系
阿部木谷水流　あべのきだにすいりゅう
富山県・片貝川水系〔2級〕
阿部西川　あぶにしがわ
徳島県・阿部東川水系〔2級〕
阿部東川　あぶひがしがわ
徳島県・阿部東川水系〔2級〕
阿部堂川　あべどうがわ
秋田県・阿部堂川水系
阿野川　あのがわ
愛知県・境川水系〔2級〕
阿野川　あのがわ
愛知県・境川水系
阿野呂川　あのろがわ
北海道・石狩川水系〔1級〕
阿鳥川　あとりがわ
長野県・信濃川水系〔1級〕
12阿寒川　あかんがわ
北海道・阿寒川水系〔2級〕
阿寒湖　あかんこ
北海道・阿寒川水系〔2級〕
阿惣川　あそうがわ
山口県・掛淵川水系〔2級〕
阿智川　あちがわ
長野県・天竜川水系〔1級〕
阿賀川　あががわ
福島県・阿賀野川水系
阿賀野川　あがのがわ
福島県, 新潟県・阿賀野川水系〔1級〕
阿須川　あずがわ
長崎県・阿須川水系〔2級〕
14阿層川　あそうがわ
山梨県・富士川水系〔1級〕
阿摺川　あずりがわ
愛知県・矢作川水系〔1級〕
阿漕ヶ浦　あこぎがうら
茨城県東海村
阿熊川　あくまがわ
埼玉県・荒川（東京都・埼玉県）水系〔1級〕
阿獄川　あたけがわ
鹿児島県・阿獄川水系〔2級〕
15阿蔵川　あくらがわ
静岡県・天竜川水系〔1級〕
阿蔵川放水路　あくらがわほうすいろ
静岡県・天竜川水系〔1級〕
阿諏訪川　あすわがわ
埼玉県・荒川（東京都・埼玉県）水系〔1級〕
19阿瀬川　あぜがわ
兵庫県・円山川水系〔1級〕
阿瀬比川　あせびがわ
徳島県・那賀川水系〔1級〕
阿蘇川　あそがわ
熊本県・球磨川水系〔1級〕
阿蘇川　あそがわ
宮崎県・阿蘇川水系〔2級〕
阿蘇野川　あそのがわ
大分県・大分川水系〔1級〕

【雨】

雨ヶ沢川　あまがざわがわ
山形県・最上川水系〔1級〕
雨ヶ谷川　あまがだにがわ
滋賀県・淀川水系〔1級〕
3雨丸川　あまるがわ
滋賀県・淀川水系〔1級〕
雨山川　あめやまがわ
愛知県・矢作川水系〔1級〕
雨山川　あめやまがわ
大阪府・佐野川水系〔2級〕
雨山川　うやまかわ
大阪府・佐野川水系
雨川　あめがわ
長野県・信濃川水系〔1級〕
雨川川　あめかわがわ
島根県・斐伊川水系〔1級〕
4雨天樋川　うてんびがわ
和歌山県・紀の川水系〔1級〕
5雨生池　あまごいけ
新潟県南蒲原郡下田村

雨田川　あめだがわ
福島県・阿武隈川水系
6雨池　あめいけ
秋田県皆瀬村
雨池　あまいけ
長野県南佐久郡八千穂村
雨池川　あまいけがわ
愛知県・高浜川水系
7雨吹川　あめふきがわ
長野県・信濃川水系〔1級〕
雨谷川　あまだにがわ
高知県・安芸川水系
8雨取川　あめとりがわ
山梨県・富士川水系
雨河内川　あめごうちがわ
山梨県・富士川水系〔1級〕
9雨城川　あめしろがわ
千葉県・小櫃川水系
雨畑川　あめはたがわ
山梨県・富士川水系〔1級〕
10雨竜川　うりゅうがわ
北海道・石狩川水系〔1級〕
雨竜川　うりゅうがわ
北海道・雨竜川水系
雨竜沼池塘群　うりゅうぬまちとうぐん
北海道雨竜町
雨粉川　うぶんがわ
北海道・石狩川水系〔1級〕
雨降川　あめふりがわ
静岡県・狩野川水系〔1級〕
11雨淵川　あまぶちがわ
三重県・宮川水系〔1級〕
13雨煙内川　うえんないがわ
北海道・石狩川水系〔1級〕
雨煙別川　うえんべつがわ
北海道・石狩川水系〔1級〕

【青】

青の木川　あおのきがわ
岩手県・鵜住居川水系
3青下川　あおしたがわ
宮城県・名取川水系〔1級〕
青山川　あおやまがわ
愛知県・山王川水系
青山川　あおやまがわ
三重県・淀川水系〔1級〕
青山川　あおやまがわ
広島県・芦田川水系〔1級〕
青川　あおがわ
三重県・員弁川水系〔2級〕
青川川　あおかわがわ
島根県・青川川水系〔2級〕
4青井川　あおいがわ
滋賀県・淀川水系〔1級〕
青井谷川　あおいだにがわ
広島県・高梁川水系〔1級〕
青木川　あおきがわ
長野県・天竜川水系〔1級〕
青木川　あおきがわ
愛知県・矢作川水系〔1級〕
青木川　あおきがわ
愛知県・庄内川水系〔1級〕
青木川　あおきがわ
愛知県・御津川水系
青木川　あおきがわ
宮崎県・大淀川水系〔1級〕
青木川　あおきがわ
鹿児島県・川内川水系〔1級〕
青木沢川　あおきざわがわ
北海道・湧別川水系〔1級〕
青木谷川　あおきだにがわ
京都府・淀川水系
青木原川　あおきはらがわ
広島県・高野川水系
青木湖　あおきこ
長野県・信濃川水系
青比良沢　あおびらさわ
青森県・馬淵川水系
青毛堀川　あおげぼりがわ
埼玉県・利根川水系〔1級〕
5青平川　あおぺらがわ
青森県・田名部川水系〔2級〕
青田川　あおたがわ
新潟県・関川水系〔1級〕
青田川　あおたがわ
三重県・櫛田川水系〔1級〕
青田川放水路　あおたがわほうすいろ
新潟県・関川水系〔1級〕
6青江川　あおえがわ
大分県・青江川水系〔2級〕
青羽根川　あおばねがわ
静岡県・瀬戸川水系〔2級〕
7青沢川　あおさわがわ
岩手県・新井田川水系
青谷川　あおたにがわ
石川県・河原田川水系
青谷川　あおたにがわ
京都府・淀川水系〔1級〕
青谷川　あおたにがわ
京都府・伊佐津川水系〔2級〕
8青松川　あおまつがわ
広島県・太田川水系〔1級〕
青苗川　あおなえがわ
北海道・青苗川水系〔2級〕

青金沢　あおがねざわ
岩手県・小本川水系
9青屋川　あおやがわ
岐阜県・木曾川水系〔1級〕
青柳川　あおやぎがわ
岡山県・吉井川水系〔1級〕
青柳川　あおやぎがわ
福岡県・大根川水系〔2級〕
青柳川　あおやぎがわ
宮崎県・大淀川水系〔1級〕
青海川　おおみがわ
新潟県・青海川水系〔2級〕
青海川　おおめがわ
香川県・青海川水系〔2級〕
青海湖　おうみこ
山口県長門市
青津川　あおつがわ
愛知県・汐川水系〔2級〕
10青倉川　あおくらがわ
岩手県・田代川水系
青倉川　あおくらがわ
群馬県・利根川水系〔1級〕
青倉川　あおくらがわ
兵庫県・円山川水系
青原川　あおはらがわ
島根県・浜田川水系〔2級〕
青竜川　せいりゅうがわ
山形県・赤川水系〔1級〕
青竜川　せいりゅうがわ
山形県・赤川水系
青竜川　せいりゅうがわ
新潟県・梅津川水系〔2級〕
青竜寺川　しょうりゅうじがわ
山形県・赤川水系〔1級〕
青荷川　あおにがわ
青森県・岩木川水系〔1級〕
11青野川　あおのがわ
宮城県・鳴瀬川水系〔1級〕
青野川　あおのがわ
静岡県・青野川水系〔2級〕
青野川　あおのがわ
滋賀県・淀川水系〔1級〕
青野川　あおのがわ
兵庫県・武庫川水系〔2級〕
青野川　あおのがわ
愛媛県・肱川水系〔1級〕
青野沢川　あおのざわがわ
宮城県・青野沢川水系〔2級〕
12青景川　あおかげがわ
山口県・厚東川水系〔2級〕
青葉川　あおばがわ
宮城県・阿武隈川水系
青葉川　あおばがわ
福島県・藤原川水系
13青蓮寺川　しょうれんじがわ
奈良県, 三重県・淀川水系〔1級〕

9 画

【乗】

3乗川　のりかわ
千葉県・南白亀川水系
5乗本川　のりもとがわ
広島県・太田川水系〔1級〕
9乗政川　のりまさがわ
岐阜県・木曾川水系〔1級〕
10乗馬川　じょうばがわ
滋賀県・淀川水系〔1級〕
12乗越川　のりこしがわ
京都府・淀川水系

【信】

5信田川　しのだがわ
熊本県・菊池川水系
8信東川　しんとうがわ
北海道・シブノツナイ川水系〔2級〕
9信砂川　のぶしゃがわ
北海道・信砂川水系〔2級〕
信祖川　のぶそがわ
広島県・野呂川水系
12信貴川　しぎがわ
奈良県・大和川水系〔1級〕
13信楽川　しがらきがわ
滋賀県・淀川水系〔1級〕
信楽川　しがらきがわ
滋賀県・淀川水系〔1級〕
16信濃川　しなのがわ
長野県, 新潟県・信濃川水系〔1級〕
信濃川　しなのがわ
愛知県・信濃川水系〔2級〕
信濃川大河津分水路《別》　しなのがわおおこうずぶんすいろ
新潟県・信濃川水系の大河津分水路
信濃川分水路《別》　しなのがわぶんすいろ
新潟県・信濃川水系の大河津分水路

【保】

保の内川　ほのうちがわ
栃木県・那珂川水系〔1級〕
保ヶ沢川　ほげさわがわ
静岡県・安倍川水系〔1級〕

保ノ谷川　ほのたにがわ
大阪府・淀川水系〔1級〕
3保土野谷川　ほどのたにがわ
愛媛県・吉野川水系〔1級〕
保川　ほがわ
山梨県・富士川水系〔1級〕
保川　ほがわ
岐阜県・九頭竜川水系
4保井川　ほいがわ
高知県・渡川水系
保内川　ほないがわ
新潟県・郷本川水系〔2級〕
保戸原川　ほどわらがわ
京都府・淀川水系
保手ヶ谷川　ほてがだにがわ
熊本県・白川水系
保木川　ほぎがわ
山口県・錦川水系〔2級〕
5保田川　ほたがわ
千葉県・保田川水系〔2級〕
保田川　ほうだがわ
山口県・田万川水系〔2級〕
保田川　ぼたがわ
愛媛県・大谷川水系〔2級〕
保田窪放水路　ほたくぼほうすいろ
熊本県・緑川水系〔1級〕
7保利沢川　ほりさわがわ
山梨県・富士川水系〔1級〕
保谷沢川　ほやさわがわ
長野県・天竜川水系〔1級〕
8保知石川　ほちいしがわ
島根県・十間川水系〔2級〕
保知石川《別》　ふちしがわ
島根県・十間川水系の保知石川
9保城川　ほじょうがわ
福島県・阿賀野川水系〔1級〕
保津川　ほずがわ
京都府・淀川水系
保科川　ほしながわ
長野県・信濃川水系〔1級〕
10保倉川　ほくらがわ
新潟県・関川水系〔1級〕
11保野川　ほのがわ
宮城県・鳴瀬川水系〔1級〕
12保場川　ほばがわ
愛媛県・岩松川水系〔2級〕
保道谷川　ほどうたにがわ
島根県・高津川水系〔1級〕
保量川　ほりょうがわ
秋田県・保量川水系
13保殿川　ほどがわ
愛知県・矢作川水系
保福寺川　ほふくじがわ
長野県・信濃川水系〔1級〕

【俣】

11俣野川　またのがわ
鳥取県・日野川水系〔1級〕
12俣落川　またおちがわ
北海道・標津川水系〔2級〕

【冑】

3冑川《古》　かぶとがわ
鳥取県・甲川水系の甲川

【冠】

3冠川《別》　かんむりがわ
宮城県・七北田川水系の七北田川
冠川　かんむりがわ
広島県・江の川水系〔1級〕
冠川　かんむりがわ
広島県・太田川水系〔1級〕

【前】

前の川　まえのかわ
山形県・日向川水系〔2級〕
前の川　まえのかわ
新潟県・信濃川水系〔1級〕
前の川　まえのかわ
石川県・前の川水系
前の川　まえのかわ
岐阜県・庄内川水系〔1級〕
前の川　まえのかわ
和歌山県・日置川水系〔2級〕
前の川　まえのかわ
香川県・土器川水系〔1級〕
前ヶ沢川　まえがざわがわ
宮城県・七北田川水系
前ヶ沢川　まえがざわがわ
山形県・最上川水系〔1級〕
前ノ川　まえのがわ
新潟県・三面川水系〔2級〕
前ノ川　まえのがわ
鳥取県・千代川水系
前ノ川沢　まえのかわさわ
青森県・中村川水系〔2級〕
3前山ダム　まえやまだむ
香川県・鴨部川水系
前山川　まえやまがわ
秋田県・米代川水系〔1級〕
前山川　まえやまがわ
愛知県・矢田川水系〔2級〕
前山川　まえやまがわ
愛知県・矢作川水系

前山川　さきやまがわ
兵庫県・由良川水系〔1級〕
前川　まえがわ
青森県・岩木川水系〔1級〕
前川　まえがわ
青森県・高瀬川水系〔1級〕
前川　まえがわ
青森県・岩木川水系
前川　まえがわ
岩手県・北上川水系〔1級〕
前川　まえがわ
宮城県・名取川水系〔1級〕
前川　まえかわ
山形県・最上川水系〔1級〕
前川　まえかわ
山形県・荒川（新潟県・山形県）水系〔1級〕
前川　まえがわ
福島県・小高川水系〔2級〕
前川　まえがわ
福島県・阿賀野川水系
前川　まえがわ
福島県・阿武隈川水系
前川　まえがわ
茨城県・利根川水系〔1級〕
前川　まえがわ
栃木県・利根川水系〔1級〕
前川　まえかわ
千葉県・前川水系〔2級〕
前川　まえがわ
新潟県・荒川（新潟県・山形県）水系〔1級〕
前川　まえがわ
新潟県・信濃川水系〔1級〕
前川　まえがわ
新潟県・前川水系〔2級〕
前川　まえがわ
新潟県・早川水系〔2級〕
前川　まえがわ
新潟県・名立川水系〔2級〕
前川　まえがわ
石川県・梯川水系〔1級〕
前川　まえがわ
石川県・米町川水系〔2級〕
前川　まえかわ
福井県・関屋川水系〔2級〕
前川　まえがわ
長野県・信濃川水系〔1級〕
前川　まえがわ
岐阜県・木曾川水系〔1級〕
前川　まえがわ
岐阜県・九頭竜川水系〔1級〕
前川　まえがわ
静岡県・前川水系〔2級〕
前川《別》　まえがわ
静岡県・狩野川水系の柿沢川
前川《別》　まえがわ
静岡県・狩野川水系の来光川
前川　まえがわ
愛知県・境川水系〔2級〕
前川　まえがわ
愛知県・前川水系〔2級〕
前川　まえがわ
愛知県・境川水系
前川　まえがわ
愛知県・天白川水系
前川　まえがわ
三重県・磯部川水系〔2級〕
前川　まえがわ
三重県・前川水系〔2級〕
前川　まえがわ
滋賀県・淀川水系〔1級〕
前川　まえがわ
京都府・淀川水系
前川　まえがわ
大阪府・淀川水系〔1級〕
前川　まえがわ
兵庫県・淀川水系〔1級〕
前川　まえがわ
兵庫県・揖保川水系〔1級〕
前川　まえがわ
奈良県・淀川水系〔1級〕
前川　まえがわ
奈良県・大和川水系〔1級〕
前川　まえがわ
和歌山県・紀の川水系〔1級〕
前川　まえがわ
鳥取県・千代川水系〔1級〕
前川　まえがわ
鳥取県・由良川水系〔2級〕
前川　まえがわ
岡山県・笹ヶ瀬川水系〔2級〕
前川　まえがわ
徳島県・吉野川水系〔1級〕
前川　まえがわ
香川県・中川水系〔2級〕
前川　まえがわ
香川県・本津川水系〔2級〕
前川　まえがわ
愛媛県・仁淀川水系〔1級〕
前川　まえがわ
福岡県・遠賀川水系〔1級〕
前川　まえがわ
佐賀県・筑後川水系〔1級〕
前川　まえがわ
熊本県・球磨川水系〔1級〕

前川　まえがわ
熊本県・坪井川水系
前川　まえがわ
宮崎県・一ツ瀬川水系〔2級〕
前川　まえがわ
鹿児島県・川内川水系〔1級〕
前川　まえかわ
鹿児島県・前川水系〔2級〕
前川　まえかわ
鹿児島県・菱田川水系〔2級〕
前川内川　まえこうちがわ
長崎県・湯江川水系〔2級〕
前川内川　まえかわうちがわ
鹿児島県・菱田川水系〔2級〕
前川放水路　まえかわほうすいろ
山形県・最上川水系
前川放水路　まえがわほうすいろ
奈良県・大和川水系〔1級〕
4前井川《別》　まえいがわ
茨城県・利根川水系の小貝川
前刈川　まえかりがわ
岩手県・閉伊川水系
前戸川　まえどがわ
新潟県・鯖石川水系〔2級〕
前止沢川　まえどまりさわがわ
岩手県・大沢川水系
5前田川　まえだがわ
岩手県・北上川水系
前田川　まえだがわ
山形県・最上川水系〔1級〕
前田川　まえだがわ
福島県・前田川水系〔2級〕
前田川　まえだがわ
茨城県・那珂川水系〔1級〕
前田川　まえだがわ
新潟県・信濃川水系〔1級〕
前田川　まえだがわ
石川県・前田川水系〔2級〕
前田川　まえだがわ
長野県・天竜川水系〔1級〕
前田川　まえだがわ
静岡県・青野川水系〔2級〕
前田川　まえだがわ
愛知県・阿久比川水系〔2級〕
前田川　まえだがわ
愛知県・矢作川水系
前田川　まえだがわ
三重県・鈴鹿川水系〔1級〕
前田川　まえだがわ
三重県・志登茂川水系〔2級〕
前田川　まえだがわ
大阪府・石津川水系

前田川　まえだがわ
兵庫県・市川水系
前田川　まえだがわ
和歌山県・前田川水系〔2級〕
前田川　まえだがわ
鳥取県・吉田川水系
前田川　まえだがわ
山口県・椹野川水系〔2級〕
前田川　まえだがわ
香川県・柞田川水系〔2級〕
前田川　まえだがわ
愛媛県・渡川水系〔1級〕
前田川　まえだがわ
高知県・鏡川水系〔2級〕
前田川　まえだがわ
長崎県・前田川水系〔2級〕
前田川　まえだがわ
熊本県・菊池川水系〔1級〕
前田川　まえだがわ
熊本県・菊池川水系
前田川　まえだがわ
熊本県・前田川水系
前田川　まえだがわ
宮崎県・心見川水系〔2級〕
前田川　まえだがわ
宮崎県・細田川水系
前田川　まえだがわ
鹿児島県・前田川水系〔2級〕
前田内沢川　まえだないさわがわ
青森県・五戸川水系
前田迫川　まえださこがわ
宮崎県・大淀川水系〔1級〕
前田野目川　まえだのめがわ
青森県・岩木川水系〔1級〕
前石川　まえいしがわ
愛媛県・肱川水系〔1級〕
6前池　まえいけ
香川県・新川水系
7前坂口谷川　まえさかぐちだにがわ
徳島県・吉野川水系〔1級〕
前坂谷川　まえさかたにがわ
宮崎県・大淀川水系〔1級〕
前沢川　まえざわがわ
宮城県・北上川水系〔1級〕
前沢川　まえさわがわ
茨城県・那珂川水系〔1級〕
前沢川　まえさわがわ
栃木県・那珂川水系〔1級〕
前沢川　まえざわがわ
新潟県・信濃川水系〔1級〕
前沢川　まえざわがわ
長野県・信濃川水系〔1級〕

前沢川　まえさわがわ
長野県・天竜川水系〔1級〕
前見川　まえみがわ
秋田県・子吉川水系
前谷川　まえたにがわ
京都府・由良川水系
前谷川　まえたにがわ
兵庫県・加古川水系〔1級〕
前谷川　まえたにがわ
岡山県・高梁川水系〔1級〕
前谷川　まえたにがわ
広島県・沼田川水系〔2級〕
前谷川　まえたにがわ
広島県・沼田川水系
前谷地川　まいやちがわ
新潟県・鯖石川水系〔2級〕
8前松葉川　まえまつばがわ
栃木県・那珂川水系〔1級〕
前河内川　まえかわちがわ
大分県・大野川水系〔1級〕
前波川　まえなみがわ
石川県・諸橋川水系〔2級〕
9前柱池　まえばしらいけ
三重県海山町
前畑川　まえはたがわ
愛知県・蜆川水系
前神寺谷川　まえがみじだにがわ
愛媛県・前神寺谷川水系〔2級〕
10前原川　まえはらがわ
千葉県・海老川水系
前原川　まえばらがわ
広島県・太田川水系〔1級〕
前原川　まえばるがわ
熊本県・関川水系
前島川　まえじまがわ
長野県・天竜川水系〔1級〕
前浜川　まえはまがわ
愛媛県・前浜川水系
前鬼川　ぜんきがわ
奈良県・新宮川水系〔1級〕
11前深瀬川　まえふかせがわ
三重県・淀川水系〔1級〕
前萢川　まえやちがわ
青森県・岩木川水系〔1級〕
前郷川　まえごうがわ
鹿児島県・別府川水系〔2級〕
前野川　まえのがわ
熊本県・菊池川水系
12前勝谷川　まえしょうやがわ
山口県・綾羅木川水系〔2級〕
前場川　まえばがわ
山口県・前場川水系〔2級〕
前飯谷川　まえいいだにがわ
広島県・小瀬川水系〔1級〕
13前溝川　まえみぞがわ
宮崎県・大淀川水系
14前熊川　まえくまがわ
愛知県・庄内川水系
15前潟　まえがた
青森県市浦村

【則】
4則友川　のりともがわ
高知県・物部川水系〔1級〕
7則沢川　そくさわがわ
静岡県・巴川水系〔2級〕
8則武川　のりたけがわ
岐阜県・木曾川水系〔1級〕

【剃】
2剃刀峰川　そりみねがわ
長崎県・深海川水系〔2級〕

【勅】
8勅使川　ちょくしがわ
兵庫県・武庫川水系〔2級〕
勅使川　ちょくしがわ
兵庫県・武庫川水系

【勇】
5勇払川　ゆうふつがわ
北海道・安平川水系〔2級〕
10勇振川　ゆうふれがわ
北海道・石狩川水系〔1級〕

【南】
南2号の沢川　みなみにごうのさわかわ
北海道・古丹別川水系〔2級〕
南5号川　みなみごごうがわ
北海道・石狩川水系〔1級〕
南の川　みなみのがわ
高知県・仁淀川水系〔1級〕
南の沢川　みなみのさわがわ
長野県・天竜川水系〔1級〕
南の谷川　みなみのたにがわ
愛媛県・肱川水系〔1級〕
南ノ川　みなみのかわ
北海道・渚滑川水系
南ノ池　みなみのいけ
岐阜県海津市
南ヨシロイ川　みなみよしろいがわ
岩手県・ヨシロイ川水系

2南九号川　みなみきゅうごうがわ
北海道・石狩川水系〔1級〕
南十五線川　みなみじゅうごせんがわ
北海道・渚滑川水系
南又川　みなみまたがわ
山梨県・富士川水系〔1級〕
南又沢　みなみまたざわ
秋田県・雄物川水系
南又谷水流　みなみまただにすいりゅう
富山県・片貝川水系〔2級〕
3南大王川　みなみだいおうがわ
高知県・吉野川水系〔1級〕
南大島川　みなみおおしまがわ
長野県・天竜川水系〔1級〕
南小川　みなみおがわ
高知県・吉野川水系〔1級〕
南小畔川　みなみこあぜがわ
埼玉県・荒川（東京都・埼玉県）水系〔1級〕
南小梨川　みなみこなしがわ
岩手県・北上川水系
南山川《別》　みなみやまがわ
島根県・江の川水系の奥三俣川
南山浦川　みなみやまうらがわ
熊本県・菜切川水系
南川　みなみがわ
岩手県・北上川水系〔1級〕
南川　みなみがわ
岩手県・北上川水系
南川　みなみがわ
宮城県・鳴瀬川水系〔1級〕
南川　みなみがわ
秋田県・雄物川水系
南川　みなみがわ
福島県・阿武隈川水系〔1級〕
南川　みなみがわ
福島県・請戸川水系〔2級〕
南川　みなみがわ
石川県・阿岸川水系〔2級〕
南川　みなみがわ
福井県・南川水系〔2級〕
南川　みなみがわ
山梨県・富士川水系〔1級〕
南川　みなみがわ
静岡県・都田川水系〔2級〕
南川　みなみがわ
滋賀県・淀川水系〔1級〕
南川　みなみかわ
京都府・淀川水系〔1級〕
南川　みなみかわ
京都府・淀川水系
南川　みなみがわ
島根県・斐伊川水系〔1級〕
南川《別》　みなみがわ
島根県・江の川水系の奥谷川
南川　みながわ
徳島県・那賀川水系〔1級〕
南川　みなみがわ
徳島県・那賀川水系〔1級〕
南川　みなみがわ
熊本県・球磨川水系〔1級〕
南川　みなみがわ
熊本県・菊池川水系
南川　みなみがわ
熊本県・南川水系
南川　みなみがわ
宮崎県・一ツ瀬川水系〔2級〕
南川　みなみがわ
鹿児島県・川内川水系〔1級〕
南川　みなみがわ
鹿児島県・南川水系〔2級〕
南川台沢　みなみかわだいさわ
青森県・三保川水系
南川尻川　みなみかわじりがわ
千葉県・南川尻川水系
南川放水路　みなみがわほうすいろ
福島県・阿武隈川水系〔1級〕
南川原川　みなみかわばるがわ
佐賀県・松浦川水系〔1級〕
4南六号川　みなみろくごうがわ
北海道・石狩川水系〔1級〕
南太田川　みなみおおたがわ
奈良県・大和川水系〔1級〕
南方川　みなみかたがわ
鹿児島県・川内川水系〔1級〕
5南出の沢川　みなみでのさわがわ
北海道・古丹別川水系〔2級〕
南出川　みなみでがわ
愛知県・日光川水系
南出川　みなみでがわ
和歌山県・南出川水系〔2級〕
南北上運河　みなみきたかみうんが
宮城県・定川水系〔2級〕
南四手川　みなみしてがわ
滋賀県・淀川水系〔1級〕
南平川　みなみひらがわ
熊本県・南平川水系
南田川　みなみだがわ
島根県・高津川水系〔1級〕
南田川　みなみだがわ
福岡県・遠賀川水系〔1級〕
南田川内川　なんだごうちがわ
長崎県・長与川水系〔2級〕
南白亀川　なばきがわ
千葉県・南白亀川水系〔2級〕

南目川《別》　なんもくがわ
群馬県・利根川水系の南牧川
6南光沢川　なんこうさわがわ
福島県・阿賀野川水系
7南利根別川　みなみとねべつがわ
北海道・石狩川水系〔1級〕
南志見川　なじみがわ
石川県・南志見川水系〔2級〕
南条川　なんじょうがわ
兵庫県・市川水系
南村川　みなみむらがわ
兵庫県・加古川水系〔1級〕
南沢　みなみざわ
秋田県・雄物川水系
南沢　みなみざわ
福島県・阿賀野川水系〔1級〕
南沢　みなみざわ
富山県・黒部川水系
南沢　みなみざわ
山梨県・富士川水系
南沢川　みなみざわがわ
岩手県・小本川水系
南沢川　みなみざわがわ
宮城県・北上川水系〔1級〕
南沢川　みなみざわがわ
山形県・最上川水系〔1級〕
南沢川　みなみざわがわ
新潟県・信濃川水系〔1級〕
南沢川　みなみざわがわ
山梨県・富士川水系〔1級〕
南沢川　みなみざわがわ
長野県・天竜川水系〔1級〕
南沢川　みなみざわがわ
長野県・木曾川水系〔1級〕
南谷川　みなみだにがわ
三重県・木曾川水系〔1級〕
南谷川　みなみだにがわ
滋賀県・淀川水系〔1級〕
南谷川　みなみだにがわ
京都府・淀川水系〔1級〕
南谷川　みなみだにがわ
島根県・江の川水系〔1級〕
南谷川　みなみだにがわ
島根県・高津川水系〔1級〕
南谷川　みなみだにがわ
香川県・小海川水系〔2級〕
南谷川　みなみだにがわ
愛媛県・谷道川水系〔2級〕
南谷川　みなみだにがわ
高知県・仁淀川水系〔1級〕
南谷川　みなみたにがわ
熊本県・緑川水系
8南居里沢川　みなみいりざわがわ
山梨県・富士川水系〔1級〕
南岩内川　みなみいわないがわ
北海道・十勝川水系〔1級〕
南河内川　みなみかわうちがわ
新潟県・信濃川水系
南河内川　みなみこうちがわ
福井県・九頭竜川水系〔1級〕
南河内川　みなみごうちがわ
長崎県・郡川水系〔2級〕
南沼　みなみぬま
滋賀県今津町、新旭町
南牧川　なんもくがわ
群馬県・利根川水系〔1級〕
南股川　みなみまたがわ
岩手県・北上川水系〔1級〕
南股川　みなみまたがわ
長野県・姫川水系〔1級〕
南股沢　みなみまたざわ
青森県・増川川水系
南若川　なんじゃくがわ
山口県・南若川水系〔2級〕
南長沼　みなみながぬま
宮城県仙台市
南長者川　みなみちょうじゃがわ
香川県・長者川水系〔2級〕
9南俣川　みなまたがわ
山形県・温海川水系〔2級〕
南俣川　みなみまたがわ
新潟県・加治川水系〔2級〕
南俣川　みなみまたがわ
山梨県・富士川水系〔1級〕
南俣川　みなみまたがわ
三重県・櫛田川水系〔1級〕
南俣谷川　みなみまたたにがわ
宮崎県・大淀川水系
南前川　みなみまえかわ
大阪府・淀川水系〔1級〕
南前田川　みなみまえだがわ
熊本県・菊池川水系
南後谷川　みなみうしろだにがわ
滋賀県・淀川水系〔1級〕
南段原川　みなみだんばらがわ
熊本県・緑川水系
南浅川　みなみあさかわ
東京都・多摩川水系〔1級〕
南派川　みなみはがわ
愛知県・木曾川水系〔1級〕
南相木川　みなみあいきがわ
長野県・信濃川水系〔1級〕
南砂川　みなみすながわ
滋賀県・淀川水系〔1級〕

南貞山運河　みなみていざんうんが
宮城県・名取川水系〔1級〕
南貞山運河　みなみていざんうんが
宮城県・七北田川水系〔2級〕
10南原川　なばらがわ
広島県・太田川水系〔1級〕
南唐沢川　みなみからさわがわ
長野県・天竜川水系〔1級〕
南校川　なんこうがわ
北海道・石狩川水系〔1級〕
南校川　なんこうがわ
北海道・石狩川水系
南浦内湖　みなみうらないこ
滋賀県びわ町
11南唱谷川　みなみとなえだにがわ
徳島県・吉野川水系〔1級〕
南張川　なんばりがわ
三重県・南張川水系〔2級〕
南張川　なんばりがわ
広島県・江の川水系
南郷川　なんごうがわ
宮崎県・細田川水系〔2級〕
南部川　なんぶがわ
北海道・尻別川水系〔1級〕
南部川　なんぶがわ
千葉県・利根川水系
南部川　みなべがわ
和歌山県・南部川水系〔2級〕
南部田川　みなみべたがわ
熊本県・八枚戸川水系
南部沼　なんぶとう
北海道根室市
南部陣屋川　なんぶじんやがわ
北海道・長万部川水系〔2級〕
12南湖　なんこ
福島県・阿武隈川水系〔1級〕
南湯屋谷川　みなみゆやだにがわ
京都府・由良川水系
南雄信内川　みなみおのぶないがわ
北海道・天塩川水系〔1級〕
13南勢奥川　なんせいおくがわ
三重県・五ヶ所川水系〔2級〕
南殿田川　みなみとのだがわ
愛知県・柳生川水系
南豊川　みなみとよかわ
千葉県・南白亀川水系
14南熊野川　みなみゆやがわ
和歌山県・日高川水系〔2級〕
15南摩川　なんまがわ
栃木県・利根川水系〔1級〕

【厚】
4厚内川　あつないがわ
北海道・厚内川水系〔2級〕
5厚母川　あつぼがわ
山口県・黒井川水系〔2級〕
厚田川　あつたがわ
北海道・厚田川水系〔2級〕
6厚地川　あつちがわ
鹿児島県・万之瀬川水系〔2級〕
7厚別川　あつべつがわ
北海道・石狩川水系〔1級〕
厚別川　あつべつがわ
北海道・厚別川水系〔2級〕
厚別川　あつべつがわ
北海道・石狩川水系
厚別西川　あつべつにしがわ
北海道・石狩川水系
厚別滝　あつべつだき
北海道・石狩川水系
厚沢部川　あっさぶがわ
北海道・厚沢部川水系〔2級〕
8厚岸湖　あっけしこ
北海道厚岸郡厚岸町
厚東川　ことうがわ
山口県・厚東川水系〔2級〕
9厚狭川　あさがわ
山口県・厚狭川水系〔2級〕
10厚真川　あずまがわ
北海道・厚真川水系〔2級〕

【咲】
10咲梅川　さくばいがわ
北海道・ケリマイ川水系〔2級〕

【品】
4品井沢川　しないざわがわ
岩手県・馬淵川水系
11品部川　しなべがわ
愛媛県・品部川水系〔2級〕
18品類川　しなるいがわ
秋田県・米代川水系〔1級〕

【垣】
垣の島川　かきのしまがわ
北海道・垣の島川水系
4垣内川　かいとがわ
三重県・雲出川水系〔1級〕
5垣外俣谷川　かいとまただにがわ
三重県・宮川水系〔1級〕
8垣河内川　かきかわちがわ
大分県・大野川水系〔1級〕

【垢】

19垢離取川《別》　こりとりがわ
静岡県・瀬戸川水系の瀬戸川

【城】

城の入川　しろのいりがわ
新潟県・信濃川水系〔1級〕
城の沢川　しろのさわがわ
山梨県・富士川水系〔1級〕
城の谷川　しろのたにがわ
徳島県・吉野川水系〔1級〕
城の神川　しろのかみがわ
熊本県・網津川水系
城ヶ口川　しろがくちがわ
兵庫県・鯉川水系〔2級〕
城ヶ谷川　じょうがたにがわ
愛媛県・肱川水系〔1級〕
城ヶ谷川　しろがだにがわ
高知県・下ノ加江川水系〔2級〕
城ヶ滝川　しろがたきがわ
愛媛県・肱川水系〔1級〕
城ノ入川　じょうのいりがわ
新潟県・信濃川水系〔1級〕
城ノ下川　じょうのしたがわ
宮崎県・大淀川水系〔1級〕
城ノ下川　じょうのしたがわ
宮崎県・大淀川水系
城ノ沢川　しろのさわがわ
新潟県・信濃川水系〔1級〕
3城下川　しろしたがわ
茨城県・利根川水系〔1級〕
城下川　しろしたがわ
新潟県・信濃川水系〔1級〕
城山川　しろやまがわ
東京都・多摩川水系〔1級〕
城山川　しろやまがわ
山梨県・富士川水系〔1級〕
城山川　きやまがわ
香川県・大束川水系〔2級〕
城山川　しろやまがわ
長崎県・浦上川水系〔2級〕
城山川　しろやまがわ
熊本県・菊池川水系
城山西堀川　しろやまにしぼりがわ
島根県・斐伊川水系〔1級〕
城山谷川　しろやまだにがわ
愛媛県・仁淀川水系
城川　じょうがわ
群馬県・利根川水系〔1級〕
城川　じょうがわ
新潟県・信濃川水系〔1級〕
城川　しろかわ
新潟県・信濃川水系〔1級〕
城川　じょうがわ
静岡県・狩野川水系〔1級〕
城川　しろがわ
三重県・淀川水系〔1級〕
城川　じょうがわ
滋賀県・淀川水系〔1級〕
城川　じょうがわ
和歌山県・日置川水系〔2級〕
城川　しろかわ
愛媛県・赤之井川水系〔2級〕
城川内川　じょうかわうちがわ
鹿児島県・城川内川水系〔2級〕
4城之入川　じょうのいりがわ
新潟県・信濃川水系〔1級〕
城之川　じょうのがわ
鹿児島県・城之川水系〔2級〕
城井川　きいがわ
福岡県・城井川水系〔2級〕
城内川　じょうないがわ
大分県・筑後川水系〔1級〕
5城北川　しろきたがわ
大阪府・淀川水系〔1級〕
城古谷川　じょうこだにがわ
三重県・雲出川水系〔1級〕
城田寺川　じょうでんじがわ
岐阜県・木曾川水系〔1級〕
城石川　しろいしがわ
香川県・城石川水系〔2級〕
城立川　じょうりゅうがわ
三重県・雲出川水系〔1級〕
6城池　しろいけ
香川県・新川水系
7城谷川　じょうたにがわ
石川県・犀川水系
城谷川　じょうたにがわ
石川県・犀川水系
城谷川　しろたにがわ
愛媛県・桧木川水系〔2級〕
8城沼　じょうぬま
群馬県佐波郡境町
9城前川《別》　じょうぜんがわ
富山県・白岩川水系の白岩川
城後川　じょうごがわ
大分県・大分川水系〔1級〕
城後川　じょうごがわ
鹿児島県・川内川水系〔1級〕
10城原川　じょうばるがわ
佐賀県・筑後川水系〔1級〕
11城野川　しろのがわ
佐賀県・松浦川水系〔1級〕

12城間川　しろまがわ
栃木県・那珂川水系〔1級〕

【垳】
3垳川　がけがわ
埼玉県・利根川水系〔1級〕

【垪】
8垪和谷川　はがたにがわ
岡山県・旭川水系〔1級〕

【契】
3契川　ちぎりがわ
愛媛県・契川水系〔2級〕

【姶】
7姶良川　あいらがわ
鹿児島県・肝属川水系〔1級〕

【姥】
姥ヶ沢川　うばがさわがわ
山形県・日向川水系〔2級〕
3姥川　うばがわ
栃木県・利根川水系〔1級〕
姥川　うばがわ
新潟県・早川水系〔2級〕
5姥母ヶ谷川　うばがだにがわ
徳島県・吉野川水系〔1級〕
7姥沢　うばさわ
静岡県・興津川水系
姥沢川　うばさわがわ
新潟県・信濃川水系〔1級〕
11姥堂川　うばどうがわ
福島県・阿賀野川水系〔1級〕
姥堂川　うばどうがわ
新潟県・阿賀野川水系〔1級〕

【姿】
3姿川　すがたがわ
栃木県・利根川水系〔1級〕
7姿谷川　すがたにがわ
香川県・大東川水系〔2級〕

【姨】
11姨捨下大池　うばすてしもおおいけ
長野県更埴市
姨捨上大池　うばすてかみおおいけ
長野県更埴市

【客】
7客谷川　きゃくたにがわ
愛媛県・国領川水系〔2級〕
8客迫川　きゃくさこがわ
島根県・斐伊川水系

【室】
室の内池　むろのうちいけ
島根県大田市
室ノ久保川　むろのくぼがわ
青森県・戸鎖川水系〔2級〕
3室久保川　むろくぼがわ
山梨県・相模川水系〔1級〕
室口川　むろぐちがわ
愛知県・矢作川水系
室子沢川　むろこざわがわ
山梨県・富士川水系〔1級〕
室川　むろがわ
神奈川県・金目川水系〔2級〕
室川　むろがわ
愛知県・音羽川水系
室川　むろがわ
京都府・淀川水系
室川　むろかわ
和歌山県・切目川水系〔2級〕
室川　むろがわ
愛媛県・渦井川水系〔2級〕
室川谷川　むろかわだにがわ
和歌山県・有田川水系〔2級〕
4室戸川　むろとがわ
滋賀県・淀川水系〔1級〕
5室生川　むろうがわ
奈良県・淀川水系〔1級〕
6室地川　むろじがわ
京都府・淀川水系〔1級〕
7室坂川　むろさかがわ
広島県・江の川水系〔1級〕
室沢川　むろさわがわ
山梨県・相模川水系〔1級〕
室見川　むろみがわ
福岡県・室見川水系〔2級〕
室谷川　むろやがわ
京都府・淀川水系〔1級〕
8室岡川　むろおかがわ
山口県・室岡川水系〔2級〕
室河内川　むろかわちがわ
愛知県・矢作川水系
室牧川　むろまきがわ
富山県・神通川水系
9室津川　むろつがわ
兵庫県・室津川水系〔2級〕

室津川　むろつがわ
高知県・室津川水系〔2級〕
10室原川　むろはらがわ
島根県・斐伊川水系〔1級〕
室島川　むろしまがわ
佐賀県・廻里江川水系〔2級〕
11室野川　むろのがわ
宮崎県・五ヶ瀬川水系
12室賀川　むろががわ
長野県・信濃川水系〔1級〕

【屋】
3屋山川　ややまがわ
大分県・丹生川水系〔2級〕
4屋仁川　やにがわ
鹿児島県・屋仁川水系〔2級〕
5屋代川　やしろがわ
山形県・最上川水系〔1級〕
屋代川　やしろがわ
山形県・最上川水系
屋代川　やしろがわ
山口県・屋代川水系〔2級〕
6屋地前川　やじまえがわ
福島県・阿武隈川水系
7屋形川　やかたがわ
愛媛県・肱川水系〔1級〕
屋形川　やかたがわ
大分県・山国川水系〔1級〕
10屋根田川　やねだがわ
宮崎県・細田川水系〔2級〕
11屋部川　やべがわ
沖縄県・屋部川水系〔2級〕
屋部川　やべがわ
沖縄県・屋部川水系
12屋就川　やつぎがわ
奈良県・大和川水系〔1級〕
屋越川　やごしがわ
石川県・倉部川水系〔2級〕
15屋敷の谷川　やしきのたにがわ
岡山県・吉井川水系
屋敷入川　やしきいりがわ
山梨県・富士川水系〔1級〕
屋敷川　やしきがわ
群馬県・利根川水系〔1級〕
屋敷川　やしきがわ
愛知県・矢作川水系
屋敷田川　やしきだがわ
愛媛県・肱川水系〔1級〕
屋敷野川　やしきのがわ
佐賀県・志佐川水系〔2級〕

【昼】
4昼丹波川　ひるたんばがわ
香川県・財田川水系〔2級〕

【峠】
峠の沢　とうげのさわ
北海道・木古内川水系
3峠下川　とうげしもがわ
北海道・常呂川水系
峠川　とうげがわ
富山県・神通川水系〔1級〕
峠川　とうげがわ
奈良県・淀川水系〔1級〕
峠川　とうげがわ
岡山県・吉井川水系〔1級〕
峠川　とうげがわ
広島県・江の川水系
峠川　とうげがわ
愛媛県・余所国東川水系
峠川　とうげがわ
熊本県・菊池川水系〔1級〕
峠川放水路　とうげがわほうすいろ
富山県・神通川水系〔1級〕
7峠条川　たおじょうがわ
広島県・野呂川水系
峠谷川　とうげたにがわ
三重県・淀川水系〔1級〕
峠谷川　とうげだにがわ
京都府・由良川水系

【峐】
3峐川　はげがわ
熊本県・筑後川水系〔1級〕

【巻】
巻ノ沢　まきのさわ
福島県・阿賀野川水系
3巻大沢川　まきおおさわがわ
岩手県・北上川水系
巻川　まきがわ
栃木県・那珂川水系〔1級〕
7巻谷川　まきたにがわ
愛媛県・渡川水系〔1級〕

【帝】
帝ザコ川　かんざこがわ
愛媛県・肱川水系〔1級〕
11帝釈川　たいしゃくがわ
広島県・高梁川水系〔1級〕

【幽】

12幽雲川　ゆううんがわ
北海道・十勝川水系〔1級〕

【廻】

7廻沢川　めぐりさわがわ
静岡県・富士川水系〔1級〕
廻里江川　めぐりえがわ
佐賀県・廻里江川水系〔2級〕

【建】

7建花寺川　けんげいじがわ
福岡県・遠賀川水系〔1級〕
8建治谷川　こんじたにがわ
徳島県・吉野川水系〔1級〕
9建屋川　たきのやがわ
兵庫県・円山川水系〔1級〕

【彦】

彦の内川　ひこのうちがわ
大分県・津久見川水系〔2級〕
3彦山川　ひこやまがわ
三重県・宮川水系
彦山川　ひこやまがわ
福岡県・遠賀川水系〔1級〕
7彦谷川　ひこだにがわ
栃木県・利根川水系〔1級〕
11彦部川　ひこべがわ
岩手県・北上川水系〔1級〕
12彦間川　ひこまがわ
栃木県・利根川水系〔1級〕

【後】

後の入川　のちのいりがわ
岩手県・後の入川水系〔2級〕
後の川　そののがわ
長崎県・福江川水系〔2級〕
2後入川　ごうにゅうがわ
高知県・物部川水系〔1級〕
3後山川　うしろやまがわ
山梨県・富士川水系〔1級〕
後山川　あとやまがわ
山梨県・多摩川水系
後山川　うしろやまがわ
愛知県・天竜川水系
後山川　うしろやまがわ
島根県・江の川水系〔1級〕
後山川　うしろやまがわ
岡山県・吉井川水系〔1級〕
後山川　あとやまがわ
愛媛県・肱川水系〔1級〕
後川　うしろがわ
岩手県・北上川水系〔1級〕
後川　うしろがわ
岩手県・北上川水系
後川　うしろがわ
宮城県・後川水系〔2級〕
後川　うしろがわ
宮城県・後川水系
後川　うしろがわ
秋田県・雄物川水系〔1級〕
後川　うしろがわ
山形県・最上川水系〔1級〕
後川　うしろがわ
山梨県・富士川水系〔1級〕
後川　うしろがわ
愛知県・境川水系〔2級〕
後川　うしろがわ
愛知県・境川水系
後川　うしろがわ
愛知県・庄内川水系
後川　うしろがわ
愛知県・矢田川水系
後川　うしろがわ
島根県・高津川水系〔1級〕
後川　うしろがわ
岡山県・吉井川水系〔1級〕
後川　うしろがわ
岡山県・吉井川水系
後川　うしろがわ
愛媛県・肱川水系〔1級〕
後川　うしろがわ
高知県・物部川水系〔1級〕
後川　うしろがわ
高知県・渡川水系〔1級〕
後川　うしろがわ
高知県・後川水系〔2級〕
後川　うしろがわ
高知県・渡川水系
後川　うしろがわ
佐賀県・後川水系〔2級〕
後川　うしろがわ
大分県・安岐川水系〔2級〕
後川　うしろがわ
宮崎県・大淀川水系〔1級〕
後川　うしろがわ
鹿児島県・大淀川水系〔1級〕
後川川　うしろごうがわ
長崎県・谷江川水系〔2級〕
後川内川　うしろがわちがわ
佐賀県・有浦川水系〔2級〕
後川内川　うしろがわちがわ
熊本県・菊池川水系

後川内川　うしろごちがわ
宮崎県・川内川水系
後川内川　うしろごちがわ
鹿児島県・川内川水系〔1級〕
後川放水路　うしろがわほうすいろ
高知県・物部川水系〔1級〕
後川第二放水路　うしろがわだいにほうすいろ
高知県・物部川水系〔1級〕
4後井川　うしろいがわ
山口県・阿武川水系〔2級〕
後月ヶ谷川　しつきがだにがわ
岡山県・芦田川水系
後水川　ごみずがわ
福岡県・遠賀川水系〔1級〕
5後平川　うしろびらがわ
熊本県・内野川水系
後田川　うしろだがわ
宮城県・名取川水系〔1級〕
後田川　うしろだがわ
福島県・阿賀野川水系〔1級〕
後田川　うしろだがわ
新潟県・信濃川水系〔1級〕
後田川　うしろだがわ
岐阜県・木曾川水系〔1級〕
後田川　うしろだがわ
愛知県・免々田川水系
6後合川　うしろごがわ
大分県・筑後川水系〔1級〕
後牟田川　あとむたがわ
長崎県・倉地川水系〔2級〕
7後志利別川　しりべしとしべつがわ
北海道・後志利別川水系〔1級〕
後志来馬川　しりべしらいばがわ
北海道・朱太川水系〔2級〕
後志種川　しりべしたねがわ
北海道・余市川水系〔2級〕
後沖川　うしろおきがわ
三重県・西川水系〔2級〕
後沢川　うしろざわがわ
岩手県・北上川水系
後沢川　うしろざわがわ
茨城県・那珂川水系〔1級〕
後谷　うしろだに
三重県・員弁川水系
後谷川　うしろだにがわ
茨城県・那珂川水系〔1級〕
後谷川　うしろだにがわ
茨城県・那珂川水系
後谷川　うしろだにがわ
新潟県・鯖石川水系〔2級〕
後谷川　うしろだにがわ
新潟県・信濃川水系
後谷川　うしろだにがわ
滋賀県・淀川水系〔1級〕
後谷川　うしろだにがわ
鳥取県・下市川水系〔2級〕
後谷川　うしろだにがわ
島根県・斐伊川水系〔1級〕
後谷川　うしろだにがわ
島根県・江の川水系〔1級〕
後谷川　うしろだにがわ
島根県・沖田川水系〔2級〕
後谷川　うしろだにがわ
愛媛県・重信川水系〔1級〕
後谷川　うしろだにがわ
愛媛県・肱川水系〔1級〕
後谷川　うしろだにがわ
高知県・仁淀川水系〔1級〕
後谷川　うしろだにがわ
大分県・筑後川水系〔1級〕
8後岩川　うしろいわがわ
愛媛県・肱川水系〔1級〕
後明沢川　ごみょうざわがわ
山形県・最上川水系〔1級〕
後河内川　うしろごうちがわ
静岡県・天竜川水系〔1級〕
後河内川　うしろごうちがわ
広島県・沼田川水系
後迫川　うしろさこがわ
広島県・江の川水系〔1級〕
後迫川　うしろさこがわ
広島県・江の川水系
後長根川　うしろながねがわ
青森県・岩木川水系〔1級〕
後門川　ごもんがわ
岡山県・吉井川水系〔1級〕
9後畑川　うしろはたがわ
広島県・沼田川水系〔2級〕
後畑川　うしろはたがわ
山口県・阿武川水系〔2級〕
後相合川　うしろあいおいがわ
広島県・江の川水系〔1級〕
11後庵川　ごあんがわ
福島県・阿武隈川水系〔1級〕
後黒見川　ごくろみがわ
三重県・淀川水系〔1級〕
12後閑川　ごかんがわ
群馬県・利根川水系〔1級〕
13後溢川　うしろえきがわ
島根県・高津川水系〔1級〕
15後潟川　うしろがたがわ
青森県・六枚橋川水系
18後藤川　ごとうがわ
青森県・相坂川水系〔2級〕

後藤川　ごとうがわ
福島県・阿武隈川水系〔1級〕
後藤川　ごとうがわ
鳥取県・斐伊川水系〔1級〕
後藤沢川　ごとうさわがわ
山梨県・富士川水系〔1級〕

【待】
6待合川　まちあいがわ
北海道・石狩川水系〔1級〕
7待谷川　まちやがわ
京都府・樋越川水系
8待居川　まついがわ
福岡県・矢部川水系〔1級〕
11待崎川　まちざきがわ
千葉県・待崎川水系〔2級〕

【急】
13急滝川　きゅうたきがわ
富山県・神通川水系〔1級〕

【恒】
9恒屋川　つねやがわ
兵庫県・市川水系〔2級〕

【思】
3思川　おもいがわ
山形県・最上川水系〔1級〕
思川　おもいがわ
山形県・最上川水系〔1級〕
思川　おもいがわ
栃木県・利根川水系〔1級〕
思川　おもいがわ
新潟県・信濃川水系〔1級〕
思川　おもいがわ
滋賀県・淀川水系〔1級〕
思川　おもいがわ
鹿児島県・思川水系〔2級〕
5思出川　おもいでがわ
兵庫県・加古川水系〔1級〕
思出川　おもいでがわ
兵庫県・天川水系〔2級〕
思田川　おんだがわ
宮城県・北上川水系〔1級〕
10思案橋川　しあんばしがわ
福岡県・筑後川水系〔1級〕

【怒】
5怒田沢川　ぬたざわがわ
愛知県・矢作川水系

【扁】
9扁盃川　へんぱいがわ
山梨県・相模川水系〔1級〕

【挟】
3挟川　はさみがわ
宮城県・北上川水系〔1級〕
12挟間川　はざまがわ
大分県・大野川水系〔1級〕
挟間川　はざまがわ
大分県・武蔵川水系〔2級〕

【指】
5指田川　さすだがわ
岡山県・里見川水系〔2級〕
6指江川　さしえがわ
鹿児島県・指江川水系〔2級〕
7指谷川　さしたにがわ
徳島県・吉野川水系〔1級〕
9指首野川　さすのがわ
山形県・最上川水系〔1級〕
11指野川　ゆびのがわ
宮崎県・五ヶ瀬川水系〔1級〕

【持】
3持丸川　もちまるがわ
広島県・高梁川水系〔1級〕
4持手川　もちでがわ
岡山県・伊里川水系〔2級〕
持木川　もちきがわ
鹿児島県・持木川水系〔2級〕
5持田川　もちだがわ
島根県・斐伊川水系〔1級〕
6持行川　もちゆきがわ
岡山県・旭川水系
7持谷川　もちたにがわ
愛媛県・重信川水系〔1級〕
10持留川　もちどめがわ
鹿児島県・田原川水系〔2級〕
12持越川　もちこしがわ
静岡県・狩野川水系〔1級〕

【拾】
5拾石川　ひろいしがわ
愛知県・拾石川水系〔2級〕

【政】
3政久谷川　まさひさだにがわ
高知県・安芸川水系
5政広川　まさひろがわ
広島県・江の川水系

政田川　まさだがわ
岐阜県・木曾川水系〔1級〕
8政所川　まんどころがわ
滋賀県・淀川水系〔1級〕

【春】

3春山川　はるやまがわ
静岡県・富士川水系〔1級〕
春山川　はるやまがわ
熊本県・五ヶ瀬川水系
4春日川　かすがかわ
和歌山県・紀の川水系〔1級〕
春日川　かすがかわ
島根県・春日川水系〔2級〕
春日川　かすがかわ
香川県・春日川水系〔2級〕
春日川　かすがかわ
香川県・新川水系〔2級〕
春日川　かすがかわ
高知県・仁淀川水系〔1級〕
春日江川　かすがえがわ
兵庫県・加古川水系〔1級〕
春日池　かすがいけ
滋賀県甲賀町
春木山大沢川　はるきやまおおさわがわ
新潟県・荒川（新潟県・山形県）水系〔1級〕
春木川　はるきがわ
千葉県・利根川水系〔1級〕
春木川　はるきがわ
千葉県・利根川水系
春木川　はるきがわ
山梨県・富士川水系〔1級〕
春木川　はるきがわ
大阪府・春木川水系〔2級〕
春木川　はるきがわ
愛媛県・渡川水系〔1級〕
春木川　はるきがわ
大分県・春木川水系〔2級〕
5春田川　はるたがわ
香川県・春田川水系〔2級〕
春田川　はるたがわ
大分県・山国川水系〔1級〕
春田川　はるたがわ
鹿児島県・川内川水系〔1級〕
7春別川　しゅんべつがわ
北海道・春別川水系〔2級〕
春来川　はるきがわ
兵庫県・岸田川水系〔2級〕
春苅古丹川　しゅんかりこたんがわ
北海道・春苅古丹川水系〔2級〕
8春雨川　はるさめがわ
三重県・鈴鹿川水系〔1級〕
11春採湖　はるとりこ
北海道釧路市
12春道川　はるみちがわ
熊本県・亀浦川水系

【昭】

7昭見川　しょうけんがわ
島根県・江の川水系〔1級〕
8昭和川　しょうわがわ
北海道・石狩川水系
昭和川　しょうわがわ
秋田県・奈曾川水系
昭和川　しょうわがわ
茨城県・利根川水系
昭和川　しょうわがわ
山梨県・富士川水系〔1級〕
昭和池　しょうわいけ
滋賀県甲南町
昭和放水路　しょうわほうすいろ
静岡県・富士川水系〔1級〕
9昭栄沢川　しょうえいざわがわ
北海道・石狩川水系〔1級〕

【是】

6是安川　これやすがわ
京都府・竹野川水系
是安川　これやすがわ
岡山県・吉井川水系〔1級〕

【星】

星ガ浦川　ほしがうらがわ
北海道・星ガ浦川水系〔2級〕
星ガ浦川　ほしがうらがわ
北海道・星ガ浦川水系
3星山放水路　ほしやまほうすいろ
静岡県・富士川水系〔1級〕
星川　ほしがわ
群馬県・利根川水系〔1級〕
星川　ほしがわ
埼玉県・利根川水系〔1級〕
星川《古》　ほしがわ
和歌山県・紀の川水系の野田原川
5星田川　ほしだがわ
岡山県・高梁川水系〔1級〕
7星尾川　ほしおがわ
群馬県・利根川水系〔1級〕
9星垣内川　ほしがうちがわ
広島県・野呂川水系
10星原川　ほしわらがわ
熊本県・菊池川水系
11星野川　ほしのがわ
岩手県・馬淵川水系

星野川　ほしのがわ
福岡県・矢部川水系〔1級〕
星野沢川　ほしのさわがわ
北海道・佐呂間別川水系
13星置川　ほしおきがわ
北海道・星置川水系〔2級〕

【栄】
3栄山川　えいさんがわ
北海道・石狩川水系〔1級〕
栄川　さかえがわ
北海道・石狩川水系〔1級〕
4栄太池　えいたいけ
沖縄県南大東村
7栄谷川　さかえだにがわ
愛媛県・仁淀川水系〔1級〕
11栄堂川　えいどうがわ
広島県・太田川水系〔1級〕
12栄森川　さかえもりがわ
北海道・網走川水系〔1級〕

【柿】
柿ヶ原川　かきがはらがわ
岡山県・吉井川水系〔1級〕
柿ノ木川　かきのきがわ
新潟県・信濃川水系〔1級〕
柿ノ木川　かきのきがわ
京都府・由良川水系
柿ノ木川　かきのきがわ
熊本県・菊池川水系〔1級〕
柿ノ木沢川　かきのきさわがわ
新潟県・胎内川水系〔2級〕
柿ノ木谷川　かきのきだにがわ
京都府・淀川水系〔1級〕
柿ノ木谷川　かきのきだにがわ
兵庫県・三原川水系〔2級〕
柿ノ木谷川　かきのきだにがわ
徳島県・吉野川水系〔1級〕
柿ノ生川　かきのはえがわ
熊本県・球磨川水系
3柿山川　かきやまがわ
兵庫県・大津川水系〔2級〕
柿川　かきがわ
新潟県・信濃川水系〔1級〕
柿川　かきごう
熊本県・球磨川水系
4柿元川　かきもとがわ
鹿児島県・肝属川水系〔1級〕
柿反川　かきぞりがわ
岐阜県・木曾川水系〔1級〕
柿戸川　かきどがわ
熊本県・柿戸川水系

柿木川　かきぎがわ
静岡県・狩野川水系〔1級〕
柿木川　かきぎがわ
愛媛県・来村川水系〔2級〕
5柿本川　かきもとがわ
奈良県・大和川水系〔1級〕
柿田川　かきだがわ
静岡県・狩野川水系〔1級〕
柿田川　かきだがわ
滋賀県・淀川水系〔1級〕
柿田川　かきたがわ
熊本県・緑川水系
7柿沢川　かきざわがわ
静岡県・狩野川水系〔1級〕
柿谷川　かきたにがわ
徳島県・海部川水系〔2級〕
柿谷川　かきたにがわ
愛媛県・肱川水系〔1級〕
8柿其川　かきそのがわ
長野県・木曾川水系〔1級〕
10柿原川　かきはらがわ
愛媛県・肱川水系〔1級〕
11柿崎川　かきざきがわ
新潟県・柿崎川水系〔2級〕
柿崎川　かきざきがわ
愛知県・矢作川水系
柿野川　かきのがわ
新潟県・関川水系〔1級〕
柿野川　かきのがわ
岐阜県・木曾川水系〔1級〕
柿野沢川　かきのさわがわ
長野県・天竜川水系〔1級〕
柿野浦川　かきのうらがわ
新潟県・柿野浦川水系〔2級〕

【枯】
4枯木又川　かれきまたがわ
新潟県・信濃川水系〔1級〕
枯木川　かれきがわ
愛知県・蜆川水系
枯木川　かれきがわ
京都府・由良川水系〔1級〕
枯木沢川　かれきざわがわ
群馬県・利根川水系〔1級〕
枯木野川　かれきのがわ
鹿児島県・川内川水系〔1級〕
8枯松沢川　かれまつざわがわ
岩手県・甲子川水系

【柴】
3柴山沢川　しばやまざわがわ
北海道・常呂川水系〔1級〕

柴山沼　しばやまぬま
埼玉県南埼玉郡白岡町
柴山潟　しばやまがた
石川県加賀市
柴山潟　しばやまがた
石川県・新堀川水系
柴川　しばがわ
兵庫県・円山川水系〔1級〕
柴川谷川　しばかわだにがわ
徳島県・吉野川水系〔1級〕
4柴木川　しばきがわ
広島県・太田川水系〔1級〕
5柴北川　しばきたがわ
大分県・大野川水系〔1級〕
柴生北川　しぼうきたがわ
愛媛県・金生川水系〔2級〕
柴田川　しばたがわ
熊本県・菊池川水系
柴目川　しばめがわ
和歌山県・紀の川水系〔1級〕
柴立川　しばたてがわ
鹿児島県・雄川水系〔2級〕
7柴尾川　しばおがわ
長野県・天竜川水系〔1級〕
10柴倉川　しばくらがわ
新潟県・阿賀野川水系〔1級〕
柴倉沢　しばくらざわ
新潟県・信濃川水系
16柴橋川　しばはしがわ
新潟県・落堀川水系〔2級〕

【染】
3染川　そめがわ
茨城県・久慈川水系〔1級〕
染川　そめがわ
茨城県・久慈川水系
染川　そめがわ
千葉県・染川水系〔2級〕
染川《別》　そめがわ
鹿児島県・思川水系の思川
6染竹川　そめたけがわ
熊本県・津奈木川水系
7染谷川　そめやがわ
茨城県・利根川水系
染谷川　そめやがわ
群馬県・利根川水系〔1級〕
8染河内川　そめごうちがわ
兵庫県・揖保川水系〔1級〕
9染屋川　そめやがわ
新潟県・信濃川水系〔1級〕

【柱】
4柱戸川　はしらどがわ
群馬県・利根川水系〔1級〕
7柱谷川　はしらだにがわ
高知県・仁淀川水系〔1級〕

【柘】
12柘植川　つげがわ
三重県・淀川水系〔1級〕
14柘榴川　ざくろがわ
和歌山県・紀の川水系〔1級〕

【栃】
栃ヶ洞川　とちがほらがわ
長野県・天竜川水系〔1級〕
栃ノ木川　とちのきがわ
大分県・筑後川水系〔1級〕
3栃山川　とちやまがわ
山形県・最上川水系〔1級〕
栃山川　とちやまがわ
静岡県・栃山川水系〔2級〕
栃川　とちがわ
長野県・信濃川水系〔1級〕
栃川　とちがわ
三重県・櫛田川水系〔1級〕
4栃中川　とちなかがわ
長野県・天竜川水系〔1級〕
栃木川　とちぎがわ
長野県・信濃川水系
栃木川　とちぎがわ
島根県・三隅川水系
栃木沢　とちぎざわ
青森県・岩木川水系〔1級〕
栃木沢　とちぎざわ
新潟県・信濃川水系〔1級〕
5栃代川　とじろがわ
山梨県・富士川水系〔1級〕
栃古川　とちこがわ
三重県・宮川水系〔1級〕
栃平川　とちひらがわ
岐阜県・木曾川水系〔1級〕
栃広川　とちひろがわ
山梨県・富士川水系〔1級〕
7栃尾沢川　とちおさわがわ
新潟県・信濃川水系
栃折沢川　とちおりさわがわ
岩手県・北上川水系
栃沢川　とちざわがわ
山梨県・富士川水系〔1級〕
栃谷川　とちたにがわ
三重県・櫛田川水系〔1級〕

栃谷川　とちだにがわ
京都府・栃谷川水系〔2級〕
栃谷川　とちだにがわ
岡山県・吉井川水系〔1級〕
栃谷川　とちだにがわ
愛媛県・仁淀川水系
栃谷川　とちだにがわ
高知県・安田川水系〔2級〕
9栃津川　とちずがわ
富山県・白岩川水系〔2級〕
10栃倉川　とちくらがわ
岩手県・北上川水系〔1級〕
栃倉川　とちくらがわ
新潟県・信濃川水系〔1級〕
栃原川　とちはらがわ
兵庫県・市川水系〔2級〕
栃原川　とちばるがわ
熊本県・五ヶ瀬川水系
栃原沢川　とちはらさわがわ
新潟県・信濃川水系〔1級〕

【柏】
柏の木川　かやのきがわ
熊本県・菊池川水系
柏ヶ根川　かしがねがわ
岐阜県・木曾川水系〔1級〕
3柏川　かしわがわ
愛媛県・柏川水系〔2級〕
柏川　かしわがわ
熊本県・菊池川水系〔1級〕
柏川　かしわがわ
熊本県・緑川水系〔1級〕
4柏木川　かしわぎがわ
北海道・石狩川水系〔1級〕
柏木川　かしわぎがわ
岩手県・久慈川水系
柏木川　かしわぎがわ
山形県・最上川水系〔1級〕
柏木川　かしわぎがわ
京都府・淀川水系
5柏本川　かしもとがわ
岐阜県・木曾川水系〔1級〕
柏田川　かしわだがわ
茨城県・利根川水系
7柏尾川　かしおがわ
神奈川県・境川水系〔2級〕
柏尾川　かしおがわ
三重県・淀川水系〔1級〕
柏谷沢川　かしやざわがわ
山形県・最上川水系〔1級〕
8柏林台川　はくりんだいがわ
北海道・十勝川水系〔1級〕
10柏倉川　かしくらがわ
栃木県・利根川水系〔1級〕
柏原川　かしはらがわ
岐阜県・木曾川水系〔1級〕
柏原川　かせばらがわ
京都府・淀川水系〔1級〕
柏原川　かいばらがわ
兵庫県・加古川水系〔1級〕

【柄】
7柄杓川《古》　ひしゃくがわ
山梨県・相模川水系の欄干川
柄杓沢川　ひしゃくざわがわ
愛知県・豊川水系
柄杓流川　しゃくながしがわ
山梨県・相模川水系〔1級〕
柄沢川　からさわがわ
新潟県・信濃川水系〔1級〕
柄沢川　からさわがわ
新潟県・信濃川水系

【柾】
4柾内川　まさないがわ
岩手県・大槌川水系

【柳】
柳の川　やなぎのがわ
高知県・加持川水系
柳ノ川　やなのがわ
高知県・加持川水系〔2級〕
柳ノ川　やなぎのがわ
高知県・渡川水系
柳ノ沢川　やなぎのさわがわ
青森県・戸沢川水系
2柳又谷川　やなまただにがわ
富山県・黒部川水系〔1級〕
3柳久保川　やなくぼがわ
長野県・信濃川水系〔1級〕
柳久保池　やなくぼいけ
長野県上水内郡
柳川　やながわ
茨城県・利根川水系
柳川　やなぎがわ
長野県・天竜川水系〔1級〕
柳川　やながわ
愛知県・矢作川水系〔1級〕
柳川　やなぎがわ
愛知県・矢作川水系
柳川　やながわ
滋賀県・淀川水系〔1級〕
柳川　やなぎがわ
奈良県・紀の川水系〔1級〕

柳川　やなぎがわ
島根県・高津川水系〔1級〕
柳川　やなぎがわ
山口県・柳川水系〔2級〕
柳川　やなぎがわ
山口県・有帆川水系〔2級〕
4柳井川　やないがわ
山口県・柳井川水系〔2級〕
柳井田川　やないだがわ
山口県・島田川水系〔2級〕
柳井原川　やないばるがわ
熊本県・緑川水系
5柳生川　やぎゅうがわ
愛知県・柳生川水系〔2級〕
柳田川　やなぎだがわ
愛知県・庄内川水系
柳田川　やなぎだがわ
奈良県・大和川水系〔1級〕
柳田川　やなぎだがわ
熊本県・球磨川水系
7柳沢川　やなぎさわがわ
福島県・阿賀野川水系〔1級〕
柳沢川　やなぎさわがわ
福島県・阿賀野川水系
柳沢川　やなぎさわがわ
栃木県・利根川水系〔1級〕
柳沢川　やなぎさわがわ
群馬県・利根川水系〔1級〕
柳沢川　やなぎさわがわ
新潟県・柳沢川水系〔2級〕
柳沢川　やなぎさわがわ
愛媛県・肱川水系〔1級〕
柳谷川　やなぎたにがわ
三重県・雲出川水系〔1級〕
柳谷川　やないだにがわ
愛媛県・重信川水系〔1級〕
柳谷川　やなぎだにがわ
愛媛県・国領川水系〔2級〕
柳谷川　やなぎたにがわ
熊本県・五ヶ瀬川水系〔1級〕
柳谷川　やなぎだにがわ
鹿児島県・肝属川水系〔1級〕
8柳河原川　やなぎがわらがわ
宮崎県・大淀川水系〔1級〕
柳河原川放水路　やなぎがわらがわほうすいろ
宮崎県・大淀川水系〔1級〕
柳沼　やなぎぬま
福島県耶麻郡北塩原村
9柳畑川　やなぎはたがわ
和歌山県・印南川水系〔2級〕
10柳原川　やなぎはらがわ
京都府・由良川水系
柳原川　やなぎはらがわ
岡山県・高梁川水系〔1級〕
柳原川　やなぎはらがわ
熊本県・佐敷川水系
柳原川　やなばるがわ
宮崎県・耳川水系〔2級〕
柳島川　やなぎしまがわ
静岡県・鮎沢川水系
11柳野川　やなぎのがわ
鹿児島県・川内川水系〔1級〕
12柳場川　やなばがわ
新潟県・信濃川水系〔1級〕
16柳橋川　やなぎばしがわ
石川県・大野川水系
柳橋川　やなぎばしがわ
愛知県・今池川水系
柳橋川　やなばしがわ
熊本県・球磨川水系〔1級〕
19柳瀬川　やなせがわ
群馬県・利根川水系〔1級〕
柳瀬川　やなせがわ
埼玉県・荒川（東京都・埼玉県）水系〔1級〕
柳瀬川　やなせがわ
石川県・大野川水系
柳瀬川　やなせがわ
和歌山県・広川水系〔2級〕
柳瀬川　やなせがわ
高知県・仁淀川水系〔1級〕
柳瀬川　やながせがわ
高知県・渡川水系

【柚】

柚の木原川　ゆのきばるがわ
佐賀県・松浦川水系〔1級〕
柚ノ木川　ゆのきがわ
愛媛県・肱川水系〔1級〕
柚ノ木川　ゆのきがわ
高知県・下ノ加江川水系〔2級〕
柚ノ木川　ゆのきがわ
佐賀県・嘉瀬川水系〔1級〕
柚ノ木川　ゆのきがわ
長崎県・柚ノ木川水系
柚ノ木谷川　ゆのきだにがわ
島根県・江の川水系〔1級〕
4柚木川　ゆのきがわ
長崎県・柚木川水系〔2級〕
10柚原川　ゆのはらがわ
三重県・雲出川水系〔1級〕
11柚野布沢川　ゆのぬのざわがわ
静岡県・富士川水系〔1級〕

【枳】
枳の俣川　げずのまたがわ
熊本県・球磨川水系

【柞】
5柞田川　くにたがわ
香川県・柞田川水系〔2級〕

【段】
段ノ迫川　だんのさごがわ
京都府・由良川水系
3段子川　だんずがわ
静岡県・都田川水系〔2級〕
4段戸川　だんどがわ
愛知県・矢作川水系〔1級〕
段戸川　だんどがわ
愛知県・天竜川水系
段戸川　だんどがわ
愛知県・矢作川水系
11段堂川　だんどうがわ
長崎県・段堂川水系〔2級〕

【毘】
7毘沙門川　びしゃもんがわ
山形県・最上川水系
毘沙門川　びしゃもんがわ
富山県・小矢部川水系〔1級〕
毘沙門沼　びしゃもんぬま
福島県耶麻郡北塩原村
9毘砂別川　びしゃべつがわ
北海道・毘砂別川水系

【海】
3海上川　かいしょがわ
愛知県・庄内川水系
海上谷川　かいじょうだにがわ
岐阜県・庄川水系〔1級〕
海士町川　あままちがわ
新潟県・海士町川水系〔2級〕
海川　うみがわ
新潟県・海川水系〔2級〕
海川谷川　かいかわだにがわ
徳島県・那賀川水系〔1級〕
5海田川　かいたがわ
岡山県・吉井川水系〔1級〕
海辺川　うんべがわ
北海道・海辺川水系〔2級〕
6海老ヶ池　えびがいけ
徳島県海部郡海南町
海老川　えびがわ
千葉県・海老川水系〔2級〕
海老川　えびがわ
千葉県・夷隅川水系
海老川　えびがわ
愛知県・豊川水系〔1級〕
海老川　えびがわ
高知県・鏡川水系
海老川　えびがわ
鹿児島県・川内川水系〔1級〕
海老名川　えびながわ
静岡県・太田川水系〔2級〕
海老名分水路　えびなぶんすいろ
神奈川県・相模川水系〔1級〕
海老坂川　えびさかがわ
京都府・淀川水系
海老沢川《別》　えびさわがわ
茨城県・那珂川水系の涸沼川
海老谷川　えびたにがわ
京都府・淀川水系〔1級〕
海老谷川　えびたにがわ
京都府・淀川水系
海老取川　えびとりがわ
東京都・多摩川水系〔1級〕
海老根川　えびねがわ
福島県・阿武隈川水系
海老済川　えびすくいがわ
香川県・柞田川水系〔2級〕
海老瀧川　えびしきがわ
新潟県・阿賀野川水系〔1級〕
海老瀬川　えびせがわ
群馬県・利根川水系〔1級〕
8海味川　かいしゅうがわ
山形県・最上川水系〔1級〕
海岸寺川　かいがんじかわ
愛媛県・海岸寺川水系〔2級〕
9海神川　かいじんがわ
千葉県・海神川水系
海神川　うながみがわ
和歌山県・紀の川水系〔1級〕
11海添川　かいぞえがわ
大分県・海添川水系〔2級〕
海部川　かいふがわ
徳島県・海部川水系〔2級〕
12海道沢川　かいどうさわがわ
福島県・阿賀野川水系
13海鼠池　なまこいけ
鹿児島県薩摩郡上甑村
15海潮川《別》　うしおがわ
島根県・斐伊川水系の赤川
海蔵川　かいぞうがわ
三重県・海蔵川水系〔2級〕
海蔵寺川　かいぞうじがわ
鳥取県・海蔵寺川水系

【洲】
3洲山川　すやまがわ
愛知県・天竜川水系
5洲本川　すもとがわ
兵庫県・洲本川水系〔2級〕
7洲谷川　すだにがわ
福島県・阿賀野川水系
洲貝川　すがいがわ
千葉県・洲貝川水系〔2級〕
19洲藻川　すもがわ
長崎県・洲藻川水系〔2級〕

【浄】
3浄土川　じょうどがわ
新潟県・信濃川水系〔1級〕
浄土寺川　じょうどじがわ
富山県・下条川水系〔2級〕
浄土寺川　じょうどじがわ
福井県・九頭竜川水系〔1級〕
13浄源寺川　じょうげんじがわ
佐賀県・有田川水系〔2級〕

【泉】
3泉川　いずみがわ
福島県・阿武隈川水系〔1級〕
泉川　いずみがわ
福島県・阿武隈川水系
泉川　いずみがわ
茨城県・利根川水系〔1級〕
泉川　いずみがわ
栃木県・利根川水系〔1級〕
泉川　いずみがわ
富山県・泉川水系〔2級〕
泉川　いずみがわ
山梨県・富士川水系〔1級〕
泉川《別》　いずみがわ
山梨県・富士川水系の文殊川
泉川　いずみがわ
静岡県・狩野川水系〔1級〕
泉川　いずみがわ
静岡県・伊東大川水系〔2級〕
泉川　いずみがわ
静岡県・志太田中川水系〔2級〕
泉川　いずみがわ
三重県・泉川水系〔2級〕
泉川　いずみがわ
滋賀県・淀川水系〔1級〕
泉川　いずみがわ
鳥取県・宇田川水系
泉川　いずみがわ
広島県・芦田川水系〔1級〕
泉川　いずみがわ
山口県・厚東川水系〔2級〕
泉川　いずみがわ
山口県・泉川水系〔2級〕
泉川　いずみがわ
愛媛県・肱川水系〔1級〕
泉川　いずみがわ
高知県・仁淀川水系〔1級〕
泉川　いずみがわ
高知県・新川川水系〔2級〕
4泉水川　せんすいがわ
山口県・厚東川水系〔2級〕
5泉田川　いずみたがわ
山形県・最上川水系〔1級〕
泉田川　いずみだがわ
福島県・阿武隈川水系
泉田川　いずみだがわ
熊本県・球磨川水系〔1級〕
7泉沢　いずみざわ
群馬県・利根川水系
泉沢川　いずみさわがわ
岩手県・宇部川水系〔2級〕
泉沢川　いずみさわがわ
岩手県・小本川水系
泉沢川　いずみさわがわ
秋田県・子吉川水系
泉沢川　いずみさわがわ
福島県・小高川水系〔2級〕
泉沢川　いずみざわがわ
群馬県・利根川水系〔1級〕
泉谷川　いずみだにがわ
徳島県・吉野川水系〔1級〕
泉谷川　いずみだにがわ
徳島県・那賀川水系〔1級〕
泉谷川　いずみだにがわ
高知県・安芸川水系
8泉河内川　いずみかわちがわ
福岡県・遠賀川水系〔1級〕
泉沼　いずみぬま
北海道江別市
10泉財川　せんざいがわ
新潟県・泉財川水系〔2級〕
11泉郷川　いずみごうがわ
福島県・阿武隈川水系〔1級〕
泉郷川　いずみごうがわ
福島県・阿武隈川水系
泉野川　いずみのがわ
群馬県・利根川水系〔1級〕
13泉福寺谷川　せんぷくじだにがわ
徳島県・吉野川水系〔1級〕

【浅】

浅ヶ沢川　あさがさわがわ
栃木県・那珂川水系〔1級〕
浅ヶ谷川　あさがたにがわ
山口県・阿武川水系〔2級〕
2浅又川《別》　あさまたがわ
岐阜県・木曾川水系の広瀬浅又川
浅又沢　あさまたさわ
山形県・荒川（新潟県・山形県）水系
3浅子川　あさこがわ
三重県・淀川水系〔1級〕
浅子川　あさごがわ
京都府・淀川水系
浅川　あさがわ
福島県・阿武隈川水系〔1級〕
浅川　あさがわ
茨城県・久慈川水系〔1級〕
浅川　あさがわ
東京都・多摩川水系〔1級〕
浅川　あさがわ
山梨県・富士川水系〔1級〕
浅川　あさがわ
長野県・信濃川水系〔1級〕
浅川　あさがわ
熊本県・大野川水系〔2級〕
浅川川　あさかわがわ
山梨県・相模川水系〔1級〕
浅川川　あざこうがわ
鹿児島県・浅川川水系
4浅不動沢川　あさふどうさわがわ
岩手県・小本川水系
浅中川　あさなかがわ
鳥取県・浅中川水系
浅井川　あさいがわ
青森県・岩木川水系〔1級〕
浅井川　あさいがわ
鳥取県・天神川水系
浅井川　あさいがわ
島根県・浜田川水系〔2級〕
浅井川　あさいがわ
山口県・浅井川水系〔2級〕
浅井川　あさいがわ
高知県・仁淀川水系〔1級〕
浅井川　あさいがわ
熊本県・菊池川水系
浅井手川　あさいでがわ
熊本県・大野川水系
浅井野川　あさいのがわ
鹿児島県・川内川水系〔1級〕
浅内大沢川　あさないおおさわがわ
岩手県・小本川水系
浅内川　あさうちがわ
秋田県・馬場目川水系
浅内沼　あさないぬま
秋田県能代市
浅水川　あさみずがわ
青森県・馬淵川水系〔1級〕
浅水川　あさみがわ
福井県・九頭竜川水系〔1級〕
浅水川　あさみずがわ
愛知県・石川水系
5浅田川　あさだがわ
山口県・浅田川水系〔2級〕
6浅地川　あさじがわ
山口県・有帆川水系〔2級〕
浅地川　あさじがわ
山口県・椹野川水系〔2級〕
浅虫川　あさむしがわ
青森県・浅虫川水系〔2級〕
7浅利川　あさりがわ
山梨県・相模川水系〔1級〕
浅利川　あさりがわ
山梨県・富士川水系〔1級〕
浅沢　あさざわ
秋田県・雄物川水系
浅見川　あさみがわ
福島県・浅見川水系〔2級〕
浅貝川　あさかいがわ
新潟県・信濃川水系〔1級〕
9浅俣川　あさのまたがわ
山形県・最上川水系〔1級〕
浅巻谷川　あさまきだにがわ
熊本県・球磨川水系
浅津川　あさずがわ
鳥取県・由良川水系〔2級〕
浅畑川　あさばたがわ
静岡県・巴川水系〔2級〕
浅草川《別》　あさくさがわ
東京都・荒川水系の隅田川
浅香入川　あさかいりがわ
群馬県・利根川水系〔1級〕
浅香川　あさかがわ
岡山県・高梁川水系〔1級〕
10浅原川　あさはらがわ
京都府・由良川水系〔1級〕
11浅野川　あさのがわ
石川県・大野川水系〔2級〕
浅野川　あさのがわ
滋賀県・淀川水系〔1級〕
浅野川放水路　あさのがわほうすいろ
石川県・大野川水系〔2級〕
12浅間川　あさまがわ
長野県・矢作川水系〔1級〕

浅間川　あさまがわ
兵庫県・円山川水系〔1級〕
浅間沢川　あさまざわがわ
静岡県・安倍川水系〔1級〕
19浅瀬川　あさせがわ
北海道・石狩川水系〔1級〕
浅瀬石川　あさせいしがわ
青森県・岩木川水系〔1級〕
浅藻川　あざもがわ
長崎県・浅藻川水系〔2級〕

【洗】
3洗川　あらいがわ
鳥取県・洗川水系〔2級〕
洗川　あらいがわ
広島県・黒瀬川水系
4洗心川　せんしんがわ
愛知県・日光川水系
洗心川　せんしんがわ
愛知県・日光川水系
5洗出川　あらいでがわ
宮崎県・大淀川水系〔1級〕
6洗地川　せんじがわ
愛媛県・洗地川水系〔2級〕
洗戎川　あらいえびすがわ
兵庫県・洗戎川水系〔2級〕
7洗沢川　あらいさわがわ
山形県・月光川水系〔2級〕
洗足池　せんぞくいけ
東京都大田区
10洗馬川　せばがわ
長野県・信濃川水系〔1級〕

【津】
津の川川　つのかわがわ
高知県・渡川水系〔1級〕
3津久見川　つくみがわ
大分県・津久見川水系〔2級〕
津川川　つがわがわ
岡山県・吉井川水系〔1級〕
津川谷川　つがわだにがわ
島根県・高津川水系
4津井川　ついがわ
兵庫県・津井川水系〔2級〕
津井川　ついがわ
和歌山県・津井川水系〔2級〕
津刈川　つかるがわ
青森県・岩木川水系〔1級〕
5津以谷川　ついたにがわ
高知県・津以谷川水系〔2級〕
津民川　つたみがわ
大分県・山国川水系〔1級〕
津田川　つだがわ
大阪府・津田川水系〔2級〕
津田川　つだがわ
島根県・津田川水系〔2級〕
津田川　つだがわ
山口県・津田川水系〔2級〕
津田川　つだがわ
香川県・津田川水系〔2級〕
津田平川　つだひらがわ
島根県・斐伊川水系〔1級〕
津田承水溝　つだしょうすいこう
滋賀県近江八幡市
6津江川　つえがわ
大分県・筑後川水系〔1級〕
津江川　つえがわ
大分県・森崎川水系〔2級〕
7津別川　つべつがわ
北海道・網走川水系〔1級〕
津志河内川　つしがわうちがわ
大分県・番匠川水系〔1級〕
津花川　つばながわ
青森県・高瀬川水系〔1級〕
津谷川　つやがわ
岩手県・津谷川水系〔2級〕
津谷川　つやがわ
岩手県・津谷川水系
津谷川　つやがわ
宮城県・津谷川水系〔2級〕
津谷川　つだにがわ
広島県・江の川水系
8津和野川　つわのがわ
島根県・高津川水系〔1級〕
津奈木川　つなぎがわ
熊本県・津奈木川水系〔2級〕
津奈木川　つなぎがわ
熊本県・津奈木川水系
津房川　つぶさがわ
大分県・駅館川水系〔2級〕
津房川　つぶさがわ
鹿児島県・広瀬川水系〔2級〕
津波見川　つばみがわ
長崎県・津波見川水系〔2級〕
津門川　つもんがわ
兵庫県・東川水系〔2級〕
9津保川　つほがわ
岐阜県・木曾川水系〔1級〕
津南中沢川　つなんなかざわがわ
新潟県・信濃川水系〔1級〕
津南石黒川　つなんいしぐろがわ
新潟県・信濃川水系〔1級〕
津屋川　つやがわ
岐阜県・木曾川水系〔1級〕

津屋川　つやがわ
和歌山県・紀の川水系〔1級〕
津屋原沼　つやはらぬま
宮崎県・大淀川水系〔1級〕
津持川　つもちがわ
宮城県・津持川水系
津々川　つずがわ
岡山県・高梁川水系〔1級〕
津々良川　つずらがわ
宮崎県・五十鈴川水系〔2級〕
津風呂川　つぶろがわ
奈良県・紀の川水系〔1級〕
10津原川　つはらがわ
山口県・津原川水系〔2級〕
津梅川　つうめがわ
青森県・津梅川水系〔2級〕
津梅川　つうめがわ
岡山県・高梁川水系〔1級〕
津留川　つるがわ
熊本県・緑川水系〔1級〕
津留川　つるがわ
熊本県・球磨川水系〔1級〕
津荷川　つかがわ
和歌山県・津荷川水系〔2級〕
11津黒川　つぐろがわ
岡山県・旭川水系〔1級〕
12津賀の川　つがのがわ
高知県・渡川水系〔1級〕
津軽石川　つがるいしがわ
岩手県・津軽石川水系〔2級〕
15津幡川　つばたがわ
石川県・大野川水系〔2級〕
津蔵淵川　つくらぶちがわ
高知県・渡川水系〔1級〕
16津橋川　つばしがわ
岐阜県・木曾川水系〔1級〕

【洞】

洞ノ川　どうのがわ
鳥取県・千代川水系〔1級〕
3洞丸川　どうまるがわ
新潟県・国府川水系〔2級〕
洞山川　ほらやまがわ
岐阜県・木曾川水系〔1級〕
洞川　ほらがわ
神奈川県・酒匂川水系〔2級〕
洞川　ほらがわ
山梨県・富士川水系〔1級〕
洞川　ほらがわ
長野県・信濃川水系〔1級〕
洞川　ほらがわ
岐阜県・庄内川水系〔1級〕
洞川　ほらがわ
静岡県・狩野川水系〔1級〕
洞川　ほらがわ
奈良県・新宮川水系〔1級〕
7洞谷川　ほらたにがわ
岐阜県・神通川水系
10洞倉沢川　ほらくらさわがわ
新潟県・信濃川水系〔1級〕
11洞堀川　どうぼりがわ
宮城県・鳴瀬川水系〔1級〕
12洞喰川　ほらくいがわ
青森県・岩木川水系
13洞溜　どうだめ
滋賀県蒲生町
洞爺湖　とうやこ
北海道・長流川水系〔2級〕

【派】

3派大岡川　はおおおかがわ
神奈川県・大岡川水系〔2級〕
派川十日川　はせんとおかがわ
千葉県・利根川水系〔1級〕
派川大柏川　はせんおおかしわがわ
千葉県・利根川水系〔1級〕
派川大須賀川　はせんおおすかがわ
千葉県・利根川水系〔1級〕
派川中門川　はせんなかもんがわ
長野県・天竜川水系
派川中曾根川　はせんなかそねがわ
長野県・信濃川水系〔1級〕
派川日下川　はせんくさかがわ
高知県・仁淀川水系〔1級〕
派川加治川　はせんかじがわ
新潟県・阿賀野川水系〔1級〕
派川甲殿川　はせんこうどのがわ
高知県・新川川水系〔2級〕
派川坂川　はせんさかがわ
千葉県・利根川水系〔1級〕
派川那賀川　はせんなかがわ
徳島県・那賀川水系〔1級〕
派川武田川　はせんたけだがわ
千葉県・小櫃川水系〔2級〕
派川香宗川　はせんこうそうがわ
高知県・香宗川水系〔2級〕
派川根木名川　はせんねこながわ
千葉県・利根川水系〔1級〕
派川能代川　はせんのしろがわ
新潟県・信濃川水系〔1級〕
派川新井郷川分水路　はせんあらいごうがわぶんすいろ
新潟県・阿賀野川水系〔1級〕

13派新田間川　はあらたまがわ
神奈川県・帷子川水系〔2級〕

【洋】

9洋畑川　なぎはたがわ
島根県・斐伊川水系〔1級〕

【為】

為の川　ためのがわ
高知県・蜷川水系〔2級〕

為の川　ためのがわ
高知県・蜷川水系

2為又川　びいまたがわ
沖縄県・屋部川水系

13為塩沢　ためしおざわ
群馬県・利根川水系

【炭】

3炭山川　たんざんがわ
北海道・石狩川水系〔1級〕

7炭売川《別》　すみうりがわ
神奈川県・滑川水系の滑川

炭床川　すみとこがわ
山口県・掛淵川水系〔2級〕

炭床川　すみとこがわ
宮崎県・大淀川水系〔1級〕

炭谷川　すみやがわ
秋田県・米代川水系〔1級〕

炭谷川　すみやがわ
埼玉県・荒川（東京都・埼玉県）水系〔1級〕

9炭屋川　すみやがわ
大分県・丹生川水系〔2級〕

11炭崎川　すみさきがわ
大分県・番匠川水系〔1級〕

12炭焼の沢川　すみやきのさわがわ
北海道・声問川水系

【狭】

3狭山川《別》　さやまがわ
大阪府・大和川水系の西除川

狭山川《別》　さやまがわ
大阪府・大和川水系の東除川

狭山池　さやまいけ
大阪府・淀川水系

5狭田川《古》　はさだがわ
大分県・大野川水系の濁淵川

7狭谷川　せばたにがわ
愛媛県・肱川水系〔1級〕

12狭間川　はざまがわ
茨城県・那珂川水系

狭間川　はざまがわ
岐阜県・庄内川水系〔1級〕

狭間川　はざまがわ
大阪府・大和川水系〔1級〕

狭間川　はざまがわ
広島県・芦田川水系〔1級〕

狭間池　はざまいけ
滋賀県草津市

【狩】

3狩山川　かりやまがわ
高知県・仁淀川水系〔1級〕

狩川　かりがわ
神奈川県・酒匂川水系〔2級〕

狩川　かりがわ
鹿児島県・天降川水系〔2級〕

狩川川　かりかわがわ
佐賀県・玉島川水系〔2級〕

5狩布川　かりっぷがわ
北海道・石狩川水系〔1級〕

狩生川　かりゅうがわ
大分県・狩生川水系〔2級〕

狩立川　かりたちがわ
佐賀県・松浦川水系〔1級〕

7狩別川　かりべつがわ
北海道・猿払川水系〔2級〕

8狩底川　かりそこがわ
宮崎県・五ヶ瀬川水系〔1級〕

11狩宿川　かりやどがわ
群馬県・利根川水系〔1級〕

狩宿川　かりやどがわ
岐阜県・木曾川水系〔1級〕

狩野川　かのがわ
静岡県・狩野川水系〔1級〕

狩野川放水路　かのがわほうすいろ
静岡県・狩野川水系〔1級〕

12狩場川　かりばがわ
京都府・大雲川水系〔2級〕

狩場川　かりばがわ
愛媛県・仁淀川水系

【独】

8独歩川　どっぽがわ
大分県・武蔵川水系〔2級〕

9独活沢　うどさわ
新潟県・関川水系

独活沼　うどぬま
宮城県宮崎町

【狢】

7狢沢　むじなさわ
青森県・岩木川水系〔1級〕

【珊】

13珊瑚珠川　さんごじゅがわ
奈良県・大和川水系〔1級〕

【珍】

3珍川　ちんがわ
北海道・鵡川水系〔1級〕
5珍古辺川　ちんこべがわ
北海道・後志利別川水系〔1級〕

【甚】

7甚兵衛川　じんべえがわ
愛知県・今池川水系

【界】

3界川　さかいがわ
北海道・石狩川水系〔1級〕
界川　さかいがわ
北海道・新川水系〔2級〕
界川　さかいがわ
山形県・最上川水系〔1級〕
界川《古》　さかいがわ
静岡県・狩野川水系の境川
界川　さかいがわ
愛知県・天竜川水系
7界谷川　さかいだにがわ
愛媛県・渦井川水系〔2級〕

【畑】

畑の沢川　はたけのさわがわ
北海道・後志利別川水系〔1級〕
畑の浦川　はたのうらがわ
大分県・畑の浦川水系〔2級〕
畑ヶ田川　はたけだがわ
福島県・阿武隈川水系
畑ヶ谷川　はたがやがわ
静岡県・菊川水系〔1級〕
畑ヶ谷川　はたがだにがわ
岡山県・伊里川水系
畑ヶ谷川　はたがだにがわ
愛媛県・肱川水系〔1級〕
畑ノ沢川　はたのさわがわ
岩手県・北上川水系
3畑口川　はたくちがわ
京都府・由良川水系〔1級〕
畑子谷川　はたごだにがわ
愛媛県・肱川水系〔1級〕
畑川　はたがわ
秋田県・子吉川水系〔1級〕
畑川　はたがわ
京都府・由良川水系〔1級〕
畑川　はたがわ
京都府・畑川水系〔2級〕
畑川　はたがわ
京都府・宇川水系
畑川　はたがわ
京都府・筒川水系
畑川　はたがわ
京都府・由良川水系
畑川　はたがわ
兵庫県・円山川水系〔1級〕
畑川　はたがわ
兵庫県・加古川水系〔1級〕
畑川　はたがわ
兵庫県・武庫川水系〔2級〕
畑川　はたがわ
島根県・高津川水系〔1級〕
畑川　はたがわ
愛媛県・畑川水系〔2級〕
畑川　はたがわ
福岡県・遠賀川水系〔1級〕
4畑中川　はたなかがわ
熊本県・緑川水系〔1級〕
畑中川　はたなかがわ
熊本県・砂川水系〔2級〕
畑中川　はたけなかがわ
熊本県・菊池川水系
畑之沢　はたのさわ
青森県・長川水系
畑井川　はたいがわ
三重県・櫛田川水系〔1級〕
5畑田川　はただがわ
岩手県・久慈川水系
畑田川　はただがわ
福島県・阿武隈川水系
畑田川　はただがわ
徳島県・那賀川水系〔1級〕
畑田川　こばんたがわ
熊本県・球磨川水系
6畑地川　はたんじがわ
熊本県・五ヶ瀬川水系
7畑沢川　はたざわかわ
福島県・阿賀野川水系〔1級〕
畑沢川　はたのさわがわ
栃木県・利根川水系〔1級〕
畑沢川　はたさわがわ
千葉県・畑沢川水系〔2級〕
畑谷大沼　はたやおおぬま
山形県山形市
畑谷川　はただにがわ
兵庫県・加古川水系〔1級〕
畑谷川　はたたにがわ
島根県・斐伊川水系〔1級〕

畑谷川　はたたにがわ
愛媛県・肱川水系〔1級〕
畑谷川　はたたにがわ
福岡県・遠賀川水系〔1級〕
8畑枝川　はたえだがわ
岡山県・旭川水系〔1級〕
畑枝川　はたえだがわ
愛媛県・畑枝川水系
10畑島川　はたじまがわ
佐賀県・松浦川水系〔1級〕
12畑賀川　はたががわ
広島県・瀬野川水系〔2級〕

【疣】
5疣目川　いぼめがわ
福岡県・筑後川水系〔1級〕

【発】
4発心川　ほっしんがわ
福岡県・筑後川水系〔1級〕
7発足川　はったりがわ
北海道・堀株川水系〔2級〕
8発杭川　ほっくいがわ
愛知県・境川水系〔2級〕
発知川　ほっちがわ
群馬県・利根川水系〔1級〕
発知川　ほっちがわ
長野県・信濃川水系〔1級〕
12発寒川　はっさむがわ
北海道・石狩川水系〔1級〕
発寒古川　はっさむふるがわ
北海道・新川水系

【皆】
皆ノ川　みなのがわ
岩手県・摂待川水系
3皆上沢川　みなかみざわがわ
新潟県・信濃川水系〔1級〕
4皆木川　みなぎがわ
兵庫県・揖保川水系〔1級〕
5皆込谷川　かいごめたにがわ
鳥取県・千代川水系〔1級〕
6皆江大川　みなえおおかわ
愛媛県・皆江大川水系〔2級〕
7皆坂川　みなさかがわ
兵庫県・千種川水系
皆尾川　みなおがわ
高知県・下ノ加江川水系〔2級〕
皆沢川　みなざわがわ
群馬県・利根川水系〔1級〕
皆沢川　みなざわがわ
新潟県・信濃川水系〔1級〕
19皆瀬川　みなせがわ
秋田県・雄物川水系〔1級〕
皆瀬川　みなせがわ
神奈川県・酒匂川水系〔2級〕
皆瀬川　みなせがわ
愛知県・境川水系〔2級〕

【皇】
皇ノ川　こうのかわ
愛媛県・皇ノ川水系〔2級〕
15皇踏川　おうとがわ
香川県・皇踏川水系〔2級〕

【盃】
3盃川　さかずきがわ
北海道・盃川水系〔2級〕
12盃湖　さかずきこ
山形県山形市

【県】
3県山川　けんやまがわ
兵庫県・大津川水系〔2級〕
12県道沢　けんどうざわ
青森県・今別川水系

【相】
相の川　あいのかわ
栃木県・那珂川水系〔1級〕
相の川　あいのかわ
愛媛県・肱川水系〔1級〕
相の沢　あいのさわ
山形県・最上川水系
相の谷川　あいのたにがわ
高知県・仁淀川水系〔1級〕
相ヶ谷川　あいがたにがわ
三重県・新宮川水系〔1級〕
相ヶ谷川　あいがたにがわ
宮崎県・大淀川水系〔1級〕
相ノ沢川　あいのさわがわ
岩手県・北上川水系
相ノ沢川　あいのさわがわ
高知県・渡川水系〔1級〕
3相川　あいかわ
岩手県・北上川水系〔1級〕
相川　あいがわ
秋田県・相川水系
相川　あいがわ
福島県・夏井川水系〔2級〕
相川　あいがわ
茨城県・久慈川水系〔1級〕
相川　あいかわ
茨城県・那珂川水系〔1級〕

相川　あいかわ
千葉県・湊川水系〔2級〕
相川　あいかわ
山梨県・富士川水系〔1級〕
相川　あいがわ
岐阜県・木曾川水系〔1級〕
相川　あいがわ
静岡県・天竜川水系〔1級〕
相川　あいがわ
三重県・相川水系〔2級〕
相川《別》　あいかわ
三重県・逢川水系の逢川
相川　あいかわ
徳島県・吉野川水系〔1級〕
相川　あいかわ
徳島県・海部川水系〔2級〕
相川川　あいかわがわ
新潟県・信濃川水系〔1級〕
相川川　あいかわがわ
高知県・吉野川水系〔1級〕
相川沢川　あいかわさわがわ
宮城県・相川沢川水系〔2級〕
4相内川　あいないがわ
北海道・常呂川水系〔1級〕
相内川　あいうちがわ
青森県・岩木川水系〔1級〕
相内沢川　あいないさわがわ
秋田県・雄物川水系〔1級〕
相引川　あいびきがわ
香川県・相引川水系〔2級〕
相月川　あいつきがわ
静岡県・天竜川水系〔1級〕
相月川　あいつきがわ
愛知県・豊川水系
相木川　あいきがわ
長野県・信濃川水系〔1級〕
相水川　そうずいがわ
群馬県・利根川水系〔1級〕
5相代川　あいしろがわ
島根県・相代川水系〔2級〕
相去川　あいざれがわ
高知県・渡川水系〔1級〕
相田川　あいだがわ
茨城県・大北川水系
相田川　あいだがわ
三重県・淀川水系〔1級〕
相田川　あいだがわ
愛媛県・相田川水系〔2級〕
6相合川　そうごがわ
三重県・外城田川水系〔2級〕
相米川　そうまいがわ
青森県・馬淵川水系〔1級〕
7相坂川　あいさかがわ
青森県・相坂川水系〔2級〕
相沢　あいざわ
青森県・岩木川水系
相沢川　あいざわがわ
青森県・岩木川水系〔1級〕
相沢川　あいざわがわ
秋田県・雄物川水系〔1級〕
相沢川　あいざわがわ
山形県・最上川水系〔1級〕
相沢川　あいざわがわ
群馬県・利根川水系〔1級〕
相沢川　あいざわがわ
山梨県・富士川水系〔1級〕
相沢川　あいざわがわ
長野県・天竜川水系〔1級〕
相沢川　あいざわがわ
静岡県・安倍川水系〔1級〕
相良川　さがらがわ
愛知県・紫川水系
相良川　あいらがわ
熊本県・菊池川水系
相見川　あいみがわ
石川県・相見川水系〔2級〕
相見川　あいみがわ
愛知県・矢作川水系〔1級〕
相谷川　あいたにがわ
京都府・由良川水系
相谷川　あいたにがわ
和歌山県・紀の川水系〔1級〕
相谷川　あいたにがわ
鳥取県・吉田川水系
相谷川　あいたにがわ
島根県・斐伊川水系〔1級〕
8相坪川　あいつぼがわ
岡山県・高梁川水系〔1級〕
相河川　あいこうがわ
長崎県・相河川水系〔2級〕
相沼内川　あいぬまないがわ
北海道・相沼内川水系〔2級〕
相泊沼　あいどまりぬま
北海道羅臼町
相知ヶ入川　あいちがいりがわ
愛知県・豊川水系
相長川　あいおさがわ
京都府・由良川水系〔1級〕
9相後川　あいごがわ
高知県・渡川水系〔1級〕
相挟間川　あいはざまがわ
大分県・筑後川水系〔1級〕
相星川　あいぼしがわ
鹿児島県・相星川水系〔2級〕

相染川　あいぞめがわ
長野県・信濃川水系〔1級〕
相津川　あいずがわ
三重県・櫛田川水系〔1級〕
10相原川　あいはらがわ
兵庫県・都志川水系〔2級〕
相浦川　あいのうらがわ
長崎県・相浦川水系〔2級〕
相馬川　そうまがわ
青森県・岩木川水系〔1級〕
11相掛沢川　あいかけざわがわ
山形県・最上川水系〔1級〕
相野川　おのがわ
三重県・新宮川水系〔1級〕
相野川　あいのがわ
兵庫県・武庫川水系〔2級〕
相野沢　あいのざわ
青森県・岩木川水系
相野谷川　あいのたにがわ
茨城県・利根川水系〔1級〕
相野谷川　おのたにがわ
三重県・新宮川水系〔1級〕
相野沼　あいのぬま
宮城県遠田郡涌谷町
12相割川　あいわりがわ
福岡県・相割川水系〔2級〕
相場川　そうばがわ
新潟県・相場川水系〔2級〕
相場川　あいばがわ
三重県・員弁川水系〔2級〕
相賀川《別》　おうががわ
静岡県・大井川水系の相賀谷川
相賀谷川　おうがやがわ
静岡県・大井川水系〔1級〕
相間川　あいまがわ
群馬県・利根川水系〔1級〕
相間川　あいまがわ
高知県・相間川水系〔2級〕
14相模川　さがみがわ
山形県・赤川水系〔1級〕
相模川　さがみがわ
山梨県, 神奈川県・相模川水系〔1級〕
相模川　さがみがわ
滋賀県・淀川水系〔1級〕
相窪川　あいくぼがわ
石川県・大野川水系

【砂】

3砂土路川　さどろがわ
青森県・高瀬川水系〔1級〕
砂子川　すなこがわ
京都府・淀川水系
砂子川　すなごがわ
熊本県・砂子川水系
砂子田川　すなこだがわ
岩手県・北上川水系〔1級〕
砂子田川　いさこだがわ
福島県・砂子田川水系〔2級〕
砂子多川　すなごだがわ
山口県・綾羅木川水系〔2級〕
砂子沢　すなごさわ
青森県・岩木川水系〔1級〕
砂子沢川　いさござわがわ
岩手県・北上川水系〔1級〕
砂子沢川　まさござわがわ
秋田県・米代川水系〔1級〕
砂子沢川　いさござわがわ
山形県・最上川水系〔1級〕
砂子谷川　すなこだにがわ
三重県・員弁川水系〔2級〕
砂山川　すなやまがわ
愛知県・矢作川水系
砂川　すながわ
山形県・最上川水系〔1級〕
砂川　すながわ
茨城県・那珂川水系
砂川　すながわ
栃木県・那珂川水系〔1級〕
砂川　すながわ
富山県・小矢部川水系〔1級〕
砂川　すながわ
愛知県・矢作川水系〔1級〕
砂川　すかわ
愛知県・境川水系〔2級〕
砂川　すながわ
愛知県・境川水系
砂川　すながわ
愛知県・矢作川水系
砂川　すながわ
三重県・淀川水系〔1級〕
砂川　すながわ
三重県・員弁川水系〔2級〕
砂川　すながわ
滋賀県・淀川水系〔1級〕
砂川　すながわ
兵庫県・砂川水系〔2級〕
砂川　すなかわ
岡山県・旭川水系〔1級〕
砂川　すながわ
岡山県・砂川水系〔2級〕
砂川　すながわ
岡山県・笹ヶ瀬川水系〔2級〕
砂川　すながわ
広島県・芦田川水系〔1級〕

砂川　すながわ
熊本県・砂川水系〔2級〕
砂川　すながわ
熊本県・砂川水系
4砂木谷川　すなきだにがわ
京都府・由良川水系〔1級〕
5砂田川　すなだがわ
神奈川県・鶴見川水系〔1級〕
砂田川　すなだがわ
石川県・御祓川水系
砂田川　すなだがわ
京都府・淀川水系
砂田川　すなだがわ
鳥取県・千代川水系〔1級〕
砂田川　すなだがわ
鳥取県・日野川水系〔1級〕
砂田川　すなだがわ
岡山県・高梁川水系
砂田川　すなだがわ
広島県・江の川水系〔1級〕
砂田川　すなだがわ
広島県・芦田川水系〔1級〕
砂田川放水路　すなだがわほうすいろ
鳥取県・千代川水系〔1級〕
6砂地川　すなじがわ
山口県・厚狭川水系〔2級〕
7砂利川　じゃりがわ
北海道・尻別川水系〔1級〕
砂沢川　すなざわがわ
静岡県・富士川水系〔1級〕
砂見川　すなみがわ
鳥取県・千代川水系〔1級〕
砂走川　さそうがわ
滋賀県・淀川水系〔1級〕
8砂居迫川　よないざこがわ
熊本県・砂川水系
砂押川　すなおしがわ
宮城県・砂押川水系〔2級〕
砂押貞山運河　すなおしていざんうんが
宮城県・砂押川水系〔2級〕
砂沼　すなぬま
茨城県下妻市
9砂後川　すごうがわ
愛知県・境川水系
砂津川　すなつがわ
福岡県・紫川水系〔2級〕
10砂留田川　さるたがわ
神奈川県・森戸川水系
12砂場谷川　すなばだにがわ
富山県・黒部川水系〔1級〕
13砂鉄川　さてつがわ
岩手県・北上川水系〔1級〕
砂鉄川　さてつがわ
岩手県・北上川水系
砂馳川　すなはせがわ
富山県・小矢部川水系〔1級〕
19砂蘭部川　さらんべがわ
北海道・遊楽部川水系〔2級〕

【祝】

3祝口川　いわいぐちがわ
熊本県・教良木川水系〔2級〕
祝子川　ほうりがわ
宮崎県・五ヶ瀬川水系〔1級〕
祝川　いわいがわ
静岡県・太田川水系〔2級〕
5祝田川　いわいだがわ
宮崎県・清武川水系〔2級〕
7祝沢川　いわいさわがわ
秋田県・子吉川水系〔1級〕
10祝梅川　しゅくばいがわ
北海道・石狩川水系〔1級〕

【神】

神の川　かみのかわ
長崎県・神の川水系〔2級〕
神の木川　かみのきがわ
熊本県・菊池川水系〔1級〕
神ヶ村川　じんがむらがわ
秋田県・雄物川水系〔1級〕
神ノ川　こうのがわ
高知県・渡川水系〔1級〕
神ノ前川　かみのまえがわ
熊本県・緑川水系
3神下川　かのりがわ
福島県・滑津川水系〔2級〕
神上川　こうのうえがわ
三重県・新宮川水系〔1級〕
神子ヶ谷川　かみこがだにがわ
愛媛県・肱川水系〔1級〕
神子ヶ谷奥川　かみこがだにおくがわ
愛媛県・肱川水系〔1級〕
神子川　かみこがわ
京都府・神子川水系〔2級〕
神子内川　みこうちがわ
栃木県・利根川水系〔1級〕
神子畑川　みこばたがわ
兵庫県・円山川水系〔1級〕
神山川　かみやまがわ
北海道・神山川水系
神山川　かみやまがわ
宮城県・大川水系〔2級〕
神山川　かみやまがわ
宮城県・大川水系

神山川　こやまがわ
兵庫県・加古川水系〔1級〕
神川　じんがわ
福島県・阿武隈川水系
神川　かみがわ
長野県・信濃川水系〔1級〕
4神之川　かみのかわ
鹿児島県・神之川水系〔2級〕
神之川　かみのかわ
鹿児島県・神之川水系〔2級〕
神井川　かみいがわ
栃木県・那珂川水系〔1級〕
神内川　じんないがわ
秋田県・雄物川水系〔1級〕
神内川　こうのうちがわ
三重県・神内川水系〔2級〕
神太夫川　じんだゆうがわ
熊本県・八間川水系
神戸川　ごうどがわ
神奈川県・神戸川水系〔2級〕
神戸川　こうどがわ
新潟県・信濃川水系〔1級〕
神戸川　こうどがわ
長野県・信濃川水系〔1級〕
神戸川　ごうどがわ
静岡県・狩野川水系〔1級〕
神戸川　ごうどがわ
愛知県・神戸川水系〔2級〕
神戸川　かんべがわ
愛知県・日光川水系
神戸川　かどがわ
鳥取県・日野川水系〔1級〕
神戸川　かんどがわ
島根県・神戸川水系〔2級〕
神戸川　こうどがわ
岡山県・高梁川水系〔1級〕
神月川《古》　こうつきがわ
鹿児島県・甲突川水系の甲突川
神水川　しんすいがわ
北海道・石狩川水系〔1級〕
神水川　しほひがわ
佐賀県・嘉瀬川水系〔1級〕
5神仙沼　しんせんぬま
北海道岩内郡共和町
神代川　こうじろがわ
富山県・仏生寺川水系〔2級〕
神代川　こうじろがわ
岡山県・吉井川水系〔1級〕
神代川　こうじろがわ
岡山県・高梁川水系〔1級〕
神代川　こうじろがわ
山口県・富田川水系〔2級〕
神代川　こうじろがわ
長崎県・神代川水系〔2級〕
神代川　じんだいがわ
宮崎県・五ヶ瀬川水系〔1級〕
神代地川　かんだいじがわ
静岡県・太田川水系〔2級〕
神出川　かんでがわ
山口県・粟野川水系〔2級〕
神母谷川　いげたにがわ
高知県・仁淀川水系〔1級〕
神田川　かんだがわ
岩手県・田代川水系〔2級〕
神田川　かんだがわ
東京都・荒川（東京都・埼玉県）水系〔1級〕
神田川　じんでんがわ
山梨県・富士川水系〔1級〕
神田川　かんだがわ
長野県・信濃川水系〔1級〕
神田川　かんだがわ
静岡県・富士川水系〔1級〕
神田川《古》　じんでんがわ
静岡県・宇久須川水系の宇久須川
神田川《別》　かんだがわ
静岡県・都田川水系の東神田川
神田川　かんだがわ
愛知県・豊川水系〔1級〕
神田川　かんだがわ
愛知県・神田川水系
神田川　しんでんがわ
愛知県・豊川水系
神田川　じんでんがわ
愛知県・矢田川水系
神田川　しんでんがわ
京都府・淀川水系〔1級〕
神田川　かんだがわ
京都府・淀川水系
神田川　こうだがわ
大阪府・淀川水系〔1級〕
神田川　かんだがわ
奈良県・大和川水系〔1級〕
神田川　かんだがわ
岡山県・高梁川水系
神田川　かんだがわ
山口県・神田川水系〔2級〕
神田川　こうだがわ
香川県・財田川水系〔2級〕
神田川　じんでがわ
愛媛県・肱川水系〔1級〕
神田川　かんだがわ
愛媛県・神田川水系〔2級〕
神田川　じんだがわ
愛媛県・神田川水系〔2級〕

神田川　じんでんがわ
愛媛県・神田川水系〔2級〕
神田川　こうだがわ
高知県・鏡川水系〔2級〕
神田川　こうだがわ
高知県・桜川水系〔2級〕
神田堀川　かんだぼりがわ
山梨県・相模川水系〔1級〕
神田溜　かんだだめ
滋賀県長浜市
神田瀬川　かんだせがわ
徳島県・神田瀬川水系〔2級〕
神白川　かしろがわ
福島県・神白川水系〔2級〕
6神名原川　しではらがわ
三重県・櫛田川水系〔1級〕
神字川　かんじがわ
新潟県・信濃川水系〔1級〕
神成川　かんなりがわ
新潟県・鯖石川水系〔2級〕
神有川　じんゆうがわ
滋賀県・淀川水系〔1級〕
神西湖　じんざいこ
島根県・十間川水系
7神沢川　かんざわがわ
群馬県・利根川水系〔1級〕
神沢川　かみのさわがわ
長野県・信濃川水系〔1級〕
神沢川　かんざわがわ
静岡県・神沢川水系〔2級〕
神沢川　かみさわがわ
愛知県・天白川水系
神沢原川　かんざわらがわ
静岡県・興津川水系〔2級〕
神甸川　しんでんがわ
広島県・芦田川水系
神谷川　こんたにがわ
富山県・黒瀬川水系〔2級〕
神谷川　かみやがわ
長野県・木曽川水系〔1級〕
神谷川　かんだにがわ
京都府・由良川水系〔1級〕
神谷川　かんだにがわ
京都府・久美谷川水系〔2級〕
神谷川　こうたにがわ
兵庫県・市川水系〔2級〕
神谷川　かんだにがわ
島根県・江の川水系〔1級〕
神谷川　かやがわ
広島県・芦田川水系〔1級〕
神谷川　かんだにがわ
徳島県・勝浦川水系〔2級〕
神谷川　かんだにがわ
香川県・青海川水系〔2級〕
神谷川　かみたにがわ
愛媛県・肱川水系〔1級〕
神谷川　かみだにがわ
高知県・仁淀川水系〔1級〕
神谷川　かみやがわ
大分県・山国川水系〔1級〕
神谷川　かみたにがわ
宮崎県・大淀川水系〔1級〕
8神奈川　かんながわ
滋賀県・淀川水系〔1級〕
神定川　かんじょうがわ
京都府・淀川水系
神居川　かむいがわ
北海道・石狩川水系〔1級〕
神岳川　かんたけがわ
福岡県・紫川水系〔2級〕
神明川　しんめいがわ
福島県・阿武隈川水系〔1級〕
神明川　しんめいがわ
千葉県・神明川水系〔2級〕
神明川　じんめいがわ
新潟県・能生川水系〔2級〕
神明川　しんめいがわ
山梨県・富士川水系〔1級〕
神明川　じんめいがわ
愛知県・庄内川水系
神明川　しんめいがわ
愛知県・矢作川水系
神明堀　しんめいぼり
千葉県・利根川水系
神武谷川　じんむたにがわ
三重県・鈴鹿川水系〔1級〕
神河川　このこがわ
三重県・雲出川水系〔1級〕
神門川《古》　かんどがわ
島根県・神戸川水系の神戸川
9神保川　じんぼがわ
滋賀県・淀川水系〔1級〕
神屋川　かみやがわ
愛知県・庄内川水系
神洗川　かれいがわ
広島県・黒瀬川水系〔2級〕
神津佐川　こんさがわ
三重県・神津佐川水系〔2級〕
神洞川　かんぼらがわ
岐阜県・木曽川水系〔1級〕
10神倉川　かみくらがわ
岩手県・神倉川水系
神倉沢川　かみくらさわがわ
岩手県・北上川水系

神原川　こうばるがわ
大分県・大野川水系〔1級〕
神宮入江川　じんぐういりえがわ
徳島県・吉野川水系〔1級〕
神宮川　しんぐうがわ
山梨県・富士川水系〔1級〕
神宮寺川　じんぐうじがわ
静岡県・都田川水系〔2級〕
神座山川　じんざさんがわ
山梨県・富士川水系〔1級〕
神庭川　かんばがわ
岡山県・旭川水系〔1級〕
神浦川　こおのうらがわ
長崎県・神浦川水系〔2級〕
神流川　かんながわ
群馬県, 埼玉県・利根川水系〔1級〕
神流川　かんながわ
埼玉県・荒川（東京都・埼玉県）水系〔1級〕
神納川　かんのがわ
奈良県・新宮川水系〔1級〕
神通川　じんつうがわ
岐阜県, 富山県・神通川水系〔1級〕
神通谷川　じんつうだにがわ
徳島県・吉野川水系〔1級〕
神馬川　かんばがわ
大分県・大野川水系〔1級〕
11神寄川　こよりがわ
愛媛県・国近川水系〔2級〕
神崎川　かんざきがわ
千葉県・利根川水系〔2級〕
神崎川　かんざきがわ
岐阜県・木曾川水系〔1級〕
神崎川　かんざきがわ
滋賀県・淀川水系〔1級〕
神崎川　かんざきがわ
大阪府・淀川水系〔1級〕
神崎川　かんざきがわ
広島県・芦田川水系〔1級〕
神崎川　こうざきがわ
山口県・厚東川水系〔2級〕
神梨川　かみなしがわ
岐阜県・木曾川水系〔1級〕
神淵川　かんぶちがわ
岐阜県・木曾川水系〔1級〕
神野川　かみのがわ
石川県・町野川水系〔2級〕
神野川　このがわ
和歌山県・神野川水系〔2級〕
神野瀬川　かんのせがわ
広島県・江の川水系〔1級〕
12神曾根川　かみそねがわ
長崎県・神曾根川水系〔2級〕
神越川　かみこしがわ
愛知県・矢作川水系〔1級〕
13神働川　しんどうがわ
熊本県・五ヶ瀬川水系〔1級〕
神殿川　じんでんがわ
山梨県・富士川水系〔1級〕
神殿川　こうどんがわ、こうどのがわ
鹿児島県・万之瀬川水系〔2級〕
神福川　じんぷくがわ
栃木県・那珂川水系〔1級〕
神置川　かみおきがわ
千葉県・夷隅川水系
神路山川　こうじやまがわ
三重県・櫛田川水系〔1級〕
神路川　かみじがわ
岐阜県・木曾川水系〔1級〕
神路谷川　かむろだにがわ
和歌山県・紀の川水系〔1級〕
14神領川　じんりょうがわ
山口県・大井川水系〔2級〕
20神護川　かんごがわ
鳥取県・千代川水系〔1級〕

【祖】
4祖父川　そふがわ
富山県・小矢部川水系〔1級〕
祖父川　そふがわ
滋賀県・淀川水系〔1級〕
祖父川川　そぶかわがわ
岐阜県・木曾川水系〔1級〕
祖父谷川　そぶたにがわ
富山県・黒部川水系〔1級〕
祖父谷川　そぶたにがわ
島根県・斐伊川水系〔1級〕
5祖母川　ばばがわ
富山県・神通川水系〔1級〕
祖母谷川　そぼたにがわ
富山県・黒部川水系〔1級〕
祖母谷川　そぼたにがわ
京都府・祖母谷川水系〔2級〕
6祖式川　そじきがわ
島根県・江の川水系〔1級〕
7祖谷川　いやがわ
徳島県・吉野川水系〔1級〕
10祖浜川　そはまがわ
石川県・祖浜川水系

【祢】
9祢津東川　ねずひがしがわ
長野県・信濃川水系〔1級〕

【祐】

8祐延北谷川　すけのぶきたたにがわ
富山県・常願寺川水系〔1級〕

【秋】

秋の川　あきのがわ
北海道・斜里川水系〔2級〕

3秋上川　あきあげがわ
鹿児島県・川内川水系〔1級〕

秋山川　あきやまがわ
栃木県・利根川水系〔1級〕

秋山川　あきやまがわ
埼玉県・利根川水系〔1級〕

秋山川　あきやまがわ
山梨県・相模川水系〔1級〕

秋山川　あきやまがわ
山梨県・富士川水系〔1級〕

秋山川　あきやまがわ
静岡県・安倍川水系〔1級〕

秋山川　あきやまがわ
佐賀県・塩田川水系〔2級〕

秋山川　あきやまがわ
宮崎県・福島川水系〔2級〕

秋山沢川　あきやまざわがわ
宮城県・阿武隈川水系〔1級〕

秋山沢川　あきやまざわがわ
山形県・最上川水系〔1級〕

秋川　あきがわ
東京都・多摩川水系〔1級〕

4秋元川　あきもとがわ
宮崎県・五ヶ瀬川水系〔1級〕

秋元川　あきもとがわ
宮崎県・五十鈴川水系〔2級〕

秋元川　あきもとがわ
宮崎県・五十鈴川水系

秋元湖　あきもとこ
福島県・阿賀野川水系〔1級〕

5秋田川　あきたがわ
岩手県・宇部川水系〔2級〕

秋田運河《別》　あきたうんが
秋田県・雄物川水系の旧雄物川

秋目川　あきめがわ
鹿児島県・秋目川水系〔2級〕

6秋光川　あきみつがわ
佐賀県・筑後川水系〔1級〕

秋名川　あきながわ
鹿児島県・秋名川水系〔2級〕

7秋利神川　あきりがみがわ
鹿児島県・秋利神川水系〔2級〕

秋社川　あきしゃがわ
宮崎県・大淀川水系〔1級〕

秋芳川　あきよしがわ
岡山県・旭川水系〔1級〕

秋里川　あきさとがわ
兵庫県・千種川水系〔2級〕

9秋津川　あきつがわ
熊本県・緑川水系〔1級〕

秋神川　あきがみがわ
岐阜県・木曾川水系〔1級〕

10秋原川　あきはらがわ
鳥取県・日野川水系〔1級〕

11秋郷川　あきごうがわ
広島県・沼田川水系

秋野川　あきのがわ
奈良県・紀の川水系〔1級〕

秋鹿川　あいかがわ
島根県・斐伊川水系〔1級〕

12秋葉の沢川　あきばのさわがわ
北海道・石狩川水系〔1級〕

秋葉川　あきばがわ
愛知県・天神川水系

秋葉川　あきばがわ
奈良県・大和川水系〔1級〕

秋葉川　あきばがわ
大分県・大野川水系〔1級〕

秋葉洞川　あきばほらがわ
岐阜県・矢作川水系〔1級〕

秋間川　あきまがわ
群馬県・利根川水系〔1級〕

17秋篠川　あきしのがわ
奈良県・大和川水系〔1級〕

【竿】

3竿川　さおがわ
香川県・財田川水系〔2級〕

【籾】

4籾井川　もみいがわ
兵庫県・加古川水系〔1級〕

籾内沢川　もみないざわがわ
秋田県・雄物川水系〔1級〕

【紀】

紀の川　きのがわ
石川県・紀の川水系〔2級〕

紀の川　きのかわ
奈良県, 和歌山県・紀の川水系〔1級〕

3紀三井寺川　きみいでらがわ
和歌山県・紀の川水系〔1級〕

【紅】

4紅水川　こうすいがわ
高知県・国分川水系〔2級〕

6紅地川　こうちがわ
熊本県・白川水系
12紅葉川　もみじがわ
北海道・石狩川水系〔1級〕
紅葉川　もみじがわ
北海道・尻別川水系〔1級〕
紅葉川　もみじがわ
山形県・最上川水系〔1級〕
紅葉川　もみじがわ
福島県・紅葉川水系〔2級〕
紅葉川　もみじがわ
長野県・天竜川水系〔1級〕
紅葉川　もみじがわ
奈良県・紀の川水系〔1級〕
紅葉川　もみじがわ
徳島県・那賀川水系〔1級〕

【美】

美の谷川　みのたにがわ
兵庫県・矢田川水系〔2級〕
美の原川　みのはらがわ
奈良県・大和川水系〔1級〕
2美人川《別》　びじんがわ
青森県・岩木川水系の浪岡川
3美女川　びじょがわ
宮城県・北上川水系〔1級〕
美山川　みやまがわ
岡山県・高梁川水系〔1級〕
4美比内川　びひないがわ
北海道・尻別川水系〔1級〕
5美生川　びせいがわ
北海道・十勝川水系〔1級〕
美田川　みたがわ
島根県・美田川水系〔2級〕
7美作川　みさくがわ
和歌山県・有田川水系〔2級〕
美沢川　よしざわがわ
長野県・信濃川水系〔1級〕
美里別川　びりべつがわ
北海道・十勝川水系〔1級〕
美里谷川　みさとだにがわ
和歌山県・古座川水系〔2級〕
8美和川　みわがわ
兵庫県・由良川水系〔1級〕
美国川　びくにがわ
北海道・美国川水系〔2級〕
美波羅川　みはらがわ
広島県・江の川水系〔1級〕
9美津留川　みつるがわ
福岡県・筑後川水系〔1級〕
美々川　びびがわ
北海道・安平川水系〔2級〕
美々川《別》　みみがわ
宮崎県・耳川水系の耳川
10美唄川　びばいがわ
北海道・石狩川水系〔1級〕
美唄滝の沢川　びばいたきのさわがわ
北海道・石狩川水系〔1級〕
美流渡一の沢川　みるといちのさわがわ
北海道・石狩川水系〔1級〕
美能子川　みのこがわ
京都府・野田川水系
美馬牛川　びばうしがわ
北海道・十勝川水系〔1級〕
11美深パンケ川　ぴふかぱんけがわ
北海道・天塩川水系〔1級〕
美深川　ぴふかがわ
北海道・天塩川水系〔1級〕
美深五線川　ぴふかごせんがわ
北海道・天塩川水系〔1級〕
美深六線川　ぴふかろくせんがわ
北海道・天塩川水系〔1級〕
美野須川　みのすがわ
愛媛県・仁淀川水系〔1級〕
12美瑛川　びえいがわ
北海道・石狩川水系〔1級〕
美瑛紅葉川　びえいもみじがわ
北海道・石狩川水系〔1級〕
美瑛美馬牛川　びえいびばうしがわ
北海道・石狩川水系〔1級〕
美葉牛川　びばうしがわ
北海道・石狩川水系〔1級〕
13美幌川　びほろがわ
北海道・網走川水系〔1級〕
美鈴川　みすずがわ
北海道・厚別川水系
14美歎川　みたにがわ
鳥取県・千代川水系〔1級〕
美蔓川　びまんがわ
北海道・十勝川水系〔1級〕
16美濃川　みのがわ
愛知県・美濃川水系
美濃戸川　みのとがわ
岩手県・北上川水系
美濃地河内川　みのじこうちがわ
島根県・高津川水系〔1級〕
美濃谷川　みのうだにがわ
三重県・宮川水系〔1級〕
美濃谷川　みのだにがわ
京都府・淀川水系〔1級〕
美濃谷川　みのだにがわ
徳島県・吉野川水系〔1級〕
美濃俣川　みのまたがわ
福井県・九頭竜川水系〔1級〕

美濃屋川　みのやがわ
三重県・安濃川水系〔2級〕
美濃郷川　みのごうがわ
滋賀県・淀川水系〔1級〕
18美嚢川　みのうがわ
兵庫県・加古川水系〔1級〕
19美蘭別川　びらんべつがわ
北海道・十勝川水系〔1級〕

【胡】
10胡桃川　くるみがわ
福島県・阿武隈川水系
胡桃川《別》　くるみがわ
神奈川県・滑川水系の滑川
胡桃田川　くるみだがわ
長野県・木曾川水系〔1級〕
胡桃沢川　くるみざわがわ
群馬県・利根川水系〔1級〕
11胡麻川　ごまがわ
京都府・淀川水系〔1級〕
胡麻川　ごまがわ
京都府・淀川水系
胡麻川　ごまがわ
広島県・沼田川水系〔2級〕
胡麻目川　ごまめがわ
長野県・天竜川水系〔1級〕

【胎】
4胎内川　たいないがわ
新潟県・胎内川水系〔2級〕

【胆】
7胆沢川　いさわがわ
岩手県・北上川水系〔1級〕
10胆振幌別川　いぶりほろべつがわ
北海道・胆振幌別川水系〔2級〕

【背】
4背之谷川　はいのたにがわ
愛媛県・仁淀川水系
背戸田川　せどたがわ
愛知県・背戸田川水系
7背坂川　せなざかがわ
山形県・最上川水系〔1級〕
9背負川　せおいがわ
北海道・十勝川水系〔1級〕
背負分線川　せおいぶんせんがわ
北海道・十勝川水系〔1級〕

【茜】
3茜川　あかねがわ
大分県・大野川水系〔1級〕

【茨】
4茨戸川　ばらとがわ
北海道・石狩川水系〔1級〕
茨戸耕北川　ばらとこうほくがわ
北海道・石狩川水系〔1級〕
茨戸耕北川　ばらとこうほくがわ
北海道・石狩川水系
茨木川　いばらぎがわ
大阪府・淀川水系〔1級〕
10茨原川　いばらがわ
福島県・夏井川水系〔2級〕
茨島川　ばらじまがわ
秋田県・馬場目川水系
12茨散沼　ばらさんとう
北海道野付郡別海町

【荏】
7荏沢川　えざわがわ
長野県・信濃川水系〔1級〕

【荒】
2荒又川　あらまたがわ
富山県・小矢部川水系〔1級〕
3荒久沢川　あらくざわがわ
群馬県・利根川水系〔1級〕
荒山川《別》　あらやまがわ
富山県・阿尾川水系の阿尾川
荒山沢　あらやまさわ
岩手県・北上川水系
荒川　あらがわ
岩手県・北上川水系〔1級〕
荒川《別》　あらかわ
岩手県・熊野川水系の熊野川
荒川　あらがわ
岩手県・北上川水系
荒川　あらがわ
宮城県・北上川水系〔1級〕
荒川　あらがわ
宮城県・阿武隈川水系〔1級〕
荒川　あらがわ
宮城県・鳴瀬川水系
荒川　あらかわ
秋田県・米代川水系〔1級〕
荒川　あらがわ
秋田県・雄物川水系〔1級〕
荒川《古》　あらがわ
秋田県・雄物川水系の丸子川
荒川　あらかわ
山形県, 新潟県・荒川(新潟県・山形県)水系〔1級〕

荒川　あらがわ
福島県・阿武隈川水系〔1級〕
荒川　あらがわ
福島県・阿武隈川水系
荒川　あらかわ
栃木県・那珂川水系〔1級〕
荒川　あらがわ
栃木県・利根川水系〔1級〕
荒川　あらかわ
埼玉県, 東京都・荒川(東京都・埼玉県)水系〔1級〕
荒川　あらがわ
新潟県・大川水系〔2級〕
荒川《古》　あらかわ
新潟県, 長野県・関川水系の関川
荒川　あらがわ
富山県・神通川水系〔1級〕
荒川　あらがわ
石川県・犀川水系
荒川　あらがわ
福井県・九頭竜川水系〔1級〕
荒川　あらがわ
山梨県・富士川水系〔1級〕
荒川　あらがわ
長野県・天竜川水系〔1級〕
荒川　あらがわ
静岡県・萩間川水系
荒川　あらがわ
滋賀県・淀川水系〔1級〕
荒川　あらがわ
高知県・渡川水系〔1級〕
荒川　あらがわ
佐賀県・松浦川水系〔1級〕
荒川　あらがわ
熊本県・内野川水系〔2級〕
荒川　あらがわ
鹿児島県・安房川水系〔2級〕
荒川　あらかわ
鹿児島県・荒川水系〔2級〕
荒川　あらがわ
沖縄県・荒川水系
荒川川　あらかわがわ
岩手県・津軽石川水系〔2級〕
荒川川　あらかわがわ
新潟県・阿賀野川水系〔1級〕
荒川川　あらかわがわ
長崎県・荒川川水系〔2級〕
荒川内川　あらかわちがわ
宮崎県・大淀川水系〔1級〕
荒川西流　あらがわせいりゅう
滋賀県・淀川水系〔1級〕
4荒中沢川　あらなかざわがわ
山形県・最上川水系〔1級〕
荒井川　あらいがわ
栃木県・利根川水系〔1級〕
荒井川　あらいがわ
岐阜県・矢作川水系〔1級〕
荒井川《古》　あらいがわ
鳥取県・洗川水系の洗川
荒内川　あらうちがわ
大分県・番匠川水系〔1級〕
荒木又沢川　あらきまたさわがわ
秋田県・雄物川水系〔1級〕
荒木川　あらきがわ
和歌山県・佐野川水系〔2級〕
荒木川　あらきがわ
山口県・荒木川水系〔2級〕
荒木川　あらきがわ
大分県・安岐川水系〔2級〕
5荒平川　あらひらがわ
熊本県・菊池川水系
荒平川　あらひらがわ
熊本県・球磨川水系
荒平川　あらひらがわ
熊本県・大野川水系
荒田川　あらたがわ
岩手県・瀬月内川水系
荒田川　あらたがわ
宮城県・津谷川水系〔2級〕
荒田川　あらたがわ
岐阜県・木曾川水系〔1級〕
荒田川　あらたがわ
三重県・員弁川水系〔2級〕
荒田川　あらたがわ
鳥取県・日野川水系〔1級〕
荒田川　あらたがわ
山口県・荒田川水系〔2級〕
荒田川　あらたがわ
宮崎県・潟上川水系
6荒光川　あらびかがわ
和歌山県・左会津川水系〔2級〕
7荒尾川　あらおがわ
兵庫県・千種川水系
荒沢　あらさわ
山形県・荒川(新潟県・山形県)水系
荒沢川　あらさわがわ
岩手県・北上川水系〔1級〕
荒沢川　あらさわがわ
秋田県・雄物川水系〔1級〕
荒沢川　あらさわがわ
秋田県・子吉川水系〔1級〕
荒沢川　あらさわがわ
山形県・最上川水系〔1級〕
荒沢川　あらさわがわ
栃木県・利根川水系〔1級〕

荒沢川　あらさわがわ
群馬県・利根川水系〔1級〕
荒沢川　あらさわがわ
新潟県・荒川（新潟県・山形県）水系〔1級〕
荒沢川　あらさわがわ
新潟県・三面川水系〔2級〕
荒沢川　あらさわがわ
静岡県・安倍川水系〔1級〕
荒町川　あらまちがわ
山形県・最上川水系〔1級〕
荒町川　あらまちがわ
新潟県・荒町川水系〔2級〕
荒谷川　あらやがわ
北海道・荒谷川水系
荒谷川　あらやがわ
岩手県・北上川水系〔1級〕
荒谷川　あらやがわ
岩手県・馬淵川水系
荒谷川　あらやがわ
新潟県・鯖石川水系〔2級〕
荒谷川　あらたにがわ
富山県・常願寺川水系〔1級〕
荒谷川　あらやがわ
岐阜県・庄川水系〔1級〕
荒谷川　あらたにがわ
島根県・高津川水系〔1級〕
荒谷川　あらたにがわ
愛媛県・渡川水系〔1級〕
荒谷川　あらたにがわ
愛媛県・森川水系〔2級〕
荒谷川　あらたにがわ
宮崎県・一ツ瀬川水系〔2級〕
荒谷川　あらたにがわ
鹿児島県・肝属川水系〔1級〕
8荒河内川　あらごうちがわ
熊本県・河内川水系〔2級〕
荒沼　あらぬま
青森県東通村
荒沼　あれぬま
山形県東村山郡山辺町
荒茂川　あらもがわ
熊本県・球磨川水系
荒金川　あらかねがわ
鳥取県・蒲生川水系〔2級〕
荒金沢川　あらがねさわがわ
栃木県・那珂川水系〔1級〕
9荒城川　あらきがわ
岐阜県・神通川水系〔1級〕
荒屋敷川　あらやしきがわ
宮城県・鳴瀬川水系〔1級〕
荒巻川　あらまきがわ
岩手県・川尻川水系
荒巻川　あらまきがわ
新潟県・郷本川水系〔2級〕
荒海川　あらみがわ
千葉県・利根川水系〔1級〕
荒神川　こうじんがわ
山形県・最上川水系
荒神川　こうじんがわ
福島県・夏井川水系〔2級〕
荒神川　こうじんがわ
兵庫県・武庫川水系〔2級〕
荒神川　こうじんがわ
岡山県・吉井川水系
10荒倉川　あらくらがわ
京都府・由良川水系〔1級〕
荒倉川　あらくらがわ
京都府・由良川水系
荒倉川　あらくらがわ
愛媛県・重信川水系〔1級〕
荒倉川　あらくらがわ
高知県・新川川水系
荒倉沢川　あらくらさわがわ
秋田県・雄物川水系〔1級〕
荒島谷川　あらしまだにがわ
福井県・九頭竜川水系〔1級〕
荒砥川　あらとがわ
山形県・最上川水系〔1級〕
荒砥川　あらとがわ
群馬県・利根川水系〔1級〕
荒砥沢川　あらとさわがわ
長野県・信濃川水系〔1級〕
11荒亀川《別》　あらきがわ
静岡県・狩野川水系の堂川
12荒間地川　あらまじがわ
愛媛県・肱川水系〔1級〕
荒雄川《別》　あらおがわ
宮城県・北上川水系の江合川
19荒瀬川　あらせがわ
山形県・日向川水系〔2級〕
荒瀬川　あらせがわ
鹿児島県・川内川水系〔1級〕
荒瀬川　あらせがわ
鹿児島県・肝属川水系〔1級〕

【草】
草ヶ谷川　くさがやがわ
福島県・藤原川水系
4草刈川　くさかりがわ
静岡県・狩野川水系
草木川　くさきがわ
宮城県・北上川水系〔1級〕
草木川　くさきがわ
福島県・滑津川水系

草木川　くさきがわ
石川県・米町川水系〔2級〕
草木川　くさぎがわ
静岡県・天竜川水系〔1級〕
草木川　くさきがわ
愛知県・阿久比川水系〔2級〕
草木川　くさきがわ
三重県・員弁川水系
草木川　くさきがわ
兵庫県・揖保川水系〔1級〕
草木沢川　くさきざわがわ
山形県・最上川水系〔1級〕
草木沢川　くさきざわがわ
山形県・最上川水系
草木原川　くさきばるがわ
佐賀県・六角川水系〔1級〕
5草生津川　くそうずがわ
秋田県・雄物川水系〔1級〕
草田川　そうだがわ
山形県・日向川水系〔2級〕
7草尾川　くさおがわ
京都府・由良川水系
草谷川　くさたにがわ
兵庫県・加古川水系〔1級〕
草谷川　くさだにがわ
奈良県・紀の川水系〔1級〕
草貝川　くさかいがわ
京都府・淀川水系
草里川　そうりがわ
山梨県・富士川水系〔1級〕
8草岡川　くさおかがわ
山形県・最上川水系〔1級〕
9草津川　くさつがわ
山形県・日向川水系〔2級〕
草津川　くさつがわ
滋賀県・淀川水系〔1級〕
草津川　くさつがわ
広島県・沼田川水系
草津川放水路　くさつがわほうすいろ
滋賀県・淀川水系〔1級〕
草津川放水路　くさつがわほうすいろ
滋賀県・淀川水系
10草原川　くさばらがわ
愛媛県・仁淀川水系〔1級〕
11草崎川　くさざきがわ
静岡県・草崎川水系〔2級〕
草野川　くさのがわ
愛知県・境川水系
草野川　くさのがわ
滋賀県・淀川水系〔1級〕
草野川　くさのがわ
島根県・斐伊川水系〔1級〕
草鹿野川　そうかのがわ
三重県・櫛田川水系〔1級〕
12草場川　くさばがわ
山口県・草場川水系〔2級〕
草場川　くさばがわ
福岡県・筑後川水系〔1級〕
草道川　くさみちがわ
鹿児島県・原田川水系〔2級〕
草間川　くさまがわ
長野県・信濃川水系〔1級〕
16草壁川　くさかべがわ
京都府・由良川水系〔1級〕
草薙川　くさなぎがわ
静岡県・巴川水系〔2級〕

【茸】

4茸木川　なばぎがわ
大分県・山国川水系〔1級〕
7茸沢川　きのこざわがわ
山梨県・相模川水系〔1級〕

【茶】

3茶川　ちゃがわ
新潟県・信濃川水系〔1級〕
7茶志内川　ちゃしないがわ
北海道・石狩川水系〔1級〕
茶志内沼　ちゃしないぬま
北海道奈井江町
8茶長阪川　ちゃながさかがわ
大阪府・淀川水系〔1級〕
9茶屋川　ちゃやがわ
新潟県・信濃川水系〔1級〕
茶屋川　ちゃやがわ
新潟県・西三川川水系
茶屋川　ちゃやがわ
愛知県・境川水系〔2級〕
茶屋川　ちゃやがわ
愛知県・境川水系
茶屋川　ちゃやがわ
大阪府・茶屋川水系〔2級〕
茶屋川　ちゃやがわ
山口県・椹野川水系〔2級〕
茶屋池　ちゃやいけ
長野県飯山市
茶屋谷川　ちゃやだにがわ
滋賀県・淀川水系〔1級〕
10茶釜川　ちゃがまがわ
滋賀県・淀川水系〔1級〕
11茶郷川　ちゃごうがわ
新潟県・信濃川水系〔1級〕
12茶道川　ちゃどうがわ
広島県・野呂川水系

茶間川　ちゃまがわ
兵庫県・茶間川水系〔2級〕
13茶路川　ちゃろがわ
北海道・茶路川水系〔2級〕

【茱】
10茱萸川　ぐみがわ
熊本県・大野川水系〔1級〕

【茗】
茗ヶ原川　みょうがはらがわ
富山県・神通川水系〔1級〕
10茗荷沢川　みょうがさわがわ
福島県・阿賀野川水系
茗荷谷川　みょうがだにがわ
岡山県・高梁川水系〔1級〕
茗荷谷川　みょうがだにがわ
愛媛県・仁淀川水系〔1級〕

【萸】
11萸野川　ぐみのがわ
長野県・矢作川水系〔1級〕

【虻】
3虻川　あぶがわ
長野県・天竜川水系〔1級〕
7虻谷川　あぶたにがわ
三重県・鈴鹿川水系〔1級〕

【虹】
3虹川　にじがわ
山梨県・富士川水系〔1級〕
7虹貝川　にじかいがわ
青森県・岩木川水系〔1級〕
11虹野谷川　あぶのたにがわ
三重県・櫛田川水系〔1級〕

【要】
3要川　かなめがわ
石川県・犀川水系
5要玄寺川　ようげんじがわ
兵庫県・高橋川水系〔2級〕
要田川　ようでんがわ
岡山県・吉井川水系〔1級〕
8要定川　ようさだがわ
神奈川県・酒匂川水系〔2級〕
9要垣内川　ようがうちがわ
広島県・野呂川水系
10要害川　ようがいがわ
宮城県・七北田川水系〔2級〕

【計】
5計石川　はかりいしがわ
福井県・九頭竜川水系〔1級〕

【貞】
3貞山運河　ていざんうんが
宮城県・阿武隈川水系
貞山運河　ていざんうんが
宮城県・砂押川水系
6貞光川　さだみつがわ
徳島県・吉野川水系〔1級〕
8貞延川　さだのぶがわ
山口県・田布施川水系〔2級〕
9貞恒川　さだつねがわ
山口県・木屋川水系〔2級〕
貞重川　さだしげがわ
香川県・綾川水系〔2級〕

【軍】
3軍川　いくさがわ
北海道・折戸川水系〔2級〕
軍川　いくさがわ
香川県・一の谷川水系〔2級〕
6軍次の沢川　ぐんじのさわがわ
北海道・後志利別川水系
7軍沢川　いくさざわがわ
宮城県・北上川水系〔1級〕
軍谷川　いくさだにがわ
宮崎県・大淀川水系〔1級〕
13軍勢川　ぐんぜいがわ
茨城県・那珂川水系

【逆】
逆で川　さかでがわ
新潟県・野浦川水系
3逆川　さかさがわ
北海道・尻別川水系〔1級〕
逆川　さかさがわ
北海道・石狩川水系
逆川　さかさがわ
山形県・最上川水系〔1級〕
逆川　さかさがわ
茨城県・那珂川水系〔1級〕
逆川　さかさがわ
茨城県・利根川水系〔1級〕
逆川　さかさがわ
茨城県・那珂川水系
逆川　さかさがわ
茨城県・利根川水系
逆川　さかがわ
栃木県・那珂川水系〔1級〕

逆川　さかがわ
栃木県・利根川水系〔1級〕
逆川　さかさがわ
栃木県・利根川水系〔1級〕
逆川　さかせがわ
栃木県・利根川水系〔1級〕
逆川　さかさがわ
群馬県・利根川水系〔1級〕
逆川　さかさがわ
埼玉県・荒川（東京都・埼玉県）水系〔1級〕
逆川　さかがわ
静岡県・太田川水系〔2級〕
逆川《別》　さかがわ
静岡県・稲生沢川水系の稲梓川
逆川　さかがわ
和歌山県・山田川水系〔2級〕
逆川　さかさがわ
鳥取県・溝川水系〔2級〕
逆川　さかさまがわ
岡山県・吉井川水系〔1級〕
逆川　さかさまがわ
香川県・津田川水系〔2級〕
逆川沢　さかさがわ
青森県・中村川水系〔2級〕
逆川放水路　さかさがわほうすいろ
鳥取県・溝川水系〔2級〕
4逆水川　ぎゃくすいがわ
新潟県・胎内川水系〔2級〕
7逆沢川　さかざわがわ
山形県・最上川水系〔1級〕
逆谷川　さかしだにがわ
新潟県・信濃川水系〔1級〕
19逆瀬川　さかせがわ
福島県・阿賀野川水系
逆瀬川　さかせがわ
兵庫県・武庫川水系〔2級〕
逆瀬川　さかせがわ
徳島県・吉野川水系〔1級〕
逆瀬川　さかせがわ
熊本県・緑川水系

【送】
16送橋川　おくりばしがわ
山形県・最上川水系〔1級〕

【追】
3追上川　おいあげがわ
兵庫県・市川水系〔2級〕
追川　おいがわ
長野県・信濃川水系〔1級〕
追川　おいかわ
宮崎県・五ヶ瀬川水系〔1級〕
4追分川　おいわけがわ
北海道・新川水系
追分川　おいわけがわ
山口県・三隅川水系〔2級〕
追手川　おってがわ
宮崎県・一ツ瀬川水系〔2級〕
5追出川　おいでがわ
長野県・天竜川水系〔1級〕
7追良瀬川　おいらせがわ
青森県・追良瀬川水系〔2級〕
追谷川　おいたにがわ
京都府・淀川水系
追谷川　おいたにがわ
兵庫県・鯉川水系〔2級〕
8追波川　おっぱがわ
宮城県・北上川水系〔1級〕
追波沢川　おっぱさわかわ
宮城県・北上川水系〔1級〕
11追崎川　おいざきがわ
岡山県・高梁川水系〔1級〕
12追開沢川　おいびらきさわがわ
長野県・信濃川水系〔1級〕

【迷】
3迷川　まよいがわ
北海道・石狩川水系〔1級〕

【迯】
5迯田川　にげたがわ
香川県・綾川水系〔2級〕

【重】
3重川　おもがわ
新潟県・関川水系〔1級〕
重川　おもがわ
山梨県・富士川水系〔1級〕
重川内川　しげごうちがわ
佐賀県・松浦川水系〔1級〕
4重井川　しげいがわ
広島県・重井川水系〔2級〕
重内川　おもないがわ
北海道・知内川水系〔2級〕
5重広川　しげひろがわ
愛知県・豊川水系
重田川　しげたがわ
愛媛県・重田川水系
重石川　じゅうせきがわ
愛媛県・樋之尾谷川水系〔2級〕
7重兵衛沼　じゅうべいぬま
福島県桧枝岐村
重谷川　しげたにがわ
京都府・由良川水系

重谷川　じゅうだにがわ
和歌山県・紀の川水系〔1級〕
重谷寺川　じゅうやじがわ
香川県・高瀬川水系〔2級〕
8重定川　しげさだがわ
岡山県・旭川水系〔1級〕
重岡川　しげおかがわ
大分県・五ヶ瀬川水系〔1級〕
重茂川　おもえがわ
岩手県・重茂川水系〔2級〕
9重信川　しげのぶがわ
愛媛県・重信川水系〔1級〕
重信川　しげのぶがわ
鹿児島県・大里川水系〔2級〕
10重倉川　しげくらがわ
高知県・鏡川水系〔2級〕
重栖川　おもすがわ
島根県・重栖川水系〔2級〕
重留川　しげとめがわ
鹿児島県・川内川水系〔1級〕
12重富川　しげとみがわ
島根県・江の川水系〔1級〕
重須川《古》　おもすがわ
静岡県・陰野川水系の陰野川
14重綱川　しげつながわ
大分県・重綱川水系〔2級〕

【面】
3面子坂ノ池　めんこざかのいけ
青森県西津軽郡岩崎村
面川　おもがわ
新潟県・関川水系〔1級〕
面川《古》　おもがわ
山梨県・富士川水系の重川
5面田川　おもだがわ
愛媛県・肱川水系〔1級〕
面田川　おもだがわ
愛媛県・渡川水系〔1級〕
面白川　つらじろがわ
愛媛県・面白川水系〔2級〕
7面谷川　おもだにがわ
福井県・九頭竜川水系〔1級〕
面谷川　おもだにがわ
愛媛県・渡川水系〔1級〕
8面河川　おもごがわ
愛媛県, 高知県・仁淀川水系
9面風川　おもかぜがわ
熊本県・菊池川水系
10面高川　おもだかがわ
長崎県・面高川水系〔2級〕
15面縄川　おもなわがわ
鹿児島県・面縄川水系〔2級〕
19面瀬川　おもせがわ
宮城県・面瀬川水系〔2級〕
面瀬川　おもせがわ
宮城県・面瀬川水系

【音】
3音川　おとがわ
大阪府・淀川水系〔1級〕
4音水川　おんずいがわ
兵庫県・揖保川水系〔1級〕
6音地川　おんじがわ
高知県・渡川水系
音成川　おとなりがわ
佐賀県・音成川水系〔2級〕
音江川　おとえがわ
北海道・石狩川水系〔1級〕
音江別川　おとえべつがわ
北海道・石狩川水系〔1級〕
音羽川　おとわがわ
愛知県・音羽川水系〔2級〕
音羽川　おとわがわ
京都府・淀川水系〔1級〕
音羽川　おとわがわ
徳島県・吉野川水系〔1級〕
音羽谷川　おとわだにがわ
滋賀県・淀川水系〔1級〕
7音別川　おんべつがわ
北海道・音別川水系〔2級〕
音更川　おとふけがわ
北海道・十勝川水系〔1級〕
音見沢　おとみざわ
山形県・最上川水系
音谷川　おとだにがわ
富山県・黒部川水系〔1級〕
音谷池　おんだにいけ
香川県・本津川水系
9音威子府川　おといねっぷがわ
北海道・天塩川水系〔1級〕
音為川　おとなすがわ
愛知県・豊川水系
12音無川　おとなしがわ
北海道・天塩川水系〔1級〕
音無川　おとなしがわ
新潟県・阿賀野川水系〔1級〕
音無川　おとなしがわ
長野県・天竜川水系〔1級〕
音無川《別》　おとなしがわ
静岡県・仁科川水系の仁科川
音無川　おとなしがわ
奈良県・紀の川水系〔1級〕
音無川　おとなしがわ
和歌山県・新宮川水系〔1級〕

音無川　おとなしがわ
愛媛県・渡川水系〔1級〕
音無川　おとなしがわ
福岡県・音無川水系〔2級〕
音無瀬川《別》　おとなせがわ
福井県・北川水系の遠敷川
15音標川　おとしべがわ
北海道・音標川水系〔2級〕
音調津川　おしらべつがわ
北海道・音調津川水系

【風】
5風田川　かぜたがわ
宮崎県・風田川水系〔2級〕
風穴川　かざあながわ
熊本県・球磨川水系
7風吹大池　かざぶきおおいけ
長野県北安曇郡小谷村
風呂ノ川　ふろのかわ
京都府・由良川水系
風呂ノ川　ふろのかわ
兵庫県・高橋川水系〔2級〕
風呂ノ谷川　ふろのたにがわ
徳島県・吉野川水系〔1級〕
風呂川　ふろがわ
岩手県・北上川水系
風呂川　ふろがわ
愛媛県・井口本川水系〔2級〕
風呂川　ふろがわ
愛媛県・仁淀川水系
風呂谷川　ふろたにがわ
和歌山県・紀の川水系〔1級〕
風呂屋川《別》　ふろやがわ
三重県・櫛田川水系の鍛冶屋瀬川
風折下谷　かざおれしもだに
奈良県・新宮川水系〔1級〕
風折上谷　かざおれかみだに
奈良県・新宮川水系〔1級〕
風来沢川　かさぎざわがわ
福島県・阿賀野川水系〔1級〕
9風指川　かざしがわ
高知県・渡川水系〔1級〕
10風連川　ふうれんがわ
大分県・大野川水系〔1級〕
風連別川　ふうれんべつがわ
北海道・天塩川水系〔1級〕
風連別川　ふうれんべつがわ
北海道・風連別川水系〔2級〕
風連別川　ふうれんべつがわ
北海道・風連別川水系
11風祭川　かざまつりがわ
静岡県・富士川水系〔1級〕
12風嵐谷川　かぜあらしだにがわ
石川県・手取川水系〔1級〕
風登川　かぜのぼりがわ
愛媛県・肱川水系〔1級〕
風越川　かざこしがわ
新潟県・阿賀野川水系〔1級〕
13風蓮川　ふうれんがわ
北海道・風蓮川水系〔2級〕
風蓮湖　ふうれんこ
北海道根室市

【飛】
飛ヶ峯川　とびがみねがわ
宮崎県・広渡川水系〔2級〕
3飛川《古》　とがわ
山梨県・富士川水系の戸川
飛川　とびかわ
鹿児島県・川内川水系〔1級〕
6飛江田川　ひえだがわ
宮崎県・大淀川水系
7飛沢川　とびさわがわ
岩手県・閉伊川水系〔2級〕
8飛岩谷　とびいわたに
富山県・境川水系〔2級〕
11飛鳥川　あすかがわ
福島県・阿武隈川水系〔1級〕
飛鳥川　あすかがわ
岐阜県・木曾川水系〔1級〕
飛鳥川　あすかがわ
大阪府・大和川水系〔1級〕
飛鳥川　あすかがわ
奈良県・大和川水系〔1級〕
12飛渡川　とびたりがわ
新潟県・信濃川水系〔1級〕
飛落川　とびおちがわ
新潟県・新川水系〔2級〕
15飛駒川《別》　ひこまがわ
栃木県・利根川水系の彦間川
19飛騨川　ひだがわ
岐阜県・木曾川水系〔1級〕

【首】
4首戸沢川　くびとざわがわ
新潟県・阿賀野川水系〔1級〕
7首尾川　くびおがわ
岡山県・旭川水系〔1級〕
首沢川　くびさわがわ
新潟県・信濃川水系〔1級〕

【香】
5香田川　こうでんがわ
京都府・野田川水系

6香西川　かさいがわ
千葉県・利根川水系〔1級〕
7香住谷川　かすみだにがわ
兵庫県・香住谷川水系〔2級〕
香坂川　こうさかがわ
長野県・信濃川水系〔1級〕
8香取川　かとりがわ
鳥取県・千代川水系〔1級〕
香宗川　こうそうがわ
高知県・香宗川水系〔2級〕
香東川　ことうがわ
香川県・香東川水系〔2級〕
香河川　かごがわ
京都府・野田川水系〔2級〕
香河川　かごがわ
京都府・野田川水系
9香々美川　かがみがわ
岡山県・吉井川水系〔1級〕
10香流川　かなれがわ
愛知県・庄内川水系〔1級〕
11香桶川　こおけがわ
愛知県・庄内川水系
香酔川　こうずいがわ
奈良県・淀川水系〔1級〕
12香登川　かがとがわ
岡山県・吉井川水系〔1級〕
香登川　かがとがわ
岡山県・吉井川水系

10 画

【俱】
6俱多楽湖　くったらこ
北海道白老郡白老町
7俱利加羅谷川　くりからだにがわ
熊本県・白川水系
12俱登山川　くとさんがわ
北海道・尻別川水系〔1級〕

【借】
6借当川　かりあてがわ
千葉県・栗山川水系〔2級〕

【修】
11修理川　しゅりがわ
和歌山県・有田川水系〔2級〕
12修善寺川　しゅぜんじがわ
静岡県・狩野川水系〔1級〕
修善寺深沢川　しゅぜんじふかざわがわ
静岡県・狩野川水系〔1級〕

【倉】
倉の沢川　くらのさわがわ
岩手県・閉伊川水系〔2級〕
倉ヶ谷川　くらがだにがわ
兵庫県・東川水系
3倉下川　くらしたがわ
新潟県・信濃川水系
倉下川　くらしたがわ
長野県・信濃川水系〔1級〕
倉久川　くらひさがわ
福岡県・遠賀川水系〔1級〕
倉川　くらがわ
高知県・渡川水系〔1級〕
4倉之迫川　くらのさこがわ
宮城県・北上川水系〔1級〕
倉元谷川　くらもとだにがわ
三重県・宮川水系〔1級〕
倉木川《別》　くらきがわ
大分県・大野川水系の十角川
5倉本川　くらもとがわ
大分県・大分川水系〔1級〕
倉目谷川　くらめたにがわ
徳島県・吉野川水系〔1級〕
6倉地川　くらちがわ
長崎県・倉地川水系〔2級〕
倉安川　くらやすがわ
岡山県・旭川水系〔1級〕
倉江川《別》　くらえがわ
熊本県・教良木川水系の教良木川
倉西川　くらにしがわ
静岡県・太田川水系〔2級〕
7倉坂川　くらさかがわ
鳥取県・洗川水系〔2級〕
倉床川　くらとこがわ
兵庫県・淀川水系
倉形沢　くらかたさわ
岩手県・米代川水系
倉沢川　くらさわがわ
岩手県・北上川水系
倉沢川　くらさわがわ
山形県・赤川水系〔1級〕
倉沢川　くらさわがわ
山梨県・富士川水系〔1級〕
倉沢川　くらさわがわ
長野県・信濃川水系〔1級〕
倉町川　くらまちがわ
兵庫県・加古川水系〔1級〕
倉見川　くらみがわ
石川県・大野川水系
倉見川　くらみがわ
岡山県・吉井川水系〔1級〕

倉見沢《別》　くらみざわ
静岡県・狩野川水系の入洞川
倉見沢川　くらみざわがわ
群馬県・利根川水系〔1級〕
倉谷川　くらたにがわ
石川県・犀川水系〔2級〕
倉谷川　くらたにがわ
兵庫県・円山川水系〔1級〕
倉谷川　くらたにがわ
兵庫県・市川水系〔2級〕
倉谷川　くらたにがわ
和歌山県・紀の川水系〔1級〕
倉谷川　くらたにがわ
鳥取県・千代川水系〔1級〕
倉谷川　くらたにがわ
鳥取県・真子川水系
倉谷川　くらたにがわ
島根県・高津川水系〔1級〕
倉谷川　くらたにがわ
島根県・倉谷川水系〔2級〕
倉谷川　くらたにがわ
愛媛県・肱川水系〔1級〕
倉谷川　くらたにがわ
佐賀県・筑後川水系〔1級〕
倉谷川　くらたにがわ
熊本県・津奈木川水系
倉谷川　くらたにがわ
大分県・山国川水系〔1級〕
8倉松川　くらまつがわ
埼玉県・利根川水系〔1級〕
倉沼川　くらぬまがわ
北海道・石狩川水系〔1級〕
9倉品川　くらしながわ
群馬県・利根川水系〔1級〕
倉垣川　くらがきがわ
石川県・米町川水系
倉屋敷川　くらやしきがわ
長崎県・本明川水系〔1級〕
倉津川　くらつがわ
山形県・最上川水系〔1級〕
倉洞沢川　くらほらさわがわ
長野県・信濃川水系〔1級〕
倉科川《別》　くらしながわ
長野県・信濃川水系の三滝川
10倉真川　くらみがわ
静岡県・太田川水系〔2級〕
11倉崎川　くらさきがわ
広島県・倉崎川水系〔2級〕
倉掛川　くらかけがわ
宮崎県・広渡川水系〔2級〕
倉部川　くらべがわ
石川県・倉部川水系〔2級〕
倉部川　くらぶがわ
三重県・淀川水系〔1級〕
倉野川　くらのがわ
鹿児島県・川内川水系〔1級〕
倉鳥川　くらとりがわ
奈良県・大和川水系〔1級〕
15倉敷川　くらしきがわ
岡山県・倉敷川水系〔2級〕

【俵】

7俵坂川　たわらざかがわ
佐賀県・塩田川水系〔2級〕
10俵原川　たわらばらがわ
広島県・江川水系
俵原川　たわらはらがわ
広島県・太田川水系
俵真布川　たわらまっぷがわ
北海道・石狩川水系
11俵野川　たわらのがわ
京都府・木津川水系〔2級〕

【倭】

4倭文川　しとおりがわ
兵庫県・三原川水系〔2級〕
倭文川　しとりがわ
岡山県・吉井川水系〔1級〕

【兼】

3兼丸川　かねまるがわ
熊本県・佐敷川水系
兼久川　かねくがわ
沖縄県・兼久川水系
5兼弘川　かねひろがわ
香川県・湊川水系〔2級〕
7兼秀川　かねひでがわ
岡山県・旭川水系〔1級〕
8兼京川　かねきょうがわ
愛知県・落合川水系
兼金沼　かねきんぬま
北海道野付郡別海町

【剣】

3剣川　つるぎがわ
山口県・佐波川水系〔1級〕
6剣先川　けんさきがわ
島根県・斐伊川水系〔1級〕
剣吉川　けんよしがわ
青森県・馬淵川水系〔1級〕
7剣沢川　つるぎさわがわ
富山県・黒部川水系〔1級〕
9剣持川　けんもちがわ
福岡県・矢部川水系〔1級〕

11剣淵川　けんぶちがわ
北海道・天塩川水系〔1級〕

【原】

原の沢川　はらのさわがわ
北海道・石狩川水系〔1級〕
3原下川　はらげがわ
広島県・原下川水系〔2級〕
原口川　はらぐちがわ
北海道・原口川水系
原口川　はらぐちがわ
岡山県・吉井川水系〔1級〕
原子の沢川　はらこのさわがわ
北海道・天塩川水系〔1級〕
原川　はらがわ
山形県・最上川水系
原川　はらがわ
福島県・阿賀野川水系〔1級〕
原川　はらがわ
福島県・木戸川水系〔2級〕
原川《別》　はらがわ
富山県・小矢部川水系の山田川
原川　はらがわ
静岡県・富士川水系〔1級〕
原川《別》　はらがわ
静岡県・太田川水系の原野谷川
原川　はらがわ
愛知県・庄内川水系〔1級〕
原川　はらがわ
愛知県・豊川水系
原川　はらがわ
京都府・由良川水系〔1級〕
原川　はらがわ
兵庫県・淀川水系〔1級〕
原川　はらがわ
奈良県・大和川水系〔1級〕
原川　はらがわ
和歌山県・紀の川水系〔1級〕
原川　はらがわ
鳥取県・原川水系〔2級〕
原川　はらがわ
岡山県・吉井川水系
原川　はらがわ
広島県・間所川水系
原川　はらがわ
山口県・厚狭川水系〔2級〕
原川　はらがわ
山口県・有帆川水系〔2級〕
原川　はるがわ
福岡県・筑後川水系〔1級〕
原川　はるがわ
大分県・大野川水系〔1級〕
4原中川　はらなかがわ
山口県・田万川水系〔2級〕
原戸川　はらとがわ
山梨県・富士川水系〔1級〕
原手川　はらでがわ
広島県・野呂川水系
原木川　はらきがわ
北海道・原木川水系〔2級〕
原比川　わらびがわ
広島県・黒瀬川水系〔2級〕
5原尻谷川　はらじりたにがわ
熊本県・白川水系〔1級〕
原田川　はらだがわ
新潟県・信濃川水系
原田川　はらだがわ
三重県・鈴鹿川水系〔1級〕
原田川　はらだがわ
広島県・原田川水系〔2級〕
原田川《古》　はらだがわ
広島県・江の川水系の宮迫川
原田川　はらだがわ
愛媛県・蒼社川水系〔2級〕
原田川　はらだがわ
熊本県・緑川水系
原田川　はらだがわ
宮崎県・大淀川水系〔1級〕
原田川　はらだがわ
鹿児島県・原田川水系〔2級〕
原田江川　はらだえがわ
佐賀県・廻里江川水系〔2級〕
7原尾島川　はらおしまがわ
岡山県・旭川水系
原谷川　はらたにがわ
富山県・小矢部川水系〔1級〕
原谷川　はらたにがわ
岐阜県・木曾川水系〔1級〕
原谷川　はらたにがわ
徳島県・吉野川水系〔1級〕
原谷地川　はらやじがわ
宮城県・砂押川水系
9原保川　わらぼがわ
静岡県・狩野川水系〔1級〕
原屋敷川　はらやしきがわ
佐賀県・松浦川水系〔1級〕
原畑川　はらはたがわ
広島県・野呂川水系
10原高野川　はらごやがわ
福島県・夏井川水系〔2級〕
原高野川　はらごやがわ
福島県・夏井川水系
11原野谷川　はらのやがわ
静岡県・太田川水系〔2級〕

12原塚川　はらつかがわ
京都府・淀川水系
19原瀬川　はらせがわ
福島県・阿武隈川水系〔1級〕

【員】
5員弁川　いなべがわ
三重県・員弁川水系〔2級〕
6員光川　かずみつがわ
山口県・神田川水系〔2級〕

【唐】
唐の原川　とうのはるがわ
福岡県・唐の原川水系〔2級〕
唐ノ口谷川　とうのくちだにがわ
徳島県・吉野川水系〔1級〕
2唐人川　とうじんがわ
熊本県・唐人川水系〔2級〕
3唐士谷川　もろこしだにがわ
徳島県・吉野川水系〔1級〕
唐子川　からこがわ
三重県・宮川水系〔1級〕
唐子川　からこがわ
愛媛県・仁淀川水系〔1級〕
唐川川　からかわがわ
兵庫県・円山川水系〔1級〕
唐川川　からかわがわ
兵庫県・円山川水系
唐川川　からかわがわ
島根県・唐川川水系〔2級〕
唐川沢川　からかわざわがわ
北海道・汐泊川水系
4唐井手川　からいでがわ
香川県・唐井手川水系〔2級〕
唐仁塚川　とうじんずかがわ
鹿児島県・万之瀬川水系〔2級〕
唐戸川　からとがわ
滋賀県・淀川水系〔1級〕
唐戸谷川　からとだにがわ
徳島県・吉野川水系〔1級〕
唐比川　からこがわ
長崎県・唐比川水系〔2級〕
6唐池川　からいけがわ
熊本県・菜切川水系
7唐杉谷川　からすぎだにがわ
徳島県・那賀川水系〔1級〕
唐沢　からさわ
長野県・信濃川水系
唐沢川　からさわがわ
北海道・石狩川水系
唐沢川　からさわがわ
群馬県・利根川水系〔1級〕
唐沢川　からさわがわ
埼玉県・利根川水系〔1級〕
唐沢川　からさわがわ
新潟県・信濃川水系〔1級〕
唐沢川　からさわがわ
山梨県・富士川水系〔1級〕
唐沢川　からさわがわ
長野県・信濃川水系〔1級〕
唐沢川　からさわがわ
長野県・天竜川水系〔1級〕
唐沢川　からさわがわ
岐阜県・木曽川水系〔1級〕
唐沢川　からさわがわ
愛知県・境川水系
唐谷川　からたにがわ
三重県・櫛田川水系〔1級〕
唐谷川　からたにがわ
愛媛県・国領川水系〔2級〕
唐谷川　からたにがわ
高知県・仁淀川水系〔1級〕
唐谷川　とうのたにがわ
高知県・佐喜浜川水系〔2級〕
8唐府沢川　からふさわがわ
宮城県・鳴瀬川水系〔1級〕
9唐俣川　からまたがわ
富山県・小矢部川水系〔1級〕
唐津川　からつがわ
山口県・須佐川水系〔2級〕
唐津内沢川　からつないさわがわ
北海道・唐津内沢川水系
10唐原川　とうのはるがわ
福岡県・室見川水系〔2級〕
11唐堀川　からぼりがわ
佐賀県・六角川水系〔1級〕
唐崎川　からさきがわ
新潟県・国府川水系〔2級〕
唐崎川　からさきがわ
愛知県・唐崎川水系
唐船川　とうせんがわ
佐賀県・有田川水系〔2級〕
14唐鉾川　からほこがわ
滋賀県・淀川水系〔1級〕
19唐瀬川　からせがわ
宮崎県・平田川水系〔2級〕
20唐鐘川　からかねがわ
島根県・唐鐘川水系〔2級〕

【埋】
3埋川　うもれがわ
宮城県・鳴瀬川水系〔1級〕
5埋田川　うめだがわ
千葉県・湊川水系

7埋沢川　うまりざわがわ
山梨県・富士川水系〔1級〕

【埒】

3埒川　らちがわ
福島県・三滝川水系〔2級〕

【夏】

3夏山川　なつやまかわ
岩手県・北上川水系
夏山川　なつやまがわ
愛知県・矢作川水系〔1級〕
夏山川　なつやまがわ
愛知県・矢作川水系
夏川　なつがわ
宮城県・北上川水系〔1級〕
4夏井川　なついがわ
岩手県・久慈川水系〔2級〕
夏井川　なついがわ
岩手県・久慈川水系
夏井川　なついがわ
秋田県・米代川水系〔1級〕
夏井川　なついがわ
福島県・夏井川水系〔2級〕
夏井川　なついがわ
新潟県・加治川水系〔2級〕
夏切谷川　なつぎりだにがわ
愛媛県・吉野川水系〔1級〕
5夏目川　なつめがわ
熊本県・菊池川水系〔1級〕
7夏沢川　なつさわがわ
青森県・岩木川水系〔1級〕
8夏油川　げとうがわ
岩手県・北上川水系〔1級〕
9夏屋川　なつやがわ
岩手県・閉伊川水系〔2級〕
夏屋川　なつやがわ
岩手県・閉伊川水系
10夏梅木川　なつめぎがわ
静岡県・狩野川水系〔1級〕
12夏森川　なつもりがわ
広島県・高梁川水系
夏焼谷川　なつやきだにがわ
徳島県・勝浦川水系〔2級〕

【姫】

姫の川内川　ひめのかわちがわ
熊本県・桜川水系
姫ノ井川　ひめのいがわ
高知県・周防形川水系〔2級〕
3姫川　ひめがわ
北海道・姫川水系〔2級〕
姫川　ひめがわ
長野県, 新潟県・姫川水系〔1級〕
姫川　ひめかわ
和歌山県・姫川水系〔2級〕
5姫田川　ひめたがわ
新潟県・加治川水系〔2級〕
姫田川　ひめだがわ
山口県・三隅川水系〔2級〕
8姫松川　ひめまつがわ
岩手県・普代川水系
姫河　ひめがわ
岐阜県・木曾川水系〔1級〕
姫沼　ひめぬま
北海道利尻郡利尻富士町
姫沼　ひめぬま
福島県耶麻郡猪苗代町
姫門川　ひめかどがわ
鹿児島県・久保田川水系〔2級〕
9姫城川　ひめぎがわ
宮崎県・大淀川水系〔1級〕
姫城川放水路　ひめぎがわほうすいろ
宮崎県・大淀川水系〔1級〕
姫逃池　ひめのがいけ
島根県大田市
10姫宮落川　ひめみやおとしがわ
埼玉県・利根川水系〔1級〕
15姫潟　ひめがた
岩手県岩手郡雫石町

【孫】

2孫七沢川　まごしちざわがわ
秋田県・米代川水系
3孫川　まごがわ
三重県・櫛田川水系〔1級〕
孫川　まごがわ
愛媛県・肱川水系〔1級〕
4孫太川　まごたがわ
兵庫県・三原川水系〔2級〕
5孫田川　まごたがわ
愛知県・庄内川水系
6孫次郎川　まごじろうがわ
新潟県・入川水系〔2級〕
7孫兵衛川　まごべえがわ
群馬県・利根川水系〔1級〕
孫助川　まごすけがわ
新潟県・孫助川水系〔2級〕
孫沢川　まごさわがわ
宮城県・鳴瀬川水系〔1級〕

【宴】

3宴川　うたげがわ
長崎県・中川水系〔2級〕

【家】

家の奥川　いえのおくがわ
京都府・野田川水系

家の奥川　いえのおくがわ
兵庫県・円山川水系

家の奥川　いえのおくがわ
愛媛県・渡川水系〔1級〕

家の奥川　いえのおくがわ
高知県・渡川水系〔1級〕

家ヶ谷川　いえがだにがわ
愛媛県・立間川水系〔2級〕

家ノ谷川　いえのたにがわ
高知県・貝ノ川川水系〔2級〕

3家下川　やしたがわ
愛知県・矢作川水系〔1級〕

家下川　やしたがわ
愛知県・境川水系

家下川　やしたがわ
愛知県・矢作川水系

家下川　やしたがわ
京都府・竹野川水系

家山川　いえやまがわ
静岡県・大井川水系〔1級〕

5家代川　いえしろがわ
静岡県・太田川水系〔2級〕

家古屋川　かこやがわ
島根県・江の川水系〔1級〕

家古屋川　かこやがわ
大分県・大野川水系〔1級〕

家田川　えだがわ
宮崎県・五ヶ瀬川水系〔1級〕

6家地川　いえじがわ
愛媛県・渡川水系〔1級〕

家地川　いえじがわ
高知県・渡川水系〔1級〕

家老沢川　かろうざわがわ
岩手県・北上川水系

12家棟川　やむねがわ
滋賀県・淀川水系〔1級〕

家棟川　やむねがわ
滋賀県・淀川水系〔1級〕

22家籠戸川　かろうとがわ
高知県・渡川水系〔1級〕

【宮】

宮の下川　みやのしたがわ
石川県・米町川水系

宮の川　みやのかわ
愛媛県・渡川水系〔1級〕

宮の川川　みやのかわがわ
高知県・渡川水系〔1級〕

宮の内川　みやのうちがわ
高知県・仁淀川水系〔1級〕

宮の沢川　みやのさわがわ
北海道・新川水系

宮の谷　みやのたに
石川県・大聖寺川水系

宮の谷川　みやのたにがわ
三重県・櫛田川水系〔1級〕

宮の谷川　みやのたにがわ
和歌山県・古座川水系〔2級〕

宮の谷川　みやのたにがわ
島根県・江の川水系〔1級〕

宮の谷川　みやのたにがわ
愛媛県・肱川水系〔1級〕

宮の谷川　みやのたにがわ
高知県・仁淀川水系〔1級〕

宮の谷川　みやのたにがわ
熊本県・球磨川水系

宮の前川　みやのまえがわ
奈良県・淀川水系〔1級〕

宮の前川　みやのまえがわ
熊本県・菊池川水系

宮の浦川　みやのうらがわ
熊本県・宮の浦川水系〔2級〕

宮の浦川　みやのうらがわ
熊本県・佐敷川水系〔2級〕

宮の脇川　みやのわきがわ
愛媛県・仁淀川水系

宮ガ瀬川　みやがせがわ
愛媛県・肱川水系〔1級〕

宮ヶ入沢川　みやがいりさわがわ
山梨県・富士川水系〔1級〕

宮ヶ谷川　みやがだにがわ
兵庫県・加古川水系

宮ヶ谷川　みやがだにがわ
岡山県・吉井川水系〔1級〕

宮ヶ谷川　みやがだにがわ
岡山県・芦田川水系

宮ヶ谷川　みやがだにがわ
徳島県・吉野川水系〔1級〕

宮ヶ谷川　みやがだにがわ
徳島県・那賀川水系〔1級〕

宮ヶ谷川　みやがだにがわ
愛媛県・肱川水系〔1級〕

宮ヶ谷川　みやがだにがわ
愛媛県・渡川水系〔1級〕

宮ヶ崎堤　みやがさきつつみ
新潟県寺泊町

宮ヶ野川　みやがのがわ
熊本県・球磨川水系〔1級〕

宮ヶ野川　みやがのがわ
熊本県・球磨川水系

宮ノ下川　みやのしたがわ
宮崎県・大淀川水系〔1級〕
宮ノ川　みやのかわ
長崎県・宮ノ川水系〔2級〕
宮ノ川川　みやのかわがわ
高知県・下ノ加江川水系〔2級〕
宮ノ内谷川　みやのうちだにがわ
徳島県・吉野川水系〔1級〕
宮ノ尾川　みやのおがわ
熊本県・緑川水系
宮ノ谷川　みやのたにがわ
京都府・淀川水系
宮ノ谷川　みやのだにがわ
京都府・淀川水系
宮ノ谷川　みやのたにがわ
島根県・高津川水系〔1級〕
宮ノ谷川　みやのたにがわ
愛媛県・関川水系〔2級〕
宮ノ谷川　みやのたにがわ
高知県・渡川水系〔1級〕
2宮人川　みやひとがわ
鹿児島県・川内川水系〔1級〕
宮入川　みやいりがわ
栃木県・利根川水系〔1級〕
3宮下川　みやしたがわ
千葉県・小糸川水系〔2級〕
宮下川　みやしたがわ
愛知県・豊川水系
宮下川　げんでがわ
宮崎県・一ツ瀬川水系〔2級〕
宮下川　みやしたがわ
鹿児島県・安楽川水系〔2級〕
宮久田川　みやくだがわ
鹿児島県・宮久田川水系〔2級〕
宮久保川　みやくぼがわ
愛媛県・関川水系
宮小路川　みやしょうじがわ
熊本県・大野川水系
宮川　みやがわ
福島県・久慈川水系〔1級〕
宮川　みやがわ
福島県・阿賀野川水系〔1級〕
宮川　みやがわ
福島県・夏井川水系〔2級〕
宮川　みやがわ
栃木県・那珂川水系〔1級〕
宮川　みやがわ
群馬県・利根川水系〔1級〕
宮川　みやがわ
神奈川県・宮川水系〔2級〕
宮川　みやがわ
山梨県・多摩川水系〔1級〕
宮川　みやがわ
山梨県・相模川水系〔1級〕
宮川　みやがわ
山梨県・富士川水系〔1級〕
宮川　みやがわ
長野県・信濃川水系〔1級〕
宮川　みやがわ
長野県・天竜川水系〔1級〕
宮川　みやがわ
岐阜県・神通川水系
宮川《別》　みやがわ
静岡県・狩野川水系の徳倉宮川
宮川《別》　みやがわ
静岡県・狩野川水系の函南観音川
宮川　みやがわ
静岡県・太田川水系
宮川　みやがわ
愛知県・汐川水系〔2級〕
宮川　みやがわ
愛知県・矢作川水系
宮川　みやがわ
三重県・鈴鹿川水系〔1級〕
宮川　みやがわ
三重県・宮川水系〔1級〕
宮川　みやがわ
三重県・淀川水系〔1級〕
宮川　みやがわ
滋賀県・淀川水系〔1級〕
宮川　みやがわ
京都府・由良川水系〔1級〕
宮川　みやがわ
京都府・宮川水系〔2級〕
宮川　みやがわ
京都府・野田川水系
宮川　みやがわ
京都府・淀川水系
宮川　みやがわ
兵庫県・宮川水系〔2級〕
宮川　みやがわ
和歌山県・紀の川水系〔1級〕
宮川　みやがわ
和歌山県・加茂川水系〔2級〕
宮川　みやがわ
和歌山県・宮川水系〔2級〕
宮川　みやがわ
鳥取県・宮川水系〔2級〕
宮川　みやがわ
岡山県・吉井川水系〔1級〕
宮川　みやがわ
岡山県・倉敷川水系〔2級〕
宮川　みやがわ
岡山県・吉井川水系

宮川　みやがわ
山口県・宮川水系〔2級〕
宮川　みやがわ
香川県・詰田川水系〔2級〕
宮川　みやがわ
香川県・財田川水系〔2級〕
宮川　みやがわ
愛媛県・渡川水系〔1級〕
宮川　みやがわ
愛媛県・宮川水系〔2級〕
宮川　みやがわ
愛媛県・宮川水系
宮川　みやがわ
熊本県・白川水系〔1級〕
宮川　みやがわ
熊本県・河内川水系
宮川　みやがわ
大分県・大分川水系〔1級〕
宮川《古》　みやがわ
宮崎県・川内川水系の天神川
宮川内川　みやごうちがわ
熊本県・球磨川水系〔1級〕
宮川内川　みやごうちがわ
熊本県・球磨川水系
宮川内谷川　みやごうちだにがわ
徳島県・吉野川水系〔1級〕
宮川谷川　みやがわだにがわ
和歌山県・有田川水系〔2級〕
4宮中貝野川　みやなかかいのがわ
新潟県・信濃川水系〔1級〕
宮之河内川　みやのかわうちがわ
新潟県・国府川水系〔2級〕
宮之浦川　みやのうらがわ
宮崎県・宮之浦川水系〔2級〕
宮之浦川　みやのうらがわ
鹿児島県・宮之浦川水系〔2級〕
宮井川　みやいがわ
兵庫県・円山川水系〔1級〕
宮井戸川　みやいどがわ
愛知県・豊川水系
宮内川　みやうちがわ
島根県・江の川水系〔1級〕
宮内川　みやうちがわ
岡山県・吉井川水系
宮内川　みやうちがわ
広島県・江の川水系〔1級〕
宮内川　みやうちがわ
香川県・与田川水系〔2級〕
宮内川　みやうちがわ
愛媛県・宮内川水系〔2級〕
宮戸川　みやとがわ
茨城県・利根川水系〔1級〕
宮戸川　みやとがわ
群馬県・利根川水系〔1級〕
5宮古川《別》　みやこがわ
岩手県・閉伊川水系の閉伊川
宮古川　みやこがわ
福島県・阿賀野川水系〔1級〕
宮古川　みやこがわ
新潟県・信濃川水系〔1級〕
宮平川　みやひらがわ
沖縄県・国場川水系
宮本川　みやもとがわ
岡山県・吉井川水系〔1級〕
宮本川　みやもとがわ
岡山県・吉井川水系
宮本川　みやもとがわ
宮崎県・大淀川水系〔1級〕
宮本沢川　みやもとさわがわ
岩手県・北上川水系
宮田又沢川　みやたまたさわがわ
秋田県・雄物川水系〔1級〕
宮田川　みやたがわ
福島県・宮田川水系〔2級〕
宮田川　みやたがわ
福島県・宮田川水系
宮田川　みやたがわ
茨城県・宮田川水系〔2級〕
宮田川　みやたがわ
兵庫県・加古川水系〔1級〕
宮田川　みやたがわ
香川県・金倉川水系〔2級〕
宮田川　みやたがわ
愛媛県・渡川水系〔1級〕
宮田川　みやたがわ
熊本県・宮田川水系
宮田川　みやたがわ
宮崎県・小丸川水系〔1級〕
宮田川　みやたがわ
宮崎県・大淀川水系
宮田川　みやたがわ
鹿児島県・新川水系〔2級〕
宮田池　みやでんいけ
滋賀県守山市
宮立川　みやたてがわ
兵庫県・由良川水系〔1級〕
6宮地川　みやじがわ
岡山県・吉井川水系〔1級〕
宮地川　みやじがわ
岡山県・旭川水系〔1級〕
宮地川　みやちがわ
広島県・江の川水系〔1級〕
宮地川　みやじがわ
広島県・高梁川水系〔1級〕

宮守川　みやもりがわ
岩手県・北上川水系〔1級〕
宮守川　みやもりがわ
岩手県・北上川水系
7宮尾川　みやおがわ
熊本県・関川水系
宮床川　みやとこがわ
宮城県・鳴瀬川水系〔1級〕
宮村川　みやむらがわ
長崎県・宮村川水系〔2級〕
宮沢入川　みやざわいりがわ
福島県・阿賀野川水系〔1級〕
宮沢入川　みやざわいりがわ
福島県・阿賀野川水系
宮沢川　みやざわがわ
岩手県・新井田川水系
宮沢川　みやざわがわ
岩手県・大槌川水系
宮沢川　みやざわがわ
岩手県・馬淵川水系
宮沢川　みやざわがわ
宮城県・北上川水系〔1級〕
宮沢川　みやざわがわ
山形県・最上川水系〔1級〕
宮沢川　みやざわがわ
山形県・最上川水系
宮沢川　みやざわがわ
福島県・阿賀野川水系
宮沢川　みやざわがわ
群馬県・利根川水系〔1級〕
宮沢川　みやざわがわ
新潟県・信濃川水系〔1級〕
宮沢川　みやさわがわ
山梨県・富士川水系〔1級〕
宮沢川　みやざわがわ
山梨県・富士川水系〔1級〕
宮沢川　みやざわがわ
山梨県・精進湖水系〔2級〕
宮沢川　みやざわがわ
長野県・信濃川水系〔1級〕
宮沢川　みやざわがわ
長野県・天竜川水系〔1級〕
宮沢川《別》　みやざわがわ
静岡県・鮎沢川水系の馬伏川
宮良川　みやらがわ
沖縄県・宮良川水系〔2級〕
宮谷　みやだに
三重県・員弁川水系
宮谷川　みやだにがわ
石川県・手取川水系〔1級〕
宮谷川　みややがわ
岐阜県・神通川水系〔1級〕
宮谷川　みやだにがわ
岐阜県・庄川水系〔1級〕
宮谷川　みやたにがわ
三重県・淀川水系〔1級〕
宮谷川　みやだにがわ
三重県・船津川水系
宮谷川　みやだにがわ
京都府・野田川水系
宮谷川　みやたにがわ
岡山県・吉井川水系〔1級〕
宮谷川　みやだにがわ
岡山県・高梁川水系
宮谷川　みやだにがわ
高知県・仁淀川水系〔1級〕
宮谷川　みやだにがわ
高知県・渡川水系〔1級〕
宮谷川　みやだにがわ
大分県・大野川水系〔1級〕
8宮東川　みやひがしがわ
愛知県・庄内川水系
宮迫川　みやさこがわ
広島県・江の川水系〔1級〕
9宮前川　みやまえがわ
福井県・九頭竜川水系〔1級〕
宮前川　みやまえがわ
愛知県・御津川水系
宮前川　みやまえがわ
愛知県・矢作川水系
宮前川　みやまえがわ
和歌山県・有田川水系〔2級〕
宮前川　みやまえがわ
広島県・芦田川水系〔1級〕
宮前川　みやまえがわ
愛媛県・肱川水系〔1級〕
宮前川　みやまえがわ
愛媛県・宮前川水系〔2級〕
宮前谷川　みやまえだにがわ
兵庫県・加古川水系〔1級〕
宮垣川　みやがいがわ
京都府・由良川水系〔1級〕
宮城川　みやしろがわ
奈良県・淀川水系〔1級〕
宮城川　みやしろがわ
岡山県・旭川水系〔1級〕
宮城谷川　みやぎだにがわ
和歌山県・古座川水系〔2級〕
宮後川　みやうしろがわ
奈良県・大和川水系〔1級〕
宮津川　みやずがわ
熊本県・宮津川水系
宮荘川　みやしょうがわ
滋賀県・淀川水系〔1級〕

10宮原川　みやばらがわ
山梨県・富士川水系〔1級〕
宮原川　みやはらがわ
熊本県・菊池川水系〔1級〕
宮原川　みやはらがわ
熊本県・球磨川水系
宮原川　みやばるがわ
熊本県・白川水系
宮島川　みやじまがわ
富山県・神通川水系〔1級〕
宮島江湖川　みやじまえこがわ
徳島県・吉野川水系〔1級〕
宮島沼　みやじまぬま
北海道美唄市
宮浦川　みやうらがわ
宮崎県・宮浦川水系〔2級〕
宮浦本川　みやうらほんかわ
愛媛県・宮浦本川水系〔2級〕
宮脇川　みやわきがわ
愛媛県・宮脇川水系〔2級〕
宮脇川　みやわきがわ
鹿児島県・甲突川水系〔2級〕
11宮崎川《別》　みやざきがわ
宮城県・鳴瀬川水系の田川
宮崎川　みやざきがわ
山口県・宮崎川水系〔2級〕
宮崎川　みやざきがわ
愛媛県・宮崎川水系〔2級〕
宮崎川　みやざきがわ
長崎県・宮崎川水系〔2級〕
宮崎川　みやざきがわ
熊本県・宮崎川水系〔2級〕
宮崎川　みやざきがわ
熊本県・宮崎川水系
宮部川　みやべがわ
岡山県・吉井川水系〔1級〕
宮野川　みやのがわ
広島県・江の川水系〔1級〕
宮野沢川　みやのさわがわ
青森県・岩木川水系〔1級〕
12宮越内川　みやこしないがわ
北海道・天野川水系〔2級〕
13宮園川　みやぞのがわ
北海道・天塩川水系
宮溜池　みやだめいけ
滋賀県八日市市
宮路川　みやじがわ
新潟県・信濃川水系
14宮領川　みやりょうがわ
広島県・沼田川水系〔2級〕
19宮瀬川　みやせがわ
鹿児島県・宮瀬川水系〔2級〕

【射】

4射水川《別》　いみずがわ
富山県・小矢部川水系の小矢部川
5射目前川《古》　いめさきがわ
兵庫県・夢前川水系の夢前川

【将】

8将門川　まさかどがわ
茨城県・利根川水系〔1級〕
9将軍川　しょうぐんがわ
和歌山県・日置川水系〔2級〕

【島】

島の川　しまのがわ
三重県・淀川水系〔1級〕
島の川川　しまのかわがわ
高知県・渡川水系〔1級〕
島の沢川　しまのさわがわ
山梨県・富士川水系〔1級〕
4島之尾川　しまのおがわ
広島県・江の川水系〔1級〕
島戸川　しまどがわ
山口県・島戸川水系〔2級〕
島木川　しまきがわ
岡山県・高梁川水系〔1級〕
5島尻川　しまじりがわ
山梨県・富士川水系〔1級〕
島田川　しまだがわ
青森県・岩木川水系〔1級〕
島田川　しまだがわ
岩手県・津軽石川水系
島田川　しまだがわ
新潟県・信濃川水系〔1級〕
島田川　しまだがわ
長野県・木曽川水系〔1級〕
島田川　しまだがわ
愛知県・豊川水系〔1級〕
島田川　しまだがわ
滋賀県・淀川水系〔1級〕
島田川　しまだがわ
山口県・島田川水系〔2級〕
島田川　しまだがわ
熊本県・緑川水系
島田川　しまだがわ
宮崎県・一ツ瀬川水系〔2級〕
6島地川　しまじがわ
山口県・佐波川水系〔1級〕
8島松川　しままつがわ
北海道・石狩川水系〔1級〕
島泊川　しまどまりがわ
鹿児島県・島泊川水系〔2級〕

10島々谷川　しましまだにがわ
長野県・信濃川水系〔1級〕
島々谷南沢川　しましまだにみなみざわがわ
長野県・信濃川水系〔1級〕
11島崎川　しまざきがわ
新潟県・島崎川水系〔2級〕
島崎川　しまざきがわ
長野県・天竜川水系〔1級〕
島崎川　しまさきがわ
熊本県・大鞘川水系〔2級〕
島深川　しまぶかがわ
愛媛県・肱川水系〔1級〕
12島道川　しまみちがわ
新潟県・能生川水系〔2級〕
13島滝川　しまたきがわ
新潟県・姫川水系〔1級〕

【峰】

3峰川《別》　みねがわ
奈良県・紀の川水系の宗川
峰川　みねがわ
愛媛県・重信川水系〔1級〕
峰川　みねがわ
佐賀県・六角川水系〔1級〕
7峰沢　みねさわ
静岡県・瀬戸川水系

【峯】

3峯川　みねがわ
愛媛県・峯川水系〔2級〕
4峯方沢川　みねがたざわがわ
長野県・姫川水系〔1級〕

【差】

5差田川　さしだがわ
静岡県・青野川水系〔2級〕
9差海川　さしうみがわ
島根県・十間川水系

【帰】

7帰来川　きらいがわ
香川県・財田川水系〔2級〕

【師】

4師戸川　もろとがわ
千葉県・利根川水系〔1級〕

【帯】

3帯川《別》　おびがわ
長野県・天竜川水系の売木川
帯川　おびがわ
愛知県・佐奈川水系〔2級〕
5帯広川　おびひろがわ
北海道・十勝川水系〔1級〕
帯広川　おびひろがわ
長野県・信濃川水系〔1級〕
6帯池　おびいけ
沖縄県南大東村
7帯沢川　おびさわがわ
福島県・阿賀野川水系〔1級〕
帯谷川　おびだにがわ
高知県・安芸川水系〔2級〕
帯那川　おびながわ
山梨県・富士川水系〔1級〕
12帯無川　おびなしがわ
長野県・天竜川水系〔1級〕
15帯締川《別》　おびじめがわ
山梨県・富士川水系の琴川

【座】

3座川　そぞろがわ
佐賀県・座川水系〔2級〕
5座生川　ざおうかわ
千葉県・利根川水系〔1級〕
座生川支川　ざおうかわしかわ
千葉県・利根川水系〔1級〕
7座佐池　ざさいけ
三重県南島町
13座禅川　ざぜんがわ
神奈川県・金目川水系〔2級〕
座禅坊　ざぜんぼう
滋賀県水口町

【庭】

4庭木川　にわきがわ
佐賀県・六角川水系〔1級〕
5庭田川　にわだがわ
高知県・渡川水系〔1級〕
7庭谷川　にわやがわ
群馬県・利根川水系〔1級〕
庭谷川　にわだにがわ
岡山県・吉井川水系〔1級〕

【恩】

3恩山寺谷川　おんざんじだにがわ
徳島県・立江川水系〔2級〕
5恩田川　おんだがわ
千葉県・湊川水系
恩田川　おんだがわ
東京都・鶴見川水系〔1級〕
恩田川　おんだがわ
愛知県・境川水系〔2級〕

10恩根内川　おんねないがわ
北海道・十勝川水系〔1級〕
12恩智川　おんじがわ
大阪府・淀川水系〔1級〕
13恩愛沢川　おんあいざわがわ
青森県・赤石川水系〔2級〕
14恩徳沢　おんとくざわ
岩手県・北上川水系

【恵】
4恵木谷川　えぎだにがわ
広島県・江の川水系〔1級〕
恵木谷川　えぎだにがわ
広島県・江の川水系〔1級〕
恵比寿川　えびすがわ
北海道・石狩川水系〔1級〕
恵比須谷川　えびすだにがわ
愛媛県・肱川水系〔1級〕
恵比須溜　えびすだめ
滋賀県愛東町
7恵良川　えらがわ
大分県・駅館川水系〔2級〕
恵良川　えらがわ
大分県・真玉川水系〔2級〕
恵良川　えらがわ
宮崎県・広渡川水系〔2級〕
8恵岱別川　えたいべつがわ
北海道・石狩川水系〔1級〕
9恵津美川　えずみがわ
北海道・十勝川水系〔1級〕
恵美須川　えびすがわ
京都府・淀川水系
恵茶人沼　えさしとぬま
北海道浜中町
10恵能野川　えのうのがわ
山梨県・相模川水系〔1級〕
恵通谷川　えつだにがわ
長崎県・有馬川水系〔2級〕
13恵農鼻川　えのうびがわ
愛媛県・肱川水系〔1級〕

【息】
8息長川《別》　おきながかわ
滋賀県・淀川水系の天野川

【恋】
14恋隠川　こいがくしがわ
北海道・和天別川水系〔2級〕
19恋瀬川　こいせがわ
茨城県・利根川水系〔1級〕
恋瀬川　こいせがわ
茨城県・利根川水系

【扇】
3扇子山川　せんすやまがわ
愛媛県・肱川水系〔1級〕
扇川　おうぎがわ
愛知県・天白川水系〔2級〕
扇川　おうぎがわ
山口県・厚東川水系〔2級〕
7扇谷川　おうぎだにがわ
岐阜県・木曾川水系〔1級〕
扇谷川　おうぎだにがわ
愛媛県・重信川水系〔1級〕
扇谷川　おうぎだにがわ
愛媛県・肱川水系〔1級〕

【振】
3振子川　ふりこがわ
兵庫県・市川水系〔2級〕
7振別川　ふりべつがわ
北海道・歴舟川水系〔2級〕
8振河《古》　ふるがわ
奈良県・大和川水系の布留川
9振草川《別》　ふりくさがわ
愛知県・天竜川水系の大千瀬川

【旅】
3旅川　たびがわ
富山県・小矢部川水系〔1級〕
7旅谷川　たびだにがわ
京都府・淀川水系
8旅迫川　たびさこがわ
島根県・江の川水系〔1級〕
9旅草川　たびくさがわ
熊本県・五ヶ瀬川水系〔1級〕
12旅塚川　たびずかがわ
福井県・九頭竜川水系〔1級〕

【晒】
3晒川　さらしがわ
新潟県・信濃川水系〔1級〕

【時】
6時合川　じあいがわ
石川県・時合川水系
7時志川　ときしがわ
愛知県・時志川水系
8時雨沢川　しぐれざわがわ
山梨県・富士川水系〔1級〕
9時津川　ときつがわ
長崎県・時津川水系〔2級〕
11時鳥沢川　ときとりざわがわ
宮城県・北上川水系〔1級〕

【朔】

4朔日川　ついたちがわ
和歌山県・日高川水系〔2級〕

【案】

4案内川　あんないがわ
東京都・多摩川水系〔1級〕
案内川　あんないがわ
島根県・斐伊川水系〔1級〕
8案治ヶ谷川　あじがだにがわ
愛媛県・渡川水系〔1級〕

【桐】

桐の木川　きりのきがわ
島根県・斐伊川水系〔1級〕
桐ノ木沢川　きりのきざわがわ
山形県・最上川水系
3桐山川　きりやまがわ
愛知県・矢作川水系
4桐内川　きりないがわ
岩手県・閉伊川水系
桐内沢川　きりうちざわがわ
秋田県・米代川水系〔1級〕
5桐生川　きりゅうがわ
群馬県・利根川水系〔1級〕
7桐沢入沢　きりさわいりざわ
新潟県・信濃川水系
桐沢川　きりさわがわ
新潟県・信濃川水系〔1級〕
桐見川　きりみがわ
高知県・仁淀川水系〔1級〕
桐谷川　きりだにがわ
岐阜県・神通川水系〔1級〕
8桐岡川　きりおかがわ
佐賀県・六角川水系〔1級〕
10桐原川　とげがわ
広島県・太田川水系〔1級〕

【栗】

栗の木川　くりのきがわ
群馬県・利根川水系〔1級〕
栗の木谷川　くりのきだにがわ
和歌山県・日置川水系〔2級〕
栗の浦川　あわのうらがわ
徳島県・栗の浦川水系〔2級〕
栗ヶ畑川　くりがばたがわ
大分県・大野川水系〔1級〕
栗ノ木川　くりのきがわ
新潟県・信濃川水系〔1級〕
栗ノ木沢川　くりのきざわがわ
青森県・高瀬川水系〔1級〕
3栗山川　くりやまがわ
群馬県・利根川水系〔1級〕
栗山川　くりやまがわ
千葉県・栗山川水系〔2級〕
栗山川　くりやまがわ
新潟県・姫川水系〔1級〕
栗山川　くりやまがわ
島根県・高津川水系
栗山川　くりやまがわ
熊本県・緑川水系
栗山沢川　くりやまざわがわ
新潟県・信濃川水系〔1級〕
栗山沢川　くりやまざわがわ
新潟県・信濃川水系
栗川《古》　くりがわ
佐賀県・松浦川水系の松浦川
5栗丘川　くりおかがわ
北海道・石狩川水系
栗代川　くりしろがわ
静岡県・大井川水系〔1級〕
栗平川　くりひらがわ
奈良県・新宮川水系〔1級〕
栗生川　くりおがわ
長野県・信濃川水系〔1級〕
栗生川　くりおがわ
三重県・元谷川水系〔2級〕
栗生川　くりおがわ
鹿児島県・栗生川水系〔2級〕
栗田川　くりたがわ
愛媛県・肱川水系〔1級〕
7栗尾川　くりおがわ
京都府・由良川水系
栗尾川　くりおがわ
鳥取県・天神川水系〔1級〕
栗尾谷川　くりおだにがわ
京都府・淀川水系
栗見谷川　くりみだにがわ
高知県・渡川水系〔1級〕
栗谷川　くりたにがわ
三重県・宮川水系〔1級〕
栗谷川　くりやがわ
長崎県・栗谷川水系〔2級〕
8栗並川　くりなみがわ
佐賀県・嘉瀬川水系〔1級〕
栗実川　くりのみがわ
愛媛県・渡川水系〔1級〕
9栗垣内川　くりがいとがわ
和歌山県・古座川水系〔2級〕
10栗原川　くりはらがわ
群馬県・利根川水系〔1級〕
栗原川　くりはらがわ
静岡県・菊川水系〔1級〕

栗原川　くりはらがわ
広島県・栗原川水系〔2級〕

栗原川　くりはらがわ
佐賀県・嘉瀬川水系〔1級〕

栗島川　くりしまがわ
愛知県・豊川水系〔1級〕

栗栖川　くるすがわ
兵庫県・揖保川水系〔1級〕

栗栖川《別》　くるすがわ
和歌山県・富田川水系の富田川

11栗崎川　くりざきがわ
熊本県・緑川水系

栗巣川　くるすがわ
岐阜県・木曾川水系〔1級〕

栗野川　くりのがわ
奈良県・紀の川水系〔1級〕

12栗須川　くりすがわ
鹿児島県・肝属川水系〔1級〕

【桑】

桑の又川　くわのまたがわ
高知県・渡川水系〔1級〕

桑の川　くわのがわ
高知県・物部川水系〔1級〕

桑の川川　くわのかわがわ
高知県・吉野川水系〔1級〕

桑の木沢　くわのきざわ
静岡県・狩野川水系

桑の木原川　くわのきばるがわ
宮崎県・耳川水系〔2級〕

桑の沢川　くわのさわがわ
北海道・天塩川水系〔1級〕

桑ノ木川　くわのきがわ
山口県・阿武川水系〔2級〕

桑ノ木沢　くわのきざわ
新潟県・信濃川水系

桑ノ尾川　くわのおがわ
大分県・駅館川水系〔2級〕

3桑山川　くわやまがわ
新潟県・阿賀野川水系〔1級〕

桑川　くわがわ
新潟県・桑川水系〔2級〕

4桑井川　くわいがわ
広島県・沼田川水系〔2級〕

桑木沢　くわきざわ
群馬県・利根川水系

桑木谷川　くわのきだにがわ
三重県・宮川水系〔1級〕

桑木谷川　くわのきだにがわ
愛媛県・仁淀川水系〔1級〕

5桑平谷川　くわいだいらだにがわ
徳島県・吉野川水系〔1級〕

桑本川　くわもとがわ
群馬県・利根川水系〔1級〕

桑田川　くわだがわ
千葉県・夷隅川水系

桑田川　くわたがわ
広島県・江の川水系〔1級〕

6桑名川　くわながわ
長野県・信濃川水系〔1級〕

7桑坂川　くわさかがわ
愛媛県・肱川水系〔1級〕

桑村川　くわむらがわ
徳島県・吉野川水系〔1級〕

桑沢川　くわさわがわ
長野県・天竜川水系〔1級〕

桑谷川　くわたにがわ
三重県・櫛田川水系〔1級〕

桑谷川　くわだにがわ
京都府・由良川水系

桑谷川　くわだにがわ
兵庫県・円山川水系

桑谷川　くわだにがわ
愛媛県・肱川水系〔1級〕

桑谷水流　くわたにすいりゅう
奈良県・新宮川水系〔1級〕

8桑並川　くわなみがわ
島根県・斐伊川水系〔1級〕

桑取川　くわとりがわ
新潟県・桑取川水系〔2級〕

桑取火沢川　くわとびさわがわ
福島県・阿賀野川水系

桑沼　くわぬま
宮城県黒川郡大和町

9桑柄川　くわがらがわ
山梨県・富士川水系〔1級〕

10桑原川　くわはらがわ
群馬県・利根川水系〔1級〕

桑原川　くわばらがわ
岐阜県・木曾川水系〔1級〕

桑原川《別》　くわはらがわ
静岡県・狩野川水系の来光川

桑原川　くわばらがわ
兵庫県・由良川水系〔1級〕

桑原川　くわはらがわ
佐賀県・玉島川水系〔2級〕

桑原川　くわばらがわ
大分県・五ヶ瀬川水系〔1級〕

桑留尾川　くわるびがわ
山梨県・西湖水系〔2級〕

桑納川　かんのうがわ
千葉県・利根川水系〔1級〕

桑院川　くわのいんがわ
富山県・上庄川水系〔2級〕

11桑崎池　くわさきいけ
香川県・住吉川水系

桑野川　くわのがわ
徳島県・那賀川水系〔1級〕

桑野本川　くわのもとがわ
兵庫県・竹野川水系〔2級〕

12桑曾根川　くわぞねがわ
新潟県・関川水系〔1級〕

13桑園新川　そうえんしんかわ
北海道・新川水系

14桑増川　くわますがわ
北海道・小平蘂川水系〔2級〕

21桑鶴川　くわずるがわ
熊本県・菊池川水系

桑鶴川　くわずるがわ
熊本県・菊池川水系

桑鶴川　くわずるがわ
宮崎県・大淀川水系〔1級〕

桑鶴谷川　くわずるだにがわ
熊本県・白川水系

【桂】

桂ヶ谷川　かつらがだにがわ
京都府・淀川水系〔1級〕

桂ヶ谷川　かつらがだにがわ
島根県・高津川水系

3桂川　かつらがわ
青森県・岩木川水系〔1級〕

桂川　かつらがわ
秋田県・子吉川水系〔1級〕

桂川　かつらがわ
茨城県・那珂川水系〔1級〕

桂川　かつらがわ
茨城県・利根川水系〔1級〕

桂川　かつらがわ
群馬県・利根川水系〔1級〕

桂川　かつらがわ
新潟県・荒川（新潟県・山形県）水系〔1級〕

桂川《古》　かつらがわ
富山県・角川水系の角川

桂川　かつらがわ
山梨県・相模川水系

桂川　かつらがわ
長野県・信濃川水系〔1級〕

桂川　かつらがわ
長野県・木曾川水系〔1級〕

桂川　かつらがわ
岐阜県・木曾川水系〔1級〕

桂川《別》　かつらがわ
静岡県・狩野川水系の修善寺川

桂川《別》　かつらがわ
静岡県・狩野川水系の堂川

桂川　かつらがわ
京都府・淀川水系〔1級〕

桂川　かつらがわ
和歌山県・紀の川水系〔1級〕

桂川　かつらがわ
香川県・桂川水系〔2級〕

桂川　かつらがわ
愛媛県・肱川水系〔1級〕

桂川　かつらがわ
高知県・仁淀川水系〔1級〕

桂川　かつらがわ
福岡県・筑後川水系〔1級〕

桂川　かつらがわ
大分県・桂川水系〔2級〕

桂川放水路　かつらがわほうすいろ
秋田県・子吉川水系〔1級〕

桂川放水路　かつらがわほうすいろ
福岡県・筑後川水系〔1級〕

4桂欠沢川　かつらがきざわがわ
山形県・最上川水系〔1級〕

6桂池　かつらいけ
長野県飯山市

7桂坂川　かつらさかがわ
山口県・厚東川水系〔2級〕

桂沢　かつらさわ
青森県・算用師川水系

桂沢川　かつらさわがわ
山梨県・富士川水系〔1級〕

桂沢盤の沢川　かつらざわばんのさわがわ
北海道・石狩川水系〔1級〕

9桂畑川　かつらはたがわ
三重県・雲出川水系〔1級〕

10桂原川　かずわらがわ
熊本県・桂原川水系

【桁】

8桁沼川　たけぬまがわ
千葉県・利根川水系〔1級〕

10桁倉沼　けたくらぬま
秋田県雄勝郡皆瀬村

【根】

3根子川　ねっこがわ
秋田県・米代川水系

根子川　ねっこがわ
山梨県・富士川水系〔1級〕

根子沢　ねっこざわ
山形県・最上川水系

根子沢川　ねこざわがわ
山形県・最上川水系〔1級〕

根子屋川　ねごやがわ
福島県・久慈川水系〔1級〕

根子屋川　ねこやがわ
福島県・前田川水系〔2級〕
根小屋川　ねごやがわ
福島県・鮫川水系〔2級〕
根山川　ねやまがわ
愛知県・矢作川水系
4根井川　ねいがわ
青森県・根井川水系〔2級〕
根井沢川　ねいさわがわ
岩手県・津軽石川水系
根反川　ねそりがわ
岩手県・馬淵川水系
根木ノ川　ねぎのがわ
高知県・渡川水系
根木名川　ねこながわ
千葉県・利根川水系〔1級〕
5根古川　ねこがわ
宮城県・鳴瀬川水系
根古屋川　ねごやがわ
茨城県・大北川水系〔2級〕
根古屋川　ねごやがわ
茨城県・利根川水系
根市川　ねいちがわ
秋田県・米代川水系〔1級〕
根本川　ねもとがわ
福島県・鮫川水系〔2級〕
根本川　ねもとがわ
千葉県・利根川水系
根田茂川　ねだもがわ
岩手県・北上川水系〔1級〕
根石川　ねいしがわ
岩手県・米代川水系〔1級〕
6根地戸川　ねちどがわ
岩手県・馬淵川水系
根安川　ねやすがわ
鳥取県・千代川水系〔1級〕
7根利川　ねりがわ
群馬県・利根川水系〔1級〕
根尾川　ねおがわ
岐阜県・木曾川水系〔1級〕
根尾東谷川　ねおひがしたにがわ
岐阜県・木曾川水系〔1級〕
根来川　ねごろがわ
和歌山県・紀の川水系〔1級〕
根谷川　ねのたにがわ
広島県・太田川水系〔1級〕
8根岸沢川　ねぎしざわがわ
福島県・阿賀野川水系
根岸沢川　ねぎしさわがわ
山梨県・富士川水系〔1級〕
根直川　ねじきがわ
京都府・由良川水系
根知川　ねちがわ
新潟県・姫川水系〔1級〕
9根津口川　ねずぐちがわ
新潟県・国府川水系〔2級〕
根皆田川　ねかいだがわ
和歌山県・富田川水系〔2級〕
11根笠川　ねがさがわ
山口県・錦川水系〔2級〕
根笹川　ねざさがわ
愛媛県・肱川水系〔1級〕
根郷川　ねごうがわ
千葉県・利根川水系
根郷川　ねごうがわ
徳島県・吉野川水系〔1級〕
14根熊川　ねくまがわ
山梨県・富士川水系〔1級〕

【桜】

桜の沢川　さくらのさわがわ
北海道・石狩川水系〔1級〕
桜ノ沢川　さくらのさわがわ
静岡県・由比川水系〔2級〕
3桜山川　さくらやまがわ
兵庫県・千種川水系〔2級〕
桜川　さくらがわ
北海道・石狩川水系〔1級〕
桜川　さくらがわ
岩手県・北上川水系
桜川　さくらがわ
宮城県・桜川水系〔2級〕
桜川　さくらがわ
山形県・荒川（新潟県・山形県）水系〔1級〕
桜川　さくらがわ
福島県・阿武隈川水系〔1級〕
桜川　さくらがわ
茨城県・那珂川水系〔1級〕
桜川　さくらがわ
茨城県・利根川水系〔1級〕
桜川　さくらがわ
茨城県・桜川水系〔2級〕
桜川　さくらがわ
茨城県・小石川水系
桜川　さくらがわ
茨城県・那珂川水系
桜川　さくらがわ
栃木県・利根川水系〔1級〕
桜川　さくらがわ
群馬県・利根川水系〔1級〕
桜川　さくらがわ
千葉県・利根川水系
桜川　さくらがわ
新潟県・桜川水系〔2級〕

桜川　さくらがわ
三重県・鈴鹿川水系〔1級〕
桜川　さくらがわ
奈良県・大和川水系〔1級〕
桜川　さくらがわ
和歌山県・南部川水系〔2級〕
桜川　さくらがわ
島根県・斐伊川水系〔1級〕
桜川　さくらがわ
岡山県・旭川水系〔1級〕
桜川　さくらがわ
岡山県・笹ヶ瀬川水系〔2級〕
桜川　さくらがわ
山口県・桜川水系〔2級〕
桜川　さくらがわ
山口県・大井川水系〔2級〕
桜川　さくらがわ
香川県・桜川水系〔2級〕
桜川　さくらがわ
愛媛県・渦井川水系〔2級〕
桜川　さくらがわ
高知県・桜川水系〔2級〕
桜川　さくらがわ
熊本県・桜川水系〔2級〕
桜川　さくらがわ
熊本県・球磨川水系
桜川　さくらがわ
宮崎県・一ツ瀬川水系〔2級〕
4桜井川　さくらいがわ
宮城県・阿武隈川水系〔1級〕
桜井川　さくらいがわ
福岡県・桜井川水系〔2級〕
桜内川　さくらうちがわ
京都府・野田川水系〔2級〕
桜内川　さくらうちがわ
京都府・野田川水系
桜木川　さくらぎがわ
山口県・錦川水系〔2級〕
6桜池　さくらいけ
滋賀県野洲町
7桜沢川　さくらざわがわ
秋田県・君が野川水系
桜谷川　さくらたにがわ
兵庫県・加古川水系〔1級〕
桜谷川　さくらだにがわ
兵庫県・生田川水系〔2級〕
桜谷川　さくらだにがわ
和歌山県・紀の川水系〔1級〕
桜谷川　さくらだにがわ
香川県・鴨部川水系〔2級〕
桜谷川　さくらだにがわ
高知県・渡川水系
8桜沼　さくらぬま
北海道美唄市
10桜原川　さくらはらがわ
愛媛県・肱川水系〔1級〕
桜庭川　さくらばがわ
北海道・留萌川水系〔1級〕

【桟】
3桟川　あさがわ
愛媛県・桟川水系〔2級〕

【栖】
6栖吉川　すよしがわ
新潟県・信濃川水系〔1級〕

【栓】
栓ノ木沢　せんのきざわ
岩手県・閉伊川水系
栓ノ木橋沢　せんのきばしざわ
青森県・川内川水系〔2級〕

【栴】
17栴檀川　せんだんがわ
香川県・津田川水系〔2級〕

【桃】
桃ノ木川　もものきがわ
群馬県・利根川水系〔1級〕
桃ノ木谷川　もものきだにがわ
高知県・伊尾木川水系〔2級〕
3桃川《古》　ももがわ
佐賀県・松浦川水系の松浦川
4桃木谷川　もものきだにがわ
島根県・高津川水系
7桃沢《別》　ももざわ
静岡県・狩野川水系の桃沢川
桃沢川　ももざわがわ
静岡県・狩野川水系〔1級〕
桃谷川　ももたにがわ
滋賀県・淀川水系〔1級〕
9桃俣川　もものまたがわ
奈良県・淀川水系〔1級〕
10桃島川　ももしまがわ
兵庫県・円山川水系〔1級〕
11桃崎川　ももさきがわ
愛媛県・肱川水系〔1級〕
19桃瀬川　ももせがわ
群馬県・利根川水系〔1級〕
桃瀬川《別》　ももせがわ
石川県・羽咋川水系の久江川

【梅】

梅の木川　うめのきがわ
石川県・梶川水系〔2級〕

梅の木川　うめのきがわ
山梨県・富士川水系〔1級〕

梅の木川　うめのきがわ
高知県・仁淀川水系〔1級〕

梅の木川　うめのきがわ
高知県・鏡川水系〔2級〕

梅の木田川　うめのきだがわ
愛媛県・肱川水系〔1級〕

梅の木沢川　うめのきざわがわ
静岡県・狩野川水系〔1級〕

梅の沢川　うめのさわがわ
北海道・石狩川水系〔1級〕

梅ヶ沢　うめがさわ
静岡県・巴川水系

梅ヶ谷川　うめがたにがわ
三重県・宮川水系〔1級〕

梅ヶ谷川　うめがたにがわ
愛媛県・重信川水系〔1級〕

梅ヶ谷栃古川　うめがたにとちこがわ
三重県・宮川水系〔1級〕

梅ヶ渡川　うめがたせがわ
鹿児島県・菱田川水系〔2級〕

梅ノ木川　うめのきがわ
長崎県・梅ノ木川水系〔2級〕

梅ノ木川　うめのきがわ
熊本県・梅ノ木川水系

3梅川　うめかわ
北海道・梅川水系〔2級〕

梅川　うめかわ
北海道・石狩川水系

梅川　うめがわ
福島県・梅川水系〔2級〕

梅川　うめがわ
大阪府・大和川水系〔1級〕

梅川　うめがわ
香川県・梅川水系〔2級〕

4梅木川　うめきがわ
長野県・信濃川水系〔1級〕

梅木川　うめぎがわ
静岡県・狩野川水系〔1級〕

梅木川　うめぎがわ
岡山県・高梁川水系〔1級〕

梅木川　うめのきがわ
熊本県・菊池川水系

梅木川　うめきがわ
大分県・筑後川水系〔1級〕

梅木沢《古》　うめきざわ
静岡県・狩野川水系の梅木川

5梅北川　うめきたがわ
宮崎県・大淀川水系〔1級〕

梅本川　うめもとがわ
和歌山県・紀の川水系〔1級〕

梅生川　うめぎゅうがわ
大分県・大野川水系〔1級〕

梅田川　うめだがわ
宮城県・七北田川水系〔2級〕

梅田川　うめだがわ
千葉県・一宮川水系

梅田川　うめだがわ
神奈川県・鶴見川水系〔1級〕

梅田川　うめだがわ
新潟県・信濃川水系〔1級〕

梅田川　うめだがわ
静岡県・瀬戸川水系〔2級〕

梅田川　うめだがわ
静岡県・梅田川水系〔2級〕

梅田川　うめだがわ
愛知県・梅田川水系〔2級〕

梅田川　うめだがわ
鳥取県・黒川水系〔2級〕

梅田川　うめだがわ
山口県・厚東川水系〔2級〕

6梅名川《別》　うめながわ
静岡県・狩野川水系の御殿川

7梅沢川　うめざわがわ
群馬県・利根川水系〔1級〕

梅沢川　うめざわがわ
新潟県・信濃川水系〔1級〕

梅谷川　うめたにがわ
岐阜県・木曾川水系〔1級〕

梅谷川　うめたにがわ
兵庫県・千種川水系〔2級〕

9梅津川　うめつがわ
新潟県・梅津川水系〔2級〕

梅津川　うめずがわ
熊本県・梅津川水系

10梅島川　うめじまがわ
山梨県・富士川水系〔1級〕

梅峪川　うめざこがわ
岡山県・吉井川水系

梅翁寺川　ばいおうじがわ
岩手県・梅翁寺川水系

11梅野川　うめのがわ
大分県・筑後川水系〔1級〕

梅野俣川　うめのまたがわ
新潟県・信濃川水系〔1級〕

12梅葉諏訪川　うめばすわがわ
熊本県・菊池川水系

13梅園川　うめぞのがわ
栃木県・利根川水系〔1級〕

梅鉢川　うめばちがわ
新潟県・信濃川水系〔1級〕

【桧】

3桧山川　ひやまがわ
岩手県・気仙川水系
桧山川　ひやまがわ
広島県・黒瀬川水系〔2級〕
桧山沢川　ひやまざわがわ
山形県・最上川水系〔1級〕
桧川　ひのきがわ
青森県・桧川水系〔2級〕
4桧木川　ひのきがわ
青森県・桧木川水系〔2級〕
桧木川　ひのきがわ
愛媛県・桧木川水系〔2級〕
5桧尻川　ひのきじりがわ
三重県・宮川水系〔1級〕
7桧沢川　ひさわがわ
長野県・天竜川水系〔1級〕
9桧前川　ひのくまがわ
奈良県・大和川水系〔1級〕
10桧倉川　ひくらがわ
北海道・福島川水系〔2級〕
桧原川　ひばらがわ
長野県・矢作川水系
桧原谷川　きそはらたにがわ
三重県・宮川水系〔1級〕

【栩】

4栩内川　とちないがわ
青森県・岩木川水系〔1級〕
5栩平川　とちひらがわ
秋田県・雄物川水系〔1級〕
7栩谷川　とちだにがわ
徳島県・那賀川水系〔1級〕

【桉】

7桉見川《古》　くらみがわ
兵庫県・千種川水系の佐用川

【残】

11残堀川　ざんぼりがわ
東京都・多摩川水系〔1級〕

【浦】

浦の川　うらのがわ
新潟県・鵜川水系〔2級〕
浦の川　うらのがわ
長崎県・浦の川水系〔2級〕
浦の谷川　うらのたにがわ
愛媛県・肱川水系〔1級〕
浦の谷川　うらのたにがわ
佐賀県・松浦川水系〔1級〕
浦の谷川　うらのたにがわ
熊本県・浦の谷川水系
3浦下川　うらしたがわ
熊本県・浦下川水系
浦上川　うらかみがわ
石川県・八ヶ川水系〔2級〕
浦上川　うらかみがわ
徳島県・浦上川水系〔2級〕
浦上川　うらかみがわ
長崎県・浦上川水系〔2級〕
浦上川　うらかみがわ
熊本県・浦上川水系〔2級〕
浦上川　うらかみがわ
宮崎県・浦上川水系〔2級〕
浦上川　うらかみがわ
宮崎県・浦上川水系
浦上川　うらがみがわ
鹿児島県・浦上川水系〔2級〕
浦士別川　うらしべつがわ
北海道・浦士別川水系〔2級〕
浦子内沢川　うらこないさわがわ
秋田県・雄物川水系〔1級〕
浦山川　うらやまがわ
埼玉県・荒川（東京都・埼玉県）水系〔1級〕
浦山川　うらやまがわ
愛媛県・関川水系〔2級〕
浦川　うらがわ
群馬県・利根川水系〔1級〕
浦川　うらがわ
新潟県・信濃川水系〔1級〕
浦川　うらがわ
長野県・姫川水系〔1級〕
浦川　うらがわ
長野県・木曾川水系〔1級〕
浦川　うらがわ
兵庫県・浦川水系〔2級〕
浦川　うらがわ
佐賀県・嘉瀬川水系〔1級〕
浦川　うらかわ
佐賀県・浦川水系〔2級〕
浦川　うらがわ
熊本県・浦川水系〔2級〕
浦川内川　うらがわちがわ
佐賀県・松浦川水系〔1級〕
浦川内川　うらかわちがわ
鹿児島県・川内川水系〔1級〕
4浦之名川　うらのみょうがわ
宮崎県・大淀川水系〔1級〕

浦之河内川　うらのかわうちがわ
新潟県・浦之河内川水系〔2級〕
浦内川　うらうちがわ
沖縄県・浦内川水系〔2級〕
浦方川　うらかたがわ
熊本県・菊池川水系〔1級〕
浦方川　うらがたがわ
熊本県・菊池川水系
5浦加桂川　ほかけがわ
新潟県・信濃川水系〔1級〕
浦尻川　うらじりがわ
高知県・浦尻川水系〔2級〕
浦尻川　うらしりがわ
宮崎県・浦尻川水系〔2級〕
浦田川《古》　うらたがわ
静岡県・興津川水系の興津川
浦田川　うらたがわ
佐賀県・筑後川水系〔1級〕
浦田川　うらたがわ
佐賀県・塩田川水系〔2級〕
浦田川　うらたがわ
熊本県・菊池川水系〔1級〕
浦田川　うらたがわ
熊本県・菊池川水系
浦矢谷川　うらやたにがわ
熊本県・菊池川水系
6浦臼内川　うらうすないがわ
北海道・石狩川水系〔1級〕
浦臼沼　うらうすぬま
北海道浦臼町
7浦町川　うらまちがわ
佐賀県・浦町川水系〔2級〕
浦見川　うらみがわ
福井県・早瀬川水系〔2級〕
浦谷川　うらたにがわ
富山県・小矢部川水系〔1級〕
浦谷川　うらたにがわ
三重県・宮川水系〔1級〕
浦谷川　うらたにがわ
熊本県・菊池川水系〔1級〕
浦谷川　うらたにがわ
鹿児島県・菱田川水系〔2級〕
8浦底川　うらそこがわ
鹿児島県・浦底川水系〔2級〕
浦河内川　うらがわちがわ
大分県・筑後川水系〔1級〕
10浦島川　うらしまがわ
愛知県・浦島川水系
浦浜川　うらはまがわ
岩手県・浦浜川水系〔2級〕
11浦部川　うらべがわ
千葉県・利根川水系〔1級〕
浦部川　うらべがわ
熊本県・菊池川水系
浦野川　うらのがわ
長野県・信濃川水系〔1級〕
13浦幌オンネナイ川　うらほろおんねないがわ
北海道・十勝川水系〔1級〕
浦幌十勝川　うらほろとかちがわ
北海道・十勝川水系〔1級〕
浦幌十勝導水路　うらほろとかちどうすいろ
北海道・十勝川水系〔1級〕
浦幌川　うらほろがわ
北海道・十勝川水系〔1級〕
19浦瀬川　うらせがわ
新潟県・信濃川水系〔1級〕

【浜】

3浜川　はまがわ
静岡県・浜川水系〔2級〕
浜川　はまがわ
佐賀県・浜川水系〔2級〕
浜川　はまかわ
宮崎県・沖田川水系〔2級〕
4浜戸川　はまどがわ
熊本県・緑川水系〔1級〕
浜水門川《別》　はますいもんがわ
静岡県・塚田川水系の塚田川
5浜平川　はまひらがわ
熊本県・津奈木川水系
浜田川　はまだがわ
岩手県・浜田川水系〔2級〕
浜田川　はまだがわ
千葉県・浜田川水系〔2級〕
浜田川　はまだがわ
愛知県・梅田川水系〔2級〕
浜田川　はまだがわ
愛知県・内海川水系
浜田川　はまだがわ
島根県・浜田川水系〔2級〕
浜田川　はまだがわ
山口県・浜田川水系〔2級〕
浜田川　はまだがわ
愛媛県・浜田川水系〔2級〕
浜田川　はまだがわ
鹿児島県・浜田川水系〔2級〕
6浜名湖　はまなこ
静岡県浜松市
7浜改田川　はまかいだがわ
高知県・浜改田川水系〔2級〕
浜村川　はまむらがわ
鳥取県・浜村川水系〔2級〕
浜男川《別》　はまおがわ
熊本県・菊池川水系の千田川

8浜岡川　はまおかがわ
石川県・浜岡川水系
浜岡朝比奈川　はまおかあさひながわ
静岡県・新野川水系〔2級〕
10浜益川　はまますがわ
北海道・浜益川水系〔2級〕
11浜堂川　はまどうがわ
香川県・高瀬川水系〔2級〕
浜崎川　はまざきがわ
岡山県・吉井川水系〔1級〕
浜野川　はまのがわ
千葉県・浜野川水系〔2級〕
浜野浦川　はまのうらがわ
佐賀県・浜野浦川水系〔2級〕
12浜勝浦川　はまかつうらがわ
千葉県・墨名川水系

【浮】
4浮内川　うきうちがわ
福島県・阿武隈川水系
浮戸川　うきとがわ
千葉県・浮戸川水系〔2級〕
5浮布池　うきぬののいけ
島根県大田市
浮田川　うきたがわ
茨城県・利根川水系
浮田川　うきたがわ
岡山県・笹ヶ瀬川水系〔2級〕
浮辺川　うきべがわ
鹿児島県・加治佐川水系〔2級〕
10浮島大沼　うきしまおおぬま
山形県朝日町
浮島川　うきしまがわ
和歌山県・新宮川水系〔1級〕
浮島池　うきしまいけ
熊本県嘉島町

【涌】
8涌波川　わくなみがわ
石川県・大野川水系〔2級〕
涌波川　わくなみがわ
石川県・大野川水系

【流】
流の沢川　ながれのさわがわ
北海道・石狩川水系
流れ川　ながれがわ
愛知県・境川水系〔2級〕
流れ川　ながれがわ
愛知県・境川水系
3流川　ながれがわ
青森県・高瀬川水系〔1級〕
流川　ながれがわ
山梨県・富士川水系〔1級〕
流川　ながれがわ
岡山県・流川水系
流川　ながれがわ
愛媛県・肱川水系〔1級〕
4流内川　ながれうちがわ
愛媛県・流内川水系〔2級〕
5流田川　ながれたがわ
山口県・流田川水系〔2級〕
流田川　ながれたがわ
愛媛県・千丈川水系〔2級〕
流矢川　ながれやがわ
佐賀県・多良川水系〔2級〕
流石川　さざれいしがわ
三重県・木曾川水系〔1級〕
6流合川　ながれあいがわ
熊本県・流合川水系〔2級〕
7流谷川　りゅうだにがわ
滋賀県・淀川水系〔1級〕
流谷川　ながれだにがわ
京都府・野田川水系
9流海川　なるがわ
佐賀県・塩田川水系〔2級〕
11流渓川　りうけいがわ
北海道・流渓川水系〔2級〕
19流藻川　りゅうそうがわ
熊本県・流藻川水系〔2級〕

【涙】
3涙川《別》　なみだがわ
三重県・三渡川水系の三渡川

【浪】
2浪人川　ろうにんがわ
静岡県・狩野川水系〔1級〕
5浪立川　なみだてがわ
大分県・犬丸川水系〔2級〕
6浪多川　なみたがわ
愛媛県・渦井川水系〔2級〕
8浪岡川　なみおかがわ
青森県・岩木川水系〔1級〕
浪板川　なみいたがわ
岩手県・浪板川水系
9浪逆浦　なさかうら
茨城県・利根川水系
19浪瀬川　なみせがわ
三重県・鈴鹿川水系〔1級〕
浪瀬川　なみせがわ
佐賀県・松浦川水系〔1級〕

【烏】
3烏子川　からすがわ
和歌山県・紀の川水系〔1級〕
烏山川　からすやまがわ
東京都・目黒川水系〔2級〕
烏川　からすがわ
宮城県・鳴瀬川水系〔1級〕
烏川　からすがわ
宮城県・阿武隈川水系〔1級〕
烏川　からすがわ
山形県・最上川水系〔1級〕
烏川　からすがわ
福島県・阿武隈川水系〔1級〕
烏川　からすがわ
群馬県, 埼玉県・利根川水系〔1級〕
烏川　からすがわ
新潟県・荒川（新潟県・山形県）水系〔1級〕
烏川　からすがわ
新潟県・信濃川水系〔1級〕
烏川　からすがわ
長野県・信濃川水系〔1級〕
烏川　からすがわ
静岡県・烏川水系〔2級〕
烏川　からすがわ
高知県・渡川水系〔1級〕
烏川　からすがわ
高知県・香宗川水系〔2級〕
5烏田川　からすだがわ
千葉県・烏田川水系〔2級〕
烏田川　からすだがわ
奈良県・大和川水系〔1級〕
烏田川　からすだがわ
福岡県・筑後川水系〔1級〕
10烏原川　からすはらがわ
兵庫県・新湊川水系〔2級〕
11烏宿川《古》　うしゅくがわ
千葉県・養老川水系の養老川
12烏帽子川　えぼしがわ
愛媛県・肱川水系〔1級〕
烏帽子森川　えぼしもりがわ
福島県・阿武隈川水系〔1級〕
16烏頭川　ぶしがわ
北海道・烏頭川水系〔2級〕

【狸】
7狸谷川　たぬきだにがわ
三重県・員弁川水系〔2級〕

【狼】
狼ノ沢川　おいのざわがわ
秋田県・雄物川水系
3狼川　おおかみがわ
滋賀県・淀川水系〔1級〕

【珠】
9珠洲大谷川　すずおおたにがわ
石川県・珠洲大谷川水系〔2級〕

【班】
3班川　まだらがわ
長野県・信濃川水系〔1級〕
7班尾川　まだらおがわ
長野県・信濃川水系〔1級〕

【畝】
7畝見川　うねみがわ
福井県・九頭竜川水系〔1級〕
9畝畑川　うねばたけがわ
高知県・渡川水系

【畔】
7畔沢川　あぜさわがわ
山梨県・富士川水系〔1級〕
9畔屋川　あぜやがわ
愛媛県・渡川水系〔1級〕

【留】
3留山川　とめやまがわ
山形県・最上川水系〔1級〕
5留辺志部川　るべしべがわ
北海道・石狩川水系〔1級〕
留辺蘂川　るべしべがわ
北海道・石狩川水系〔1級〕
10留浪川　るろうがわ
佐賀県・筑後川水系〔1級〕
留々女沢川　とどめさわがわ
長野県・天竜川水系〔1級〕
11留萌川　るもいがわ
北海道・留萌川水系〔1級〕

【畚】
11畚部川　ふごっぺがわ
北海道・畚部川水系〔2級〕

【益】
5益田川　ますだがわ
島根県・益田川水系〔2級〕
6益安川　ますやすがわ
宮崎県・広渡川水系〔2級〕
7益坂川　ますさかがわ
岡山県・里見川水系〔2級〕

11益野川　ましのがわ
高知県・益野川水系〔2級〕

【真】

2真人沢川　まっとさわがわ
新潟県・信濃川水系〔1級〕
3真子川　しんじがわ
鳥取県・真子川水系〔2級〕
真子川　しんじがわ
鳥取県・真子川水系
真川　まがわ
富山県・常願寺川水系
真弓川　まゆみがわ
大分県・五ヶ瀬川水系〔1級〕
4真引川　まひきがわ
長野県・信濃川水系〔1級〕
真手野川　までのがわ
佐賀県・玉島川水系〔2級〕
真方川　まがたがわ
宮崎県・大淀川水系〔1級〕
真木川　まきがわ
茨城県・利根川水系〔1級〕
真木川　まきがわ
新潟県・加治川水系〔2級〕
真木川　まぎがわ
山梨県・相模川水系〔1級〕
真木沢川　まきざわがわ
北海道・石狩川水系〔1級〕
5真布川　まっぷがわ
北海道・石狩川水系〔1級〕
真玉川　またまがわ
大分県・真玉川水系〔2級〕
真田川　さなだがわ
広島県・真田川水系
真田川　さなだがわ
鹿児島県・天降川水系〔2級〕
真田角間川　さなだかくまがわ
長野県・信濃川水系〔1級〕
真田堀川　さなだぼりがわ
和歌山県・紀の川水系〔1級〕
真目堂川　まめどうがわ
奈良県・大和川水系〔1級〕
真目堂川放水路　まめどうがわほうすいろ
奈良県・大和川水系〔1級〕
真立川　またてがわ
愛知県・豊川水系
6真光寺川　しんこうじがわ
東京都，神奈川県・鶴見川水系〔1級〕
真光寺川　しんこうじがわ
滋賀県・淀川水系〔1級〕
真名ヶ崎川　まながさきがわ
山口県・有帆川水系〔2級〕
真名子川　まなごがわ
福島県・阿武隈川水系〔1級〕
真名川　まながわ
福井県・九頭竜川水系〔1級〕
真名川　まながわ
三重県・員弁川水系〔2級〕
真名川　まながわ
鳥取県・蒲生川水系〔2級〕
真名川《別》　まながわ
山口県・厚東川水系の長田川
真名井川　まないがわ
石川県・小又川水系〔2級〕
真名井川　まないがわ
京都府・真名井川水系〔2級〕
真名田川　まなだがわ
岐阜県・木曾川水系〔1級〕
真如寺川　しんにょじがわ
大阪府・淀川水系〔1級〕
真如寺川　しんにょうじがわ
福岡県・城井川水系〔2級〕
真竹川　まだけがわ
大分県・大野川水系〔1級〕
真竹川　まだけがわ
宮崎県・五十鈴川水系
7真似井川　まねいがわ
福島県・夏井川水系〔2級〕
真住川　まなすみがわ
鳥取県・日野川水系〔1級〕
真坂川　まさかがわ
福島県・鮫川水系
真尾川　まおがわ
山口県・佐波川水系〔1級〕
真更川　まざらがわ
新潟県・真更川水系〔2級〕
真谷川　またにがわ
富山県・常願寺川水系〔1級〕
真谷川　またにがわ
岡山県・高梁川水系〔1級〕
真谷川　またにがわ
愛媛県・国領川水系〔2級〕
8真国川　まくにがわ
和歌山県・紀の川水系〔1級〕
真幸田川　まさきだがわ
宮崎県・大淀川水系
真沼津川　しんぬつがわ
北海道・真沼津川水系〔2級〕
9真南条川　まなんじょうがわ
兵庫県・武庫川水系〔2級〕
真室川　まむろがわ
山形県・最上川水系〔1級〕
真昼川　まひるがわ
秋田県・雄物川水系〔1級〕

真栄川　まさかえがわ
北海道・勝納川水系
真栄川　しんえいがわ
北海道・石狩川水系
真柴川《別》　ましばがわ
静岡県・富士川水系の芝川
真狩川　まっかりがわ
北海道・尻別川水系〔1級〕
真砂川　まさごがわ
静岡県・太田川水系
真砂川　まさごがわ
三重県・矢ノ川水系〔2級〕
10真浦川　まうらがわ
千葉県・真浦川水系
11真亀川　まがめがわ
千葉県・真亀川水系〔2級〕
真崎川　まさきがわ
長崎県・東大川水系〔2級〕
真盛川　しんせいがわ
三重県・金剛川水系〔2級〕
真船川　まぶねがわ
岡山県・吉井川水系〔1級〕
真菰川　まこもがわ
山口県・木屋川水系〔2級〕
真野川　まのがわ
宮城県・北上川水系〔1級〕
真野川　まのがわ
福島県・真野川水系〔2級〕
真野川　まのがわ
新潟県・真野川水系〔2級〕
真野川　まのがわ
滋賀県・淀川水系〔1級〕
真鹿野川　まがのがわ
鳥取県・千代川水系〔1級〕
12真間川　ままがわ
千葉県・利根川水系〔1級〕
13真福寺川　しんぷくじがわ
愛知県・矢作川水系〔1級〕
14真嘉比川　まかびがわ
沖縄県・安里川水系〔2級〕
真嶋谷川　ましまだにがわ
京都府・真嶋谷川水系
15真勲別川　まくんべつがわ
北海道・石狩川水系〔1級〕
真締川　まじめがわ
山口県・真締川水系〔2級〕
真駒内川　まこまないがわ
北海道・石狩川水系〔1級〕
真駒内川　まこまないがわ
北海道・後志利別川水系〔1級〕
16真壁川　まかべがわ
京都府・由良川水系〔1級〕
17真謝川　まじゃがわ
沖縄県・真謝川水系〔2級〕
19真瀬川　ませがわ
秋田県・真瀬川水系〔2級〕
真瀬名川　ませながわ
鹿児島県・真瀬名川水系〔2級〕
真簾沼　まみすぬま
北海道札幌市南区

【眠】
7眠谷川　みんだにがわ
徳島県・吉野川水系〔1級〕

【砥】
3砥川　とがわ
栃木県・利根川水系〔1級〕
砥川　とがわ
長野県・天竜川水系〔1級〕
5砥石川　といしがわ
熊本県・砥石川水系
砥石沢　といしざわ
新潟県・石花川水系〔2級〕
砥石谷川　といしだにがわ
高知県・仁淀川水系〔1級〕
6砥池　といけ
滋賀県大津市
7砥沢　すずりさわ
秋田県・雄物川水系〔1級〕
砥沢川　とざわがわ
青森県・岩木川水系〔1級〕
砥沢川　とざわがわ
宮城県・北上川水系〔1級〕
砥沢川　とざわがわ
新潟県・信濃川水系〔1級〕
8砥波川　となみがわ
鳥取県・日野川水系〔1級〕
11砥部川　とべがわ
愛媛県・重信川水系〔1級〕
14砥歌川　とうたがわ
北海道・砥歌川水系〔2級〕

【砺】
8砺波川　となみがわ
富山県・小矢部川水系〔1級〕

【破】
6破竹川　はちくがわ
茨城県・利根川水系〔1級〕
12破間川　あぶるまがわ
新潟県・信濃川水系〔1級〕

【祇】

13祇園川　ぎおんがわ
佐賀県・嘉瀬川水系〔1級〕

【祓】

3祓川　はらいがわ
福島県・阿武隈川水系〔1級〕
祓川　はらいがわ
新潟県・信濃川水系〔1級〕
祓川　はらいがわ
三重県・櫛田川水系〔1級〕
祓川《別》　はらいかわ
香川県・土器川水系の土器川
祓川　はらいがわ
愛媛県・肱川水系〔1級〕
祓川　はらいがわ
愛媛県・松田川水系〔2級〕
祓川　はらいがわ
福岡県・祓川水系〔2級〕
祓川　はらいがわ
大分県・祓川水系〔2級〕
祓川　はらいがわ
鹿児島県・祓川水系〔2級〕

【称】

6称光寺川　しょうこうじがわ
新潟県・称光寺川水系〔2級〕
称名川　しょうみょうがわ
富山県・常願寺川水系〔1級〕

【秩】

4秩父別川　ちっぷべつがわ
北海道・石狩川水系〔1級〕
秩父別桜川　ちっぷべつさくらがわ
北海道・石狩川水系〔1級〕

【秬】

7秬谷川　きびたにがわ
大阪府・近木川水系〔2級〕

【秣】

3秣川　まぐさがわ
千葉県・利根川水系〔1級〕

【竜】

竜の口川　たつのくちがわ
群馬県・利根川水系〔1級〕
竜ヶ谷川　りゅうがだにがわ
埼玉県・荒川（東京都・埼玉県）水系〔1級〕
3竜千寺川　りゅうせんじがわ
大分県・大野川水系〔1級〕
竜子川　たつごがわ
茨城県・関根川水系
竜山川　りゅうざんがわ
山形県・最上川水系〔1級〕
竜川　たつがわ
三重県・鈴鹿川水系〔1級〕
竜川内川　りゅうがわちがわ
福岡県・矢部川水系〔1級〕
4竜今寺川　りゅうきんじがわ
静岡県・竜今寺川水系〔2級〕
竜王川　りゅうおうがわ
岡山県・高梁川水系
竜王川　りゅうおうがわ
高知県・吉野川水系〔1級〕
竜王谷川　りゅうおうだにがわ
京都府・淀川水系
竜王谷川　りゅうおうだにがわ
香川県・高瀬川水系〔2級〕
5竜台川　りゅうだいがわ
千葉県・利根川水系〔1級〕
竜田川　たつだがわ
福島県・阿武隈川水系〔1級〕
竜田川　たつたがわ
奈良県・大和川水系〔1級〕
竜石川　たついしがわ
長崎県・竜石川水系〔2級〕
6竜吐川　りゅうとがわ
愛媛県・肱川水系〔1級〕
竜安寺川　りゅうあんじがわ
山梨県・富士川水系〔1級〕
7竜作川　りゅうさくがわ
佐賀県・筑後川水系〔1級〕
竜尾川　たつおがわ
長崎県・竜尾川水系〔2級〕
竜良川　たつらがわ
静岡県・鮎沢川水系〔2級〕
竜谷川　りゅうだにがわ
徳島県・勝浦川水系〔2級〕
竜谷川　りゅうたにがわ
福岡県・室見川水系〔2級〕
8竜門川　りゅうもんがわ
奈良県・紀の川水系〔1級〕
竜門川　りゅうもんがわ
和歌山県・紀の川水系〔1級〕
竜門川《古》　りゅうもんがわ
大分県・筑後川水系の松木川
9竜泉寺川　りゅうせんじがわ
愛知県・矢作川水系〔1級〕
竜神川　りゅうじんがわ
茨城県・久慈川水系〔1級〕

10竜華川《別》　りゅうげがわ
大阪府・淀川水系の平野川
11竜堂川　りゅうどうがわ
奈良県・淀川水系
竜堀川　たつぼりがわ
熊本県・竜堀川水系
竜宿浦川　やのうらがわ
佐賀県・竜宿浦川水系〔2級〕
竜蛇川　りゅうじゃがわ
山梨県・富士川水系〔1級〕
竜野川　たつのがわ
熊本県・緑川水系〔1級〕
12竜登川　りゅうとがわ
愛媛県・竜登川水系〔2級〕
竜雲川　りゅううんがわ
高知県・仁淀川水系〔1級〕
15竜蔵庵川　りゅうぞうあんがわ
福島県・阿賀野川水系

【笊】
3笊川　ざるがわ
宮城県・名取川水系〔1級〕

【粉】
5粉白川　こしろがわ
和歌山県・粉白川水系〔2級〕

【紙】
5紙田川　かみだがわ
愛知県・紙田川水系〔2級〕
7紙沢川　かみさわがわ
長野県・天竜川水系〔1級〕
9紙祖川　しそがわ
島根県・高津川水系〔1級〕
14紙漉川　かみすきがわ
三重県・紙漉川水系〔2級〕

【納】
4納内幌内川　おさむないほろないがわ
北海道・石狩川水系〔1級〕
5納古川　のうこがわ
岐阜県・木曾川水系〔1級〕
8納所川　なっしょがわ
佐賀県・六角川水系〔1級〕

【紋】
7紋別川　もんべつがわ
北海道・紋別川水系〔2級〕

【翁】
3翁川　おきながわ
静岡県・天竜川水系〔1級〕

【耕】
6耕地川　こうちがわ
新潟県・信濃川水系〔1級〕
耕地川　こうちがわ
熊本県・八枚戸川水系〔2級〕
耕地川　こうちがわ
熊本県・五丁川水系

【胸】
3胸川　むねがわ
熊本県・球磨川水系〔1級〕

【胴】
5胴田川　どうたがわ
石川県・胴田川水系

【能】
3能下川　のうげがわ
兵庫県・千種川水系〔2級〕
5能代川《別》　のしろがわ
岩手県, 秋田県・米代川水系の米代川
能代川　のしろがわ
新潟県・信濃川水系〔1級〕
能生川　のうがわ
新潟県・能生川水系〔2級〕
6能舟木川　よいなぎがわ
岩手県・鵜住居川水系〔2級〕
7能良川　のうらがわ
広島県・沼田川水系〔2級〕
能良川　のうらがわ
広島県・沼田川水系
能見川　のうみがわ
京都府・淀川水系〔1級〕
能見谷川　のみだにがわ
兵庫県・円山川水系〔1級〕
8能取湖　のとろこ
北海道・卯原内川水系〔2級〕
12能満寺川　のうまんじがわ
群馬県・利根川水系〔1級〕
能登川　のとがわ
奈良県・大和川水系〔1級〕
能登川　のとがわ
島根県・高津川水系〔1級〕
能登瀬川《古》　のとせがわ
奈良県・大和川水系の能登川
19能瀬川　のせがわ
石川県・大野川水系〔2級〕

【脇】

3脇川　わきがわ
新潟県・脇川水系〔2級〕
脇川　わきがわ
奈良県・紀の川水系〔1級〕
脇川川　わきかわがわ
兵庫県・加古川水系〔1級〕
4脇之谷内川　わきのたにうちがわ
富山県・仏生寺川水系〔2級〕
5脇本川　わきもとがわ
愛媛県・脇本川水系〔2級〕
脇本川　わきもとがわ
宮崎県・潟上川水系
脇田川　わきたがわ
佐賀県・伊万里川水系〔2級〕
脇田川　わきたがわ
鹿児島県・脇田川水系〔2級〕
7脇谷川　わきたにがわ
岩手県・北上川水系
脇谷川　わきたにがわ
岐阜県・神通川水系〔1級〕
脇谷川　わきたにがわ
岐阜県・木曾川水系〔1級〕
脇谷川　わきだにがわ
京都府・淀川水系〔1級〕
脇谷川　わきだにがわ
京都府・由良川水系
脇谷池　わきたにいけ
滋賀県水口町
11脇野川　わきのがわ
佐賀県・脇野川水系〔2級〕
脇野沢川　わきのざわがわ
青森県・脇野沢川水系〔2級〕

【般】

8般若川　はんにゃがわ
群馬県・利根川水系〔1級〕
般若川　はんにゃがわ
石川県・般若川水系〔2級〕
般若川　はんにゃがわ
岐阜県・木曾川水系〔1級〕
般若川　はんにゃがわ
愛知県・庄内川水系
般若川　はんにゃがわ
兵庫県・円山川水系〔1級〕

【舫】

3舫大川　もやいおおかわ
愛媛県・舫大川水系〔2級〕

【荻】

荻ヶ倉川　おぎがくらがわ
宮城県・鳴瀬川水系〔1級〕
11荻野川　おぎのがわ
神奈川県・相模川水系〔1級〕
荻野沢川　おぎのさわがわ
福島県・富岡川水系〔2級〕
12荻曾根川　おぎそねがわ
新潟県・信濃川水系〔1級〕

【荷】

3荷口川　にくちがわ
山形県・最上川水系〔1級〕
4荷内川　にないがわ
愛媛県・荷内川水系〔2級〕
9荷負川　におしがわ
北海道・沙流川水系〔1級〕
10荷原川　いないばらがわ
福岡県・筑後川水系〔1級〕
11荷頃川　にごろがわ
新潟県・信濃川水系〔1級〕
13荷路夫川　にちぶがわ
福島県・鮫川水系〔2級〕
14荷暮川　にぐれがわ
福井県・九頭竜川水系〔1級〕

【莵】

10莵砥川　うどがわ
大阪府・男里川水系〔2級〕

【蚊】

8蚊沼川　かぬまがわ
群馬県・利根川水系〔1級〕
9蚊柱川　かわしらがわ
北海道・花磯川水系
12蚊焼大川　かやきおおかわ
長崎県・蚊焼大川水系〔2級〕

【袖】

袖ノ川　そでのがわ
高知県・渡川水系〔1級〕
袖ノ沢　そでのさわ
青森県・高瀬川水系
袖ノ谷　そでのたに
富山県・神通川水系〔1級〕
3袖丸川　そでまるがわ
群馬県・利根川水系
袖川　そでがわ
新潟県・信濃川水系
5袖玉山川　そでたまやまがわ
福島県・夏井川水系〔2級〕

7袖沢　そでさわ
福島県・阿賀野川水系〔1級〕
袖沢川　そでさわがわ
長野県・信濃川水系〔1級〕

【袤】
7袤谷川《古》　ふすまのやかわ
静岡県・太田川水系の一宮川

【訓】
3訓子府川　くんねっぷがわ
北海道・常呂川水系〔1級〕

【貢】
3貢川　くがわ
山梨県・富士川水系〔1級〕
12貢間川　ぐまがわ
岐阜県・木曽川水系〔1級〕

【財】
5財田川　さいたがわ
香川県・財田川水系〔2級〕
11財部川　たからがわ
和歌山県・日高川水系〔2級〕

【起】
2起又川　きまたがわ
滋賀県・淀川水系〔1級〕
12起証田川　きしょうだがわ
岐阜県・木曽川水系〔1級〕

【軒】
3軒川　のきがわ
長野県・天竜川水系〔1級〕
軒川日向小沢　のきがわひなたこざわ
長野県・天竜川水系

【逢】
3逢川　あいがわ
三重県・逢川水系〔2級〕
7逢初川　あいぜんがわ
静岡県・逢初川水系〔2級〕
8逢妻女川　あいずまめがわ
愛知県・境川水系〔2級〕
逢妻川　あいずまがわ
愛知県・境川水系〔2級〕
逢妻男川　あいずまおがわ
愛知県・境川水系〔2級〕
10逢浜川　おうはまがわ
島根県・逢浜川水系〔2級〕
19逢瀬川　おうせがわ
福島県・阿武隈川水系〔1級〕

【造】
7造谷川　つくりやがわ
千葉県・利根川水系〔1級〕
8造林沢川　ぞうりんざわがわ
北海道・十勝川水系〔1級〕
造林沢川　ぞうりんざわがわ
北海道・十勝川水系
12造賀川　ぞうががわ
広島県・沼田川水系〔2級〕

【通】
7通谷川　かいだにがわ
岡山県・旭川水系〔1級〕
9通津川　つずがわ
山口県・通津川水系〔2級〕
11通船川　つうせんがわ
新潟県・信濃川水系〔1級〕
13通殿川　ずうどのがわ
埼玉県・荒川（東京都・埼玉県）水系〔1級〕
通路川　とおろがわ
沖縄県・通路川水系
19通瀬川　ずうせがわ
佐賀県・筑後川水系〔1級〕

【途】
4途中谷川　とちゅうだにがわ
滋賀県・淀川水系〔1級〕
7途別川　とべつがわ
北海道・十勝川水系〔1級〕

【透】
3透川　とおりがわ
宮城県・北上川水系〔1級〕

【連】
7連吾川　れんごがわ
愛知県・豊川水系
12連道川　れんどうがわ
岡山県・高梁川水系

【迹】
4迹太川《古》　とほがわ
三重県・朝明川水系の朝明川

【郡】
2郡又川　こおりまたがわ
新潟県・信濃川水系〔1級〕

3郡山谷川　こうりやまだにがわ
高知県・渡川水系
郡川　こおりがわ
千葉県・小糸川水系〔2級〕
郡川　こおりがわ
島根県・斐伊川水系〔1級〕
郡川　こおりがわ
長崎県・郡川水系〔2級〕
郡川　こおりがわ
鹿児島県・郡川水系〔2級〕
5郡田川　こおりだがわ
鹿児島県・天降川水系〔2級〕
8郡垂川　ぐんたれがわ
山形県・最上川水系〔1級〕
9郡界川　ぐんかいがわ
愛知県・矢作川水系〔1級〕
10郡家川　ぐんげがわ
兵庫県・郡家川水系〔2級〕
郡浦川　こうのうらがわ
熊本県・郡浦川水系〔2級〕
14郡境川　ぐんざかいがわ
島根県・斐伊川水系〔1級〕

【酒】
2酒人川　さこうどがわ
滋賀県・淀川水系〔1級〕
4酒井川　さかいがわ
石川県・羽咋川水系〔2級〕
酒井寺川　さかいじがわ
大分県・大野川水系〔1級〕
酒匂川《別》　さかわがわ
神奈川県・酒匂川水系の酒匂川
酒匂川　さかわがわ
神奈川県・酒匂川水系〔2級〕
7酒利川　さかりがわ
大分県・五ヶ瀬川水系〔1級〕
酒見川　さかみがわ
石川県・酒見川水系〔2級〕
酒谷川　さかたにがわ
宮崎県・広渡川水系〔2級〕
10酒座川　さかざがわ
新潟県・信濃川水系〔1級〕
11酒堂川《別》　さかどうがわ
福島県・阿武隈川水系の釈迦堂川

【配】
19配羅沢　はいらさわ
岩手県・小本川水系

【釜】
釜の川　かまのがわ
秋田県・馬場目川水系
釜の奥川　かまのおくがわ
山梨県・富士川水系〔1級〕
釜ヶ尾川　かまがおがわ
兵庫県・武庫川水系
釜ヶ沢　かまがさわ
静岡県・由比川水系
釜ヶ沢川　かまがさわがわ
山形県・最上川水系
釜ヶ沢川　かまがさわがわ
静岡県・由比川水系〔2級〕
釜ヶ谷川　かまがたにがわ
京都府・淀川水系
釜ノ公谷　かまのきみだに
奈良県・紀の川水系〔1級〕
釜ノ沢川　かまのさわがわ
静岡県・天竜川水系〔1級〕
3釜土沢川　かまつちざわがわ
山梨県・富士川水系〔1級〕
釜土谷川　かまつちだにがわ
徳島県・吉野川水系〔1級〕
釜川　かまがわ
栃木県・利根川水系〔1級〕
釜川　かまがわ
新潟県・信濃川水系〔1級〕
釜川放水路　かまがわほうすいろ
栃木県・利根川水系〔1級〕
4釜戸川　かまどがわ
福島県・藤原川水系〔2級〕
5釜出川　かまでがわ
兵庫県・千種川水系
釜田川　かまたがわ
新潟県・姫川水系〔1級〕
釜田川　かまたがわ
長崎県・釜田川水系〔2級〕
釜田川　かまたがわ
熊本県・菜切川水系
釜石川　かまいしがわ
三重県・淀川水系〔1級〕
釜石沢　かまいしざわ
静岡県・富士川水系
7釜別川　かまべつがわ
北海道・落部川水系
釜床谷川　かまとこだにがわ
徳島県・那賀川水系〔1級〕
釜沢川　かまざわがわ
新潟県・信濃川水系〔1級〕
釜沢川　かまさわがわ
愛知県・天竜川水系
釜谷川　かまやがわ
宮城県・北上川水系〔1級〕
釜谷川　かまやがわ
新潟県・島崎川水系〔2級〕

釜谷川　かまやがわ
愛知県・日長川水系
釜谷川　かまやがわ
和歌山県・紀の川水系〔1級〕
釜谷津沢　かまやつざわ
群馬県・利根川水系
9釜屋川　かまやがわ
三重県・堀切川水系〔2級〕
釜屋堀川　かまやぼりがわ
茨城県・利根川水系〔1級〕
11釜堀川　かまほりがわ
新潟県・信濃川水系〔1級〕
12釜塚川　かまつかがわ
京都府・淀川水系
釜無川　かまなしがわ
長野県・富士川水系
13釜蓋川　かまぶたがわ
佐賀県・筑後川水系〔1級〕
18釜額川　かまひたいがわ
山梨県・富士川水系〔1級〕

【針】
針ヶ倉川　はりがくらがわ
新潟県・信濃川水系〔1級〕
針ノ木川　はりのきがわ
長野県・信濃川水系〔1級〕
針ノ木谷川　はりのきだにがわ
富山県・黒部川水系〔1級〕
3針川　はりがわ
滋賀県・淀川水系〔1級〕
6針江大川　はりえおおかわ
滋賀県・淀川水系〔1級〕
7針尾川　はりおがわ
長崎県・鈴田川水系〔2級〕
9針持川　はりもちがわ
鹿児島県・川内川水系〔1級〕
針畑川　はりばたがわ
滋賀県・淀川水系〔1級〕
12針道川　はりみちがわ
福島県・阿武隈川水系〔1級〕

【釘】
4釘戸川　くぎとがわ
大分県・五ヶ瀬川水系〔1級〕
11釘貫川　くぎぬきがわ
岡山県・旭川水系〔1級〕

【院】
4院内川　いんないがわ
秋田県・雄物川水系〔1級〕
院内川　いんないがわ
愛媛県・肱川水系〔1級〕
院内川　いんないがわ
愛媛県・立岩川水系〔2級〕
院内沢川　いんないさわがわ
秋田県・米代川水系〔1級〕
7院谷川　いんだにがわ
京都府・淀川水系

【降】
5降矢川　ふるやがわ
山形県・三瀬川水系〔2級〕

【除】
3除川　よけがわ
愛媛県・肱川水系〔1級〕
除川　よけがわ
熊本県・除川水系〔2級〕
除川　よけがわ
大分県・五ヶ瀬川水系〔1級〕
11除野川　よけのがわ
秋田県・子吉川水系

【陣】
陣の内川　じんのうちがわ
熊本県・球磨川水系
5陣田川　じんだがわ
京都府・淀川水系〔1級〕
9陣屋川《別》　じんやがわ
山形県・赤川水系の大山川
陣屋川　じんやがわ
愛知県・今堀川水系
陣屋川　じんやがわ
福岡県・筑後川水系〔1級〕
陣屋川放水路　じんやがわほうすいろ
福岡県・筑後川水系〔1級〕
10陣座川　じんざがわ
静岡県・都田川水系〔2級〕

【隼】
2隼人川　はやとがわ
滋賀県・淀川水系〔1級〕
隼人堀川　はやとぼりがわ
埼玉県・利根川水系〔1級〕

【飢】
11飢渇川《別》　けかつがわ
静岡県・富士川水系の潤井川

【馬】
馬さくり川　まさくりがわ
新潟県・信濃川水系〔1級〕

馬の谷川　うまのたにがわ
島根県・益田川水系〔2級〕
馬ヶ谷川　うまがたにがわ
高知県・尾崎川水系〔2級〕
馬ヶ背　うまがせ
新潟県・国府川水系
馬ノ谷川　うまのたにがわ
広島県・江の川水系〔1級〕
2馬入谷川　ばにゅうたにがわ
岡山県・高梁川水系
3馬三郎川　ばさぶろうがわ
熊本県・河内川水系
馬久前沢川　まくまえざわ
青森県・中村川水系
馬刃川　まてがわ
山口県・馬刃川水系〔2級〕
馬川　うまがわ
福島県・阿武隈川水系
馬川　うまがわ
和歌山県・富田川水系〔2級〕
馬川川　うまかわがわ
佐賀県・玉島川水系〔2級〕
4馬木川　まきがわ
岐阜県・矢作川水系〔1級〕
馬木谷川　うまきだにがわ
徳島県・吉野川水系〔1級〕
5馬主来沼　ぱしゅくるぬま
北海道白糠郡音別町
馬出川《別》　うまだしがわ
石川県・御祓川水系の御祓川
馬氷川　まごうりがわ
熊本県・球磨川水系〔1級〕
馬生目川　ばしょうめがわ
秋田県・比詰川水系
馬田川　うまだがわ
京都府・淀川水系〔1級〕
馬立川　うまたてがわ
山形県・最上川水系〔1級〕
馬立川　うまたてがわ
愛媛県・吉野川水系〔1級〕
馬込川　まごめがわ
新潟県・馬込川水系〔2級〕
馬込川　まごめがわ
静岡県・馬込川水系〔2級〕
馬込川　まごめがわ
鳥取県・馬込川水系〔2級〕
馬込沢川　まごめざわがわ
静岡県・太田川水系〔2級〕
6馬伏川　まぶせがわ
静岡県・鮎沢川水系〔2級〕
馬伏川　まぶせがわ
宮崎県・清武川水系

馬地川　まじがわ
京都府・久美谷川水系〔2級〕
馬地川　うまじがわ
高知県・伊与木川水系
馬曲川　まぐせがわ
長野県・信濃川水系〔1級〕
7馬佐川　ばさがわ
奈良県・紀の川水系〔1級〕
馬坂川　うまさかがわ
栃木県・利根川水系〔1級〕
馬坂川　まさかがわ
長野県・利根川水系〔1級〕
馬坂川　うまさかがわ
京都府・淀川水系〔1級〕
馬坂川　うまさかがわ
京都府・淀川水系
馬来内川　うまこないがわ
北海道・石狩川水系〔1級〕
馬見ヶ崎川　まみがさきがわ
山形県・最上川水系〔1級〕
馬見川　うまみがわ
奈良県・大和川水系〔1級〕
馬見原川　まみはらがわ
熊本県・五ヶ瀬川水系
馬谷川　ばたにがわ
石川県・馬谷川水系
馬谷川　まだにがわ
大阪府・大和川水系
馬谷川　うまたにがわ
徳島県・吉野川水系〔1級〕
8馬取川　まとりがわ
新潟県・阿賀野川水系〔1級〕
馬居沢川　まいさわがわ
群馬県・利根川水系〔1級〕
馬門川　まかどがわ
青森県・馬門川水系
馬門川　うまかどがわ
滋賀県・淀川水系〔1級〕
馬門川　まかどがわ
熊本県・網津川水系
馬門川　まかどがわ
熊本県・緑川水系
馬門川　まかどがわ
大分県・大分川水系〔1級〕
9馬乗捨川　うまのりすてがわ
兵庫県・三原川水系〔2級〕
馬屋沢川　うまやさわがわ
秋田県・米代川水系
馬指川　うまさしがわ
香川県・大束川水系〔2級〕
馬指野川　まさしのがわ
岩手県・織笠川水系〔2級〕

馬洗川　ばせんがわ
広島県・江の川水系〔1級〕
馬界川　ばかいがわ
新潟県・信濃川水系〔1級〕
馬神川　うまかみがわ
佐賀県・六角川水系〔1級〕
馬背川　ばじょがわ
福井県・馬背川水系〔2級〕
馬背戸川　ませどがわ
大分県・大野川水系〔1級〕
馬追川　うまおいがわ
鹿児島県・馬追川水系〔2級〕
馬追沼　うまおいぬま
北海道・石狩川水系
馬追運河　うまおいうんが
北海道・石狩川水系〔1級〕
馬首川　うまくびがわ
新潟県・馬首川水系〔2級〕
10馬桑川　まぐわがわ
岡山県・吉井川水系〔1級〕
馬桑川　まぐわがわ
岡山県・吉井川水系
馬通川　うまどおりがわ
広島県・江の川水系〔1級〕
11馬寄川　うまよせがわ
愛知県・日光川水系
馬宿川　うまやどがわ
香川県・馬宿川水系〔2級〕
馬淵川　まべちがわ
岩手県, 青森県・馬淵川水系〔1級〕
馬船川　ばふねがわ
愛媛県・渡川水系〔1級〕
馬野川　ばのがわ
三重県・淀川水系〔1級〕
馬野原川　まのはらがわ
島根県・江の川水系〔1級〕
馬野原川　まのはらがわ
島根県・江の川水系
馬野原川　うまのはらがわ
広島県・太田川水系〔1級〕
12馬喰川　ばくろがわ
千葉県・長尾川水系〔2級〕
馬場川　ばばがわ
北海道・尻別川水系〔1級〕
馬場川　ばばがわ
北海道・後志利別川水系〔1級〕
馬場川　ばばがわ
北海道・馬場川水系〔2級〕
馬場川　ばばがわ
岩手県・北上川水系
馬場川　ばばがわ
福島県・阿武隈川水系〔1級〕
馬場川　ばばがわ
新潟県・関川水系〔1級〕
馬場川　ばんばがわ
石川県・犀川水系〔2級〕
馬場川　ばばがわ
山梨県・相模川水系〔1級〕
馬場川　ばばがわ
山梨県・富士川水系〔1級〕
馬場川　ばばがわ
岡山県・馬場川水系〔2級〕
馬場川　ばばがわ
岡山県・吉井川水系
馬場川　ばばがわ
高知県・渡川水系
馬場川　ばばがわ
佐賀県・筑後川水系〔1級〕
馬場川　ばばがわ
熊本県・筑後川水系〔1級〕
馬場川　ばばがわ
熊本県・菊池川水系
馬場川　ばばがわ
熊本県・八枚戸川水系
馬場川　ばばがわ
宮崎県・福島川水系〔2級〕
馬場川　ばばがわ
鹿児島県・雄川水系〔2級〕
馬場目川　ばばめがわ
秋田県・馬場目川水系〔2級〕
馬場谷川　ばばたにがわ
京都府・由良川水系
馬場谷池　ばばやち
新潟県吉川町
馬堤　うまつつみ
滋賀県湖東町
馬渡川　まわたりがわ
青森県・新井田川水系
馬渡川　まわたりがわ
福島県・藤原川水系〔2級〕
馬渡川　まわたりがわ
富山県・神通川水系〔1級〕
馬渡川　うまわたりがわ
福井県・九頭竜川水系〔1級〕
馬渡川　まわたりがわ
大分県・大野川水系〔1級〕
馬渡川　まわたりがわ
宮崎県・大淀川水系〔1級〕
馬渡川　まわたりがわ
鹿児島県・川内川水系〔1級〕
馬渡川　まわたりがわ
鹿児島県・天降川水系〔2級〕
馬渡川　まわたりがわ
鹿児島県・馬渡川水系〔2級〕

馬登川　まのぼりがわ
千葉県・小糸川水系〔2級〕
馬越川　まごしがわ
愛知県・豊川水系〔1級〕
13馬溜　うまだめ
滋賀県八日市市
馬路川　うまじがわ
兵庫県・円山川水系〔1級〕
馬路川　うまじがわ
兵庫県・揖保川水系〔1級〕
馬路川　うまじがわ
徳島県・吉野川水系〔1級〕
馬路中の川　うまじなかのがわ
高知県・安田川水系〔2級〕
馬路谷川　うまじだにがわ
徳島県・那賀川水系〔1級〕
馬路谷川　うまじだにがわ
徳島県・日和佐川水系〔2級〕
15馬敷川　うましきがわ
福岡県・遠賀川水系〔1級〕
馬踏川　ばふみがわ
秋田県・馬場目川水系〔2級〕
馬鞍川　まぐらがわ
宮城県・北上川水系〔1級〕
馬鞍谷　うまひやしだに
奈良県・紀の川水系〔1級〕
16馬橋川　うまばしがわ
北海道・知内川水系〔2級〕
馬橋川　まばしがわ
山形県・最上川水系〔1級〕
馬橋川　まばしがわ
島根県・斐伊川水系〔1級〕
馬橋川　まばしがわ
岡山県・旭川水系〔1級〕
19馬瀬川　まぜがわ
岐阜県・木曾川水系〔1級〕
馬瀬川　うませがわ
愛媛県・赤之井川水系〔2級〕
馬瀬川　まぜがわ
熊本県・菊池川水系
22馬籠川　まごめがわ
宮城県・津谷川水系〔2級〕
馬籠川《古》　まごめがわ
静岡県・馬込川水系の馬込川
馬籠川　まごめがわ
熊本県・佐敷川水系

【高】

3高下川　こうげがわ
岩手県・北上川水系
高上川　こうじょうがわ
愛知県・天白川水系
高千川　たかちがわ
秋田県・馬場目川水系〔2級〕
高大寺川　こうだいじがわ
愛媛県・頓田川水系〔2級〕
高山川　たかやまがわ
岩手県・津谷川水系
高山川　たかやまがわ
三重県・淀川水系〔1級〕
高山川　たかやまがわ
和歌山県・有田川水系〔2級〕
高山川　たかやまがわ
岡山県・旭川水系〔1級〕
高山川　たかやまがわ
岡山県・旭川水系
高山川　たかやまがわ
広島県・太田川水系〔1級〕
高山川　たかやまがわ
広島県・江の川水系
高山川　こうやまがわ
愛媛県・高山川水系〔2級〕
高山川　たかやまがわ
大分県・臼杵川水系〔2級〕
高山川　たかやまがわ
大分県・高山川水系〔2級〕
高山川　こうやまがわ
鹿児島県・肝属川水系〔1級〕
高山沢　たかやまざわ
山梨県・富士川水系
高川　たかがわ
山梨県・相模川水系〔1級〕
高川　たかがわ
山梨県・富士川水系〔1級〕
高川　たかがわ
大阪府・淀川水系〔1級〕
高川　たかがわ
和歌山県・紀の川水系〔1級〕
高川　こうがわ
鹿児島県・米之津川水系〔2級〕
高川川　たかがわがわ
新潟県・高川川水系〔2級〕
高川川　たかがわがわ
高知県・鏡川水系〔2級〕
高川南沢川　たかがわみなみさわがわ
山梨県・富士川水系〔1級〕
4高中川　たかなかがわ
兵庫県・円山川水系〔1級〕
高手川　たかてがわ
高知県・布川水系〔2級〕
高月川　たかつきがわ
佐賀県・松浦川水系〔1級〕
高木川　たかぎがわ
北海道・石狩川水系〔1級〕

高木川　たかぎがわ
宮城県・北上川水系〔1級〕
高木川　たかぎがわ
宮城県・阿武隈川水系〔1級〕
高木川　たかぎがわ
茨城県・利根川水系〔1級〕
高木川　たかぎがわ
茨城県・利根川水系
高木川　たかぎがわ
島根県・斐伊川水系〔1級〕
高木川　たかぎがわ
熊本県・白川水系
高木川内川　たかぎかわちがわ
佐賀県・六角川水系〔1級〕
高木池　たかぎいけ
滋賀県野洲町
高水川　たかみずがわ
島根県・江の川水系〔1級〕
5高尻川　たかじりがわ
島根県・高津川水系〔1級〕
高市川　たかいちがわ
愛媛県・肱川水系〔1級〕
高田川　たかだがわ
宮城県・阿武隈川水系〔1級〕
高田川　たかだがわ
栃木県・那珂川水系〔1級〕
高田川　たかだがわ
群馬県・利根川水系〔1級〕
高田川　たかだがわ
千葉県・利根川水系〔1級〕
高田川　たかたがわ
石川県・高田川水系
高田川　たかだがわ
岐阜県・庄内川水系〔1級〕
高田川　たかだがわ
愛知県・日光川水系
高田川　たかだがわ
滋賀県・淀川水系〔1級〕
高田川　たかだがわ
兵庫県・千種川水系〔2級〕
高田川　たかだがわ
奈良県・大和川水系〔1級〕
高田川　たかたがわ
和歌山県・新宮川水系〔1級〕
高田川　たかだがわ
岡山県・吉井川水系〔1級〕
高田川　たかたがわ
広島県・高田川水系〔2級〕
高田川　たかたがわ
愛媛県・菊間川水系〔2級〕
高田川　こうだがわ
長崎県・長与川水系〔2級〕
高田川　たかだがわ
熊本県・行末川水系
高田川《古》　たかだがわ
大分県・桂川水系の桂川
高田川北流　たかだがわほくりゅう
奈良県・大和川水系〔1級〕
高田五号線川　たかだごごうせんがわ
北海道・石狩川水系〔1級〕
高田砂川　たかだすながわ
滋賀県・淀川水系〔1級〕
高石川　たかいしがわ
新潟県・阿賀野川水系〔1級〕
高石川　たかいしがわ
新潟県・信濃川水系
高石川　たかいしがわ
長野県・信濃川水系〔1級〕
高立川　たかだてがわ
新潟県・高立川水系〔2級〕
6高光川　たかみつがわ
広島県・高梁川水系〔1級〕
高地川　たかじがわ
広島県・江の川水系〔1級〕
高地川　こうちがわ
山口県・木屋川水系〔2級〕
高地川　こうちがわ
長崎県・高地川水系〔2級〕
高安川《別》　たかやすがわ
沖縄県・国場川水系の饒波川
高宇田川　こうだがわ
大分県・桂川水系〔2級〕
高寺川　たかでらがわ
秋田県・雄物川水系
高寺川　たかでらがわ
群馬県・利根川水系〔1級〕
高寺川　たかでらがわ
奈良県・淀川水系〔1級〕
高江川　たかえがわ
長崎県・有馬川水系〔2級〕
高江川　たかえがわ
熊本県・緑川水系
高江川　たかえがわ
大分県・大野川水系〔1級〕
高羽川　たかはがわ
兵庫県・高羽川水系〔2級〕
高西谷川　たかにしだにがわ
徳島県・吉野川水系〔1級〕
7高串川　たかくしがわ
愛媛県・須賀川水系〔2級〕
高佐川　こうさがわ
島根県・浜田川水系〔2級〕
高尾川　たかおがわ
三重県・淀川水系〔1級〕

高尾川　こうおがわ
広島県・江の川水系〔1級〕
高尾川　こうおんがわ
広島県・高梁川水系〔1級〕
高尾川　たかおがわ
福岡県・御笠川水系〔2級〕
高尾川　たかおがわ
長崎県・相浦川水系〔2級〕
高尾田川　たかおたがわ
秋田県・雄物川水系
高尾谷川　たかおだにがわ
兵庫県・観音寺川水系〔2級〕
高尾谷川　たかおだにがわ
岡山県・高梁川水系〔1級〕
高尾谷川　たかおだにがわ
徳島県・吉野川水系〔1級〕
高尾野川　たかおのがわ
鹿児島県・高尾野川水系〔2級〕
高尾瀬川　たかおせがわ
島根県・江の川水系〔1級〕
高来谷川　こうらいだにがわ
兵庫県・揖保川水系
高沢川　たかざわがわ
群馬県・利根川水系〔1級〕
高良川　こうらがわ
福岡県・筑後川水系〔1級〕
高良川　こうらがわ
佐賀県・六角川水系〔1級〕
高良川　こうらがわ
熊本県・緑川水系〔1級〕
高良城川　こうろぎがわ
三重県・淀川水系〔1級〕
高見川　たかみがわ
奈良県・紀の川水系〔1級〕
高見川　たかみがわ
島根県・江の川水系〔1級〕
高見沢川　たかみざわがわ
長野県・信濃川水系〔1級〕
高谷川　こうやがわ
千葉県・利根川水系〔1級〕
高谷川　たかやがわ
千葉県・栗山川水系〔2級〕
高谷川　たかたにがわ
新潟県・関川水系〔1級〕
高谷川　たかたにがわ
兵庫県・加古川水系〔1級〕
高谷川　こうだにがわ
愛媛県・肱川水系〔1級〕
高谷沢川　たかやざわがわ
山梨県・富士川水系〔1級〕
8高並川　たかなみがわ
大分県・駅館川水系〔2級〕
高取川　たかとりがわ
山形県・最上川水系〔1級〕
高取川　たかとりがわ
奈良県・大和川水系〔1級〕
高取川　たかとりがわ
岡山県・吉井川水系〔1級〕
高取川　たかとりがわ
鹿児島県・馬渡川水系〔2級〕
高取谷川　たかとりだにがわ
大分県・筑後川水系〔1級〕
高宕川　たかごがわ
千葉県・湊川水系〔2級〕
高岡川　たかおかがわ
茨城県・利根川水系〔1級〕
高岡川　たかおかがわ
鳥取県・千代川水系〔1級〕
高松川　たかまつがわ
北海道・石狩川水系
高松川　たかまつがわ
岩手県・北上川水系
高松川　たかまつがわ
秋田県・雄物川水系〔1級〕
高松川　たかまつがわ
静岡県・菊川水系〔1級〕
高松川　たかまつがわ
滋賀県・淀川水系〔1級〕
高松川　たかまつがわ
岡山県・旭川水系〔1級〕
高松川　たかまつがわ
愛媛県・新川水系〔2級〕
高松川　たかまつがわ
高知県・萩谷川水系
高松川　たかまつがわ
鹿児島県・高松川水系〔2級〕
高波川　たかなみがわ
岐阜県・矢作川水系〔1級〕
高知山川　こうちやまがわ
新潟県・加治川水系〔2級〕
高知川　こうちがわ
岐阜県・木曾川水系〔1級〕
高知川　こうちがわ
愛媛県・高知川水系〔2級〕
高知谷川　こうちたにがわ
高知県・渡川水系〔1級〕
高知谷川　こうちたにがわ
高知県・蠣瀬川水系
高茂川　こうもがわ
愛媛県・高茂川水系〔2級〕
高金川　たかがねがわ
岩手県・北上川水系
9高城川　たかぎがわ
宮城県・高城川水系〔2級〕

高城川　たかしろがわ
熊本県・菊池川水系

高城川　たきがわ
鹿児島県・川内川水系〔1級〕

高室川　たかむろがわ
山梨県・富士川水系〔1級〕

高屋川　たかやがわ
京都府・由良川水系〔1級〕

高屋川　たかやがわ
岡山県・芦田川水系〔1級〕

高屋川《別》　たかやがわ
広島県・沼田川水系の入野川

高屋川　たかやがわ
福岡県・今川水系〔2級〕

高屋川　たかやがわ
大分県・大野川水系〔1級〕

高屋沢川　たかやさわがわ
岩手県・北上川水系

高柱川　こばしらがわ
熊本県・球磨川水系〔1級〕

高柳川　たかやなぎがわ
宮城県・七北田川水系〔2級〕

高柳川　たかやなぎがわ
新潟県・信濃川水系〔1級〕

高柳川　たかやなぎがわ
熊本県・緑川水系

高柳川　たかやなぎがわ
大分県・犬丸川水系〔2級〕

高柳川　たかやなぎがわ
鹿児島県・米之津川水系〔2級〕

高津川　たかずがわ
岩手県・北上川水系

高津川　たかずがわ
新潟県・鯖石川水系〔2級〕

高津川　たかつがわ
島根県・高津川水系〔1級〕

高津川　たかつがわ
山口県・阿武川水系〔2級〕

高津川派川　たかつがわはせん
島根県・高津川水系〔1級〕

高津尾川　たかつおがわ
和歌山県・日高川水系〔2級〕

高畑川　たかはたがわ
福島県・夏井川水系

高畑川　たかはたがわ
愛媛県・渡川水系〔1級〕

高畑川　たかはたがわ
愛媛県・立間川水系〔2級〕

高畑沢川　たかはたさわがわ
岩手県・馬淵川水系

高砂川　たかさごがわ
北海道・留萌川水系〔1級〕

高砂川　たかさごがわ
北海道・留萌川水系

高砂川　たかすながわ
山梨県・富士川水系〔1級〕

高砂川　たかすがわ
三重県・淀川水系〔1級〕

高草川　たかくさがわ
静岡県・高草川水系〔2級〕

10高倉川　たかくらがわ
岩手県・閉伊川水系

高倉川　たかくらがわ
宮城県・阿武隈川水系〔1級〕

高倉川　たかくらがわ
宮城県・名取川水系

高倉川　たかくらがわ
福島県・夏井川水系〔2級〕

高倉川《別》　たかくらがわ
福島県・阿武隈川水系の五百川

高倉川　たかくらがわ
新潟県・能生川水系〔2級〕

高倉川　たかくらがわ
山梨県・富士川水系〔1級〕

高倉川　たかくらがわ
兵庫県・加古川水系〔1級〕

高倉沢　たかくらさわ
岩手県・閉伊川水系

高原川　たかはらがわ
岐阜県・神通川水系〔1級〕

高原川　たかはらがわ
奈良県・紀の川水系〔1級〕

高原川　たかはるがわ
佐賀県・筑後川水系〔1級〕

高原谷川　たかはらだにがわ
和歌山県・富田川水系〔2級〕

高家川　こうげがわ
岩手県・高家川水系〔2級〕

高家川　こうげがわ
岩手県・新井田川水系

高宮地沢川　たかみやちざわがわ
岩手県・馬淵川水系

高宮池　たかみやいけ
滋賀県多賀町

高島十五線川　たかしまじゅうごせんがわ
北海道・十勝川水系〔1級〕

高島川　たかしまがわ
北海道・石狩川水系〔1級〕

高島川《別》　たかしまがわ
京都府, 滋賀県・淀川水系の安曇川

高峰川　たかみねがわ
長崎県・佐々川水系〔2級〕

高座川　こうざがわ
京都府・淀川水系

高座川　こうざがわ
岡山県・吉井川水系〔1級〕
高座川　こうざがわ
高知県・鏡川水系
高時川　たかときがわ
滋賀県・淀川水系〔1級〕
高根川　たかねがわ
北海道・石狩川水系〔1級〕
高根川　たかねがわ
福島県・阿武隈川水系〔1級〕
高根川　たかねがわ
新潟県・三面川水系〔2級〕
高根切川　たかねぎりがわ
熊本県・白川水系
高根谷川　こうねだにがわ
徳島県・吉野川水系〔1級〕
高浜川　たかはまがわ
群馬県・利根川水系〔1級〕
高浜川　たかはまがわ
愛知県・高浜川水系〔2級〕
高浜川　たかはまがわ
長崎県・雞知川水系〔2級〕
高浜川　たかはまがわ
熊本県・高浜川水系〔2級〕
高浜谷川　たかはまたにがわ
愛知県・高浜谷川水系
高浪池　たかなみいけ
新潟県糸魚川市
高馬川　たかまがわ
岡山県・高梁川水系〔1級〕
11高堂川　こうどうがわ
新潟県・高堂川水系〔2級〕
高崎川　たかさきがわ
青森県・岩木川水系〔1級〕
高崎川　たかさきがわ
千葉県・利根川水系〔1級〕
高崎川　たかさきがわ
新潟県・高崎川水系〔2級〕
高崎川　たかさきがわ
宮崎県・大淀川水系〔1級〕
高巣川　たかすがわ
山口県・佐波川水系〔1級〕
高曽川　たかそがわ
岡山県・旭川水系〔1級〕
高梨川　たかなしがわ
島根県・江の川水系〔1級〕
高梁川　たかはしがわ
岡山県・高梁川水系〔1級〕
高梁川派川　たかはしがわはせん
岡山県・高梁川水系〔1級〕
高貫川　たかぬきがわ
茨城県・久慈川水系〔1級〕

高野川　こうやがわ
青森県・高野川水系
高野川　こうやがわ
宮城県・七北田川水系〔2級〕
高野川　こうやがわ
福島県・阿賀野川水系〔1級〕
高野川　こうやがわ
福島県・夏井川水系〔2級〕
高野川　こうやがわ
福島県・夏井川水系
高野川　こうやがわ
栃木県・那珂川水系〔1級〕
高野川　こうやがわ
新潟県・高崎川水系
高野川　たかのがわ
富山県・白岩川水系〔2級〕
高野川　たかのがわ
岐阜県・木曾川水系〔1級〕
高野川　こうやがわ
愛知県・矢作川水系
高野川　たかのがわ
愛知県・矢作川水系
高野川　たかのがわ
京都府・淀川水系〔1級〕
高野川　たかのがわ
京都府・高野川水系〔2級〕
高野川　たかのがわ
兵庫県・加古川水系〔1級〕
高野川　たかのがわ
和歌山県・南部川水系〔2級〕
高野川　たかのがわ
島根県・高津川水系〔1級〕
高野川　たかのがわ
広島県・太田川水系〔1級〕
高野川　たかのがわ
広島県・高野川水系〔2級〕
高野川　たかのがわ
愛媛県・仁淀川水系〔1級〕
高野川　たかのがわ
高知県・渡川水系〔1級〕
高野川　たかのがわ
佐賀県・多良川水系〔2級〕
高野川　たかのがわ
熊本県・菊池川水系
高野川　たかのがわ
宮崎県・五ヶ瀬川水系
高野本川　たかのほんがわ
愛媛県・仁淀川水系〔1級〕
高野沢川　こうやざわがわ
山形県・最上川水系〔1級〕
高野沢川　こうやざわがわ
栃木県・那珂川水系〔1級〕

高野沢川　こうやざわがわ
山梨県・富士川水系〔1級〕
高野谷川　こうやだにがわ
徳島県・吉野川水系〔1級〕
高鳥川　たかとりがわ
新潟県・信濃川水系〔1級〕
12高塚川　たかつかがわ
熊本県・八間川水系
高富川　たかとみがわ
和歌山県・高富川水系〔2級〕
高智川　こうちがわ
愛媛県・重信川水系〔1級〕
高曾洞川　こそぼらがわ
岐阜県・神通川水系〔1級〕
高森川　たかもりがわ
福島県・阿賀野川水系〔1級〕
高森川　たかもりがわ
高知県・新川川水系
高棚川　こうだながわ
新潟県・信濃川水系〔1級〕
高道沢川　たかみちさわがわ
山形県・赤川水系
高間川　たかまがわ
福井県・九頭竜川水系〔1級〕
高間川　たかまがわ
福岡県・筑後川水系〔1級〕
高雄川　たかおがわ
兵庫県・千種川水系〔2級〕
高雄股川　たかおまたがわ
栃木県・那珂川水系〔1級〕
高須川　たかすがわ
福井県・高須川水系〔2級〕
高須川　たかすがわ
鹿児島県・高須川水系〔2級〕
高須賀沼　たかすかぬま
埼玉県幸手市
13高殿川　たかどのがわ
岡山県・吉井川水系〔1級〕
高殿川　たかどのがわ
岡山県・吉井川水系
14高様川　たかさまがわ
香川県・新川水系〔2級〕
高熊川　たかくまがわ
愛知県・日光川水系
16高橋川　たかはしがわ
福島県・阿武隈川水系〔1級〕
高橋川　たかはしがわ
福島県・阿賀野川水系〔1級〕
高橋川　たかはしがわ
福島県・阿賀野川水系
高橋川　たかはしがわ
富山県・高橋川水系〔2級〕
高橋川　たかはしがわ
石川県・犀川水系〔2級〕
高橋川　たかはしがわ
福井県・九頭竜川水系〔1級〕
高橋川　たかはしがわ
山梨県・多摩川水系〔1級〕
高橋川　たかはしがわ
静岡県・富士川水系〔1級〕
高橋川　たかはしがわ
滋賀県・淀川水系〔1級〕
高橋川　たかはしがわ
兵庫県・高橋川水系〔2級〕
高橋川　たかはしがわ
和歌山県・紀の川水系〔1級〕
高橋川　たかはしがわ
愛媛県・肱川水系〔1級〕
高橋川　たかはしがわ
高知県・伊尾木川水系〔2級〕
高橋川　たかはしがわ
佐賀県・六角川水系〔1級〕
高橋川　たかはしがわ
鹿児島県・高橋川水系〔2級〕
高橋川放水路　たかはしがわほうすいろ
石川県・犀川水系〔2級〕
高橋谷川　たかはしだにがわ
岐阜県・木曾川水系〔1級〕
高樽川　たかたるがわ
高知県・仁淀川水系〔1級〕
高舘川　たかだてがわ
青森県・岩木川水系〔1級〕
19高瀬川　たかせがわ
青森県・高瀬川水系〔1級〕
高瀬川　たかせがわ
福島県・請戸川水系〔2級〕
高瀬川　たかせがわ
千葉県・高瀬川水系〔2級〕
高瀬川　たかせがわ
福井県・早瀬川水系〔2級〕
高瀬川　たかせがわ
長野県・信濃川水系〔1級〕
高瀬川　たかせがわ
奈良県・大和川水系〔1級〕
高瀬川　たかせがわ
和歌山県・富田川水系〔2級〕
高瀬川　たかせがわ
島根県・斐伊川水系〔1級〕
高瀬川　たかせがわ
岡山県・高梁川水系〔1級〕
高瀬川　たかせがわ
香川県・高瀬川水系〔2級〕
高瀬川　たかせがわ
愛媛県・肱川水系〔1級〕

高瀬川　たかせがわ
福岡県・釣川水系〔2級〕
高瀬川　たかせがわ
佐賀県・六角川水系〔1級〕
高瀬川　たかせがわ
佐賀県・嘉瀬川水系〔1級〕
高瀬川《別》　たかせがわ
熊本県・菊池川水系の菊池川
高瀬川　たかせがわ
大分県・筑後川水系〔1級〕
高瀬川《古》　たかせがわ
大分県, 福岡県・山国川水系の山国川
高瀬川放水路　たかせがわほうすいろ
青森県・高瀬川水系〔1級〕
高瀬谷川　こうぜだにがわ
徳島県・吉野川水系〔1級〕
高瀬東川　たかせひがしがわ
佐賀県・六角川水系〔1級〕
高麗川　こまがわ
埼玉県・荒川（東京都・埼玉県）水系〔1級〕

【鬼】

鬼の洞川　おにのとうがわ
熊本県・菊池川水系
鬼ヶ城川　おにがじょうがわ
熊本県・五ヶ瀬川水系
鬼ヶ瀬川　おにかせがわ
岩手県・北上川水系〔1級〕
4鬼木川　おにきがわ
佐賀県・志礼川水系〔2級〕
鬼木川　おにきがわ
熊本県・球磨川水系〔1級〕
5鬼付女川　きずくめがわ
宮崎県・一ツ瀬川水系〔2級〕
鬼生谷川　おにうだがわ
岐阜県・木曾川水系〔1級〕
6鬼光頭川　きこうずかわ
福島県・阿賀野川水系〔1級〕
鬼池川　おにいけがわ
熊本県・鬼池川水系
鬼灯川　ほおずきがわ
京都府・淀川水系〔1級〕
7鬼志別川　おにしべつがわ
北海道・鬼志別川水系〔2級〕
鬼沢川　おにざわがわ
岩手県・北上川水系
鬼沢川　おにざわがわ
新潟県・鯖石川水系〔2級〕
鬼谷川　おんだにがわ
岐阜県・木曾川水系〔1級〕
8鬼刺辺川　おにさしべがわ
北海道・天塩川水系〔1級〕
鬼岳沢　おにがたけさわ
新潟県・関川水系〔1級〕
9鬼怒川　きぬがわ
栃木県, 茨城県・利根川水系〔1級〕
鬼神川　おにがみがわ
山形県・最上川水系
鬼面川　おものがわ
山形県・最上川水系〔1級〕
鬼面沢川　きめんざわがわ
新潟県・信濃川水系〔1級〕
鬼首大沼　おにこうべおおぬま
宮城県玉造郡鳴子町
11鬼崎川　おにさきがわ
大分県・大分川水系〔1級〕
22鬼籠野谷川　おろのたにがわ
徳島県・吉野川水系〔1級〕

11 画

【乾】

3乾川　いぬいがわ
奈良県・大和川水系〔1級〕
7乾谷川　いぬいだにがわ
京都府・淀川水系〔1級〕
乾谷川放水路　いぬいだにがわほうすいろ
京都府・淀川水系〔1級〕
9乾草沼　ひぐさぬま
千葉県光町

【亀】

亀の川　かめのがわ
和歌山県・亀の川水系〔2級〕
亀の尾川　かめのおがわ
兵庫県・亀の尾川水系〔2級〕
亀の迫川　かめのさこがわ
熊本県・白洲川水系〔2級〕
亀ヶ池　かめがいけ
岐阜県大野郡丹生川村
亀ノ川川　かめのかわがわ
高知県・下ノ加江川水系〔2級〕
亀ノ浦川　かめのうらがわ
佐賀県・亀ノ浦川水系〔2級〕
3亀久川　かめひさがわ
栃木県・那珂川水系〔1級〕
亀山川　かめやまがわ
熊本県・砂川水系
亀川　かめがわ
熊本県・亀川水系〔2級〕
4亀井谷川　かめいだにがわ
島根県・高津川水系〔1級〕

亀戸川　かめどがわ
広島県・亀戸川水系

亀水川　たるみがわ
香川県・亀水川水系〔2級〕

5亀田川　かめだがわ
北海道・亀田川水系〔2級〕

亀田川　かめだがわ
福島県・阿武隈川水系

亀田川　かめだがわ
石川県・御祓川水系

亀田川　かめたがわ
三重県・鈴鹿川水系〔1級〕

亀田川　かめだがわ
山口県・掛淵川水系〔2級〕

亀田川　かめだがわ
宮崎県・石崎川水系〔2級〕

亀石川　かめいしがわ
岡山県・吉井川水系〔1級〕

6亀成川　かめなりがわ
千葉県・利根川水系〔1級〕

7亀作川　かめざくがわ
茨城県・久慈川水系〔1級〕

亀尾川　かめおがわ
高知県・福良川水系〔2級〕

亀尾島川　きびしまがわ
岐阜県・木曾川水系〔1級〕

亀沢川　かめざわがわ
山梨県・富士川水系〔1級〕

亀谷川　かめたにがわ
兵庫県・大津川水系〔2級〕

亀谷川　かめたにがわ
鳥取県・由良川水系〔2級〕

亀谷川　かめたにがわ
島根県・江の川水系〔1級〕

亀谷川　かめたにがわ
広島県・江の川水系〔1級〕

8亀取川　かめとりがわ
熊本県・緑川水系

10亀原川　かめばらがわ
島根県・高津川水系〔1級〕

亀島川　かめじまがわ
東京都・荒川（東京都・埼玉県）水系〔1級〕

亀浦川　かめうらがわ
熊本県・亀浦川水系〔2級〕

11亀崎川　かめさきがわ
宮崎県・亀崎川水系〔2級〕

亀淵川　かめぶちがわ
愛知県・豊川水系〔1級〕

亀淵川　かめぶちがわ
三重県・鈴鹿川水系〔1級〕

12亀惣川　かめそうがわ
静岡県・菊川水系〔1級〕

13亀嵩川　かめだけがわ
島根県・斐伊川水系〔1級〕

14亀徳川　かめとくがわ
鹿児島県・亀徳川水系〔2級〕

【健】

9健軍川　けんぐんがわ
熊本県・緑川水系〔1級〕

【兜】

3兜川　かぶとがわ
埼玉県・荒川（東京都・埼玉県）水系〔1級〕

兜川《古》　かぶとがわ
山梨県・富士川水系の甲川

兜巾谷川　ときんだにがわ
兵庫県・三原川水系〔2級〕

8兜沼　かぶとぬま
北海道天塩郡豊富町

【副】

7副谷川　そえだにがわ
京都府・由良川水系

【勘】

4勘太郎川　かんたろうがわ
愛媛県・肱川水系〔1級〕

勘太郎川　かんたろうがわ
佐賀県・筑後川水系〔1級〕

8勘定川　かんじょうがわ
滋賀県・淀川水系〔1級〕

勘定川　かんじょうがわ
兵庫県・円山川水系

10勘根尾谷川　かんねおだにがわ
島根県・高津川水系〔1級〕

12勘場川　かんばがわ
大分県・臼杵川水系〔2級〕

【動】

16動橋川　いぶりばしがわ
石川県・新堀川水系〔2級〕

【務】

7務沢川　つとむざわがわ
秋田県・米代川水系

【商】

2商人川　あきんどがわ
島根県・高津川水系〔1級〕

商人沼　あきんどぬま
宮城県加美郡小野田町

【問】
5問田川　といだがわ
山口県・椹野川水系〔2級〕
12問寒二号川　といかんにごうがわ
北海道・天塩川水系〔1級〕
問寒別川　といかんべつがわ
北海道・天塩川水系〔1級〕

【唸】
8唸沼　ぼらぬま
青森県西津軽郡木造町

【基】
5基北川　きほくがわ
北海道・石狩川水系〔1級〕
基北川　きほくがわ
北海道・石狩川水系
15基線川　きせんがわ
北海道・石狩川水系〔1級〕

【埴】
5埴生川　はぶがわ
千葉県・一宮川水系〔2級〕
埴田川　はねだがわ
和歌山県・埴田川水系〔2級〕
7埴見川　はなみがわ
鳥取県・橋津川水系〔2級〕

【堂】
堂の入川　どうのいりがわ
群馬県・利根川水系〔1級〕
堂の入川　どうのいりがわ
山梨県・富士川水系〔1級〕
堂の入川　どうのいりがわ
長野県・矢作川水系〔1級〕
堂の川　どうのがわ
新潟県・堂の川水系〔2級〕
堂の川　どうのがわ
京都府・淀川水系〔1級〕
堂の元川　どうのもとがわ
愛媛県・肱川水系〔1級〕
堂の元川　どうのもとがわ
愛媛県・堂之元川水系
堂の河内川　どうのかわうちがわ
新潟県・石田川水系〔2級〕
堂の迫川　どうのさこがわ
広島県・太田川水系〔1級〕
堂の迫川　どうのさこがわ
熊本県・菊池川水系
堂の前川　どうのまえがわ
島根県・斐伊川水系〔1級〕
堂の窪川　どうのくぼがわ
愛媛県・肱川水系〔1級〕
堂ヶ入川　どうがいりがわ
愛知県・矢作川水系
堂ヶ平川　どうがひらがわ
香川県・香東川水系〔2級〕
堂ヶ沢川　どうがさわがわ
山形県・最上川水系〔1級〕
堂ヶ谷川　どうがたにがわ
兵庫県・加古川水系
堂ヶ原川　どうがはらがわ
岡山県・吉井川水系〔1級〕
堂ノ入川　どうのいりがわ
長野県・信濃川水系〔1級〕
堂ノ元川　どうのもとがわ
愛媛県・堂ノ元川水系〔2級〕
堂ノ原川　とうのはらがわ
熊本県・菊池川水系
堂ノ奥川　どうのおくがわ
愛媛県・渡川水系〔1級〕
3堂万川　どうまんがわ
長野県・信濃川水系〔1級〕
堂万川　どうまんがわ
愛媛県・肱川水系〔1級〕
堂山川　どうやまがわ
宮崎県・川内川水系〔1級〕
堂川　どうがわ
栃木県・那珂川水系〔1級〕
堂川　どうがわ
石川県・手取川水系〔1級〕
堂川　どうがわ
長野県・信濃川水系
堂川　どうがわ
静岡県・狩野川水系〔1級〕
堂川　どうがわ
滋賀県・淀川水系
堂川　どうがわ
京都府・由良川水系
4堂之元川　どうのもとがわ
鹿児島県・堂之元川水系〔2級〕
5堂出川　どうでがわ
熊本県・球磨川水系
堂尻川　どうじりがわ
石川県・手取川水系〔1級〕
堂田川　どうでんがわ
和歌山県・紀の川水系〔1級〕
6堂成川　どうなりがわ
愛媛県・肱川水系〔1級〕
7堂沢川　どうさわがわ
新潟県・能生川水系〔2級〕
堂沢川　どうさわがわ
長野県・天竜川水系〔1級〕

堂谷川　どうたにがわ
徳島県・那賀川水系〔1級〕
堂谷川　どうたにがわ
香川県・綾川水系〔2級〕
8堂所川　どうしょがわ
島根県・江の川水系〔1級〕
堂迫川　どうさこがわ
山口県・浜田川水系
9堂前川　どうまえがわ
山形県・最上川水系〔1級〕
堂前川　どうまえがわ
新潟県・信濃川水系〔1級〕
堂前川　どうまえがわ
愛知県・庄内川水系
堂前川　どうまえがわ
奈良県・淀川水系〔1級〕
堂面川　どうめんがわ
福岡県・堂面川水系〔2級〕
堂面川　どうめんがわ
熊本県・関川水系
10堂倉谷川　どうくらたにがわ
三重県・宮川水系〔1級〕
堂島川　どうじまがわ
大阪府・淀川水系
11堂動川　どんどがわ
福井県・九頭竜川水系〔1級〕
堂々川　どうどうがわ
広島県・芦田川水系〔1級〕
堂閉川　どべがわ
和歌山県・日高川水系〔2級〕
12堂堤溜　どうつつみだめ
滋賀県永源寺町
22堂籠川　どうごもりがわ
鹿児島県・菱田川水系〔2級〕

【堀】

堀の沢川　ほりのさわがわ
群馬県・利根川水系〔1級〕
堀ヶ谷川　ほりがだにがわ
愛媛県・重信川水系〔1級〕
3堀子川　ほりこがわ
愛媛県・川茂川水系〔2級〕
堀子川　ほりこがわ
愛媛県・樋之尾谷川水系〔2級〕
堀川　ほりがわ
福島県・阿武隈川水系〔1級〕
堀川《別》　ほりがわ
福島県・阿武隈川水系の谷津田川
堀川　ほりがわ
茨城県・那珂川水系〔1級〕
堀川　ほりかわ
千葉県・堀川水系〔2級〕
堀川　ほりがわ
神奈川県・大岡川水系〔2級〕
堀川　ほりがわ
新潟県・荒川（新潟県・山形県）水系〔1級〕
堀川　ほりがわ
新潟県・落堀川水系〔2級〕
堀川　ほりがわ
山梨県・富士川水系〔1級〕
堀川　ほりがわ
静岡県・山居沢川水系
堀川　ほりがわ
愛知県・庄内川水系〔1級〕
堀川　ほりがわ
愛知県・堀川水系〔2級〕
堀川　ほりがわ
愛知県・猿渡川水系
堀川　ほりがわ
愛知県・堀川水系
堀川　ほりがわ
滋賀県・淀川水系〔1級〕
堀川　ほりがわ
京都府・志楽川水系〔2級〕
堀川　ほりがわ
鳥取県・堀川水系
堀川　ほりがわ
島根県・堀川水系〔2級〕
堀川　ほりかわ
福岡県・遠賀川水系〔1級〕
堀川　ほりかわ
長崎県・堀川水系〔2級〕
堀川　ほりがわ
熊本県・坪井川水系〔2級〕
堀川　ほりかわ
熊本県・球磨川水系
堀川　ほりごう
熊本県・球磨川水系
堀川　ほりかわ
鹿児島県・万之瀬川水系〔2級〕
4堀之川　ほりのがわ
新潟県・信濃川水系〔1級〕
堀内川　ほりうちがわ
岩手県・馬淵川水系
堀内川　ほりうちがわ
山形県・最上川水系〔1級〕
堀内川　ほりうちがわ
愛知県・矢作川水系
堀内川　ほりうちがわ
熊本県・球磨川水系
堀内沢　ほりないさわ
秋田県・雄物川水系〔1級〕
堀内沢川　ほりないざわがわ
秋田県・雄物川水系〔1級〕

堀切川　ほりきりがわ
青森県・中村川水系〔2級〕
堀切川　ほりきりがわ
宮城県・名取川水系
堀切川　ほりきりがわ
新潟県・関川水系〔1級〕
堀切川　ほりきりがわ
新潟県・堀切川水系〔2級〕
堀切川　ほりきりがわ
石川県・米町川水系
堀切川　ほりきりがわ
福井県・早瀬川水系
堀切川　ほっきりがわ
愛知県・豊川水系
堀切川　ほりきりがわ
三重県・堀切川水系〔2級〕
堀切川　ほりきりがわ
兵庫県・堀切川水系〔2級〕
堀切川　ほりきりがわ
愛媛県・渡川水系〔1級〕
堀木沢　ほりきざわ
神奈川県・千歳川水系
5堀田川　ほったがわ
富山県・仏生寺川水系〔2級〕
堀田川　ほったがわ
愛媛県・肱川水系〔1級〕
堀立川　ほったてがわ
山形県・最上川水系〔1級〕
堀立川　ほったてがわ
山形県・最上川水系
6堀江川　ほりえがわ
千葉県・利根川水系〔1級〕
堀江川　ほりえがわ
山口県・掛淵川水系〔2級〕
堀池川　ほりいけがわ
京都府・淀川水系
7堀坂川　ほっさかがわ
三重県・三渡川水系〔2級〕
堀町川　ほりまちがわ
広島県・芦田川水系〔1級〕
堀谷川　ほりたにがわ
熊本県・球磨川水系
10堀差川　ほりさしがわ
青森県・堀差川水系〔2級〕
堀株川　ほりかっぷがわ
北海道・堀株川水系〔2級〕
堀留川　ほりどめがわ
静岡県・都田川水系〔2級〕
堀留運河《別》　ほりどめうんが
静岡県・都田川水系の堀留川
堀通川　ほりとおしがわ
三重県・堀通川水系〔2級〕
12堀割川　ほりわりがわ
神奈川県・大岡川水系〔2級〕
堀割川　ほりわりがわ
愛知県・堀割川水系
堀越川　ほりこしがわ
福島県・阿武隈川水系〔1級〕
堀越川　ほりこしがわ
新潟県・阿賀野川水系〔1級〕
堀越川　ほりこしがわ
愛知県・庄内川水系
堀越川　ほりこしがわ
岡山県・高梁川水系〔1級〕
堀越川　ほりこしがわ
山口県・大井川水系〔2級〕
堀越川　ほりこしがわ
愛媛県・重信川水系〔1級〕
13堀溝川　ほりみぞがわ
新潟県・信濃川水系〔1級〕
23堀鱒沢　ほりますざわ
山形県・最上川水系

【婆】

19婆羅尾川　ばらおかわ
徳島県・勝浦川水系〔2級〕

【寄】

4寄木川　よりきがわ
宮城県・寄木川水系
寄木川　よりきがわ
秋田県・雄物川水系
6寄合川　よりあいがわ
沖縄県・屋部川水系
7寄沢　よりさわ
宮城県・名取川水系
寄沢川　よりざわがわ
静岡県・狩野川水系
9寄畑川　よりはたがわ
山梨県・富士川水系〔1級〕
11寄部沢川　よっぺさわがわ
岩手県・小本川水系
19寄藻川　よりもがわ
大分県・寄藻川水系〔2級〕

【寂】

6寂地川　じゃくちがわ
山口県・錦川水系〔2級〕

【宿】

宿の沢川　しゅくのさわがわ
宮城県・北上川水系〔1級〕
3宿川　しゅくがわ
岩手県・北上川水系〔1級〕

宿川　しゅくがわ
茨城県・大北川水系〔2級〕
宿川《別》　しゅくがわ
兵庫県・夙川水系の夙川
宿川　しゅくがわ
岡山県・旭川水系〔1級〕
4宿内川　しゅくないがわ
岩手県・北上川水系〔1級〕
宿戸沢川　しゅくとさわがわ
山梨県・富士川水系〔1級〕
5宿主別川　しゅくしゅべつがわ
北海道・沙流川水系〔1級〕
宿田川　しゅくたがわ
岩手県・北上川水系
7宿谷川　しゅくやがわ
埼玉県・荒川（東京都・埼玉県）水系〔1級〕
宿谷川　しゅくたにがわ
三重県・井戸川水系〔2級〕
11宿野辺川　しゅくのべがわ
青森県・宿野辺川水系〔2級〕
19宿瀬川　しゅくせがわ
岡山県・吉井川水系〔1級〕

【寅】
3寅己川　とらみがわ
栃木県・利根川水系〔1級〕

【崎】
3崎山川　さきやまがわ
石川県・崎山川水系〔2級〕
崎山川　さきやまがわ
石川県・崎山川水系
12崎森川　さきもりがわ
鹿児島県・網掛川水系〔2級〕

【崩】
3崩口川　くれくちがわ
愛媛県・崩口川水系〔2級〕
崩川　くずれがわ
福島県・阿武隈川水系
崩川　くずれがわ
三重県・淀川水系〔1級〕
崩川　くずれがわ
京都府・筒川水系
崩川　くずれがわ
宮崎県・大淀川水系〔1級〕
7崩沢川　くずれさわがわ
新潟県・信濃川水系
崩谷川　つえだにがわ
高知県・渡川水系

【綸】
5綸出川　ろんでがわ
宮崎県・五十鈴川水系

【巣】
巣ノ浦川　すのうらがわ
宮崎県・大淀川水系〔1級〕
3巣上沢川　すがみさわがわ
栃木県・利根川水系〔1級〕
巣子川　すごがわ
岩手県・北上川水系〔1級〕
10巣原川　すはらがわ
福井県・九頭竜川水系〔1級〕
巣原鎌谷川　すわらかまだにがわ
福井県・九頭竜川水系〔1級〕

【常】
5常世川　とこよがわ
滋賀県・淀川水系〔1級〕
常永川　じょうえいがわ
山梨県・富士川水系〔1級〕
6常吉川　つねよしがわ
京都府・竹野川水系〔2級〕
7常住川　じょうじゅうがわ
福島県・夏井川水系〔2級〕
常呂川　ところがわ
北海道・常呂川水系〔1級〕
9常室川　とこむろがわ
北海道・十勝川水系〔1級〕
常海沢川　じょうかいざわがわ
山形県・最上川水系
常泉寺川　じょうせんじがわ
岐阜県・神通川水系〔1級〕
10常夏川　とこなつがわ
福島県・阿賀野川水系〔1級〕
常浪川　とこなみがわ
新潟県・阿賀野川水系〔1級〕
11常陸利根川　ひたちとねがわ
茨城県, 千葉県・利根川水系〔1級〕
12常森川　つねもりがわ
山口県・厚狭川水系〔2級〕
常葉川　ときわがわ
山梨県・富士川水系〔1級〕
13常楽寺川　じょうらくじがわ
新潟県・島崎川水系〔2級〕
常楽寺川　じょうらくじがわ
島根県・十間川水系〔2級〕
15常盤川　ときわがわ
北海道・常盤川水系〔2級〕
常盤川　ときわがわ
秋田県・米代川水系〔1級〕

19常願寺川　じょうがんじがわ
富山県・常願寺川水系〔1級〕

【帷】
3帷子川　かたびらがわ
神奈川県・帷子川水系〔2級〕

【庵】
3庵川　いおりがわ
兵庫県・千種川水系〔2級〕
9庵屋川　いおやがわ
宮崎県・清武川水系〔2級〕
10庵原川　いはらがわ
静岡県・庵原川水系〔2級〕

【庶】
13庶路川　しょろがわ
北海道・庶路川水系〔2級〕

【張】
3張川　はりがわ
高知県・安芸川水系

【得】
4得仏川　とくぶつがわ
佐賀県・嘉瀬川水系〔1級〕
7得谷川　えだにがわ
岡山県・吉井川水系〔1級〕

【悪】
3悪土川　あくどがわ
秋田県・米代川水系〔1級〕
悪川《古》　あんがわ
宮城県・鳴瀬川水系の善川
4悪太郎川　あくたろうがわ
長崎県・悪太郎川水系〔2級〕
悪水川　あくすいがわ
石川県・大野川水系〔2級〕
6悪至沢川　あくしざわがわ
栃木県・利根川水系〔1級〕
7悪沢　あくさわ
神奈川県・酒匂川水系
悪沢川　あくさわがわ
新潟県・信濃川水系〔1級〕
悪社川　あくしゃがわ
愛媛県・重信川水系〔1級〕
12悪曾尾川　あくそおがわ
佐賀県・松浦川水系〔1級〕

【悴】
7悴谷川　かせたにがわ
鳥取県・天神川水系〔1級〕

【掛】
3掛川戸沢川　かけがわとざわがわ
静岡県・太田川水系〔2級〕
掛川滝ノ谷川　かけがわたきのだにがわ
静岡県・太田川水系〔2級〕
7掛谷川　かけたにがわ
徳島県・勝浦川水系〔2級〕
9掛津川　かけずがわ
京都府・掛津川水系
11掛淵川　かけふちがわ
山口県・掛淵川水系〔2級〕
16掛橋川　かけはしがわ
佐賀県・六角川水系〔1級〕

【捨】
4捨木川　すてぎがわ
熊本県・球磨川水系

【掃】
6掃地川　そうじがわ
高知県・渡川水系

【捫】
7捫別川　もんべつがわ
北海道・捫別川水系〔2級〕

【救】
7救沢川　すくいざわがわ
岩手県・小本川水系

【教】
7教良木川　きょうらぎがわ
熊本県・教良木川水系〔2級〕

【斎】
3斎川　さいがわ
宮城県・阿武隈川水系〔1級〕
4斎内川　さいないがわ
秋田県・雄物川水系〔1級〕
斎木川　さいきがわ
兵庫県・揖保川水系〔1級〕
12斎勝川　さいかちがわ
宮城県・名取川水系〔1級〕
18斎藤川　さいとうがわ
秋田県・雄物川水系〔1級〕

【斜】

7斜里川　しゃりがわ
北海道・斜里川水系〔2級〕

【曽】

10曽原湖　そはらこ
福島県耶麻郡北塩原村
曽根尾奥池　そねおおくいけ
滋賀県甲賀町
曽根沼　そねぬま
滋賀県彦根市

【望】

4望月寒川　もつきさむがわ
北海道・石狩川水系〔1級〕
7望来川　もうらいがわ
北海道・望来川水系〔2級〕

【梓】

3梓川《別》　あずさがわ
山形県・最上川水系の天王川
梓川　あずさがわ
栃木県・那珂川水系〔1級〕
梓川　あずさがわ
長野県・信濃川水系〔1級〕
梓川　あずさがわ
滋賀県・淀川水系〔1級〕

【桶】

4桶井川　おけいがわ
熊本県・緑川水系
8桶沼　おけぬま
福島県福島市
11桶寄川　おけよりがわ
鹿児島県・川内川水系〔1級〕

【梶】

3梶川　かじがわ
石川県・梶川水系〔2級〕
梶川　かじがわ
香川県・梶川水系〔2級〕
4梶毛川　かじけがわ
広島県・八幡川水系〔2級〕
5梶平谷川　かじひらだにがわ
岡山県・高梁川水系
6梶羽川　かじはがわ
香川県・綾川水系〔2級〕
7梶尾谷川　かじおだにがわ
愛媛県・肱川水系〔1級〕
梶谷川　かじたにがわ
長野県・天竜川水系〔1級〕
梶谷川　かじたにがわ
愛媛県・肱川水系〔1級〕
8梶並川　かじなみがわ
岡山県・吉井川水系〔1級〕
9梶屋川　かじやがわ
熊本県・菊池川水系
10梶原川　かじわらがわ
福岡県・那珂川水系〔2級〕
梶原川　かじわらがわ
熊本県・球磨川水系〔1級〕
梶原川　かじわらがわ
熊本県・五ヶ瀬川水系
梶栗川　かじくりがわ
山口県・梶栗川水系〔2級〕
12梶無川　かじなしがわ
茨城県・利根川水系〔1級〕
梶無川　かじなしがわ
茨城県・利根川水系

【椛】

椛の木川　かばのきがわ
香川県・高瀬川水系〔2級〕
3椛川　かばがわ
香川県・香東川水系〔2級〕
椛川目川　かばかわめがわ
岩手県・北上川水系
7椛坂川　かぶさかがわ
広島県・瀬野川水系〔2級〕
椛沢川　かばさわがわ
岩手県・北上川水系
椛谷川　かばたにがわ
熊本県・湯浦川水系

【梢】

3梢川　こずえがわ
愛媛県・梢川水系〔2級〕

【梯】

3梯川　かけはしがわ
石川県・梯川水系〔1級〕
梯川　かけはしがわ
兵庫県・揖保川水系〔1級〕

【桝】

7桝沢川　ますざわがわ
山形県・最上川水系〔1級〕
桝沢川　ますざわがわ
新潟県・信濃川水系〔1級〕
桝谷川　ますたにがわ
福井県・九頭竜川水系〔1級〕

【梨】

梨の木川　なしのきがわ
新潟県・荒川（新潟県・山形県）水系〔1級〕

梨の木川　なしのきがわ
佐賀県・福所江水系〔2級〕

梨の木沢　なしのきざわ
千葉県・小糸川水系〔2級〕

梨ヶ原川　なしがはらがわ
兵庫県・千種川水系〔2級〕

3梨子谷川　なしたにがわ
愛媛県・渡川水系〔1級〕

梨山川　なしやまがわ
熊本県・白洲川水系

梨川　なしがわ
山梨県・相模川水系〔1級〕

4梨木川　なしのきがわ
青森県・岩木川水系〔1級〕

梨木川　なしきがわ
山形県・最上川水系〔1級〕

7梨谷川　なしだにがわ
富山県・庄川水系〔1級〕

8梨和川　なしわがわ
広島県・沼田川水系〔2級〕

11梨郷古川　りんごうふるかわ
山形県・最上川水系

【梁】

9梁津川《別》　やなつがわ
茨城県・十王川水系の十王川

19梁瀬川　やなせがわ
愛媛県・肱川水系〔1級〕

【梵】

4梵天川　ぼんてんがわ
福島県・阿賀野川水系〔1級〕

梵天川　ぼんてんがわ
福島県・夏井川水系〔2級〕

6梵字川　ぼんじがわ
秋田県・雄物川水系〔1級〕

梵字川　ぼんじがわ
山形県・最上川水系〔1級〕

梵字川　ぼんじがわ
山形県・赤川水系〔1級〕

【渓】

7渓寿寺川　けいじゅじがわ
愛媛県・肱川水系〔1級〕

【渋】

3渋久川　しぶひさがわ
京都府・淀川水系〔1級〕

渋山川　しぶさんがわ
北海道・十勝川水系〔1級〕

渋川　しぶがわ
岩手県・北上川水系〔1級〕

渋川　しぶがわ
宮城県・鳴瀬川水系〔1級〕

渋川　しぶがわ
山形県・最上川水系〔1級〕

渋川　しぶがわ
福島県・鮫川水系〔2級〕

渋川　しぶがわ
茨城県・那珂川水系

渋川　しぶがわ
山梨県・富士川水系〔1級〕

渋川　しぶがわ
滋賀県・淀川水系〔1級〕

渋川　しぶがわ
京都府・淀川水系〔1級〕

渋川　しぶがわ
山口県・錦川水系〔2級〕

渋川川　しぶかわがわ
高知県・仁淀川水系〔1級〕

4渋井川　しぶいがわ
宮城県・鳴瀬川水系〔1級〕

5渋田川　しぶたがわ
神奈川県・金目川水系〔2級〕

渋田川　しぶたがわ
三重県・淀川水系〔1級〕

渋田川分水路　しぶたがわぶんすいろ
神奈川県・金目川水系〔2級〕

6渋江川　しぶえがわ
茨城県・久慈川水系〔1級〕

渋江川　しぶえがわ
新潟県・関川水系〔1級〕

渋江川　しぶえがわ
富山県・小矢部川水系〔1級〕

7渋佐川　しぶさがわ
福島県・新田川水系

渋利川　しぶりがわ
熊本県・球磨川水系

渋沢　しぶさわ
岩手県・北上川水系

渋沢川　しぶさわがわ
長野県・信濃川水系〔1級〕

渋谷川　しぶやがわ
東京都・古川水系〔2級〕

渋谷川　しぶやがわ
京都府・淀川水系〔1級〕

渋谷川　しぶたにがわ
京都府・淀川水系

渋谷川　しぶやがわ
奈良県・大和川水系〔1級〕

渋谷川　しぶやがわ
島根県・江の川水系〔1級〕
渋谷川　しぶたにがわ
山口県・錦川水系〔2級〕
渋谷川　しぶたにがわ
愛媛県・重信川水系〔1級〕
渋谷川　しぶたにがわ
熊本県・白川水系〔1級〕
渋谷川　しぶたにがわ
熊本県・白川水系
9渋前川　しぶくまがわ
山口県・錦川水系〔2級〕
渋海川　しぶみがわ
新潟県・信濃川水系〔1級〕
11渋黒川　しぶくろがわ
秋田県・雄物川水系〔1級〕

【渚】
3渚川　なぎさがわ
福島県・渚川水系〔2級〕
13渚滑川　しょこつがわ
北海道・渚滑川水系〔1級〕
渚滑元新川　しょこつもとしんかわ
北海道・渚滑川水系
渚滑古川　しょこつふるがわ
北海道・渚滑川水系〔1級〕
渚滑導水路　しょこつどうすいろ
北海道・渚滑川水系〔1級〕

【深】
深ヶ川　ふかがかわ
愛媛県・肱川水系〔1級〕
3深山口川　みやまぐちがわ
福島県・鮫川水系〔2級〕
深山川　みやまがわ
宮城県・鳴瀬川水系
深山川　ふかやまがわ
福島県・阿賀野川水系〔1級〕
深山川　みやまがわ
京都府・由良川水系〔1級〕
深山川　みやまがわ
京都府・野田川水系
深山川　ふかやまがわ
京都府・由良川水系
深山川　みやまがわ
京都府・由良川水系
深山川　みやまがわ
京都府・淀川水系
深山川　みやまがわ
愛媛県・肱川水系〔1級〕
深山沢川　みやまさわがわ
長野県・信濃川水系〔1級〕
深川　ふかがわ
青森県・岩木川水系〔1級〕
深川　ふかがわ
宮城県・鳴瀬川水系〔1級〕
深川　ふかがわ
栃木県・那珂川水系〔1級〕
深川　ふかがわ
奈良県・淀川水系〔1級〕
深川川　ふかわがわ
山口県・深川川水系〔2級〕
4深井川　ふかいがわ
愛媛県・肱川水系〔1級〕
深木川　ふかきがわ
高知県・渡川水系〔1級〕
深水川　ふかみずがわ
広島県・芦田川水系〔1級〕
深水川　ふかみがわ
熊本県・球磨川水系〔1級〕
5深田川　ふかたがわ
福島県・阿武隈川水系
深田川　ふかたがわ
静岡県・東大谷川水系〔2級〕
深田川　ふかたがわ
宮崎県・加江田川水系〔2級〕
深田池　ふただいけ
滋賀県竜王町
深田和川　ふかだわがわ
岩手県・北上川水系
6深年川　ふかとしがわ
宮崎県・大淀川水系〔1級〕
深江川《別》　ふかえがわ
奈良県・淀川水系の布目川
深江川　ふかえがわ
長崎県・深江川水系〔2級〕
深江川　ふかえがわ
大分県・深江川水系〔2級〕
7深作川　ふかさくがわ
埼玉県・利根川水系〔1級〕
深沢　ふかさわ
青森県・岩木川水系〔1級〕
深沢　ふかさわ
秋田県・米代川水系
深沢川　ふかさわがわ
岩手県・北上川水系
深沢川　ふかざわがわ
山形県・最上川水系〔1級〕
深沢川　ふかざわがわ
福島県・阿賀野川水系〔1級〕
深沢川　ふかさわがわ
栃木県・那珂川水系〔1級〕
深沢川　ふかさわがわ
群馬県・利根川水系〔1級〕

深沢川　ふかさわがわ
新潟県・信濃川水系〔1級〕
深沢川　ふかざわがわ
新潟県・関川水系〔1級〕
深沢川　ふかざわがわ
新潟県・鯖石川水系〔2級〕
深沢川　ふかざわがわ
山梨県・富士川水系〔1級〕
深沢川　ふかざわがわ
長野県・信濃川水系〔1級〕
深沢川　ふかさわがわ
長野県・天竜川水系〔1級〕
深沢川　ふかざわがわ
静岡県・狩野川水系〔1級〕
深沢川《別》　ふかざわがわ
静岡県・狩野川水系の修善寺深沢川
深沢川　ふかさわがわ
愛知県・御津川水系
深沢川　ふかざわがわ
愛知県・豊川水系
深町川　ふかまちがわ
岐阜県・木曾川水系〔1級〕
深町川　ふかまちがわ
滋賀県・淀川水系〔1級〕
深町沢　ふかまちざわ
群馬県・利根川水系
深良川　ふからがわ
静岡県・狩野川水系〔1級〕
深見川　ふかみがわ
石川県・深見川水系〔2級〕
深見川　ふかみがわ
愛知県・庄内川水系
深見川　ふかみがわ
京都府・由良川水系〔1級〕
深見川　ふかみがわ
広島県・沼田川水系
深見川　ふかみがわ
大分県・駅館川水系〔2級〕
深見池　ふかみいけ
長野県下伊那郡阿南町
深谷川　ぶかやがわ
宮城県・高城川水系〔2級〕
深谷川　ふかだにがわ
富山県・常願寺川水系〔1級〕
深谷川　ふかたにがわ
石川県・大野川水系
深谷川　ふかたにがわ
三重県・櫛田川水系〔1級〕
深谷川　ふかたにがわ
滋賀県・淀川水系〔1級〕
深谷川　ふかだにがわ
奈良県・淀川水系〔1級〕
深谷川　ふかたにがわ
奈良県・大和川水系〔1級〕
深谷川　ふかだにがわ
奈良県・新宮川水系〔1級〕
深谷川　ふかたにがわ
和歌山県・日置川水系〔2級〕
深谷川　ふかたにがわ
島根県・斐伊川水系〔1級〕
深谷川　ふかたにがわ
愛媛県・尻無川水系〔2級〕
深谷川　ふかたにがわ
愛媛県・中山川水系〔2級〕
深谷沢　ふかたにさわ
新潟県・信濃川水系〔1級〕
8深河谷川　ふかたにがわ
兵庫県・揖保川水系〔1級〕
深泥ヶ池　みぞろがいけ
京都府京都市
深泥沼　みどろぬま
福島県耶麻郡北塩原村
深迫川　ふかさこがわ
大分県・大野川水系〔1級〕
9深海川　ふかのうみがわ
長崎県・深海川水系〔2級〕
10深倉川　ふかくらがわ
福岡県・遠賀川水系〔1級〕
深倉川　ふかくらがわ
熊本県・菊池川水系
深浦川　ふかうらがわ
佐賀県・塩田川水系〔2級〕
11深堂川　ふかどうがわ
広島県・黒瀬川水系〔2級〕
深堀川　ふかぼりがわ
北海道・松倉川水系
深部川　ふかべがわ
愛媛県・肱川水系〔1級〕
深野川　ふかのがわ
三重県・櫛田川水系〔1級〕
深野川　ふかのがわ
島根県・斐伊川水系〔1級〕
12深渡川　ふかどがわ
岐阜県・木曾川水系〔1級〕
深萱川　ふかがやがわ
岩手県・北上川水系
13深溝川　ふかみぞがわ
熊本県・津奈木川水系

【清】

清の川　せいのかわ
和歌山県・太田川水系〔2級〕
3清丸別川　きよまるべつがわ
北海道・西別川水系〔2級〕

清山川　せいやまがわ
鳥取県・日野川水系〔1級〕
清川　きよがわ
長野県・信濃川水系〔1級〕
清川　きよがわ
和歌山県・紀の川水系〔1級〕
4清井川《古》　きよいがわ
岩手県・北上川水系の吸川
清五郎池　せいごろうがた
新潟県新潟市
清五郎滝川　せいごろうたきがわ
三重県・銚子川水系〔2級〕
清元川　きよもとがわ
愛媛県・肱川水系〔1級〕
清内路川　せいないじがわ
長野県・天竜川水系〔1級〕
清水ビバウシ川　しみずびばうしがわ
北海道・十勝川水系〔1級〕
清水ビバウシ川　しみずびばうしがわ
北海道・十勝川水系
清水川　しみずがわ
北海道・石狩川水系〔1級〕
清水川　しみずがわ
北海道・十勝川水系〔1級〕
清水川　しみずがわ
青森県・岩木川水系〔1級〕
清水川　しみずがわ
青森県・清水川水系〔2級〕
清水川　しずがわ
岩手県・小本川水系〔2級〕
清水川　しずがわ
岩手県・小本川水系
清水川　しみずがわ
岩手県・清水川水系
清水川　しみずがわ
岩手県・北上川水系
清水川　しみずがわ
宮城県・北上川水系
清水川　しみずがわ
秋田県・奈曾川水系〔2級〕
清水川　しみずがわ
秋田県・清水川水系
清水川　しみずがわ
栃木県・那珂川水系〔1級〕
清水川　しみずがわ
栃木県・利根川水系〔1級〕
清水川　しみずがわ
群馬県・利根川水系〔1級〕
清水川　しみずがわ
埼玉県・利根川水系〔1級〕
清水川　しみずがわ
千葉県・利根川水系〔1級〕
清水川　しみずがわ
千葉県・清水川水系〔2級〕
清水川　しみずがわ
富山県・小矢部川水系〔1級〕
清水川　しみずがわ
福井県・九頭竜川水系〔1級〕
清水川　しみずがわ
山梨県・富士川水系〔1級〕
清水川　しみずがわ
静岡県・大井川水系〔1級〕
清水川　しみずがわ
愛知県・今池川水系
清水川　しみずがわ
愛知県・庄内川水系
清水川　しみずがわ
愛知県・清水川水系
清水川　しみずがわ
三重県・清水川水系〔2級〕
清水川　しみずがわ
兵庫県・瀬戸川水系〔2級〕
清水川　しみずがわ
和歌山県・清水川水系〔2級〕
清水川　しみずがわ
鳥取県・千代川水系〔1級〕
清水川　しみずがわ
鳥取県・天神川水系〔1級〕
清水川　しみずがわ
鳥取県・清水川水系
清水川　しみずがわ
島根県・高津川水系〔1級〕
清水川　しみずがわ
島根県・益田川水系〔2級〕
清水川　しみずがわ
島根県・江の川水系
清水川　しみずがわ
広島県・芦田川水系〔1級〕
清水川　しみずがわ
山口県・佐波川水系〔1級〕
清水川　しみずがわ
香川県・土器川水系〔1級〕
清水川　しみずがわ
香川県・鴨部川水系〔2級〕
清水川　しみずがわ
愛媛県・肱川水系〔1級〕
清水川　しみずがわ
高知県・渡川水系〔1級〕
清水川　しみずがわ
佐賀県・嘉瀬川水系〔1級〕
清水川　しみずがわ
長崎県・千々石川水系〔2級〕
清水川　しみずがわ
長崎県・八郎川水系〔2級〕

清水川　しみずがわ
熊本県・津奈木川水系
清水川　そうずがわ
大分県・大野川水系〔1級〕
清水川　しみずがわ
宮崎県・広渡川水系〔2級〕
清水川　しみずがわ
鹿児島県・肝属川水系〔1級〕
清水川　しみずがわ
鹿児島県・清水川水系〔2級〕
清水川　しみずがわ
鹿児島県・天降川水系〔2級〕
清水元川　しみずもとがわ
三重県・新宮川水系〔1級〕
清水本川　しみずのもとがわ
熊本県・球磨川水系
清水田川　しみずだがわ
新潟県・国府川水系〔2級〕
清水田川　しみずだがわ
愛媛県・肱川水系〔1級〕
清水沢　しみずさわ
新潟県・関川水系〔1級〕
清水沢川　しみずさわがわ
北海道・石狩川水系〔1級〕
清水沢川　しみずさわがわ
新潟県・信濃川水系〔1級〕
清水沢川　しみずさわがわ
長野県・天竜川水系〔1級〕
清水谷川　しみずだにがわ
石川県・手取川水系
清水谷川　しみずだにがわ
石川県・大野川水系
清水谷川　しみずだにがわ
滋賀県・淀川水系〔1級〕
清水谷川　しみずだにがわ
京都府・淀川水系
清水谷川　しみずだにがわ
兵庫県・明石川水系
清水谷川　しみずたにがわ
奈良県・大和川水系〔1級〕
清水谷川　しみずたにがわ
和歌山県・富田川水系〔2級〕
清水馬場川　しずのばばがわ
岩手県・北上川水系
清水掻川　こりかきがわ
島根県・斐伊川水系〔1級〕
5清正川　せいしょうがわ
愛媛県・肱川水系〔1級〕
清永川　せいえいがわ
愛媛県・肱川水系〔1級〕
清生池　せいじょうち
新潟県吉川町
清田川　きよたがわ
北海道・石狩川水系〔1級〕
清田川　せいだがわ
島根県・斐伊川水系〔1級〕
清田川　せいだがわ
大分県・大野川水系〔1級〕
7清床川　きよとこがわ
愛媛県・肱川水系〔1級〕
清見二線川　きよみにせんがわ
北海道・十勝川水系〔1級〕
清谷川　せいやがわ
愛知県・汐川水系〔2級〕
清谷川　せいやがわ
愛知県・汐川水系
清谷川　せいだにがわ
徳島県・吉野川水系〔1級〕
8清明川　せいめいがわ
北海道・天塩川水系〔1級〕
清明川　せいめいがわ
茨城県・利根川水系〔1級〕
清明川　せいめいがわ
熊本県・球磨川水系
清武川　きよたけがわ
宮崎県・清武川水系〔2級〕
清迫川　きよさこがわ
岡山県・高梁川水系〔1級〕
9清津川　きよつがわ
新潟県・信濃川水系〔1級〕
10清流川　せいりゅうがわ
大分県・清流川水系〔2級〕
清真布川　きよまっぷがわ
北海道・石狩川水系〔1級〕
12清越川　きよこしがわ
静岡県・山川水系〔2級〕
13清滝川　きよたきがわ
新潟県・関川水系〔1級〕
清滝川　きよたきがわ
福井県・九頭竜川水系〔1級〕
清滝川　きよたきがわ
京都府・淀川水系〔1級〕
清滝川　きよたきがわ
大阪府・淀川水系〔1級〕
清滝川　きよたきがわ
福岡県・清滝川水系〔2級〕
清滝川分水路　きよたきがわぶんすいろ
大阪府・淀川水系〔1級〕
14清徳川　せいとくがわ
鳥取県・千代川水系〔1級〕
15清潟　きよがた
新潟県紫雲寺町
19清瀬川　きよせがわ
北海道・渚滑川水系〔1級〕

【淡】

4淡水池　たんすいいけ
沖縄県南大東村

8淡河川　おうごがわ
兵庫県・加古川水系〔1級〕

9淡海池　あわみいけ
滋賀県今津町

【添】

3添川　そえがわ
山梨県・富士川水系〔1級〕

添川　そえがわ
山梨県・富士川水系

5添市川　そいちがわ
岩手県・北上川水系〔1級〕

添市川　そいちがわ
岩手県・北上川水系

7添別川　そいべつがわ
北海道・朱太川水系〔2級〕

添谷川　そえたにがわ
島根県・高津川水系〔1級〕

添谷川　そえたにがわ
愛媛県・重信川水系〔1級〕

添谷川　そえたにがわ
愛媛県・関川水系〔2級〕

9添畑川　そえはたがわ
秋田県・馬場目川水系〔2級〕

11添野川　そえのがわ
和歌山県・古座川水系〔2級〕

添野郷川　そえのごうがわ
和歌山県・古座川水系〔2級〕

【淵】

淵の川　ふちのがわ
高知県・淵の川水系〔2級〕

淵の川　ふちのがわ
高知県・淵の川水系

淵ヶ上川　ふちがかみがわ
滋賀県・淀川水系〔1級〕

3淵山川　ふちやまがわ
佐賀県・潟川水系〔2級〕

淵川　ふちがわ
滋賀県・淀川水系〔1級〕

4淵之川　ふちのがわ
和歌山県・紀の川水系〔1級〕

5淵田川　ふちだがわ
香川県・綾川水系〔2級〕

6淵名谷川　ふちみょうだにがわ
徳島県・吉野川水系〔1級〕

7淵尾川　ふちおがわ
岡山県・吉井川水系〔1級〕

淵谷川　ふちたにがわ
京都府・淀川水系

【淀】

3淀川　よどがわ
宮城県・淀川水系〔2級〕

淀川　よどがわ
秋田県・雄物川水系〔1級〕

淀川　よどがわ
福井県・九頭竜川水系〔1級〕

淀川　よどがわ
滋賀県, 京都府, 大阪府・淀川水系〔1級〕

淀川　よどがわ
兵庫県・千種川水系〔2級〕

淀川　よどがわ
岡山県・吉井川水系〔1級〕

淀川　よどがわ
岡山県・吉井川水系

淀川　よどがわ
岡山県・高梁川水系

11淀野川　よどのがわ
熊本県・行末川水系

【涼】

3涼川　すずしがわ
岩手県・北上川水系〔1級〕

【涸】

7涸沢川　かれさわがわ
群馬県・利根川水系〔1級〕

8涸沼　ひぬま
茨城県東茨城郡茨城町

涸沼　ひぬま
茨城県・那珂川水系

涸沼川　ひぬまがわ
茨城県・那珂川水系〔1級〕

涸沼川導水路　ひぬまがわどうすいろ
茨城県・那珂川水系〔1級〕

涸沼前川　ひぬままえがわ
茨城県・那珂川水系〔1級〕

【猪】

猪の内谷川　いのうちだにがわ
宮崎県・五ヶ瀬川水系〔1級〕

猪の沢川　いのざわがわ
山形県・最上川水系〔1級〕

猪の沢川　いのさわがわ
長野県・天竜川水系〔1級〕

猪の谷川　いのたにがわ
高知県・物部川水系〔1級〕

猪の窪川　いのくぼがわ
静岡県・富士川水系〔1級〕

猪ヶ池　いのがいけ
福井県敦賀市
猪ノ子川　いのこがわ
鳥取県・千代川水系〔1級〕
猪ノ木川　いのきがわ
長崎県・猪ノ木川水系〔2級〕
猪ノ谷川　いのたにがわ
徳島県・吉野川水系〔1級〕
猪ノ谷川　いのたにがわ
愛媛県・重信川水系〔1級〕
2猪八重川　いのはえがわ
宮崎県・広渡川水系〔2級〕
3猪川　いのかわ
新潟県・信濃川水系〔1級〕
猪川内川　いのかわうちがわ
大分県・犬丸川水系〔2級〕
4猪之子川　いのこがわ
広島県・芦田川水系〔1級〕
猪之子川　いのこがわ
広島県・芦田川水系
猪之熊川　いのくまがわ
山口県・大井川水系〔2級〕
猪内川　いうちがわ
和歌山県・日高川水系〔2級〕
猪切谷川　いのきりだにがわ
兵庫県・武庫川水系〔2級〕
猪木谷川　いのきだにがわ
島根県・高津川水系〔1級〕
5猪目川　いのめがわ
島根県・猪目川水系〔2級〕
6猪伏川　いぶしがわ
熊本県・網津川水系
猪伏川　かぶしがわ
大分県・筑後川水系〔1級〕
猪名川　いながわ
兵庫県・淀川水系〔1級〕
猪名湖　いなこ
長野県・信濃川水系
7猪串川　いくしがわ
大分県・猪串川水系〔2級〕
猪位金川　いいかねがわ
福岡県・遠賀川水系〔1級〕
猪尾川　いおがわ
島根県・斐伊川水系〔1級〕
猪尾川　いおがわ
大分県・八坂川水系〔2級〕
猪谷川　いだにがわ
和歌山県・日高川水系〔2級〕
猪谷川　いのたにがわ
島根県・江の川水系〔1級〕
猪谷川　いのたにがわ
島根県・高津川水系〔1級〕
8猪臥川　いぶしがわ
岡山県・吉井川水系〔1級〕
猪苗代湖　いなわしろこ
福島県・阿賀野川水系〔1級〕
9猪乗川　いのりがわ
長崎県・川棚川水系〔2級〕
猪狩川　いかりがわ
愛媛県・中山川水系〔2級〕
10猪根谷川　いねだにがわ
富山県・常願寺川水系〔1級〕
11猪野川《古》　いのがわ
群馬県・利根川水系の井野川
猪野川　いのかわ
福岡県・多々良川水系〔2級〕
猪野沢川　いのざわがわ
山形県・最上川水系〔1級〕
14猪鼻川　いのはながわ
京都府・由良川水系〔1級〕
猪鼻川　いのはながわ
京都府・由良川水系
猪鼻川　いのはながわ
兵庫県・洲本川水系〔2級〕
猪鼻川　いばながわ
熊本県・球磨川水系
猪鼻湖　いのはなこ
静岡県引佐郡三ヶ日町
16猪頭谷川　いのがしらだにがわ
富山県・黒部川水系〔1級〕
17猪篠川　いざさがわ
兵庫県・市川水系〔2級〕

【猫】

2猫又川　ねこまたがわ
群馬県・阿賀野川水系〔1級〕
猫又谷川　ねこまただにがわ
富山県・黒部川水系〔1級〕
3猫山川　ねこやまがわ
新潟県・信濃川水系
猫川　ねこがわ
岩手県・北上川水系〔1級〕
猫川《別》　ねこがわ
群馬県・阿賀野川水系の猫又川
7猫児川《古》　ねっこがわ
静岡県・狩野川水系の猫越川
猫沢川　ねこさわがわ
群馬県・利根川水系〔1級〕
猫沢川　ねこさわがわ
静岡県・富士川水系〔1級〕
猫沢川　ねこさわがわ
愛知県・矢作川水系
猫谷川　ねこやがわ
香川県・大束川水系〔2級〕

猫足又沢川　ねこあしまたさわがわ
岩手県・北上川水系〔1級〕
8猫実川　ねこざねがわ
千葉県・猫実川水系〔2級〕
12猫越川　ねっこがわ
静岡県・狩野川水系〔1級〕

【猟】
10猟師ヶ谷川　りょうしがだにがわ
富山県・神通川水系〔1級〕

【球】
10球浦川　たまうらがわ
北海道・球浦川水系〔2級〕
16球磨川　くまがわ
熊本県・球磨川水系〔1級〕

【現】
3現川川　うつつかわがわ
長崎県・八郎川水系〔2級〕

【瓶】
12瓶焼川　かめやきがわ
熊本県・関川水系

【産】
産ヶ沢川　うぶがさわがわ
福島県・阿武隈川水系〔1級〕
3産山川　うぶやまがわ
熊本県・大野川水系〔1級〕
産川　うぶがわ
長野県・信濃川水系〔1級〕
4産化美唄川　さんかびばいがわ
北海道・石狩川水系〔1級〕
5産田川　うぶたがわ
三重県・志原川水系〔2級〕
12産湯川　うぶゆがわ
和歌山県・産湯川水系〔2級〕

【畦】
畦ヶ谷川　あぜがだにがわ
岡山県・吉井川水系
3畦川内川　あぜがわちがわ
佐賀県・塩田川水系〔2級〕
9畦津川　あぜつがわ
長崎県・深江川水系〔2級〕
畦畑川　あぜはたがわ
岐阜県・神通川水系〔1級〕
10畦原川　あぜはらがわ
島根県・斐伊川水系

【盛】
3盛川　さかりがわ
岩手県・盛川水系〔2級〕
5盛田川　もりたがわ
青森県・小湊川水系〔2級〕
7盛谷川　もりたにがわ
栃木県・那珂川水系〔1級〕
12盛越川　もりこしがわ
滋賀県・淀川水系〔1級〕

【移】
3移川　うつしがわ
福島県・阿武隈川水系〔1級〕

【笠】
笠ノ川川　かさのかわがわ
高知県・国分川水系〔2級〕
3笠子川　かさこがわ
静岡県・都田川水系〔2級〕
笠川　かさがわ
愛知県・豊川水系
4笠木川　かさぎがわ
三重県・宮川水系〔1級〕
笠木川　かさぎがわ
奈良県・紀の川水系〔1級〕
笠木川　かさぎがわ
鳥取県・日野川水系〔1級〕
5笠石川　かさいしがわ
長野県・信濃川水系〔1級〕
笠石川　かさいしがわ
鹿児島県・笠石川水系〔2級〕
7笠谷水流　かさだにすいりゅう
富山県・片貝川水系〔2級〕
8笠取川　かさとりがわ
京都府・淀川水系〔1級〕
笠岩川　かさいわがわ
熊本県・網津川水系
笠松川　かさまつがわ
愛知県・笠松川水系
笠松川　かさまつがわ
香川県・与田川水系〔2級〕
9笠品川《別》　かさしながわ
群馬県・利根川水系の笠科川
笠神川　りゅうじんがわ
奈良県・紀の川水系〔1級〕
10笠原川　かさはらがわ
岐阜県・庄内川水系〔1級〕
笠原川　かさはらがわ
福岡県・矢部川水系〔1級〕
笠師川　かさしがわ
石川県・笠師川水系〔2級〕

笠師川　かさしがわ
石川県・御祓川水系
笠料川　かさしながわ
群馬県・利根川水系〔1級〕
11笠堀川　かさほりがわ
新潟県・信濃川水系〔1級〕
笠掛川　かさかけがわ
大分県・番匠川水系〔1級〕
笠野川　かさのがわ
石川県・大野川水系
笠野川　かさのがわ
山口県・島田川水系〔2級〕
12笠間川　かさまがわ
奈良県・淀川水系〔1級〕
笠間川　かさまがわ
奈良県・淀川水系〔1級〕

【笹】
笹ヶ谷川　ささがたにがわ
滋賀県・淀川水系〔1級〕
笹ヶ谷川　ささがたにがわ
山口県・小瀬川水系〔1級〕
笹ヶ瀬川　ささがせがわ
岡山県・笹ヶ瀬川水系〔2級〕
2笹乃木川　ささのぎがわ
岡山県・吉井川水系〔1級〕
3笹及川　ささおいかわ
奈良県・淀川水系〔1級〕
笹子川　じねこがわ
秋田県・子吉川水系〔1級〕
笹子川　ささごがわ
山梨県・相模川水系〔1級〕
笹子川　ささこがわ
三重県・安濃川水系〔2級〕
笹子沢川　ささごさわがわ
山梨県・富士川水系〔1級〕
笹小俣谷水流　ささおまただにすいりゅう
富山県・境川水系〔2級〕
笹川　ささがわ
福島県・阿賀野川水系〔1級〕
笹川　ささがわ
福島県・阿賀野川水系
笹川　ささがわ
群馬県・利根川水系〔1級〕
笹川　ささがわ
千葉県・小櫃川水系〔2級〕
笹川　ささがわ
新潟県・信濃川水系〔1級〕
笹川　ささがわ
新潟県・笹川水系〔2級〕
笹川　ささがわ
富山県・笹川水系〔2級〕
笹川　ささがわ
長野県・信濃川水系〔1級〕
笹川　ささがわ
長野県・木曽川水系〔1級〕
笹川　ささがわ
愛知県・天竜川水系
笹川　ささがわ
島根県・静間川水系〔2級〕
笹川　ささがわ
岡山県・吉井川水系〔1級〕
笹川　ささがわ
高知県・物部川水系〔1級〕
笹川川　ささがわがわ
新潟県・西三川川水系〔2級〕
4笹内川　さざないがわ
青森県・笹内川水系〔2級〕
笹毛川　ささげがわ
千葉県・笹毛川水系
5笹平川　ささだいらがわ
福島県・阿武隈川水系
笹生川　ささおがわ
福井県・九頭竜川水系
笹田沼　ささだぬま
北海道豊頃町
笹目川　ささめがわ
埼玉県・荒川（東京都・埼玉県）水系〔1級〕
笹目川　ささめがわ
岡山県・吉井川水系〔1級〕
7笹尾川　ささおがわ
福岡県・遠賀川水系〔1級〕
笹尾川　ささおがわ
熊本県・八間川水系
笹尾川　ささおがわ
熊本県・緑川水系
笹見川　ささみがわ
山口県・島田川水系〔2級〕
笹見谷川　ささみだにがわ
島根県・高津川水系〔1級〕
笹谷川　ささやがわ
岩手県・北上川水系
笹谷沢　ささだにざわ
岩手県・北上川水系
10笹倉川　ささくらがわ
熊本県・大野川水系
笹原川　ささはらがわ
福島県・阿武隈川水系〔1級〕
笹原川《別》　ささはらがわ
富山県・神通川水系の別荘川
笹原川　ささはらがわ
熊本県・緑川水系〔1級〕
11笹笛川　ささぶえがわ
三重県・笹笛川水系〔2級〕

笹部川　ささべがわ
福島県・新田川水系〔2級〕
笹野川　ささのがわ
広島県・黒瀬川水系〔2級〕
12笹渡川　ささわたりがわ
岩手県・新井田川水系
笹無田川　ささむたがわ
大分県・大野川水系〔1級〕
笹無谷川　ささむだにがわ
徳島県・海部川水系〔2級〕
笹間川　ささまがわ
静岡県・大井川水系〔1級〕
笹隈川　ささくまがわ
佐賀県・筑後川水系〔1級〕
13笹路川　そそろが
滋賀県・淀川水系〔1級〕
16笹橋沢　ささばしざわ
青森県・内真部川水系

【第】

1第一わらび川　だいいちわらびがわ
北海道・新川水系〔2級〕
第一ゴロウ谷川　だいいちごろうたにかわ
徳島県・吉野川水系〔1級〕
第一太田川　だいいちおおたがわ
岩手県・北上川水系
第一西山谷川　だいいちにしやまたにがわ
徳島県・吉野川水系〔1級〕
第一別山谷川　だいいちべっさんだにがわ
岐阜県・庄川水系〔1級〕
第一坂瀬川　だいいちさかせがわ
徳島県・吉野川水系〔1級〕
第一茂平沢川　だいいちもへいざわがわ
北海道・石狩川水系〔1級〕
第一馬形沢川　だいいちうまがたさわがわ
秋田県・雄物川水系〔1級〕
第一幹川　だいいちかんせん
北海道・石狩川水系〔1級〕
第一幹川　だいいちかんせん
北海道・石狩川水系
2第二わらび川　だいにわらびがわ
北海道・新川水系〔2級〕
第二ウツベツ川　だいにうつべつがわ
北海道・十勝川水系
第二オロムシ川　だいにおろむしがわ
北海道・常呂川水系〔1級〕
第二コムニウシ川　だいにこむにうしがわ
北海道・コムニウシ川水系
第二ゴロウ谷川　だいにごろうたにがわ
徳島県・吉野川水系〔1級〕
第二久保川　だいにくぼがわ
宮崎県・清武川水系
第二大谷川　だいにおおたにがわ
徳島県・吉野川水系〔1級〕
第二大場川　だいにおおばがわ
埼玉県・利根川水系〔1級〕
第二小倉川　だいにおぐらがわ
福島県・阿賀野川水系
第二小栗川　だいにおぐりがわ
熊本県・菊池川水系
第二小深見川　だいにこぶかみがわ
秋田県・馬場目川水系
第二小黒川　だいにおぐろがわ
福島県・阿賀野川水系
第二川原谷川　だいにかわはらたにがわ
熊本県・菊池川水系
第二中後川内川　だいになかうしろがわちがわ
熊本県・菊池川水系
第二内檜沢　だいにうちひのきざわ
新潟県・信濃川水系〔1級〕
第二平等川　だいにびょうどうがわ
山梨県・富士川水系〔1級〕
第二甲原川　だいにかんばらがわ
高知県・仁淀川水系〔1級〕
第二安丸川　だいにやすまるがわ
宮崎県・大淀川水系
第二竹の谷川　だいにたけのたにがわ
熊本県・菊池川水系
第二西山谷川　だいににしやまたにかわ
徳島県・吉野川水系〔1級〕
第二別山谷川　だいにべっさんだにがわ
岐阜県・庄川水系〔1級〕
第二坂瀬川　だいにさかせがわ
徳島県・吉野川水系〔1級〕
第二売買川　だいにうりかいがわ
北海道・十勝川水系〔1級〕
第二松ヶ浦川　だいにまつがうらがわ
熊本県・菊池川水系
第二東の前川　だいにひがしのまえがわ
熊本県・菊池川水系
第二沓掛川　だいにくつかけがわ
宮崎県・清武川水系
第二茂平沢川　だいにもへいざわがわ
北海道・石狩川水系〔1級〕
第二柏の木川　だいにかやのきがわ
熊本県・菊池川水系
第二柏林台川　だいにはくりんだいがわ
北海道・十勝川水系〔1級〕
第二柏林台川　だいにはくりんだいがわ
北海道・十勝川水系
第二泉谷川　だいにいずみだにがわ
徳島県・那賀川水系〔1級〕
第二秋里川　だいにあきさとがわ
北海道・藻興部川水系〔2級〕

第二竜田川　だいにたつたがわ
福島県・阿武隈川水系〔1級〕
第二馬形沢川　だいにうまがたさわがわ
秋田県・雄物川水系〔1級〕
第二奥山川　だいにおくやまがわ
熊本県・菊池川水系
第二萱原川　だいにかやはらがわ
熊本県・菊池川水系
第二遍保ヶ野川　だいにへぼがのがわ
宮崎県・本城川水系
第二開山川　だいにひらきやまがわ
熊本県・菊池川水系
第二寝屋川　だいにねやがわ
大阪府・淀川水系〔1級〕
第二幹川　だいにかんせん
北海道・石狩川水系〔1級〕
第二新居田谷川　だいににいたたにがわ
徳島県・那賀川水系〔1級〕
第二鈴蘭川　だいにすずらんがわ
北海道・十勝川水系〔1級〕
第二嘯川　だいにうそぶきがわ
山梨県・相模川水系〔1級〕
第二樒谷川　だいにしきびだにがわ
徳島県・那賀川水系〔1級〕
第二藻琴川　だいにもことがわ
北海道・藻琴川水系〔2級〕
3第三安丸川　だいさんやすまるがわ
宮崎県・大淀川水系
第三西山谷川　だいさんにしやまたにかわ
徳島県・吉野川水系〔1級〕
第三別山谷川　だいさんべっさんだにがわ
岐阜県・庄川水系〔1級〕
第三坂瀬川　だいさんさかせがわ
徳島県・吉野川水系〔1級〕
第三茂平沢川　だいさんもへいざわがわ
北海道・石狩川水系〔1級〕
第三柏の木川　だいさんかやのきがわ
熊本県・菊池川水系
第三開山川　だいさんひらきやまがわ
熊本県・菊池川水系
第三新居田谷川　だいさんにいたたにがわ
徳島県・那賀川水系〔1級〕
第三樒谷川　だいさんしきびだにかわ
徳島県・那賀川水系〔1級〕
5第四柏の木川　だいよんかやのきがわ
熊本県・菊池川水系
第四樒谷川　だいよんしきびだにかわ
徳島県・那賀川水系〔1級〕

【笛】

7笛吹川　ふえふきがわ
新潟県・石川水系〔2級〕
笛吹川　ふえふきがわ
山梨県・富士川水系〔1級〕
笛吹川　ふえふきがわ
京都府・野田川水系

【符】

7符作川　ふずくりがわ
京都府・淀川水系〔1級〕

【笙】

笙の川　しょうのがわ
福井県・笙の川水系〔2級〕

【粕】

3粕川《別》　かすがわ
宮城県・鳴瀬川水系の吉田川
粕川　かすがわ
群馬県・利根川水系〔1級〕
粕川　かすがわ
埼玉県・荒川（東京都・埼玉県）水系〔1級〕
粕川　かすがわ
岐阜県・木曾川水系〔1級〕
4粕毛川　かすげがわ
秋田県・米代川水系〔1級〕
7粕沢川　かすざわがわ
群馬県・利根川水系〔1級〕

【粒】

14粒様沢　つぶさまざわ
秋田県・米代川水系〔1級〕

【経】

経ヶ蔵川　きょうがくらがわ
山形県・最上川水系〔1級〕
5経田川　きょうでんがわ
滋賀県・淀川水系〔1級〕
7経谷川　きょうだにがわ
和歌山県・有田川水系〔2級〕

【紺】

9紺屋川　こんやがわ
愛知県・紺屋川水系
紺屋谷川　こんやだにがわ
徳島県・吉野川水系〔1級〕

【細】

細ヶ沢川　ほそがさわがわ
群馬県・利根川水系〔1級〕
細ノ沢川　ほそのさわがわ
新潟県・関川水系

2細入川　ほそいりがわ
山梨県・富士川水系〔1級〕
3細口川　さいこうがわ
愛知県・天白川水系
細口川　ほそぐちがわ
愛知県・天白川水系
細小路川　ほそこうじがわ
長野県・信濃川水系〔1級〕
細川　ほそがわ
富山県・白岩川水系〔2級〕
細川　ほそがわ
滋賀県・淀川水系〔1級〕
細川《別》　ほそがわ
兵庫県・加古川水系の小川川
細川　ほそかわ
広島県・沼田川水系〔2級〕
細川　ほそかわ
広島県・沼田川水系
細川川　ほそかわがわ
和歌山県・紀の川水系〔1級〕
細川川　ほそかわがわ
高知県・夜須川水系〔2級〕
細川内川　ほそかわちがわ
大分県・番匠川水系〔1級〕
5細田川　ほそだがわ
神奈川県・相模川水系〔1級〕
細田川　ほそたがわ
新潟県・信濃川水系〔1級〕
細田川　ほそだがわ
長野県・天竜川水系〔1級〕
細田川　ほそだがわ
愛知県・矢作川水系
細田川　ほそだがわ
島根県・三隅川水系〔2級〕
細田川　ほそだがわ
岡山県・旭川水系〔1級〕
細田川　ほそだがわ
広島県・高梁川水系〔1級〕
細田川　ほそだがわ
宮崎県・細田川水系〔2級〕
細目川　ほそめがわ
兵庫県・加古川水系〔1級〕
細目川　ほそめがわ
宮崎県・大淀川水系〔1級〕
7細声川　ほそごえがわ
新潟県・信濃川水系〔1級〕
細尾谷川　ほそおだにがわ
富山県・常願寺川水系〔1級〕
細尾谷川　ほそおだにがわ
島根県・高津川水系〔1級〕
細沢川　ほそざわがわ
愛知県・矢作川水系
細沢谷川　さいざわたにがわ
兵庫県・妙法寺川水系〔2級〕
細見川　ほそみがわ
京都府・由良川水系〔1級〕
細見川　ほそみがわ
鳥取県・千代川水系〔1級〕
細見川　ほそみがわ
広島県・太田川水系〔1級〕
細見川　ほそみがわ
宮崎県・五ヶ瀬川水系〔1級〕
細見谷川　ほそみだにがわ
兵庫県・岸田川水系
細見谷川　ほそみだにがわ
宮崎県・五ヶ瀬川水系〔1級〕
細谷川　ほそたにがわ
京都府・野田川水系
細谷川《古》　ほそたにがわ
奈良県・大和川水系の能登川
細貝川　ほそがいがわ
島根県・江の川水系〔1級〕
8細沼　ほそぬま
秋田県皆瀬村
細迫川　ほそざこがわ
熊本県・五ヶ瀬川水系
10細栗沢川　ほそくりさわがわ
新潟県・信濃川水系〔1級〕
細根沢川　ほそねさわがわ
岩手県・気仙川水系
細浦川　ほそうらがわ
岩手県・細浦川水系
11細野川　ほそのがわ
新潟県・関川水系〔1級〕
細野川　ほそのがわ
山梨県・相模川水系〔1級〕
細野川　ほそのがわ
愛知県・豊川水系
細野川　ほそのがわ
京都府・淀川水系〔1級〕
細野川　ほそのがわ
兵庫県・千種川水系〔2級〕
細野川《別》　ほそのがわ
和歌山県・紀の川水系の真国川
細野沢　ほそのさわ
長野県・木曾川水系〔1級〕
細野谷川　ほそのたにがわ
三重県・櫛田川水系〔1級〕
細野滝の沢川　ほそのたきのさわがわ
山形県・最上川水系

【紫】

3紫川　むらさきがわ
福島県・阿武隈川水系〔1級〕

紫川　むらさきがわ
愛知県・紫川水系〔2級〕
紫川　むらさきがわ
愛知県・紫川水系
紫川　むらさきがわ
福岡県・紫川水系〔2級〕
6紫竹川　しちくがわ
岡山県・吉井川水系〔1級〕
紫竹川　しちくがわ
岡山県・吉井川水系
7紫尾川　しびがわ
鹿児島県・川内川水系〔1級〕
紫尾田川　しびたがわ
鹿児島県・天降川水系〔2級〕

【組】
5組矢川　くみやがわ
福島県・鮫川水系〔2級〕

【脚】
7脚沢川　すねざわがわ
山形県・最上川水系

【春】
6春米川　つくよねがわ
鳥取県・千代川水系〔1級〕

【船】
船の川　ふねのかわ
愛媛県・渡川水系〔1級〕
船ノ川　ふねのかわ
愛知県・天竜川水系
3船子川　ふなこがわ
群馬県・利根川水系〔1級〕
船山川　ふなやまがわ
山梨県・富士川水系〔1級〕
船川　ふながわ
愛媛県・重信川水系〔1級〕
船川　ふながわ
愛媛県・肱川水系〔1級〕
船川放水路　ふながわほうすいろ
島根県・斐伊川水系〔1級〕
4船引川　ふなびきがわ
宮崎県・清武川水系〔2級〕
船戸川　ふなとがわ
愛媛県・肱川水系〔1級〕
船戸川　ふなとがわ
高知県・桜川水系
船戸谷川　ふなとたにがわ
徳島県・吉野川水系〔1級〕
船牛首谷　ふねうしくびだに
富山県・庄川水系〔1級〕
5船田川　ふなたがわ
静岡県・那賀川水系〔2級〕
船石川　ふないしがわ
佐賀県・筑後川水系〔1級〕
7船坂川　ふなさかがわ
兵庫県・武庫川水系〔2級〕
船坂谷川　ふなさかたにがわ
和歌山県・有田川水系〔2級〕
船形長沼　ふながたながぬま
宮城県小野田町
船沢川　ふなざわがわ
秋田県・雄物川水系
船谷川　ふなたにがわ
鳥取県・日野川水系〔1級〕
船谷川　ふなたにがわ
徳島県・那賀川水系〔1級〕
船阪川　ふなさかがわ
京都府・淀川水系
8船河原川　ふながわらがわ
岩手県・船河原川水系〔2級〕
9船屋谷川　ふなやだにがわ
徳島県・吉野川水系〔1級〕
船津川　ふなつがわ
新潟県・信濃川水系〔1級〕
船津川　ふなつがわ
三重県・船津川水系〔2級〕
船津川　ふなずがわ
徳島県・野根川水系〔2級〕
船津川　ふなつがわ
長崎県・船津川水系〔2級〕
船津川分水路　ふなずがわぶんすいろ
新潟県・信濃川水系〔1級〕
船津谷川　ふなずだにがわ
徳島県・野根川水系〔2級〕
10船倉川　ふなくらがわ
新潟県・関川水系〔1級〕
船原川　ふなばらがわ
静岡県・狩野川水系〔1級〕
11船部川　ふなべがわ
大分県・高山川水系〔2級〕
12船場川　せんばがわ
静岡県・太田川水系
船場川　せんばがわ
兵庫県・船場川水系〔2級〕
船場川　せんばがわ
熊本県・緑川水系
船場川支流　せんばがわしりゅう
熊本県・緑川水系
船越川　ふなこしがわ
岐阜県・木曾川水系〔1級〕
船越川　ふなこしがわ
愛媛県・船越川水系〔2級〕

船越池　ふなこしいけ
三重県海山町
16船橋川　ふなばしがわ
大阪府・淀川水系〔1級〕
17船繋川　ふなつなぎがわ
新潟県・信濃川水系〔1級〕

【菊】

3菊川　きくがわ
静岡県・菊川水系〔1級〕
菊川　きくがわ
愛媛県・菊川水系〔2級〕
5菊田川　きくたがわ
千葉県・菊田川水系〔2級〕
6菊地田川　きくちだがわ
鹿児島県・川内川水系〔1級〕
菊池川　きくちがわ
熊本県・菊池川水系〔1級〕
7菊志川　きくしがわ
熊本県・菊池川水系〔1級〕
菊沢川　きくざわがわ
栃木県・利根川水系〔1級〕
菊沢川放水路　きくざわがわほうすいろ
栃木県・利根川水系〔1級〕
9菊面沢川　きくめんざわがわ
北海道・石狩川水系〔1級〕
11菊野谷川　きくのたにがわ
愛媛県・肱川水系〔1級〕
12菊間川　きくまがわ
愛媛県・菊間川水系〔2級〕

【菰】

3菰川　こもがわ
京都府・淀川水系〔1級〕
菰川　こもがわ
奈良県・大和川水系〔1級〕
菰川放水路　こもがわほうすいろ
奈良県・大和川水系〔1級〕
5菰石川　こもいしがわ
山形県・最上川水系〔1級〕
7菰沢の池　こもさわのいけ
島根県江津市

【菜】

4菜切川　なきりがわ
香川県・菜切川水系〔2級〕
菜切川　なきりがわ
熊本県・菜切川水系〔2級〕
菜切川　なきりがわ
熊本県・菜切川水系
9菜畑沢川　なばたざわがわ
新潟県・信濃川水系〔1級〕
14菜種川　なたねがわ
滋賀県・淀川水系〔1級〕

【菖】

13菖蒲川　しょうぶがわ
山形県・最上川水系〔1級〕
菖蒲川　しょうぶがわ
栃木県・那珂川水系〔1級〕
菖蒲川　しょうぶがわ
埼玉県・荒川（東京都・埼玉県）水系〔1級〕
菖蒲川　しょうぶがわ
新潟県・信濃川水系〔1級〕
菖蒲川　しょうぶがわ
島根県・江の川水系〔1級〕
菖蒲川　しょうぶがわ
香川県・綾川水系〔2級〕
菖蒲川　しょうぶがわ
熊本県・菊池川水系
菖蒲池川　しょうぶいけがわ
福島県・阿武隈川水系
菖蒲沢川　しょうぶさわがわ
山梨県・富士川水系〔1級〕
菖蒲谷川　しょうぶたにがわ
滋賀県・淀川水系〔1級〕
菖蒲谷川　しょうぶたにがわ
和歌山県・紀の川水系〔1級〕
菖蒲谷川　しょうぶだにがわ
徳島県・那賀川水系〔1級〕

【菅】

菅が谷川　すげがだにがわ
愛媛県・肱川水系〔1級〕
菅の沢川　すがのざわがわ
山形県・最上川水系〔1級〕
菅の沢川　すがのざわがわ
栃木県・那珂川水系〔1級〕
菅の谷川　すがのたにがわ
宮崎県・五ヶ瀬川水系〔1級〕
菅ヶ谷川　すがやがわ
静岡県・萩間川水系〔2級〕
2菅又川　すがまたがわ
栃木県・那珂川水系〔1級〕
3菅山川《別》　すげやまがわ
静岡県・萩間川水系の菅ヶ谷川
菅川　すげがわ
福島県・阿賀野川水系〔1級〕
菅川　すげがわ
長野県・木曽川水系〔1級〕
菅川　すがかわ
愛知県・矢作川水系
菅川　すげがわ
兵庫県・円山川水系〔1級〕

菅川　すげがわ
広島県・沼田川水系〔2級〕
菅川　すげがわ
高知県・菅川水系
4菅内川　すげうちがわ
山口県・椹野川水系〔2級〕
菅引川　すげひきがわ
静岡県・狩野川水系〔1級〕
5菅平谷　すげだいらだに
奈良県・紀の川水系〔1級〕
菅生川　すごうがわ
兵庫県・夢前川水系〔2級〕
菅生川　すごうがわ
佐賀県・筑後川水系〔1級〕
菅生川　すごうがわ
大分県・大野川水系〔1級〕
菅生谷川　すがおいだにがわ
徳島県・吉野川水系〔1級〕
菅生沼　すがおぬま
茨城県岩井市
菅田川　すがたがわ
福島県・阿武隈川水系〔1級〕
菅田川　すがたがわ
新潟県・荒川（新潟県・山形県）水系〔1級〕
菅田川　すがたがわ
岐阜県・木曾川水系〔1級〕
菅田川　すがたがわ
広島県・江の川水系〔1級〕
6菅有沢川　すげありさわがわ
新潟県・信濃川水系〔1級〕
菅牟田川　すげむたがわ
佐賀県・松浦川水系〔1級〕
7菅坂川　すげさかがわ
京都府・与保呂川水系〔2級〕
菅沢川　すげさわがわ
岩手県・北上川水系
菅沢川　すげさわがわ
福島県・阿賀野川水系
菅沢川　すげさわがわ
鳥取県・日野川水系〔1級〕
菅沢川　すげさわがわ
愛媛県・重信川水系〔1級〕
菅沢川　すげさわがわ
愛媛県・僧都川水系〔2級〕
菅苅川　すけかりがわ
愛知県・布土川水系
菅谷川《古》　すがたにがわ
新潟県・加治川水系の坂井川
菅谷川　すがだにがわ
岐阜県・木曾川水系
菅谷川　すがだにがわ
三重県・櫛田川水系〔1級〕
菅谷川　すがたにがわ
岡山県・旭川水系
菅谷川　すげだにがわ
岡山県・高梁川水系
8菅沼　すがぬま
青森県十和田湖町
菅沼　すげぬま
群馬県利根郡片品村
菅沼　すがぬま
群馬県・利根川水系〔1級〕
菅沼川　すがぬまがわ
愛知県・矢作川水系〔1級〕
菅沼川　すがぬまがわ
愛知県・矢作川水系
菅沼沢川　すげぬまさわがわ
長野県・天竜川水系〔1級〕
10菅原川　すがわらがわ
群馬県・利根川水系〔1級〕
11菅野川　すげのがわ
山梨県・相模川水系〔1級〕
菅野川　すがのがわ
岐阜県・木曾川水系〔1級〕
菅野川　すがのがわ
京都府・筒川水系
菅野川　すがのがわ
兵庫県・揖保川水系〔1級〕
菅野川　すがのがわ
奈良県・淀川水系〔1級〕
菅野池　かやのいけ
岐阜県海津市
12菅湖　すがこ
福井県・早瀬川水系〔2級〕

【菱】

3菱川　ひしかわ
埼玉県・利根川水系
4菱木川　ひしきがわ
茨城県・利根川水系〔1級〕
5菱田川　ひしだがわ
鹿児島県・菱田川水系〔2級〕
8菱沼　ひしぬま
北海道美唄市
菱沼川　ひしぬまがわ
福島県・阿賀野川水系
10菱根川　ひしねがわ
石川県・菱根川水系〔2級〕
菱根川　ひしねがわ
石川県・菱根川水系

【菩】

12菩提川　ぼだいがわ
奈良県・大和川水系〔1級〕

菩提仙川　ぼだいせんがわ
奈良県・大和川水系〔1級〕
菩提寺川　ぼだいじがわ
岡山県・吉井川水系
菩提沢　ぼだいざわ
静岡県・瀬戸川水系

【虚】
8虚空蔵谷川　こくうぞうだにがわ
京都府・淀川水系

【蛇】
蛇の川　じゃのがわ
鳥取県・名和川水系〔2級〕
蛇ヶ見川　じゃがみがわ
群馬県・利根川水系〔1級〕
蛇ヶ谷川　じゃがたにがわ
愛知県・石川水系
蛇ヶ谷川　じゃがたにがわ
京都府・淀川水系
蛇ヶ洞川　じゃがほらがわ
愛知県・庄内川水系
3蛇口川　じゃぐちがわ
岩手県・新井田川水系
蛇山川　じゃやまがわ
山梨県・富士川水系〔1級〕
蛇川　へびがわ
秋田県・衣川水系〔2級〕
蛇川　へびがわ
群馬県・利根川水系〔1級〕
蛇川　じゃがわ
三重県・雲出川水系〔1級〕
5蛇石川　じゃいしがわ
福島県・阿武隈川水系〔1級〕
6蛇吉川　じゃきちがわ
京都府・淀川水系〔1級〕
蛇池　じゃいけ
島根県簸川郡湖陵町
蛇池川　じゃいけがわ
徳島県・吉野川水系〔1級〕
7蛇尾川　さびがわ
栃木県・那珂川水系〔1級〕
蛇抜川　じゃぬけがわ
愛知県・蛇抜川水系
蛇沢　へびさわ
宮城県・鳴瀬川水系
蛇沢川　へびさわがわ
福島県・阿武隈川水系〔1級〕
蛇沢沼　へびさわぬま
秋田県鹿角市
蛇谷川　じゃだにがわ
富山県・小矢部川水系〔1級〕
蛇谷川　じゃだにがわ
宮崎県・五ヶ瀬川水系〔1級〕
9蛇砂川　いさがわ
滋賀県・淀川水系〔1級〕
蛇砂川北流　へびすながわほくりゅう
滋賀県・淀川水系〔1級〕
11蛇堀川　じゃほりがわ
長野県・信濃川水系〔1級〕
蛇崩川　じゃくずれがわ
東京都・目黒川水系〔2級〕
蛇淵川　じゃぶちがわ
熊本県・河内川水系
12蛇喰川　だばみがわ
島根県・斐伊川水系〔1級〕
蛇道川　じゃどうがわ
広島県・蛇道川水系〔2級〕

【袈】
13袈裟堂川　けさどうがわ
熊本県・球磨川水系

【袴】
7袴沢川　はかまさわがわ
新潟県・信濃川水系〔1級〕
9袴狭川　はかざがわ
兵庫県・円山川水系〔1級〕
13袴腰沢　はかまごしざわ
青森県・岩木川水系

【袋】
袋ヶ沢　ふくろがさわ
山形県・最上川水系
3袋川《古》　ふくろがわ
宮城県・津谷川水系の山田川
袋川　ふくろがわ
栃木県・利根川水系〔1級〕
袋川　ふくろがわ
愛知県・袋川水系
袋川　ふくろがわ
和歌山県・袋川水系〔2級〕
袋川　ふくろがわ
鳥取県・千代川水系〔1級〕
袋川　ふくろがわ
熊本県・袋川水系〔2級〕
5袋田川　ふくろだがわ
熊本県・菊池川水系
6袋地沼　ふくろじぬま
北海道砂川市、新十津川町
7袋谷川　ふくろだにがわ
愛媛県・長尾谷川水系〔2級〕
袋谷川　ふくろだにがわ
大分県・筑後川水系〔1級〕

袋谷川　ふくろだにがわ
宮崎県・大淀川水系〔1級〕
10袋倉川　ふくろぐらがわ
千葉県・二タ間川水系〔2級〕

【貫】
3貫川　ぬきがわ
福岡県・貫川水系〔2級〕
4貫木沢川　つなぎざわがわ
新潟県・信濃川水系〔1級〕
6貫気別川　ぬきべつがわ
北海道・沙流川水系〔1級〕
貫気別川　ぬっきべつがわ
北海道・貫気別川水系〔2級〕
9貫津川　ぬくずがわ
山形県・最上川水系

【責】
7責谷川　せのだにがわ
京都府・淀川水系

【進】
18進藤沢川　しんどうざわがわ
山形県・最上川水系〔1級〕

【郷】
郷ノ川　ごうのかわ
愛媛県・肱川水系
郷ノ原川　ごうのはらがわ
佐賀県・六角川水系〔1級〕
3郷士沢川　ごうしさわがわ
長野県・天竜川水系〔1級〕
郷川　ごうがわ
富山県・上市川水系〔2級〕
郷川　ごうがわ
岡山県・吉井川水系〔1級〕
郷川　ごうがわ
山口県・郷川水系〔2級〕
郷川　ごうがわ
山口県・厚東川水系〔2級〕
4郷之久保川　ごうのくぼがわ
大阪府・淀川水系〔1級〕
郷之谷川　ごうのたにがわ
愛媛県・肱川水系〔1級〕
郷内川　ごうないがわ
愛知県・庄内川水系
郷内川　ごうないがわ
岡山県・倉敷川水系〔2級〕
郷戸川　ごうどがわ
茨城県・那珂川水系〔1級〕
5郷本川　ごうもとがわ
新潟県・郷本川水系〔2級〕
郷田川　ごうだがわ
富山県・庄川水系〔1級〕
7郷沢川　ごうさわがわ
長野県・天竜川水系〔1級〕
郷谷川　ごうたにがわ
石川県・梯川水系〔1級〕
郷谷川　ごうたにがわ
愛媛県・郷谷川水系〔2級〕
8郷東川　ごうとうがわ
愛知県・日光川水系
郷東川　ごうひがしがわ
愛知県・矢作川水系
9郷津川　ごうつがわ
長崎県・鰐川水系〔2級〕
10郷倉川　ごうくらがわ
愛知県・庄内川水系
郷原川　ごうはらがわ
愛知県・汐川水系
郷原川　ごうらがわ
三重県・新宮川水系〔1級〕
12郷道川　ごうどうがわ
愛知県・豊川水系
13郷溜　ごうだめ
滋賀県愛東町
16郷頭川　ごうとうがわ
愛媛県・肱川水系〔1級〕
19郷瀬川　ごうせがわ
愛知県・木曽川水系〔1級〕

【都】
3都万川　とまがわ
島根県・都万川水系〔2級〕
都川　みやこがわ
山形県・最上川水系
都川　みやこがわ
千葉県・都川水系〔2級〕
都川　みやこがわ
愛媛県・肱川水系〔1級〕
都川　みやこがわ
熊本県・球磨川水系〔1級〕
都川　みやこがわ
熊本県・球磨川水系
都川　みやこがわ
鹿児島県・川内川水系〔1級〕
都川川　つかわがわ
島根県・江の川水系〔1級〕
4都井川　といがわ
宮崎県・都井川水系〔2級〕
都太川《古》　つだがわ
兵庫県・揖保川水系の伊沢川
5都甲川　とごうがわ
大分県・桂川水系〔2級〕

都田川　みやこだがわ
静岡県・都田川水系〔2級〕
都辺田川　とへだがわ
新潟県・阿賀野川水系〔1級〕
6都合谷川　つごうだにがわ
広島県・江の川水系〔1級〕
7都呂々川　とろろがわ
熊本県・都呂々川水系〔2級〕
都志川　つしがわ
兵庫県・都志川水系〔2級〕
都谷川　とやがわ
愛媛県・肱川水系〔1級〕
都谷川　みやこだにがわ
愛媛県・中山川水系〔2級〕
8都松川　みやこまつがわ
大分県・大野川水系〔1級〕
都治川　つちがわ
島根県・江の川水系〔1級〕
都茂川　つもがわ
島根県・益田川水系〔2級〕
11都郷川　とごうがわ
佐賀県・六角川水系〔1級〕
都々良川　つずらがわ
熊本県・緑川水系〔1級〕
12都幾川　ときがわ
埼玉県・荒川（東京都・埼玉県）水系〔1級〕
都筑大谷川　つずきおおやがわ
静岡県・都田川水系〔2級〕
都賀川　とがかわ
兵庫県・都賀川水系〔2級〕
都賀川上流六甲川《別》　とがかわじょうりゅうろっこうがわ
兵庫県・都賀川水系の六甲川
13都農川　つのがわ
宮崎県・都農川水系〔2級〕
15都幡川《古》　つばたがわ
石川県・大野川水系の津幡川

【部】
部ヶ谷川　へがやがわ
静岡県・萩間川水系〔2級〕
3部子川　へこがわ
福井県・九頭竜川水系〔1級〕
5部田川《別》　へたがわ
三重県・志登茂川水系の志登茂川

【釈】
4釈水川　しゃくすいがわ
茨城県・利根川水系
8釈迦院川　しゃかいんがわ
熊本県・緑川水系〔1級〕
釈迦堂川　しゃかどうがわ
福島県・阿武隈川水系〔1級〕
21釈魔川《古》　しゃくまがわ
大分県・番匠川水系の井崎川

【野】
2野入川　のいりがわ
愛知県・矢作川水系〔1級〕
野又川　のまたがわ
新潟県・信濃川水系〔1級〕
3野上の沢川　のがみのさわがわ
北海道・三石川水系
野上川　のがみがわ
栃木県・那珂川水系〔1級〕
野上川　のがみがわ
群馬県・利根川水系〔1級〕
野上川　のがみがわ
鳥取県・日野川水系〔1級〕
野上川　のがみがわ
大分県・筑後川水系〔1級〕
野久保谷川　のくぼだにがわ
徳島県・那賀川水系〔1級〕
野口川　のぐちがわ
岩手県・北上川水系
野口川　のぐちがわ
山形県・最上川水系〔1級〕
野口川　のぐちがわ
千葉県・利根川水系〔1級〕
野土呂川　のとろがわ
岡山県・旭川水系〔1級〕
野川　のがわ
東京都・多摩川水系〔1級〕
野川　のがわ
富山県・小矢部川水系〔1級〕
野川　のがわ
三重県・磯部川水系〔2級〕
野川　のがわ
滋賀県・淀川水系〔1級〕
野川　のがわ
京都府・由良川水系
野川川　のがわがわ
福島県・請戸川水系〔2級〕
野川川　のがわがわ
高知県・奈半利川水系〔2級〕
野川谷川　のがわだにがわ
宮崎県・耳川水系〔2級〕
4野中川　のなかがわ
和歌山県・日置川水系〔2級〕
野中川　のなかがわ
島根県・高津川水系
野中川　のなかがわ
愛媛県・肱川水系〔1級〕

野中川　のなかがわ
長崎県・相浦川水系〔2級〕

野中川　のなかがわ
宮崎県・風田川水系〔2級〕

野中川　のなかがわ
宮崎県・風田川水系

野井川　のいがわ
愛媛県・肱川水系〔1級〕

野井川　のいがわ
愛媛県・岩松川水系〔2級〕

野井原川　のいばるがわ
佐賀県・玉島川水系〔2級〕

野元川　のもとがわ
栃木県・利根川水系〔1級〕

野元川　のもとがわ
佐賀県・野元川水系〔2級〕

野内川　のないがわ
青森県・野内川水系〔2級〕

野反池　のぞりいけ
群馬県・信濃川水系

野戸呂川　のとろがわ
山口県・阿武川水系〔2級〕

野手上川　のでがみがわ
福島県・新田川水系〔2級〕

野木川　のぎがわ
福井県・北川水系〔1級〕

野水沢　のみずさわ
岩手県・小本川水系

野牛川　のうしがわ
青森県・野牛川水系〔2級〕

野牛沼　のうしぬま
青森県東通村

5野尻川　のじりがわ
山形県・最上川水系〔1級〕

野尻川　のじりがわ
福島県・阿賀野川水系〔1級〕

野尻川　のじりがわ
栃木県・利根川水系〔1級〕

野尻川　のじりがわ
静岡県・狩野川水系〔1級〕

野尻川　のじりがわ
兵庫県・淀川水系〔1級〕

野尻川　のじりがわ
徳島県・那賀川水系〔1級〕

野尻川　のじりがわ
鹿児島県・野尻川水系〔2級〕

野尻谷川　のじりだにがわ
徳島県・勝浦川水系〔2級〕

野尻湖　のじりこ
長野県・関川水系〔1級〕

野本川　のもとがわ
鳥取県・佐陀川水系〔2級〕

野田川　のだがわ
岐阜県・木曾川水系〔1級〕

野田川　のだがわ
愛知県・豊川水系〔1級〕

野田川　のだがわ
三重県・淀川水系〔1級〕

野田川　のだがわ
京都府・野田川水系〔2級〕

野田川　のだがわ
兵庫県・野田川水系〔2級〕

野田川　のだがわ
広島県・江の川水系

野田川　のだがわ
山口県・吉永川水系〔2級〕

野田川　のだがわ
香川県・野田川水系〔2級〕

野田川　のだがわ
愛媛県・肱川水系〔1級〕

野田川　のだがわ
高知県・仁淀川水系〔1級〕

野田川　のだがわ
高知県・安田川水系〔2級〕

野田川　のだがわ
佐賀県・玉島川水系〔2級〕

野田川　のだがわ
熊本県・関川水系

野田川　のだがわ
熊本県・野田川水系

野田川　のだがわ
宮崎県・石崎川水系

野田川　のだがわ
鹿児島県・高尾野川水系〔2級〕

野田川　のだがわ
鹿児島県・神之川水系〔2級〕

野田本川　のだほんがわ
愛媛県・肱川水系〔1級〕

野田池　のだいけ
滋賀県甲南町

野田沢川　のたざわがわ
静岡県・瀬戸川水系〔2級〕

野田沼　のだぬま
滋賀県湖北町

野田沼　のだぬま
滋賀県彦根市

野田追川　のだおいがわ
北海道・野田追川水系〔2級〕

野田原川　のたはらがわ
和歌山県・紀の川水系〔1級〕

野石谷川　のいしだにがわ
島根県・斐伊川水系〔1級〕

野辺川　のべがわ
新潟県・信濃川水系〔1級〕

野辺地川　のへじがわ
青森県・野辺地川水系〔2級〕
野辺沢川　のべざわがわ
福島県・阿賀野川水系〔1級〕
6野伏尾川　のぶしおがわ
岡山県・旭川水系
野地川　のじがわ
島根県・高津川水系〔1級〕
野地川　のじがわ
愛媛県・喜木川水系〔2級〕
野寺川　のでらがわ
石川県・大海川水系〔2級〕
野老谷川　ところだにがわ
高知県・仁淀川水系〔1級〕
7野吹川　のふきがわ
愛知県・猿渡川水系
野呂川　のろがわ
山形県・最上川水系〔1級〕
野呂川　のろがわ
広島県・野呂川水系〔2級〕
野呂谷　のろだに
富山県・神通川水系〔1級〕
野坂川　のさかがわ
鳥取県・千代川水系〔1級〕
野尾谷川　のおたにがわ
兵庫県・加古川水系〔1級〕
野志川　のしがわ
岐阜県・矢作川水系〔1級〕
野束川　のずかがわ
北海道・野束川水系〔2級〕
野村川　のむらがわ
秋田県・野村川水系
野村谷川　のむらだにがわ
徳島県・吉野川水系〔1級〕
野沢川　のざわがわ
山形県・月光川水系〔2級〕
野沢川　のざわがわ
茨城県・那珂川水系〔1級〕
野沢川　のざわがわ
栃木県・那珂川水系〔1級〕
野沢川　のざわがわ
静岡県・鮎沢川水系〔2級〕
野花南川　のかなんがわ
北海道・石狩川水系〔1級〕
野角川　のずみがわ
熊本県・湯浦川水系
野谷川　のだにがわ
広島県・江の川水系〔1級〕
野谷川　のたにがわ
山口県・佐波川水系〔1級〕
野谷川　のたにがわ
山口県・錦川水系〔2級〕
8野岩川　のいわがわ
長野県・天竜川水系〔1級〕
野底川　のぞこがわ
長野県・天竜川水系〔1級〕
野府川　のぶがわ
愛知県・日光川水系〔2級〕
野府川　のぶがわ
愛知県・日光川水系
野林川　のばやしがわ
愛知県・矢作川水系
野門沢川　のかどざわがわ
栃木県・利根川水系〔1級〕
9野洲川　やすがわ
滋賀県・淀川水系〔1級〕
野津又川　のずまたがわ
福井県・九頭竜川水系〔1級〕
野津川　のつがわ
大分県・大野川水系〔1級〕
野津原川《古》　のつはるがわ
大分県・大分川水系の七瀬川
野津院川《別》　のついんがわ
大分県・大野川水系の野津川
野津幌川　のっぽろがわ
北海道・石狩川水系〔1級〕
野畑池　のはたいけ
滋賀県大津市
10野原川　のはらがわ
愛知県・矢作川水系〔1級〕
野原川　のはらがわ
京都府・野原川水系〔2級〕
野原川　のばるがわ
熊本県・五ヶ瀬川水系
野原川　のばらがわ
熊本県・菜切川水系
野島川　のじまがわ
兵庫県・野島川水系〔2級〕
野島川　のじまがわ
和歌山県・野島川水系〔2級〕
野島川　のじまがわ
宮崎県・野島川水系〔2級〕
野栗沢川　のぐりさわがわ
群馬県・利根川水系〔1級〕
野根川　のねがわ
徳島県・野根川水系〔2級〕
野根川　のねがわ
高知県・野根川水系〔2級〕
野浦川　のうらがわ
新潟県・野浦川水系〔2級〕
野通川　やどおりがわ
埼玉県・利根川水系〔1級〕
11野崎川　のざきがわ
愛知県・信濃川水系

野崎川　のざきがわ
宮崎県・大淀川水系〔1級〕
野崎川　のざきがわ
宮崎県・大淀川水系
野崎川　のざきがわ
鹿児島県・万之瀬川水系〔2級〕
野添川　のぞえがわ
愛知県・庄内川水系〔1級〕
野添川　のぞえがわ
三重県・新宮川水系〔1級〕
野添川　のぞえがわ
熊本県・菊池川水系
野添谷川　のぞえだにがわ
京都府・由良川水系
野組川　のぐみがわ
鳥取県・日野川水系〔1級〕
野部川　のべがわ
広島県・高梁川水系
野々下川　ののしたがわ
愛媛県・渡川水系〔1級〕
野々口川　ののくちがわ
岡山県・旭川水系〔1級〕
野々川　ののがわ
和歌山県・日高川水系〔2級〕
野々川　ののがわ
高知県・渡川水系〔1級〕
野々川川　ののがわがわ
長崎県・川棚川水系〔2級〕
野々木谷川　ののぎたにがわ
熊本県・佐敷川水系
野々江大川　ののえおおかわ
愛媛県・野々江大川水系〔2級〕
野々沢川　ののさわがわ
北海道・石狩川水系〔1級〕
野々沢川　ののさわがわ
福島県・阿賀野川水系〔1級〕
野々河内川　ののかわうちがわ
大分県・森崎川水系〔2級〕
野々俣川　ののまたがわ
岐阜県・庄川水系〔1級〕
野々垣川　ののがきがわ
兵庫県・加古川水系〔1級〕
野々海川　ののみがわ
長野県・信濃川水系〔1級〕
野々島川　ののしまがわ
熊本県・菊池川水系〔1級〕
野鳥川　のとりがわ
福岡県・筑後川水系〔1級〕
野黒川《別》　のぐろがわ
静岡県・浜川水系の浜川
12野塚川　のずかがわ
北海道・野塚川水系
野登木川　のとぎがわ
愛知県・豊川水系
野間の大池　のまのおおいけ
兵庫県美方郡村岡町
野間川　のまがわ
大阪府・淀川水系〔1級〕
野間川　のまがわ
兵庫県・加古川水系〔1級〕
野間川　のまがわ
広島県・芦田川水系〔1級〕
野間川　のまがわ
香川県・本津川水系〔2級〕
野間川　のまがわ
愛媛県・品部川水系〔2級〕
野間川　のまがわ
福岡県・汐入川水系〔2級〕
野間川　のまがわ
熊本県・球磨川水系〔1級〕
野間川　のまがわ
熊本県・菊池川水系
野間谷川　のまだにがわ
徳島県・吉野川水系〔1級〕
13野殿川　のどのがわ
京都府・淀川水系
14野墨川　のずみがわ
兵庫県・揖保川水系
野稲田川　ねんだがわ
熊本県・球磨川水系
16野積川　のずみがわ
富山県・神通川水系〔1級〕
19野瀬川　のせがわ
滋賀県・淀川水系〔1級〕
野離子川　のりこがわ
滋賀県・淀川水系〔1級〕
野離小川《別》　のりこがわ
滋賀県・淀川水系の野離子川
21野鶴川　のずるがわ
熊本県・大野川水系

【釧】

13釧路川　くしろがわ
北海道・釧路川水系〔1級〕

【釣】

3釣川　つりかわ
福岡県・釣川水系〔2級〕
7釣尾川　つりおがわ
鹿児島県・川内川水系〔1級〕
12釣道川　つりどうがわ
長崎県・釣道川水系〔2級〕
14釣網川　つりあみがわ
山形県・最上川水系〔1級〕

16釣橋川　つりばしがわ
静岡県・都田川水系〔2級〕

【閉】
6閉伊川　へいがわ
岩手県・閉伊川水系〔2級〕
閉伊川　へいがわ
岩手県・閉伊川水系

【陰】
陰の沢川　かげのさわがわ
北海道・石狩川水系〔1級〕
6陰地川　おんじがわ
広島県・江の川水系〔1級〕
7陰沢川　かげさわがわ
山梨県・富士川水系〔1級〕
11陰野川　かげのがわ
静岡県・陰野川水系〔2級〕

【陶】
3陶川　すえがわ
愛知県・庄内川水系
15陶器川　とうきがわ
大阪府・石津川水系〔2級〕

【陸】
3陸上川　くがみがわ
鳥取県・陸上川水系〔2級〕
7陸別川　りくべつがわ
北海道・十勝川水系〔1級〕
陸別熊の沢川　りくべつくまのさわがわ
北海道・十勝川水系〔1級〕

【雀】
3雀川　すずめがわ
埼玉県・荒川（東京都・埼玉県）水系〔1級〕
7雀谷川　すずめだにがわ
石川県・犀川水系

【雫】
5雫石川　しずくいしがわ
岩手県・北上川水系〔1級〕

【雪】
2雪入川　ゆきいりがわ
茨城県・利根川水系〔1級〕
雪入川　ゆきいりがわ
茨城県・利根川水系
3雪川川　ゆきかわがわ
秋田県・雪川川水系
5雪田川　ゆきたがわ
島根県・江の川水系〔1級〕
雪田沢川　ゆきたざわがわ
秋田県・米代川水系
7雪沢川　ゆきさわがわ
岩手県・気仙川水系
雪谷又川　ゆきやまたがわ
秋田県・子吉川水系〔1級〕
雪谷川　ゆきやがわ
岩手県・新井田川水系〔2級〕
8雪取沢　ゆきとりがわ
宮城県・阿武隈川水系
9雪屋川《別》　ゆきやがわ
岩手県・新井田川水系の雪谷川
10雪浦川　ゆきのうらがわ
長崎県・雪浦川水系〔2級〕
11雪野川　ゆきのがわ
熊本県・菊池川水系〔1級〕
12雪裡川　せっつりがわ
北海道・釧路川水系〔1級〕

【頃】
4頃内川　ころないがわ
北海道・知内川水系〔2級〕
7頃谷川　ころたにがわ
兵庫県・揖保川水系〔1級〕
9頃巻川　ころまきがわ
青森県・新井田川水系〔2級〕

【魚】
魚のり沢　うおのりさわ
新潟県・信濃川水系
魚ノ川　うおのがわ
高知県・渡川水系
6魚成川　うおなしがわ
愛媛県・肱川水系〔1級〕
7魚見川　うおみかわ
福井県・九頭竜川水系〔1級〕
8魚取川　うおとりがわ
宮城県・鳴瀬川水系〔1級〕
魚取沼　ゆとりぬま
宮城県加美郡加美町
10魚帰川　うおかえりがわ
熊本県・球磨川水系〔1級〕
魚留川　うおどめがわ
福島県・阿賀野川水系
11魚野川　うおのがわ
新潟県・信濃川水系〔1級〕
魚野川　いさのがわ
長野県・信濃川水系〔1級〕
魚野地川　うおのじがわ
新潟県・信濃川水系〔1級〕

12魚無川　うおなしがわ
北海道・網走川水系〔1級〕

【鳥】

鳥の沢川　とりのさわがわ
岩手県・鳥の沢川水系

鳥の海　とりのうみ
宮城県亘理町

鳥の海　とりのうみ
山形県遊佐町

鳥の巣川　とりのすがわ
愛媛県・肱川水系〔1級〕

鳥ヶ谷川　とりがたにがわ
京都府・淀川水系

3鳥子川　とりこがわ
熊本県・白川水系〔1級〕

鳥子川　とりこがわ
宮崎県・一ツ瀬川水系〔2級〕

鳥山川　とりやまがわ
神奈川県・鶴見川水系〔1級〕

鳥川　とりがわ
愛知県・矢作川水系〔1級〕

5鳥出川　とりでがわ
山形県・最上川水系〔1級〕

鳥加川　とりかがわ
長崎県・鳥加川水系〔2級〕

鳥打川　とりうちがわ
広島県・沼田川水系

鳥田川　とりだがわ
愛媛県・肱川水系〔1級〕

6鳥米川　とりごめがわ
奈良県・大和川水系〔1級〕

鳥羽川　とばがわ
福井県・北川水系〔1級〕

鳥羽川　とばがわ
岐阜県・木曾川水系〔1級〕

鳥羽川　とばがわ
愛知県・鳥羽川水系〔2級〕

鳥羽川　とばがわ
愛知県・鳥羽川水系

鳥羽井沼　とばいぬま
埼玉県比企郡川島町

鳥羽河内川　とばこうちがわ
三重県・加茂川水系〔2級〕

7鳥尾川　とりおがわ
和歌山県・有田川水系〔2級〕

鳥沢川　とりさわがわ
宮城県・北上川水系〔1級〕

鳥谷川　とやがわ
青森県・岩木川水系〔1級〕

鳥谷川　とやがわ
岩手県・久慈川水系〔2級〕

鳥谷川　とりだにがわ
京都府・淀川水系

鳥谷西ノ沢川　とやにしのさわがわ
岩手県・久慈川水系

鳥谷沢川　とりやさわがわ
青森県・高瀬川水系〔1級〕

8鳥取川　とっとりがわ
京都府・竹野川水系〔2級〕

鳥居ヶ奥川　とりいがおくがわ
京都府・由良川水系

鳥居川　とりいがわ
長野県・信濃川水系〔1級〕

鳥居川　とりいがわ
愛知県・鳥居川水系

鳥居川　とりいがわ
奈良県・大和川水系〔1級〕

鳥居川　とりいがわ
岡山県・吉井川水系〔1級〕

9鳥垣外川　とりがいとがわ
三重県・櫛田川水系〔1級〕

鳥屋尾川　とやおがわ
熊本県・湯浦川水系

鳥屋野潟　とやのがた
新潟県新潟市

鳥屋野潟　とやのがた
新潟県・信濃川水系〔1級〕

鳥屋野潟放水路　とやのがたほうすいろ
新潟県・信濃川水系〔1級〕

鳥海川　とりみがわ
岩手県・北上川水系〔1級〕

鳥海川　とりみがわ
岩手県・北上川水系

鳥海川　とのみがわ
佐賀県・松浦川水系〔1級〕

鳥首川　とりくびがわ
福島県・阿武隈川水系〔1級〕

11鳥崎川　とりざきがわ
北海道・鳥崎川水系〔2級〕

12鳥越川　とりごえがわ
秋田県・白雪川水系〔2級〕

鳥越川　とりごえがわ
石川県・熊木川水系〔2級〕

鳥越川　とりごえがわ
愛媛県・肱川水系〔1級〕

鳥越川　とりごえがわ
熊本県・砂川水系

鳥越川　とりごえがわ
大分県・駅館川水系〔2級〕

13鳥飼川　とりかいがわ
兵庫県・鳥飼川水系〔2級〕

16鳥橋川　とりはしがわ
山梨県・富士川水系〔1級〕

【鹿】

鹿の子沢川　かのこざわがわ
山形県・最上川水系
鹿の岐川　かのまたがわ
新潟県・阿賀野川水系
鹿の熊川　かのくまがわ
京都府・野田川水系
鹿ノ又川　かのまたがわ
宮城県・鳴瀬川水系〔1級〕
鹿ノ瀬川　かのせがわ
長野県・木曾川水系〔1級〕
2鹿又川　かのまたがわ
福島県・夏井川水系〔2級〕
3鹿子谷川　しこたにがわ
島根県・三隅川水系〔2級〕
鹿川　ししがわ
愛知県・鹿川水系
鹿川　ししがわ
京都府・淀川水系〔1級〕
4鹿化川　かばけがわ
三重県・天白川水系〔2級〕
鹿毛馬川　かけのうまがわ
福岡県・遠賀川水系〔1級〕
鹿水川　かなみずかわ
福島県・阿賀野川水系〔1級〕
5鹿田川　しかだがわ
広島県・江の川水系〔1級〕
鹿目川　かなめがわ
熊本県・球磨川水系〔1級〕
6鹿曲川　かくまがわ
長野県・信濃川水系〔1級〕
7鹿児川　かこがわ
高知県・国分川水系〔2級〕
鹿尾川　かのおがわ
長崎県・鹿尾川水系〔2級〕
鹿折川　ししおりがわ
宮城県・鹿折川水系〔2級〕
鹿沢　しかざわ
福島県・阿賀野川水系
鹿沢川　かのざわがわ
山形県・最上川水系〔1級〕
鹿町川　しかまちがわ
長崎県・鹿町川水系〔2級〕
鹿見川　ししみがわ
長崎県・鹿見川水系〔2級〕
鹿谷川　しかだにがわ
福井県・九頭竜川水系〔1級〕
鹿足河内川　かのあしこわちがわ
島根県・高津川水系〔1級〕
8鹿股川　しかまたがわ
栃木県・那珂川水系〔1級〕
9鹿乗川　かのりがわ
愛知県・矢作川水系〔1級〕
鹿俣川　かのまたがわ
新潟県・胎内川水系〔2級〕
鹿俣川　かのまたがわ
福井県・九頭竜川水系〔1級〕
鹿城川　ろくじょうがわ
佐賀県・鹿島川水系〔2級〕
鹿屋分水路　かのやぶんすいろ
鹿児島県・肝属川水系〔1級〕
鹿狩瀬川　かがせがわ
宮崎県・五ヶ瀬川水系〔1級〕
10鹿原川　かわらがわ
京都府・志楽川水系〔2級〕
鹿島川　かしまがわ
栃木県・那珂川水系〔1級〕
鹿島川　かしまがわ
千葉県・利根川水系〔1級〕
鹿島川　かじまがわ
千葉県・一宮川水系
鹿島川　かしまがわ
長野県・信濃川水系〔1級〕
鹿島川　かしまがわ
愛知県・豊川水系
鹿島川　かしまがわ
佐賀県・鹿島川水系〔2級〕
鹿留川　ししどめがわ
山梨県・相模川水系〔1級〕
鹿途川《古》　かどがわ
富山県・角川水系の角川
11鹿淵川　かぶちがわ
大分県・番匠川水系〔1級〕
鹿部川　しかべがわ
北海道・鹿部川水系
鹿野川　しかのがわ
兵庫県・加古川水系〔1級〕
鹿野沢川　かのさわがわ
茨城県・久慈川水系
鹿黒川　かぐろがわ
千葉県・利根川水系〔1級〕
12鹿渡川　かどがわ
秋田県・馬場目川水系〔2級〕
鹿賀谷川　しかがたにがわ
島根県・江の川水系〔1級〕
鹿遊川　かなすみがわ
宮崎県・小丸川水系〔1級〕
13鹿塩川　かしおがわ
長野県・天竜川水系〔1級〕
鹿塩沢川　かしおざわがわ
長野県・天竜川水系〔1級〕
鹿蒜川　かひるがわ
福井県・九頭竜川水系〔1級〕

14鹿熊川　かくまがわ
新潟県・信濃川水系〔1級〕
鹿鳴川　かなだしがわ
愛媛県・僧都川水系〔2級〕
鹿鳴川　しかなきがわ
鹿児島県・鹿鳴川水系〔2級〕

【麻】

3麻下川　まげがわ
広島県・太田川水系〔1級〕
5麻生川　あさおがわ
神奈川県・鶴見川水系〔1級〕
麻生川　あそうがわ
滋賀県・淀川水系〔1級〕
麻生川　あそうがわ
高知県・渡川水系
麻生川　あそうがわ
熊本県・菊池川水系
麻生田川　あそうだがわ
奈良県・淀川水系〔1級〕
麻生沢　あそうざわ
福島県・阿賀野川水系
麻生津川　おうずがわ
和歌山県・紀の川水系〔1級〕
麻生野川　あぞのがわ
熊本県・菊池川水系
麻田川　あさはたがわ
愛知県・庄内川水系
7麻別川　あさべつがわ
北海道・石狩川水系〔1級〕
麻志川　ましがわ
広島県・江の川水系〔1級〕
麻那古川　まなごがわ
佐賀県・嘉瀬川水系〔1級〕
麻里布川　まりふがわ
山口県・麻里布川水系〔2級〕
14麻漬川　あさずけがわ
宮崎県・清武川水系〔2級〕
16麻機川《別》　あさはたがわ
静岡県・巴川水系の浅畑川
17麻績川　おみがわ
長野県・信濃川水系〔1級〕

【黄】

4黄牛川　きうしがわ
宮城県・北上川水系〔1級〕
6黄臼内川　きうすないがわ
北海道・石狩川水系〔1級〕
黄臼内川　きうすないがわ
北海道・石狩川水系
8黄金川　こがねがわ
宮城県・阿武隈川水系〔1級〕
黄金川　こがねがわ
福島県・阿武隈川水系〔1級〕
黄金沢川　こがねさわがわ
長野県・信濃川水系〔1級〕
9黄柳川　つげがわ
愛知県・豊川水系〔1級〕
黄海川　きのみがわ
岩手県・北上川水系〔1級〕
12黄斑川　きいまだらがわ
長崎県・相浦川水系〔2級〕
17黄檗川　きわだかわ
徳島県・勝浦川水系〔2級〕
19黄瀬川　おうせがわ
青森県・相坂川水系〔2級〕
黄瀬川　きせがわ
静岡県・狩野川水系〔1級〕
黄瀬沼　おうせぬま
青森県十和田湖町

【黒】

黒ん坊沼　くろんぼうぬま
青森県西津軽郡鰺ヶ沢町
黒ヶ谷川　くろがたにがわ
山口県・阿武川水系〔2級〕
2黒又川　くろまたがわ
新潟県・信濃川水系〔1級〕
黒又沢川　くろまたざわがわ
新潟県・信濃川水系〔1級〕
3黒丸川　くろまるがわ
福岡県・遠賀川水系〔1級〕
黒子川　くろこがわ
大分県・筑後川水系〔1級〕
黒川　くろかわ
北海道・余市川水系
黒川　くろがわ
秋田県・衣川水系〔2級〕
黒川《古》　くろがわ
秋田県・馬踏川水系の馬踏川
黒川　くろかわ
山形県・最上川水系〔1級〕
黒川　くろがわ
福島県・那珂川水系〔1級〕
黒川　くろがわ
茨城県・利根川水系
黒川　くろがわ
栃木県・利根川水系〔1級〕
黒川　くろかわ
群馬県・利根川水系〔1級〕
黒川　くろがわ
群馬県・利根川水系〔1級〕
黒川　くろかわ
新潟県・信濃川水系〔1級〕

黒川　くろがわ
富山県・神通川水系〔1級〕
黒川　くろがわ
長野県・信濃川水系〔1級〕
黒川　くろかわ
長野県・姫川水系〔1級〕
黒川　くろがわ
長野県・天竜川水系〔1級〕
黒川　くろがわ
長野県・木曾川水系〔1級〕
黒川　くろがわ
岐阜県・木曾川水系〔1級〕
黒川　くろがわ
静岡県・興津川水系〔2級〕
黒川　くろかわ
愛知県・庄内川水系
黒川　くろがわ
愛知県・豊川水系
黒川　くろかわ
京都府・由良川水系
黒川　くろかわ
兵庫県・淀川水系〔1級〕
黒川　くろがわ
兵庫県・円山川水系〔1級〕
黒川　くろがわ
兵庫県・武庫川水系〔2級〕
黒川　くろがわ
鳥取県・黒川水系〔2級〕
黒川　くろがわ
山口県・掛淵川水系〔2級〕
黒川　くろがわ
山口県・厚東川水系〔2級〕
黒川　くろがわ
香川県・湊川水系〔2級〕
黒川　くろがわ
愛媛県・仁淀川水系〔1級〕
黒川　くろがわ
福岡県・遠賀川水系〔1級〕
黒川　くろかわ
福岡県・山国川水系〔1級〕
黒川　くろがわ
福岡県・筑後川水系〔1級〕
黒川　くろかわ
佐賀県・筑後川水系〔1級〕
黒川　くろがわ
佐賀県・鹿島川水系〔2級〕
黒川　くろがわ
熊本県・白川水系〔1級〕
黒川　くろがわ
大分県・筑後川水系〔1級〕
黒川　くろがわ
大分県・大分川水系〔1級〕
黒川　くろかわ
大分県・黒川水系〔2級〕
黒川川　くろかわがわ
佐賀県・有田川水系〔2級〕
黒川谷川　くろかわだにがわ
徳島県・吉野川水系〔1級〕
黒川原谷川　くろかわはらだにがわ
徳島県・吉野川水系〔1級〕
黒川流末川　くろかわりゅうまつがわ
新潟県・信濃川水系〔1級〕
4黒井川　くろいがわ
北海道・亀田川水系
黒井川　くろいがわ
長野県・信濃川水系〔1級〕
黒井川　くろいがわ
兵庫県・由良川水系〔1級〕
黒井川　くろいがわ
山口県・黒井川水系〔2級〕
黒仁田川　くろにたがわ
長崎県・山田川水系〔2級〕
黒仁田川　くろにたがわ
大分県・大野川水系〔1級〕
黒仁田川　くろにたがわ
宮崎県・本城川水系〔2級〕
黒内川　くろないがわ
岐阜県・神通川水系〔1級〕
黒戸川　くろとがわ
熊本県・白川水系〔1級〕
黒木川　くろきがわ
奈良県・淀川水系〔1級〕
黒木川　くろきがわ
佐賀県・黒木川水系〔2級〕
黒木尾川　くろきおがわ
熊本県・緑川水系〔1級〕
黒水川　くろみずがわ
宮崎県・小丸川水系〔1級〕
5黒北川　くろきたがわ
宮崎県・清武川水系〔2級〕
黒田川　くろだがわ
新潟県・三面川水系〔2級〕
黒田川　くろだがわ
愛知県・矢作川水系〔1級〕
黒田川　くろだがわ
愛知県・豊川水系
黒田川　くろだがわ
滋賀県・淀川水系〔1級〕
黒田川　くろだがわ
奈良県・淀川水系
黒田川　くろだがわ
島根県・斐伊川水系〔1級〕
黒田川　くろだがわ
愛媛県・渡川水系〔1級〕

黒田川　くろだがわ
熊本県・黒田川水系
黒目川　くろめがわ
埼玉県・荒川（東京都・埼玉県）水系〔1級〕
黒目川　くろめがわ
広島県・江の川水系〔1級〕
黒石川　くろいしがわ
福島県・阿武隈川水系〔1級〕
黒石川　くろいしがわ
新潟県・阿賀野川水系〔1級〕
黒石川　くろいしがわ
富山県・小矢部川水系〔1級〕
黒石川　くろいしがわ
静岡県・栃山川水系〔2級〕
黒石川　くろいしがわ
島根県・遠田川水系
黒石川　くろいしがわ
高知県・渡川水系〔1級〕
黒石谷　くろいしだに
奈良県・紀の川水系〔1級〕
6黒地川　くろじがわ
熊本県・河内川水系
黒牟田川　くろむたがわ
佐賀県・有田川水系〔2級〕
黒竹沢　くろたけざわ
山形県・最上川水系
黒羽田川　くろはだがわ
広島県・江の川水系〔1級〕
黒行谷川　くろこうだにがわ
高知県・蠣瀬川水系
7黒助川　くろすけがわ
愛知県・庄内川水系
黒坂川　くろざかがわ
愛知県・矢作川水系
黒坂石川　くろさかいしがわ
群馬県・利根川水系〔1級〕
黒坊川　くろんぼうがわ
島根県・江の川水系〔1級〕
黒妙川　くろたえがわ
愛媛県・仁淀川水系〔1級〕
黒尾川　くろおがわ
岡山県・旭川水系
黒尾岳川　くろおだけがわ
佐賀県・松浦川水系〔1級〕
黒沢　くろさわ
青森県・岩木川水系
黒沢川　くろさわがわ
岩手県・馬淵川水系〔1級〕
黒沢川　くろさわがわ
岩手県・北上川水系〔1級〕
黒沢川　くろさわがわ
岩手県・馬淵川水系
黒沢川　くろさわがわ
岩手県・北上川水系
黒沢川　くろさわがわ
秋田県・米代川水系〔1級〕
黒沢川　くろさわがわ
秋田県・米代川水系
黒沢川　くろさわがわ
山形県・最上川水系〔1級〕
黒沢川　くろさわがわ
山形県・荒川（新潟県・山形県）水系〔1級〕
黒沢川　くろさわがわ
福島県・阿賀野川水系〔1級〕
黒沢川　くろさわがわ
福島県・阿賀野川水系
黒沢川　くろさわがわ
東京都・荒川（東京都・埼玉県）水系〔1級〕
黒沢川　くろさわがわ
山梨県・富士川水系〔1級〕
黒沢川　くろさわがわ
長野県・信濃川水系〔1級〕
黒沢川　くろさわがわ
長野県・天竜川水系〔1級〕
黒沢川　くろさわがわ
静岡県・菊川水系〔1級〕
黒沢川　くろさわがわ
岡山県・吉井川水系
黒沢川　くろさわがわ
高知県・渡川水系〔1級〕
黒谷川　くろたにがわ
福島県・阿賀野川水系〔1級〕
黒谷川　くろたにがわ
石川県・新堀川水系
黒谷川　くろたにがわ
福井県・九頭竜川水系〔1級〕
黒谷川　くろたにがわ
滋賀県・淀川水系〔1級〕
黒谷川　くろたにがわ
和歌山県・古座川水系〔2級〕
黒谷川　くろだにがわ
鳥取県・天神川水系〔1級〕
黒谷川　くろたにがわ
岡山県・吉井川水系〔1級〕
黒谷川　くろだにがわ
岡山県・高梁川水系
黒谷川　くろたにがわ
広島県・沼田川水系〔2級〕
黒谷川　くろたにがわ
広島県・沼田川水系
黒谷川　くろたにがわ
徳島県・吉野川水系〔1級〕
黒谷川　くろだにがわ
愛媛県・頓田川水系〔2級〕

黒谷川　くろたにがわ
宮崎県・大淀川水系
8黒岡川　くろおかがわ
兵庫県・加古川水系〔1級〕
黒岩川　くろいわがわ
愛知県・白浜川水系
黒岩川　くろいわがわ
奈良県・淀川水系〔1級〕
黒岩川　くろいわがわ
愛媛県・頓田川水系〔2級〕
黒岩川　くろいわがわ
高知県・渡川水系〔1級〕
黒杭川　くろくいがわ
山口県・柳井川水系〔2級〕
黒松内川　くろまつないがわ
北海道・朱太川水系〔2級〕
黒河川　くろこがわ
福井県・笙の川水系〔2級〕
黒河内川　くろごうちがわ
山梨県・富士川水系〔1級〕
黒泥田川《古》　くろどろたがわ
宮崎県・本城川水系の黒仁田川
黒茂谷川　くろもだにがわ
高知県・黒茂谷川水系〔2級〕
9黒俣川　くろまたがわ
新潟県・荒川（新潟県・山形県）水系〔1級〕
黒俣川　くろまたがわ
静岡県・安倍川水系〔1級〕
黒津川　くろつがわ
福井県・九頭竜川水系〔1級〕
黒津川　くろつがわ
滋賀県・淀川水系〔1級〕
黒津江川　くろつえがわ
福岡県・筑後川水系〔1級〕
10黒倉又谷　くろくらまただに
奈良県・紀の川水系〔1級〕
黒倉沢　くろくらさわ
新潟県・三面川水系
黒原川　くろはらがわ
兵庫県・揖保川水系〔1級〕
黒原川　くろはらがわ
大分県・五ヶ瀬川水系〔1級〕
黒姫川　くろひめがわ
新潟県・黒姫川水系〔2級〕
黒姫川　くろひめがわ
新潟県・鯖石川水系〔2級〕
黒峰川　くろみねがわ
熊本県・緑川水系〔1級〕
黒桂河内川　つずらこうちがわ
山梨県・富士川水系〔1級〕
黒浜川　くろはまかわ
長崎県・黒浜川水系〔2級〕
黒浜沼（下沼）　くろはまぬま（しもぬま）
埼玉県蓮田市
黒浜沼（上沼）　くろはまぬま（うわぬま）
埼玉県蓮田市
黒竜川《古》　こくりゅうがわ
福井県・九頭竜川水系の九頭竜川
黒竜川　こくりゅうがわ
熊本県・菊池川水系
黒荷田川　くろにたがわ
宮崎県・広渡川水系〔2級〕
11黒崎川　くろさきがわ
岩手県・黒崎川水系
黒崎川　くろさきがわ
石川県・黒崎川水系
黒崎川　くろさきがわ
長崎県・黒崎川水系〔2級〕
黒淵川　くろふちがわ
広島県・江の川水系〔1級〕
黒猪川　くろいがわ
熊本県・菊池川水系
黒猪鹿川　くろいががわ
大分県・筑後川水系〔1級〕
黒郷川　くろさとがわ
岡山県・旭川水系〔1級〕
黒部川　くろべがわ
千葉県・利根川水系〔1級〕
黒部川　くろべがわ
富山県・黒部川水系〔1級〕
黒部川　くろべがわ
京都府・竹野川水系
黒鳥川　くろとりがわ
宮崎県・大淀川水系
12黒尊川　くろそんがわ
高知県・渡川水系〔1級〕
黒森川　くろもりがわ
岩手県・北上川水系
黒森川　くろもりがわ
秋田県・子吉川水系〔1級〕
黒森川　くろもりがわ
秋田県・馬場目川水系
黒森川　くろもりがわ
福島県・夏井川水系〔2級〕
黒森川　くろもりがわ
福島県・夏井川水系
黒森沢川　くろもりさわがわ
山形県・最上川水系〔1級〕
黒森沢川　くろもりさわがわ
福島県・阿賀野川水系〔1級〕
13黒塩川　くろしおがわ
佐賀県・黒塩川水系〔2級〕
黒滝川　くろたきがわ
三重県・淀川水系〔1級〕

黒滝川　くろたきがわ
高知県・吉野川水系〔1級〕
黒滝沢　くろたきざわ
新潟県・信濃川水系〔1級〕
黒滝谷川　くろたきだにがわ
愛媛県・重信川水系〔1級〕
14黒髪川　くろかみがわ
石川県・羽咋川水系
黒髪川　くろかみがわ
長崎県・日宇川水系〔2級〕
16黒橋川　くろはしがわ
滋賀県・淀川水系〔1級〕
黒薙川　くろなぎがわ
富山県・黒部川水系〔1級〕
18黒藪川　くろやぶがわ
岡山県・吉井川水系〔1級〕
19黒瀬川　くろせがわ
北海道・網走川水系〔1級〕
黒瀬川　くろせがわ
山形県・最上川水系〔1級〕
黒瀬川　くろせがわ
富山県・黒瀬川水系〔2級〕
黒瀬川　くろせがわ
愛知県・矢作川水系〔1級〕
黒瀬川　くろせがわ
島根県・江の川水系〔1級〕
黒瀬川　くろせがわ
広島県・黒瀬川水系〔2級〕
黒瀬川　くろせがわ
愛媛県・肱川水系〔1級〕
黒鯛川　くろだいがわ
宮崎県・平田川水系〔2級〕

12 画

【傘】

8傘松川　かさまつがわ
高知県・伊与木川水系

【備】

4備中大川《別》　びっちゅうおおかわ
岡山県・高梁川水系の高梁川
備中川　びっちゅうがわ
岡山県・旭川水系〔1級〕
備中地川　びっちゅうじがわ
香川県・土器川水系〔1級〕
9備前川　びぜんがわ
茨城県・利根川水系〔1級〕
備前前堀川　びぜんまえほりがわ
埼玉県・利根川水系〔1級〕
備前堀川　びぜんほりがわ
埼玉県・利根川水系〔1級〕
備前渠川　びぜんきょがわ
埼玉県・利根川水系〔1級〕
備後川　びんごがわ
奈良県・新宮川水系〔1級〕

【傍】

5傍示川　ほうじがわ
奈良県・淀川水系〔1級〕
傍示川　ほうじがわ
徳島県・勝浦川水系〔2級〕
傍示本川　ほうじもとがわ
愛知県・境川水系
12傍陽川　そえひがわ
長野県・信濃川水系〔1級〕

【割】

3割子川　わりこがわ
福岡県・割子川水系〔2級〕
5割田川　わりでんがわ
愛知県・日光川水系
割田川　わりたがわ
愛知県・豊川水系
割田川　わりたがわ
愛知県・矢作川水系
割田里小牧川　わりでんさとこまきがわ
愛知県・日光川水系
割目川　われめがわ
愛知県・猿渡川水系〔2級〕
割目川　われめがわ
愛知県・猿渡川水系
割石川　わりいしがわ
新潟県・阿賀野川水系〔1級〕
割石川　わりいしがわ
愛媛県・仁淀川水系〔1級〕
6割羽沢川　わりはねさわがわ
山梨県・富士川水系〔1級〕
8割岩川　わりいわがわ
岡山県・吉井川水系〔1級〕
9割後場川　わりごばがわ
大分県・大野川水系〔1級〕

【創】

6創成川　そうせいがわ
北海道・石狩川水系〔1級〕
創成川　そうせいがわ
北海道・石狩川水系

【勤】

6勤行川　ごんぎょうがわ
栃木県・利根川水系

【勝】
3勝川　かちがわ
愛知県・勝川水系
4勝手川　かつてがわ
秋田県・勝手川水系〔2級〕
勝木川　がつぎがわ
新潟県・勝木川水系〔2級〕
5勝田川　かつたがわ
千葉県・利根川水系〔1級〕
勝田川　かつたがわ
鳥取県・勝田川水系〔2級〕
勝目川　かつめがわ
鹿児島県・川内川水系〔1級〕
6勝地川《別》　かちじがわ
島根県・江の川水系の久佐川
7勝尾寺川　かつおでらがわ
大阪府・淀川水系〔1級〕
勝沢川　かつさわがわ
山梨県・富士川水系〔1級〕
勝見川　かつみがわ
鳥取県・浜村川水系〔2級〕
勝谷川　かつたにがわ
鳥取県・浜村川水系〔2級〕
勝谷川　しょうやがわ
山口県・綾羅木川水系〔2級〕
9勝負川　しょうぶがわ
山梨県・富士川水系〔1級〕
勝負川　しょうぶがわ
佐賀県・筑後川水系〔1級〕
勝負沢川　しょうぶざわがわ
福島県・阿賀野川水系
10勝浦川　かつうらがわ
徳島県・勝浦川水系〔2級〕
勝浦川　かちうらがわ
鹿児島県・勝浦川水系〔2級〕
勝納川　かつないがわ
北海道・勝納川水系〔2級〕
11勝部川　かちべがわ
鳥取県・勝部川水系〔2級〕
12勝賀野川　しょうがのがわ
高知県・渡川水系〔1級〕
勝賀瀬川　しょうがせがわ
高知県・仁淀川水系〔1級〕
勝間川　かつまがわ
高知県・渡川水系〔1級〕
勝間田川　かつまたがわ
静岡県・勝間田川水系〔2級〕

【博】
3博士沢　はかせざわ
福島県・阿賀野川水系

【厨】
3厨川　くりやがわ
秋田県・雄物川水系〔1級〕

【喜】
4喜木川　ききがわ
愛媛県・喜木川水系〔2級〕
6喜多地川　きたじがわ
徳島県・喜多地川水系〔2級〕
喜多良川　きたらがわ
福岡県・今川水系〔2級〕
7喜来川　きらいがわ
徳島県・那賀川水系〔1級〕
喜来川　きらいがわ
徳島県・牟岐川水系〔2級〕
喜来中須入江川　きらいなかすいりえがわ
徳島県・吉野川水系〔1級〕
喜来谷川　きらいだにがわ
徳島県・吉野川水系〔1級〕
喜谷川　きたにがわ
和歌山県・紀の川水系〔1級〕
8喜和田川　きわたがわ
三重県・鈴鹿川水系〔1級〕
喜茂別川　きもべつがわ
北海道・尻別川水系〔1級〕
喜阿弥川　きあみがわ
島根県・喜阿弥川水系〔2級〕
12喜々津川　ききつがわ
長崎県・喜々津川水系〔2級〕
15喜撰川　きせんがわ
滋賀県・淀川水系〔1級〕
喜蔵川　きぞうがわ
愛媛県・樋之尾谷川水系〔2級〕
19喜瀬川　きせがわ
兵庫県・喜瀬川水系〔2級〕

【善】
2善入川　ぜんにゅうがわ
兵庫県・武庫川水系〔2級〕
3善川　ぜんがわ
宮城県・鳴瀬川水系〔1級〕
善川　ぜんがわ
岡山県・旭川水系〔1級〕
4善太川　ぜんたがわ
愛知県・日光川水系〔2級〕
善王寺川　ぜんのうじがわ
京都府・竹野川水系〔2級〕
5善右衛門川　ぜんえもんがわ
石川県・小又川水系〔2級〕
善右衛門沢川　ぜんえもんさわがわ
北海道・後志利別川水系〔1級〕

善田川　ぜんだがわ
宮崎県・福島川水系〔2級〕
6善光寺川　ぜんこうじがわ
宮城県・北上川水系〔1級〕
善光寺川　ぜんこうじがわ
愛知県・豊川水系〔1級〕
善光寺川　ぜんこうじがわ
愛知県・豊川水系
善光寺川　ぜんこうじがわ
滋賀県・淀川水系〔1級〕
7善坊川　ぜんぼうがわ
兵庫県・加古川水系〔1級〕
8善和川　よしわがわ
山口県・厚東川水系〔2級〕
善定川　ぜんじょうがわ
兵庫県・揖保川水系〔1級〕
善念川　ぜんねんがわ
兵庫県・法華山谷川水系〔2級〕
善波川　よしなみがわ
神奈川県・金目川水系〔2級〕
善知鳥川　うとうがわ
秋田県・雄物川水系〔1級〕
善門川　ぜんもんがわ
新潟県・信濃川水系〔1級〕
10善峰川　ぜんぼうがわ
京都府・淀川水系〔1級〕
13善滝川　ぜんたきがわ
愛媛県・肱川水系〔1級〕
善福寺川　ぜんぷくじがわ
東京都・荒川（東京都・埼玉県）水系〔1級〕
15善蔵川　ぜんぞうがわ
徳島県・海部川水系〔2級〕
16善衛門沢　ぜんえもんざわ
青森県・清水川水系

【堰】

堰の沢川　せきのさわがわ
新潟県・信濃川水系〔1級〕
5堰尻川　せきじりがわ
山梨県・富士川水系〔1級〕
7堰沢川　せきざわがわ
静岡県・堰沢川水系〔2級〕
堰沢川《別》　せきざわがわ
静岡県・狩野川水系の城川
10堰根沢　せきねざわ
青森県・長沢川水系
11堰野川　せきのがわ
山梨県・富士川水系〔1級〕
12堰場川　せきばがわ
富山県・下条川水系〔2級〕

【堅】

3堅川　たてがわ
埼玉県・荒川（東京都・埼玉県）水系〔1級〕
堅川　たてがわ
東京都・荒川（東京都・埼玉県）水系〔1級〕
堅川　たてがわ
岡山県・里見川水系〔2級〕
5堅田川　かただがわ
大分県・番匠川水系〔1級〕
7堅来川　かたくがわ
大分県・堅来川水系〔2級〕
堅来川　かたくがわ
大分県・堅来川水系〔2級〕
堅沢川　かたさわがわ
山梨県・富士川水系〔1級〕
10堅浦川　かたうらがわ
大分県・堅浦川水系〔2級〕

【堺】

堺ヶ谷川　さかいげだにがわ
高知県・穴内川水系
堺ノ神沢　さかいのかみさわ
岩手県・閉伊川水系
3堺川　さかいがわ
北海道・石狩川水系〔1級〕
堺川　さかいがわ
千葉県・堺川水系
堺川　さかいがわ
愛知県・堺川水系
堺川　さかえがわ
愛知県・池尻川水系
堺川　さかいがわ
滋賀県・淀川水系〔1級〕
堺川　さかいがわ
京都府・由良川水系〔1級〕
堺川　さかいがわ
兵庫県・鳥飼川水系〔2級〕
堺川　さかいがわ
和歌山県・堺川水系〔2級〕
堺川　さかいがわ
広島県・堺川水系〔2級〕
堺川　さかいがわ
愛媛県・肱川水系〔1級〕
堺川　さかいがわ
福岡県・筑後川水系〔1級〕
堺川放水路　さかいがわほうすいろ
北海道・石狩川水系〔1級〕
7堺沢川　さかいざわがわ
長野県・信濃川水系〔1級〕
14堺関川　さかいぜきがわ
青森県・岩木川水系〔1級〕

【塚】
4塚内川　つかないがわ
岩手県・新井田川水系
5塚田川　つかだがわ
新潟県・阿賀野川水系〔1級〕
塚田川　つかだがわ
石川県・塚田川水系〔2級〕
6塚地川　つかじがわ
高知県・仁淀川水系〔1級〕
7塚沢川　つかさわがわ
岩手県・北上川水系
10塚原川　つかはらがわ
岡山県・高梁川水系
塚原川　つかはらがわ
熊本県・塚原川水系
塚原戦川　つかはらたたかいがわ
大分県・駅館川水系〔2級〕
11塚野川　つかのがわ
長野県・木曾川水系〔1級〕
12塚越川　つかこしがわ
愛知県・日光川水系
塚間川　つかまがわ
長野県・天竜川水系〔1級〕

【堤】
2堤入谷川　つつみいりやがわ
長野県・信濃川水系〔1級〕
3堤川　つつみがわ
青森県・堤川水系〔2級〕
堤川　つつみがわ
宮城県・鳴瀬川水系〔1級〕
堤川　つつみがわ
和歌山県・堤川水系〔2級〕
堤川　つつみがわ
広島県・芦田川水系
堤川　つつみがわ
宮崎県・一ツ瀬川水系〔2級〕
7堤沢川　つつみさわがわ
青森県・五戸川水系
堤沢川　つつみさわがわ
新潟県・荒川（新潟県・山形県）水系〔1級〕

【塔】
塔ノ尾川　とうのおがわ
大分県・駅館川水系〔2級〕
3塔下川　とうしたがわ
兵庫県・都志川水系〔2級〕
5塔世川《別》　とうせがわ
三重県・安濃川水系の安濃川
10塔原川　とうはらがわ
香川県・本津川水系〔2級〕

【報】
11報得川　むくえがわ
沖縄県・報得川水系〔2級〕

【壺】
壺の池　つぼのいけ
三重県御浜町
壺の沢川　つぼのさわがわ
岩手県・気仙川水系
壺ヶ谷川　つぼがだにがわ
兵庫県・揖保川水系
6壺安川　つぼやすがわ
新潟県・阿賀野川水系〔1級〕

【奥】
奥の川　おくのかわ
愛媛県・渡川水系〔1級〕
奥の坊谷川　おくのぼうだにがわ
兵庫県・円山川水系
奥の沢　おくのさわ
北海道・石狩川水系
奥の沢川　おくのさわがわ
北海道・石狩川水系〔1級〕
奥の沢川　おくのさわがわ
北海道・十勝川水系〔1級〕
奥の沢川　おくのさわがわ
北海道・湧別川水系
奥の沢川　おくのさわがわ
静岡県・鮎沢川水系〔2級〕
奥の谷川　おくのやがわ
石川県・大聖寺川水系〔2級〕
奥の谷川　おくのたにがわ
京都府・淀川水系
奥の谷川　おくのたにがわ
兵庫県・由良川水系〔1級〕
奥の谷川　おくのたにがわ
奈良県・淀川水系〔1級〕
奥の谷川　おくのたにがわ
愛媛県・肱川水系〔1級〕
奥の野川　おくののがわ
三重県・西川水系〔2級〕
奥ヶ野川　おくがのがわ
島根県・高津川水系〔1級〕
奥ノ山川　おくのやまがわ
愛知県・音羽川水系
奥ノ井谷川　おくのいだにがわ
徳島県・吉野川水系〔1級〕
奥ノ切川　おくのきれがわ
高知県・渡川水系
奥ノ谷川　おくのたにがわ
兵庫県・円山川水系

2奥二股沢　おくふたまたざわ
北海道・小平蘂川水系
奥入瀬川《別》　おいらせがわ
青森県・相坂川水系の相坂川
3奥下布施川　おくしもふせがわ
島根県・斐伊川水系〔1級〕
奥三俣川　おくみまたがわ
島根県・江の川水系〔1級〕
奥万座川　おくまんざがわ
群馬県・利根川水系〔1級〕
奥山川　おくやまがわ
静岡県・狩野川水系〔1級〕
奥山川　おくやまがわ
静岡県・青野川水系〔2級〕
奥山川　おくやまがわ
愛知県・大田川水系
奥山川　おくやまがわ
愛知県・八幡川水系
奥山川　おくやまがわ
愛知県・矢作川水系
奥山川　おくやまがわ
三重県・櫛田川水系〔1級〕
奥山川　おくやまがわ
三重県・淀川水系〔1級〕
奥山川　おくやまがわ
京都府・由良川水系〔1級〕
奥山川　おくやまがわ
京都府・淀川水系〔1級〕
奥山川　おくやまがわ
京都府・野田川水系〔2級〕
奥山川　おくやまがわ
京都府・竹野川水系
奥山川　おくやまがわ
京都府・野田川水系
奥山川　おくやまがわ
京都府・由良川水系
奥山川　おくやまがわ
兵庫県・円山川水系〔1級〕
奥山川　おくやまがわ
兵庫県・武庫川水系〔2級〕
奥山川　おくやまがわ
兵庫県・千種川水系
奥山川　おくやまがわ
兵庫県・苧谷川水系
奥山川　おくやまがわ
岡山県・奥山川水系〔2級〕
奥山川　おくやまがわ
愛媛県・肱川水系〔1級〕
奥山川　おくやまがわ
熊本県・菊池川水系〔1級〕
奥山田川　おくやまだがわ
千葉県・夷隅川水系
奥山田川　おくやまだがわ
京都府・淀川水系〔1級〕
奥山谷川　おくやまたにがわ
兵庫県・加古川水系
奥川　おくがわ
福島県・阿賀野川水系〔1級〕
奥川　おくがわ
山梨県・相模川水系〔1級〕
奥川　おくがわ
山梨県・富士川水系〔1級〕
奥川　おくがわ
岐阜県・木曾川水系〔1級〕
奥川　おくがわ
三重県・奥川水系〔2級〕
奥川　おくがわ
鹿児島県・奥川水系〔2級〕
奥川　おくがわ
沖縄県・奥川水系〔2級〕
奥川谷川　おくかわたにがわ
千葉県・加茂川水系
奥川並川　おくかわなみがわ
滋賀県・淀川水系〔1級〕
4奥六田川　おくむだがわ
奈良県・紀の川水系〔1級〕
奥内川　おくないがわ
青森県・奥内川水系〔2級〕
奥内川　おくないがわ
愛媛県・渡川水系〔1級〕
奥双石川　おくふたついしがわ
大分県・筑後川水系〔1級〕
奥太田川　おくおおたがわ
高知県・吉野川水系〔1級〕
奥戸川　おこっぺがわ
青森県・奥戸川水系〔2級〕
奥手川　おくてがわ
京都府・野田川水系
奥手並川《別》　おくてなみがわ
滋賀県・淀川水系の奥川並川
5奥出川　おくでがわ
滋賀県・淀川水系〔1級〕
奥出川　おくでがわ
滋賀県・淀川水系〔1級〕
奥末川　おくすいがわ
北海道・奥末川水系
奥田川　おくだがわ
宮城県・鳴瀬川水系〔1級〕
奥田川　おくだがわ
群馬県・利根川水系〔1級〕
奥田川　おくだがわ
岐阜県・木曾川水系〔1級〕
奥田川　おくだがわ
京都府・筒川水系〔2級〕

奥田川　おくだがわ
京都府・筒川水系
奥田川　おくだがわ
兵庫県・千種川水系
奥田川　おくだがわ
島根県・斐伊川水系〔1級〕
奥田川　おくだがわ
岡山県・吉井川水系〔1級〕
奥田川　おくだがわ
岡山県・高梁川水系〔1級〕
奥田川　おくだがわ
高知県・仁淀川水系〔1級〕
奥白髪谷川　おくしらがだにがわ
高知県・吉野川水系〔1級〕
奥矢根川　おくやねがわ
兵庫県・円山川水系〔1級〕
6奥名郷沢川　おくなごさわがわ
群馬県・利根川水系〔1級〕
奥地川　おくちがわ
奈良県・新宮川水系〔1級〕
奥池　おくいけ
兵庫県芦屋市
奥西河内川　おくにしごうちがわ
静岡県・大井川水系〔1級〕
7奥呉地川　おくくれじがわ
高知県・渡川水系〔1級〕
奥村川　おくむらがわ
三重県・雲出川水系
奥村川　おくむらがわ
兵庫県・加古川水系〔1級〕
奥村川　おくむらがわ
宮崎県・耳川水系〔2級〕
奥沢　おくさわ
静岡県・千歳川水系
奥沢川　おくさわがわ
群馬県・利根川水系〔1級〕
奥沢田川　おくさわだがわ
山口県・阿武川水系〔2級〕
奥沢見川　おくさわみがわ
鳥取県・奥沢見川水系
奥沢谷川　おくさわだにがわ
山梨県・富士川水系〔1級〕
奥見内川　おくみないがわ
秋田県・米代川水系
奥谷川　おくたにがわ
兵庫県・加古川水系〔1級〕
奥谷川　おくたにがわ
和歌山県・南部川水系〔2級〕
奥谷川　おくだにがわ
島根県・斐伊川水系〔1級〕
奥谷川　おくたにがわ
島根県・江の川水系〔1級〕
奥谷川　おくたにがわ
岡山県・吉井川水系〔1級〕
奥谷川　おくだにがわ
広島県・江の川水系
奥谷川　おくたにがわ
徳島県・木岐川水系〔2級〕
奥谷川　おくたにがわ
高知県・仁淀川水系〔1級〕
奥谷川　おくだにがわ
高知県・国分川水系
奥谷川　おくたにがわ
熊本県・菊池川水系
8奥岳川　おくだけがわ
大分県・大野川水系〔1級〕
奥所川　おくところがわ
兵庫県・鳥飼川水系〔2級〕
奥河内川　おくこうちがわ
三重県・宮川水系〔1級〕
奥河内川　おくこうちがわ
山口県・佐波川水系〔1級〕
奥河内川　おくこうちがわ
宮崎県・五ヶ瀬川水系〔1級〕
奥河内谷川　おくごうちだにがわ
兵庫県・本庄川水系〔2級〕
奥迫川　おくさこがわ
広島県・太田川水系〔1級〕
奥門田川　おくもんでんがわ
広島県・江の川水系〔1級〕
9奥南谷川　おくみなみだにがわ
三重県・木曾川水系〔1級〕
奥屋敷川　おくやしきがわ
愛知県・日光川水系
奥津川《古》　おくつがわ
静岡県・興津川水系の興津川
奥畑川　おくはたがわ
兵庫県・洲本川水系〔2級〕
奥畑川　おくはたがわ
島根県・高津川水系
奥畑川　おくはたがわ
広島県・太田川水系〔1級〕
奥畑川　おくはたがわ
福岡県・奥畑川水系〔2級〕
奥畑川　おくばたがわ
大分県・大野川水系〔1級〕
奥荒田川　おくあらたがわ
兵庫県・加古川水系〔1級〕
10奥原川　おくはらがわ
石川県・奥原川水系
奥浦川　おくうらがわ
高知県・奥浦川水系〔2級〕
奥留川　おくどめがわ
高知県・渡川水系〔1級〕

奥高田川　おくたかだがわ
島根県・斐伊川水系

11奥添地川　おくそえちがわ
新潟県・信濃川水系〔1級〕

奥郷川　おくごうがわ
大分県・筑後川水系〔1級〕

奥野川　おくのがわ
山口県・栗野川水系

奥野川　おくのがわ
熊本県・球磨川水系〔1級〕

奥野川　おくのがわ
熊本県・球磨川水系

奥野川　おくのがわ
宮崎県・塩見川水系〔2級〕

奥野井谷川　おくのいだにがわ
徳島県・吉野川水系〔1級〕

奥野沢川　おくのざわがわ
山梨県・相模川水系〔1級〕

奥野々川　おくののかわ
福井県・九頭竜川水系〔1級〕

12奥湯沢　おくゆざわ
静岡県・大井川水系〔1級〕

奥湯谷川　おくゆだにがわ
島根県・斐伊川水系〔1級〕

奥粟谷川　おくあわだにがわ
鳥取県・日野川水系〔1級〕

奥間川　おくまがわ
沖縄県・比地川水系〔2級〕

13奥塩久川　おくしおひさがわ
兵庫県・加古川水系〔1級〕

奥楢沢川　おくならさわがわ
長野県・信濃川水系〔1級〕

15奥潟川　おくがたがわ
徳島県・奥潟川水系〔2級〕

19奥藻別川　おくしべつがわ
北海道・奥藻別川水系〔2級〕

【寒】

寒ヶ入川　さむがいりがわ
愛知県・矢作川水系

3寒川　さむがわ
岩手県・瀬月内川水系

寒川《別》　さむがわ
栃木県・利根川水系の巴波川

寒川　さむがわ
長野県・信濃川水系〔1級〕

寒川　そうがわ
和歌山県・日高川水系〔2級〕

寒川　さむがわ
熊本県・球磨川水系

4寒水川　かんすいがわ
岐阜県・木曾川水系

寒水川　しょうずがわ
佐賀県・筑後川水系〔1級〕

寒水川　そうずがわ
大分県・駅館川水系〔2級〕

寒水沢川　ひやみずざわがわ
山形県・最上川水系〔1級〕

5寒尻川　かんじりがわ
滋賀県・淀川水系〔1級〕

寒田川　そうだがわ
大分県・大分川水系〔1級〕

6寒気川　さむけがわ
熊本県・佐敷川水系

7寒沢川　さむざわがわ
岩手県・北上川水系〔1級〕

寒沢川　さむさわがわ
岩手県・北上川水系

寒沢川　さむさわがわ
秋田県・大沢川水系

寒谷川　さぶたにがわ
京都府・淀川水系〔1級〕

8寒国川　さむくにがわ
香川県・新川水系〔2級〕

寒河江川　さがえがわ
山形県・最上川水系〔1級〕

9寒狭川　さむさがわ
愛知県・豊川水系

寒風川　かんぷうがわ
滋賀県・北川水系〔1級〕

寒風沢　さぶさわ
宮城県・名取川水系

【富】

富ヶ沢川　とみがさわがわ
千葉県・利根川水系〔1級〕

富ノ谷川　とみのたにがわ
徳島県・吉野川水系〔1級〕

3富土原川　ふとばるがわ
宮崎県・広渡川水系〔2級〕

富士下川　ふじしたがわ
岐阜県・庄内川水系〔1級〕

富士川　ふじがわ
北海道・石狩川水系〔1級〕

富士川　ふじがわ
宮城県・北上川水系〔1級〕

富士川　ふじがわ
福島県・阿賀野川水系

富士川　ふじがわ
千葉県・利根川水系〔1級〕

富士川　ふじがわ
長野県, 山梨県, 静岡県・富士川水系〔1級〕

富士川　ふじがわ
宮崎県・富士川水系〔2級〕

富士早川　ふじはやがわ
静岡県・富士川水系〔1級〕
富士沼　ふじぬま
宮城県桃生郡河北町
富士沼　ふじぬま
宮城県・北上川水系
富士野川　ふじのがわ
兵庫県・円山川水系
富小川《古》　とみおがわ
奈良県・大和川水系の富雄川
富山川　とみやまがわ
栃木県・那珂川水系〔1級〕
富川　とみかわ
香川県・綾川水系〔2級〕
富川　とみかわ
長崎県・本明川水系〔1級〕
5富丘川　とみおかがわ
北海道・新川水系
富永川　とみながかわ
愛知県・矢作川水系〔1級〕
富田川　とみたがわ
山形県・最上川水系〔1級〕
富田川　とみたがわ
福島県・鮫川水系
富田川　とみだがわ
岐阜県・木曾川水系〔1級〕
富田川　とみたがわ
静岡県・菊川水系〔1級〕
富田川　とみたがわ
愛知県・大田川水系
富田川　とんだがわ
和歌山県・富田川水系〔2級〕
富田川　とんだがわ
山口県・富田川水系〔2級〕
富田川《古》　とんだがわ
愛媛県・頓田川水系の頓田川
富田沢川　とみたざわがわ
長野県・天竜川水系〔1級〕
6富吉川　とみよしがわ
宮崎県・大淀川水系〔1級〕
富安川　とみやすがわ
和歌山県・日高川水系〔2級〕
富池川　とみいけがわ
栃木県・那珂川水系
7富尾川　とんびゅうがわ
愛知県・矢作川水系
富志戸川　ふしこがわ
北海道・石狩川水系〔1級〕
富来川　とぎがわ
石川県・富来川水系〔2級〕
富来川　とみくがわ
大分県・富来川水系〔2級〕
富沢川　とみざわがわ
福島県・阿賀野川水系〔1級〕
富沢川　とみざわがわ
栃木県・利根川水系〔1級〕
富良野川　ふらのがわ
北海道・石狩川水系〔1級〕
富谷川　とみたにがわ
京都府・由良川水系
8富並川　とみなみがわ
山形県・最上川水系〔1級〕
富具崎川　ふぐさきがわ
愛知県・富具崎川水系
富岡川　とみおかがわ
福島県・富岡川水系〔2級〕
富岡川　とみおかがわ
愛媛県・富岡川水系〔2級〕
富岡川　とみおかがわ
佐賀県・六角川水系〔1級〕
富岸川　とんけしがわ
北海道・富岸川水系〔2級〕
富松川　とみまつがわ
兵庫県・淀川水系〔1級〕
9富室川　ふむろがわ
京都府・由良川水系〔1級〕
富海川　とどみがわ
鳥取県・天神川水系〔1級〕
富津川　とみずがわ
山梨県・富士川水系〔1級〕
富津内川　ふつないがわ
秋田県・馬場目川水系〔2級〕
富神川　とがみがわ
山形県・最上川水系〔1級〕
富美川　ふみがわ
北海道・湧別川水系〔1級〕
10富島川　とみしまがわ
兵庫県・富島川水系
富島川　とみしまがわ
兵庫県・富島川水系
富浦川　とみうらがわ
北海道・富浦川水系
富高川　とみたかがわ
宮崎県・塩見川水系〔2級〕
11富堂川　とみどうがわ
奈良県・大和川水系〔1級〕
富野川　とみのがわ
北海道・石狩川水系〔1級〕
富野川　とみのがわ
和歌山県・富野川水系〔2級〕
富野川　とみのがわ
愛媛県・肱川水系〔1級〕
12富貴川　とみきがわ
愛媛県・富貴川水系〔2級〕

富貴沢川　ふきさわがわ
福島県・阿賀野川水系〔1級〕
富雄川　とみおがわ
奈良県・大和川水系〔1級〕
14富緒川《古》　とみおがわ
奈良県・大和川水系の富雄川
15富樫の沢川　とがしのさわがわ
北海道・三石川水系

【尊】
4尊手川　そんでがわ
愛知県・矢作川水系

【嵐】
5嵐田川　あらしだがわ
宮崎県・大淀川水系
7嵐谷川　あらしだにがわ
福井県・九頭竜川水系〔1級〕

【巽】
3巽川　たつみがわ
兵庫県・洲本川水系〔2級〕

【幾】
6幾地川　いくじがわ
新潟県・荒川（新潟県・山形県）水系〔1級〕
幾地野川　いくじのがわ
新潟県・信濃川水系〔1級〕
9幾品川　いくしながわ
北海道・斜里川水系〔2級〕
幾春別川　いくしゅんべつがわ
北海道・石狩川水系〔1級〕
10幾島川　いくしまがわ
徳島県・幾島川水系〔2級〕
11幾寅川　いくとらがわ
北海道・石狩川水系〔1級〕

【弾】
5弾正池　だんせいいけ
滋賀県草津市

【御】
3御大師川　おだいしがわ
鳥取県・御大師川水系
御山川　おやまがわ
岩手県・閉伊川水系
御山川　みやまがわ
愛知県・御山川水系
御山谷川　おやまだにがわ
富山県・黒部川水系〔1級〕
4御内川　みうちがわ
愛媛県・松田川水系〔2級〕
御手洗川　みたらしがわ
富山県・小矢部川水系〔1級〕
御手洗川　みたらいがわ
山梨県・富士川水系〔1級〕
御手洗川　みたらしがわ
山梨県・富士川水系〔1級〕
御手洗川　みたがいがわ
岐阜県・庄川水系〔1級〕
御手洗川《古》　みたらしがわ
静岡県・富士川水系の神田川
御手洗川　おてあらいがわ
愛知県・境川水系
御手洗川　みたらしがわ
愛知県・境川水系
御手洗川　みたらしがわ
京都府・野田川水系
御手洗川　みたらいがわ
広島県・御手洗川水系〔2級〕
御手洗川　みたらいがわ
高知県・御手洗川水系〔2級〕
御手洗川　みたらいがわ
熊本県・八枚戸川水系
御手洗川　みたらいがわ
宮崎県・石崎川水系〔2級〕
御手洗川　みたらいがわ
鹿児島県・高尾野川水系〔2級〕
御手洗池　みたらせいけ
新潟県大潟町
御手洗潟　みたらせがた
新潟県新潟市
御木川《古》　みけがわ
大分県, 福岡県・山国川水系の山国川
5御代の川　みよのがわ
愛媛県・岩松川水系〔2級〕
御代川　みだいがわ
三重県・淀川水系〔1級〕
御代川　みよがわ
三重県・淀川水系〔1級〕
御北川　おきたがわ
岡山県・吉井川水系
御弁当谷川　おべんとうたにがわ
三重県・員弁川水系〔2級〕
御玉川　おたまがわ
大分県・桂川水系〔2級〕
御用川　ごようがわ
栃木県・利根川水系〔1級〕
6御在所沼　ございしょぬま
岩手県岩手郡松尾村
御寺川　おてらがわ
香川県・綾川水系〔2級〕

御庄川　みしょうがわ
山口県・錦川水系〔2級〕
御池　おいけ
新潟県相川町
御池　みいけ
宮崎県都城市
御池川　おいけがわ
滋賀県・淀川水系〔1級〕
御池川　おいけがわ
宮崎県・大淀川水系
御灯谷川　おとうだにがわ
愛媛県・加茂川水系〔2級〕
7御呂戸川　ごろとがわ
滋賀県・淀川水系〔1級〕
御坂川　みさかがわ
愛媛県・重信川水系〔1級〕
御坊川　ごぼうがわ
香川県・詰田川水系〔2級〕
御沢川　おさわがわ
滋賀県・淀川水系〔1級〕
8御岳川　みたけがわ
岩手県・馬淵川水系
御岳川　みたけがわ
山梨県・富士川水系〔1級〕
御幸川　おこうがわ
鳥取県・御幸川水系〔2級〕
御幸川　みゆきがわ
広島県・太田川水系〔1級〕
御幸谷川　みゆきだにがわ
京都府・淀川水系
御所の谷川　ごしょのたにがわ
愛媛県・渡川水系〔1級〕
御所川　ごしょがわ
佐賀県・松浦川水系〔1級〕
御所川《別》　ごしょがわ
熊本県・緑川水系の東御所川
御所野川　ごしょのがわ
山口県・佐波川水系〔1級〕
御泊川　おとまりがわ
宮崎県・五ヶ瀬川水系〔1級〕
御物川　おもがわ
愛媛県・蒼社川水系
御苗代湖　おなわしろこ
岩手県岩手郡松尾村
9御前沢川　ごぜんさわがわ
富山県・黒部川水系〔1級〕
御勅使川　みだいがわ
山梨県・富士川水系〔1級〕
御室川　おむろがわ
京都府・淀川水系〔1級〕
御後川　おごがわ
愛媛県・蒼社川水系〔2級〕
御津川　みとがわ
愛知県・御津川水系〔2級〕
御神田川　おかんだがわ
大阪府・淀川水系〔1級〕
御茶屋川　おちゃやがわ
島根県・斐伊川水系〔1級〕
10御料川　ごりょうがわ
北海道・石狩川水系〔1級〕
御浜池　おはまいけ
山形県東田川郡立川町
御祓川　みそぎがわ
石川県・御祓川水系〔2級〕
御祓川　みそぎがわ
愛媛県・肱川水系〔1級〕
御祓川　みはらいがわ
福岡県・遠賀川水系〔1級〕
御釜　おかま
宮城県柴田郡川崎町
御釜湖　おかまこ
岩手県岩手郡松尾村
御陣屋川　ごじんやがわ
静岡県・馬込川水系〔2級〕
御陣場川　ごじんばがわ
埼玉県・利根川水系〔1級〕
御馬谷川　おうまだにがわ
山梨県・富士川水系〔1級〕
11御側川　おそばがわ
福岡県・矢部川水系〔1級〕
御堂の奥川　おどうのおくがわ
愛媛県・肱川水系〔1級〕
御堂川　みどうがわ
長野県・信濃川水系〔1級〕
御堂谷川　おどうだにがわ
熊本県・菊池川水系
御堂添川　みどぞえがわ
愛知県・猿渡川水系
御庵沢川　ごあんざわがわ
山梨県・富士川水系〔1級〕
御庵沢川　ごあんざわがわ
長野県・天竜川水系〔1級〕
御祭川　おまつりがわ
福島県・阿武隈川水系〔1級〕
御笠川　みかさがわ
福岡県・御笠川水系〔2級〕
御笠川放水路　みかさがわほうすいろ
福岡県・御笠川水系〔2級〕
御船川　みふねがわ
愛知県・矢作川水系〔1級〕
御船川　みふねがわ
熊本県・緑川水系〔1級〕
御船川　みふねがわ
熊本県・五丁川水系

12御備川　おびがわ
新潟県・関川水系〔1級〕
御塔川《別》　おとうがわ
静岡県・富士川水系の潤井川
13御殿川　ごてんがわ
静岡県・狩野川水系〔1級〕
御殿川　みとのがわ
愛知県・天竜川水系〔1級〕
御溝川　おみぞがわ
新潟県・早川水系〔2級〕
御溝川　おみぞがわ
熊本県・球磨川水系〔1級〕
御滝川　おたきがわ
岩手県・北上川水系
御腹川　おはらがわ
千葉県・小櫃川水系〔2級〕
14御裳濯川《別》　みもすそがわ
三重県・宮川水系の五十鈴川
御領川　ごりょうがわ
熊本県・緑川水系
15御器清水沢　みきしみずがわ
新潟県・梅津川水系〔2級〕
御幣川　おんべがわ
三重県・鈴鹿川水系〔1級〕
御影川　みかげがわ
北海道・十勝川水系〔1級〕
御調川　みつぎがわ
広島県・芦田川水系〔1級〕
御霊池　ごりょういけ
滋賀県大津市
御霊谷川　ごれいやがわ
東京都・多摩川水系〔1級〕
16御館川　おたてがわ
新潟県・関川水系〔1級〕
17御講田川　おこだがわ
熊本県・砂川水系
19御簾尾川《別》　みすおがわ
福井県・九頭竜川水系の熊坂川

【惣】
惣ヶ内川　そうがうちがわ
宮崎県・五ヶ瀬川水系〔1級〕
3惣山川　そうやまがわ
兵庫県・佐方川水系
惣川　そうがわ
愛媛県・惣川水系〔2級〕
4惣分川　そうぶんがわ
岡山県・旭川水系〔1級〕
5惣四郎川　そうしろうがわ
滋賀県・淀川水系〔1級〕
惣田川　そうだがわ
愛知県・矢作川水系
惣田川　そだがわ
和歌山県・富田川水系〔2級〕
惣田川　そうだがわ
山口県・阿武川水系〔2級〕
惣田谷川　そうだたにがわ
徳島県・日和佐川水系〔2級〕
惣田谷川　そうだたにがわ
愛媛県・重信川水系〔1級〕
7惣作川　そうさくがわ
愛知県・庄内川水系
惣芦別川　そうあしべつがわ
北海道・石狩川水系〔1級〕
惣谷川　そうたにがわ
愛媛県・肱川水系〔1級〕
9惣津川　そうずがわ
山口県・阿武川水系〔2級〕
惣津川　そうずがわ
愛媛県・肱川水系〔1級〕
11惣部川　そうべがわ
青森県・相坂川水系〔2級〕
14惣静谷川　そうしずたにがわ
岡山県・旭川水系
惣領分川　そうりょうぶんがわ
佐賀県・六角川水系〔1級〕

【提】
4提内川　ひさぎうちがわ
大分県・番匠川水系〔1級〕

【揖】
9揖保川　いぼがわ
兵庫県・揖保川水系〔1級〕
12揖斐川　いびがわ
岐阜県・木曾川水系〔1級〕

【揚】
3揚子谷川　ようじだにがわ
兵庫県・円山川水系
8揚枝川　ようじがわ
三重県・新宮川水系〔1級〕

【敬】
3敬川　うやがわ
島根県・敬川水系〔2級〕

【斐】
6斐伊川　ひいがわ
島根県, 鳥取県・斐伊川水系〔1級〕

【暁】
12暁嵐川　ぎょうらんがわ

大分県・暁嵐川水系〔2級〕

【景】
3景山川　かげやまがわ
愛媛県・肱川水系〔1級〕

【暑】
12暑寒別川　しょかんべつがわ
北海道・暑寒別川水系〔2級〕

【晴】
6晴気川　はるけがわ
佐賀県・六角川水系〔1級〕

【智】
7智那洞谷川　ちなぼらだにがわ
福井県・九頭竜川水系〔1級〕
9智南川　ちなんがわ
北海道・天塩川水系〔1級〕
10智恵文川　ちえぶんがわ
北海道・天塩川水系〔1級〕
智恵文沼　ちえぶんぬま
北海道名寄市

【晩】
5晩生内川　おそきないがわ
北海道・石狩川水系〔1級〕
8晩東川　ばんどうがわ
北海道・石狩川水系〔1級〕
14晩稲川　おくてがわ
鳥取県・千代川水系〔1級〕

【普】
3普久川　ふんがわ
沖縄県・安波川水系〔2級〕
4普天間川　ふてんまがわ
沖縄県・普天間川水系〔2級〕
5普代川　ふだいがわ
岩手県・普代川水系〔2級〕
普代川　ふだいがわ
岩手県・普代川水系
6普光寺川　ふこうじがわ
兵庫県・加古川水系〔1級〕
普光沢川　ふこうさわがわ
兵庫県・苧谷川水系〔2級〕
8普明寺川　ふみょうじがわ
山口県・佐波川水系〔1級〕
15普蔵川　ふぞうがわ
福島県・阿武隈川水系〔1級〕
16普賢寺川　ふげんじがわ
京都府・淀川水系〔1級〕
普賢坊池　ふけんぼういけ
滋賀県長浜市

【最】
3最上小国川　もがみおぐにがわ
山形県・最上川水系〔1級〕
最上川　もがみがわ
北海道・石狩川水系〔1級〕
最上川　もがみがわ
山形県・最上川水系〔1級〕
最上中沢川　もがみなかざわがわ
山形県・最上川水系〔1級〕
最上内川　もがみうちがわ
山形県・最上川水系〔1級〕
最上平沢川　もがみひらさわがわ
山形県・最上川水系〔1級〕
最上白川　もがみしらがわ
山形県・最上川水系〔1級〕
5最尻谷川　もじりだにがわ
福井県・九頭竜川水系〔1級〕
8最明寺川　さいみょうじがわ
兵庫県・淀川水系〔1級〕
9最栄利別川　もえりべつがわ
北海道・釧路川水系〔1級〕
12最勝川　さいかちがわ
石川県・米町川水系

【曾】
3曾川　そがわ
長崎県・曾川水系〔2級〕
4曾井川　そいがわ
岡山県・吉井川水系〔1級〕
曾木川　そきがわ
宮崎県・五ヶ瀬川水系〔1級〕
6曾地川　そうじがわ
兵庫県・加古川水系〔1級〕
曾宇川　そうがわ
石川県・大聖寺川水系〔2級〕
曾江谷川　そえだにがわ
香川県・吉野川水系〔1級〕
7曾利谷川　そりだにがわ
兵庫県・円山川水系
曾呂川　そろがわ
千葉県・曾呂川水系〔2級〕
曾呂木川《古》　そろきがわ
山梨県・富士川水系の反木川
曾我川　そががわ
奈良県・大和川水系〔1級〕
曾我谷川　そがだにがわ
京都府・淀川水系〔1級〕
曾谷川　そだにがわ
京都府・由良川水系〔1級〕

9曾保谷川　そぼたにがわ
岡山県・旭川水系〔1級〕
曾畑川　そばたがわ
熊本県・緑川水系
10曾原川　そはらがわ
長野県・信濃川水系〔1級〕
曾根川　そねがわ
新潟県・信濃川水系〔1級〕
曾根川　そねがわ
愛知県・豊川水系
曾根川　そねがわ
京都府・由良川水系〔1級〕
曾根川　そねがわ
山口県・厚狭川水系〔2級〕
曾根田川　そねだがわ
福岡県・筑後川水系〔1級〕
11曾部地川　そべちがわ
岐阜県・木曾川水系〔1級〕
14曾爾川《別》　そにがわ
奈良県, 三重県・淀川水系の青蓮寺川
15曾慶川　そけいがわ
岩手県・北上川水系〔1級〕
曾慶川　そけいがわ
岩手県・北上川水系

【替】

7替坂本谷川　かえざかもとたにがわ
高知県・渡川水系

【朝】

3朝川　あさがわ
三重県・宮川水系〔1級〕
朝川支川　あさがわしせん
三重県・宮川水系〔1級〕
4朝六川　あさむつがわ
福井県・九頭竜川水系〔1級〕
朝日川　あさひがわ
山形県・最上川水系〔1級〕
朝日川　あさひがわ
新潟県・信濃川水系〔1級〕
朝日川　あさひがわ
山梨県・相模川水系〔1級〕
朝日川　あさひがわ
大分県・筑後川水系〔1級〕
朝日六線川　あさひろくせんがわ
北海道・天塩川水系〔1級〕
朝日出川　あさひでがわ
福島県・阿武隈川水系〔1級〕
朝日出谷川　あさひでだにがわ
高知県・安田川水系
朝日池　あさひいけ
新潟県中頸城郡大潟町
朝日池　あさひいけ
滋賀県甲南町
朝日池　あさひいけ
沖縄県南大東村
朝日谷川　あさひだにがわ
愛媛県・肱川水系〔1級〕
朝日谷川　あさひたにがわ
高知県・香宗川水系〔2級〕
朝日沼　あさひぬま
北海道勇払郡厚真町
朝日俣沢　あさひまたざわ
山形県・最上川水系
朝日野川　あさひのがわ
群馬県・利根川水系〔1級〕
朝月谷川　あさつきたにがわ
富山県・神通川水系〔1級〕
朝比奈川　あさひながわ
静岡県・瀬戸川水系〔2級〕
5朝古川　あさこがわ
三重県・淀川水系〔1級〕
朝生川　あそうがわ
静岡県・勝間田川水系〔2級〕
朝田川　あさだがわ
山口県・椹野川水系〔2級〕
朝立川　あさだつがわ
愛媛県・朝立川水系〔2級〕
7朝尾野川　あさおのがわ
大分県・山国川水系〔1級〕
朝来川　あせくがわ
京都府・朝来川水系〔2級〕
朝来帰川　あさらぎがわ
和歌山県・朝来帰川水系〔2級〕
朝来野川　あさくのがわ
大分県・安岐川水系〔2級〕
朝町川　あさまちがわ
奈良県・大和川水系〔1級〕
朝町川　あさまちがわ
福岡県・釣川水系〔2級〕
朝見川　あさみがわ
大分県・朝見川水系〔2級〕
朝谷川　あさたにがわ
高知県・吉野川水系〔1級〕
朝里川　あさりがわ
北海道・朝里川水系〔2級〕
8朝妻川　あさずまがわ
京都府・朝妻川水系〔2級〕
朝妻川　あさずまがわ
京都府・朝妻川水系
朝明川　あさけがわ
三重県・朝明川水系〔2級〕
9朝柄川　あさがらがわ
三重県・櫛田川水系〔1級〕

10朝倉川　あさくらがわ
愛知県・豊川水系〔1級〕
朝倉川　あさくらがわ
香川県・新川水系〔2級〕
朝酌川　あさくみがわ
島根県・斐伊川水系〔1級〕
14朝熊川　あさまがわ
三重県・宮川水系〔1級〕
17朝鍋川　あさなべがわ
鳥取県・日野川水系〔1級〕
朝鮮川　ちょうせんがわ
愛知県・高浜川水系〔2級〕
朝鮮川　ちょうせんがわ
愛知県・高浜川水系
19朝霧川　あさぎりがわ
兵庫県・朝霧川水系〔2級〕

【棋】
14棋穀谷川　きこくだにがわ
徳島県・吉野川水系〔1級〕

【検】
6検行沢　けんぎょうざわ
青森県・相坂川水系
10検校川　けんこうがわ
鹿児島県・検校川水系〔2級〕

【植】
4植木川　うえきがわ
岡山県・吉井川水系
植木沢　うえきざわ
静岡県・太田川水系
5植生口川　はぶぐちがわ
山口県・木屋川水系〔2級〕
植田川　うえだがわ
愛知県・天白川水系〔2級〕
植田川　うえだがわ
愛知県・天白川水系
7植別川　うえべつがわ
北海道・植別川水系〔2級〕
植杉川　うえすぎがわ
岡山県・旭川水系〔1級〕
8植松川　うえまつがわ
山口県・植松川水系〔2級〕

【森】
森の下川　もりのしたがわ
兵庫県・揖保川水系
森の川　もりのがわ
宮城県・阿武隈川水系〔1級〕
森ヶ沢川　もりがざわがわ
山形県・最上川水系〔1級〕
3森下川　もりしたがわ
石川県・大野川水系〔2級〕
森丈川　もりじょうがわ
広島県・江の川水系
森山川　もりやまがわ
鹿児島県・安楽川水系〔2級〕
森川　もりがわ
青森県・岩木川水系
森川　もりがわ
福井県・北川水系
森川　もりがわ
滋賀県・淀川水系〔1級〕
森川　もりがわ
和歌山県・紀の川水系〔1級〕
森川　もりがわ
愛媛県・肱川水系〔1級〕
森川　もりがわ
愛媛県・森川水系〔2級〕
森川　もりがわ
大分県・筑後川水系〔1級〕
4森戸川　もりどがわ
神奈川県・森戸川水系〔2級〕
森戸川　もりどがわ
神奈川県・森戸川水系〔2級〕
5森本川　もりもとがわ
熊本県・菊池川水系
森永川　もりながわ
宮崎県・大淀川水系〔1級〕
森永川　もりながわ
宮崎県・大淀川水系
森田川　もりたがわ
和歌山県・日置川水系〔2級〕
森田川　もりたがわ
島根県・森田川水系〔2級〕
森田川　もりたがわ
島根県・江の川水系
森田沼　もりたぬま
北海道苫小牧市
森田敷川　もりたしきがわ
京都府・筒川水系
森石谷川　もりいしたにがわ
富山県・黒部川水系〔1級〕
6森吉沢川　もりよしさわがわ
秋田県・米代川水系〔1級〕
森庄川　もりしょうがわ
香川県・森庄川水系〔2級〕
7森孝川　もちたかがわ
愛知県・庄内川水系
森沢　もりさわ
山梨県・富士川水系
森沢川　もりさわがわ
高知県・渡川水系〔1級〕

森谷川　もりたにがわ
兵庫県・加古川水系〔1級〕
森谷川　もりたにがわ
島根県・江の川水系〔1級〕
8森実川　もりざねがわ
島根県・江の川水系〔1級〕
森茂川　もりしげがわ
岐阜県・庄川水系〔1級〕
9森前川　もりまえがわ
愛知県・猿渡川水系〔2級〕
森屋川　もりやがわ
鳥取県・斐伊川水系
森後川　もりごがわ
和歌山県・日高川水系〔2級〕
10森兼川　もりかねがわ
広島県・沼田川水系
森残川　もりのこしがわ
山形県・荒川（新潟県・山形県）水系〔1級〕
11森崎川　もりさきがわ
大分県・森崎川水系〔2級〕
12森越川　もりこしがわ
北海道・森越川水系〔2級〕
18森藤川　もりとうがわ
広島県・江の川水系〔1級〕
20森護川　もりごがわ
鹿児島県・大川水系〔2級〕

【棚】
3棚上川　たなかみがわ
滋賀県・淀川水系〔1級〕
5棚広川　たなびろがわ
新潟県・関川水系〔1級〕
棚田川　たなだがわ
石川県・御祓川水系
棚田川　たなだがわ
熊本県・棚田川水系
6棚池川　たないけがわ
京都府・淀川水系
7棚沢川　たなざわがわ
長野県・天竜川水系〔1級〕
8棚底川　たなそこがわ
熊本県・棚底川水系
11棚野川　たなのがわ
京都府・由良川水系〔1級〕

【椎】
椎ノ木川　しいのきがわ
福岡県・遠賀川水系〔1級〕
3椎山川　しいやまがわ
三重県・鈴鹿川水系〔1級〕
4椎木川　しいのきがわ
福島県・地蔵川水系〔2級〕
椎木川　しいぎがわ
千葉県・夷隅川水系
椎木川　しいのきがわ
鹿児島県・雄川水系〔2級〕
5椎田川　いしだがわ
高知県・下の加江川水系
6椎名川　しいながわ
高知県・椎名川水系〔2級〕
7椎谷川　しいやがわ
宮崎県・耳川水系〔2級〕
9椎津川　しいずがわ
千葉県・椎津川水系〔2級〕
10椎倉川　しぐらがわ
岐阜県・木曾川水系〔1級〕
椎原川　しいばらがわ
京都府・淀川水系〔1級〕
椎原川　しいはらがわ
京都府・淀川水系
椎原川　しいばるがわ
福岡県・室見川水系〔2級〕
椎原川　しいばるがわ
大分県・大野川水系〔1級〕
椎根川　しいねがわ
長崎県・椎根川水系〔2級〕
12椎葉川　しいばがわ
佐賀県・塩田川水系〔2級〕
椎葉板谷川　しいばいたやがわ
宮崎県・一ツ瀬川水系〔2級〕

【棟】
棟ヶ谷川　むねがだにがわ
愛媛県・渡川水系〔1級〕
12棟塚川　むねずかがわ
京都府・淀川水系〔1級〕

【棒】
3棒小屋沢川　ぼうごやざわがわ
富山県・黒部川水系〔1級〕
棒川　ぼうがわ
山形県・最上川水系〔1級〕
棒川　ぼうがわ
山形県・最上川水系
棒川　ぼうがわ
栃木県・那珂川水系〔1級〕
5棒目木川　ぼうめきがわ
佐賀県・嘉瀬川水系〔1級〕

【椋】
椋ロジ川　むくろじがわ
愛媛県・肱川水系〔1級〕
3椋川　むくがわ
三重県・鈴鹿川水系〔1級〕

椋川　むくがわ
滋賀県・北川水系〔1級〕
7椋谷川　むくたにがわ
滋賀県・淀川水系〔1級〕
8椋実川　むくのみがわ
岐阜県・庄内川水系〔1級〕
11椋梨川　むくなしがわ
広島県・沼田川水系〔2級〕
椋野本川　むくのもとがわ
山口県・椋野本川水系〔2級〕

【椀】
7椀兵川　わんびょうがわ
京都府・淀川水系

【椚】
7椚沢川　くぬぎさわがわ
群馬県・利根川水系〔1級〕

【渦】
4渦井川　うずいがわ
愛媛県・渦井川水系〔2級〕

【温】
3温川　ぬるいかわ
北海道・汐泊川水系
温川　ぬるかわ
青森県・岩木川水系
温川　ぬるかわ
秋田県・米代川水系
温川　ぬるかわ
群馬県・利根川水系〔1級〕
温川　おんがわ
新潟県・信濃川水系〔1級〕
温川　ぬくみがわ
福井県・九頭竜川水系〔1級〕
4温井川　ぬくいがわ
福島県・阿武隈川水系〔1級〕
温井川　ぬくいがわ
群馬県・利根川水系〔1級〕
温井川　ぬくいがわ
山梨県・富士川水系〔1級〕
温井川　ぬくいがわ
広島県・黒瀬川水系〔2級〕
温井川　ぬるいがわ
大分県・臼杵川水系〔2級〕
温井谷川　ぬくいだにがわ
島根県・高津川水系
5温石川　おんじゃくがわ
千葉県・温石川水系〔2級〕
6温江川　あつえがわ
京都府・野田川水系〔2級〕
温江川　あつえがわ
京都府・野田川水系
7温沢川　ぬるさわがわ
群馬県・利根川水系〔1級〕
9温俣川　あつまたがわ
山形県・五十川水系〔2級〕
温海川　あつみがわ
山形県・温海川水系〔2級〕
温泉沢　おんせんざわ
青森県・馬淵川水系
10温根別川　おんねべつがわ
北海道・天塩川水系〔1級〕
温根沼　おんねとう
北海道根室市
14温寧川　おんねがわ
北海道・温寧川水系〔2級〕

【湖】
3湖山川　こやまがわ
鳥取県・千代川水系〔1級〕
湖山池　こやまいけ
鳥取県鳥取市
湖山池　こやまいけ
鳥取県・千代川水系

【港】
3港川　みなとがわ
宮城県・港川水系〔2級〕
港川　こうがわ
宮城県・港川水系
港川　みなとがわ
鹿児島県・港川水系〔2級〕

【渡】
渡し上り川　わたしあがりがわ
高知県・仁淀川水系〔1級〕
3渡久地川《別》　とぐちがわ
沖縄県・満名川水系の満名川
渡川　わたりがわ
島根県・江の川水系〔1級〕
渡川　わたりがわ
愛媛県・渡川水系〔2級〕
渡川《別》　わたりがわ
高知県, 愛媛県・渡川水系の四万十川
渡川　どがわ
宮崎県・小丸川水系〔1級〕
4渡内川　わたうちがわ
愛知県・大田川水系〔2級〕
渡内川　わたうちがわ
徳島県・吉野川水系〔1級〕
渡戸川　わたどがわ
福島県・夏井川水系

渡戸川　わたどがわ
静岡県・狩野川水系
渡戸川放水路　わたどがわほうすいろ
静岡県・狩野川水系〔1級〕
5渡司川　わたしがわ
宮崎県・大淀川水系〔1級〕
7渡沢川　わたざわがわ
長野県・天竜川水系〔1級〕
渡良瀬川　わたらせがわ
栃木県，茨城県，埼玉県・利根川水系〔1級〕
渡里川　わたりがわ
大分県・筑後川水系〔1級〕
12渡々沢川　どどさわがわ
山梨県・富士川水系〔1級〕
14渡嘉敷川　とかしきがわ
沖縄県・渡嘉敷川水系〔2級〕
19渡瀬川　わたらせがわ
福島県・久慈川水系〔1級〕
渡瀬川　わたらせがわ
福島県・久慈川水系
渡瀬川《古》　わたらせがわ
栃木県，茨城県，埼玉県・利根川水系の渡良瀬川
渡瀬川　わたらせがわ
滋賀県・淀川水系〔1級〕
渡瀬川　わたせがわ
佐賀県・嘉瀬川水系〔1級〕

【湯】

湯の入沢川　ゆのいりざわがわ
山形県・最上川水系〔1級〕
湯の又沢　ゆのまたさわ
秋田県・雄物川水系〔1級〕
湯の上川　ゆのかみがわ
山口県・厚東川水系〔2級〕
湯の川　ゆのかわ
北海道・松倉川水系〔2級〕
湯の川　ゆのかわ
北海道・松倉川水系
湯の川　ゆのがわ
石川県・大野川水系〔2級〕
湯の川　ゆのかわ
宮崎県・川内川水系〔1級〕
湯の元川　ゆのもとがわ
宮崎県・大淀川水系〔1級〕
湯の岐川　ゆのまたがわ
福島県・阿賀野川水系〔1級〕
湯の沢　ゆのさわ
北海道・太平川水系
湯の沢　ゆのさわ
北海道・忠類川水系
湯の沢　ゆのさわ
北海道・湯内川水系
湯の沢　ゆのさわ
秋田県・雄物川水系〔1級〕
湯の沢　ゆのさわ
秋田県・米代川水系
湯の沢川　ゆのさわがわ
北海道・鵡川水系〔1級〕
湯の沢川　ゆのさわがわ
北海道・朱太川水系〔2級〕
湯の沢川　ゆのさわがわ
北海道・松倉川水系〔2級〕
湯の沢川　ゆのさわがわ
北海道・長流川水系
湯の沢川　ゆのさわがわ
北海道・箸別川水系
湯の沢川　ゆのさわがわ
青森県・岩木川水系〔1級〕
湯の沢川　ゆのさわがわ
岩手県・新井田川水系
湯の沢川　ゆのさわがわ
秋田県・米代川水系〔1級〕
湯の沢川　ゆのさわがわ
秋田県・雄物川水系
湯の沢川　ゆのさわがわ
山形県・赤川水系〔1級〕
湯の沢川　ゆのさわがわ
茨城県・久慈川水系〔1級〕
湯の沢川　ゆのさわがわ
埼玉県・荒川（東京都・埼玉県）水系〔1級〕
湯の沢川　ゆのさわがわ
新潟県・信濃川水系
湯の谷川　ゆのたにがわ
新潟県・国府川水系〔2級〕
湯の谷川　ゆのたにがわ
三重県・新宮川水系〔1級〕
湯の谷川　ゆのたにがわ
岡山県・吉井川水系〔1級〕
湯の谷川　ゆのたにがわ
熊本県・緑川水系
湯の谷川　ゆのたにがわ
宮崎県・大淀川水系〔1級〕
湯の坪川　ゆのつぼがわ
大分県・大分川水系〔1級〕
湯の原川　ゆのはらがわ
宮崎県・大淀川水系〔1級〕
湯の浦川　ゆのうらがわ
熊本県・湯の浦川水系〔2級〕
湯の浦川　ゆのうらがわ
熊本県・湯の浦川水系
湯の湖　ゆのこ
栃木県・利根川水系
湯ノ入川　ゆのいりがわ
群馬県・利根川水系〔1級〕

湯ノ下川　ゆのしたがわ
福島県・阿武隈川水系
湯ノ口川《別》　ゆのくちがわ
山口県・厚東川水系の長田川
湯ノ小屋沢川　ゆのこやさわがわ
群馬県・利根川水系〔1級〕
湯ノ川　ゆのかわ
新潟県・関川水系〔1級〕
湯ノ沢川　ゆのさわがわ
青森県・湯ノ沢川水系〔2級〕
湯ノ沢川　ゆのさわがわ
秋田県・雄物川水系〔1級〕
湯ノ沢川　ゆのさわがわ
新潟県・信濃川水系〔1級〕
湯ノ谷川　ゆのたにがわ
新潟県・関川水系
湯ノ谷川　ゆのたにがわ
石川県・手取川水系
湯ノ谷川　ゆのたにがわ
熊本県・五ヶ瀬川水系〔1級〕
湯ノ股川　ゆのまたがわ
青森県・大畑川水系
3湯山川　ゆやまがわ
岡山県・旭川水系〔1級〕
湯山川　ゆやまがわ
熊本県・球磨川水系〔1級〕
湯川　ゆがわ
岩手県・北上川水系
湯川　ゆがわ
秋田県・雄物川水系〔1級〕
湯川　ゆがわ
福島県・阿賀野川水系〔1級〕
湯川　ゆがわ
栃木県・那珂川水系〔1級〕
湯川　ゆがわ
栃木県・利根川水系〔1級〕
湯川　ゆがわ
群馬県・利根川水系〔1級〕
湯川　ゆがわ
新潟県・信濃川水系〔1級〕
湯川　ゆがわ
富山県・常願寺川水系〔1級〕
湯川　ゆがわ
山梨県・富士川水系〔1級〕
湯川　ゆがわ
長野県・信濃川水系〔1級〕
湯川　ゆがわ
長野県・木曽川水系〔1級〕
湯川《別》　ゆがわ
静岡県・狩野川水系の修善寺川
湯川《古》　ゆがわ
兵庫県・市川水系の小田原川

湯川小谷川　ゆかわこたにがわ
富山県・常願寺川水系〔1級〕
湯川川　ゆかわがわ
和歌山県・二河川水系〔2級〕
湯川川　ゆかわがわ
和歌山県・有田川水系〔2級〕
4湯之尻川　ゆのしりがわ
鹿児島県・大淀川水系〔1級〕
湯之尾川　ゆのおがわ
長崎県・本明川水系〔1級〕
湯之沢川　ゆのさわがわ
山梨県・相模川水系〔1級〕
湯之谷川　ゆのたにがわ
鹿児島県・網掛川水系〔2級〕
湯之浦川　ゆのうらがわ
鹿児島県・伊作川水系〔2級〕
湯元川　ゆもとがわ
秋田県・雄物川水系〔1級〕
湯内川　ゆないがわ
北海道・湯内川水系〔2級〕
湯夫川　ゆぶがわ
三重県・南張川水系〔2級〕
湯日川　ゆいがわ
静岡県・湯日川水系〔2級〕
湯木川　ゆぎがわ
広島県・江の川水系〔1級〕
5湯出川　ゆでがわ
北海道・久根別川水系〔2級〕
湯出川　ゆのつるがわ
熊本県・水俣川水系〔2級〕
湯尻川　ゆじりがわ
山形県・赤川水系〔1級〕
湯尻川　ゆじりがわ
群馬県・利根川水系〔1級〕
湯尻沢　ゆじりさわ
青森県・相坂川水系〔2級〕
湯平川　ゆびらがわ
茨城県・久慈川水系
湯本川　ゆもとがわ
福島県・藤原川水系〔2級〕
湯田又川　ゆだまたがわ
秋田県・雄物川水系〔1級〕
湯田川　ゆだがわ
島根県・高津川水系〔1級〕
湯田川　ゆだがわ
熊本県・筑後川水系〔1級〕
湯田川　ゆだがわ
鹿児島県・湯田川水系〔2級〕
6湯江川　ゆえがわ
長崎県・湯江川水系〔2級〕
湯江川　ゆえがわ
長崎県・湯江川水系〔2級〕

湯舟ヶ谷川　ゆぶねがたにがわ
三重県・淀川水系〔1級〕
湯舟川　ゆぶねがわ
静岡県・狩野川水系〔1級〕
湯舟川　ゆぶねがわ
三重県・淀川水系〔1級〕
湯舟川　ゆぶねがわ
兵庫県・矢田川水系〔2級〕
湯舟沢川　ゆぶねさわがわ
岐阜県・木曾川水系〔1級〕
湯西川　ゆにしがわ
栃木県・利根川水系〔1級〕
7湯坂川　ゆさかがわ
栃木県・那珂川水系〔1級〕
湯坂川　ゆさかがわ
広島県・太田川水系〔1級〕
湯沢　ゆざわ
青森県・野辺地川水系〔2級〕
湯沢　ゆざわ
秋田県・雄物川水系〔1級〕
湯沢　ゆざわ
静岡県・大井川水系〔1級〕
湯沢川　ゆざわがわ
岩手県・閉伊川水系
湯沢川　ゆざわがわ
岩手県・北上川水系
湯沢川　ゆざわがわ
宮城県・北上川水系〔1級〕
湯沢川　ゆざわがわ
福島県・阿武隈川水系
湯沢川　ゆざわがわ
茨城県・久慈川水系〔1級〕
湯沢川　ゆざわがわ
栃木県・利根川水系〔1級〕
湯沢川　ゆざわがわ
群馬県・利根川水系〔1級〕
湯沢川　ゆざわがわ
山梨県・富士川水系〔1級〕
湯沢川　ゆざわがわ
山梨県・富士川水系
湯沢川　ゆざわがわ
長野県・信濃川水系〔1級〕
湯沢川　ゆざわがわ
静岡県・興津川水系〔2級〕
湯沢鹿沢　ゆざわしかざわ
岩手県・小本川水系
湯谷　ゆだに
富山県・庄川水系〔1級〕
湯谷川　ゆたにがわ
富山県・神通川水系〔1級〕
湯谷川　ゆのたにがわ
石川県・手取川水系〔1級〕
湯谷川　ゆたにがわ
三重県・櫛田川水系〔1級〕
湯谷川　ゆのたにがわ
三重県・新宮川水系〔1級〕
湯谷川　ゆだにがわ
兵庫県・加古川水系〔1級〕
湯谷川　ゆだにがわ
島根県・斐伊川水系〔1級〕
湯谷川　ゆたにがわ
鹿児島県・川内川水系〔1級〕
湯谷沢川　ゆたにさわがわ
新潟県・信濃川水系〔1級〕
湯車川　ゆぐるまがわ
秋田県・米代川水系
湯里川　ゆさとがわ
島根県・湯里川水系〔2級〕
8湯所川　ゆどころがわ
鳥取県・千代川水系〔1級〕
湯河川　ゆかわがわ
鳥取県・日野川水系〔1級〕
湯治川　ゆじがわ
熊本県・佐敷川水系
湯沼　ゆぬま
北海道弟子屈町
湯長谷川　ゆながやがわ
福島県・藤原川水系〔2級〕
9湯俣川　ゆまたがわ
長野県・信濃川水系〔1級〕
湯屋谷川　ゆやたにがわ
和歌山県・紀の川水系〔1級〕
湯屋谷川　ゆやだにがわ
宮崎県・大淀川水系
湯屋俣川　ゆやまたがわ
山形県・赤川水系〔1級〕
湯風呂川　ゆふろがわ
宮崎県・一ツ瀬川水系〔2級〕
10湯桧曾川　ゆびそがわ
群馬県・利根川水系
湯浦川　ゆのうらがわ
熊本県・湯浦川水系
湯浦川　ゆのうらがわ
熊本県・白川水系
湯釜　ゆがま
群馬県吾妻郡草津町
11湯淵の沼　ゆふちのぬま
秋田県田沢湖町
湯淵川　ゆぶちがわ
秋田県・雄物川水系〔1級〕
湯船川　とうふなかわ
静岡県・酒匂川水系
湯船川　ゆぶねがわ
岡山県・旭川水系〔1級〕

湯野田川　ゆのだがわ
佐賀県・塩田川水系〔2級〕
12湯壺川　ゆつぼがわ
岐阜県・木曾川水系〔1級〕
湯道丸川　ゆどまるがわ
富山県・小矢部川水系〔1級〕
13湯殿川　ゆどのがわ
東京都・多摩川水系〔1級〕
湯殿川　ゆどのがわ
新潟県・信濃川水系〔1級〕
湯殿川　ゆどのがわ
熊本県・郡浦川水系
15湯蔵川　ゆぞうがわ
新潟県・荒川（新潟県・山形県）水系〔1級〕
17湯檜曾川　ゆびそがわ
群馬県・利根川水系〔1級〕
18湯藤川　ゆふじがわ
愛媛県・千丈川水系〔2級〕

【満】
6満名川　まんながわ
沖縄県・満名川水系〔2級〕
7満沢川　みつざわがわ
山形県・最上川水系〔1級〕
16満濃川　まんのうがわ
香川県・金倉川水系〔2級〕
満濃池　まんのういけ
香川県・金倉川水系
19満願寺川　まんがんじがわ
石川県・犀川水系
満願寺川　まんがんじがわ
奈良県・大和川水系〔1級〕
満願寺川　まんがんじがわ
熊本県・筑後川水系〔1級〕

【湊】
3湊川　みなとがわ
青森県・岩木川水系
湊川《別》　みなとがわ
岩手県・八木沢川水系の八木沢川
湊川　みなとがわ
宮城県・湊川水系〔2級〕
湊川　みなとがわ
千葉県・湊川水系〔2級〕
湊川《別》　みなとがわ
千葉県・平久里川水系の平久里川
湊川　みなとがわ
富山県・仏生寺川水系〔2級〕
湊川　みなとがわ
三重県・湊川水系〔2級〕
湊川　みなとがわ
香川県・湊川水系〔2級〕
湊川　みなとがわ
高知県・湊川水系〔2級〕
湊川　みなとがわ
高知県・湊川水系
湊川　みなとがわ
福岡県・湊川水系〔2級〕
湊川　みなとがわ
大分県・湊川水系〔2級〕
湊川《別》　みなとがわ
大分県・安岐川水系の安岐川
湊川　みなとがわ
鹿児島県・湊川水系〔2級〕

【湧】
4湧水の沢川　ゆうすいのさわがわ
北海道・石狩川水系〔1級〕
湧水川　わくみずがわ
岩手県・北上川水系
5湧玉川　わくたまがわ
長野県・信濃川水系〔1級〕
6湧池　わくいけ
長野県長野市
7湧別川　ゆうべつがわ
北海道・湧別川水系〔1級〕
湧尾川　わくおがわ
熊本県・菊池川水系〔1級〕
9湧洞川　ゆうどうがわ
北海道・湧洞川水系〔2級〕
湧洞沼　ゆうどうぬま
北海道中川郡豊頃町
湧洞沼　ゆうどうぬま
北海道・湧洞川水系

【湾】
9湾屋川　わんやがわ
鹿児島県・湾屋川水系〔2級〕

【焼】
3焼山川　やけやまがわ
新潟県・早川水系〔2級〕
焼山川　やきやまがわ
佐賀県・六角川水系〔1級〕
焼山谷川　やけやまだにがわ
三重県・宮川水系〔1級〕
4焼切川　やっきりがわ
岩手県・北上川水系〔1級〕
焼切川　やっきりがわ
宮城県・鳴瀬川水系〔1級〕
5焼田川　やけたがわ
新潟県・信濃川水系〔1級〕
焼石谷川　やけいしたにがわ
熊本県・行末川水系

6焼合川　やけごうがわ
三重県・朝明川水系〔2級〕
焼米入江　やきごめいりえ
佐賀県・六角川水系〔1級〕
10焼原川　やけはらがわ
京都府・淀川水系
焼原川　やきはらがわ
佐賀県・筑後川水系〔1級〕
11焼野川　やけのがわ
島根県・重栖川水系

【然】
4然内川　しかるんないがわ
北海道・西別川水系〔2級〕
7然別川　しかりべつがわ
北海道・十勝川水系〔1級〕
然別湖　しかりべつこ
北海道・十勝川水系

【無】
2無入川　むいりがわ
新潟県・信濃川水系〔1級〕
4無双川　むそうがわ
新潟県・信濃川水系〔1級〕
無双連沢　むそれざわ
静岡県・大井川水系
5無加川　むかがわ
北海道・常呂川水系〔1級〕
無田川　むたがわ
熊本県・緑川水系〔1級〕
6無行沼　ゆくなきぬま
福島県喜多方市
11無梶河《古》　かじなしがわ
茨城県・利根川水系の梶無川
無黒沢川　むぐろざわがわ
新潟県・信濃川水系〔1級〕
13無数河川　むすごがわ
岐阜県・木曾川水系〔1級〕

【犀】
3犀川　さいがわ
秋田県・米代川水系〔1級〕
犀川　さいがわ
石川県・犀川水系〔2級〕
犀川　さいがわ
福井県・九頭竜川水系〔1級〕
犀川　さいがわ
長野県・信濃川水系〔1級〕
犀川　さいがわ
岐阜県・木曾川水系〔1級〕
犀川　さいがわ
京都府・由良川水系〔1級〕
犀川　さいがわ
京都府・犀川水系〔2級〕

【猴】
3猴川　さるがわ
愛媛県・重田川水系

【琴】
3琴川　ことがわ
山梨県・富士川水系〔1級〕
琴川　ことがわ
長崎県・本明川水系〔1級〕
琴川　きんがわ
長崎県・琴川水系〔2級〕
琴川　ことがわ
熊本県・白川水系
5琴平川　ことひらがわ
北海道・天塩川水系〔1級〕
7琴似八軒川　ことにはちけんがわ
北海道・新川水系
琴似川　ことにがわ
北海道・新川水系〔2級〕
琴似川　ことにがわ
北海道・新川水系
琴似発寒川　ことにはっさむがわ
北海道・新川水系〔2級〕
琴沢川　ことさわがわ
新潟県・姫川水系〔1級〕
琴沢川　ことさわがわ
愛知県・矢作川水系
9琴畑川　ことはたがわ
岩手県・北上川水系
10琴浦川　ことうらがわ
秋田県・琴浦川水系

【琵】
12琵琶ノ谷川　びわのたにがわ
福井県・九頭竜川水系〔1級〕
琵琶古閑川　びわのこががわ
熊本県・氷川水系
琵琶池　びわいけ
長野県下高井郡山ノ内町
琵琶池　びわいけ
長野県・信濃川水系
琵琶池　びわいけ
三重県多度町
琵琶首川　びわくびがわ
岡山県・吉井川水系〔1級〕
琵琶湖　びわこ
滋賀県・淀川水系〔1級〕
琵琶瀬川　びわせがわ
熊本県・関川水系〔2級〕

琵琶瀬川　びわぜがわ
熊本県・関川水系

【番】

3番川　ばんがわ
大阪府・番川水系〔2級〕
5番台川　ばんだいがわ
岩手県・北上川水系〔1級〕
番台川　ばんだいがわ
岩手県・北上川水系
番目川　ばんめがわ
愛知県・豊川水系
6番匠川　ばんじょうがわ
大分県・番匠川水系〔1級〕
8番念寺川　ばんねんじがわ
岡山県・吉井川水系〔1級〕
番念寺川放水路　ばんねんじがわほうすいろ
岡山県・吉井川水系〔1級〕
番所川《別》　ばんしょがわ
佐賀県・筑後川水系の轟木川
9番屋川　ばんやがわ
福島県・阿賀野川水系
番屋川　ばんやがわ
福島県・阿賀野川水系
番屋川　ばんやがわ
長野県・信濃川水系〔1級〕
番屋川　ばんやがわ
香川県・番屋川水系〔2級〕
15番蔵川　ばんぞうがわ
広島県・黒瀬川水系〔2級〕

【登】

3登川　のぼりがわ
北海道・登川水系〔2級〕
登川　のぼりがわ
新潟県・信濃川水系〔1級〕
4登内川　とのうちがわ
宮崎県・一ツ瀬川水系〔2級〕
登戸沢川　のぼとざわがわ
岩手県・北上川水系
7登位加川　といかがわ
北海道・常呂川水系〔1級〕
登別川　のぼりべつがわ
北海道・登別川水系〔2級〕
登尾川　のぼりおがわ
京都府・由良川水系
登尾川　のぼりおがわ
愛媛県・渡川水系〔1級〕
登沢川　のぼりさわがわ
群馬県・利根川水系〔1級〕
登谷川　のぼりたにがわ
滋賀県・淀川水系〔1級〕
登谷川　のぼりたにがわ
熊本県・球磨川水系〔1級〕
8登和里川　とわりがわ
北海道・天塩川水系〔1級〕
登延頃川　のぼりえんころがわ
北海道・尻別川水系〔1級〕
9登俣川　のぼりまたがわ
熊本県・球磨川水系
20登議川　とぎがわ
愛媛県・肱川水系〔1級〕

【硫】

11硫黄川　いおうがわ
北海道・尻別川水系〔1級〕
硫黄川　いおうがわ
長野県・信濃川水系〔1級〕
硫黄沢《別》　いおうざわ
静岡県・白田川水系の白田川
硫黄沼　いおうぬま
北海道上川郡美瑛町

【程】

3程久保川　ほどくぼがわ
東京都・多摩川水系〔1級〕
8程彼川　ほどがんがわ
島根県・高津川水系〔1級〕
11程野川　ほどのがわ
愛知県・豊川水系
12程落川　ほどおちがわ
高知県・渡川水系〔1級〕

【童】

3童子川　どうじがわ
滋賀県・淀川水系〔1級〕
童子沢川　わっぱざわがわ
静岡県・大井川水系〔1級〕
童子森川　どうじもりがわ
青森県・岩木川水系〔1級〕

【筋】

13筋違川　すじかいがわ
北海道・石狩川水系〔1級〕

【筑】

8筑波川《古》　つくばがわ
茨城県・利根川水系の桜川
9筑後川　ちくごがわ
熊本県, 大分県, 福岡県, 佐賀県・筑後川水系〔1級〕
筑後川　ちくごがわ
宮崎県・一ツ瀬川水系〔2級〕

11筑紫川　ちくしがわ
北海道・石狩川水系
筑紫次郎《別》　つくしじろう
熊本県, 福岡県・筑後川水系の筑後川
15筑輪川　ちくわがわ
茨城県・利根川水系〔1級〕

【筒】
3筒子川　つつこがわ
京都府・野田川水系
筒川　つつがわ
京都府・筒川水系〔2級〕
筒川　つつかわ
京都府・筒川水系
筒川　つつがわ
熊本県・緑川水系〔1級〕
筒川川　つつかわがわ
静岡県・都田川水系
4筒井川　つついがわ
山口県・厚狭川水系〔2級〕
筒井川　つついがわ
香川県・鴨部川水系〔2級〕
5筒田川　つつだがわ
熊本県・砂川水系〔2級〕
筒石川　つついしがわ
新潟県・筒石川水系〔2級〕
6筒江川　つつえがわ
京都府・淀川水系〔1級〕
9筒砂子川　つつさごがわ
宮城県・鳴瀬川水系〔1級〕
12筒賀川　つつががわ
広島県・太田川水系〔1級〕

【筏】
3筏川　いかだがわ
富山県・神通川水系〔1級〕
筏川　いかだがわ
愛知県・筏川水系〔2級〕
12筏場川《別》　いかだばがわ
静岡県・狩野川水系の大見川

【筌】
筌ノ口川　うけのぐちがわ
大分県・駅館川水系〔2級〕
4筌戸川《別》　うへとがわ
兵庫県・千種川水系の千種川

【粟】
粟ノ谷川　あわのたにがわ
京都府・由良川水系
4粟井川　あわいがわ
岡山県・吉井川水系〔1級〕
粟井川　あわいがわ
香川県・柞田川水系〔2級〕
粟井川　あわいがわ
愛媛県・粟井川水系〔2級〕
粟太郎川　あわたろうがわ
愛媛県・肱川水系〔1級〕
5粟田川　あわたがわ
広島県・高梁川水系〔1級〕
粟田川　あわたがわ
徳島県・粟田川水系〔2級〕
7粟住川　あわすみがわ
岡山県・旭川水系〔1級〕
粟沢川　あわざわがわ
栃木県・利根川水系〔1級〕
粟谷川　あわのやがわ
栃木県・利根川水系〔1級〕
粟谷川　あわたにがわ
三重県・宮川水系〔1級〕
粟谷川　あわだにがわ
岡山県・旭川水系〔1級〕
8粟河《別》　あわがわ
茨城県・那珂川水系の那珂川
9粟津川　あわずがわ
石川県・梯川水系〔1級〕
粟津川　あわずがわ
石川県・粟津川水系〔2級〕
10粟原川　おおはらがわ
奈良県・大和川水系〔1級〕
11粟野川　あわのがわ
栃木県・利根川水系〔1級〕
粟野川《別》　あわのがわ
石川県・大野川水系の大野川
粟野川　あわのがわ
山口県・粟野川水系〔2級〕
粟鹿川　あわががわ
兵庫県・円山川水系〔1級〕
12粟飯谷川　あわいだにがわ
奈良県・紀の川水系〔1級〕

【粥】
3粥川　かゆがわ
岐阜県・木曾川水系〔1級〕

【粧】
7粧坂川　けわいざかがわ
山形県・最上川水系

【絵】
絵ノジ川　えのじがわ
兵庫県・円山川水系
3絵下谷川　えげだにがわ
鳥取県・天神川水系〔1級〕

10絵馬河川　えまかがわ
山形県・最上川水系〔1級〕
11絵堂川　えどうがわ
山口県・厚東川水系〔2級〕
絵笛川　えぶえがわ
北海道・絵笛川水系〔2級〕
絵笛川　えぶえがわ
北海道・絵笛川水系

【給】
3給下川　きゅうしたがわ
島根県・斐伊川水系〔1級〕

【結】
3結川　むすぶがわ
兵庫県・結川水系〔2級〕
7結束川　けっそくがわ
茨城県・利根川水系

【絞】
絞り川　しぼりがわ
広島県・江の川水系〔1級〕
絞り川　しぼりがわ
広島県・江の川水系

【葛】
葛の川　くずのかわ
愛媛県・肱川水系〔1級〕
葛ヶ谷川　くずがだにがわ
島根県・高津川水系
葛ノ尾川　くずのおがわ
香川県・新川水系〔2級〕
3葛下川　かつげがわ
奈良県・大和川水系〔1級〕
葛丸川　くずまるがわ
岩手県・北上川水系〔1級〕
葛子川　かつらこがわ
広島県・賀茂川水系〔2級〕
葛川　くずがわ
埼玉県・荒川（東京都・埼玉県）水系〔1級〕
葛川　くずがわ
神奈川県・葛川水系〔2級〕
葛川　くずがわ
奈良県・新宮川水系〔1級〕
葛川　くずがわ
愛媛県・吉野川水系〔1級〕
葛川　くずがわ
愛媛県・渡川水系〔1級〕
葛川　かつらがわ
熊本県・一町田川水系
葛川　つずらがわ
鹿児島県・川内川水系〔1級〕
5葛布川　かっぷがわ
静岡県・太田川水系〔2級〕
7葛尾川　かつらおがわ
福島県・請戸川水系〔2級〕
葛谷川　かずらたにがわ
香川県・新川水系〔2級〕
8葛岡川　くずおかがわ
秋田県・子吉川水系
葛河内川　かつらごうちがわ
熊本県・一町田川水系〔2級〕
9葛俣川　くずのまたがわ
熊本県・佐敷川水系
葛城川　かつらぎがわ
茨城県・利根川水系〔1級〕
葛城川　かつらぎがわ
奈良県・大和川水系〔1級〕
葛屋川　くずやがわ
岐阜県・木曾川水系〔1級〕
10葛原川　かずらはらがわ
高知県・吉野川水系〔1級〕
葛根田川　かっこんだがわ
岩手県・北上川水系〔1級〕
11葛野川　かずのがわ
山梨県・相模川水系〔1級〕
葛野川《古》　かつらのがわ
京都府・淀川水系の桂川
葛野川　かどのがわ
兵庫県・加古川水系〔1級〕
12葛森川　くずもりがわ
京都府・淀川水系
葛葉川　くずはがわ
神奈川県・金目川水系〔2級〕
22葛籠川　つずらがわ
愛媛県・肱川水系〔1級〕
葛籠沢川　つずらさわがわ
山梨県・富士川水系〔1級〕

【萓】
4萓刈川　かやかりがわ
宮城県・北上川水系〔1級〕
萓刈川　かやかりがわ
宮城県・北上川水系
7萓尾川　かやおがわ
滋賀県・淀川水系〔1級〕
萓村川　かやむらがわ
佐賀県・伊万里川水系〔2級〕
10萓原川　かやはらがわ
熊本県・菊池川水系
12萓場川　かやばがわ
宮城県・七北田川水系〔2級〕
萓森川　かやもりがわ
奈良県・大和川水系〔1級〕

【菟】

9菟狭川《古》　うさがわ
大分県・駅館川水系の駅館川

【萩】

萩の沢川　はぎのさわがわ
山梨県・富士川水系〔1級〕
萩の谷川　はぎのたにがわ
京都府・淀川水系〔1級〕
萩ノ平川　はぎのひらがわ
熊本県・下津浦川水系〔2級〕
3萩山川　はぎやまがわ
兵庫県・矢田川水系
萩山川　はぎやまがわ
鳥取県・日野川水系〔1級〕
萩川　はぎがわ
広島県・江の川水系〔1級〕
4萩中川　はぎなかがわ
高知県・渡川水系〔1級〕
5萩平川　はぎだいらがわ
愛知県・矢作川水系
萩生川　はぎゅうがわ
山形県・最上川水系〔1級〕
7萩尾川　はぎおがわ
熊本県・大野川水系
萩形沢　はぎがたさわ
秋田県・米代川水系
萩沢川　はぎさわがわ
宮城県・北上川水系
萩谷川　はぎたにがわ
高知県・萩谷川水系〔2級〕
萩谷川　はぎのたにがわ
熊本県・関川水系
9萩乗川　はぎのりがわ
静岡県・河津川水系
10萩原川　はぎわらがわ
岐阜県・庄内川水系〔1級〕
萩原川《別》　はぎわらがわ
愛知県・日光川水系の日光川
萩原川　はぎわらがわ
三重県・赤羽川水系〔2級〕
萩原川　はぎわらがわ
愛媛県・立岩川水系〔2級〕
萩原川　はぎわらがわ
熊本県・菊池川水系
萩原川　はぎわらがわ
宮崎県・大淀川水系〔1級〕
11萩堀川　はぎほりがわ
岩手県・北上川水系
萩野川　はぎのがわ
山形県・最上川水系〔1級〕
12萩間川　はぎまがわ
静岡県・萩間川水系〔2級〕

【葡】

11葡萄川　ぶどうがわ
新潟県・葡萄川水系〔2級〕
葡萄沢川　ぶどうさわがわ
岩手県・北上川水系

【葉】

葉の木沢川　はのきざわがわ
山形県・最上川水系〔1級〕
葉の木沢川　はのきざわがわ
山形県・最上川水系
3葉山川　はやまがわ
滋賀県・淀川水系〔1級〕
葉山川　はやまがわ
長崎県・葉山川水系〔2級〕
葉山川　はやまがわ
熊本県・小田浦川水系〔2級〕
4葉之浦川　はのうらがわ
愛媛県・森川水系〔2級〕
葉木川　はぎがわ
熊本県・球磨川水系〔1級〕
5葉広田川　はびろたがわ
宮崎県・川内川水系
9葉津川　はずがわ
岐阜県・木曾川水系〔1級〕
11葉梨川　はなしがわ
静岡県・瀬戸川水系〔2級〕

【落】

落し谷川　おとしだにがわ
島根県・周布川水系〔2級〕
3落口ノ池　おちぐちのいけ
青森県西津軽郡岩崎村
落口川　おちぐちがわ
三重県・加茂川水系〔2級〕
落川　おちがわ
京都府・落川水系
5落田川　おちたがわ
愛知県・日長川水系
落矢川　おちやがわ
長崎県・江川川水系〔2級〕
6落合川　おちあいがわ
北海道・石狩川水系〔1級〕
落合川　おちあいがわ
岩手県・織笠川水系
落合川　おちあいがわ
岩手県・馬淵川水系
落合川　おちあいがわ
福島県・鮫川水系

落合川　おちあいがわ
千葉県・夷隅川水系〔2級〕
落合川　おちあいがわ
東京都・荒川（東京都・埼玉県）水系〔1級〕
落合川　おちあいがわ
新潟県・鯖石川水系〔2級〕
落合川　おちあいがわ
福井県・落合川水系〔2級〕
落合川　おちあいがわ
岐阜県・木曾川水系〔1級〕
落合川　おちあいがわ
静岡県・伊東大川水系〔2級〕
落合川　おちあいがわ
愛知県・梅田川水系〔2級〕
落合川　おちあいがわ
愛知県・落合川水系〔2級〕
落合川　おちあいがわ
愛知県・境川水系
落合川　まちがわ
愛知県・精進川水系
落合川　おちあいがわ
三重県・木曾川水系〔1級〕
落合川　おちあいがわ
滋賀県・淀川水系〔1級〕
落合川　おちあいがわ
兵庫県・郡家川水系
落合川　おちあいがわ
奈良県・紀の川水系〔1級〕
落合川　おちあいがわ
島根県・高津川水系〔1級〕
落合川　おちあいがわ
岡山県・吉井川水系〔1級〕
落合川　おちあいがわ
岡山県・高梁川水系〔1級〕
落合川　おちあいがわ
広島県・太田川水系〔1級〕
落合川　おちあいがわ
徳島県・落合川水系〔2級〕
落合川　おちあいがわ
香川県・大束川水系〔2級〕
落合谷川　おちあいだにがわ
和歌山県・紀の川水系〔1級〕
落合谷川　おちあいだにがわ
徳島県・吉野川水系〔1級〕
落合柳沢川　おちあいやなぎさわがわ
山梨県・多摩川水系
落地川　おちじがわ
高知県・国分川水系
7落谷川　おちだにがわ
京都府・由良川水系
9落神川　おちがみがわ
愛媛県・落神川水系〔2級〕
10落峯沢川　おちみねさわがわ
岩手県・北上川水系〔1級〕
11落堀川　おとしぼりがわ
宮城県・北上川水系〔1級〕
落堀川　おちほりがわ
新潟県・落堀川水系〔2級〕
落堀川　おちぼりがわ
大阪府・大和川水系〔1級〕
落部川　おとしべがわ
北海道・落部川水系〔2級〕
落部川　おちべがわ
岐阜県・庄川水系〔1級〕
落部谷川　おちべだにがわ
岐阜県・木曾川水系〔1級〕
12落葉川　おちばがわ
三重県・木曾川水系〔1級〕

【葎】
3葎川　もぐらがわ
新潟県・阿賀野川水系〔1級〕
7葎谷川　むぐらだにがわ
新潟県・信濃川水系〔1級〕

【葭】
葭ヶ久保沢川　あしがくぼさわがわ
山梨県・富士川水系〔1級〕
3葭川　よしかわ
千葉県・都川水系〔2級〕

【蛙】
3蛙子沢　かえるごさわ
宮城県・北上川水系〔1級〕
7蛙沢川　かえるさわかわ
神奈川県・相模川水系

【蛭】
3蛭川　びるがわ
山形県・最上川水系〔1級〕
蛭川　ひるがわ
福島県・阿武隈川水系〔1級〕
蛭川　ひるがわ
長野県・信濃川水系〔1級〕
5蛭田川　ひるたがわ
福島県・蛭田川水系〔2級〕
6蛭地川　ひるじがわ
徳島県・那賀川水系〔1級〕
7蛭沢川　ひるさわがわ
岩手県・北上川水系
蛭沢川　ひるさわがわ
宮城県・北上川水系〔1級〕
蛭沢川　びるざわがわ
山形県・最上川水系〔1級〕

蛭沢川　ひるさわがわ
山梨県・富士川水系〔1級〕
蛭沢川　ひるさわがわ
静岡県・向田川水系〔2級〕
19蛭藻沼　ひるもぬま
秋田県横手市

【覚】
4覚井川　かくいがわ
熊本県・球磨川水系
5覚生川　おぼっぷがわ
北海道・覚生川水系
13覚路津大通川　かくろずおおどおりがわ
新潟県・信濃川水系〔1級〕

【覗】
3覗川　のぞきがわ
兵庫県・覗川水系〔2級〕

【象】
象の川　きさのがわ
奈良県・紀の川水系〔1級〕
15象潟川　きさかたがわ
秋田県・象潟川水系〔2級〕

【賀】
7賀来川　かくがわ
大分県・大分川水系〔1級〕
8賀茂川　かもがわ
秋田県・賀茂川水系
賀茂川《別》　かもがわ
滋賀県・淀川水系の鴨川
賀茂川　かもがわ
兵庫県・加古川水系〔1級〕
賀茂川　かもがわ
広島県・賀茂川水系〔2級〕
9賀保川《古》　かほがわ
山口県・土路石川水系の土路石川

【貴】
7貴志川　きしがわ
和歌山県・紀の川水系〔1級〕
11貴船川　きぶねがわ
山形県・最上川水系〔1級〕
貴船川　きぶねがわ
京都府・淀川水系〔1級〕
貴船川　きふねがわ
広島県・江の川水系〔1級〕
貴船川　きふねがわ
広島県・江の川水系

12貴飯川　きばがわ
山口県・木屋川水系〔2級〕

【買】
5買田川　かいたがわ
香川県・金倉川水系〔2級〕

【越】
越ヶ沢川　こしがさわがわ
新潟県・信濃川水系〔1級〕
越ノ谷川　こしのたにがわ
宮崎県・大淀川水系〔1級〕
2越又川　こしまたがわ
新潟県・信濃川水系〔1級〕
越又沢川　こしまたざわがわ
新潟県・信濃川水系〔1級〕
3越久保川　こしくぼがわ
長野県・天竜川水系〔1級〕
越口ノ池　こしぐちのいけ
青森県西津軽郡岩崎村
越川　えちがわ
三重県・鈴鹿川水系〔1級〕
越川　えちがわ
奈良県・大和川水系〔1級〕
4越中川　えっちゅうがわ
北海道・石狩川水系
越中沢川　えっちゅうざわがわ
山形県・赤川水系〔1級〕
越中島川　えっちゅうじまがわ
東京都・越中島川水系〔2級〕
越之河内川　こしのかわちがわ
熊本県・一町田川水系
越戸川　こしどがわ
埼玉県・荒川（東京都・埼玉県）水系〔1級〕
越戸沢川　こいとざわがわ
山形県・赤川水系
越戸谷川　こえとだにがわ
福井県・九頭竜川水系〔1級〕
越手川　こしてがわ
新潟県・信濃川水系〔1級〕
5越辺川　おっぺがわ
埼玉県・荒川（東京都・埼玉県）水系〔1級〕
6越百川　こすもがわ
長野県・木曾川水系〔1級〕
7越尾川　こよおがわ
岡山県・吉井川水系〔1級〕
越沢口川　こえさわぐちがわ
新潟県・勝木川水系〔2級〕
越沢川　こしざわがわ
山形県・赤川水系〔1級〕
越沢川　こしざわがわ
山形県・荒川（新潟県・山形県）水系〔1級〕

越沢川　こしざわがわ
群馬県・利根川水系〔1級〕
越沢川　こえさわがわ
新潟県・大川水系〔2級〕
越良川　くいらがわ
沖縄県・越良川水系〔2級〕
8越知川　おちがわ
福井県・九頭竜川水系〔1級〕
越知川　おちがわ
兵庫県・市川水系〔2級〕
9越峠川　こしとうげがわ
佐賀県・伊万里川水系〔2級〕
越後沢川　えちござわがわ
山形県・最上川水系〔1級〕
越後谷川　えちごだにがわ
宮崎県・耳川水系〔2級〕
越後沼　えちごぬま
北海道江別市
11越部川　こしべがわ
奈良県・紀の川水系〔1級〕
12越道川　こえどうがわ
新潟県・信濃川水系〔1級〕
13越歳川　こしとしがわ
北海道・卯原内川水系〔2級〕
越路川　こしじがわ
大分県・大野川水系〔1級〕

【躰】
6躰光寺川　たいこうじがわ
滋賀県・淀川水系〔1級〕

【軽】
3軽川　がるがわ
北海道・新川水系〔2級〕
4軽井川　かるいがわ
新潟県・鵜川水系〔2級〕
軽井川　かるいがわ
和歌山県・南部川水系〔2級〕
軽井沢川　かるいざわがわ
秋田県・子吉川水系
軽井沢川　かるいざわがわ
山形県・最上川水系〔1級〕
7軽沢川　かるさわかわ
山梨県・相模川水系〔1級〕
8軽松沢川　かるまつざわがわ
岩手県・北上川水系〔1級〕
11軽部川　かるべがわ
岡山県・高梁川水系〔1級〕
15軽舞川　かるまいがわ
北海道・厚真川水系

【軸】
3軸丸川　じくまるがわ
大分県・大野川水系〔1級〕
軸川　じくがわ
京都府・淀川水系
7軸谷川　じくやがわ
鹿児島県・米之津川水系〔2級〕

【運】
3運上川　うんじょうがわ
長野県・信濃川水系〔1級〕
7運沢川　うんさわがわ
岩手県・北上川水系
9運南沢川　うんなんざわがわ
岩手県・北上川水系

【達】
5達古武沼　たつこぶぬま
北海道釧路郡釧路町
7達沢川　たつさわがわ
福島県・阿賀野川水系
達沢川　たつさわがわ
山梨県・富士川水系〔1級〕
8達者川　たっしゃがわ
新潟県・達者川水系〔2級〕
12達曾部川　たつそべがわ
岩手県・北上川水系〔1級〕
達曾部沢川　たっそべさわがわ
岩手県・閉伊川水系

【遅】
7遅沢川　おそざわがわ
山形県・最上川水系〔1級〕
遅沢川　おそざわがわ
福島県・富岡川水系〔2級〕
遅沢川　おそざわがわ
栃木県・利根川水系〔1級〕
遅沢川　おそざわがわ
群馬県・利根川水系〔1級〕
遅谷川　おそたにがわ
山形県・最上川水系〔1級〕
12遅喰川　おそくいがわ
山梨県・富士川水系〔1級〕
19遅瀬川　おそせがわ
奈良県・淀川水系〔1級〕

【道】
道の川川　みちのかわがわ
高知県・渡川水系〔1級〕
道の内川　みちのうちがわ
大分県・番匠川水系〔1級〕

3道三川　どうさんがわ
愛媛県・渡川水系〔1級〕
道口川　みちくちがわ
岡山県・里見川水系〔2級〕
道川　みちがわ
秋田県・雄物川水系〔1級〕
4道木川　どうぎがわ
愛知県・庄内川水系
道木堀川　どうきぼりがわ
群馬県・利根川水系〔1級〕
5道仙沢川　どうせんざわがわ
長野県・天竜川水系〔1級〕
道尻川　みちしりがわ
島根県・斐伊川水系〔1級〕
道平川　どうひらがわ
群馬県・利根川水系〔1級〕
道庁排水　どうちょうはいすい
北海道・新川水系
道田川　どうでんがわ
新潟県・国府川水系〔2級〕
道田川　どうだがわ
愛知県・高浜川水系
道目亀川　どうめきがわ
千葉県・一宮川水系
6道光寺川　どうこうじがわ
愛知県・北浜川水系
道成寺川《別》　どうじょうじがわ
静岡県・浜川水系の浜川
道行沢　みちゆきざわ
秋田県・雄物川水系〔1級〕
道行沢川　みちゆきさわがわ
新潟県・信濃川水系〔1級〕
7道利川《別》　どうりがわ
山梨県・富士川水系の小柳川
道坂川　みちさかがわ
愛媛県・肱川水系〔1級〕
道志川　どうしがわ
山梨県・相模川水系〔1級〕
道見川　どうけんがわ
新潟県・信濃川水系〔1級〕
道谷川　みちだにがわ
兵庫県・揖保川水系〔1級〕
8道免川　どうめんがわ
広島県・沼田川水系
9道保川　どうほがわ
神奈川県・相模川水系〔1級〕
道後川　どうごがわ
広島県・高梁川水系〔1級〕
道後谷川　どうごだにがわ
岐阜県・木曾川水系〔1級〕
道泉寺川　どうせんじがわ
愛媛県・肱川水系〔1級〕
道祖神川　どうそじんがわ
山形県・最上川水系
道祖神川　どうそじんがわ
長野県・天竜川水系
11道添川　みちぞえがわ
福島県・夏井川水系
12道喰川　みちくいがわ
愛媛県・渡川水系〔1級〕
道奥谷川　みちおくだにがわ
京都府・淀川水系
道満川　どうまんがわ
新潟県・信濃川水系〔1級〕
道越川　みちごしがわ
佐賀県・六角川水系
道々川　みちみちがわ
岡山県・高梁川水系〔1級〕
13道園川　どうぞのがわ
鹿児島県・肝属川水系〔1級〕
道頓堀川　どうとんぼりがわ
大阪府・淀川水系〔1級〕
17道環川　どうかんがわ
岡山県・吉井川水系〔1級〕

【遍】
9遍保ヶ野川　へぼがのがわ
宮崎県・本城川水系

【遊】
9遊屋川　ゆやがわ
愛知県・矢作川水系
13遊楽部川　ゆうらっぷがわ
北海道・遊楽部川水系〔2級〕

【酢】
3酢川　すがわ
山形県・最上川水系〔1級〕

【量】
3量川　はかりがわ
奈良県・大和川水系〔1級〕

【鈑】
4鈑戸川　たたらどがわ
鳥取県・阿弥陀川水系〔2級〕

【鉐】
7鉐沢川　たたらさわがわ
群馬県・利根川水系〔1級〕

【開】

3開山川　ひらきやまがわ
熊本県・菊池川水系

開川　ひらきがわ
香川県・綾川水系〔2級〕

4開戸川　かいとがわ
千葉県・開戸川水系〔2級〕

5開平江　かいたいこう
佐賀県・筑後川水系〔1級〕

開田川　かいだがわ
岡山県・旭川水系〔1級〕

7開作川　かいさくがわ
山口県・阿武川水系〔2級〕

開作川　かいさくがわ
山口県・粟野川水系〔2級〕

9開持川　かいもちがわ
山梨県・富士川水系〔1級〕

【間】

間の内川　まのうちがわ
新潟県・間の内川水系〔2級〕

間の瀬川　まのせがわ
長崎県・八郎川水系〔2級〕

3間川　あいだがわ
愛知県・豊川水系〔1級〕

間川　はざまがわ
高知県・渡川水系〔1級〕

4間切川　まきりがわ
新潟県・間切川水系〔2級〕

間戸川　はざとがわ
大分県・大野川水系〔1級〕

間木戸川　まぎどがわ
岩手県・関口川水系

間木沢川　まぎざわがわ
岩手県・北上川水系

6間地川　まじがわ
鳥取県・日野川水系〔1級〕

7間沢川　まざわがわ
青森県・間沢川水系

間沢川　まざわがわ
山形県・最上川水系〔1級〕

間沢川　まざわがわ
長野県・天竜川水系〔1級〕

間見川　まみがわ
岐阜県・木曾川水系〔1級〕

間谷川　またにがわ
徳島県・吉野川水系〔1級〕

8間明田川　まみょうだがわ
岩手県・北上川水系

間物沢川　まものざわがわ
群馬県・利根川水系〔1級〕

間門川　まかどがわ
山梨県・富士川水系〔1級〕

9間屋川　まやがわ
愛知県・高浜川水系

10間島川《別》　まじまがわ
富山県・余川川水系の余川川

11間堀川　まほりがわ
山梨県・相模川水系〔1級〕

間黒川　まぐろがわ
茨城県・那珂川水系〔1級〕

間黒川　まぐろがわ
愛知県・天竜川水系〔1級〕

12間賀川　まがかわ
鳥取県・日野川水系

間越川　まごしがわ
栃木県・那珂川水系〔1級〕

13間溝川　まみぞがわ
宮崎県・耳川水系〔2級〕

19間瀬口川　ませじちがわ
愛知県・境川水系

間瀬川　ませがわ
秋田県・米代川水系〔1級〕

間瀬川　まぜがわ
山形県・荒川（新潟県・山形県）水系〔1級〕

間瀬川　ませがわ
埼玉県・利根川水系〔1級〕

間瀬川　まぜがわ
広島県・高梁川水系〔1級〕

【閑】

10閑馬川　かんまがわ
栃木県・利根川水系〔1級〕

【隅】

3隅川《別》　くまがわ
岩手県・北上川水系の伊手川

5隅田川　すみだがわ
東京都・荒川（東京都・埼玉県）水系〔1級〕

隅田川　すみだがわ
京都府・淀川水系

隅田川　すみだがわ
和歌山県・紀の川水系〔1級〕

隅田川　すみだがわ
岡山県・吉井川水系〔1級〕

隅田川　すみだがわ
岡山県・吉井川水系

隅田川　すみだがわ
愛媛県・隅田川水系〔2級〕

隅田川　すみだがわ
熊本県・隅田川水系〔2級〕

10隅除川　すみよけがわ
愛知県・庄内川水系〔1級〕

隅除川　すみよけがわ
愛知県・庄内川水系

【隈】
3隈上川　くまがみがわ
福岡県・筑後川水系〔1級〕
隈川　くまがわ
北海道・常呂川水系〔1級〕
隈川　くまがわ
福島県・阿賀野川水系
隈川　くまがわ
福岡県・隈川水系〔2級〕
4隈之城川　くまのじょうがわ
鹿児島県・川内川水系〔1級〕
隈戸川　くまとがわ
福島県・阿武隈川水系〔1級〕
7隈谷川　くまやがわ
宮崎県・隈谷川水系〔2級〕
8隈取川　くまとりがわ
長野県・信濃川水系〔1級〕

【随】
6随光川　ずいこうがわ
山口県・厚狭川水系〔2級〕
随光寺川　ずいこうじがわ
茨城県・那珂川水系〔1級〕

【雁】
雁ヶ池川　がんがいけがわ
高知県・渡川水系〔1級〕
雁ヶ沢川　かりがさわがわ
群馬県・利根川水系〔1級〕
2雁又川　かりまたがわ
愛知県・庄内川水系
3雁川川　かりかわがわ
鹿児島県・川内川水系〔1級〕
5雁平川　かりひらがわ
新潟県・関川水系〔1級〕
6雁行川　がんぎょうがわ
群馬県・利根川水系〔1級〕
7雁来川　かりきがわ
北海道・石狩川水系〔1級〕
雁来新川　かりきしんかわ
北海道・石狩川水系〔1級〕
雁谷溜　かりやだめ
滋賀県日野町
雁里沼　かりさとぬま
北海道北村、月形町
8雁沼　がんぬま
青森県西津軽郡木造町
10雁通川　がんずうがわ
茨城県・利根川水系〔1級〕

【集】
3集川　あつまりがわ
鹿児島県・集川水系〔2級〕
13集福寺川　しゅうふくじがわ
滋賀県・淀川水系〔1級〕

【雄】
3雄子沢川　おしざわがわ
福島県・阿賀野川水系〔1級〕
雄川　おがわ
群馬県・利根川水系〔1級〕
雄川　おがわ
鹿児島県・雄川水系〔2級〕
4雄木禽川　おききんがわ
北海道・天塩川水系〔1級〕
6雄池　おいけ
長野県南佐久郡佐久町
7雄沢川　おざわがわ
長野県・信濃川水系〔1級〕
雄谷川　おだにがわ
石川県・手取川水系〔1級〕
8雄国沼　おぐにぬま
福島県耶麻郡北塩原村
雄国沼　おぐにぬま
福島県・阿賀野川水系〔1級〕
雄武川　おうむがわ
北海道・雄武川水系〔2級〕
雄物川　おものがわ
秋田県・雄物川水系〔1級〕
9雄信内川　おのぶないがわ
北海道・天塩川水系〔1級〕
雄神川　おかみがわ
岡山県・高梁川水系〔1級〕
10雄馬別川　おまべつがわ
北海道・十勝川水系〔1級〕
11雄鳥川　おんどりがわ
岐阜県・木曾川水系〔1級〕
12雄琴川　おごとがわ
滋賀県・淀川水系〔1級〕
14雄樋川　ゆひがわ
沖縄県・雄樋川水系〔2級〕

【雲】
3雲川　くもがわ
福井県・九頭竜川水系〔1級〕
5雲出川　くもずがわ
三重県・雲出川水系〔1級〕
雲出古川　くもずふるがわ
三重県・雲出川水系〔1級〕
7雲沢川　うんざわがわ
愛知県・豊川水系

9雲津川　くもずがわ
兵庫県・市川水系〔2級〕
10雲原川　くもはらがわ
京都府・由良川水系〔1級〕
11雲雀沢　ひばりざわ
新潟県・信濃川水系

【韮】
3韮山古川　にらやまふるがわ
静岡県・狩野川水系〔1級〕
韮川　にらがわ
群馬県・利根川水系〔1級〕
韮川放水路　にらがわほうすいろ
群馬県・利根川水系〔1級〕

【須】
須ヶ脇川　すがわきがわ
愛知県・日光川水系
3須口池　すぐちいけ
鹿児島県薩摩郡里村
須山川　すやまがわ
富山県・白岩川水系〔2級〕
須川　すがわ
山形県・最上川水系〔1級〕
須川　すがわ
福島県・阿武隈川水系〔1級〕
須川《古》　すがわ
群馬県・利根川水系の入山川
須川　すがわ
新潟県・信濃川水系〔1級〕
須川　すがわ
静岡県・鮎沢川水系〔2級〕
須川《古》　すがわ
静岡県・稲生沢川水系の須郷川
須川　すがわ
滋賀県・淀川水系〔1級〕
須川　すがわ
京都府・宇川水系〔2級〕
須川　すがわ
山口県・佐波川水系〔1級〕
須川川　すかわがわ
群馬県・利根川水系〔1級〕
須川川　すかわがわ
新潟県・関川水系〔1級〕
須川川　すがわがわ
高知県・須川川水系〔2級〕
須川川　すかわがわ
長崎県・須川川水系〔2級〕
須川川　すごうがわ
大分県・櫛来川水系〔2級〕
須川湖　すがわこ
秋田県東成瀬村

4須井川　すいがわ
兵庫県・須井川水系〔2級〕
5須古川　すこがわ
佐賀県・六角川水系〔1級〕
須玉川　すだまがわ
山梨県・富士川水系〔1級〕
須田川　すだがわ
北海道・十勝川水系〔1級〕
須田川　すだがわ
滋賀県・淀川水系〔1級〕
須田川　すだがわ
京都府・淀川水系
須田川　すだがわ
島根県・斐伊川水系〔1級〕
6須安川　すやすがわ
兵庫県・千種川水系〔2級〕
7須佐川　すさがわ
島根県・神戸川水系〔2級〕
須佐川　すさがわ
山口県・須佐川水系〔2級〕
須谷川　すだにがわ
島根県・斐伊川水系〔1級〕
須谷川　すだにがわ
高知県・渡川水系〔1級〕
8須知川　しゅうちがわ
京都府・由良川水系〔1級〕
9須俣川《別》　すまたがわ
静岡県・大井川水系の寸又川
須俣川　すまたがわ
滋賀県・淀川水系〔1級〕
須屋川　すやがわ
鹿児島県・川内川水系〔1級〕
須巻川　すまきがわ
新潟県・荒川（新潟県・山形県）水系〔1級〕
須津川　すどがわ
静岡県・富士川水系〔1級〕
須美川　すみがわ
愛知県・矢作川水系〔1級〕
須美江川　すみえがわ
宮崎県・須美江川水系〔2級〕
10須原川　すはらがわ
新潟県・信濃川水系〔1級〕
須恵川　すえがわ
福岡県・多々良川水系〔2級〕
須納谷川　すのうだにがわ
石川県・手取川水系〔1級〕
須釜川　すがまがわ
長野県・信濃川水系〔1級〕
11須崎川　すざきがわ
岩手県・須崎川水系〔2級〕
須郷川　すごうがわ
秋田県・子吉川水系〔1級〕

須郷川　すごうがわ
静岡県・稲生沢川水系〔2級〕
須郷沢川　すごうざわがわ
群馬県・利根川水系〔1級〕
須部都川　すべつがわ
北海道・石狩川水系〔1級〕
須野谷川　すのたにがわ
兵庫県・竹野川水系〔2級〕
須麻馬内川　すままないがわ
北海道・石狩川水系〔1級〕
12須賀川　すがかわ
北海道・厚沢部川水系〔2級〕
須賀川　すがかわ
愛知県・須賀川水系〔2級〕
須賀川　すがかわ
和歌山県・須賀川水系〔2級〕
須賀川　すがかわ
島根県・斐伊川水系〔1級〕
須賀川　すかがわ
愛媛県・須賀川水系〔2級〕
須賀院川　すがいんがわ
兵庫県・市川水系〔2級〕
須雲川　すくもがわ
神奈川県・早川水系〔2級〕
須々万川　すすまがわ
山口県・錦川水系〔2級〕
須々木川　すずきがわ
静岡県・須々木川水系〔2級〕
須々岐川《古》　すすきがわ
長野県・信濃川水系の薄川
14須駄道川　すだみちがわ
熊本県・流合川水系
18須鎌川　すがまがわ
鳥取県・日野川水系〔1級〕

【飯】

飯ノ川　はんのがわ
高知県・渡川水系〔1級〕
3飯山川　いのやまがわ
石川県・羽咋川水系〔2級〕
飯山満川　はさまがわ
千葉県・海老川水系〔2級〕
飯川　ままがわ
石川県・飯川水系〔2級〕
飯干川　いいぼしがわ
熊本県・球磨川水系〔1級〕
飯干川　いいぼしがわ
大分県・大野川水系〔1級〕
飯干川《別》　いいぼしがわ
宮崎県・耳川水系の七ツ山川
5飯田川　いいだがわ
茨城県・那珂川水系〔1級〕
飯田川　いいだがわ
茨城県・那珂川水系
飯田川　いいだがわ
茨城県・利根川水系
飯田川　いいだがわ
新潟県・関川水系〔1級〕
飯田川　いいだがわ
岐阜県・木曾川水系〔1級〕
飯田川　いいだがわ
島根県・飯田川水系〔2級〕
飯田川　いいだがわ
広島県・江の川水系〔1級〕
飯田川　いいだがわ
広島県・江の川水系
飯田川　いいだがわ
佐賀県・飯田川水系〔2級〕
飯田川　いいだがわ
宮崎県・大淀川水系〔1級〕
飯田日当川　いいだひあたりがわ
佐賀県・飯田川水系〔2級〕
飯田洞川　いいたぼらがわ
岐阜県・矢作川水系〔1級〕
飯田原川　いいだばらがわ
三重県・櫛田川水系〔1級〕
飯石川　いいしがわ
島根県・斐伊川水系〔1級〕
6飯江川　はえがわ
福岡県・矢部川水系〔1級〕
飯羽間川　いいばまがわ
岐阜県・木曾川水系〔1級〕
7飯尾川　いいおがわ
山梨県・相模川水系〔1級〕
飯尾川　いのおがわ
徳島県・吉野川水系〔1級〕
飯尾川放水路　いのおがわほうすいろ
徳島県・吉野川水系〔1級〕
飯角川　いいずみがわ
新潟県・落堀川水系〔2級〕
飯谷川　はんだにがわ
兵庫県・円山川水系〔1級〕
8飯沼川　いいぬまがわ
茨城県・利根川水系〔1級〕
飯沼川　いいぬまがわ
長野県・天竜川水系〔1級〕
飯沼川　いいぬまがわ
岐阜県・木曾川水系〔1級〕
9飯美川　いいびがわ
島根県・飯美川水系〔2級〕
10飯島川　いいじまがわ
群馬県・利根川水系〔1級〕
飯浦川　いいのうらがわ
島根県・飯浦川水系〔2級〕

飯高川　いいだかがわ
岐阜県・木曾川水系〔1級〕
11飯崎川　はんさきがわ
福島県・小高川水系〔2級〕
飯梨川　いいなしがわ
島根県・斐伊川水系〔1級〕
飯盛川　いいもりがわ
埼玉県・荒川(東京都・埼玉県)水系〔1級〕
飯盛川　はんせいがわ
福井県・飯盛川水系〔2級〕
飯野川　いいのがわ
愛知県・矢作川水系〔1級〕
12飯塚川　いいずかがわ
秋田県・馬場目川水系
飯塚川　いいずかがわ
山形県・最上川水系
飯塚川　いいずかがわ
熊本県・緑川水系
飯森川　いいもりがわ
岩手県・気仙川水系
飯間谷川　はんまやがわ
静岡県・安倍川水系〔1級〕
13飯福田川　いぶたがわ
三重県・雲出川水系〔1級〕
飯詰川　いいずめがわ
青森県・岩木川水系〔1級〕
飯豊川　いいとよがわ
岩手県・北上川水系〔1級〕
飯豊川　いいとよがわ
岩手県・北上川水系
飯豊川　いいでがわ
新潟県・加治川水系
14飯樋川　いいといがわ
福島県・新田川水系〔2級〕
飯綱大池　いいずなおおいけ
長野県長野市

【黍】
5黍生川　きびゅうがわ
岐阜県・木曾川水系〔1級〕

13 画

【傾】
3傾川　かたむきがわ
大分県・五ヶ瀬川水系〔1級〕
9傾城川《別》　けいせいがわ
宮城県・面瀬川水系の面瀬川
傾城沢　けいせいざわ
福島県・阿賀野川水系

【催】
6催合川　もようがわ
高知県・渡川水系

【僧】
11僧都川　そうずがわ
広島県・本郷川水系
僧都川　そうずがわ
愛媛県・僧都川水系〔2級〕
僧都谷川　そうずだにがわ
徳島県・吉野川水系〔1級〕
僧都谷川　そうずだにがわ
徳島県・野根川水系〔2級〕

【勢】
4勢井前川　せいまえがわ
愛知県・矢作川水系
5勢田川　せたがわ
三重県・宮川水系〔1級〕
7勢那沢《別》　せなさわ
静岡県・狩野川水系の佐野川
8勢波佐川　せばさがわ
愛媛県・渡川水系〔1級〕
13勢々川　ぜぜがわ
三重県・金剛川水系〔2級〕

【園】
3園口川　そのぐちがわ
熊本県・佐敷川水系
園川　そのがわ
京都府・淀川水系
園川　そのがわ
鳥取県・園川水系〔2級〕
園川　そのがわ
熊本県・球磨川水系
園川　そのがわ
熊本県・砂川水系
5園田川　そのだがわ
熊本県・関川水系
園田川　そのだがわ
熊本県・鏡川水系
園田川　そのだがわ
熊本県・大野川水系
園田川　そのだがわ
大分県・大分川水系〔1級〕
園田川　そのだがわ
宮崎県・大淀川水系〔1級〕
10園原川　そのはらがわ
長野県・天竜川水系〔1級〕
11園部川　そのべがわ
茨城県・利根川水系〔1級〕

園部川　そのべがわ
京都府・淀川水系〔1級〕
19園瀬川　そのせがわ
徳島県・吉野川水系〔1級〕

【塩】
塩の沢川　しおのさわがわ
宮城県・七北田川水系
塩の沢川　しおのさわがわ
群馬県・利根川水系〔1級〕
塩の沢川　しおのさわがわ
山梨県・富士川水系〔1級〕
塩ヶ浜　しおがはま
三重県南島町
塩ノ入川　しおのいりがわ
福島県・阿賀野川水系
塩ノ川　しおのかわ
福島県・阿武隈川水系〔1級〕
2塩入川　しおいりがわ
鹿児島県・肝属川水系〔1級〕
3塩口水路　しおぐちすいろ
秋田県・馬場目川水系
塩子川　しおこがわ
茨城県・那珂川水系〔1級〕
塩川　しおがわ
宮城県・阿武隈川水系〔1級〕
塩川　しおかわ
山梨県・富士川水系〔1級〕
塩川　しおがわ
山梨県・富士川水系〔1級〕
塩川　しおがわ
長野県・天竜川水系〔1級〕
塩川　しおがわ
兵庫県・淀川水系〔1級〕
塩川　しおがわ
鳥取県・塩川水系〔2級〕
塩川　しおがわ
鳥取県・塩川水系
塩川沢川　しおかわさわがわ
長野県・信濃川水系〔1級〕
4塩之内川　しおのうちがわ
岡山県・旭川水系〔1級〕
塩井川　しおいがわ
奈良県・淀川水系〔1級〕
塩井川　しおいがわ
熊本県・菊池川水系
塩井谷川　しおいだにがわ
熊本県・五ヶ瀬川水系
塩水川　しおみずがわ
神奈川県・相模川水系
塩水沢川　しおみずざわがわ
山梨県・富士川水系〔1級〕
5塩出川　しおでがわ
京都府・由良川水系
塩民川　しおたみがわ
福島県・塩民川水系
塩田川　しおだがわ
福島県・阿武隈川水系
塩田川　しおたがわ
茨城県・塩田川水系〔2級〕
塩田川　しおたがわ
栃木県・那珂川水系〔1級〕
塩田川　しおだがわ
千葉県・塩田川水系〔2級〕
塩田川　しおだがわ
長野県・天竜川水系〔1級〕
塩田川　しおだがわ、しょたがわ
静岡県・巴川水系〔2級〕
塩田川　しおたがわ
愛知県・内海川水系
塩田川　しおたがわ
佐賀県・塩田川水系〔2級〕
塩田川　しおだがわ
熊本県・緑川水系
塩田川　しおたがわ
宮崎県・小丸川水系〔1級〕
塩田谷川　しおただにがわ
京都府・由良川水系
7塩冶赤川　えんやあかがわ
島根県・神戸川水系〔2級〕
塩岐川　しおまたがわ
福島県・阿賀野川水系〔1級〕
塩杣川　しおそばがわ
鹿児島県・思川水系〔2級〕
塩沢　しおざわ
長野県・天竜川水系〔1級〕
塩沢川　しおざわがわ
福島県・阿賀野川水系〔1級〕
塩沢川　しおざわがわ
群馬県・利根川水系〔1級〕
塩沢川　しおざわがわ
新潟県・鯖石川水系〔2級〕
塩沢川　しおざわがわ
山梨県・富士川水系〔1級〕
塩沢川　しおざわがわ
長野県・信濃川水系〔1級〕
塩沢川　しおざわがわ
長野県・天竜川水系〔1級〕
塩沢川　しおざわがわ
長野県・木曽川水系〔1級〕
塩見川　しおみがわ
鳥取県・塩見川水系〔2級〕
塩見川　しおみがわ
大分県・五ヶ瀬川水系〔1級〕

塩見川　しおみがわ
宮崎県・塩見川水系〔2級〕
塩谷川　しおやがわ
北海道・塩谷川水系〔2級〕
塩谷川　しおだにがわ
新潟県・信濃川水系〔1級〕
塩谷川　しおたにがわ
京都府・由良川水系
塩谷川　しおだにがわ
島根県・斐伊川水系〔1級〕
塩谷川　しおたにがわ
島根県・江の川水系〔1級〕
塩谷川　しおたにがわ
岡山県・吉井川水系〔1級〕
塩谷西川　しおたににしがわ
広島県・塩谷西川水系
塩谷東川　しおたにひがしがわ
広島県・塩谷東川水系
塩貝川　しおがいがわ
広島県・江の川水系
塩辛川　しおからがわ
新潟県・信濃川水系〔1級〕
8塩迫川　しおざこがわ
熊本県・津奈木川水系
9塩屋川　しおやがわ
兵庫県・塩屋川水系〔2級〕
塩屋川　しおやがわ
兵庫県・大津川水系〔2級〕
塩屋川　しおやがわ
熊本県・塩屋川水系
塩屋川　しおやがわ
熊本県・姫浦川水系
塩屋谷川　しおやだにがわ
兵庫県・塩屋谷川水系〔2級〕
塩屋谷川放水路　しおやだにがわほうすいろ
兵庫県・塩屋谷川水系〔2級〕
塩屋浦川　しおやうらがわ
熊本県・塩屋浦川水系
塩津川　しおずがわ
石川県・塩津川水系〔2級〕
10塩浸川　しおひたしがわ
熊本県・菊池川水系〔1級〕
塩浸川　しおひたしがわ
熊本県・菊池川水系
塩浸川　しおひたしがわ
熊本県・佐敷川水系
塩浜川　しおはまがわ
熊本県・塩浜川水系
11塩郷川　しおごうがわ
島根県・塩郷川水系〔2級〕
塩野川　しおのがわ
福島県・阿武隈川水系〔1級〕
塩野町川　しおのまちがわ
新潟県・三面川水系〔2級〕
12塩塚川　しおつかがわ
福岡県・矢部川水系〔1級〕
塩間川　しわいがわ
高知県・塩間川水系〔2級〕
13塩幌川　しおほろがわ
北海道・十勝川水系〔1級〕
15塩蔵川　しおぞうがわ
岐阜県・木曽川水系〔1級〕
21塩鶴川　しおずるがわ
長崎県・千綿川水系〔2級〕
塩鶴川　しおずるがわ
熊本県・球磨川水系

【塗】
3塗川　ぬりがわ
群馬県・利根川水系〔1級〕

【塘】
3塘川　ともがわ
熊本県・菊池川水系
塘川　ともがわ
鹿児島県・大浦川水系〔2級〕
13塘路湖　とうろこ
北海道・釧路川水系

【塙】
3塙子沢川　だんござわがわ
福島県・阿賀野川水系
塙川　はなわがわ
秋田県・塙川水系〔2級〕

【墓】
墓の谷川　はかのたにがわ
京都府・野田川水系

【夢】
9夢前川　ゆめさきがわ
兵庫県・夢前川水系〔2級〕

【奥】
奥の前沢川　おくのまえさわがわ
新潟県・信濃川水系〔1級〕

【嫁】
3嫁川　よめがわ
佐賀県・嫁川水系〔2級〕
4嫁仞川　よめつけがわ
京都府・淀川水系

7嫁坂谷川　よめさかだにがわ
徳島県・吉野川水系〔1級〕

【寛】
5寛永谷川　かんえいだにがわ
愛媛県・国領川水系〔2級〕
9寛政川　かんせいがわ
茨城県・那珂川水系〔1級〕
寛政川　かんせいがわ
茨城県・那珂川水系

【寝】
2寝入谷水流　ねいりだにすいりゅう
富山県・境川水系〔2級〕
9寝屋川　ねやがわ
大阪府・淀川水系〔1級〕
寝屋川導水路　ねやがわどうすいろ
大阪府・淀川水系〔1級〕

【嵯】
10嵯峨川　さががわ
徳島県・吉野川水系〔1級〕
嵯峨谷川　さがたにがわ
和歌山県・紀の川水系〔1級〕

【嵩】
3嵩山川　すせがわ
愛知県・豊川水系〔1級〕
5嵩田川　たけだがわ
静岡県・狩野川水系〔1級〕
12嵩富川　かさとみがわ
愛媛県・肱川水系〔1級〕

【幌】
3幌川　ほろがわ
北海道・幌川水系〔2級〕
4幌内川　ほろないがわ
北海道・石狩川水系〔1級〕
幌内川　ほろないがわ
北海道・幌内川水系〔2級〕
幌内川　ほろないがわ
北海道・敷生川水系
幌内越沢川　ほろないこしざわがわ
北海道・天塩川水系〔1級〕
幌戸沼　ほろとぬま
北海道浜中町
5幌加川　ほろかがわ
北海道・十勝川水系〔1級〕
幌加内一の沢川　ほろかないいちのさわがわ　北海道・石狩川水系〔1級〕
幌加内二の沢川　ほろかないにのさわがわ　北海道・石狩川水系〔1級〕
幌加内三の沢川　ほろかないさんのさわがわ　北海道・石狩川水系〔1級〕
幌加内川　ほろかないがわ
北海道・石狩川水系〔1級〕
幌加尾白利加川　ほろかおしらりかがわ
北海道・石狩川水系〔1級〕
幌加徳富川　ほろかとっぷがわ
北海道・石狩川水系〔1級〕
幌去川　ほろさりがわ
北海道・鵡川水系〔1級〕
6幌向大沼　ほろむいおおぬま
北海道北村
幌向川　ほろむいがわ
北海道・石狩川水系〔1級〕
7幌別川　ほろべつがわ
北海道・尻別川水系〔1級〕
幌呂川　ほろろがわ
北海道・釧路川水系〔1級〕
10幌倉川　ほろくらがわ
北海道・石狩川水系〔1級〕
12幌満川　ほろまんがわ
北海道・幌満川水系〔2級〕
13幌新太刀別川　ほろにいたちべつがわ
北海道・石狩川水系〔1級〕

【幕】
3幕山川　まくやまがわ
兵庫県・千種川水系〔2級〕
幕山川　まくやまがわ
広島県・手城川水系
幕川　まくがわ
熊本県・緑川水系〔1級〕
8幕岩川　まくいわがわ
岐阜県・木曾川水系〔1級〕

【愛】
愛の川　あいのかわ
北海道・常呂川水系〔1級〕
3愛子谷川　あいごだにがわ
和歌山県・紀の川水系〔1級〕
愛川　あたいがわ
和歌山県・日高川水系〔2級〕
5愛田川　えだがわ
三重県・淀川水系〔1級〕
7愛別川　あいべつがわ
北海道・石狩川水系〔1級〕
愛沢川　あいざわがわ
山形県・最上川水系〔1級〕
愛見川《別》　あいみがわ
石川県・相見川水系の相見川

8愛宕川　あたごがわ
福島県・阿武隈川水系
愛宕川　あたごがわ
三重県・金剛川水系〔2級〕
愛宕川　あたごがわ
鹿児島県・愛宕川水系〔2級〕
愛宕谷川　あたごだにがわ
京都府・淀川水系〔1級〕
愛宕新川　あたごしんかわ
北海道・石狩川水系〔1級〕
愛知川　えちがわ
滋賀県・淀川水系〔1級〕
9愛染川《別》　あいぜんがわ
静岡県・逢初川水系の逢初川

【意】
5意此川《別》　おしがわ
兵庫県・揖保川水系の林田川
6意宇川　いうがわ、ゆうがわ
島根県・斐伊川水系〔1級〕
8意東川　いとうがわ
島根県・斐伊川水系〔1級〕

【戦】
3戦川　いくさがわ
京都府・淀川水系〔1級〕
戦川　いくさがわ
大分県・大分川水系〔1級〕

【摂】
8摂取寺川　せっしゅうじがわ
熊本県・八枚戸川水系
9摂待川　せったいがわ
岩手県・摂待川水系〔2級〕
摂待川　せったいがわ
岩手県・摂待川水系

【数】
7数沢川　かずさわがわ
静岡県・狩野川水系〔1級〕

【新】
新せぎ川　しんせぎがわ
山梨県・富士川水系〔1級〕
新オシタップ川　しんおしたっぷがわ
北海道・十勝川水系〔1級〕
新タヨロマ川　しんたよろまがわ
北海道・天塩川水系〔1級〕
新ママチ川　しんままちがわ
北海道・石狩川水系〔1級〕
2新八ヶ村江川　しんやがむらえがわ
宮城県・北上川水系〔1級〕
新八間堀川　しんはちけんぼりがわ
茨城県・利根川水系〔1級〕
新十郎川　しんじゅうろうがわ
岡山県・中新開川水系
3新三郎沢　しんさぶろうざわ
青森県・川内川水系〔2級〕
新上堂川　しんかみどうがわ
栃木県・那珂川水系〔1級〕
新土淵川　しんつちぶちがわ
青森県・岩木川水系〔1級〕
新大日池　しんだいにちいけ
滋賀県甲賀町、甲南町
新大正川　しんたいしょうがわ
大阪府・淀川水系〔1級〕
新大納川　しんだいのうがわ
佐賀県・六角川水系〔1級〕
新大徳川　しんだいとくがわ
石川県・大野川水系〔2級〕
新小牧川　しんこまきがわ
山形県・最上川水系〔1級〕
新小屋川　しんこやがわ
広島県・野呂川水系
新山川　にいやまがわ
岩手県・北上川水系〔1級〕
新山川　にいやまがわ
岩手県・北上川水系
新山川　にいやまがわ
山形県・最上川水系〔1級〕
新山川　にいやまがわ
長野県・天竜川水系〔1級〕
新山川　しやまかわ
島根県・江の川水系〔1級〕
新山川放水路　にいやまがわほうすいろ
岩手県・北上川水系〔1級〕
新山谷川　しんやまだにがわ
愛媛県・吉野川水系〔1級〕
新山梨川　しんやまなしがわ
北海道・貫気別川水系〔2級〕
新川　しんかわ
北海道・石狩川水系〔1級〕
新川　しんかわ
北海道・十勝川水系〔1級〕
新川　しんかわ
北海道・新川水系〔2級〕
新川《別》　しんかわ
北海道・亀田川水系の亀田川
新川　しんかわ
北海道・静内川水系
新川　しんがわ
岩手県・北上川水系〔1級〕

新川　にっがわ
宮城県・名取川水系〔1級〕
新川　しんかわ
宮城県・阿武隈川水系〔1級〕
新川　しんがわ
宮城県・阿武隈川水系〔1級〕
新川　しんかわ
宮城県・高城川水系〔2級〕
新川　しんかわ
山形県・最上川水系〔1級〕
新川　しんかわ
福島県・阿武隈川水系〔1級〕
新川　しんかわ
福島県・夏井川水系〔2級〕
新川　しんかわ
福島県・小高川水系〔2級〕
新川　しんかわ
茨城県・那珂川水系〔1級〕
新川　しんかわ
茨城県・利根川水系〔1級〕
新川　しんかわ
茨城県・新川水系〔2級〕
新川　しんかわ
栃木県・利根川水系〔1級〕
新川　しんかわ
群馬県・利根川水系〔1級〕
新川　しんかわ
埼玉県・荒川（東京都・埼玉県）水系〔1級〕
新川　しんかわ
千葉県・新川水系〔2級〕
新川　しんかわ
千葉県・利根川水系
新川　しんかわ
東京都・利根川水系〔1級〕
新川　しんがわ
新潟県・新川水系〔2級〕
新川　しんかわ
富山県・仏生寺川水系
新川　しんがわ
石川県・酒見川水系〔2級〕
新川　しんかわ
山梨県・富士川水系〔1級〕
新川　しんがわ
長野県・天竜川水系〔1級〕
新川　しんかわ
岐阜県・木曾川水系〔1級〕
新川　しんかわ
静岡県・都田川水系〔2級〕
新川　しんがわ
愛知県・庄内川水系〔1級〕
新川　しんかわ
愛知県・高浜川水系〔2級〕
新川　しんかわ
愛知県・新川水系〔2級〕
新川　しんかわ
愛知県・境川水系
新川　しんかわ
愛知県・庄内川水系
新川　しんがわ
三重県・木曾川水系〔1級〕
新川　しんかわ
滋賀県・淀川水系〔1級〕
新川　しんがわ
滋賀県・淀川水系〔1級〕
新川　しんかわ
京都府・淀川水系〔1級〕
新川　しんかわ
京都府・野田川水系
新川　しんがわ
京都府・野田川水系
新川　しんがわ
京都府・淀川水系
新川　しんかわ
大阪府・淀川水系〔1級〕
新川　しんかわ
兵庫県・三原川水系〔2級〕
新川　しんかわ
兵庫県・新川水系〔2級〕
新川　しんかわ
兵庫県・千種川水系〔2級〕
新川　しんかわ
奈良県・大和川水系〔1級〕
新川　しんかわ
和歌山県・新川水系〔2級〕
新川　しんがわ
鳥取県・八橋川水系〔2級〕
新川　しんかわ
島根県・斐伊川水系〔1級〕
新川　しんかわ
島根県・新川水系〔2級〕
新川　しんかわ
島根県・堀川水系〔2級〕
新川　しんかわ
岡山県・里見川水系〔2級〕
新川　しんかわ
広島県・芦田川水系〔1級〕
新川　しんかわ
広島県・新川水系〔2級〕
新川　しんかわ
山口県・阿武川水系〔2級〕
新川　しんかわ
山口県・新川水系〔2級〕
新川　しんかわ
香川県・新川水系〔2級〕

新川　しんかわ
香川県・湊川水系〔2級〕
新川　しんかわ
愛媛県・肱川水系〔1級〕
新川　しんかわ
愛媛県・喜木川水系〔2級〕
新川　しんかわ
愛媛県・新川水系〔2級〕
新川　しんかわ
愛媛県・舫大川水系〔2級〕
新川　しんかわ
福岡県・遠賀川水系〔1級〕
新川　しんかわ
佐賀県・松浦川水系〔1級〕
新川　しんかわ
佐賀県・嘉瀬川水系〔1級〕
新川　しんかわ
佐賀県, 福岡県・筑後川水系〔1級〕
新川　しんかわ
長崎県・新川水系〔2級〕
新川　しんかわ
熊本県・浦上川水系
新川　しんかわ
熊本県・鏡川水系
新川　しんかわ
大分県・新川水系〔2級〕
新川　しんがわ
鹿児島県・川内川水系〔1級〕
新川　しんかわ
鹿児島県・新川水系〔2級〕
新川　にいがーら
沖縄県・新川水系〔2級〕
新川川　しんかわがわ
高知県・新川川水系〔2級〕
新川川　しんかわがわ
鹿児島県・川内川水系〔1級〕
新川川　あらかわがわ
沖縄県・新川川水系〔2級〕
新川放水路　しんかわほうすいろ
福島県・阿武隈川水系〔1級〕
新川放水路　しんかわほうすいろ
奈良県・大和川水系〔1級〕
4新中の川　しんなかのがわ
山形県・最上川水系〔1級〕
新中川　しんなかがわ
東京都・利根川水系〔1級〕
新中川　しんなかがわ
静岡県・新中川水系〔2級〕
新中江川　しんなかえがわ
愛知県・庄内川水系〔1級〕
新丹波川　しんたんばがわ
愛知県・日光川水系

新井川　あらいがわ
長野県・天竜川水系〔1級〕
新井川　あらいがわ
長野県・矢作川水系〔1級〕
新井川　あらいがわ
熊本県・関川水系
新井田川　にいだがわ
岩手県, 青森県・新井田川水系〔2級〕
新井田川　にいだがわ
宮城県・新井田川水系〔2級〕
新井田川　にいだがわ
山形県・新井田川水系〔2級〕
新井沢　あらいさわ
愛知県・天竜川水系
新井郷川　あらいごうがわ
新潟県・阿賀野川水系〔1級〕
新井郷川分水路　あらいごうがわぶんすいろ
新潟県・阿賀野川水系〔1級〕
新内川　しんうちがわ
山形県・赤川水系〔1級〕
新内藤川　しんないとかわ
島根県・神戸川水系〔2級〕
新切川　にぎりがわ
岩手県・気仙川水系〔2級〕
新戸川　しんどがわ
長野県・天竜川水系〔1級〕
新方川　にいがたがわ
埼玉県・利根川水系〔1級〕
新王子川　しんおおじがわ
大阪府・王子川水系〔2級〕
5新四郎沢　しんしろうざわ
新潟県・三面川水系
新本川　しんぽんがわ
岡山県・高梁川水系〔1級〕
新田川　しんでんがわ
北海道・浜益川水系〔2級〕
新田川　しんでんがわ
岩手県・織笠川水系
新田川　しんでんがわ
岩手県・北上川水系
新田川　しんでんがわ
山形県・最上川水系〔1級〕
新田川　にったがわ
山形県・最上川水系〔1級〕
新田川　にいだがわ
福島県・新田川水系〔2級〕
新田川　にっだがわ
千葉県・塩田川水系〔2級〕
新田川　しんでんがわ
新潟県・信濃川水系〔1級〕
新田川　しんでんがわ
長野県・信濃川水系〔1級〕

新田川　しんでんがわ
岐阜県・庄内川水系〔1級〕
新田川　しんでんがわ
静岡県・菊川水系〔1級〕
新田川　しんでんがわ
愛知県・高浜川水系
新田川　しんでんがわ
三重県・木曾川水系〔1級〕
新田川　しんでんがわ
滋賀県・淀川水系〔1級〕
新田川　しんでんがわ
京都府・淀川水系〔1級〕
新田川　しんでんがわ
京都府・淀川水系
新田川　にったがわ
兵庫県・石屋川水系〔2級〕
新田川　しんでんがわ
島根県・斐伊川水系〔1級〕
新田川　しんでんがわ
岡山県・新田川水系〔2級〕
新田川　しんでんがわ
山口県・佐波川水系〔1級〕
新田川　しんでんがわ
佐賀県・伊万里川水系〔2級〕
新田川　しんでんがわ
長崎県・相浦川水系〔2級〕
新田川　しんでんがわ
鹿児島県・新田川水系〔2級〕
新田内川　にったうちがわ
福島県・夏井川水系
新田名部川　しんたなぶがわ
青森県・田名部川水系〔2級〕
新田谷川　しんでんたにがわ
愛媛県・肱川水系〔1級〕
新田浦川　しんでんうらがわ
愛知県・日光川水系
新田間川　あらたまがわ
神奈川県・帷子川水系〔2級〕
新矢川　しんやがわ
新潟県・信濃川水系〔1級〕
新矢川分水路　しんやがわぶんすいろ
新潟県・信濃川水系
新石川　しんいしかわ
島根県・斐伊川水系〔1級〕
新立川　しんだてがわ
福岡県・筑後川水系〔1級〕
新立川　しんだてがわ
熊本県・新立川水系
6新吉野川　しんよしのがわ
埼玉県・荒川（東京都・埼玉県）水系〔1級〕
新名川　しんみょうがわ
香川県・津田川水系〔2級〕
新名爪川　しんみょうつめかわ
宮崎県・石崎川水系〔2級〕
新名庄川　しんなしょうがわ
山梨県・相模川水系〔1級〕
新地川　しんちがわ
山梨県・富士川水系〔1級〕
新地川　しんちがわ
熊本県・郡浦川水系
新地蔵川　しんじぞうがわ
愛知県・庄内川水系〔1級〕
新安川　しんやすがわ
広島県・太田川水系〔1級〕
新寺川　しんでらがわ
宮城県・北上川水系〔1級〕
新寺田川　しんてらだがわ
愛知県・境川水系〔2級〕
新庄川　しんじょうがわ
京都府・福田川水系〔2級〕
新庄川　しんじょうがわ
岡山県・旭川水系〔1級〕
新庄川　しんじょうがわ
岡山県・今立川水系〔2級〕
新庄内川　しんじょううちがわ
山形県・最上川水系〔1級〕
新庄内川　しんじょううちがわ
山形県・最上川水系
新江川　しんえがわ
埼玉県・荒川（東京都・埼玉県）水系〔1級〕
新江川　しんえがわ
新潟県・阿賀野川水系〔1級〕
新江川　しんえがわ
愛知県・新江川水系〔2級〕
新江合川　しんえあいがわ
宮城県・北上川水系〔1級〕
新池　しんいけ
滋賀県甲南
新池　しんいけ
滋賀県大津市
新池　しんいけ
滋賀県竜王町
新池川　しんいけがわ
徳島県・吉野川水系〔1級〕
新牟田辺川　しんむたべがわ
佐賀県・六角川水系〔1級〕
7新別府川　しんべっぷがわ
宮崎県・大淀川水系〔1級〕
新利根川　しんとねがわ
茨城県・利根川水系〔1級〕
新坂川　しんさかがわ
千葉県・利根川水系〔1級〕
新村川　しんむらがわ
佐賀県・嘉瀬川水系〔1級〕

新村川　しんむらがわ
熊本県・浦上川水系
新沢川　あらさわがわ
秋田県・子吉川水系〔1級〕
新甫川　しんぽがわ
北海道・新甫川水系〔2級〕
新町川　しんまちがわ
秋田県・雄物川水系〔1級〕
新町川　しんまちがわ
鳥取県・橋津川水系
新町川　しんまちがわ
徳島県・吉野川水系〔1級〕
新町谷川　しんまちだにがわ
徳島県・吉野川水系〔1級〕
新芝川　しんしばがわ
埼玉県・荒川（東京都・埼玉県）水系〔1級〕
新見川　にいみがわ
鳥取県・千代川水系〔1級〕
新谷川　あらやがわ
新潟県・阿賀野川水系〔1級〕
新谷川　しんたにがわ
三重県・雲出川水系〔1級〕
新谷田川　しんやだがわ
群馬県・利根川水系〔1級〕
新谷田川放水路　しんやだがわほうすいろ
群馬県・利根川水系〔1級〕
新谷新溜　あらたにしんだめ
滋賀県日野町
新貝川　しんがいがわ
福岡県・山国川水系〔1級〕
新貝川　しんがいがわ
大分県・駅館川水系〔2級〕
8新和川　しんわがわ
青森県・岩木川水系〔1級〕
新宝満川　しんほうまんがわ
福岡県・筑後川水系〔1級〕
新居田谷川　にいたたにがわ
徳島県・那賀川水系〔1級〕
新岩原川　しんいわばるがわ
熊本県・菊池川水系〔1級〕
新林沢川　しんばやしざわがわ
群馬県・利根川水系〔1級〕
新河岸川　しんがしがわ
埼玉県,東京都･荒川(東京都･埼玉県)水系〔1級〕
新河岸川放水路　しんがしがわほうすいろ
埼玉県・荒川（東京都・埼玉県）水系〔1級〕
新沼　しんぬま
北海道浦臼町
新沼川　にいぬまがわ
岩手県・北上川水系
新沼川　にいぬまがわ
山形県・最上川水系〔1級〕
新波川　あらわがわ
秋田県・雄物川水系〔1級〕
新牧川　しんまきがわ
佐賀県・有田川水系〔2級〕
新迫川　しんさこがわ
広島県・江の川水系〔1級〕
新長追川　しんながおいがわ
北海道・石狩川水系〔1級〕
新門間川　しんかどまがわ
愛知県・日光川水系
9新信濃川《別》　しんしなのがわ
新潟県・信濃川水系の大河津分水路
新保川　しんぼがわ
新潟県・国府川水系〔2級〕
新保川　しんぼがわ
新潟県・桑川水系
新保川　しんぼがわ
滋賀県・淀川水系〔1級〕
新冠川　にいかっぷがわ
北海道・新冠川水系〔2級〕
新城川　しんじょうがわ
青森県・新城川水系〔2級〕
新城川　しんじょうがわ
秋田県・雄物川水系〔1級〕
新城川　しんじょうがわ
岡山県・吉井川水系〔1級〕
新屋沢内川　あらやさわうちがわ
新潟県・三面川水系〔2級〕
新屋敷川　しんやしきがわ
秋田県・馬場目川水系
新建川　しんたてがわ
島根県・斐伊川水系〔1級〕
新建川　しんたてがわ
福岡県・多々良川水系〔2級〕
新柿川　しんかきがわ
新潟県・信濃川水系〔1級〕
新泉川　にいずみがわ
奈良県・大和川水系〔1級〕
新津川　にいつがわ
新潟県・信濃川水系〔1級〕
新畑川　あらはたがわ
愛知県・天竜川水系
新発田川　しばたがわ
新潟県・阿賀野川水系〔1級〕
新発田川放水路　しばたがわほうすいろ
新潟県・阿賀野川水系〔1級〕
新発地谷川　しんはっちだにがわ
徳島県・吉野川水系〔1級〕
新発谷川　しんぱつだにがわ
徳島県・那賀川水系〔1級〕
新神上川　しんかみのうえがわ
長崎県・黒浜川水系〔2級〕

新秋田川　しんあきたがわ
高知県・物部川水系〔1級〕
新秋田川放水路　しんあきたがわほうすいろ
高知県・物部川水系〔1級〕
新美深川　しんびふかがわ
北海道・天塩川水系〔1級〕
新荒田川　しんあらたがわ
岐阜県・木曾川水系〔1級〕
新荘川　しんじょうがわ
高知県・新荘川水系〔2級〕
新重内川　しんおもないがわ
北海道・知内川水系
新音江川　しんおとえがわ
北海道・石狩川水系〔1級〕
10新倉屋敷川　しんくらやしきがわ
長崎県・本明川水系〔1級〕
新家川　しんけがわ
大阪府・樫井川水系〔2級〕
新宮川　しんぐうがわ
石川県・羽咋川水系〔2級〕
新宮川　にいみやがわ
山梨県・富士川水系〔1級〕
新宮川　しんぐうがわ
長野県・天竜川水系〔1級〕
新宮川　しんぐうがわ
京都府・由良川水系
新宮川　しんぐうがわ
奈良県, 和歌山県, 三重県・新宮川水系〔1級〕
新宮川　しんぐうがわ
島根県・斐伊川水系〔1級〕
新宮川　しんぐうがわ
島根県・十間川水系〔2級〕
新宮川　しんぐうがわ
香川県・綾川水系〔2級〕
新宮川　しんぐうがわ
宮崎県・石崎川水系〔2級〕
新宮川放水路　しんぐうがわほうすいろ
島根県・神戸川水系〔2級〕
新島崎川　しんしまざきがわ
新潟県・新島崎川水系〔2級〕
新帯広川　しんおびひろがわ
北海道・十勝川水系〔1級〕
新桜井川　しんさくらいがわ
宮城県・阿武隈川水系〔1級〕
新浜深池　しんはまふかいけ
滋賀県草津市
新耕地川　しんこうちがわ
熊本県・五丁川水系〔2級〕
新造川　しんぞうがわ
愛知県・庄内川水系〔1級〕
新造路川　しんぞうじがわ
島根県・江の川水系〔1級〕
新通川　しんどおりがわ
新潟県・信濃川水系〔1級〕
新高野川　しんたかのがわ
岐阜県・木曾川水系〔1級〕
11新堀川　しんぼりがわ
宮城県・高城川水系〔2級〕
新堀川　しんぼりがわ
山形県・最上川水系〔1級〕
新堀川　しんぼりがわ
茨城県・利根川水系
新堀川　しんぼりがわ
群馬県・利根川水系〔1級〕
新堀川　しんぼりがわ
新潟県・信濃川水系〔1級〕
新堀川　しんぼりがわ
富山県・新堀川水系〔2級〕
新堀川　しんぼりがわ
富山県・白岩川水系〔2級〕
新堀川　しんぼりがわ
石川県・新堀川水系〔2級〕
新堀川　しんぼりがわ
山梨県・富士川水系〔1級〕
新堀川　しんぼりがわ
岐阜県・木曾川水系〔1級〕
新堀川　しんぼりがわ
静岡県・大井川水系〔1級〕
新堀川　しんほりがわ
愛知県・庄内川水系〔1級〕
新堀川　しんぼりがわ
愛知県・新堀川水系〔2級〕
新堀川　しんぼりがわ
愛知県・日光川水系〔2級〕
新堀川　しんほりがわ
愛知県・新堀川水系
新堀川　しんほりがわ
愛知県・日光川水系
新堀川　しんほりがわ
三重県・木曾川水系〔1級〕
新堀川　しんほりがわ
和歌山県・紀の川水系〔1級〕
新堀川　しんほりがわ
山口県・田布施川水系〔2級〕
新堀川　しんぼりがわ
徳島県・神田瀬川水系〔2級〕
新堀川　しんぼりがわ
高知県・仁淀川水系〔1級〕
新堀川　しんほりがわ
福岡県・遠賀川水系〔1級〕
新堀川導水路　しんぼりがわどうすいろ
群馬県・利根川水系〔1級〕
新崎川　にいざきがわ
神奈川県・新崎川水系〔2級〕

新巣川　しんすがわ
岐阜県・木曾川水系〔1級〕
新悪水川　しんあくすいがわ
島根県・斐伊川水系〔1級〕
新梨川　しんなしがわ
山梨県・富士川水系〔1級〕
新涯川　しんがいがわ
広島県・新涯川水系
新深川　しんふかがわ
宮城県・鳴瀬川水系〔1級〕
新笹川　しんささがわ
愛知県・池尻川水系
新規川　しんきがわ
岐阜県・木曾川水系〔1級〕
新郷瀬川　しんごうせがわ
愛知県・木曾川水系〔1級〕
新野川　にいのがわ
静岡県・新野川水系〔2級〕
新釧路川　しんくしろがわ
北海道・釧路川水系〔1級〕
新黒岡川　しんくろおかがわ
兵庫県・加古川水系〔1級〕
12新富士見川　しんふじみがわ
神奈川県・大岡川水系〔2級〕
新湯川　しんゆがわ
群馬県・利根川水系〔1級〕
新湊川　しんみなとがわ
兵庫県・新湊川水系〔2級〕
新湊川　しんみなとがわ
長崎県・新湊川水系〔2級〕
新道川　しんどうがわ
愛知県・高浜川水系
新道谷川　しんどうだにがわ
石川県・大聖寺川水系
新道満川　しんどうまんがわ
新潟県・信濃川水系〔1級〕
新開谷川　しんかいたにがわ
広島県・江の川水系〔1級〕
新間谷川　しんまやがわ
静岡県・安倍川水系〔1級〕
13新愛知川　しんえちがわ
滋賀県・淀川水系〔1級〕
新々堀川　しんしんほりかわ
福岡県・遠賀川水系〔1級〕
新溝川　しんみぞがわ
静岡県・箴川水系〔2級〕
新滝川　しんたきがわ
宮城県・阿武隈川水系
新滝坂川　しんたきさかがわ
群馬県・利根川水系〔1級〕
新溜　しんだめ
滋賀県日野町
新溜　しんだめ
滋賀県八日市市
新溜・堤尻溜　しんだめ・つつみじりだめ
滋賀県蒲生町
新飼川　しんかいがわ
福岡県・室見川水系〔2級〕
14新境川　しんさかいがわ
岐阜県・木曾川水系〔1級〕
新境川　しんさかいがわ
愛知県・庄内川水系〔1級〕
新徳消川　しんとくしょうがわ
北海道・胆振幌別川水系
新樋越川　しんひごしがわ
京都府・樋越川水系〔2級〕
新槐堀川　しんさいかちほりがわ
埼玉県・利根川水系〔1級〕
16新橋川　しんばしがわ
北海道・石狩川水系〔1級〕
新橋川《古》　にいはしがわ
福島県・阿賀野川水系の日橋川
新橋川　しんばしがわ
福岡県・筑後川水系〔1級〕
新燃池　しんもえいけ
鹿児島県霧島町
新繁田川　しんしげたがわ
愛知県・庄内川水系〔1級〕
新繁田川　しんしげたがわ
愛知県・庄内川水系
新興寺谷川　しんこうじだにがわ
鳥取県・千代川水系〔1級〕
17新鍛治川　しんかじがわ
富山県・新堀川水系〔2級〕
18新藤川　しんどうがわ
大分県・大野川水系〔1級〕
19新瀬川　しんせがわ
愛媛県・吉野川水系〔1級〕
新瀬沢川　しんせざわがわ
秋田県・雄物川水系〔1級〕
新羅川《古》　しらぎがわ
福井県・九頭竜川水系の日野川

【暗】

7暗沢　くらさわ
静岡県・大井川水系
暗谷川　くらだにがわ
愛媛県・吉野川水系〔1級〕
8暗門川　あんもんがわ
青森県・岩木川水系〔1級〕

【楽】

5楽古川　らっこがわ
北海道・楽古川水系〔2級〕

【極】
13極楽寺川　ごくらくじがわ
福岡県・城井川水系〔2級〕
極楽坂南谷川　ごくらくざかみなみだにがわ　富山県・常願寺川水系〔1級〕

【榊】
3榊川　さかきがわ
兵庫県・千種川水系〔2級〕
榊川　さかきがわ
鹿児島県・大浦川水系〔2級〕
7榊谷川　さかきだにがわ
和歌山県・紀の川水系〔1級〕
10榊原川　さかきばらがわ
三重県・雲出川水系〔1級〕

【楯】
3楯下川　たてしたがわ
山形県・楯下川水系〔2級〕
楯山川　たてやまがわ
山形県・最上川水系〔1級〕

【椿】
3椿川　つばきがわ
新潟県・椿川水系〔2級〕
椿川　つばきがわ
山梨県・富士川水系〔1級〕
椿川　つばきがわ
岐阜県・木曾川水系〔1級〕
椿川　つばきがわ
京都府・与保呂川水系〔2級〕
椿川　つばきがわ
徳島県・椿川水系〔2級〕
5椿田川　ちんたがわ
新潟県・信濃川水系〔1級〕
6椿地川　つばじがわ
徳島県・福井川水系〔2級〕
7椿尾川　つばきおがわ
新潟県・椿尾川水系〔2級〕
椿谷川　つばきだにがわ
岡山県・吉井川水系〔1級〕
椿谷川　つばきだにがわ
香川県・金倉川水系〔2級〕
椿谷川　つばきだにがわ
熊本県・球磨川水系
10椿桂川　つばきかつらがわ
新潟県・信濃川水系〔1級〕

【楢】
3楢山川　ならやまがわ
新潟県・信濃川水系〔1級〕
楢川　ならがわ
奈良県・大和川水系〔1級〕
4楢戸川　ならとがわ
福島県・阿賀野川水系〔1級〕
楢木川　ならきがわ
山口県・田万川水系〔2級〕
楢木沢　ならきざわ
新潟県・胎内川水系
5楢生川　ならぶがわ
福島県・木戸川水系〔2級〕
7楢尾沢川　ならおさわ
群馬県・利根川水系〔1級〕
楢沢川　ならさわがわ
新潟県・信濃川水系〔1級〕
楢沢川　ならさわがわ
長野県・信濃川水系〔1級〕
楢沢川一号　ならさわがわいちごう
長野県・信濃川水系〔1級〕
楢沢川二号　ならさわがわにごう
長野県・信濃川水系〔1級〕
8楢岡川　ならおかがわ
秋田県・雄物川水系〔1級〕
9楢俣川　ならまたがわ
群馬県・利根川水系〔1級〕
11楢崎川　ならさきがわ
佐賀県・六角川水系〔1級〕

【楠】
2楠乃川　くすのがわ
山口県・綾羅木川水系〔2級〕
3楠久川　くすくがわ
佐賀県・楠久川水系〔2級〕
楠川　くすがわ
長野県・信濃川水系〔1級〕
楠川　くすがわ
長野県・姫川水系〔1級〕
楠川　くすがわ
佐賀県・松浦川水系〔1級〕
4楠井川　くすいがわ
和歌山県・楠井川水系〔2級〕
楠木川　くすのきがわ
群馬県・利根川水系〔1級〕
楠木沢川　くすのきさわがわ
山梨県・富士川水系〔1級〕
楠木原川　くすきはらがわ
佐賀県・有田川水系〔2級〕
5楠本川　くすもとがわ
兵庫県・楠本川水系〔2級〕
楠本川　くすもとがわ
大分県・楠本川水系〔2級〕
楠本川　くすもとがわ
鹿児島県・川内川水系〔1級〕

楠本谷川　くすもとたにがわ
和歌山県・有田川水系〔2級〕
楠田川　くすだがわ
福岡県・矢部川水系〔1級〕
7楠甫川　くすぼがわ
熊本県・楠甫川水系〔2級〕
楠見池　くすみいけ
香川県・大束川水系
楠谷川　くすだにがわ
岡山県・吉井川水系
楠谷川　くすだにがわ
香川県・番屋川水系〔2級〕
楠谷川　くすのきだにがわ
高知県・渡川水系〔1級〕
10楠原川　くすはらがわ
長崎県・東大川水系〔2級〕
楠原川　くすはらがわ
宮崎県・広渡川水系〔2級〕
楠島川　くすしまがわ
高知県・渡川水系〔1級〕
楠根川　くすねがわ
大阪府・淀川水系〔1級〕

【楳】
5楳田川　うるしだがわ
宮城県・鳴瀬川水系〔1級〕

【楓】
3楓川　かえでがわ
高知県・渡川水系〔1級〕

【楊】
5楊生川　ようがわ
岩手県・北上川水系

【楜】
楜ヶ原川　くるみがはらがわ
富山県・神通川水系〔1級〕

【楮】
楮ヶ迫川　かじがさこがわ
熊本県・湯浦川水系
3楮川　こうぞがわ
茨城県・那珂川水系〔1級〕
楮川　こうぞがわ
愛知県・天竜川水系
7楮佐古川　かじさこがわ
高知県・物部川水系〔1級〕
10楮根川　かぞねがわ
山梨県・富士川水系〔1級〕

【楾】
6楾池　さわらいけ
山梨県韮崎市
11楾野川　ふしのがわ
山口県・楾野川水系〔2級〕

【歳】
歳の神川　としのかみがわ
熊本県・網津川水系
3歳川　さいかわ
栃木県・利根川水系〔1級〕
4歳戸川　さいとがわ
神奈川県・中村川水系

【殿】
殿の奥川　とののおくがわ
愛媛県・渡川水系〔1級〕
2殿入川　とのいりがわ
山梨県・相模川水系〔1級〕
3殿小川　とのおがわ
長野県・木曾川水系〔1級〕
殿川　とのがわ
福島県・阿武隈川水系〔1級〕
殿川　とのがわ
岐阜県・神通川水系〔1級〕
殿川　とのがわ
香川県・伝法川水系〔2級〕
殿川川　とのかわがわ
山口県・大井川水系〔2級〕
4殿井手川　とのいでがわ
長崎県・大明寺川水系〔2級〕
5殿田川　とのだがわ
静岡県・殿田川水系〔2級〕
殿田川　とのたがわ
愛知県・柳生川水系〔2級〕
殿田川　とのだがわ
愛知県・豊川水系
殿田川　とのだがわ
京都府・淀川水系
殿田川　とのだがわ
愛媛県・大谷川水系〔2級〕
7殿谷川　とのやがわ
静岡県・殿谷川水系〔2級〕
殿谷川　とのたにがわ
京都府・淀川水系
9殿屋敷川　とのやしきがわ
埼玉県・荒川（東京都・埼玉県）水系〔1級〕

【滑】
滑の窪川　なめのくぼがわ
山梨県・多摩川水系〔1級〕

3滑川　なめがわ
宮城県・鳴瀬川水系〔1級〕
滑川　なめがわ
山形県・最上川水系〔1級〕
滑川　なめかわ
福島県・阿武隈川水系〔1級〕
滑川　なめがわ
福島県・久慈川水系〔1級〕
滑川　なめがわ
栃木県・那珂川水系〔1級〕
滑川　なめがわ
群馬県・利根川水系〔1級〕
滑川　なめりかわ
埼玉県・荒川（東京都・埼玉県）水系〔1級〕
滑川　なめりがわ
神奈川県・滑川水系〔2級〕
滑川　なめらかわ
長野県・木曾川水系〔1級〕
滑川　なめりがわ
滋賀県・淀川水系〔1級〕
滑川　なめらがわ
岡山県・吉井川水系〔1級〕
滑川　なめらがわ
山口県・粟野川水系〔2級〕
滑川　なめらがわ
山口県・掛淵川水系〔2級〕
滑川　なめがわ
愛媛県・中山川水系〔2級〕
滑川　なめりがわ
熊本県・緑川水系〔1級〕
滑川　なめりがわ
熊本県・緑川水系
5滑石川　なめしがわ
鳥取県・河内川水系〔2級〕
7滑沢川　なめりさわがわ
福島県・阿賀野川水系
滑沢川　なめりさわがわ
福島県・阿賀野川水系
滑里川　なめさとがわ
福島県・阿武隈川水系
9滑津川　なめずがわ
福島県・滑津川水系〔2級〕
滑津川　なめずがわ
長野県・信濃川水系〔1級〕

【漢】

7漢那福地川　かんなふくちがわ
沖縄県・漢那福地川水系〔2級〕

【源】

2源二郎川　げんじろうがわ
新潟県・信濃川水系〔1級〕
3源川　みなもとがわ
千葉県・作田川水系〔2級〕
4源内川　げんないがわ
岐阜県・矢作川水系〔1級〕
源太山川　げんたやまがわ
新潟県・信濃川水系〔1級〕
源太川　げんたがわ
三重県・員弁川水系〔2級〕
源太川　げんたがわ
熊本県・球磨川水系
源太郎川　げんたろうがわ
石川県・大野川水系
源氏ノ沢　げんじのさわ
宮城県・鹿折川水系
源氏川　げんじがわ
茨城県・久慈川水系〔1級〕
源水川　げんすいがわ
岩手県・大槌川水系
5源右エ門沢　げんうえもんざわ
岩手県・北上川水系
源左切沢　げんざぎりさわ
長野県・矢作川水系
源田沢川　げんださわがわ
山梨県・富士川水系〔1級〕
6源光川　げんこうがわ
愛媛県・肱川水系〔1級〕
源光寺谷川　げんこうじだにがわ
徳島県・吉野川水系〔1級〕
源次郎沢川　げんじろうざわがわ
福島県・阿賀野川水系
8源明川　げんめいがわ
三重県・鈴鹿川水系〔1級〕
源河川　げんかがわ
沖縄県・源河川水系〔2級〕
源長川　げんちょうがわ
長野県・天竜川水系〔1級〕
18源藤山沢川　げんどうやまさわがわ
新潟県・信濃川水系〔1級〕
源藤川《古》　げんどうがわ
宮崎県・大淀川水系の八重川

【溝】

溝ノ口川　みぞのくちがわ
京都府・由良川水系
2溝又川　みぞまたがわ
群馬県・利根川水系〔1級〕
3溝口川　みぞくちがわ
長野県・木曾川水系〔1級〕
溝子川　みぞこがわ
熊本県・網田川水系
溝川　みぞがわ
三重県・天白川水系

溝川　みぞがわ
鳥取県・溝川水系〔2級〕
4溝之口川　みぞのくちがわ
鹿児島県・大淀川水系〔1級〕
溝井川　みぞいがわ
大分県・高山川水系〔2級〕
5溝田川　こうだがわ
愛知県・池尻川水系
溝田川　みぞたがわ
高知県・渡川水系
7溝呂井川　みぞろいがわ
山口県・島田川水系〔2級〕
溝谷川　みぞたにがわ
滋賀県・淀川水系〔1級〕
溝谷川　みぞたにがわ
京都府・竹野川水系〔2級〕
溝足川　みぞあしがわ
新潟県・加治川水系〔2級〕
9溝後川　みぞごがわ
熊本県・緑川水系
11溝添川　みぞぞえがわ
宮崎県・川内川水系〔1級〕
14溝熊川　みぞくまがわ
広島県・江の川水系〔1級〕

【滝】

滝の入川　たきのいりがわ
新潟県・信濃川水系〔1級〕
滝の入川　たきのいりがわ
新潟県・信濃川水系
滝の下川　たきのしたがわ
秋田県・馬場目川水系〔2級〕
滝の下川　たきのしたがわ
京都府・淀川水系
滝の尻川　たきのしりがわ
兵庫県・由良川水系〔1級〕
滝の尾川　たきのおがわ
奈良県・淀川水系〔1級〕
滝の沢　たきのさわ
岩手県・宇部川水系
滝の沢　たきのさわ
群馬県・利根川水系
滝の沢川　たきのさわがわ
北海道・石狩川水系〔1級〕
滝の沢川　たきのさわがわ
北海道・十勝川水系〔1級〕
滝の沢川　たきのさわがわ
北海道・流渓川水系
滝の沢川　たきのさわがわ
秋田県・子吉川水系
滝の沢川　たきのさわがわ
山形県・赤川水系〔1級〕
滝の沢川　たきのさわがわ
山形県・最上川水系
滝の沢川　たきのさわがわ
群馬県・利根川水系〔1級〕
滝の沢川　たきのさわがわ
埼玉県・荒川（東京都・埼玉県）水系〔1級〕
滝の沢川　たきのさわがわ
新潟県・信濃川水系〔1級〕
滝の里川　たきのさとがわ
岩手県・気仙川水系
滝の宮川　たきのみやがわ
愛媛県・肱川水系〔1級〕
滝ヶ谷川　たきがだにがわ
島根県・高津川水系
滝ヶ迫川　たきがさこがわ
島根県・高津川水系
滝ヶ洞川　たきがほらがわ
愛知県・矢作川水系
滝ヶ原川　たきがはらがわ
静岡県・滝ヶ原川水系〔2級〕
滝ヶ原川　たきがはらがわ
香川県・鴨部川水系〔2級〕
滝ノ口川　たきのくちがわ
京都府・淀川水系〔1級〕
滝ノ沢　たきのさわ
青森県・中村川水系〔2級〕
滝ノ沢　たきのさわ
青森県・鶏沢川水系
滝ノ沢　たきのさわ
岩手県・摂待川水系
滝ノ沢川　たきのさわがわ
青森県・相坂川水系〔2級〕
滝ノ沢川　たきのさわがわ
岩手県・北上川水系〔1級〕
滝ノ沢川　たきのさわがわ
宮城県・北上川水系〔1級〕
滝ノ沢川　たきのさわがわ
秋田県・馬場目川水系
滝ノ沢川　たきのさわがわ
山形県・最上川水系
滝ノ谷川　たきのたにがわ
京都府・淀川水系
滝ノ湯川　たきのゆがわ
長野県・天竜川水系〔1級〕
3滝下川　たきしたがわ
香川県・財田川水系〔2級〕
滝上十線川　たきのうえじゅっせんがわ
北海道・渚滑川水系〔1級〕
滝久保谷川　たきくぼだにがわ
徳島県・吉野川水系〔1級〕
滝山川　たきやまがわ
福島県・阿武隈川水系〔1級〕

滝山川　たきやまがわ
滋賀県・淀川水系〔1級〕
滝山川　たきやまがわ
京都府・筒川水系
滝山川　たきやまがわ
岡山県・吉井川水系〔1級〕
滝山川　たきやまがわ
広島県・太田川水系〔1級〕
滝山川　たきやまがわ
広島県・野呂川水系
滝山川　たきやまがわ
愛媛県・肱川水系〔1級〕
滝川　たきがわ
青森県・赤石川水系
滝川　たきがわ
岩手県・北上川水系〔1級〕
滝川　たきがわ
秋田県・子吉川水系〔1級〕
滝川　たきがわ
秋田県・滝川水系〔2級〕
滝川　たきがわ
秋田県・滝川水系
滝川　たきがわ
福島県・阿武隈川水系〔1級〕
滝川　たきがわ
茨城県・久慈川水系〔1級〕
滝川　たきがわ
群馬県・利根川水系〔1級〕
滝川　たきがわ
埼玉県・荒川（東京都・埼玉県）水系〔1級〕
滝川　たきがわ
千葉県・平久里川水系〔2級〕
滝川　たきがわ
新潟県・柿崎川水系
滝川　たきがわ
岐阜県・神通川水系〔1級〕
滝川　たきがわ
静岡県・富士川水系〔1級〕
滝川　たきがわ
愛知県・矢作川水系〔1級〕
滝川　たきがわ
三重県・淀川水系〔1級〕
滝川　たきがわ
滋賀県・淀川水系〔1級〕
滝川　たきがわ
京都府・由良川水系〔1級〕
滝川　たきがわ
京都府・野田川水系〔2級〕
滝川　たきがわ
京都府・由良川水系
滝川　たきがわ
兵庫県・揖保川水系〔1級〕

滝川　たきがわ
兵庫県・武庫川水系〔2級〕
滝川　たきがわ
兵庫県・長谷川水系
滝川　たきがわ
奈良県・大和川水系〔1級〕
滝川　たきがわ
奈良県・新宮川水系〔1級〕
滝川　たきがわ
鳥取県・天神川水系〔1級〕
滝川　たきがわ
岡山県・吉井川水系〔1級〕
滝川　たきがわ
岡山県・吉井川水系
滝川　たきがわ
広島県・江の川水系〔1級〕
滝川　たきがわ
山口県・滝川水系〔2級〕
滝川《古》　たきがわ
山口県・厚東川水系の稲川
滝川　たきがわ
香川県・滝川水系〔2級〕
滝川　たきがわ
愛媛県・肱川水系〔1級〕
滝川　たきがわ
佐賀県・玉島川水系〔2級〕
滝川　たきがわ
熊本県・緑川水系〔1級〕
滝川　たきがわ
大分県・駅館川水系〔2級〕
滝川川　たきかわがわ
三重県・淀川水系〔1級〕
滝川放水路　たきがわほうすいろ
群馬県・利根川水系〔1級〕
滝川第二放水路　たきがわだいにほうすいろ
群馬県・利根川水系〔1級〕
4滝之下川　たきのしたがわ
鹿児島県・永田川水系〔2級〕
滝之谷川　たきのたにがわ
静岡県・瀬戸川水系〔2級〕
滝之河内川　たきのかわうちがわ
新潟県・国府川水系〔2級〕
滝戸川　たきどがわ
山梨県・富士川水系〔1級〕
滝水川　たきみずがわ
大分県・大野川水系〔1級〕
5滝尻川　たきじりがわ
福島県・阿賀野川水系〔1級〕
滝尻川　たきじりがわ
石川県・熊淵川水系
滝尻川　たきじりがわ
石川県・滝尻川水系

滝本川　たきもとがわ
愛媛県・立岩川水系〔2級〕
滝本川　たきもとがわ
高知県・安芸川水系
滝田川　たきたがわ
北海道・石狩川水系〔1級〕
滝矢川　たきやがわ
新潟県・三面川水系〔2級〕
6滝名川　たきながわ
岩手県・北上川水系〔1級〕
7滝坂川　たきさかがわ
群馬県・利根川水系
滝坂川　たきさかがわ
岐阜県・矢作川水系〔1級〕
滝坂川　たきさかがわ
島根県・斐伊川水系〔1級〕
滝沢　たきざわ
青森県・赤石川水系
滝沢　たきざわ
岩手県・小本川水系
滝沢　たきざわ
福島県・阿賀野川水系〔1級〕
滝沢　たきざわ
群馬県・利根川水系
滝沢　たきざわ
静岡県・狩野川水系
滝沢川　たきざわがわ
北海道・石狩川水系〔1級〕
滝沢川　たきざわがわ
岩手県・北上川水系〔1級〕
滝沢川　たきざわがわ
岩手県・馬淵川水系
滝沢川　たきざわがわ
岩手県・北上川水系
滝沢川　たきざわがわ
宮城県・阿武隈川水系
滝沢川　たきざわがわ
秋田県・雄物川水系
滝沢川　たきざわがわ
福島県・阿賀野川水系
滝沢川　たきざわがわ
栃木県・利根川水系〔1級〕
滝沢川　たきざわがわ
神奈川県・酒匂川水系〔2級〕
滝沢川　たきさわがわ
新潟県・阿賀野川水系〔1級〕
滝沢川　たきざわがわ
新潟県・信濃川水系〔1級〕
滝沢川　たきざわがわ
山梨県・富士川水系〔1級〕
滝沢川　たきざわがわ
長野県・信濃川水系〔1級〕
滝沢川　たきざわがわ
長野県・天竜川水系〔1級〕
滝沢川　たきさわがわ
静岡県・瀬戸川水系〔2級〕
滝谷川　たきやがわ
福島県・阿賀野川水系〔1級〕
滝谷川　たきやがわ
新潟県・信濃川水系〔1級〕
滝谷川　たきやがわ
新潟県・加治川水系〔2級〕
滝谷川　たきやがわ
新潟県・島崎川水系〔2級〕
滝谷川　たきたにがわ
三重県・淀川水系〔1級〕
滝谷川　たきたにがわ
滋賀県・淀川水系〔1級〕
滝谷川　たきだにがわ
京都府・淀川水系〔1級〕
滝谷川　たきだにがわ
兵庫県・千種川水系〔2級〕
滝谷川　たきだにがわ
奈良県・淀川水系〔1級〕
滝谷川　たきだにがわ
島根県・斐伊川水系〔1級〕
滝谷川　たきたにがわ
岡山県・旭川水系〔1級〕
滝谷川　たきだにがわ
徳島県・吉野川水系〔1級〕
8滝波川　たきなみがわ
福井県・九頭竜川水系〔1級〕
滝波川　たきなみがわ
福井県・九頭竜川水系〔1級〕
9滝峠川　たきとうげがわ
京都府・野田川水系
10滝倉谷水流　たきくらだにすいりゅう
富山県・片貝川水系〔2級〕
11滝清水川　たきしみずがわ
新潟県・信濃川水系〔1級〕
滝淵川　たきぶちがわ
山形県・月光川水系〔2級〕
12滝童川　たきどうがわ
山梨県・富士川水系〔1級〕

【溜】
3溜川　ためがわ
岡山県・溜川水系〔2級〕
溜川　ためがわ
岡山県・溜川水系

【瀰】
3瀰川　せせなぎがわ
福島県・阿賀野川水系〔1級〕

【滓】
3滓上川　かすかみがわ
石川県・梯川水系〔1級〕

【照】
4照井川　てるいがわ
香川県・金倉川水系〔2級〕
照内川　てるうちがわ
福島県・阿武隈川水系
5照田川　てるたがわ
茨城県・久慈川水系〔1級〕
7照来川　てらぎがわ
兵庫県・岸田川水系〔2級〕
12照越川　てるこしがわ
宮城県・北上川水系〔1級〕

【煤】
7煤谷川　すすたにがわ
京都府・淀川水系〔1級〕
煤谷川　すすたにがわ
京都府・淀川水系
煤谷川　すすたにがわ
岡山県・吉井川水系〔1級〕

【猿】
猿の湯沢　さるのゆざわ
青森県・吾妻川水系
猿ヶ石川　さるがいしがわ
岩手県・北上川水系〔1級〕
猿ヶ谷川　さるがだにがわ
徳島県・吉野川水系〔1級〕
猿ヶ瀬川　さるがせがわ
宮崎県・一ツ瀬川水系〔2級〕
3猿丸川　さるまるがわ
熊本県・五ヶ瀬川水系
猿子川　さるこがわ
愛媛県・中川水系〔2級〕
猿山川　さるやまがわ
岩手県・小本川水系
猿川　さるかわ
佐賀県・有田川水系〔2級〕
4猿毛川　さるげがわ
新潟県・信濃川水系〔1級〕
猿毛川　さるげがわ
新潟県・柿崎川水系〔2級〕
猿爪川　さるずめがわ
岐阜県・庄内川水系〔1級〕
5猿払川　さるふつがわ
北海道・猿払川水系〔2級〕
猿田川　さるたがわ
秋田県・雄物川水系〔1級〕
猿田川　さるたがわ
群馬県・利根川水系〔1級〕
猿田川　さるたがわ
新潟県・三面川水系〔2級〕
猿田川　さるたがわ
愛知県・音羽川水系
猿田川　さるたがわ
広島県・黒瀬川水系〔2級〕
猿田川　さるたがわ
愛媛県・吉野川水系〔1級〕
猿田川　さるたがわ
高知県・仁淀川水系〔1級〕
猿田沢川　さるたざわがわ
山形県・最上川水系
猿目川　さるめがわ
岡山県・高梁川水系
猿辺川　さるべがわ
青森県・馬淵川水系〔1級〕
7猿別川　さるべつがわ
北海道・十勝川水系〔1級〕
猿沢川　さるざわがわ
岩手県・北上川水系〔1級〕
猿沢川　さるさわがわ
岩手県・小本川水系
猿谷川　さるたにがわ
島根県・高津川水系
猿谷川　さるたにがわ
愛媛県・肱川水系〔1級〕
猿谷川　さるたにがわ
宮崎県・大淀川水系〔1級〕
8猿府川　さるふがわ
群馬県・利根川水系〔1級〕
9猿俣川　さるまたがわ
新潟県・関川水系〔1級〕
猿俣川　さるまたがわ
新潟県・関川水系
猿屋川　さるやがわ
愛媛県・肱川水系〔1級〕
猿飛谷川　さるとびだにがわ
愛媛県・仁淀川水系〔1級〕
10猿倉川　さるくらがわ
長野県・信濃川水系〔1級〕
猿倉沢　さるくらざわ
青森県・相坂川水系
猿留川　さるるがわ
北海道・猿留川水系〔2級〕
猿骨川　さるこつがわ
北海道・猿骨川水系〔2級〕
12猿喰川　さるばみがわ
熊本県・緑川水系
猿渡川　さわたりがわ
愛知県・猿渡川水系〔2級〕

猿猴川　えんこうがわ
広島県・太田川水系〔1級〕
猿間川　さるまがわ
北海道・斜里川水系〔2級〕
13猿飼川　さるかいがわ
高知県・加持川水系〔2級〕
猿飼川　さるかいがわ
高知県・加持川水系
16猿橋川　さるはしがわ
新潟県・信濃川水系〔1級〕
猿橋川　さるはしがわ
香川県・新川水系〔2級〕
19猿瀬川《古》　さるせがわ
宮崎県・大淀川水系の岩瀬川

【獅】
3獅子山谷川　ししやまだにがわ
島根県・高津川水系〔1級〕
獅子目川　ししめがわ
鹿児島県・肝属川水系〔1級〕
獅子谷川　ししだにがわ
島根県・斐伊川水系〔1級〕

【瑞】
7瑞沢川　みずさわがわ
千葉県・一宮川水系〔2級〕
10瑞梅寺川　ずいばいじがわ
福岡県・瑞梅寺川水系〔2級〕

【睦】
7睦志川　むしがわ
京都府・由良川水系〔1級〕

【碓】
5碓氷川　うすいがわ
群馬県・利根川水系〔1級〕

【碁】
5碁石川　ごいしがわ
宮城県・名取川水系〔1級〕
碁石川　ごいしがわ
新潟県・碁石川水系〔2級〕

【碇】
3碇川　いかりがわ
石川県・犀川水系〔2級〕
碇川　いかりがわ
京都府・筒川水系
碇川　いかりがわ
山口県・厚東川水系〔2級〕
碇川　いかりがわ
福岡県・遠賀川水系〔1級〕
5碇石川　いかりいしがわ
熊本県・大宮地川水系〔2級〕
7碇沢川　いかりざわがわ
青森県・岩木川水系〔1級〕

【禅】
8禅定寺川　ぜんじょうじがわ
京都府・淀川水系〔1級〕

【福】
3福万川　ふくまんがわ
大分県・大分川水系〔1級〕
福士川　ふくしがわ
秋田県・米代川水系〔1級〕
福士川　ふくしがわ
山梨県・富士川水系〔1級〕
福士川放水路　ふくしがわほうすいろ
秋田県・米代川水系〔1級〕
福山川　ふくやまがわ
北海道・常呂川水系〔1級〕
福山川　ふくやまがわ
新潟県・信濃川水系〔1級〕
福山川　ふくやまがわ
愛知県・阿久比川水系〔2級〕
福山川　ふくやまがわ
熊本県・関川水系
福山川　ふくやまがわ
熊本県・菊池川水系
福山川　ふくやまがわ
鹿児島県・神之川水系〔2級〕
福川　ふくがわ
埼玉県・利根川水系〔1級〕
福川　ふくがわ
広島県・芦田川水系〔1級〕
福川　ふくがわ
熊本県・球磨川水系〔1級〕
福川川　ふくかわがわ
島根県・高津川水系〔1級〕
4福之内川　ふくのうちがわ
京都府・筒川水系
福井川　ふくいがわ
京都府・福井川水系〔2級〕
福井川　ふくいがわ
山口県・大井川水系〔2級〕
福井川　ふくいがわ
徳島県・福井川水系〔2級〕
福井川　ふくいがわ
長崎県・佐々川水系〔2級〕
福井谷川　ふくいだにがわ
北海道・石狩川水系〔1級〕

福元川　ふくもとがわ
鹿児島県・大浦川水系〔2級〕
福王路川　ふくおうじがわ
山梨県・富士川水系〔1級〕
5福代川　ふくしろがわ
広島県・高梁川水系〔1級〕
福司川　ふくしがわ
京都府・淀川水系
福平谷　ふくひらだに
新潟県・関川水系
福本川　ふくもとがわ
三重県・櫛田川水系〔1級〕
福本川　ふくもとがわ
鳥取県・天神川水系〔1級〕
福本川　ふくもとがわ
岡山県・吉井川水系〔1級〕
福正谷川　ふくしょうたにがわ
徳島県・吉野川水系〔1級〕
福永川　ふくながわ
北海道・天塩川水系〔1級〕
福生寺川　ふくしょうじがわ
大分県・大野川水系〔1級〕
福用川　ふくようがわ
静岡県・大井川水系〔1級〕
福田下川　ふくだしもがわ
広島県・江の川水系
福田川　ふくたがわ
山形県・最上川水系〔1級〕
福田川　ふくたがわ
愛知県・日光川水系〔2級〕
福田川　ふくだがわ
愛知県・境川水系
福田川　ふくだがわ
京都府・福田川水系〔2級〕
福田川　ふくだがわ
京都府・由良川水系
福田川　ふくだがわ
兵庫県・福田川水系〔2級〕
福田川　ふくだがわ
島根県・江の川水系
福田川　ふくだがわ
広島県・江の川水系〔1級〕
福田川　ふくだがわ
香川県・柞田川水系〔2級〕
福田川　ふくだがわ
愛媛県・肱川水系〔1級〕
福田川　ふくだがわ
長崎県・本明川水系〔1級〕
福田沢川　ふくださわがわ
静岡県・筬川水系
福石川　ふくいしがわ
長崎県・福石川水系〔2級〕
6福光川　ふくみつがわ
島根県・福光川水系〔2級〕
福吉川　ふくよしがわ
福岡県・福吉川水系〔2級〕
福地川　ふくちがわ
岡山県・高梁川水系〔1級〕
福地川　ふくちがわ
福岡県・遠賀川水系〔1級〕
福地川　ふくちがわ
沖縄県・福地川水系〔2級〕
福江川　ふくえがわ
岐阜県・木曾川水系〔1級〕
福江川　ふくえがわ
長崎県・福江川水系〔2級〕
福江前川　ふくえまえがわ
岡山県・倉敷川水系〔2級〕
7福沢《古》　ふくざわ
静岡県・狩野川水系の深沢川
福沢川　ふくざわがわ
山形県・最上川水系
福沢川　ふくざわがわ
千葉県・岡本川水系〔2級〕
福沢川　ふくざわがわ
長野県・信濃川水系〔1級〕
福沢川　ふくざわがわ
長野県・天竜川水系〔1級〕
福沢川　ふくざわがわ
静岡県・天竜川水系〔1級〕
福良川　ふくらがわ
高知県・福良川水系〔2級〕
福良池　ふくらいけ
福井県芦原町
福見川　ふくみがわ
岡山県・吉井川水系〔1級〕
福谷川　ふくたにがわ
愛知県・内海川水系
福谷川　ふくたにがわ
島根県・斐伊川水系〔1級〕
福谷川　ふくたにがわ
島根県・高津川水系〔1級〕
福谷川　ふくたにがわ
岡山県・旭川水系〔1級〕
福谷川　ふくたにがわ
宮崎県・広渡川水系〔2級〕
8福所江　ふくしょえ
佐賀県・福所江水系〔2級〕
福知川　ふくちがわ
兵庫県・揖保川水系〔1級〕
9福俣川　ふくまたがわ
秋田県・衣川水系〔2級〕
福栃沢　ふくとちざわ
長野県・木曾川水系〔1級〕

10福原川　ふくはらがわ
茨城県・那珂川水系〔1級〕
福原川　ふくはらがわ
兵庫県・揖保川水系〔1級〕
福原川　ふくはらがわ
島根県・江の川水系〔1級〕
福原川　ふくはらがわ
熊本県・菊池川水系
福原谷川　ふくはらだにがわ
岡山県・高梁川水系
福島川　ふくしまがわ
北海道・福島川水系〔2級〕
福島川　ふくしまがわ
熊本県・鏡川水系
福島川　ふくしまがわ
宮崎県・福島川水系〔2級〕
福島潟　ふくしまがた
新潟県豊栄市
福島潟　ふくしまがた
新潟県・阿賀野川水系〔1級〕
福島潟放水路　ふくしまがたほうすいろ
新潟県・阿賀野川水系〔1級〕
福浦川　ふくうらがわ
青森県・福浦川水系〔2級〕
福浦川　ふくうらがわ
石川県・福浦川水系
福留川　ふくどめがわ
石川県・福留川水系
福留川　ふくどめがわ
島根県・斐伊川水系〔1級〕
11福桝川　ふくますがわ
広島県・高梁川水系〔1級〕
福部内川　ふくべないがわ
秋田県・雄物川水系〔1級〕
12福富川　ふくとみがわ
岐阜県・木曾川水系〔1級〕
福富川　ふくとみがわ
島根県・斐伊川水系〔1級〕
福富川　ふくとみがわ
岡山県・吉井川水系〔1級〕
福富川　ふくどみがわ
佐賀県・福富川水系〔2級〕
福智川　ふくちがわ
福岡県・遠賀川水系〔1級〕
福貴野川　ふきのがわ
大分県・駅館川水系〔2級〕
13福豊川　ふくとみがわ
北海道・網走川水系〔1級〕
14福増川　ふくますがわ
石川県・犀川水系
16福頼川　ふくよりがわ
島根県・斐伊川水系〔1級〕

【稚】

7稚児池　ちごいけ
新潟県新潟市
稚児池　ちごいけ
長野県下高井郡山ノ内町
稚児清水川　ちごしみずがわ
新潟県・信濃川水系〔1級〕
17稚鍋川　おさなべがわ
岩手県・北上川水系

【箴】

3箴川　おさがわ
静岡県・箴川水系〔2級〕

【継】

3継川　ままがわ
静岡県・巴川水系〔2級〕

【絹】

3絹川《古》　きぬがわ
栃木県, 茨城県・利根川水系の鬼怒川
5絹出川　きぬでがわ
山形県・最上川水系〔1級〕
絹市川　きぬいちがわ
山形県・最上川水系〔1級〕
9絹屋川　きぬやがわ
鳥取県・日野川水系〔1級〕

【続】

7続谷川　つづきやがわ
栃木県・利根川水系〔1級〕

【置】

8置杵牛川　おききにうしがわ
北海道・石狩川水系〔1級〕
15置賜白川　おきたましらがわ
山形県・最上川水系〔1級〕
置賜野川　おきたまのがわ
山形県・最上川水系〔1級〕

【義】

4義王川　ぎおうがわ
熊本県・網田川水系

【群】

7群別川　ぐんべつがわ
北海道・群別川水系〔2級〕

【聖】

3聖川　ひじりがわ

群馬県・利根川水系〔1級〕
聖川　ひじりがわ
山梨県・相模川水系〔1級〕
聖川　ひじりがわ
長野県・信濃川水系〔1級〕
7聖沢川　ひじりさわがわ
静岡県・安倍川水系〔1級〕
12聖湖　ひじりこ
長野県東筑摩郡麻績村

【腰】
9腰巻川　こしまきがわ
青森県・岩木川水系〔1級〕
11腰細川　こしほそがわ
新潟県・腰細川水系〔2級〕

【蒲】
3蒲川　がまがわ
三重県・鈴鹿川水系〔1級〕
5蒲生川　がもうがわ
福島県・阿賀野川水系〔1級〕
蒲生川　がもうがわ
鳥取県・蒲生川水系〔2級〕
蒲生河《別》　がもうがわ
滋賀県・淀川水系の日野川
蒲田川　かまたがわ
岐阜県・神通川水系〔1級〕
7蒲谷地沢　かばやちざわ
宮城県・鳴瀬川水系
8蒲河川　かまかがわ
長崎県・蒲河川水系〔2級〕
11蒲野沢川　がまのさわがわ
青森県・田名部川水系〔2級〕

【蒔】
5蒔田川　まきたがわ
埼玉県・荒川（東京都・埼玉県）水系〔1級〕
7蒔沢川　まきさわがわ
山形県・最上川水系
9蒔前川　まくまえがわ
岩手県・馬淵川水系

【蒼】
7蒼社川　そうじゃがわ
愛媛県・蒼社川水系〔2級〕

【蒜】
7蒜沢川　にんにくざわがわ
北海道・久根別川水系〔2級〕

【蓬】
3蓬川　よもがわ
兵庫県・蓬川水系〔2級〕
5蓬田川　よもぎだがわ
青森県・蓬田川水系
7蓬作川　よもぎさくがわ
福島県・藤原川水系
蓬来川　ほうらいがわ
熊本県・筑後川水系〔1級〕
蓬沢　よもぎさわ
静岡県・安倍川水系
11蓬萊川　ほうらいがわ
山形県・最上川水系〔1級〕

【蓑】
蓑の池　みのいけ
三重県御浜町
3蓑川　みのがわ
愛媛県・仁淀川水系〔1級〕
7蓑谷川　みのだにがわ
熊本県・球磨川水系
9蓑神川　みのかみがわ
香川県・津田川水系〔2級〕

【蓮】
2蓮十川　れんじゅうがわ
佐賀県・嫁川水系〔2級〕
3蓮川　はちすがわ
三重県・櫛田川水系〔1級〕
5蓮台川　れんだいがわ
愛知県・庄内川水系
蓮台寺川　れんだいじがわ
栃木県・利根川水系〔1級〕
蓮台寺川　れんだいじがわ
静岡県・稲生沢川水系〔2級〕
蓮台寺川放水路　れんだいじがわほうすいろ　栃木県・利根川水系〔1級〕
6蓮池　はすいけ
長野県下高井郡
蓮池　はすいけ
京都府久美浜町
蓮池　はすいけ
島根県湖陵町
7蓮花川　れんげがわ
栃木県・利根川水系〔1級〕
8蓮沼川　はすぬまがわ
茨城県・利根川水系〔1級〕
9蓮乗寺川　れんじょうじがわ
愛媛県・蓮乗寺川水系〔2級〕
10蓮原川　はすはらがわ
岐阜県・木曾川水系

蓮原川　はすばるがわ
佐賀県・筑後川水系〔1級〕

【蛸】
7蛸谷川　たこたにがわ
京都府・淀川水系
10蛸島川　たこしまがわ
石川県・蛸島川水系

【蜂】
蜂ヶ沢川　はちがさわがわ
長野県・信濃川水系〔1級〕
蜂ノ巣川　はちのすがわ
佐賀県・松浦川水系〔1級〕
蜂ノ巣谷川　はちのすだにがわ
高知県・仁淀川水系〔1級〕
9蜂屋川　はちやがわ
岐阜県・木曾川水系〔1級〕

【蜆】
3蜆川　しじみがわ
愛知県・蜆川水系〔2級〕
蜆川　しじみがわ
愛知県・蜆川水系〔2級〕

【裾】
裾ヲ田川　すそおだがわ
福島県・阿武隈川水系
7裾花川　すそばながわ
長野県・信濃川水系〔1級〕
11裾野大久保川　すそのおおくぼがわ
静岡県・狩野川水系〔1級〕
裾野川　すそのがわ
愛媛県・肱川水系〔1級〕
12裾無川　すそなしがわ
千葉県・清水川水系

【裏】
裏の沢川　うらのさわがわ
北海道・石狩川水系〔1級〕
裏の沢川　うらのさわがわ
新潟県・信濃川水系〔1級〕
3裏山川　うらやまがわ
岐阜県・庄内川水系〔1級〕
裏山川　うらやまがわ
香川県・香東川水系〔2級〕
裏川　うらがわ
福島県・阿武隈川水系
裏川　うらがわ
新潟県・阿賀野川水系〔1級〕
裏川　うらがわ
大阪府・淀川水系〔1級〕
裏川　うらがわ
熊本県・菊池川水系〔1級〕
裏川　うらがわ
大分県・大分川水系〔1級〕
7裏沢川　うらさわがわ
宮城県・北上川水系〔1級〕
10裏根川　うらねがわ
群馬県・利根川水系〔1級〕
11裏笹川　うらざさがわ
長野県・信濃川水系〔1級〕
21裏鶴川　うらずるがわ
熊本県・鏡川水系

【裨】
5裨田川　ひえだがわ
愛知県・高浜川水系

【解】
5解石川　とげしかわ
栃木県・那珂川水系〔1級〕

【詰】
5詰田川　つめたがわ
岐阜県・木曾川水系〔1級〕
詰田川　つめたがわ
香川県・詰田川水系〔2級〕

【詫】
5詫田入江川　たくたいりえがわ
佐賀県・筑後川水系〔1級〕

【豊】
豊ノ本川　とよのもとがわ
徳島県・神田瀬川水系〔2級〕
3豊丸川《古》　とよまるがわ
宮崎県・大淀川水系の梅北川
豊久田川　とよくだがわ
岡山県・吉井川水系〔1級〕
豊川　とよがわ
秋田県・馬場目川水系〔2級〕
豊川　ゆたかがわ
山形県・新井田川水系〔2級〕
豊川　とよがわ
愛知県・豊川水系〔1級〕
豊川　とよがわ
長崎県・豊川水系〔2級〕
豊川放水路　とよかわほうすいろ
愛知県・豊川水系〔1級〕

4豊水川　そうずがわ
熊本県・菊池川水系
5豊平川　とよひらがわ
北海道・石狩川水系〔1級〕
豊田川　とよだがわ
茨城県・那珂川水系
豊田川　とよだがわ
千葉県・一宮川水系〔2級〕
豊田川　とよだがわ
愛知県・天白川水系
豊田川　とよだがわ
愛媛県・豊田川水系〔2級〕
豊田川　とよたがわ
熊本県・菊池川水系〔1級〕
豊田幹線川　とよだかんせんがわ
北海道・後志利別川水系
7豊作池　ほうさくいけ
沖縄県南大東村
豊似川　とよにがわ
北海道・豊似川水系〔2級〕
豊似湖　とよにこ
北海道幌泉郡えりも町
豊坂川　とよさかがわ
茨城県・利根川水系〔1級〕
豊沢川　とよさわがわ
岩手県・北上川水系〔1級〕
豊谷川　とよたにがわ
愛媛県・肱川水系〔1級〕
8豊受川　とようけがわ
愛媛県・吉野川水系〔1級〕
豊国川　とよくにがわ
滋賀県・淀川水系〔1級〕
豊岡川　とよおかがわ
北海道・藻鼈川水系
豊岡川　とよおかがわ
岡山県・旭川水系〔1級〕
豊岡川　とよおかがわ
愛媛県・豊岡川水系〔2級〕
豊沼奈江川　とよぬまなえがわ
北海道・石狩川水系〔1級〕
9豊栄川　ほうえいがわ
北海道・天塩川水系〔1級〕
豊泉川　とよいずみがわ
北海道・小鉾広川水系〔2級〕
豊畑川　とよはたがわ
北海道・静内川水系
11豊郷川　とよさとがわ
北海道・十勝川水系〔1級〕
豊郷川　とよさとがわ
滋賀県・淀川水系〔1級〕
豊野川　とよのがわ
長野県・天竜川水系
12豊寒別川　とよかんべつがわ
北海道・豊寒別川水系〔2級〕
豊寒別川　とよかんべつがわ
北海道・豊寒別川水系
13豊幌川　とよほろがわ
北海道・天塩川水系〔1級〕
豊幌川　とよほろがわ
北海道・石狩川水系〔1級〕
豊幌川　とよほろがわ
北海道・石狩川水系
豊楽寺口川　ぶらくじぐちがわ
岡山県・旭川水系〔1級〕

【貉】

3貉川　むじながわ
静岡県・芳川水系

【跡】

3跡川川　あとかわがわ
高知県・渡川水系〔1級〕
5跡田川　あとだがわ
三重県・新宮川水系〔1級〕
跡田川　あとだがわ
大分県・山国川水系〔1級〕
6跡江川　あとえがわ
宮崎県・大淀川水系〔1級〕
跡江川　あとえがわ
宮崎県・大淀川水系
7跡条川　あとじょうがわ
広島県・野呂川水系
跡見川　あとみがわ
北海道・十勝川水系〔1級〕
8跡取川　あととりがわ
宮崎県・五ヶ瀬川水系〔1級〕
9跡津川　あとつがわ
岐阜県・神通川水系〔1級〕

【跳】

12跳渡沢川　はねとさわがわ
新潟県・信濃川水系〔1級〕

【路】

3路久志川　ろくしがわ
大分県・番匠川水系〔1級〕
4路木川　ろぎがわ
熊本県・路木川水系〔2級〕
路木場川　みちこばがわ
長崎県・佐々川水系〔2級〕

【農】

7農扶持川　のうふちがわ

愛媛県・肱川水系〔1級〕
8農具川　のうぐがわ
長野県・信濃川水系〔1級〕
11農野牛川　のやうしがわ
北海道・十勝川水系〔1級〕
12農場川　のうじょうがわ
北海道・石狩川水系〔1級〕

【違】
4違井川　たがいがわ
愛知県・境川水系

【遠】
2遠入川　とおいりがわ
群馬県・利根川水系〔1級〕
3遠山川　とおやまがわ
茨城県・利根川水系
遠山川　とおやまがわ
長野県・天竜川水系〔1級〕
4遠井谷川　といたにがわ
和歌山県・有田川水系〔2級〕
遠戸川　えんどがわ
京都府・由良川水系
5遠田川　とおだがわ
兵庫県・鳥飼川水系
遠田川　とおだがわ
島根県・遠田川水系〔2級〕
遠田川　おんだがわ
鹿児島県・遠田川水系〔2級〕
遠辺沢　とおべさわ
岩手県・閉伊川水系
7遠別川　えんべつがわ
北海道・遠別川水系〔2級〕
遠別川　とうべつがわ
岩手県・久慈川水系〔2級〕
遠坂川　とおざかがわ
兵庫県・加古川水系〔1級〕
遠谷川　とおだにがわ
山口県・阿武川水系〔2級〕
遠近川　とおちかがわ
愛媛県・岩松川水系〔2級〕
遠阪川　とおさかがわ
兵庫県・加古川水系〔1級〕
8遠所川　えんじょがわ
島根県・斐伊川水系〔1級〕
遠所谷川　えんしょだにがわ
島根県・斐伊川水系
11遠巣谷川　とおすやがわ
岩手県・北上川水系〔1級〕
遠部沢　とうべさわ
青森県・岩木川水系〔1級〕
遠野川　とおつけがわ
熊本県・菊池川水系
12遠賀川　おんががわ
福岡県・遠賀川水系〔1級〕
13遠幌加別川　えんほろかべつがわ
北海道・石狩川水系〔1級〕
15遠敷川　おにゅうがわ
福井県・北川水系〔1級〕
18遠藤川　えんどうがわ
京都府・淀川水系〔1級〕
遠藤川　えんどうがわ
京都府・淀川水系
遠藤川　えんどうがわ
岡山県・吉井川水系〔1級〕

【鉛】
3鉛山谷川　かなやまたにがわ
和歌山県・富田川水系〔2級〕
鉛川　なまりがわ
宮城県・北上川水系〔1級〕

【鉱】
3鉱山川　こうざんがわ
北海道・湧別川水系

【鉄】
3鉄山川　かやまがわ
岡山県・旭川水系〔1級〕
鉄山川　てつやまがわ
宮崎県・川内川水系〔1級〕
10鉄砲石川　てっぽういしがわ
愛媛県・仁淀川水系〔1級〕

【鉢】
鉢ヶ峰寺川　はちがみねでらがわ
大阪府・石津川水系
6鉢伏沢　はちぶせざわ
長野県・天竜川水系
鉢地川　はっちがわ
愛知県・矢作川水系〔1級〕
鉢地川　はっちがわ
愛知県・矢作川水系
7鉢沢川　はちさわがわ
新潟県・信濃川水系〔1級〕

【鈴】
鈴ヶ沢　すずがさわ
長野県・木曾川水系〔1級〕
鈴ヶ沢川　すずがさわがわ
長野県・天竜川水系〔1級〕

2鈴又谷川　すずまただにがわ
三重県・宮川水系〔1級〕
3鈴久名川　すずくながわ
岩手県・閉伊川水系〔2級〕
鈴川　すずがわ
山形県・最上川水系〔1級〕
鈴川　すずがわ
福島県・阿武隈川水系〔1級〕
鈴川　すずがわ
神奈川県・金目川水系〔2級〕
鈴川《別》　すずがわ
静岡県・狩野川水系の柿沢川
鈴川　すずがわ
高知県・鈴川水系
鈴川谷川　すずかわだにがわ
徳島県・吉野川水系〔1級〕
4鈴木の沢川　すずきのさわがわ
北海道・石狩川水系〔1級〕
5鈴田川　すずたがわ
長崎県・鈴田川水系〔2級〕
7鈴串川　すずくしがわ
三重県・加茂川水系〔2級〕
鈴谷川　すだにがわ
奈良県・淀川水系〔1級〕
9鈴屋川　すずやがわ
石川県・町野川水系〔2級〕
10鈴家川　すずけがわ
岡山県・吉井川水系〔1級〕
鈴島池　すずしまいけ
三重県紀伊長島町
鈴根五郎川　すずねごろうがわ
宮城県・鳴瀬川水系〔1級〕
11鈴張川　すずはりがわ
広島県・太田川水系〔1級〕
鈴野川　すずのがわ
静岡県・奥山川水系〔2級〕
鈴野川　すずのがわ
山口県・田万川水系〔2級〕
鈴鹿川　すずかがわ
三重県・鈴鹿川水系〔1級〕
鈴鹿川派川　すずかがわはせん
三重県・鈴鹿川水系〔1級〕
16鈴鴨川　すずかもがわ
岩手県・北上川水系〔1級〕
19鈴蘭川　すずらんがわ
北海道・十勝川水系〔1級〕

【雌】
6雌池　めいけ
長野県南佐久郡佐久町

【雉】
3雉子ヶ尾川　きじがおがわ
群馬県・利根川水系〔1級〕
雉子尾川　きじおがわ
宮城県・阿武隈川水系〔1級〕
5雉田川　きじたがわ
石川県・大谷川水系

【雷】
3雷山川　らいざんがわ
福岡県・雷山川水系〔2級〕
5雷古川　らいこがわ
滋賀県・淀川水系〔1級〕
9雷峠沢　いかとうげさわ
岩手県・小本川水系

【零】
5零号川　れいごうがわ
北海道・石狩川水系

【頓】
5頓田川　とんだがわ
愛媛県・頓田川水系〔2級〕
6頓地川　とんちがわ
岡山県・吉井川水系
7頓別川　とんべつがわ
北海道・頓別川水系〔2級〕
頓別坊川　とんべつぼうがわ
北海道・天塩川水系〔1級〕
10頓原川　とんばらがわ
島根県・神戸川水系〔2級〕
頓宮新池　とんぐうしんいけ
滋賀県土山町
12頓登川　とんどがわ
三重県・宮川水系〔1級〕

【飴】
9飴屋川　あめやがわ
徳島県・吉野川水系〔1級〕
飴屋川　あめやがわ
香川県・綾川水系〔2級〕

【飼】
8飼所川　かいどころがわ
長崎県・仁田川水系〔2級〕

【飾】
16飾磨川《古》　しかまがわ
兵庫県・船場川水系の船場川

【馳】
5馳出川　はせだしがわ
京都府・由良川水系〔1級〕

【鳩】
3鳩子川　はとこがわ
山口県・由宇川水系
鳩川　はとがわ
埼玉県・荒川（東京都・埼玉県）水系〔1級〕
鳩川　はとがわ
神奈川県・相模川水系〔1級〕
鳩川　はとがわ
山梨県・富士川水系〔1級〕
鳩川分水路　はとがわぶんすいろ
神奈川県・相模川水系〔1級〕
鳩川隧道分水路　はとがわずいどうぶんすいろ　神奈川県・相模川水系〔1級〕
7鳩尾川《別》　はとおがわ
兵庫県・洲本川水系の初尾川
8鳩岡川　はとおかがわ
岡山県・里見川水系〔2級〕
10鳩胸川　はとむねがわ
熊本県・球磨川水系〔1級〕

【鳬】
15鳬舞川　けりまいがわ
北海道・鳬舞川水系

【鹿】
5鹿玉川《古》　あらたまがわ
長野県, 愛知県, 静岡県・天竜川水系の天竜川

【鼓】
3鼓川　つずみがわ
山梨県・富士川水系〔1級〕
4鼓木川　つずみぎがわ
愛媛県・渡川水系〔1級〕
5鼓石川　つずみいしがわ
大分県・大野川水系〔1級〕
7鼓沢川　つずみさわがわ
北海道・朱太川水系

【鼠】
鼠ヶ関川　ねずがせきがわ
山形県・鼠ヶ関川水系〔2級〕
2鼠入川　そいりがわ
岩手県・小本川水系
3鼠川　ねずみがわ
長野県・天竜川水系〔1級〕

14 画

【嘉】
8嘉例川　かれいがわ
三重県・員弁川水系〔2級〕
嘉例川　かれいがわ
長崎県・江迎川水系〔2級〕
嘉例川　かれいがわ
鹿児島県・天降川水系〔2級〕
12嘉渡川　かどがわ
鹿児島県・嘉渡川水系〔2級〕
19嘉瀬の浦川　かせのうらがわ
佐賀県・嘉瀬の浦川水系〔2級〕
嘉瀬川　かせがわ
佐賀県・嘉瀬川水系〔1級〕

【境】
境の沢川　さかいのさわがわ
山形県・最上川水系
境ノ目川　さかいのめがわ
山形県・最上川水系〔1級〕
境ノ目川　さかいのめがわ
山形県・最上川水系
境ノ沢川　さかいのさわがわ
岩手県・馬淵川水系
境ノ沢川　さかいのさわがわ
長野県・天竜川水系〔1級〕
3境川　さかいがわ
北海道・石狩川水系〔1級〕
境川　さかいがわ
宮城県・北上川水系〔1級〕
境川　さかいがわ
秋田県・子吉川水系
境川　さかいがわ
山形県・新井田川水系〔2級〕
境川《古》　さかいがわ
山形県・最上川水系の寒河江川
境川　さかいがわ
福島県・阿武隈川水系〔1級〕
境川　さかいがわ
福島県・熊川水系〔2級〕
境川　さかいがわ
福島県・阿武隈川水系
境川　さかいがわ
福島県・境川水系
境川　さかいがわ
茨城県・那珂川水系〔1級〕
境川　さかいがわ
茨城県・利根川水系〔1級〕

境川　さかいがわ
茨城県・里根川水系〔2級〕
境川　さかいがわ
茨城県・花貫川水系
境川　さかいがわ
群馬県・利根川水系〔1級〕
境川　さかいがわ
千葉県・利根川水系〔1級〕
境川　さかいがわ
千葉県・作田川水系〔2級〕
境川　さかいがわ
千葉県・汐入川水系〔2級〕
境川　さかいがわ
千葉県・栗山川水系
境川　さかいがわ
千葉県・小櫃川水系
境川　さかいがわ
東京都・境川水系〔2級〕
境川　さかいがわ
神奈川県・境川水系〔2級〕
境川　さかいがわ
新潟県・信濃川水系〔1級〕
境川　さかいがわ
新潟県・加治川水系〔2級〕
境川　さかいがわ
新潟県・境川水系〔2級〕
境川　さかいがわ
富山県・境川水系〔2級〕
境川　さかいがわ
山梨県・富士川水系〔1級〕
境川　さかいがわ
岐阜県・木曾川水系〔1級〕
境川　さかいがわ
岐阜県, 富山県・庄川水系〔1級〕
境川　さかいがわ
静岡県・狩野川水系〔1級〕
境川　さかいがわ
静岡県・梅田川水系〔2級〕
境川《古》　さかいがわ
静岡県・富士川水系の春山川
境川　さかいがわ
愛知県・豊川水系〔1級〕
境川　さかいがわ
愛知県・庄内川水系〔1級〕
境川　さかいがわ
愛知県・境川水系〔2級〕
境川　さかいがわ
愛知県・梅田川水系〔2級〕
境川　さかいがわ
愛知県・境川水系
境川　さかいがわ
愛知県・庄内川水系
境川　さかいがわ
滋賀県・淀川水系〔1級〕
境川　さかいがわ
大阪府・淀川水系〔1級〕
境川　さかいがわ
島根県・斐伊川水系〔1級〕
境川　さかいがわ
島根県・境川水系〔2級〕
境川　さかいがわ
岡山県・吉井川水系〔1級〕
境川　さかいがわ
山口県・境川水系〔2級〕
境川　さかいがわ
愛媛県・境川水系〔2級〕
境川　さかいがわ
佐賀県・六角川水系〔1級〕
境川　さかいがわ
長崎県・境川水系〔2級〕
境川　さかいがわ
熊本県・境川水系〔2級〕
境川　さかいがわ
熊本県・境川水系
境川　さかいがわ
大分県・大野川水系〔1級〕
境川　さかいがわ
大分県・境川水系〔2級〕
境川　さかいがわ
宮崎県・大淀川水系〔1級〕
境川　さかいがわ
鹿児島県・川内川水系〔1級〕
境川　さかいがわ
鹿児島県・肝属川水系〔1級〕
境川　さかいがわ
鹿児島県・境川水系〔2級〕
境川　さかいがわ
鹿児島県・万之瀬川水系〔2級〕
4境水道　さかいすいどう
島根県・斐伊川水系
5境目川　さかいめがわ
香川県・財田川水系〔2級〕
7境沢《古》　さかいざわ
静岡県・富士川水系の春山川
境沢川　さかいざわがわ
福島県・阿武隈川水系
境沢川　さかいざわがわ
群馬県・利根川水系〔1級〕
境見川　さかみがわ
福島県・阿賀野川水系〔1級〕
境谷川　さかいだにがわ
熊本県・境谷川水系
境谷川　さかいのたにがわ
熊本県・五ヶ瀬川水系

11境堀川　さかいぼりがわ
宮城県・鳴瀬川水系〔1級〕
境堀川　さかいぼりがわ
福島県・新田川水系〔2級〕
14境関川　さかいぜきがわ
青森県・岩木川水系〔1級〕

【塾】
7塾谷沢　じゅくたにさわ
新潟県・関川水系〔1級〕

【増】
3増川　ますがわ
秋田県・増川水系
増川　ましがわ
奈良県・紀の川水系〔1級〕
増川川　ますかわがわ
青森県・増川川水系〔2級〕
増川谷川　ますかわだにがわ
徳島県・吉野川水系〔1級〕
5増永川　ますながかわ
熊本県・浦川水系〔2級〕
増永川　ますながかわ
熊本県・浦川水系
増田川　ますたがわ
青森県・小湊川水系
増田川　ますだがわ
宮城県・名取川水系〔1級〕
増田川　ますだがわ
群馬県・利根川水系〔1級〕
増田川　ますだがわ
愛媛県・松田川水系〔2級〕
増田川　ますだがわ
高知県・松田川水系〔2級〕
増田川　ますだがわ
長崎県・増田川水系〔2級〕
7増沢　ますざわ
岩手県・米代川水系
増沢川　ますざわがわ
岩手県・北上川水系
増沢川　ますざわがわ
秋田県・米代川水系
増沢川　ますざわがわ
新潟県・信濃川水系〔1級〕
増谷川　ますたにがわ
新潟県・阿賀野川水系〔1級〕
増谷川　ますたにがわ
熊本県・球磨川水系
増谷川　ますたにがわ
宮崎県・耳川水系
9増泉川　ますいずみがわ
石川県・犀川水系
10増原川　ましはらがわ
香川県・高瀬川水系〔2級〕
12増間川　ますまがわ
千葉県・平久里川水系〔2級〕
13増幌川　ますほろがわ
北海道・増幌川水系〔2級〕
増幌中川　ますほろなかがわ
北海道・増幌川水系〔2級〕
15増穂川　ますほがわ
愛媛県・岩松川水系〔2級〕

【墨】
5墨田川　すみたがわ
佐賀県・松浦川水系〔1級〕
6墨名川　となかわ
千葉県・墨名川水系〔2級〕
14墨摺川　すみすりがわ
熊本県・関川水系

【嶋】
3嶋川　しまがわ
愛知県・矢作川水系

【徳】
5徳永川　とくながかわ
静岡県・狩野川水系〔1級〕
徳田川　とくだがわ
石川県・米町川水系
徳田川　とくだがわ
大分県・大野川水系〔1級〕
6徳合川　とくあいがわ
新潟県・徳合川水系〔2級〕
徳竹川　とくたけがわ
徳島県・木岐川水系〔2級〕
7徳尾川　とくおがわ
兵庫県・由良川水系〔1級〕
徳志別川　とくしべつがわ
北海道・徳志別川水系〔2級〕
徳沢川　とくさわがわ
岩手県・北上川水系〔1級〕
徳沢川　とくざわがわ
山形県・最上川水系〔1級〕
徳良川　とくらがわ
京都府・竹野川水系〔2級〕
徳良川　とくらがわ
広島県・沼田川水系〔2級〕
徳良川　とくらがわ
広島県・沼田川水系
8徳和川　とくわがわ
山梨県・富士川水系〔1級〕
10徳倉宮川　とくらみやがわ
静岡県・狩野川水系〔1級〕

徳浦川　とくうらがわ
大分県・徳浦川水系〔2級〕
徳能川　とくのうがわ
愛媛県・新川水系〔2級〕
12徳富川　とっぷがわ
北海道・石狩川水系〔1級〕
徳間川　とくまがわ
長野県・信濃川水系〔1級〕
徳須恵川　とくすえがわ
佐賀県・松浦川水系〔1級〕

【摺】
3摺上川　すりかみがわ
福島県・阿武隈川水系〔1級〕
4摺木川　するぎがわ
高知県・摺木川水系〔2級〕
13摺鉢川　すりばちがわ
高知県・国分川水系
摺鉢沢川　すりばちざわがわ
山形県・最上川水系〔1級〕
摺鉢谷川　すりばちだにがわ
香川県・摺鉢谷川水系〔2級〕
14摺墨川　するすみがわ
滋賀県・淀川水系〔1級〕
17摺糠川　すりぬかがわ
岩手県・馬淵川水系

【旗】
3旗川　はたがわ
栃木県・利根川水系〔1級〕
5旗打川《別》　はたうちがわ
静岡県・波多打川水系の波多打川

【暮】
暮ヶ谷川　くれがたにがわ
大分県・大分川水系〔1級〕
7暮見川　くれみがわ
福井県・九頭竜川水系〔1級〕

【榎】
3榎川　えのきがわ
岩手県・大川水系
榎川　えのきがわ
宮城県・砂押川水系〔2級〕
榎川　えのきがわ
広島県・太田川水系〔1級〕
榎川　えのきがわ
愛媛県・渡川水系〔1級〕
榎川内川　えのきかわうちがわ
熊本県・球磨川水系
5榎本川　えのもとがわ
岡山県・吉井川水系〔1級〕
7榎谷川　えのきだにがわ
島根県・江の川水系〔1級〕
榎谷川　えのきだにがわ
愛媛県・渡川水系〔1級〕
10榎原川　よわらがわ
京都府・由良川水系〔1級〕
榎原川　よわらがわ
宮崎県・細田川水系〔2級〕
榎原川　よわらがわ
宮崎県・細田川水系
19榎瀬江湖川　えのきぜえこがわ
徳島県・吉野川水系〔1級〕

【構】
3構口川　かまえぐちがわ
熊本県・菊池川水系
7構谷川　かまえだにがわ
兵庫県・苧谷川水系〔2級〕

【榛】
榛ノ木川　はんのきがわ
群馬県・信濃川水系〔1級〕
6榛名川　はるながわ
群馬県・利根川水系〔1級〕
榛名白川　はるなしらかわ
群馬県・利根川水系〔1級〕
榛名湖　はるなこ
群馬県・利根川水系〔1級〕
10榛原川　はいばらがわ
静岡県・大井川水系〔1級〕

【槍】
4槍水川　やりみずがわ
千葉県・小櫃川水系〔2級〕
10槍原川　やなはらがわ
岡山県・吉井川水系〔1級〕

【樋】
樋の口川　ひのくちがわ
熊本県・田浦川水系
樋の口谷川　ひのくちたにがわ
宮崎県・一ツ瀬川水系〔2級〕
樋の川　ひのがわ
石川県・羽咋川水系〔2級〕
樋の沢川　ひのさわがわ
長野県・天竜川水系〔1級〕
樋の廻川　ひのまわりがわ
島根県・斐伊川水系〔1級〕
樋の奥川　ひのおくがわ
愛媛県・肱川水系〔1級〕
樋ヶ沢川　ひがさわがわ
岩手県・北上川水系

樋ヶ沢川　ひがさわがわ
長野県・天竜川水系〔1級〕
樋ヶ谷川　ひげたにがわ
京都府・由良川水系
樋ノ口川　ひのくちがわ
愛媛県・樋ノ口川水系〔2級〕
樋ノ口川　ひのくちがわ
福岡県・筑後川水系〔1級〕
3樋口川　ひぐちがわ
長崎県・樋口川水系〔2級〕
樋口川　ひぐちがわ
宮崎県・大淀川水系〔1級〕
樋口谷川　ひぐちだにがわ
島根県・高津川水系〔1級〕
樋山川　ひやまがわ
三重県・櫛田川水系〔1級〕
樋山路川　ひやまじがわ
大分県・山国川水系〔1級〕
4樋之入川　ひのいりがわ
群馬県・利根川水系〔1級〕
樋之口川　ひのくちがわ
愛媛県・樋之口川水系〔2級〕
樋之尾谷川　ひのおだにがわ
愛媛県・樋之尾谷川水系〔2級〕
樋之沢川　ひのさわがわ
山梨県・富士川水系〔1級〕
樋井川　ひいがわ
福岡県・樋井川水系〔2級〕
樋戸野川　ひとのがわ
兵庫県・洲本川水系〔2級〕
5樋古根川　ひこねがわ
千葉県・利根川水系〔1級〕
樋田川　といたがわ
新潟県・信濃川水系〔1級〕
樋田川　といだがわ
山梨県・富士川水系〔1級〕
7樋沢川　ひさわがわ
長野県・信濃川水系〔1級〕
10樋脇川　ひわきがわ
鹿児島県・川内川水系〔1級〕
12樋渡川　ひわたしがわ
福島県・阿武隈川水系〔1級〕
樋渡川　ひわたしがわ
鹿児島県・川内川水系〔1級〕
樋越川　ひごしがわ
京都府・樋越川水系〔2級〕
13樋殿谷川　ひどのだにがわ
徳島県・吉野川水系〔1級〕
樋詰川　ひずめがわ
高知県・下田川水系〔2級〕
16樋橋川　ひばしがわ
富山県・神通川水系〔1級〕

【様】

様ノ沢　さまのざわ
秋田県・雄物川水系〔1級〕
7様似川　さまにがわ
北海道・様似川水系〔2級〕
8様松川　ためしまつがわ
香川県・与田川水系〔2級〕

【榿】

榿の木谷川　はんのきだにがわ
福井県・九頭竜川水系〔1級〕

【槱】

3槱川　ほくそがわ
和歌山県・切目川水系〔2級〕

【榑】

8榑坪川　くれつぼがわ
山梨県・富士川水系〔1級〕

【槙】

3槙山川　まきやまがわ
徳島県・海部川水系〔2級〕
槙川　まきがわ
山形県・最上川水系〔1級〕
槙川　まきがわ
香川県・吉野川水系〔1級〕
槙川　まきがわ
愛媛県・松田川水系〔2級〕
槙川川　まきかわがわ
高知県・仁淀川水系〔1級〕
4槙木沢川　まきさわがわ
岩手県・槙木沢川水系
7槙尾川　まきおがわ
大阪府・大津川水系〔2級〕
槙沢川　まきざわがわ
新潟県・阿賀野川水系〔1級〕
槙沢川　まきざわがわ
新潟県・信濃川水系〔1級〕
槙谷川　まきだにがわ
岡山県・高梁川水系〔1級〕
11槙野川　まきのがわ
三重県・淀川水系〔1級〕

【歌】

3歌川　うたがわ
神奈川県・金目川水系〔2級〕
歌川　うたがわ
新潟県・歌川水系〔2級〕
6歌糸川　うたいとがわ
宮崎県・五ヶ瀬川水系〔1級〕

7歌別川　うたべつがわ
北海道・歌別川水系〔2級〕
歌志内中の沢川　うたしないなかのざわがわ
北海道・石狩川水系〔1級〕
歌見川　うたみがわ
新潟県・歌見川水系〔2級〕
歌里沢川　うたりざわがわ
山梨県・富士川水系〔1級〕
10歌島沼　うたしまぬま
北海道島牧村
11歌野川　うたのがわ
山口県・木屋川水系〔2級〕
13歌滝川　うたたきがわ
新潟県・天王川水系〔2級〕

【歴】
6歴舟川　れきふねがわ
北海道・歴舟川水系〔2級〕
歴舟中の川　れきふねなかのがわ
北海道・歴舟川水系〔2級〕

【漁】
2漁入沢川　いざりいりざわがわ
北海道・石狩川水系〔1級〕
3漁川　いざりがわ
北海道・石狩川水系〔1級〕
4漁太川　いざりぶとがわ
北海道・石狩川水系〔1級〕

【漆】
3漆川《古》　しつかわ
山形県・最上川水系の月布川
漆川　しつかわ
徳島県・吉野川水系〔1級〕
漆川内川　うるしがわちがわ
熊本県・球磨川水系〔1級〕
7漆沢川　うるしざわがわ
長野県・天竜川水系〔1級〕
漆沢長沼　うるしざわながぬま
宮城県加美郡小野田町
漆谷川　うるしだにがわ
岐阜県・神通川水系〔1級〕
漆谷川　うるしだにがわ
岐阜県・木曾川水系〔1級〕
10漆原川　うるしばらがわ
鳥取県・橋津川水系
漆島川　うるしじまがわ
愛知県・天竜川水系〔1級〕

【漫】
12漫湖　まんこ
沖縄県・国場川水系

【熊】
熊の川川　くまのかわがわ
佐賀県・嘉瀬川水系〔1級〕
熊の沢川　くまのさわがわ
北海道・石狩川水系〔1級〕
熊の沢川　くまのさわがわ
北海道・石狩川水系
熊の沢川　くまのさわがわ
青森県・相坂川水系〔2級〕
熊の沢川　くまのざわかわ
山形県・最上川水系〔1級〕
熊の沢川　くまのざわがわ
山形県・最上川水系〔1級〕
熊の谷川　くまのたにがわ
滋賀県・淀川水系〔1級〕
熊の浦西谷川　くまのうらにしたにがわ
高知県・熊の浦西谷川水系
熊の浦東谷川　くまのうらひがしたにがわ
高知県・熊の浦東谷川水系
熊ヶ池　くまがいけ
北海道東川町
熊ヶ谷川　くまがたにがわ
大分県・大野川水系〔1級〕
熊ヶ倉川　くまがくらがわ
熊本県・水俣川水系
熊ヶ瀬川　くまがせがわ
山口県・阿武川水系〔2級〕
熊ノ沢　くまのさわ
新潟県・信濃川水系
熊ノ倉川　くまのくらがわ
京都府・由良川水系
3熊久保川　くまくぼがわ
茨城県・那珂川水系〔1級〕
熊川　くまがわ
北海道・西別川水系
熊川　くまがわ
宮城県・北上川水系〔1級〕
熊川　くまがわ
福島県・熊川水系〔2級〕
熊川　くまがわ
栃木県・那珂川水系〔1級〕
熊川　くまがわ
群馬県・利根川水系〔1級〕
熊川　くまがわ
山口県・大内川水系〔2級〕
熊川　くまがわ
香川県・新川水系〔2級〕
4熊井川　くまいがわ
兵庫県・千種川水系〔2級〕
熊井川　くまいがわ
和歌山県・山田川水系〔2級〕

熊井川　くまいがわ
高知県・伊与木川水系

熊切川　くまきりがわ
静岡県・天竜川水系〔1級〕

熊木川　くまきがわ
石川県・熊木川水系〔2級〕

熊木沢　くまきさわ
神奈川県・酒匂川水系

5熊出川　くまいでがわ
新潟県・加治川水系〔2級〕

熊出沢川　くまでざわがわ
北海道・渚滑川水系〔1級〕

熊平川《別》　くまだいらがわ
静岡県・天竜川水系の阿多古川

熊田川　くまだがわ
石川県・手取川水系〔1級〕

熊田川　くまたがわ
京都府・淀川水系〔1級〕

熊穴川　くまあながわ
北海道・石狩川水系〔1級〕

熊穴沢川　くまあなざわがわ
山梨県・富士川水系〔1級〕

7熊別川　くまべつがわ
北海道・熊別川水系〔2級〕

熊坂川　くまさかがわ
石川県・大聖寺川水系〔2級〕

熊坂川　くまさかがわ
福井県・九頭竜川水系〔1級〕

熊坂川放水路　くまさかがわほうすいろ
石川県・大聖寺川水系〔2級〕

熊尾川　くまおがわ
大分県・筑後川水系〔1級〕

熊沢川　くまざわがわ
秋田県・米代川水系〔1級〕

熊沢川　くまざわがわ
長野県・木曾川水系〔1級〕

熊見沢　くまみざわ
北海道・石狩川水系

熊谷川　くまがいがわ
北海道・向別川水系

熊谷川　くまやがわ
宮城県・北上川水系〔1級〕

熊谷川　くまだにがわ
新潟県・関川水系〔1級〕

熊谷川　くまたにがわ
三重県・新宮川水系〔1級〕

熊谷川　くまがやがわ
兵庫県・岸田川水系〔2級〕

熊谷川　くまたにがわ
奈良県・大和川水系〔1級〕

熊谷川　くまたにがわ
和歌山県・熊谷川水系〔2級〕

熊谷川　くまがやがわ
岡山県・高梁川水系〔1級〕

熊谷川　くまたにがわ
岡山県・高梁川水系〔1級〕

熊谷川　くまたにがわ
岡山県・旭川水系

熊谷川　くまだにがわ
広島県・江の川水系

熊谷川　くまたにがわ
徳島県・吉野川水系〔1級〕

熊谷川　くまたにがわ
徳島県・那賀川水系〔1級〕

熊谷川　くまたにがわ
愛媛県・重信川水系〔1級〕

熊谷川《古》　くまやがわ
宮崎県・隈谷川水系の隈谷川

熊返川　くまがえしがわ
山形県・最上川水系〔1級〕

8熊取川　くまとりがわ
熊本県・緑川水系

熊河川　くまのこがわ
福井県・九頭竜川水系〔1級〕

熊沼　くまぬま
岩手県岩手郡松尾村

熊波川　くまなみがわ
兵庫県・矢田川水系〔2級〕

9熊追沢川　くまおいざわがわ
北海道・石狩川水系〔1級〕

10熊原川　くまはらがわ
青森県・馬淵川水系〔1級〕

11熊崎川　くまさきがわ
京都府・淀川水系

熊崎川　くまさきがわ
大分県・熊崎川水系〔2級〕

熊添川　くまぞえがわ
福岡県・遠賀川水系〔1級〕

熊淵川　くまぶちがわ
石川県・熊淵川水系〔2級〕

熊野川　くまのがわ
岩手県・熊野川水系〔2級〕

熊野川　ゆのがわ
山形県・最上川水系〔1級〕

熊野川　くまのがわ
富山県・神通川水系〔1級〕

熊野川　くまのがわ
石川県・羽咋川水系〔2級〕

熊野川　くまのがわ
滋賀県・淀川水系〔1級〕

熊野川　ゆやがわ
和歌山県・日高川水系〔2級〕

熊野川　ゆやがわ
和歌山県・日置川水系〔2級〕

熊野川《別》　くまのがわ
和歌山県, 三重県・新宮川水系の新宮川
熊野川　くまのがわ
広島県・江の川水系〔1級〕
熊野川　くまのがわ
広島県・瀬野川水系〔2級〕
熊野川　くまのがわ
宮崎県・清武川水系〔2級〕
熊野川　くまのがわ
鹿児島県・熊野川水系〔2級〕
熊野川谷川　いやがわたにがわ
和歌山県・富田川水系〔2級〕
熊野江川　くまのえがわ
宮崎県・熊野江川水系〔2級〕
熊野宮川　くまのみやがわ
三重県・熊野宮川水系〔2級〕
13熊碓川　くまうすがわ
北海道・熊碓川水系

【獄】
4獄之川　たけのがわ
鹿児島県・獄之川水系〔2級〕

【瑠】
13瑠椽川　るろちがわ
北海道・藻興部川水系〔2級〕
15瑠璃沼　るりぬま
福島県耶麻郡猪苗代町

【瑪】
13瑪瑙沢川　めのうさわがわ
長野県・信濃川水系〔1級〕

【碧】
3碧川　あおがわ
三重県・碧川水系〔2級〕

【稲】
稲ヶ沢川　いねがさわがわ
栃木県・利根川水系〔1級〕
2稲又谷川　いなまただにがわ
山梨県・富士川水系〔1級〕
3稲土川　いなつちがわ
兵庫県・加古川水系〔1級〕
稲士別川　いなしべつがわ
北海道・十勝川水系〔1級〕
稲子川　いなこがわ
山形県・最上川水系〔1級〕
稲子川　いなこがわ
静岡県・富士川水系〔1級〕
稲子沢　いなごさわ
福島県・阿武隈川水系〔1級〕
稲山池　いなやいけ
岐阜県海津市
稲川　いながわ
福島県・阿武隈川水系〔1級〕
稲川　いながわ
新潟県・島崎川水系〔2級〕
稲川　いながわ
山梨県・富士川水系〔1級〕
稲川　いながわ
滋賀県・淀川水系〔1級〕
稲川　いながわ
山口県・厚東川水系〔2級〕
稲川　いながわ
熊本県・砂川水系〔2級〕
稲川　いながわ
熊本県・砂川水系
稲川上流川　いながわじょうりゅうがわ
熊本県・砂川水系
4稲井川　いないがわ
茨城県・利根川水系〔1級〕
稲刈川　いながりがわ
石川県・羽咋川水系
稲刈沢川　いがりさわがわ
青森県・岩木川水系
稲木川　いなきがわ
岡山県・高梁川水系〔1級〕
稲木谷川　いなきだにがわ
愛媛県・肱川水系〔1級〕
稲牛川　いなうしがわ
北海道・十勝川水系〔1級〕
5稲生川　いのうがわ、いなおがわ
愛媛県・肱川水系〔1級〕
稲生沢川　いのうざわがわ、いなおさわがわ
静岡県・稲生沢川水系〔2級〕
稲田川　いなだがわ
北海道・石狩川水系〔1級〕
稲田川　いなだがわ
茨城県・那珂川水系〔1級〕
稲田川　いなだがわ
岐阜県・木曽川水系〔1級〕
稲田沢川　いなださわがわ
茨城県・那珂川水系〔1級〕
稲目川　いなめがわ
愛知県・豊川水系
6稲成川　いなりがわ
和歌山県・左会津川水系〔2級〕
稲早川　いなさがわ
愛知県・稲早川水系〔2級〕
稲早谷川　わせだにがわ
京都府・由良川水系〔1級〕

7稲束川　いなずかがわ
愛知県・音羽川水系
稲村谷川　いなむらだにがわ
愛媛県・仁淀川水系
稲沢　いなざわ
青森県・桧川水系
稲沢川　いなざわがわ
福島県・久慈川水系〔1級〕
稲見川　いなみがわ
山口県・木屋川水系〔2級〕
8稲取大川　いなとりおおかわ
静岡県・稲取大川水系〔2級〕
稲河内川　いねかわうちがわ
長崎県・鈴田川水系〔2級〕
9稲垣川　いながきがわ
大分県・番匠川水系〔1級〕
稲屋川　いなやがわ
和歌山県・左会津川水系〔2級〕
稲持谷川　いなもちだにがわ
徳島県・吉野川水系〔1級〕
稲負谷川　いなおいだにがわ
兵庫県・岸田川水系〔2級〕
10稲倉石川　いなくらいしがわ
北海道・古平川水系
稲荷川　いなにがわ
北海道・石狩川水系〔1級〕
稲荷川　いなりがわ
北海道・稲荷川水系
稲荷川　いなりがわ
青森県・岩木川水系〔1級〕
稲荷川　いなりがわ
茨城県・利根川水系〔1級〕
稲荷川　いなりがわ
栃木県・利根川水系〔1級〕
稲荷川　いなりがわ
新潟県・信濃川水系〔1級〕
稲荷川　いなりがわ
山梨県・富士川水系〔1級〕
稲荷川　いなりがわ
滋賀県・淀川水系〔1級〕
稲荷川　いなりがわ
宮崎県・川内川水系〔1級〕
稲荷川　いなりがわ
鹿児島県・稲荷川水系〔2級〕
稲荷谷川　いなりだにがわ
京都府・淀川水系
稲荷部川　いなりべがわ
静岡県・菊川水系〔1級〕
11稲梓川　いなすさがわ
静岡県・稲生沢川水系〔2級〕
稲淵川　いなふちがわ
宮城県・稲淵川水系〔2級〕
12稲葉川　いなばがわ
新潟県・信濃川水系〔1級〕
稲葉川　いなばがわ
新潟県・貝喰川水系〔2級〕
稲葉川　いなばがわ
愛知県・日光川水系
稲葉川　いなんばがわ
兵庫県・円山川水系〔1級〕
稲葉川　いなばがわ
大分県・大野川水系〔1級〕
稲葉谷川《古》　いなばやがわ
静岡県・瀬戸川水系の谷稲葉川
稲越川　いなこしがわ
岐阜県・神通川水系〔1級〕
稲雲川　いなぐもがわ
熊本県・鏡川水系
13稲置川　いおきがわ
宮城県・阿武隈川水系
14稲聚川　いなとりがわ
埼玉県・利根川水系〔1級〕
15稲穂沢川　いなほざわがわ
長野県・信濃川水系〔1級〕
16稲積川　いなずみがわ
北海道・新川水系〔2級〕
稲積川　いなずみがわ
大分県・大野川水系〔1級〕
19稲瀬川　いなせがわ
静岡県・富士川水系〔1級〕

【穀】

5穀田川　こくだがわ
宮城県・鳴瀬川水系

【種】

種が沢川　たねがさわがわ
岩手県・甲子川水系
3種子川　たねこがわ
青森県・馬淵川水系〔1級〕
種子川　たねがわ
愛媛県・国領川水系〔2級〕
種子田川　たねだがわ
宮崎県・大淀川水系〔1級〕
種川　たねかわ
北海道・常呂川水系〔1級〕
種川　たねがわ
岡山県・吉井川水系〔1級〕
種川　たねがわ
岡山県・旭川水系〔1級〕
種川　たねがわ
愛媛県・種川水系〔2級〕
4種戸川　たねどがわ
岩手県・小鎚川水系

7種沢川　たねざわがわ
宮城県・鳴瀬川水系〔1級〕
種沢川　たねざわがわ
秋田県・馬場目川水系〔2級〕
種谷川《別》　たねだにがわ
石川県・大野川水系の能瀬川
9種室排水川　しゅむろはいすいがわ
北海道・ケリマイ川水系
10種梅川　たねうめがわ
秋田県・米代川水系〔1級〕

【稗】

稗の浦川　ひのうらがわ
佐賀県・六角川水系〔1級〕
5稗田川　ひえだがわ
福井県・九頭竜川水系
稗田川　ひえだがわ
愛知県・高浜川水系〔2級〕
稗田川　ひえだがわ
愛知県・稗田川水系〔2級〕
稗田川　ひえだがわ
京都府・河辺川水系
稗田川　ひえだがわ
兵庫県・加古川水系
稗田川　ひえだがわ
山口県・田万川水系〔2級〕
稗田川　ひえだがわ
高知県・松田川水系〔2級〕
稗田川　ひえだがわ
佐賀県・松浦川水系〔1級〕
稗田川　ひえたがわ
熊本県・上津浦川水系〔2級〕
7稗谷川　ひえだにがわ
滋賀県・淀川水系〔1級〕
10稗原川　ひえばらがわ
島根県・神戸川水系〔2級〕
11稗貫川　ひえぬきがわ
岩手県・北上川水系〔1級〕

【窪】

3窪川　くぼがわ
宮城県・鳴瀬川水系
窪川　くぼがわ
新潟県・信濃川水系〔1級〕
窪川　くぼがわ
新潟県・東鵜島川水系
窪川　くぼがわ
石川県・窪川水系
窪川　くぼがわ
山梨県・相模川水系〔1級〕
7窪谷川　くぼたにがわ
和歌山県・紀の川水系〔1級〕
9窪前川　くぼまえがわ
愛媛県・肱川水系〔1級〕
11窪野川　くぼのがわ
鹿児島県・肝属川水系〔1級〕
窪野前川　くぼのまえがわ
愛媛県・重信川水系〔1級〕
窪野裏川　くぼのうらがわ
愛媛県・重信川水系〔1級〕
12窪堰川　くぼぜきがわ
秋田県・雄物川水系〔1級〕

【端】

6端気川　はけがわ
群馬県・利根川水系〔1級〕
11端鹿川《古》　はしかがわ
兵庫県・加古川水系の東条川

【管】

13管蓋川　すがぶたがわ
熊本県・白洲川水系
19管瀬川　くだせがわ
岐阜県・木曾川水系〔1級〕

【算】

5算用師川　さんようしがわ
青森県・算用師川水系〔2級〕

【箸】

箸ヶ谷川　はしがだにがわ
徳島県・吉野川水系〔1級〕
7箸別川　はしべつがわ
北海道・箸別川水系〔2級〕

【箆】

9箆津川《別》　のつがわ
鳥取県・黒川水系の黒川

【箕】

3箕川　みのがわ
大阪府・淀川水系〔1級〕
箕川　みのがわ
和歌山県・有田川水系〔2級〕
5箕田川　みのだがわ
福岡県・長峡川水系〔2級〕
7箕谷川　みのたにがわ
和歌山県・有田川水系〔2級〕
9箕後川　みのごがわ
大阪府・淀川水系〔1級〕
箕面川　みのおがわ
大阪府・淀川水系〔1級〕

箕面鍋田川　みのおなべたがわ
大阪府・淀川水系〔1級〕

【箒】
3箒川　ほうきがわ
栃木県・那珂川水系〔1級〕
5箒平川　ほうきだいらがわ
福島県・浅見川水系
7箒沢川　ほうきざわがわ
長野県・天竜川水系〔1級〕

【箙】
19箙瀬川　えびらせがわ
熊本県・球磨川水系

【精】
11精進ヶ池　しょうじんがいけ
神奈川県箱根町
精進川　しょうじんがわ
北海道・石狩川水系〔1級〕
精進川　しょうじんがわ
北海道・石狩川水系
精進川　しょうじがわ
山梨県・精進湖水系〔2級〕
精進川　しょうじんがわ
長野県・天竜川水系〔1級〕
精進川　しょうじんがわ
愛知県・精進川水系〔2級〕
精進川　しょうじんがわ
愛知県・梅田川水系〔2級〕
精進川　しょうじんがわ
愛知県・梅田川水系
精進川　しょうじんがわ
鳥取県・佐陀川水系〔2級〕
精進川放水路　しょうじんがわほうすいろ
北海道・石狩川水系〔1級〕
精進場川　しょうじんばがわ
長野県・信濃川水系〔1級〕
精進湖　しょうじこ
山梨県・精進湖水系

【綾】
3綾川　あやがわ
香川県・綾川水系〔2級〕
4綾木谷川　あやきだにがわ
鳥取県・千代川水系〔1級〕
5綾北川　あやきたがわ
熊本県, 宮崎県・大淀川水系〔1級〕
綾目川　あやめがわ
広島県・芦田川水系〔1級〕
7綾里川　りょうりがわ
岩手県・綾里川水系〔2級〕
19綾瀬川　あやせがわ
埼玉県, 東京都・利根川水系〔1級〕
綾瀬川放水路　あやせがわほうすいろ
埼玉県, 東京都・利根川水系〔1級〕
綾羅木川　あやらぎがわ
山口県・綾羅木川水系〔2級〕

【綱】
綱ノ瀬川　つなのせがわ
宮崎県・五ヶ瀬川水系〔1級〕
3綱子川　つなこがわ
新潟県・桑取川水系〔2級〕
4綱木川　つなぎがわ
宮城県・北上川水系〔1級〕
綱木川　つなぎがわ
宮城県・名取川水系〔1級〕
綱木川　つなぎがわ
秋田県・子吉川水系
綱木川　つなきがわ
山形県・最上川水系〔1級〕
綱木川　つなぎがわ
新潟県・阿賀野川水系〔1級〕
綱木沢川　つなぎさわがわ
宮城県・北上川水系〔1級〕
7綱谷川　つなたにがわ
群馬県・利根川水系〔1級〕
8綱取川　つなとりがわ
山形県・最上川水系〔1級〕

【緒】
3緒川　おがわ
茨城県・那珂川水系〔1級〕
4緒方川　おがたがわ
大分県・大野川水系〔1級〕

【総】
7総谷川　そうやがわ
滋賀県・淀川水系〔1級〕
8総門川　そうもんがわ
石川県・大野川水系
12総富地川　そっちがわ
北海道・石狩川水系〔1級〕
16総頭川　そうずがわ
広島県・総頭川水系〔2級〕

【綴】
3綴子川　つずりこがわ
秋田県・米代川水系〔1級〕

【綿】
3綿川《別》　わたがわ

石川県・仁岸川水系の仁岸川
綿川《別》　わたがわ
熊本県・菊池川水系の繁根木川
4綿内川《別》　わたうちがわ
宮崎県・平田川水系の山下川
5綿打川　わたうちがわ
福岡県・多々良川水系〔2級〕
綿打川　わたうちがわ
佐賀県・嘉瀬川水系〔1級〕
綿打川　わたうちがわ
鹿児島県・川内川水系〔1級〕
11綿野川　わたのがわ
熊本県・白川水系

【網】
網ノ内川　あみのうちがわ
佐賀県・松浦川水系〔1級〕
3網川川　あみかわがわ
高知県・鏡川水系〔2級〕
網干川　あぼしがわ
兵庫県・大津茂川水系〔2級〕
5網田川　おうだがわ
熊本県・網田川水系〔2級〕
7網谷川　あみだにがわ
滋賀県・淀川水系〔1級〕
網走川　あばしりがわ
北海道・網走川水系〔1級〕
網走湖　あばしりこ
北海道・網走川水系
9網津川　あみずがわ
熊本県・網津川水系〔2級〕
網津川　おうずがわ
鹿児島県・原田川水系〔2級〕
11網掛川　あみかけがわ
鹿児島県・網掛川水系〔2級〕
12網場川　あみばがわ
島根県・斐伊川水系〔1級〕

【緑】
3緑川　みどりがわ
北海道・常呂川水系〔1級〕
緑川　みどりがわ
北海道・福島川水系〔2級〕
緑川　みどりかわ
北海道・緑川水系
緑川　みどりかわ
埼玉県・荒川（東京都・埼玉県）水系〔1級〕
緑川　みどりがわ
愛媛県・肱川水系〔1級〕
緑川　みどりかわ
佐賀県・有田川水系〔2級〕
緑川　みどりがわ
熊本県・緑川水系〔1級〕
11緑郷川　ろくごうがわ
佐賀県・六角川水系〔1級〕

【綺】
10綺原川　かんばらがわ
京都府・淀川水系

【蔭】
7蔭谷川　かげだにがわ
徳島県・那賀川水系〔1級〕
18蔭藪川　かげやぶがわ
高知県・渡川水系〔1級〕

【蔦】
3蔦川　つたがわ
青森県・相坂川水系〔2級〕
4蔦木川　つたきがわ
島根県・高津川水系〔1級〕
8蔦沼　つたぬま
青森県上北郡十和田湖町
蔦沼川　つたぬまがわ
青森県・相坂川水系〔2級〕
11蔦都流末川　つたいちりゅうまつがわ
新潟県・信濃川水系〔1級〕

【蓴】
11蓴菜沼　じゅんさいぬま
北海道北村

【蓼】
3蓼川　たでがわ
神奈川県・引地川水系〔2級〕
5蓼田川　たでたがわ
熊本県・関川水系
10蓼原川　たでわらがわ
京都府・由良川水系〔1級〕
11蓼野川　たでのがわ
島根県・高津川水系〔1級〕

【蜘】
蜘ヶ池　くもがいけ
新潟県大潟町
12蜘蛛頭川　くもとうかわ
岩手県・北上川水系

【蜷】
3蜷川　みながわ
高知県・蜷川水系〔2級〕

蜷川　みながわ
高知県・蜷川水系

【蜻】
10蜻浦川　へぼうらがわ
熊本県・菊池川水系

【酸】
酸の川《古》　すのかわ
岩手県・北上川水系の磐井川
3酸川《古》　すかわ
岩手県・北上川水系の磐井川
酸川　すがわ
福島県・阿賀野川水系〔1級〕
酸川《古》　すがわ
群馬県・利根川水系の入山川

【銀】
3銀山川　ぎんざんがわ
山形県・最上川水系〔1級〕
銀山川　ぎんざんがわ
福島県・阿賀野川水系〔1級〕
銀山川　ぎんざんがわ
島根県・静間川水系〔2級〕
銀山種川　ぎんざんたねかわ
北海道・余市川水系
銀川　ぎんかわ
北海道・天塩川水系〔1級〕
銀川　ぎんかわ
北海道・石狩川水系〔1級〕
7銀杏木川　いちょうのきがわ
鹿児島県・川内川水系〔1級〕
銀杏谷川　いちょうだにがわ
京都府・由良川水系
9銀砂谷川　ぎんしゃたにがわ
富山県・神通川水系〔1級〕
19銀鏡川　しろみがわ
宮崎県・一ツ瀬川水系〔2級〕

【銭】
3銭川　ぜにがわ
奈良県・大和川水系〔1級〕
銭川放水路　ぜにがわほうすいろ
奈良県・大和川水系〔1級〕
9銭神山川　ぜにがみやまがわ
鳥取県・日野川水系

【銚】
3銚子川　ちょうしがわ
三重県・銚子川水系〔2級〕
銚子川　ちょうしがわ
京都府・淀川水系
銚子川　ちょうしがわ
島根県・八尾川水系〔2級〕
銚子川　ちょうしがわ
愛媛県・重信川水系〔1級〕

【銅】
3銅山川　どうざんがわ
山形県・最上川水系〔1級〕
銅山川　どうざんがわ
愛媛県・吉野川水系〔1級〕
銅山川　どうざんがわ
熊本県・球磨川水系〔1級〕
銅山川　どうざんがわ
熊本県・球磨川水系
銅川　あかがねがわ
愛媛県・銅川水系〔2級〕
7銅谷川　どうやがわ
岩手県・北上川水系
8銅金沢川　どうきんざわがわ
群馬県・利根川水系〔1級〕
19銅蘭川　どうらんがわ
北海道・天塩川水系〔1級〕

【鉾】
5鉾田川　ほこたがわ
茨城県・利根川水系〔1級〕
8鉾岩川　ほこいわがわ
愛媛県・肱川水系〔1級〕

【銘】
3銘川　めいがわ
千葉県・加茂川水系〔2級〕

【関】
関の入川　せきのいりがわ
新潟県・信濃川水系〔1級〕
関の池　せきのいけ
香川県・本津川水系
関の沢川　せきのさわがわ
静岡県・安倍川水系〔1級〕
関の沢川　せきのさわがわ
静岡県・大井川水系〔1級〕
関ヶ平川　せきがひらがわ
愛媛県・肱川水系〔1級〕
関ヶ浜川　せきがはまがわ
山口県・小瀬川水系〔1級〕
関ノ沢　せきのさわ
岩手県・小本川水系
関ノ沢川　せきのさわがわ
岩手県・北上川水系

関ノ沢川　せきのさわがわ
新潟県・信濃川水系〔1級〕
3関口川　せきぐちがわ
岩手県・関口川水系〔2級〕
関口沢内川　せきぐちさわうちがわ
新潟県・三面川水系〔2級〕
関山川　せきやまがわ
茨城県・里根川水系〔2級〕
関山川　せきやまがわ
茨城県・里根川水系
関川　せきがわ
新潟県・関川水系〔2級〕
関川　せきがわ
新潟県, 長野県・関川水系〔1級〕
関川　せきがわ
富山県・小矢部川水系〔1級〕
関川　せきがわ
岐阜県・木曾川水系〔1級〕
関川　せきがわ
岡山県・旭川水系〔1級〕
関川　せきがわ
広島県・太田川水系〔1級〕
関川　せきがわ
愛媛県・関川水系〔2級〕
関川　せきがわ
熊本県, 福岡県・関川水系〔2級〕
関川　せきがわ
宮崎県・川内川水系〔1級〕
5関本川《別》　せきもとがわ
神奈川県・酒匂川水系の狩川
6関地川　せきじがわ
愛媛県・肱川水系〔1級〕
関守川《別》　せきもりがわ
兵庫県・千森川水系の千森川
7関沢川　せきざわがわ
山梨県・富士川水系〔1級〕
8関門第一谷川　かんもんだいいちたにがわ
愛媛県・仁淀川水系〔1級〕
関門第二谷川　かんもんだいにたにがわ
愛媛県・仁淀川水系〔1級〕
9関屋川　せきやがわ
福井県・関屋川水系〔2級〕
関屋川　せきやがわ
愛媛県・中山川水系〔2級〕
関屋川　せきやがわ
佐賀県・筑後川水系〔1級〕
関屋分水路　せきやぶんすいろ
新潟県・信濃川水系〔1級〕
10関根川　せきねがわ
山形県・最上川水系〔1級〕
関根川　せきねがわ
福島県・富岡川水系〔2級〕
関根川　せきねがわ
茨城県・関根川水系〔2級〕
関根股沢　せきねまたざわ
青森県・広瀬川水系
関根前川　せきねまえがわ
茨城県・関根川水系〔2級〕
11関堀谷川　せきぼりだにがわ
徳島県・吉野川水系〔1級〕

【隠】
6隠地川　おんじがわ
岩手県・北上川水系
7隠里川　かくれざとがわ
高知県・仁淀川水系〔1級〕

【際】
3際川　さいがわ
滋賀県・淀川水系〔1級〕

【障】
3障子ヶ谷川　しょうじがだにがわ
愛媛県・重信川水系〔1級〕
障子川　しょうじがわ
福島県・蛭田川水系〔2級〕
障子岩沢　しょうじいわさわ
群馬県・利根川水系

【雑】
4雑水川　ぞうずがわ
京都府・淀川水系〔1級〕
7雑佐川　ぞうさがわ
山口県・厚東川水系〔2級〕
11雑魚川　ざこがわ
長野県・信濃川水系〔1級〕
雑魚橋川　ざこはしがわ
宮城県・阿武隈川水系〔1級〕
14雑穀谷川　ざっこくだにがわ
富山県・常願寺川水系〔1級〕

【静】
4静内川　しずないがわ
北海道・静内川水系〔2級〕
10静原川　しずはらがわ
京都府・淀川水系〔1級〕
11静渓川　しずたにがわ
京都府・高野川水系
12静間川　しずまがわ
島根県・静間川水系〔2級〕

【鞆】
5鞆田川　ともだがわ

三重県・淀川水系〔1級〕

【領】

4領内川　りょうないがわ
愛知県・日光川水系〔2級〕
領内川　りょうないがわ
愛知県・日光川水系
5領主谷川　りょうしゅだにがわ
三重県・淀川水系〔1級〕
領石川　りょうせきがわ
高知県・国分川水系〔2級〕
10領家川　りょうけがわ
岡山県・高梁川水系〔1級〕
領家川　りょうけがわ
広島県・江の川水系〔1級〕

【餅】

餅の沢　もちのさわ
宮城県・北上川水系
餅ヶ瀬川　もちがせがわ
栃木県・利根川水系〔1級〕
4餅切沢川　もちきりさわがわ
山梨県・富士川水系〔1級〕
5餅田川《別》　もちだがわ
静岡県・狩野川水系の中伊豆山田川
9餅屋沢川　もちやさわがわ
北海道・蘭島川水系〔2級〕
13餅鉄川《別》　もちてつがわ
岩手県・甲子川水系の甲子川

【駅】

16駅館川　やっかんがわ
大分県・駅館川水系〔2級〕

【駄】

4駄中川　だちゅうがわ
秋田県・子吉川水系
駄六川　だろくがわ
兵庫県・淀川水系〔1級〕
10駄倉川　だくらがわ
愛媛県・肱川水系〔1級〕
駄馬川　だばがわ
愛媛県・渡川水系〔1級〕
12駄場川　だばがわ
愛媛県・肱川水系〔1級〕
駄場川　だばがわ
愛媛県・渡川水系〔1級〕
駄道川　だみちがわ
長崎県・駄道川水系〔2級〕

【鳶】

鳶ヶ谷川　とびがだにがわ
徳島県・吉野川水系〔1級〕
11鳶巣川　とびすがわ
東京都・多摩川水系〔1級〕

【鳳】

3鳳山川　ほうさんがわ
山梨県・富士川水系〔1級〕
6鳳至川　ふげしがわ
石川県・河原田川水系〔2級〕
7鳳来川　ほうきがわ
熊本県・菊池川水系〔1級〕

【鳴】

3鳴子川　なるこがわ
京都府・淀川水系〔1級〕
鳴子川　なるこがわ
熊本県・早浦川水系
鳴子川　なるこがわ
大分県・筑後川水系〔1級〕
鳴子川　なるこがわ
宮崎県・鳴子川水系〔2級〕
鳴川川　なるかわがわ
山口県・島田川水系〔2級〕
4鳴戸川　なるとがわ
大阪府・淀川水系〔1級〕
7鳴沢川　なるさわがわ
青森県・鳴沢川水系〔2級〕
鳴沢川　なるさわがわ
岩手県・北上川水系〔1級〕
鳴沢川　なるさわがわ
岩手県・北上川水系
鳴沢川　なるさわがわ
山形県・最上川水系〔1級〕
鳴沢川　なるさわがわ
栃木県・利根川水系〔1級〕
鳴沢川　なるさわがわ
群馬県・利根川水系〔1級〕
鳴沢川　なるさわがわ
山梨県・富士川水系〔1級〕
鳴谷川　なるたにがわ
京都府・由良川水系
鳴谷川　なるたにがわ
奈良県・淀川水系〔1級〕
8鳴迫川　なきさこがわ
熊本県・球磨川水系
鳴迫川　なきさこがわ
熊本県・砂川水系
11鳴淵川　なるぶちがわ
福岡県・多々良川水系〔2級〕

13鳴滝川　なるたきがわ
和歌山県・紀の川水系〔1級〕
鳴滝川　なるたきがわ
島根県・斐伊川水系〔1級〕
鳴滝川　なるたきがわ
香川県・橘川水系〔2級〕
鳴滝川　なるたきがわ
熊本県・緑川水系
鳴滝谷川　なるたきだにがわ
徳島県・吉野川水系〔1級〕
19鳴瀬川　なるせがわ
宮城県・鳴瀬川水系〔1級〕
鳴瀬川　なるせがわ
熊本県・佐敷川水系

【鼻】
4鼻毛の池　はなげのいけ
新潟県大島村、松之山町

15 画

【儀】
6儀式川　ぎしきがわ
愛媛県・立岩川水系〔2級〕
8儀明川　ぎみょうがわ
新潟県・関川水系〔1級〕

【勲】
18勲禰別川　くんねべつがわ
北海道・十勝川水系〔1級〕

【導】
10導師川　どうしがわ
佐賀県・筑後川水系〔1級〕
12導善寺川　どうぜんじがわ
富山県・小川水系〔2級〕

【幡】
3幡川《古》　はたがわ
栃木県・利根川水系の旗川
9幡屋川　はたやがわ
島根県・斐伊川水系〔1級〕
11幡野川　はたのがわ
山梨県・相模川水系〔1級〕
14幡鉾川　はたほこがわ
長崎県・幡鉾川水系〔2級〕
16幡磨川　はりまがわ
大分県・番匠川水系〔1級〕

【影】
影の谷川　かげのたにがわ
高知県・伊与木川水系
3影久川　かげひさがわ
広島県・沼田川水系
7影谷川　かげだにがわ
岡山県・高梁川水系〔1級〕
9影泉川　かげいずみがわ
徳島県・那賀川水系〔1級〕

【慶】
10慶能舞川　けのまいがわ
北海道・慶能舞川水系〔2級〕

【撰】
7撰谷川　えりたにがわ
熊本県・球磨川水系
10撰原長井川　えりはらながいがわ
京都府・淀川水系

【播】
16播磨川　はりまがわ
新潟県・播磨川水系〔2級〕
播磨沢川　はりまざわがわ
山梨県・富士川水系〔1級〕

【撫】
15撫養川　むやがわ
徳島県・吉野川水系〔1級〕

【摩】
5摩尼川　まにがわ
鳥取県・千代川水系〔1級〕
6摩当川　まとうがわ
秋田県・米代川水系〔1級〕
摩当沢川　まとうざわがわ
秋田県・米代川水系
8摩周湖　ましゅうこ
北海道川上郡弟子屈町

【撥】
3撥川　ばちがわ
福岡県・撥川水系〔2級〕

【敷】
4敷戸川　しきどがわ
大分県・大分川水系〔1級〕
5敷生川　しきうがわ
北海道・敷生川水系〔2級〕

6敷地川　しきじがわ
静岡県・太田川水系〔2級〕
敷地川　しきじがわ
広島県・江の川水系〔1級〕
7敷佐川　しきさがわ
長崎県・敷佐川水系〔2級〕
8敷松川　しきまつがわ
大分県・青江川水系〔2級〕
9敷津運河　しきつうんが
大阪府・淀川水系
10敷倉川　しきくらがわ
大分県・五ヶ瀬川水系〔1級〕
敷根川　しきねがわ
静岡県・稲生沢川水系〔2級〕

【横】

2横十間川　よこじっけんがわ
東京都・荒川（東京都・埼玉県）水系〔1級〕
3横山川　よこやまがわ
新潟県・鵜川水系〔2級〕
横山川　よこやまがわ
静岡県・天竜川水系〔1級〕
横山川　よこやまがわ
岡山県・吉井川水系
横山川　よこやまがわ
福岡県・矢部川水系〔1級〕
横山川　よこやまがわ
福岡県・釣川水系〔2級〕
横川　よこがわ
岩手県・北上川水系〔1級〕
横川　よこがわ
宮城県・阿武隈川水系〔1級〕
横川　よこかわ
山形県・荒川（新潟県・山形県）水系〔1級〕
横川　よこがわ
福島県・阿武隈川水系〔1級〕
横川　よこがわ
山梨県・富士川水系〔1級〕
横川　よこがわ
長野県・姫川水系〔1級〕
横川　よこがわ
岐阜県・木曾川水系〔1級〕
横川　よこがわ
三重県・志登茂川水系〔2級〕
横川　よこがわ
京都府・淀川水系〔1級〕
横川　よこがわ
佐賀県・糸岐川水系〔2級〕
横川　よこがわ
大分県・番匠川水系〔1級〕
横川川　よこかわがわ
長野県・天竜川水系〔1級〕
横川川　よこかわがわ
愛媛県・金生川水系〔2級〕
横川川　よこがわがわ
高知県・新荘川水系〔2級〕
横才川　よこさいがわ
熊本県・球磨川水系〔1級〕
4横井溜　よこいだめ
滋賀県日野町
横仁連川　よこにれんがわ
茨城県・利根川水系〔1級〕
横六間川　よころっけんがわ
千葉県・利根川水系〔1級〕
横内川　よこうちがわ
青森県・堤川水系〔2級〕
横内川　よこうちがわ
岩手県・鵜住居川水系
横手大戸川　よこておおどがわ
秋田県・雄物川水系〔1級〕
横手川　よこてがわ
秋田県・雄物川水系〔1級〕
横手川　よこてがわ
千葉県・大風沢川水系
横手川　よこてがわ
大分県・田深川水系〔2級〕
横手杉沢川　よこてすぎさわがわ
秋田県・雄物川水系〔1級〕
5横市川　よこいちがわ
岐阜県・木曾川水系〔1級〕
横市川　よこいちがわ
鹿児島県, 宮崎県・大淀川水系〔1級〕
横平川　よこひらがわ
新潟県・信濃川水系〔1級〕
横田川　よこたがわ
茨城県・利根川水系
横田川《別》　よこたがわ
滋賀県・淀川水系の野洲川
横田川　よこたがわ
佐賀県・玉島川水系〔2級〕
6横合川　よこあいがわ
岩手県・久慈川水系
横在戸池　よこざいといけ
滋賀県草津市
横江川　よこえがわ
宮崎県・一ツ瀬川水系〔2級〕
横江宮川　よこえみやがわ
富山県・小矢部川水系〔1級〕
横舟川　よこふながわ
静岡県・新野川水系〔2級〕
7横住川《別》　よこずみがわ
兵庫県・揖保川水系の草木川
横利根川　よことねがわ
千葉県・利根川水系〔1級〕

横尾川　よこおがわ
富山県・木流川水系〔2級〕
横尾川　よこおがわ
京都府・淀川水系
横尾川　よこおがわ
島根県・横尾川水系〔2級〕
横尾川　よこおがわ
岡山県・吉井川水系〔1級〕
横尾谷川　よこおだにがわ
岡山県・高梁川水系〔1級〕
横折川　よこおれがわ
岡山県・旭川水系〔1級〕
横沢川　よこさわがわ
岩手県・閉伊川水系
横沢川　よこざわがわ
新潟県・国府川水系
横沢川　よこざわがわ
山梨県・富士川水系〔1級〕
横沢川　よこざわがわ
静岡県・大井川水系〔1級〕
横町川　よこまちがわ
岐阜県・木曾川水系〔1級〕
横谷川　よこたにがわ
富山県・神通川水系〔1級〕
横谷川　よこたにがわ
福井県・耳川水系〔2級〕
横谷川　よこたにがわ
三重県・櫛田川水系〔1級〕
横谷川　よこたにがわ
京都府・由良川水系
横谷川　よこたにがわ
兵庫県・円山川水系〔1級〕
横谷川　よこたにがわ
兵庫県・岸田川水系
横谷川　よこたにがわ
和歌山県・有田川水系〔2級〕
横谷川　よこたにがわ
香川県・新川水系〔2級〕
横谷川　よこたにがわ
愛媛県・重信川水系〔1級〕
横谷川　よこたにがわ
高知県・安田川水系〔2級〕
横谷川　よこたにがわ
熊本県・球磨川水系
8横松川　よこまつがわ
愛媛県・肱川水系〔1級〕
横松郷川　よこまつごうがわ
愛媛県・横松郷川水系〔2級〕
横河川　よこかわがわ
長野県・天竜川水系〔1級〕
横沼　よこぬま
青森県青森市
9横前川　よこまえがわ
山形県・最上川水系〔1級〕
横畑川　よこはたがわ
広島県・江の川水系
横畑川　よこはたがわ
愛媛県・肱川水系〔1級〕
横荒川　よこあれがわ
高知県・伊尾木川水系〔2級〕
10横倉川　よこくらがわ
新潟県・信濃川水系〔1級〕
横倉川　よこくらがわ
広島県・山南川水系〔2級〕
横倉沢川　よこくらさわがわ
長野県・信濃川水系〔1級〕
横根川　よこねがわ
愛知県・境川水系
横根沢川　よこねさわがわ
長野県・姫川水系〔1級〕
11横堀《古》　よこぼり
東京都・荒川水系の大横川
横堀川　よこぼりがわ
高知県・国分川水系〔2級〕
横野川　よこのがわ
岡山県・吉井川水系〔1級〕
横野川　よこのがわ
広島県・黒瀬川水系
横野川　よこのがわ
山口県・友田川水系〔2級〕
12横塚川　よこずかがわ
埼玉県・荒川（東京都・埼玉県）水系〔1級〕
横曾根川　よこそねがわ
山口県・佐波川水系〔1級〕
横道川　よこみちがわ
島根県・高津川水系〔1級〕
横道川　よこみちがわ
熊本県・教良木川水系〔2級〕
横道川　よこみちがわ
熊本県・白川水系
横須賀新川　よこすかしんかわ
愛知県・信濃川水系〔2級〕
横須賀新川　よこすかしんかわ
愛知県・信濃川水系
13横滝川　よこだきがわ
愛媛県・肱川水系〔1級〕
横路川　よころがわ
鳥取県・日野川水系〔1級〕
14横様川　よこさまがわ
熊本県・球磨川水系
15横輪川　よこわがわ
三重県・宮川水系〔1級〕
19横瀬川　よこせがわ
群馬県・利根川水系〔1級〕

横瀬川　よこせがわ
埼玉県・荒川（東京都・埼玉県）水系〔1級〕
横瀬川　よこせがわ
静岡県・山川水系〔2級〕
横瀬川　よこせがわ
鳥取県・千代川水系〔1級〕
横瀬川　よこぜがわ
高知県・渡川水系〔1級〕
横瀬川　よこせがわ
大分県・大分川水系〔1級〕
横瀬川　よこせがわ
大分県・五ヶ瀬川水系〔1級〕

【樫】
樫の川川　かしのかわがわ
高知県・吉野川水系〔1級〕
4樫井川　かしいがわ
大阪府, 和歌山県・樫井川水系〔2級〕
樫内川　かしないがわ
秋田県・米代川水系〔1級〕
6樫地川　かしじがわ
高知県・野根川水系〔2級〕
7樫佐古川　かしざこがわ
高知県・仁淀川水系〔1級〕
樫尾川　かしおがわ
愛知県・矢作川水系
樫谷川　かしだにがわ
新潟県・関川水系〔1級〕
樫谷川　かしだにがわ
三重県・古和川水系
10樫原川　かしはらがわ
徳島県・勝浦川水系〔2級〕
樫原谷川　かしはらだにがわ
徳島県・吉野川水系〔1級〕
11樫野川　かしのがわ
宮崎県・一ツ瀬川水系〔2級〕
12樫塚川　かしずかがわ
長崎県・小浦川水系〔2級〕

【樺】
4樺之木谷川　かばのきだにがわ
宮崎県・一ツ瀬川水系〔2級〕
樺戸川　かばとがわ
北海道・石狩川水系〔1級〕
樺戸境川　かばとさかいがわ
北海道・石狩川水系
7樺沢川　かばざわがわ
山形県・荒川（新潟県・山形県）水系〔1級〕
8樺沼　かばぬま
北海道新得町

【権】
5権世川　ごんぜがわ
福井県・九頭竜川水系〔1級〕
権代川　ごんだいがわ
愛知県・庄内川水系
権台川　ごんだいがわ
愛媛県・肱川水系〔1級〕
権台川　ごんだいがわ
愛媛県・渡川水系〔1級〕
権四郎川　ごんしろうがわ
北海道・福島川水系
権田川　ごんだがわ
愛知県・蜆川水系
7権兵ヱ川　ごんべえがわ
長野県・信濃川水系〔1級〕
8権茂川　ごんもがわ
愛知県・梅田川水系
9権津川　こんずがわ
栃木県・那珂川水系〔1級〕
権限谷川　ごんげんだにがわ
熊本県・球磨川水系
10権座沼・神常沼　ごんざぬま・じんじょうぬま
滋賀県彦根市
11権現川　ごんげんがわ
山梨県・富士川水系〔1級〕
権現川　ごんげんがわ
長野県・信濃川水系〔1級〕
権現川　ごんげんがわ
愛知県・豊川水系
権現川　ごんげんがわ
京都府・野田川水系
権現川　ごんげんがわ
京都府・淀川水系
権現川　ごんげんがわ
大阪府・淀川水系〔1級〕
権現川　ごんげんがわ
兵庫県・加古川水系〔1級〕
権現川　ごんげんがわ
兵庫県・大津川水系〔2級〕
権現川　ごんげんがわ
広島県・江の川水系〔1級〕
権現川　ごんげんがわ
愛媛県・権現川水系〔2級〕
権現川　ごんげんがわ
佐賀県・伊万里川水系〔2級〕
権現川　ごんげんがわ
長崎県・権現川水系〔2級〕
権現地川　ごんげんちがわ
熊本県・河内川水系
権現池　ごんげんいけ
岐阜県大野郡丹生川村

権現沢川　ごんげんざわがわ
山梨県・富士川水系〔1級〕
権現谷川　ごんげんだにがわ
静岡県・都田川水系〔2級〕
権現堂川　ごんげんどうがわ
埼玉県・利根川水系〔1級〕
権現堂川　ごんげんどうがわ
千葉県・夷隅川水系
15権蔵池　ごんぞういけ
沖縄県南大東村

【槻】
槻の河内川　つきのかわちがわ
宮崎県・広渡川水系〔2級〕
槻ノ屋川　つきのやがわ
島根県・斐伊川水系〔1級〕
3槻川　つきがわ
埼玉県・荒川（東京都・埼玉県）水系〔1級〕
4槻木川　つきのきがわ
福島県・阿武隈川水系
5槻田川　つきたがわ
福岡県・板櫃川水系〔2級〕
8槻並川　つくなみがわ
兵庫県・淀川水系〔1級〕

【標】
7標貝谷川　よこがいだにがわ
高知県・渡川水系
9標津川　しべつがわ
北海道・標津川水系〔2級〕
標津共成川　しべつきょうせいがわ
北海道・標津川水系〔2級〕

【樅】
4樅木川　もみきがわ
熊本県・筑後川水系〔1級〕
樅木川　もみきがわ
熊本県・球磨川水系〔1級〕
21樅鶴川　もみずるがわ
福岡県・矢部川水系〔1級〕

【潟】
3潟上川　かたがみがわ
宮崎県・潟上川水系〔2級〕
潟川　がたがわ
新潟県・関川水系〔1級〕
潟川　がたがわ
佐賀県・潟川水系〔2級〕
潟川　がたがわ
熊本県・潟川水系
5潟尻川　かたじりがわ
秋田県・雄物川水系〔1級〕
7潟貝沢　かたかいざわ
青森県・川内川水系〔2級〕
8潟沼　かたぬま
宮城県玉造郡鳴子町

【潤】
3潤川　うるごがわ
熊本県・緑川水系〔1級〕
4潤井川　うるいがわ
静岡県・富士川水系〔1級〕
7潤住川　うるすみがわ
愛媛県・潤住川水系〔2級〕
潤沢川　うるさわがわ
岩手県・北上川水系
潤谷川　うるうだにがわ
福島県・真野川水系〔2級〕
10潤島川　うるしまがわ
大分県・大野川水系〔1級〕
11潤野下の川　うるのしものがわ
和歌山県・古座川水系〔2級〕
潤野上の川　うるのかみのがわ
和歌山県・古座川水系〔2級〕

【澄】
3澄川　すみがわ
岩手県・大川水系
澄川　すみがわ
宮城県・鳴瀬川水系〔1級〕
澄川　すみがわ
愛知県・豊川水系
4澄水川　しんじがわ
島根県・澄水川水系〔2級〕
7澄谷川　すみたにがわ
香川県・東川水系〔2級〕

【潜】
13潜滝沢川　もぐりたきざわがわ
山形県・最上川水系〔1級〕

【潮】
3潮川　うしおがわ
島根県・潮川水系〔2級〕
4潮井川　しおいがわ
熊本県・筑後川水系〔1級〕
潮分川　しおわけがわ
佐賀県・松浦川水系〔1級〕
7潮沢川　しおざわがわ
長野県・信濃川水系〔1級〕
潮見川《古》　しおみがわ
佐賀県・六角川水系の六角川
10潮高満川《古》　しおたかみつがわ
佐賀県・塩田川水系の塩田川

12潮渡川　しおわたりがわ
沖縄県・安里川水系〔2級〕

【潰】
11潰野々川　つえののがわ
高知県・物部川水系〔1級〕

【熱】
5熱田川　あつたがわ
広島県・熱田川水系〔2級〕
9熱海仲川　あたみなかがわ
静岡県・熱海仲川水系〔2級〕
熱海和田川　あたみわだがわ
静岡県・熱海和田川水系〔2級〕
熱海宮川　あたみみやがわ
静岡県・熱海宮川水系〔2級〕
10熱郛川　ねっぷがわ
北海道・朱太川水系〔2級〕

【監】
11監視山沢　かんしやまざわ
北海道・石狩川水系

【盤】
盤の沢川　ばんのさわがわ
北海道・石狩川水系〔1級〕

【磐】
3磐川　いわおがわ
兵庫県・加古川水系〔1級〕
4磐井川　いわいがわ
岩手県・北上川水系〔1級〕
5磐田久保川　いわたくぼがわ
静岡県・太田川水系〔2級〕
磐田田中川　いわたたなかがわ
静岡県・太田川水系〔2級〕
19磐瀬川　いわせがわ
福島県・阿武隈川水系

【穂】
7穂別川　ほべつがわ
北海道・鵡川水系〔1級〕
穂谷川　ほたにがわ
大阪府・淀川水系〔1級〕
8穂波川　ほなみがわ
福岡県・遠賀川水系〔1級〕
10穂高川　ほだかがわ
長野県・信濃川水系〔1級〕

【箭】
11箭渓川　やだにがわ
鳥取県・塩見川水系〔2級〕

【箱】
箱の森池　はこのもりいけ
栃木県・利根川水系〔1級〕
3箱川　はこがわ
岡山県・吉井川水系〔1級〕
5箱田川　はこたがわ
広島県・芦田川水系〔1級〕
7箱坂川　はこさかがわ
島根県・福光川水系〔2級〕
8箱岩川　はこいわがわ
新潟県・落堀川水系〔2級〕

【縁】
12縁葉川　えんばがわ
愛知県・庄内川水系〔1級〕
縁葉川　えんばがわ
愛知県・庄内川水系

【緩】
4緩木川　ゆるぎがわ
島根県・江の川水系〔1級〕
緩木川　ゆるぎがわ
大分県・大野川水系〔1級〕

【縄】
5縄打川　なわうちがわ
岩手県・閉伊川水系
19縄瀬谷川　のぜだにがわ
宮崎県・一ツ瀬川水系〔2級〕

【舞】
3舞子川《別》　まいこがわ
兵庫県・山田川水系の山田川
舞川　まいがわ
高知県・物部川水系〔1級〕
舞川　まいかわ
佐賀県・有浦川水系〔2級〕
4舞手川　まいてがわ
大分県・舞手川水系〔2級〕
7舞谷川　まいたにがわ
三重県・員弁川水系〔2級〕
舞谷川　まいたにがわ
山口県・阿武川水系〔2級〕
舞谷川　まいたにがわ
山口県・島田川水系〔2級〕
8舞岡川　まいおかがわ
神奈川県・境川水系〔2級〕

11舞野川　まいのがわ
熊本県・菊池川水系
16舞鳴川　もうしぎがわ
熊本県・砂川水系

【蔵】
蔵の沢川　くらのさわがわ
岩手県・閉伊川水系
3蔵上川　くらかみがわ
広島県・芦田川水系
蔵小野川《古》　くらおのがわ
大分県・五ヶ瀬川水系の市園川
蔵川　くらがわ
茨城県・利根川水系〔1級〕
4蔵内川　くらうちがわ
鳥取県・勝部川水系〔2級〕
蔵王川　ざおうがわ
山形県・最上川水系〔1級〕
蔵王川　ざおうがわ
新潟県・荒川（新潟県・山形県）水系〔1級〕
蔵王川　ざおうがわ
新潟県・信濃川水系〔1級〕
5蔵田川　ぞうたがわ
広島県・沼田川水系〔2級〕
蔵目喜川　ぞうめきがわ
山口県・阿武川水系〔2級〕
7蔵助沢川　くらすけざわがわ
青森県・岩木川水系〔1級〕
蔵沢川　くらざわがわ
山形県・最上川水系〔1級〕
蔵見川　くらみがわ
鳥取県・塩見川水系〔2級〕
蔵谷川　くらたにがわ
三重県・櫛田川水系〔1級〕
蔵谷川　くらたにがわ
愛媛県・肱川水系〔1級〕
蔵貝川　くらかいがわ
京都府・淀川水系
8蔵波川　くらなみがわ
千葉県・蔵波川水系
9蔵屋川　くらやがわ
島根県・斐伊川水系〔1級〕
蔵持川　くらもちがわ
福島県・藤原川水系〔2級〕
蔵柱川　くらばしらがわ
岐阜県・神通川水系〔1級〕
11蔵堂入江　くらどいりえ
佐賀県・六角川水系〔1級〕
蔵宿川　くらやどがわ
佐賀県・有田川水系〔2級〕
16蔵頭川　くらがしらがわ
愛媛県・肱川水系〔1級〕

【蕪】
4蕪中川　かぶちゅうがわ
栃木県・那珂川水系〔1級〕
7蕪谷川　かぶたにがわ
島根県・斐伊川水系〔1級〕
蕪谷川　かぶたにがわ
大分県・筑後川水系〔1級〕
10蕪栗沼　かぶくりぬま
宮城県登米郡南方町
蕪栗沼　かぶくりぬま
宮城県・北上川水系
蕪根川　かぶねがわ
山口県・阿武川水系

【蕗】
3蕗川　ふきがわ
大分県・桂川水系〔2級〕
5蕗平川　ふきだいらがわ
栃木県・利根川水系〔1級〕

【蕨】
3蕨川　わらびがわ
群馬県・利根川水系〔1級〕
7蕨沢川　わらびさわがわ
群馬県・利根川水系〔1級〕
蕨芹川　わらびせりがわ
熊本県・菊池川水系
蕨谷川　わらびだにがわ
高知県・渡川水系〔1級〕
11蕨野川　わらびのがわ
宮城県・津谷川水系
蕨野川　あやのがわ
愛知県・矢作川水系

【蝉】
蝉の沢川　せみのざわがわ
山形県・最上川水系〔1級〕
蝉の谷川　せみのたにがわ
宮崎県・大淀川水系〔1級〕
5蝉田川　せみだがわ
山形県・最上川水系〔1級〕

【襃】
3襃川　いやがわ
熊本県・緑川水系〔1級〕
襃川　いやがわ
熊本県・緑川水系

【諸】
3諸口川　もろぐちがわ
香川県・安田大川水系〔2級〕

諸子川　もろこがわ
滋賀県・淀川水系〔1級〕
諸子沢川　もろこざわがわ
静岡県・安倍川水系〔1級〕
4諸井川《古》　もろいがわ
静岡県・太田川水系の太田川
諸内川　もろうちがわ
京都府・由良川水系
諸戸川　もろとがわ
群馬県・利根川水系〔1級〕
諸木川　もろきがわ
広島県・太田川水系〔1級〕
諸木野川　もろきのがわ
奈良県・淀川水系〔1級〕
5諸田川　もろたがわ
広島県・芦田川水系〔1級〕
7諸沢川　もろさわがわ
茨城県・久慈川水系〔1級〕
諸貝津川　もろかいずがわ
愛知県・豊川水系
8諸岡川　もろおかがわ
福岡県・御笠川水系〔2級〕
10諸原川　もろはらがわ
広島県・芦田川水系〔1級〕
11諸寄川《別》　もろよせがわ
兵庫県・大栃川水系の大栃川
諸鹿川《別》　もろかがわ
鳥取県・千代川水系の来見野川
12諸葛川　もろくずがわ
岩手県・北上川水系〔1級〕
16諸橋川　もろはしがわ
石川県・諸橋川水系〔2級〕

【諏】
11諏訪の越川　すわのこしがわ
新潟県・関川水系
諏訪下川　すわしもがわ
千葉県・利根川水系
諏訪川　すわがわ
福島県・諏訪川水系〔2級〕
諏訪川　すわがわ
石川県・犀川水系
諏訪川　すわがわ
愛知県・佐奈川水系
諏訪川　すわがわ
島根県・諏訪川水系〔2級〕
諏訪川　すわがわ
高知県・渡川水系〔1級〕
諏訪川　すわがわ
福岡県・諏訪川水系〔2級〕
諏訪池　すわいけ
三重県紀伊長島町
諏訪沢川　すわさわがわ
群馬県・利根川水系〔1級〕
諏訪湖　すわこ
長野県・天竜川水系〔1級〕

【請】
3請川　うけがわ
島根県・斐伊川水系〔1級〕
4請戸川　うけどがわ
福島県・請戸川水系〔2級〕

【誕】
5誕生川　たんじょうがわ
山形県・最上川水系〔1級〕
誕生川　たんじょうがわ
山形県・最上川水系
誕生寺川　たんじょうじがわ
岡山県・旭川水系〔1級〕

【調】
3調子野谷川　ちょうしのだにがわ
徳島県・吉野川水系〔1級〕
調川川　つきのかわがわ
長崎県・調川川水系〔2級〕

【論】
論ノ谷川　ろんのたにがわ
兵庫県・三原川水系〔2級〕
5論田川　ろんでんがわ
富山県・上庄川水系〔2級〕
論田川　ろんでんがわ
岐阜県・木曾川水系〔1級〕
論田川　ろんでんがわ
島根県・斐伊川水系〔1級〕
論田川　ろんでんがわ
広島県・芦田川水系〔1級〕
論田川　ろんでんがわ
愛媛県・肱川水系〔1級〕
21論鶴羽川　ゆずるはがわ
兵庫県・三原川水系〔2級〕

【豌】
7豌豆川　えんずがわ
鹿児島県・川内川水系〔1級〕

【質】
7質志川　しずしがわ
京都府・由良川水系
9質美川　しつみがわ
京都府・由良川水系〔1級〕

12質場川　しちばがわ
新潟県・質場川水系〔2級〕

【輪】
輪ノ沢川　わのさわがわ
福島県・阿賀野川水系〔1級〕
輪ノ沢川　わのさわがわ
福島県・阿賀野川水系
3輪川　わがわ
岐阜県・木曾川水系〔1級〕
7輪吾田川　わごたがわ
新潟県・信濃川水系〔1級〕
9輪南原川　わなんばらがわ
岡山県・吉井川水系〔1級〕
輪厚川　わあつがわ
北海道・石狩川水系〔1級〕
10輪島川《別》　わじまがわ
石川県・河原田川水系の河原田川
輪島川《別》　わじまがわ
石川県・河原田川水系の鳳至川

【震】
5震生湖　しんせいこ
神奈川県秦野市

【霊】
9霊泉寺川　りょうせんじがわ
長野県・信濃川水系〔1級〕

【鞍】
7鞍谷川　くらたにがわ
福井県・九頭竜川水系〔1級〕
8鞍坪川　くらつぼがわ
宮城県・鳴瀬川水系〔1級〕
鞍居川　くらいがわ
兵庫県・千種川水系〔2級〕
10鞍流瀬川　くらながせがわ
愛知県・境川水系〔2級〕
鞍流瀬川　くらながせがわ
愛知県・境川水系
鞍馬川　くらまがわ
京都府・淀川水系〔1級〕
鞍馬沢川　くらまさわがわ
長野県・天竜川水系〔1級〕
鞍骨川　くらほねがわ
富山県・仏生寺川水系〔2級〕
11鞍掛沼　くらかけぬま
岩手県一関市
19鞍瀬川　くらせがわ
愛媛県・中山川水系〔2級〕

【餓】
10餓鬼谷川　がきだにがわ
富山県・黒部川水系〔1級〕

【養】
4養父川　やぶがわ
三重県・員弁川水系〔2級〕
6養老川　ようろうがわ
千葉県・養老川水系〔2級〕
養老川　ようろうがわ
愛媛県・樋之口川水系〔2級〕
7養呂地川　ようろちがわ
岩手県・田代川水系
養沢川　ようざわがわ
東京都・多摩川水系〔1級〕
8養宜川　ようぎがわ
兵庫県・三原川水系〔2級〕
11養野川　ようのがわ
岡山県・吉井川水系〔1級〕
13養路谷川　ようろだにがわ
島根県・江の川水系〔1級〕

【駕】
7駕谷川　かごだにがわ
愛媛県・肱川水系〔1級〕

【駒】
駒ヶ沢川　こまがさわがわ
群馬県・利根川水系〔1級〕
駒ヶ谷川　こまがたにがわ
京都府・淀川水系
駒ヶ迫川　こまがさこがわ
山口県・小瀬川水系〔1級〕
3駒川　こまがわ
大阪府・淀川水系〔1級〕
4駒井川　こまいがわ
滋賀県・淀川水系〔1級〕
駒月川　こまずきがわ
広島県・沼田川水系〔2級〕
駒止湖　こまどめこ
北海道河東郡鹿追町
5駒丘沢　こまおかざわ
岩手県・北上川水系
駒出川　こまでがわ
新潟県・信濃川水系〔1級〕
駒生川　こまおいがわ
北海道・網走川水系〔1級〕
駒込川　こまごめがわ
青森県・堤川水系〔2級〕
駒込川　こまごめがわ
岩手県・閉伊川水系

7駒形川　こまがたがわ
新潟県・信濃川水系〔1級〕
駒形沢《別》　こまがたざわ
新潟県・信濃川水系の駒形川
駒形黒沢川　こまがたくろさわがわ
秋田県・雄物川水系〔1級〕
駒沢川　こまざわがわ
山梨県・富士川水系〔1級〕
駒沢川　こまざわがわ
長野県・信濃川水系〔1級〕
駒沢川　こまざわがわ
長野県・天竜川水系〔1級〕
駒返川　こまがえりがわ
三重県・雲出川水系〔1級〕
8駒林川　こまばやしがわ
宮城県・北上川水系〔1級〕
駒林川　こまばやしがわ
新潟県・阿賀野川水系〔1級〕
11駒寄川　こまよせがわ
群馬県・利根川水系〔1級〕
駒寄川　こまよせがわ
群馬県・利根川水系〔1級〕
12駒場川　こまばがわ
岩手県・北上川水系
駒場沢　こまばざわ
岩手県・米代川水系
14駒鳴峠川　こまなきとうげがわ
佐賀県・松浦川水系〔1級〕
19駒瀬川　こませがわ
長野県・信濃川水系〔1級〕
駒瀬川　こませがわ
静岡県・富士川水系〔1級〕

【駐】
駐とん地排水　ちゅうとんちはいすい
岡山県・吉井川水系

【駟】
13駟馳山川　しちやまがわ
鳥取県・塩見川水系〔2級〕

【麹】
3麹川　こうじがわ
熊本県・坪井川水系〔2級〕

16 画

【劒】
7劒見川　けんみがわ
鳥取県・天神川水系〔1級〕

【嘯】
3嘯川　うそぶきがわ
山梨県・相模川水系〔1級〕

【壁】
3壁川　かべがわ
和歌山県・壁川水系〔2級〕

【嶮】
11嶮淵川　けぬふちがわ
北海道・石狩川水系〔1級〕

【憩】
3憩川　いこいがわ
群馬県・利根川水系〔1級〕

【曇】
3曇川　くもりがわ
兵庫県・加古川水系〔1級〕

【機】
14機関庫の川　きかんこのかわ
北海道・十勝川水系〔1級〕

【橘】
3橘川　たちばながわ
群馬県・利根川水系〔1級〕
橘川　たちばながわ
徳島県・牟岐川水系〔2級〕
橘川　たちばながわ
香川県・橘川水系〔2級〕
橘川　たちばながわ
高知県・渡川水系〔1級〕
橘川　たちばながわ
高知県・渡川水系
橘川　たちばながわ
高知県・蠣瀬川水系
4橘木川　きつぎがわ
大分県・大野川水系〔1級〕
12橘湖　たちばなこ
北海道登別市

【橋】
橋の口川《古》　はしのくちがわ
宮崎県・細田川水系の榎原川
橋の川　はしのかわ
奈良県・新宮川水系〔1級〕
橋の谷川　はしのたにがわ
愛媛県・肱川水系〔1級〕

橋ヶ谷川　はしがたにがわ
三重県・櫛田川水系〔1級〕
橋ヶ谷川　はしがたにがわ
大分県・千怒川水系
橋ノ川　はしのかわ
京都府・淀川水系
5橋本川　はしもとがわ
和歌山県・紀の川水系〔1級〕
橋本川　はしもとがわ
鳥取県・斐伊川水系〔1級〕
橋本川　はしもとがわ
山口県・阿武川水系〔2級〕
橋本川　はしもとがわ
愛媛県・肱川水系〔1級〕
橋本川　はしもとがわ
佐賀県・橋本川水系〔2級〕
橋本川　はしもとがわ
熊本県・湯の浦川水系〔2級〕
橋立川　はしだてがわ
埼玉県・荒川（東京都・埼玉県）水系〔1級〕
橋立谷川　はしだてたにがわ
三重県・宮川水系〔1級〕
7橋谷川　はしたにがわ
和歌山県・橋谷川水系〔2級〕
橋谷川　はしだにがわ
高知県・渡川水系〔1級〕
橋谷川　はしたにがわ
高知県・伊与木川水系
9橋津川　はしずがわ
鳥取県・橋津川水系〔2級〕
10橋倉川　はしくらがわ
群馬県・利根川水系〔1級〕
11橋野川《別》　はしのがわ
岩手県・鵜住居川水系の鵜住居川
12橋場川　はしばがわ
新潟県・信濃川水系〔1級〕
13橋詰川　はしずめがわ
愛知県・紙田川水系
20橋懸谷川　はしかけだにがわ
福井県・九頭竜川水系〔1級〕

【樽】

樽の奥川　たるのおくがわ
愛媛県・肱川水系〔1級〕
3樽川　たるがわ
山形県・最上川水系〔1級〕
樽川　たるがわ
新潟県・信濃川水系〔1級〕
樽川　たるがわ
長野県・信濃川水系〔1級〕
樽川　たるがわ
愛媛県・肱川水系〔1級〕
4樽井川　たるいがわ
新潟県・信濃川水系〔1級〕
樽水川　たるみがわ
愛知県・樽水川水系
5樽田沢川　たるたざわがわ
新潟県・信濃川水系〔1級〕
樽石川　たるいしがわ
山形県・最上川水系〔1級〕
7樽沢　たるさわ
長野県・木曾川水系〔1級〕
樽見川　たるみがわ
福岡県・釣川水系〔2級〕
樽見谷川　たるみだにがわ
和歌山県・富田川水系〔2級〕
8樽門川　たるかどがわ
佐賀県・玉島川水系〔2級〕
9樽前大沼　たるまえおおぬま
北海道苫小牧市
樽前川　たるまえがわ
北海道・樽前川水系

【橡】

4橡元川　とちもとがわ
愛媛県・肱川水系〔1級〕
7橡谷　とちだに
奈良県・新宮川水系〔1級〕

【橇】

橇ヶ瀬沢川　そりがせざわがわ
青森県・相坂川水系〔2級〕

【濁】

2濁又川　にごりまたがわ
新潟県・信濃川水系〔1級〕
濁又川　にごりがわ
新潟県・関川水系〔1級〕
3濁川　にごりがわ
北海道・後志利別川水系〔1級〕
濁川　にごりがわ
北海道・新川水系〔2級〕
濁川　にごりがわ
北海道・太櫓川水系〔2級〕
濁川　にごりがわ
青森県・濁川水系〔2級〕
濁川　にごりがわ
宮城県・阿武隈川水系〔1級〕
濁川　にごりがわ
秋田県・米代川水系〔1級〕
濁川　にごりがわ
秋田県・米代川水系
濁川　にごりがわ
山形県・最上川水系〔1級〕

濁川　にごりがわ
福島県・阿武隈川水系〔1級〕
濁川　にごりがわ
福島県・阿賀野川水系〔1級〕
濁川　にごりがわ
福島県・濁川水系〔2級〕
濁川　にごりがわ
新潟県・信濃川水系〔1級〕
濁川　にごりがわ
新潟県・濁川水系〔2級〕
濁川《別》　にごりがわ
石川県・羽咋川水系の長曾川
濁川　にごりがわ
山梨県・富士川水系〔1級〕
濁川《古》　にごりがわ
山梨県・富士川水系の神宮川
濁川　にごりがわ
長野県・信濃川水系〔1級〕
濁川　にごりがわ
岐阜県・木曾川水系〔1級〕
濁川　にごりがわ
静岡県・濁川水系〔2級〕
濁川　にごりがわ
三重県・宮川水系〔1級〕
濁川　にごりがわ
島根県・江の川水系〔1級〕
濁川　にごりがわ
熊本県・白川水系
6濁池　にごりいけ
青森県岩崎村
7濁沢　にごりさわ
長野県・信濃川水系〔1級〕
濁沢　にごりざわ
長野県・姫川水系〔1級〕
濁沢川　にごりさわがわ
北海道・折川水系
濁沢川　にごりざわがわ
山形県・最上川水系〔1級〕
濁沢川　にごりざわがわ
山梨県・富士川水系〔1級〕
濁沢川　にごりさわがわ
長野県・信濃川水系〔1級〕
濁沢川　にごりざわがわ
長野県・信濃川水系〔1級〕
濁沢川　にごりざわがわ
長野県・天竜川水系〔1級〕
濁沢川　にごりざわがわ
長野県・木曾川水系〔1級〕
濁沢川《別》　にごりさわがわ
静岡県・波多打川水系の波多打川
8濁沼川　にごりぬまがわ
岩手県・北上川水系
11濁淵川　にごりぶちがわ
大分県・大野川水系〔1級〕
15濁澄川　にごりすみがわ
新潟県・姫川水系〔1級〕

【澱】

3澱川《別》　よどがわ
滋賀県, 京都府, 大阪府・淀川水系の淀川
8澱河沢川　でんがさわがわ
岩手県・北上川水系〔1級〕

【濃】

濃ヶ池川　のうがいけがわ
長野県・木曾川水系〔1級〕
5濃田川　のうだがわ
山梨県・富士川水系〔1級〕
9濃昼川　ごきびるがわ
北海道・濃昼川水系〔2級〕

【瓢】

15瓢箪池　ひょうたんいけ
沖縄県南大東村
瓢箪沼　ひょうたんぬま
北海道猿払村
瓢箪沼　ひょうたんぬま
北海道岩見沢市
瓢箪沼　ひょうたんぬま
北海道鹿部町

【磨】

3磨上川　すりあげがわ
福島県・阿賀野川水系〔1級〕

【積】

4積丹川　しゃこたんがわ
北海道・積丹川水系〔2級〕
7積谷川　つみたにがわ
京都府・淀川水系
12積善寺川　せきぜんじがわ
高知県・仁淀川水系〔1級〕

【築】

6築地川　つきじがわ
東京都・築地川水系〔2級〕
築地川　ついじいがわ
愛知県・境川水系
築地川　つきじがわ
和歌山県・紀の川水系〔1級〕
築地川　ちじがわ
福岡県・筑後川水系〔1級〕

築地川　ついじがわ
熊本県・行末川水系
7築別川　ちくべつがわ
北海道・築別川水系〔2級〕
築沢川　ちくさわがわ
宮城県・北上川水系〔1級〕
築良田川　ちくらだがわ
大分県・番匠川水系〔1級〕
10築原川　ちくはらがわ
兵庫県・千種川水系

【繁】
3繁山谷川　しげやまだにがわ
島根県・高津川水系〔1級〕
5繁田川　しげたがわ
愛知県・庄内川水系〔1級〕
8繁昌池　はんじょういけ
滋賀県守山市
10繁根木川　はねぎがわ
熊本県・菊池川水系〔1級〕
11繁盛川　はんもりがわ
愛知県・天白川水系〔2級〕

【縫】
10縫原川　ぬいばらがわ
福井県・九頭竜川水系〔1級〕

【興】
5興田川　おきたがわ
岩手県・北上川水系〔1級〕
興田川　おきたがわ
岩手県・北上川水系
8興法地川　こうほうじがわ
岡山県・旭川水系〔1級〕
9興津川　おきつがわ
静岡県・興津川水系〔2級〕
11興部川　おこっぺがわ
北海道・興部川水系〔2級〕
興隆寺川　こうりゅうじがわ
香川県・財田川水系〔2級〕

【舘】
舘の川　たてのかわ
福島県・阿賀野川水系〔1級〕
舘の沢　たてのさわ
岩手県・馬淵川水系
8舘岩川　たていわがわ
福島県・阿賀野川水系〔1級〕

【薦】
3薦川　こもがわ
新潟県・三面川水系〔2級〕

【薄】
3薄川　すすきがわ
埼玉県・荒川（東京都・埼玉県）水系〔1級〕
薄川　すすきがわ
長野県・信濃川水系〔1級〕
4薄井沢　うすいざわ
栃木県・利根川水系
薄井沢川　うすいざわがわ
秋田県・米代川水系〔1級〕
薄月池　うすずきいけ
三重県南島町
5薄市川　うすいちがわ
青森県・岩木川水系〔1級〕
薄市沢　うすいちざわ
秋田県・米代川水系〔1級〕
7薄別川　うすべつがわ
北海道・石狩川水系〔1級〕
10薄根川　うすねがわ
群馬県・利根川水系〔1級〕

【薬】
3薬川　くすりがわ
新潟県・信濃川水系〔1級〕
4薬水川　くすりみずがわ
奈良県・大和川水系〔1級〕
薬王寺川　やくおうじがわ
兵庫県・円山川水系〔1級〕
薬王寺川　やくおうじがわ
山口県・厚東川水系〔2級〕
薬王寺川　やくおうじがわ
福岡県・大根川水系〔2級〕
10薬師の下川　やくしのしたがわ
熊本県・関川水系
薬師川　やくしがわ
岩手県・閉伊川水系〔2級〕
薬師川　やくしがわ
新潟県・信濃川水系〔1級〕
薬師川　やくしがわ
岐阜県・木曾川水系〔1級〕
薬師川　やくしがわ
愛知県・庄内川水系〔1級〕
薬師川　やくしがわ
愛知県・猿渡川水系
薬師川　やくしがわ
愛知県・庄内川水系
薬師川《別》　やくしがわ
三重県・櫛田川水系の一之瀬川
薬師川　やくしがわ
山口県・厚東川水系〔2級〕

薬師川　やくしがわ
高知県・物部川水系〔1級〕
薬師川　やくしがわ
佐賀県・筑後川水系〔1級〕
薬師川　やくしがわ
熊本県・関川水系
薬師寺谷川　やくしじだにがわ
徳島県・吉野川水系〔1級〕
薬師沢　やくしざわ
富山県・黒部川水系
薬師沢川　やくしざわがわ
長野県・信濃川水系〔1級〕
薬師谷川　やくしだにがわ
徳島県・吉野川水系〔1級〕
薬師谷川　やくしだにがわ
愛媛県・来村川水系〔2級〕
薬師堂川　やくしどうがわ
岩手県・北上川水系〔1級〕
薬師堂川　やくしどうがわ
滋賀県・淀川水系〔1級〕
薬師堂川　やくしどうがわ
奈良県・大和川水系〔1級〕
薬院新川　やくいんしんかわ
福岡県・那珂川水系〔2級〕

【薊】
7薊谷川　あざみだにがわ
兵庫県・加古川水系
11薊野川　あぞのがわ
高知県・国分川水系〔2級〕

【融】
3融川　とおるがわ
滋賀県・淀川水系〔1級〕

【蟇】
8蟇沼　がまぬま
岩手県岩手郡松尾村

【親】
3親子沼　おやこぬま
北海道美唄市
親川《古》　おやがわ
山梨県・多摩川水系の後山川
4親牛別川　おやうしべつがわ
北海道・十勝川水系〔1級〕
5親右エ門谷川　おやえもんだにがわ
石川県・米町川水系〔2級〕
親右エ門谷川　おやえもんだにがわ
石川県・米町川水系
親司川　おやじがわ
富山県・庄川水系〔1級〕
7親沢川　おやざわがわ
長野県・姫川水系〔1級〕
8親迫川　おやさこがわ
島根県・高津川水系〔1級〕

【謡】
4謡水川　うたいみずがわ
岩手県・北上川水系

【賢】
7賢谷川　かしこだにがわ
和歌山県・有田川水系〔2級〕

【醒】
3醒川《別》　さめがわ
福島県・鮫川水系の鮫川

【醍】
16醍醐川　だいごがわ
東京都・多摩川水系〔1級〕

【錦】
3錦大沼　にしきおおぬま
北海道苫小牧市
錦小沼　にしきこぬま
北海道苫小牧市
錦川　にしきがわ
新潟県・関川水系〔1級〕
錦川　にしきがわ
山口県・錦川水系〔2級〕
錦川　にしきがわ
山口県・椹野川水系〔2級〕
6錦多峰川　にしたっぷがわ
北海道・錦多峰川水系〔2級〕
8錦岡川　にしきおかがわ
北海道・錦多峰川水系
11錦郷川　にしきごがわ
熊本県・緑川水系〔1級〕

【鋼】
3鋼山川　かなやまがわ
熊本県・球磨川水系

【錆】
8錆河川　さびこうがわ
鹿児島県・天降川水系〔2級〕
11錆野川　さびのがわ
高知県・物部川水系〔1級〕

【闍】
21闍魔川《別》　えんまがわ
神奈川県・滑川水系の滑川

【鞘】
3鞘川　さやがわ
佐賀県・塩田川水系〔2級〕

【頭】
3頭川川　ずかわがわ
富山県・小矢部川水系〔1級〕
7頭佐沢川　かしらさざわがわ
山梨県・富士川水系〔1級〕
11頭野川　とうのがわ
佐賀県・筑後川水系〔1級〕
12頭無川　かしらなしがわ
秋田県・雄物川水系〔1級〕
頭無川　かしらなしがわ
群馬県・利根川水系〔1級〕
頭無川　かしらなしがわ
新潟県・信濃川水系〔1級〕
頭集川　かしらつどいがわ
高知県・頭集川水系〔2級〕

【頼】
5頼母木川　よもぎがわ
新潟県・胎内川水系〔2級〕

【館】
3館山川《別》　たてやまがわ
千葉県・汐入川水系の汐入川
館川　たてがわ
北海道・厚沢部川水系〔2級〕
館川　たてがわ
埼玉県・荒川（東京都・埼玉県）水系〔1級〕
7館谷川　たてだにがわ
石川県・梯川水系〔1級〕
8館河口川　やかたうちがわ
熊本県・菊池川水系
11館野沢　たてのさわ
秋田県・雄物川水系

【鮎】
3鮎川　あゆがわ
秋田県・子吉川水系〔1級〕
鮎川　あゆがわ
茨城県・鮎川水系〔2級〕
鮎川　あゆがわ
群馬県・利根川水系〔1級〕
鮎川　あゆがわ
長野県・信濃川水系〔1級〕
鮎川　あゆかわ
長崎県・鮎川水系〔2級〕
5鮎田川　あゆたがわ
栃木県・那珂川水系〔1級〕
7鮎沢川　あゆさわがわ
静岡県・鮎沢川水系〔2級〕
鮎返川　あゆかえりがわ
大分県・朝見川水系〔2級〕
8鮎苦谷川　あゆくるしだにがわ
徳島県・吉野川水系〔1級〕
9鮎屋川　あゆやがわ
兵庫県・洲本川水系〔2級〕
10鮎帰川　あゆかえりがわ
兵庫県・苧谷川水系〔2級〕
12鮎喰川　あくいがわ
徳島県・吉野川水系〔1級〕

【鮒】
3鮒川　ふながわ
鳥取県・天神川水系〔1級〕
鮒川　ふながわ
鳥取県・天神川水系
8鮒沼　ふなぬま
北海道岩見沢市

【鴛】
11鴛野川　おしのがわ
大分県・大分川水系〔1級〕

【鴨】
鴨ヶ谷川　かもがやがわ
愛知県・豊川水系
3鴨女川《古》　かもめごう
鹿児島県・甲女川水系の甲女川
鴨山川　かもやまがわ
愛知県・天竜川水系〔1級〕
鴨川　かもがわ
埼玉県・荒川（東京都・埼玉県）水系〔1級〕
鴨川　かもがわ
富山県・庄川水系〔1級〕
鴨川　かもがわ
富山県・鴨川水系〔2級〕
鴨川　かもがわ
滋賀県・淀川水系〔1級〕
鴨川　かもがわ
京都府・淀川水系〔1級〕
鴨川　かもがわ
兵庫県・加古川水系〔1級〕
鴨川《古》　かもがわ
兵庫県・加古川水系の万願寺川
鴨川　かもがわ
鳥取県・天神川水系〔1級〕

鴨川　かもがわ
岡山県・鴨川水系〔2級〕
鴨川《別》　かもがわ
香川県・綾川水系の綾川
鴨川　かもがわ
愛媛県・桟川水系〔2級〕
鴨川　かもがわ
熊本県・菊池川水系〔1級〕
4鴨方川　かもがたがわ
岡山県・里見川水系〔2級〕
5鴨生川　かもおがわ
兵庫県・由良川水系〔1級〕
鴨田川　かもたがわ
岩手県・北上川水系
鴨田川　かもだがわ
新潟県・信濃川水系〔1級〕
鴨田川　かもだがわ
愛知県・庄内川水系〔1級〕
鴨田川　かもたがわ
愛知県・庄内川水系
鴨田川　かもだがわ
香川県・大束川水系〔2級〕
6鴨池　かもいけ
沖縄県南大東村
鴨池川　かもいけがわ
長野県・天竜川水系〔1級〕
8鴨居川　かもいがわ
神奈川県・鶴見川水系〔1級〕
11鴨郷川　かもごうがわ
広島県・沼田川水系
鴨部川　かもべがわ
香川県・鴨部川水系〔2級〕
鴨部川　かもべがわ
高知県・鏡川水系

【鴫】
鴫ヶ沢川　しぎがさわがわ
青森県・岩木川水系〔1級〕
3鴫川　しぎがわ
岡山県・高梁川水系〔1級〕
7鴫谷川　しぎたにがわ
京都府・由良川水系〔1級〕
11鴫野川　しぎのがわ
宮崎県・小丸川水系〔1級〕

【龍】
8龍沼　りゅうぬま
福島県北塩原村
9龍神沼　りゅうじんぬま
北海道厚真町

17 画

【厳】
4厳木川　きゅうらぎがわ
佐賀県・松浦川水系〔1級〕
7厳沢川　いわおさわがわ
山形県・厳沢川水系〔2級〕
9厳洞沢川　がんどうざわがわ
群馬県・利根川水系〔1級〕
10厳原本川　いずはらほんせん
長崎県・厳原本川水系〔2級〕

【嬲】
8嬲迫川　もなんざこがわ
熊本県・砂川水系

【彌】
2彌十柳川　やじゅうやながわ
徳島県・吉野川水系〔1級〕
5彌生盤の沢川　やよいばんのさわがわ
北海道・石狩川水系〔1級〕
7彌兵衛川　やへえがわ
新潟県・姫川水系〔1級〕
彌谷川　やだにがわ
岡山県・旭川水系〔1級〕

【曙】
3曙川　あけぼのがわ
山梨県・富士川水系〔1級〕

【櫛】
4櫛木川　くしきがわ
徳島県・櫛木川水系〔2級〕
櫛木川　くしぎがわ
熊本県・球磨川水系
櫛木屋谷川　くしきやだにがわ
徳島県・吉野川水系〔1級〕
櫛毛川　くしげがわ
福岡県・遠賀川水系〔1級〕
5櫛田川　くしだがわ
三重県・櫛田川水系〔1級〕
6櫛池川　くしいけがわ
新潟県・関川水系〔1級〕
7櫛来川　くしくがわ
大分県・櫛来川水系〔2級〕

【檜】
檜ノ又谷　ひのまただに
新潟県・信濃川水系〔1級〕

3檜山川　ひやまがわ
秋田県・米代川水系〔1級〕
檜山川　ひやまがわ
福島県・阿武隈川水系〔1級〕
檜山川　ひやまがわ
茨城県・那珂川水系〔1級〕
檜山川運河　ひやまがわうんが
秋田県・米代川水系
檜山谷川　ひのきやまだにがわ
宮崎県・五ヶ瀬川水系〔1級〕
檜山路川　ひやまじがわ
三重県・檜山路川水系〔2級〕
檜川　ひのきがわ
福島県・夏井川水系
檜川　ひのきがわ
京都府・由良川水系〔1級〕
4檜木山沢　ひのきまたさわ
山形県・荒川（新潟県・山形県）水系
檜木川　ひのきがわ
福島県・久慈川水系〔1級〕
檜木内又沢川　ひのきないまたさわがわ
秋田県・雄物川水系
檜木内川　ひのきないがわ
秋田県・雄物川水系〔1級〕
7檜余地川　ひよちがわ
山口県・島田川水系〔2級〕
檜尾川　ひおがわ
大阪府・淀川水系〔1級〕
檜沢　ひのきざわ
静岡県・山川水系
檜沢川　ひさわがわ
福島県・阿賀野川水系〔1級〕
檜沢川　ひさわがわ
群馬県・利根川水系〔1級〕
檜沢川　ひのきざわがわ
長野県・天竜川水系〔1級〕
檜谷川　ひのたにがわ
和歌山県・紀の川水系〔1級〕
9檜俣川　ひのまたがわ
長野県・信濃川水系〔1級〕
10檜原川　ひのはらがわ
長野県・矢作川水系〔1級〕
檜原沢川　ひばらざわがわ
山形県・最上川水系〔1級〕
檜原湖　ひばらこ
福島県・阿賀野川水系〔1級〕
12檜隈川《古》　ひのくまがわ
奈良県・大和川水系の高取川

【濠】
3濠川　ほりがわ
京都府・淀川水系〔1級〕

【濤】
8濤沸湖　とうふつこ
北海道・浦士別川水系〔2級〕
11濤釣湖　とうつるこ
北海道斜里郡斜里町

【環】
3環川《別》　たまきがわ
岩手県・気仙川水系の大股川

【磯】
磯ノ川川　いそのかわがわ
高知県・渡川水系〔1級〕
3磯川　いそがわ
茨城県・利根川水系
磯川　いそがわ
富山県・神通川水系〔1級〕
磯川　いそがわ
滋賀県・淀川水系〔1級〕
4磯分内川　いそぶんないがわ
北海道・釧路川水系〔1級〕
5磯北川　いそきたがわ
滋賀県・淀川水系〔1級〕
磯田川　いそだがわ
岩手県, 宮城県・北上川水系〔1級〕
7磯尾川　いそおがわ
滋賀県・淀川水系〔1級〕
磯尾谷川　いそおだにがわ
徳島県・吉野川水系〔1級〕
磯谷川　いそやがわ
北海道・磯谷川水系〔2級〕
磯谷川　いそやがわ
岐阜県・木曾川水系〔1級〕
8磯松川　いそまつがわ
青森県・磯松川水系〔2級〕
11磯崎川　いそざきがわ
青森県・磯崎川水系〔2級〕
磯崎里川　いそざきさとがわ
愛媛県・磯崎里川水系〔2級〕
磯部川　いそべがわ
福井県・九頭竜川水系〔1級〕
磯部川　いそべがわ
三重県・磯部川水系〔2級〕
磯部川　いそべがわ
兵庫県・円山川水系〔1級〕

【篠】
篠ヶ谷川　ささがやがわ
静岡県・新野川水系〔2級〕
篠ノ井川　しののいがわ
長野県・信濃川水系〔1級〕

3篠山川　ささやまがわ
兵庫県・加古川水系〔1級〕
篠川　ささがわ
広島県・芦田川水系〔1級〕
篠川　ささがわ
愛媛県・松田川水系〔2級〕
篠川　ささがわ
高知県・松田川水系〔2級〕
篠川川　しのかわがわ
鹿児島県・篠川川水系〔2級〕
4篠木川　しのぎがわ
愛知県・境川水系
5篠目川　しのめがわ
山口県・阿武川水系〔2級〕
6篠江川　しのえがわ
広島県・沼田川水系
7篠尾川　ささびがわ
和歌山県・新宮川水系〔1級〕
篠見川　ささみがわ
兵庫県・加古川水系〔1級〕
篠谷川　しのやがわ
栃木県・那珂川水系〔1級〕
篠谷川　しのたにがわ
滋賀県・淀川水系〔1級〕
篠谷川　しのたにがわ
愛媛県・肱川水系〔1級〕
9篠俣川　しのまたがわ
熊本県・球磨川水系
篠津川　しのつがわ
北海道・石狩川水系〔1級〕
篠津川　しのずがわ
滋賀県・淀川水系〔1級〕
篠首川　しのくびがわ
兵庫県・揖保川水系〔1級〕
10篠倉川　しのくらがわ
岩手県・気仙川水系〔2級〕
11篠郷川　しのさとがわ
栃木県・利根川水系〔1級〕
篠部川　しのべがわ
滋賀県・淀川水系〔1級〕
12篠間川《別》　ささまがわ
静岡県・大井川水系の笹間川
篠間川　しのまがわ
福岡県・汐入川水系〔2級〕
13篠路川　しのろがわ
北海道・石狩川水系
篠路拓北川　しのろたくほくがわ
北海道・石狩川水系〔1級〕
篠路新川　しのろしんかわ
北海道・石狩川水系〔1級〕

【簀】
簀ノ子川　すのこがわ
福島県・阿武隈川水系〔1級〕

【簗】
3簗川　やながわ
岩手県・北上川水系〔1級〕
5簗目川　やなめがわ
栃木県・那珂川水系〔1級〕
19簗瀬川　やなせがわ
岡山県・高梁川水系〔1級〕

【糠】
3糠川　ぬかがわ
福井県・糠川水系〔2級〕
4糠内川　ぬかないがわ
北海道・十勝川水系〔1級〕
5糠平川　ぬかびらがわ
北海道・十勝川水系〔1級〕
糠田川　ぬかだがわ
福島県・阿武隈川水系〔1級〕
7糠沢川　ぬかざわがわ
岩手県・津谷川水系
糠沢川　ぬかざわがわ
秋田県・米代川水系〔1級〕
糠沢川　ぬかざわがわ
秋田県・米代川水系
11糠野川　ぬかのがわ
北海道・厚沢部川水系〔2級〕
12糠塚川　ぬかずかがわ
山形県・最上川水系〔1級〕
糠塚川　ぬかずかがわ
岐阜県・神通川水系〔1級〕
糠塚川　ぬかつかがわ
福岡県・樋井川水系〔2級〕

【繋】
繋ヶ沢　つなぎがさわ
岩手県・田代川水系
3繋川　つなぎがわ
岩手県・津軽石川水系
繋川　つなぎがわ
秋田県・雄物川水系〔1級〕
繋川　つなぎがわ
秋田県・米代川水系
7繋沢　つなぎさわ
岩手県・馬淵川水系
繋沢　つなぎざわ
秋田県・米代川水系〔1級〕
繋沢川　つなぎさわがわ
岩手県・馬淵川水系

繋沢川　つなぎさわがわ
秋田県・雄物川水系

【朧】
3朧川　うみがわ
富山県・小矢部川水系〔1級〕

【藍】
3藍川　あいがわ
沖縄県・福地川水系〔2級〕
7藍見川《別》　あいみがわ
岐阜県・木曾川水系の長良川
9藍染川《別》　あいぞめがわ
静岡県・逢初川水系の逢初川
藍洞沢　あいぼらさわ
岩手県・閉伊川水系

【藁】
6藁江川　わらえがわ
広島県・新川水系〔2級〕
9藁科川　わらしながわ
静岡県・安倍川水系〔1級〕

【螺】
12螺湾川　らわんがわ
北海道・十勝川水系〔1級〕

【螻】
3螻川内川　けらかわうちがわ
大分県・山国川水系〔1級〕

【講】
8講武川　こうぶがわ
島根県・斐伊川水系〔1級〕
講武中川　こうぶなかがわ
島根県・斐伊川水系〔1級〕

【鍬】
鍬ヶ市川　くわがいちがわ
岡山県・旭川水系
6鍬江沢川　くわえざわがわ
新潟県・荒川（新潟県・山形県）水系〔1級〕
11鍬崎池　くわざきいけ
鹿児島県薩摩郡里村

【鍵】
3鍵山川　かぎやまがわ
愛媛県・渡川水系〔1級〕
11鍵掛川　かぎかけがわ
高知県・鍵掛川水系〔2級〕

【鍛】
7鍛冶川　かじがわ
富山県・新堀川水系〔2級〕
鍛冶川　かじがわ
静岡県・鍛冶川水系〔2級〕
鍛冶屋川　かじやがわ
福島県・阿武隈川水系〔1級〕
鍛冶屋川　かじやがわ
群馬県・利根川水系〔1級〕
鍛冶屋川　かじやがわ
石川県・大谷川水系
鍛冶屋川　かじやがわ
愛知県・日長川水系〔2級〕
鍛冶屋川　かじやがわ
兵庫県・円山川水系
鍛冶屋川　かじやがわ
和歌山県・富田川水系〔2級〕
鍛冶屋川　かじやがわ
大分県・津久見川水系〔2級〕
鍛冶屋川　かじやがわ
大分県・八坂川水系〔2級〕
鍛冶屋沢川　かじやさわがわ
群馬県・利根川水系〔1級〕
鍛冶屋谷川　かじやだにがわ
愛媛県・肱川水系〔1級〕
鍛冶屋畑川　かじやばたがわ
愛媛県・肱川水系〔1級〕
鍛冶屋瀬川　かじやせがわ
三重県・櫛田川水系〔1級〕
鍛冶畑川　かじばたがわ
山口県・椹野川水系〔2級〕
8鍛治川　かじがわ
香川県・新川水系〔2級〕
鍛冶屋谷川　かじやだにがわ
島根県・高津川水系
鍛冶屋谷川　かじやだにがわ
徳島県・宍喰川水系〔2級〕

【鍔】
5鍔市川　つばいちがわ
兵庫県・加古川水系〔1級〕

【鍋】
3鍋川　なべがわ
青森県・鳴沢川水系
鍋川　なべがわ
三重県・鈴鹿川水系〔1級〕
鍋川　なべがわ
徳島県・吉野川水系〔1級〕
5鍋田川　なべたがわ
三重県, 愛知県・木曾川水系〔1級〕

鍋田川　なべたがわ
大阪府・淀川水系〔1級〕
鍋田川　なべたがわ
広島県・羽原川水系〔2級〕
鍋田川　なべたがわ
長崎県・佐々川水系〔2級〕
鍋田川東支川　なべたがわひがししせん
愛知県・木曾川水系〔1級〕
6鍋地川　なべちがわ
愛媛県・蒼社川水系〔2級〕
鍋有沢川　なべありさわがわ
栃木県・那珂川水系〔1級〕
7鍋谷川　なべたにがわ
石川県・梯川水系〔1級〕
鍋谷川　なべたにがわ
岡山県・吉井川水系〔1級〕
鍋谷川　なべたにがわ
岡山県・旭川水系〔1級〕
鍋谷川　なべたにがわ
大分県・大分川水系〔1級〕
10鍋倉川　なべくらがわ
山形県・最上川水系〔1級〕
鍋倉川　なべくらがわ
山形県・最上川水系
鍋倉川　なべくらがわ
熊本県・菊池川水系
鍋倉川　なべくらがわ
大分県・大分川水系〔1級〕
鍋倉沢川　なべくらさわがわ
青森県・岩木川水系〔1級〕
鍋倉沢川　なべくらさわがわ
青森県・相坂川水系〔2級〕
鍋倉谷　なべくらだに
長野県・関川水系
鍋倉谷川　なべくらだにがわ
徳島県・吉野川水系〔1級〕
鍋島川　なべしまがわ
高知県・渡川水系〔1級〕
11鍋淵川　なべふちがわ
愛媛県・肱川水系〔1級〕
鍋野川　なべのがわ
佐賀県・塩田川水系〔2級〕
鍋野川　なべのがわ
鹿児島県・米之津川水系〔2級〕
12鍋割川　なべわりがわ
岩手県・北上川水系〔1級〕
鍋割川　なべわりがわ
長野県・木曾川水系〔1級〕
鍋塚溜　なべつかだめ
滋賀県湖東町
鍋越川　なべこしがわ
岩手県・馬淵川水系〔1級〕
鍋越沢　なべこしざわ
青森県・岩木川水系
鍋越沼　なべこしぬま
山形県尾花沢市

【鍜】
8鍜治小路川　かじこうじがわ
福島県・阿武隈川水系

【闇】
3闇川　やみがわ
福島県・阿賀野川水系〔1級〕

【霞】
霞ヶ浦　かすみがうら
茨城県土浦市
霞ヶ浦　かすみがうら
茨城県・利根川水系〔1級〕
3霞川　かすみがわ
東京都・荒川（東京都・埼玉県）水系〔1級〕
霞川　かすみがわ
長野県・信濃川水系〔1級〕
6霞池　かすみいけ
沖縄県南大東村
7霞沢川　かすみざわがわ
長野県・信濃川水系〔1級〕

【霜】
3霜川　しもがわ
滋賀県・淀川水系〔1級〕
7霜谷川　しもたにがわ
滋賀県・淀川水系〔1級〕
10霜降川　しもふりがわ
広島県・沼田川水系〔2級〕

【鞠】
3鞠子川《古》　まるこがわ
静岡県・酒匂川水系の酒匂川

【鮭】
3鮭川　さけがわ
山形県・最上川水系〔1級〕
鮭川《古》　さけがわ
新潟県・三面川水系の三面川
7鮭谷川　さけたにがわ
石川県・鮭谷川水系

【鮫】
3鮫川　さめがわ
北海道・松倉川水系〔2級〕

鮫川　さめがわ
福島県・鮫川水系〔2級〕
鮫川　さめがわ
福島県・鮫川水系
鮫川　さめがわ
愛知県・高浜川水系

【鮪】
3鮪川川　しびかわがわ
秋田県・鮪川川水系〔2級〕
鮪川川　しびかわがわ
秋田県・鮪川川水系

【鴻】
鴻の田川　こうのだがわ
長野県・天竜川水系〔1級〕
3鴻川　こうがわ
滋賀県・淀川水系〔1級〕
5鴻生池　こうせいいけ
滋賀県水口町
8鴻沼川　こうぬまがわ
埼玉県・荒川（東京都・埼玉県）水系〔1級〕
鴻門川　こうもんがわ
香川県・財田川水系〔2級〕
10鴻島川　こうじまがわ
新潟県・信濃川水系〔1級〕
15鴻輝川　こうきがわ
北海道・渚滑川水系〔1級〕

18 画

【曜】
9曜星川　ようしょうがわ
岡山県・高梁川水系〔1級〕

【檮】
檮ノ木川　ゆずのきかわ
長崎県・檮ノ木川水系〔2級〕
10檮原川　ゆすはらがわ
高知県・渡川水系〔1級〕

【櫁】
7櫁谷川　しきびだにがわ
徳島県・那賀川水系〔1級〕

【櫃】
5櫃田川《古》　ひつたがわ
広島県・江の川水系の神野瀬川
7櫃谷川　かやだにがわ
滋賀県・淀川水系〔1級〕

【瀑】
10瀑通り川　ばくどおりがわ
山梨県・富士川水系〔1級〕

【礎】
5礎辺川　いそべがわ
沖縄県・礎辺川水系

【織】
5織田川　おだがわ
福井県・九頭竜川水系〔1級〕
11織笠川　おりかさがわ
岩手県・織笠川水系〔2級〕
織笠川　おりかさがわ
岩手県・織笠川水系
16織機川　おりはたがわ
山形県・最上川水系〔1級〕

【藤】
藤の又川　ふじのまたがわ
愛媛県・渡川水系〔1級〕
藤の川　ふじのかわ
長崎県・大上戸川水系〔2級〕
藤の川川　ふじのかわがわ
高知県・渡川水系〔1級〕
藤の木川　ふじのきがわ
香川県・一の谷川水系〔2級〕
藤の沢川　ふじのさわがわ
北海道・石狩川水系〔1級〕
藤の郷川　ふじのごうがわ
愛媛県・肱川水系〔1級〕
藤ヶ内谷川　ふじがうちだにがわ
徳島県・那賀川水系〔1級〕
藤ノ木川　ふじのきがわ
愛知県・庄内川水系
藤ノ木川　ふじのきがわ
滋賀県・淀川水系〔1級〕
藤ノ谷川　ふじのたにがわ
岡山県・吉井川水系
2藤又川　ふじまたがわ
石川県・大野川水系
3藤山川　ふじやまがわ
熊本県・鏡川水系
藤川　ふじがわ
宮城県・七北田川水系〔2級〕
藤川　ふじがわ
福島県・阿賀野川水系〔1級〕
藤川　ふじがわ
栃木県・利根川水系〔1級〕
藤川　ふじがわ
群馬県・利根川水系〔1級〕

藤川　ふじがわ
山梨県・富士川水系〔1級〕
藤川　ふじがわ
岐阜県・庄内川水系〔1級〕
藤川　ふじがわ
愛知県・天白川水系〔2級〕
藤川　ふじがわ
愛知県・天白川水系
藤川　ふじがわ
三重県・雲出川水系〔1級〕
藤川　ふじがわ
三重県・宮川水系〔1級〕
藤川　ふじがわ
三重県・員弁川水系〔2級〕
藤川　ふじかわ
徳島県・勝浦川水系〔2級〕
藤川　ふじがわ
愛媛県・肱川水系〔1級〕
藤川　ふじがわ
愛媛県・渡川水系〔1級〕
藤川　ふじがわ
高知県・渡川水系〔1級〕
藤川内川　ふじかわちがわ
佐賀県・松浦川水系〔1級〕
藤川内川　ふじかわちがわ
佐賀県・六角川水系〔1級〕
藤川谷川　ふじかわだにがわ
徳島県・吉野川水系〔1級〕
4藤井川　ふじいがわ
茨城県・那珂川水系〔1級〕
藤井川　ふじいがわ
奈良県・大和川水系〔1級〕
藤井川　ふじいがわ
岡山県・幸崎川水系〔2級〕
藤井川　ふじいがわ
広島県・藤井川水系〔2級〕
藤井川　ふじいがわ
徳島県・吉野川水系〔1級〕
藤内川　ふじないがわ
新潟県・信濃川水系〔1級〕
藤戸の沢川　ふじとのさわがわ
北海道・石狩川水系
藤戸川　ふじとがわ
新潟県・阿賀野川水系〔1級〕
藤木川　ふじきがわ
群馬県・利根川水系〔1級〕
藤木川　ふじきがわ
神奈川県・千歳川水系〔2級〕
藤木川　ふじきがわ
京都府・淀川水系
藤木川　ふじきがわ
大阪府・淀川水系〔1級〕
藤木川　ふじきがわ
島根県・神戸川水系〔2級〕
藤木川　ふじきがわ
広島県・野呂川水系
藤木川　ふじきがわ
山口県・佐波川水系
5藤右衛門川　とうえもんがわ
埼玉県・荒川（東京都・埼玉県）水系〔1級〕
藤右衛門川放水路　とうえもんがわほうすいろ
埼玉県・荒川（東京都・埼玉県）水系〔1級〕
藤古川　ふじこがわ
滋賀県・木曾川水系〔1級〕
藤四郎川　とうしろうがわ
新潟県・藤四郎川水系〔2級〕
藤田川　ふじたがわ
岩手県・北上川水系
藤田川　ふじたがわ
宮城県・砂押川水系〔2級〕
藤田川　ふじたがわ
福島県・阿武隈川水系〔1級〕
藤田川　ふじたがわ
福島県・阿武隈川水系
藤田川　ふじたがわ
滋賀県・淀川水系〔1級〕
藤田川　ふじたがわ
大阪府・淀川水系〔1級〕
藤田川　ふじたがわ
熊本県・菊池川水系
藤田沢川　とうたざわがわ
山形県・最上川水系〔1級〕
藤目谷川　ふじめだにがわ
山口県・阿武川水系〔2級〕
6藤次原　とうじはら
鹿児島県川内市
藤池川　ふじいけがわ
愛知県・境川水系
7藤坂川　ふじさかがわ
兵庫県・加古川水系〔1級〕
藤尾川　ふじおがわ
滋賀県・淀川水系〔1級〕
藤尾川　ふじおがわ
広島県・芦田川水系〔1級〕
藤沢川　ふじさわがわ
岩手県・北上川水系
藤沢川　ふじさわがわ
山形県・最上川水系〔1級〕
藤沢川　ふじさわがわ
群馬県・利根川水系〔1級〕
藤沢川　ふじさわがわ
神奈川県・中村川水系〔2級〕
藤沢川　ふじさわがわ
新潟県・荒川（新潟県・山形県）水系〔1級〕

藤沢川　ふじさわがわ
山梨県・相模川水系〔1級〕
藤沢川　ふじさわがわ
山梨県・富士川水系〔1級〕
藤沢川　ふじさわがわ
長野県・信濃川水系〔1級〕
藤沢川　ふじさわがわ
長野県・天竜川水系〔1級〕
藤沢川　ふじさわがわ
長野県・木曾川水系〔1級〕
藤町川　ふじまちがわ
福岡県・筑後川水系〔1級〕
藤谷川　ふじやがわ
三重県・藤谷川水系〔2級〕
藤谷川　ふじたにがわ
京都府・由良川水系
藤谷川　ふじたにがわ
和歌山県・紀の川水系〔1級〕
藤谷川　ふじたにがわ
広島県・恵川水系
藤里川　ふじさとがわ
山形県・最上川水系〔1級〕
8藤岡川　ふじおかがわ
兵庫県・加古川水系〔1級〕
藤治川　とうじがわ
埼玉県・利根川水系〔1級〕
藤波川　ふじなみがわ
熊本県・白川水系
藤迫川　ふじのさこがわ
熊本県・網津川水系
9藤屋川　ふじやがわ
鳥取県・日野川水系〔1級〕
藤屋川　ふじやがわ
鳥取県・日野川水系
藤巻川　ふじまきがわ
新潟県・島崎川水系〔2級〕
藤巻川　ふじまきがわ
長野県・天竜川水系〔1級〕
藤津川　とうつがわ
新潟県・国府川水系〔2級〕
藤神川　ふじかみがわ
兵庫県・矢田川水系
10藤倉川　ふじくらがわ
岩手県・北上川水系〔1級〕
藤倉川　ふじくらがわ
岩手県・北上川水系
藤倉川　ふじくらがわ
山形県・三瀬川水系〔2級〕
藤原川　ふじわらがわ
福島県・藤原川水系〔2級〕
藤原川　ふじわらがわ
島根県・斐伊川水系

藤島川　ふじしまがわ
青森県・相坂川水系〔2級〕
藤島川　ふじしまがわ
山形県・最上川水系〔1級〕
藤根川　とうねがわ
広島県・江の川水系〔1級〕
藤根谷川　ふじねだにがわ
島根県・高津川水系〔1級〕
藤浪川　ふじなみがわ
大分県・大野川水系〔1級〕
11藤掛川　ふじかけがわ
新潟県・鯖石川水系〔2級〕
藤野川　ふじのがわ
北海道・石狩川水系
藤野川　ふじのがわ
福島県・阿武隈川水系〔1級〕
藤野川　とうのがわ
和歌山県・日高川水系〔2級〕
藤野川　ふじのがわ
福岡県・遠賀川水系〔1級〕
藤野川　ふじのがわ
熊本県・菊池川水系
藤野沢川　ふじのさわがわ
北海道・石狩川水系〔1級〕
12藤森川　ふじもりがわ
岡山県・旭川水系〔1級〕
藤渡川　ふじわたりがわ
大分県・大野川水系〔1級〕
藤琴川　ふじことがわ
秋田県・米代川水系〔1級〕
藤間川　ふじまがわ
福島県・夏井川水系
藤間川　ふじまがわ
滋賀県・淀川水系〔1級〕

【藪】

3藪下川　やぶしたがわ
兵庫県・加古川水系
8藪波川　やぶなみがわ
富山県・小矢部川水系〔1級〕

【蟠】

9蟠洞川　ばんどうがわ
兵庫県・揖保川水系〔1級〕
10蟠竜湖　ばんりゅうこ
島根県益田市

【観】

9観音ヶ沢　かんのんがさわ
新潟県・歌見川水系
観音川　かんのんがわ
福島県・阿賀野川水系〔1級〕

観音川　かんのんがわ
茨城県・利根川水系〔1級〕
観音川　かんのんがわ
群馬県・利根川水系〔1級〕
観音川　かんのんがわ
福井県・大聖寺川水系〔2級〕
観音川　かんのんがわ
静岡県・狩野川水系〔1級〕
観音川《別》　かんのんがわ
静岡県・狩野川水系の函南観音川
観音川　かんのんがわ
愛知県・日光川水系
観音川　かんのんがわ
島根県・三隅川水系〔2級〕
観音川　かんのんがわ
愛媛県・肱川水系〔1級〕
観音寺川　かんのんじがわ
福島県・阿賀野川水系〔1級〕
観音寺川　かんのんじがわ
愛知県・御津川水系
観音寺川　かんのんじがわ
兵庫県・円山川水系〔1級〕
観音寺川　かんのんじがわ
兵庫県・観音寺川水系〔2級〕
観音寺川　かんのんじがわ
宮崎県・一ツ瀬川水系〔2級〕
観音沢川　かんのんさわがわ
山形県・最上川水系
観音沢川　かんのんさわがわ
山梨県・富士川水系〔1級〕
観音沢川　かんのんさわがわ
長野県・天竜川水系〔1級〕
観音岳川　かんのんだけがわ
熊本県・菊池川水系
観音沼　かんのんぬま
福島県南会津郡下郷町
観音堂川　かんのんどうがわ
香川県・弘田川水系〔2級〕
10観座川　かんざがわ
山形県・最上川水系〔1級〕

【贄】

8贄波川　にえなみがわ
宮崎県・贄波川水系〔2級〕
10贄浦池　にえうらいけ
三重県南島町

【鎌】

鎌ヶ谷川　かまがだにがわ
愛媛県・渡川水系〔1級〕
4鎌井谷川　かまいだにがわ
高知県・香宗川水系〔2級〕
5鎌田川《別》　かまたがわ
福島県・夏井川水系の夏井川
鎌田川　かまたがわ
新潟県・鯖石川水系〔2級〕
鎌田川　かまたがわ
山梨県・富士川水系〔1級〕
鎌田川　かまたがわ
三重県・員弁川水系〔2級〕
鎌田川　かまたがわ
滋賀県・淀川水系〔1級〕
鎌田川　かまたがわ
奈良県・大和川水系〔1級〕
鎌田川　かまたがわ
広島県・栗原川水系
鎌田川　かまたがわ
愛媛県・肱川水系〔1級〕
6鎌池　かまいけ
長野県北安曇郡小谷村
鎌池川　かまいけがわ
愛知県・阿久比川水系
7鎌谷川　かまたにがわ
三重県・鈴鹿川水系〔1級〕
鎌谷川　かまだにがわ
京都府・由良川水系
鎌谷川　かまたにがわ
兵庫県・円山川水系〔1級〕
鎌谷川　かまたにがわ
愛媛県・鎌谷川水系〔2級〕
鎌谷川　かまたにがわ
愛媛県・森川水系〔2級〕
8鎌沼　かまぬま
福島県福島市
10鎌倉川《別》　かまくらがわ
福井県・九頭竜川水系の赤根川
鎌倉川　かまくらがわ
京都府・野田川水系
鎌倉川　かまくらがわ
京都府・由良川水系
鎌倉川　かまくらがわ
京都府・淀川水系
鎌倉川　かまくらがわ
兵庫県・千種川水系〔2級〕
鎌倉沢川　かまくらさわがわ
新潟県・信濃川水系〔1級〕
鎌倉谷川　かまくらだにがわ
京都府・由良川水系
鎌原川　かまばるがわ
佐賀県・嘉瀬川水系〔1級〕
鎌浦川《別》　かもうらがわ
山口県・大井川水系の福井川
11鎌掛池　かいがけいけ
滋賀県日野町

19鎌瀬川　かませがわ
熊本県・球磨川水系

【鎖】
3鎖川　くさりがわ
長野県・信濃川水系〔1級〕
7鎖谷川　くさりだにがわ
徳島県・吉野川水系〔1級〕

【鎮】
6鎮守川　ちんじゅがわ
奈良県・大和川水系〔1級〕
鎮守尾川　ちんじゅおがわ
鹿児島県・検校川水系〔2級〕
16鎮錬川　ちんねるがわ
北海道・十勝川水系〔1級〕

【難】
8難波田川　なんぱたがわ
北海道・石狩川水系〔1級〕
難波田川分水路　なんぱたがわぶんすいろ
北海道・石狩川水系〔1級〕

【雞】
8雞知川　けちがわ
長崎県・雞知川水系〔2級〕

【鞭】
7鞭谷川　むちだにがわ
京都府・野田川水系

【額】
3額川　がくがわ
香川県・与田川水系〔2級〕
4額戸川　ぬかどがわ
滋賀県・淀川水系〔1級〕
5額付川　ぬかずきがわ
長野県・木曾川水系〔1級〕
額平川　ぬかびらがわ
北海道・沙流川水系〔1級〕
額田川　ぬかたがわ
京都府・由良川水系〔1級〕
額田川　ぬかたがわ
京都府・由良川水系
11額堂川　がくどうがわ
新潟県・信濃川水系

【鯉】
3鯉川　こいがわ
秋田県・馬場目川水系〔2級〕
鯉川　こいがわ
福島県・阿武隈川水系〔1級〕
鯉川　こいがわ
東京都・多摩川水系〔1級〕
鯉川　こいがわ
兵庫県・鯉川水系〔2級〕
6鯉名川　こいながわ
静岡県・青野川水系〔2級〕
7鯉沢川　こいさわがわ
群馬県・利根川水系〔1級〕

【鮰】
10鮰浦川1号　うぐいうらがわいちごう
愛知県・日光川水系
鮰浦川2号　うぐいうらがわにごう
愛知県・日光川水系
鮰浦川3号　うぐいうらがわさんごう
愛知県・日光川水系

【鰄】
3鰄川　うぐいがわ
北海道・後志利別川水系〔1級〕
鰄川　うぐいがわ
長野県・木曾川水系〔1級〕
鰄川　うぐいがわ
愛知県・庄内川水系〔1級〕
鰄川　うぐいがわ
滋賀県・淀川水系〔1級〕
7鰄谷川　うぐいたにがわ
三重県・宮川水系〔1級〕
8鰄沼　うぐいぬま
北海道北桧山町

【鵜】
鵜の川　うのかわ
京都府・淀川水系〔1級〕
鵜の木谷川　うのきだにがわ
宮崎県・耳川水系〔2級〕
鵜の池川　うのいけがわ
愛知県・稲早川水系〔2級〕
鵜ノ池　うのいけ
新潟県中頸城郡大潟町
鵜ノ池　うのいけ
鳥取県日野町
鵜ノ島川　うのしまがわ
宮崎県・大淀川水系
3鵜川　うがわ
新潟県・鵜川水系〔2級〕
鵜川　うがわ
滋賀県・淀川水系〔1級〕
鵜川　うがわ
愛媛県・肱川水系〔1級〕

鵜川　うがわ
熊本県・球磨川水系〔1級〕
鵜川　うがわ
熊本県・球磨川水系
鵜川川　うかわがわ
秋田県・馬場目川水系〔2級〕
7鵜住居川　うのずまいがわ
岩手県・鵜住居川水系〔2級〕
鵜坂川《古》　うさかがわ
富山県・神通川水系の神通川
鵜谷川　うだにがわ
島根県・周布川水系
8鵜苫川　うとまがわ
北海道・鵜苫川水系
鵜苫川　うとまがわ
北海道・鵜苫川水系
13鵜飼川　うがいがわ
石川県・鵜飼川水系〔2級〕
鵜飼川　うかいがわ
岡山県・吉井川水系〔1級〕

【鵠】
3鵠川　くぐいがわ
徳島県・鵠川水系〔2級〕
4鵠戸川　くぐいどがわ
茨城県・利根川水系

【鵡】
3鵡川　むかわ
北海道・鵡川水系〔1級〕

19 画

【櫓】
7櫓沢川　やぐらさわがわ
山梨県・相模川水系〔1級〕

【櫟】
10櫟原川　いちはらがわ
奈良県・大和川水系〔1級〕
11櫟野川　いちのがわ
滋賀県・淀川水系〔1級〕

【瀬】
瀬の川　せのかわ
愛媛県・肱川水系〔1級〕
瀬の沢　せのさわ
青森県・岩木川水系
瀬の沢川　せのさわがわ
岩手県・北上川水系〔1級〕
瀬ノ沢川　せのさわがわ
秋田県・米代川水系〔1級〕
2瀬入川　せいりがわ
静岡県・太田川水系〔2級〕
瀬入川　せいりがわ
香川県・瀬入川水系〔2級〕
瀬又川　せまたかわ
千葉県・村田川水系〔2級〕
3瀬上川　せがみがわ
茨城県・瀬上川水系〔2級〕
瀬久谷川　せくたにがわ
鹿児島県・川内川水系〔1級〕
瀬川　せがわ
岩手県・北上川水系〔1級〕
瀬川　せがわ
長崎県・瀬川水系〔2級〕
4瀬戸の川　せとのかわ
茨城県・那珂川水系
瀬戸の沢　せとのさわ
静岡県・天竜川水系〔1級〕
瀬戸ノ内川　せとのうちがわ
山口県・小瀬川水系〔1級〕
瀬戸ノ沢川　せとのさわがわ
福島県・阿賀野川水系
瀬戸ノ谷川　せとのだにがわ
三重県・雲出川水系〔1級〕
瀬戸子川　せとしがわ
青森県・瀬戸子川水系〔2級〕
瀬戸川　せとがわ
福島県・阿武隈川水系〔1級〕
瀬戸川　せとがわ
千葉県・瀬戸川水系〔2級〕
瀬戸川　せとがわ
新潟県・早川水系〔2級〕
瀬戸川　せとがわ
山梨県・富士川水系〔1級〕
瀬戸川　せとがわ
長野県・信濃川水系〔1級〕
瀬戸川　せとがわ
静岡県・瀬戸川水系〔2級〕
瀬戸川　せとがわ
愛知県・庄内川水系〔1級〕
瀬戸川　せとがわ
滋賀県・淀川水系〔1級〕
瀬戸川　せとがわ
京都府・淀川水系〔1級〕
瀬戸川　せとがわ
京都府・由良川水系
瀬戸川　せとがわ
兵庫県・揖保川水系〔1級〕
瀬戸川　せとがわ
兵庫県・瀬戸川水系〔2級〕

瀬戸川　せとがわ
鳥取県・蒲生川水系〔2級〕
瀬戸川　せとがわ
鳥取県・八橋川水系〔2級〕
瀬戸川　せとがわ
鳥取県・八橋川水系
瀬戸川　せとがわ
岡山県・吉井川水系〔1級〕
瀬戸川　せとがわ
広島県・芦田川水系〔1級〕
瀬戸川　せとがわ
徳島県・瀬戸川水系〔2級〕
瀬戸川　せとがわ
愛媛県・肱川水系〔1級〕
瀬戸川　せとがわ
高知県・吉野川水系〔1級〕
瀬戸川　せとがわ
高知県・香宗川水系〔2級〕
瀬戸谷川　せとだにがわ
福井県・九頭竜川水系〔1級〕
瀬戸谷川　せとだにがわ
滋賀県・淀川水系〔1級〕
瀬戸谷川　せとだにがわ
奈良県・新宮川水系〔1級〕
瀬戸谷川　せとだにがわ
愛媛県・仁淀川水系
瀬戸谷川　せとだにがわ
大分県・筑後川水系〔1級〕
瀬戸間伏川《別》　せとまぶしがわ
鹿児島県・菱田川水系の大鳥川
瀬戸瀬川　せとせがわ
北海道・湧別川水系〔1級〕
瀬月内川　せつきないがわ
岩手県・新井田川水系〔2級〕
瀬木川　せきがわ
愛知県・天白川水系〔2級〕
瀬木川　せきがわ
愛知県・天白川水系
瀬木田川　せぎたがわ
愛知県・内海川水系
5瀬古川《古》　せこがわ
静岡県・富士川水系の滝川
瀬平川　せひらがわ
愛媛県・渡川水系〔1級〕
瀬平川　せひらがわ
宮崎県・耳川水系〔2級〕
瀬田川　せたがわ
岐阜県・木曾川水系〔1級〕
瀬田川　せたがわ
滋賀県・淀川水系
瀬田川　せだがわ
和歌山県・富田川水系〔2級〕
瀬田川　せたがわ
山口県・小瀬川水系〔1級〕
瀬田川　せたがわ
愛媛県・肱川水系〔1級〕
瀬辺地川　せへじがわ
青森県・瀬辺地川水系〔2級〕
6瀬名川《古》　せながわ
静岡県・巴川水系の長尾川
瀬名新川　せなしんかわ
静岡県・巴川水系〔2級〕
瀬多来川　せたらいがわ
北海道・十勝川水系〔1級〕
瀬早川　せはやがわ
長野県・信濃川水系〔1級〕
瀬早川　せはやがわ
鹿児島県・川内川水系〔1級〕
瀬江川　せごがわ
宮崎県・一ツ瀬川水系〔2級〕
7瀬尾の沼　せおのぬま
北海道中川町
瀬沢川　せざわがわ
長野県・信濃川水系〔1級〕
瀬沢川　せざわがわ
長野県・天竜川水系〔1級〕
瀬谷川　せだにがわ
滋賀県・淀川水系〔1級〕
瀬里川　せりがわ
高知県・渡川水系〔1級〕
8瀬和田川　せわだがわ
大分県・富来川水系〔2級〕
瀬波川　せなみがわ
石川県・手取川水系〔1級〕
10瀬峰川　せみねがわ
宮城県・北上川水系〔1級〕
瀬峰川　せみねがわ
熊本県・緑川水系〔1級〕
11瀬崎川　せざきがわ
京都府・瀬崎川水系〔2級〕
瀬野川　せのがわ
広島県・瀬野川水系〔2級〕
瀬野川　ぜのがわ
熊本県・菊池川水系
12瀬越川　せごしがわ
愛媛県・渡川水系〔1級〕
19瀬々川　せぜがわ
高知県・渡川水系〔1級〕
瀬瀬川《別》　せせがわ
熊本県・菊池川水系の菊池川

【獺】

11獺淵川　おそぶちがわ
静岡県・都田川水系〔2級〕

獺貫川《別》　うそぬきがわ
鹿児島県・網掛川水系の宇曽ノ木川

【簸】
簸ノ川　ひのがわ
広島県・江の川水系〔1級〕
3簸川《古》　ひのかわ
島根県・斐伊川水系の斐伊川

【簾】
3簾川　すだれがわ
島根県・斐伊川水系〔1級〕
7簾沢　すだれざわ
福島県・阿賀野川水系
15簾舞川　みすまいがわ
北海道・石狩川水系

【繰】
5繰矢川　くりやがわ
長野県・信濃川水系〔1級〕

【羅】
6羅臼川　らうすがわ
北海道・羅臼川水系〔2級〕
羅臼湖　らうすこ
北海道目梨郡羅臼町
13羅漢川　らかんがわ
福岡県・遠賀川水系〔1級〕
羅漢寺川　らかんじがわ
大分県・山国川水系〔1級〕

【藻】
3藻川　もがわ
兵庫県・淀川水系〔1級〕
藻川　もがわ
高知県・国分川水系〔2級〕
12藻散布沼　もちりっぷぬま
北海道厚岸郡浜中町
藻琴川　もことがわ
北海道・藻琴川水系〔2級〕
藻琴川　もことがわ
北海道・藻琴川水系
藻琴湖　もことこ
北海道網走市
15藻器堀川　しょうけぼりがわ
熊本県・緑川水系〔1級〕
16藻興部川　もおこっぺがわ
北海道・藻興部川水系〔2級〕
25藻鼈川　もべつがわ
北海道・藻鼈川水系〔2級〕

【蘭】
3蘭川　らんがわ
長野県・木曽川水系〔1級〕
5蘭辺川　らうんべがわ
北海道・十勝川水系〔1級〕
6蘭牟田池　いむたいけ
鹿児島県神答院町
10蘭島川　らんしまがわ
北海道・蘭島川水系〔2級〕
蘭留川　らんるがわ
北海道・石狩川水系〔1級〕

【藺】
5藺田川　いだがわ
岡山県・吉井川水系〔1級〕
藺田川　いだがわ
岡山県・吉井川水系

【蟹】
2蟹又川　かにまたがわ
福岡県・室見川水系〔2級〕
3蟹子川　かにこがわ
岡山県・吉井川水系〔1級〕
蟹子川　かにこがわ
岡山県・吉井川水系
蟹川　かにがわ
山形県・最上川水系〔1級〕
蟹川　かにがわ
新潟県・加治川水系〔2級〕
蟹川　かにがわ
奈良県・大和川水系〔1級〕
5蟹田川　かにたがわ
青森県・蟹田川水系〔2級〕
蟹田川　かにたがわ
静岡県・太田川水系〔2級〕
蟹田川　がんだがわ
長崎県・大左右川水系〔2級〕
6蟹江川　かにえがわ
愛知県・日光川水系〔2級〕
7蟹作川　がんつくりがわ
熊本県・球磨川水系
蟹沢川　かにざわがわ
秋田県・米代川水系〔1級〕
蟹沢川　かにざわがわ
秋田県・米代川水系
蟹沢川　かにざわがわ
福島県・阿賀野川水系
蟹沢川　かにざわがわ
福島県・阿武隈川水系
蟹沢川　かにざわがわ
山梨県・富士川水系〔1級〕

8蟹沼　かにぬま
秋田県田沢湖町

【蟻】
蟻ヶ池　ありがいけ
京都府京都市
3蟻川　ありがわ
群馬県・利根川水系〔1級〕
4蟻王川　ぎおうがわ
愛媛県・蟻王川水系〔2級〕

【蠅】
12蠅帽子川　はえぼうしがわ
福井県・九頭竜川水系〔1級〕

【蹴】
12蹴落川　けおとしがわ
石川県・大谷川水系

【鏡】
鏡ヶ池　かがみけいけ
新潟県北魚沼郡入広瀬村
鏡ヶ沼　かがみがぬま
福島県南会津郡下郷町
3鏡山川　かがみやまがわ
熊本県・五ヶ瀬川水系
鏡川　かがみがわ
高知県・鏡川水系〔2級〕
鏡川　かがみがわ
長崎県・鏡川水系〔2級〕
鏡川　かがみがわ
熊本県・鏡川水系〔2級〕
6鏡池　かがみいけ
新潟県上越市
鏡池　かがみいけ
鹿児島県揖宿郡開聞町
8鏡沼　かがみぬま
北海道北村
鏡沼　かがみぬま
岩手県岩手郡松尾村
13鏡新池　かがみしんいけ
滋賀県竜王町

【鏑】
3鏑川　かぶらがわ
群馬県・利根川水系〔1級〕
4鏑木川　かぶらぎがわ
群馬県・利根川水系〔1級〕

【離】
12離湖　はなれこ
京都府・梱越川水系〔2級〕

【霧】
霧の沢川　きりのさわがわ
北海道・網走川水系〔1級〕
5霧立沼　きりたちぬま
北海道苫前町
6霧合川　むごうがわ
愛媛県・菊間川水系〔2級〕
7霧来沢川　きりきざわがわ
福島県・阿賀野川水系
霧谷川《別》　きりたにがわ
徳島県・吉野川水系の切谷川
10霧島川　きりしまがわ
鹿児島県・天降川水系〔2級〕
16霧積川　きりずみがわ
群馬県・利根川水系〔1級〕

【願】
4願王寺川　がんのうじがわ
山口県・木屋川水系〔2級〕
6願成寺川　がんじょうじがわ
京都府・淀川水系
願成寺谷川　がんしょうじたにがわ
徳島県・吉野川水系〔1級〕

【鯨】
11鯨野川　くじらのがわ
山梨県・富士川水系〔1級〕

【鯖】
5鯖石川　さばいしがわ
新潟県・鯖石川水系〔2級〕
11鯖野沢川　さばのさわがわ
青森県・岩木川水系〔1級〕
19鯖瀬川　さばせがわ
徳島県・鯖瀬川水系〔2級〕

【鯛】
鯛の川　たいのがわ
高知県・桜川水系〔2級〕
5鯛生川　たいおがわ
大分県・筑後川水系
7鯛沢川　たいさわがわ
山梨県・富士川水系〔1級〕

【鯰】
3鯰川　なまずがわ
滋賀県・淀川水系〔1級〕
鯰川　なまずがわ
佐賀県・嘉瀬川水系〔1級〕

6鯰江川　なまずえがわ
佐賀県・筑後川水系〔1級〕
7鯰沢　なまずさわ
秋田県・米代川水系

【鶏】
3鶏川　にわとりがわ
青森県・岩木川水系〔1級〕
7鶏沢川　にわとりざわがわ
青森県・鶏沢川水系〔2級〕
16鶏頭場ノ池　けとばのいけ
青森県西津軽郡岩崎村

【鶉】
3鶉川　うずらがわ
北海道・厚沢部川水系〔2級〕

【麓】
3麓川　ふもとがわ
愛媛県・肱川水系〔1級〕
麓川　ふもとがわ
愛媛県・粟井川水系〔2級〕
麓川　ふもとがわ
宮崎県・大淀川水系〔1級〕
麓川　ふもとがわ
鹿児島県・万之瀬川水系〔2級〕
麓川　ふもとがわ
鹿児島県・雄川水系〔2級〕
7麓谷川　ふもとだにがわ
愛媛県・重信川水系〔1級〕

20 画

【巌】
7巌谷沢川　いわやざわがわ
秋田県・子吉川水系

【懸】
懸の川　あがたのかわ
和歌山県・太田川水系〔2級〕

【櫨】
櫨の谷川　はぜのたにがわ
宮崎県・広渡川水系〔2級〕
7櫨谷川　はぜたにがわ
兵庫県・明石川水系〔2級〕

【欄】
3欄干川　らんかんがわ
山梨県・相模川水系〔1級〕
欄干沢川　らんかんざわがわ
山梨県・富士川水系〔1級〕

【競】
3競川　きそいがわ
香川県・競川水系〔2級〕

【朧】
6朧気川　おぼろげがわ
山形県・最上川水系〔1級〕

【蒲】
3蒲川　つづらがわ
愛媛県・重信川水系〔1級〕

【蠣】
10蠣原川　かきはらがわ
宮崎県・清武川水系〔2級〕
19蠣瀬川　かきせがわ
高知県・蠣瀬川水系〔2級〕
蠣瀬川　かきせがわ
高知県・蠣瀬川水系
蠣瀬川　かきせがわ
大分県・蠣瀬川水系〔2級〕

【護】
9護持川　ごじがわ
兵庫県・夢前川水系〔2級〕

【鐘】
11鐘掛松川　かねかけまつがわ
熊本県・菊池川水系

【鐙】
3鐙川　あぶみがわ
大分県・五ヶ瀬川水系〔1級〕
5鐙田川　あぶみだがわ
熊本県・坪井川水系

【鐇】
8鐇泊川　まさかりどまりがわ
青森県・鐇泊川水系

【露】
7露谷川　つゆだにがわ
鳥取県・勝部川水系〔2級〕
12露越川　つゆこしがわ
京都府・由良川水系

【響】
7響谷川　ひびきだにがわ
島根県・江の川水系〔1級〕

【鰐】
3鰐川　わにがわ
茨城県・利根川水系〔1級〕
鰐川　わにがわ
長崎県・鰐川水系〔2級〕
11鰐淵寺川　がくえんじがわ
島根県・唐川川水系〔2級〕

【鰔】
3鰔川　うぐいがわ
北海道・厚沢部川水系〔2級〕
鰔川　うぐいがわ
北海道・天野川水系

21 画

【儺】
儺の河《古》　なのかわ
福岡県・那珂川水系の那珂川

【灘】
3灘川　なだがわ
高知県・仁淀川水系〔1級〕

【爛】
3爛川　ただれがわ
香川県・津田川水系〔2級〕

【籔】
3籔川　やぶがわ
宮城県・阿武隈川水系〔1級〕

【纏】
6纏向川　まきむくがわ
奈良県・大和川水系〔1級〕

【轟】
3轟川　とどろきがわ
福島県・阿武隈川水系〔1級〕
轟川　とどろきがわ
京都府・由良川水系
轟川　とどろきがわ
兵庫県・加古川水系
轟川　とどろきがわ
大分県・山国川水系〔1級〕
轟川　とどろきがわ
大分県・小猫川水系〔2級〕
轟川　とどろきがわ
鹿児島県・轟川水系〔2級〕
轟川　とどろきがわ
沖縄県・轟川水系〔2級〕
轟川　とどろきがわ
沖縄県・轟川水系
4轟木川　とどろきがわ
佐賀県・筑後川水系〔1級〕
轟木川放水路　とどろきがわほうすいろ
佐賀県・筑後川水系〔1級〕
7轟谷川　とどろきだにがわ
徳島県・吉野川水系〔1級〕

【鐺】
7鐺別川　とうべつがわ
北海道・釧路川水系〔1級〕

【饒】
8饒波川　のはがわ
沖縄県・国場川水系〔2級〕
饒波川　ぬうはがわ
沖縄県・饒波川水系

【鰯】
3鰯川　いわしがわ
愛媛県・渡川水系〔1級〕

【鰣】
3鰣川　はすがわ
福井県・早瀬川水系〔2級〕

【鶴】
鶴の沼　つるのぬま
北海道厚真町
鶴ヶ池　つるがいけ
岐阜県大野郡丹生川村
鶴ヶ段川　つるがだんがわ
岩手県・北上川水系
鶴ノ巣川　つるのすがわ
広島県・沼田川水系
3鶴山沢　つるやまざわ
北海道・塩谷川水系
鶴山谷川　つるやまだにがわ
長崎県・神浦川水系〔2級〕
鶴川　つるかわ
山梨県・相模川水系〔1級〕

鶴川　つるかわ
京都府・竹野川水系
鶴川　つるかわ
和歌山県・古座川水系〔2級〕
鶴川　つるがわ
熊本県・菊池川水系
4鶴切川　つるきりがわ
熊本県・菊池川水系
鶴木山川　つるきやまがわ
熊本県・鶴木山川水系
5鶴生田川　つるいくたがわ
群馬県・利根川水系〔1級〕
鶴生田川導水路　つるいくたがわどうすいろ　群馬県・利根川水系〔1級〕
鶴田の沼　つるたのぬま
北海道雨竜町
鶴田川　つるたがわ
宮城県・高城川水系〔2級〕
鶴田川　つるたがわ
鳥取県・日野川水系〔1級〕
鶴田川　つるたがわ
宮崎県・大淀川水系〔1級〕
6鶴江川　つるえがわ
福島県・太田川水系〔2級〕
鶴池　つるいけ
滋賀県大津市
7鶴見川　つるみがわ
東京都, 神奈川県・鶴見川水系〔1級〕
8鶴居芦別川　つるいあしべつがわ
北海道・釧路川水系〔1級〕
鶴枝川　つるえがわ
千葉県・一宮川水系〔2級〕
鶴河内川　つるかわちがわ
大分県・筑後川水系〔1級〕
鶴沼　つるぬま
北海道浦臼町
鶴沼川　つるぬまがわ
福島県・阿賀野川水系〔1級〕
鶴沼川《別》　つるぬまがわ
福島県・阿賀野川水系の宮川
鶴沼川《別》　つるぬまがわ
福島県・阿賀野川水系の旧宮川
9鶴巻川　つるまきがわ
福島県・阿武隈川水系〔1級〕
11鶴掛川　つるかけがわ
熊本県・球磨川水系
12鶴喰川　つるばみがわ
熊本県・球磨川水系〔1級〕
鶴喰川　つるばみがわ
熊本県・球磨川水系
鶴喰川支流　つるばみがわしりゅう
熊本県・球磨川水系
鶴間川　つるまがわ
愛媛県・鶴間川水系〔2級〕
鶴間池　つるまいけ
山形県飽海郡八幡町
19鶴瀬谷川　つるせたにがわ
宮崎県・一ツ瀬川水系〔2級〕

【鶯】

3鶯川　うぐいすがわ
秋田県・子吉川水系〔1級〕
鶯川　うぐいすがわ
熊本県・緑川水系〔1級〕
7鶯沢川　うぐいすざわがわ
北海道・網走川水系
鶯谷川　うぐいすだにがわ
徳島県・吉野川水系〔1級〕
10鶯竜寺川　おうりゅうじがわ
京都府・淀川水系
11鶯宿入沢川　おうしゅくいりさわがわ
山梨県・富士川水系〔1級〕
鶯宿川　おうしゅくがわ
岩手県・北上川水系〔1級〕
鶯宿沢の入沢川　おうしゅくざわのいりさわがわ　山梨県・富士川水系〔1級〕
鶯巣川　おおさがわ
宮崎県・鶯巣川水系〔2級〕

22 画

【籠】

3籠川　かごがわ
長野県・信濃川水系〔1級〕
籠川　かごがわ
愛知県・矢作川水系〔1級〕
6籠守川《古》　こもりがわ
山梨県・富士川水系の小森川

【讃】

7讃岐川　さぬきがわ
佐賀県・志佐川水系〔2級〕
讃良川　さらがわ
大阪府・淀川水系〔1級〕

【轡】

6轡池　くつわいけ
京都府宇治田原町
11轡野川　くつわのがわ
岐阜県・木曾川水系〔1級〕

【鰻】

6鰻池　うなぎいけ
鹿児島県揖宿郡山川町

7鰻沢川　うなぎさわがわ
宮城県・七北田川水系

鰻沢川　うなぎざわがわ
山梨県・富士川水系〔1級〕

【鷗】

3鷗川《古》　かもめごう
鹿児島県・甲女川水系の甲女川

23 画

【鱸】

6鱸池　みたらいけ
鹿児島県高山町

【鱒】

7鱒沢川　ますざわがわ
福島県・阿賀野川水系〔1級〕

10鱒留川　ますどめがわ
京都府・竹野川水系〔2級〕

11鱒淵川　ますぶちがわ
宮城県・北上川水系〔1級〕

鱒淵川　ますぶちがわ
山形県・赤川水系〔1級〕

【鷲】

鷲の川　わしのかわ
和歌山県・日高川水系〔2級〕

鷲ノ木大通川　わしのきおおどおりがわ
新潟県・信濃川水系〔1級〕

3鷲子沢川　とりのこさわがわ
栃木県・那珂川水系〔1級〕

6鷲羽池　わしばいけ
長野県大町市

7鷲別川　わしべつがわ
北海道・鷲別川水系〔2級〕

鷲尾川　わしおがわ
京都府・由良川水系

鷲見川　わしみがわ
岐阜県・木曽川水系〔1級〕

鷲見川　わしみがわ
滋賀県・淀川水系〔1級〕

鷲谷川　わしたにがわ
大分県・河内川水系〔2級〕

10鷲家川　わしかがわ
奈良県・紀の川水系〔1級〕

24 画

【鷺】

3鷺山川　さぎやまがわ
岐阜県・木曽川水系〔1級〕

5鷺田川　さぎたがわ
福岡県・御笠川水系〔2級〕

7鷺沢川　さぎざわがわ
山形県・最上川水系〔1級〕

11鷺巣川　さぎすがわ
熊本県・球磨川水系

【鷹】

鷹ノ巣川　たかのすがわ
長崎県・福江川水系〔2級〕

4鷹木川　たかぎがわ
熊本県・球磨川水系

5鷹生川　たこうがわ
岩手県・盛川水系〔2級〕

6鷹合川　たかごうがわ
石川県・御祓川水系〔2級〕

8鷹取川　たかとりがわ
神奈川県・鷹取川水系〔2級〕

9鷹架沼　たかほこぬま
青森県上北郡六ヶ所村

鷹架沼　たかほこぬま
青森県・戸鎖川水系

11鷹巣川　たかすがわ
長崎県・小森川水系〔2級〕

鷹巣川　とびすがわ
鹿児島県・神之川水系〔2級〕

26 画

【钃】

7钃沢川　けぬきざわがわ
群馬県・利根川水系〔1級〕

【鬮】

鬮の川　くじのかわ
和歌山県・鬮の川水系〔2級〕

親字音訓ガイド

【あ】		
ア	阿	317
	蛙	462
	窪	505
アイ	愛	473
あい	姶	329
	相	346
	藍	529
あいだ	間	466
あう	会	196
	合	201
	逢	390
あお	青	319
	蒼	491
あか	朱	215
	赤	263
	垢	328
あかがね	銅	508
あがた	県	346
あかつき	暁	447
あかね	茜	355
あがる	上	26
あかるい	明	284
あき	秋	353
あきなう	商	402
あきらか	昭	334
アク	悪	407
あく	開	466
あくた	芥	257
あけぼの	曙	526
あげる	揚	447
あさ	麻	433
	朝	449
あさい	浅	341
あさひ	旭	213
あざみ	薊	524
あさり	鯏	535
あし	芦	255
	足	267
	脚	421
	葭	462
あじ	味	271
あした	旦	167
あずさ	梓	408
あずま	東	289
あせ	汗	216
あぜ	畔	384
あそぶ	遊	465
あたえる	与	32
あたたかい	温	452
あたま	頭	525
あたらしい	新	474
あたり	辺	193
あたる	当	212
あつい	厚	327
	暑	448
	熱	516
あつまる	蟠	533
あつめる	集	467
あてぎ	椹	482
あと	後	331
	迹	390
	跡	493
あな	穴	191
あに	兄	143
あね	姉	275
あぶ	虻	359
あぶみ	鐙	540
あぶら	油	301
あま	天	122
	尼	158
あまい	甘	174
あまる	余	239
あみ	網	507
	羅	538
あめ	天	122
	雨	318
	飴	495
あや	斐	447
	綾	506
	綺	507
あゆ	鮎	525
あらい	荒	355
	麁	496
あらう	洗	342
あらかじめ	予	107
あらがね	鉱	494
あらし	嵐	445
あらためる	改	250
あらと	砺	386
あらわす	表	307
あらわれる	現	416
	露	540
あり	蟻	539
ある	在	203
	有	214
あわ	泡	301
	粟	459
あわい	淡	414
アン	安	205
	案	375
	桉	381
	庵	407
	暗	480
	鞍	519
	闇	530
あんず	杏	250
【い】		
イ	以	142
	伊	194
	夷	204
	衣	227
	医	242
	囲	243
	依	270
	易	284
	姨	329
	為	344
	帷	407
	移	416
	意	474
	違	494
	鮪	531
い	井	107
	亥	194
	藺	538
いえ	家	368
いおり	庵	407
いかだ	筏	459
いかり	碇	488
いかる	怒	333
いき	息	374
いきおい	勢	470
いきる	生	174
イク	育	304
	奥	472
いく	行	227
	幾	445
いくさ	戦	474
いけ	池	218
いこう	憩	520
いさお	勲	511
いさましい	勇	324
いし	石	188
いしずえ	礎	531
いずみ	泉	340
いそ	磯	527
いそぐ	急	333
いた	板	294
いたがね	鈑	465
いたる	至	225
イチ	一	2
いち	市	158
いつつ	五	109
いと	糸	223
いとぐち	緒	506
いぬ	犬	141
	狗	303
いね	稲	503
いのしし	猪	414
いばら	茨	355
いばり	尿	245
いぼ	疣	346
いま	今	112
いましめ	戒	249
いまだ	未	170
いまわしい	忌	247
いも	芋	226
いもうと	妹	275
いや	襲	517
いる	居	277
	要	359
	射	372
いれる	入	9
いろ	色	226
いろり	鈩	465
いわ	岩	278
	磐	516
いわう	祝	349
いわし	鰯	541
イン	引	125
	印	198
	因	203
	員	366
	院	392
	寅	406
	陰	430
	蔭	507
	隠	509
いん	院	392
【う】		
ウ	右	151
	宇	207
	有	214
	羽	224
	芋	226
	雨	318
	栩	381
	烏	384
う	卯	151
	夘	157
	鵜	535
うえ	上	26
	筌	459
うえる	飢	392
	植	450

【え】

【お】

親字音訓ガイド

読み	漢字	頁	読み	漢字	頁	読み	漢字	頁	読み	漢字	頁
	餓	519	うらなう	占	151		閼	525	おくる	送	360
うお	魚	430	うり	瓜	220		鴬	525	おけ	桶	408
うく	浮	383	うる	売	245				おこす	起	390
				得	407	【お】			おごそか	厳	526
うぐい	鯏	535		潤	515				おこなう	行	227
	鯎	535	うるおす	潤	515	オ	於	284	おこる	怒	333
うぐいす	鴬	542	うるし	漆	501		悪	407		興	523
うけたまわる	承	283	ウン	運	464	お	尾	245	おさ	筬	490
うける	受	271		雲	467		緒	506	おさえる	押	283
	請	518				おい	老	224	おさない	稚	490
うごく	動	402	【え】			おいて	於	284	おさめる	治	299
うさぎ	兎	270				おいる	老	224		修	363
	菟	389	エ	衣	227	オウ	王	141		納	388
	莵	461		依	270		応	247	おしえる	教	407
うし	丑	95		恵	374		往	282	おす	牡	254
	牛	140	え	江	216		押	283		押	283
うじ	氏	136		柄	337		始	329		雄	467
うしお	潮	515		荏	355		皇	346	おそい	遅	464
うしなう	失	157		絵	459		桜	378	おちる	落	461
うしろ	後	331	エイ	永	171		翁	388	オツ	乙	4
うす	臼	225		曳	214		黄	433	おっと	夫	125
	碓	488		英	305		奥	440	おと	音	361
うず	渦	452		栄	335		奥	472	おとうと	弟	247
うすい	薄	523		影	511		横	512	おとこ	男	254
うずら	鶉	540	エキ	役	247		鴨	525	おなじ	同	202
うそぶく	嘯	520		易	284		鴬	542	おに	鬼	401
うた	歌	500		益	384		鷗	543	おば	姨	329
うたい	謡	524		駅	510		鷹	543		帯	373
うたげ	宴	367	えだ	枝	286	おう	追	360	おびる	帯	373
うち	内	116	えだみち	岐	247	おうぎ	扇	374	おぼえる	覚	463
うつ	打	165		越	463	おおい	多	204	おぼろ	朧	540
うつくしい	美	354	えのき	榎	499	おおう	幕	473	おも	主	142
うつる	移	416	えびす	夷	165	おおかみ	狼	384		重	360
うてな	台	155		夷	204	おおきい	大	41	おもい	思	333
うでわ	釧	429		胡	355		巨	158	おもう	思	333
うなぎ	鰻	543		箙	506	おおざら	盤	516	おもて	表	307
うなる	唸	403	えらぶ	撰	511	おおとり	鳳	510		面	361
うね	畝	384	える	得	407		鴻	531	おや	親	524
	畦	416	エン	円	116	おおやけ	公	115	およそ	凡	37
うば	姥	329		奄	274	おか	丘	142	および	及	39
うま	午	120		延	282		岡	277	おり	澱	487
	馬	392		炎	302	おがむ	拝	283		澱	522
うまれる	生	174		垣	327	おき	沖	252	おりる	降	392
うみ	海	339		宴	367	おぎ	荻	389	おる	折	249
	膿	529		淵	414		翁	388		織	531
うむ	産	416		堰	439	おきな	翁	388		音	361
うめ	梅	380		園	470	おぎなう	裨	492	オン	恩	373
	楳	482		塩	471	おきる	起	390		屋	330
うめる	埋	366		猿	487	オク				奥	440
うもれる	埋	366		遠	494		奥	440		奥	472
うやまう	敬	447		鉛	494		奥	472		温	452
うら	浦	381		鳶	510	おく	置	490		隠	509
	裏	492		縁	516					御	445
				豌	518				おんな	女	66

【か】

菅	422		旗	499		旧	166			行	227
	貫	425		橙	500		休	196			形	247
	寒	443		箕	505		吸	200			暁	447
	間	466		綺	507		朽	215	キョク	旭	213	
	閑	466		槻	515		臼	225		曲	214	
	寛	473		機	520		求	252		極	481	
	漢	483		磯	527		灸	254	ギョク	玉	173	
	管	505		櫃	531		玖	254	きり	桐	375	
	関	508	き	木	132		急	333		霧	539	
	監	516		黄	433		柩	337	きりかぶ	株	531	
	緩	516	ギ	妓	245		宮	368	きる	切	119	
	舘	523		祇	304		救	407	きわ	際	509	
	館	525		義	490		球	416	きわめる	極	481	
	環	527		儀	511		給	460	キン	巾	94	
	観	533		蟻	539		鳩	496		芹	257	
	鹹	541	キク	菊	422		鬮	543		近	268	
	灘	541		麹	520	ギュウ	牛	140		金	307	
ガン	丸	33		鞠	530	キョ	去	151		衾	390	
	元	114	きく	利	242		巨	158		勤	437	
	岸	278	きさき	后	201		居	277		琴	457	
	岩	278	きし	岸	278		秬	387		筋	458	
	雁	467	きじ	雉	495		虚	424		錦	524	
	願	539	きず	創	437		裾	492	ギン	銀	508	
	厳	540	きずく	築	522	ギョ	魚	430				
かんがえる	桜	381	きそう	競	540		御	445	【く】			
かんなぎ	巫	247	きた	北	146		漁	501	ク	九	6	
かんばしい	芳	258	きたえる	鍛	529	きよい	浄	340		工	94	
かんむり	冠	321		鍜	530		清	411		玖	254	
			きたる	来	251	キョウ	兄	143		供	270	
【き】			キチ	吉	198		叶	151		狗	303	
キ	乞	37	キツ	吉	198		共	198		苦	305	
	机	215		詰	492		杏	250		紅	353	
	気	216		橘	520		京	270		倶	363	
	岐	247	きつね	狐	303		供	270		栩	381	
	忌	247	きぬ	衣	227		挟	333		貢	390	
	季	276		絹	490		狭	344		駒	519	
	柯	339	きね	杵	286		香	362	くい	杭	286	
	紀	353	きのえ	甲	175		胸	388	クウ	空	304	
	姫	367	きのこ	茸	358		脇	389	グウ	宮	368	
	帰	373	きび	黍	470		教	407		隅	466	
	起	390	きびしい	厳	526		経	419	くき	茎	305	
	飢	392	きみ	君	242		郷	425	くぎ	釘	392	
	鬼	401	きも	肝	255		頃	430	くぎぬき	鑷	543	
	亀	401		胆	355		韮	468	くさ	草	357	
	基	403	キャク	客	329		境	496	くさよもぎ	蒿	523	
	寄	405		脚	421		橋	520	くさり	鎖	526	
	崎	406	ギャク	逆	359		檍	521	くし	串	236	
	喜	438	キュウ	九	6		興	523		櫛	526	
	幾	445		久	34		鏡	539	くじ	鬮	543	
	棋	450		及	39		競	540	くじら	鯨	539	
	貴	463		弓	95		響	541	くず	葛	460	
	碁	488		丘	142	ギョウ	刑	198	くすのき	楠	481

親字音訓ガイド　　　　　　　　　　　　　　　　こ

くすり	薬	523		勲	511	けぬき	鑷	543		楜	482
くずれる	崩	406	グン	軍	359	けら	螻	529		鼓	496
くだ	管	505		郡	390	けり	鳧	496	コ	子	66
くち	口	39		群	490	ける	蹴	539		木	132
くちる	朽	215				けわしい	嵯	473		児	240
クツ	屈	277	【け】				嶮	520		粉	388
	堀	404					厳	540	ゴ	五	109
くつ	沓	299	ケ	化	111	ケン	犬	141		互	111
くつろぐ	寛	473		仮	196		見	258		午	120
くつわ	轡	542		芥	257		建	331		伍	196
くに	邑	269		家	368		県	346		后	201
	国	273		袈	424		兼	364		呉	242
くぬぎ	栩	381		懸	540		剣	364		吾	242
	椚	452	け	毛	136		軒	390		後	331
	櫟	536	ゲ	下	16		健	402		猴	445
くばる	配	391		鍛	530		堅	439		榾	457
くび	首	362	ケイ	兄	143		検	450		楜	482
くぼ	窪	505		刑	198		萱	460		碁	488
くま	隈	467		形	247		間	466		護	540
	熊	501		系	255		絹	490	ごい	棋	450
くみ	組	421		茎	305		蜆	492	こい	濃	522
ぐみ	茱	359		契	329		蜷	507		鯉	535
くみする	与	32		計	359		権	514	こいしい	恋	374
くむ	組	421		恵	374		劔	520	コウ	口	39
くも	雲	467		桂	377		嶮	520		工	94
	蜘	507		渓	409		賢	524		公	115
くもる	曇	520		畦	416		鍵	529		勾	120
くら	倉	363		経	419		懸	540		尻	157
	蔵	517		頃	430	ゲン	元	114		広	163
	鞍	519		敬	447		玄	173		弘	165
くらい	暗	480		景	448		弦	282		甲	175
くらべる	比	135		軽	464		彦	331		光	197
くり	栗	375		傾	470		原	365		向	200
くりや	厨	438		継	490		現	416		后	201
くる	来	251		慶	511		源	483		好	205
	繰	538		憩	520		蜆	492		江	216
くるしい	苦	305		薊	524		厳	526		行	227
くるま	車	268		繋	528					更	250
くるみ	楜	482		鮭	530	【こ】				岡	277
くれ	呉	242		雞	535					幸	281
	榑	500		鶏	540	コ	戸	126		庚	281
くれない	紅	353		競	540		古	151		杭	286
くれる	暮	499	ゲイ	迎	268		呼	271		肱	305
くろ	玄	173		彌	526		狐	303		厚	327
	黒	433		鯨	539		股	304		垢	328
くろがね	鉄	494	けがれる	涸	486		虎	306		後	331
くろきび	秬	387	けた	桁	377		枯	335		恒	333
くわ	桑	376	ケツ	欠	143		胡	355		皇	346
	鍬	529		穴	191		涸	414		紅	353
くわえる	加	144		血	227		菰	422		荒	355
クン	君	242		結	460		袴	424		虹	359
	訓	390		蕨	517		壺	440		香	362
			ゲツ	月	132		湖	452		桁	377

河川・湖沼名よみかた辞典　551

親字音訓ガイド　　　　　　　　　　　　　　　　　　　し

	刺	271		織	531		柘	336		住	239
	始	275	しぎ	鴫	526		砂	348		拾	333
	姉	275	ジキ	直	303		射	372		重	360
	枝	286	しきみ	樒	531		捨	407		渋	409
	祇	304	しく	敷	511		斜	408	シュク	夙	204
	姿	329	ジク	柚	338	ジャ	蛇	424		祝	349
	思	333		軸	464	シャク	尺	125		宿	405
	指	333	しげる	茂	306		杓	250	ジュク	塾	498
	柿	335		繁	523		赤	263	シュツ	出	143
	柴	335	しし	宍	245		昔	284	シュン	舛	225
	枳	339		獅	488		借	363		春	334
	茨	355	しじみ	蜆	492		釈	426		隼	392
	師	373	しずか	閑	466	ジャク	若	305		蕣	507
	晒	374		静	509		寂	405		隼	392
	砥	386	しずく	雫	430		雀	430	ジュン	楯	481
	祇	387	しずめる	鎮	535	シュ	手	127		蕣	507
	紙	388	した	下	16		主	142		潤	515
	梓	408		舌	225		守	209		鶉	540
	紫	420	したがう	服	286		朱	215	ショ	初	241
	視	463		随	467		取	271		所	283
	滓	487	したしい	親	524		狩	344		杵	286
	獅	488	シチ	七	5		茱	359		庶	407
	雌	495		質	518		首	362		渚	410
	飼	495	シツ	失	157		珠	384		暑	448
	馴	520		室	329		酒	391		黍	470
	贄	534		蛭	462		種	504		緒	504
	鰤	541		漆	501		諏	518		諸	517
ジ	地	203		質	518		籔	541		曙	526
	寺	209		嘯	520	ジュ	寿	245	ジョ	女	66
	次	215		櫛	526		受	271		如	205
	耳	225	ジツ	日	129	シュウ	州	211		助	242
	自	225		実	276		舟	225		除	392
	似	239	しな	品	327		秀	255	ショウ	小	67
	児	240	しぬ	死	216		周	271		井	107
	事	270	しの	篠	527		宗	276		升	120
	侍	270	しのぐ	駕	519		拾	333		少	125
	治	299	しのぶ	忍	248		洲	340		正	171
	持	333		芝	257		秋	353		生	174
	時	374	しば	柴	335		修	363		庄	211
	蒔	491	しぶい	渋	409		袖	389		床	247
	雉	495	しぼる	絞	460		揖	447		尚	277
	鰤	541	しま	洲	340		萩	461		性	282
	路	493		島	372		集	467		承	283
じあわせ	幸	281		嶋	498		嵩	473		松	286
しい	椎	451	しみる	染	336		楢	481		沼	299
しお	汐	218	しめる	占	151		箒	506		青	319
	塩	471		閉	430		鍬	529		咲	327
	潮	515	しも	霜	530		蹴	539		昭	334
しか	鹿	432		沙	253		鷲	543		相	346
しかれども	然	457	シャ	社	255	ジュウ	十	15		将	372
シキ	式	212		車	268		廿	125		称	387
	色	226		舎	305		汁	172		商	402

河川・湖沼名よみかた辞典　553

親字音訓ガイド

	梢 408	しる	汁 172		吹 242	すわる	摩 511		
	笙 419		知 303		垂 273		座 373		
	春 421	しるし	印 198		悴 407	スン	寸 67		
	菖 422	しろ	白 181		椎 451				
	勝 438		城 328		穂 516		【せ】		
	焼 456	しろがね	銀 508	すい	酸 508			世 142	
	粧 459	シン	心 126	ズイ	随 467	セ	勢 470		
	象 463		申 175		瑞 488		背 355		
	照 487		身 268	スウ	枢 289		畝 384		
	聖 490		辛 268		嵩 473	せ	瀬 536		
	蛸 492		辰 268		数 474		是 334		
	摺 499		信 320		吸 200	ゼ	井 107		
	精 506		津 342	すう	末 170	セイ	世 142		
	障 509		神 349	すえ	季 276		正 171		
	樅 515		振 374		陶 430		生 174		
	箱 516		真 385	すがた	姿 329		成 212		
	請 518		針 392	すぎ	杉 250		西 227		
	嘯 520		深 410	すくう	救 407		声 245		
	橡 521		進 425	すくない	少 125		征 282		
	鞘 524		森 450	すけ	介 111		性 282		
	鞘 525		寝 473		佐 236		斉 284		
	篠 527		新 474	すげ	菅 422		青 319		
	鯖 539		榛 499	すける	透 390		政 333		
	鐘 540		槙 500	すこし	少 125		星 334		
ジョウ	上 26		請 518	すこやか	健 402		栖 379		
	丈 31		震 519	すじ	筋 458		清 411		
	成 212	ジン	親 524	すす	煤 487		盛 416		
	杖 250		人 9	すず	鈴 494		晴 448		
	定 276		刃 37	すすき	薄 523		犀 457		
	乗 320		仁 113	すすぐ	雪 430		勢 470		
	城 328		壬 120	すずしい	涼 414		歳 482		
	浄 340		甚 345	すすむ	進 425		筬 490		
	茸 358		神 349	すずめ	雀 430		聖 490		
	常 406		荏 355	すすめる	薦 523		精 506		
	盛 416		陣 392		閻 525		蜻 508		
	筬 490		椹 482	すそ	裾 492		静 509		
	静 509	じんこう	檳 531	すだれ	簾 538		請 518		
	縄 516			すてる	捨 407		橇 521		
	嬲 526		【す】	すな	砂 348		醒 524		
	饒 541	ス	須 468	すべて	凡 37		錆 524		
	鑢 543		諏 518		総 506	せい	鯖 539		
しょうぶ	菖 422		藪 533	すべる	滑 482	ゼイ	背 355		
ショク	色 226		籔 541		角 258	せがれ	橇 521		
	埴 403	す	州 211	すみ	炭 344	セキ	悴 407		
	植 450		巣 406		隅 466		夕 41		
	飾 495		酢 465		墨 498		尺 125		
	織 531	ズ	簀 528	すむ	住 239		斥 166		
しらせる	報 440		豆 262		栖 379		石 188		
しらべる	検 450		途 390		澄 515		汐 218		
	調 518		厨 438	すめらぎ	皇 346		赤 263		
しり	尻 157		頭 525	すもも	李 252		昔 284		
しりぞける	斥 166	スイ	水 136	する	摺 499		迹 390

親字音訓ガイド　た

	寂 405	【そ】		則 324		代 143		
	責 425		狙 303	息 374		台 155		
	跡 493	ソ	祖 352	粟 459	ゾク	弟 247		
	潟 515		曾 408	続 490	そこ	第 418		
	積 522		組 421	底 282	そそぐ	醍 524		
せき	堰 439		曾 448	注 300	そぞろに	たいら	平 160	
セツ	関 508		麁 496	漫 501	そだてる	たえ	妙 245	
	切 119		鼠 496	育 304	そで	たか	鷹 543	
	折 249		礎 531	袖 389	そと	たかい	高 395	
	雪 430	ソウ	双 120	外 157	そなえる	嵩 473		
	摂 474		壮 204	供 270		たがい	互 111	
ゼツ	舌 225		早 213	備 437		たがやす	耕 388	
ぜに	銭 508		走 267	園 470	そのまま	たから	宝 276	
せまい	狭 344		宗 276	枘 252	そむく	たき	滝 484	
せまる	迫 307		相 346	背 355	そめる		瀑 531	
せみ	蟬 517		草 357	染 336		タク	宅 209	
せめる	責 425		送 360	空 304	そら		沢 253	
せり	芹 257		倉 363	槭 521	そり		拓 283	
せる	競 540		桑 376	反 120	そる		濁 521	
セン	千 37		笊 388	剃 324	ソン	たくみ	工 94	
	川 91		巣 406	村 251		たけ	丈 31	
	仙 142		掃 407	孫 367			竹 221	
	占 151		曽 408	尊 445			岳 278	
	先 197		笙 419	巽 445			武 296	
	舛 225		春 421	樽 521	たけし		蛸 492	
	串 236		創 437	鱒 543	たこ		足 267	
	苦 306		惣 447			たす	介 111	
	染 336		曾 448			たすける	佐 236	
	泉 340		湊 456	【た】			助 242	
	浅 341		僧 470	タ	太 121		祐 353	
	洗 342		蒼 491		多 204		神 492	
	扇 374		槍 499		詫 492	ただ	只 155	
	栓 379		箒 506		駄 510	たたかう	戦 474	
	桅 379		総 506	ダ	田 175	ただしい	正 171	
	船 421		箱 516		打 165	ただちに	直 303	
	釧 429		霜 530		蛇 424	ただれる	爛 541	
	筌 459		藪 533		駄 510	ダチ	達 464	
	戦 474		繰 538		儺 541	たちばな	橘 520	
	銭 508		藻 538	タイ	大 41	タツ	達 464	
	撰 511		藪 541		太 121		獺 537	
	潜 515		鑣 541		代 143	たつ	立 192	
	箭 516		副 402		台 155		辰 268	
	蟬 517	そう	造 390		苔 306		竜 387	
	薦 523	ゾウ	象 463		待 333		龍 526	
	闇 525				胎 355			
ゼン	全 197		増 498		帯 373	ダツ	獺 537	
	前 321		雑 509		袋 424	たっとぶ	尊 445	
	善 438		蔵 517		替 449	たつみ	巽 445	
	然 457		橡 521		躰 464	たて	楯 481	
	禅 488		惣 447		確 488	たで	蓼 507	
	蟬 517	そうじて	添 414		鯛 539	たていと	経 419	
せんのき	栓 379	そえる	束 251	たい		たてる	建 331	
		ソク	足 267	ダイ	大 41	たな	棚 451	
					内 116			

河川・湖沼名よみかた辞典　555

たに	谷	259		蜘	507		調	518	つどう	集	467
	渓	409	ち	千	37		鯛	539	つとめる	務	402
たぬき	狸	384		血	227	ちょうな	鐇	540		勤	437
たね	種	504	ちいさい	小	67	チョク	直	303	つな	綱	506
たのしい	楽	480	ちがい	近	268		勅	324	つなぐ	繋	528
たのむ	頼	525	ちがう	違	494	チン	枕	296	つね	恒	333
たのもしい	頼	525	ちから	力	14		珍	345		常	406
たば	束	251	ちぎる	契	329		椿	481	つの	角	258
たび	旅	374	チク	竹	221		櫶	482	つば	鍔	529
たま	玉	173		筑	458		鎮	535	つばき	椿	481
	珠	384		築	522				つぶ	粒	419
	球	416	ちち	父	139	【つ】			つぶれる	潰	516
	弾	445		乳	270				つぼ	坪	273
	霊	519		秩	387	ツ	都	425		壺	440
たまう	給	460	チツ	因	203	ツイ	津	342	つま	妻	275
たみ	民	171	ちなむ				追	360	つまる	詰	492
たむろする	屯	125	ちまた	閻	525		椎	451	つむ	積	522
ため	為	344	チャ	茶	358		朔	375	つめたい	冷	240
ためる	溜	486	ちゃ	茶	358	ついたち	通	390	つゆ	露	540
たもつ	保	320		茗	359	ツウ	杖	250	つら	面	361
たよる	頼	525	チャク	箸	505	つえ	柄	337	つらい	辛	268
たら	鱈	541		丑	95	つか	塚	440	つらなる	連	390
たる	樽	521	チュウ	中	96		番	458	つらぬく	貫	425
たれる	垂	273		仲	196	つがい	使	270	つる	弦	282
たわら	俵	364		虫	226	つかう	仕	142		釣	429
タン	丹	106		沖	252	つかえる	月	132		鶴	541
	反	120		肘	255	つき	槻	515	つるぎ	剣	364
	旦	167		忠	282		次	215		劔	520
	段	339		注	300	つぎ	突	304			
	炭	344		冑	321	つく	春	421	【て】		
	胆	355		昼	330		継	490			
	淡	414		柱	336	つぐ	机	215	て	手	127
	端	505		厨	438	つくえ	桉	381	テイ	丁	6
	誕	518		駐	520		佃	239		汀	172
	鍛	529	チョ	苧	306	つくだ	作	239		弟	247
ダン	団	203		猪	414	つくる	造	390		定	276
	男	254		楮	482		柘	336		底	282
	段	339		箸	505	つげ	付	143		剃	324
	弾	445		緒	506	つける	告	242		帝	330
	灘	541	チョウ	丁	6	つげる	辻	193		貞	359
				町	255	つじ	蔦	540		庭	373
【ち】				長	310	つた	蔦	507		砥	386
				重	360	つたわる	伝	197		釘	392
チ	地	203		張	407	つち	土	39		梯	408
	池	218		釣	429		鐇	540		堤	440
	治	299		鳥	431	つちのえ	戊	165		提	447
	知	303		塚	440	つつ	筒	459		程	458
	智	448		朝	449	つづく	続	490		舩	464
	遅	464		跳	493	つつしむ	祇	387		碇	488
	稚	490		蔦	507	つつみ	堤	440	デイ	泥	300
	置	490		銚	508	つづみ	鼓	496	テキ	的	303
	雉	495		澄	515	つつむ	包	146		荻	389
	馳	496		潮	515	つづる	綴	506		笛	419

親字音訓ガイド　　　　　　　　　　　　　　　に

				桶	408	とどまる	留	384	ながれる	流	383
てすり	欄	540		陶	430		駐	520	なぎさ	汀	172
テツ	鉄	494		塔	440	とどろく	轟	541		渚	410
	綴	506		棟	451	となえる	称	387	なく	鳴	510
てら	寺	209		湯	453	との	殿	482	なごむ	和	271
てらす	照	487		登	458	どの	殿	482	なし	梨	409
でる	出	143		筒	459	とのえる	調	518	なす	為	344
テン	天	122		塘	472	とばり	帷	407	なた	𠂤	211
	唸	403		嶋	498	とび	鳶	510	なだ	洋	344
	添	414		樋	499	とぶ	飛	362		灘	541
	淀	414		稲	503		跳	493	なつ	夏	367
	殿	482		頭	525	とま	苫	306	なでる	押	407
	鎮	535		濤	527	とまる	泊	301		撫	511
	纏	541		檮	531	とむ	富	443	ななつ	七	5
	鱒	543		藤	531	とめる	止	135	ななめ	斜	408
デン	田	175		鐙	540		留	384	なに	何	236
	伝	197		鐺	541	とも	友	120	なぶる	鸚	526
	佃	239	とう	問	403		共	198	なべ	鍋	529
	淀	414	ドウ	同	202		鞆	509		鐺	541
	殿	482		洞	343	ともえ	巴	125	なまず	鯰	539
	澱	522		胴	388	ともなう	伴	239	なまり	鉛	494
				動	402	ともに	倶	363	なみ	並	270
【と】				堂	403	とら	虎	306		波	300
				童	458		寅	406		浪	383
ト	斗	129		道	464	とり	鳥	431		濤	527
	吐	201		銅	508		雞	535	なみだ	涙	383
	兎	270		導	511	とる	取	271	なめらか	滑	482
	菟	389		胴	388		捫	407	なら	楢	481
	途	390	どう	峠	330	どろ	泥	300	ならべる	並	270
	都	425	とうげ	尊	445	トン	屯	125	なる	成	212
	渡	452	とうとい	貴	463		頓	495	なわ	縄	516
	登	458		十	15	ドン	呑	243	ナン	南	324
	菟	461	とお	遠	494		曇	520		楠	481
	塗	472	とおい	通	390		鳶	510		難	535
と	戸	126	とおす	時	374	とんび	蜻	508			
ド	土	39	とき	得	407	とんぼ			【に】		
	奴	157	トク	徳	498						
	怒	333	とく	解	492	【な】			ニ	二	7
といし	砥	386		毒	297	ナ	那	268		仁	113
トウ	刀	14	ドク	独	344		奈	274		尼	158
	冬	143		解	492		儺	541		児	240
	当	212		融	524	な	名	202	に	丹	106
	豆	262	とける	床	247		菜	422		荷	389
	東	289	とこ	所	283	ナイ	内	116	にえ	贄	534
	杳	299	ところ	閉	430	ない	無	457	ニク	肉	225
	迯	360	とざす	年	211	なえ	苗	306	にげる	迯	360
	唐	366	とし	歳	482	なおす	直	303	にごる	溺	486
	島	372		閉	430	なか	中	96		濁	521
	桐	375	とじる	綴	506		仲	196	にし	西	227
	桃	379		栃	336	ながい	永	171	にじ	虹	359
	納	388	とち	突	304		長	310	にしき	錦	524
	透	390	トツ	嫁	472	なかば	半	150	にじゅう	廿	125
	兜	402	とつぐ			なかれ	勿	120	ニチ	日	129

にな		蜷	507	【の】				梅	380	はた	畑	345
		螺	529					買	463		旗	499
になう		荷	389	の	野	426		楳	482		幡	511
ニュウ		入	9	ノウ	納	388		煤	487		機	520
		廿	125		能	388	はいる	入	9	はたけ	畑	345
		乳	270		農	493	はえ	蠅	539	ハチ	八	11
ニョ		如	205		濃	522	はえる	栄	335		鉢	494
ニョウ		尿	245		膿	529	はか	墓	472	はち	蜂	492
		饒	541	のがす	迯	360	はがね	鋼	524		鉢	494
にら		韮	468	のき	軒	390	はかま	袴	424	バチ	撥	511
にる		似	239	のこる	残	381	はかる	計	359	ハツ	発	346
にわ		庭	373	のぞく	除	392		量	465		撥	511
にわとり		雞	535		覗	463	はぎ	萩	461	はつ	初	241
		鶏	540	のぞむ	望	408	ハク	白	181	バツ	抜	249
ニン		人	9	のち	後	331		伯	239		秡	387
		仁	113	のっとる	則	324		泊	301		筏	459
		壬	120	のばす	延	282		狛	303	はと	鳩	496
		忍	248	のびる	延	282		迫	307	はな	花	256
		荏	355	のぼる	上	26		柏	337		鼻	511
					登	458		粕	419	はなつ	放	283
【ぬ】				のむ	呑	243		博	438	はなはだしい	甚	345
				のり	紀	353		薄	523	はなぶさ	英	305
ヌ		奴	157	のる	乗	320		吐	201	はなれる	離	539
		怒	333		駕	519	はく	掃	407	はに	埴	403
ぬう		縫	523							はね	羽	224
ぬか		糠	528	【は】			バク	麦	269	はねる	跳	493
ぬく		抜	249					博	438		撥	511
ぬし		主	142	ハ	巴	125		幕	473	はは	母	171
ぬなわ		蓴	507		把	249	はぐくむ	育	304	はば	巾	94
ぬの		布	159		芭	258	はげ	岐	330	ばば	婆	405
ぬま		沼	299		波	300	ばける	化	111	ははそ	柞	339
ぬる		塗	472		派	343	はこ	函	271	はま	浜	382
					破	386		箱	516	はやい	夙	204
					播	511	はこぶ	運	464		早	213
【ね】					簸	538	はさむ	挟	333	はやし	林	296
				は	刃	37	はし	端	505	はやぶさ	隼	392
ネ		祢	352		坪	329		箸	505	はら	原	365
ね		根	377		葉	461		橋	520	はらい	祓	387
ねがう		願	539	バ	芭	258	はしご	梯	408	はらう	払	166
ねこ		猫	415		馬	392	はしばみ	榛	499	はらむ	胎	355
ねずみ		鼠	496		婆	405	はじまる	始	275	はり	針	392
ネツ		熱	516		瑪	503	はじめ	甫	254		梁	409
ねむる		眠	386		墓	524	はじめて	初	241	はる	春	334
ねらう		狙	303	ハイ	拝	283	はじめる	創	437		張	407
ねる		寝	473		盃	346	はしら	柱	336	はれる	晴	448
ネン		年	211		背	355	はしる	走	267	ハン	凡	37
		念	283		祓	387		奔	275		反	120
		然	457		配	391	はす	蓮	491		半	150
		鯰	539		秤	505		鱒	541		帆	211
					灰	220	はずむ	弾	445		伴	239
				はい	皿	185	はぜ	櫨	540		判	241
				バイ	売	245	はせる	馳	496			
					貝	262

親字音訓ガイド　ふ

読み	字	頁	読み	字	頁	読み	字	頁	読み	字	頁	読み	字	頁
	坂	243		英	305		開	466		服	286			
	阪	269	ひえ	稗	505		閣	525		副	402			
	板	294	ひえる	冷	240	ひらたい	扁	333		福	488			
	扁	333	ひがし	東	289		昼	330		箙	506			
	班	384	ひかる	光	197	ひる	蛭	462	ふく	吹	242			
	畔	384	ヒキ	匹	120		蒜	491		瓢	522			
	般	389	ひき	匹	120		広	163	ふくべ					
	飯	465		蟇	524	ひろい	弘	165	ふくろ	袋	424			
	飯	469	ひく	引	125		博	438	ふける	老	224			
	幡	511		曳	214	ひろう	拾	333		更	250			
	繁	523		弾	445		品	327	ふご	畚	384			
	蟠	533	ひげ	須	468	ヒン	浜	382	ふさ	房	283			
	鐇	540	ひこ	彦	331		瓶	416		総	506			
バン	万	31	ひさご	瓢	522	ビン				藤	531			
	伴	239	ひさし	庇	247	【ふ】			ふじ					
	判	241	ひさしい	久	34				ふす	臥	305			
	板	294	ひし	菱	423	フ	不	95	ふすま	衾	390			
	晩	448	ひじ	肘	255		夫	125	ふせぐ	防	269			
	番	458		肱	305		父	139	ふせる	伏	197			
	盤	516	ひしゃく	杓	250		付	143	ふた	双	120			
	磐	516	ひじり	聖	490		布	159	ふだ	札	167			
	蟠	533	ひそむ	潜	515		巫	247	ふたつ	二	7			
はんのき	榿	500	ひたい	額	535		甫	254		両	194			
			ひだり	左	158		府	282	ふち	淵	414			
【ひ】			ヒツ	匹	120		浮	383		縁	516			
ヒ	比	135		泌	301		釜	391	フツ	払	166			
	庇	247		櫃	531		符	419		祓	387			
	彼	282	ひつじ	未	170		富	443	ブツ	仏	114			
	枇	295	ひと	人	9		普	448		勿	120			
	泌	301		仁	113		鳧	496		物	302			
	肥	305	ひとしい	斉	284		榑	500		蕪	524			
	毘	339	ひとつ	一	2		敷	511	ぶと	太	121			
	飛	362	ひとり	独	344		鮒	525	ふとい					
	斐	447	ひねる	捫	407	プ	不	95	ふな	鮒	525			
	琵	457	ひのえ	丙	142		分	120	ふね	舟	225			
	裨	492	ひのき	桧	381		巫	247		船	421			
	轡	542		檜	526		武	296		文	128			
ひ	日	129	ひびく	響	541		部	426	ふみ					
	火	139	ひめ	姫	367		無	457	ふもと	麓	540			
	樋	499	ヒャク	百	220		葡	461	ふゆ	冬	143			
ビ	尾	245	ヒョウ	氷	172		撫	511	ふる	振	374			
	弥	282		兵	240		舞	516		降	392			
	枇	295		坪	273		蕪	517	ふるい	古	151			
	毘	339		表	307		鵏	536		旧	166			
	美	354		俵	364	フウ	風	362	ふるえる	震	519			
	梶	408		標	515		梵	409	ふるさと	郷	425			
	備	437		瓢	522		楓	482	フン	分	120			
	琵	457	ビョウ	泙	302	ふえ	笛	419		粉	388			
	裨	492		苗	306		笙	419	ブン	分	120			
	鼻	511		猫	415	ふえる	増	498		文	128			
	彌	526	ひら	平	160	ふかい	深	410						
ひいでる	秀	255	ひらく	拓	283	ふき	蕗	517						
						フク	伏	197						

河川・湖沼名よみかた辞典　559

【へ】				泙	302			畚	384	まとう		纏	541
ヘイ	丙	142		峰	373	ボン		凡	37	まなぶ		学	275
	平	160		峯	373			梵	409	まぬかれる		免	271
	兵	240		舫	389			蟠	533	まめ		豆	262
	並	270		逢	390			鐇	540	まもる		守	209
	坪	273		崩	406							護	540
	泙	302		報	440	【ま】				まよう		迷	360
	柄	337		棚	451			麻	433	まり		鞠	530
	瓶	416		蓬	491	マ		摩	511	まる		丸	33
	閉	430		蜂	492			磨	522	まるい		丸	33
	篦	505		豊	492			間	466			円	116
	餅	510		鳳	510	ま		米	223	まわり		周	271
ベイ	米	223		縫	523	マイ		妹	275	まわる		廻	331
	茗	359		瀑	531			埋	366	マン		万	31
ヘキ	碧	503		卯	151	まう		舞	516			満	456
	壁	520	ボウ	夘	157	まえ		前	321			漫	501
ベツ	別	241		牟	220	まき		牧	302			鰻	543
べに	紅	353		坊	244			槇	500				
へび	蛇	424		防	269	マク		幕	473	【み】			
へら	篦	505		房	283	まく		巻	330	ミ		未	170
へり	縁	516		茅	305			蒔	491			味	271
へる	経	419		虻	359			播	511			弥	282
ヘン	片	139		畝	384	まぐさ		秣	387			彌	526
	辺	193		望	408	まくら		枕	296	み		身	268
	扁	333		傍	437	まぐろ		鮪	531			実	276
	遍	465		棒	451	まげる		曲	214			箕	505
ベン	弁	165		鉾	508	まご		孫	367			磨	522
	鞭	535		箒	506	まこと		真	385	みかど		帝	330
			ほうき	朴	215	まこも		菰	422	みぎ		右	151
【ほ】			ほお	北	146	まさ		柾	337	みこ		巫	247
ホ	甫	254	ホク	木	132	まさに		将	372	みず		水	136
	保	320	ボク	朴	215			祇	387			瑞	488
	浦	381		牧	302	まさる		勝	438	みずうみ		湖	452
	畝	384		睦	488	ます		升	120	みずから		自	225
	葡	461		墨	498			枡	296	みずのえ		壬	120
	蒲	491		瀑	531			益	384	みぞ		溝	483
ほ	帆	211	ほくそ	椋	500			桝	408	みだりに		漫	501
	穂	516	ほこ	鉾	508			増	498	みだれる		乱	236
ボ	戊	165	ほし	星	334			鱒	543			溷	486
	母	171	ほす	干	94	まず		先	197	みち		途	390
	菩	423	ほそい	細	419	また		又	16			道	464
	墓	472		勿	120			股	304			路	493
	暮	499		程	458			俣	321	みちびく		導	511
ホウ	方	129	ほとけ	仏	114	まち		町	255	みちる		満	456
	包	146	ほのお	炎	302	マツ		末	170	ミツ		檴	531
	仿	197	ほめる	讃	542			秣	387	みつぐ		貢	390
	芳	258	ほら	洞	343	まつ		松	286	みっつ		三	21
	宝	276	ほり	堀	404			待	333	みどり		緑	507
	放	283		濠	527	まったく		全	197	みな		皆	346
	法	301	ほろ	幌	473	まっとうする		全	197	みなと		港	452
	泡	301	ホン	本	167	まつりごと		政	333			湊	456
				奔	275	まと		的	303

親字音訓ガイド　　　　　　　　　　　　　　　　　　　　　　　　ゆ

みなみ	南	324	むらさき	紫	420	もみ	籾	353	やり	槍	499
みなもと	源	483	むれ	群	490		樅	515	やわらぐ	和	271
みね	峰	373	むろ	室	329	もも	百	220			
	峯	373					桃	379			
みの	蓑	491	【め】			もやいぶね	舫	389	【ゆ】		
みのる	実	276				もよおす	催	470			
みみ	耳	225	メ	米	223	もり	森	450	ユ	油	301
みや	宮	368		瑪	503	もる	盛	416		萸	359
みやこ	京	270	め	目	185	もろもろ	諸	517	ゆ	湯	453
	都	425		芽	305	モン	文	128	ユウ	又	16
ミョウ	名	202	メイ	名	202		門	316		友	120
	妙	245		明	284		紋	388		右	151
	明	284		茗	359		問	403		由	181
	苗	306		迷	360		捫	407		有	214
	茗	359		銘	508					邑	269
	猫	415		鳴	510	【や】				狖	303
みる	見	258	めぐむ	恵	374					勇	324
	観	533	めくら	盲	303	ヤ	夜	274		幽	331
ミン	民	171	めし	飯	469		野	426		柚	338
	眠	386	めす	雌	495	や	矢	185		疣	346
			めずらしい	珍	345		弥	282		祐	353
【む】			メン	免	271		屋	330		涌	383
				面	361		家	368		揖	447
ム	牟	220		綿	506	やいと	灸	254		湧	456
	武	296				やいば	刃	37		遊	465
	務	402	【も】			やかた	舘	523		雄	467
	無	457					館	525		楢	481
	夢	472	モ	茂	306	ヤク	役	247		熊	501
	鉾	508	も	藻	538		益	384		融	524
	蕪	517	モウ	毛	136		薬	523	ゆう	夕	41
	鵡	536		盲	303	やく	焼	456	ゆか	床	247
	霧	539		望	408	やぐら	櫓	536	ゆき	雪	430
むかう	向	200		網	507	やさしい	易	284	ゆく	行	227
むかえる	迎	268	もうす	申	175	やしなう	養	519		往	282
むかし	昔	284	モク	木	132	やしろ	社	255		征	282
むぎ	麦	269		目	185	やすい	安	205	ゆず	柚	338
むく	椋	451	もく	杢	251	やすむ	休	196	ゆずる	禅	488
むくいる	報	440	もぐる	潜	515	やすり	鑢	543	ゆたか	豊	492
むぐら	葎	462	モチ	勿	120	やつ	奴	157		饒	541
むし	虫	226	もち	餅	510	やっこ	奴	157	ゆび	指	333
むじな	狢	344	もちいる	用	175	やっつ	八	11	ゆみ	弓	95
	貉	493	モツ	物	302	やつれる	悴	407	ゆめ	夢	472
むずかしい	難	535	もつ	持	333	やど	宿	405	ゆり	岼	281
むすぶ	結	460	もって	以	142	やどる	舎	305	ゆるやか	緩	516
むち	鞭	535	もっとも	最	448	やな	梁	409			
むっつ	六	115	もと	元	114		簗	528			
むつまじい	睦	488		本	167	やなぎ	柳	337			
むなしい	虚	424		基	403		楊	482			
むね	宗	276	もとづく	求	252	やぶ	藪	533			
	胸	388	もとめる	戻	249	やぶれる	破	386			
	棟	451	もどる	物	302	やま	山	84			
むら	村	251	もの	斎	407	やまと	倭	364			
	邑	269	ものいみ	尺	125	やみ	闇	530			
			ものさし								

河川・湖沼名よみかた辞典　　561

【よ】

ヨ	与	32
	予	107
	余	239
よ	世	142
	代	143
	夜	274
よい	吉	198
	好	205
	佳	270
	善	438
	義	490
	嘉	496
ヨウ	用	175
	洋	344
	要	359
	涌	383
	桶	408
	揚	447
	湧	456
	葉	461
	楊	482
	腰	491
	様	500
	養	519
	謡	524
	曜	531
	蠅	539
	鷹	543
よくする	能	388
よこ	横	512
よし	由	181
よそおう	粧	459
よっつ	四	155
よどむ	淀	414
	澱	522
よね	米	223
よぶ	呼	271
よめ	嫁	472
よもぎ	蓬	491
よる	因	203
	依	270
	夜	274
	寄	405
よろい	甲	175
	冑	321
よろこぶ	喜	438
	慶	511
よろず	万	31

【ら】

ラ	螺	529
	羅	538
ライ	礼	191
	来	251
	雷	495
	頼	525
	瀬	536
ラク	落	461
	楽	480
ラチ	埒	367
ラン	乱	236
	嵐	445
	藍	529
	蘭	538
	欄	540
	爛	541

【り】

リ	利	242
	李	252
	里	269
	狸	384
	梨	409
	裏	492
	鯉	535
	離	539
リキ	力	14
リク	六	115
	陸	430
	蓼	507
リツ	立	192
	栗	375
	葎	462
リャク	歴	501
リュウ	立	192
	柳	337
	流	383
	留	384
	竜	387
	笠	416
	粒	419
	硫	458
	溜	486
	瑠	503
	龍	526
リョ	旅	374
	鑢	543
リョウ	両	194
	梁	409
	涼	414
	猟	416
	菱	423
	椋	451
	量	465
	漁	501
	綾	506
	蓼	507
	領	510
	霊	519
リョク	力	14
	緑	507
リン	林	296
	鈴	494
	輪	519
	藺	538

【る】

ル	流	383
	留	384
	瑠	503
ルイ	涙	383

【れ】

レイ	礼	191
	冷	240
	戻	249
	涙	383
	砺	386
	鈴	494
	零	495
	領	510
	霊	519
	蠣	540
レキ	歴	501
	櫟	536
レン	恋	374
	連	390
	蓮	491
	鎌	534
	簾	538

【ろ】

ロ	芦	255
	鈩	465
	路	493
	蕗	517
	櫓	536
	櫨	540
	露	540
	鑢	543
	鷺	543
ロウ	老	224
	浪	383
	狼	384
	滝	484
	螻	529
	櫟	536
	朧	540
	籠	542
ロク	六	115
	鹿	432
	緑	507
	麓	540
ロン	崙	406
	論	518

【わ】

ワ	和	271
	倭	364
	窪	505
わ	輪	519
	環	527
ワイ	隈	467
わかい	若	305
わかれる	別	241
わき	脇	389
わきまえる	弁	165
わく	枠	296
	涌	383
	湧	456
わける	分	120
わし	鷲	543
わた	綿	506
わたくし	私	255
わたる	渡	452
わに	鰐	541
わびる	詫	492
わら	藁	529
わらじむし	蟠	533
わらび	蕨	517
わらべ	童	458
わりふ	符	419
わる	割	437
わるい	悪	407
われ	吾	242
	我	249
ワン	椀	452
	湾	456
	豌	518

河川・湖沼名よみかた辞典 新訂版

2004年 2月25日 第1刷発行

発 行 者／大高利夫
編集・発行／日外アソシエーツ株式会社
〒143-8550 東京都大田区大森北1-23-8 第3下川ビル
電話(03)3763-5241(代表) FAX(03)3764-0845
URL http://www.nichigai.co.jp/
発 売 元／株式会社紀伊國屋書店
〒163-8636 東京都新宿区新宿3-17-7
電話(03)3354-0131(代表)
ホールセール部(営業) 電話(03)5469-5918

電算漢字処理／日外アソシエーツ株式会社
印刷・製本／株式会社平河工業社

《中性紙H-三菱書籍用紙イエロー使用》

ISBN4-8169-1826-4 Printed in Japan, 2004

28,000件の読み方と簡単な説明や学名を収録	A5・960頁	
動植物名よみかた辞典 普及版	定価（本体9,800円＋税）	2004.1刊
古代から近世まで、あらゆるジャンルの13,400タイトル	A5・670頁	
古典文学作品名よみかた辞典	定価（本体9,800円＋税）	2004.1刊
20,700語収録、季節を読む		
季語季題よみかた辞典	A5・830頁　定価（本体19,223円＋税）	1994.7刊
全国の地名117,300件と駅名8,500件		
全国地名駅名よみかた辞典	A5・1,380頁　定価（本体7,400円＋税）	2000.9刊
全国の河川と湖沼26,600の読み方と簡単な説明	A5・580頁	
河川・湖沼名よみかた辞典 新訂版	定価（本体9,800円＋税）	2004.2刊
読めそうで読めない日本史用語26,000語		
歴史民俗用語よみかた辞典	A5・750頁　定価（本体15,000円＋税）	1998.12刊
幕末以前の日本人名68,000件の読み方がわかる		
日本史人名よみかた辞典	A5・1,270頁　定価（本体9,800円＋税）	1999.1刊
日本人の苗字84,000種とそれらの読み方130,000種		
苗字8万よみかた辞典	A5・1,330頁　定価（本体7,400円＋税）	1998.3刊
日本人の名前106,000種とそれらの読み方137,000種		
名前10万よみかた辞典	A5・1,040頁　定価（本体7,800円＋税）	2002.12刊
各部9,000件収録、実在の人物例で読み方を確認できる		
増補改訂　人名よみかた辞典		
■姓の部	A5・510頁　定価（本体4,515円＋税）	1994.10刊
■名の部	A5・570頁　定価（本体4,835円＋税）	1994.12刊
外国人の姓や名のアルファベット表記（9万件）からカタカナ表記（14万件）を確認		
アルファベットから引く　外国人名よみ方字典		
	A5・590頁　定価（本体3,600円＋税）	2003.2刊
外国人の姓や名のカタカナ表記（11万件）からアルファベット表記（14万件）を確認		
カタカナから引く　外国人名綴り方字典		
	A5・600頁　定価（本体3,600円＋税）	2002.7刊

●お問い合わせ・資料請求は…　データベースカンパニー　**日外アソシエーツ**　〒143-8550 東京都大田区大森北1-23-8　TEL.(03)3763-5241　FAX.(03)3764-0845

点訳・朗読ボランティアのための辞書SHOP　http://www.nichigai.co.jp/yomikata　**点辞館**